Excel 2010 实战办公技巧精粹查询宝典

李东海 龙建祥 高建平　　编著

兵器工业出版社

内 容 简 介

本书基于 Excel 2010 专业版编写，根据 Excel 2010 在办公中的应用分为 8 篇，包括：Excel 2010 基础应用篇、数据常见处理与分析篇、数据高级分析篇、函数基础与应用篇、图表基础与应用篇、数据透视表基础与应用篇、宏与 VBA 应用篇、表格安全/输出与打印篇。每篇又由包含案例技巧的多个章节组成，全书共有 45 章，共计 625 个技巧案例。

本书结构编排合理，图文并茂，实例丰富，可操作性强，可帮助用户提升 Excel 2010 的操作水平。无论是初学者还是经常使用 Excel 的行家，都可以从本书中受益。本书适合高职高专院校学生学习使用，也可作为企业管理人员、计算机办公应用用户深入学习 Excel 2010 的培训书和参考资料。

图书在版编目（CIP）数据

Excel 2010 实战办公技巧精粹查询宝典 / 李东海，
龙建祥，高建平编著. -- 北京 ：兵器工业出版社，
2012.1
ISBN 978-7-80248-695-9

Ⅰ. ①E… Ⅱ. ①李… ②龙… ③高… Ⅲ. ①表处理软件，
Excel 2012 Ⅳ. ①TP391.13

中国版本图书馆 CIP 数据核字(2011)第 242426 号

出版发行：兵器工业出版社
发行电话：010-68962596，68962591
邮　　编：100089
社　　址：北京市海淀区车道沟 10 号
经　　销：各地新华书店
印　　刷：北京博图彩色印刷有限公司
版　　次：2012 年 1 月第 1 版第 1 次印刷
印　　数：1-4 000

责任编辑：常小虹　李 萌
封面设计：深度文化
责任校对：刘 伟
责任印制：王京华
开　　本：889mm×1194mm 1/32
印　　张：18.5
字　　数：610 千字
定　　价：49.00 元

前 言

Excel也称为电子表格，是Microsoft Office套装软件的一个重要组成部分，也是人们在现代商务办公中使用率极高的必备工具之一。人们利用它可以进行各种数据的处理、统计分析和辅助决策等工作。随着Excel 2010的推出，其功能更加完善。本书以实用技巧的形式，详解利用Excel 2010解决工作和学习中常见问题的方法。

本书采用全案例技巧的写作方式，记录了Excel 2010在实际工作中的应用，主要内容包括Excel 2010基础应用，数据常见处理与分析，数据高级分析，函数基础与应用，图表基础与应用，数据透视表基础与应用，宏与VBA应用，表格安全、输出与打印，可帮助读者快速、全面地了解与应用Excel 2010软件。

读者对象

本书基于Microsoft Office Excel 2010专业版编写， 共有625个案例技巧，汇集了用户在使用Excel 2010时最常见的问题，结构编排合理，图文并茂，实例丰富，可操作性强，可帮助用户提升Excel 2010的操作水平。无论是初学者还是经常使用Excel的行家，都可运用本书解决在学习、工作中遇到的各种疑难问题。本书不仅可以作为职场白领、企业管理人员、计算机办公用户的参考，还可作为高职高专院校师生、社会培训机构的参考用书。

本书特点

本书与市场上其他Excel 2010书籍有很大的不同，文体结构新颖，案例技巧贴近实际，讲解深入透彻，表现为以下几个方面：

■ 内容全面

本书从上万个Excel 2010应用技巧与工作中遇到的疑难问题提问中，精选出625个案例技巧，这些技巧覆盖Excel 2010各个方面，如：Excel 2010新功能、工作簿、工作表、单元格、数据输入/导入、数据填充、排序、筛选、分类汇总、合并计算、数据有效性、单变量求解、模拟运算表、方案管理器、规划求解、分析工具库、公式/函数、图表、数据透视表/图、宏/

VBA、表格安全/输出、打印等内容。

■ 结构清晰

本书结合Excel 2010的应用功能与应用对象，将书划分为8部分、45章内容。针对于一些案例技巧的操作，还提出了一些其他解决方法，以及从专家的角度进行提示说明。

■ 查阅方便

本书是便携式Excel 2010查询宝典工具书，按应用功能分类，读者可以随时随地通过目录快捷地查阅和学习内容。

本书从策划到出版，倾注了出版社编辑们的心血，特此表示衷心的感谢！

本书是由诺立文化策划，李东海、龙建祥和高建平编写。除此之外，还要感谢刘健忠、张铁军、魏勇、陈媛、陶婷婷、汪洋慧、彭志霞、彭丽、管文蔚、马立涛、张万红、陈伟、郭本兵、童飞、陈才喜、杨进晋、姜皓、张发凌、曹正松、陈超等参与本书的校对、整理与排版。

尽管作者力求对书中的案例精益求精，但疏漏之处仍然在所难免。如果读者发现书中的错误或某个案例有更好的解决方案，敬请批评指正。我们将尽快回复，且在本书再次印刷时予以修正。

再次感谢您的支持！

编著者

2011年10月

CONTENTS 目录

第1篇 Excel 2010基础应用

第1章 认识Excel 2010新功能

技巧1 使用“翻译器”快速翻译文本 2
技巧2 使用“背景移除工具”去除图片背景 3
技巧3 使用“截屏工具”快速截取所需界面 4
技巧4 使用“粘贴预览”功能动态预览 4
技巧5 使用“照片编辑”、“艺术效果”功能快速处理图片 5
技巧6 利用新的SmartArt模板创建更精美的流程图 6
技巧7 使用“迷你图”为数据分析增色 8
技巧8 使用“切片器”快速分段和筛选数据 9
技巧9 将文件发布到 SharePoint 库 10
技巧10 轻松将Excel文件转化为PDF/XPS文档 11

第2章 Excel 2010基础操作技巧

技巧1 保持与低版本格式兼容 14
技巧2 锁定常用文档 15
技巧3 清除打开的文件记录 15
技巧4 快速恢复未保存的文件 16
技巧5 巧设自动保存时间间隔 17
技巧6 轻松修改默认用户名称 17
技巧7 批量修改多个文档的作者 18

技巧8 巧妙扩大编辑区域 19
技巧9 通过鼠标智能缩放窗口 20
技巧10 让Excel自动滚屏 20
技巧11 改变快速访问工具栏位置 21
技巧12 巧妙设置快速访问工具栏 22
技巧13 禁止显示浮动工具栏 23
技巧14 巧妙设置状态栏 24
技巧15 取消消息栏警报 25
技巧16 拆分窗口对照比较数据 25
技巧17 让Excel会多种语言 26
技巧18 让Excel快速启动 27
技巧19 添加“开发工具”选项卡 28

第3章 工作簿操作技巧

技巧1 使用快捷键新建工作簿 30
技巧2 利用模板新建工作簿 30
技巧3 使用按钮快速保存工作簿 31
技巧4 使用快捷键快速保存工作簿 31
技巧5 同时打开多个工作簿 31
技巧6 自动打开指定工作簿 32
技巧7 一次性关闭所有工作簿 32
技巧8 以只读方式打开工作簿 32
技巧9 以副本方式打开工作簿 33
技巧10 在同一窗口显示多个工作簿 34
技巧11 在多个工作簿间快速切换 35

技巧12　生成备份工作簿……35
技巧13　为工作簿设置密码……36
技巧14　保护工作簿结构和窗口……37
技巧15　为工作簿添加摘要信息……38
技巧16　通过转换格式修复工作簿……39
技巧17　通过打开选项修复工作簿……40
技巧18　多人巧妙共享工作簿……40
技巧19　共享工作簿轻松用……41
技巧20　及时更新共享工作簿……41
技巧21　显示工作簿的完整路径……42
技巧22　简繁转换不求人……43

第4章　工作表操作技巧

技巧1　快速增加默认工作表数量……46
技巧2　快速添加新工作表……46
技巧3　快速选择多个连续工作表……47
技巧4　快速选择多个不连续工作表……47
技巧5　快速插入多个工作表……48
技巧6　快速隐藏工作表……48
技巧7　快速重命名工作表……48
技巧8　快速切换工作表……49
技巧9　快速复制工作表……50
技巧10　快速删除工作表……50
技巧11　保护工作表……51
技巧12　调整工作表显示比例……52

技巧13 自定义工作表显示比例 53
技巧14 工作簿内快速移动工作表 53
技巧15 移动工作表到新工作簿 54
技巧16 工作簿间快速移动工作表 55
技巧17 隐藏工作表网格线 55
技巧18 自定义工作表标签颜色 56
技巧19 隐藏工作表标签 56
技巧20 巧妙添加工作表图片背景 57
技巧21 快速删除工作表背景 57

第5章 单元格选取与格式设置技巧

技巧1 选择单个单元格 60
技巧2 选择连续的单元格区域 60
技巧3 选择不连续的单元格区域 61
技巧4 快速选择工作表的数据区域 61
技巧5 更改回车键移动方向 61
技巧6 让单元格自动换行 62
技巧7 快速为单元格命名 63
技巧8 为选定区域定义名称 64
技巧9 通过名称选择单元格区域 64
技巧10 快速定位单元格 65
技巧11 固定当前活动单元格 65
技巧12 选择包含链接的单元格 65
技巧13 自动调整行高和列宽 66
技巧14 精确调整行高或列宽 67

技巧15　复制表格时不改变列宽......68
技巧16　通过复制来修改列宽......69
技巧17　调整Excel奇数行行高......70
技巧18　隐藏单元格行或列......72
技巧19　取消隐藏行或列......74
技巧20　为单元格添加批注......75
技巧21　快速切换批注......75
技巧22　显示全部批注......76
技巧23　让批注位置随单元格变化......77
技巧24　按照批注进行查找......77
技巧25　快速删除批注......78

第6章　单元格样式设置技巧

技巧1　巧妙划分数据等级......80
技巧2　巧妙设置注释文本样式......80
技巧3　快速设置数据为货币样式......81
技巧4　在工作簿间复制单元格样式......81
技巧5　快速设置表格样式......82
技巧6　快速扩展套用格式后的表格......83
技巧7　使用隐藏办法删除标题行......84
技巧8　先转换为区域再删除标题行......85
技巧9　使用关键字设置单元格样式......85
技巧10　使用日期设置单元格样式......86
技巧11　快速标记重复数据......87
技巧12　使用项目特定范围设置单元格......89

第7章 数据输入、导入与快速填充技巧

技巧1 输入数据常用技巧 92
技巧2 快速输入上次输入的数据 93
技巧3 自动输入重复数据 93
技巧4 关闭自动输入重复数据功能 93
技巧5 设置竖排数据 94
技巧6 巧妙输入货币符号 95
技巧7 批量为数据添加计量单位 96
技巧8 添加千位分隔符 97
技巧9 快速输入日期 98
技巧10 批量转换日期格式 99
技巧11 巧用数字输入特殊时间 100
技巧12 快速输入分数 100
技巧13 快速输入以0开头的数字 101
技巧14 快速输入15位以上的数据 101
技巧15 自动设置小数位数 102
技巧16 设置特殊格式数据 103
技巧17 导入Word表格中的数据 104
技巧18 启用自动填充柄功能 105
技巧19 复制数据或填充连续数据 106
技巧20 快速填充等差序列 106
技巧21 快速填充等比序列 108
技巧22 自定义填充 108
技巧23 不带格式填充数据 109
技巧24 自动填充公式结果 110

技巧25　自动填充表字段标题......111
技巧26　设置自动更正选项......112
技巧27　在工作表之间复制数据......113

第8章　数据复制、查找与替换操作技巧

技巧1　快速移动或复制单元格......116
技巧2　在同一行或同一列中复制数据......116
技巧3　复制数据时保留原数据......118
技巧4　通过剪贴板复制数据......118
技巧5　删除剪贴板中的内容......119
技巧6　隐藏单元格中的数据......119
技巧7　快速插入单元格数据......120
技巧8　快速选择数据区域......122
技巧9　快速选择“文本”型数据......123
技巧10　多个工作表中同时输入数据......123
技巧11　轻松使用撤销功能......124
技巧12　快速撤销数据......125
技巧13　快速恢复数据操作......125
技巧14　删除数据内容......126
技巧15　轻松删除重复数据......127
技巧16　删除工作表中的所有内容......128
技巧17　轻松快速查找所需的数据......128
技巧18　进行简单的替换......129
技巧19　通过设置格式进行替换......130
技巧20　巧用替换功能......131

技巧21 同增同减单元格区域数据......132
技巧22 行列数据转置......133

第9章 行、列操作技巧

技巧1 快速插入单行......136
技巧2 快速插入多行或多列......137
技巧3 继续插入行或列的操作......138
技巧4 隔行插入空白行......139
技巧5 快速删除空行......139
技巧6 快速冻结工作表首行或首列......140
技巧7 更改工作簿的默认列宽......141

第10章 单元格条件设置技巧

技巧1 巧用大于和小于条件格式......144
技巧2 巧用等于条件格式......145
技巧3 巧用数据段范围条件格式......146
技巧4 巧用关键字设置单元格样式......147
技巧5 巧用日期设置单元格样式......148
技巧6 快速标记重复数据......149
技巧7 巧用项目特定范围设置单元格......150
技巧8 巧用项目平均值设置单元格......152
技巧9 巧用项目百分比设置单元格......153
技巧10 巧用数据条显示数据大小......154
技巧11 巧用三色刻度显示数据......154
技巧12 巧用图标集标注单元格数据......156

技巧13 巧妙地为单元格隔行着色 156
技巧14 单元格隔行着色巧设置 157
技巧15 巧妙设置表格立体效果 159

第2篇 数据常见处理与分析

第11章 排序操作与设置技巧

技巧1 快速对单列进行排序 162
技巧2 快速对多列进行排序 162
技巧3 按自定义序列排序 163
技巧4 根据单元格颜色排序 164
技巧5 按行对数据进行排序 165
技巧6 按笔划对数据进行排序 167
技巧7 巧用函数进行随机排序 167
技巧8 巧用函数实现按字符个数排序 168
技巧9 利用IF函数进行排序 169
技巧10 按字母与数字的混合内容进行排序 170

第12章 筛选操作与高级应用技巧

技巧1 快速进行自动筛选 172
技巧2 快速使用自定义筛选 173
技巧3 筛选同时满足多个条件的数据 173
技巧4 筛选满足其中一个条件的数据 174

技巧5　巧用高级筛选复制数据……175
技巧6　巧用高级筛选作标记……176
技巧7　快速筛选空白数据行……177
技巧8　快速筛选重复记录……178
技巧9　使用通配符进行筛选……179
技巧10　在受保护的工作表中使用筛选……180

第13章　分类汇总应用与设置技巧

技巧1　了解分类汇总……182
技巧2　快速清除分级显示符号……183
技巧3　自动建立分级显示……183
技巧4　手动建立分级显示……184
技巧5　轻松打印分类汇总数据……185
技巧6　每页显示固定数量的汇总记录……186
技巧7　嵌套分类汇总……187
技巧8　更改汇总方式……188
技巧9　删除分类汇总……188

第14章　合并计算操作技巧

技巧1　按位置合并计算……190
技巧2　按类合并计算……191
技巧3　不同种类的合并计算……192
技巧4　通过公式合并计算……192
技巧5　巧用合并计算添加数据……193
技巧6　删除合并计算中的源区域……194

技巧7 快速用合并计算统计数量......194
技巧8 快速用合并计算统计重复次数......195
技巧9 巧妙删除任意列......196
技巧10 设置自动更新数据源......197

第15章 数据有效性设置技巧

技巧1 禁止输入重复数据......200
技巧2 设置输入信息......201
技巧3 设置出错警告......201
技巧4 控制输入小数的位数......202
技巧5 限制单元格中文本的长度......203
技巧6 取消设置的数据范围限制......204
技巧7 使中英文输入法自动切换......204
技巧8 圈释无效数据......205
技巧9 取消圈释出的无效数据标志......206
技巧10 在单元格中添加下拉列表框......206
技巧11 通过定义名称创建下拉列表框......207
技巧12 复制数据有效性设置......208
技巧13 在工作表中查找包含数据有效性的单元格......209

3 数据高级分析

第16章 单变量求解应用技巧

技巧1 单变量求解鸡兔问题......212

技巧2 单变量求解预期存款问题......213
技巧3 单变量求解可贷款金额问题......214
技巧4 单变量求解贷款年限问题......214
技巧5 单变量求解函数运算问题......215
技巧6 单变量求解预测销售金额问题......216

第17章 模拟运算表应用技巧

技巧1 单变量模拟运算表求解房贷问题......220
技巧2 单变量模拟运算表求解产品销售量与利润额问题......221
技巧3 双变量模拟运算表求解房贷问题......222
技巧4 双变量模拟运算表求解销售量、销售单价与利润额问题......224
技巧5 将模拟运算结果转换为常量......225
技巧6 删除模拟运算结果......226

第18章 方案管理器应用技巧

技巧1 快速建立方案......228
技巧2 显示查看建立的多个方案......229
技巧3 对方案进行编辑处理......230
技巧4 合并不同工作表中的方案......230
技巧5 创建方案摘要......232
技巧6 创建数据透视表方案摘要......233
技巧7 通过比较方案查找出最佳方案......234

第19章 规划求解应用技巧

技巧1 加载规划求解......238

技巧2 建立“两种产品生产基本信息”规划求解模型............239
技巧3 使用“规划求解”求解出两种产品最佳总收益额........240
技巧4 建立“所有产品利润最大化生产方案”规划求解模型.....241
技巧5 使用“规划求解”求解出所有产品利润最大化生产方案.....242

第20章 分析工具库应用技巧

技巧1 加载分析工具库.....246
技巧2 用描述统计分析培训成绩.....247
技巧3 相关系数分析.....248
技巧4 直方图分析工具.....249
技巧5 排位与百分比排位分析工具.....250
技巧6 比较预测销售额和实际销售额.....251
技巧7 使用指数平滑分析预测未来值.....252
技巧8 协方差分析.....253
技巧9 单因素方差分析.....254
技巧10 无重复双因素方差分析.....255
技巧11 可重复双因素方差分析.....256
技巧12 使用“F-检验 双样本方差分析”分析数据相关性......257

第4篇 函数基础与应用

第21章 公式与函数基础应用技巧

技巧1 输入公式.....260
技巧2 使用其他符号开头来输入公式.....260

技巧3 利用填充功能快速实现统计计算……261
技巧4 快速显示工作表中的所有公式……262
技巧5 保护和隐藏工作表中的公式……262
技巧6 在新输入的行中自动填充上一行的公式……263
技巧7 使用工具栏按钮输入函数……264
技巧8 使用自动完成功能输入函数……264
技巧9 使用【插入函数】对话框输入函数……265
技巧10 公式中常用的运算符……265
技巧11 运算符的优先级顺序……266
技巧12 数据源的相对引用……267
技巧13 数据源的绝对引用……267
技巧14 数据源的混合引用……268
技巧15 三维数据源引用……268
技巧16 在多张工作表中引用数据源……269
技巧17 在多个工作簿中引用数据源……270
技巧18 快速改变数据源引用类型……271

第22章 函数的高级应用

技巧1 按规则定义名称……274
技巧2 创建名称……274
技巧3 使用名称框命名……275
技巧4 定义常量和公式名称……275
技巧5 快速查看名称中的公式……276
技巧6 快速选择名称对应的单元格区域……276
技巧7 以图形的方式查看名称……277

技巧8　通过“监视窗口”来监视数据……277
技巧9　通过“显示公式”查看工作表中所有的公式……278
技巧10　通过“公式求值”来检查计算公式……279
技巧11　通过“错误检查”功能来检查错误值……280
技巧12　追踪引用单元格……280
技巧13　追踪从属单元格……281
技巧14　移去追踪箭头……281
技巧15　获取错误值的解决帮助……282

第23章　数组公式应用

技巧1　认识数组及其特性……284
技巧2　快速输入常量数组……285
技巧3　了解数组之间运算的规则……285
技巧4　数组公式……287
技巧5　多重计算与数组公式的区别……288
技巧6　慎用逻辑函数与多重*、+计算互换……288
技巧7　了解多单元格数组公式的几大特征……290
技巧8　使用多单元格数组公式……291
技巧9　多维引用模型……292

第24章　函数在行政管理中的应用技巧

技巧1　对员工的技能考核进行星级评定……296
技巧2　考评员工成绩是否达标……296
技巧3　IF函数配合LEFT函数根据代码返回部门名称……297

技巧4 根据消费卡和消费金额派发赠品......297
技巧5 标注出需要核查的项目......298
技巧6 从编码中提取合同号......298
技巧7 返回值班安排表中日期对应的星期数......299
技巧8 计算工程完工日期......299
技巧9 填充12个月的月份名......299
技巧10 建立产品的订单编码......300
技巧11 计算生产部门人数和运输部门人数......300
技巧12 计算几位员工向公司借款的总借款天数......301
技巧13 判断员工考核成绩是否合格......302
技巧14 根据员工编号自动查询相关信息（向量型）......302
技巧15 根据员工编号自动查询相关信息（数组型）......303

第25章 函数在人力资源与信息管理中的应用技巧

技巧1 根据员工的销售量进行业绩考核......306
技巧2 根据年龄判断职工是否退休......306
技巧3 根据职工性别和职务判断退休年龄......307
技巧4 统计员工试用期到期的人数......307
技巧5 根据员工的出生日期快速计算其年龄......308
技巧6 自动追加工龄工资......308
技巧7 计算年假占全年工作日的百分比......309
技巧8 计算出员工年龄......309
技巧9 计算出员工工龄......310
技巧10 从E-mail地址中提取账号......310

技巧11　从身份证号码中提取出生年份……311
技巧12　从身份证号码中提取完整的出生日期……311
技巧13　从身份证号码中判别性别……312
技巧14　快速生成对客户的称呼……313
技巧15　判断员工是否已签到……313
技巧16　累积员工每日得分……314
技巧17　汇总男女职工总数……314
技巧18　统计出指定部门获取奖金的人数（去除空值）……315

第26章　函数在市场营销中的应用技巧

技巧1　查找销售员指定季度的产品销售数量……318
技巧2　查询特定门面、特定月份的销售金额……318
技巧3　统计不同时间段不同类别产品的销售金额……319
技巧4　按业务发生时间进行汇总……320
技巧5　统计某个时段之前或之后的销售总金额……320
技巧6　统计两种类别或多种类别品总销售金额……321
技巧7　统计某一日期区域的销售金额……321
技巧8　根据产品的销售量与单价计算总销售额……322
技巧9　从销售统计表中统计指定类别产品的总销售额……322
技巧10　同时统计出某两种型号产品的销售件数……323
技巧11　统计指定店面指定类别产品的销售金额合计值……323
技巧12　统计非工作日销售金额……324
技巧13　统计销售记录条数……324
技巧14　统计出各类别产品的销售记录条数……325
技巧15　统计前三名销售人员的平均销售量……326

第27章　函数在财务计算中的应用技巧

技巧1　计算某公司的几项借款的总借款天数......328
技巧2　计算某公司几项借款还款的剩余天数......328
技巧3　计算几位员工向公司借款的总借款天数......329
技巧4　自动生成凭证号......329
技巧5　筛选掉某些科目......330
技巧6　分别统计收入和支出......330
技巧7　计算出一组不定期盈利额的净现值......331
技巧8　计算某项投资在可变利率下的未来值......331
技巧9　计算投资期内要支付的利息......332
技巧10　计算某项投资的内部收益率......332
技巧11　计算某项投资的修正内部收益率......333
技巧12　计算出不定期发生现金流的内部收益率......333
技巧13　计算某项借款的收益率......334
技巧14　计算某项保险的收益率......334
技巧15　求定期付息有价证券的应计利息......334
技巧16　求有价证券的贴现率......335
技巧17　求国库券的等效收益率......336
技巧18　求国库券的收益率......336
技巧19　根据工作时间计算12月工资......337
技巧20　统计各部门工资总额......337

第28章　函数在仓储管理中的应用技巧

技巧1　自动比较两个部门的采购价格是否一致......340

技巧2　识别库存产品的产品类别......340
技巧3　使用数组公式核对两组库存产品数据......341
技巧4　计算出库的月份有几个......341
技巧5　提取入库产品的类别编码......342
技巧6　显示指定的店面的出库记录......342
技巧7　统计无货商品的数量......343
技巧8　统计某一类产品的最高出库单价......344
技巧9　对每日出库量累计求和......344
技巧10　计算产量最高的季度......345

第29章　函数在贷款和投资计算中的应用技巧

技巧1　计算贷款的每期偿还额......348
技巧2　当支付次数为按季度支付时计算每期应偿还额......348
技巧3　计算贷款每期偿还额中包含的本金额......349
技巧4　计算贷款每期偿还额中包含的利息额......349
技巧5　计算出住房贷款中每月还款利息额......350
技巧6　计算购买某项保险的未来值......350
技巧7　计算住房公积金的未来值......351
技巧8　计算购买某项保险的现值......351
技巧9　计算出某项贷款的清还年数......352
技巧10　计算出某项投资的投资期数......352
技巧11　计算企业项目投资净现值......353
技巧12　计算某项投资的年金现值......353

第30章 函数在固定资产管理中的应用技巧

技巧1 采用直线法计算出固定资产的每年折旧额 356
技巧2 采用直线法计算出固定资产的每月折旧额 356
技巧3 采用直线法计算出固定资产的每天折旧额 357
技巧4 采用固定余额递减法计算出固定资产的每年折旧额.....357
技巧5 采用固定余额递减法计算出固定资产的每月折旧额.....358
技巧6 采用双倍余额递减法计算出固定资产的每年折旧额.....358
技巧7 计算出固定资产部分期间的设备折旧值.......................359
技巧8 采用年限总和法计算出固定资产的每年折旧额............360
技巧9 采用直线法计算累计折旧额..361
技巧10 采用余额递减法计算累计折旧额..................................362
技巧11 采用年限总和法计算累计折旧额..................................362
技巧12 计算每个会计期间的折旧值..364
技巧13 如何以法国会计系统计算每个会计期间的折旧值 364

第5篇 图表基础与应用

第31章 图表、迷你图创建与数据系列设置技巧

技巧1 快速创建数据图表 366
技巧2 巧妙创建不连续数据区域图表 367
技巧3 拖动方法添加数据系列 367
技巧4 使用复制方法添加数据系列..368
技巧5 在图表中直接删除数据系列..368

技巧6　快速删除复杂图表数据系列……369
技巧7　使用拖动方法修改数据系列……369
技巧8　通过公式快速修改数据系列……370
技巧9　使用命令调换数据系列次序……371
技巧10　使用公式调换数据系列次序……371
技巧11　快速创建数据“迷你图”……372
技巧12　更改“迷你图”的类型……373

第32章　图表中对象格式设置技巧

技巧1　快速添加标题……376
技巧2　设置图表标题艺术字效果……376
技巧3　设置图表标题的特效……377
技巧4　设置图表标题竖排……377
技巧5　重新调整图例的显示位置……378
技巧6　实现让水平轴从右向左显示……378
技巧7　重新设置坐标轴的刻度……379
技巧8　根据图表需求更改刻度线标签的位置……380
技巧9　设置坐标轴颜色……380
技巧10　巧妙调整坐标轴刻度单位……382
技巧11　巧妙反相坐标轴数值……383
技巧12　快速隐藏坐标轴……383
技巧13　横向分割绘图区……384
技巧14　纵向分割绘图区……386
技巧15　巧妙显示差距大的数据序列……388
技巧16　隐藏图表网格线……389
技巧17　将图表中的网格线更改为虚线条……389

第33章 图表美化设置技巧

技巧1 设置图标区的边框颜色......392
技巧2 轻松调整图表布局......392
技巧3 快速设置图表样式......393
技巧4 设置图表阴影特效......393
技巧5 设置图表棱台特效......394
技巧6 设置图表纹理填充效果......394
技巧7 设置图表渐变填充效果......395
技巧8 设置图表图片填充效果......396

第34章 趋势线、误差线设置与应用技巧

技巧1 为图表添加趋势线......398
技巧2 用R平方值判断趋势线的可靠性......399
技巧3 使用移动平均趋势线......400
技巧4 重新更改趋势线的名称......400
技巧5 在图表中显示趋势线的公式......401
技巧6 如何正确选择趋势线类型......402
技巧7 使用趋势线轻松进行预测......404
技巧8 为图表添加误差线......405
技巧9 为图标添加折线......406
技巧10 快速设置误差线样式......407

第35章 典型图表编辑与应用技巧

技巧1 轻松创建瀑布图......410

技巧2　轻松创建复合图表 411
技巧3　轻松创建柏拉图 413
技巧4　轻松创建步进图 416
技巧5　轻松创建云梯图 417
技巧6　轻松创建函数曲线图 419
技巧7　轻松创建突出型饼图 420
技巧8　轻松创建突出型饼图 422

第36章　动态图表编辑与应用技巧

技巧1　轻松创建动态图表 424
技巧2　新建动态折线图 425
技巧3　重新设置坐标轴的最小值 426
技巧4　为系列添加垂直线 427
技巧5　建立辅助序列 428
技巧6　将图表数据系列定义为名称 429
技巧7　使用定义的名称建立图表 430
技巧8　添加百分比数据标签并显示两位小数 431
技巧9　新建圆环图 432
技巧10　定义图表数据系列的名称 433

第6篇　数据透视表基础与应用

第37章　数据透视表新建技巧

技巧1　轻松创建数据透视表 436

技巧2 按照不同需要创建透视表......437
技巧3 快速添加数据透视表字段......438
技巧4 使用外部数据源创建数据透视表......439
技巧5 使用多个表创建数据透视表......440
技巧6 快速删除数据透视表......441
技巧7 在当前工作表中显示数据透视表......441
技巧8 添加字段分析数据......442
技巧9 选择数据库中部分数据建立数据透视表......443
技巧10 删除不需要的字段......444
技巧11 改变字段的顺序......444
技巧12 调整字段得到各类统计结果......445
技巧13 更改透视表的数据源......445
技巧14 更改“数据透视表字段列表”任务窗格的布局......446
技巧15 恢复显示丢失的“数据透视表字段列表”任务窗格......446

第38章 数据透视表编辑技巧

技巧1 巧妙更改列标签名称......448
技巧2 轻松更改数据透视表布局......448
技巧3 快速设置数据透视表样式......449
技巧4 快速查看数据详细信息......449
技巧5 查看单个数据详细信息......450
技巧6 自定义数据透视表样式......450
技巧7 更改数据透视表默认的汇总方式......452
技巧8 统计每天销售记录条数......453
技巧9 让数据透视表中显示数据为占总和百分比......453

技巧10 重新设置数据透视表中的数字格式......454
技巧11 取消字段的标题......454
技巧12 显示字段的明细数据......455
技巧13 更改字段的分类汇总方式......456
技巧14 隐藏特定的记录......456
技巧15 调整记录的显示顺序......457
技巧16 移动数据透视表......457
技巧17 重命名数据透视表......458
技巧18 设置数据透视表分类汇总布局......458
技巧19 在汇总项目后插入空行......459
技巧20 指定特定样式为数据透视表的默认样式......459
技巧21 自定义公式求解各销售员奖金......460
技巧22 自定义公式求解各类别商品利润率......460
技巧23 查看当前数据透视表中自定义的公式......461
技巧24 将数据透视表转换为普通表格......461
技巧25 快速清除数据透视表中所有字段......462
技巧26 删除数据透视表......462

第39章　数据透视表中数据处理技巧

技巧1 轻松实现行标签排序......464
技巧2 轻松实现列标签排序......464
技巧3 轻松实现行总计值排序......465
技巧4 按数值字段进行排序......466
技巧5 双标签时数据字段的排序......467
技巧6 按照不同需求进行筛选......468

技巧7 按特定值进行标签筛选......469
技巧8 按特定值进行值筛选......470
技巧9 清除所作的筛选......471
技巧10 一次性删除所有筛选......471
技巧11 在数据透视表中插入“切片器”......472
技巧12 利用“切片器”对数据进行动态分割......473

第40章 数据透视表属性设置技巧

技巧1 打开文件时自动更新......476
技巧2 更改数据透视表汇总方式......476
技巧3 发布数据透视表......477
技巧4 禁止他人通过双击单元格查看明细数据......478
技巧5 显示或隐藏整个报表的总计项......479
技巧6 解决刷新数据透视表后所有格式都消失的问题......479
技巧7 解决更新数据源后数据透视表不能相应更新的问题......480
技巧8 让数据透视表中的空白单元格显示为0......480
技巧9 控制数据透视表中错误值的显示......481
技巧10 恢复选中单元格时显示提示文字......481

第41章 数据透视图创建与编辑技巧

技巧1 快速创建数据透视图......484
技巧2 更改数据透视图类型......485
技巧3 筛选数据透视图内容......486
技巧4 快速设置数据透视图样式......486
技巧5 为数据透视图添加漂亮背景......487

技巧6　通过“图表布局”功能快速设置图表布局……488
技巧7　在新工作表中显示数据透视图……489
技巧8　恢复“数据透视图筛选窗格”的显示……489
技巧9　在数据透视图中明细数据……490
技巧10　折叠数据透视图中数据到上级项目……490

第7篇　宏与VBA应用

第42章　宏基础操作与范例应用技巧

技巧1　录制一个使用“宏”……492
技巧2　运行录制的宏……493
技巧3　录制宏的局限性……493
技巧4　设置宏名的要求……494
技巧5　建立运行宏的快捷键……494
技巧6　查看宏代码……495
技巧7　保存录制了宏的工作簿……495
技巧8　实现录制的宏应用于所有工作簿……497
技巧9　将宏指定给图片……497
技巧10　通过表单控件按钮来执行宏……498
技巧11　将宏模块复制到另一个工作簿中……499
技巧12　删除不需要的宏……500

第43章　VBA基础操作与范例应用技巧

技巧1　通过命令按钮执行VBA程序……502

技巧2　解决创建按钮后单击时不执行代码的问题……503
技巧3　使用正则表达式快速查找和替换……503
技巧4　快速给多个单元格添加图片批注……505
技巧5　互换两个单元格或区域中的数据……506
技巧6　打开或禁止单元格自动填充功能……507
技巧7　将文本字符串的首字母变成大写……508
技巧8　获取文件夹中的文件列表……509
技巧9　去除工作表保护密码……512
技巧10　打开和关闭VBA编辑器自动语法检查功能……514
技巧11　重新设置命令按钮的字体……514
技巧12　设置命令按钮的图片填充……516
技巧13　建立窗体界面并添加控件……516
技巧14　利用列表框显示表格数据……517
技巧15　利用日历控件选择日期……518

第8篇　表格安全、输出与打印

第44章　表格安全设置技巧

技巧1　设置允许用户进行的操作……522
技巧2　隐藏含有重要数据的工作表……523
技巧3　指定工作表中的可编辑区域……524
技巧4　设置可编辑区域的权限……525
技巧5　解决设置工作表保护却起不到保护作用的问题……526
技巧6　保护工作簿不能被修改……527

技巧7　设置工作簿打开权限密码......527
技巧8　设置工作簿修改权限密码......528
技巧9　保护公式不被更改......529
技巧10　阻止文档中的外部内容......530
技巧11　只保护受保护的工作表中的特定单元格和区域......531
技巧12　设置允许用户进行的操作......532
技巧13　保护工作簿窗口不被最大、最小化......532
技巧14　加密工作簿......532
技巧15　添加数字签名以保护文档......533

第45章　表格打印与输出操作技巧

技巧1　打印指定的页......536
技巧2　打印工作表中某一特定区域......537
技巧3　一次性打印多张工作表......538
技巧4　将行、列号一同打印出来......539
技巧5　将工作表上的网格线打印出来......540
技巧6　将数据缩印在一页纸内打印......541
技巧7　打印超宽工作表......542
技巧8　打印工作簿......543
技巧9　添加多个打印区域......543
技巧10　一次性打印多份文档......544
技巧11　打印当前工作表中除设置的打印区域之外的内容......544
技巧12　建立打印机文件......545
技巧13　一次性打印多个工作簿......546
技巧14　在打印时不打印单元格中的颜色和底纹效果......546

技巧15 以草稿质量打印......547

技巧16 打印出批注......548

技巧17 设置工作表中错误单元格的打印方式......548

技巧18 将工作表的数据居中打印......549

技巧19 插入分页符来新起一页......549

技巧20 将多个打印区域打印到同一页上......550

技巧21 只打印图表......550

技巧22 设置图表的打印质量......550

技巧23 巧妙打印工作表背景......551

技巧24 实现文档的缩放打印......552

技巧25 取消打印......553

技巧26 设置双面打印......553

技巧27 设置每张打印的页数......554

技巧28 设置灰度打印......554

技巧29 保存到Web......555

技巧30 创建PDF/XPS文档......555

技巧31 将表格保存为二进制工作簿......556

技巧32 将表格保存为文本文件......557

第1篇 Excel 2010 基础应用

第1章

认识Excel 2010新功能

Excel 2010以新的界面面向用户，与老版本相比（特别是与Excel 2003相比）变化较大，因此了解Excel 2010的一些新功能的操作技巧，是很有必要的。

技巧1 使用“翻译器”快速翻译文本

在Excel 2010中，强化了翻译的功能和易用性，用户可以使用“翻译器”翻译用不同语言输入的文字，例如短语或段落、每个单词，或者翻译文件，具体的操作步骤如下。

1. 单击“审阅”选项卡，在“语言”选项组中单击“翻译”按钮，如图1-1所示。
2. 在右侧弹出的“信息检索”任务窗格中，设置源语言为“中文（中国）”，翻译语言为“英语（美国）”，如图1-2所示。

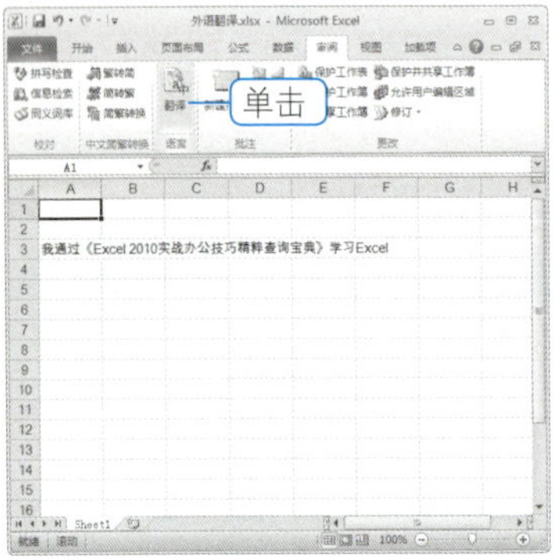

图1-1

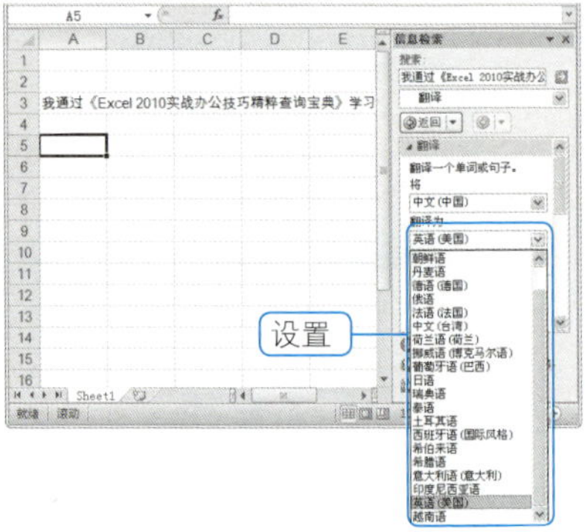

图1-2

3. 此时，Excel 2010将对中文进行翻译，并将翻译结果显示出来，单击空白单元格，单击翻译结果下方的“插入”按钮，如图1-3所示。
4. 翻译结果将自动输入所选的单元格中，如图1-4所示。

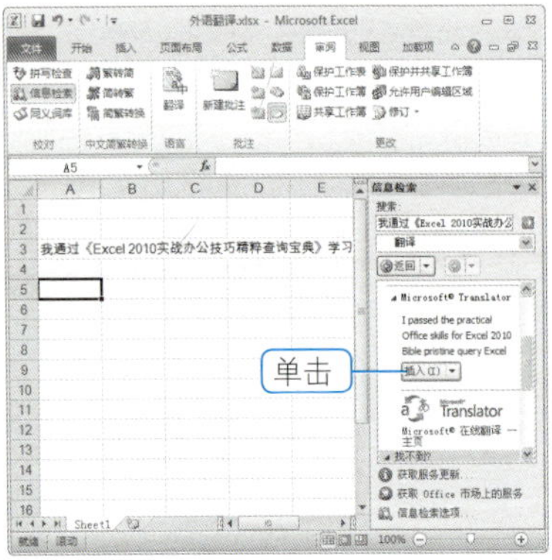

图1-3

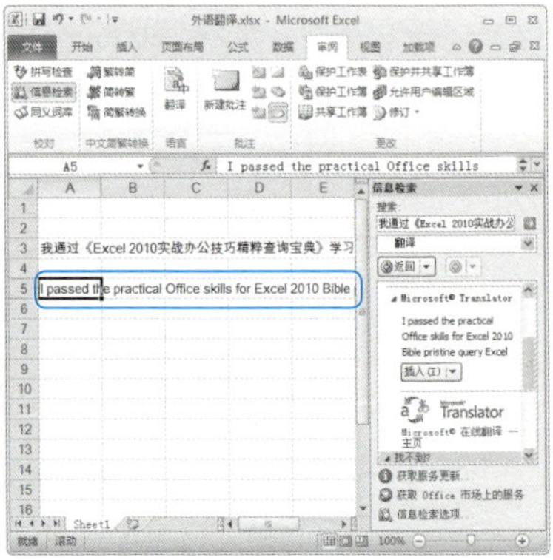

图1-4

技巧2 使用“背景移除工具”去除图片背景

为了快速从图片中获得有用的内容，Excel 2010提供了删除图片背景的功能，这样就不再需要像Photoshop这样的专业工具，而使用Excel就可以非常方便地去除图片背景。具体操作如下。

1 选择工作表中要去除背景的图片，如图1-5所示。

2 单击功能区中的“格式”选项卡，在“调整”选项组中单击“删除背景”按钮，进入图片编辑状态，如图1-6所示。

图1-5

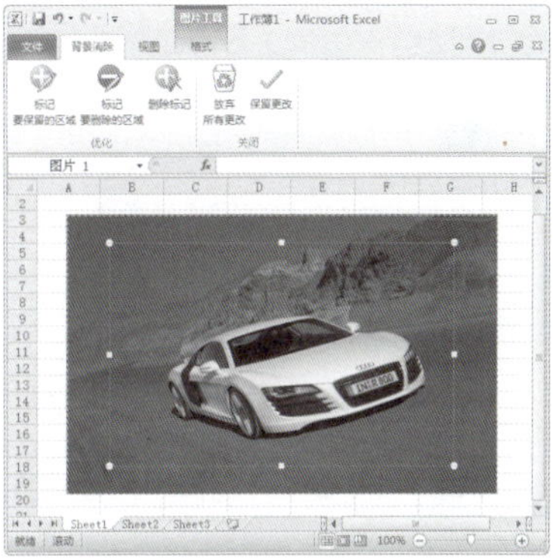

图1-6

3 拖动矩形边框四周上的控制点，以便圈出最终要保留的图片区域，如图1-7所示。

4 完成图片区域的选定后，单击图片区域外部，或者单击功能区中“背景清除”选项卡上“关闭”选项组中的“保留更改”按钮，确认对图片所做的修改，这样即可得到去除背景后的图片，如图1-8所示。

图1-7

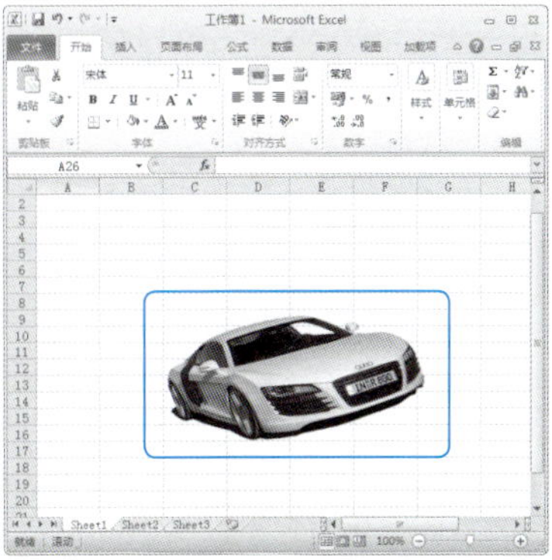

图1-8

专家提示

如果希望不删除图片背景并返回图片原始状态，则需要单击功能区“背景清除”选项卡上的“关闭”选项组中的“放弃所有更改”按钮。

技巧3 使用“截屏工具”快速截取所需界面

从Windows Vista开始，系统已经内置一个名为“抓图工具”的组件，可以部分替换第三方的截屏工具，不过现在可以在Excel 2010中直接完成截屏操作，可以说更为方便。具体操作如下。

1 单击“插入”选项卡，在“插图”选项组中单击“屏幕截图”按钮，在下拉菜单中可以看见当前打开窗口的截屏画面，如图1-9所示。

2 选择截屏画面之后即可插入当前文档，如图1-10所示。

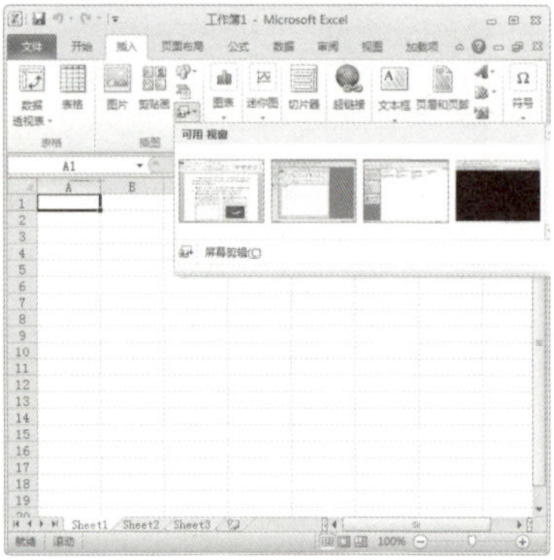

图1-9

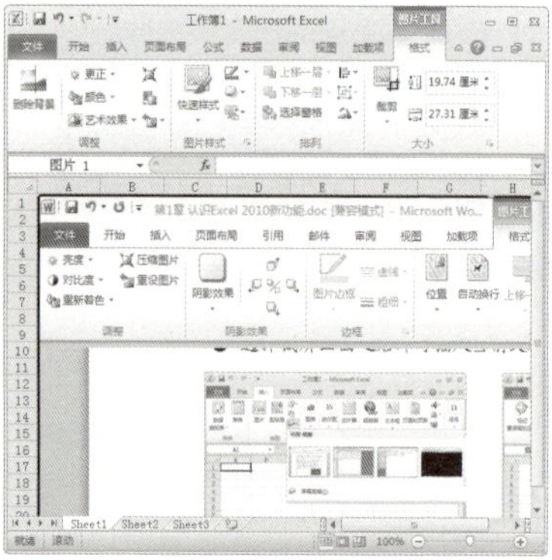

图1-10

技巧4 使用“粘贴预览”功能动态预览

在编写电子文档的过程中，当执行复制粘贴操作遇到对粘贴效果不满意的情况时，可以利用Excel 2010中新增的粘贴预览功能，在复制粘贴过程中前提预览粘贴效果，操作过程如下。

1 在Excel 2010工作表中复制所需的数据，鼠标右键单击目标单元格，将鼠标指针指向“选择性粘贴”选项，如图1-11所示。

2 此时便可从出现的多个粘贴模式（粘贴模式选项是根据先前所复制的内容自动变化的）中进行自由选择。将鼠标指针停留在某个粘贴模式上，如“值”，即可实时预览粘贴效果（如图1-12所示），而非执行真正的粘贴命令。

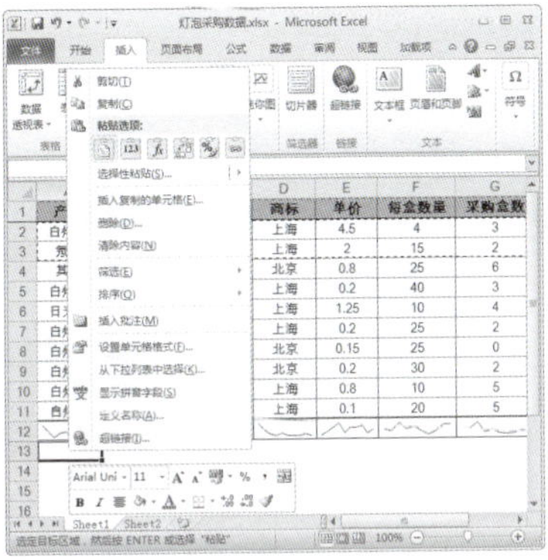

图1-11

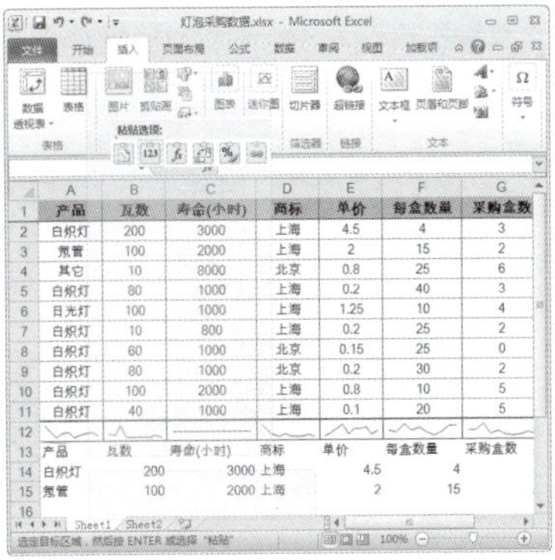

图1-12

专家提示

若当前的粘贴预览效果不符合实际要求，无需执行任何撤销或删除操作，直接在子菜单中选择其他粘贴模式进行预览即可，如选择“转置”。找到最佳的粘贴效果后，单击它，即可将内容真正粘贴到目标位置。

技巧5 使用“照片编辑”、“艺术效果”功能快速处理图片

在Excel 2010中，用户可以很轻松地创建具有整洁、专业外观的图像。使用“照片编辑”功能可快速微调图片的颜色强度（饱和度）、色调（色温），或者调整其亮度、对比度、清晰度或颜色，所有这些操作均无需使用其他照片编辑软件。而新增和改进的“艺术效果”功能可以对图片应用不同的艺术效果，使其看起来更像素描、绘图或绘画作品。新增艺术效果包括铅笔素描、线条图形、水彩海绵、马赛克气泡、玻璃、蜡笔平滑、塑封、影印、画图笔划等。具体的操作步骤如下。

❶ 选择工作表中要编辑的图片，单击“格式”选项卡，在“调整”选项组中单击“更正”按钮，在弹出的下拉菜单中可以对图片的“锐化和柔化”、“亮度和对比度”进行设置，如选择“锐化:25%”选项，如图1-13所示。

❷ 在“调整”选项组中单击“颜色”按钮，在弹出的下拉菜单中则可以对图片的“颜色饱和度”、“色调”以及“重新着色”等进行设置，如选择“灰度”选项，如图1-14所示。

❸ 在“调整”选项组中单击“艺术效果”按钮，在弹出的下拉菜单中即可选择图片不同的艺术效果，如选择“影印”选项，如图1-15所示。

❹ 完成设置后图片的最终效果如图1-16所示。

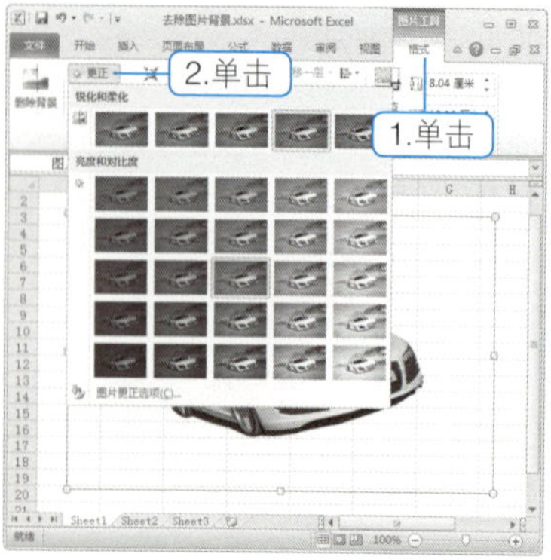

图1-13

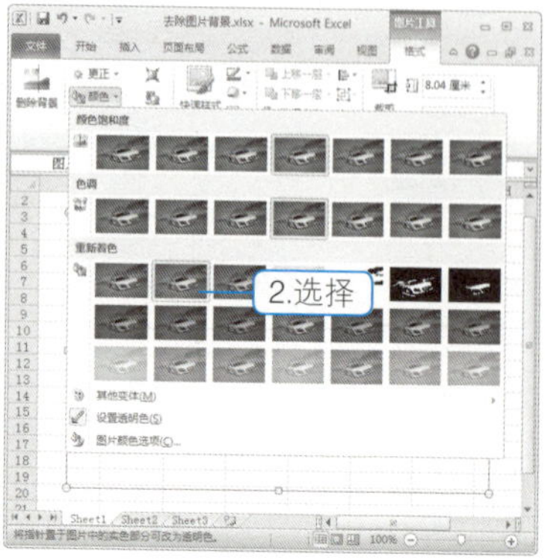

图1-14

图1-15

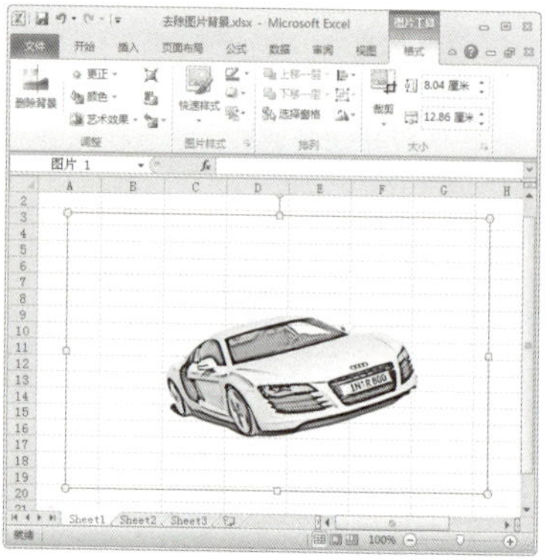

图1-16

技巧6 利用新的SmartArt模板创建更精美的流程图

SmarArt是Excel 2010引入的一个很酷的功能，可以轻松制作出精美的业务流程图。“SmartArt样式”是各种效果（如线型、棱台或三维）的组合，在Excel 2010中，轻松地创建SmartArt图形，并将SmartArt样式应用于SmartArt图形中的操作步骤如下。

❶ 启动Excel 2010，单击“插入”选项卡，在“插图”选项组中单击“插入SmartArt图形”按钮，如图1-17所示。

❷ 弹出“选择SmartArt图形”对话框，列表中包括了列表、流程、循环、层次结构、关系、矩阵等多种分类，选择其中一种，如图1-18所示。

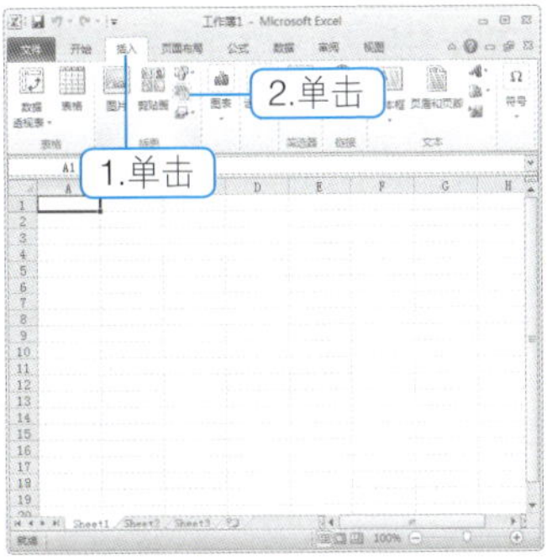

图1-17

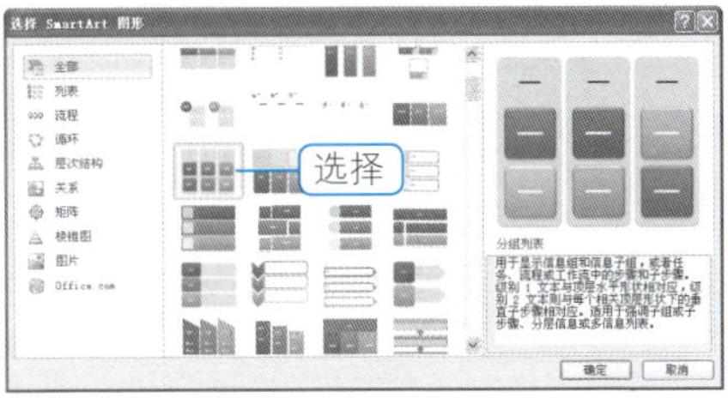

图1-18

3 图形插入后，单击该图形就可以对图形进行编辑，包括文字修改、图片插入、层次等级等选项，用户可以根据需要自由修改，如图1-19所示。

4 在“设计”选项卡上的“SmartArt样式”选项组中单击“更改颜色”按钮，在弹出的下拉菜单中选择“色彩范围-强调文字颜色5～6”选项，如图1-20所示。

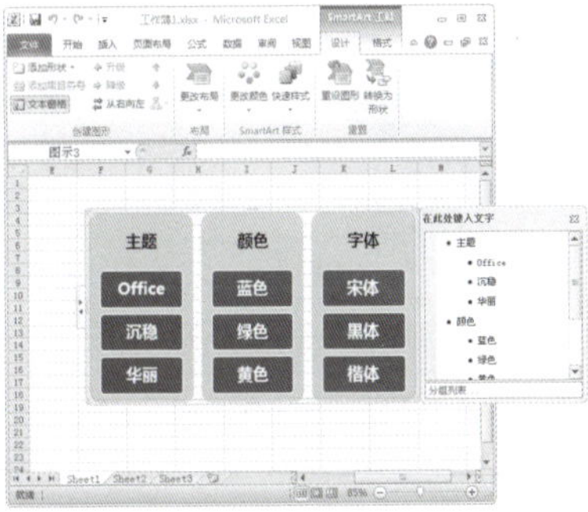

图1-19

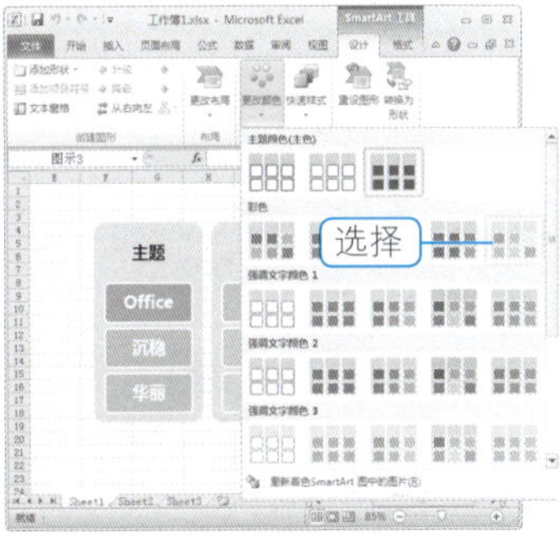

图1-20

5 在“设计”选项卡上的“SmartArt样式”选项组中单击“快速样式”按钮，在弹出的下拉菜单中选择“金属场景”选项，如图1-21所示。

6 完成设置后的最终SmartArt图形效果图如图1-22所示。

图1-21

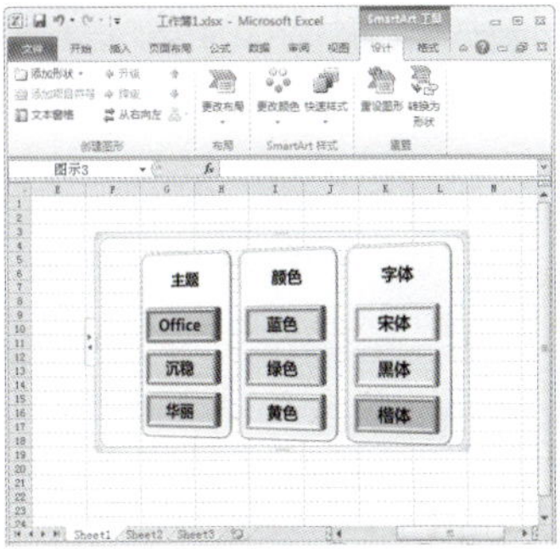

图1-22

技巧7 使用“迷你图”为数据分析增色

迷你图是Excel 2010中的一个新功能，它是工作表单元格中的一个微型图表，可提供数据的直观表示。使用迷你图可以显示一系列数值的趋势（例如，季节性增加或减少、经济周期），或者可以突出显示最大值和最小值。在数据旁边放置迷你图可达到最佳效果，具体操作如下。

❶ 在Excel 2010工作表中单击“插入”选项卡，在“迷你图”选项组中单击“迷你图”按钮，在弹出的下拉菜单中选择“折线图”选项，如图1-23所示。

❷ 弹出“创建迷你图”对话框，从中设置正确的数据范围和位置范围，如在“数据范围”文本框中输入“C2:C11”，在“位置范围”文本框中输入“$C$12”，单击“确定”按钮，如图1-24所示。

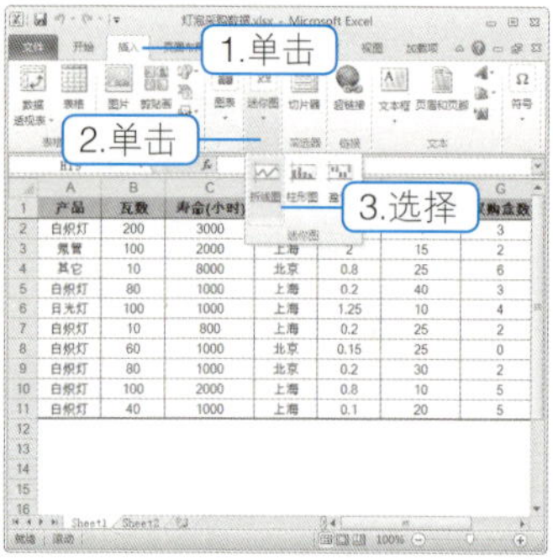

图1-23

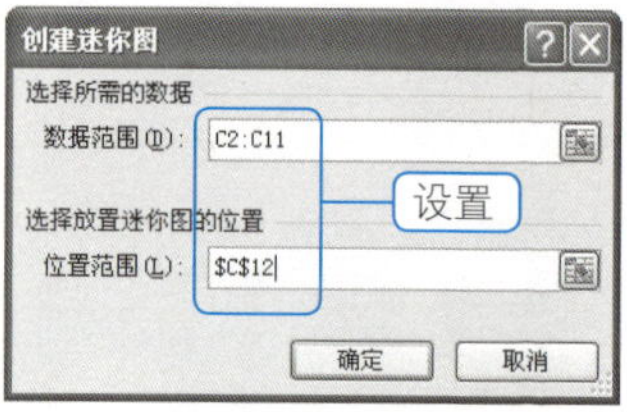

图1-24

❸ 这时，基于选中数据所绘制的迷你图自动显示在指定的单元格中，如图1-25所示。

❹ 向左右拖动迷你图所在单元格右下角的填充手柄，就像用户常执行的复制填充公式一样，此操作可将迷你图复制填充至其他单元格中，从而形成一组迷你图，如图1-26所示。

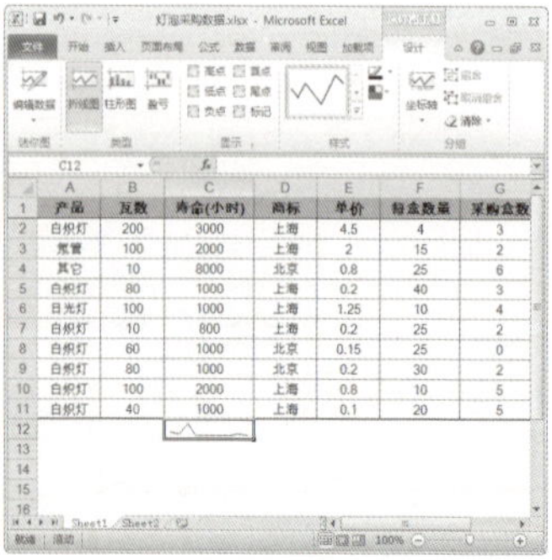

图1-25

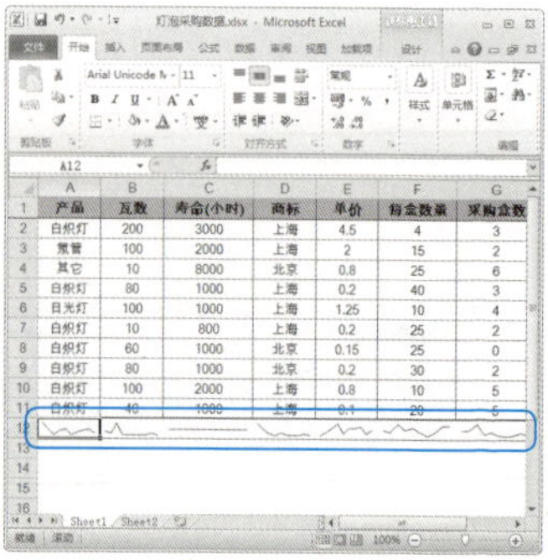

图1-26

技巧8 使用“切片器”快速分段和筛选数据

切片器是Excel 2010中新增的一项非常实用的功能，切片器实际上就是将数据透视表中的每个字段单独创建为一个选取器，然后在不同的选取器中对字段进行筛选，完成与数据透视表字段中的筛选按钮相同的功能，但是切片器使用起来更加方便灵活。另外，创建的切片器可以应用到多个数据透视表中，或在当前数据透视表中使用其他数据透视表中创建的切片器。要为如下图所示的数据透视表创建切片器，具体操作如下。

❶ 单击数据透视表数据区域内的任意一个单元格，激活功能区中的“选项”和“设计”选项卡，如图1-27所示。

❷ 单击功能区“选项”选项卡，在“排序和筛选”选项组中单击“插入切片器”按钮，在弹出的下拉菜单中选择“插入切片器”选项（如图1-28所示），打开“插入切片器”对话框。

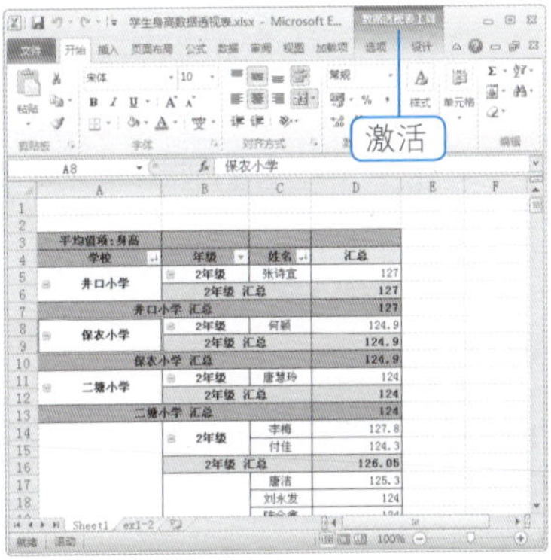

图1-27

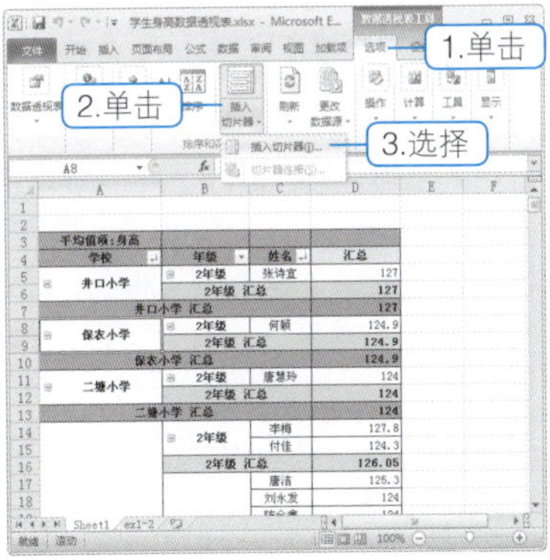

图1-28

❸ 根据要筛选数据的类别，选中要创建切片器的字段名称，如图1-29所示。

❹ 单击“确定”按钮，将在当前工作表中创建与所选字段对应的切片器，如图1-30所示。

❺ 此时可以单击不同切片器中的选项来筛选当前数据透视表，其效果与直接单击数据透视表中的字段筛选按钮是相同的，只是在切换器中进行该操作更直观也更方便。

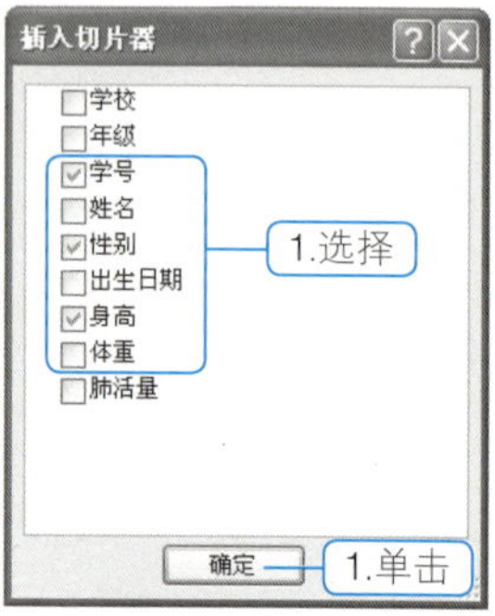

图1-29

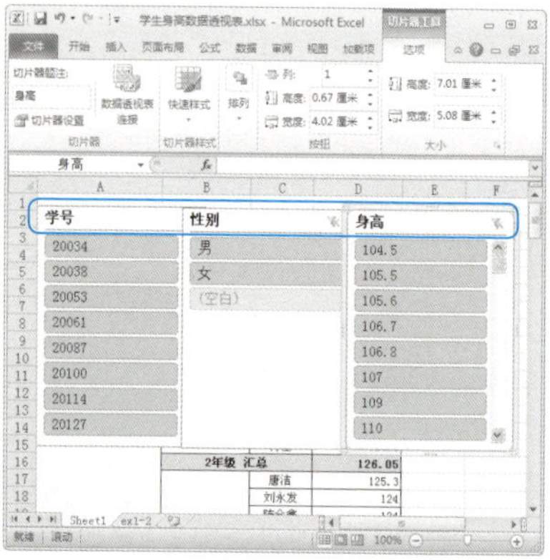

图1-30

专家提示

如果需要清除切片器中的筛选，则可以单击切片器右上角的“清除筛选器”按钮。拖动切片器可以调整切片器的位置。

技巧9 将文件发布到 SharePoint 库

如果制作好的工作簿文件需要发布，那么可以使用Excel 2010的将文档发布到SharePoint的功能来实现。SharePoint是文档管理服务器，该服务器能管理以及共享发布的工作簿文件。微软官方提供了一定的空间给用户作为文档管理服务器，也可以由公司或者个人指定空间为文档服务器，具体操作步骤如下。

❶ 单击“文件”选项卡，在左侧功能选项列表中，单击“保存并发送”标签，在右侧的“保存并发送”栏下选择“保存到SharePoint”选项，再在右侧单击“另存为”按钮，如图1-31所示。

2 弹出“另存为”对话框，从中选择文档管理服务器所在的位置，输入保存的文件名后单击“保存”按钮，如图1-32所示。

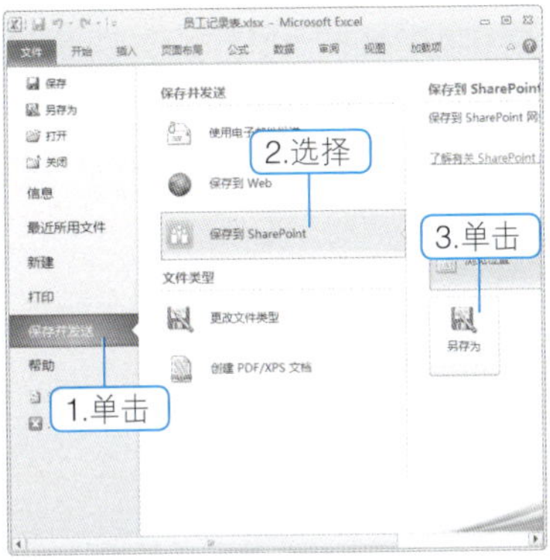

图1-31

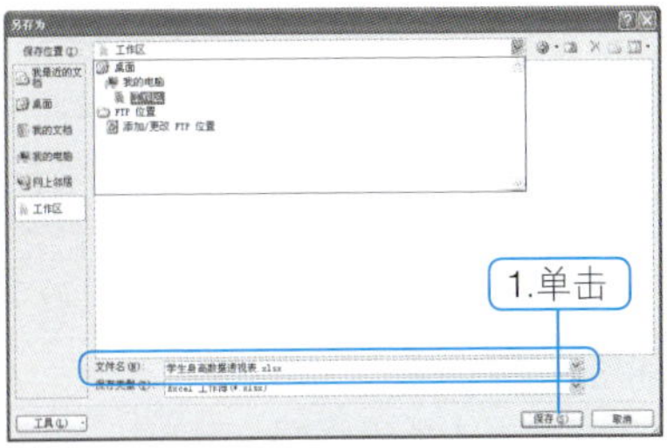

图1-32

技巧10 轻松将Excel文件转化为PDF/XPS文档

PDF/XPS通用办公文档是一种固定版式的电子文件格式，PDF/XPS通用办公文档的特性是在联机查看或者打印时，文件可以完全保持最初的格式而不会发生改变。将Excel文件转化为PDF/XPS通用办公文档的具体步骤如下。

1 启动Excel 2010应用程序，单击“文件”选项卡，在左侧功能选项列表中单击“另存为”按钮，如图1-33所示。

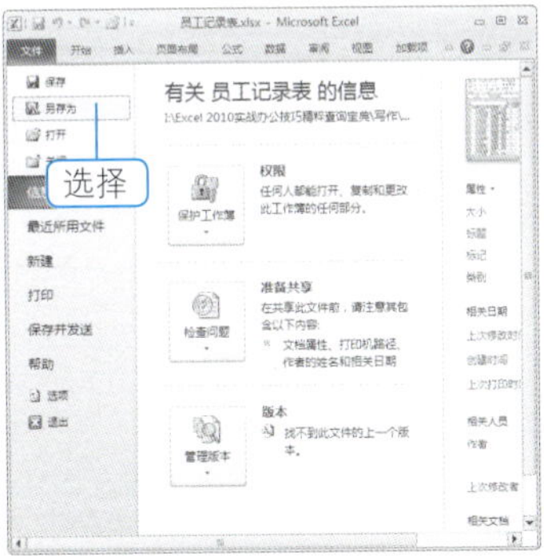

图1-33

2 弹出“另存为”对话框，在“保存类型”下拉列表框中选择“PDF（*.pdf）”或“XPS文档（*.xps）”选项，如图1-34所示。

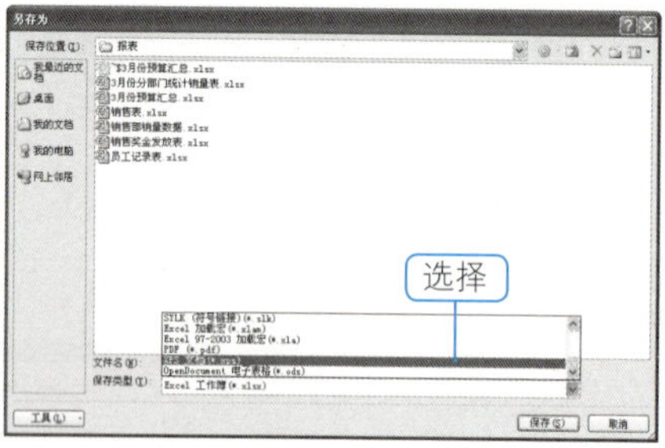

图1–34

3 单击“保存”按钮，可将Excel文件转化为PDF/XPS通用办公文档。

专家提示

低版本的Excel不支持PDF/XPS文档的转换，但通过微软提供的补丁就可以实现了。用户只要到微软的官方网站上下载和安装，就可以实现用Excel 2007将Excel文件转化为PDF/XPS通用办公文档。该补丁的下载地址为：http://www.microsoft.com/download/en/details.aspx?id=7。

第2章

Excel 2010基础操作技巧

Excel是一款电子表格制作软件，但同时它能够对复杂的数据进行运算处理、分类汇总以及制作图表等操作。本章将介绍一些Excel 2010基本操作常用技巧，它们可以帮助用户更加高效地使用Excel 2010。

技巧1 保持与低版本格式兼容

Excel 2010默认的保存格式为“.xlsx”，虽然比起旧的.xls格式，具有体积小等优点，但是却与低版本Excel软件不兼容。为兼顾其他版本软件，将Excel 2010默认的保存格式更改为.xls文档的操作方法如下。

1 启动Excel 2010应用程序，单击“文件”选项卡，在左侧功能选项列表中单击“另存为”选项（如图2-1所示），弹出“另存为”对话框。

2 在“另存为”对话框中，单击“保存类型”下拉列表框，选择“Excel 97-2003工作簿（*.xls）”选项，如图2-2所示。

3 完成设置后，单击“保存”按钮，以后该文档即可使用低版本的Excel软件打开。

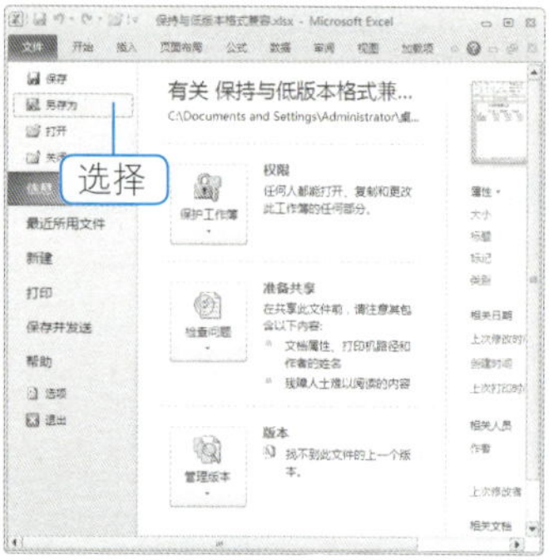

图2-1

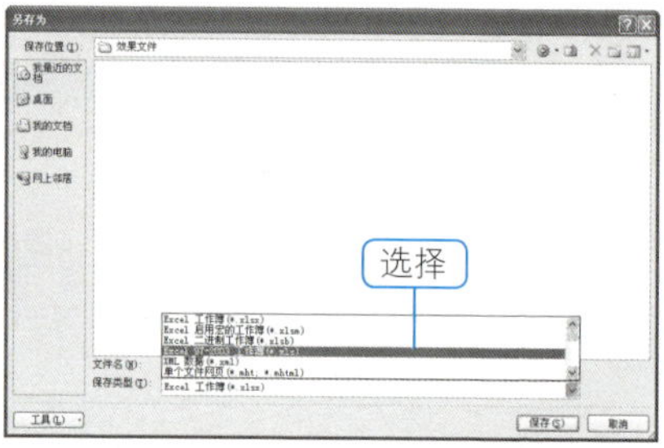

图2-2

在处理少数文件时这样的操作可能不会觉得有什么问题，但如果是处理大批的文件，则会增加很多工作量。对于这种情况，可以通过更改Excel保存的默认格式来解决，操作如下。

1 单击“文件”选项，在左侧功能选项列表中单击“选项”选项，弹出“Excel选项”对话框，如图2-3所示。

2 单击左侧的“保存”标签，在“保存工作簿”栏下的“将文件保存为此格式”下拉菜单中选择“Excel 97-2003工作簿（*.xls）”选项，如图2-4所示。

3 单击“确定”按钮，这样每次保存的时候，Excel 2010都会默认将工作簿保存为Excel 97-2003的兼容格式。

专家提示

Excel 2010和Excel 2007生成的文件格式为“.xlsx”，而Excel 2003不能打开这种新的Excel文件格式，微软公司为了解决兼容性的问题，特别为Excel 2003开发了一个补丁。用户只要到微软的官方网站上下载和安装，就可以实现用Excel 2003打开Excel 2010或Excel 2007生成的“.xlsx”文件。

图2-3

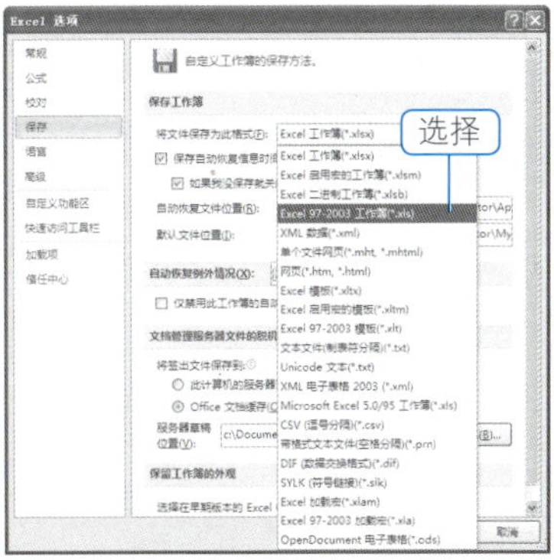

图2-4

技巧2 锁定常用文档

“最近使用的文档”列表中的文档排列会随着打开其他文档而下降或消失，若用户想将某一个需要经常重复打开的文档固定在该列表中，可按如下方法进行操作。

❶ 单击“文件”选项卡，在“最近使用的工作簿”列表中找到要固定的文档名称，如：3月份预算汇总.xlsx，如图2-5所示。

❷ 接着在该文档名称后，单击“将此项目固定到列表”（ ）按钮即可，如图2-5所示。

专家提示

若想取消对文档的固定，再单击一次按钮即可。

图2-5

技巧3 清除打开的文件记录

若用户不希望其他人在“最近使用的文档”列表中看到自己打开文档的记录，可将其清除，操作方法如下。

❶ 单击“文件”选项，在左侧功能选项列表中单击“选项”选项，弹出“Excel选项”对话框，如图2-6所示。

❷ 在左侧列表中单击“高级”标签，然后在右侧“显示”栏下的“显示此数目的‘最近使用的文档’”数值框中输入0，如图2-7所示。

图2-6

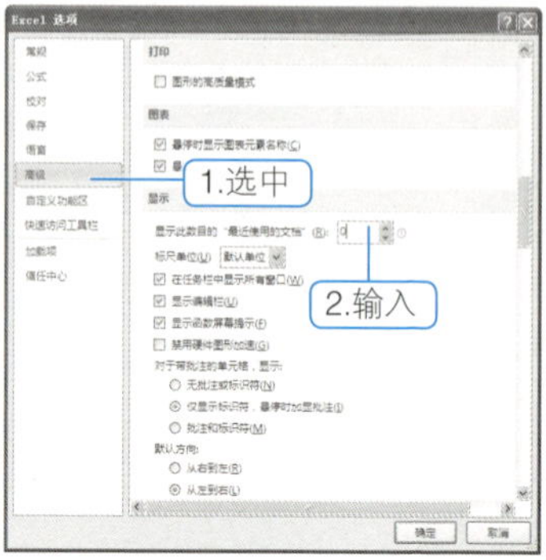

图2-7

❸ 单击“确定”按钮，关闭对话框，单击“文件”选项卡，在左侧功能选项列表中单击“最近所用文件”标签，出现的“最近使用的工作簿”列表为空。

技巧4 快速恢复未保存的文件

为避免在编辑Excel文件时因遇到停电、电脑死机等意外情况而使信息丢失，Excel设置了自动保存功能，可在指定时间间隔之后自动保存工作簿，操作方法如下。

❶ 打开未来得及保存的文件，此时窗口中会出现“文档恢复”任务窗格，如图2-8所示。

❷ 在任务窗格的“可用文件”列表框中单击最近的保存文件，可尽可能多地恢复文档；单击快速访问工具栏中的“保存”按钮，弹出“另存为”对话框，如图2-9所示。

❸ 从中设置名称和保存路径等，然后单击“保存”按钮即可。

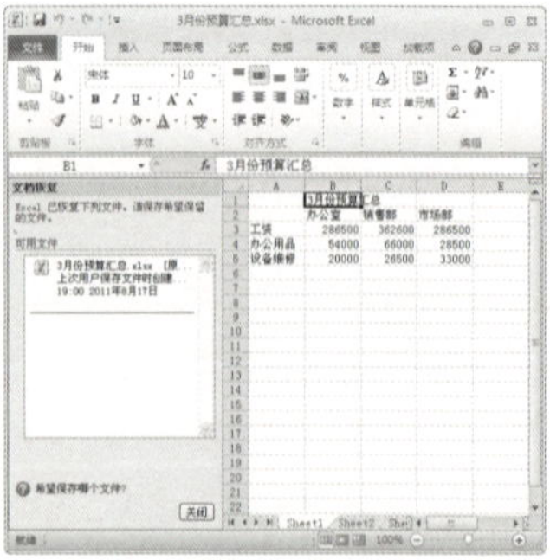

图2-8

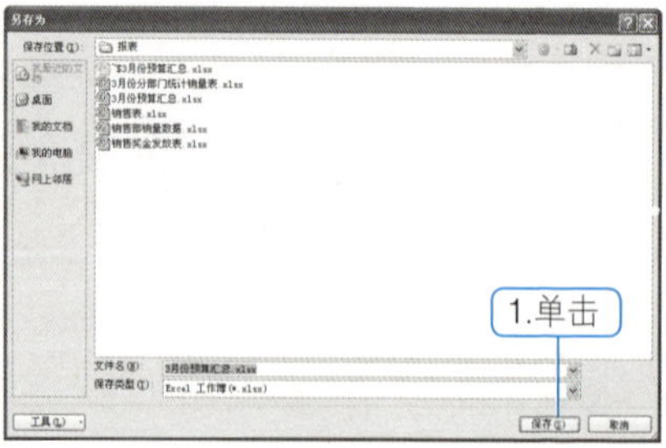

图2-9

专家提示

使用自动恢复功能，只能将工作簿恢复到最后一次自动保存时的状态，并不能完全恢复工作簿。

技巧5 巧设自动保存时间间隔

用户可以自定义工作簿自动保存的时间间隔，操作方法如下。

❶ 单击“文件”选项卡，左侧功能选项列表中单击“选项”选项，弹出“Excel选项”对话框，如图2-10所示。

❷ 在左侧列表中单击“保存”标签，在“保存工作簿”栏下选中“保存自动恢复信息时间间隔”复选框，并在其右侧的数值框中输入保存时间的间隔，如图2-11所示。

❸ 单击“确定”按钮，完成自动保存工作簿时间间隔的设置。

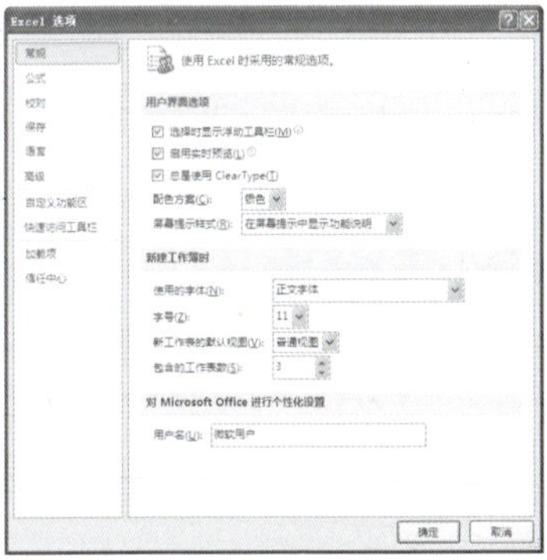

图2-10

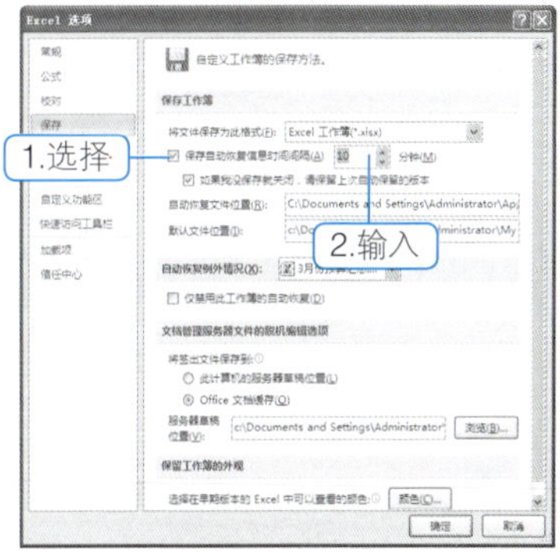

图2-11

专家提示

同时，还可以自定义文件的保存位置，只需在“保存工作簿”栏下“自动恢复文件位置”后的文本框中，将默认的路径设置成指定的路径，如F:\Excel表单文档，设置完成后，单击“确定”按钮即可。

技巧6 轻松修改默认用户名称

Office软件在安装过程中会要求输入用户与单位名称，大多数用户是随意输入的，如DH、654等。当以后用到该名称时就会产生一个问题，插入的用户名称是安装时输入的DH，而非用户真实姓名。更改默认用户名称的操作方法如下。

❶ 单击“文件”选项卡，在左侧功能选项列表中单击“选项”选项，弹出“Excel选项”对话框，如图2-12所示。

❷ 在“对Microsoft Office进行个性化设置”栏下的“用户名”文本框中输入用户名称，如图2-13所示。

❸ 单击“确定”按钮，将设置应用到软件中，以后创建的文档默认用户名将更改为“李东海”。

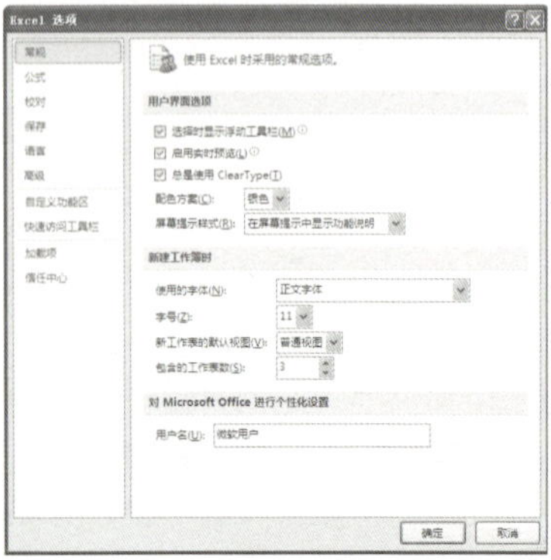

图2-12

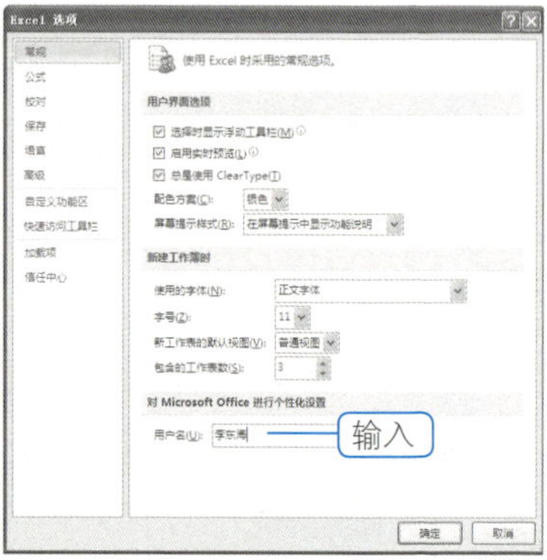

图2-13

技巧7 批量修改多个文档的作者

若想一次性修改多个文档的作者，可按如下方法进行操作。

❶ 将要修改的文档全部放在同一个文件夹中，并全部选中，单击鼠标右键，在弹出的快捷菜单中选择“属性”选项，如图2-14所示。

❷ 弹出多个文档共同的属性窗口，单击“摘要”选项卡，然后单击“高级”按钮，如图2-15所示。

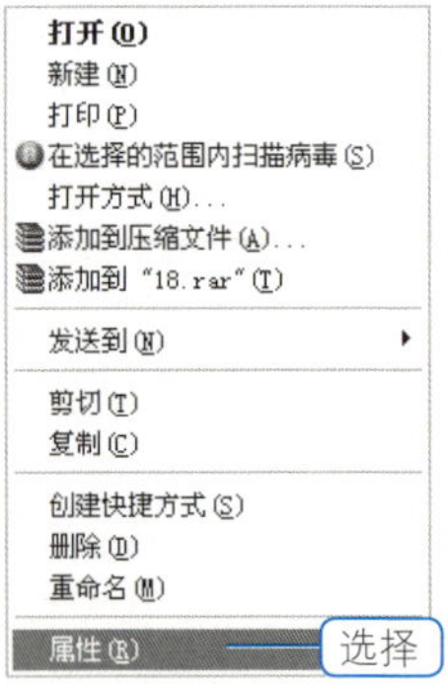

图2-14

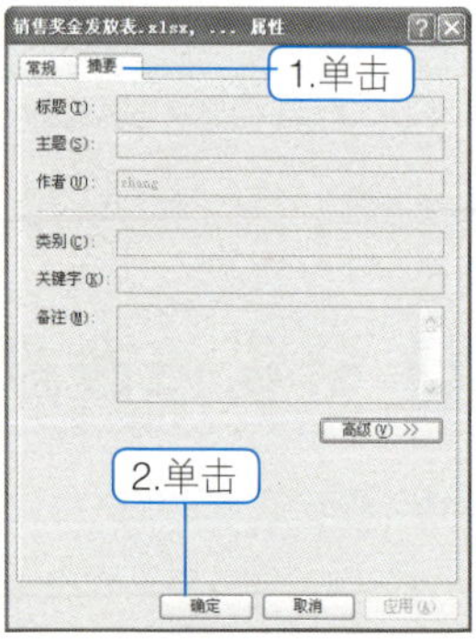

图2-15

③ 对话框切换到高级设置界面，单击“作者”选项后面的“多个数值”文本，并输入作者名称，如图2-16所示。

④ 单击“确定”按钮，将作者名称应用到Excel文档中，将鼠标指针放在更改作者后的文档图标上，即可查看作者名称，如图2-17所示。

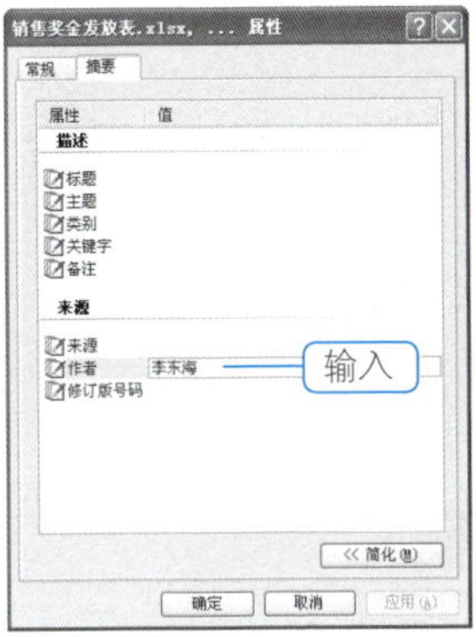

图2-16

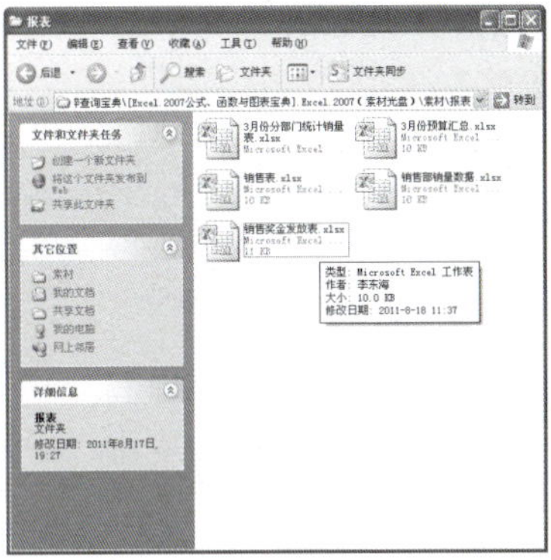

图2-17

专家提示

在文档属性对话框中，除了可以设置作者名称外，还可以为文档添加统一的标题、主题和类别等，用户可以自己进行尝试。

技巧8　巧妙扩大编辑区域

功能区位于Excel 2010工作界面的上方，它将用户所需要的所有控件都组织到了各个选项卡中，如图2-18所示。用户可以通过功能区最小化功能来扩大文档的编辑区域，具体操作方法如下。

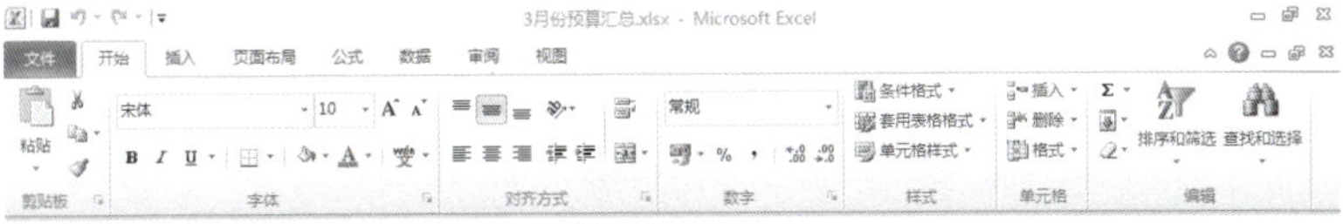

图2-18

① 在功能区中任意工具上单击鼠标右键，弹出快捷菜单，并选择“功能区最小化”选项，如图2-19所示。

② 此时，功能区中只显示各选项卡的名称，而所有工具则被隐藏，效果如图2-20所示。

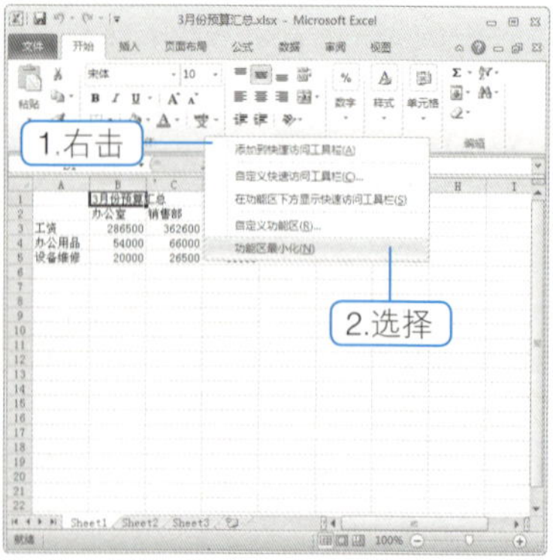

图2-19

图2-20

技巧9 通过鼠标智能缩放窗口

在Excel 2010中，可以使用鼠标滚动轮对窗口进行缩放，操作方法如下。

❶ 打开“Excel选项”对话框，在左侧列表中单击“高级”标签，在右侧“编辑选项”栏下选中“用智能鼠标缩放”复选框，如图2-21所示。

❷ 单击“确定”按钮，然后通过滚动鼠标滚轮，即可缩放窗口，如图2-22所示。

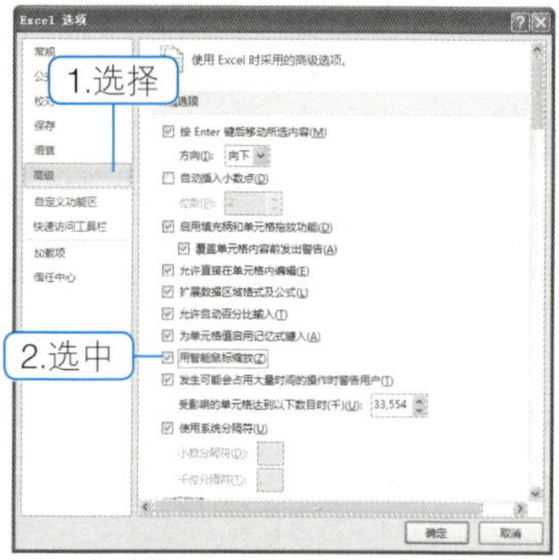

图2-21

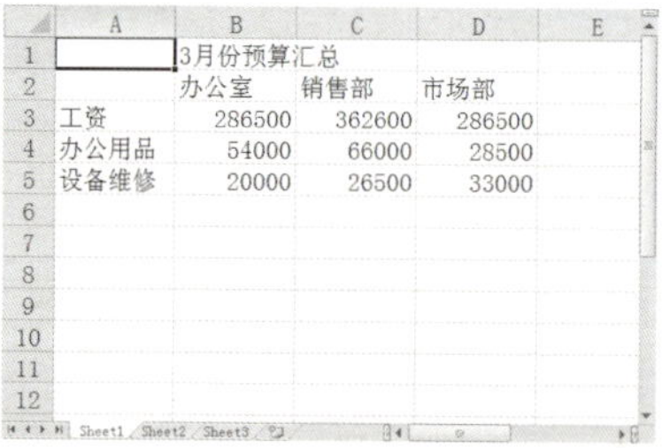

图2-22

技巧10 让Excel自动滚屏

如果使用的是滚轮鼠标，可利用中间的滚轮键让Excel自动滚屏，操作方法如下。

❶ 在打开的Excel工作簿的任意位置处，按下鼠标滚轮键，此时光标变成

四面箭头状，如图2-23所示。

❷ 释放鼠标，向需要浏览的方向移动鼠标，指针变成相应的方向箭头，屏幕会自动滚动，如图2-24所示。

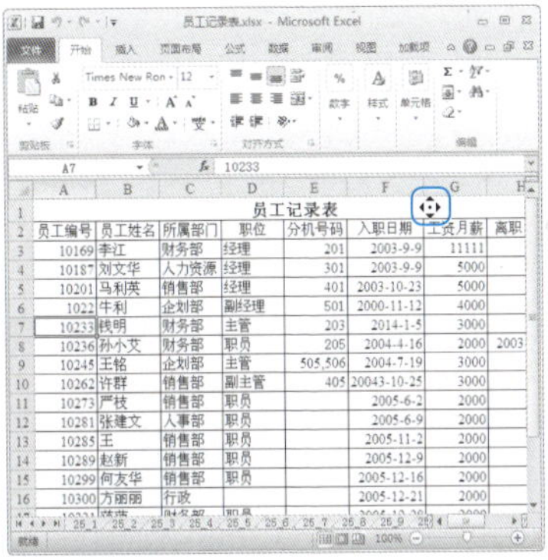

图2-23

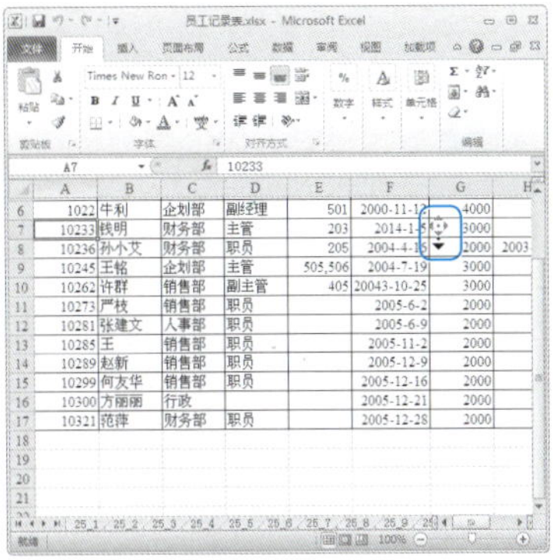

图2-24

专家提示

用户可以通过移动鼠标调整滚屏速度；按“Esc”键或单击鼠标左键，可停止滚屏。

技巧11 改变快速访问工具栏位置

用户可以根据自己的使用习惯，调整快速访问工具栏的位置，操作方法如下。

❶ 在快速访问工具栏上单击鼠标右键，弹出快捷菜单，从中选择“在功能区下方显示”选项，如图2-25所示。

❷ 此时，快速访问工具栏的位置已经调整到功能区下方，如图2-26所示。

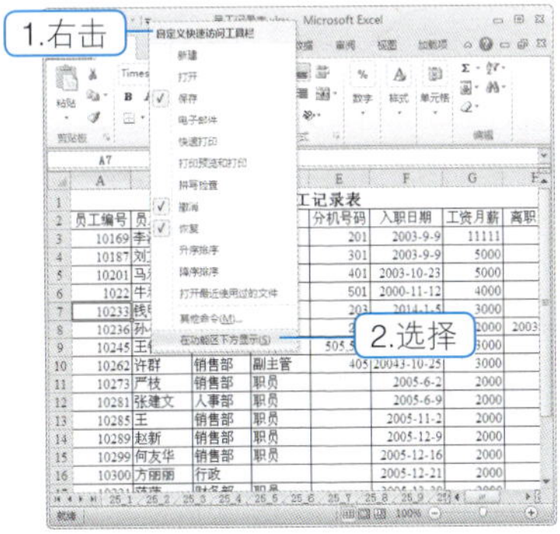

图2-25

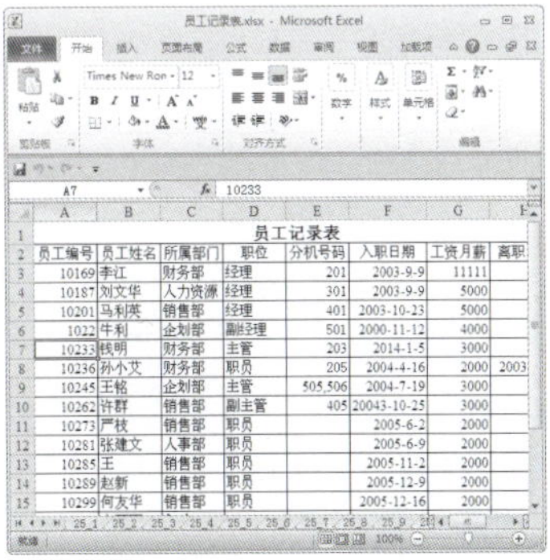

图2-26

技巧12 巧妙设置快速访问工具栏

在快速访问工具栏上放置常用的工具按钮，能大大地提高用户的工作效率。用户可以自定义快速访问工具栏上的功能按钮，操作方法如下。

❶ 启动Excel 2010，单击快速访问工具栏右侧的下拉按钮，弹出如图2-27所示的下拉菜单。

❷ 选择“打开”选项，此时快速访问工具栏上已经添加了“打开”按钮，如图2-28所示。

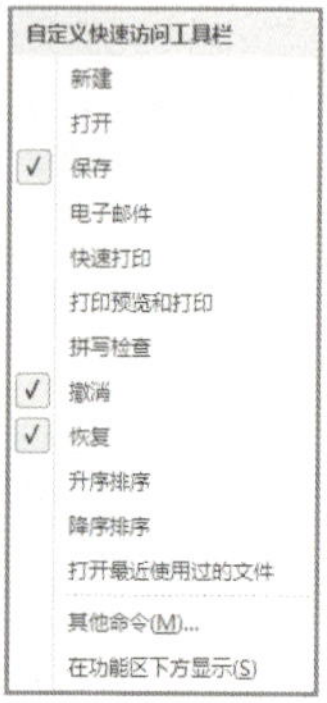

图2-27

图2-28

❸ 若下拉菜单中没有所需要的命令，可选择“其他命令”选项，弹出“Excel 选项”对话框。在该对话框右侧窗格左侧列表框中选择需要添加的功能，如选择“打印预览和打印”选项，如图2-29所示。

❹ 单击“添加”按钮，将该功能添加到窗格右侧的列表框中，如图2-30所示。

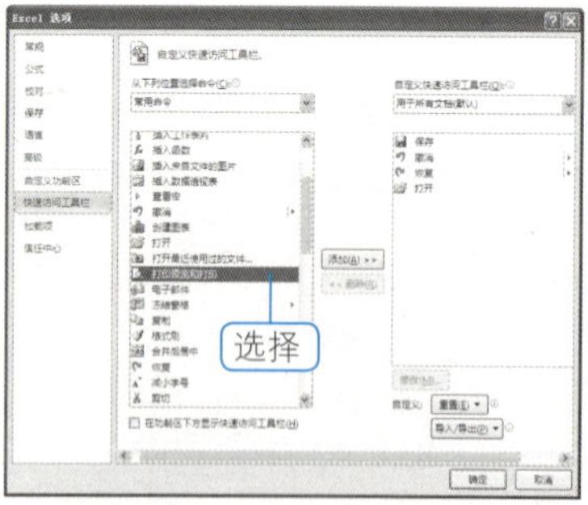

图2-29

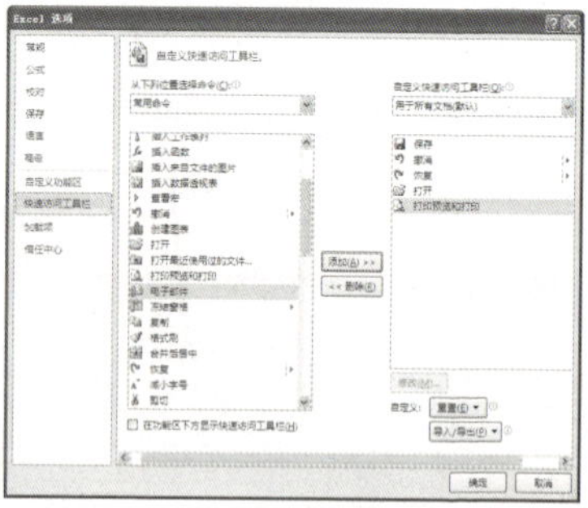

图2-30

❺ 单击“确定”按钮，此时“打印预览和打印”按钮已经添加到快速访问工具栏上，如图2-31所示。

6 若要删除快速访问工具栏上不需要的按钮，可在“Excel 选项”对话框中选中对应选项，然后单击“删除”按钮即可，如图2-32所示。

图2-31

图2-32

专家提示

若要删除的按钮是下拉菜单中选项，则只需在下拉菜单中再次选择该选项。例如，要删除“保存”按钮，在下拉菜单中选择“保存”选项即可。

技巧13 禁止显示浮动工具栏

Excel 2010的浮动工具栏功能使软件更显人性化。在Excel 2010中，选择表格数据后，浮动工具栏会自动显示；当选择数据并单击鼠标右键时，该工具栏还会与快捷菜单一起显示。若不希望出现浮动工具栏，可将其禁止，操作方法如下。

1 单击“文件”选项卡，在左侧功能选项列表中单击“选项”选项，弹出“Excel选项”对话框，如图2-33所示。

2 在右侧的“用户界面选项”栏下，取消“选择时显示浮动工具栏”复选框的选中状态，如图2-34所示。

图2-33

图2-34

第1章
第2章
第3章
第4章
第5章

③ 单击“确定”按钮，关闭对话框，在文档中选择文本，将不会再显示浮动工具栏。

技巧14 巧妙设置状态栏

巧妙设置状态栏，可以提高用户的工作效率。例如，在下面的工作表中选中部分数据，状态栏中显示出了平均值、计数和求和值，让人一目了然（如图2-35所示）。但是，光显示平均值、计数和求和值还是不够详细，用户还可以通过设置，在状态栏中显示其他信息，操作方法如下。

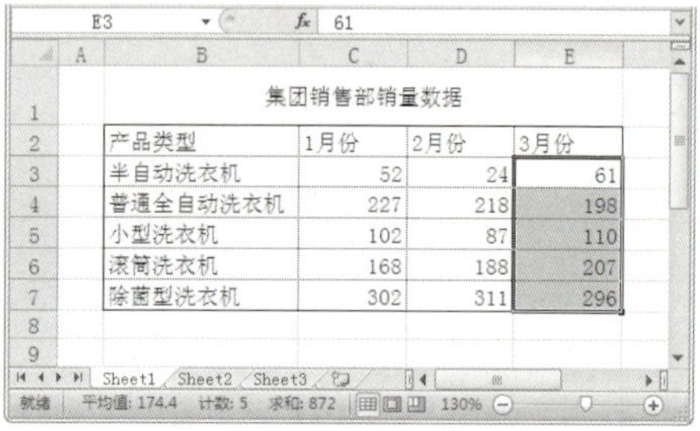

图2-35

① 在Excel窗口的状态栏上单击鼠标右键，弹出如图2-36所示的快捷菜单。

② 从中选择要添加到状态栏中的选项，此处选择“最大值”和“最小值”两选项，在表格其他位置单击鼠标左键，即可将该信息显示到状态栏中，如图2-37所示。

图2-36

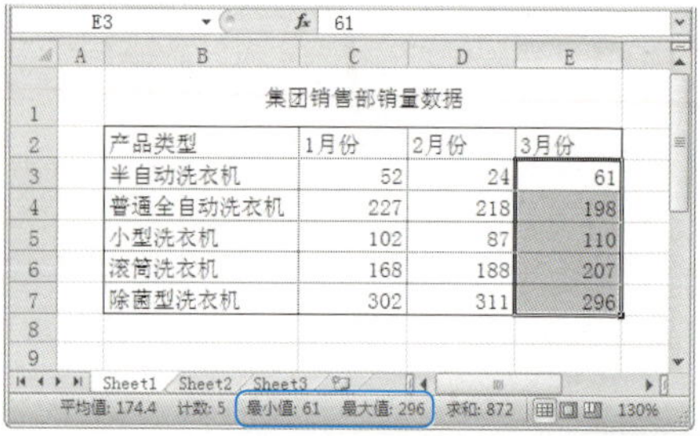

图2-37

技巧15 取消消息栏警报

当用户打开不安全的Excel文件时，消息栏会发出警报提示音，若用户确定要打开的文件绝对安全，可将警报取消，操作方法如下。

❶ 打开“Excel选项”对话框，在左侧列表中单击“信任中心”标签，在右侧的“Microsoft Office Excel信任中心”栏下单击“信任中心设置”按钮，如图2-38所示。

❷ 弹出“信任中心”对话框，此时，左侧列表中默认选中的是“消息栏”选项，在右侧“消息栏设置”栏下选中“从不显示有关被阻止内容的信息”单选按钮，如图2-39所示。

❸ 单击“确定”按钮，以后再打开Excel文件，不会再进行安全警报提醒。

图2-38

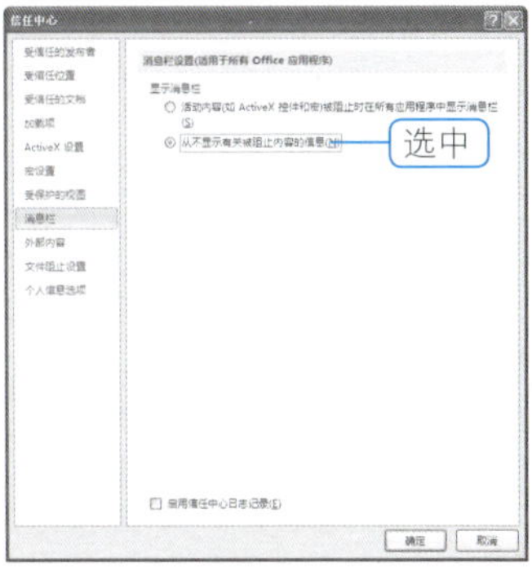

图2-39

技巧16 拆分窗口对照比较数据

Excel窗口是可以进行拆分的，也就是说用户可以将一个工作表拆成两部分，这样方便用户对较大的表格进行数据比较和参考。拆分工作表窗口有以下两种常用操作方法。

方法1：用命令拆分

❶ 打开一个较大的表格，单击“视图”选项卡“窗口”组中的“拆分”按钮，此时窗口中出现一条与窗口等宽的分割线，如图2-40所示。

❷ 将鼠标指针置于分割线上，当其呈÷形状时，拖动鼠标，可调整拆分后的窗口，如图2-41所示。

❸ 参阅完毕后，可再次单击“拆分”按钮，取消窗口拆分。

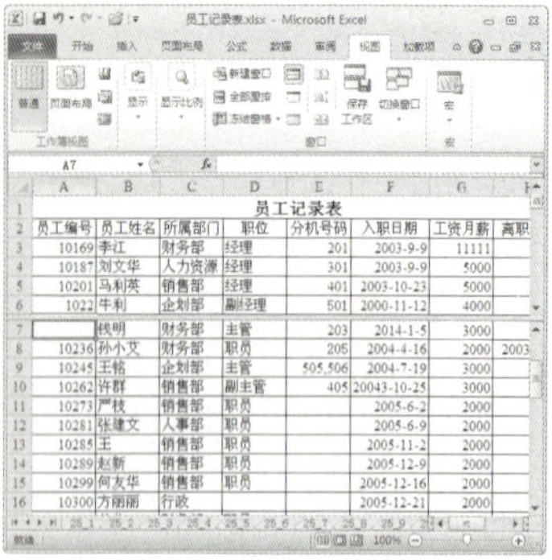

图2-40

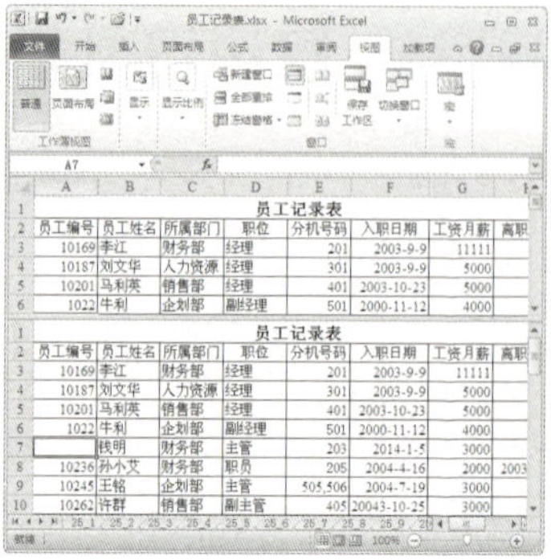

图2-41

方法2：拖动鼠标拆分

❶ 将鼠标指针置于垂直滚动条上方的按钮上，鼠标指针变成形状时，向下拖动鼠标，此时窗口中出现一条灰色分割线，如图2-42所示。

❷ 到目标位置后释放鼠标即可，如图2-43所示。

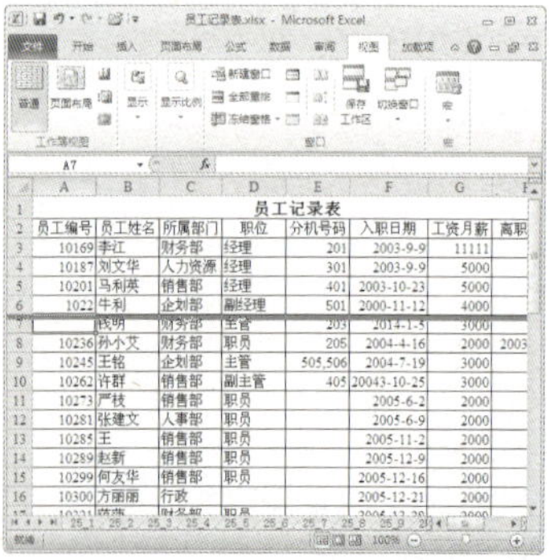

图2-42

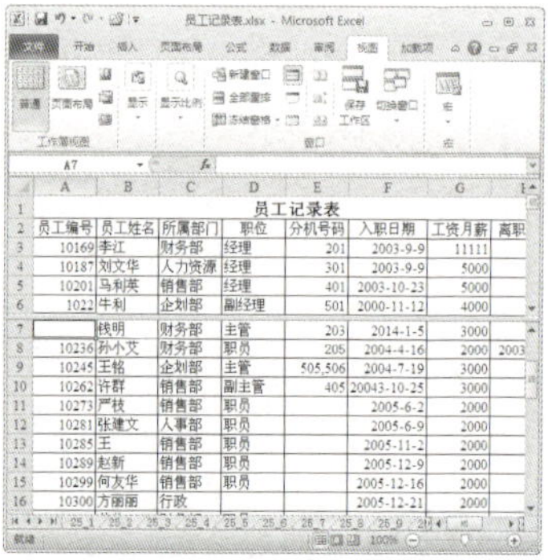

图2-43

技巧17 让Excel会多种语言

Excel 2010提供了语言设置功能，默认的编辑语言是简体中文，用户可根据需要添加其他的语言，操作方法如下。

❶ 单击“文件”选项卡，左侧功能选项列表中单击“选项”选项，弹出“Excel选项”对话框，如图2-44所示。

❷ 在左侧单击“语言”标签，在右侧的“选择编辑语言”栏下单击“添加其他编辑语言”下拉列表选择需要的语言，单击“添加”按钮，将其添加至“编辑语言”列表框中，如图2-45所示。

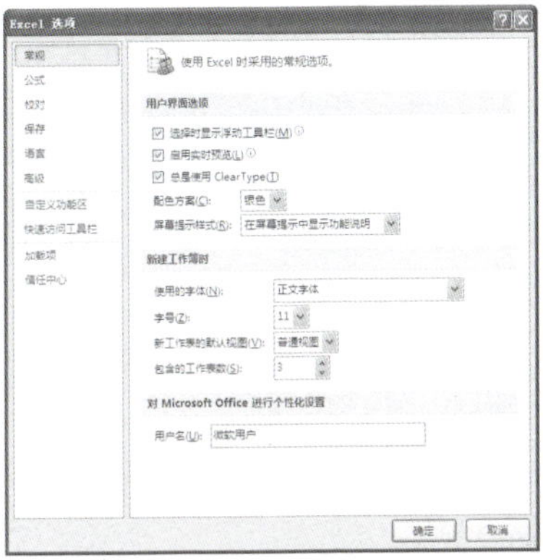

图2-44

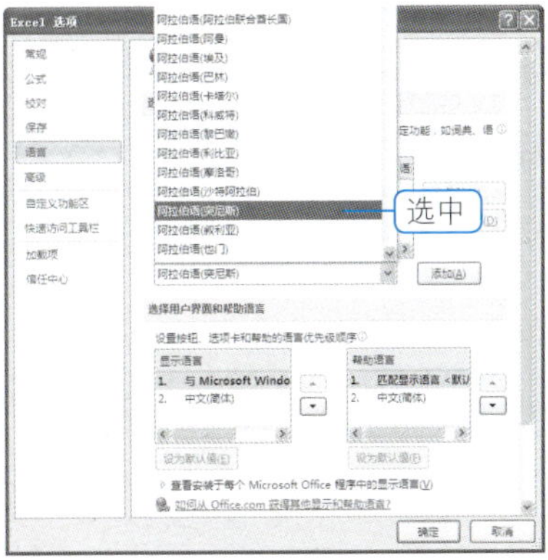

图2-45

❸ 设置完成后，单击“确定”按钮即可。

技巧18 让Excel快速启动

如果觉得每次开机后，再在开始“程序”中启动Excel 2010很麻烦，可以设置在启动系统自动运行Excel，操作方法如下。

❶ 在桌面上双击“我的电脑”图标，依次进入“C:\Documents and Settings\Administrator\「开始」菜单\程序\启动”文件夹，如图2-46所示。

❷ 打开Excel 2010所在的文件夹（默认安装路径为：C:\Program Files\Microsoft Office\Office14），用鼠标将Excel图标拖到“启动”文件夹，这时Excel的快捷方式就被复制到“启动”文件夹中（如图2-47所示），下次启动Windows系统时就可快速启动Excel 2010程序了。

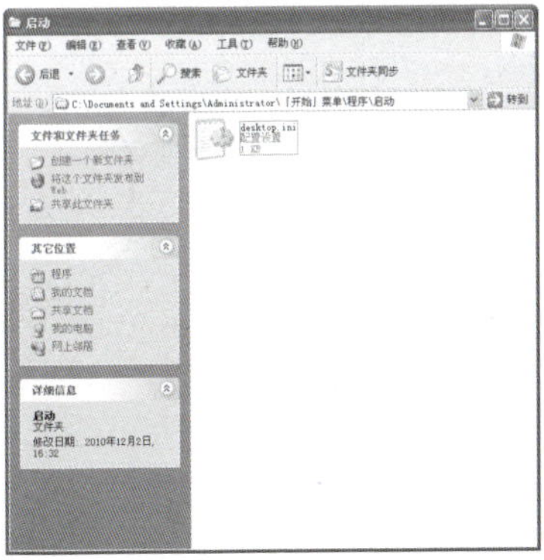

图2-46

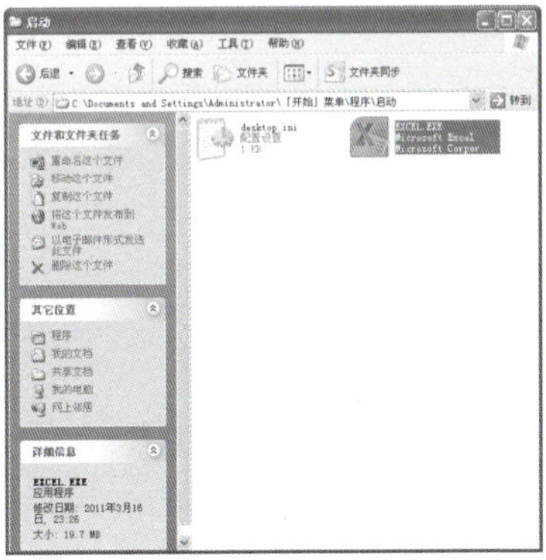

图2-47

专家提示

如果Windows系统已启动，还可用使用以下方法快速启动Excel：一是单击“开始”按钮，在弹出的菜单中选择“文档”选项下的Excel工作簿即可；二是打开Excel 2010所在的文件夹（默认安装路径为：C:\Program Files\Microsoft Office\Office14），将Excel图标发送快捷方式至系桌面即可。

技巧19 添加“开发工具”选项卡

如果要编写宏、运行以前录制的宏或创建与Microsoft Office程序一起使用的应用程序，必需先添加“开发工具”选项卡，操作方法如下。

1 启动Excel 2010，单击“文件”选项卡，在左侧功能选项列表中选择“选项”选项，弹出“Excel选项”对话框。在左侧单击“自定义功能区”标签，在右侧的“自定义功能区”栏下的功能选项列表中，选中“开发工具”选项，如图2-48所示。

2 单击“确定”按钮，返回Excel编辑窗口，此时功能区中已经添加了“开发工具”选项卡，如图2-49所示。

图2-48

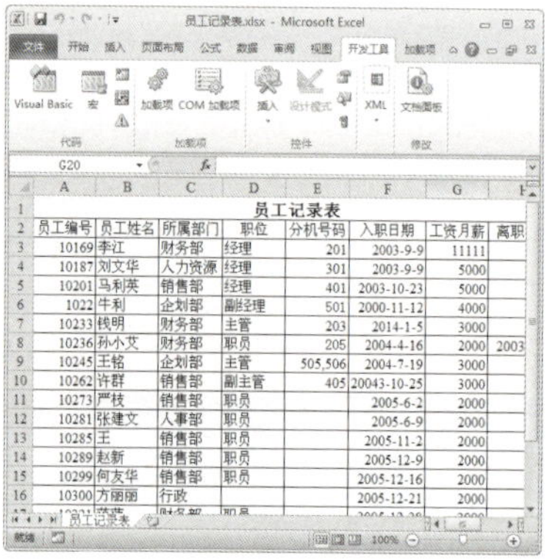

图2-49

第3章

工作簿操作技巧

工作簿在Excel是最基本的元素，其重要性不言而喻。本节将详细介绍各种实用的工作簿操作技巧。

技巧1 使用快捷键新建工作簿

当用户启动Excel程序后，系统会自动新建一个工作簿，根据需要用户还可新建其他工作簿，最简单的时使用快捷键创建工作簿，操作方法如下。

1 按“Ctrl+N”组合键。

2 系统会快速新建一个空白工作簿，如图3-1所示。

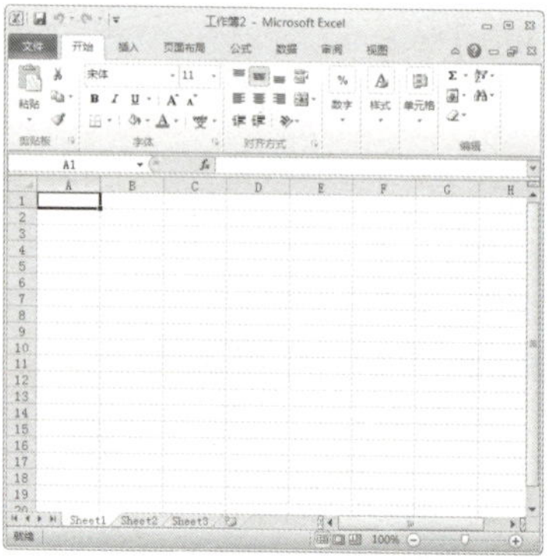

图3–1

技巧2 利用模板新建工作簿

Excel 2010提供了许多模板样式，如会议议程、日历、销售报表和贷款分期付款等，利用模板可快速新建有样式内容的Excel工作簿，为用户节省工作时间，操作方法如下。

1 单击“文件”选项卡，在左侧功能选项列表中单击“新建”标签，如图3-2所示。

2 在“可用模板”栏下选择需要的模板选项，如选择“样本模板”选项，如图3-3所示。

图3–2

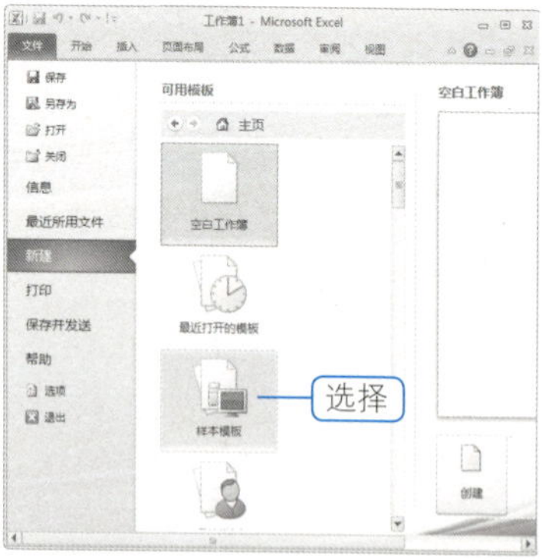

图3–3

3 在打开的“样本模板”中继续选择需要的模板样式，如选择“个人月预算”模板样式，如图3-4所示。

4 单击“创建”按钮，可新建一个基于所选模板的工作簿，如图3-5所示。

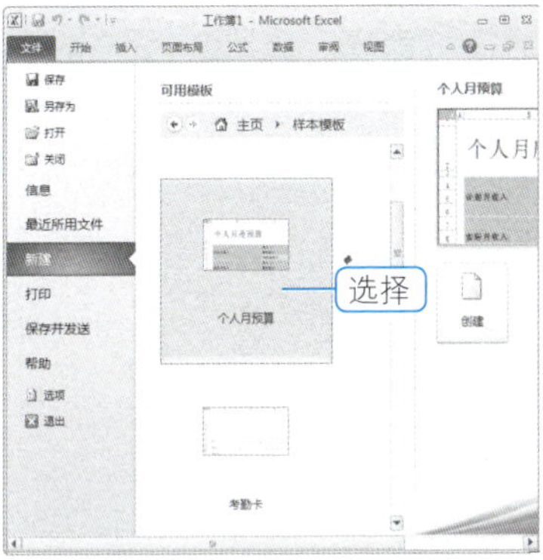

图3-4

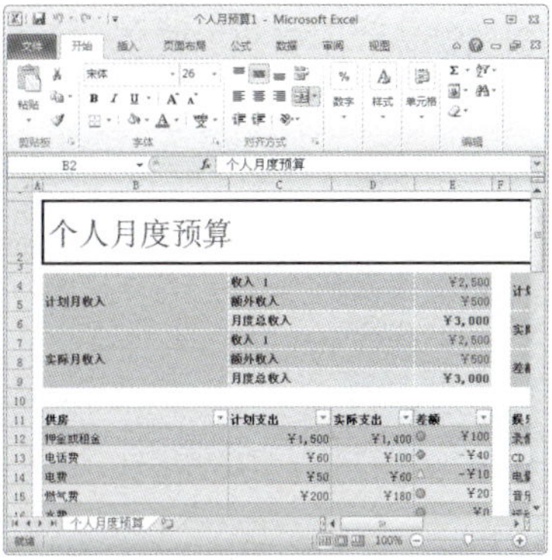

图3-5

技巧3 使用按钮快速保存工作簿

要保存工作簿除了单击“文件”选项卡，在左侧功能选项列表中选择“保存”选项外，还可以使用按钮进行保存，操作方法如下。

单击快速访问工具栏中的“保存”按钮，若是新文档会弹出“另存为”对话框（如图3-6所示），从中进行名称和路径等的设置，然后单击“保存”按钮；若是对已存在的工作簿进行修改，则直接保存。

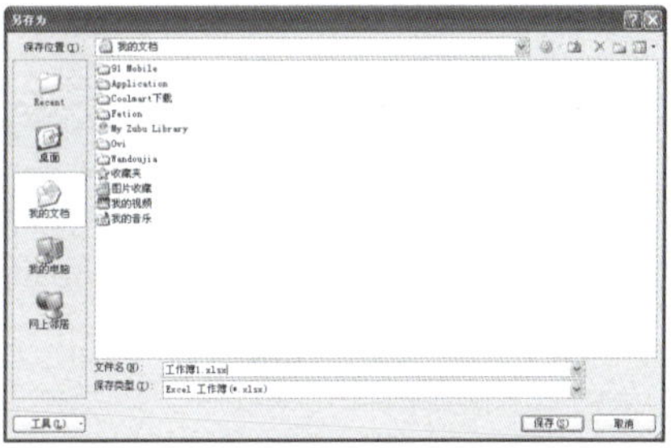

图3-6

技巧4 使用快捷键快速保存工作簿

按“Ctrl+S”组合键，若是新文档会弹出“另存为”对话框，若是对已存在的工作簿进行修改，则直接保存。

技巧5 同时打开多个工作簿

在日常工作中，若需要使用多个工作簿，可将要用到的工作簿同时打开，这样可以节省很多时间，操作方法如下。

❶ 将所有要打开的工作簿文件放置到同一个文件夹中，并全部选中。

❷ 单击鼠标右键，在弹出的快捷菜单中选择“打开”选项，如图3-7所示。

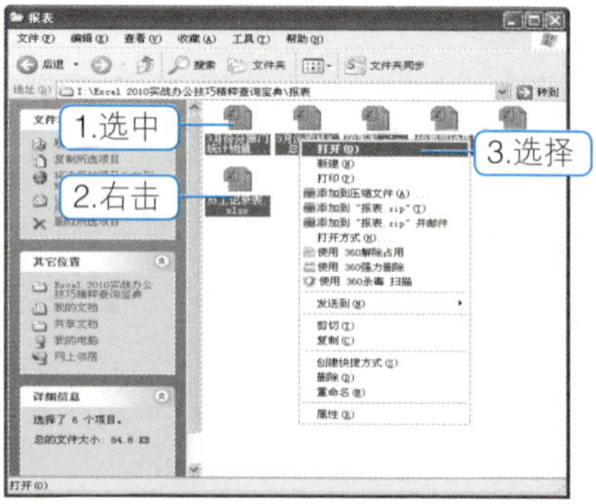

图3-7

专家提示

将所有要打开的文件选中后，按“Enter”键，也可以将这些文件同时打开。

技巧6 自动打开指定工作簿

将某个需要自动打开的工作簿的快捷方式发送到指定文件夹中，通常默认路径为“C:\Program Files\Microsoft Office\Office14\XLSTART”文件夹中，以后每次启动时，Excel都会自动打开相应工作簿。

技巧7 一次性关闭所有工作簿

若对打开的多个工作簿进行修改，单击“关闭”按钮后，会弹出提示信息框提示用户进行保存，为避免一个一个地关闭，浪费时间，可采用如下操作方法。

❶ 按住“Shift”键的同时，单击主窗口标题栏上的“关闭”按钮，弹出提示信息框，如图3-8所示。

❷ 单击“保存”按钮，会在关闭当前工作簿的同时进行保存；单击“全部保存”按钮，将保存对各工作簿进行的所有修改；按住“Shift”键的同时，单击“不保存”按钮，不保存任何修改；单击“取消”按钮，取消关闭操作。

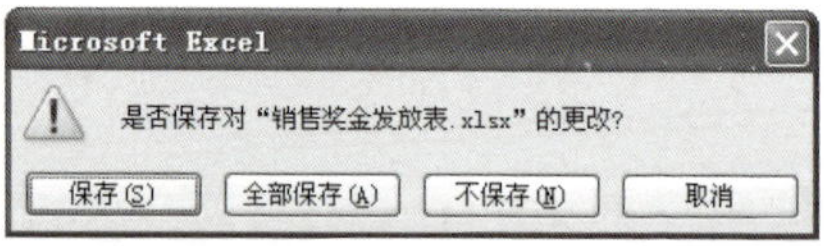

图3-8

技巧8 以只读方式打开工作簿

以只读方式打开工作簿可以避免电脑被病毒感染，操作方法如下。

❶ 启动Excel 2010，单击“文件”选项卡，在左侧功能选项列表中选择“打开”选项，如3-9图所示。

❷ 弹出“打开”对话框，选择要以只读方式打开的文件，单击“打开”

按钮右侧的下拉按钮，在弹出的下拉列表中选择“以只读方式打开”选项，如图3-10所示。

图3-9

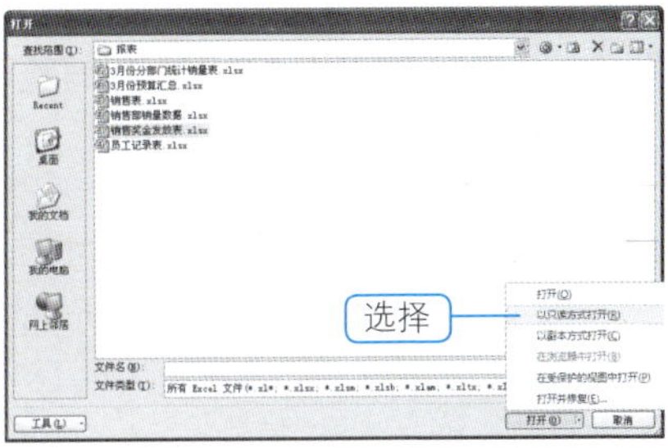

图3-10

专家提示

以只读方式打开工作簿，可以保护原工作簿不被修改，即使用户修改了工作簿，Excel也不允许以原来的名称保存文档。

技巧9　以副本方式打开工作簿

以副本方式打开工作簿，是指在原工作簿所在的文件夹中创建并打开一个副本文件。对副本的任何修改都不会影响到原工作簿，所以以副本方式打开，同样可以起到保护原工作簿的作用，操作方法如下。

1. 启动Excel 2010，单击“文件”选项卡，在左侧功能选项列表中选择“打开”选项，如图3-11所示。

2. 单击“打开”按钮右侧的下拉按钮，在弹出的下拉列表中选择“以副本方式打开”选项，如图3-12所示。

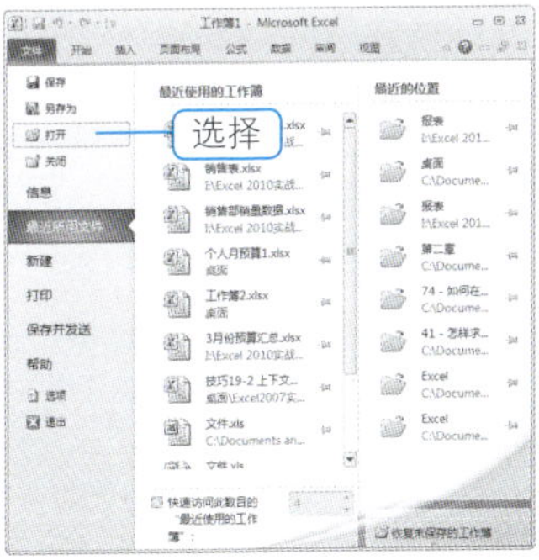

图3-11

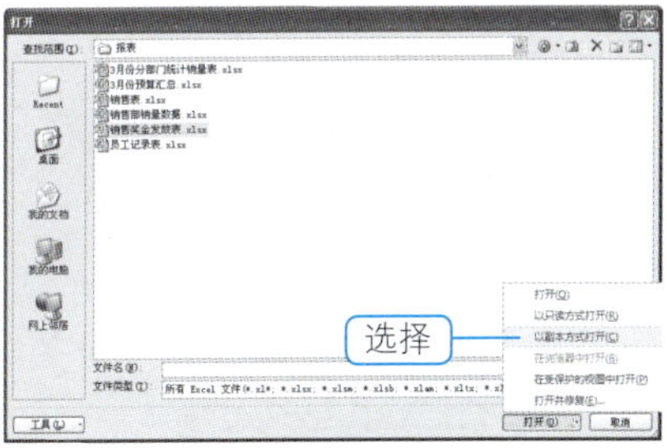

图3-12

专家提示

若要以副本方式打开工作簿，用户必须对原文件所在的文件夹具有读写权。

技巧10 在同一窗口显示多个工作簿

若用户需要同时查看或使用多个工作簿中的数据，可以在同一窗口中显示多个工作簿，以方便参阅，操作方法如下。

❶ 启动Excel 2010，打开需要使用的多个工作簿，如图3-13所示。

❷ 单击“视图”选项卡，在“窗口”组中单击“全部重排”按钮，如图3-14所示。

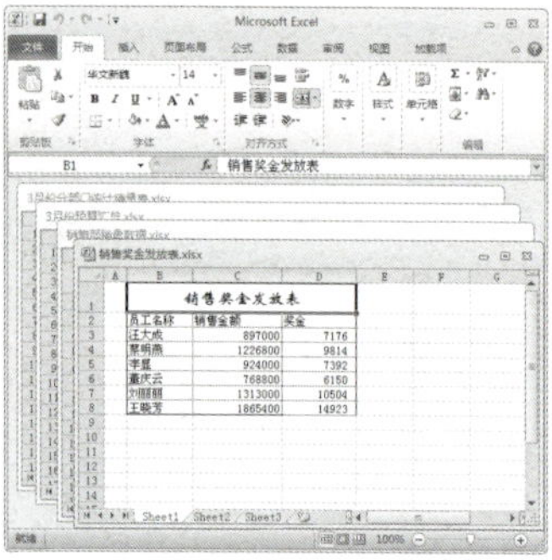

图3-13

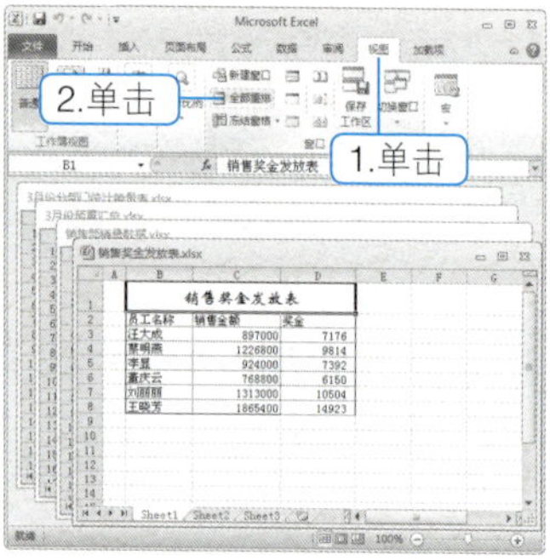

图3-14

❸ 弹出“重排窗口”对话框，在“排列方式”选项区中选中“平铺”单选按钮，如图3-15所示。

❹ 单击“确定”按钮，即可在同一窗口中按选定的方式，显示多个工作簿，如图3-16所示。

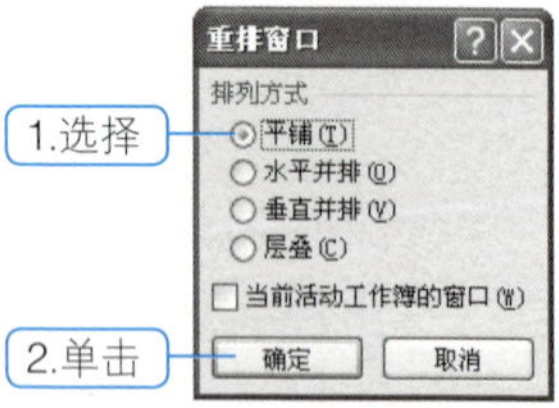

图3-15

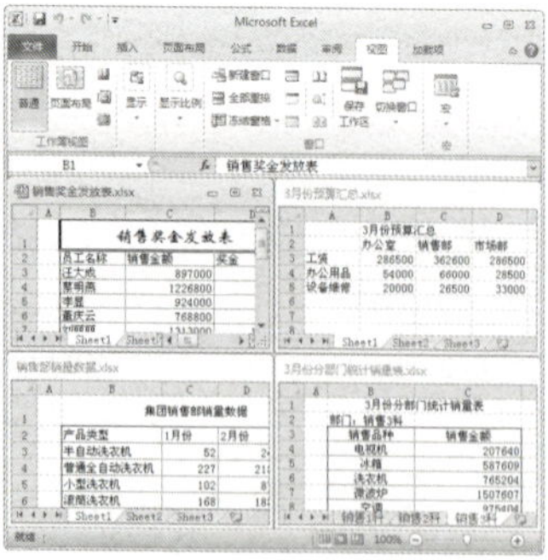

图3-16

技巧11 在多个工作簿间快速切换

若用户需要查看或编辑其他工作簿中的内容，可按如下操作方法，在各工作簿之间快速切换。

❶ 单击“视图”选项卡“窗口”组中的“切换窗口”下拉按钮，如图3-17所示。

❷ 在弹出的下拉菜单中显示了用户打开的所有工作簿，选择需要的选项（如图3-18所示），即可快速切换至相应工作簿。

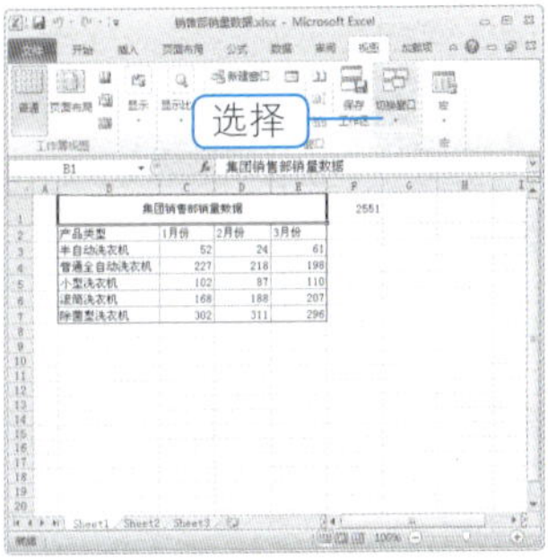

图3-17

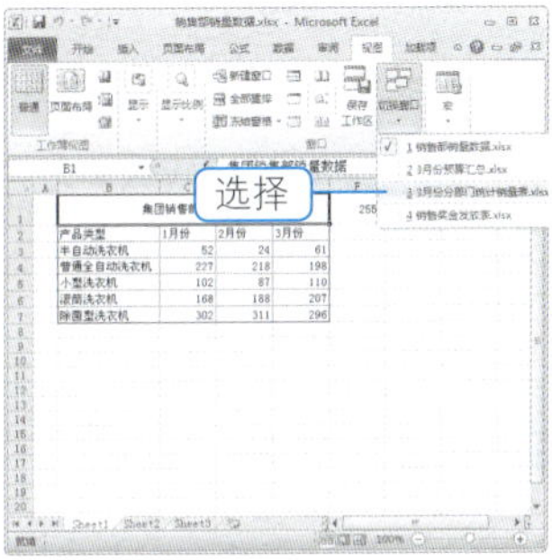

图3-18

技巧12 生成备份工作簿

用户可以在保存工作簿的同时，生成备份工作簿，并且以后每次对原工作簿进行的修改，都会同时保存到备份文件中。生成备份工作簿的操作方法如下。

❶ 打开需要备份的文件，单击“文件”选项卡，在左侧功能选项列表中选择“另存为”选项（如图3-19所示），弹出“另存为”对话框。

❷ 设置保存路径和名称，然后单击“工具”下拉按钮，在弹出的下拉菜单中选择“常规选项”选项，如图3-20所示。

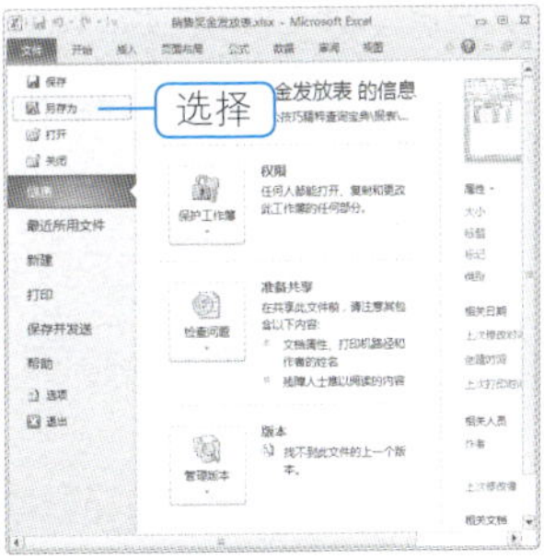

图3-19

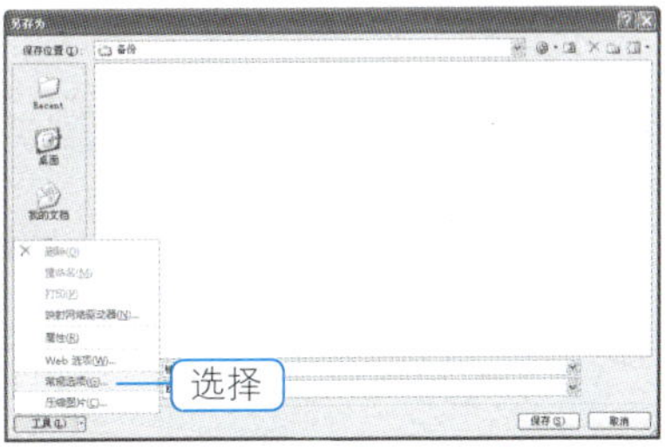

图3-20

❸ 弹出“常规选项”对话框，从中选中“生成备份文件”复选框，如图3-21所示。

❹ 单击“确定”按钮，找到存储文件的位置，会发现已经生成备份文件，如图3-22所示。

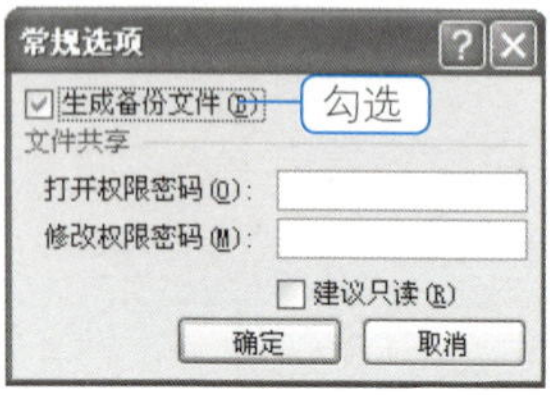

图3-21

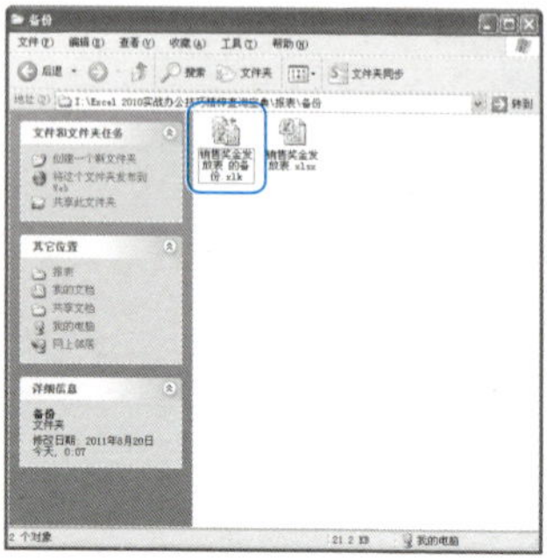

图3-22

技巧13 为工作簿设置密码

为工作簿设置密码可限制其他用户对工作簿进行访问、修改等，操作方法如下。

❶ 单击“文件”按钮，在右侧单击“保护工作簿”按钮，在弹出的下拉菜单中选择“用密码进行加密”选项，如图3-23所示。

❷ 弹出“加密文档”对话框，在“密码”文本框中输入密码，如输入“123456”，如图3-24所示。

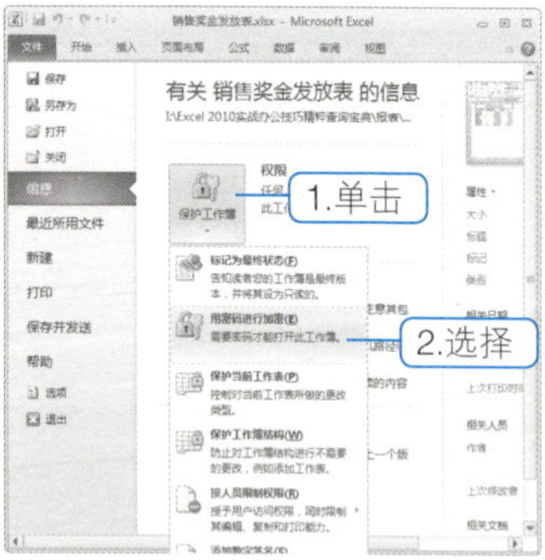

图3-23

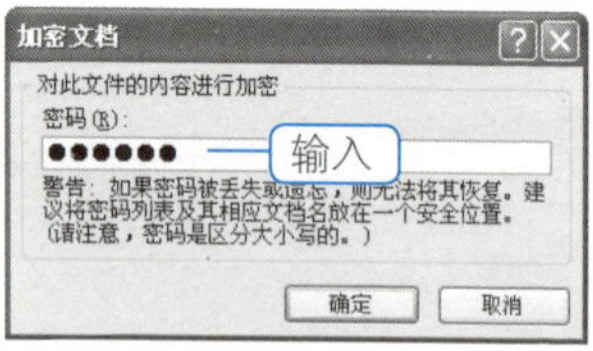

图3-24

❸ 单击“确定”按钮，弹出“确认密码”对话框，在“重新输入密码”文本框中再次输入密码“123456”，如图3-25所示。

❹ 单击“确定”按钮，当再次打开该文件时将会弹出“密码”对话框，在“密码”文本框中输入密码“123456”（如图3-26所示），单击“确定”按钮，

即可打开该工作簿。

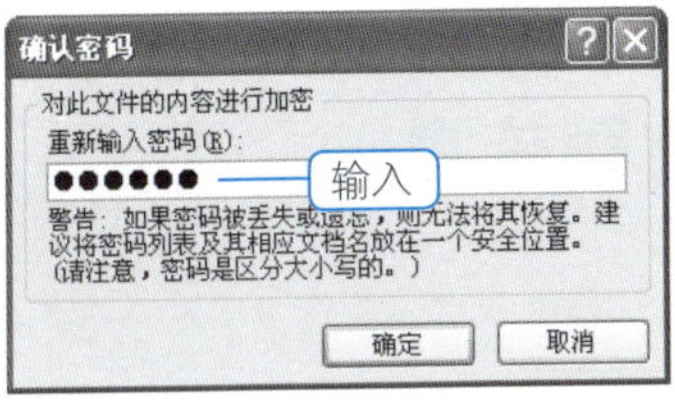

图3-25

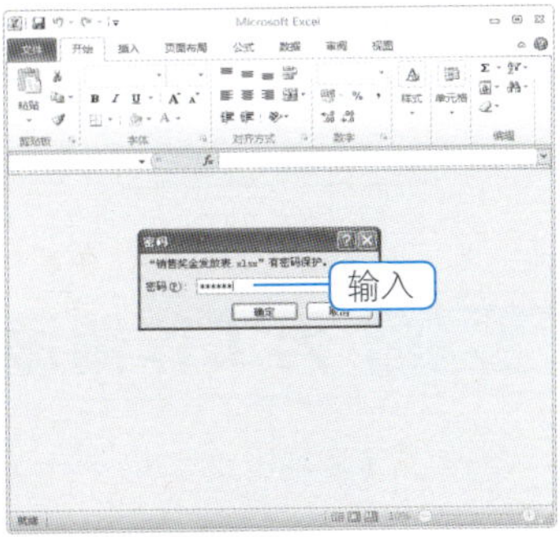

图3-26

技巧14 保护工作簿结构和窗口

用户可通过设置密码，对工作簿的结构和窗口进行保护，操作方法如下。

1 打开需要保护的工作簿，单击“审阅”选项卡“更改”组中的“保护工作簿”按钮，如图3-27所示。

2 弹出“保护结构和窗口”对话框，如图3-28所示。

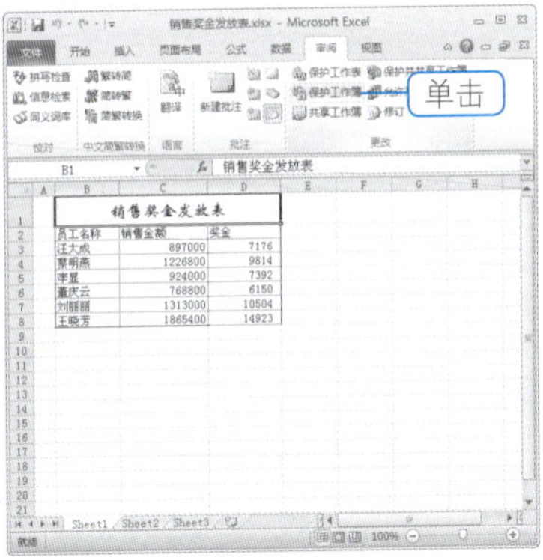

图3-27

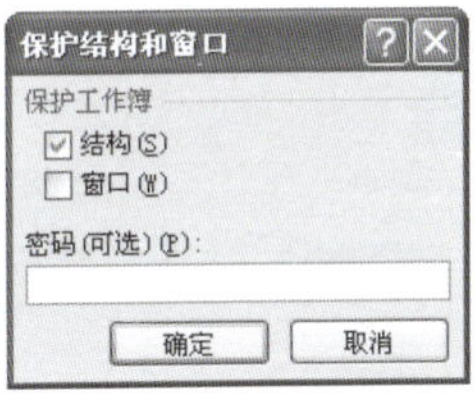

图3-28

3 选中“结构”复选框，并在“密码”文本框中输入工作簿权限密码，如输入“123456”，如图3-29所示。

4 单击“确定”按钮，弹出“确认密码”对话框，在“重新输入密码”文本框中再次输入刚才设置的密码“123456”，如图3-30所示。

5 单击“确定”按钮，完成设置。若用户在以后的使用中，需要更改该工作簿的结构，必需先输入设置的密码。

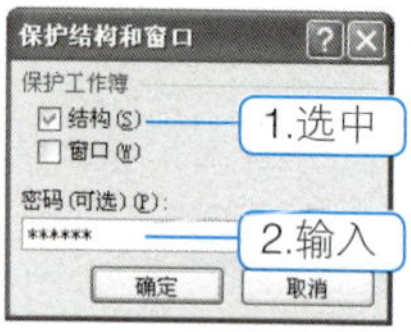

图3-29

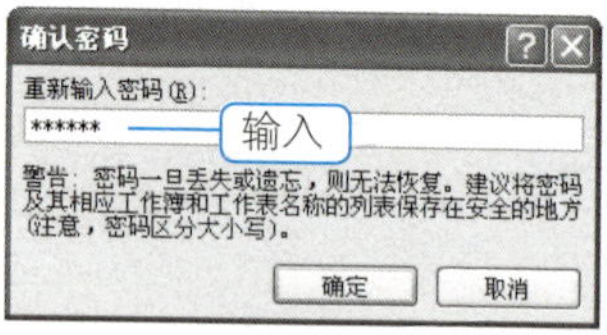

图3-30

技巧15 为工作簿添加摘要信息

为工作簿添加摘要信息，可以使用户很容易地查看该工作簿中所包含的内容，方便查找。为工作簿添加摘要信息的操作方法如下。

❶ 单击“文件”选项卡，在右侧单击“属性”按钮，在弹出的下拉菜单中选择“高级属性”选项，如图3-31所示。

❷ 弹出“个人月预算1.xlsx 属性”对话框，如图3-32所示。

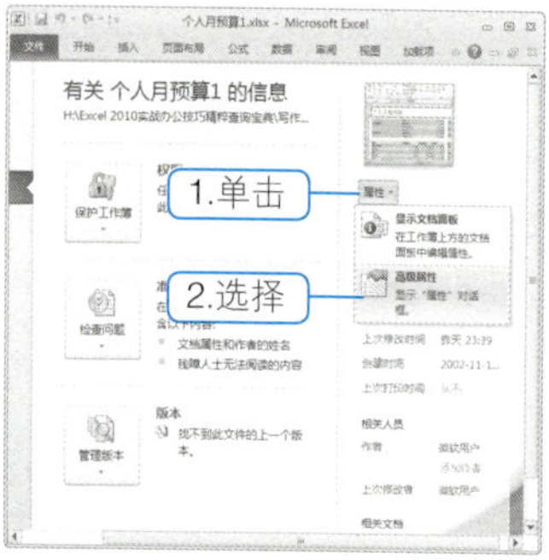

图3-31

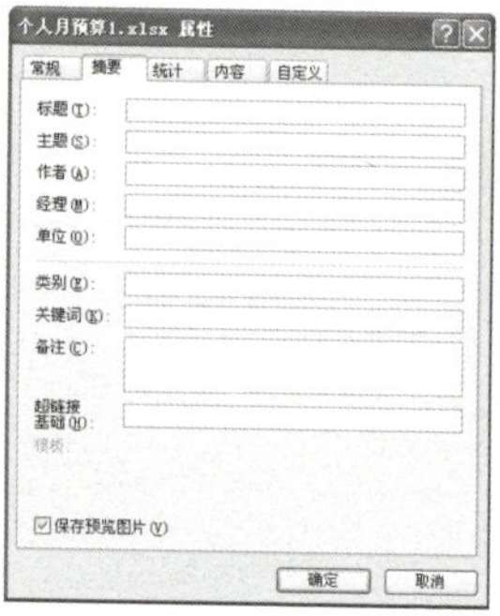

图3-32

❸ 单击“摘要”选项卡，在各文本框中输入相应内容，如图3-33所示。

❹ 单击“确定”按钮，然后关闭并保存工作簿，将鼠标指针置于该文件图标上，会显示其对应的摘要信息，如图3-34所示。

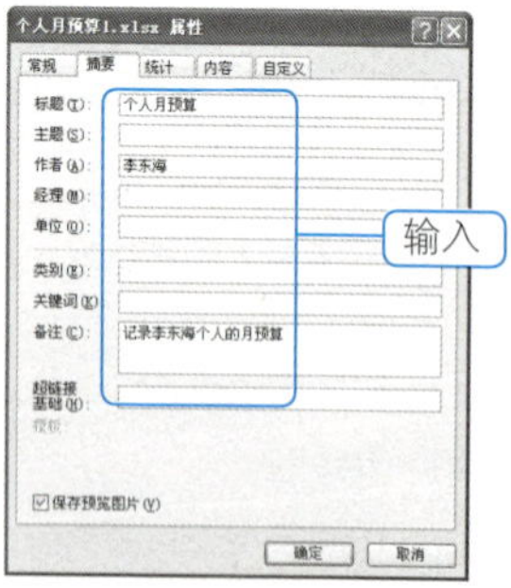

图3-33

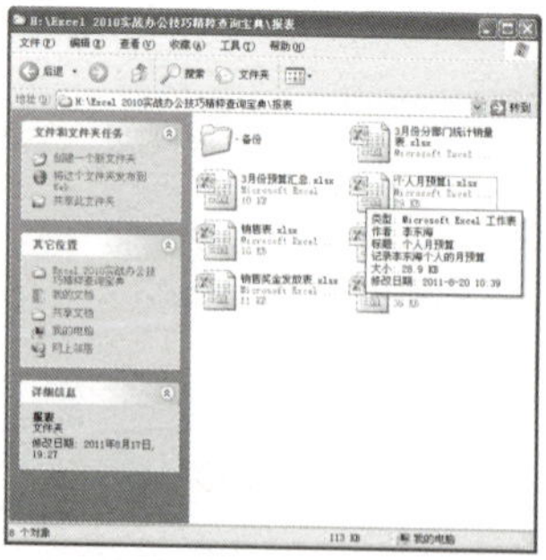

图3-34

技巧16 通过转换格式修复工作簿

用户在使用Excel 2010时可能会遇到以前创建的文件打不开或是打开后数据受损、不完整等情况，导致该文件不能使用。通过将受损文件转换为SYLK格式的方法进行恢复的操作步骤如下。

❶ 打开出现问题的文件，单击“文件”选项卡，在左侧功能选项列表中选择“另存为”，如图3-35所示。

❷ 弹出“另存为”对话框，在该对话框中选择保存路径，并输入名称，设置其“保存类型”为“SYLK（符号链接）（*.slk）”选项，如图3-36所示。

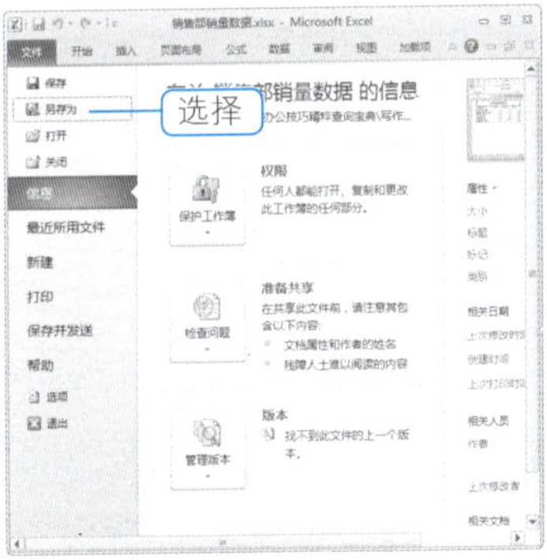

图3-35

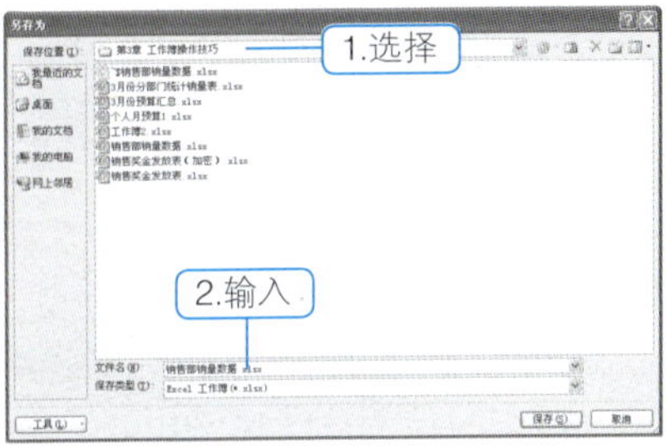

图3-36

❸ 在“保存类型”下拉列表框中选择“SYLK（符号链接）（*.slk）”选项，如图3-37所示。

❹ 单击“保存”按钮，文件以SYLK格式进行保存，打开该文件所在文件夹，可看到其图标如图3-38所示。双击打开该文件，可得到修复后的文件。

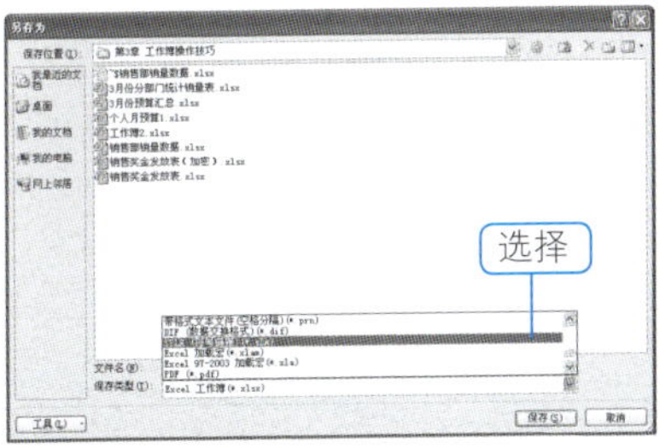

图3-37

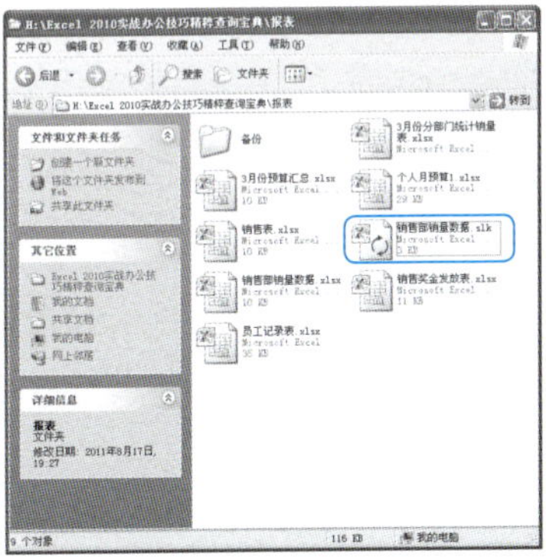

图3-38

技巧17 通过打开选项修复工作簿

通过打开选项恢复受损工作簿的操作方法如下。

❶ 启动Excel 2010，单击“文件”选项卡，左侧功能选项列表中选择“打开”选项，弹出“打开”对话框。从中选择要打开的文件，并单击“打开”按钮右侧的下拉按钮，在弹出的下拉列表中选择“打开并修复”选项，如图3-39所示。

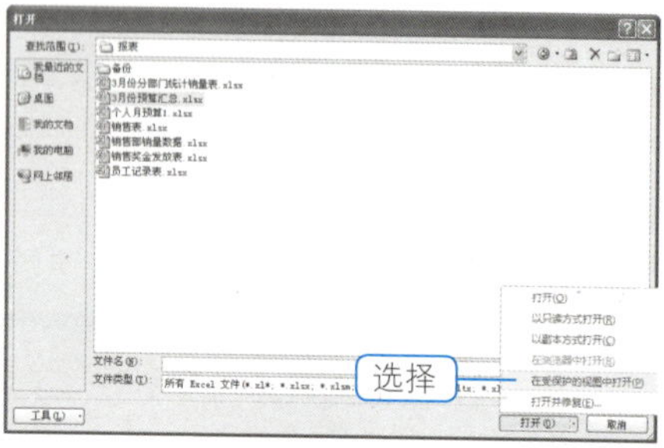

图3-39

❷ 弹出如下图所示的提示信息框，单击“修复”按钮，在打开工作簿的同时，将其修复，如图3-40所示。

图3-40

技巧18 多人巧妙共享工作簿

在实际工作中，有时候需要多人同时对一个工作簿进行编辑操作，这时可将需要编辑的工作簿共享，以方便多人操作，方法如下。

❶ 打开需要共享的工作簿，单击“审阅”选项卡“更改”组中的“共享工作簿”按钮，弹出“共享工作簿”对话框。在对话框中选中“允许多用户同时编辑，同时允许工作簿合并”复选框，如图3-41所示。

❷ 单击“确定”按钮，弹出如下图所示的提示信息框，单击“确定”按钮，完成工作簿共享，如图3-42所示。

专家提示

共享后的工作簿，将不能再进行单元格合并、条件格式设置、超链接及保护等操作。

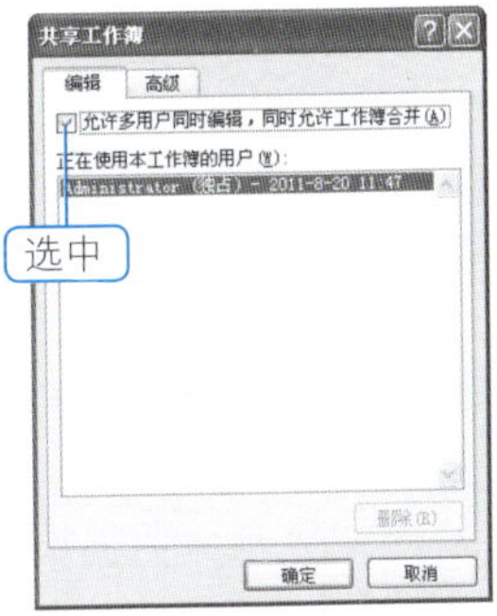

图3-41

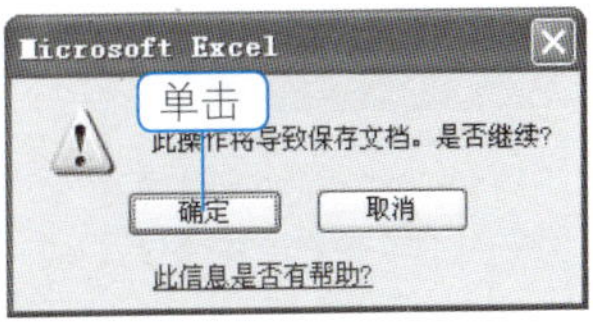

图3-42

技巧19 共享工作簿轻松用

在设置完工作簿共享后，就可以使用多个Excel该工作簿，并进行修改了，操作方法如下。

❶ 在局域网中两台已连接的电脑上打开设置为共享的工作簿，并从其中一台电脑中进行数据修改，如图3-43和图3-44所示。

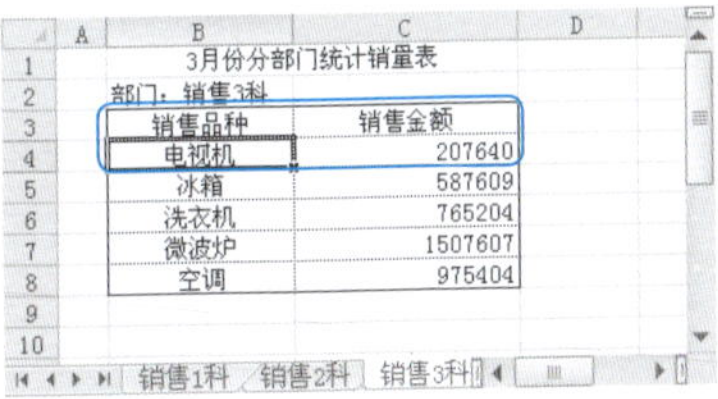

图3-43

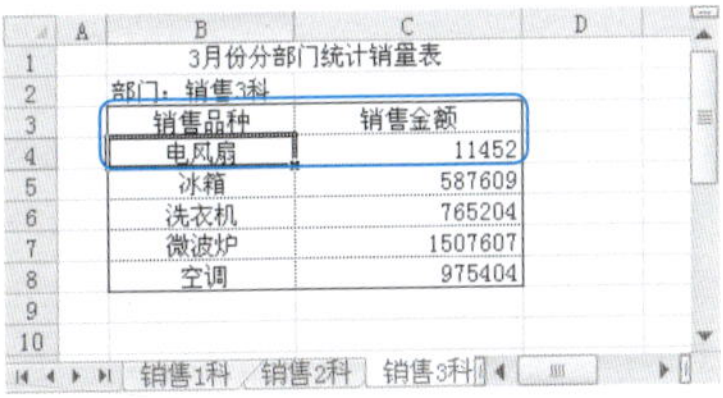

图3-44

❷ 单击快速访问工具栏上的“保存”按钮，保存内容，在另一台电脑打开的工作簿中也单击“保存”按钮，将弹出如图3-45所示的提示信息框。

图3-45

❸ 单击“确定”按钮，此时在另一台电脑中进行的修改，也保存到了该工作簿中。

技巧20 及时更新共享工作簿

在日常工作中，如果用户想随时查看Excel共享工作簿中的更新数据，没有必要一次次重复打开工作簿查看，只需要直接设定数据自动更新即可，操作方法如下。

❶ 打开共享工作簿，单击“审阅”选项卡“更改”组中的“共享工作簿”按钮，弹出“共享工作簿”对话框，如图3-46所示。

❷ 单击“高级”选项卡，在“更新”选项区中选中“自动更新间隔”单选按钮，并在其后的数值框中输入5，如图3-47所示。

❸ 单击“确定”按钮，此后系统会每隔5分钟自动保存一次。

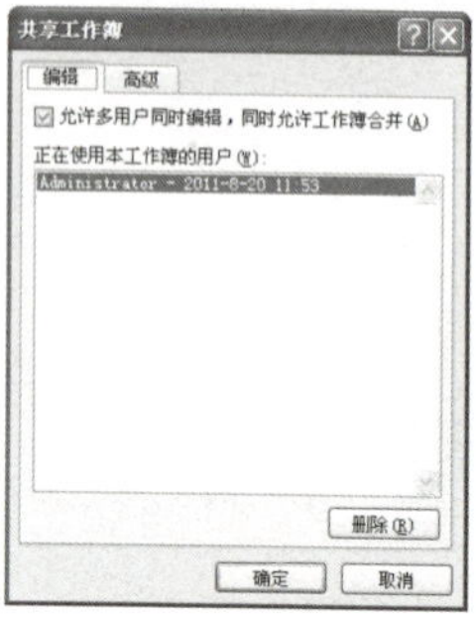

图3-46

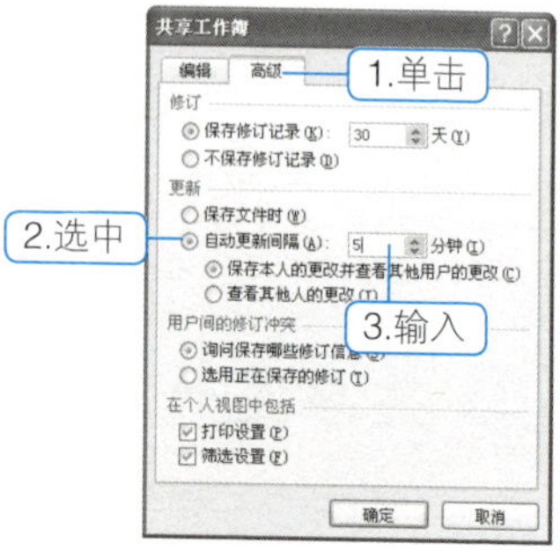

图3-47

技巧21 显示工作簿的完整路径

在用户的电脑里，保存着很多Excel文件，甚至在不同路径中保存着同名的文件。如果在Windows资源管理器中，选定一个文件可以在地址栏中显示该文件的完整路径，而在Excel 2010中，难以快速又直观地了解当前正在操作的文件的完整路径，因为Excel只在标题栏上显示当前打开文件的文件名。如果需要查看到详细路径可以通过以下方法操作。

❶ 在需要查看详细路径的文件上单击鼠标右键，在弹出的快捷菜单中选择“属性”选项（如图3-48所示），弹出“属性”对话框。

❷ 在“常规”选项卡中查看当前文件的位置，如图3-49所示。

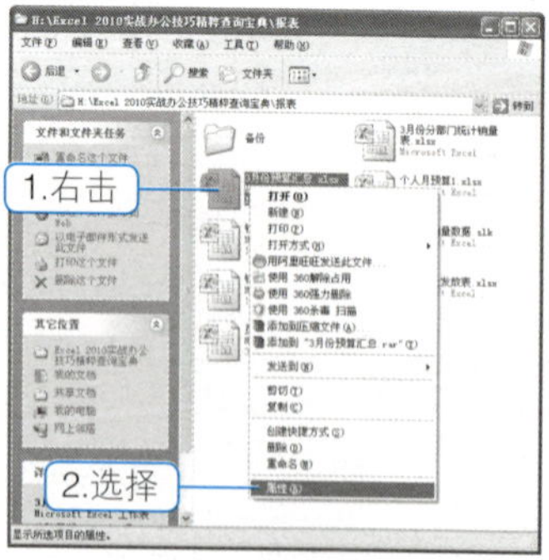

图3-48

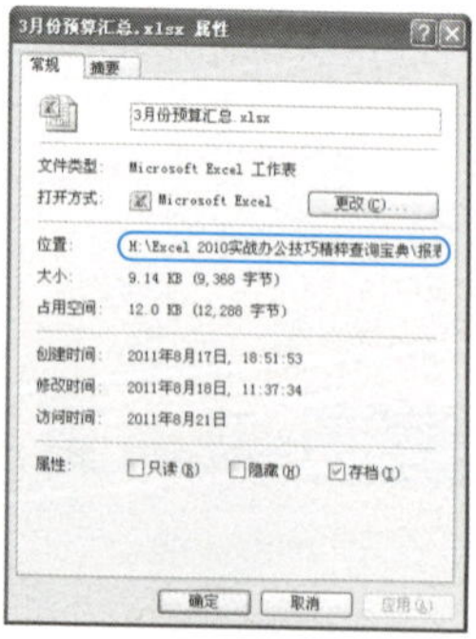

图3-49

专家提示

因为“属性”对话框的大小固定，所以当路径较长时，会无法完整显示，需要把光标定位在“位置”行上，向右移动。

技巧22 简繁转换不求人

虽然微软公司自从Office 2000开始就在Word和FrontPage组件中加入了中文简繁转换功能，但是一直没为其他Office组件加入同样的功能。从Office XP版本开始，也只是以加载项的形式开始向用户提供在Excel、PowerPoint以及Access中的中文简繁转换功能。而在Excel 2010中，却增加了该项功能，操作方法如下。

1. 选择待转换的工作表，单击“审阅”选项卡，在“中间简繁转换”选项组中单击“简转繁”按钮，如图3-50所示。
2. 转换后的最终效果如图3-51所示。

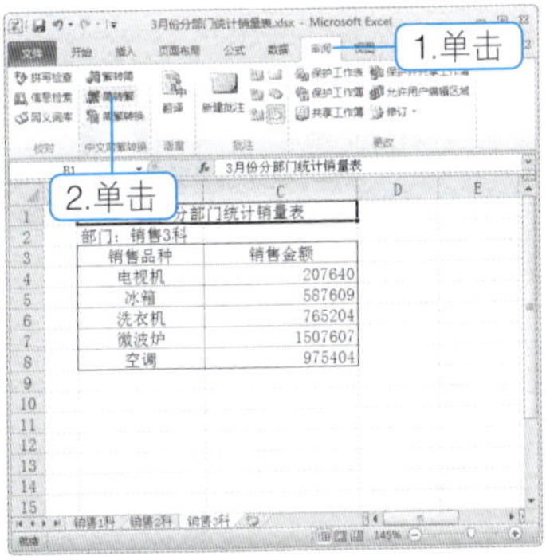

图3-50

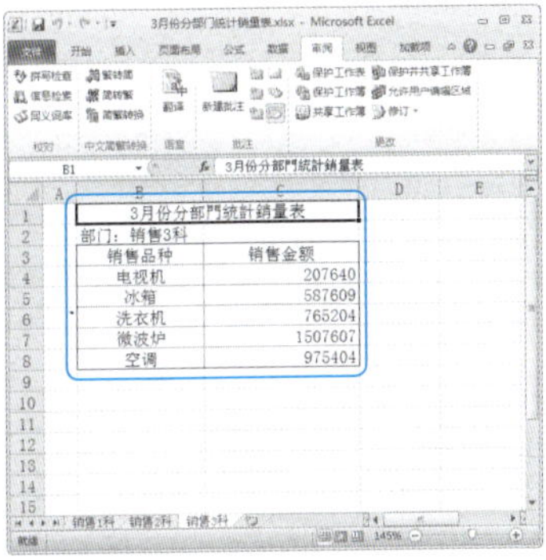

图3-51

专家提示

工作表的标签以及工作表中的文本框若是简体中文，也会被一并转换。但工作表的名称、批注，工作簿中的宏代表，不在转换之列。

读书笔记

第4章

工作表操作技巧

打开一个Excel工作簿后，用户便可以对其中的工作表进行各种操作了，如插入、删除和复制等，从而使工作簿看起来更清楚、明了。

技巧1 快速增加默认工作表数量

默认情况下，当打开Excel时，会新建一个空白工作簿，该工作簿包含3个空白工作表。更改默认工作表数目的操作方法如下。

1 启动Excel 2010应用程序，单击“文件”选项卡，在左侧功能选项列表中选择“选项”选项，弹出“Excel选项”对话框。在对话框右侧“新建工作簿”栏下的“包含的工作表数”数值框中输入数值，如图4-1所示。

2 单击“确定”按钮，关闭Excel 2010程序后再重新启动，此时工作簿中默认的工作表数目已经更改成5个，如图4-2所示。

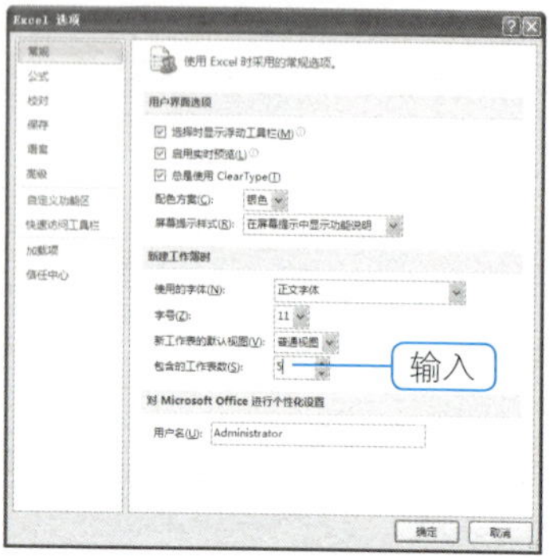

图4-1

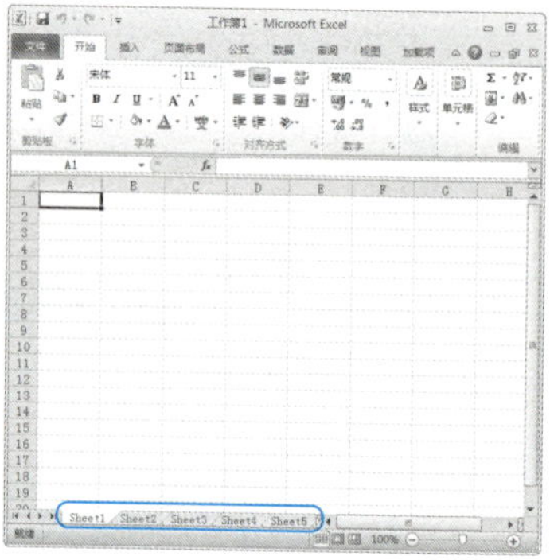

图4-2

技巧2 快速添加新工作表

打开工作簿后，如果其中默认的工作表数目不够用，可使用以下两种方法快速添加新工作表，具体操作方法如下。

方法1：使用按钮添加

1 单击工作表标签右侧的“插入工作表”按钮，如图4-3所示。

2 可在工作表标签的最后面插入新工作表Sheet4，如图4-4所示。

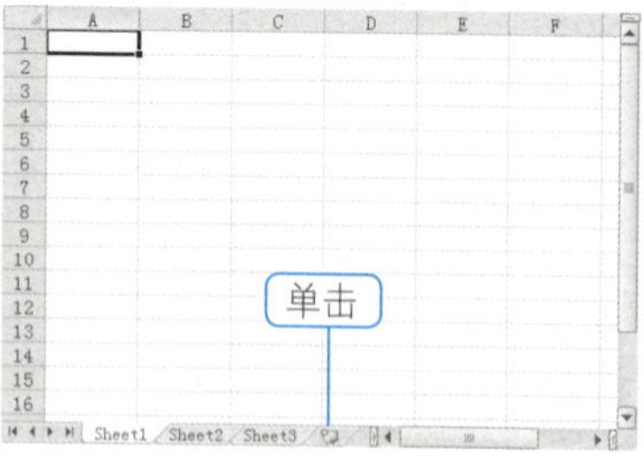

图4-3

图4-4

方法2：使用快捷键添加

❶ 如果当前工作表为Sheet4，按“Shift+F11”组合键。

❷ 将在该工作表之前插入工作表Sheet5，如图4-5所示。

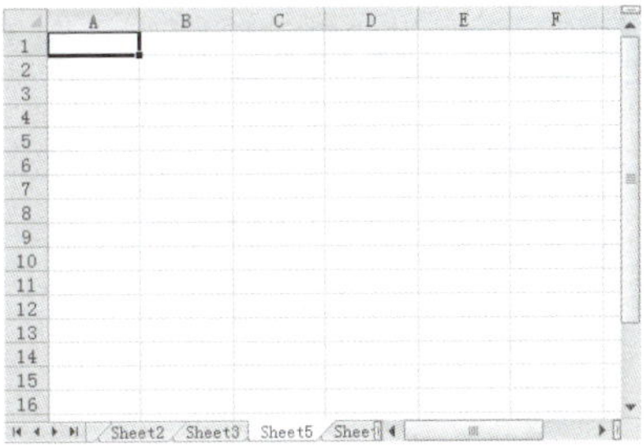

图4-5

技巧3 快速选择多个连续工作表

要快速选择工作簿中多个连续的工作表，可按如下方法进行操作。

❶ 选中要选择的多个工作表中的第一个工作表。

❷ 在按住“Shift”键的同时单击最后一个要选中的工作表即可，如图4-6所示。

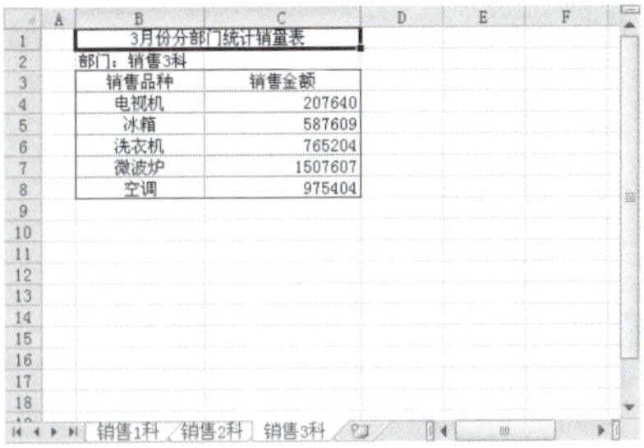

图4-6

专家提示

在任一工作表标签上单击鼠标右键，在弹出的快捷菜单中选择“选定全部工作表”选项即可快速选中全部工作表。

技巧4 快速选择多个不连续工作表

若要选择的是多个不连续的工作表，可按如下方法进行操作。

❶ 选中要选择的多个工作表中的一个。

❷ 在按住“Ctrl”键的同时单击其他要选择的工作表即可，如图4-7所示。

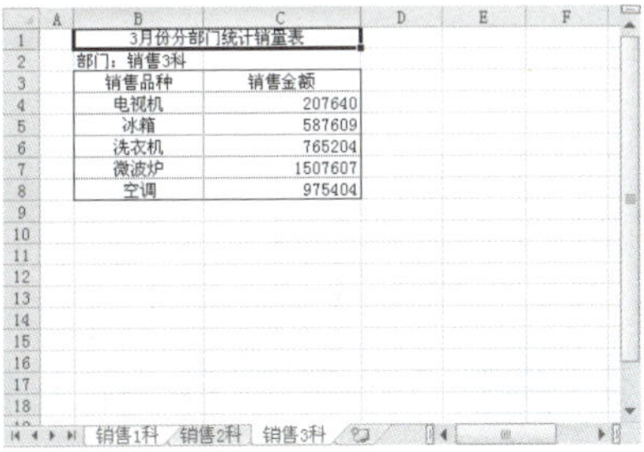

图4-7

技巧5 快速插入多个工作表

用户可以在工作簿中一次性插入多个工作表，操作方法如下。

❶ 打开工作簿，选择两个工作表，单击“开始”选项卡，在“单元格”选项组中单击“插入”下拉按钮，在弹出的下拉菜单中选择“插入工作表”选项，如图4-8所示。

❷ 此时，在工作簿中插入了与所选工作表同样数目的工作表，如图4-9所示。

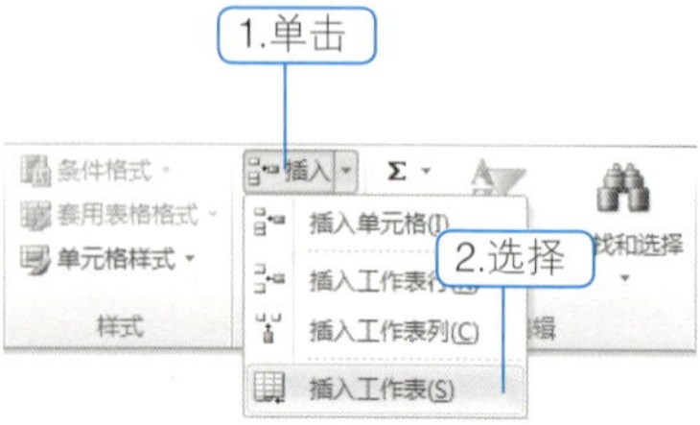

图4-8

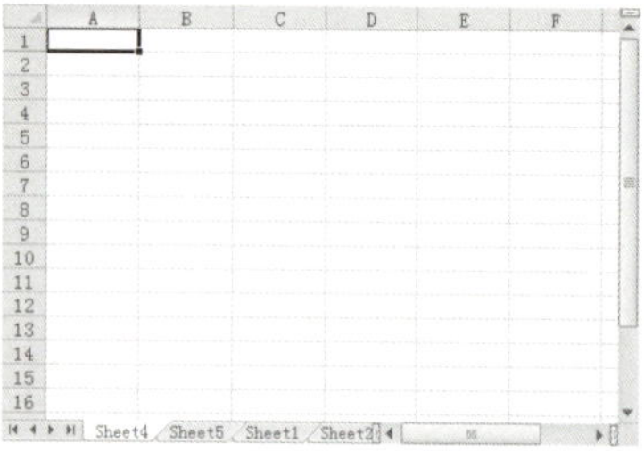

图4-9

技巧6 快速隐藏工作表

对于重要的工作表，用户可以将其隐藏，以防止被他人看到，避免造成不必要的损失。其具体操作方法如下。

❶ 打开工作簿，在要隐藏的工作表标签上单击鼠标右键，在弹出的快捷菜单中选择“隐藏”选项，如图4-10所示。

❷ 此时系统会隐藏工作表Sheet1，该工作表标签将不显示，如图4-11所示。

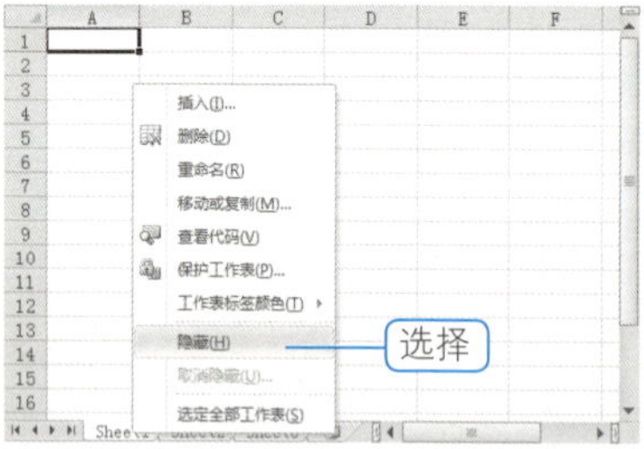

图4-10

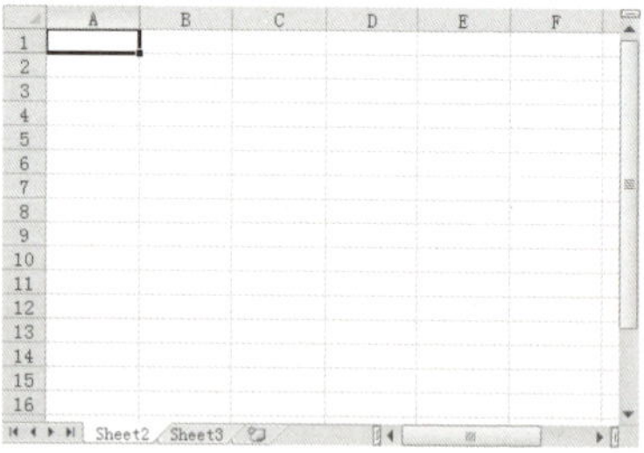

图4-11

技巧7 快速重命名工作表

一个工作簿中包含了多个工作表，使用系统自动分配给个工作表的名称，很难了解该表中的内容。若将工作表命名为与内容有关的名称，可以让用户一目了然。下面分别介绍两种快捷的重命名方法。

方法1：使用鼠标重命名

❶ 用鼠标双击需要重命名的工作表标签，使其进入可编辑状态，如图4-12所示。

❷ 在工作表标签上直接输入新名称，按“Enter”键确认，如图4-13所示。

图4-12

图4-13

方法2：使用快捷菜单重命名

❶ 在需要重命名的工作表标签上单击鼠标右键，在弹出的快捷菜单中选择“重命名”选项，如图4-14所示。

❷ 输入工作表名称，然后在其他空白处单击鼠标左键，完成重命名，如图4-15所示。

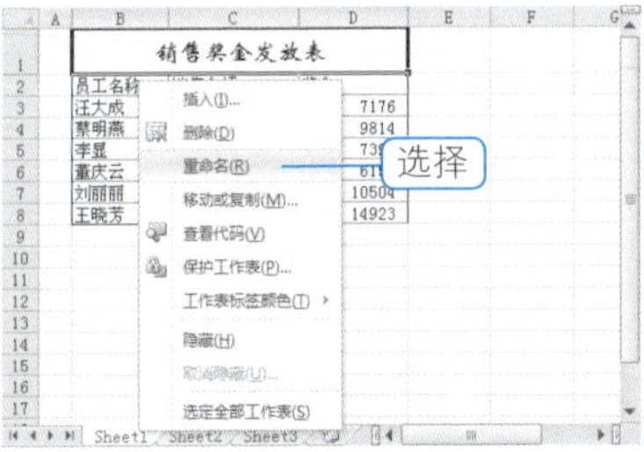

图4-14

图4-15

技巧8　快速切换工作表

若要在工作簿中快速切换各工作表，可采用以下操作方法。

❶ 当前工作表为Sheet1，如图4-16所示。

❷ 按“Ctrl+PageDown”组合键，可激活后一个工作表，如图4-17所示。

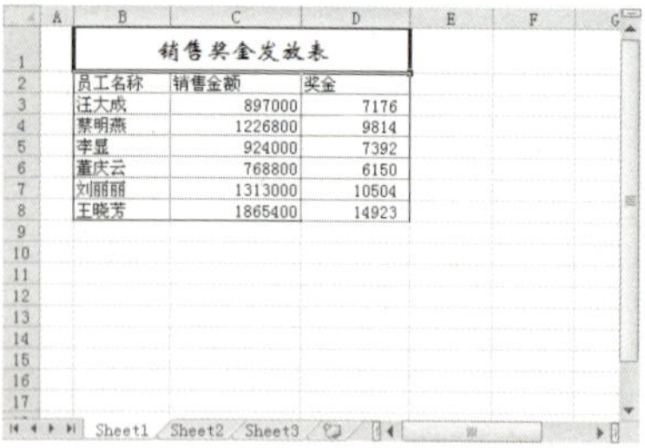

销售奖金发放表		
员工名称	销售金额	奖金
汪大成	897000	7176
蔡明燕	1226800	9814
李昱	924000	7392
董庆云	768800	6150
刘丽丽	1313000	10504
王晓芳	1865400	14923

图4-16

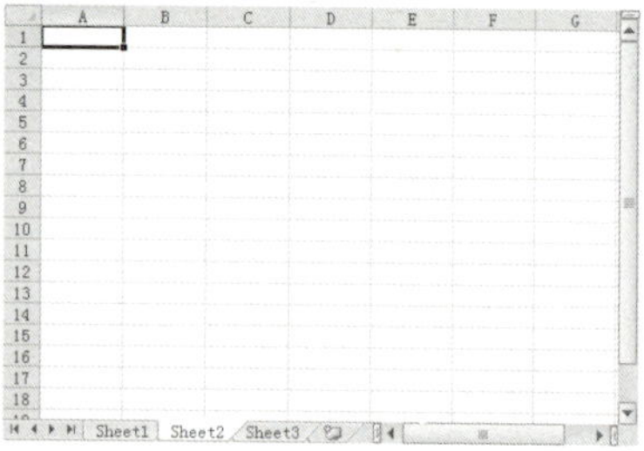

图4-17

专家提示

按“Ctrl+PageUp“组合键，可激活前一个工作表。

技巧9 快速复制工作表

若想快速复制工作簿中的某个工作表，可按如下方法进行操作。

1. 在按住“Ctrl“键的同时，拖动要复制的工作表，如图4-18所示。
2. 到合适位置后释放鼠标，系统会自动为工作表副本命名，如图4-19所示。

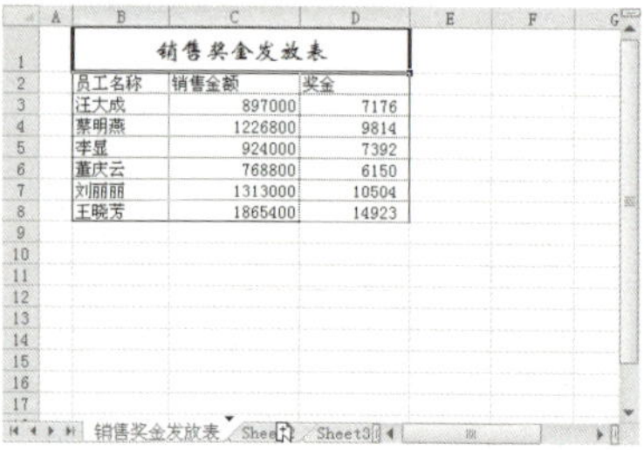

销售奖金发放表		
员工名称	销售金额	奖金
汪大成	897000	7176
蔡明燕	1226800	9814
李昱	924000	7392
董庆云	768800	6150
刘丽丽	1313000	10504
王晓芳	1865400	14923

图4-18

销售奖金发放表		
员工名称	销售金额	奖金
汪大成	897000	7176
蔡明燕	1226800	9814
李昱	924000	7392
董庆云	768800	6150
刘丽丽	1313000	10504
王晓芳	1865400	14923

图4-19

专家提示

用鼠标拖动的方法移动和复制工作表时的鼠标指针形状时不一样的，复制时指针上带有“+”符号，而移动时则没有。

技巧10 快速删除工作表

在Excel 2010中，快速删除工作表的方法有两种，具体操作如下。

方法1：使用快捷菜单删除

在要删除的Sheet5工作表标签上单击鼠标右键，弹出快捷菜单，从中选择

“删除”选项，如图4-20所示，即可删除该工作表。

方法2：使用快捷菜单删除

单击要删除的工作表标签，然后单击“开始”选项卡下“单元格”组中“删除”按钮右侧的下拉按钮，在弹出的下拉菜单中选择“删除工作表”选项，即可删除该工作表，如图4-21所示。

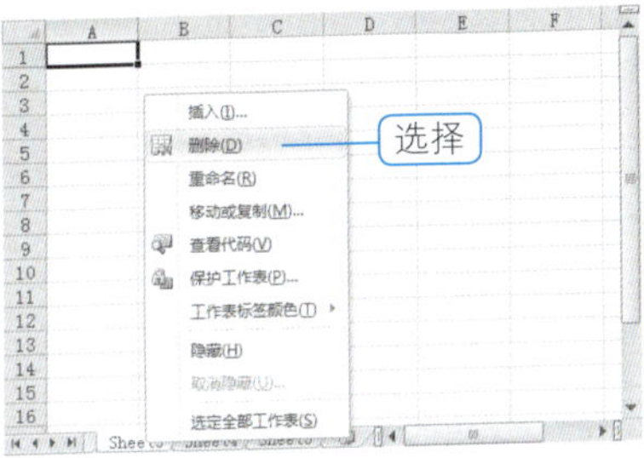

图4-20

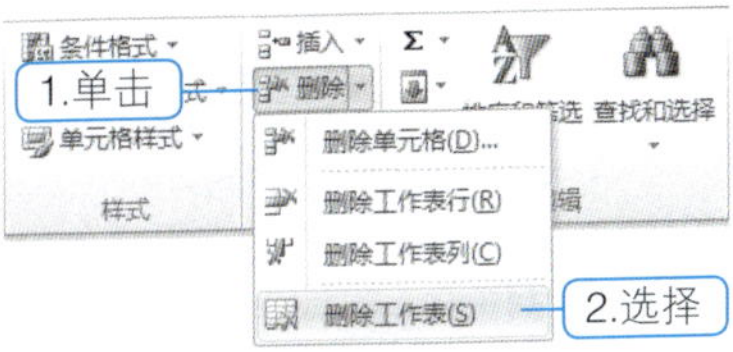

图4-21

专家提示

需要注意的是：“删除工作表”命令是不能还原的，删除的工作表将不能被恢复。

技巧11 保护工作表

为防止别人有意或无意地更改、移动、删除工作表，用户可以采取一些保护措施来限制其他人的访问，操作方法如下。

❶ 切换到需要保护的工作表，单击“审阅”选项卡，在“更改”选项组中单击“保护工作表”按钮，如图4-22所示。

❷ 弹出“保护工作表”对话框，在“取消工作表保护时使用的密码”文本框中输入密码，如输入“123456”，并在其下方的列表框中设置用户权限，如图4-23所示。

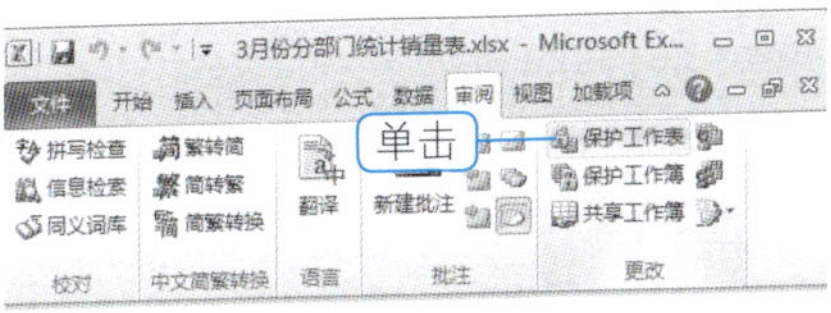

图4-22

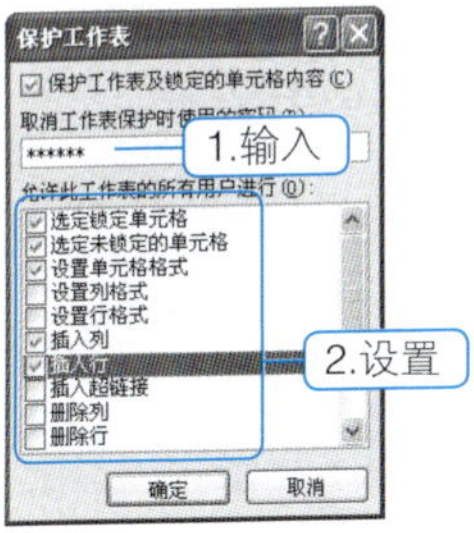

图4-23

3 单击“确定”按钮，弹出“确认密码”对话框，在“重新输入密码”文本框中再次输入密码“123456”，如图4-24所示。

4 单击“确定”按钮，关闭对话框，然后在工作表中进行修改，会弹出如图4-25所示的提示信息框。

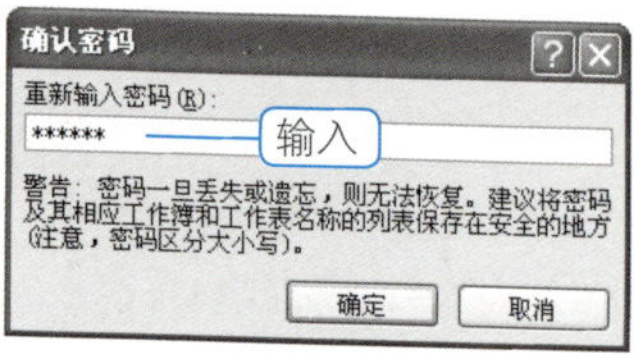

图4-24

图4-25

专家提示

单击“审阅”选项卡，在“更改”选项组中单击“撤销工作表保护”按钮，弹出“撤销工作表保护”对话框，在“密码”文本框中输入设置的密码，单击“确定”按钮，即可取消工作表保护。

技巧12 调整工作表显示比例

在Excel 2010中，可以通过调整工作表显示比例来查看内容，操作方法如下。

1 单击“视图”选项卡，在“显示比例”选项组中单击“显示比例”按钮，弹出“显示比例”对话框，如图4-26所示。

2 对话框中提供了几种显示比例值，用户可根据需要选择相应的选项，如选择“100%”，然后单击“确定”按钮，即可更改工作表显示比例，如图4-27所示。

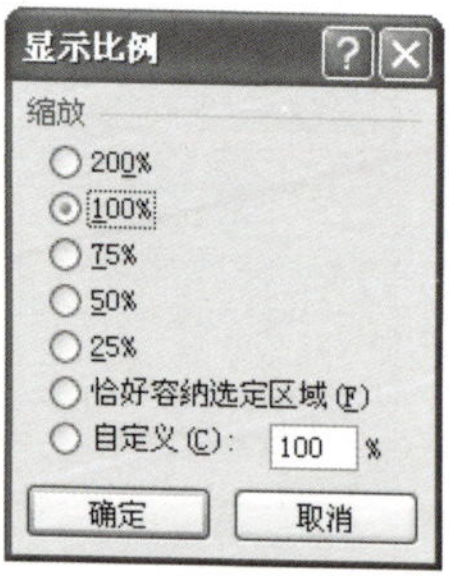

图4-26

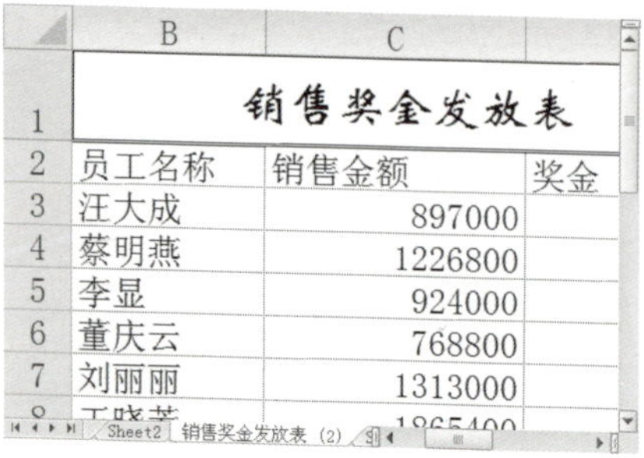

图4-27

技巧13 自定义工作表显示比例

快速自定义工作表的显示比例，方法有两种，用户可自由选择，具体的操作方法如下。

方法1：使用对话框自定义

❶ 单击“视图”选项卡，在“显示比例”选项组中单击“显示比例”按钮，在弹出的“显示比例”对话框中选中“自定义”单选按钮，并在其后的数值框中输入“150”，如图4-28所示。

❷ 单击“确定”按钮，此时的工作表以150%的显示比例显示，如图4-29所示。

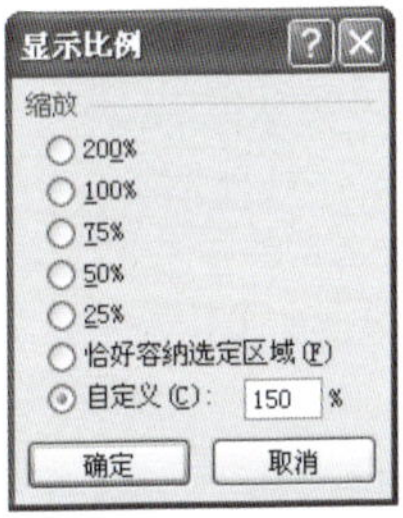

图4-28

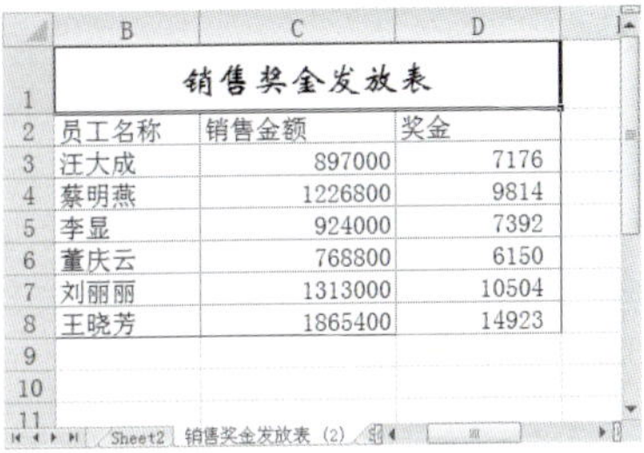

	B	C	D
1	销售奖金发放表		
2	员工名称	销售金额	奖金
3	汪大成	897000	7176
4	蔡明燕	1226800	9814
5	李显	924000	7392
6	董庆云	768800	6150
7	刘丽丽	1313000	10504
8	王晓芳	1865400	14923

图4-29

方法2：使用视图栏自定义

在打开的工作表中单击视图栏上的“放大”和“缩小”按钮，或直接拖动“显示比例”滑块，可快速调整工作表显示比例，如图4-30所示。

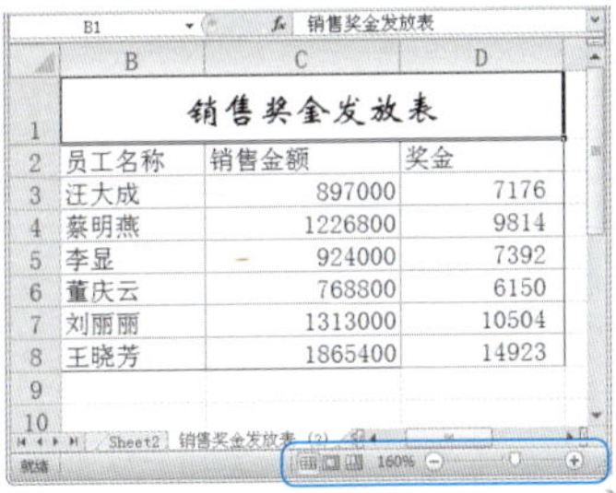

	B	C	D
1	销售奖金发放表		
2	员工名称	销售金额	奖金
3	汪大成	897000	7176
4	蔡明燕	1226800	9814
5	李显	924000	7392
6	董庆云	768800	6150
7	刘丽丽	1313000	10504
8	王晓芳	1865400	14923

图4-30

技巧14 工作簿内快速移动工作表

用户可在工作簿内快速移动工作表，具体的操作方法如下。

❶ 将鼠标指针置于要移动的工作表上，拖动鼠标，此时的鼠标指针如图4-31所示。

❷ 到合适位置后释放鼠标，即可将工作表快速移动到目标位置，如图4-32所示。

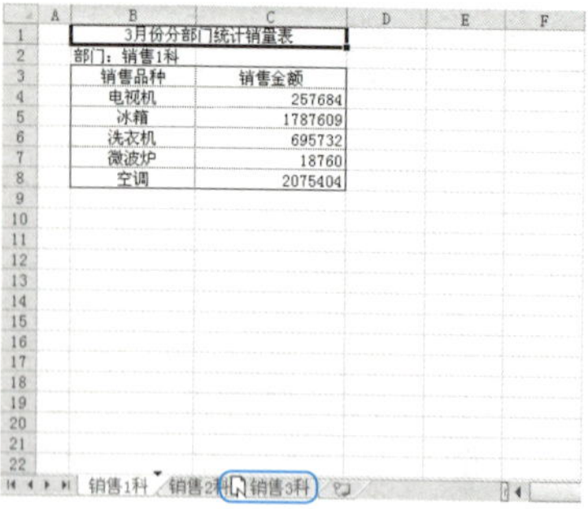

图4-31

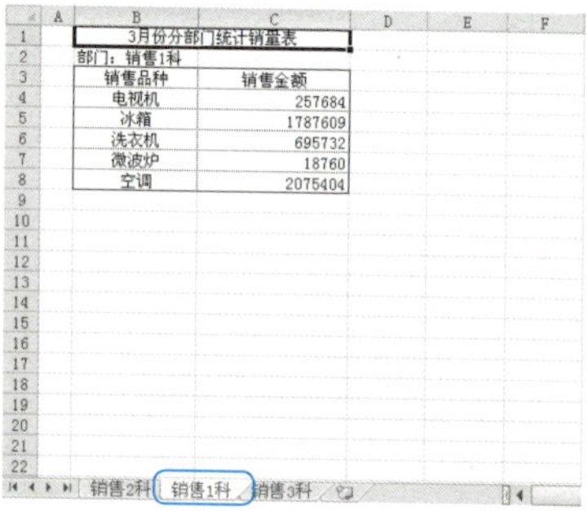

图4-32

技巧15 移动工作表到新工作簿

若用户需要将工作表移动到新的工作簿中，可按如下方法操作。

❶ 在要移动的工作表标签上单击鼠标右键，在弹出的快捷菜单中选择“移动或复制工作表”选项，如图4-33所示。

❷ 弹出“移动或复制工作表”对话框，在“工作簿”下拉列表框中选择“（新工作簿）”选项，如图4-34所示。

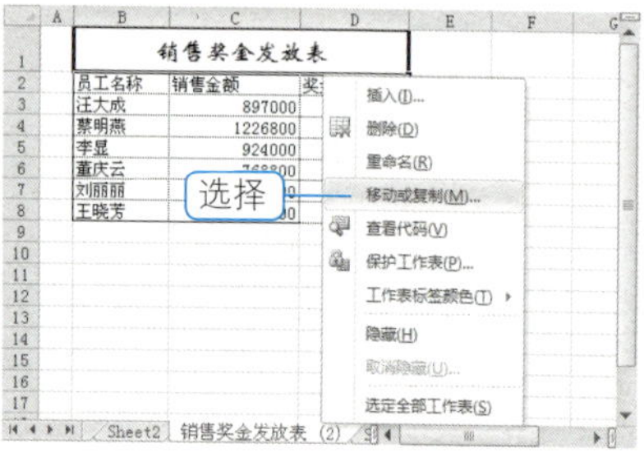

图4-33

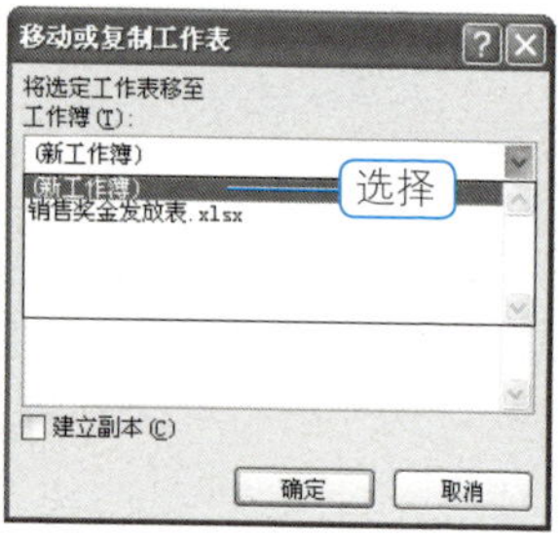

图4-34

❸ 单击“确定”按钮，将工作表移动到新工作簿中，并且其中只有刚复制的一个工作表，如图4-35所示。

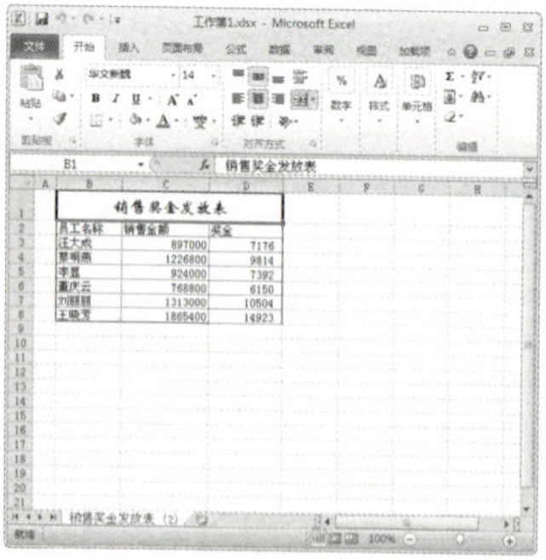

图4-35

技巧16 工作簿间快速移动工作表

在工作簿间快速移动工作表的操作方法如下。

❶ 分别打开工作表所在原工作簿和目标工作簿，在要移动的工作表标签上单击鼠标右键，在弹出的快捷菜单中选择“移动或复制工作表”选项。弹出“移动或复制工作表”对话框，并从中选择工作表要移动到的位置，如图4-36所示。

❷ 单击“确定”按钮，此时选中的工作表已经移动到目标位置，如图4-37所示。

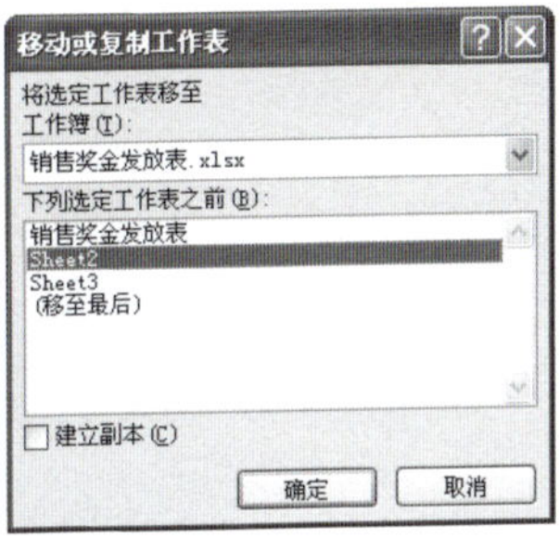

图4-36

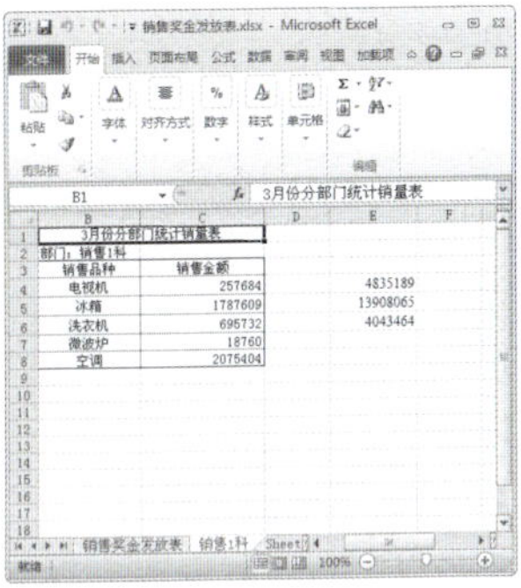

图4-37

专家提示

若是在“移动或复制工作表”对话框中选中“建立副本”复选框，可在不同工作簿间复制工作表。

技巧17 隐藏工作表网格线

用户可根据需要，将工作表网格线隐藏起来，操作方法如下。

❶ 单击“视图”选项卡，取消“显示/隐藏”选项组中的“网格线”复选框的选中状态，如图4-38所示。

❷ 取消网格线后的工作表效果如图4-39所示。

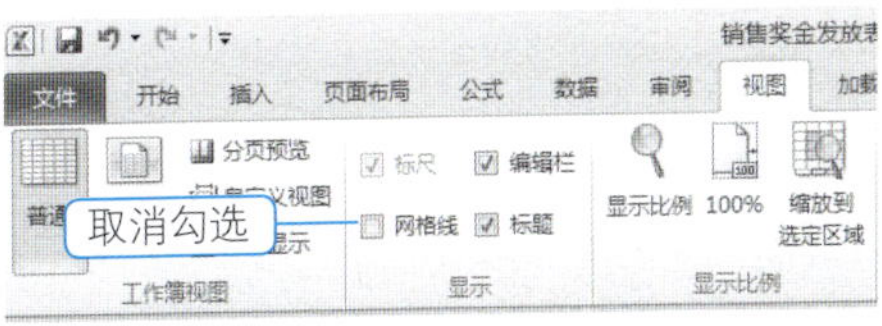

图4-38

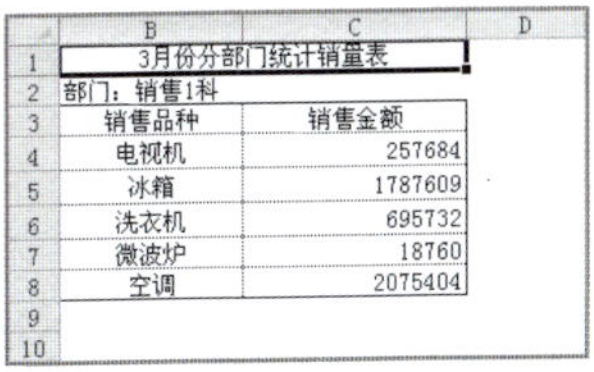

图4-39

技巧18 自定义工作表标签颜色

为了让工作表标签突出显示，可为其添加颜色，操作方法如下。

❶ 在需要设置的工作表标签上单击鼠标右键，弹出快捷菜单，选择“工作表标签颜色”选项，弹出如下图所示的调色板，如图4-40所示。

❷ 在调色板中单击“深红”色块，将工作表标签的颜色设置成深红色，如图4-41所示。

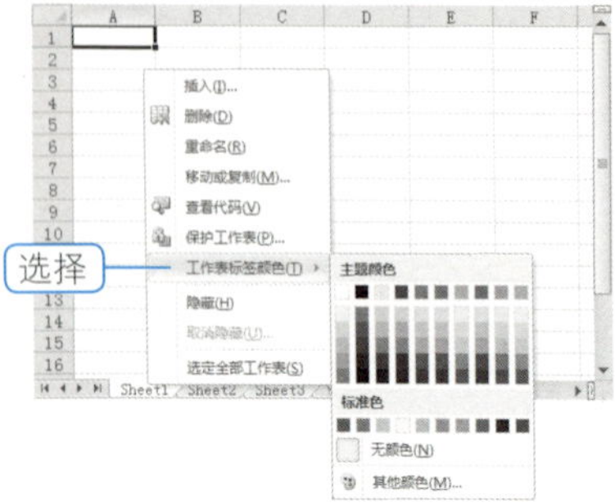

图4-40

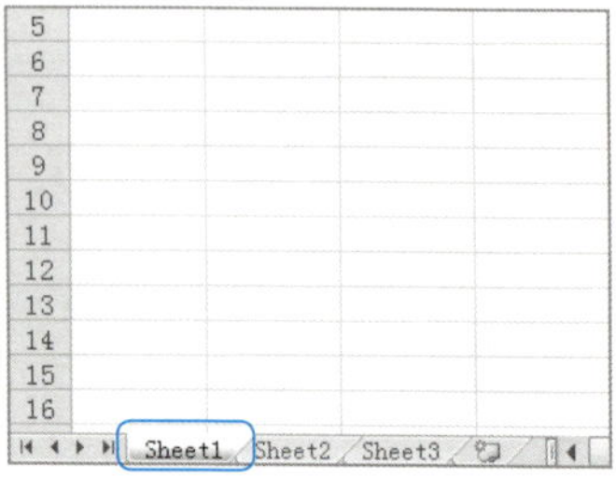

图4-41

技巧19 隐藏工作表标签

用户可将窗口底部的工作表标签隐藏起来，操作方法如下。

❶ 单击“文件”选项卡，在左侧功能选项列表中选择“选项”选项，弹出“Excel选项”对话框。在左侧列表中单击“高级”标签，在右侧“此工作簿的显示选项”栏下取消 “显示工作表标签”复选项的选中状态，如图4-42所示。

❷ 单击“确定”按钮，此时的工作簿窗口底部的工作表标签被隐藏，如图4-43所示。

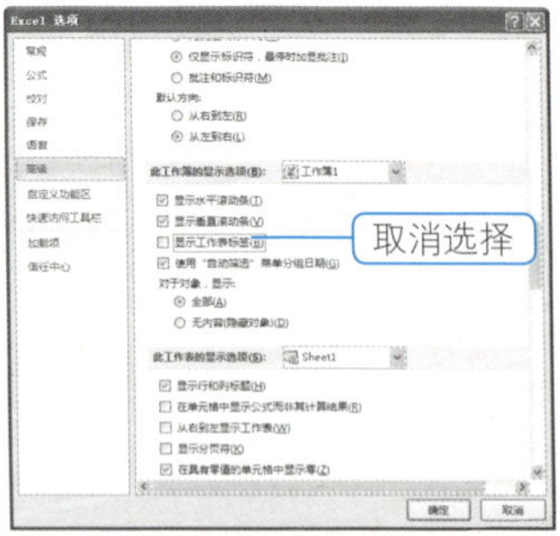

图4-42

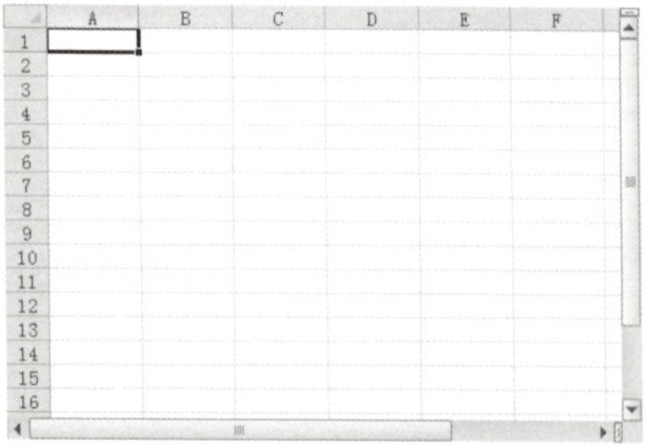

图4-43

技巧20 巧妙添加工作表图片背景

用户可以将自己喜欢的图片作为背景，添加到工作表中，操作方法如下。

❶ 打开要添加背景的工作表，单击“页面布局”选项卡，在“页面设置”选项组中单击“背景”按钮，如图4-44所示。

❷ 弹出“工作表背景”对话框，从中选择要作为工作表背景的图片，如图4-45所示。

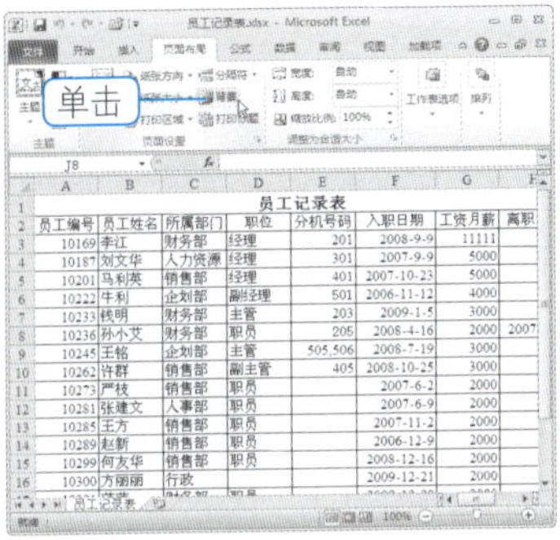

图4-44

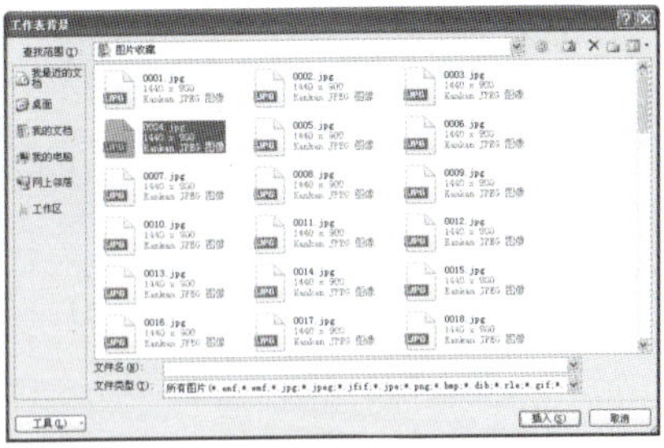

图4-45

❸ 单击“插入”按钮，将其插入到工作表中，效果如图4-46所示。

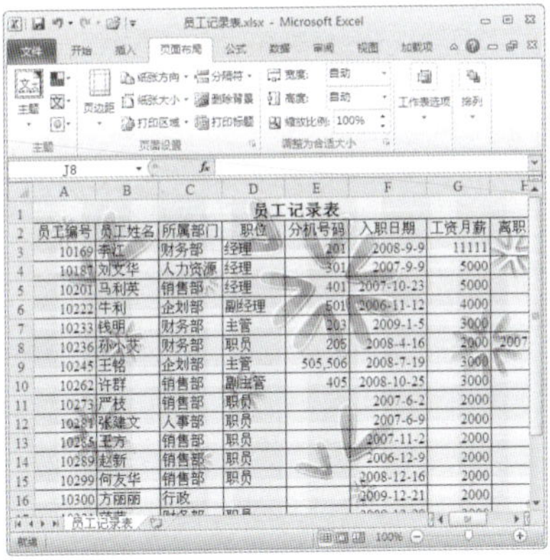

图4-46

技巧21 快速删除工作表背景

用户可以使用以下方法，将工作表中的图片背景快速删除。

❶ 打开具有背景的工作表，单击“页面布局”选项卡，在“页面布局”选

项组中单击“删除背景”按钮，如图4-47所示。

2 此时，工作表中的背景已经被删除，如图4-48所示。

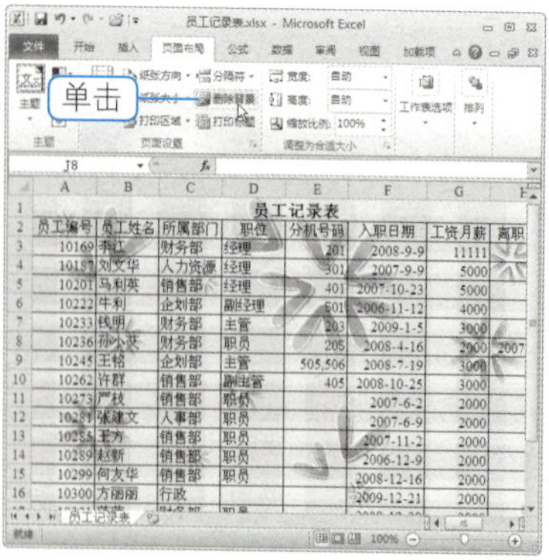

图4-47

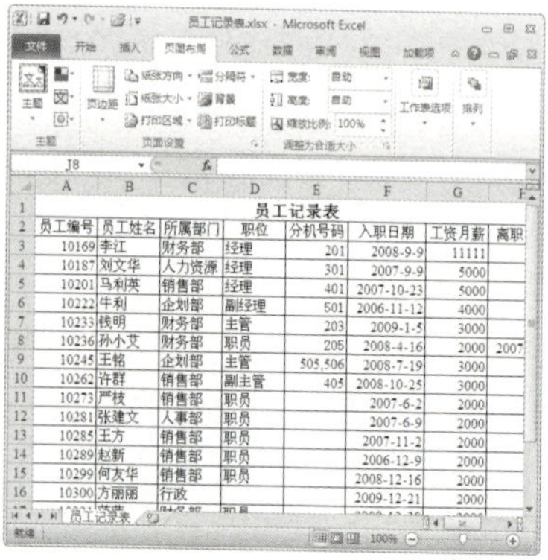

图4-48

第5章

单元格选取与格式设置技巧

单元格是Excel中存放数据最基本的单位，单元格的选择、复制与隐藏等也是最常用的操作之一。本章将着重介绍单元格的基本操作技巧。

技巧1 选择单个单元格

选择单个单元格的方法，非常简单，具体的操作如下。

在要选择的单元格上单击鼠标左键即可，如选择单元格B3，如图5-1所示。

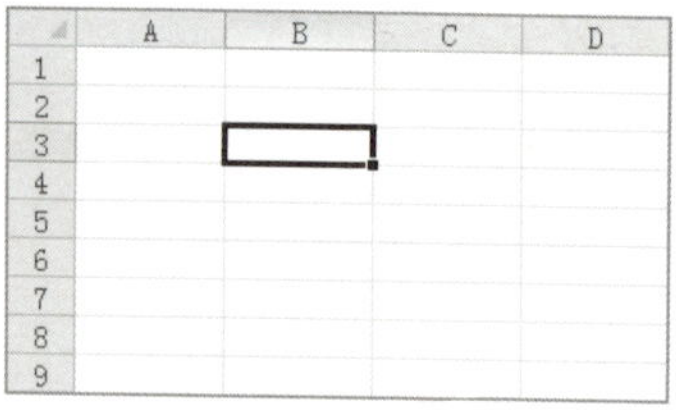

图5-1

技巧2 选择连续的单元格区域

选择单元格或单元格区域是Excel中最基本的操作，下面介绍3种选择方法。

方法1：拖动鼠标选择

按住鼠标左键并拖动鼠标，将选择所需单元格区域，如图5-2所示。

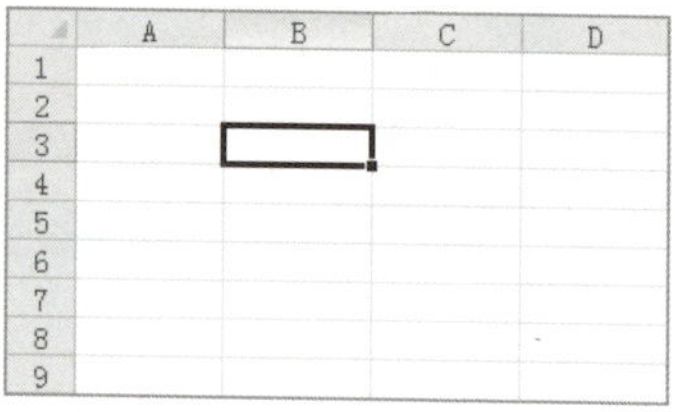

图5-2

方法2：“Shift”键与鼠标配合使用

1. 单击单元格B2，如图5-3所示。
2. 按住“Shift”键的同时，单击其他单元格，如C6，将选择单元格区域B2:C6，如图5-4所示。

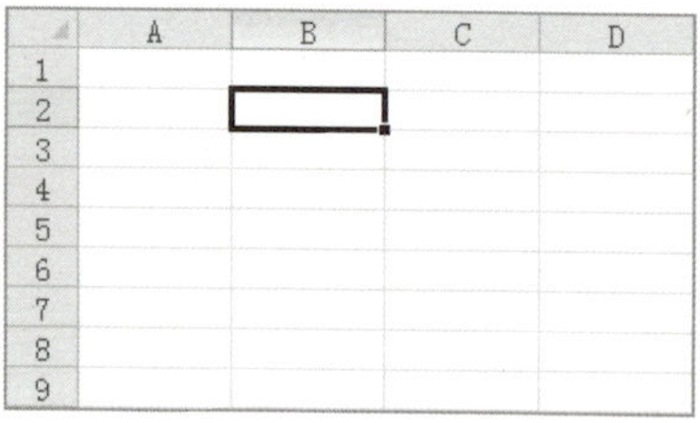

图5-3

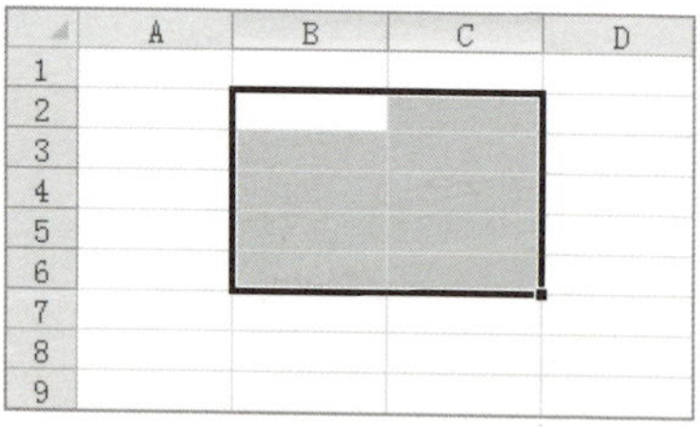

图5-4

方法3：“F8”键与鼠标配合使用

单击某个单元格，如A1，然后按“F8”键，在单击其他单元格，如C6，将选择单元格区域A1:C6，如图5-5所示，选择完成，再次按“F8”键即可。

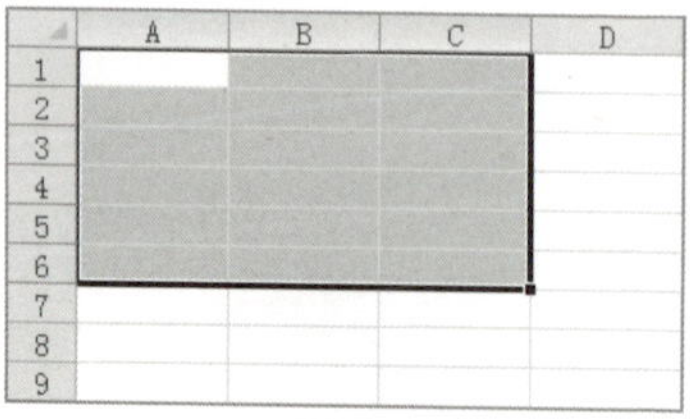

图5-5

技巧3　选择不连续的单元格区域

方法1：“Ctrl”键和鼠标配合使用

按住“Ctrl”键的同时，单击所有要选择的单元格或区域，选择时可同时选择这些单元格或区域，如图5-6所示。

方法2：“Shift+F8”组合键和鼠标配合使用

如果当前单元格为A2，按“Shift+F8”组合键，然后单击其他单元格，可选择所有单击的单元格，包括单元格A2，完成选择后，再次“Shift+F8”组合键即可，如图5-7所示。

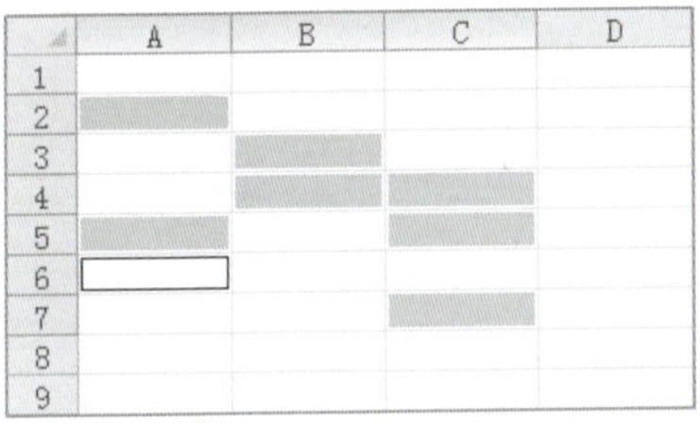

图5-6

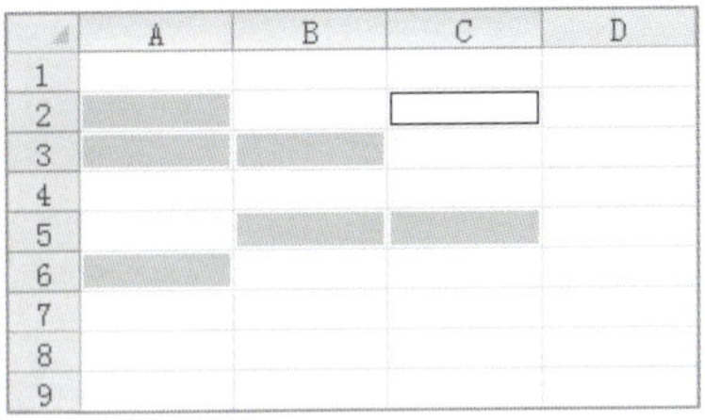

图5-7

技巧4　快速选择工作表的数据区域

快速选择工作表的数据区域的操作方法如下。

1. 打开工作表，单击表格中数据区域的任意单元格，如图5-8所示。
2. 按“Ctrl+Shift+*”组合键，快速选择数据区域，如图5-9所示。

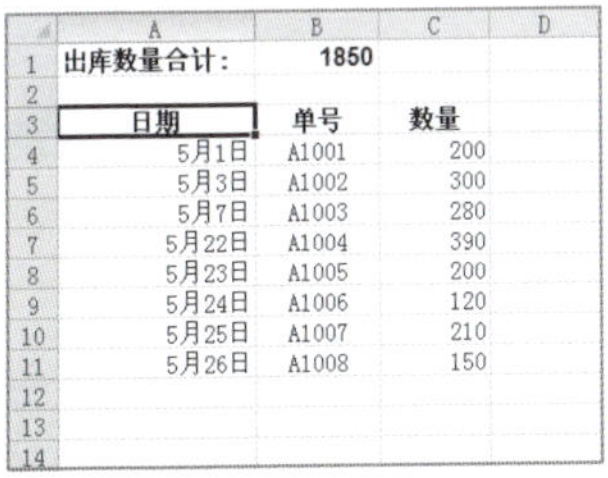

图5-8

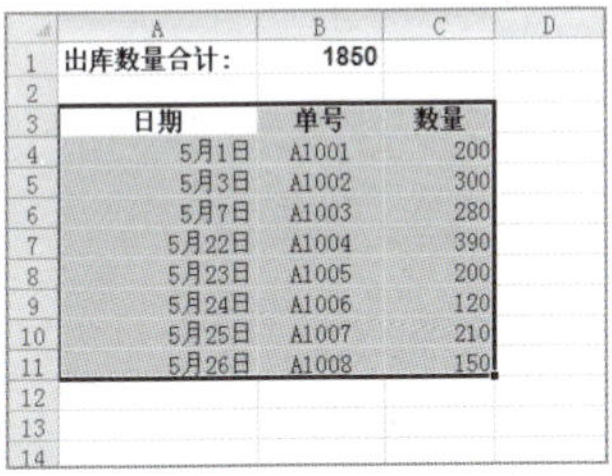

图5-9

技巧5　更改回车键移动方向

默认情况下，输入数据后按“Enter”键，将向下移动当前单元格，要改变按“Enter”键后移动的方向，具体操作方法如下。

❶ 单击“文件”选项卡，在左侧功能选项区中单击“选项”按钮，如图5-10所示。

❷ 弹出“Excel选项”对话框，在左侧的列表中选择“高级”选项，然后在右侧“编辑选项”选项区中的下拉列表框中选择“向右”选项，如图5-11所示。

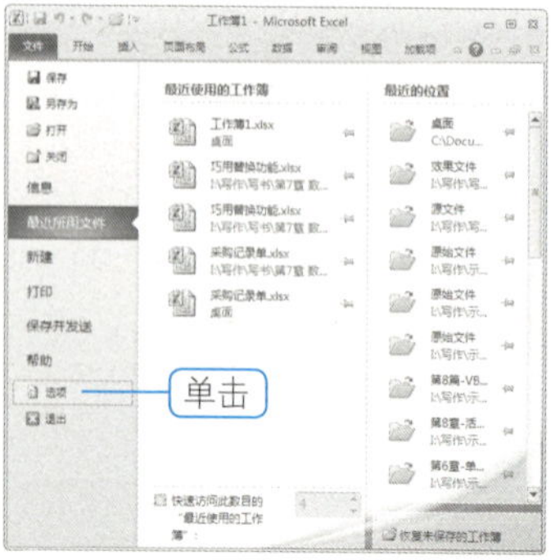

图5-10

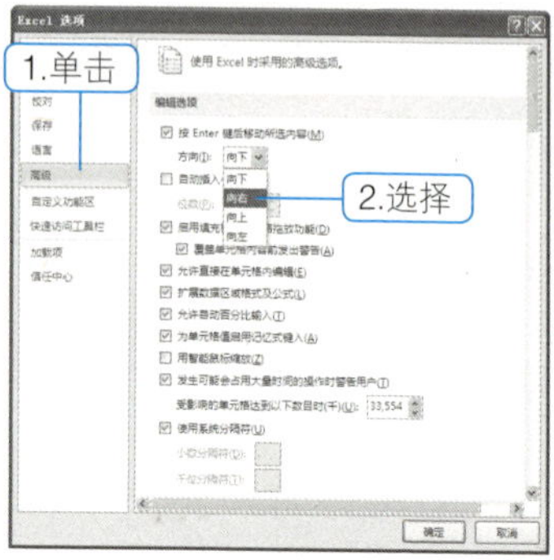

图5-11

技巧6 让单元格自动换行

如果单元格中的文字特别多，往往要调整列宽，才能完全显示。其实这时可以使用“自动换行”功能，操作方法如下。

❶ 打开“接待客户的几点准则”工作表，各单元格中显示的文字过长，如图5-12所示。

❷ 单击“对齐方式”右下角的按钮，弹出“设置单元格格式”对话框，在“对齐”选项卡中选中“自动换行”复选框，如图5-13所示。

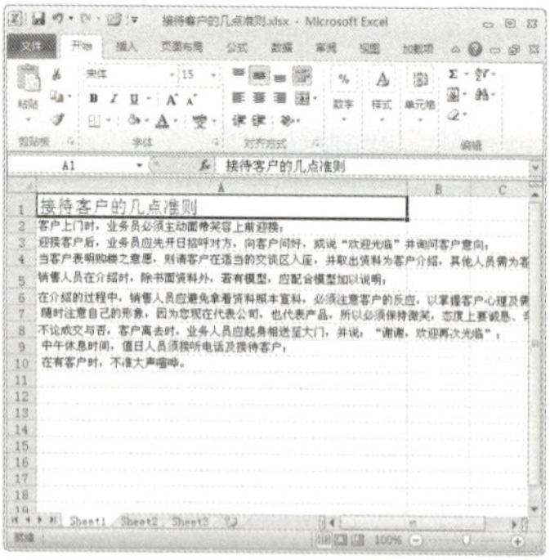

图5-12

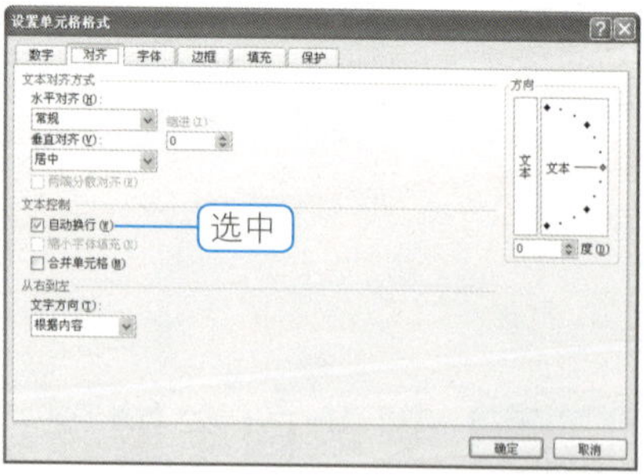

图5-13

❸ 单击“确定”按钮，关闭该对话框。设置自动换行后的效果如图5-14所示。

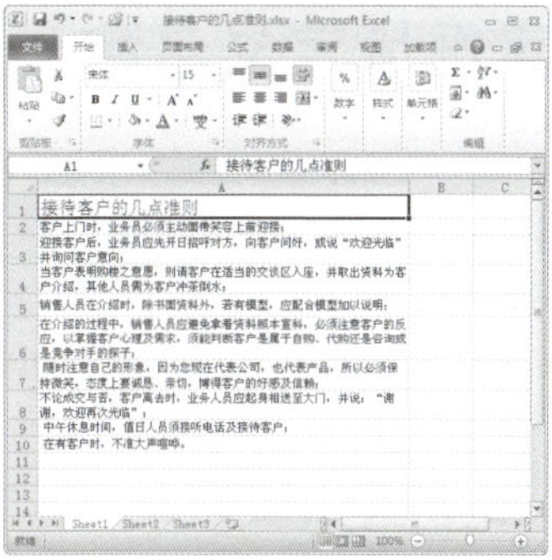

图5-14

技巧7　快速为单元格命名

为单元格命名能够帮助用户记忆单元格，从而提高工作效率。快速为单元格命名的操作方法如下。

方法1：使用名称框命名

选择要命名的单元格，如单元格B4，并将光标定位到名称框中，输入单元格名称，如图5-15所示，按“Enter”键即可。

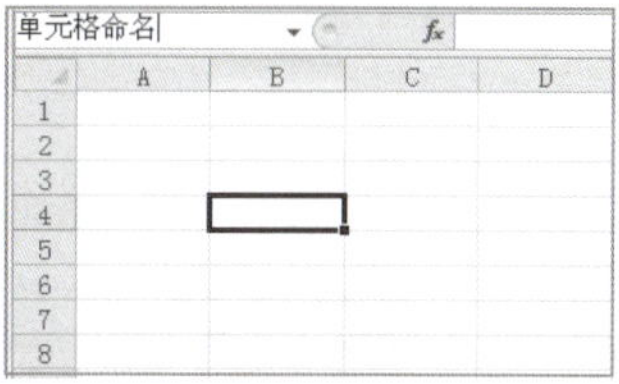

图5-15

方法2：使用功能区按钮命名

❶ 选择单元格，如单元格E4，单击“公式”选项卡下“定义的名称”组中的“定义名称”按钮，如图5-16所示。

❷ 弹出“新建名称”对话框，从中输入名称如图5-17所示，单击“确定”按钮即可。

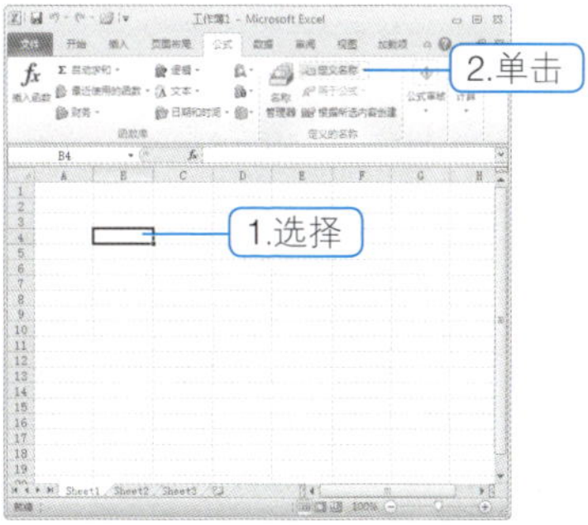

图5-16

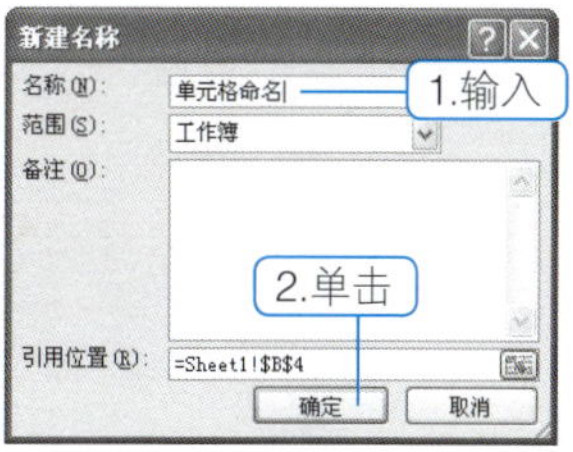

图5-17

技巧8 为选定区域定义名称

在Excel中用户可以为选定的单元格区域定义名称，具体操作步骤如下。

❶ 选择单元格区域B3:B14，然后单击“定义的名称”选项组中的“根据所选内容创建”按钮，如图5-18所示。

❷ 弹出“以选定区域创建名称”对话框，保持默认的设置，如图5-19所示，单击“确定”按钮即可。

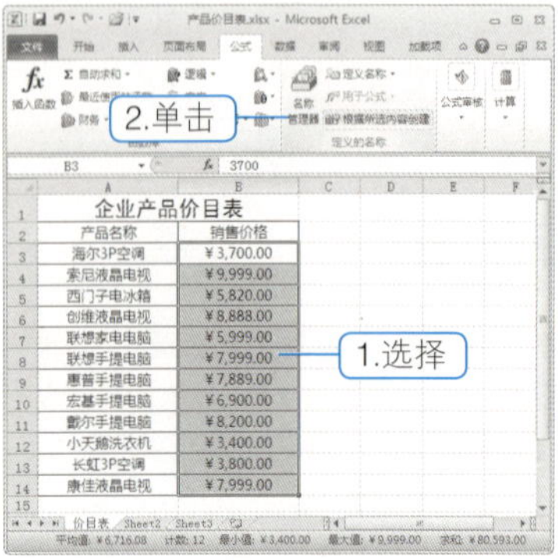

图5-18

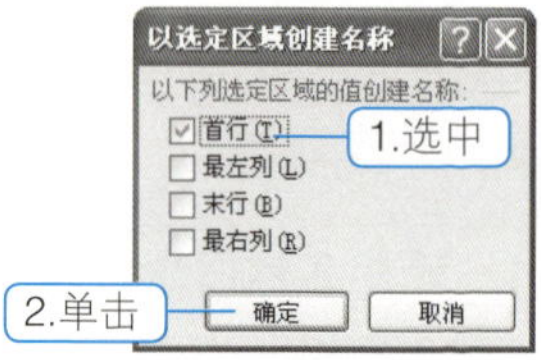

图5-19

技巧9 通过名称选择单元格区域

为单元格区域定义名称后，通过创建的名称可以快速选择相应的单元格区域，具体操作步骤如下。

在上个技巧中，已经将单元格区域B3:B14定义为“销售价格”，在名称框中输入“销售价格”，按“Enter”键，将快速选择相应单元格区域，如图5-20所示。

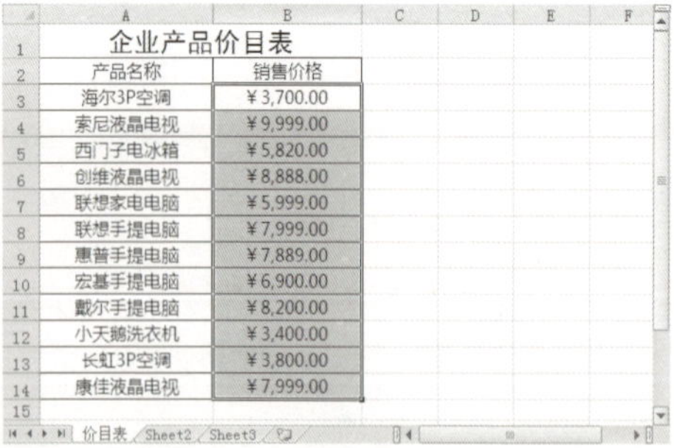

图5-20

技巧10 快速定位单元格

单击鼠标可定位单元格，也可使用快捷键来快速定位单元格，具体操作方法如下。

❶ 按“F5”键或“Ctrl+G”组合键，弹出“定位”对话框，在“引用位置”文本框中输入单元格E15，如图5-21所示。

❷ 单击“确定”按钮，可快速定位到单元格E15中，如图5-22所示。

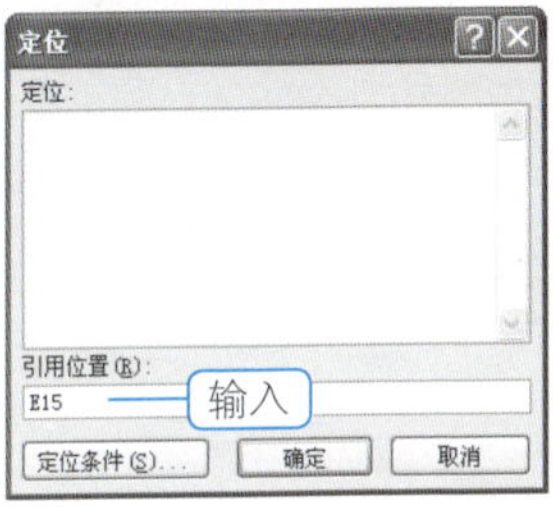

图5-21

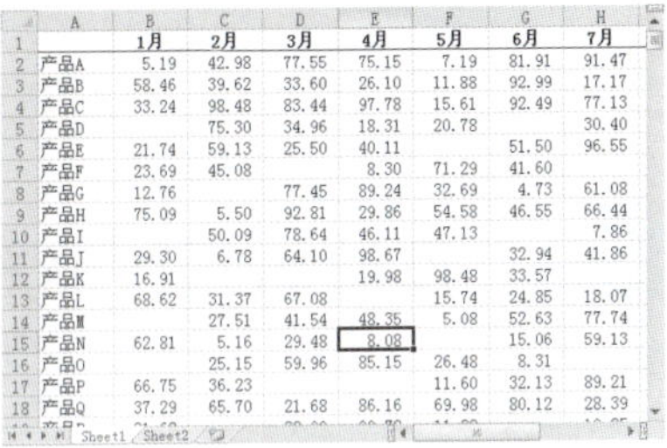

	A	B	C	D	E	F	G	H
1		1月	2月	3月	4月	5月	6月	7月
2	产品A	5.19	42.98	77.55	75.15	7.19	81.91	91.47
3	产品B	58.46	39.62	33.60	26.10	11.88	92.99	17.17
4	产品C	33.24	98.48	83.44	97.78	15.61	92.49	77.13
5	产品D		75.30	34.96	18.31	20.78		30.40
6	产品E	21.74	59.13	25.50	40.11		51.50	96.55
7	产品F	23.69	45.08		8.30	71.29	41.60	
8	产品G	12.76		77.45	89.24	32.69	4.73	61.08
9	产品H	75.09	5.50	92.81	29.86	54.58	46.55	66.44
10	产品I		50.09	78.64	46.11	47.13		7.86
11	产品J	29.30	6.78	64.10	98.67		32.94	41.86
12	产品K	16.91			19.98	98.48	33.57	
13	产品L	68.62	31.37	67.08		15.74	24.85	18.07
14	产品M		27.51	41.54	48.35	5.08	52.63	77.74
15	产品N	62.81	5.16	29.48	8.08		15.06	59.13
16	产品O		25.15	59.96	85.15	26.48	8.31	
17	产品P	66.75	36.23			11.60	32.13	89.21
18	产品Q	37.29	65.70	21.68	86.16	69.98	80.12	28.39

Sheet1 Sheet2

图5-22

技巧11 固定当前活动单元格

用户想要固定当前的活动单元格，具体操作方法如下。

❶ 选择单元格B3，然后在按住“Ctrl”键的同时再次单击该单元格，效果如图5-23所示。

❷ 输入数据内容“固定当前单元格”，按“Enter”键，当前活动单元格不变，如图5-24所示。

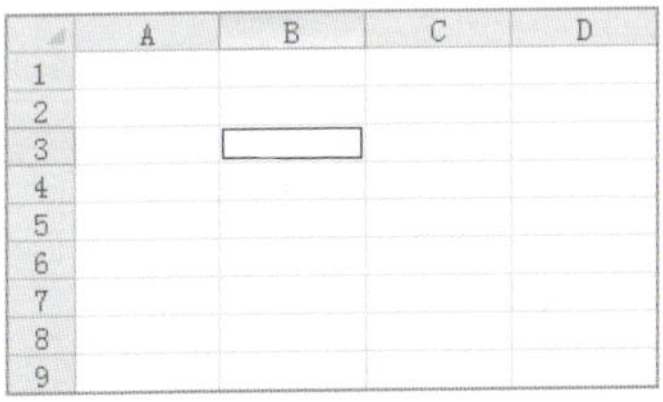

图5-23

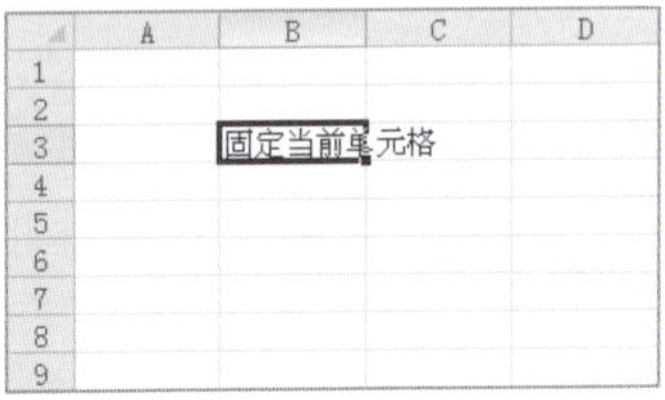

图5-24

技巧12 选择包含链接的单元格

单击包含链接的单元格，将打开超链接，用户可按以下方法操作。

❶ 选中该单元格而不打开超链接。在含有超链接的单元格上按住鼠标左

键，数秒后，释放鼠标即可，如图5-25所示。

	A	B	C	D	E	F
1	员工通讯簿					
2	员工编号	员工姓名	性别	联系电话	邮箱	
3	A000001	黄宏毅	男	131****1254	HHY@126.com.cn	
4	A000002	陈秋明	男	132****5689	CQM@126.com.cn	
5	A000003	罗恒雪	女	133****5624	LHX@126.com.cn	
6	A000004	刘锡明	女	134****9856	LFY@126.com.cn	
7	A000005	陈煜明	男	132****2102	CYM@126.com.cn	
8	A000006	郝洛雪	女	131****2457	HLX@126.com.cn	
9	A000007	刘明丹	女	138****5340	LMD@126.com.cn	
10	A000008	谢雨欣	女	136****2695	XYX@126.com.cn	
11	A000009	杨丹凤	女	137****2540	YDF@126.com.cn	
12	A000010	刘　勇	男	136****2410	LY@126.com.cn	
13						
14						
15						
16						
17						

图5-25

技巧13 自动调整行高和列宽

用户可使用以下的两种方法自动调整行高和列宽，具体的操作如下。

方法1：使用功能区命令调整

❶ 在打开的工作表中选择单元格A6，单击“开始”选项卡，在“单元格”选项组中单击“格式”下拉按钮，在弹出的下拉菜单中选择“自动调整行高”选项，如图5-26所示。

❷ 将自动调整该单元格所在行的行高，效果如图5-27所示。

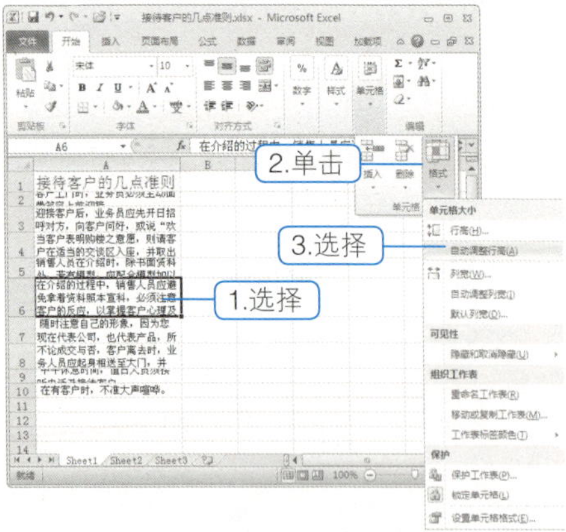

图5-26

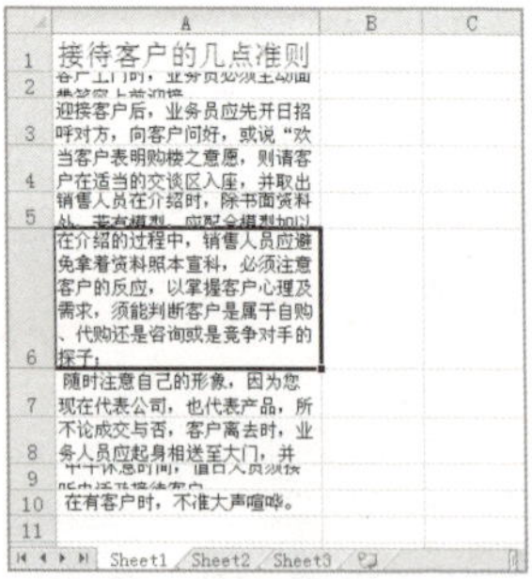

图5-27

❸ 如果未设置“自动换行”，选择单元格A6单击“格式”下拉按钮，在弹出的下拉菜单中选择“自动调整列宽”选项，如图5-28所示。

❹ 将调整该单元格所在的列的列宽，效果如图5-29所示。

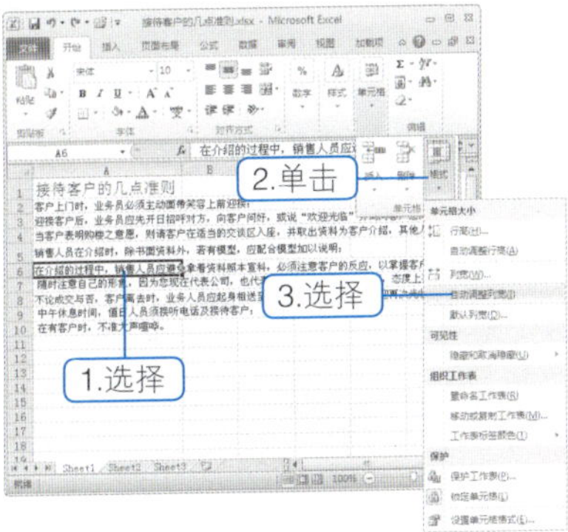

图5-28

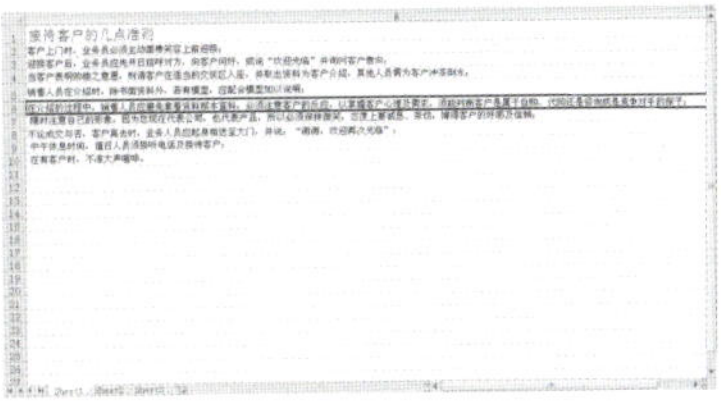

图5-29

方法2：使用鼠标调整

1 将鼠标指针移到要调整列的右侧边缘或行的下边缘位置，当鼠标指针呈十字形状时如图5-30所示，双击鼠标左键。

2 将根据单元格内容自动调整列宽和行高，效果如图5-31所示。

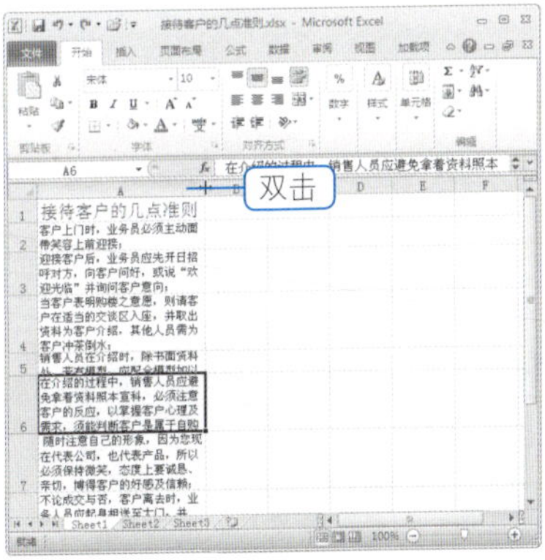

图5-30

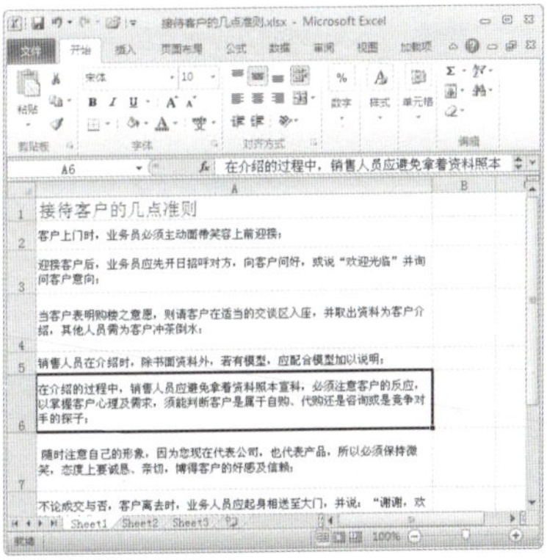

图5-31

技巧14 精确调整行高或列宽

在Excel中可以精确调整行或列的高度或宽度，操作方法如下。

1 选择单元格区域A2:A10，单击“开始”选项卡，在“单元格”选项组中单击“格式”下拉按钮，在弹出的下拉菜单中选择“行高”选项，如图5-32所示。

2 弹出“列宽”对话框，从中设置精确的列宽即可，效果如图5-33所示。

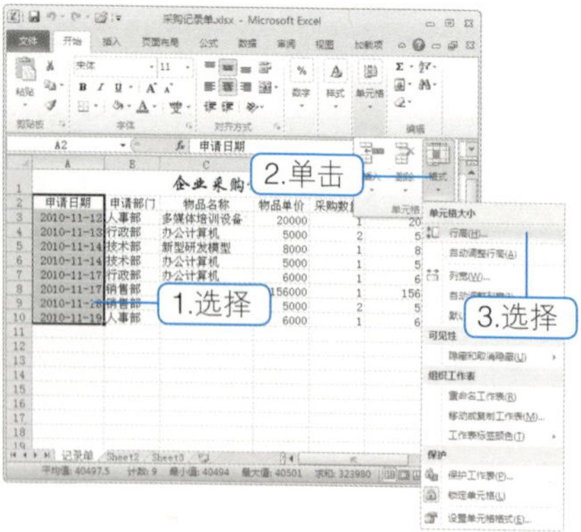

图5-32

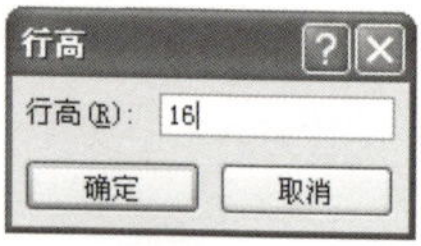

图5-33

❸ 单击“确定”按钮，设置行宽后的效果如图5-34所示。

❹ 要精确调整单元格所在列的列宽，可按照调整行高的方法，进行操作。选择单元格区域A2:F2，单击“格式”下拉按钮，在弹出的下拉菜单中选择“列宽”选项，弹出“列宽”对话框，从中设置精确的列宽即可，如图5-35所示。

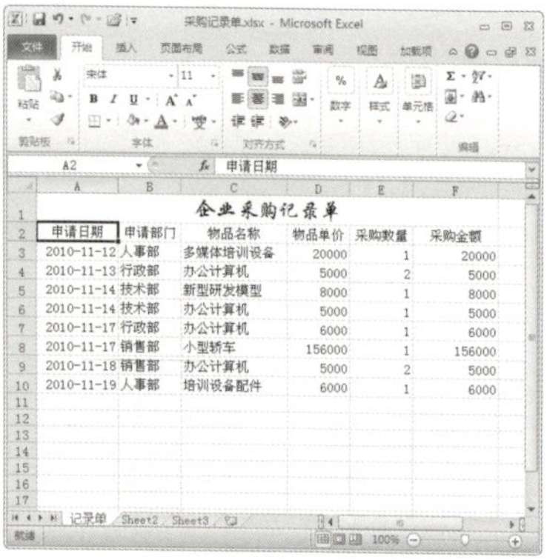

图5-34

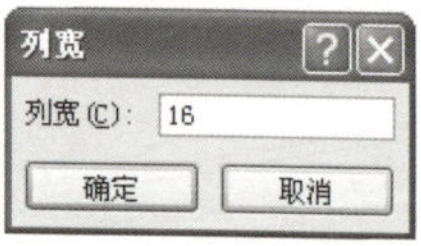

图5-35

技巧15 复制表格时不改变列宽

要使复制表格时不改变其列宽，操作方法如下。

❶ 选择整个表格，按“Ctrl+C”组合键，复制表格，如图5-36所示。

❷ 切换到工作表Sheet2中，选择粘贴位置，按“Ctrl+V”组合键，粘贴表格，如图5-37所示。

❸ 单击表格下方的“粘贴选项”下拉按钮，在弹出的下拉菜单中选中“保留源列宽”单选按钮，如图5-38所示。

❹ 将以源表格的列宽形式显示，如图5-39所示。

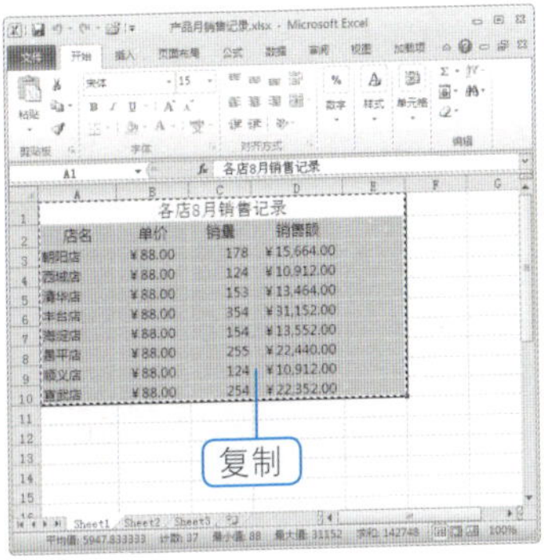

图5-36

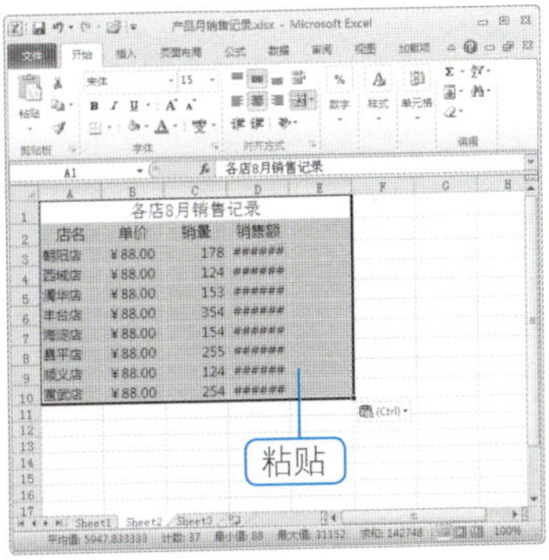

图5-37

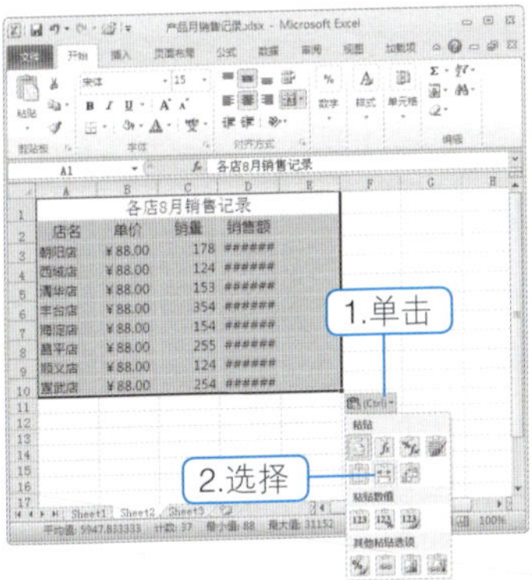

图5-38

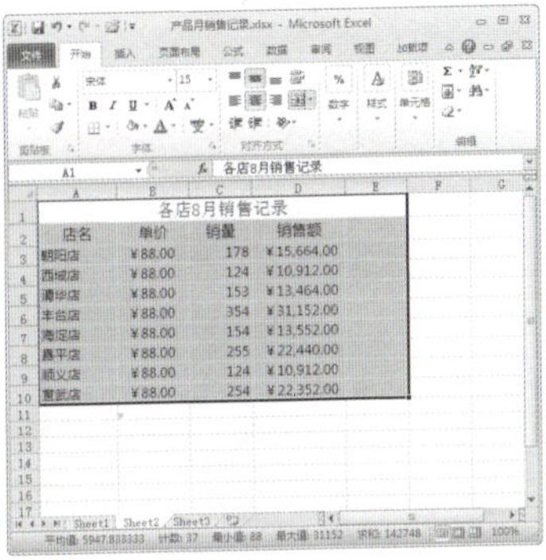

图5-39

技巧16 通过复制来修改列宽

要使表格中的两列或多列数据的列宽相等，可以通过“选择性粘贴”对话框来实现，具体操作方法如下：

❶ 选择D3:D10列，单击“开始”选项卡，在“剪贴板”选项组中单击“复制”按钮，复制该列，如图5-40所示。

专家提示

这里也可以只复制该列中的任意一个单元格或单元格区域。

❷ 选择要复制列宽的列中的任意单元格或区域，如单元格区域E3:F6，单击“粘贴”按钮下方的下拉按钮，在弹出的下拉菜单中选择“选择性粘贴”选

项，如图5-41所示。

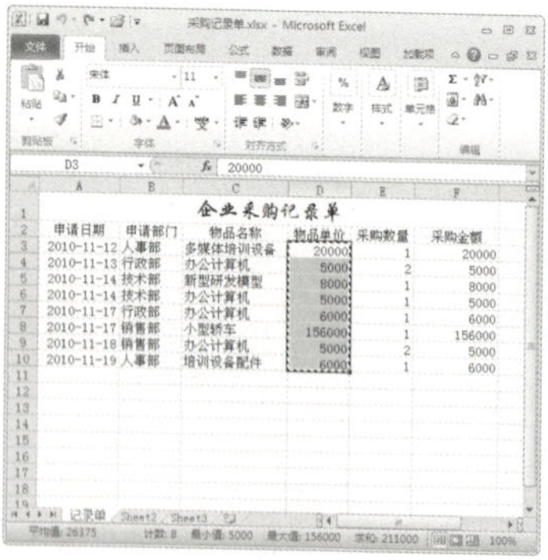

图5-40

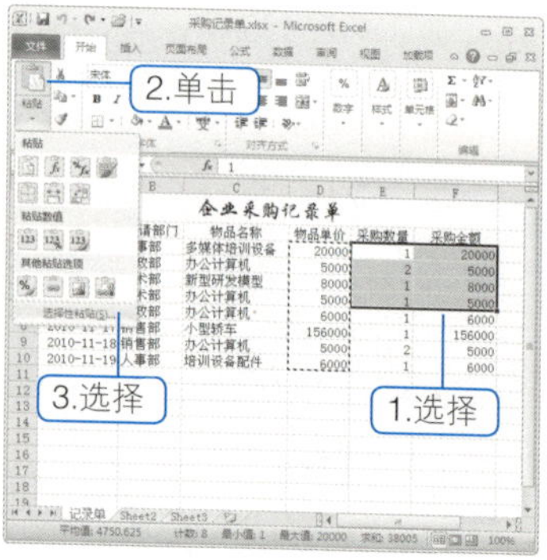

图5-41

❸ 弹出“选择性粘贴”对话框，从中选中“列宽”单选按钮，如图5-42所示。

❹ 单击“确定”按钮，复制列宽后的效果如图5-43所示。

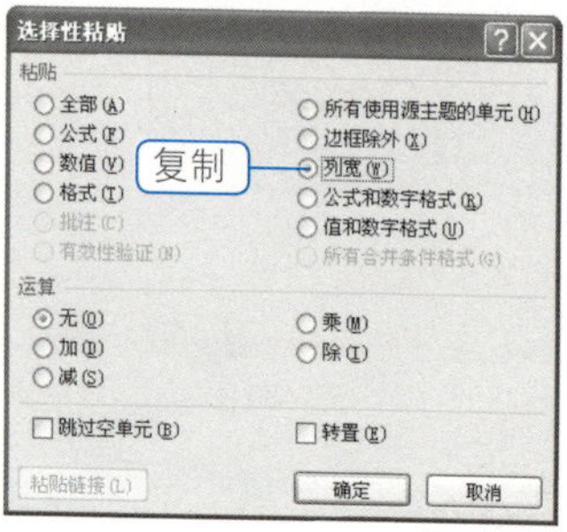

图5-42

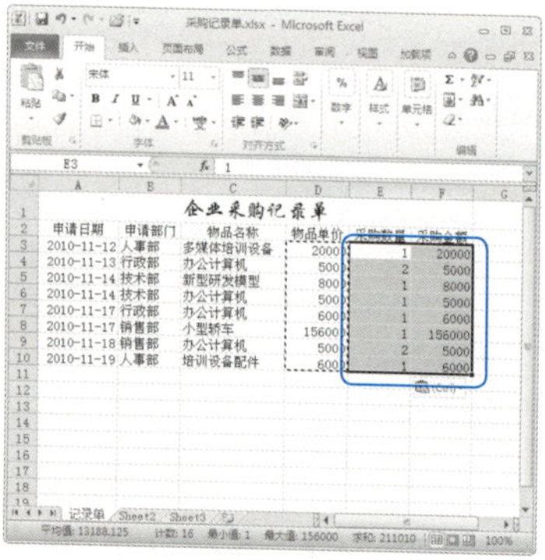

图5-43

技巧17 调整Excel奇数行行高

要调整Excel表格中奇数行的行高，除了借助“Ctrl”键来选择所有奇数行，然后再对其调整行高这种方法外，还有一种比较简单的方法，具体操作如下。

❶ 打开一张工作表，在表格的最前面插入一列，并在单元格A5和A6中分别输入0和1，如图5-44所示。

❷ 按住“Shift”键的同时选择单元格区域A5:A6，将鼠标指针移至选择区域的填充柄位置（此时指针变为十字形），按住“Ctrl”键的同时向下拖动鼠标，复制填充数据，如图5-45所示。

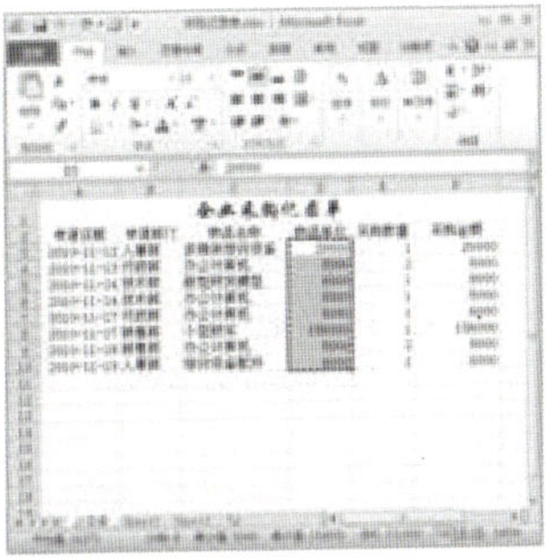

图5-44

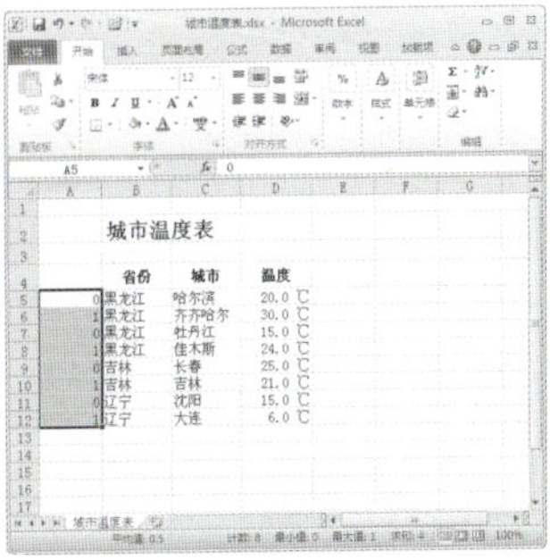

图5-45

3 选择单元格A5，单击“数据”选项卡，在“排序和筛选”选项组中单击“筛选”按钮，筛选数据，如图5-46所示。

4 单击单元格A4右侧的下拉按钮，弹出下拉面板，在其列表中选中0复选框，如图5-47所示。

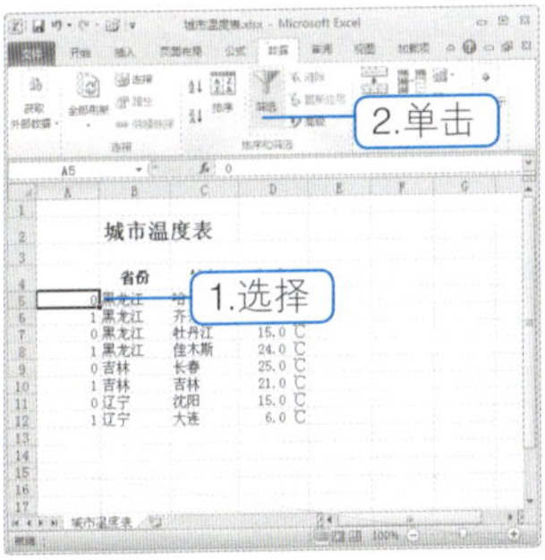

图5-46

图5-47

5 单击“确定”按钮，筛选出该列数值为0的行，选择筛选出的单元格区域，然后单击“开始”选项卡，在“单元格”选项组中的“格式”下拉按钮，在弹出的下拉菜单中选择“行高”选项，如图5-48所示。

6 弹出“行高”对话框，在文本框中输入要更改的行高值，如图5-49所示。

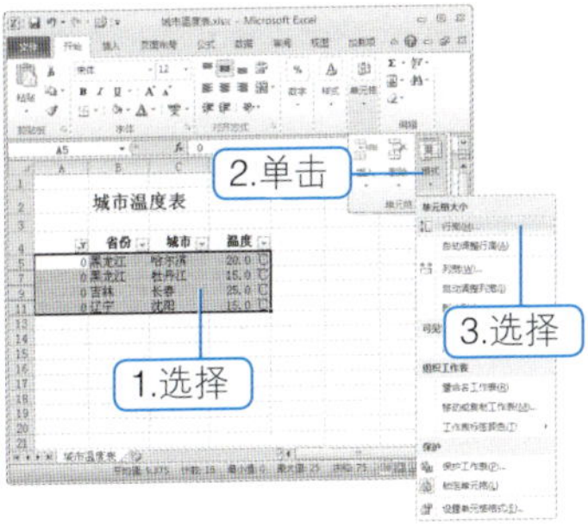

图5-48

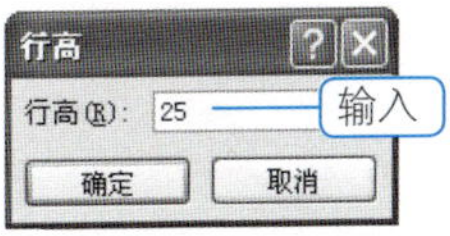

图5-49

7 单击“确定”按钮，设置好筛选出行的行高。再次单击“数据”选项卡，在“排序和筛选”选项组中单击“筛选”按钮，取消筛选，如图5-50所示。

8 删除A列中的所有数据，即可得到设置好奇数行行高的数据区域，如图5-51所示。

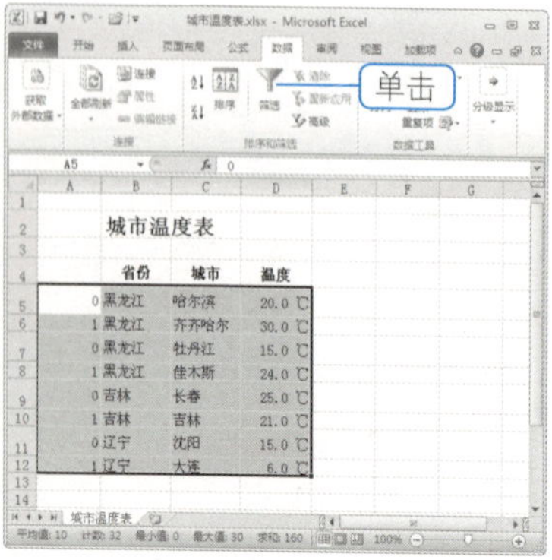

图5-50

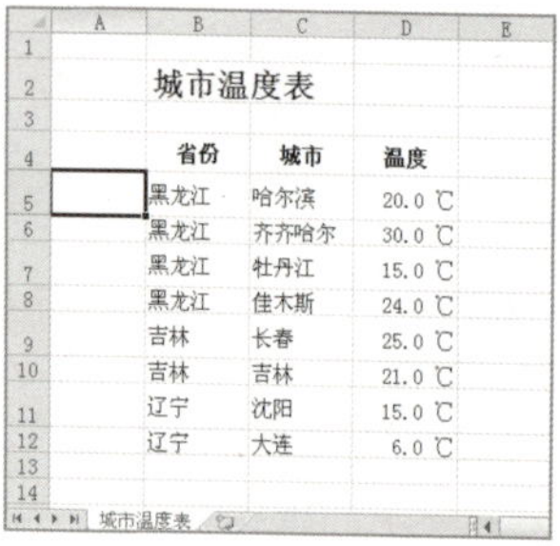

图5-51

技巧18 隐藏单元格行或列

隐藏单元格行或列的方法有多种，下面将具体分别介绍。

方法1：通过快捷菜单隐藏

1 选择要隐藏的行或列，单击鼠标右键，在弹出的快捷菜单中选择“隐藏”选项，如图5-52和图5-53所示。

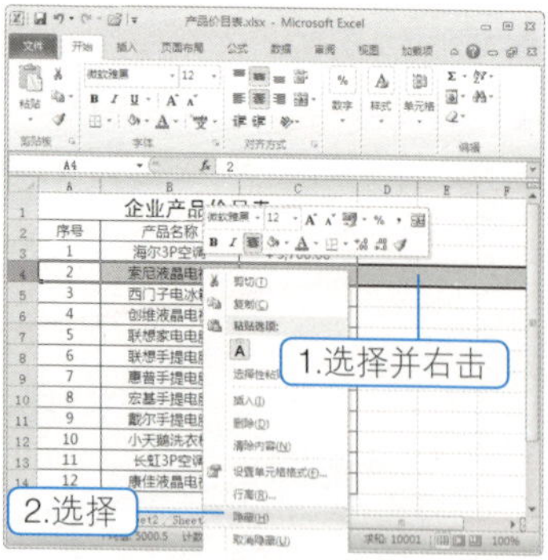

图5-52

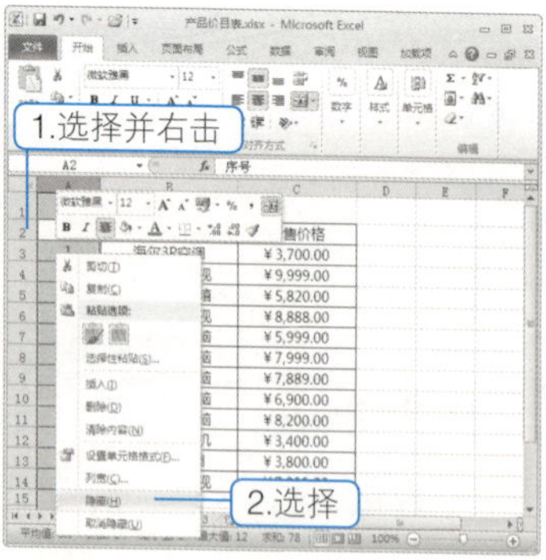

图5-53

2 可快速隐藏行或列，效果如图5-54和图5-55所示。

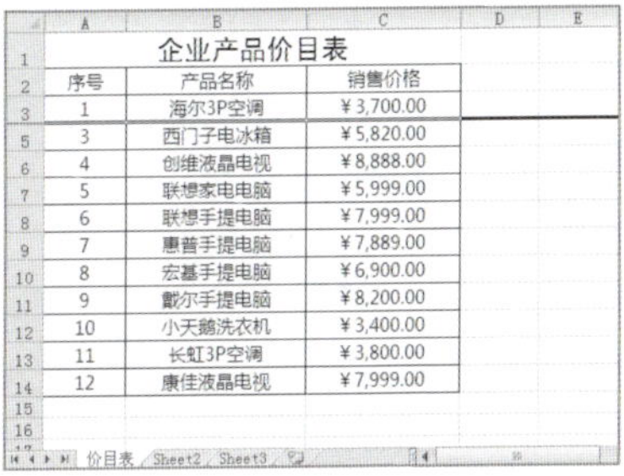

	企业产品价目表	
序号	产品名称	销售价格
1	海尔3P空调	¥3,700.00
3	西门子电冰箱	¥5,820.00
4	创维液晶电视	¥8,888.00
5	联想家电电脑	¥5,999.00
6	联想手提电脑	¥7,999.00
7	惠普手提电脑	¥7,889.00
8	宏基手提电脑	¥6,900.00
9	戴尔手提电脑	¥8,200.00
10	小天鹅洗衣机	¥3,400.00
11	长虹3P空调	¥3,800.00
12	康佳液晶电视	¥7,999.00

图5-54

企业产品价目表	
产品名称	销售价格
海尔3P空调	¥3,700.00
索尼液晶电视	¥9,999.00
西门子电冰箱	¥5,820.00
创维液晶电视	¥8,888.00
联想家电电脑	¥5,999.00
联想手提电脑	¥7,999.00
惠普手提电脑	¥7,889.00
宏基手提电脑	¥6,900.00
戴尔手提电脑	¥8,200.00
小天鹅洗衣机	¥3,400.00
长虹3P空调	¥3,800.00
康佳液晶电视	¥7,999.00

图5-55

方法2：通过功能区命令隐藏

❶ 选择要隐藏的行或列，单击“单元格”选项组中的“格式”下拉按钮，在弹出的下拉菜单选择“隐藏和取消隐藏”|“隐藏行”或“隐藏列”选项，如图5-56和图5-57所示。

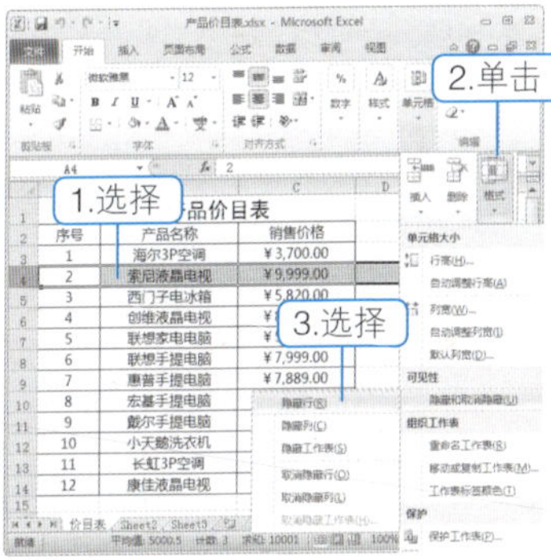

图5-56

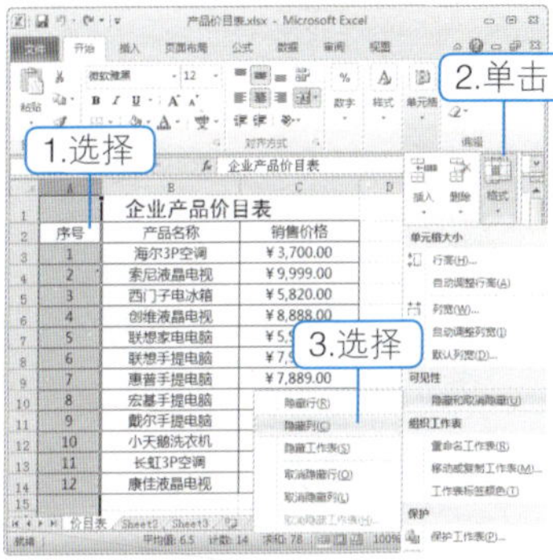

图5-57

❷ 也可隐藏行或列，效果如图5-58和图5-59所示。

	企业产品价目表	
序号	产品名称	销售价格
1	海尔3P空调	¥3,700.00
3	西门子电冰箱	¥5,820.00
4	创维液晶电视	¥8,888.00
5	联想家电电脑	¥5,999.00
6	联想手提电脑	¥7,999.00
7	惠普手提电脑	¥7,889.00
8	宏基手提电脑	¥6,900.00
9	戴尔手提电脑	¥8,200.00
10	小天鹅洗衣机	¥3,400.00
11	长虹3P空调	¥3,800.00
12	康佳液晶电视	¥7,999.00

图5-58

企业产品价目表	
产品名称	销售价格
海尔3P空调	¥3,700.00
索尼液晶电视	¥9,999.00
西门子电冰箱	¥5,820.00
创维液晶电视	¥8,888.00
联想家电电脑	¥5,999.00
联想手提电脑	¥7,999.00
惠普手提电脑	¥7,889.00
宏基手提电脑	¥6,900.00
戴尔手提电脑	¥8,200.00
小天鹅洗衣机	¥3,400.00
长虹3P空调	¥3,800.00
康佳液晶电视	¥7,999.00

图5-59

方法3：通过快捷键隐藏

❶ 选择行后，按“Ctr+9”组合键即可隐藏行；选择要隐藏的列，按

“Ctrl+0”组合键即可快速隐藏列。值得注意的是，按小键盘上的数字键将不能隐藏行和列。

技巧19 取消隐藏行或列

用户可以隐藏行或列同样也可以取消隐藏的行或列，具体的操作方法如下。

❶ 按住“Shift”键的同时，选择隐藏行或列两侧的行或列，单击鼠标右键，在弹出的快捷菜单中选择“取消隐藏”选项，可取消隐藏，如图5-60所示。

❷ 或单击“单元格”选项组中的“格式”下拉按钮，在弹出的下拉菜单中选择“隐藏和取消隐藏”|“取消隐藏行”或“取消隐藏列”选项如图5-61所示，即可取消隐藏。

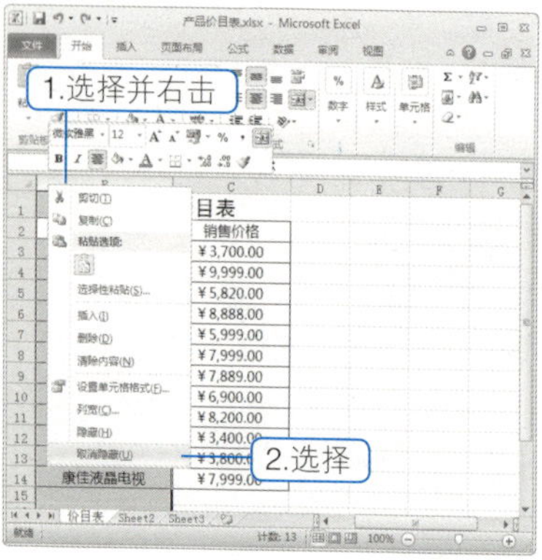

图5-60

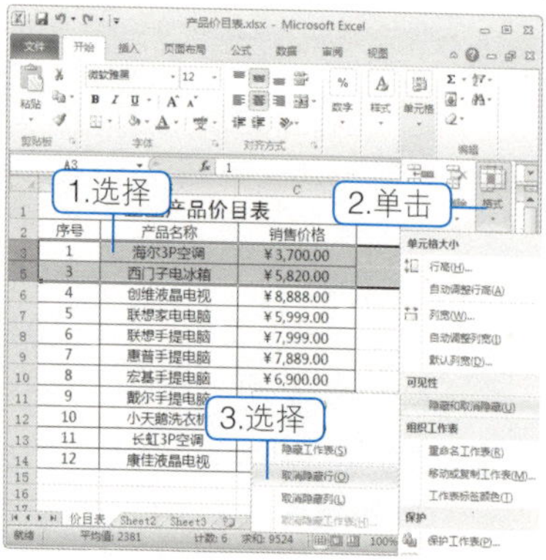

图5-61

❸ 还有一种较简单的取消隐藏的方法，将鼠标指针移动到隐藏列或行的列标或行号位置，当鼠标指针呈╂或╪形状时，如图5-62和图5-63所示，拖动鼠标即可。

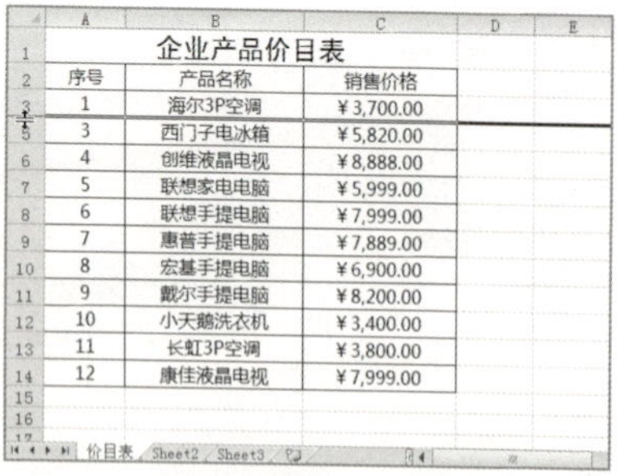

图5-62

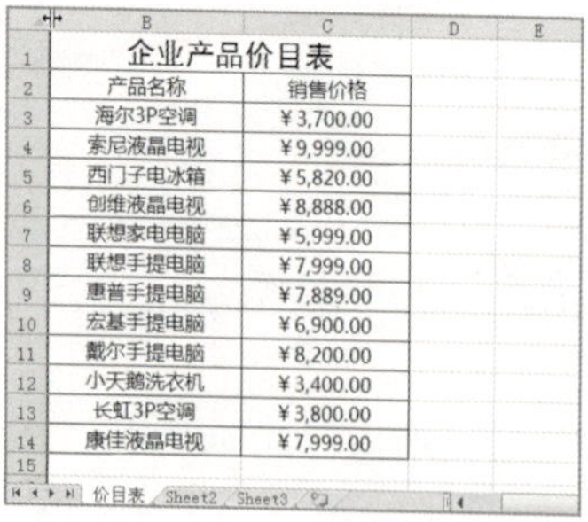

图5-63

技巧20 为单元格添加批注

为单元格添加批注，将起到提示用户的作用，其操作方法如下。

❶ 选择要添加批注的单元格，如单元格D3，并单击“审阅”选项卡，在“批注”选项组中单击“新建批注”按钮，如图5-64所示。

❷ 将对该单元格添加批注，批注此时处于编辑状态，在其中输入批注的内容，如图5-65所示。

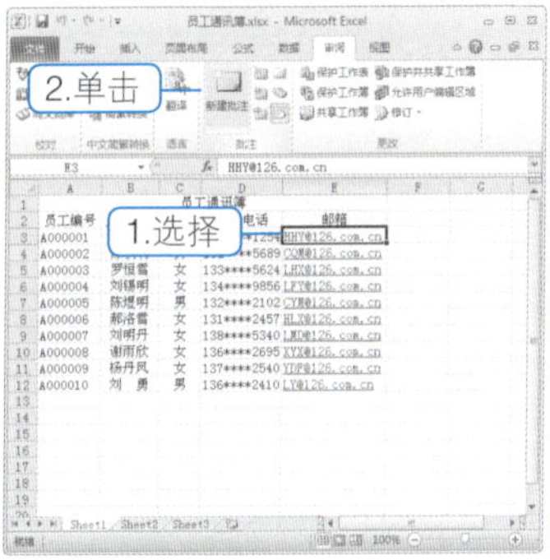

图5-64

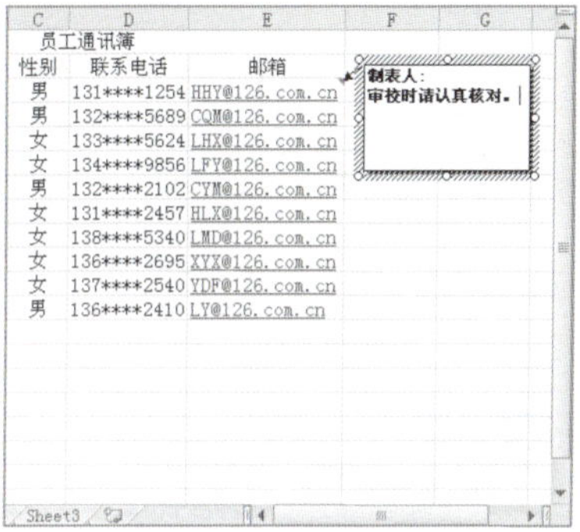

图5-65

❸ 完成编辑批注后，单击其他单元格即可，添加批注的单元格右上角将显示红色小三角，如图5-66所示。

❹ 将鼠标指针移动到添加批注的单元格上，将显示添加的批注，如图5-67所示。

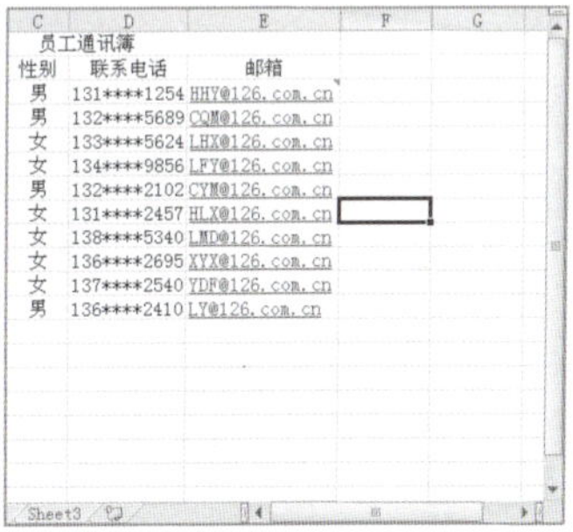

图5-66

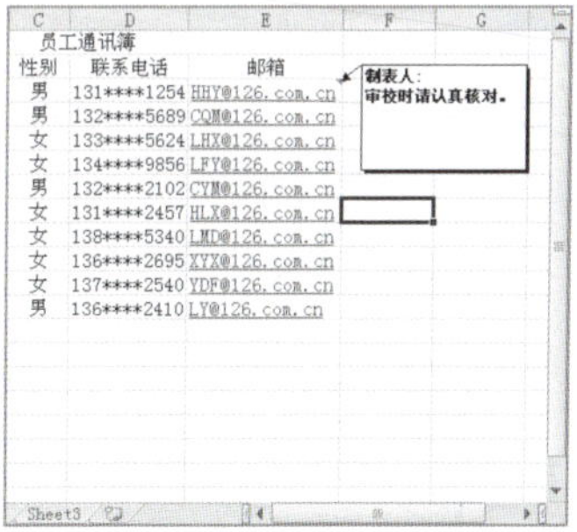

图5-67

技巧21 快速切换批注

如果工作表中有多个批注，要想在这些批注之间进行快速的切换，可按如下方法操作进行。

单击“批注”选项组中的“下一条”按钮，将显示下一条批注，如图5-68和图5-69所示。

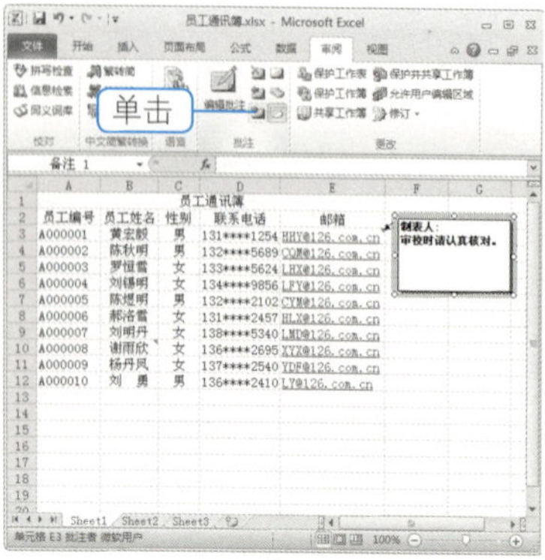

图5-68

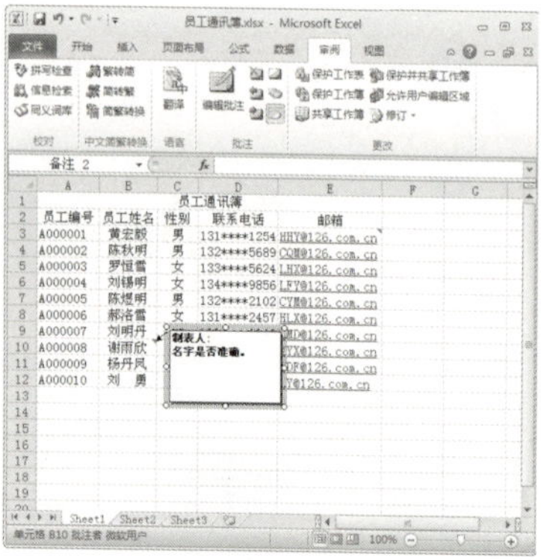

图5-69

专家提示

单击“批注”选项组中的“上一条”按钮，将显示上一条批注。

技巧22 显示全部批注

显示全部批注的方法的具体操作方法如下。

1. 单击“批注”选项组中的“显示所有批注”按钮，如图5-70所示。
2. 将显示工作表中添加的所有批注，如图5-71所示。

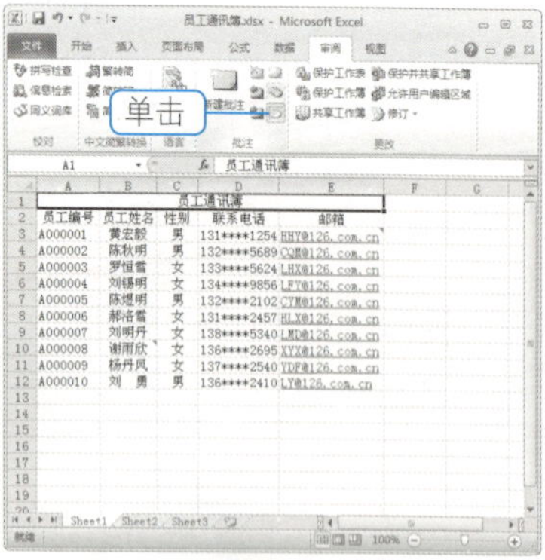

图5-70

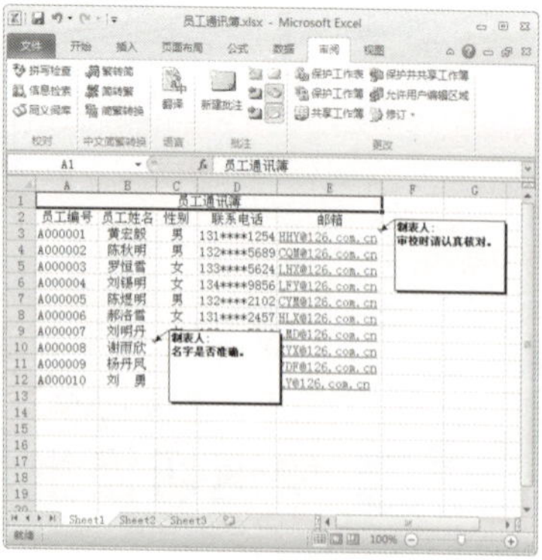

图5-71

技巧23 让批注位置随单元格变化

设置批注位置随单元格变化的具体操作方法如下。

❶ 在添加了批注的单元格上单击鼠标右键，在弹出的下拉菜单中选择“编辑批注”选项，如图5-72所示。

❷ 此时会出现批注框，然后在批注框的边缘上单击鼠标右键，在弹出的快捷菜单中选择“设置批注格式”选项，如图5-73所示。

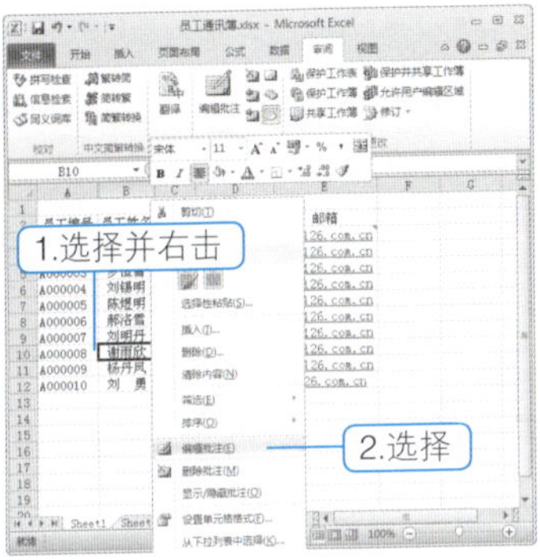

图5-72

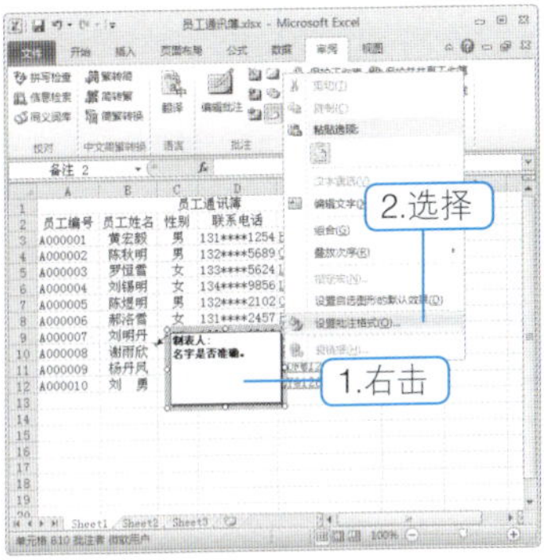

图5-73

❸ 弹出“设置批注格式”对话框，单击“属性”选项卡，从中选中“大小固定，位置随单元而变”单选按钮即可，如图5-74所示。

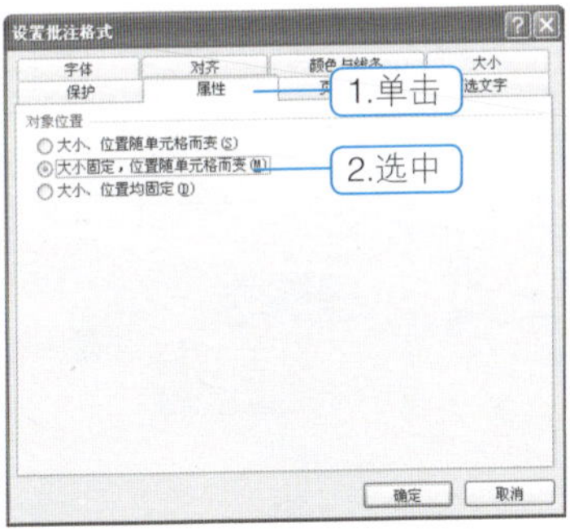

图5-74

技巧24 按照批注进行查找

按照批注进行查找的具体操作方法如下。

❶ 按“Ctrl+F”组合键，弹出“查找和替换”对话框，在“查找内容”文

本框中输入“制表人”，在“查找范围”下拉列表框中选择“批注”选项，如图5-75所示。

❷ 单击“查找全部”按钮，在对话框下方将显示查找出的全部批注，如图5-76所示。

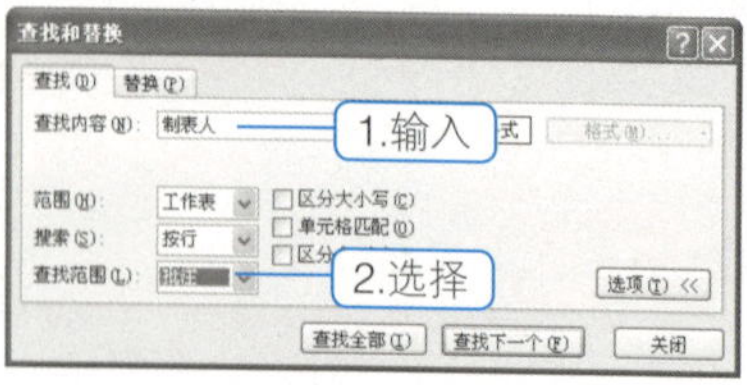

图5-75

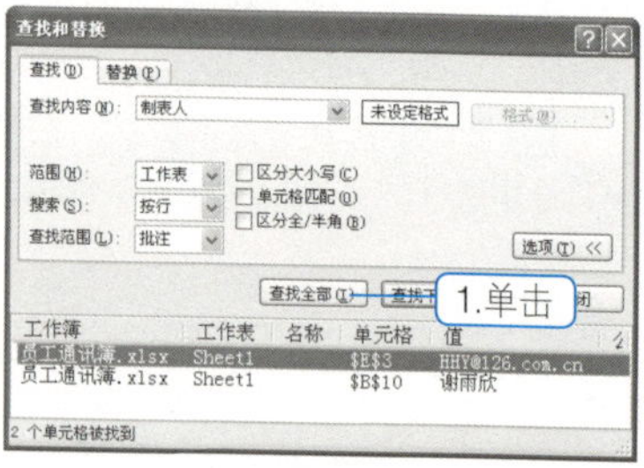

图5-76

技巧25 快速删除批注

删除批注的方法很简单，具体操作如下。

只要选择添加了批注的单元格，然后单击“批注”组中的“删除”按钮即可，如图5-77所示。

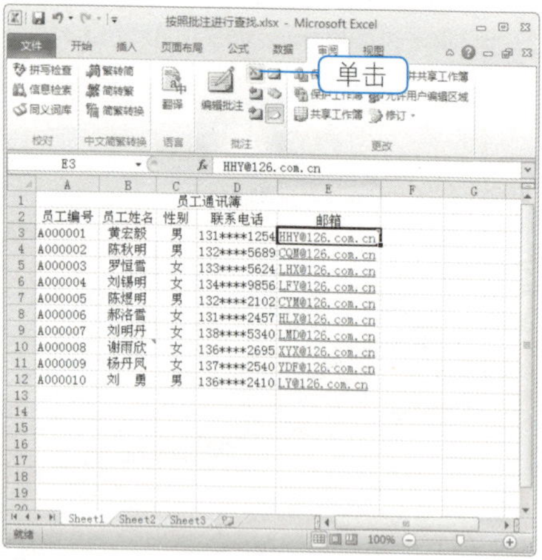

图5-77

第6章

单元格样式设置技巧

单元格样式是一组已定义的格式特征，如字体、字号、数字格式、单元格边框和底纹等，熟练使用它可以按不同需求快速设置单元格外观。

技巧1 巧妙划分数据等级

用户可以将单元格中的数据用不同的颜色显示出来，以明显地区分大小。例如，将成绩表中的员工培训总成绩分成三个层次，并用三种颜色标出，操作方法如下。

❶ 打开员工培训成绩表，选中“成绩”列中分数大于90（含90）的单元格，如图6-1所示。

❷ 单击“开始”选项卡，在“样式”选项组中单击“单元格样式”下拉按钮，在弹出的下拉面板中选择“好”选项，如图6-2所示。

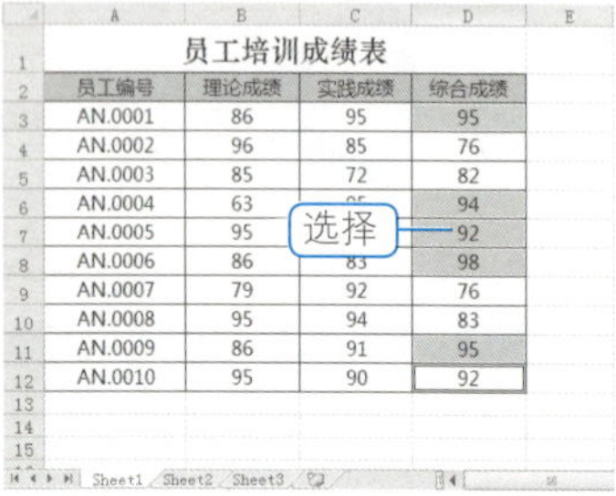

员工培训成绩表			
员工编号	理论成绩	实践成绩	综合成绩
AN.0001	86	95	95
AN.0002	96	85	76
AN.0003	85	72	82
AN.0004	63	[illegible]	94
AN.0005	95	[illegible]	92
AN.0006	86	83	98
AN.0007	79	92	76
AN.0008	95	94	83
AN.0009	86	91	95
AN.0010	95	90	92

图6-1

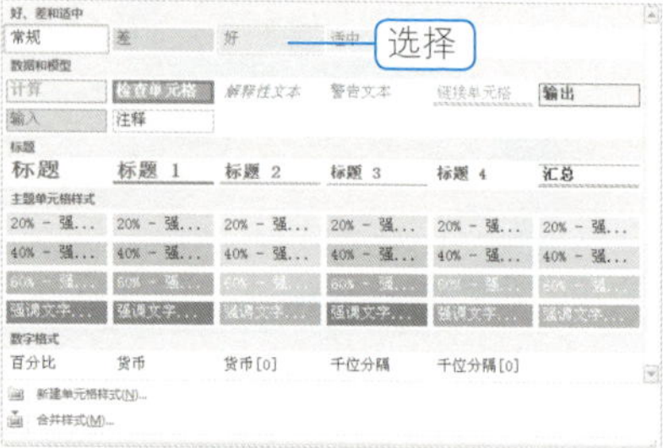

图6-2

❸ 将单元格样式应用到表格中的效果如图6-3所示。

❹ 用同样的方法，将“成绩”列中小于90且大于80的数据所在的单元格样式设置为“适中”，将“成绩”列中小于80的数据所在的单元格样式设置为“差”，得到的效果如图6-4所示。

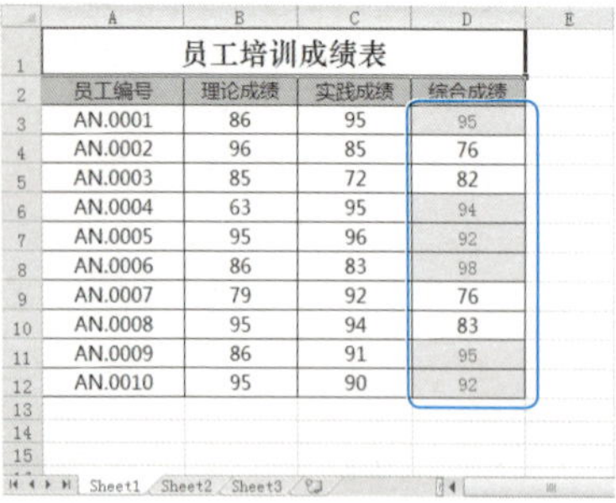

员工培训成绩表			
员工编号	理论成绩	实践成绩	综合成绩
AN.0001	86	95	95
AN.0002	96	85	76
AN.0003	85	72	82
AN.0004	63	95	94
AN.0005	95	96	92
AN.0006	86	83	98
AN.0007	79	92	76
AN.0008	95	94	83
AN.0009	86	91	95
AN.0010	95	90	92

图6-3

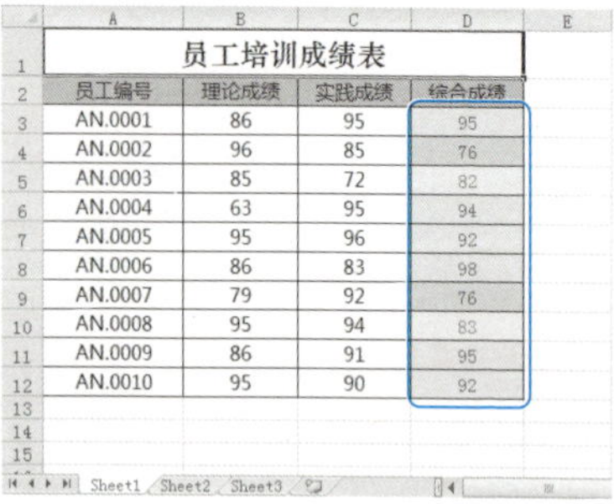

员工培训成绩表			
员工编号	理论成绩	实践成绩	综合成绩
AN.0001	86	95	95
AN.0002	96	85	76
AN.0003	85	72	82
AN.0004	63	95	94
AN.0005	95	96	92
AN.0006	86	83	98
AN.0007	79	92	76
AN.0008	95	94	83
AN.0009	86	91	95
AN.0010	95	90	92

图6-4

技巧2 巧妙设置注释文本样式

有时候需要为插入表格中的数据添加注释文本，用户可以为其设置特殊样式，操作方法如下。

❶ 选中表格中注释文本所在单元格，单击“开始”选项卡，在“样式”选项组中单击“单元格样式”下拉按钮，弹出如图6-5所示的下拉面板。

❷ 在“数据和模型”栏中选择“注释”选项，将其应用到表格中，如图6-6所示。

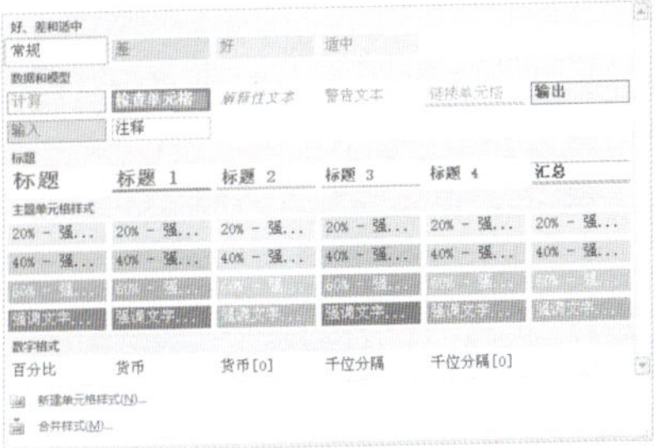

图6-5

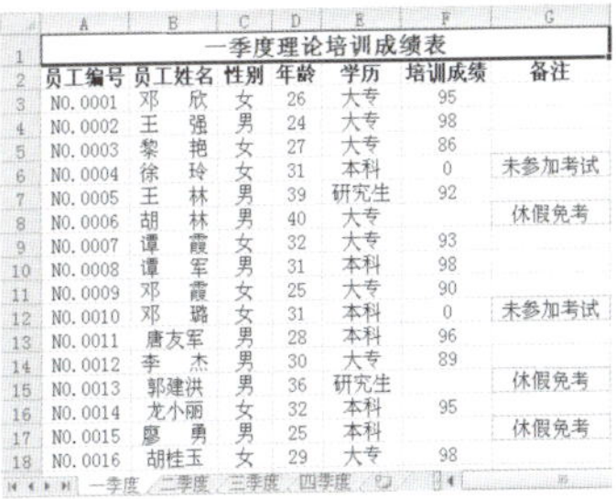

一季度理论培训成绩表						
员工编号	员工姓名	性别	年龄	学历	培训成绩	备注
NO.0001	邓　欣	女	26	大专	95	
NO.0002	王　强	男	24	大专	98	
NO.0003	黎　艳	女	27	大专	86	
NO.0004	徐　玲	女	31	本科	0	未参加考试
NO.0005	王　林	男	39	研究生	92	
NO.0006	胡　林	男	40	大专		休假免考
NO.0007	谭　霞	女	32	大专	93	
NO.0008	谭　军	男	31	本科	98	
NO.0009	邓　霞	女	25	大专	90	
NO.0010	邓　璐	女	31	本科	0	未参加考试
NO.0011	唐友军	男	28	本科	96	
NO.0012	李　杰	男	30	大专	89	
NO.0013	郭建洪	男	36	研究生		休假免考
NO.0014	龙小丽	女	32	本科	95	
NO.0015	廖　勇	男	25	本科		休假免考
NO.0016	胡桂玉	女	29	大专	98	

图6-6

技巧3　快速设置数据为货币样式

会计人员在进行会计表格制作时，会需要大量的输入货币数据，若要逐个添加货币符号，会既费时又费力。要想快速设置数据为货币样式，可按如下方法操作。

❶ 选中要设置为货币的单元格，单击“开始”选项卡，在“样式”选项组中单击“单元格样式”下拉按钮，在弹出的下拉面板中选择“货币”选项，如图6-7所示。

❷ 将选中的样式应用到单元格中，效果如图6-8所示。

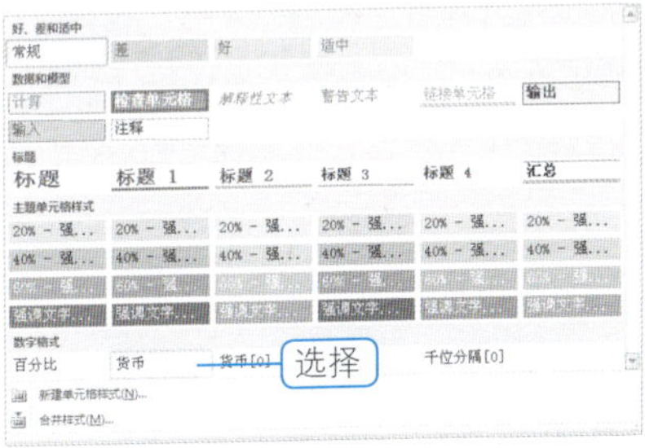

图6-7

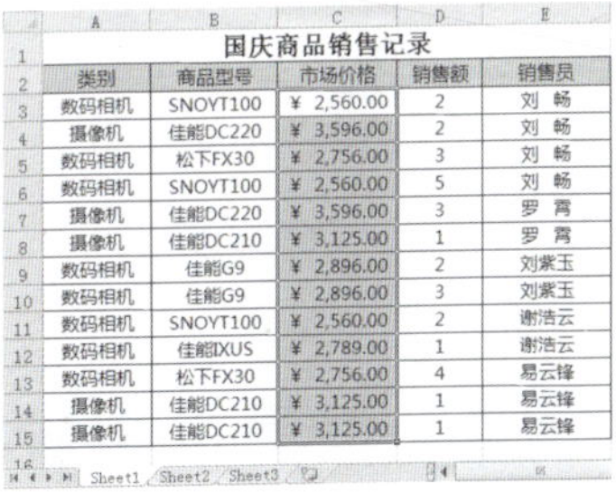

国庆商品销售记录				
类别	商品型号	市场价格	销售额	销售员
数码相机	SNOYT100	¥ 2,560.00	2	刘　畅
摄像机	佳能DC220	¥ 3,596.00	2	刘　畅
数码相机	松下FX30	¥ 2,756.00	3	刘　畅
数码相机	SNOYT100	¥ 2,560.00	5	刘　畅
摄像机	佳能DC220	¥ 3,596.00	3	罗　霄
摄像机	佳能DC210	¥ 3,125.00	1	罗　霄
数码相机	佳能G9	¥ 2,896.00	2	刘紫玉
数码相机	佳能G9	¥ 2,896.00	3	刘紫玉
数码相机	SNOYT100	¥ 2,560.00	2	谢浩云
数码相机	佳能IXUS	¥ 2,789.00	1	谢浩云
数码相机	松下FX30	¥ 2,756.00	4	易云锋
摄像机	佳能DC210	¥ 3,125.00	1	易云锋
摄像机	佳能DC210	¥ 3,125.00	1	易云锋

图6-8

技巧4　在工作簿间复制单元格样式

在Excel 2010中，用户可以将某个工作簿中所有单元格样式复制到其他工作簿，从而扩大样式的使用范围，操作方法如下。

❶ 打开要复制样式所在的原工作簿和目标工作簿，在目标工作簿中单击“开始”选项卡，在“样式”选项组中单击“单元格样式”下拉按钮，如图6-9所示。

❷ 弹出单元格样式下拉面板，选择“合并样式”选项，如图6-10所示。

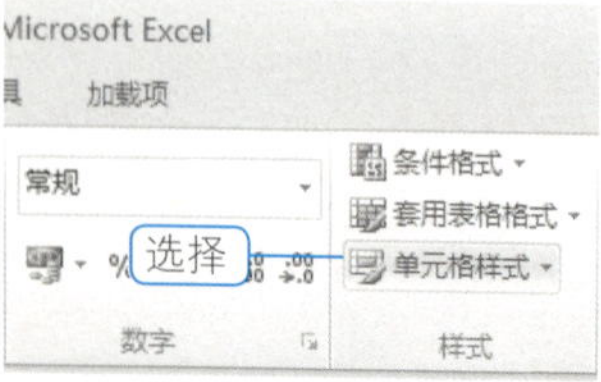

图6-9

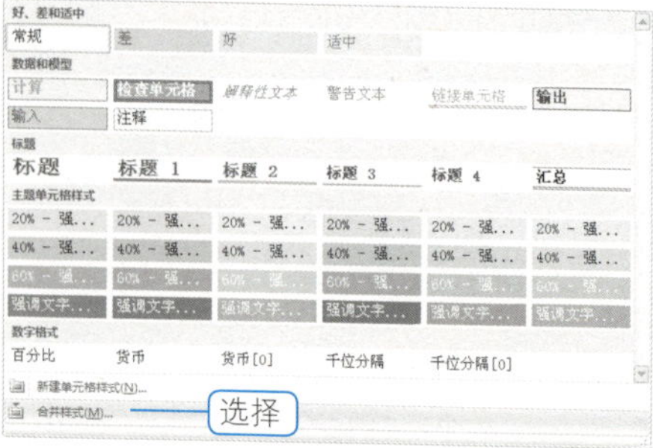

图6-10

❸ 弹出“合并样式”对话框，在“合并样式来源”列表框中选择样式所在工作簿，如图6-11所示。

❹ 单击“确定”按钮，即可将原工作簿中的样式复制到目标工作簿中，如图6-12所示。

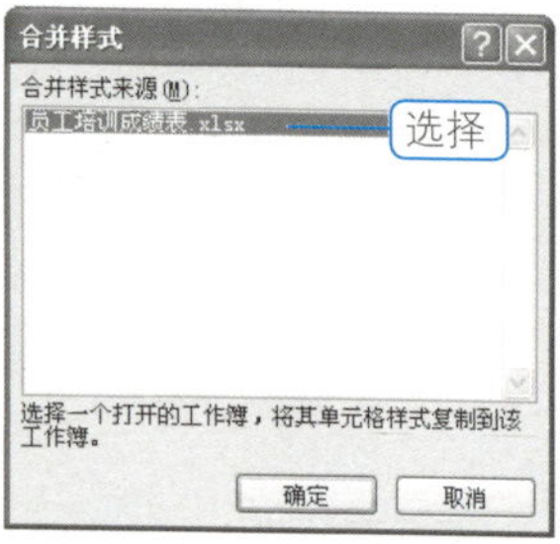

图6-11

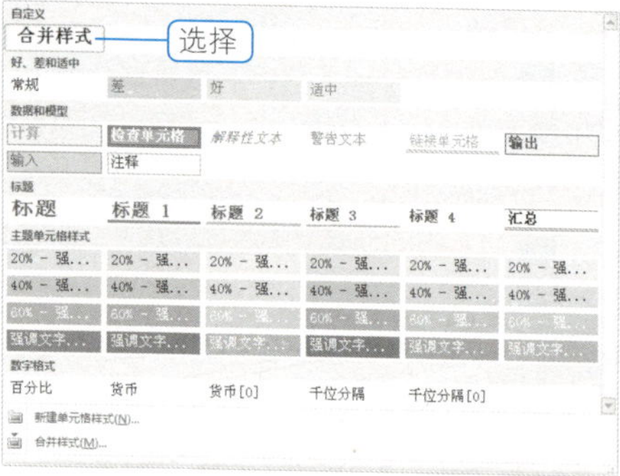

图6-12

技巧5 快速设置表格样式

在创建表格时，应用的是Excel默认的样式，要想快速为表格添加漂亮的样式，可按如下方法进行操作。

❶ 在表格中选中数据区域，单击“开始”选项卡，在“样式”选项组中单击“套用表格格式”下拉按钮，在弹出的下拉面板中选择如图6-13所示的选项。

❷ 弹出“套用表格式”对话框，此时选中的数据区域已经自动添加到“表数据的来源”文本框中，取消选中“表包含标题”复选框，如图6-14所示。

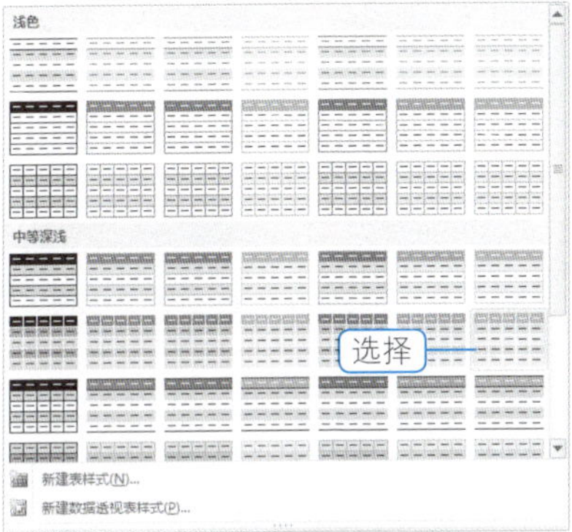

图6-13

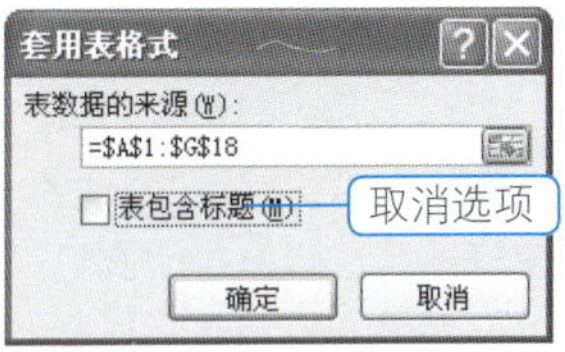

图6-14

❸ 单击“确定”按钮，将选中的样式应用到表格中。

❹ 弹出“套用表格式”对话框，此时选中的数据区域已经自动添加到“表数据的来源”文本框中，取消选中“表包含标题”复选框，如图6-15所示。

	A	B	C	D	E	F	G	H
1	一季度理论培训成绩表							
2	列1	列2	列	列	列5	列6	列7	
3	员工编号	员工姓名	性别	年龄	学历	培训成绩	备注	
4	NO.0001	邓　欣	女	26	大专	95		
5	NO.0002	王　强	男	24	大专	98		
6	NO.0003	黎　艳	女	27	大专	86		
7	NO.0004	徐　玲	女	31	本科	0	未参加考试	
8	NO.0005	王　林	男	39	研究生	92		
9	NO.0006	胡　林	男	40	大专		休假免考	
10	NO.0007	谭　霞	女	32	大专	93		
11	NO.0008	谭　军	男	31	本科	98		
12	NO.0009	邓　霞	女	25	大专	90		
13	NO.0010	邓　璐	女	31	本科	0	未参加考试	
14	NO.0011	唐友军	男	28	本科	96		
15	NO.0012	李　杰	男	30	大专	89		
16	NO.0013	郭建洪	男	36	研究生		休假免考	
17	NO.0014	龙小丽	女	32	本科	95		
18	NO.0015	廖　勇	男	25	本科		休假免考	

一季度　二季度　三季度　四季度

图6-15

技巧6　快速扩展套用格式后的表格

为表格套用格式后，若需要在其中继续输入数据，可扩展表格，具体的操作方法如下。

❶ 在表格中选中任意单元格（除了最后一行的最后一个单元格），将鼠标指针置于表格右下角，此时的鼠标指针呈倾斜的双向箭头形状，如图6-16所示。

❷ 按住鼠标左键，向下方拖动到合适位置后，释放鼠标即可，效果如图6-17所示。

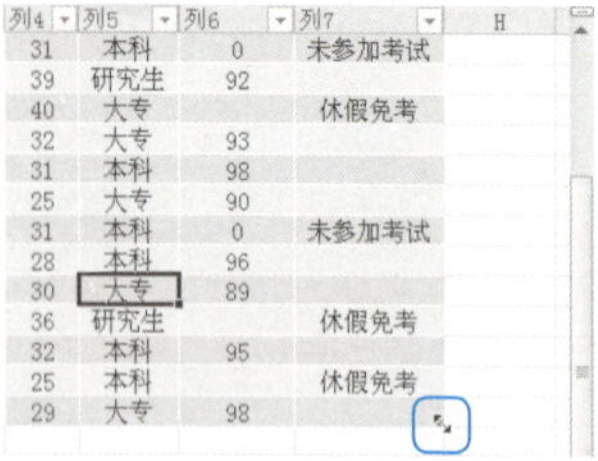

图6-16

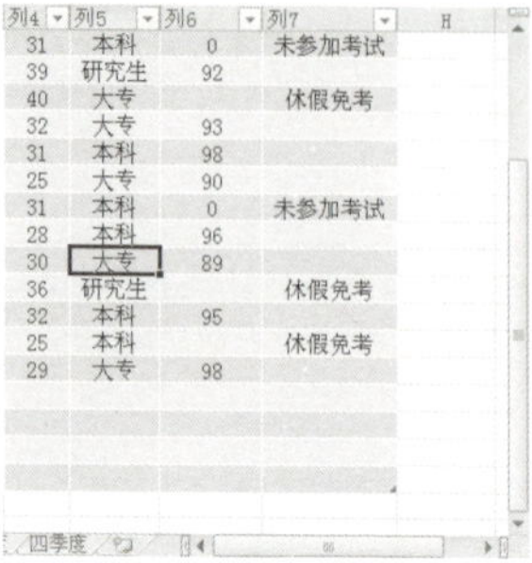

图6-17

3 用同样的方法，向右侧拖动鼠标，向右扩展表格，并适当调整表格边框，得到的效果如图6-18所示。

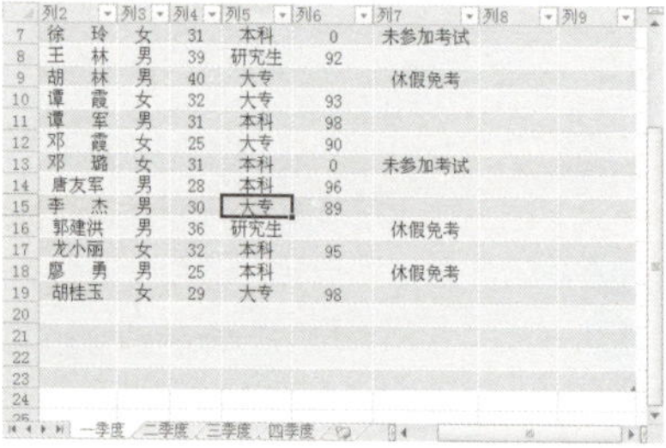

图6-18

技巧7 使用隐藏办法删除标题行

为表格套用格式后，会自动添加标题行，并且不能直接删除。虽然说操作方便了，但是却影响了整个表格的美观。下面介绍用隐藏办法删除表格标题行的方法。

1 套用表格格式后，功能区中的将自动激活“格式”选项卡，取消选中“表样式选项”选项组中的“标题行”复选框，如图6-19所示。

2 选中隐藏以后的标题行，将其删除即可，效果如图6-20所示。

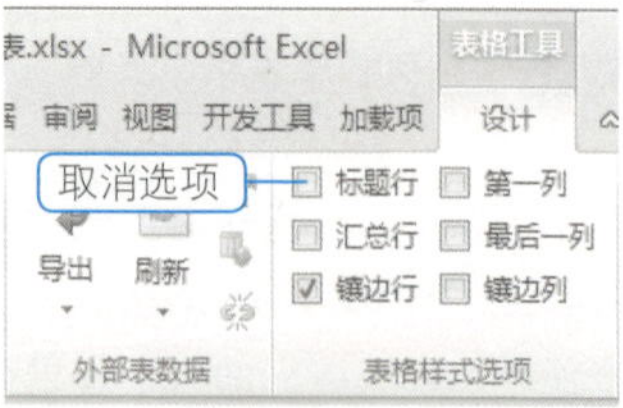

图6-19

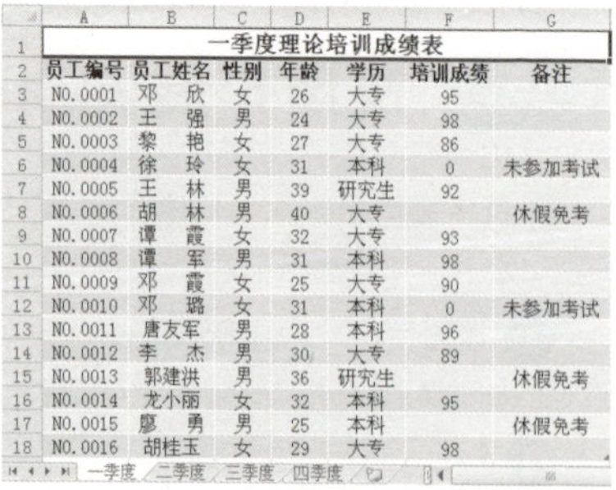

图6-20

技巧8 先转换为区域再删除标题行

标题行的删除还可以通过将表转换为普通区域，再按照删除普通行的办法删除，具体的操作步骤如下。

1 选中数据区域中任意单元格，单击“设计”选项卡，在“工具”选项组中单击“转换为区域”按钮，如图6-21所示。

2 弹出如图6-22所示的提示信息框，单击“是”按钮。

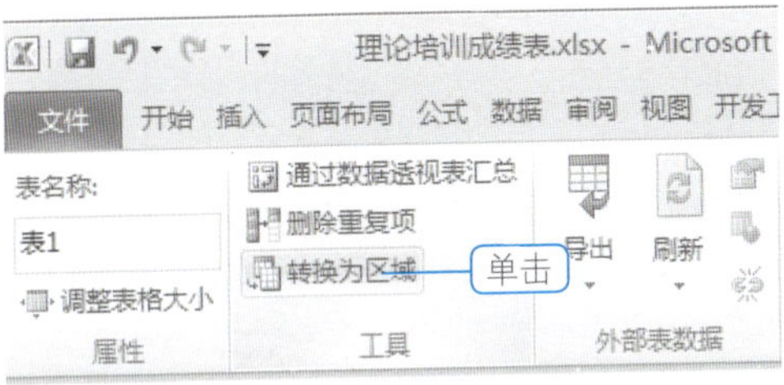

图6-21

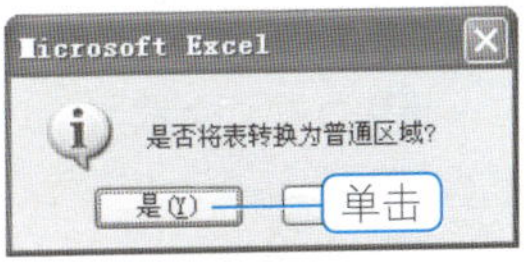

图6-22

3 表格转换为普通区域后，标题行中的下拉按钮消失，如图6-23所示。

4 选中标题行，直接将其删除即可，效果如图6-24所示。

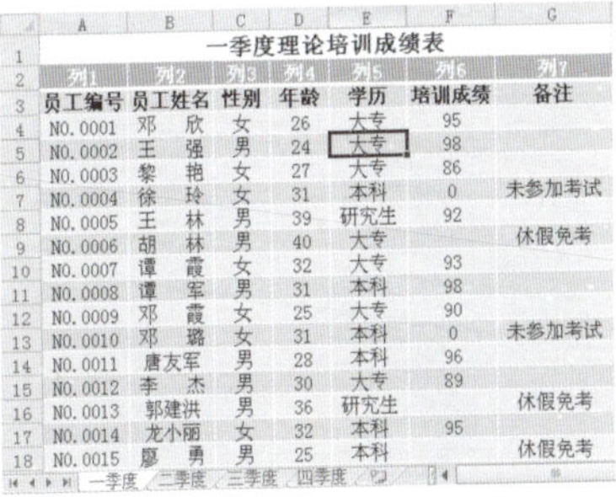

	A	B	C	D	E	F	G
1	一季度理论培训成绩表						
2	列1	列2	列3	列4	列5	列6	列7
3	员工编号	员工姓名	性别	年龄	学历	培训成绩	备注
4	NO.0001	邓 欣	女	26	大专	95	
5	NO.0002	王 强	男	24	大专	98	
6	NO.0003	黎 艳	女	27	大专	86	
7	NO.0004	徐 玲	女	31	本科	0	未参加考试
8	NO.0005	王 林	男	39	研究生	92	
9	NO.0006	胡 林	男	40	大专		休假免考
10	NO.0007	谭 霞	女	32	大专	93	
11	NO.0008	谭 军	男	31	本科	98	
12	NO.0009	邓 霞	女	25	大专	90	
13	NO.0010	邓 璐	女	31	本科	0	未参加考试
14	NO.0011	唐友军	男	28	本科	96	
15	NO.0012	李 杰	男	30	大专	89	
16	NO.0013	郭建洪	男	36	研究生		休假免考
17	NO.0014	龙小丽	女	32	本科	95	
18	NO.0015	廖 勇	男	25	本科		休假免考

图6-23

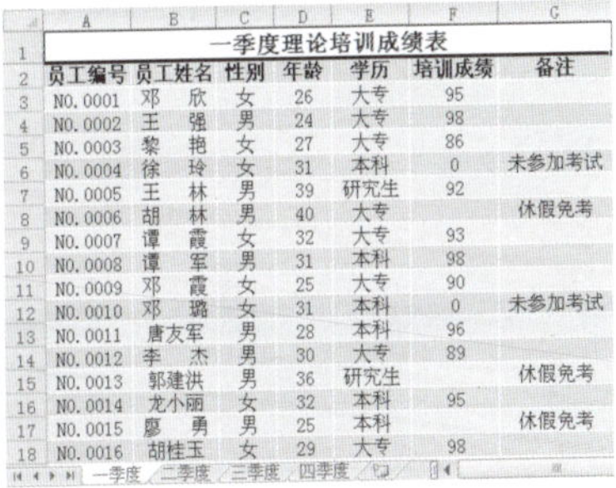

	A	B	C	D	E	F	G
1	一季度理论培训成绩表						
2	员工编号	员工姓名	性别	年龄	学历	培训成绩	备注
3	NO.0001	邓 欣	女	26	大专	95	
4	NO.0002	王 强	男	24	大专	98	
5	NO.0003	黎 艳	女	27	大专	86	
6	NO.0004	徐 玲	女	31	本科	0	未参加考试
7	NO.0005	王 林	男	39	研究生	92	
8	NO.0006	胡 林	男	40	大专		休假免考
9	NO.0007	谭 霞	女	32	大专	93	
10	NO.0008	谭 军	男	31	本科	98	
11	NO.0009	邓 霞	女	25	大专	90	
12	NO.0010	邓 璐	女	31	本科	0	未参加考试
13	NO.0011	唐友军	男	28	本科	96	
14	NO.0012	李 杰	男	30	大专	89	
15	NO.0013	郭建洪	男	36	研究生		休假免考
16	NO.0014	龙小丽	女	32	本科	95	
17	NO.0015	廖 勇	男	25	本科		休假免考
18	NO.0016	胡桂玉	女	29	大专	98	

图6-24

技巧9 使用关键字设置单元格样式

在Excel 2010中，可以通过使用关键字将某以数据区域中符合条件的单元格标记出来，使用关键字标记单元格样式的操作方法如下。

1 选中要设置条件格式的单元格区域，如“C3:C25”，单击“开始”选项卡下“样式”选项组中的“条件格式”的下拉按钮，打开下拉菜单，选择“突出显示单元格规则”选项，打开右侧的菜单选项，选择“文本包含”选项，如图6-25所示。

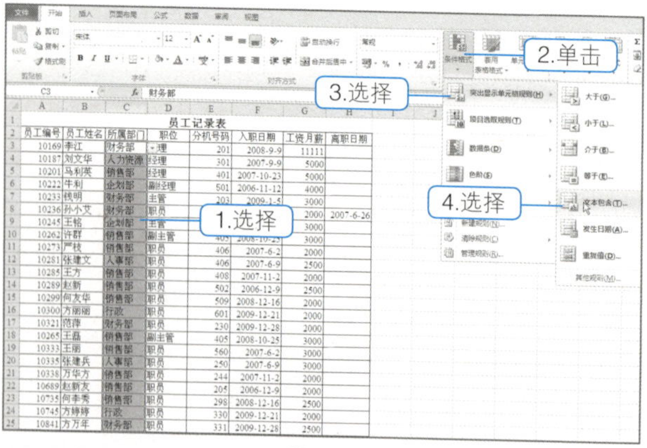

图6-25

❷ 打开“文本中包含”对话框，在文本框中输入关键字，如“销售部”，在右侧的下拉列表框中选择一种单元格样式，如图6-26所示。

❸ 单击“确定”按钮，则选中的单元格区域中包含该关键字的单元格会以黄色标记出来，如图6-27所示。

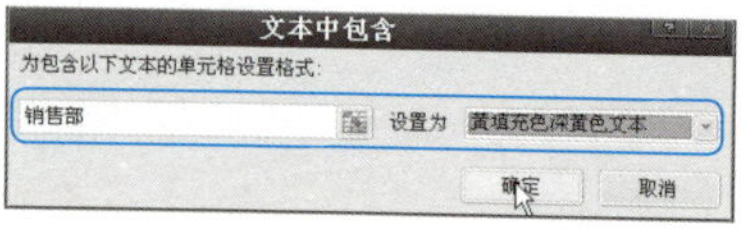

图6-26

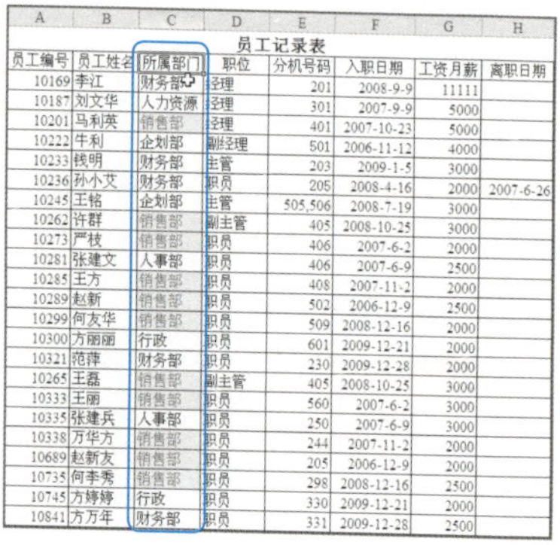

图6-27

技巧10 使用日期设置单元格样式

如果工作表中包含有日期格式的数据区域，若要快速标记出包含符合条件的日期，可以按以下方法实现，具体的操作步骤如下。

❶ 选中要设置条件格式的单元格区域，如“F3:F25”单击“开始”选项卡下“样式”选项组中的“条件格式”的下拉按钮，打开下拉菜单，选择“突出显示单元格规则”选项，打开右侧的菜单选项，选择“发生日期”选项，如图6-28所示。

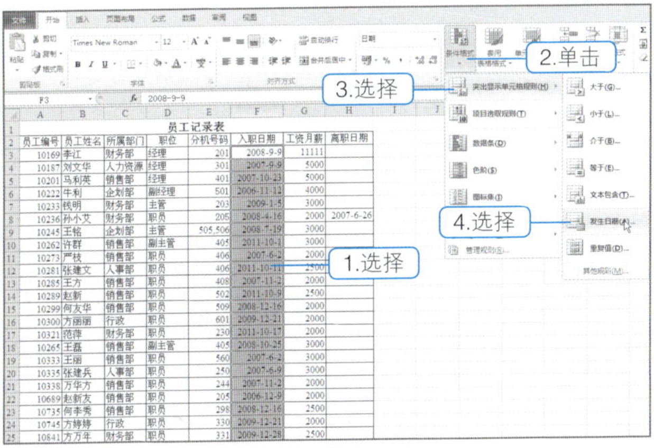

图6-28

2 打开“发生日期”对话框，单击左侧的下拉列表选择要标记的日期，如“本月”，再单击“设置为”的下拉列表框中选择一种单元格样式，如图6-29所示。

3 单击“确定”按钮，则选中的单元格区域中在本月日期的所有单元格，会以红色标记出来，如图6-30所示。

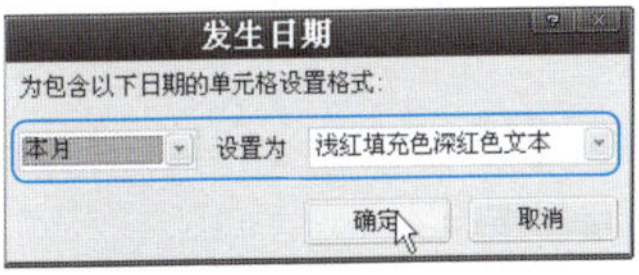

图6-29

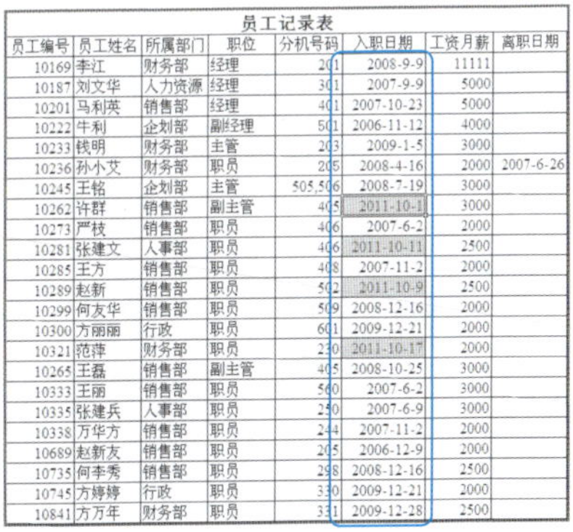

员工记录表

员工编号	员工姓名	所属部门	职位	分机号码	入职日期	工资月薪	离职日期
10169	李江	财务部	经理	201	2008-9-9	11111	
10187	刘文华	人力资源	经理	301	2007-9-9	5000	
10201	马利英	销售部	经理	401	2007-10-23	5000	
10222	牛利	企划部	副经理	501	2006-11-12	4000	
10233	钱明	财务部	主管	203	2009-1-5	3000	
10236	孙小艾	财务部	职员	205	2008-4-16	2000	2007-6-26
10245	王铭	企划部	主管	505,506	2008-7-19	3000	
10262	许群	销售部	副主管	405	2011-10-1	3000	
10273	严枝	销售部	职员	406	2007-6-2	2000	
10281	张建文	人事部	职员	406	2011-10-11	2500	
10285	王方	销售部	职员	408	2007-11-2	2000	
10289	赵新	销售部	职员	502	2011-10-9	2500	
10299	何友华	销售部	职员	509	2008-12-16	2000	
10300	方丽丽	行政	职员	601	2009-12-21	2000	
10321	范萍	财务部	职员	230	2011-10-17	2000	
10265	王磊	销售部	副主管	405	2008-10-25	3000	
10333	王丽	销售部	职员	560	2007-6-2	3000	
10335	张建兵	人事部	职员	250	2007-6-9	3000	
10338	万华方	销售部	职员	244	2007-11-2	2000	
10689	赵新友	销售部	职员	205	2006-12-9	2000	
10735	何李秀	销售部	职员	298	2008-12-16	2500	
10745	方婷婷	行政	职员	330	2009-12-21	2000	
10841	方万年	财务部	职员	331	2009-12-28	2500	

图6-30

专家提示

时间的设置以系统当前时间为准。

技巧11 快速标记重复数据

在数据区域中，可以使用条件格式将重复的数据快速标记出来，具体的操作方法如下。

❶ 选中要设置条件格式的单元格区域，如“G3:G25”。单击“开始”选项卡下“样式”选项组中的“条件格式”的下拉按钮，打开下拉菜单，选择“突出显示单元格规则”选项，打开右侧的菜单选项，选择“重复值”选项，如图6-31所示。

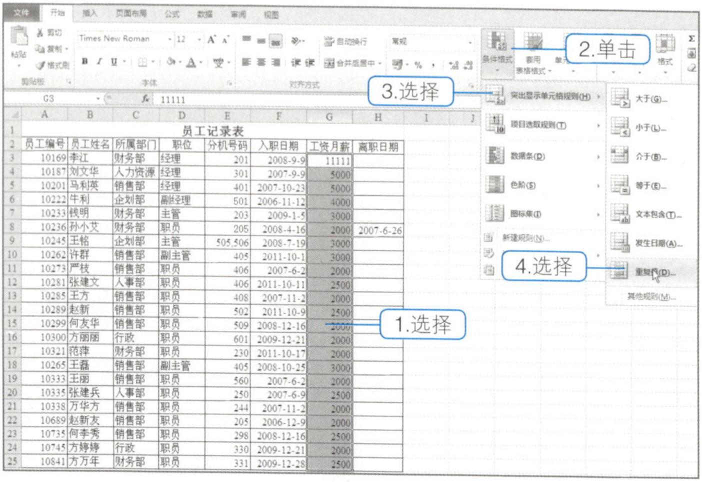

图6-31

❷ 打开“重复值”对话框，单击左侧的下拉列表选择“重复”，再单击“设置为”的下拉列表框中选择一种单元格样式，如图6-32所示。

❸ 单击“确定”按钮，则选中的单元格区域中所有重复的单元格，会以红色标记出来，如图6-33所示。

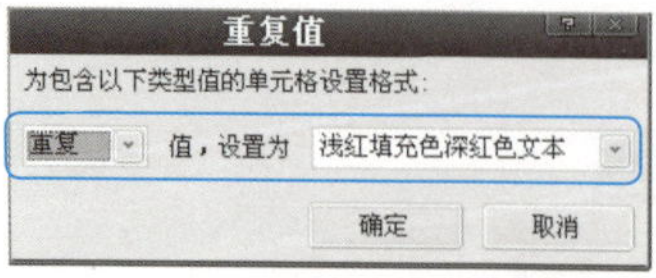

图6-32

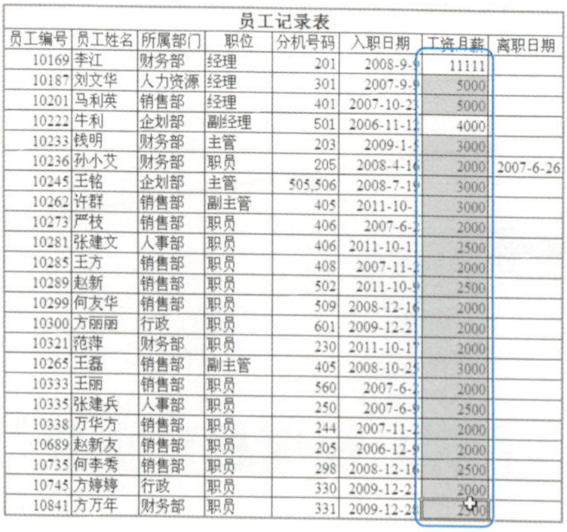

员工记录表

员工编号	员工姓名	所属部门	职位	分机号码	入职日期	工资月薪	离职日期
10169	李江	财务部	经理	201	2008-9-9	11111	
10187	刘文华	人力资源	经理	301	2007-9-9	5000	
10201	马利英	销售部	经理	401	2007-10-23	5000	
10222	牛利	企划部	副经理	501	2006-11-12	4000	
10233	钱明	财务部	主管	203	2009-1-5	3000	
10236	孙小艾	财务部	职员	205	2008-4-16	2000	2007-6-26
10245	王铭	企划部	主管	505,506	2008-7-19	3000	
10262	许群	销售部	副主管	405	2011-10-1	3000	
10273	严枝	销售部	职员	406	2007-6-2	2000	
10281	张建文	人事部	职员	406	2011-10-11	2500	
10285	王方	销售部	职员	408	2007-11-2	2000	
10289	赵新	销售部	职员	502	2011-10-9	2500	
10299	何友华	销售部	职员	509	2008-12-16	2000	
10300	方丽丽	行政	职员	601	2009-12-21	2000	
10321	范萍	财务部	职员	230	2011-10-17	2000	
10265	王磊	销售部	副主管	405	2008-10-25	3000	
10333	王丽	销售部	职员	560	2007-6-2	2000	
10335	张建兵	人事部	职员	250	2007-6-9	2500	
10338	万华方	销售部	职员	244	2007-11-2	2000	
10689	赵新友	销售部	职员	205	2006-12-9	2000	
10735	何李秀	销售部	职员	298	2008-12-16	2500	
10745	方婷婷	行政	职员	330	2009-12-21	2000	
10841	方万年	财务部	职员	331	2009-12-28	2500	

图6-33

技巧12 使用项目特定范围设置单元格

如果要标记出数据区域中符合特定范围的单元格，比如标记出其中值最大的项或最小的项，可以使用条件格式进行设置，具体的操作方法如下。

❶ 选中要设置条件格式的单元格区域，如“I3:I25”单击“开始”选项卡下“样式”选项组中的“条件格式”的下拉按钮，打开下拉菜单，选择“项目选择规则”选项，打开右侧的菜单选项，选择“值最大的10项”选项，如图6-34所示。

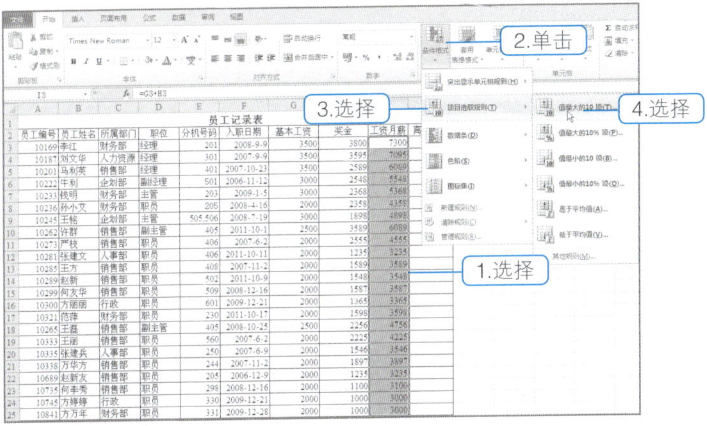

图6-34

❷ 打开“10个最大的项”对话框，在左侧的输入框中，用户可以输入适合的数字项，如默认的“10”，再单击“设置为”的下拉列表框中选择一种单元格样式，如图6-35所示。

❸ 单击“确定”按钮，则选中的单元格区域中10个最大的单元格，会以红色标记出来，如图6-36所示。

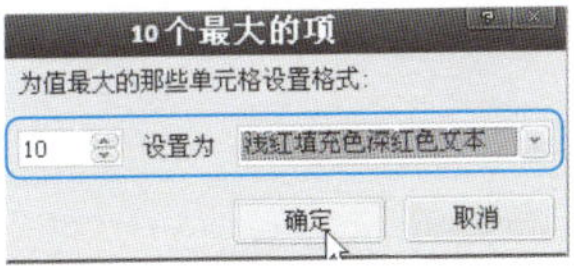

图6-35

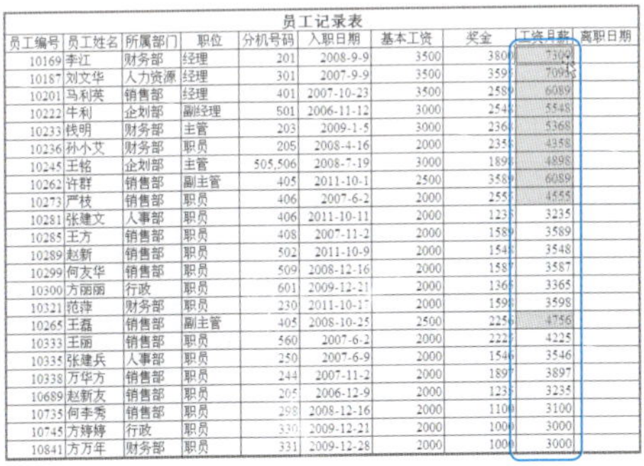

图6-36

读书笔记

第7章

数据输入、导入与快速填充技巧

工作表中数据的数字格式有多种，包括“常规”、“文本”、“数值”以及“货币”等格式，本章将介绍输入不同格式的数据的操作技巧。同时，Excel中自带填充柄功能，使用填充柄，可以快速、方便地填充相同或遵循一定规律的一系列数据。

技巧1 输入数据常用技巧

输入数据时，可以按照如下的方法操作。

❶ 单击单元格，如B2，直接输入数据，按“Ctrl+Enter”组合键，确认输入，如图7-1和图7-2所示。

❷ 按“Tab”键向右移动当前单元格，按“Enter”键，向下移动当前单元格，如图7-3和图7-4所示。

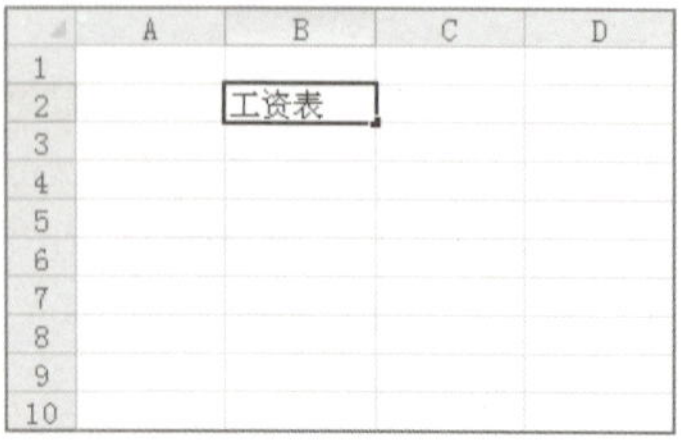

图7-1

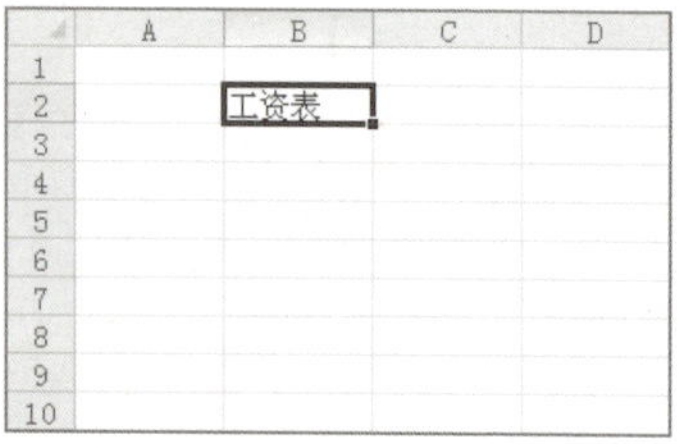

图7-2

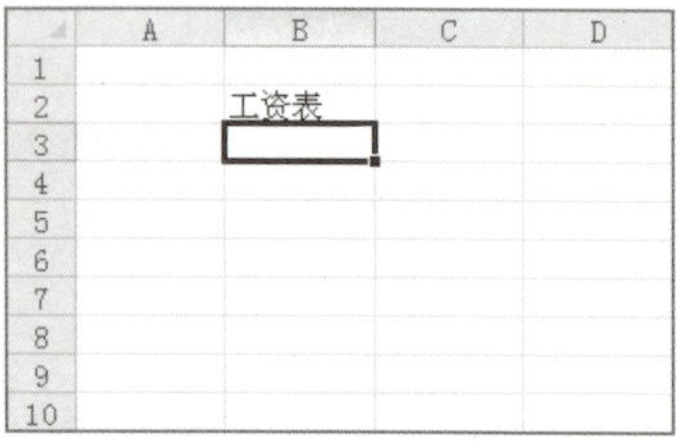

图7-3

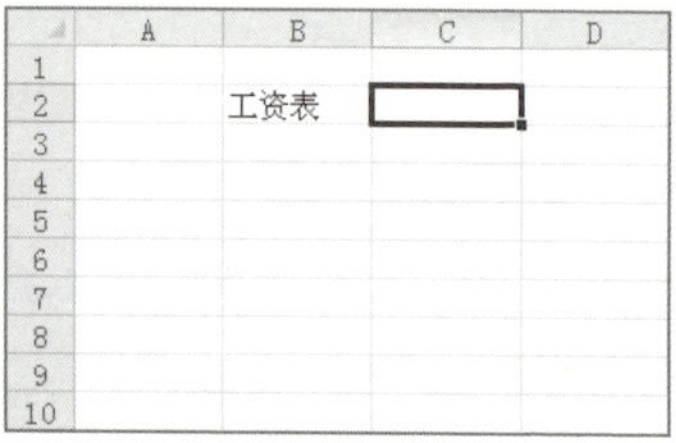

图7-4

专家提示

可按键盘上相应的方向键，分别向不同的方向移动当前单元格。

❸ 按住“Shift”键，单击不同的单元格，选择连续的单元格区域，或按住“Ctrl”键的同时单击不同的单元格，选择不连续的单元格区域，然后输入数据，可在选择的单元格或单元格区域中输入相同的数据，如图7-5和图7-6所示。

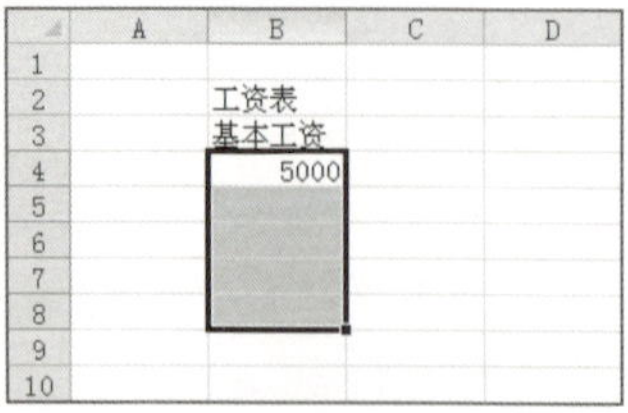

图7-5

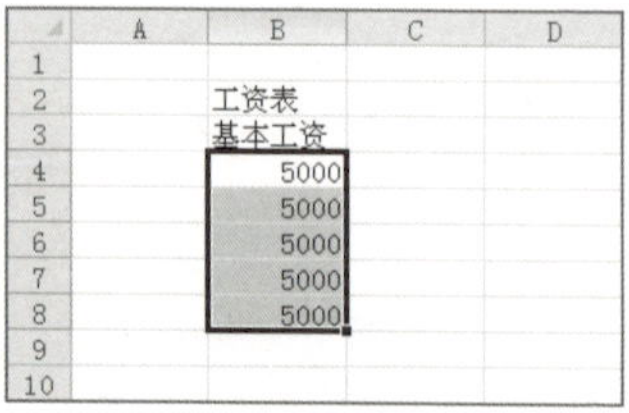

图7-6

技巧2 快速输入上次输入的数据

在Excel 2010中，可快速输入日期，具体操作方法如下。

❶ 在单元格中输入内容“5000”，如图7-7所示。

❷ 按“Enter”键，下移当前单元格，按“Ctrl+D”或“Ctrl+’”组合键，快速输入上次输入的内容，且可以一直输入下去，如图7-8所示。

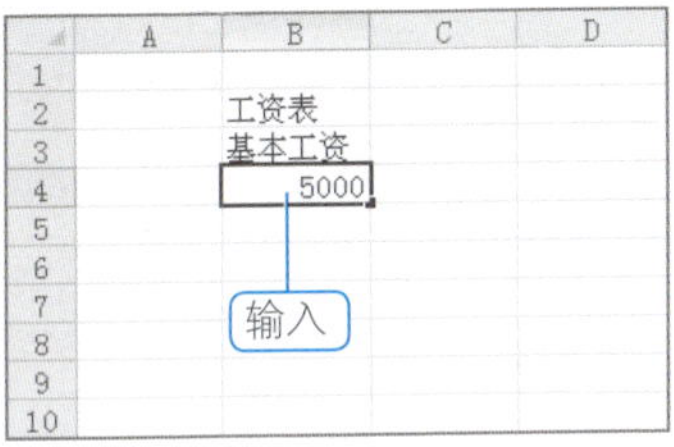

图7-7

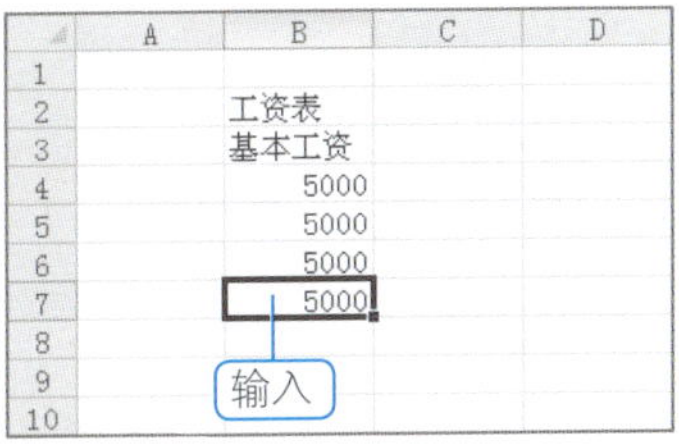

图7-8

技巧3 自动输入重复数据

在Excel 2010中，可以自动填充重复数据。其具体操作方法如下。

❶ 在单元格B8中输入内容“陈秋”，系统将自动出现曾经输入过的名称“明”，如图7-9所示。

❷ 按“Enter”键，自动输入姓名“陈秋明”，如图7-10所示。

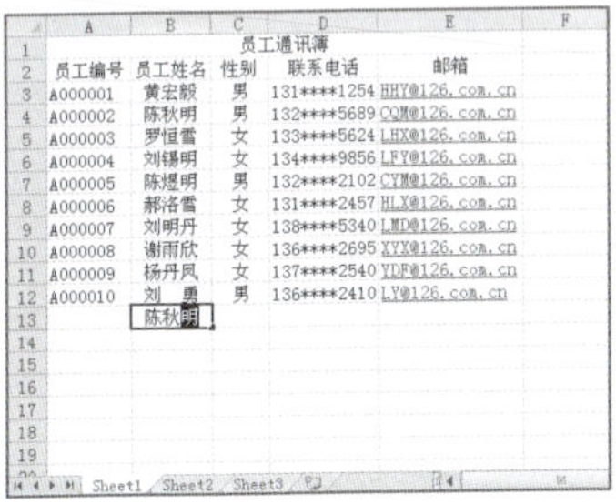

图7-9

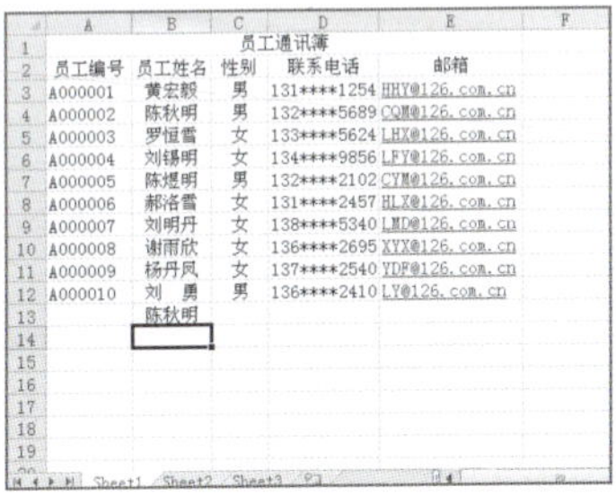

图7-10

技巧4 关闭自动输入重复数据功能

在Excel 2010中，如果用户不想使用自动填充重复数据的功能，可按以下方法操作。

❶ 打开“Excel选项”对话框，在左侧的列表中选择“高级”选项，在右

侧的“编辑选项”选项区中取消选中“为单元格值启用记忆式键入”复选框，如图7-11所示。

2 单击“确定”按钮关闭对话框，当输入重复数据时，系统将不会自动输入，如图7-12所示。

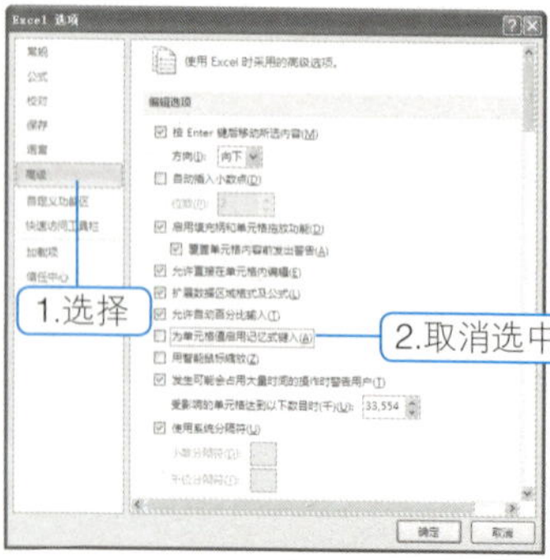

图7-11

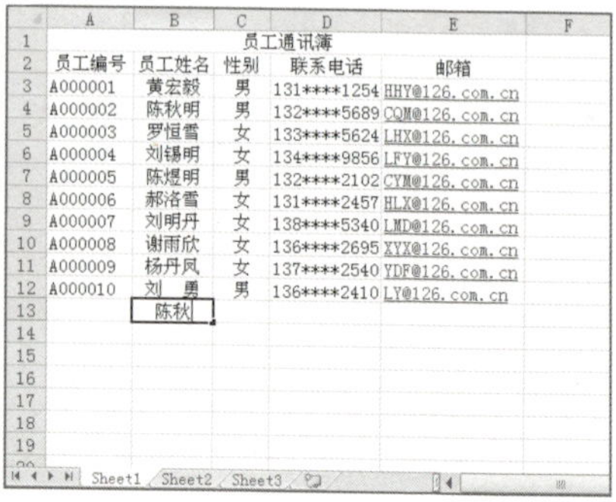

图7-12

技巧5 设置竖排数据

默认情况下，输入的数据是横向排列的，可以通过如下的操作将其设置为竖向排列。

1 单击单元格，如B12，直接输入数据，单击“开始”选项卡，在“单元格”选项组中单击“格式”按钮，在弹出的下拉菜单中选择“设置单元格格式”选项，如图7-13所示。

2 弹出“设置单元格格式”对话框，单击“对齐”选项卡，在对话框右侧单击“文本”按钮，如图7-14所示。

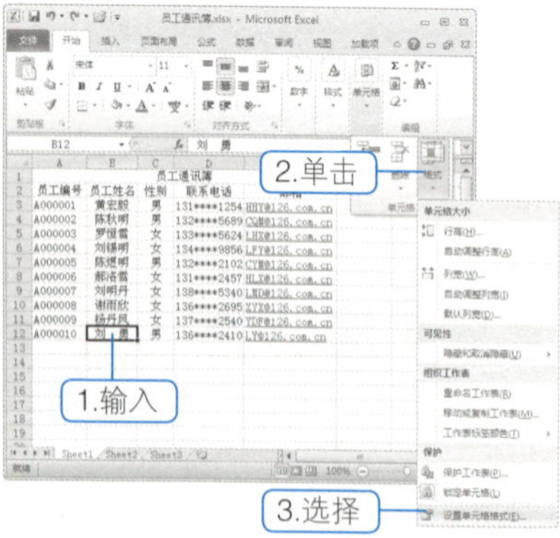

图7-13

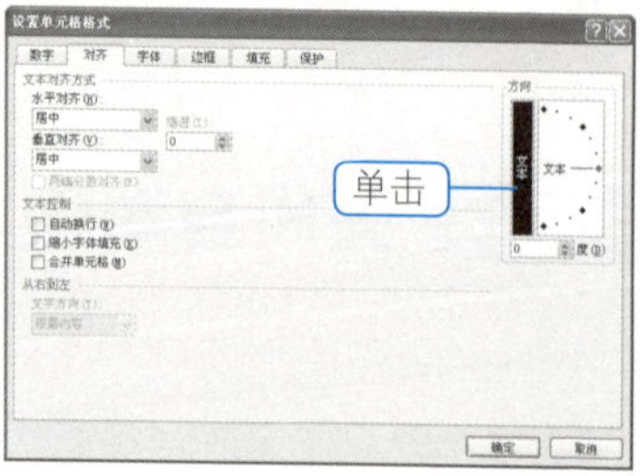

图7-14

❸ 单击“确定”按钮，竖排后的单元格数据效果如图7-15所示。

❹ 另外，通过“设置单元格格式”对话框可以使输入的数据倾斜不同的角度，如图7-16所示。

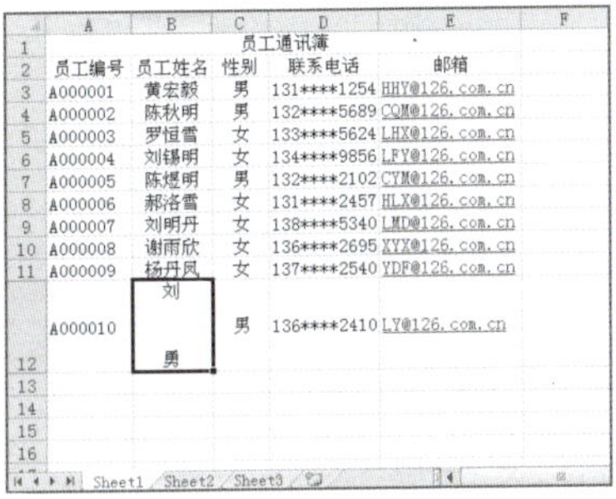

	A	B	C	D	E
1	员工通讯簿				
2	员工编号	员工姓名	性别	联系电话	邮箱
3	A000001	黄宏毅	男	131****1254	HHY@126.com.cn
4	A000002	陈秋明	男	132****5689	CQM@126.com.cn
5	A000003	罗恒雪	女	133****5624	LHX@126.com.cn
6	A000004	刘锡明	女	134****9856	LFY@126.com.cn
7	A000005	陈煜明	男	132****2102	CYM@126.com.cn
8	A000006	郝洛雪	女	131****2457	HLX@126.com.cn
9	A000007	刘明丹	女	138****5340	LMD@126.com.cn
10	A000008	谢雨欣	女	136****2695	XYX@126.com.cn
11	A000009	杨丹凤	女	137****2540	YDF@126.com.cn
12	A000010	刘勇	男	136****2410	LY@126.com.cn

图7-15

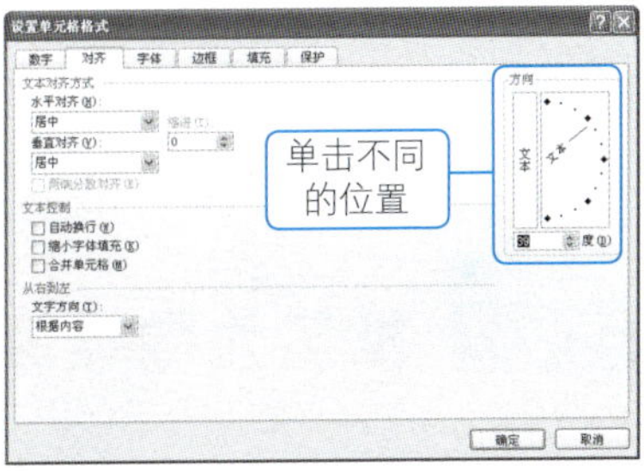

图7-16

技巧6 巧妙输入货币符号

输入货币数字是制作表格时常用到的，在Excel 2010中，用户可以快速地输入各种不同的货币符号，具体操作方法如下。

❶ 选择要设置为“货币”型格式的数据，在“开始”选项卡“数字”组中，选择“数字格式”下拉列表框中的“其他数字格式”选项，如图7-17所示。

❷ 弹出“设置单元格格式”对话框，在“分类”列表框中选择“货币”选项，并在“货币符号”下拉列表框中选择$选项，如图7-18所示。

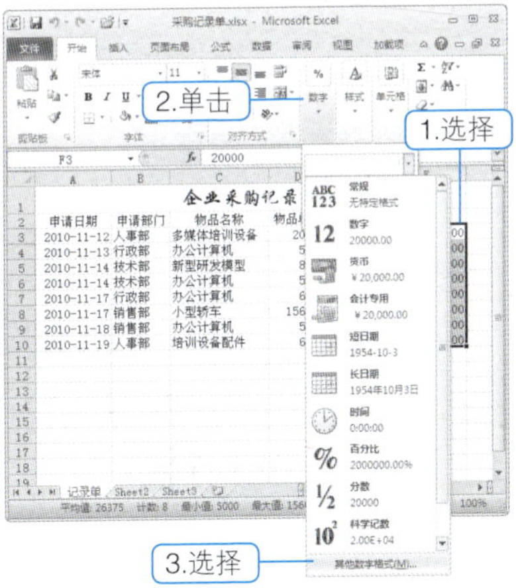

图7-17

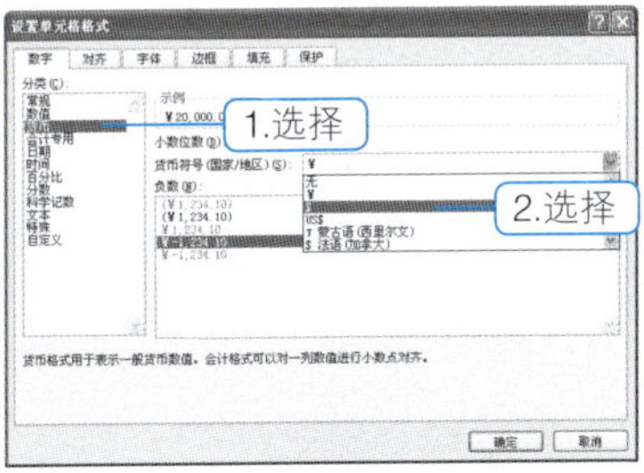

图7-18

❸ 单击“确定”按钮，将数据设置为“货币”型，如图7-19所示。

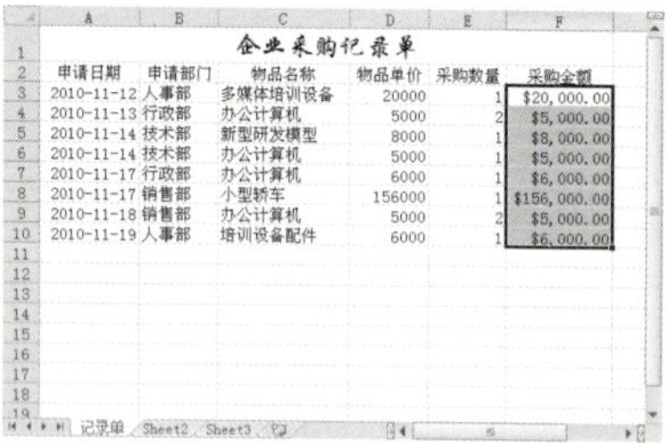

图7-19

技巧7 批量为数据添加计量单位

用Excel制作电子表格时，经常需要给单元格中的数据添加上单位，例如，给数据添加单位“千克”，其具体操作方法如下。

❶ 选中所有需要添加单位的单元格，单击“数字格式”下拉列表框的下拉按钮，在弹出的下拉面板中选择“其他数字格式”选项，如图7-20所示。

❷ 弹出“设置单元格格式”对话框，在“分类”列表框中选择“自定义”选项，在“类型”文本框下方的列表框中选择0选项，并在“类型”文本框中输入“台”，如图7-21所示。

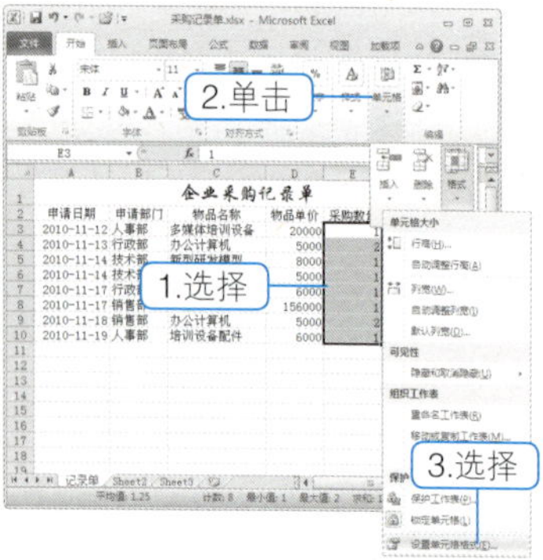

图7-20

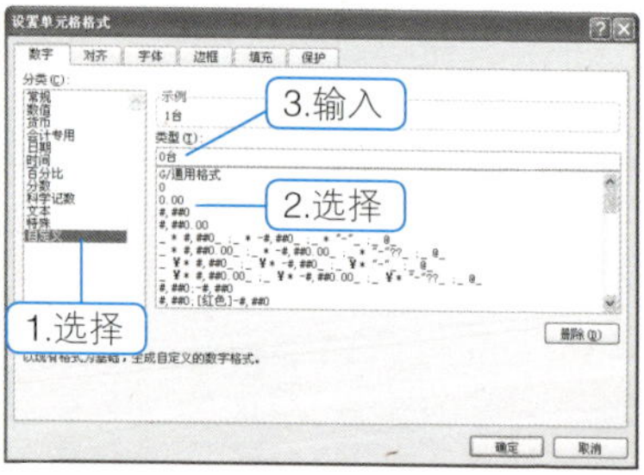

图7-21

❸ 单击“确定”按钮，为选中的数据批量添加单位，如图7-22所示。

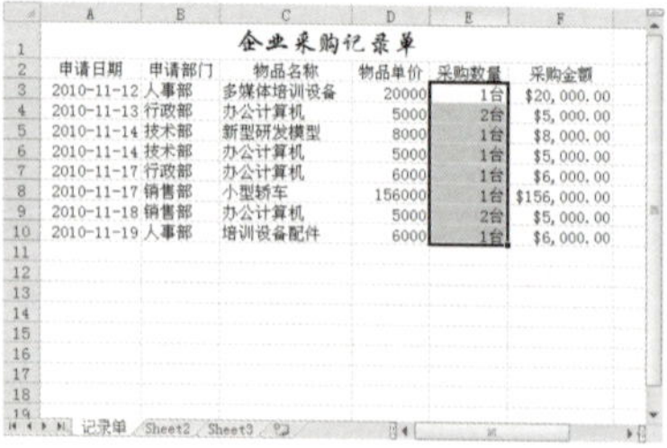

图7-22

技巧8 添加千位分隔符

在Excel中，为数据添加数据分隔符，可以清楚地了解数据的大小。为数据添加数据分隔符的方法有以下两种，具体操作如下。

方法1：通过“设置单元格格式”对话框添加

❶ 选择要设置数据分隔符的数据单元格或区域，如选择单元格区域D3:D10，单击“数字”选项组右下角的按钮，如图7-23所示。

❷ 弹出“设置单元格格式”对话框，在“分类”列表框中选择“数值”选项，选中“使用千位分隔符”复选框，如图7-24所示。

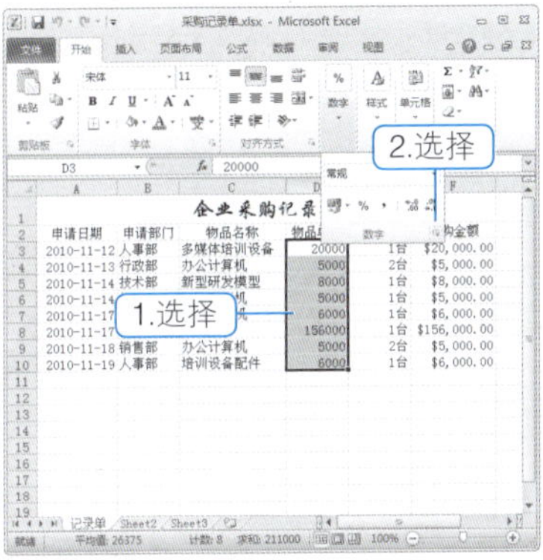

图7-23

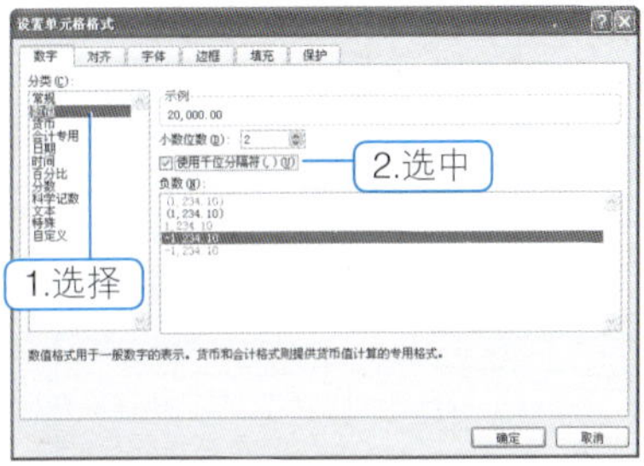

图7-24

❸ 单击“确定”按钮，应用千位分隔符，结果如图7-25所示。

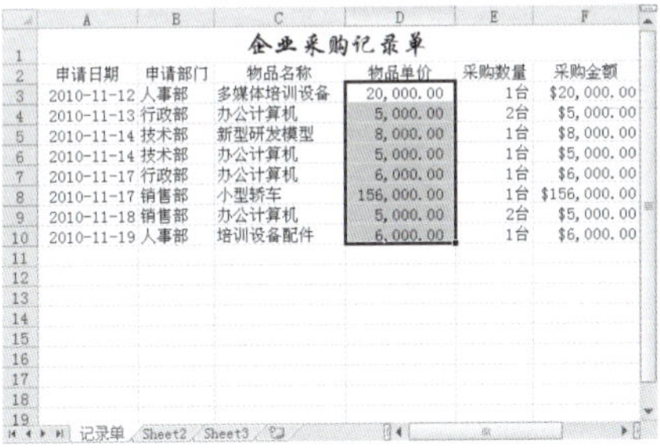

申请日期	申请部门	物品名称	物品单价	采购数量	采购金额
2010-11-12	人事部	多媒体培训设备	20,000.00	1台	$20,000.00
2010-11-13	行政部	办公计算机	5,000.00	2台	$5,000.00
2010-11-14	技术部	新型研发模型	8,000.00	1台	$8,000.00
2010-11-14	技术部	办公计算机	5,000.00	1台	$5,000.00
2010-11-17	行政部	办公计算机	6,000.00	1台	$6,000.00
2010-11-17	销售部	小型轿车	156,000.00	1台	$156,000.00
2010-11-18	销售部	办公计算机	5,000.00	2台	$5,000.00
2010-11-19	人事部	培训设备配件	6,000.00	1台	$6,000.00

图7-25

方法2：通过功能区的按钮添加

❶ 选择单元格区域D3:D10，单击“开始”选项卡，在“数字”选项组中单击“千位分隔样式”按钮，如图7-26所示。

❷ 快速添加千位分隔符，结果如图7-27所示。

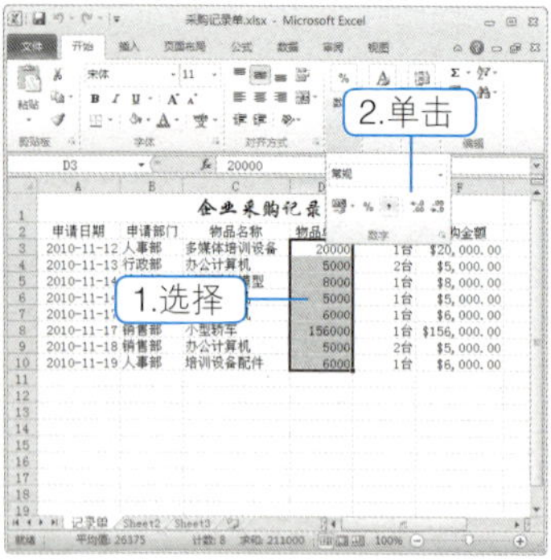

图7–26

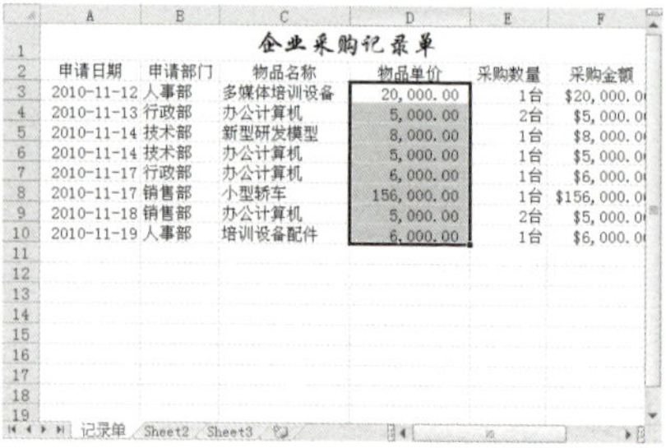

图7–27

技巧9 快速输入日期

在Excel 2010中，可快速输入日期，具体操作方法如下。

1. 在单元格中输入数据“11-5-6”，如图7-28所示。
2. 或者输入“11/5/6”如图7-29所示。

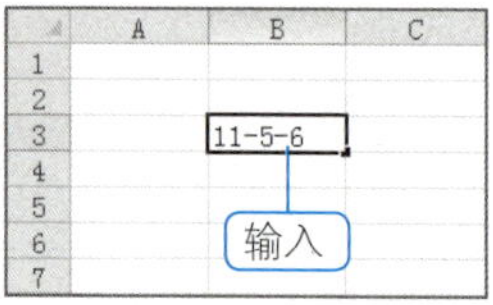

图7–28

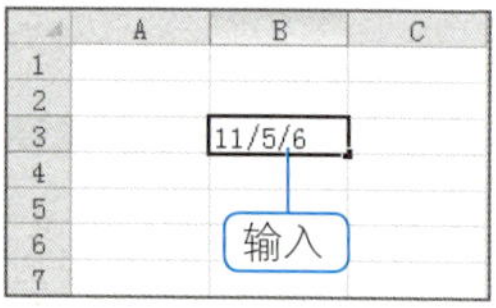

图7–29

3. 按“Ctrl+Enter”组合键，即可自动转换成“日期”型数据，如图7-30所示。

图7–30

专家提示

另外，要快速输入当前日期，只需选中相应的单元格，按下“Ctrl+;”组合键即可。

技巧10 批量转换日期格式

在Excel 2010中，为输入方便，在输入大量的日期数据时，可按如下方法操作。

❶ 在单元格区域D3:D14中输入数据并选择，单击“数据”选项卡，在“数据工具”选项组中单击“分；列”按钮，如图7-31所示。

❷ 弹出“文本分列向导”对话框，从中选中“固定宽度”单选按钮，如图7-32所示。

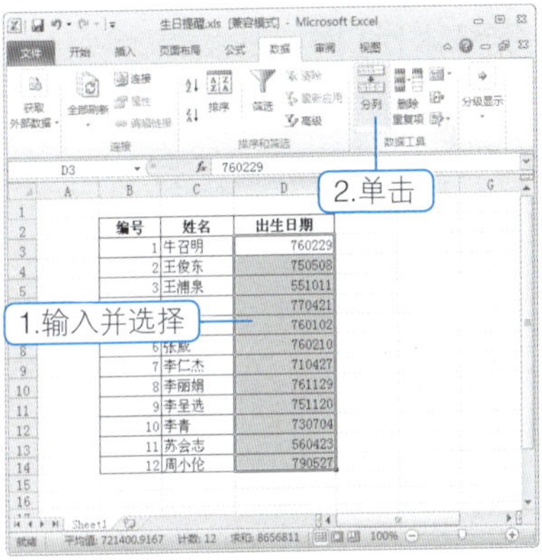

图7-31

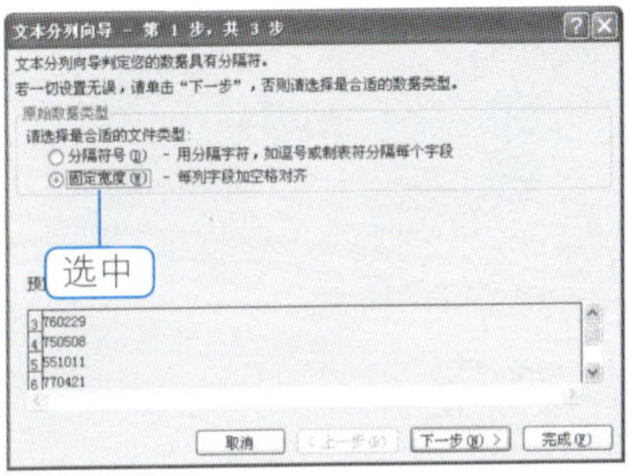

图7-32

❸ 单击“下一步”按钮，继续操作，如图7-33所示。

❹ 单击“下一步”按钮，在弹出的对话框中选中“日期”单选按钮，并在其后面的数值框中选择YMD选项，如图7-34所示。

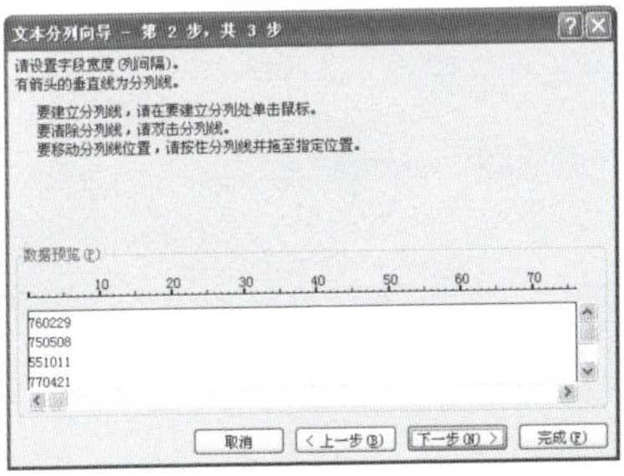

图7-33

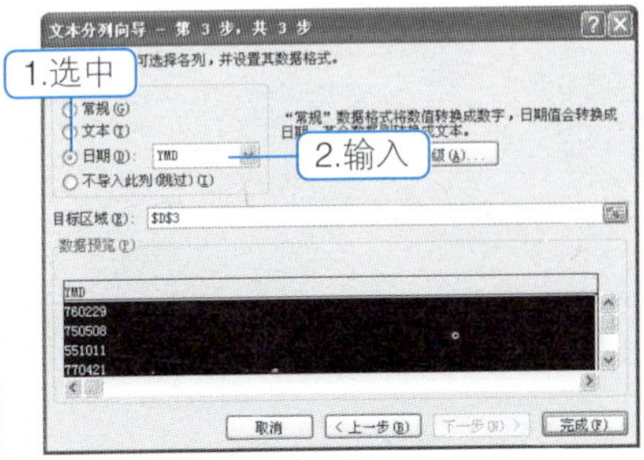

图7-34

❺ 单击“完成”按钮，即可将转换成“日期”型数据，效果如图7-35所示。

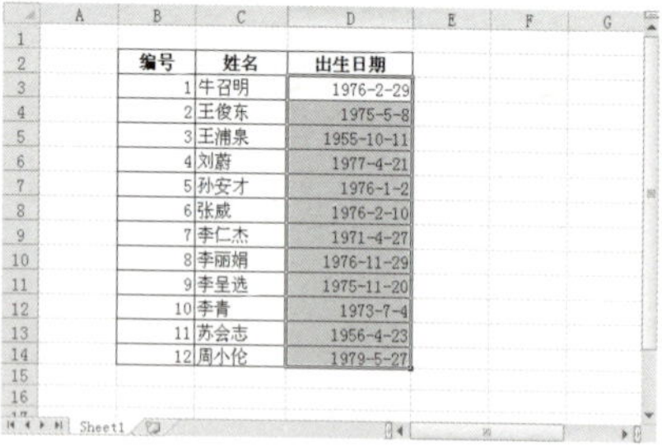

编号	姓名	出生日期
1	牛召明	1976-2-29
2	王俊东	1975-5-8
3	王浦泉	1955-10-11
4	刘蔚	1977-4-21
5	孙安才	1976-1-2
6	张威	1976-2-10
7	李仁杰	1971-4-27
8	李丽娟	1976-11-29
9	李呈选	1975-11-20
10	李青	1973-7-4
11	苏会志	1956-4-23
12	周小伦	1979-5-27

图7-35

技巧11 巧用数字输入特殊时间

在Excel中输入0~1之间的小数，然后将其设置为时间格式，可将其转换成某个时间，具体操作方法如下。

1 在单元格中分别输入数字0、0.5、0.75，如图7-36所示。

2 单击“开始”选项卡，在“数字”选项组中单击“数字格式”下拉按钮，在弹出的下拉列表框中选择“时间”选项，如图7-37所示，即可将输入的数字设置为时间格式。

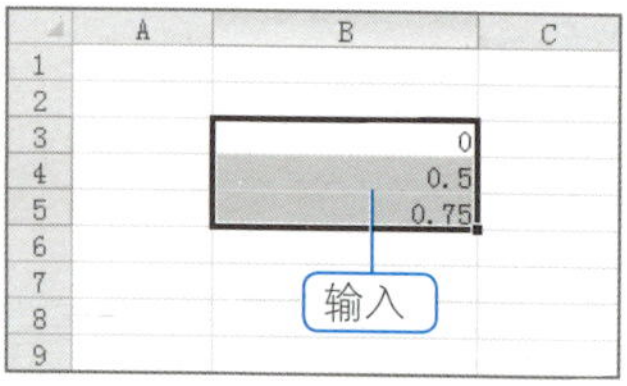

图7-36

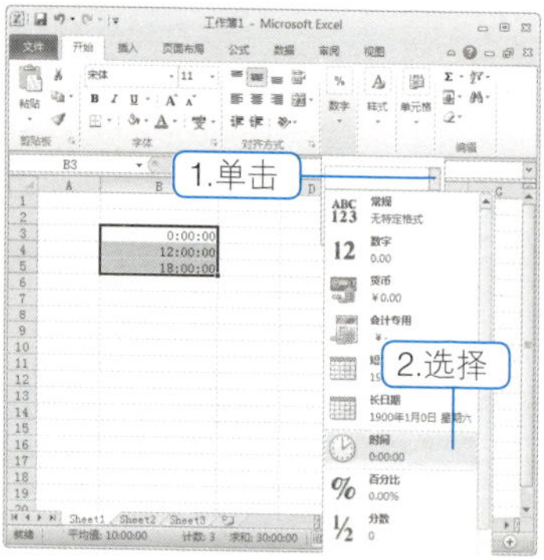

图7-37

技巧12 快速输入分数

在Excel中，如果按平时书写分数的方法输入分数，输入的数据会自动转换成日期，要想输入分数，可按如下方法操作。

1 在单元格中输入数据“0 3/8”，如图7-38所示。

2 按“Ctrl+ Enter”组合键，可得到分数，如图7-39所示。

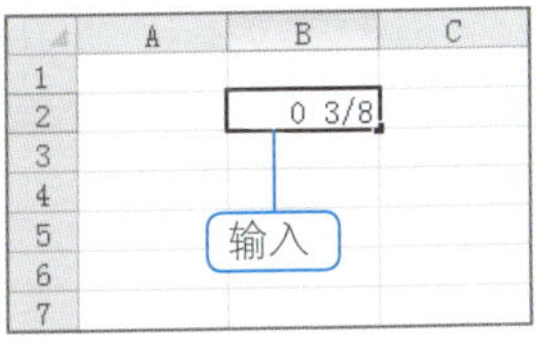

图7-38

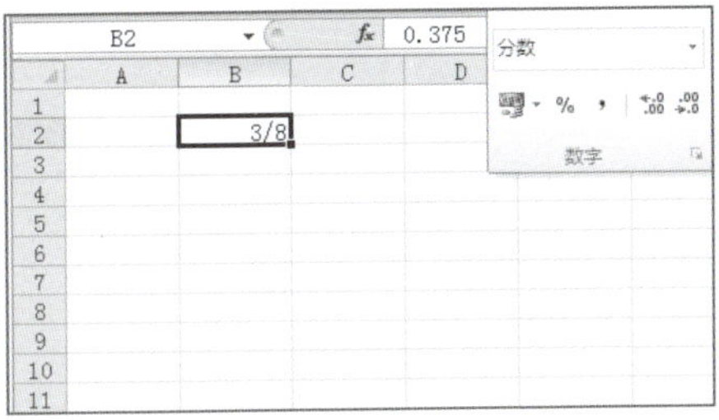

图7-39

技巧13 快速输入以0开头的数字

输入一个以0开头的数字后，往往在显示时会自动把0删除，要保留输入的数字0可按如下方法操作。

❶ 在单元格中输入等号和以0开头的数字，要注意的是数字前后要加半角双引号，如“="00215"”，如图7-40所示。

❷ 按“Enter”键，结果如图7-41所示。

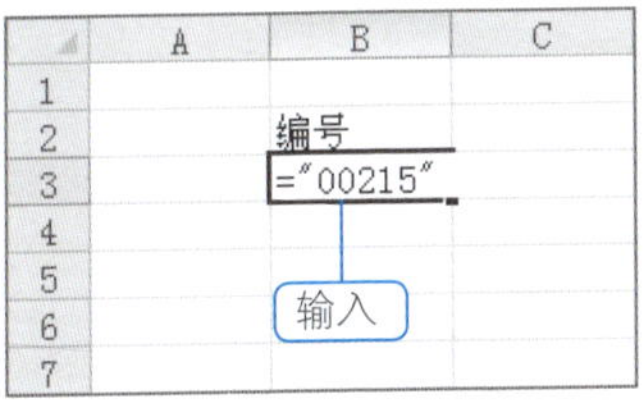

图7-40

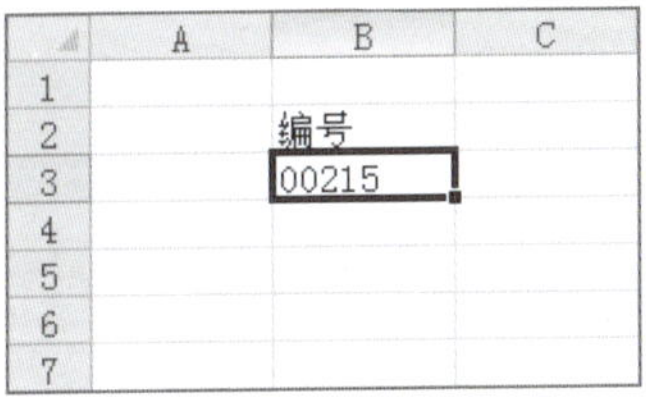

图7-41

专家提示

也可以在输入以0开头的数字时，在数字前面输入一个半角的’符号，输入的数字将直接转换为文本，即可保留输入的数字0。

技巧14 快速输入15位以上的数据

在Excel 2010的单元格中输入多于15位数字的时候，15位以后的数字会变为0。通过下面的操作方法，用户可以轻松输入15位以上的数据，具体的操作方法如下。

❶ 在单元格中输入18位的身份证号，如图7-42所示。

❷ 按“Ctrl+Enter”组合键，结果如图7-43所示。

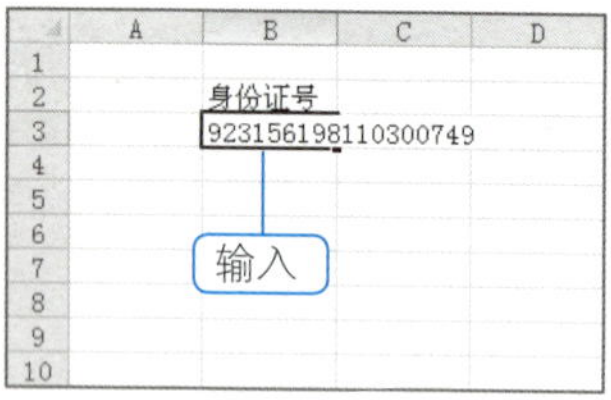

图7-42

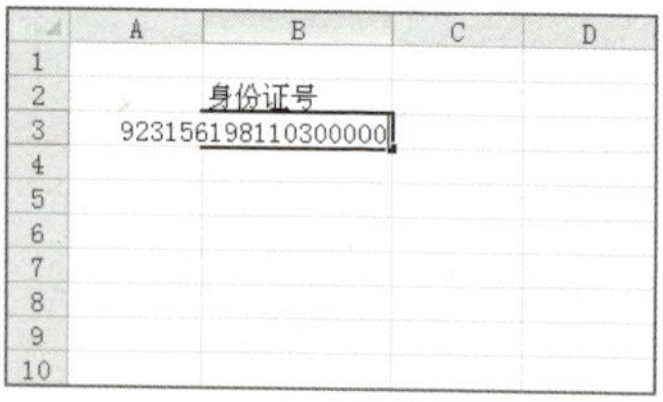

图7-43

3 打开“设置单元格格式”对话框，在“数字”选项卡的“分类”列表框中选择“自定义”选项，然后在“类型”文本框中输入内容“@”，如图7-44所示。

4 单击“确定”按钮，关闭该对话框，重新输入数据，按“Enter”键，结果如图7-45所示。

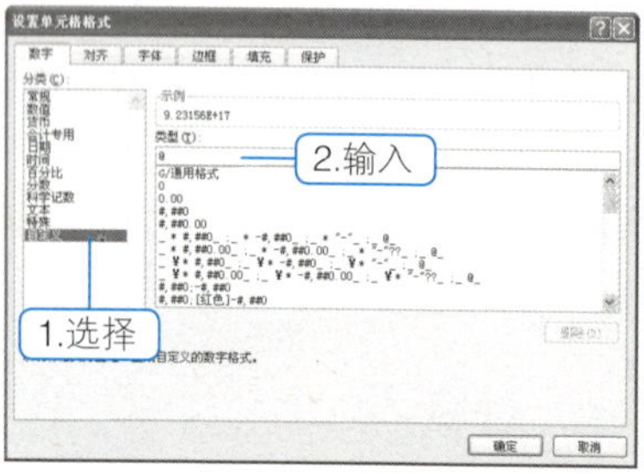

图7-44

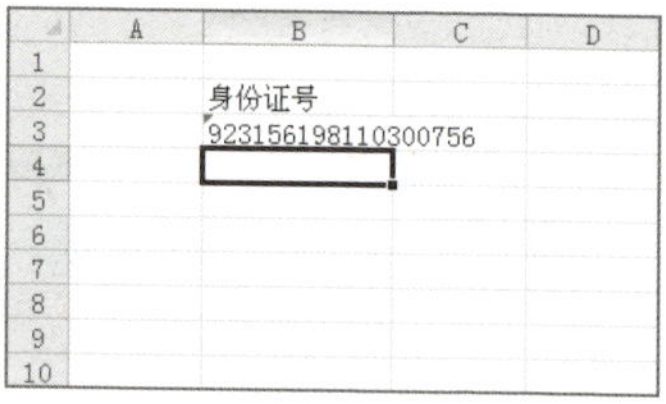

图7-45

技巧15 自动设置小数位数

在Excel中，要设置输入的数字的小数位数，可按如下方法操作。

1 在单元格区域B2:B5中输入数据，系统默认输入为“常规”型。选中输入的数据，单击“开始”选项卡下“数字”组右下角的按钮，如图7-46所示。

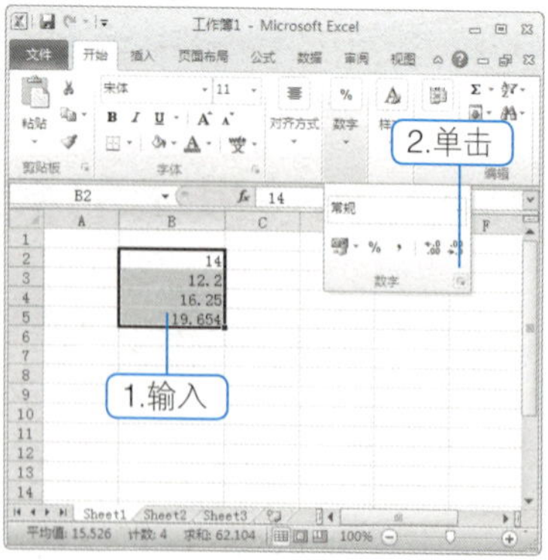

图7-46

❷ 弹出“设置单元格格式”对话框，在“分类”列表框中选择“数值”选项，在“小数位数”数值框中输入2，结果如图7-47所示。

❸ 单击“确定”按钮，输入的数据转换成“数字”型数据，结果如图7-48所示。

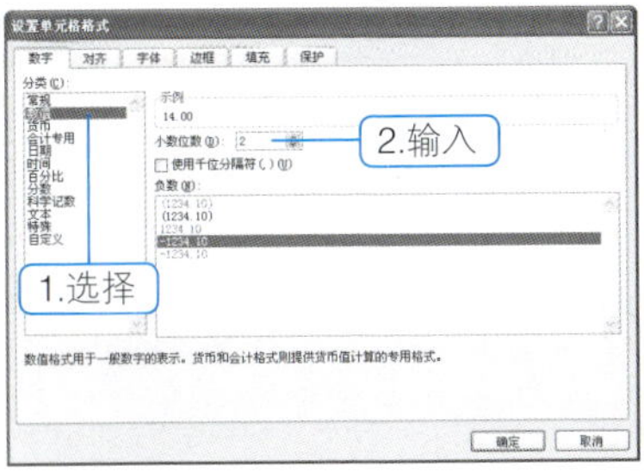

图7-47

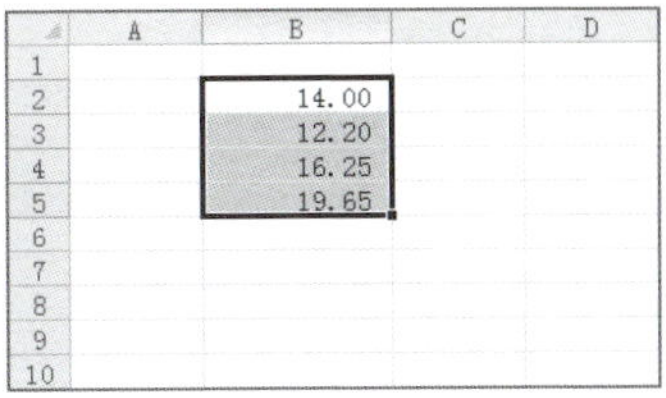

图7-48

技巧16 设置特殊格式数据

使用Excel制作表格时，常常需要输入人民币金额的大写形式，或者输入邮政编码等特殊格式的数据，可按如下的方法操作。

技巧1：将数字转换为中文大写形式

❶ 选择数据单元格区域，单击“数字”组右下角的按钮，如图7-49所示。

❷ 弹出“设置单元格格式”对话框，在“分类”列表框中选择“特殊”选项，在“类型”列表框中选择“中文大写数字”选项，结果如图7-50所示。

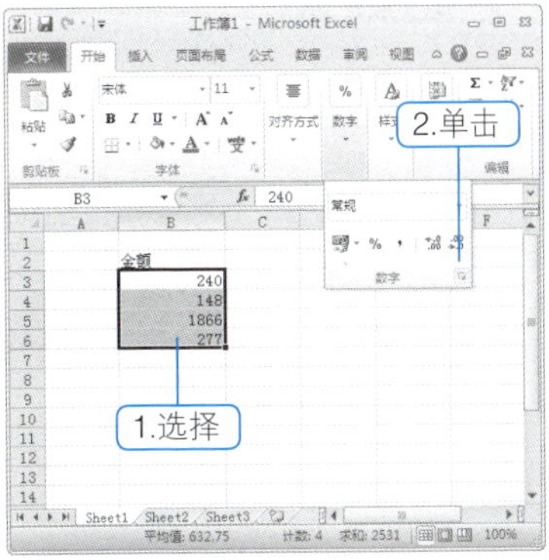

图7-49

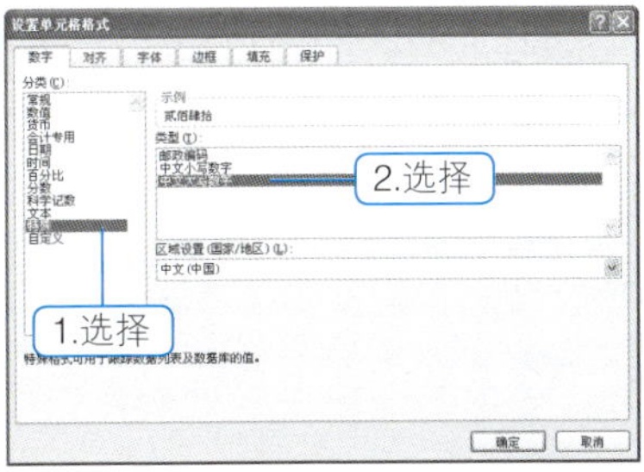

图7-50

❸ 单击“确定”按钮，将数字转换成中文大写形式，如图7-51所示。

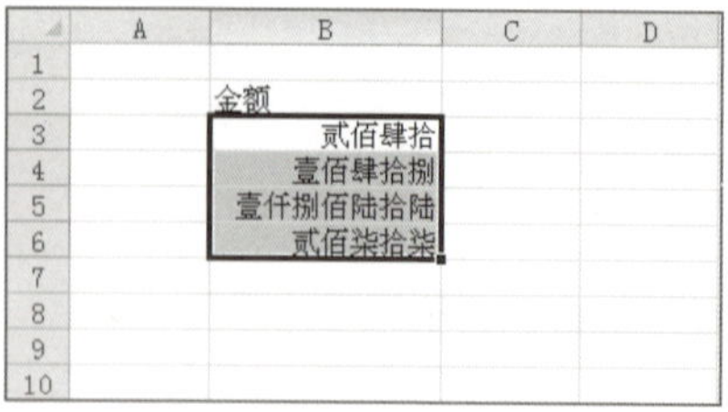

图7-51

技巧2：输入邮政编码

❶ 选择要输入邮政编码的单元格，打开“设置单元格格式”对话框，在“分类”列表框中选择“特殊”选项，并在“类型”列表框中选择“邮政编码”选项，如图7-52所示。

❸ 单击“确定”按钮，完成设置，在单元格中输入数据时自动转换为邮政编码，如图7-53所示。

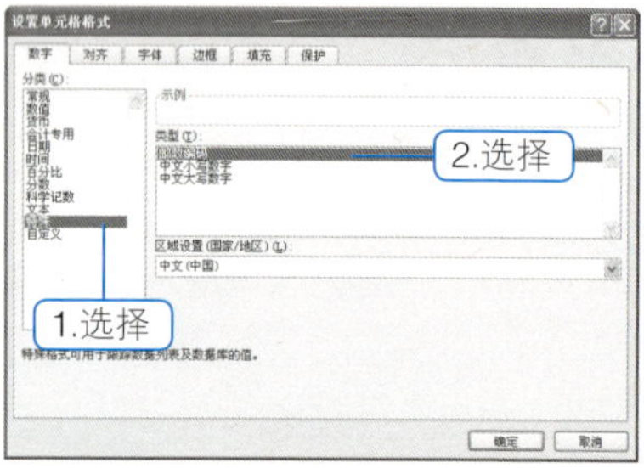

图7-52

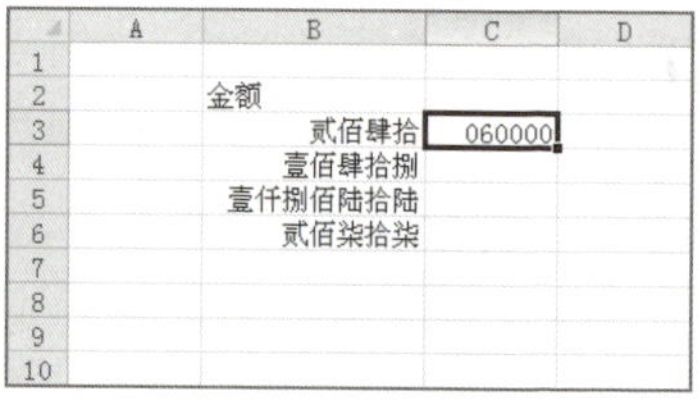

图7-53

技巧17 导入Word表格中的数据

用户可通过复制和粘贴的方法，将Word表格中的数据导入到Excel表格中，具体操作方法如下。

❶ 打开并选中Word中的表格，按“Ctrl+C”组合键，复制表格，如图7-54所示。

❷ 切换到Excel工作表中，选定数据存放位置，单击“粘贴”按钮下方的下拉按钮，在弹出的下拉菜单中选择“选择性粘贴”选项，如图7-55所示。

❸ 弹出“选择性粘贴”对话框，在“方式”列表框中选择“文本”选项，如图7-56所示。

❹ 单击“确定”按钮，Word表格中的数据将导入Excel中，如图7-57所示。

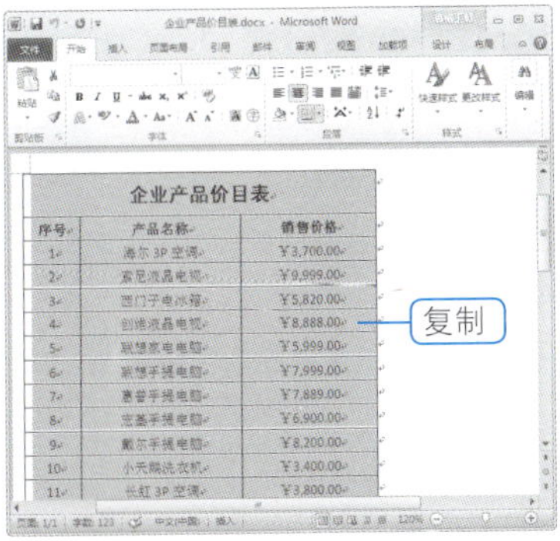

图7-54

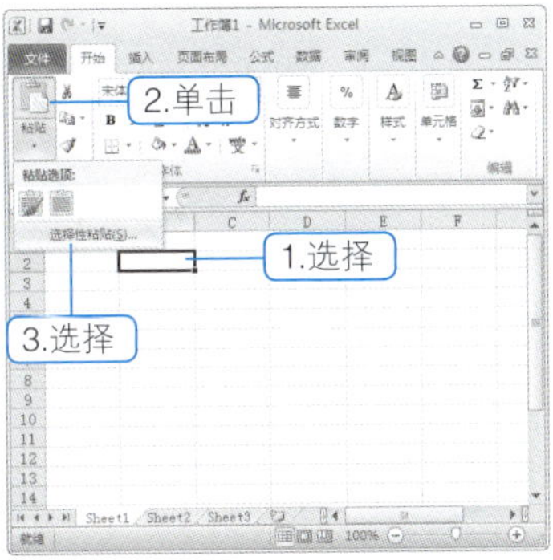

图7-55

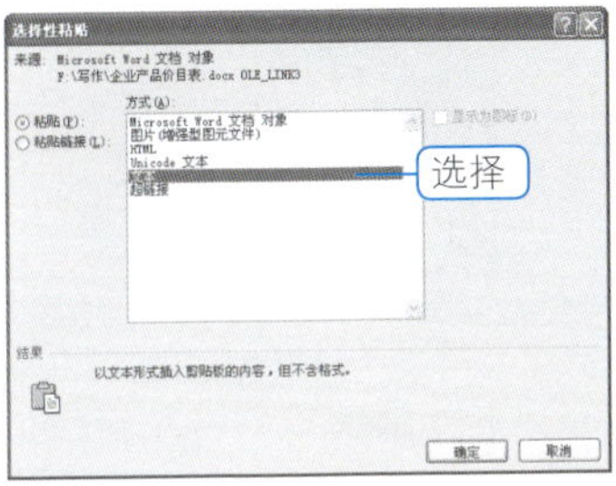

图7-56

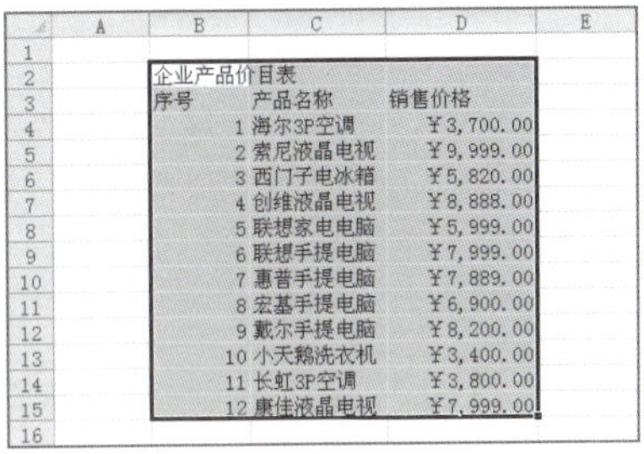

图7-57

技巧18 启用自动填充柄功能

如果用户希望使用填充柄复制或填充数据，首先要保证Excel中启用了自动填充柄的功能。启用该功能的操作方法如下。

❶ 打开“Excel选项”对话框，在对话框左侧的列表中选择“高级”选项，在右侧选中“启用填充柄和单元格托放功能”复选框即可，如图7-58所示。

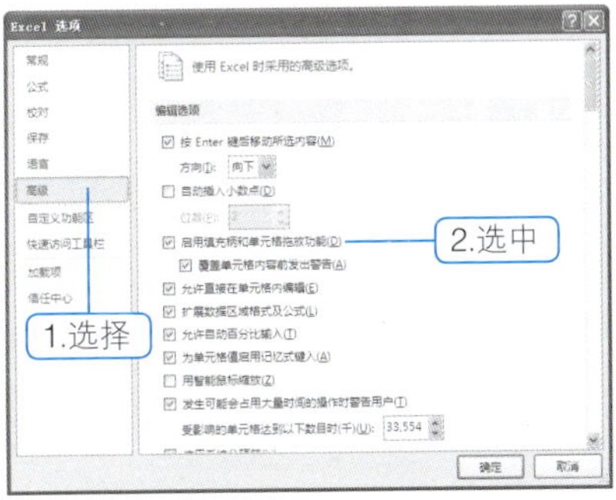

图7-58

技巧19 复制数据或填充连续数据

在Excel中，用户经常要输入一批很相似、有关联的数据，如编号、日期、星期、月份等，这时可以使用快速填充数据功能，以提高工作效率。其具体操作方法如下。

1 在相应的单元格中输入数据，选择单元格A3，将鼠标指针移到单元格的右下角，如图7-59所示。

2 双击鼠标或向下拖动鼠标，复制数据，如图7-60所示。

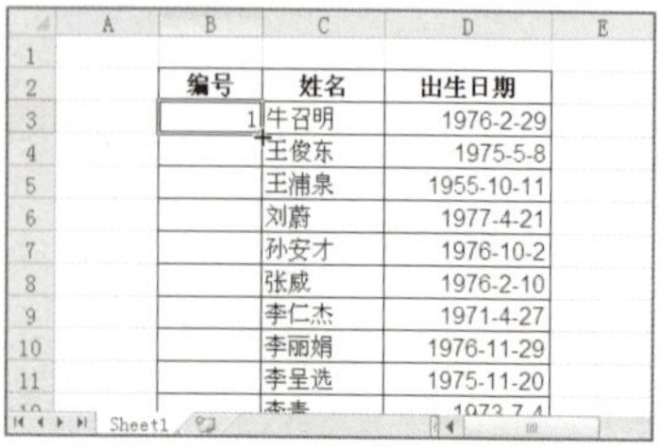

编号	姓名	出生日期
1	牛召明	1976-2-29
	王俊东	1975-5-8
	王浦泉	1955-10-11
	刘蔚	1977-4-21
	孙安才	1976-10-2
	张威	1976-2-10
	李仁杰	1971-4-27
	李丽娟	1976-11-29
	李呈选	1975-11-20

图7-59

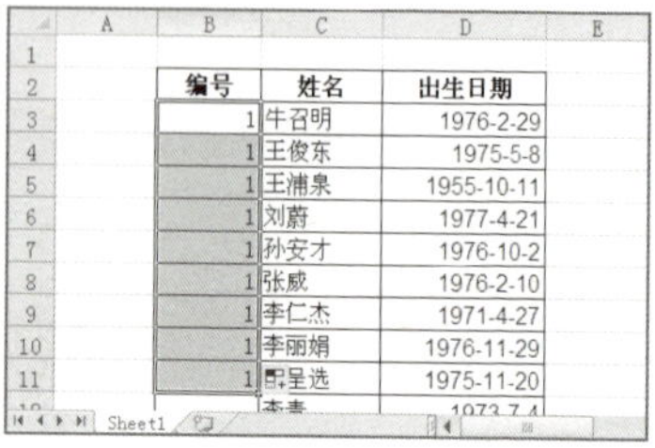

编号	姓名	出生日期
1	牛召明	1976-2-29
1	王俊东	1975-5-8
1	王浦泉	1955-10-11
1	刘蔚	1977-4-21
1	孙安才	1976-10-2
1	张威	1976-2-10
1	李仁杰	1971-4-27
1	李丽娟	1976-11-29
1	李呈选	1975-11-20

图7-60

3 如果按住“Ctrl”键的同时双击鼠标或向下拖动鼠标，将填充连续的序列，如图7-61所示。

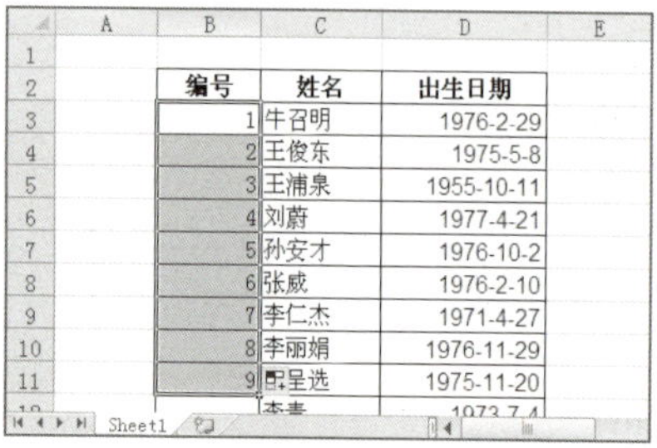

编号	姓名	出生日期
1	牛召明	1976-2-29
2	王俊东	1975-5-8
3	王浦泉	1955-10-11
4	刘蔚	1977-4-21
5	孙安才	1976-10-2
6	张威	1976-2-10
7	李仁杰	1971-4-27
8	李丽娟	1976-11-29
9	李呈选	1975-11-20

图7-61

技巧20 快速填充等差序列

填充等差或等比数据的具体操作方法如下。

方法1：通过“序列”对话框填充

1 选择要填充等差序列的单元格区域，单击“开始”选项卡，在“编辑”选项组中单击“填充”下拉按钮，在弹出的下拉菜单中选择“序列”选项，如图7-62所示。

❷ 弹出“序列”对话框，从中选中“列”和“等差序列”单选按钮，设置“步长值”为3，如图7-63所示。

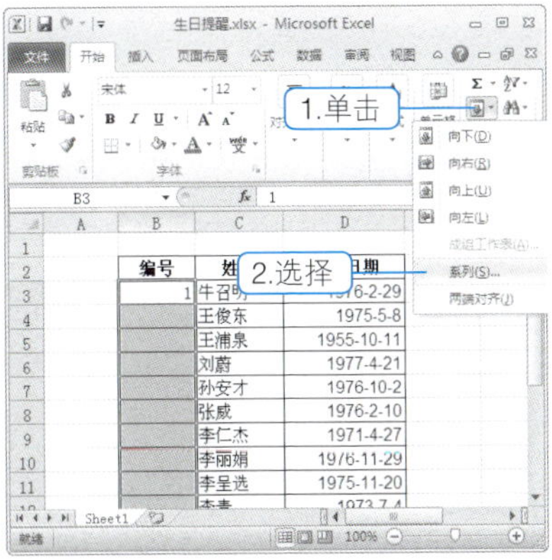

图7-62

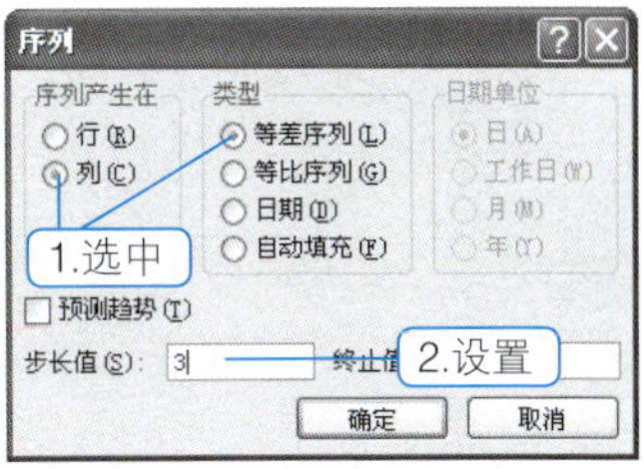

图7-63

❸ 单击“确定”按钮，填充的等差序列如图7-64所示。

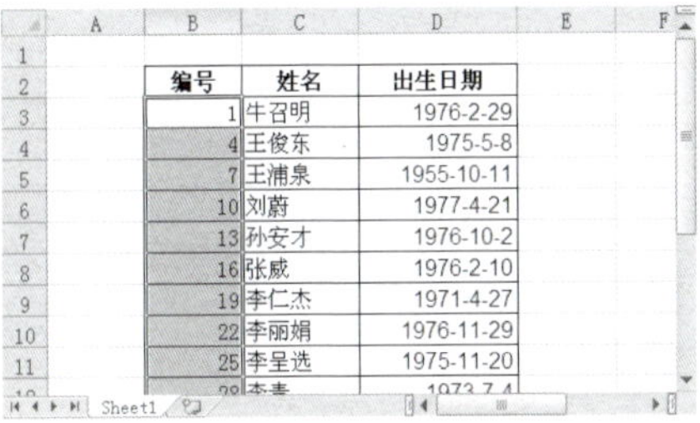

图7-64

方法2：通过拖动鼠标填充

❶ 在单元格B3和B4中，分别输入数据1和3，同时选择这两个数据单元格，并将鼠标指针移到单元格区域右下角，如图7-65所示。

❷ 向下拖动鼠标，填充等差序列，如图7-66所示。

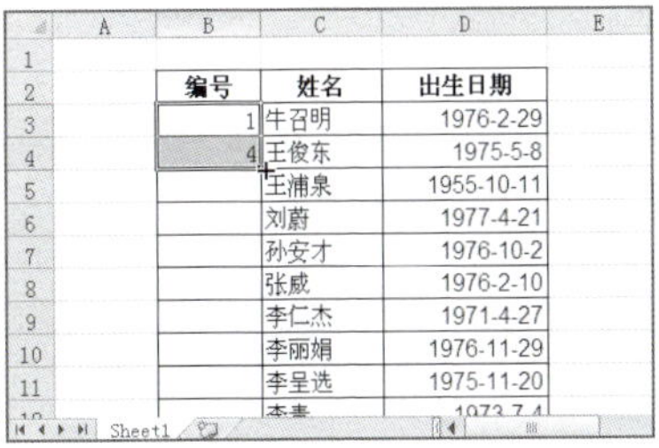

图7-65

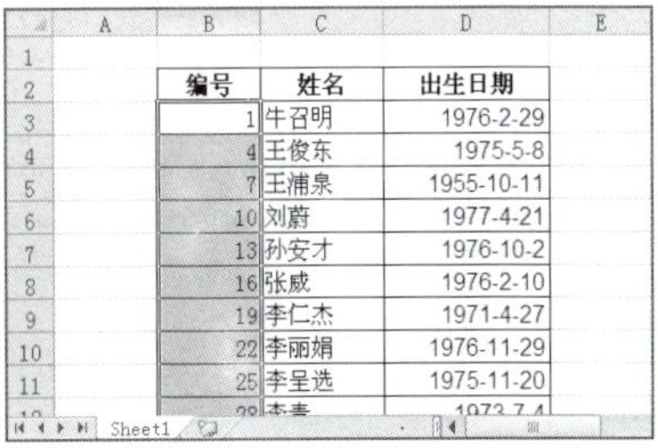

图7-66

技巧21 快速填充等比序列

填充等比序列具体操作方法如下。

方法1：通过“序列”对话框填充

1 选中需要填充等比序列的单元格区域，单击“填充”下拉按钮，在弹出的下拉菜单中选择“序列”选项，如图7-67所示。

2 弹出“序列”对话框，从中选中“等比序列”单选按钮，并在“步长值”文本框中输入2，如图7-68所示。

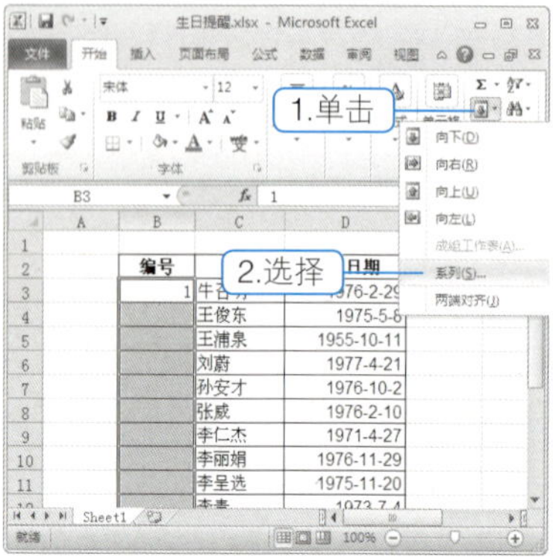

图7-67

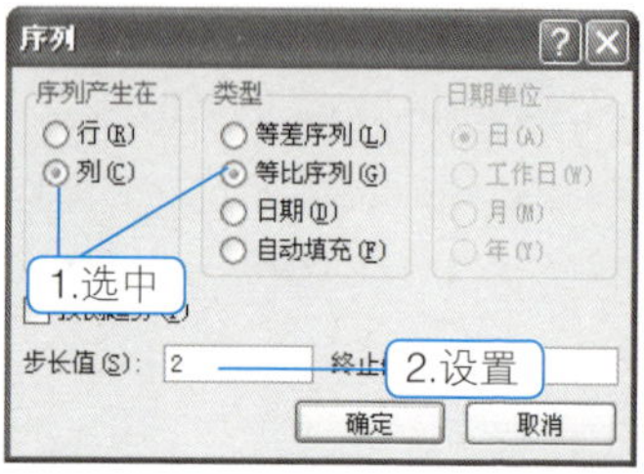

图7-68

3 单击“确定”按钮，填充的等比序列如图7-69所示。

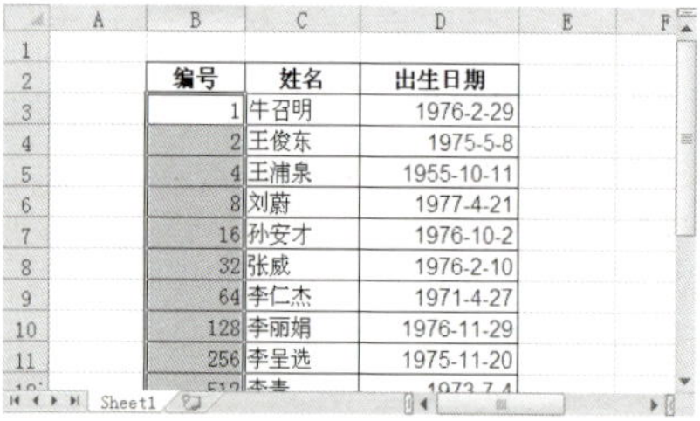

图7-69

技巧22 自定义填充

为了能够更轻松、快速地输入特定的数据序列，用户可以自定义填充序列，其具体操作方法如下。

1 在单元格A3中输入内容“薇姿”，如图7-70所示。

❷ 单击“文件”按钮，在左侧功能选项中单击“选项”按钮，弹出“Excel选项”对话框，在对话框左侧的列表中选择“高级”选项，如图7-71所示。

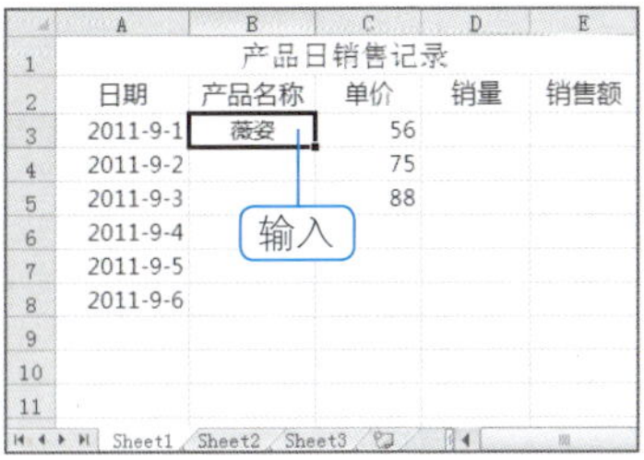

图7–70

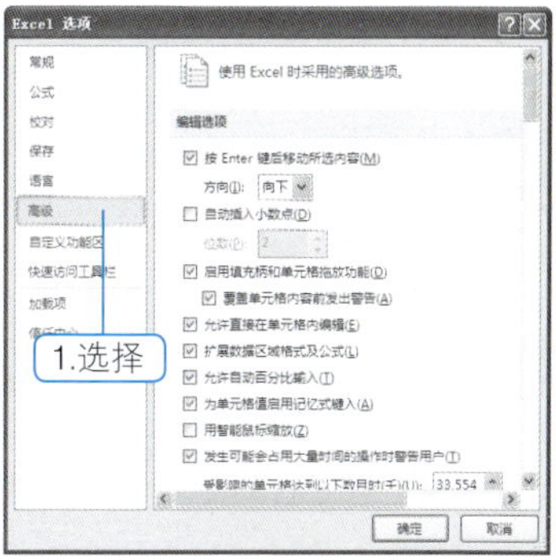

图7–71

❸ 单击“编辑自定义列表”按钮，弹出“自定义序列”对话框，在“输入序列”列表中输入要自定义的新序列，并单击“添加”按钮，如图7-72所示。

❹ 依次单击“确定”按钮，关闭“自定义序列”和“Excel选项”对话框。选择单元格B3，将鼠标指针移至单元格的右下角位置，当鼠标指针呈➕形状时向下拖动鼠标，即可得到填充数据，如图7-73所示。

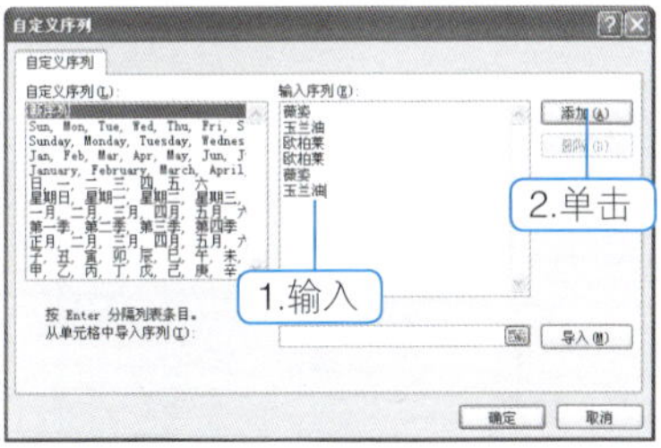

图7–72

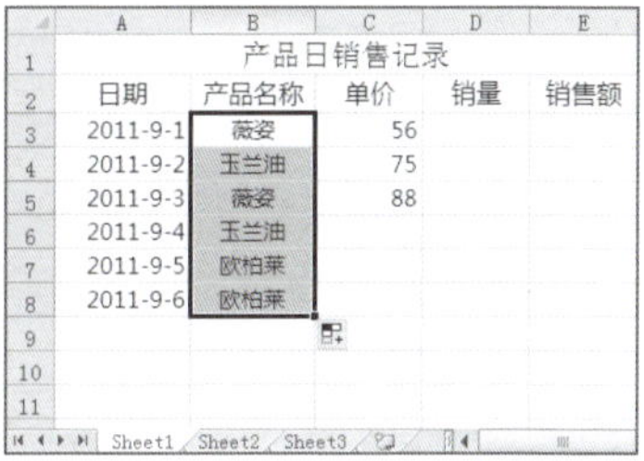

图7–73

技巧23 不带格式填充数据

在Excel中，用户经常要输入一批很相似、有关联的数据，如编号、日期、星期、月份等，这时可以使用快速填充数据功能，以提高工作效率。其具体操作方法如下。

❶ 如果单元格A3带有某种格式，从中输入数据“A000001”，将鼠标指针移到单元格的右下角，按住鼠标右键向下拖动鼠标，至合适位置后释放鼠标，弹出快捷菜单，从中选择“不带格式填充”选项，如图7-74所示。

❷ 将填充连续且不带单元格格式的序列，结果如图7-75所示。

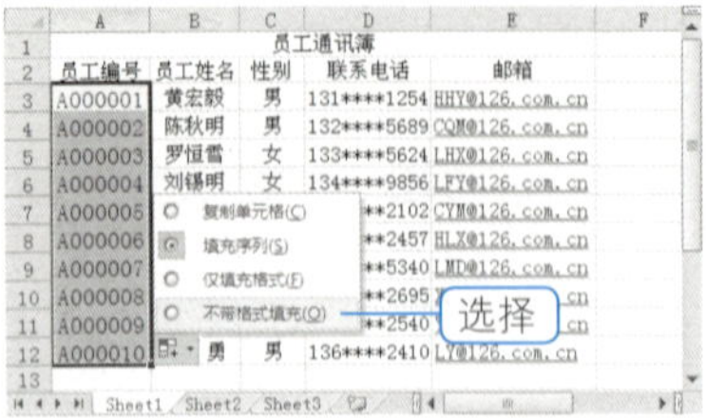

图7-74

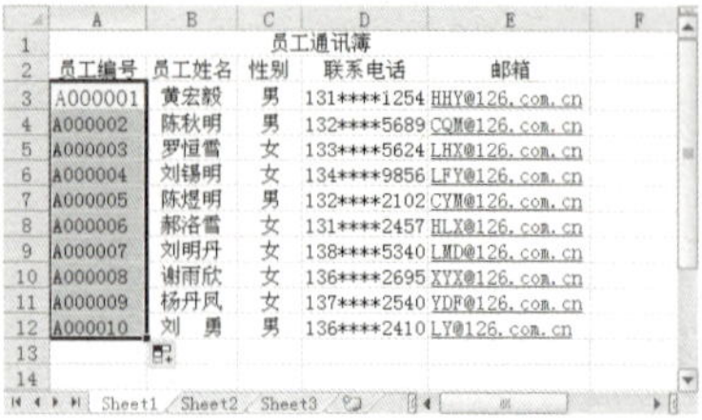

图7-75

技巧24 自动填充公式结果

将数据区域转换为表格后，在某个单元格中输入公式，按“Enter”键，将自动填充该列中表格所包含的所有单元格。其设置方法如下。

1 工作表中输入数据，并选择单元格区域A2:D6，单击“插入”选项卡，在“表格”选项组中单击“表格”按钮，如图7-76所示。

2 弹出“创建表”对话框，保持默认设置，单击“确定”按钮，创建表，如图7-77所示。

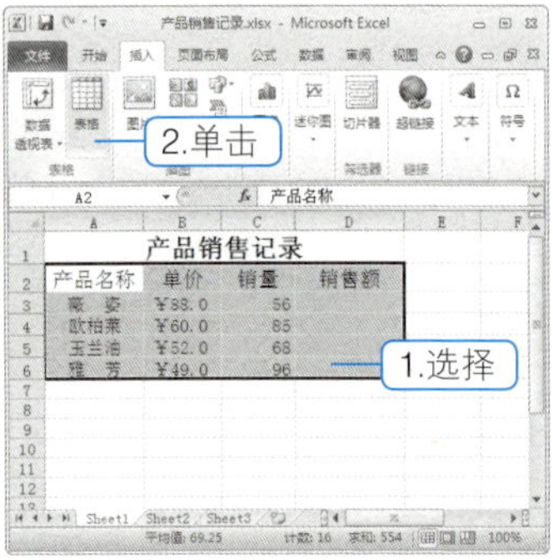

图7-76

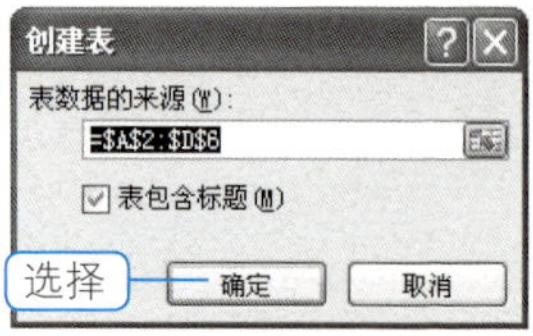

图7-77

3 在单元格G4中输入公式“=B3*C3”，如图7-78所示。

4 按“Enter”键，将自动填充该列的其他单元格，如图7-79所示。

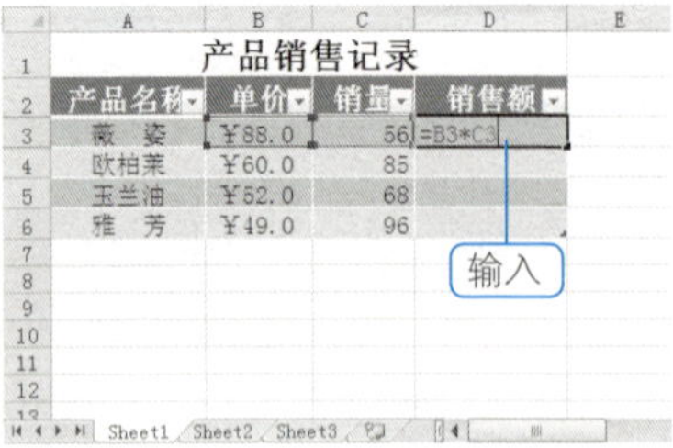

图7-78

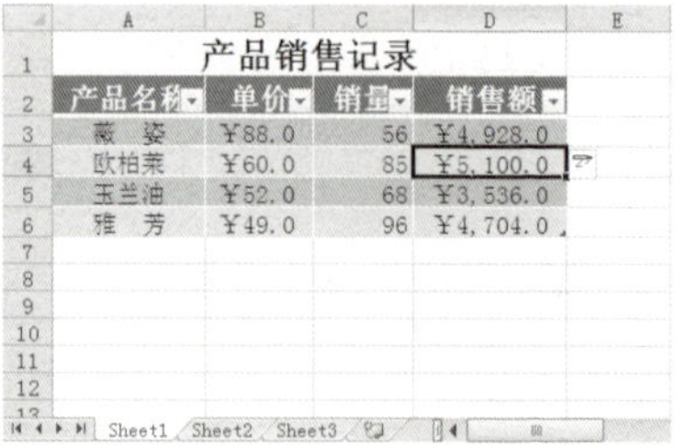

图7-79

技巧25 自动填充表字段标题

要自动填充表格字段标题，需要先将数据区域创建为表格，具体操作方法分别如下。

方法1：通过输入数据自动填充

❶ 在工作表中输入数据内容，并选中数据区域，单击“插入”选项卡，在“表”选项组中单击“表格”按钮，如图7-80所示。

❷ 弹出“创建表”对话框，保持默认设置，如图7-81所示。

图7-80

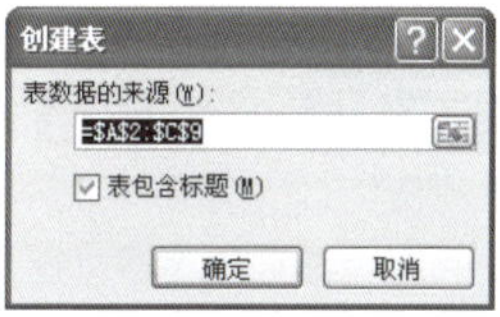

图7-81

❸ 单击“确定”按钮，将数据区域创建为表格，如图7-82所示。

❹ 在单元格D3中输入课程“生物”，按“Enter”键，将自动填充字段名称，如图7-83所示。

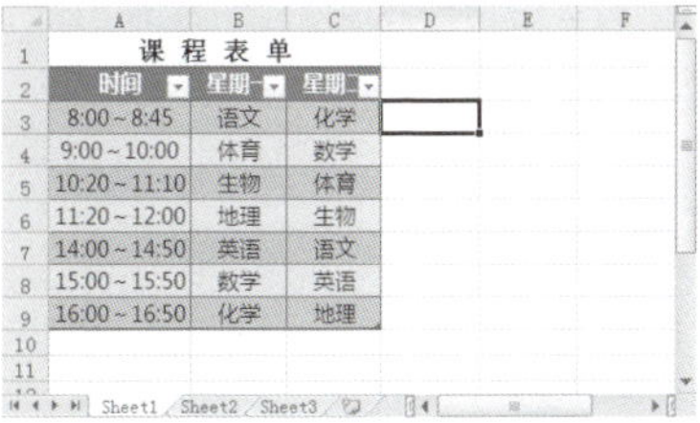

图7-82

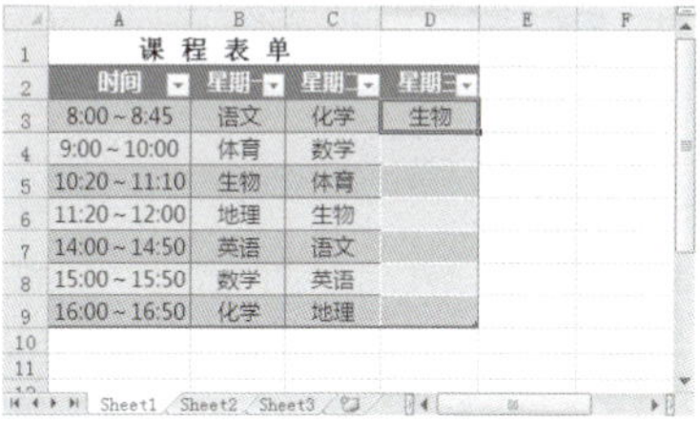

图7-83

方法2：用鼠标拖动的方法自动填充

❶ 参照前面所讲的方法，为数据区域创建表，如图7-84所示。

❷ 将鼠标指针移动表的右下角位置，鼠标指针将呈双向箭头形状，如图7-85所示。

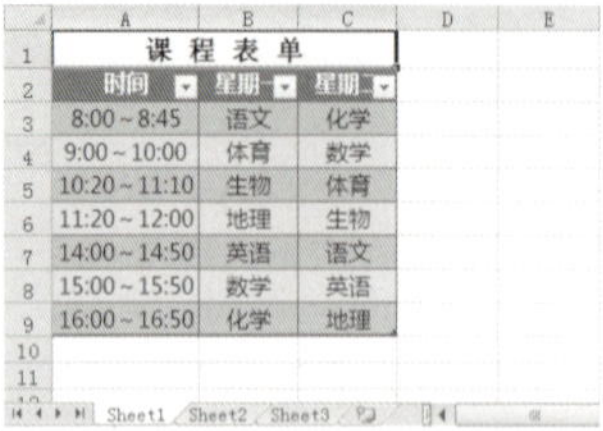

图7-84

图7-85

❸ 此时向右拖动鼠标，当拖至合适位置时，释放鼠标，如图7-86所示。

❹ 会自动填充表格字段标题，如图7-87所示。

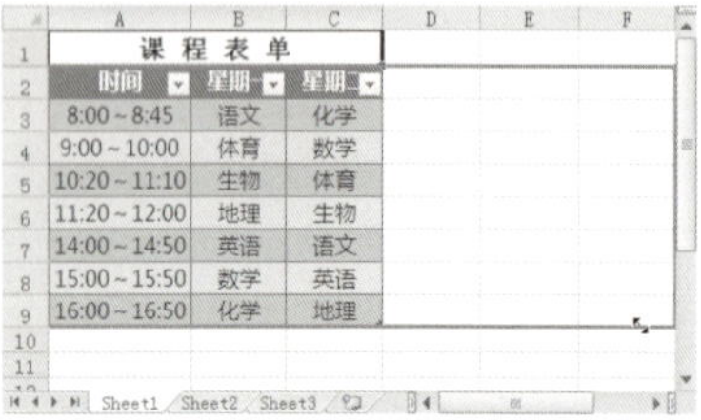

图7-86

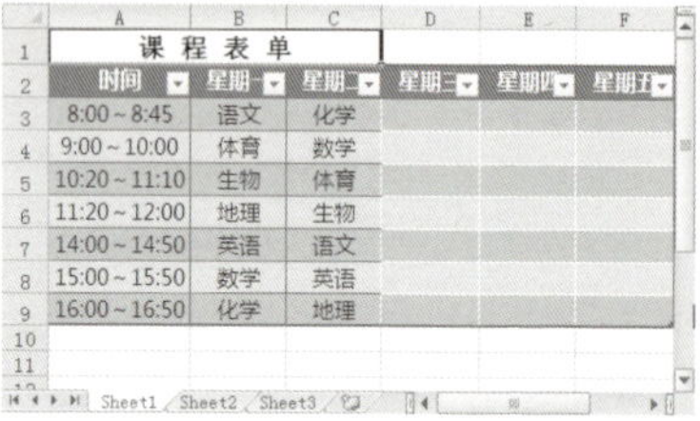

图7-87

技巧26 设置自动更正选项

自动填充表格字段标题是Excel 2010中的新功能，要使用前面所介绍的第一种方法自动填充表格字段标题，首先要保证“在表中包含新行和列”复选框处于选中状态，其设置方法如下。

❶ 打开“Excel选项”对话框，在左侧的列表中选择“校对”选项，单击右侧的“自动更正选项”按钮，如图7-88所示。

❷ 弹出“自动更正”对话框，切换到“键入时自动套用格式”选项卡中，保证“在表中包含新行和列”复选框处于选中的状态即可，如图7-89所示。

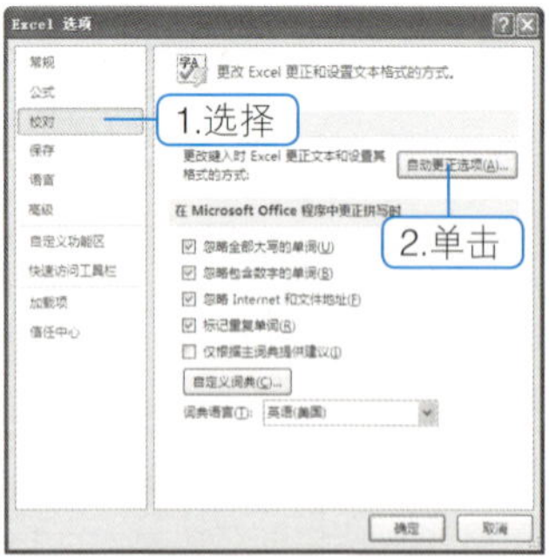

图7-88

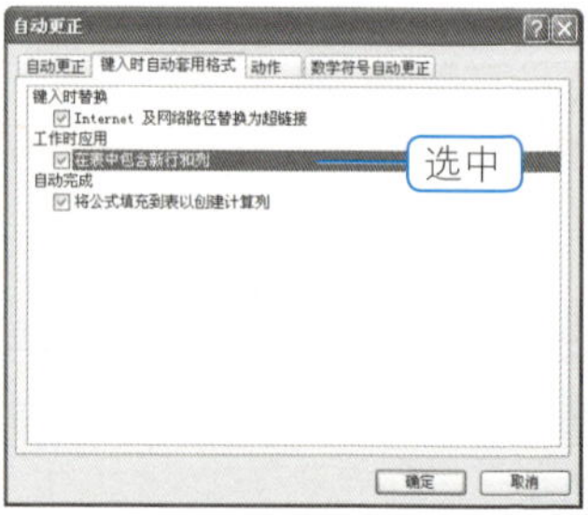

图7-89

专家提示

如果"将工作填充到表以创建计算列"处于选中状态，当用户在数据表中输入数据公式时，将自动填充在该列填充相应的公式。

技巧27 在工作表之间复制数据

在工作表之间进行数据的复制操作，可通过两种操作方法来实现，下面具体介绍操作方法。

方法1：通过"复制"和"粘贴"功能来复制

这种方法是常用的复制数据的方法，其操作如下：

1 选择要复制的数据的单元格区域，按"Ctrl+C"组合键，复制数据，如图7-90所示。

2 切换到工作表Sheet2中，选择单元格B2，按"Ctrl+V"组合键，复制后的数据如图7-91所示。

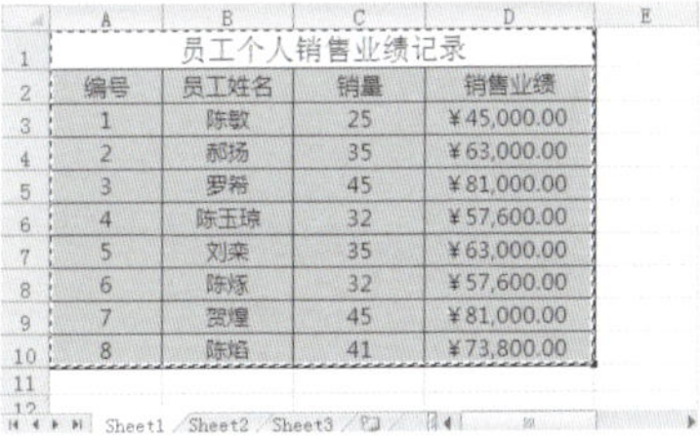

图7-90

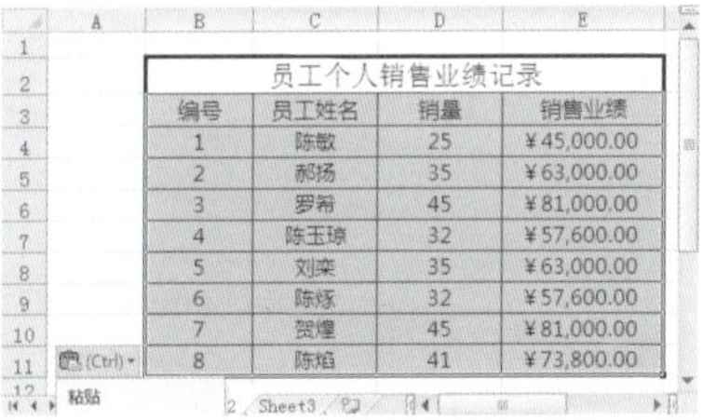

图7-91

方法2：通过创建成组工作表来复制

通过创建成组工作表，可在多个工作表中复制数据，其操作方法如下。

1 选择要复制的数据，如Sheet1中的单元格区域A1:D10中的数据，然后按住"Ctrl"键的同时单击工作表标签Sheet2，如图7-92所示。

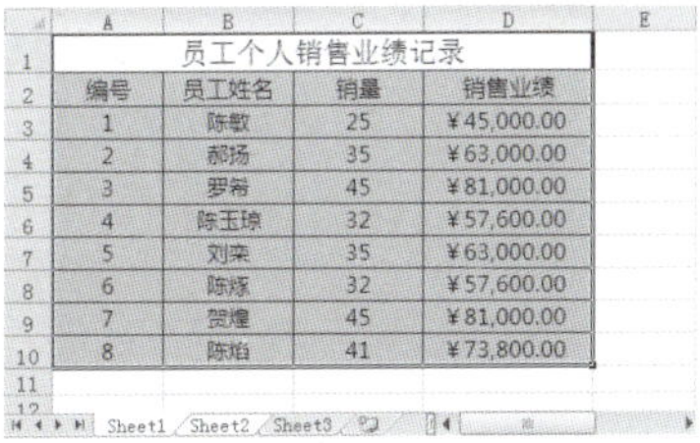

图7-92

2 单击"编辑"选项组中的"填充"下拉按钮，在弹出的下拉菜单中选择

“成组工作表”选项，如图7-93所示。

3 弹出“填充成组工作表”对话框，保持“全部”单选按钮的选中状态，如图7-94所示。

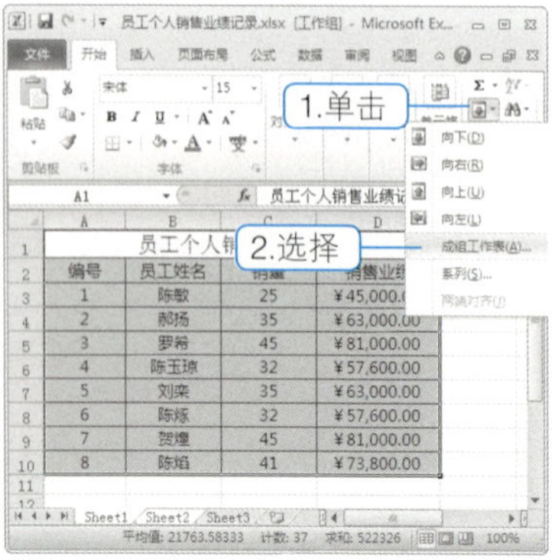

图7-93

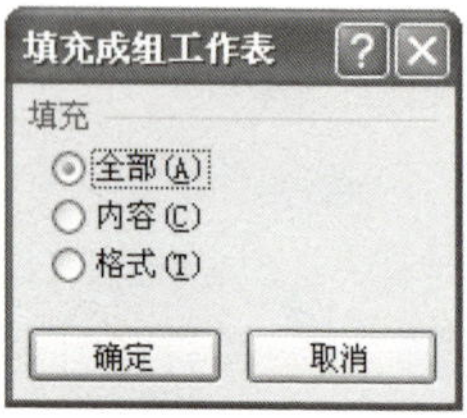

图7-94

4 单击“确定”按钮，在成组的工作表中填充选择的数据，此时，在工作表Sheet1和Sheet2中均显示数据，如图7-95所示。

5 在工作表标签上单击鼠标右键，在弹出的快捷菜单中选择“取消组合工作表”选项，如图7-96所示。即可取消工作表的成组状态。

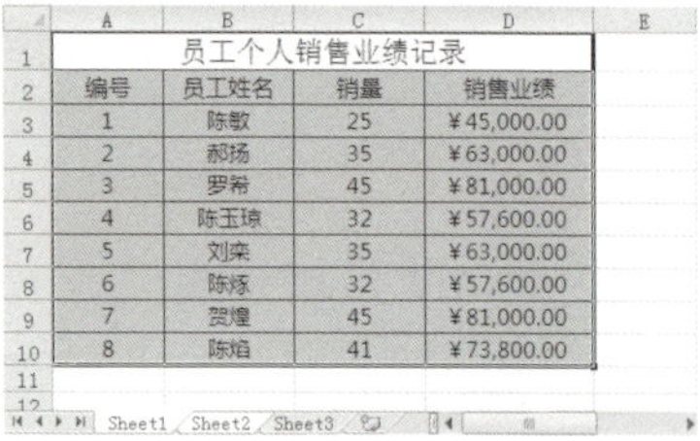

图7-95

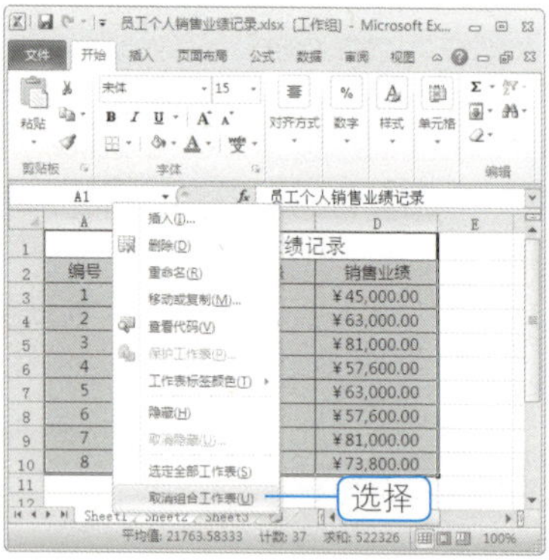

图7-96

第8章

数据复制、查找与替换操作技巧

最常用的数据编辑操作包括移动或复制数据、查找与替换数据等，除此之外，本章还将介绍快速添加数据、隐藏数据以及恢复数据等操作技巧。

技巧1 快速移动或复制单元格

按下鼠标左键并拖动到新位置，然后释放按键即可移动。若要复制单元格，则在释放鼠标之前按下“Ctrl”键即可，详细的操作方法如下。

1 先选择要移动的单元格或单元格区域，然后移动鼠标指针到单元格边框上，如图8-1所示。

2 按住鼠标左键，将其拖动到新位置，如图8-2所示。

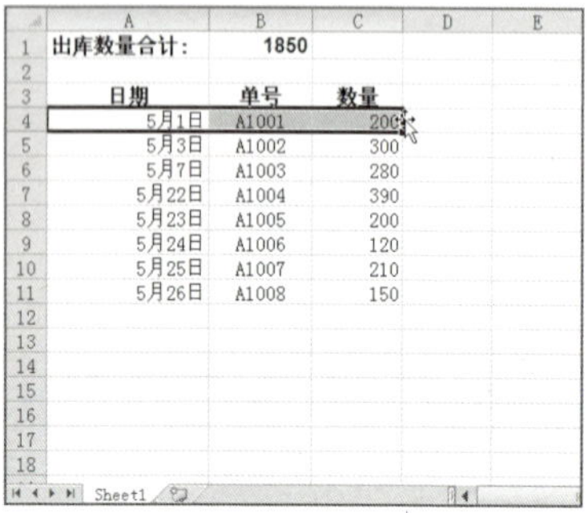

图8-1

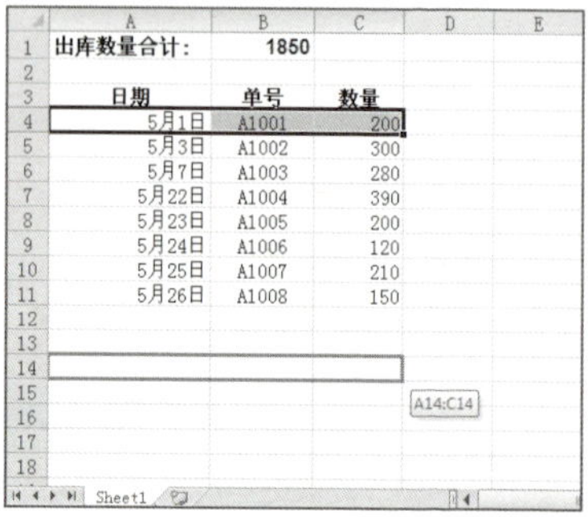

图8-2

3 释放鼠标左键，将移动单元格数据，效果如图8-3所示。

4 释放鼠标左键的同时按“Ctrl”键，则将复制单元格数据，效果如图8-4所示。

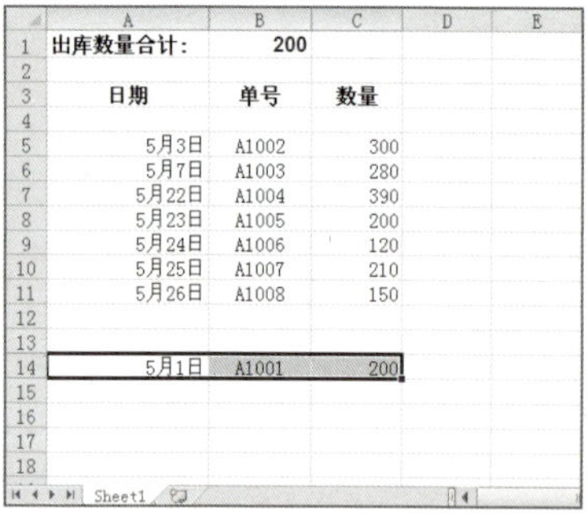

图8-3

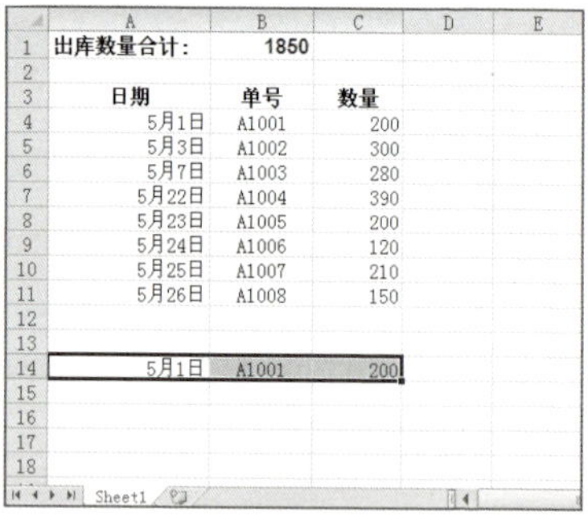

图8-4

技巧2 在同一行或同一列中复制数据

在输入数据时，如果要在同一行或者同一列中输入相同的数据，可通过如下的方法进行快速的输入。

1 新建工作表并从中输入数据，选择单元格区域B3:C9，如图8-5所示。

❷ 按“Ctrl+D”组合键，将快速复制同一列中的数据，如图8-6所示。

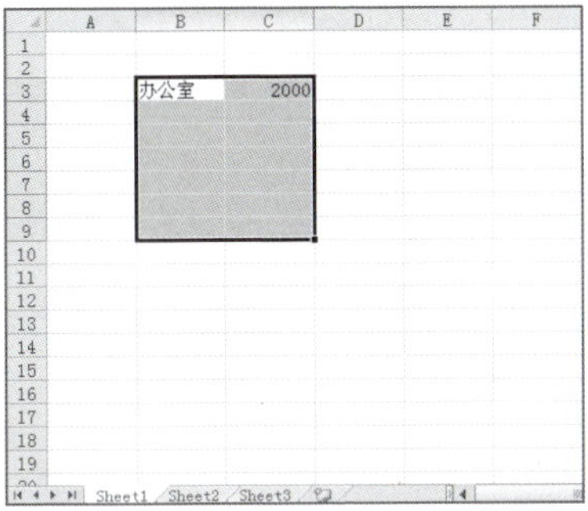

图8-5

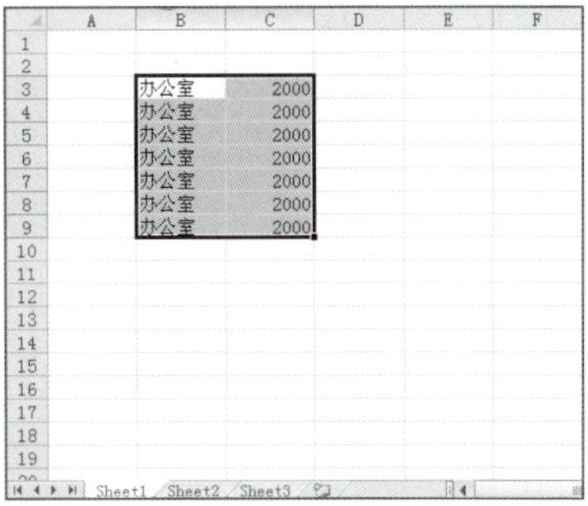

图8-6

❸ 选择单元格区域C3:D10，然后按“Ctrl+R”组合键，可快速复制相同行中的数据，如图8-7和图8-8所示。

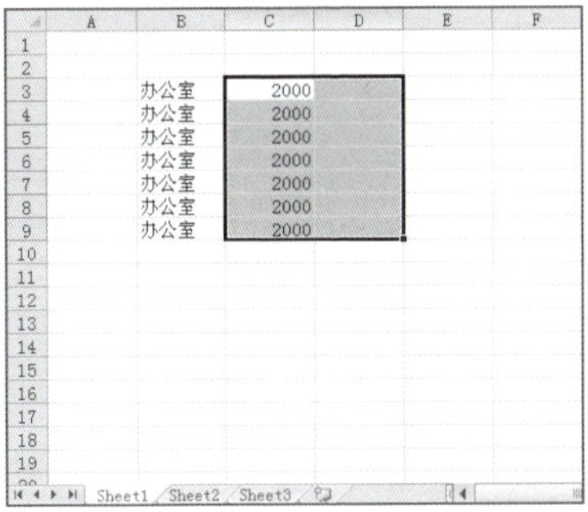

图8-7

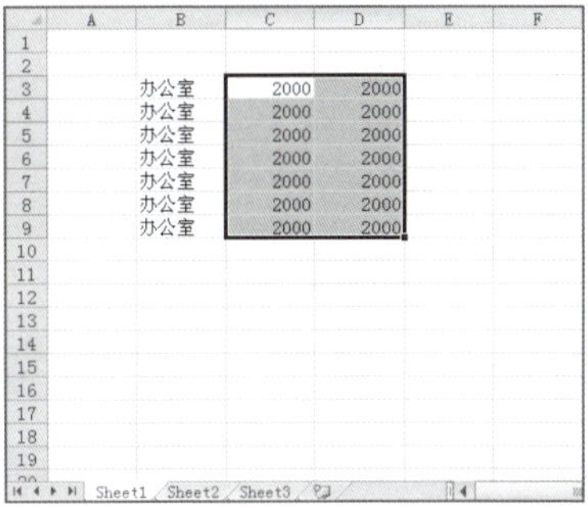

图8-8

❹ 按住“Ctrl”键的同时选择单元格B9和B15，按“Ctrl+D”组合键，可将数据快速复制到不连续的同列单元格中，如图8-9所示。

❺ 按住“Ctrl”键的同时选择单元格C3、E3和F3，按“Ctrl+R”组合键，可将数据快速复制到同行中的不连续单元格中，如图8-10所示。

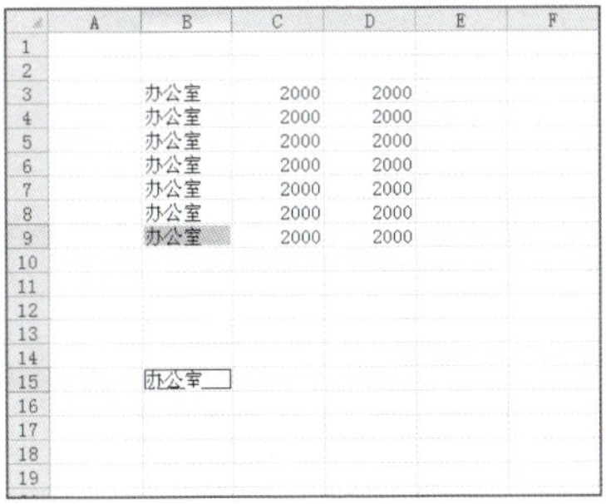

图8-9

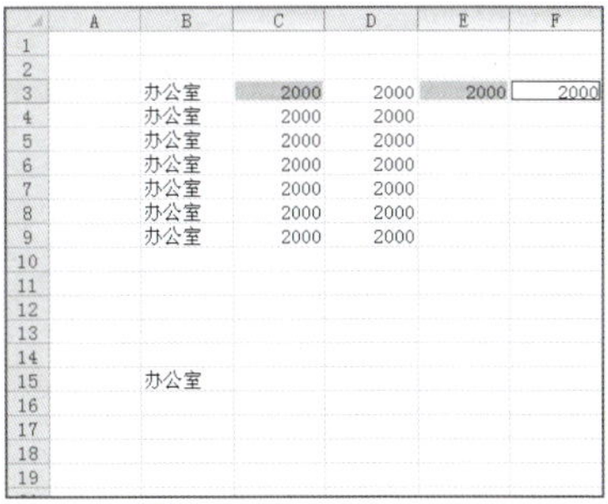

图8-10

技巧3 复制数据时保留原数据

在复制数据时，执行粘贴命令后，复制的数据会覆盖原位置的数据，要想使原位置的数据不被覆盖，可按如下方法操作。

❶ 打开工作表，选择单元格区域A14:H14，按“Ctrl+C”组合键，复制数据，如图8-11所示。

❷ 选择单元格区域A7:E7，然后按【Ctrl+ Shift+=】组合键，粘贴数据，原位置数据将向下移，如图8-12所示。

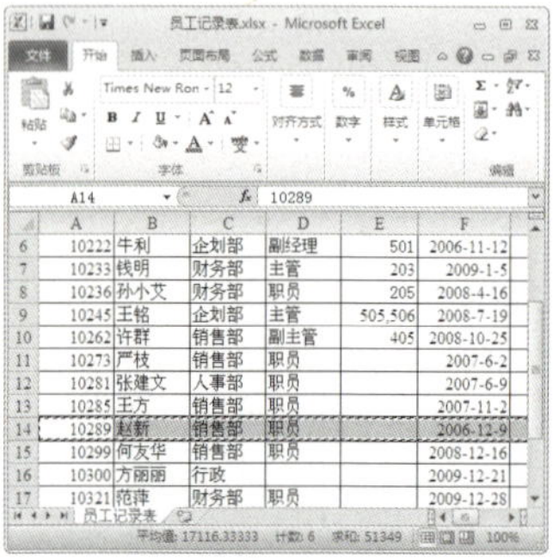

图8–11

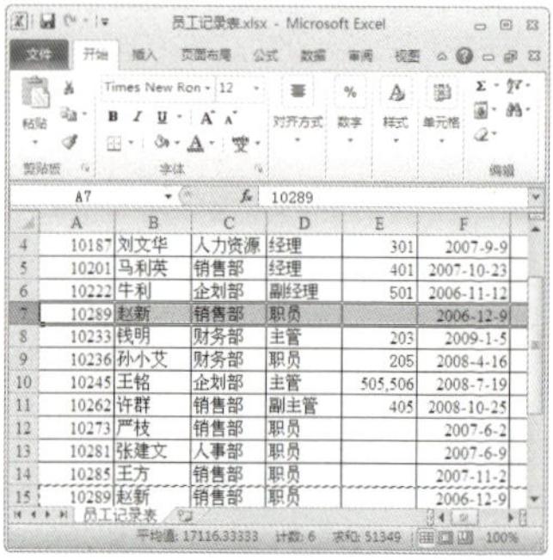

图8–12

技巧4 通过剪贴板复制数据

复制或剪贴的数据内容将被保存到剪贴板中，打开剪贴板，通过该剪贴板可以快速粘贴保存在剪贴板中的任意内容，具体操作方法如下。

❶ 单击“剪贴板”选项组中右下角的按钮，将弹出“剪贴板”任务窗格，如图8-13所示。

❷ 选择要粘贴内容的单元格或区域，如单元格C6，单击剪贴板上的第一项，即可粘贴该选项内容，如图8-14所示。

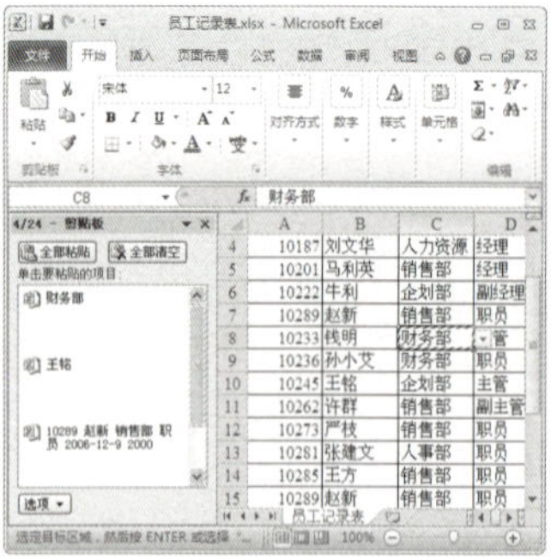

图8–13

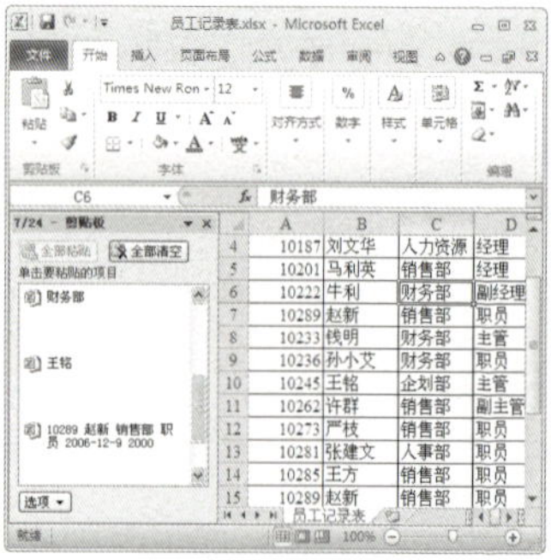

图8–14

专家提示

另外，单击剪贴板中的“全部粘贴”按钮，即可将剪贴板中的所有内容全部粘贴到相应的单元格中。

技巧5　删除剪贴板中的内容

对于剪贴板中不再需要的内容，用户可以直接将其删除，具体操作方法如下。

① 将鼠标指针移动要剪贴板中要删除的选项上，将在右侧出现下拉按钮，单击该下拉按钮，将弹出下拉菜单，从中选择“删除”选项，如图8-15所示，即可删除。

② 选择要粘贴内容的单元格或区域，如单元格C6，单击剪贴板上的第一项，即可粘贴该选项内容，如图8-16所示。

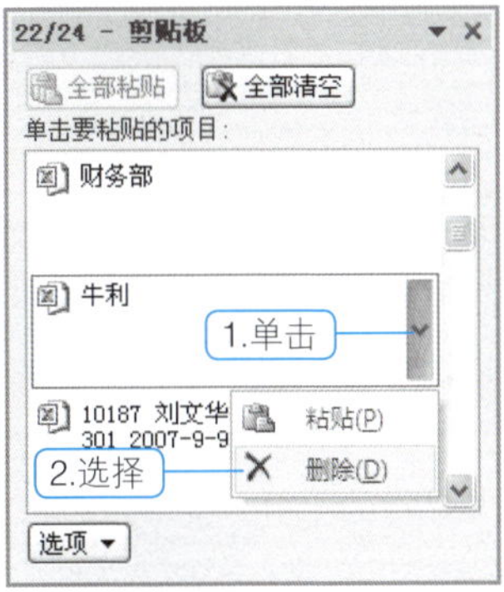

图8-15

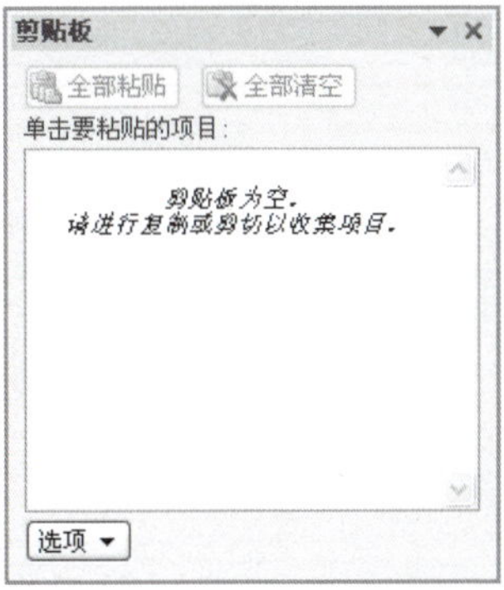

图8-16

专家提示

剪贴板的启动方式有多种，用户可以在剪贴板中设置。在剪贴板中单击“选项”按钮，在弹出的下拉菜单中选择不同的选项，可以以不同的方式启动剪贴板。

技巧6　隐藏单元格中的数据

如果工作表中某些单元格或区域的数据，不想被他人看到，可按如下方法操作。

1 选择要隐藏数据的单元格或区域，如单元格区域C4:C11，如图8-17所示。

2 按“Ctrl+1”组合键，弹出“设置单元格格式”对话框，在“数字”选项卡的“分类”列表框中选择“自定义”选项，并在右侧的“类型”文本框中输入“;;;”，如图8-18所示。

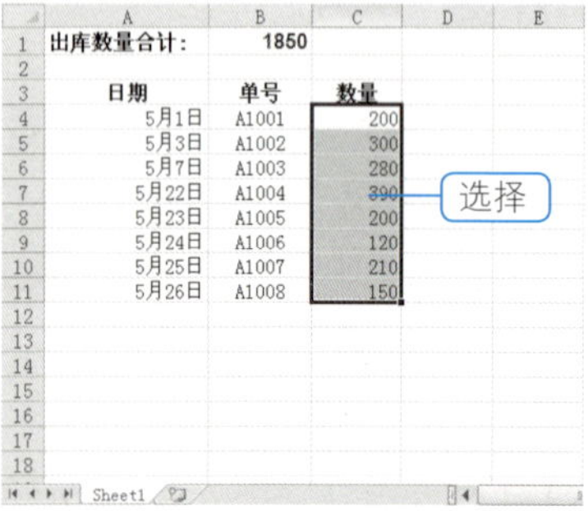

图8-17

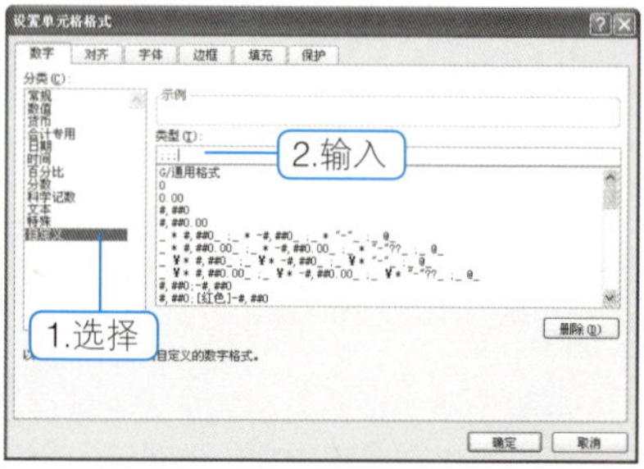

图8-18

3 单击“确定”按钮，隐藏单元格区域中的数据，结果如图8-19所示。

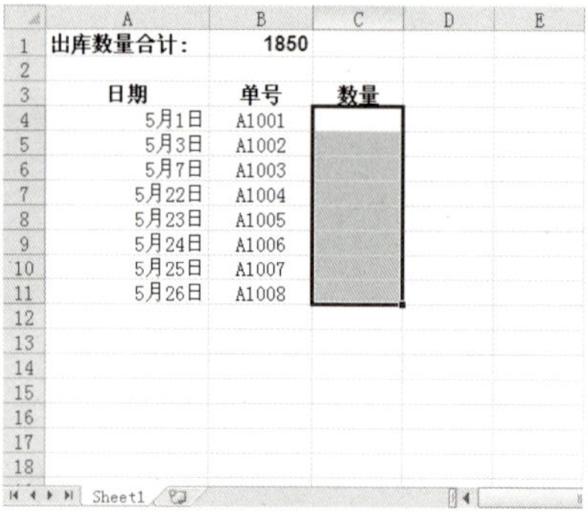

图8-19

技巧7 快速插入单元格数据

在工作表中，快速插入单元格或单元格区域的数据的方法有多种，下面介绍具体的操作步骤。

方法1：拖动鼠标插入单元格数据

1 打开一张工作表，选择单元格区域E3:E11，按住“Shift”键的同时，拖动该区域到相应的位置，如图8-20所示。

2 释放鼠标，可将所选的单元格区域插入到相应位置，如图8-21所示。

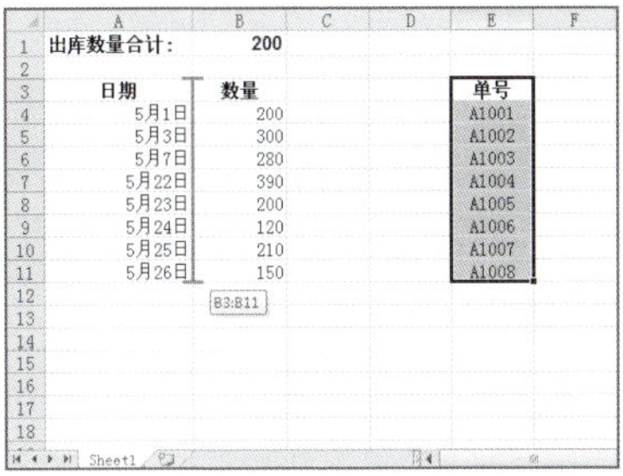

图8-20

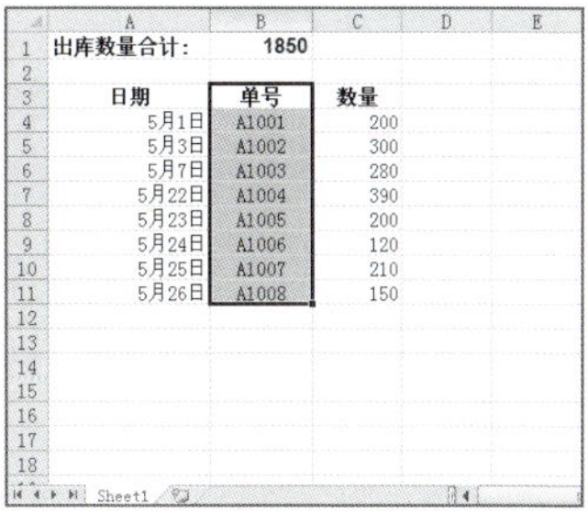

图8-21

方法2：使用功能区命令插入单元格数据

❶ 选择单元格区域E3:E11，并按“Ctrl+C”组合键复制，如图8-22所示。

❷ 然后选择要粘贴的位置，如单元格B3，单击“单元格”选项组中“插入”按钮右侧的下拉按钮，在弹出的下拉菜单中选择“插入复制的单元格”选项，如图8-23所示。

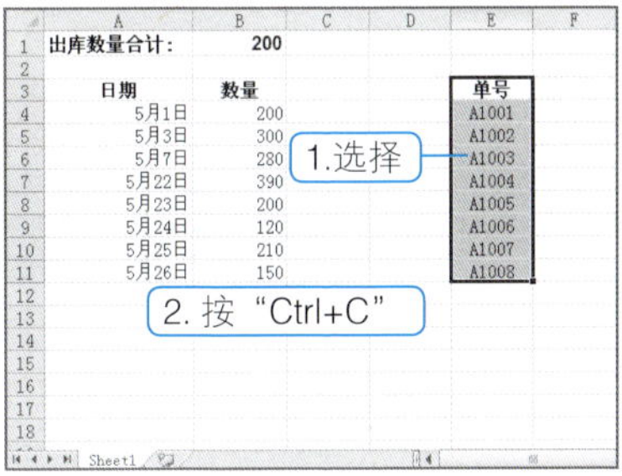

图8-22

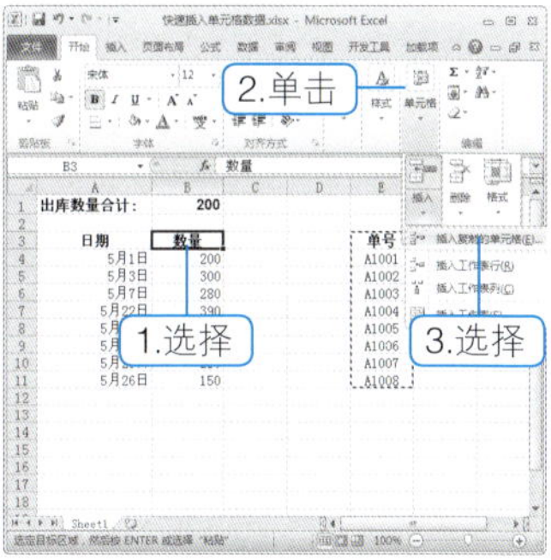

图8-23

❸ 弹出“插入粘贴”对话框，选中“活动单元格右移”单选按钮，如图8-24所示。

❹ 单击“确定”按钮，即可将复制的单元格区域插入到指定位置，如图8-25所示。

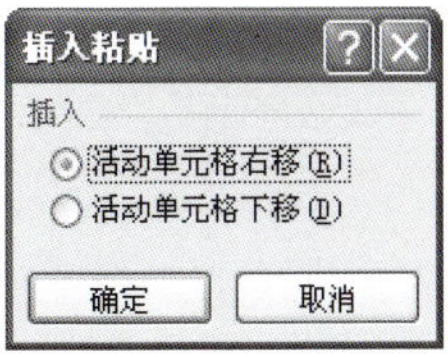

图8-24

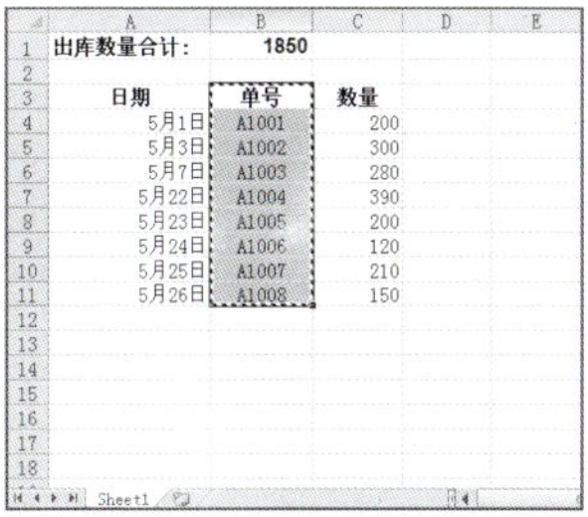

图8-25

专家提示

按“Ctrl+Shift+=”组合键，也可弹出“插入粘贴”对话框。

技巧8 快速选择数据区域

要快速选择工作表中的数据区域，可按如下方法操作。

1 打开一张工作表，选择数据区域的任意单元格，按“F5”键，弹出“定位”对话框，如图8-26所示。

2 单击“定位条件”按钮，弹出“定位条件”对话框，从中选中“当前区域”单选按钮，如图8-27所示。

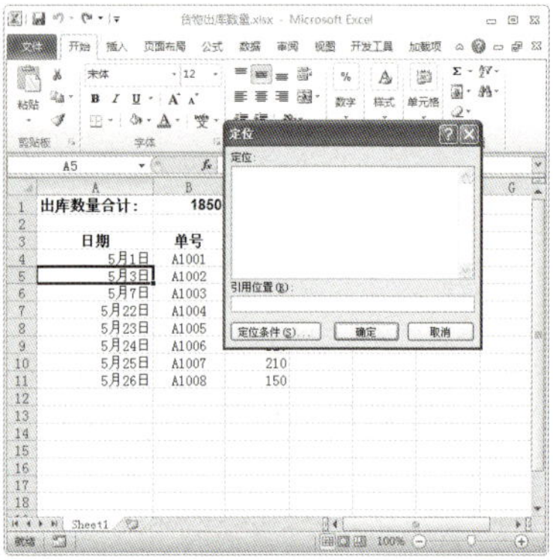

图8-26

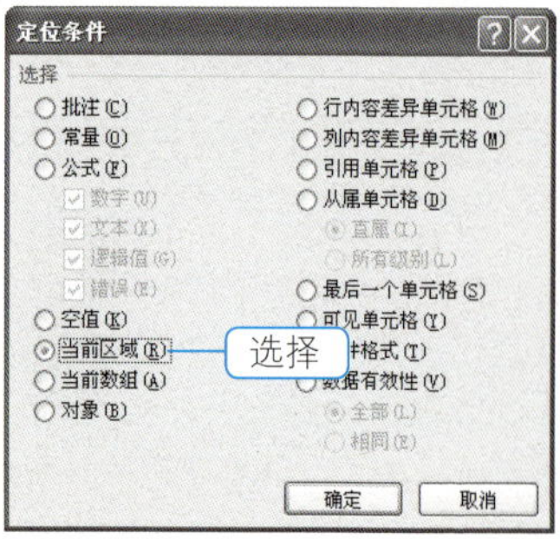

图8-27

3 单击“确定”按钮，选择当前区域的结果，如图8-28所示。

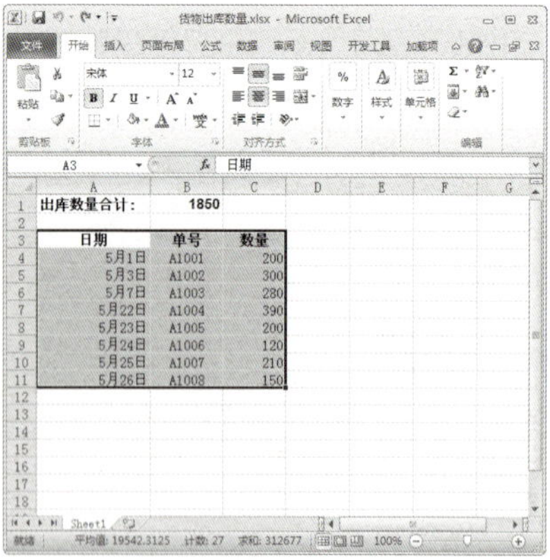

图8-28

技巧9 快速选择“文本”型数据

通过“定位条件”对话框，还可以快速选择“文本”型数据，具体操作方法如下。

❶ 按照上一个技巧中的操作方法，打开“定位条件”对话框，从中选中“常量”单选按钮，并取消选中“数字”、“逻辑值”和“错误”复选框，如图8-29所示。

❷ 单击“定位条件”按钮，弹出“定位条件”对话框，从中选中“当前区域”单选按钮，如图8-30所示。

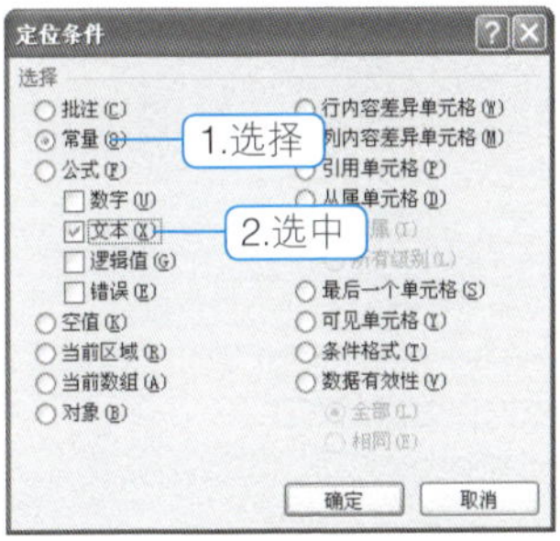

图8-29

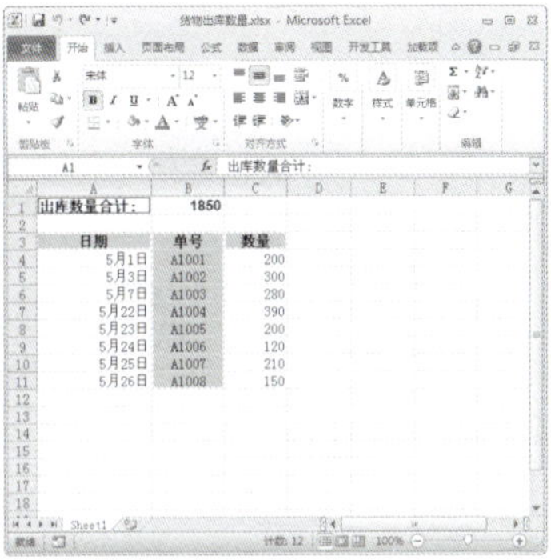

图8-30

技巧10 多个工作表中同时输入数据

在同一工作簿的多个工作表的相同单元格中可以同时输入数据，具体操作方法如下。

❶ 按住“Shift”键的同时，分别单击工作表标签“联系表”和“档案表”，将两个工作表组合，在单元格E14中输入内容“制表人：XXX”，如图8-31所示。

❷ 在工作表“档案表”的单元格E14中均显示输入的内容，如图8-32所示。

企业内部员工联系表

员工编号	员工姓名	性别	所属部门	移动电话
DX0001	邓欣	女	人事部	1320012256
DX0002	王强	男	技术部	1330012257
DX0003	黎艳	女	人事部	1340012258
DX0004	徐玲	女	技术部	1350012255
DX0005	王林	男	行政部	1360012256
DX0006	胡林	男	行政部	1370012253
DX0007	谭霞	女	销售部	1380012256
DX0008	谭军	男	技术部	1390012245
DX0009	邓霞	女	销售部	1380012254
DX0010	邓璐	女	行政部	1350012256

制表人：XXX

图8-31

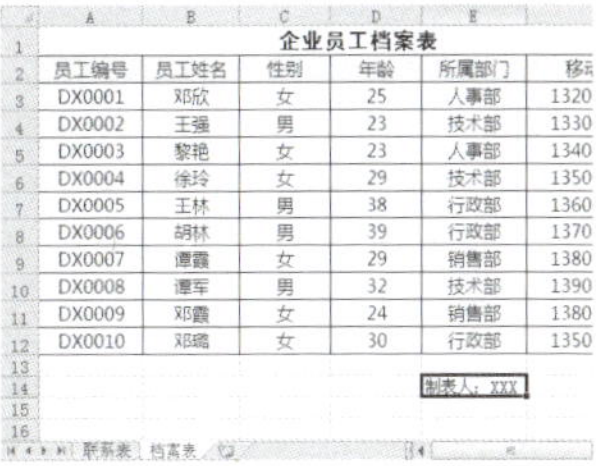

企业员工档案表

员工编号	员工姓名	性别	年龄	所属部门	移动
DX0001	邓欣	女	25	人事部	1320
DX0002	王强	男	23	技术部	1330
DX0003	黎艳	女	23	人事部	1340
DX0004	徐玲	女	29	技术部	1350
DX0005	王林	男	38	行政部	1360
DX0006	胡林	男	39	行政部	1370
DX0007	谭霞	女	29	销售部	1380
DX0008	谭军	男	32	技术部	1390
DX0009	邓霞	女	24	销售部	1380
DX0010	邓璐	女	30	行政部	1350

制表人：XXX

图8-32

技巧11 轻松使用撤销功能

当输入了错误的数据可以使用撤销功能，轻松删除这些数据，具体操作如下。

方法1：使用快速访问工具栏进行撤销

❶ 打开一张工作表，在单元格A12:C12中输入数据，如图8-33所示。

❷ 单击快速访问工具栏中“撤销”按钮右侧的下拉按钮，在弹出的下拉面板中选择5步操作，如图8-34所示。

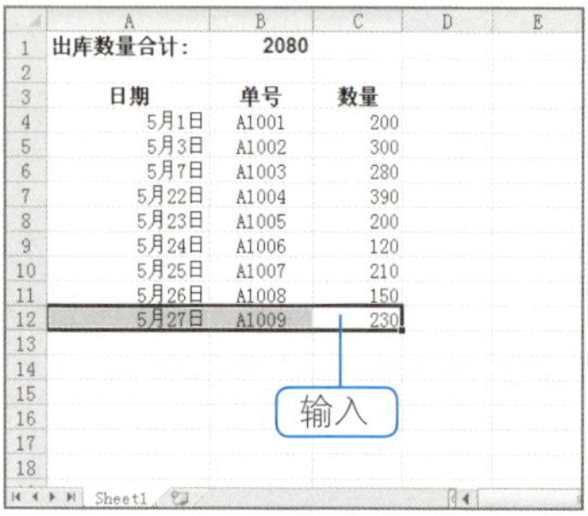

图8-33

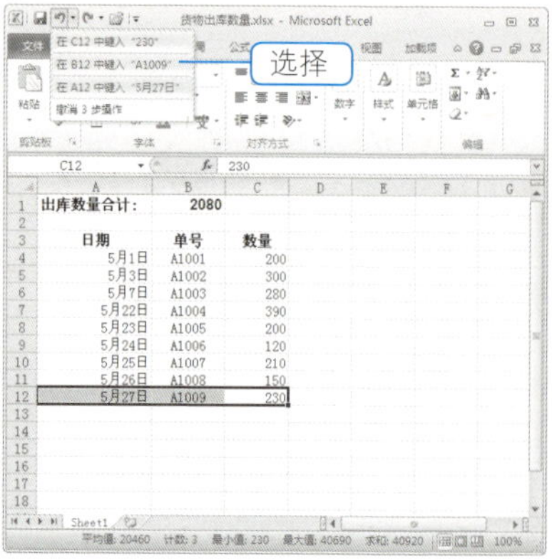

图8-34

❸ 即可轻松删除在单元格A12:C12中输入的数据，如图8-35所示。

方法2：通过“Ctrl+Z”组合键进行撤销

❶ 每使用一次“Ctrl+Z”组合键，可撤销一步操作，如按两次“Ctrl+Z”组合键，撤销两个输入的数据，如图8-36所示。

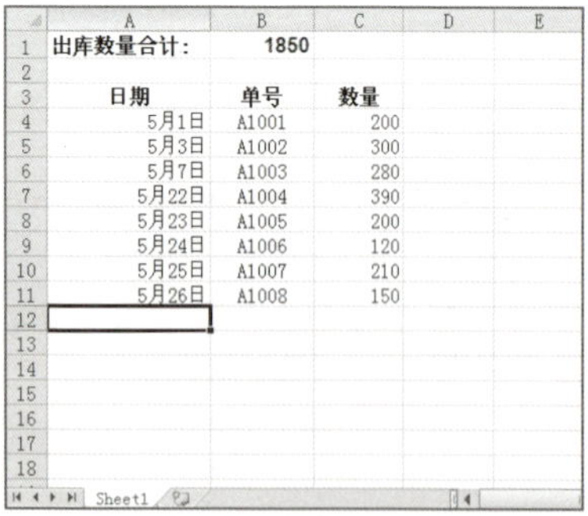

图8-35

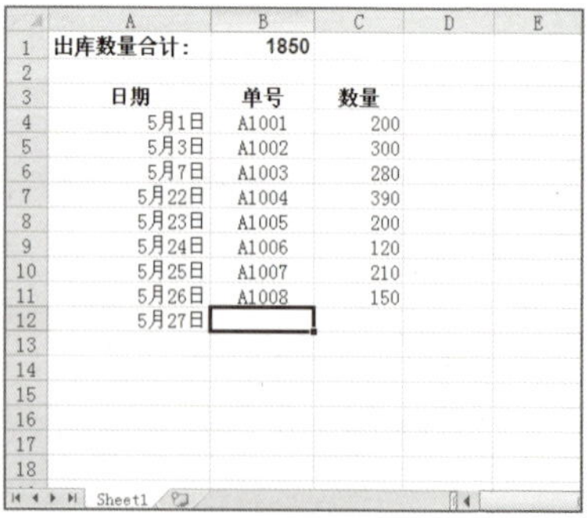

图8-36

技巧12 快速撤销数据

当输入错误的数据，该如何撤销呢？下面就介绍具体方法。

当输入错误的数据，如果还没有按“Ctrl+ Enter”组合键确认，可通过按“Esc”键，将其删除，如图8-37和图8-38所示。

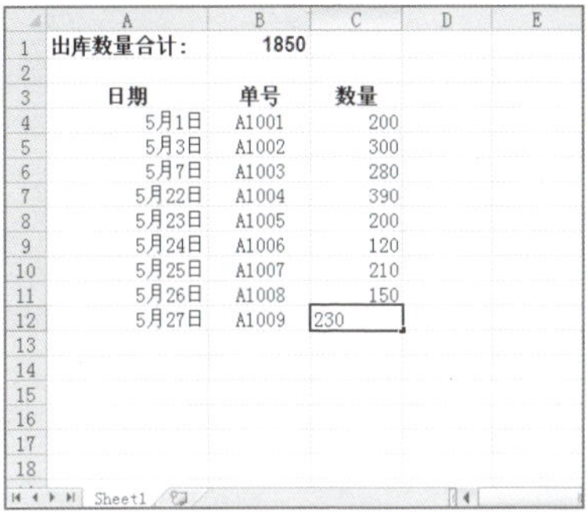

图8-37

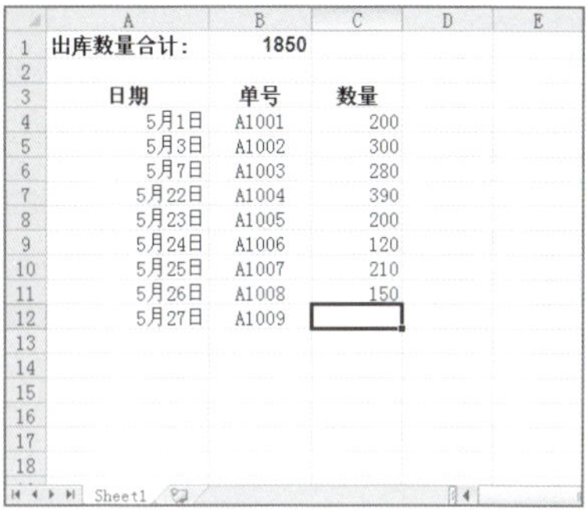

图8-38

技巧13 快速恢复数据操作

撤销操作后，要恢复已撤销的操作，具体操作方法如下。

❶ 继续技巧9的操作，单击快速访问工具栏中“恢复”按钮右侧的下拉按钮，在弹出的下拉面板中选择要恢复的操作，如图8-39所示。

❷ 单击快速访问工具栏中“撤销”按钮右侧的下拉按钮，在弹出的下拉面板中选择5步操作，如图8-40所示。

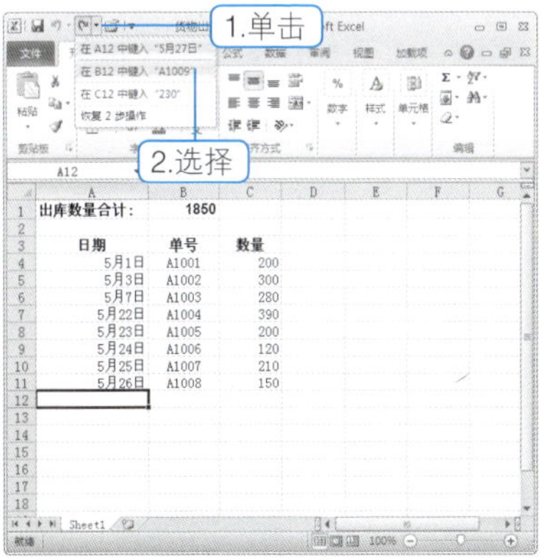

图8-39

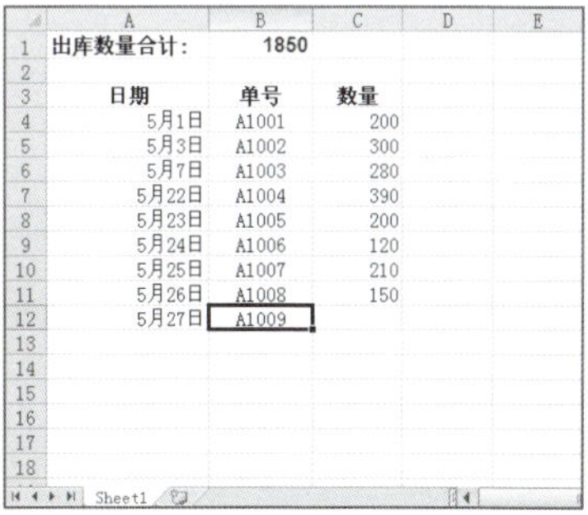

图8-40

技巧14 删除数据内容

当输入错误的数据，或者输入的数据不再使用时，可通过使用下面的方法将其删除，具体步骤如下。

方法1：使用键盘上的“Delete”键删除

❶ 选择要删除数据的单元格或区域，如图8-41所示。

❷ 按“Delete”键，即可将数据删除，如图8-42所示。

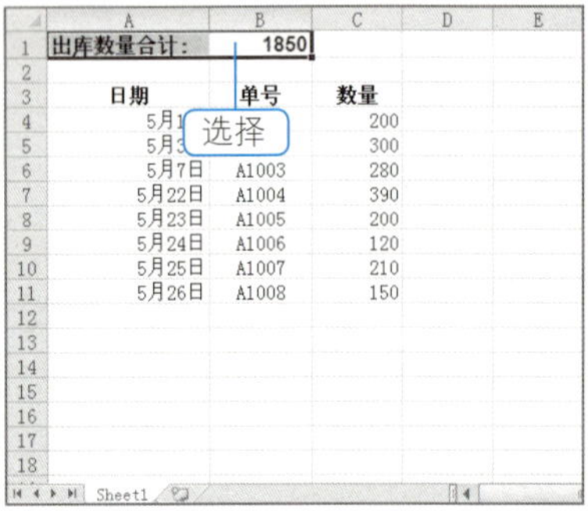

图8-41

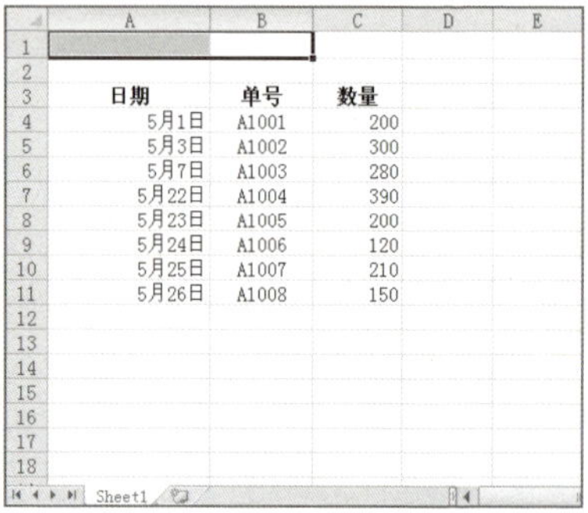

图8-42

方法2：通过功能区的命令删除

❶ 选择要删除数据的单元格或区域，如图8-43所示。

❷ 在“编辑”选项组中，单击“清除”按钮右侧的下拉按钮，在打开的下拉列表中选择“清除内容”命令，即可将数据删除，如图8-44所示。

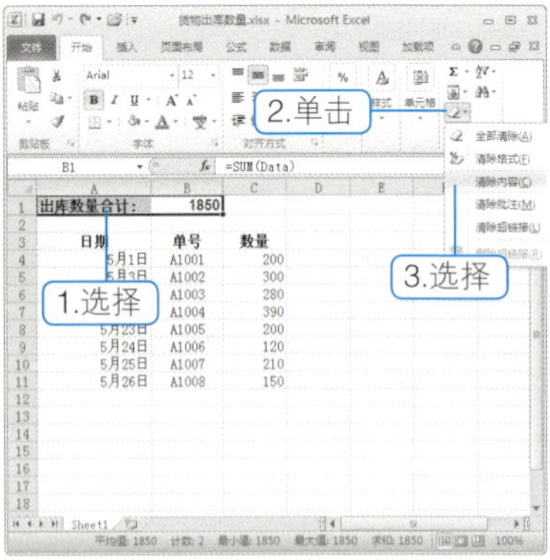

图8-43

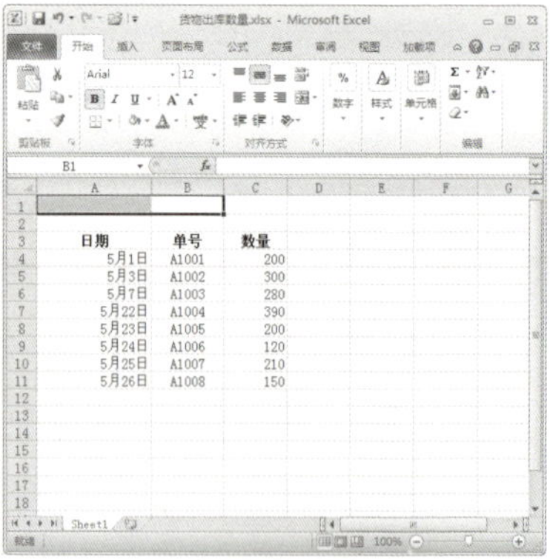

图8-44

技巧15 轻松删除重复数据

在Excel 2010中可以轻松删除重复的数据，其具体操作方法如下。

❶ 选择数据区域任意单元格，单击“数据”选项卡，在“数据工具”选项组中，单击“删除重复项”按钮，如图8-45所示。

❷ 弹出“删除重复项”对话框，在“列”列表中取消选中“城市”和“省份”复选框，如图8-46所示。

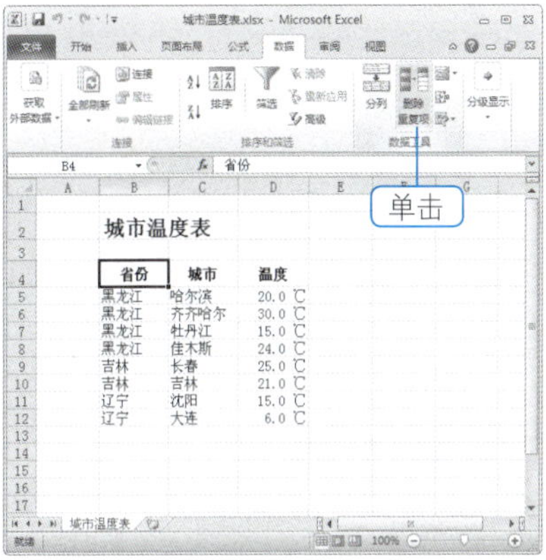

图8-45

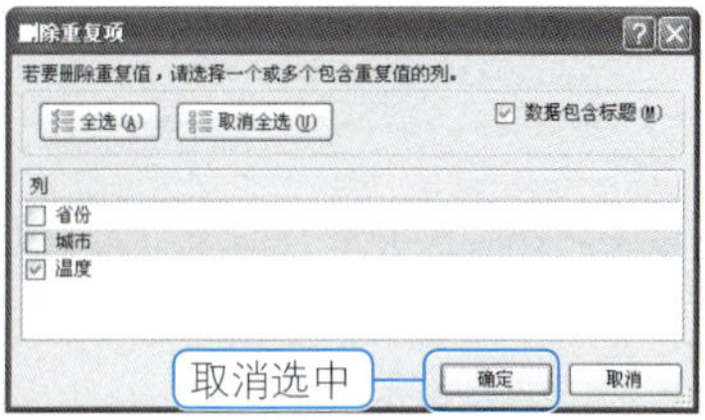

图8-46

❸ 单击“确定”按钮，弹出提示信息框，提示已经删除了1个重复值，如图8-47所示。

❹ 单击“确定”按钮，删除重复数据值后的效果如图8-48所示。

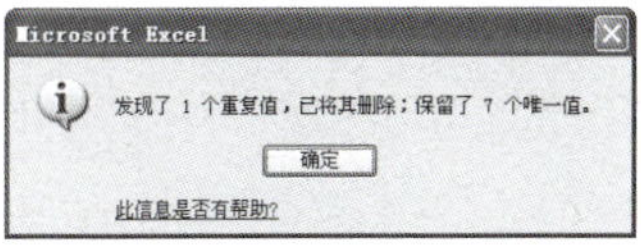

图8-47

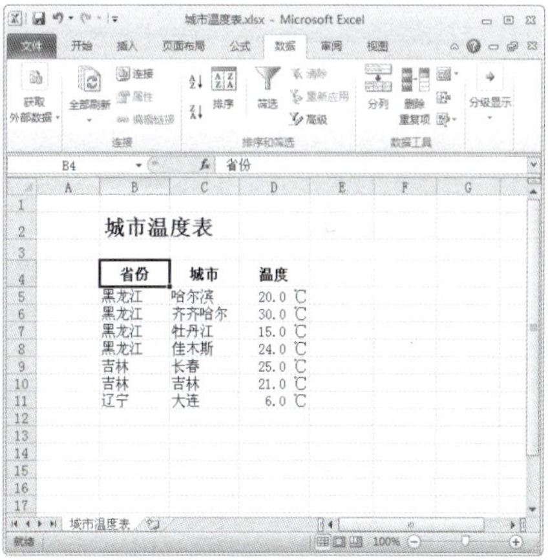

图8-48

技巧16 删除工作表中的所有内容

使用前面介绍的删除数据的方法，也可以删除不用的工作表中的所有数据，如何快速删除工作表中所有数据内容呢？下面具体介绍操作步骤。

❶ 单击行号和列表交叉位置的按钮，选中工作表中的所有内容，如图8-49所示。

❷ 按“Delete”键，即可删除所有数据内容，如图8-50所示。

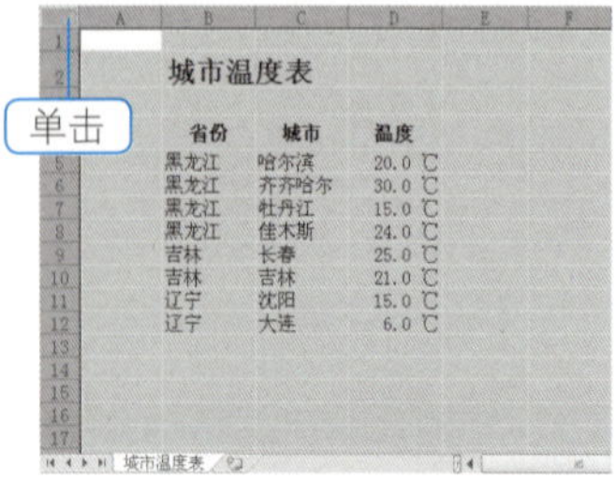

图8-49

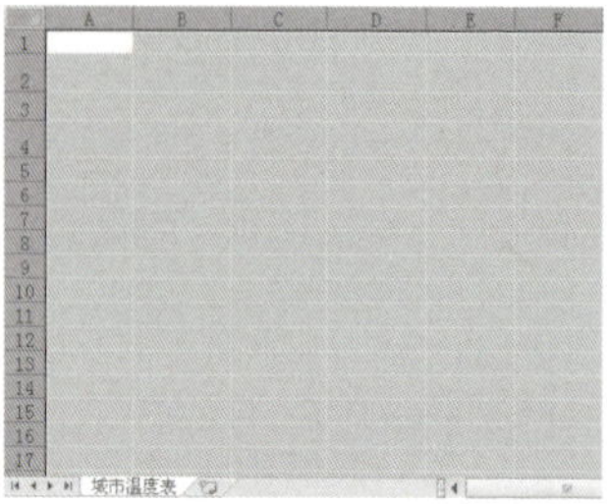

图8-50

技巧17 轻松快速查找所需的数据

Excel中也提供了“查找和替换”的功能，在数据信息量非常大的情况下，使用“查找和替换”功能可快速查找所需要的数据，或者对某些错误的数据进行改正，从而提高工作效率。查找和替换数据的具体操作方法如下。

❶ 在工作表中选择任意单元格，单击“开始”选项卡，在“编辑”选项组中单击“查找和选择”下拉按钮，在弹出的下拉菜单中选择“查找”选项，如图8-51所示。

❷ 弹出“查找和替换”对话框，从中输入查找内容，进行查找，如图8-52所示。

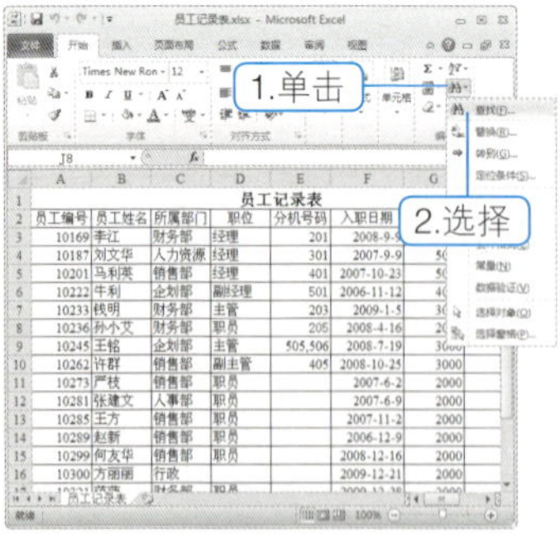

图8-51

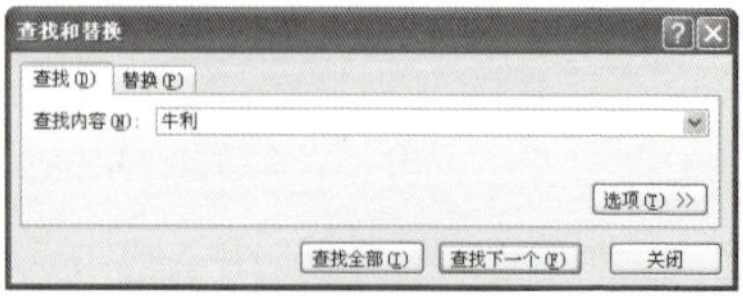

图8-52

3 也可单击“选项”按钮，显示设置查找条件的选项，如图8-53所示。

4 进行相应设置后，单击“查找全部”按钮，进行查找，如图8-54所示。

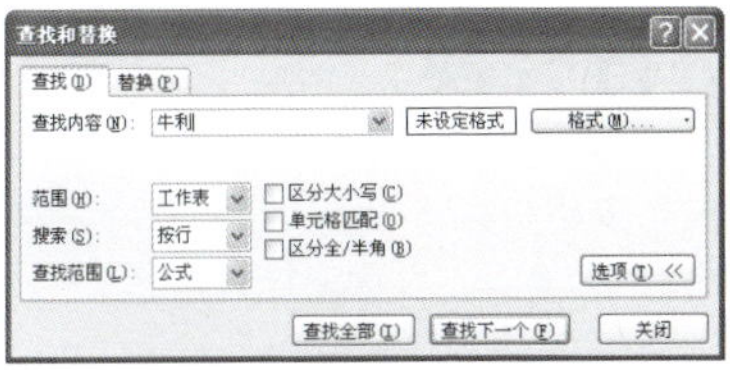

图8-53

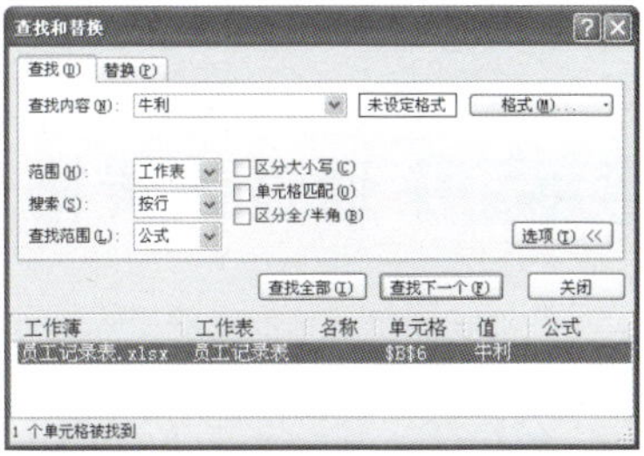

图8-54

技巧18 进行简单的替换

如果要修改查找到的某些数据，只需用Excel中提供的替换功能即可，具体方法如下。

1 打开工作表，按“Ctrl+H”组合键，弹出“查找和替换”对话框，从中输入查找和替换的内容，如图8-55所示。

2 单击“查找下一个”按钮，进行查找；或者单击“查找全部”按钮，将查找到表格中的满足查找条件的所有单元格内容，如图8-56所示。

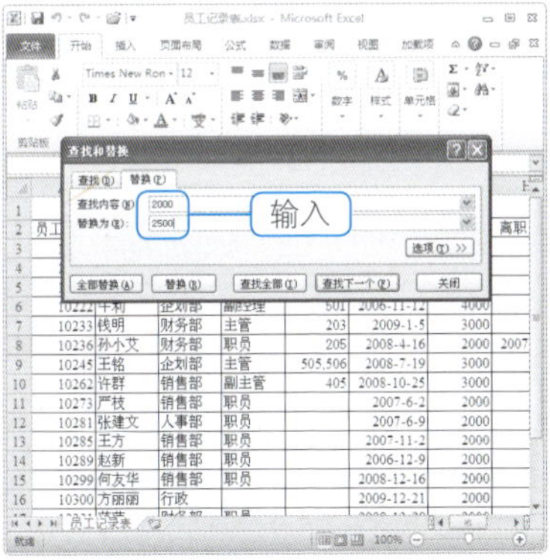

图8-55

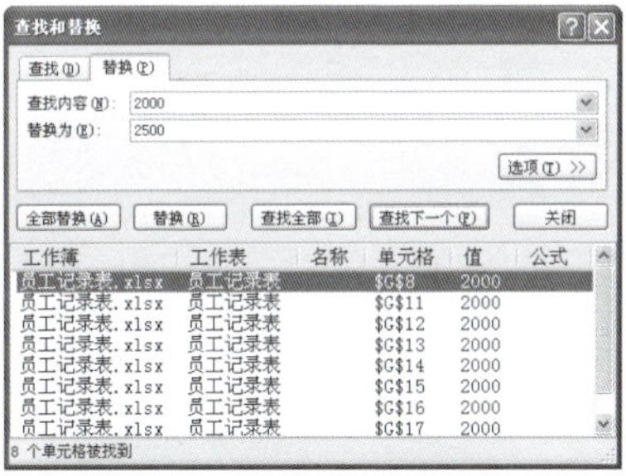

图8-56

3 重复单击“替换”按钮，依次替换表格中满足条件的内容，或者单击“全部替换”按钮，系统将自动替换全部内容，替换完成后，弹出提示信息框，如图8-57所示。

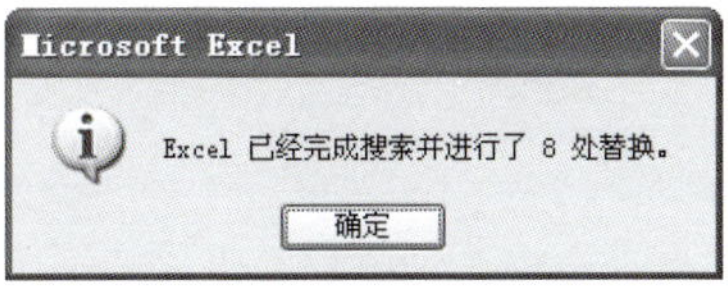

图8-57

专家提示

替换功能中包含查找的功能，Excel首先进行查找，才能对其进行替换操作。

技巧19 通过设置格式进行替换

通过设置单元格数据的格式，可替换电子表格中某些数据内容，如在采购记录单表格中只更改采购金额为“5000”的单元格数据，具体操作方法如下。

1 工作表中将采购数量数据设置为“数值”型格式，如图8-58所示。

2 按“Ctrl+H”组合键，弹出“查找和替换”对话框，从中输入查找和替换的数据，并单击“选项”按钮，如图8-59所示。

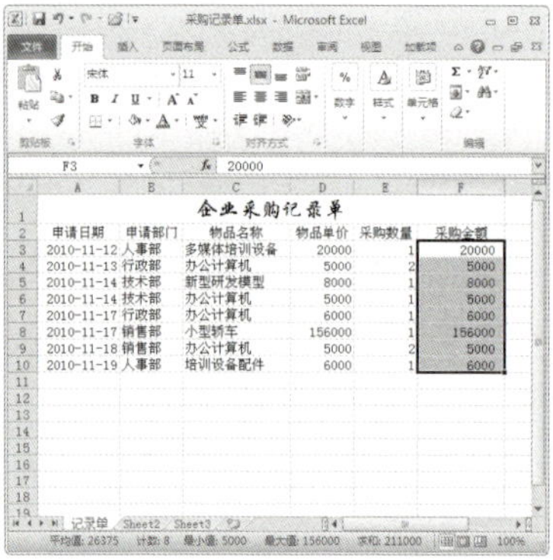

图8-58

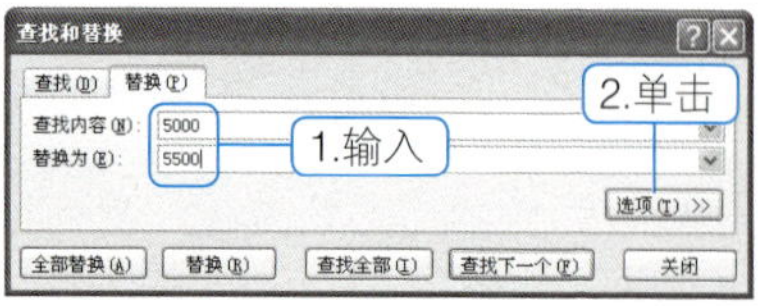

图8-59

3 单击“查找内容”右侧的“格式”按钮，弹出“查找格式”对话框，在“分类”列表框中选择“数值”选项，设置“小数位数”为0，如图8-60所示。

4 单击“确定”按钮，返回“查找和替换”对话框，单击“查找全部”按钮，查找出符合条件的全部数据，如图8-61所示。

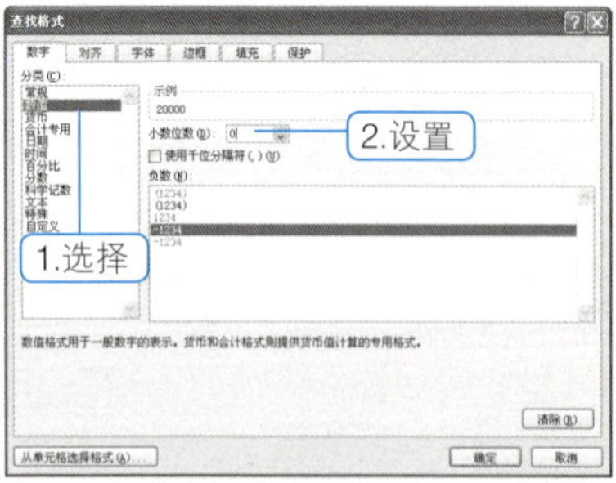

图8-60

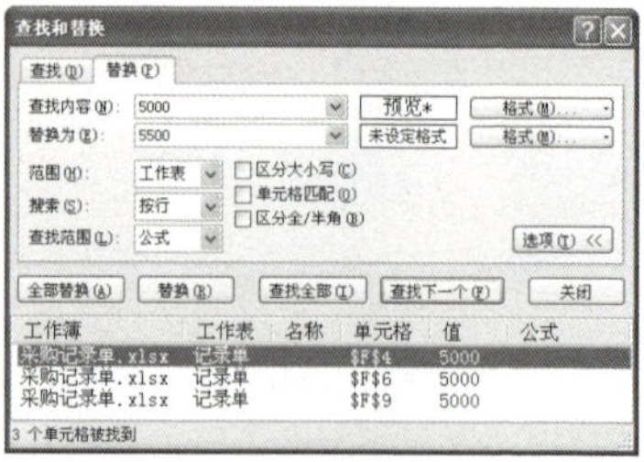

图8-61

5 单击“全部替换”按钮，将替换全部数据，替换完成后，将弹出提示信息框，如图8-62所示。

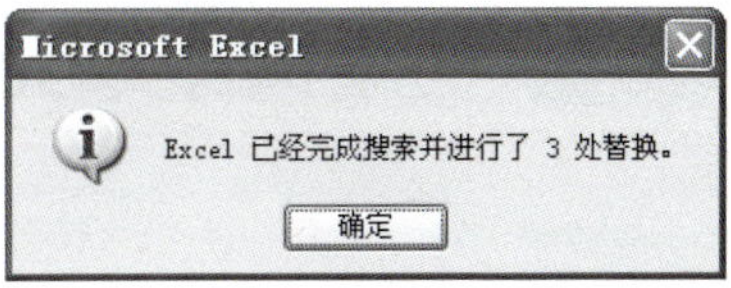

图8-62

技巧20 巧用替换功能

有的用户在输入日期的时候习惯输入常规型的数据，如“09.8.7”，这样会给数据分析造成麻烦。这时，可使用替换功能，将其快速转换成日期型数据，具体操作方法如下。

1 在工作表中输入数据，如图8-63所示。

2 单击“开始”选项卡，在“编辑”选项组中单击“查找和选择”下拉按钮，在弹出的下拉菜单中选择“替换”选项，弹出“查找和替换”对话框，从中输入查找和替换的内容，如图8-64所示。

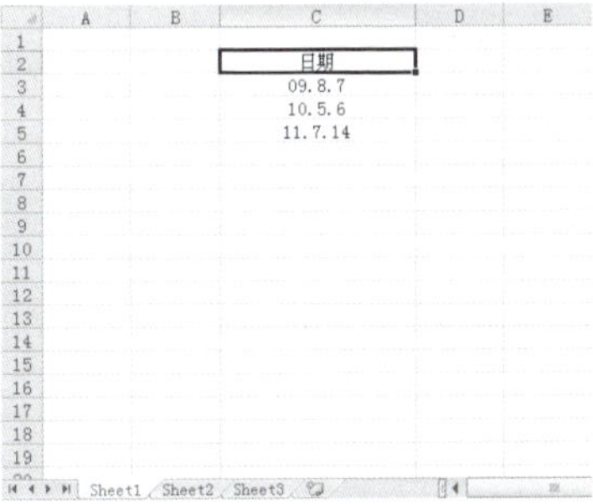

图8-63

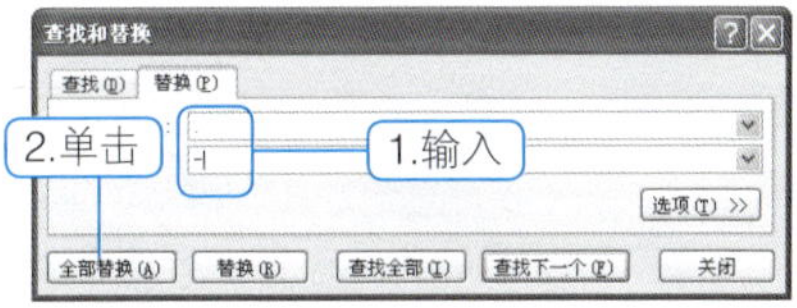

图8-64

3 单击“全部替换”按钮，弹出提示信息框，如图8-65所示。

4 单击“确定”按钮，替换后的数据将自动转换为日期型数据，如图8-66所示。

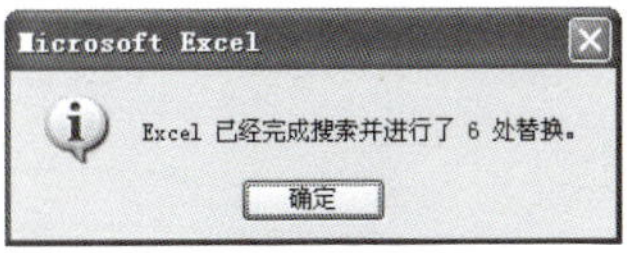

图8-65

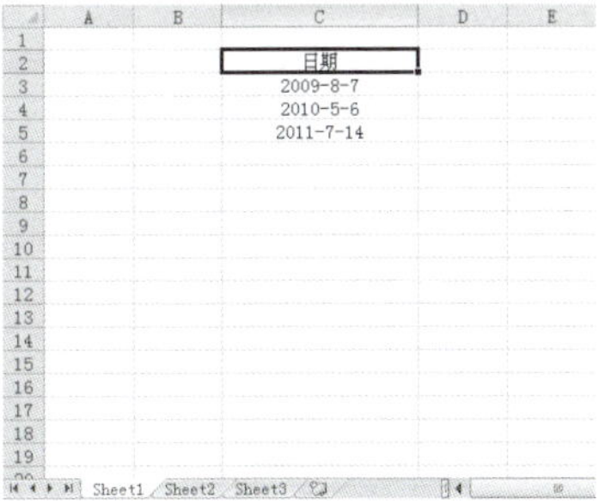

图8-66

技巧21 同增同减单元格区域数据

在Excel中，如果要对某单元格区域中每个单元格的数值进行同加、同减、同乘或同除操作时，可以使用“选择性粘贴”功能轻松实现，具体操作方法如下。

1 在单元格中输入数据，如图8-67所示。

2 将单元格E4中的数据“2”复制，然后选项“单元格区域B4:C6，单击“粘贴”按钮下方的下拉按钮，在弹出的下拉菜单中选择“选择型粘贴”选项，如图8-68所示。

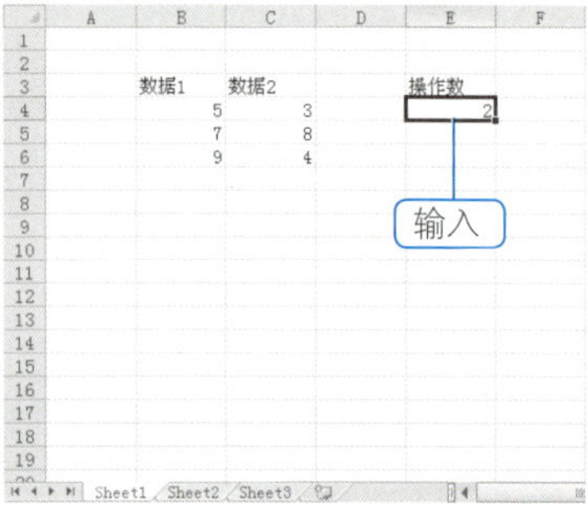

图8-67

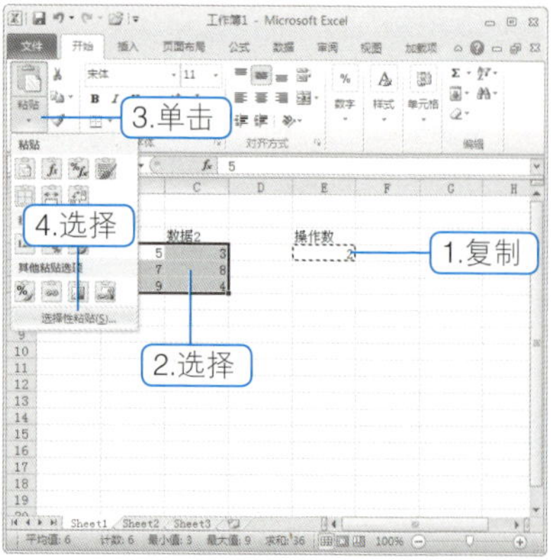

图8-68

3 弹出“选择性粘贴”对话框，从中选中“乘”单选按钮，如图8-69所示。

4 单击“确定”按钮，得到的数据结果如图8-70所示。

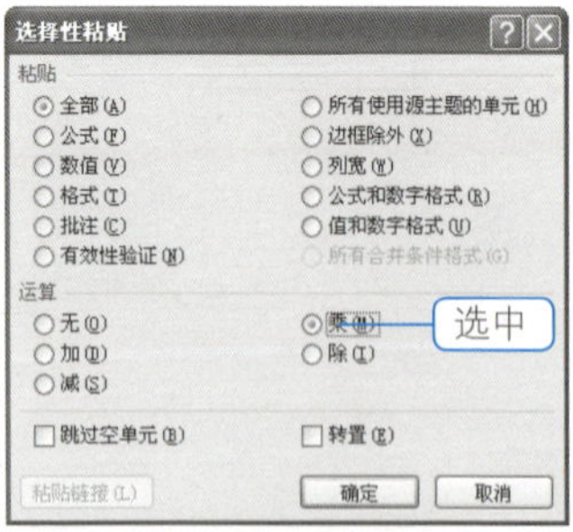

图8-69

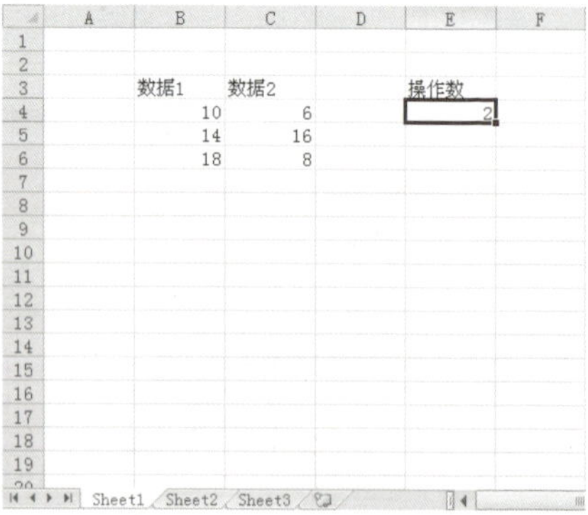

图8-70

技巧22 行列数据转置

在Excel 2010中通过“选择性粘贴”对话框可以快速将行和列的数据互换，其具体操作方法如下。

❶ 选择要转置的单元格区域，单击“开始”选项卡，在“剪贴板”选项组中单击“复制”按钮，如图8-71所示。

❷ 选择转置的数据要存放的单元格，如单元格A14，单击“剪贴板”组中“粘贴”按钮下方的下拉按钮，在弹出的下拉菜单中选择“选择性粘贴”选项，如图8-72所示。

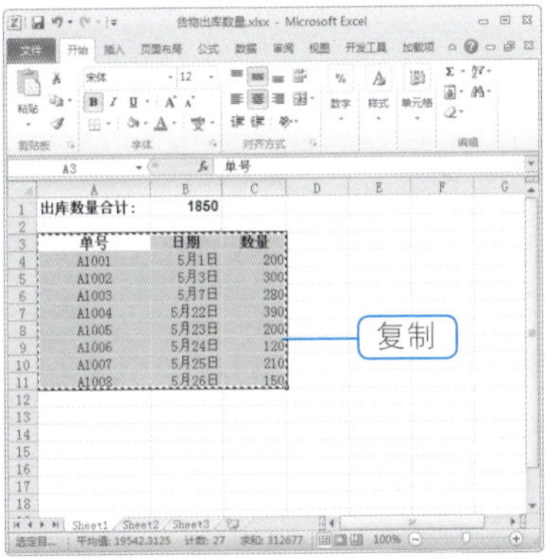

图8-71

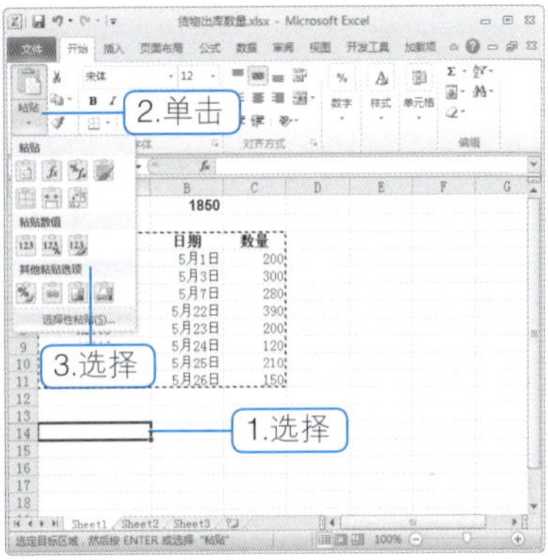

图8-72

❸ 弹出“选择型粘贴”对话框，从中选中“转置”复选框，如图8-73所示。

❹ 单击“确定”按钮，粘贴转置的数据，结果如图8-74所示。

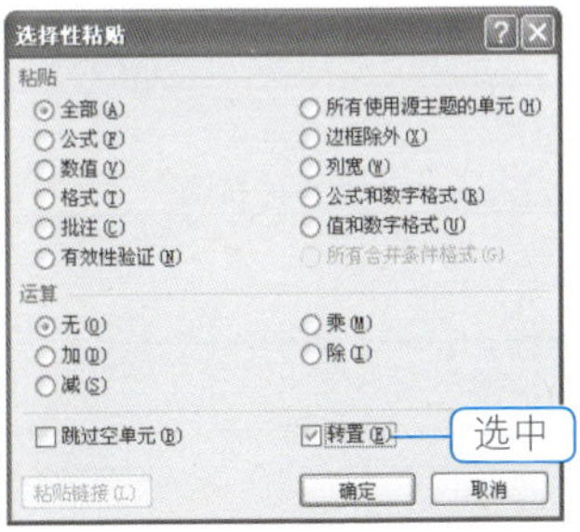

图8-73

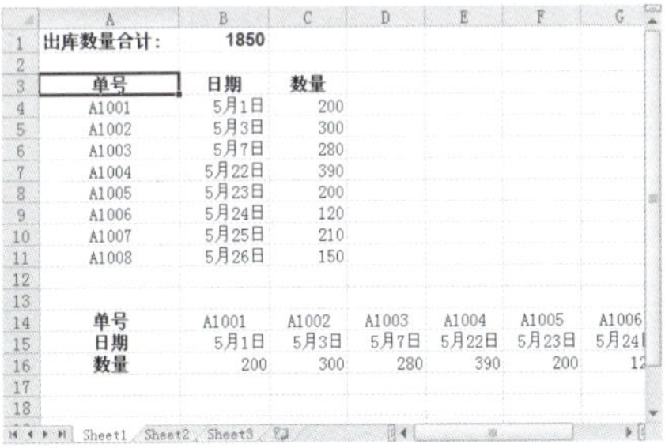

图8-74

读书笔记

第9章

行、列操作技巧

插入行与列、调整行高与列宽以及删除行与列等都是行与列中最基本的操作。

技巧1 快速插入单行

插入行是Excel中最基本的操作，其插入的方法也非常简单，下面介绍插入一行的几种常用的操作方法。

方法1：通过功能区命令插入行

❶ 选择一行，如第6行，单击“开始”选项卡，在“单元格”选项组中单击“插入”按钮右侧的下拉按钮，在弹出的下拉菜单中选择“插入工作表行”选项，如图9-1所示。

❷ 此时，将在选择行的上方插入空白行，如图9-2所示。

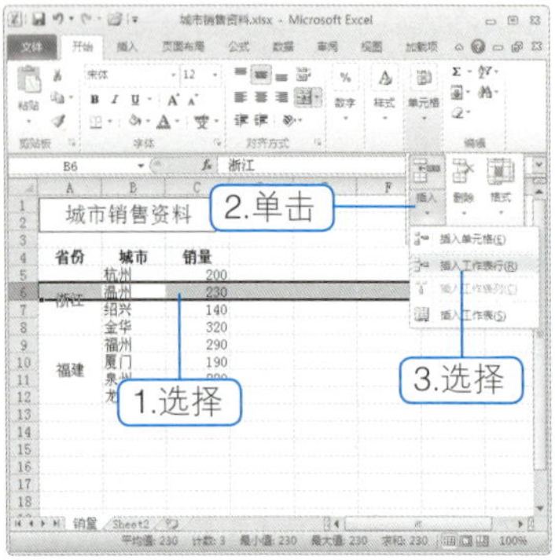

图9-1

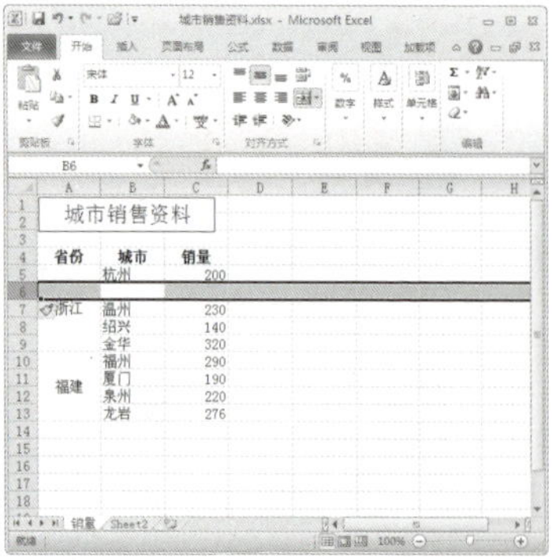

图9-2

方法2：通过行快捷菜单插入

❶ 选择一行，如第6行，在其上单击鼠标右键，在弹出的快捷菜单中选择“插入”选项，如图9-3所示。

❷ 可快速在选择行的上方插入一行，如图9-4所示。

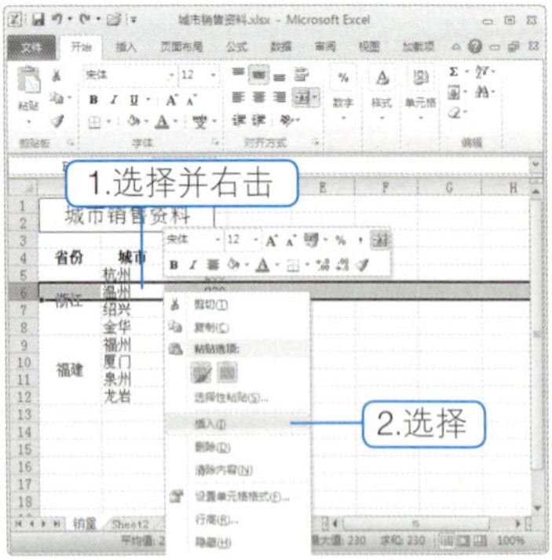

图9-3

图9-4

方法3：通过单元格快捷菜单插入

❶ 选择某个单元格，如单元格B6，并单击鼠标右键，在弹出的快捷菜单中选择“插入”选项，如图9-5所示。

❷ 弹出“插入”对话框，从中选中“整行”单选按钮，如图9-6所示。

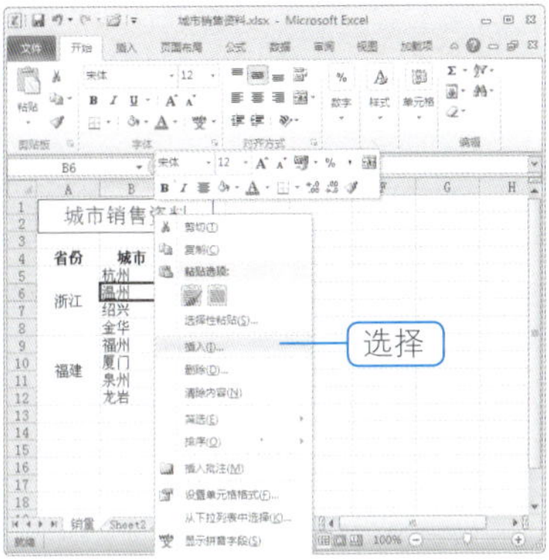

图9-5

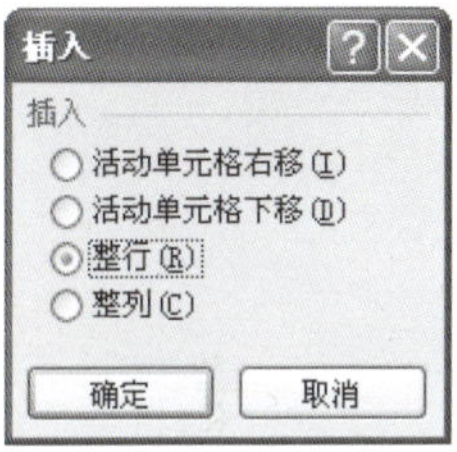

图9-6

❸ 单击“确定”按钮，将在选择的单元格上方插入一行，如图9-7所示。

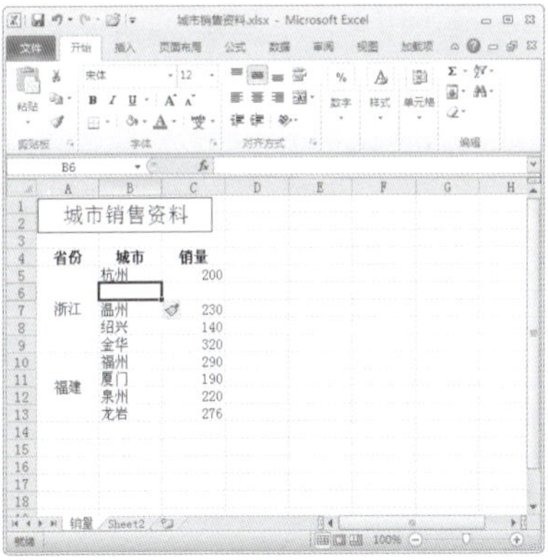

图9-7

专家提示

插入单列的操作与插入单行的操作方法基本相同，这里不再赘述。

技巧2 快速插入多行或多列

在Excel中，用户可以一次插入连续的多行。下面以插入连续的3行和3列为例，介绍具体的操作方法。

① 选择3行或3列的单元格，分别选择“插入”下拉菜单中的“插入工作表行”和“插入工作表列”选项，如图9-8和图9-9所示。

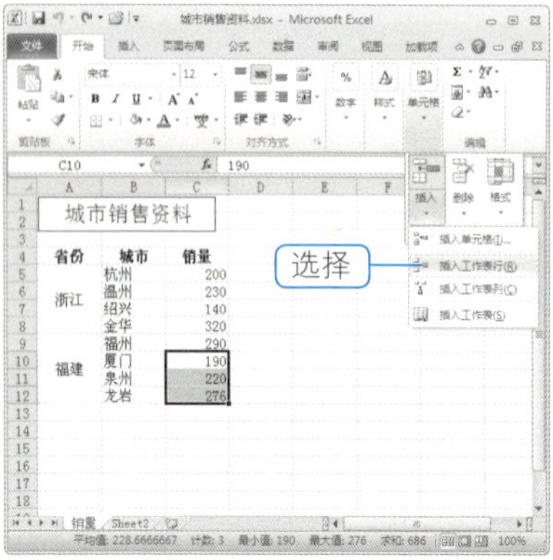

图9-8

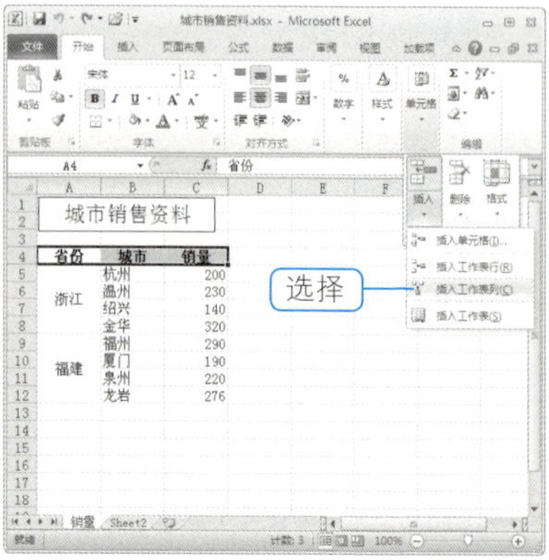

图9-9

② 快速插入3行或3列，如图9-10和图9-11所示。

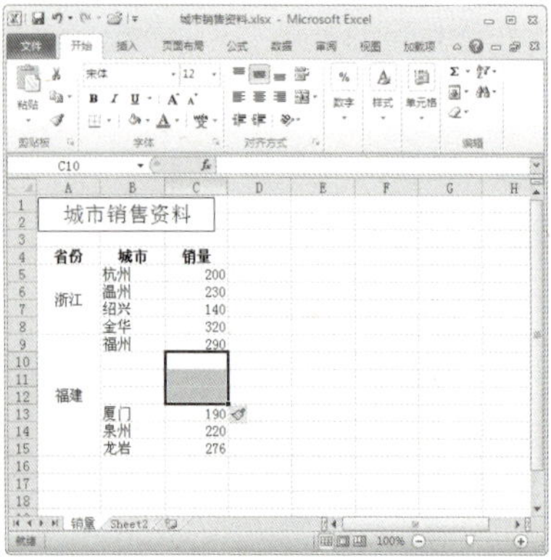

图9-10

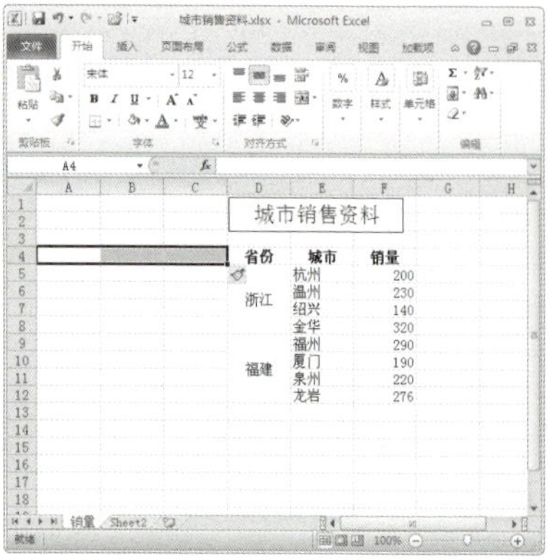

图9-11

技巧3 继续插入行或列的操作

执行插入单元格、行或列的命令后，要继续插入行或列，可按“Ctrl+Y”组合键，继续插入行或列的操作，下面通过具体实例来介绍。

例如，在工作表中“温州”所在行的上方插入了一行，然后选择“绍兴”所在行，按“Ctrl+Y”组合键，可在选择行的上方插入一行，如图9-12所示。

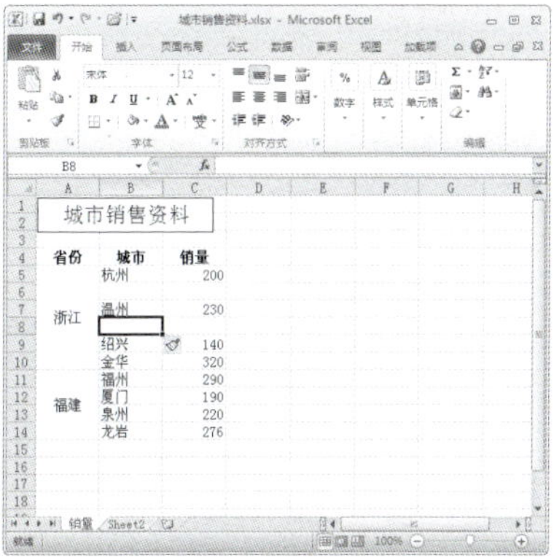

图9-12

技巧4 隔行插入空白行

要进行隔行插入，可按如下方法操作。

❶ 按住“Ctrl”键的同时，选择5-8列，然后单击“单元格”选项组中“插入”按钮右侧的下拉按钮，在弹出的下拉菜单中选择“插入工作表行”选项，如图9-13所示。

❷ 将隔行插入空白行，结果如图9-14所示。

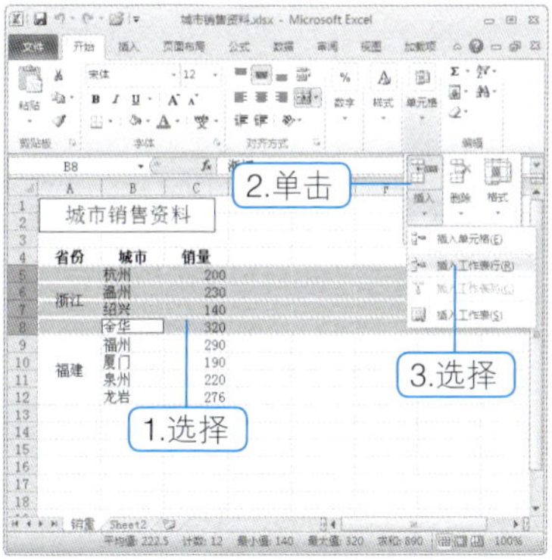

图9-13

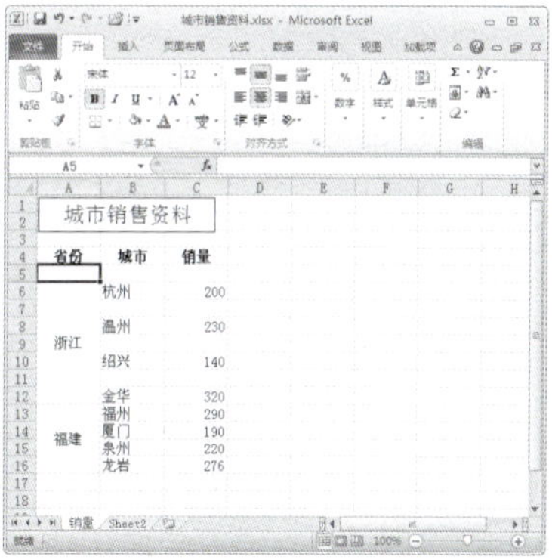

图9-14

技巧5 快速删除空行

借助“定位条件”对话框可以快速删除空行，不过值得注意的是，使用这种方法时用保证非空行中所有单元格的值不为空，其操作方法如下。

❶ 打开隔行插入空白行的工作表，单击“编辑”选项组中的“查找和选择”下拉按钮，在弹出的下拉菜单中选择“定位条件”选项，如图9-15所示。

❷ 弹出“定位条件”对话框，从中选中“空值”单选按钮，如图9-16所示。

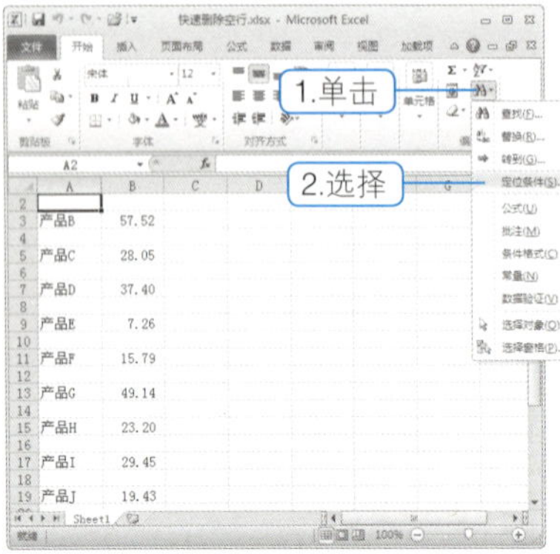

图9-15

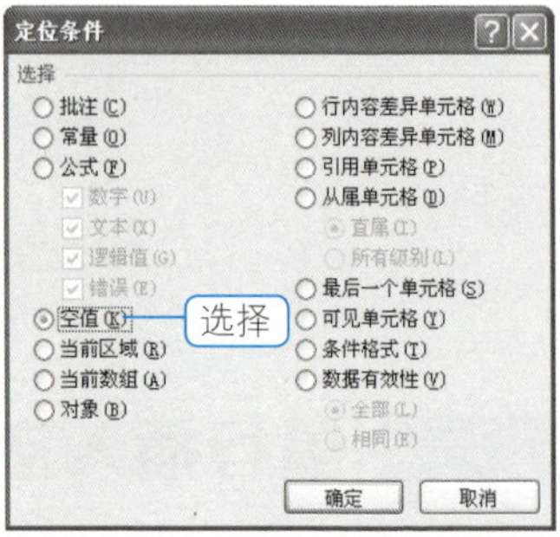

图9-16

❸ 单击“确定”按钮，选择空单元格，如图9-17所示。

❹ 单击“单元格”组中的“删除”按钮，删除空行，效果如图9-18所示。

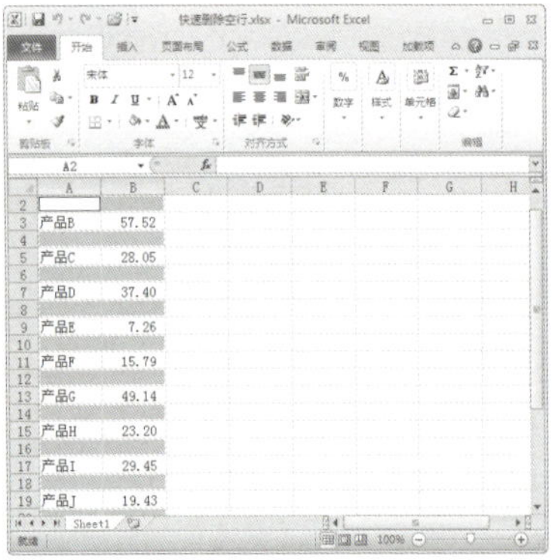

图9-17

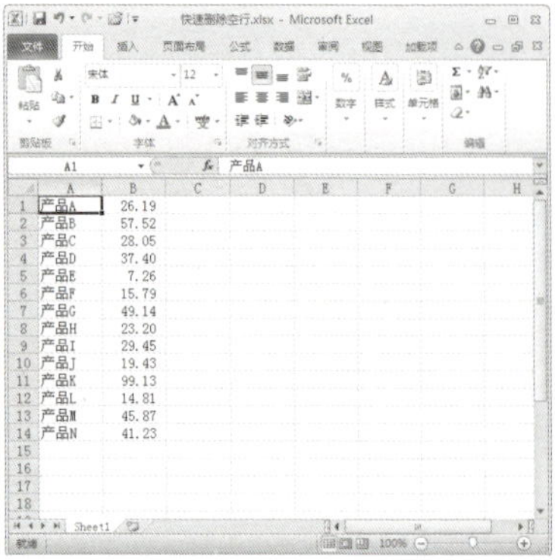

图9-18

技巧6 快速冻结工作表首行或首列

在工作表中，通过功能区命令可以快速冻结工作表的首行或首列，具体操作方法如下。

❶ 单击“视图”选项卡，在“窗口”选项组中，单击“冻结窗口”下拉按钮，弹出其下拉菜单，如图9-19所示。

❷ 选择“冻结首行”（或“冻结首列”）选项，冻结首行（或首列）后，则滚动屏幕时，首行（或首列）不会随之滚动，如图9-20所示。

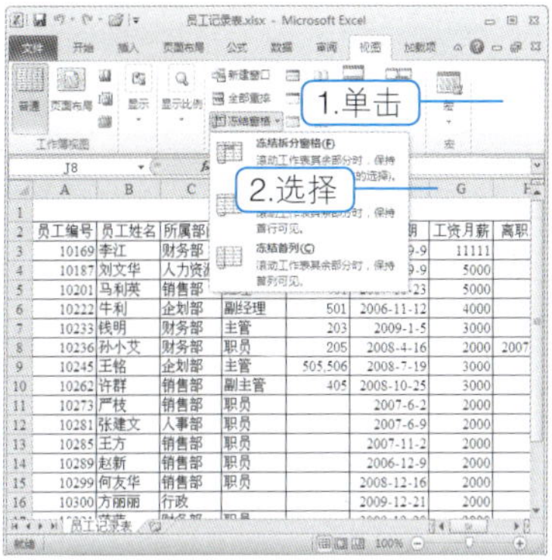

图9-19

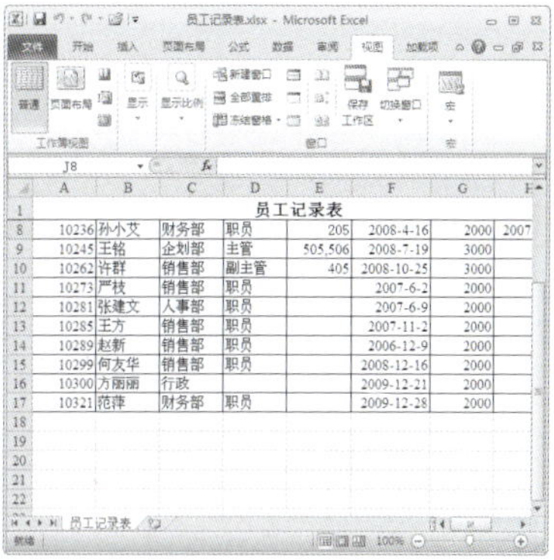
图9-20

技巧7 更改工作簿的默认列宽

更改工作表默认列宽的具体操作方法如下。

❶ 新建工作簿，在工作表标签上单击鼠标右键，在弹出的快捷菜单中选择“选定全部工作表”选项（如图9-21所示），将选择该工作簿中所有的工作表。

❷ 单击“单元格”组中的“格式”下拉按钮，在弹出的下拉菜单中选择“默认列宽”选项，如图9-22所示。

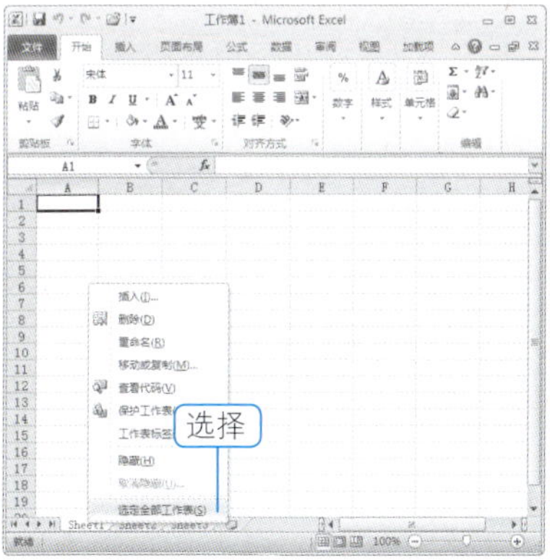

图9-21

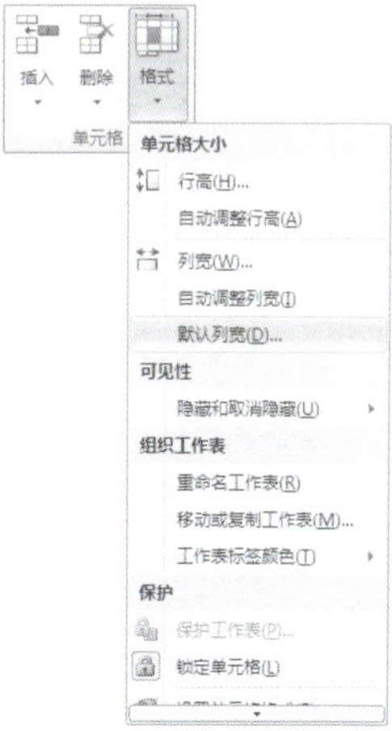

图9-22

3 将弹出“标准列宽”对话框，从中输入列宽的值为15，如图9-23所示。

4 即可将该工作簿中所有工作表的列宽调整为15，如图9-24所示。

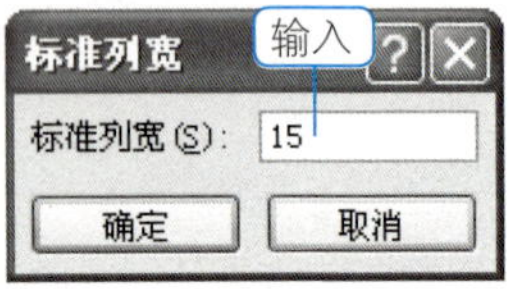

图9-23

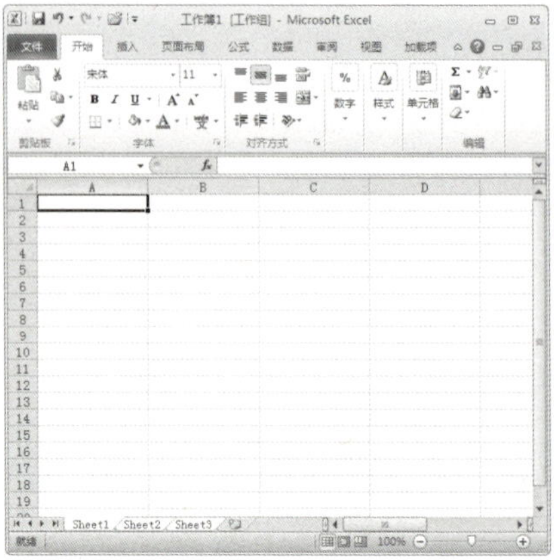

图9-24

第10章

单元格条件设置技巧

条件格式是指快速标记满足要求的单元格，使之与不满足条件的数据进行区分，达到一目了然、重点突出的效果。

技巧1 巧用大于和小于条件格式

若想在表格中快速标识出大于或小于某个特定值的所有单元格，可按如下方法进行操作。

❶ 打开需要设置样式的工作表，选中单元格区域，如图10-1所示。

❷ 单击“开始”选项卡，在“样式”选项组中单击“条件格式”下拉按钮，在弹出下拉菜单中选择“突出显示单元格规则”|“大于”选项，如图10-2所示。

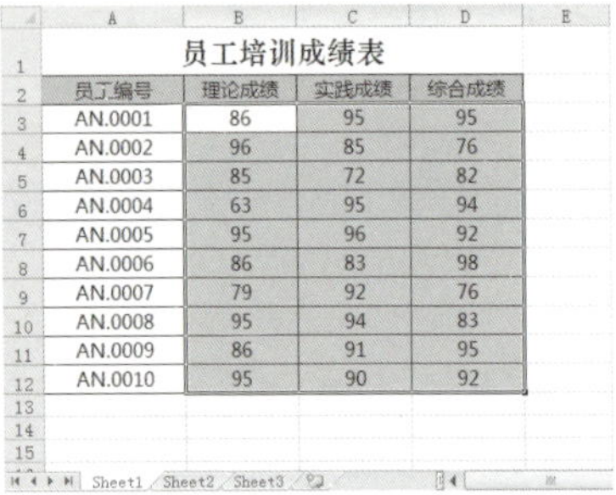

员工培训成绩表

员工编号	理论成绩	实践成绩	综合成绩
AN.0001	86	95	95
AN.0002	96	85	76
AN.0003	85	72	82
AN.0004	63	95	94
AN.0005	95	96	92
AN.0006	86	83	98
AN.0007	79	92	76
AN.0008	95	94	83
AN.0009	86	91	95
AN.0010	95	90	92

图10-1

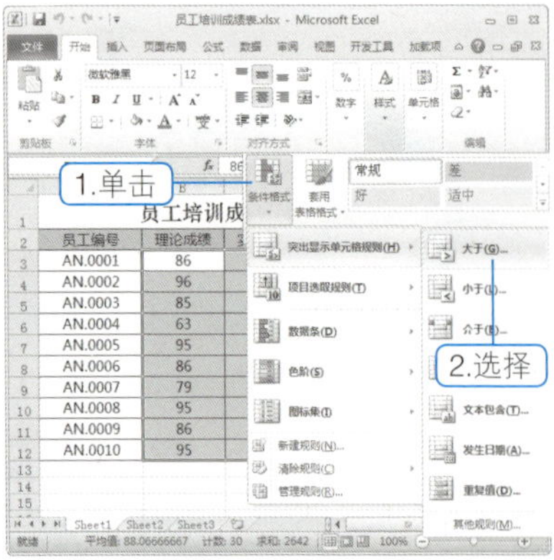

图10-2

❸ 弹出“大于”对话框，在左侧文本框中输入作为特定值的数值，在右侧的下拉列表框中选择单元格样式，如图10-3所示。

❹ 单击“确定”按钮，将设置的格式应用到单元格中，效果如图10-4所示。

图10-3

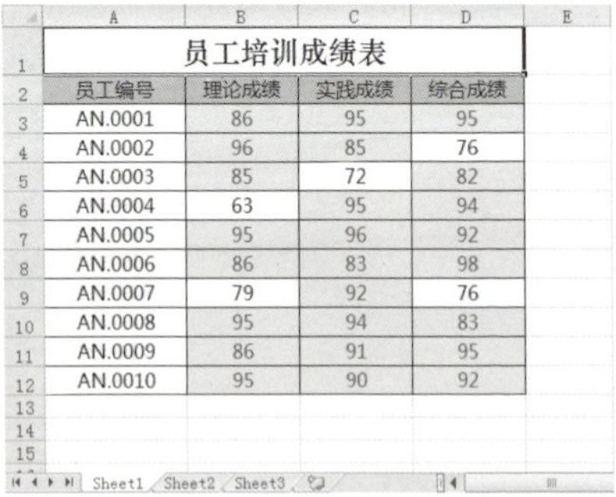

员工培训成绩表

员工编号	理论成绩	实践成绩	综合成绩
AN.0001	86	95	95
AN.0002	96	85	76
AN.0003	85	72	82
AN.0004	63	95	94
AN.0005	95	96	92
AN.0006	86	83	98
AN.0007	79	92	76
AN.0008	95	94	83
AN.0009	86	91	95
AN.0010	95	90	92

图10-4

❺ 再次单击“条件格式”下拉按钮，在弹出下拉菜单中选择“突出显示单元格规则”|“小于”选项，如图10-5所示。

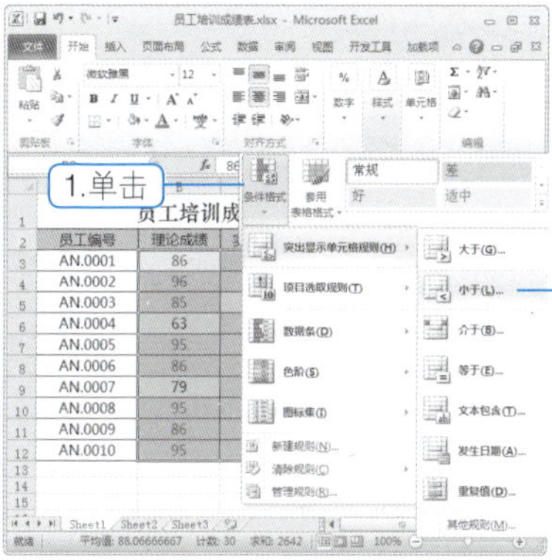

图10–5

❻ 弹出“小于”对话框，在左侧文本框中输入作为特定值的数值，在右侧的下拉列表框中选择单元格样式，如图10-6所示。

❼ 单击“确定”按钮，将设置的样式应用到单元格中，效果如图10-7所示。

图10–6

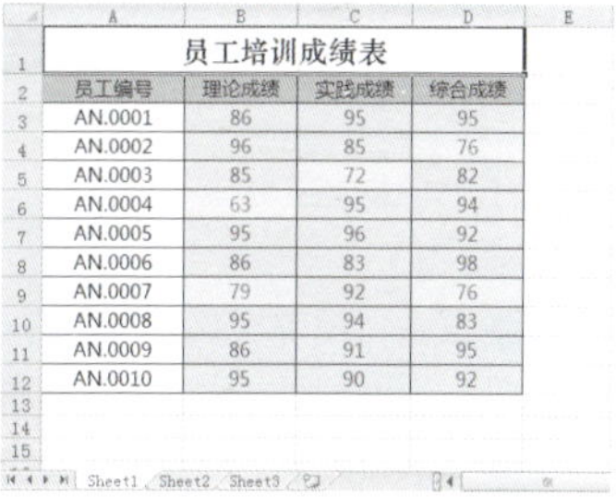

员工培训成绩表

员工编号	理论成绩	实践成绩	综合成绩
AN.0001	86	95	95
AN.0002	96	85	76
AN.0003	85	72	82
AN.0004	63	95	94
AN.0005	95	96	92
AN.0006	86	83	98
AN.0007	79	92	76
AN.0008	95	94	83
AN.0009	86	91	95
AN.0010	95	90	92

图10–7

技巧2 巧用等于条件格式

若想在表格中快速标识出等于某个特定值的所有单元格，可按如下方法进行操作。

❶ 选中要设置样式单元格区域，单击“条件格式”下拉按钮，在弹出下拉菜单中选择“突出显示单元格规则”|“等于”选项，如图10-8所示。

❷ 弹出“等于”对话框，单击左边文本框右侧的折叠按钮，然后在表格中选中作为特定值的单元格，如图10-9所示。

❸ 再次单击该折叠按钮，返回“等于”对话框，在右侧的下拉列表框中选择“自定义格式”选项，如图10-10所示。

❹ 弹出“设置单元格格式”对话框，单击“颜色”下拉列表框，在弹出的调色板中单击“深蓝”色块，如图10-11所示。

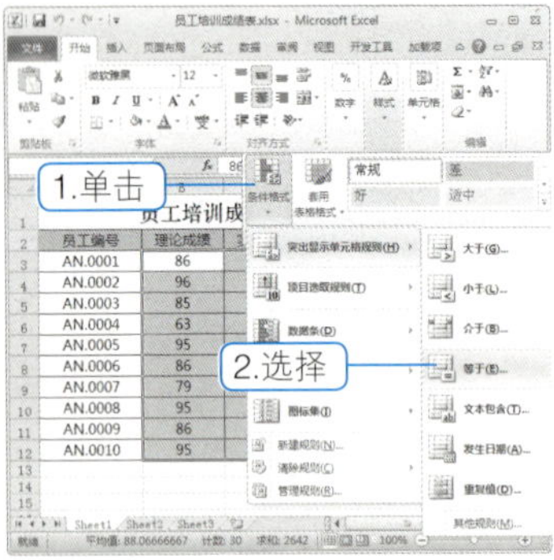

图10-8

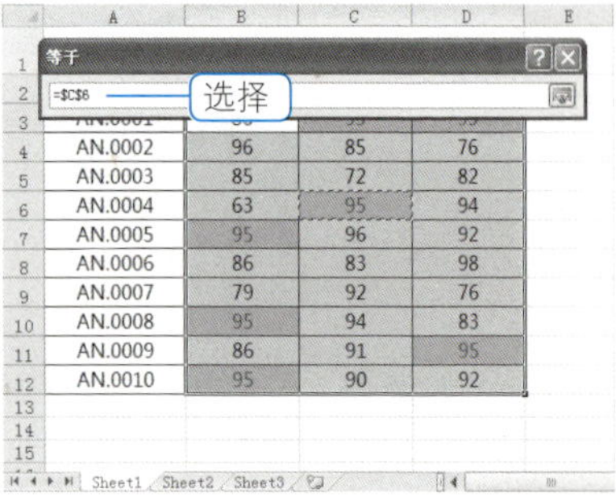

图10-9

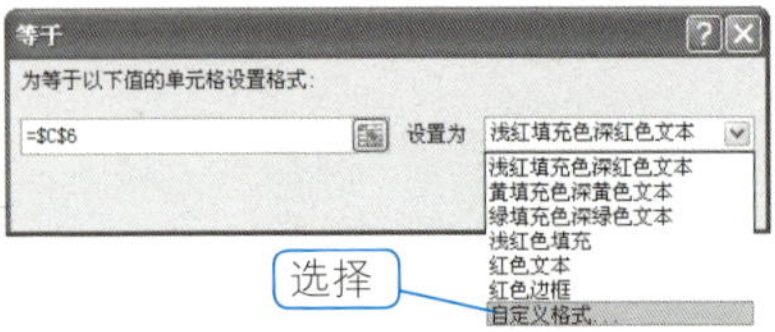

图10-10

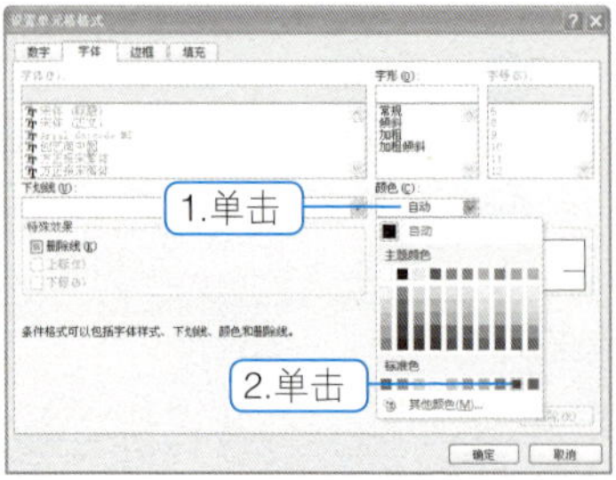

图10-11

5 单击“填充”选项卡，在“背景色”选项区中单击色块，并单击“确定”按钮，返回“等于”对话框，如图10-12所示。

6 单击“确定”按钮，将设置的单元格格式应用到表格中，效果如图10-13所示。

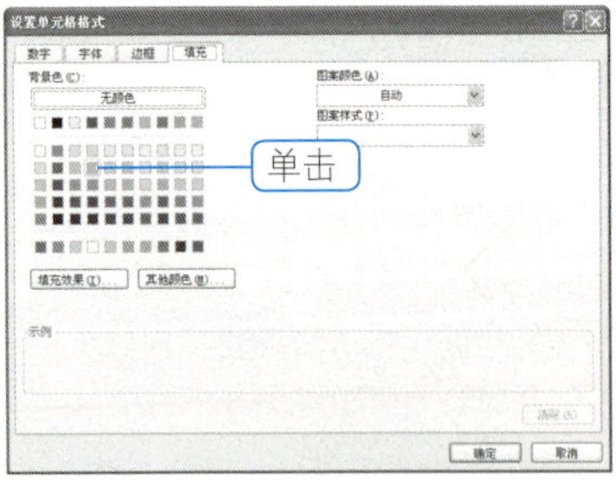

图10-12

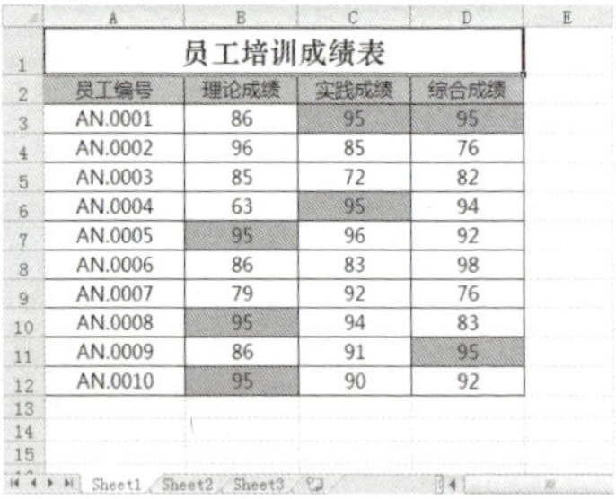

图10-13

技巧3 巧用数据段范围条件格式

若想在表格中快速标识出某个数据段内的所有单元格，可按如下方法进行操作。

❶ 选中要设置样式单元格区域，单击“条件格式”下拉按钮，在弹出下拉菜单中选择“突出显示单元格规则”|“介于”选项，如图10-14所示。

❷ 弹出“介于”对话框，在两个文本框中分别输入要设置单元格包含的最小值和最大值，并在右侧下拉列表框中设置单元格样式，如图10-15所示。

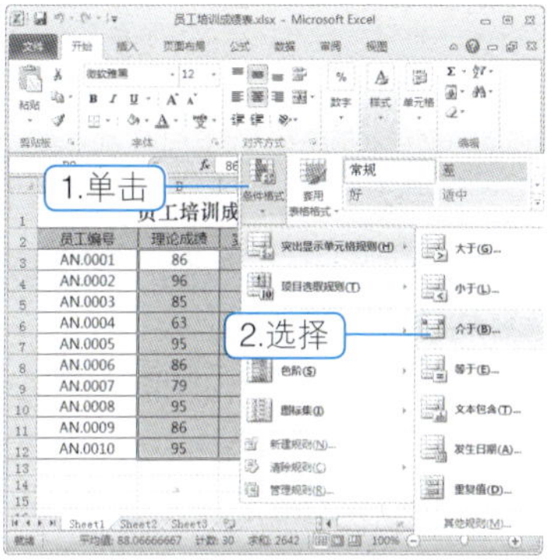

图10-14

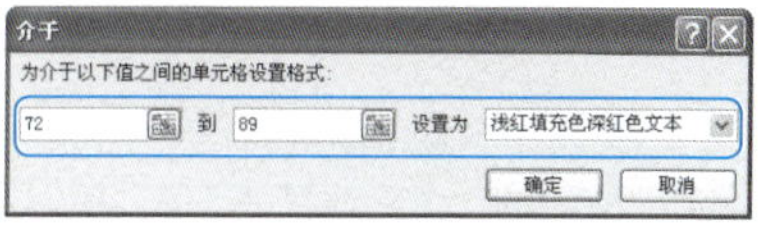

图10-15

❸ 单击“确定”按钮，将格式应用到满足条件的单元格中，效果如图10-16所示。

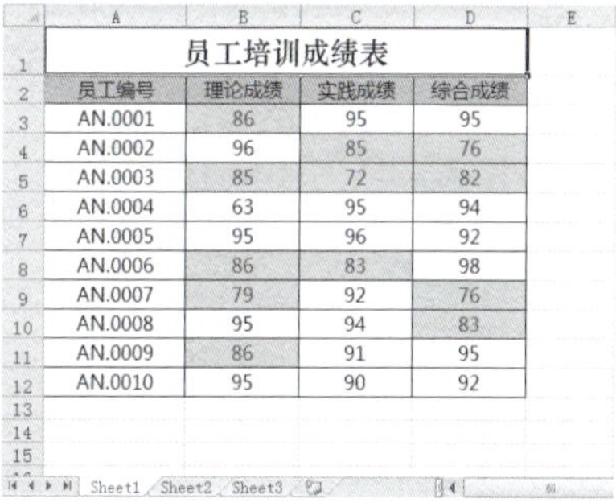

员工培训成绩表			
员工编号	理论成绩	实践成绩	综合成绩
AN.0001	86	95	95
AN.0002	96	85	76
AN.0003	85	72	82
AN.0004	63	95	94
AN.0005	95	96	92
AN.0006	86	83	98
AN.0007	79	92	76
AN.0008	95	94	83
AN.0009	86	91	95
AN.0010	95	90	92

图10-16

技巧4　巧用关键字设置单元格样式

简单地说，关键字就是用户在使用搜索时输入的、能够最大程度概括用户所要查找的信息内容的字或者词，是信息的概括化和集中化语言。使用关键字查找并设置单元格样式的操作方法如下。

❶ 打开需要设置样式的工作表，选中要查找的单元格区域，如图10-17所示。

❷ 单击“开始”选项卡，在“样式”选项组中单击“条件格式”下拉按

钮，在弹出的下拉菜单中选择“突出显示单元格规则”|“文本包含”选项，如图10-18所示。

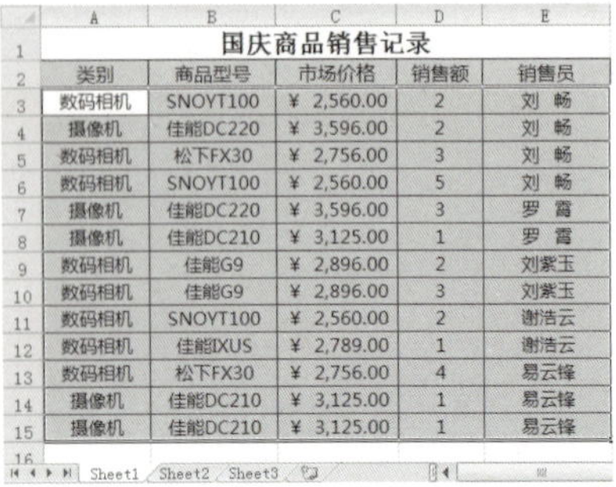
国庆商品销售记录

类别	商品型号	市场价格	销售额	销售员
数码相机	SNOYT100	¥ 2,560.00	2	刘 畅
摄像机	佳能DC220	¥ 3,596.00	2	刘 畅
数码相机	松下FX30	¥ 2,756.00	3	刘 畅
数码相机	SNOYT100	¥ 2,560.00	5	刘 畅
摄像机	佳能DC220	¥ 3,596.00	3	罗 霄
摄像机	佳能DC210	¥ 3,125.00	1	罗 霄
数码相机	佳能G9	¥ 2,896.00	2	刘紫玉
数码相机	佳能G9	¥ 2,896.00	3	刘紫玉
数码相机	SNOYT100	¥ 2,560.00	2	谢浩云
数码相机	佳能IXUS	¥ 2,789.00	1	谢浩云
数码相机	松下FX30	¥ 2,756.00	4	易云锋
摄像机	佳能DC210	¥ 3,125.00	1	易云锋
摄像机	佳能DC210	¥ 3,125.00	1	易云锋

图10-17

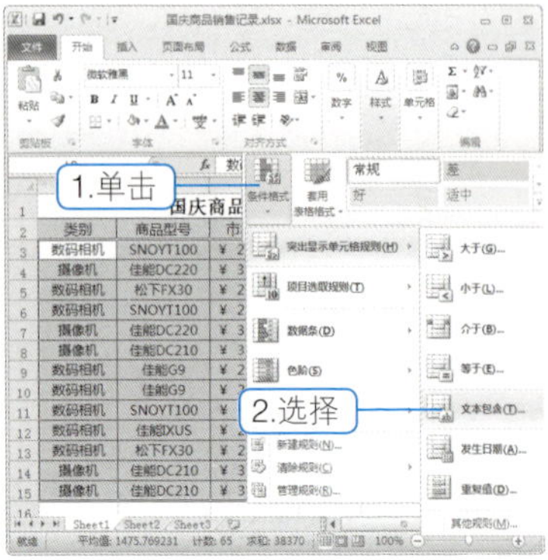

图10-18

❸ 弹出“文本中包含”对话框，在左侧文本框中输入关键字并在右侧的下拉列表框中选择单元格样式，如图10-19所示。

❹ 单击“确定”按钮，将设置的格式应用到单元格中，效果如图10-20所示。

图10-19

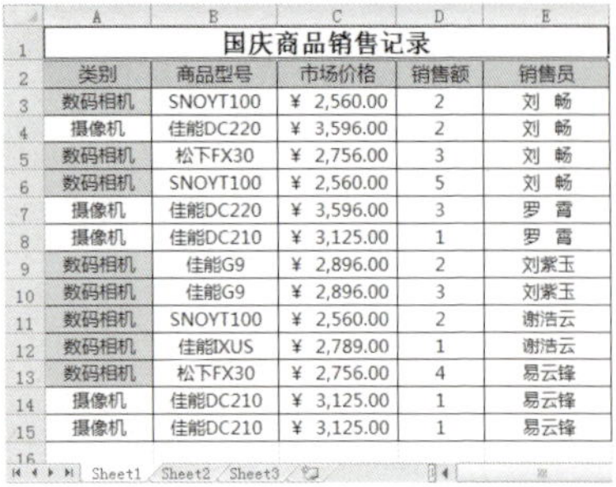
国庆商品销售记录

类别	商品型号	市场价格	销售额	销售员
数码相机	SNOYT100	¥ 2,560.00	2	刘 畅
摄像机	佳能DC220	¥ 3,596.00	2	刘 畅
数码相机	松下FX30	¥ 2,756.00	3	刘 畅
数码相机	SNOYT100	¥ 2,560.00	5	刘 畅
摄像机	佳能DC220	¥ 3,596.00	3	罗 霄
摄像机	佳能DC210	¥ 3,125.00	1	罗 霄
数码相机	佳能G9	¥ 2,896.00	2	刘紫玉
数码相机	佳能G9	¥ 2,896.00	3	刘紫玉
数码相机	SNOYT100	¥ 2,560.00	2	谢浩云
数码相机	佳能IXUS	¥ 2,789.00	1	谢浩云
数码相机	松下FX30	¥ 2,756.00	4	易云锋
摄像机	佳能DC210	¥ 3,125.00	1	易云锋
摄像机	佳能DC210	¥ 3,125.00	1	易云锋

图10-20

技巧5 巧用日期设置单元格样式

使用单元格填写日期查找并设置单元格样式的操作方法如下。

❶ 打开需要设置样式的工作表，选中要查找的单元格区域，如图10-21所示。

❷ 单击“开始”选项卡，在“样式”选项组中单击“条件格式”下拉按钮，然后在弹出下拉菜单中选择“突出显示单元格规则”|“发生日期”选项，如图10-22所示。

图10-21

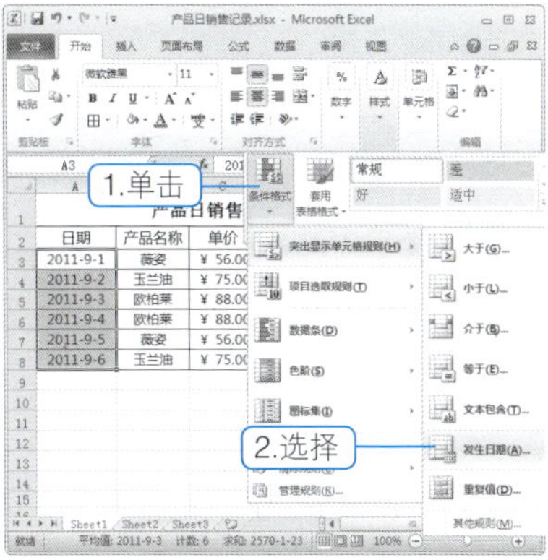

图10-22

3 弹出“发生日期”对话框，在左侧下拉列表框中选择填写时间，在右侧的下拉列表框中选择单元格样式，如图10-23所示。

4 单击“确定”按钮，将设置的格式应用到满足条件的单元格中，效果如图10-24所示。

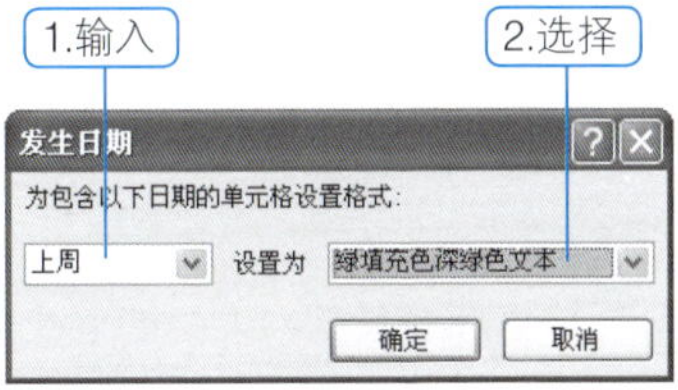

图10-23

图10-24

技巧6 快速标记重复数据

将表格中重复出现的单元格或单元格区域突出显示，具体的操作方法如下。

1 打开需要设置样式的工作表，选中要查找的单元格区域，如图10-25所示。

2 单击“开始”选项卡，在“样式”选项组中单击“条件格式”下拉按钮，在弹出的下拉菜单中选择“突出显示单元格规则”|“重复值”选项，如图10-26所示。

专家提示

单击“条件格式”下拉按钮，在弹出的下拉菜单中选择“突出显示单元格规则”|“其他规则”选项，弹出“新建格式规则”对话框，用户可从中进行详细设置。

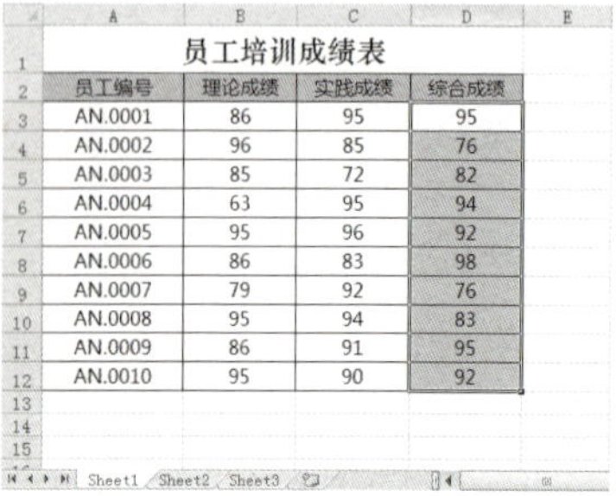

员工编号	理论成绩	实践成绩	综合成绩
AN.0001	86	95	95
AN.0002	96	85	76
AN.0003	85	72	82
AN.0004	63	95	94
AN.0005	95	96	92
AN.0006	86	83	98
AN.0007	79	92	76
AN.0008	95	94	83
AN.0009	86	91	95
AN.0010	95	90	92

图10-25

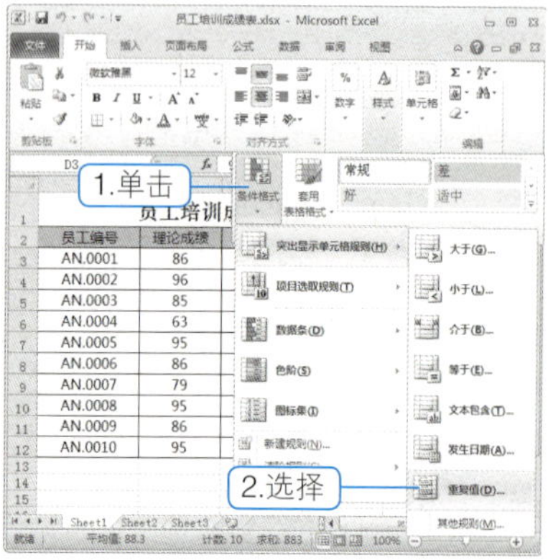

图10-26

3 弹出“重复值”对话框，在左侧下拉列表框中选择标记类型，在右侧的下拉列表框中选择单元格样式，如图10-27所示。

4 单击“确定”按钮，将设置的格式应用到满足条件的单元格中，效果如图10-28所示。

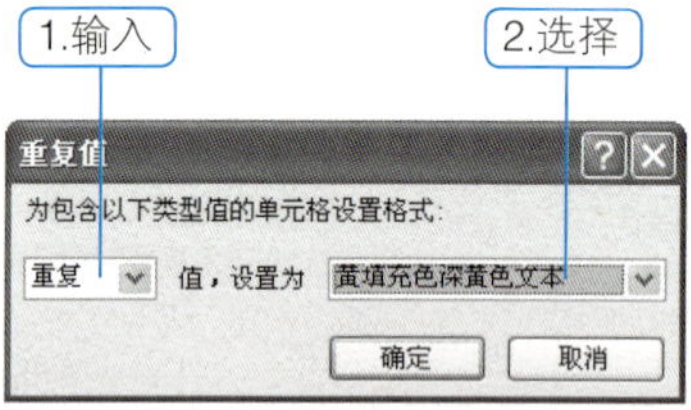

图10-27

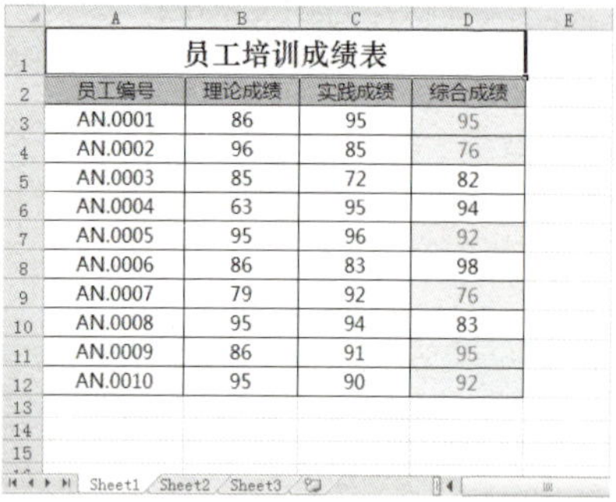

员工编号	理论成绩	实践成绩	综合成绩
AN.0001	86	95	95
AN.0002	96	85	76
AN.0003	85	72	82
AN.0004	63	95	94
AN.0005	95	96	92
AN.0006	86	83	98
AN.0007	79	92	76
AN.0008	95	94	83
AN.0009	86	91	95
AN.0010	95	90	92

图10-28

技巧7 巧用项目特定范围设置单元格

在工作表中，使用条件格式中的特定范围条件功能可以快速查找到满足该条件的单元格数据，并设置其样式，操作方法如下。

❶ 打开要设置单元格样式所在工作簿，并选中单元格数据区域，如图10-29所示。

❷ 单击“开始”选项卡，在“样式”选项组中单击“条件格式”下拉按钮，在弹出的下拉菜单中选择“项目选取规则”|“值最大的10项”选项，如图10-30所示。

图10-29

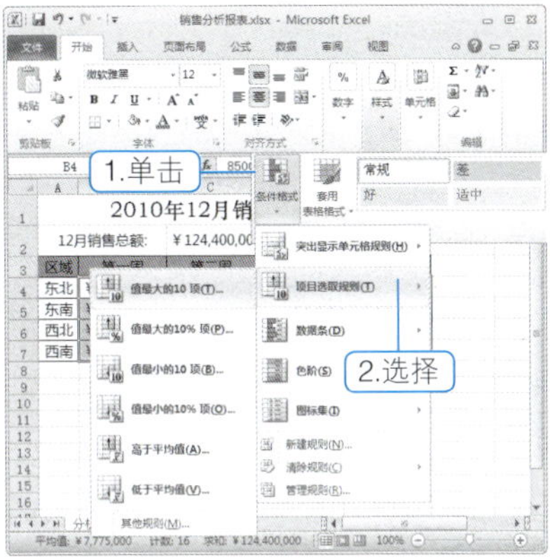

图10-30

❸ 弹出“10 个最大的项”对话框，在左侧数值框中输入要标记的单元格数目，在右侧的下拉列表框中选择单元格样式，如图10-31所示。

❹ 单击“确定”按钮，将设置的格式应用到满足条件的单元格中，效果如图10-32所示。

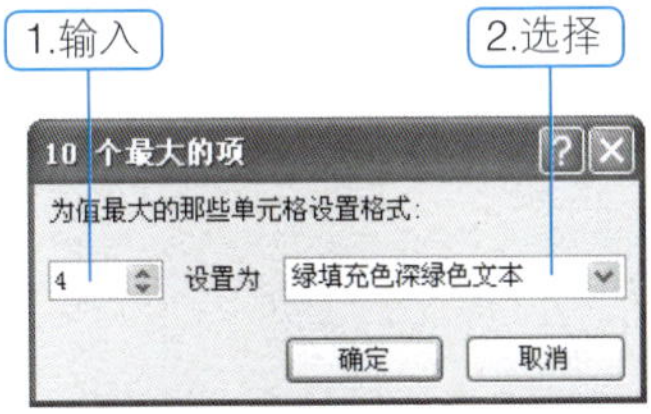

图10-31

图10-32

❺ 保持单元格处于选中状态，再次单击“条件格式”下拉按钮，在弹出的下拉菜单中选择“项目选取规则”|“值最小的10项”选项，弹出“10个最小的项”对话框。在左侧数值框中输入要标记的单元格数目，在右侧的下拉列表框中选择单元格样式，如图10-33所示。

6 单击“确定”按钮，将设置的格式应用到满足条件的单元格中，效果如图10-34所示。

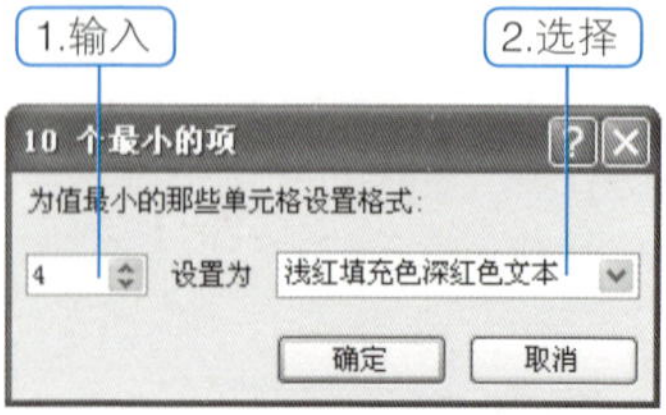

图10-33

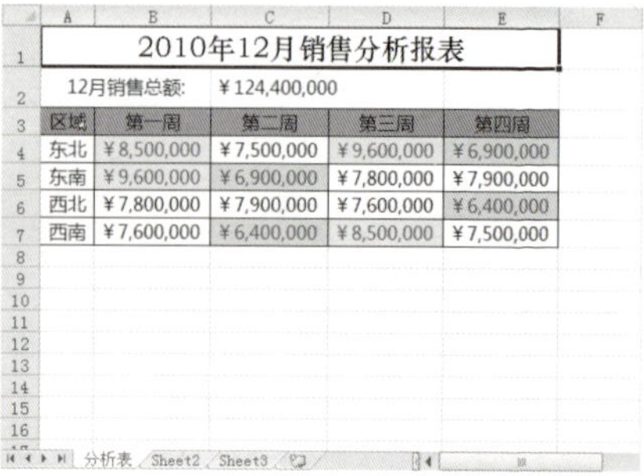

图10-34

技巧8 巧用项目平均值设置单元格

巧妙使用所有选中数据的平均值设置单元格样式的操作方法如下。

1 选中要设置样式的单元格区域，单击“开始”选项卡，在“样式”选项组中单击“条件格式”下拉按钮，在弹出的下拉菜单中选择“项目选取规则”|“高于平均值”选项，如图10-35所示。

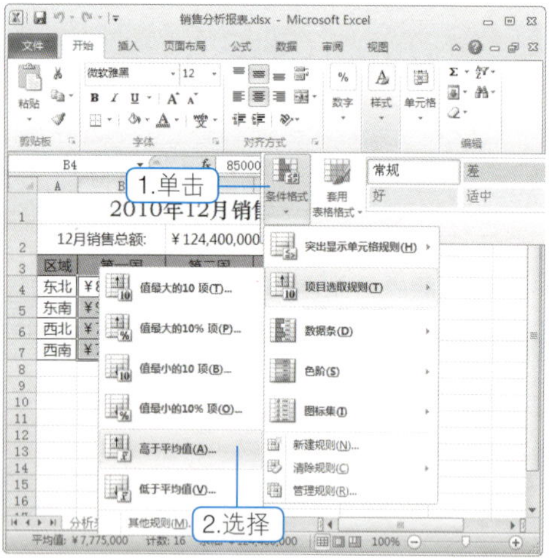

图10-35

2 弹出“高于平均值”对话框，在下拉列表框中选择需要的单元格样式，如图10-36所示。

3 单击“确定”按钮，将设置的格式应用到满足条件的单元格中，效果如

图10-37所示。

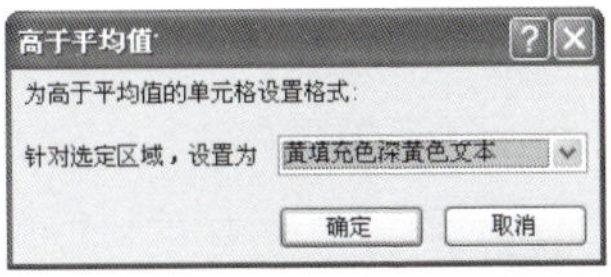

图10-36

图10-37

技巧9 巧用项目百分比设置单元格

巧用项目百分比设置单元格样式的操作方法如下。

❶ 选中要设置样式的单元格区域，单击“开始”选项卡，在“样式”选项组中单击“条件格式”下拉按钮，在弹出的下拉菜单中选择“项目选取规则”|“值最小的10%项”选项，如图10-38所示。

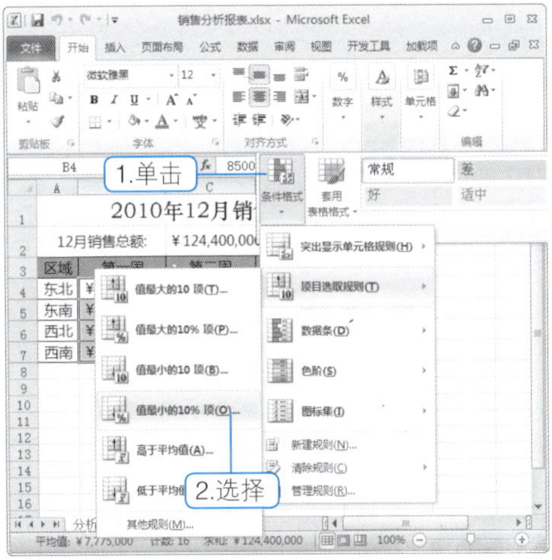

图10-38

❷ 弹出“10%最小的值”对话框，在左侧数值框中输入要标记的单元格比例，在右侧的下拉列表框中选择单元格样式，如图10-39所示。

❸ 单击“确定”按钮，将设置的格式应用到满足条件的单元格中，效果如图10-40所示。

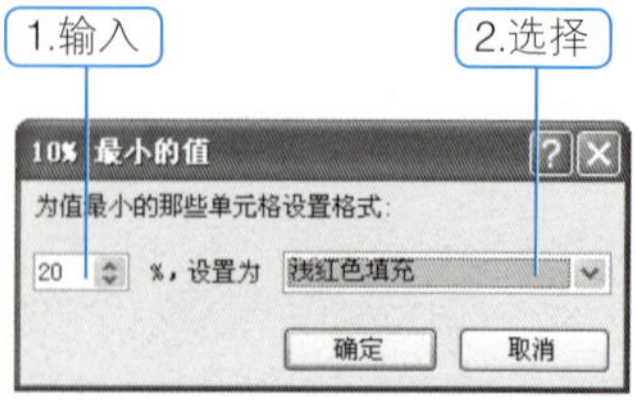

图10-39

图10-40

技巧10 巧用数据条显示数据大小

数据条是Excel 2010新增的功能，使用它可以帮助用户查看某个单元格相对于其他单元格的大小。数据条的长度代表单元格中的值的大小，数据条越长，表示值越高；数据条越短，表示值越低。其使用方法如下。

❶ 选中要设置样式的单元格区域，单击“开始”选项卡，在“样式”选项组中单击“条件格式”下拉按钮，在弹出的下拉菜单中选择如图10-41所示的选项。

❷ 此时，选中的单元格区域，根据数据的大小填充的不同长度的颜色条，效果如图10-42所示。

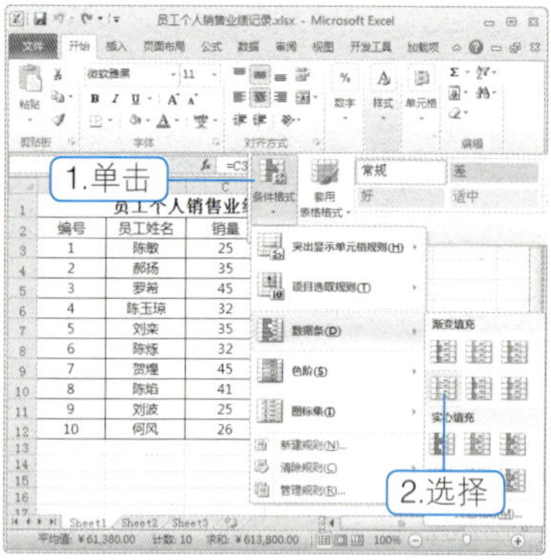

图10-41

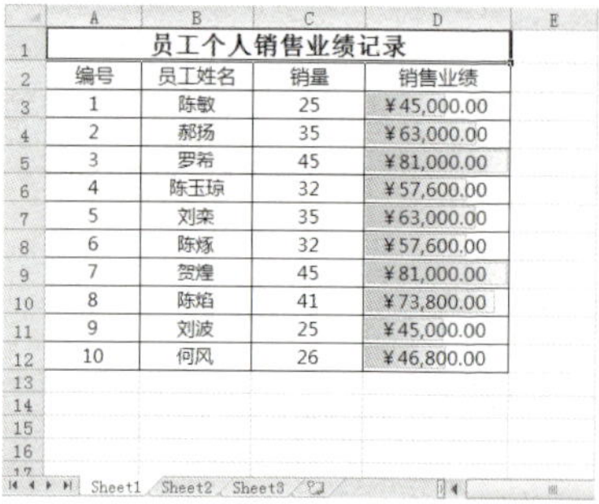

图10-42

技巧11 巧用三色刻度显示数据

颜色刻度作为一种直观的指示，可以帮助用户了解数据分布和数据变化等情况。“三色刻度”使用三种颜色的深浅程度来帮助用户比较某个区域的单元格，颜色的深浅表示值的高、中、低。例如，在红色、绿色和蓝色的三色刻度中，可以指定值较高的单元格的颜色为绿色，中间的单元格颜色为黄色，而较低的单元格的颜色为红色，操作方法如下。

❶ 选中要设置样式的单元格区域，单击“开始”选项卡，在“样式”选项组中单击“条件格式”下拉按钮，在弹出的下拉菜单中选择“色阶”|“其他规则”选项，如图10-43所示。

❷ 弹出“新建格式规则”对话框，在“格式样式”下拉列表框中选择“三色刻度”选项，分别将最小值、中间值和最大值的“颜色”设置为红色、黄色和绿色，如图10-44所示。

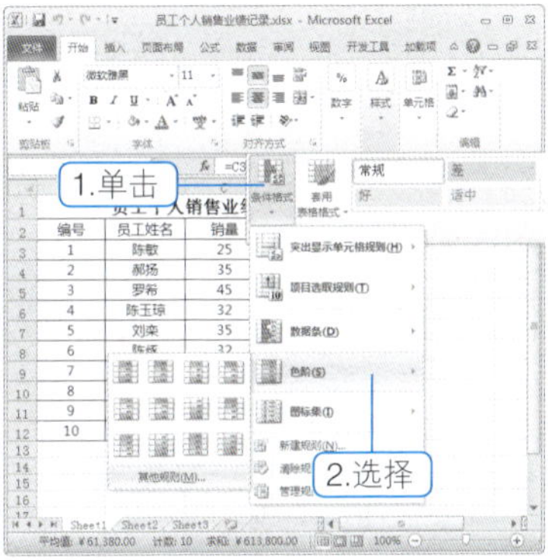

图10-43

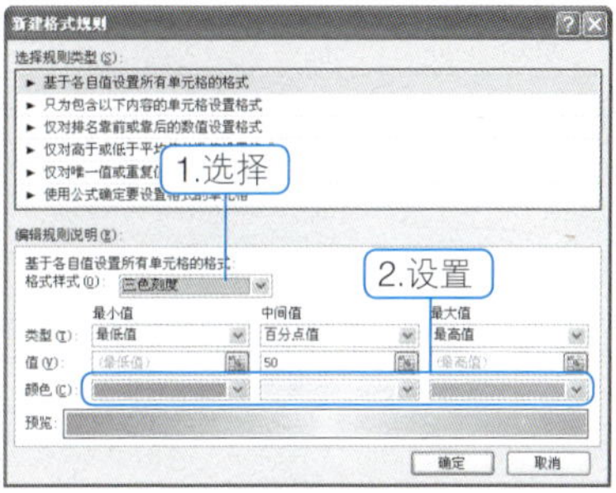

图10-44

❸ 单击“确定”按钮，将设置的格式应用到选中的单元格区域中，效果如图10-45所示。

	A	B	C	D
1	员工个人销售业绩记录			
2	编号	员工姓名	销量	销售业绩
3	1	陈敏	25	¥45,000.00
4	2	郝扬	35	¥63,000.00
5	3	罗希	45	¥81,000.00
6	4	陈玉琼	32	¥57,600.00
7	5	刘栾	35	¥63,000.00
8	6	陈烁	32	¥57,600.00
9	7	贺煌	45	¥81,000.00
10	8	陈焰	41	¥73,800.00
11	9	刘波	25	¥45,000.00
12	10	何风	26	¥46,800.00

图10-45

专家提示

用户还可以使用双色刻度比较分析数据，它使用两种颜色的深浅程度来比较某个区域的单元格数据大小。同样，颜色的深浅表示值的高低。

技巧12 巧用图标集标注单元格数据

使用图标集可以对单元格数据进行注释，并可以按阈值将数据分为3～5个类别，每个图标代表一个值的范围。例如，在“三标志”图标集中，绿色的圆形代表较高值，黄色的横向箭头代表中间值，红色的下箭头代表较低值，标注具体方法如下。

❶ 选中要设置样式的单元格区域，单击“开始”选项卡，在“样式”选项组中单击“条件格式”下拉按钮，在弹出的下拉菜单中选择“图标集”|“三标志”选项，如图10-46所示。

❷ 此时，选中的单元格区域，根据数据的大小填充的不同长度的颜色条，效果如图10-47所示。

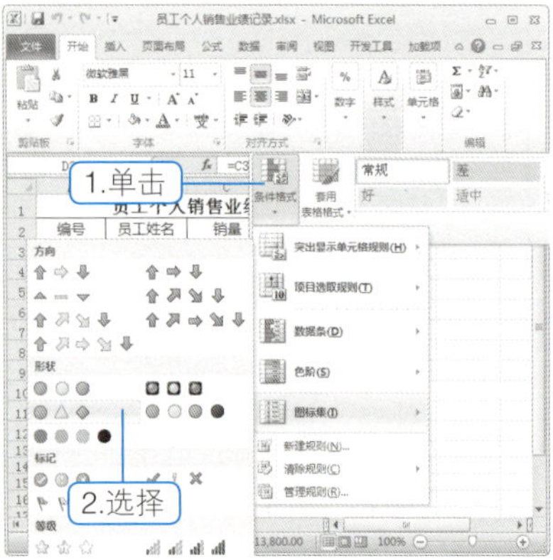

图10-46

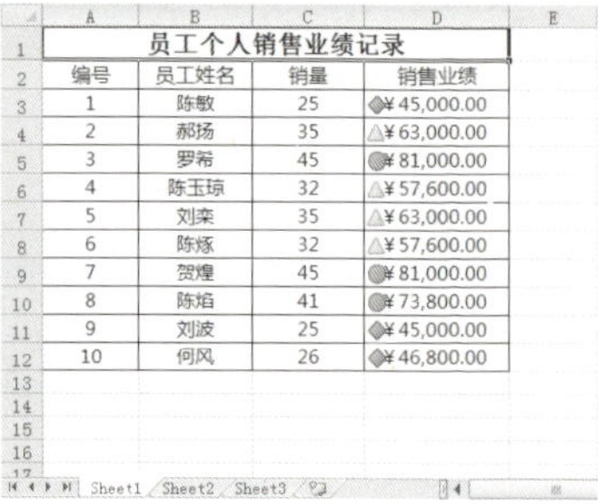

员工个人销售业绩记录			
编号	员工姓名	销量	销售业绩
1	陈敏	25	¥45,000.00
2	郝扬	35	¥63,000.00
3	罗希	45	¥81,000.00
4	陈玉琼	32	¥57,600.00
5	刘栾	35	¥63,000.00
6	陈烼	32	¥57,600.00
7	贺煌	45	¥81,000.00
8	陈焰	41	¥73,800.00
9	刘波	25	¥45,000.00
10	何风	26	¥46,800.00

图10-47

技巧13 巧妙地为单元格隔行着色

如果需要更复杂的条件格式，可以使用逻辑公式来指定格式设置条件。例如，为了明显区别各行数据，可为单元格隔行着色，操作方法如下。

❶ 选中表格数据区域，设置其背景色为黄色，单击“开始”选项卡，在“样式”选项组中单击“条件格式”下拉按钮，在弹出的下拉菜单中选择“新建规则”选项，如图10-48所示。

❷ 弹出“新建格式规则”对话框，在“选择规则类型”列表框中选择“使用公式确定要设置格式的单元格”选项，并在“为符合此公式的值设置格式”文本框中输入公式，如图10-49所示。

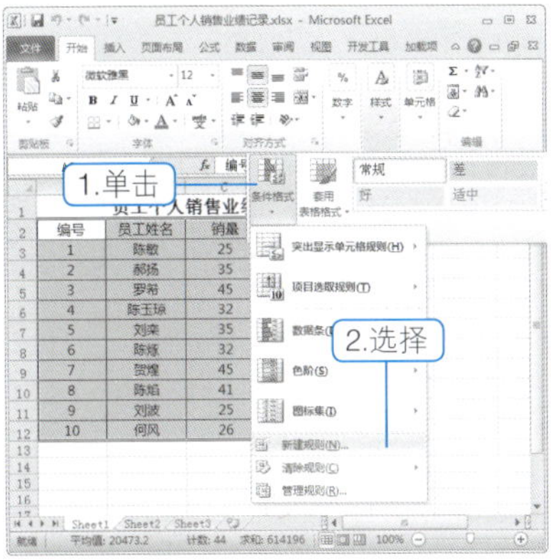

图10-48

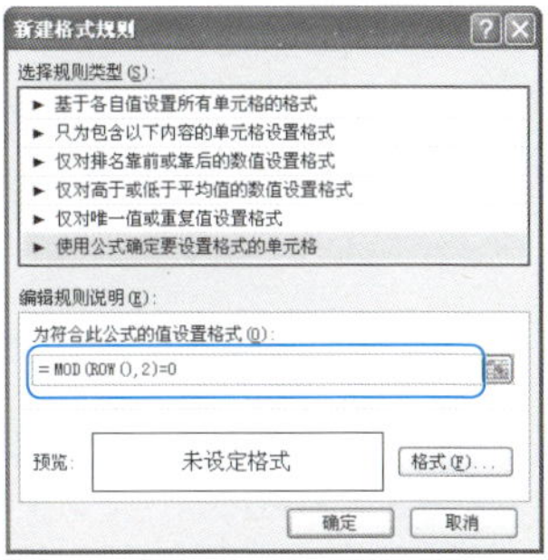

图10-49

❸ 单击“格式”按钮，弹出“设置单元格格式”对话框，单击“填充”选项卡，在“背景色”选项区中单击“浅蓝”色块，如图10-50所示。

❹ 依次单击“确定”按钮，将样式应用到表格中，效果如图10-51所示。

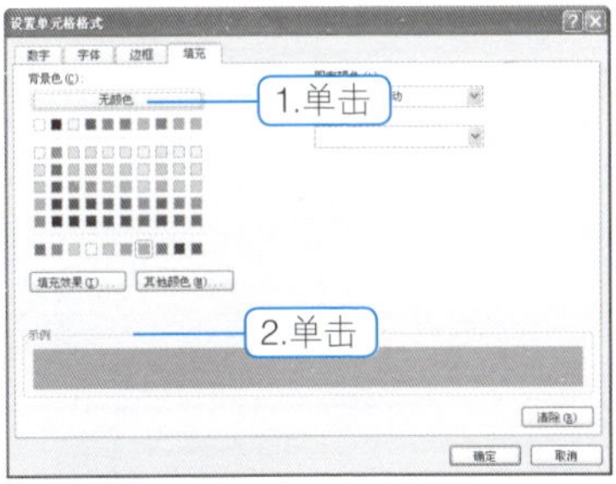

图10-50

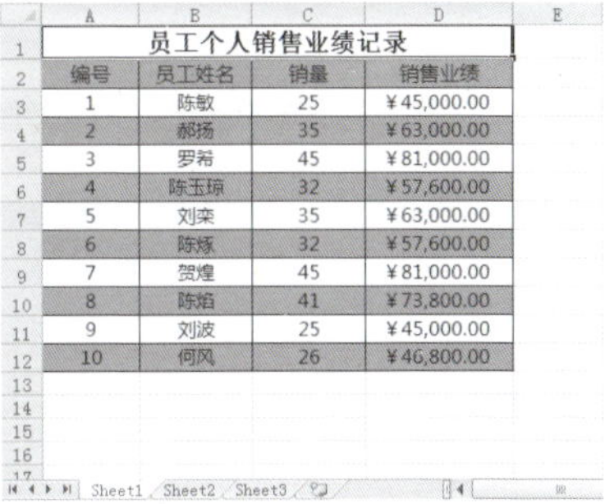

图10-51

专家提示

如果需要间隔两行添加填充颜色只须将公式改为“=MOD(ROW(),3)=0”即可；如果要间隔四行，那就将3改为4，依此类推。如果希望隔列着色，只需将公式中的ROW改为COLUMN即可。

技巧14 单元格隔行着色巧设置

使用上个技巧中介绍的方法为单元格着色后，若插入或删除行，其效果不会改变。但是若执行一些特殊的操作，如筛选，就会出现如图10-52所示的情况，若想在筛选完成后仍是隔行着色，可适当更改条件公式，操作方法如下。

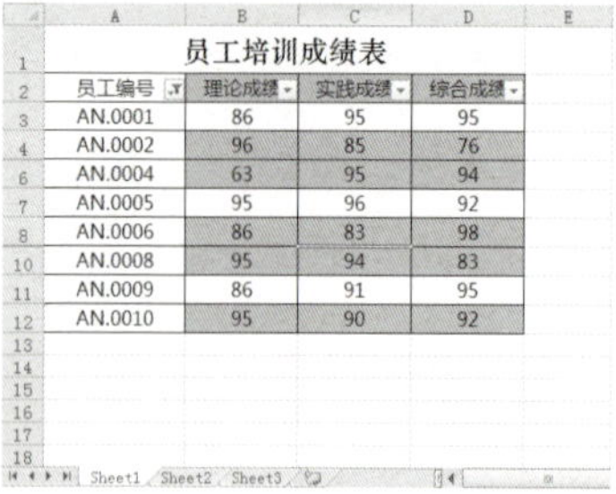

图10-52

1 选中表格数据区域，单击“开始”选项卡，在“样式”选项组中单击“条件格式”下拉按钮，在弹出的下拉菜单中选择“管理规则”选项，弹出“条件格式规则管理器”对话框，如图10-53所示。

2 单击“新建规则”按钮，弹出“新建格式规则”对话框，在“选择规则类型”列表框中选择“使用公式确定要设置格式的单元格”选项，并在“为符合此公式的值设置格式”文本框中输入公式，如图10-54所示。

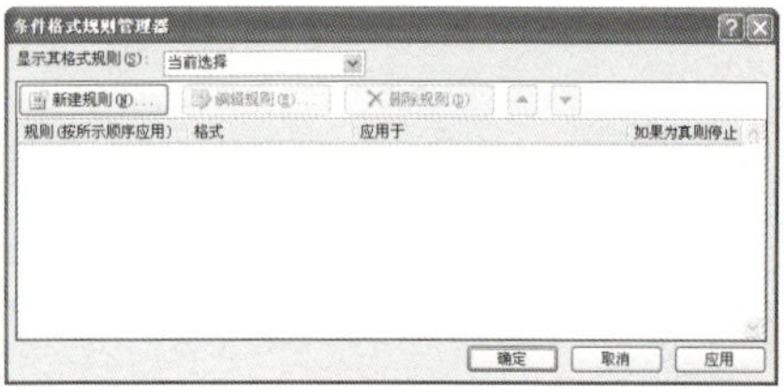

图10-53

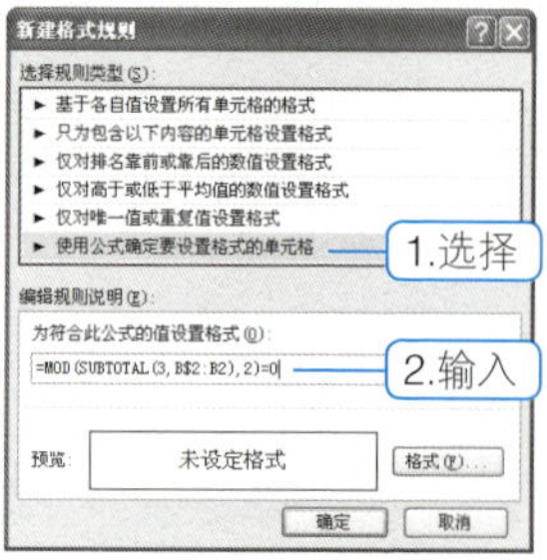

图10-54

3 单击“格式”按钮，弹出“设置单元格格式”对话框，单击“填充”选项卡，在“背景色”选项区中单击“浅蓝”色块，如图10-55所示。

4 单击“确定”按钮，返回“条件格式规则管理器”对话框，用同样的方法，打开“新建格式规则”对话框，设置公式为“=MOD(SUBTOTAL(3,B$2:B2),2)=1”，如图10-56所示。

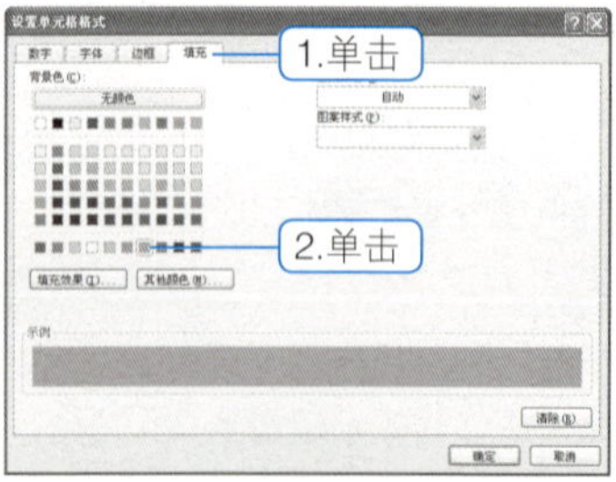

图10-55

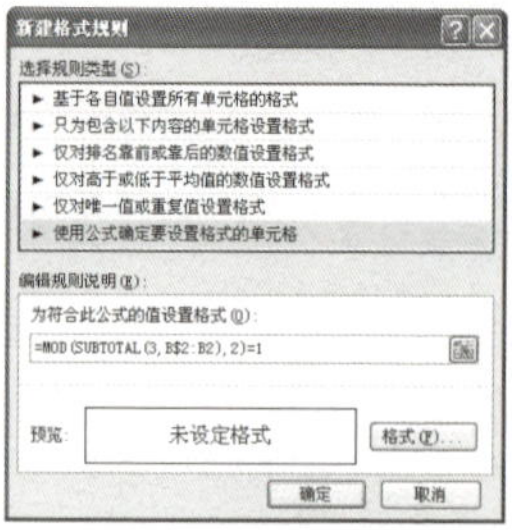

图10-56

5 单击“格式”按钮，设置“填充”选项卡下“背景色”为黄色，单击“确定”按钮，返回“条件格式规则管理器”对话框中，如图10-57所示。

6 单击“确定”按钮，将样式应用到单元格中，再次执行筛选操作，得到的效果，如图10-58所示。

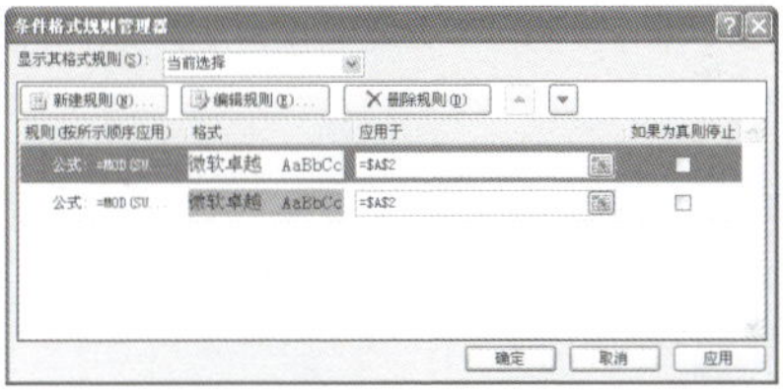

图10-57

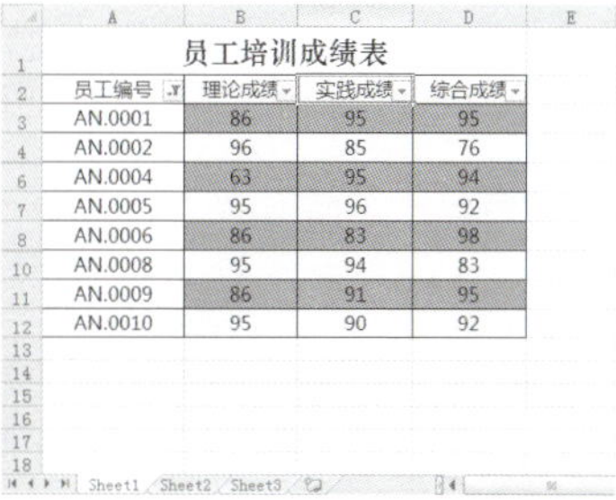

员工培训成绩表			
员工编号	理论成绩	实践成绩	综合成绩
AN.0001	86	95	95
AN.0002	96	85	76
AN.0004	63	95	94
AN.0005	95	96	92
AN.0006	86	83	98
AN.0008	95	94	83
AN.0009	86	91	95
AN.0010	95	90	92

图10-58

技巧15 巧妙设置表格立体效果

使用单元格条件格式中的公式条件功能，可以轻松为表格添加立体效果，操作方法如下。

1 选中表格数据区域，单击“开始”选项卡，在“样式”选项组中单击“条件格式”下拉按钮，在弹出的下拉菜单中选择“新建规则”选项，如图10-59所示。

2 弹出“新建格式规则”对话框，在“选择规则类型”列表框中选择“使用公式确定要设置格式的单元格”选项，并在“为符合此公式的值设置格式”文本框中输入公式“=OR(AND(MOD(ROW(),2)=0,MOD(COLUMN(),2)=1),AND(MOD(ROW(),2)=1,MOD(COLUMN(),2)=0))”，如图10-60所示。

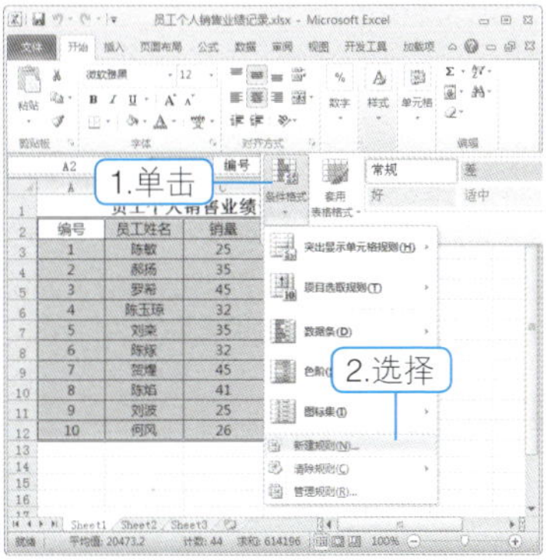

图10-59

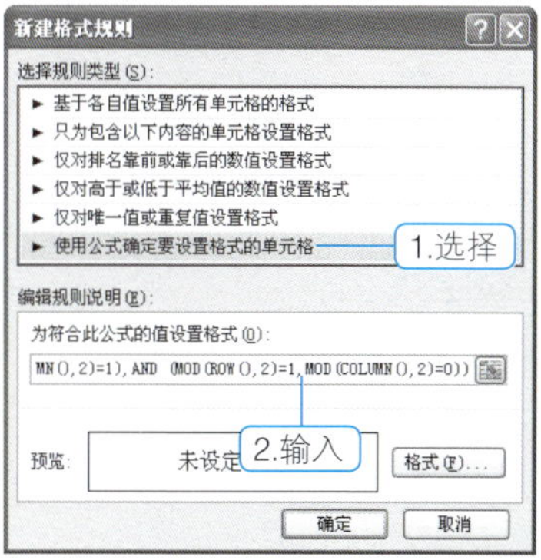

图10-60

专家提示

当输入的公式有多层嵌套时，要注意，每一层公式的括号都必须严格对应。

❸ 单击“格式”按钮，弹出“设置单元格格式”对话框，在“边框”选项卡中设置“颜色”为“黄色”，并单击“预置”选项区中的“外边框”按钮，如图10-61所示。

❹ 单击“填充”选项卡，在“背景色”选项区中单击“绿色”色块，如图10-62所示。

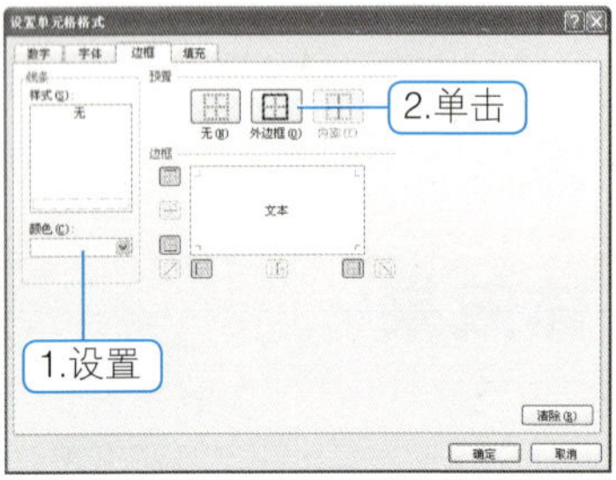

图10-61

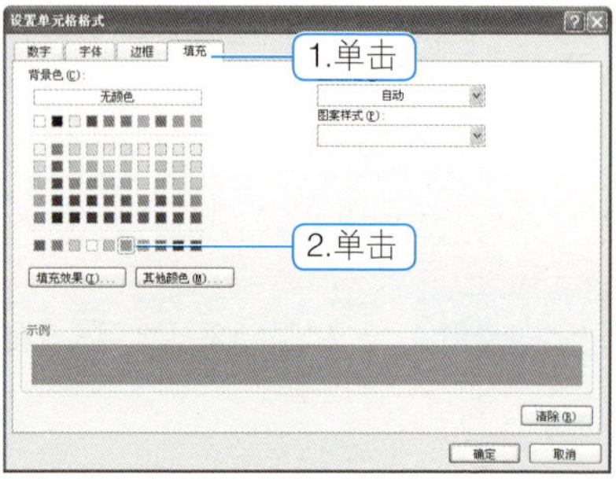

图10-62

❺ 依次单击“确定”按钮，将单元格样式应用到表格中的立体效果如图10-63所示。

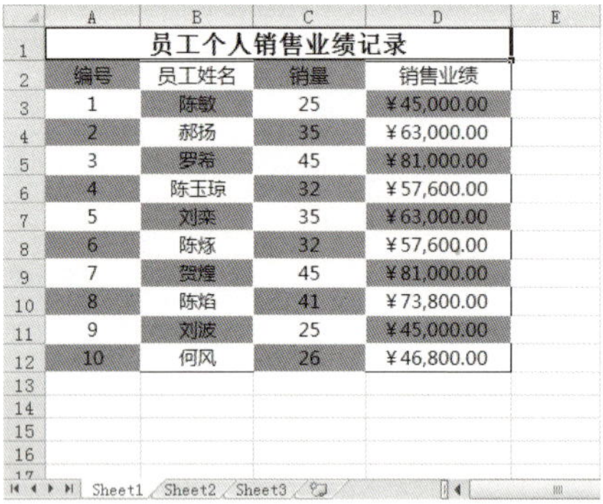

员工个人销售业绩记录			
编号	员工姓名	销量	销售业绩
1	陈敏	25	¥45,000.00
2	郝扬	35	¥63,000.00
3	罗希	45	¥81,000.00
4	陈玉琼	32	¥57,600.00
5	刘栾	35	¥63,000.00
6	陈椓	32	¥57,600.00
7	贺煌	45	¥81,000.00
8	陈焰	41	¥73,800.00
9	刘波	25	¥45,000.00
10	何风	26	¥46,800.00

图10-63

第2篇 数据常见处理与分析

第11章

排序操作与设置技巧

排序数据处理中的基本功能之一，用户可以按照一定的顺序对数据进行排序操作。

技巧1 快速对单列进行排序

单击“数据”选项卡，在“排序和筛选”选项组中单击“升序”或“降序”按钮，可以快速地对单列数据按升序或降序进行排序。其具体操作方法如下。

❶ 打开公司员工培训成绩表，选中单元格D2，单击“数据”选项卡，在“排序和筛选”选项组中单击“降序”按钮，如图11-1所示。

❷ 该工作表将按“基本工资”列中的数据从大到小重新排列，排序结果如图11-2所示。

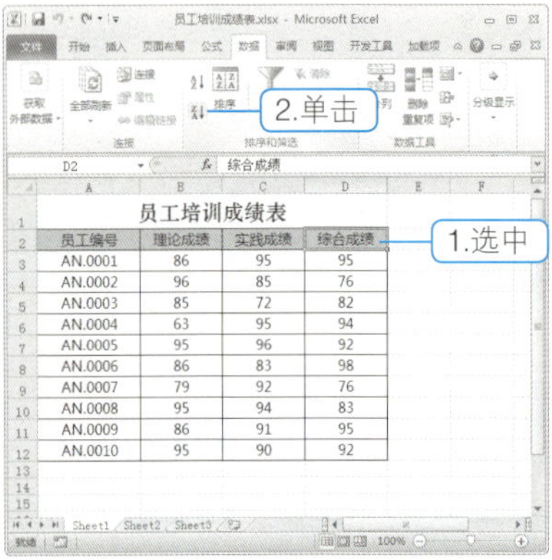

图11-1

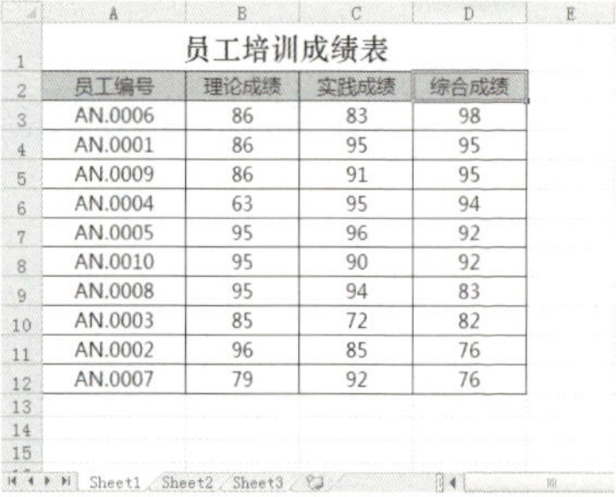

图11-2

技巧2 快速对多列进行排序

在Excel 2010中，可以使用“排序”对话框对数据表中的多列数据进行排序，下面以员工培训成绩表为例，介绍对多列数据进行排序的具体方法。

❶ 打开员工培训成绩表，选择单元格区域A2:D12，然后单击“数据”选项卡，在“排序和筛选”选项组中单击“排序”按钮，如图11-3所示。

❷ 将弹出“排序”对话框，在“主要关键字”下拉列表框中选择“理论成绩”选项，在“次序”下拉列表框中选择“降序”选项，如图11-4所示。

❸ 然后单击“添加条件”按钮，添加次要关键字，在“次要关键字”下拉列表框中选择“实践成绩”选项，在“次序”下拉列表框中选择“降序”选项，如图11-5所示。

❹ 单击“确定”按钮，完成排序，排序结果如图11-6所示。

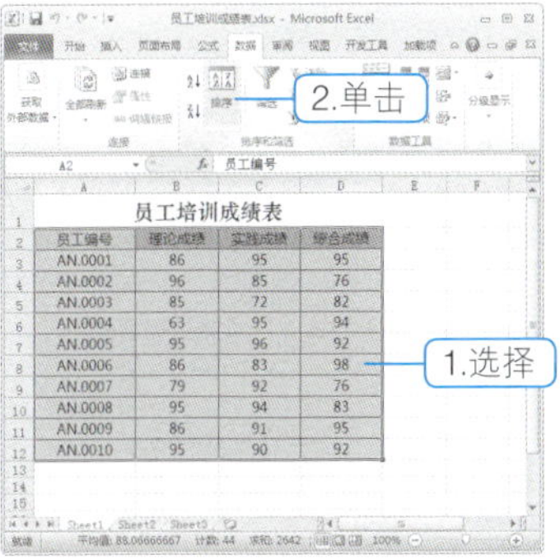

图11-3

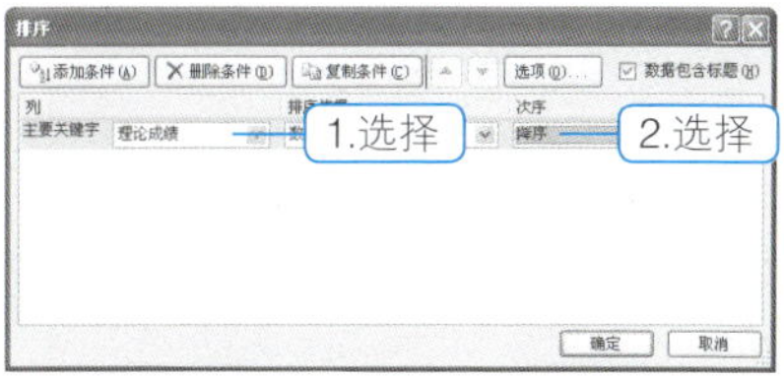

图11-4

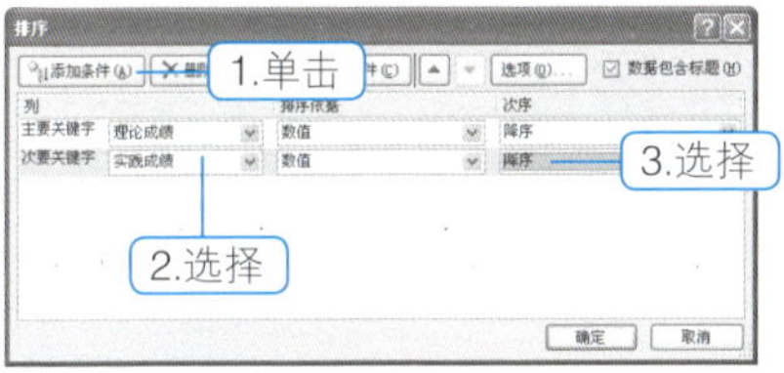

图11-5

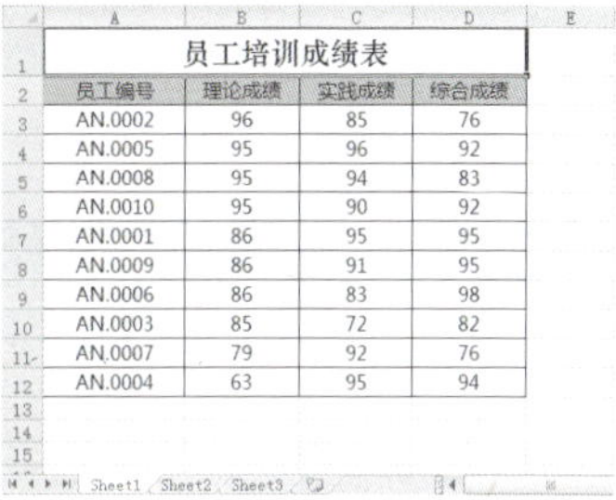

图11-6

技巧3 按自定义序列排序

在Excel中可以按照自定义的序列对数据表进行排序，具体操作方法如下。

❶ 打开公司员工培训成绩表，选中表格中任意单元格，单击“数据”选项卡，在“排序和筛选”选项组中单击“排序”按钮，如图11-7所示。

❷ 弹出“排序”对话框，在“主要关键字”下拉列表框中选择“所属部门”选项，在“次序”下拉列表框中选择“自定义序列”选项，如图11-8所示。

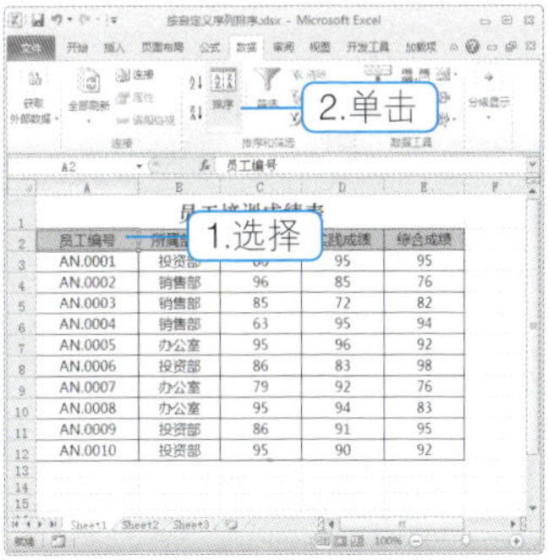

图11-7

图11-8

❸ 弹出“自定义序列”对话框，在“输入序列”列表框中，输入自定义序列，并单击“添加”按钮，如图11-9所示。

❹ 单击“确定”按钮，返回“排序”对话框。单击“确定”按钮，完成排序，排序后的效果如图11-10所示。

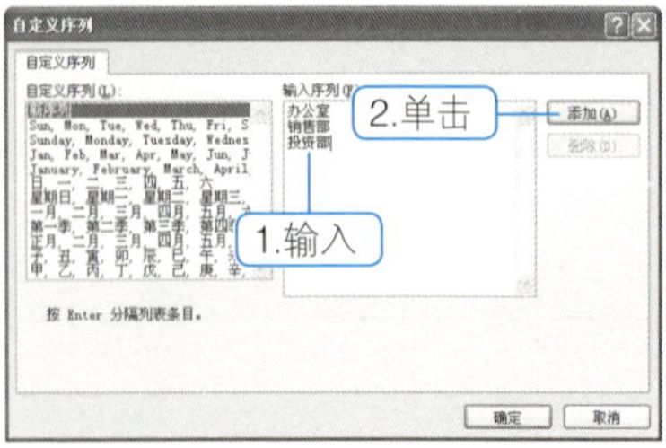

图11-9

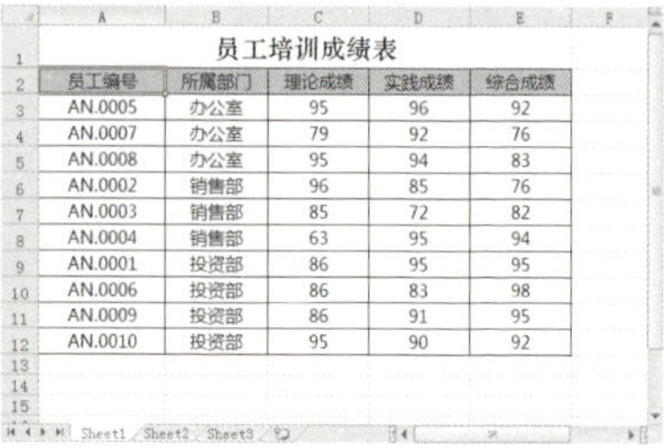

员工培训成绩表

员工编号	所属部门	理论成绩	实践成绩	综合成绩
AN.0005	办公室	95	96	92
AN.0007	办公室	79	92	76
AN.0008	办公室	95	94	83
AN.0002	销售部	96	85	76
AN.0003	销售部	85	72	82
AN.0004	销售部	63	95	94
AN.0001	投资部	86	95	95
AN.0006	投资部	86	83	98
AN.0009	投资部	86	91	95
AN.0010	投资部	95	90	92

图11-10

技巧4 根据单元格颜色排序

在Excel 2010中，用户可以根据数据所在单元格的颜色对数据进行排序，其具体操作方法如下。

❶ 打开公司员工培训成绩表，选中表格中任意单元格，单击“数据”选项卡，在“排序和筛选”选项组中单击“排序”按钮，如图11-11所示。

❷ 弹出“排序”对话框，在“主要关键字”下拉列表框中选择“职位”选项，在“排序依据”下拉列表框中选择“单元格颜色”选项，在“次序”选择最深的颜色选项，如图11-12所示。

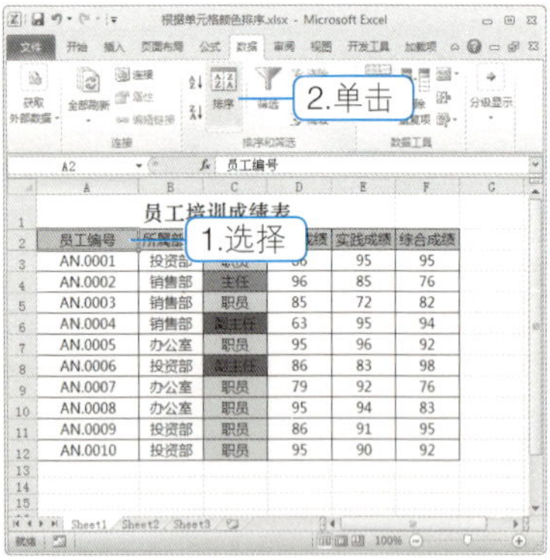

图11-11

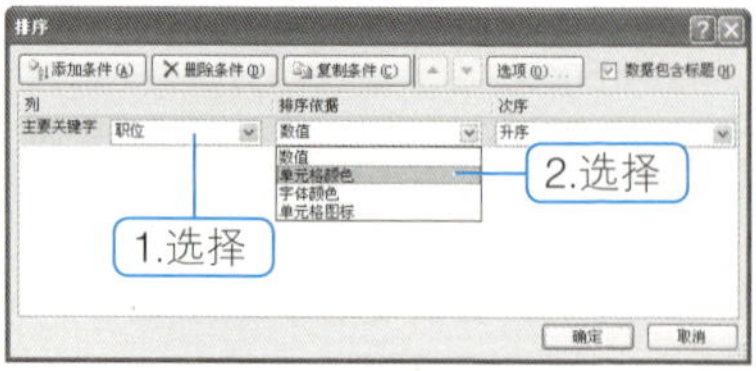

图11-12

❸ 在“次序”下拉列表框中选择最深的颜色选项，并在其后面的下拉列表框中选择“在顶端”选项，如图11-13所示。

❹ 单击“添加条件”按钮，添加次要关键字，在“次要关键字”下拉列表框中选择“职位”选项，在“排序依据”下拉列表框中选择“单元格颜色”选项，在“次序”下拉列表框中选择最浅的颜色选项，并在其后面的下拉列表框中选择“在底端”选项，如图11-14所示。

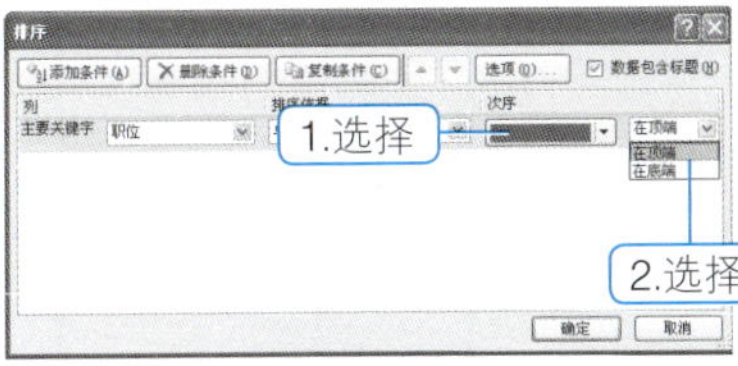

图11-13

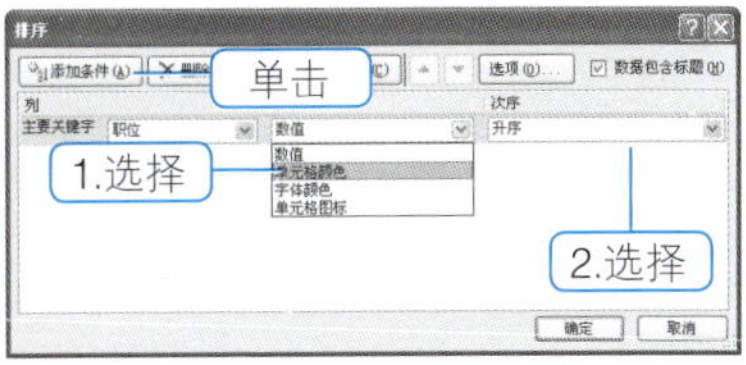

图11-14

❺ 单击“确定”按钮，完成排序，排序后的结果如图11-15所示。

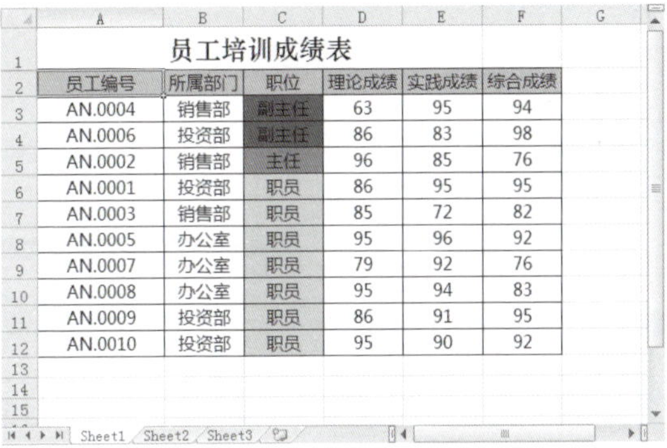

员工培训成绩表					
员工编号	所属部门	职位	理论成绩	实践成绩	综合成绩
AN.0004	销售部	副主任	63	95	94
AN.0006	投资部	副主任	86	83	98
AN.0002	销售部	主任	96	85	76
AN.0001	投资部	职员	86	95	95
AN.0003	销售部	职员	85	72	82
AN.0005	办公室	职员	95	96	92
AN.0007	办公室	职员	79	92	76
AN.0008	办公室	职员	95	94	83
AN.0009	投资部	职员	86	91	95
AN.0010	投资部	职员	95	90	92

图11-15

专家提示

除了可以根据单元格颜色对数据进行排序外，还可以根据单元格中数据的字体颜色排序，其具体操作方法不再叙述。

技巧5 按行对数据进行排序

一般情况下，数据表将根据数据所在的列进行排序。在Excel工作表中也可以根据数据表的行进行排序，其具体操作方法如下。

❶ 在员工的培训成绩表中，选择单元格区域A2:D12，如图11-16所示。

❷ 单击“数据”选项卡，在“排序和筛选”选项组中单击“排序”按钮，弹出“排序”对话框，从中单击“选项”按钮，弹出“排序选项”对话框，在该对话框中选中“按行排序”单选按钮，如图11-17所示。单击“确定”按钮，返

回“排序”对话框。

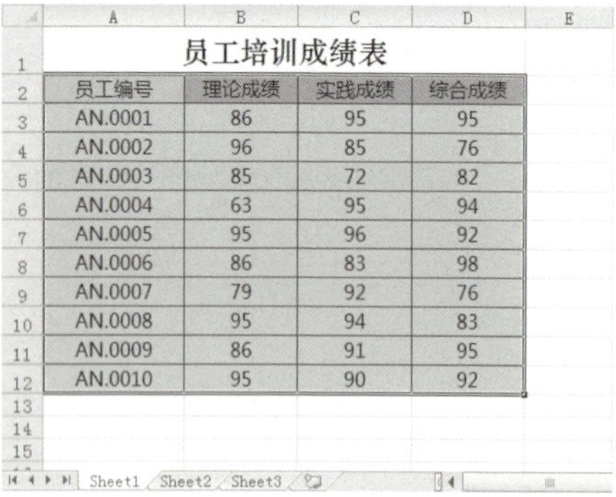

	A	B	C	D
1	员工培训成绩表			
2	员工编号	理论成绩	实践成绩	综合成绩
3	AN.0001	86	95	95
4	AN.0002	96	85	76
5	AN.0003	85	72	82
6	AN.0004	63	95	94
7	AN.0005	95	96	92
8	AN.0006	86	83	98
9	AN.0007	79	92	76
10	AN.0008	95	94	83
11	AN.0009	86	91	95
12	AN.0010	95	90	92

图11-16

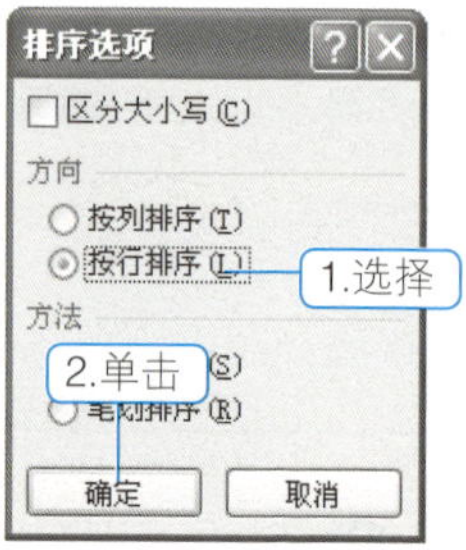

图11-17

❸ 在“主要关键字”下拉列表框中选择“行3”选项，在“次序”下拉列表框中选择“自定义序列”选项，如图11-18所示。

❹ 弹出“自定义序列”对话框，从中输入序列，单击“添加”按钮，添加序列，如图11-19所示。

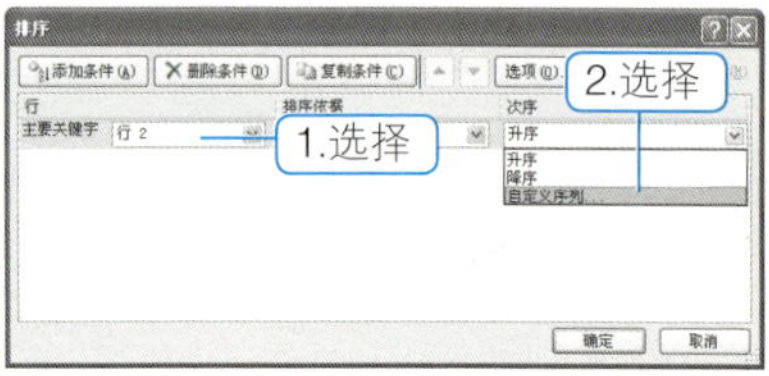

图11-18

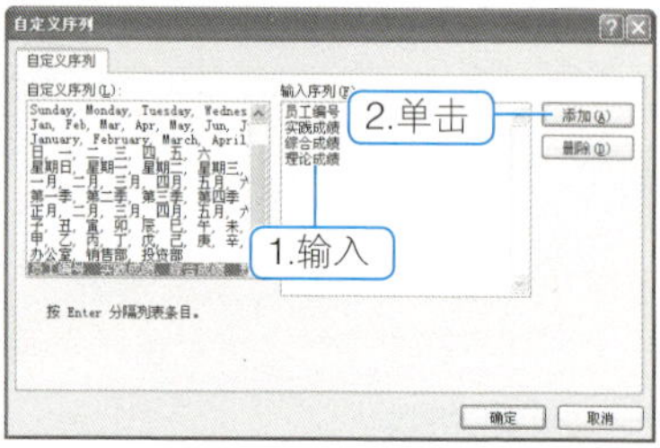

图11-19

❺ 然后单击“确定”按钮，返回“排序”对话框，如图11-20所示。

❻ 单击“确定”按钮，数据表按行进行排序，效果如图11-21所示。

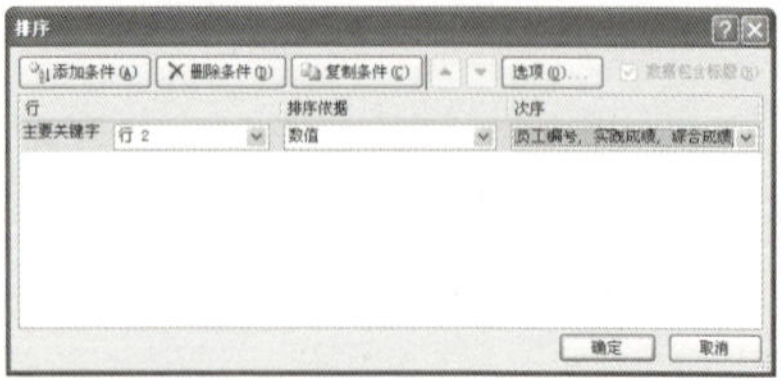

图11-20

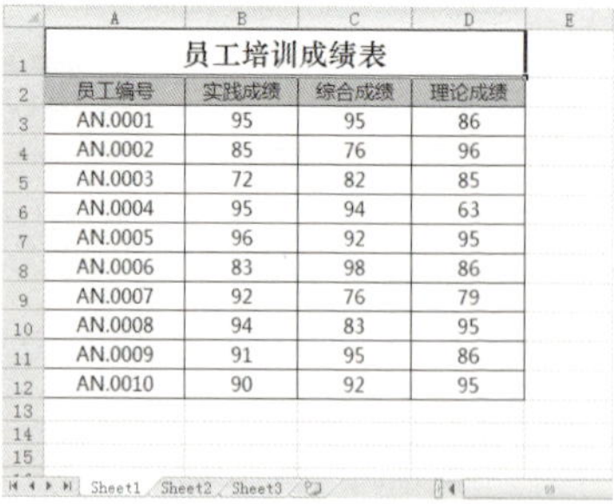

	A	B	C	D
1	员工培训成绩表			
2	员工编号	实践成绩	综合成绩	理论成绩
3	AN.0001	95	95	86
4	AN.0002	85	76	96
5	AN.0003	72	82	85
6	AN.0004	95	94	63
7	AN.0005	96	92	95
8	AN.0006	83	98	86
9	AN.0007	92	76	79
10	AN.0008	94	83	95
11	AN.0009	91	95	86
12	AN.0010	90	92	95

图11-21

技巧6 按笔划对数据进行排序

一般情况下，数据表中将根据数据所在的列进行排序。在Excel工作表中也可以根据数据表的行进行排序，常常按照中文的笔划来为输入的文字安排一定的顺序。在Excel中也可以使用笔划来为数据表进行排序，其具体操作方法如下。

1 打开员工个人销售业绩记录，如图11-22所示。

2 选择任意数据单元格，打开“排序”对话框，从中单击“选项”按钮，弹出“排序选项”对话框，在该对话框中选中“笔划排序”单选按钮，如图11-23所示。

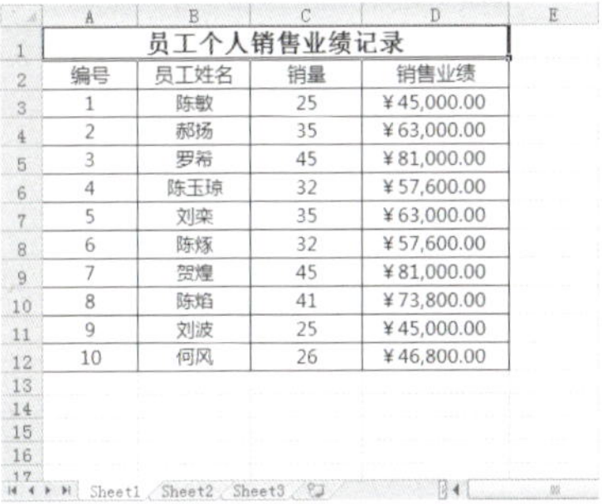

编号	员工姓名	销量	销售业绩
1	陈敏	25	¥45,000.00
2	郝扬	35	¥63,000.00
3	罗希	45	¥81,000.00
4	陈玉琼	32	¥57,600.00
5	刘栾	35	¥63,000.00
6	陈烁	32	¥57,600.00
7	贺煌	45	¥81,000.00
8	陈焰	41	¥73,800.00
9	刘波	25	¥45,000.00
10	何风	26	¥46,800.00

图11-22

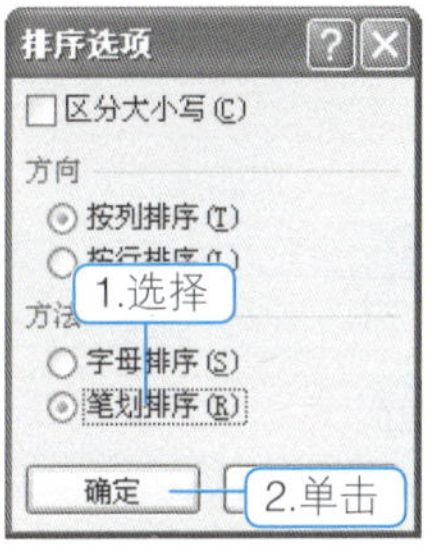

图11-23

3 单击“确定”按钮后，返回“排序”对话框，在“主要关键字”下拉列表框中选择“姓名”选项，其他参数保持默认，如图11-24所示。

4 单击“确定”按钮，将按笔划排序，排序效果如图11-25所示。

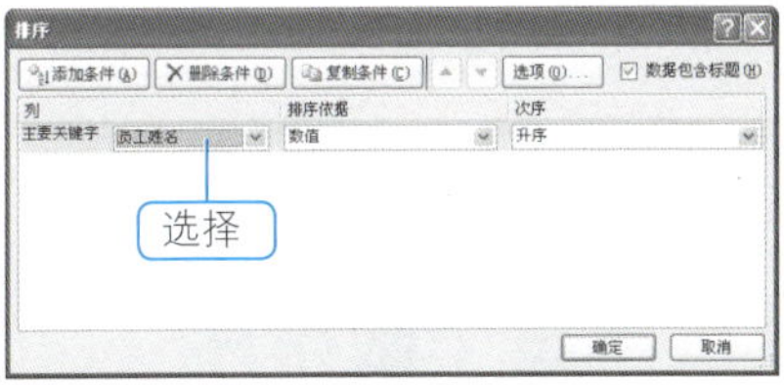

图11-24

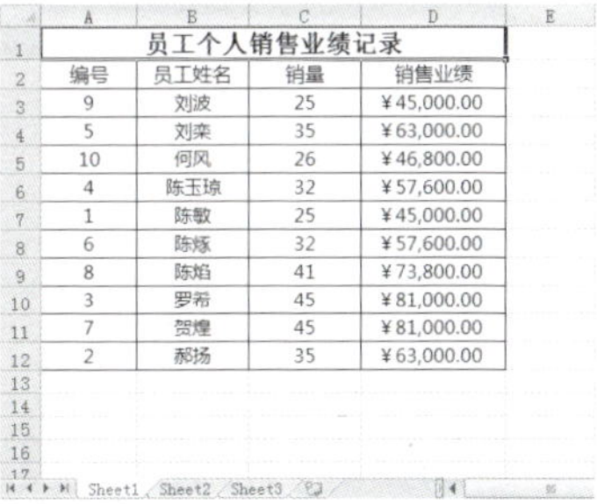

编号	员工姓名	销量	销售业绩
9	刘波	25	¥45,000.00
5	刘栾	35	¥63,000.00
10	何风	26	¥46,800.00
4	陈玉琼	32	¥57,600.00
1	陈敏	25	¥45,000.00
6	陈烁	32	¥57,600.00
8	陈焰	41	¥73,800.00
3	罗希	45	¥81,000.00
7	贺煌	45	¥81,000.00
2	郝扬	35	¥63,000.00

图11-25

技巧7 巧用函数进行随机排序

使用RAND随机函数，可以帮助数据表巧妙地实现随机的排序，其具体操作方法如下。

1 打开“全年销售统计表”，如图11-26所示。

2 在数据表的右侧添加“随机序列”列，然后在单元格C3中输入公式“=RAND()”，并使用填充柄向下填充公式，效果如图11-27所示。

月份	销售额
一月份	¥480,000.00
二月份	¥520,000.00
三月份	¥630,000.00
四月份	¥590,000.00
五月份	¥490,000.00
六月份	¥580,000.00
七月份	¥590,000.00
八月份	¥620,000.00
九月份	¥750,000.00
十月份	¥480,000.00
十一月份	¥590,000.00
十二月份	¥680,000.00

图11-26

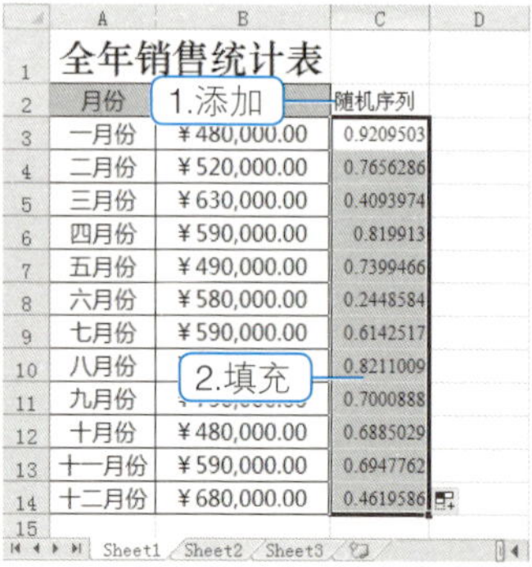

月份		随机序列
一月份	¥480,000.00	0.9209503
二月份	¥520,000.00	0.7656286
三月份	¥630,000.00	0.4093974
四月份	¥590,000.00	0.819913
五月份	¥490,000.00	0.7399466
六月份	¥580,000.00	0.2448584
七月份	¥590,000.00	0.6142517
八月份	[illegible]	0.8211009
九月份	[illegible]	0.7000888
十月份	¥480,000.00	0.6885029
十一月份	¥590,000.00	0.6947762
十二月份	¥680,000.00	0.4619586

图11-27

3 打开“排序”对话框，设置“主要关键字”为“随机序列”，其他参数保持默认，如图11-28所示。

4 单击“确定”按钮，数据表按随机函数得出的数字进行随机排序，排序后的效果如图11-29所示。

图11-28

月份	销售额	随机序列
六月份	¥580,000.00	0.5653258
三月份	¥630,000.00	0.4167751
十二月份	¥680,000.00	0.1135979
七月份	¥590,000.00	0.7169833
十月份	¥480,000.00	0.1697592
十一月份	¥590,000.00	0.6526001
九月份	¥750,000.00	0.8865413
五月份	¥490,000.00	0.9297343
二月份	¥520,000.00	0.624362
四月份	¥590,000.00	0.2782797
八月份	¥620,000.00	0.3230405
一月份	¥480,000.00	0.0923826

图11-29

技巧8 巧用函数实现按字符个数排序

使用LEN函数，可以统计单元格中字符的个数，然后可轻易地实现按字符个数的多少来排序。其具体操作方法如下。

1 打开“企业产品销售价目表”，在数据表的右侧添加“排序列”列，然后在单元格E3中输入函数“=LEN(B3)”，如图11-30所示。

❷ 确认输入函数后，使用填充柄向下填充公式，效果如图11-31所示。

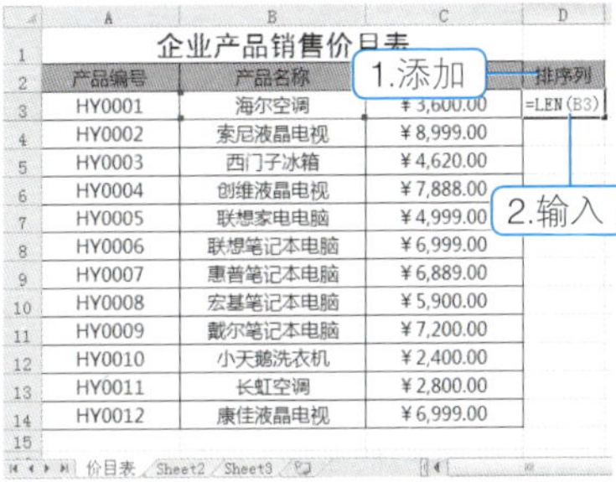

	A	B	C	D
1	企业产品销售价目表			
2	产品编号	产品名称	销售价格	排序列
3	HY0001	海尔空调	￥3,600.00	=LEN(B3)
4	HY0002	索尼液晶电视	￥8,999.00	
5	HY0003	西门子冰箱	￥4,620.00	
6	HY0004	创维液晶电视	￥7,888.00	
7	HY0005	联想家电电脑	￥4,999.00	
8	HY0006	联想笔记本电脑	￥6,999.00	
9	HY0007	惠普笔记本电脑	￥6,889.00	
10	HY0008	宏基笔记本电脑	￥5,900.00	
11	HY0009	戴尔笔记本电脑	￥7,200.00	
12	HY0010	小天鹅洗衣机	￥2,400.00	
13	HY0011	长虹空调	￥2,800.00	
14	HY0012	康佳液晶电视	￥6,999.00	

图11-30

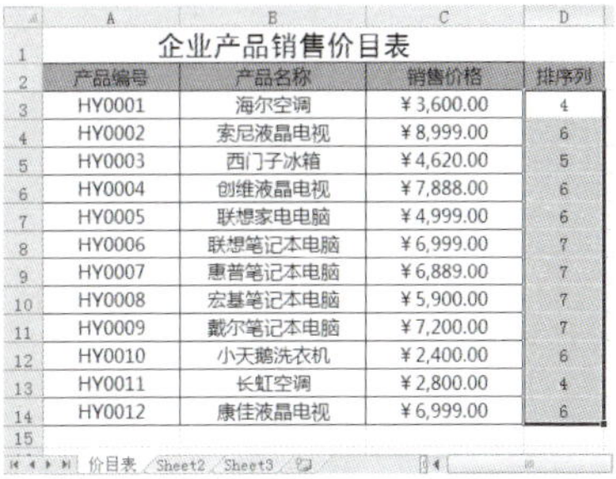

	A	B	C	D
1	企业产品销售价目表			
2	产品编号	产品名称	销售价格	排序列
3	HY0001	海尔空调	￥3,600.00	4
4	HY0002	索尼液晶电视	￥8,999.00	6
5	HY0003	西门子冰箱	￥4,620.00	5
6	HY0004	创维液晶电视	￥7,888.00	6
7	HY0005	联想家电电脑	￥4,999.00	6
8	HY0006	联想笔记本电脑	￥6,999.00	7
9	HY0007	惠普笔记本电脑	￥6,889.00	7
10	HY0008	宏基笔记本电脑	￥5,900.00	7
11	HY0009	戴尔笔记本电脑	￥7,200.00	7
12	HY0010	小天鹅洗衣机	￥2,400.00	6
13	HY0011	长虹空调	￥2,800.00	4
14	HY0012	康佳液晶电视	￥6,999.00	6

图11-31

❸ 选择“排序”列的任意单元格，单击“数据”选项卡，在“排序和筛选”选项组中单击“升序”按钮，将按升序进行排序，排序后的效果如图11-32所示。

	A	B	C	D
1	企业产品销售价目表			
2	产品编号	产品名称	销售价格	排序列
3	HY0001	海尔空调	￥3,600.00	4
4	HY0011	长虹空调	￥2,800.00	4
5	HY0003	西门子冰箱	￥4,620.00	5
6	HY0002	索尼液晶电视	￥8,999.00	6
7	HY0004	创维液晶电视	￥7,888.00	6
8	HY0005	联想家电电脑	￥4,999.00	6
9	HY0010	小天鹅洗衣机	￥2,400.00	6
10	HY0012	康佳液晶电视	￥6,999.00	6
11	HY0006	联想笔记本电脑	￥6,999.00	7
12	HY0007	惠普笔记本电脑	￥6,889.00	7
13	HY0008	宏基笔记本电脑	￥5,900.00	7
14	HY0009	戴尔笔记本电脑	￥7,200.00	7

图11-32

技巧9　利用IF函数进行排序

Excel自身带有排序功能，如果将它与IF函数结合，可以计算出没有空缺的排名。下面以“总成绩”的排序为例进行介绍。其具体操作方法如下。

❶ 选中F3单元格，根据排序需要，执行“降序排序”或“升序排序”。

❷ 假如“总成绩”是按值由大到小（降序）排列的，而又想赋予每个总分从1～n（n为自然数）的排名，可以在H3单元格中输入1，接着在H4单元格中输入公式=IF(F4=F3,H3,H3+1)，接着回车即可得出排名第二的序号“2”。

❸ 拖动H4的填充柄，将公式复制到H11等单元格，就可以计算出其他同学的总分排名，排序后的效果如图11-33所示。

专家提示

使用此方法需要对数据先进行排序，而利用RANK则不需要事先排序。

	A	B	C	D	E	F	G	H
1	学生成绩表							
2	语文	数学	英语	化学	物理	总成绩	姓名	排名
3	106	106	90	77	78	457	张赛	1
4	100	100	75	47	95	417	刘璐	2
5	95	95	45	96	86	417	尚非	2
6	85	75	76	88	89	413	李贺	3
7	85	85	71	88	84	413	金龙	3
8	76	76	75	87	99	413	鲍凤	3
9	85	85	46	93	77	386	蒋飞燕	4
10	95	95	68	45	77	380	李始动	5
11	67	67	75	75	75	359	刘云	6
12	85	85	88	86	12	356	刘清河	7
13	45	45	95	76	77	338	武均	8
14	46	46	65	86	86	329	孙武	9

填充

图11-33

技巧10 按字母与数字的混合内容进行排序

在日常生活中，用户的表格经常会包含由字母和数字混合的数据，在对这样的数据排序时，结果总是令人无法满意。Excel是对单元格值从左到右逐字符地进行比较并排序，这样就会出现诸如A6排到A13后面的情况，想解决这个问题，可以通过如下方法来解决。其具体操作方法如下。

❶ 通常情况下，用户希望先比较字母的大小，接着再比较数字的大小。本例中的数据如图11-34所示。

❷ 在B1单元格中输入公式“=LEFT(A1,1)&RIGHT("000"&RIGHT(A1,LEN(A1)-1),3)”，按下回车键，接着将公式填充到B8单元格，如图11-35所示。

❸ 选中B1:B8单元格区域中任一单元格，单击“排序和筛选”选项组中的（升序）按钮，即可将A1单元格中的数据按照用户所希望的顺序进行排列，如图11-36所示。

	A
1	D234
2	C30
3	E45
4	B121
5	A13
6	A6
7	F1
8	G213

图11-34

	A	B
1	D234	D234
2	C30	C030
3	E45	E045
4	B121	B121
5	A13	A013
6	A6	A006
7	F1	F001
8	G213	G213
9		

填充

图11-35

	A	B
1	A6	A006
2	A13	A013
3	B121	B121
4	C30	C030
5	D234	D234
6	E45	E045
7	F1	F001
8	G213	G213

图11-36

❹ 接着删除B列数据即可。

专家提示

本例中公式的作用是将数据的位数都变成相应的一位字母和三位数字，这样在排序时就可以得到用户所希望的结果了。

第 12 章

筛选操作与高级应用技巧

使用筛选功能，能够把数据表中满足用户需求的数据快速地筛选出来。

技巧1 快速进行自动筛选

自动筛选是最简单的筛选，在一般情况下使用自动筛选能够满足最基本的筛选要求。自动筛选的具体操作方法如下。

❶ 打开公司员工培训成绩表，任意选择数据单元格，然后单击“数据”选项卡，在“排序和筛选”选项组中单击“筛选”按钮，如图12-1所示。

❷ 自动筛选数据表后，将在数据表的列标题上出现筛选下拉按钮，如图12-2所示。

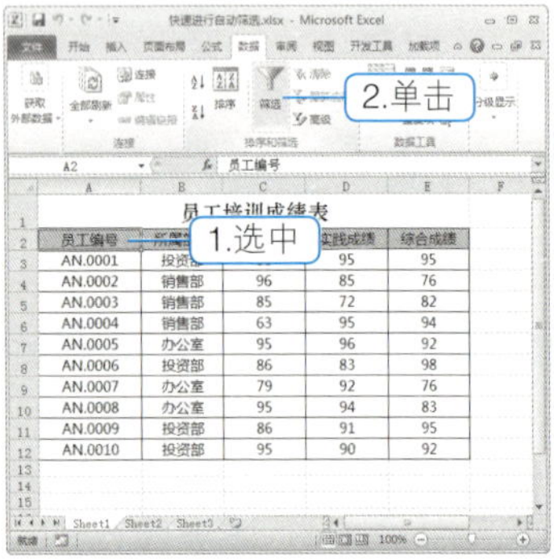

图12-1

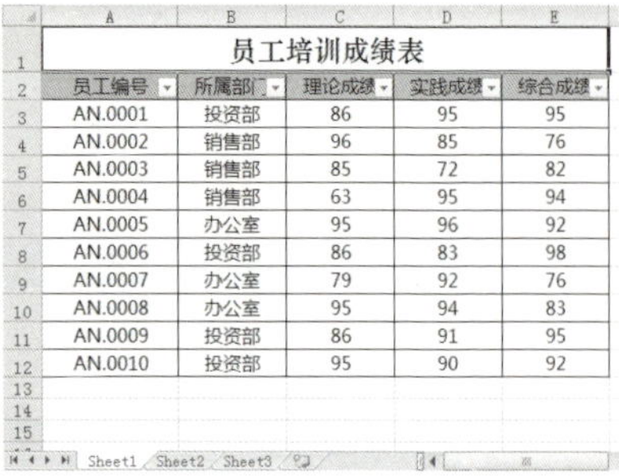

员工培训成绩表				
员工编号	所属部门	理论成绩	实践成绩	综合成绩
AN.0001	投资部	86	95	95
AN.0002	销售部	96	85	76
AN.0003	销售部	85	72	82
AN.0004	销售部	63	95	94
AN.0005	办公室	95	96	92
AN.0006	投资部	86	83	98
AN.0007	办公室	79	92	76
AN.0008	办公室	95	94	83
AN.0009	投资部	86	91	95
AN.0010	投资部	95	90	92

图12-2

❸ 单击标题名称“所属部门”右侧的下拉按钮，在弹出的下拉面板的列表框中选中“办公室”复选框，如图12-3所示。

❹ 单击“确定”按钮，筛选出办公室员工培训成绩情况数据表，效果如图12-4所示。

图12-3

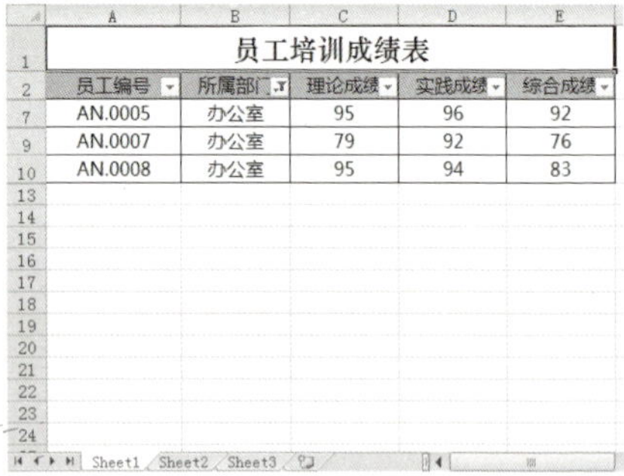

员工培训成绩表				
员工编号	所属部门	理论成绩	实践成绩	综合成绩
AN.0005	办公室	95	96	92
AN.0007	办公室	79	92	76
AN.0008	办公室	95	94	83

图12-4

专家提示

按照某一列筛选数据后，该列右侧的下拉按钮将变为筛选按钮。

技巧2　快速使用自定义筛选

在自动筛选后，用户还可以自定义筛选的条件，从而筛选出满足要求的数据，其具体操作方法如下。

1 打开员工培训成绩表，选择任意数据单元格，单击“数据”选项卡，在“排序和筛选”选项组中单击“筛选”按钮，自动筛选，如图12-5所示。

2 单击“理论成绩”列右侧的下拉按钮，在弹出的下拉面板中选择“数字筛选”|“大于”选项，如图12-6所示。

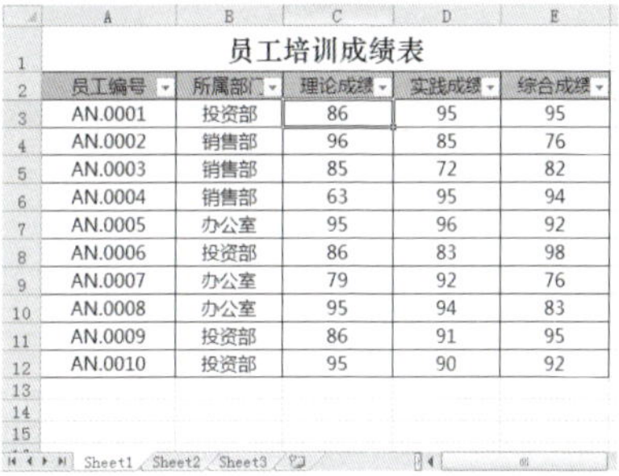

员工培训成绩表

员工编号	所属部门	理论成绩	实践成绩	综合成绩
AN.0001	投资部	86	95	95
AN.0002	销售部	96	85	76
AN.0003	销售部	85	72	82
AN.0004	销售部	63	95	94
AN.0005	办公室	95	96	92
AN.0006	投资部	86	83	98
AN.0007	办公室	79	92	76
AN.0008	办公室	95	94	83
AN.0009	投资部	86	91	95
AN.0010	投资部	95	90	92

图12-5

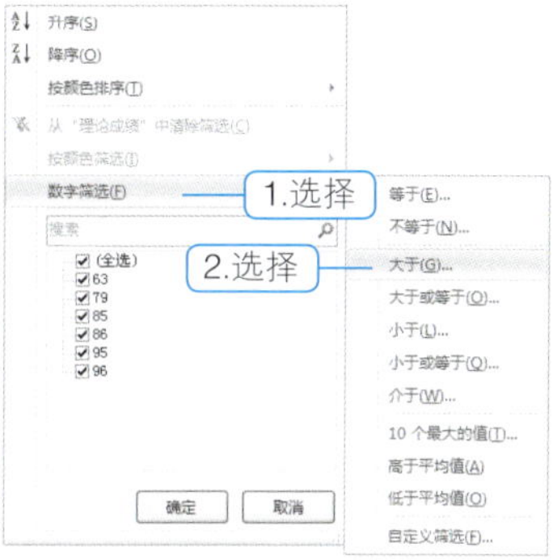

图12-6

3 弹出“自定义自动筛选方式”对话框，从中输入数值80，如图12-7所示。

4 单击“理论成绩”列右侧的下拉按钮，在弹出的下拉面板中选择“数字筛选”|“大于”选项，如图12-8所示。

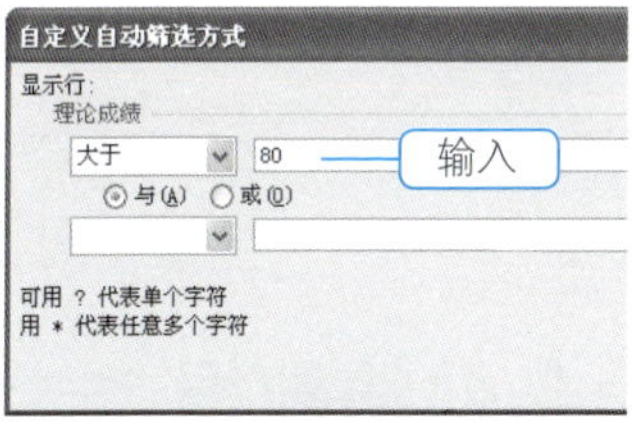

图12-7

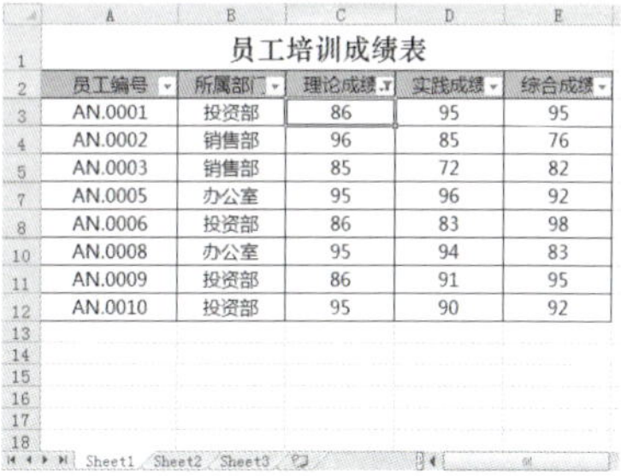

员工培训成绩表

员工编号	所属部门	理论成绩	实践成绩	综合成绩
AN.0001	投资部	86	95	95
AN.0002	销售部	96	85	76
AN.0003	销售部	85	72	82
AN.0005	办公室	95	96	92
AN.0006	投资部	86	83	98
AN.0008	办公室	95	94	83
AN.0009	投资部	86	91	95
AN.0010	投资部	95	90	92

图12-8

技巧3　筛选同时满足多个条件的数据

如果在筛选时只要数据满足多个条件的，就被筛选出来，可按如下方法操作。

1 打开员工资料记录表，然后在单元格区域G2:H3中输入条件，如图12-9所示。

2 单击“数据”选项卡，在“排序和筛选”选项组中单击“高级”按钮，如图12-10所示。

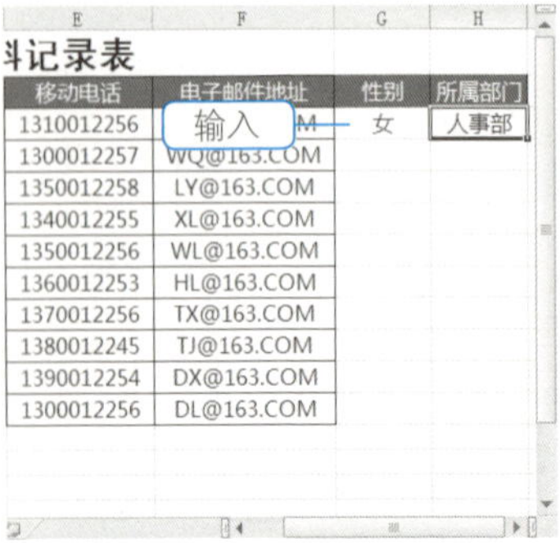

图12-9

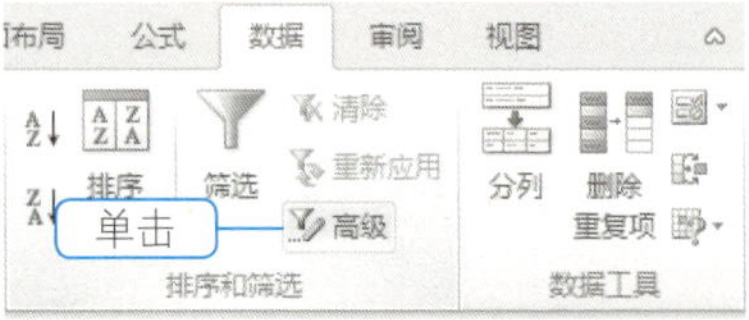

图12-10

3 弹出“高级筛选”对话框，分别设置“列表区域”和“条件区域”，如图12-11所示。

4 单击“确定”按钮，进行高级筛选，筛选结果如图12-12所示。

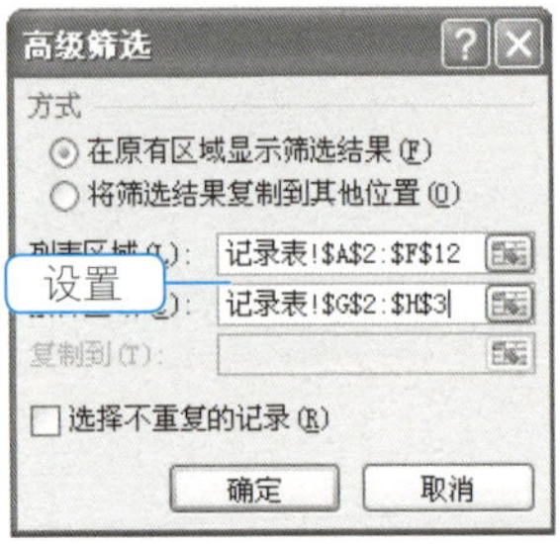

图12-11

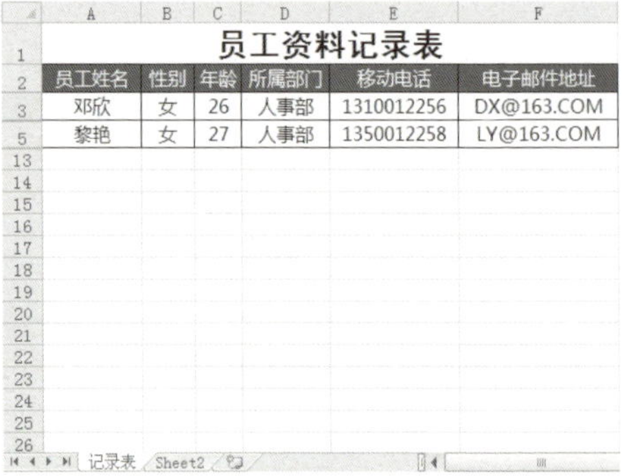

图12-12

技巧4 筛选满足其中一个条件的数据

以上一个技巧为基础，如果在筛选时，只要满足多个条件中的某个条件，则就被筛选出来，可按如下方法操作。

1 在员工资料记录表中，重新设置条件区域，如图12-13所示。

2 打开“高级筛选”对话框，分别设置“列表区域”和“条件区域”，如图12-14所示。

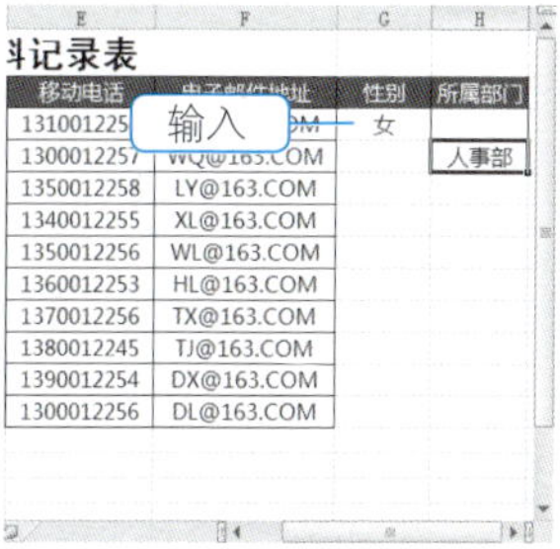

图12-13

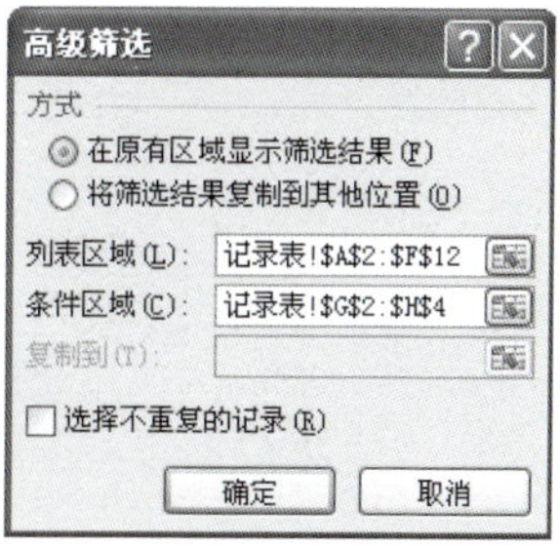

图12-14

3 单击“确定”按钮，进行高级筛选，筛选结果如图12-15所示。

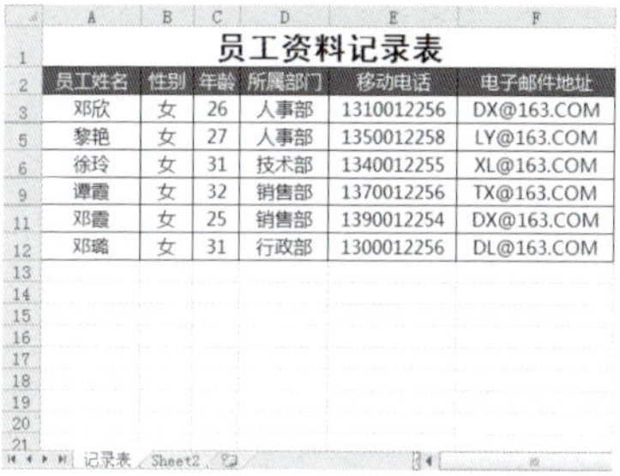

员工资料记录表

	员工姓名	性别	年龄	所属部门	移动电话	电子邮件地址
3	邓欣	女	26	人事部	1310012256	DX@163.COM
5	黎艳	女	27	人事部	1350012258	LY@163.COM
6	徐玲	女	31	技术部	1340012255	XL@163.COM
9	谭霞	女	32	销售部	1370012256	TX@163.COM
11	邓霞	女	25	销售部	1390012254	DX@163.COM
12	邓璐	女	31	行政部	1300012256	DL@163.COM

图12-15

技巧5 巧用高级筛选复制数据

假如要复制数据表中满足一定条件的数据，可以使用高级筛选功能。下面以复制所属部门为“行政部”的员工资料信息记录为例，介绍复制数据的具体操作方法。

1 在员工资料记录表中，输入筛选条件，如图12-16所示。

2 选择任意数据单元格，单击“高级”按钮，弹出“高级筛选”对话框，从中设置各参数，如图12-17所示。

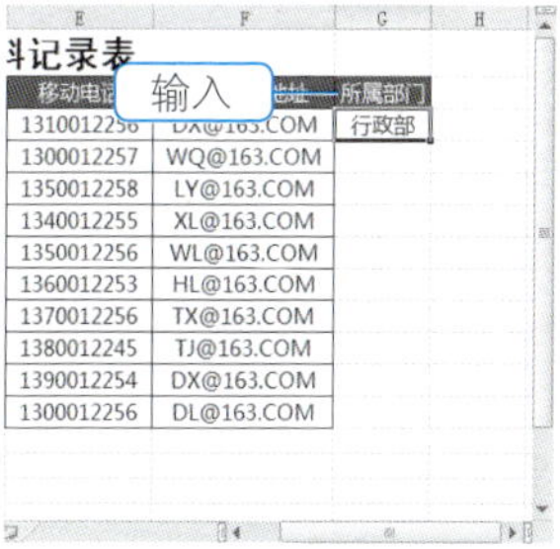

图12-16

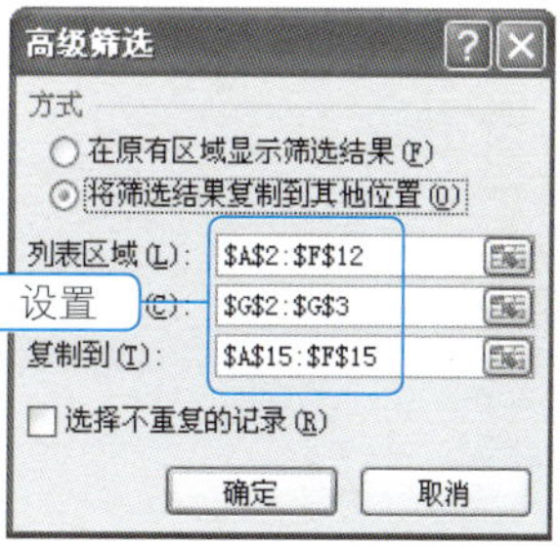

图12-17

3 单击“确定”按钮，即可筛选出满足条件的数据，并将其复制到起始单元格为A15的单元格区域中，如图12-18所示。

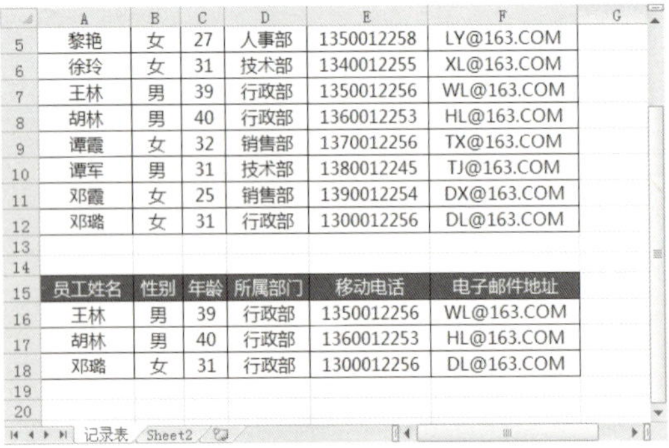

	A	B	C	D	E	F	G
5	黎艳	女	27	人事部	1350012258	LY@163.COM	
6	徐玲	女	31	技术部	1340012255	XL@163.COM	
7	王林	男	39	行政部	1350012256	WL@163.COM	
8	胡林	男	40	行政部	1360012253	HL@163.COM	
9	谭霞	女	32	销售部	1370012256	TX@163.COM	
10	谭军	男	31	技术部	1380012245	TJ@163.COM	
11	邓霞	女	25	销售部	1390012254	DX@163.COM	
12	邓璐	女	31	行政部	1300012256	DL@163.COM	
13							
14							
15	员工姓名	性别	年龄	所属部门	移动电话	电子邮件地址	
16	王林	男	39	行政部	1350012256	WL@163.COM	
17	胡林	男	40	行政部	1360012253	HL@163.COM	
18	邓璐	女	31	行政部	1300012256	DL@163.COM	
19							
20							

图12-18

技巧6 巧用高级筛选作标记

下面以标记库存商品的缺货情况为例，介绍使用高级筛选作标记的具体操作方法。

1 打开库存统计表，在其右侧输入筛选条件，然后单击“数据”选项卡，在“排序和筛选”选项组中单击“高级”按钮，如图12-19所示。

2 弹出“高级筛选”对话框，分别设置“列表区域”和“条件区域”，如图12-20所示。

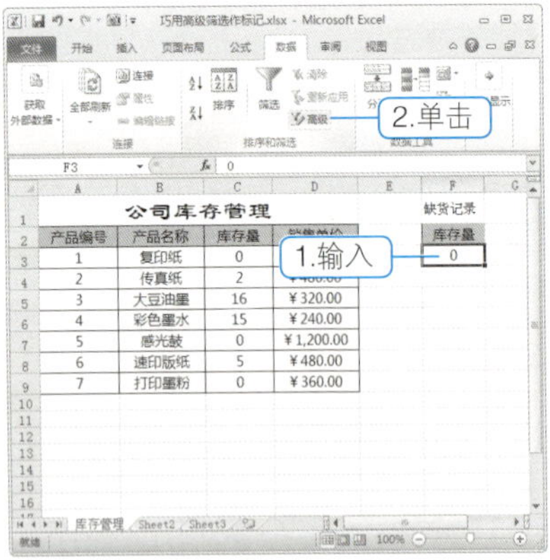

图12-19

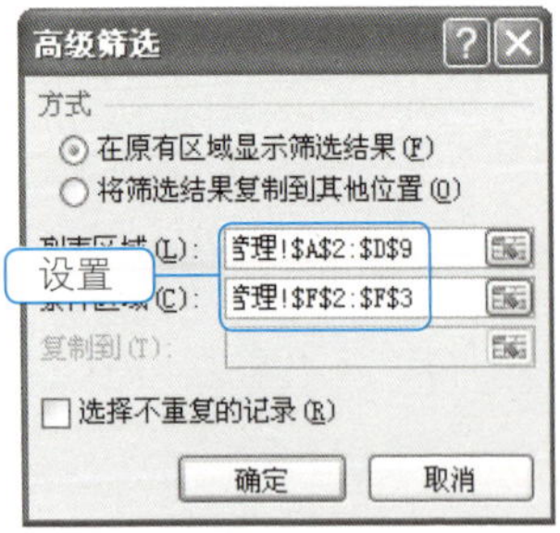

图12-20

3 单击“确定”按钮，进行高级筛选，筛选结果如图12-21所示。

4 在筛选的结果右侧标记“缺货”，如图12-22所示。

图12-21

图12-22

5 然后单击“排序和筛选”选项组中的“清除”按钮，清除筛选后，标记仍然显示，效果如图12-23所示。

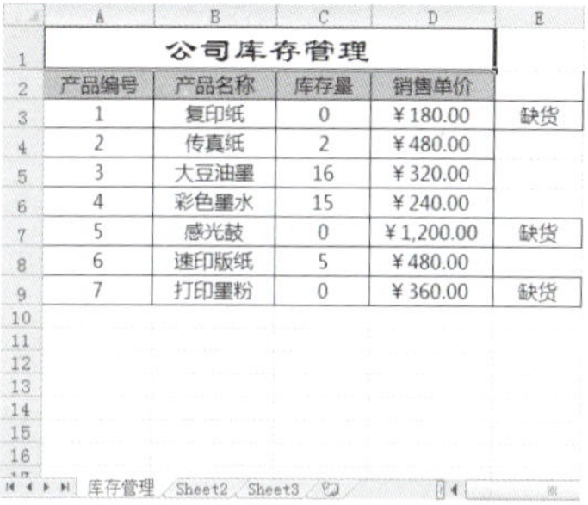

图12-23

技巧7 快速筛选空白数据行

要将数据表中含有空白单元格的数据行筛选出来，可按如下方法操作。

1 打开库存统计表，然后在单元格区域F2:F3中输入条件，如图12-24所示。

2 单击“高级”按钮，在弹出的“高级筛选”对话框中设置相关参数，如图12-25所示。

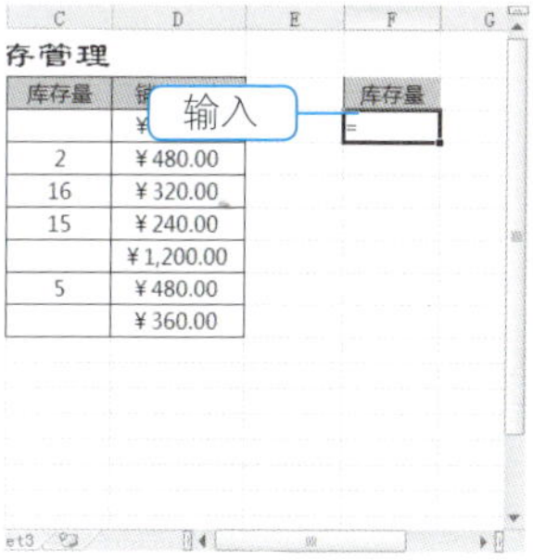

图12-24

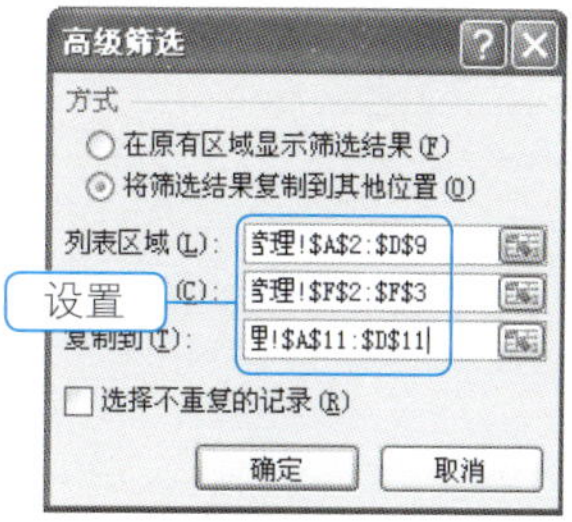

图12-25

3 单击“确定”按钮，即可筛选出满足条件的数据，并将其复制到起始单元格为A12的单元格区域中，如图12-26所示。

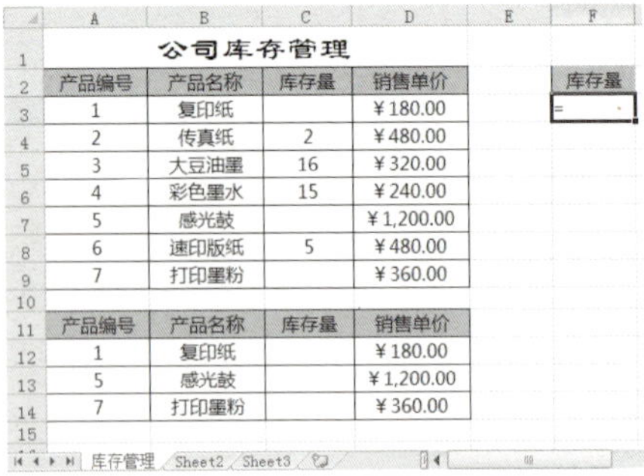

	A	B	C	D	E	F
1	公司库存管理					
2	产品编号	产品名称	库存量	销售单价		库存量
3	1	复印纸		¥180.00		=
4	2	传真纸	2	¥480.00		
5	3	大豆油墨	16	¥320.00		
6	4	彩色墨水	15	¥240.00		
7	5	感光鼓		¥1,200.00		
8	6	速印版纸	5	¥480.00		
9	7	打印墨粉		¥360.00		
10						
11	产品编号	产品名称	库存量	销售单价		
12	1	复印纸		¥180.00		
13	5	感光鼓		¥1,200.00		
14	7	打印墨粉		¥360.00		
15						

库存管理 Sheet2 Sheet3

图12-26

专家提示

如果空的单元格所在的列为字符类型数字格式，在条件格式单元格中输入“<>*”，也可以筛选出空的单元格所在行。

技巧8 快速筛选重复记录

要将数据表中重复的数据行筛选出来，可按如下方法操作。

1 在库存统计表中，产品编号中有部分的重复信息，在单元格F2输入公式“=COUNTIF($A:$A,A3)>1”，如图12-27所示。

2 打开“高级筛选”对话框，从中设置高级筛选的相关参数，如图12-28所示。

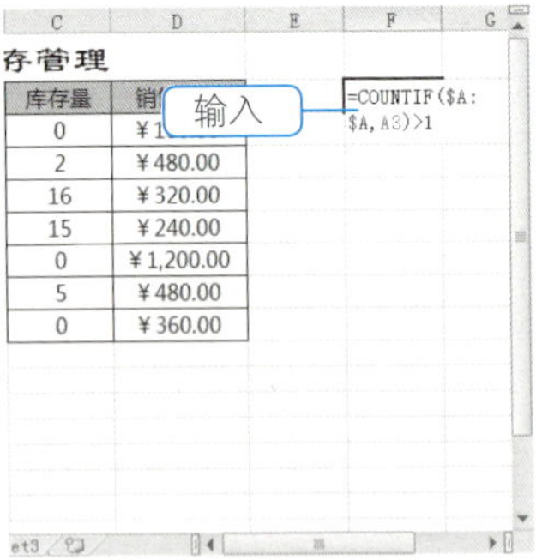

图12-27

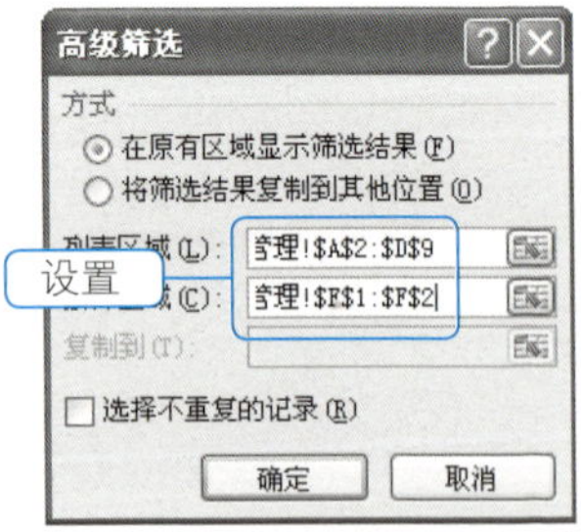

图12-28

3 单击“确定”按钮，即可筛选出满足产品编号重复的数据信息记录，效果如图12-29所示。

图12-29

专家提示

用公式作为条件时，条件区域的第1行可以为空白或其他文本，但是不能与数据表中的列标题相同。

技巧9 使用通配符进行筛选

使用通配符进行筛选的具体操作方法下。

1 在库存统计表中，在单元格区域G4:G5中输入筛选条件，如图12-30所示。

2 单击“高级”按钮，打开“高级筛选”对话框，从中设置高级筛选的相关参数，如图12-31所示。

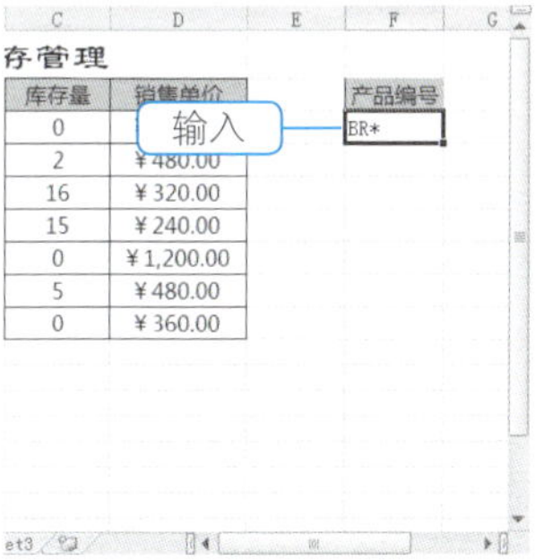

图12-30

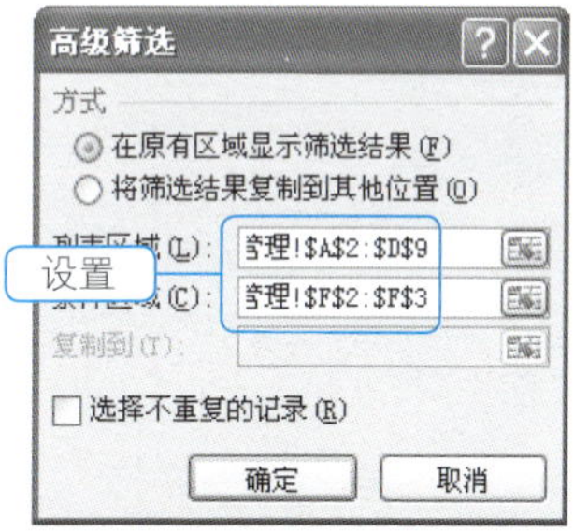

图12-31

3 单击“确定”按钮，即可筛选出满足条件的数据，如图12-32所示。

专家提示

通配符“*”号，代表任意个字符；若输入“?”号，则代表一个字符。

公司库存管理			
产品编号	产品名称	库存量	销售单价
BR1	复印纸	0	¥180.00
BR3	大豆油墨	16	¥320.00
BR5	感光鼓	0	¥1,200.00
BR7	打印墨粉	0	¥360.00

图12-32

技巧10 在受保护的工作表中使用筛选

在实际工作中，用户常常需要把重要的工作表进行保护，以防止工作表内容被意外更改。如果在保护工作表的同时，又希望对工作表中的数据使用自动筛选功能以便进行一些数据分析工作，可以通过如下方法来实现。

❶ 单击“文件”标签，切换到Backstage 视图，接着单击“信息”项，如图12-33所示。

❷ 在右侧窗格中单击“保护工作簿”按钮下拉菜单，在弹出的菜单中选择“保护当前工作表”命令，如图12-34所示。

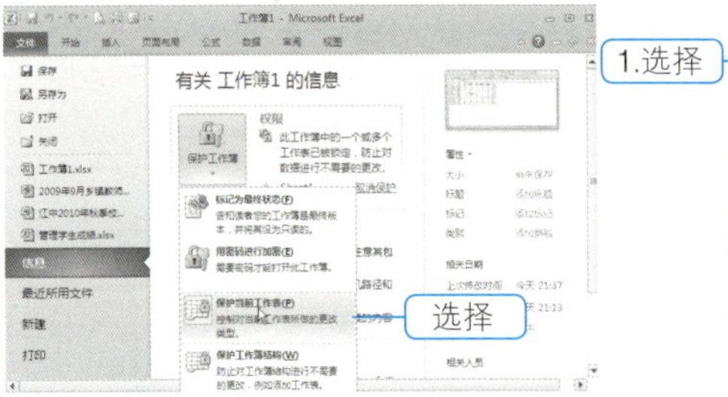

图12-33

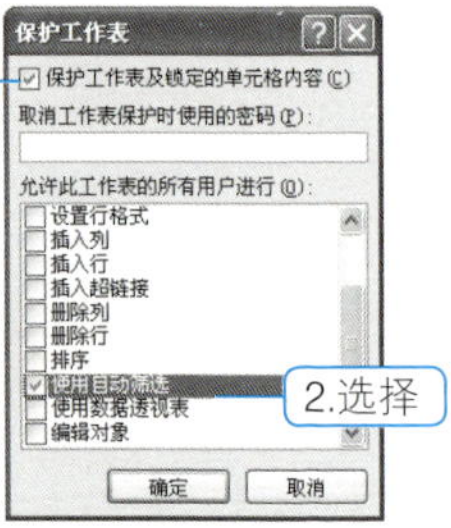

图12-34

❸ 在打开的“保护工作表”对话框中选中“保护工作表及锁定的单元格内容”复选框，接着在下方的类表框中选中“使用自动筛选”复选框，如图12-34所示。

❹ 单击“确定”按钮完成设置。这样即可保护工作表，同时又可以对工作表进行筛选工作。

专家提示

如果需要，可以在“取消工作表保护时使用的密码”文本框中输入保护工作表的密码，最后单击“确定”按钮，关闭“保护工作表”对话框。

第13章

分类汇总应用与设置技巧

对数据进行分类汇总，也可使数据分级显示出来，让用户一目了然。

技巧1 了解分类汇总

分类汇总就是利用汇总函数对同一类别中的数据进行计算，得到统计结果。经过分类汇总，可分级显示汇总结果。下面通过实例来介绍对数据表进行分类汇总的方法。

❶ 打开“企业采购登记表”工作表，选择单元格A3，单击“数据”选项卡，在“排序和筛选”选项组中单击“升序”按钮，对该列进行排序，然后选择单元格区域A2:E10，如图13-1所示。

❷ 单击“数据”选项卡，在“分级显示”选项组中单击“分类汇总”按钮，弹出“分类汇总”对话框，在“分类字段”下拉列表框中选择“申请部门”选项，在“汇总方式”下拉列表框中选择“求和”选项，在“选定汇总项”列表框中选中“物品单价”、“采购数量”和“采购金额”复选框，如图13-2所示。

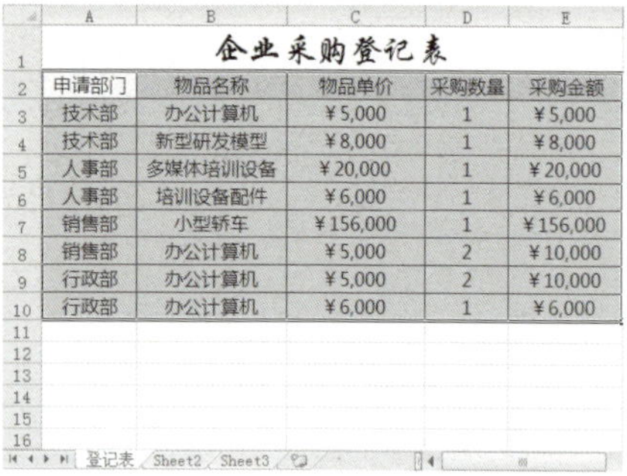

图13-1

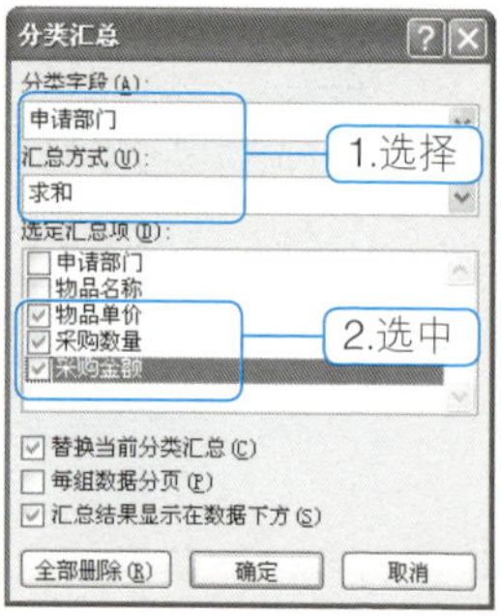

图13-2

❸ 单击“确定”按钮，创建分类汇总，如图13-3所示。

❹ 单击窗口编辑区域左侧的2按钮，则显示二级汇总数据，如图13-4所示。

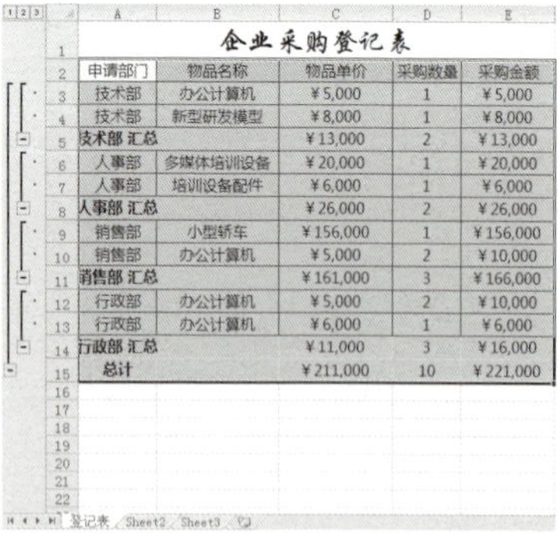

图13-3

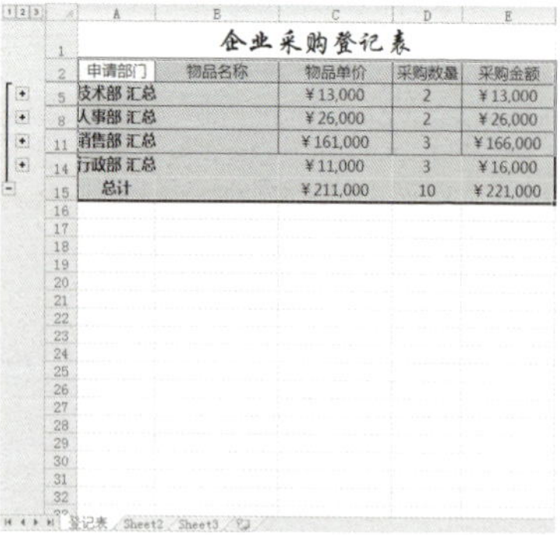

图13-4

专家提示

使用“分类汇总”功能时，一定要先按分类字段对数据表进行排序。

技巧2 快速清除分级显示符号

如果在分类汇总时，不显示分级显示符号，可按如下方法操作。

❶ 在对上一技巧中工作表中的数据进行分类汇总后，系统自动显示分级符号，如图13-5所示。

❷ 单击“数据”选项卡，在“分级显示”选项组中单击“取消组合”下拉按钮，在弹出的下拉菜单中选择“清除分级显示”选项，如图13-6所示。

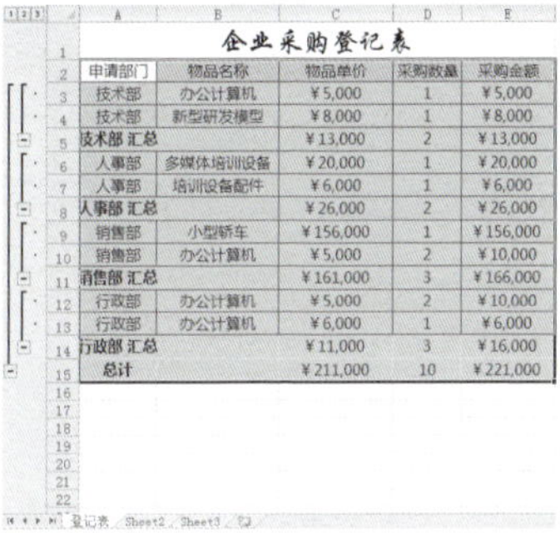

企业采购登记表				
申请部门	物品名称	物品单价	采购数量	采购金额
技术部	办公计算机	¥5,000	1	¥5,000
技术部	新型研发模型	¥8,000	1	¥8,000
技术部 汇总		¥13,000	2	¥13,000
人事部	多媒体培训设备	¥20,000	1	¥20,000
人事部	培训设备配件	¥6,000	1	¥6,000
人事部 汇总		¥26,000	2	¥26,000
销售部	小型轿车	¥156,000	1	¥156,000
销售部	办公计算机	¥5,000	2	¥10,000
销售部 汇总		¥161,000	3	¥166,000
行政部	办公计算机	¥5,000	2	¥10,000
行政部	办公计算机	¥6,000	1	¥6,000
行政部 汇总		¥11,000	3	¥16,000
总计		¥211,000	10	¥221,000

图13-5

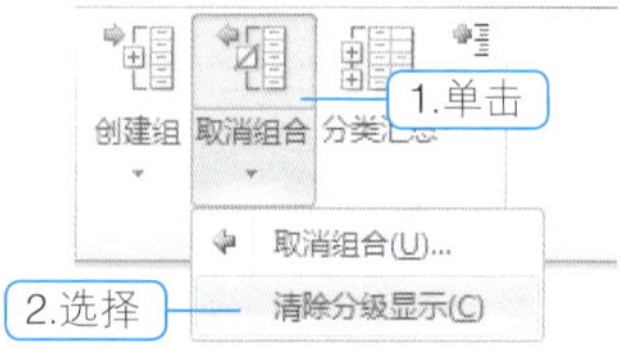

图13-6

❸ 即可清除分级显示符号，效果如图13-7所示。

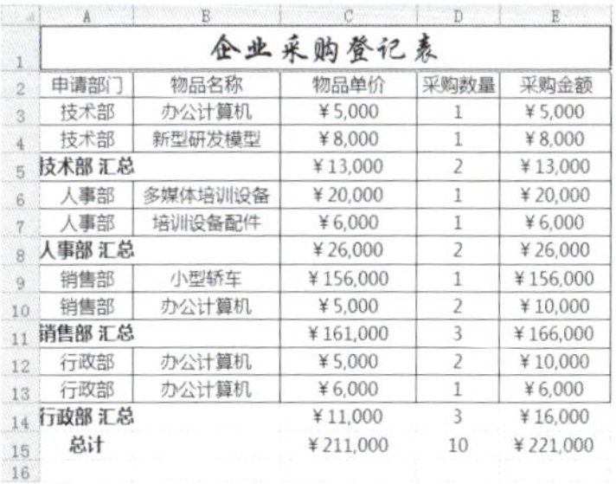

企业采购登记表				
申请部门	物品名称	物品单价	采购数量	采购金额
技术部	办公计算机	¥5,000	1	¥5,000
技术部	新型研发模型	¥8,000	1	¥8,000
技术部 汇总		¥13,000	2	¥13,000
人事部	多媒体培训设备	¥20,000	1	¥20,000
人事部	培训设备配件	¥6,000	1	¥6,000
人事部 汇总		¥26,000	2	¥26,000
销售部	小型轿车	¥156,000	1	¥156,000
销售部	办公计算机	¥5,000	2	¥10,000
销售部 汇总		¥161,000	3	¥166,000
行政部	办公计算机	¥5,000	2	¥10,000
行政部	办公计算机	¥6,000	1	¥6,000
行政部 汇总		¥11,000	3	¥16,000
总计		¥211,000	10	¥221,000

图13-7

技巧3 自动建立分级显示

在上一个技巧的基础上，单击“分级显示”选项组中的“创建组”下拉按钮，在弹出的下拉菜单中选择“自动建立分级显示”选项，如图13-8所示，即可重新显示分级符号。

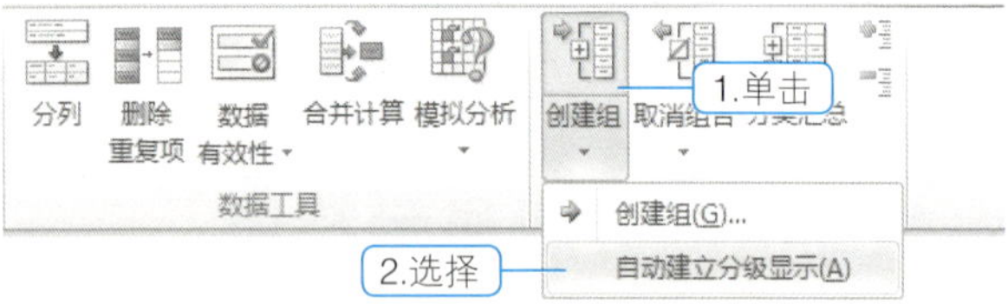

图13-8

技巧4 手动建立分级显示

以“企业采购登记表”工作表举例，如果在分类汇总后，清除了分级显示，用户还可以手动创建分级显示，其具体操作方法如下。

1 选择单元格区域A2:E4，单击“分级显示”选项组中的“创建组”下拉按钮，在弹出的下拉菜单中选择“创建组”选项，如图13-9所示。

2 弹出“创建组”对话框，保持其中的默认设置，如图13-10所示。

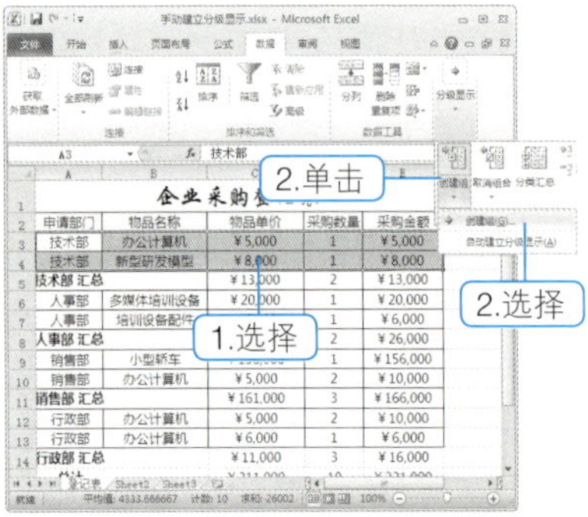

图13-9

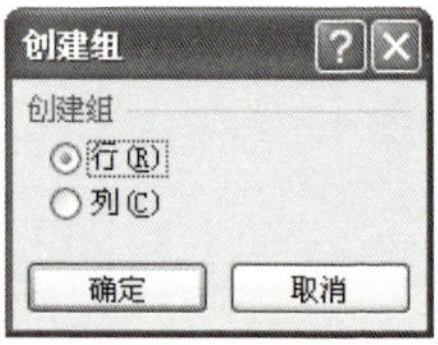

图13-10

3 单击“确定”按钮，创建分级显示，效果如图13-11所示。

4 用同样的方法，分别选择单元格区域A6:E8、A9:E10和A12:E13，然后选择“组合”选项，创建分级显示，效果如图13-12所示。

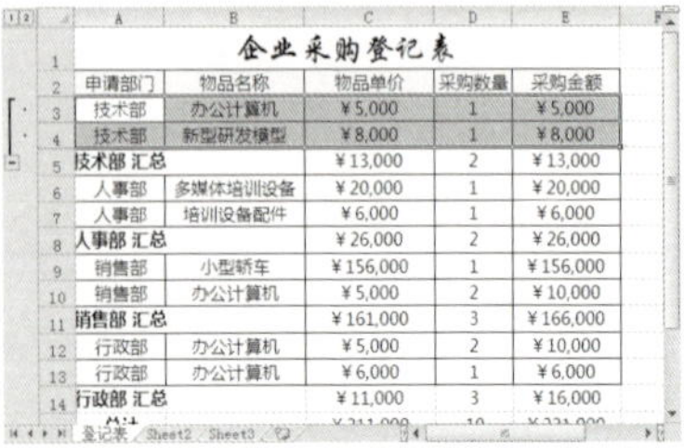

图13-11

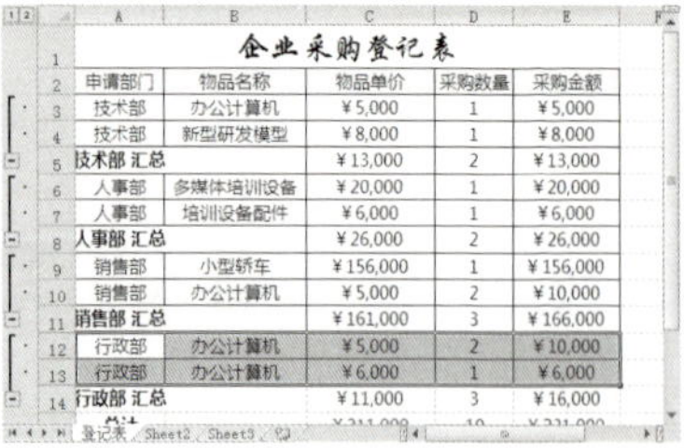

图13-12

5 选择单元格区域B4:E18，然后选择“组合”选项，继续创建3级分级显示，效果如图13-13所示。

	A	B	C	D	E
1	企业采购登记表				
2	申请部门	物品名称	物品单价	采购数量	采购金额
3	技术部	办公计算机	￥5,000	1	￥5,000
4	技术部	新型研发模型	￥8,000	1	￥8,000
5	技术部 汇总		￥13,000	2	￥13,000
6	人事部	多媒体培训设备	￥20,000	1	￥20,000
7	人事部	培训设备配件	￥6,000	1	￥6,000
8	人事部 汇总		￥26,000	2	￥26,000
9	销售部	小型轿车	￥156,000	1	￥156,000
10	销售部	办公计算机	￥5,000	2	￥10,000
11	销售部 汇总		￥161,000	3	￥166,000
12	行政部	办公计算机	￥5,000	2	￥10,000
13	行政部	办公计算机	￥6,000	1	￥6,000
14	行政部 汇总		￥11,000	3	￥16,000

登记表 Sheet2 Sheet3

图13-13

技巧5 轻松打印分类汇总数据

在Excel中，如果用户要分类打印出各种汇总数据，可通过“分类汇总”对话框来轻松实现。下面以打印“部门销售统计表”中不同业务员的销售信息为例，来介绍实现分类打印的方法。

1 打开部门销售统计表，如图13-14所示。

2 选择单元格B3，然后单击“数据”选项卡，在“排序和筛选”选项组中单击“升序”按钮，将“业务员”列按升序排列，效果如图13-15所示。

	A	B	C	D
1	部门销售统计表			
2	部门	业务员	产品	金额
3	业务3部	李呈选	液晶	000
4	业务1部	王小东	CRT	[illegible]000
5	业务3部	唐爱民	等离子电视机	114400
6	业务2部	刘爵	液晶电视机	111400
7	业务1部	牛召明	等离子电视机	109800
8	业务2部	刘爵	CRT电视机	109000
9	业务2部	刘爵	等离子电视机	97200
10	业务1部	牛召明	液晶电视机	88400
11	业务1部	牛召明	CRT电视机	76400
12	业务3部	李青	等离子电视机	64200
13	业务1部	王小东	等离子电视机	56200
14	业务1部	王小东	背投电视机	42600
15	业务3部	李呈选	CRT电视机	37600

选中

Sheet3

图13-14

	A	B	C	D
1	部门销售统计表			
2	业务3部	李呈选	液晶电视机	155000
3	业务3部	李呈选	CRT电视机	37600
4	业务3部	李呈选	等离子电视机	37000
5	业务3部	李呈选	背投电视机	33200
6	业务3部	李青	等离子电视机	64200
7	业务3部	李青	CRT电视机	14200
8	业务2部	刘爵	液晶电视机	111400
9	业务2部	刘爵	CRT电视机	109000
10	业务2部	刘爵	等离子电视机	97200
11	业务1部	牛召明	等离子电视机	109800
12	业务1部	牛召明	液晶电视机	88400
13	业务1部	牛召明	CRT电视机	76400
14	业务2部	孙安才	等离子电视机	35000
15	业务2部	孙安才	液晶电视机	14400

Sheet3

图13-15

3 单击“数据”选项卡，在“分级显示”选项组中单击“分类汇总”按钮，弹出“分类汇总”对话框，从中设置“分类字段”为“业务员”、“汇总方式”为“计数”，在“选定汇总项”列表框中选中“金额”复选框，并选中“每组数据分页”复选框，如图13-16所示。

4 单击“确定”按钮，将创建分类汇总并自动分页，切换到分页视图可查看分页效果，如图13-17所示，在进行打印时，将分页打印不同业务员的销售信息。

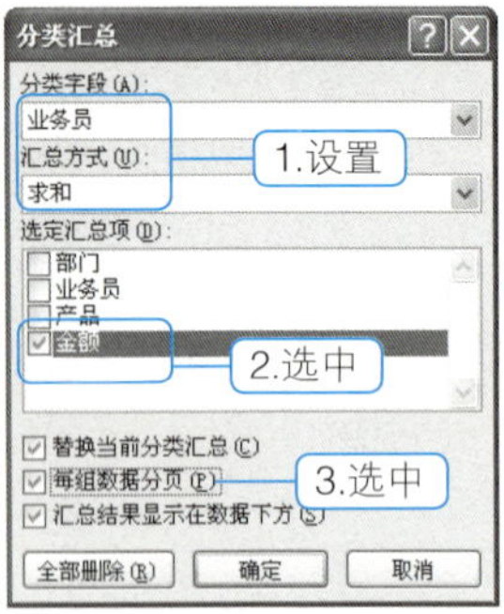

图13-16

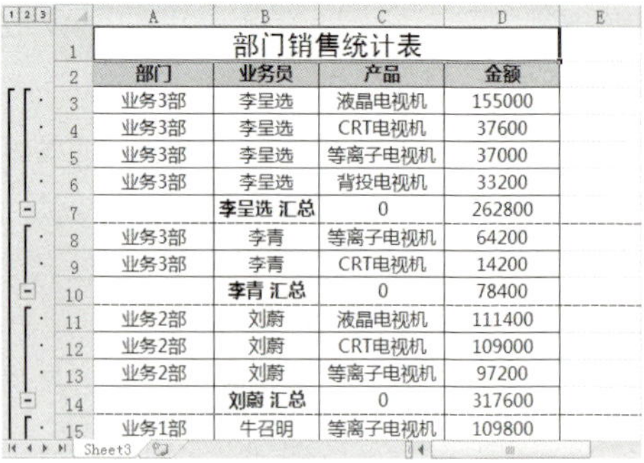

图13-17

技巧6 每页显示固定数量的汇总记录

如果在打印时，要使每页中显示5条数据记录，并且在每页的最下方显示汇总结果，可通过如下方法来实现。

❶ 打开部门销售统计表，在单元格E3中输入公式“=INT((ROW(A3)-3)/5)”，如图13-18所示。

❷ 得到公式的计算结果后，拖动填充柄向下填充公式，然后选中所有填充公式单元格，按“Ctrl+C”组合键，进行复制，在原位置粘贴公式的值，效果如图13-19所示。

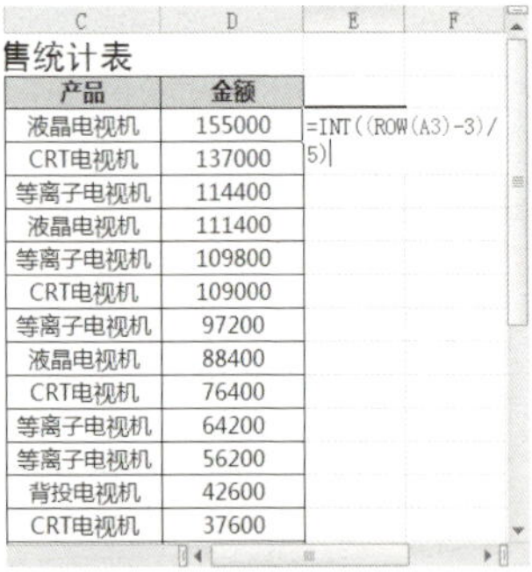

图13-18

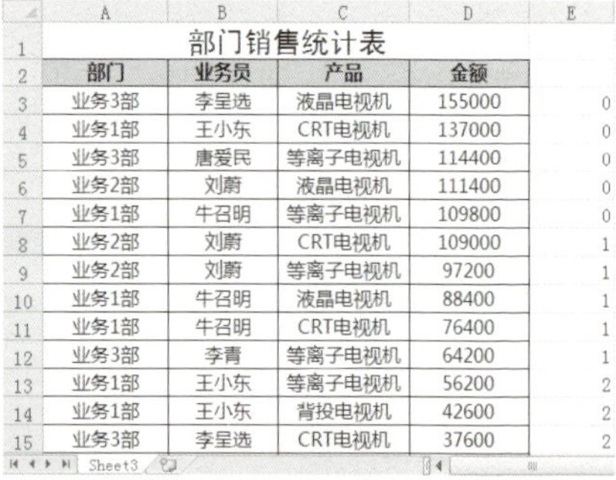

图13-19

❸ 打开“分类汇总”对话框，在“分类字段”下拉列表框中选择“（列E）”选项，在“汇总方式”下拉列表框中选择“求和”选项，在“选定汇总项”列表框中选中“金额”复选框，并选中“每组数据分页”复选框，如图13-20所示。

❹ 单击“确定”按钮，得到分类汇总的结果，切换到分页视图中查看分页效果，如图13-21所示。

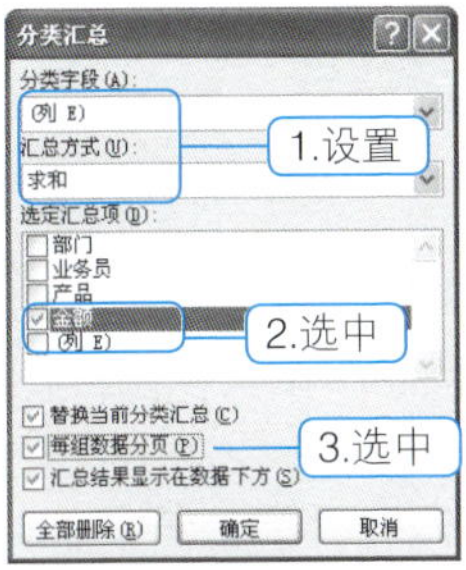

图13-20

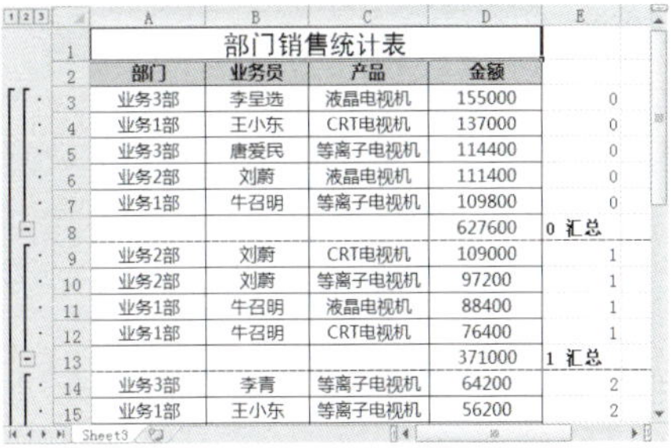

	A	B	C	D	E
1	部门销售统计表				
2	部门	业务员	产品	金额	
3	业务3部	李呈选	液晶电视机	155000	0
4	业务1部	王小东	CRT电视机	137000	0
5	业务3部	唐爱民	等离子电视机	114400	0
6	业务2部	刘蔚	液晶电视机	111400	0
7	业务1部	牛召明	等离子电视机	109800	0
8				627600	0 汇总
9	业务2部	刘蔚	CRT电视机	109000	1
10	业务2部	刘蔚	等离子电视机	97200	1
11	业务1部	牛召明	液晶电视机	88400	1
12	业务1部	牛召明	CRT电视机	76400	1
13				371000	1 汇总
14	业务3部	李青	等离子电视机	64200	2
15	业务1部	王小东	等离子电视机	56200	2

图13-21

技巧7 嵌套分类汇总

在Excel中可以对数据进行嵌套分类汇总，其具体操作方法如下。

❶ 打开部门销售统计表，其中“部门”和“业务员”列已经排序，如图13-22所示。

❷ 打开“分类汇总”对话框，在“分类字段”下拉列表框中选择“部门”选项，在“汇总方式”下拉列表框中选择“求和”选项，在“选定汇总项”列表框中选中“金额”复选框，效果如图13-23所示。

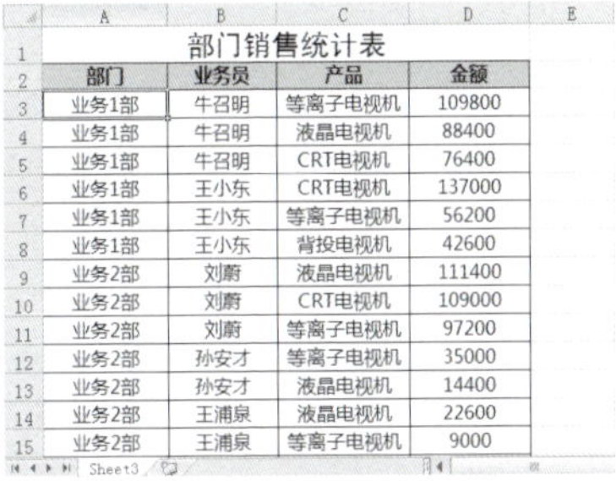

	A	B	C	D
1	部门销售统计表			
2	部门	业务员	产品	金额
3	业务1部	牛召明	等离子电视机	109800
4	业务1部	牛召明	液晶电视机	88400
5	业务1部	牛召明	CRT电视机	76400
6	业务1部	王小东	CRT电视机	137000
7	业务1部	王小东	等离子电视机	56200
8	业务1部	王小东	背投电视机	42600
9	业务2部	刘蔚	液晶电视机	111400
10	业务2部	刘蔚	CRT电视机	109000
11	业务2部	刘蔚	等离子电视机	97200
12	业务2部	孙安才	等离子电视机	35000
13	业务2部	孙安才	液晶电视机	14400
14	业务2部	王浦泉	液晶电视机	22600
15	业务2部	王浦泉	等离子电视机	9000

图13-22

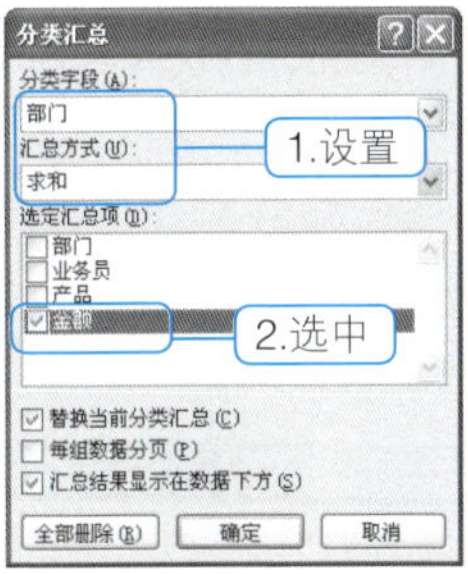

图13-23

❸ 单击“确定”按钮，得到汇总结果如图13-24所示。

❹ 再次打开“分类汇总”对话框，在“分类字段”下拉列表框中选择“业务员”选项，在“汇总方式”下拉列表框中选择“求和”选项，并取消选中“替换当前分类汇总”复选框，效果如图13-25所示。

❺ 单击“确定”按钮，再次分类汇总后的效果如图13-26所示。

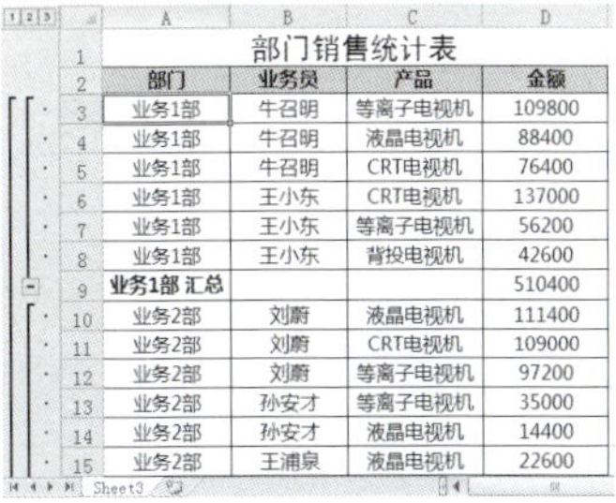

	A	B	C	D
1	部门销售统计表			
2	部门	业务员	产品	金额
3	业务1部	牛召明	等离子电视机	109800
4	业务1部	牛召明	液晶电视机	88400
5	业务1部	牛召明	CRT电视机	76400
6	业务1部	王小东	CRT电视机	137000
7	业务1部	王小东	等离子电视机	56200
8	业务1部	王小东	背投电视机	42600
9	业务1部 汇总			510400
10	业务2部	刘蔚	液晶电视机	111400
11	业务2部	刘蔚	CRT电视机	109000
12	业务2部	刘蔚	等离子电视机	97200
13	业务2部	孙安才	等离子电视机	35000
14	业务2部	孙安才	液晶电视机	14400
15	业务2部	王浦泉	液晶电视机	22600

图13-24

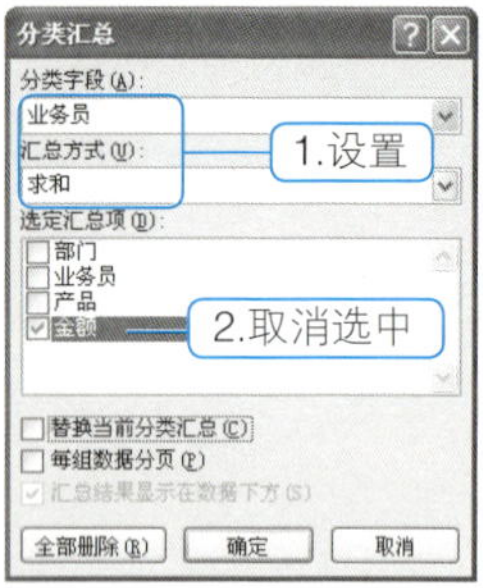

图13-25

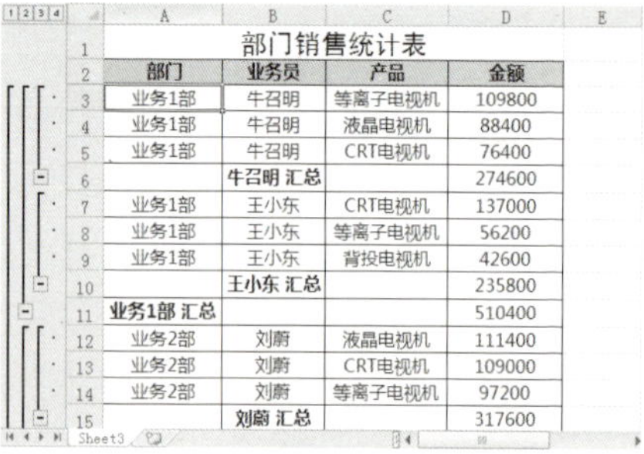

部门销售统计表

部门	业务员	产品	金额
业务1部	牛召明	等离子电视机	109800
业务1部	牛召明	液晶电视机	88400
业务1部	牛召明	CRT电视机	76400
	牛召明 汇总		274600
业务1部	王小东	CRT电视机	137000
业务1部	王小东	等离子电视机	56200
业务1部	王小东	背投电视机	42600
	王小东 汇总		235800
业务1部 汇总			510400
业务2部	刘蔚	液晶电视机	111400
业务2部	刘蔚	CRT电视机	109000
业务2部	刘蔚	等离子电视机	97200
	刘蔚 汇总		317600

图13-26

技巧8 更改汇总方式

更改汇总方式得到不同统计结果，其具体操作方法如下。

❶ 在需要更改汇总方式的表格中选中任意一个单元格，单击“数据”标签，在“分级显示”选项组中单击“分类汇总”按钮，打开“分类汇总”对话框。

❷ 单击“汇总方式”下拉列表框，在弹出的列表中根据需要选择一种汇总方式，如“平均值”，效果如图13-27所示。

❸ 单击“确定”按钮，即可更改汇总方式。

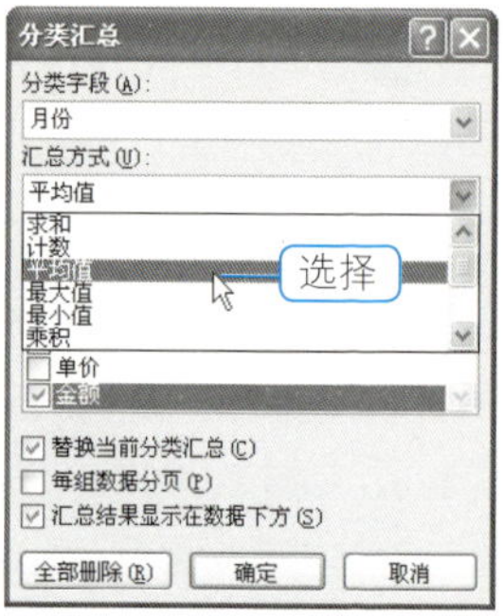

图13-27

技巧9 删除分类汇总

选择任意汇总单元格，然后单击“数据”选项卡，在“分级显示”选项组中单击“分类汇总”按钮，在弹出的“分类汇总”对话框中单击“全部删除”按钮，如图13-28所示，即可删除分类汇总。

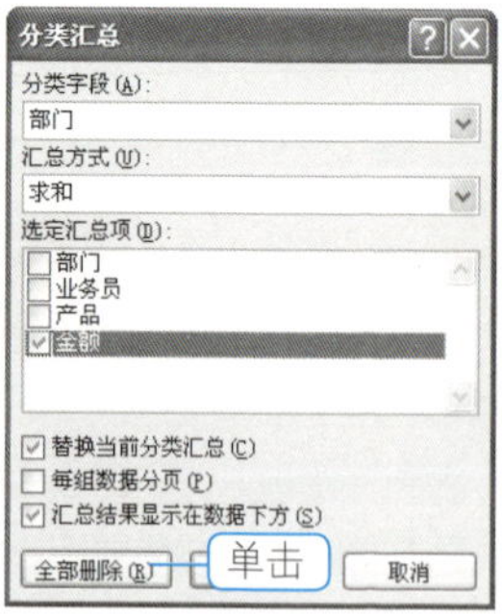

图13-28

专家提示

不仅分类汇总方式可以更改，还可以根据需要对“分类字段”进行更改，从而得到不同分类汇总结果。

第14章

合并计算操作技巧

合并计算的目的实际上就是组合数据，以便能够更容易地对数据进行定期或不定期的更新和汇总。

技巧1 按位置合并计算

如果数据的源区域中包含不同工作表的相似数据，要合并数据可采用按位置合并计算的方法。其具体操作方法如下。

❶ 打开“济南分公司一季度销售统计表”工作表，在该工作簿中包含3张工作表，分别是“济南”、“南京”、“青岛”3个城市的销售统计数据，如图14-1所示。

❷ 新建一张工作表，并将其命名为“总公司一季度销售统计”，在该工作表中输入内容，如图14-2所示。

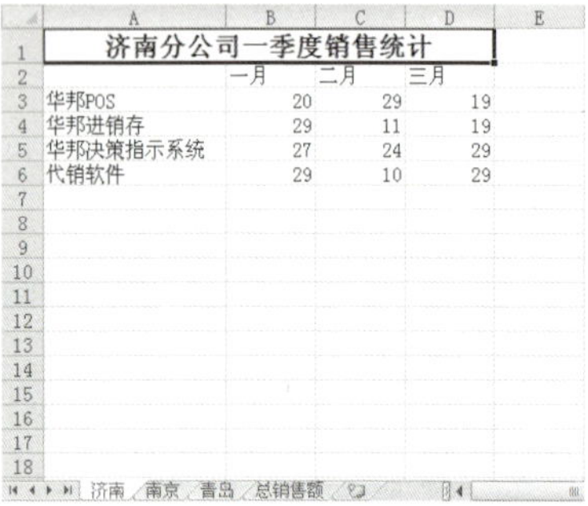

图14-1

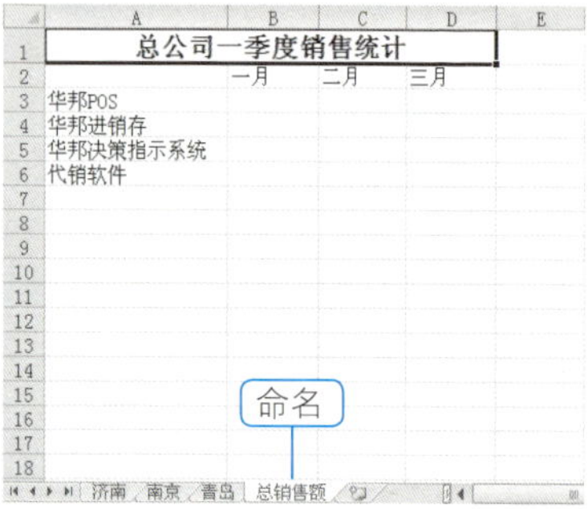

图14-2

❸ 选择单元格区域B3:D6，单击“数据”选项卡，在“数据工具”选项组中单击“合并计算”按钮，如图14-3所示。

❹ 弹出“合并计算”对话框，在“函数”下拉列表框中选择“求和”选项，并单击“引用位置”文本框右侧的折叠按钮，在“济南”工作表中选择数据区域，如图14-4所示。

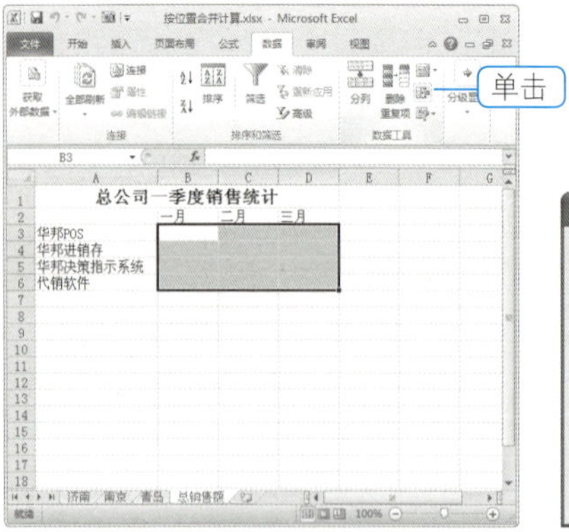

图14-3

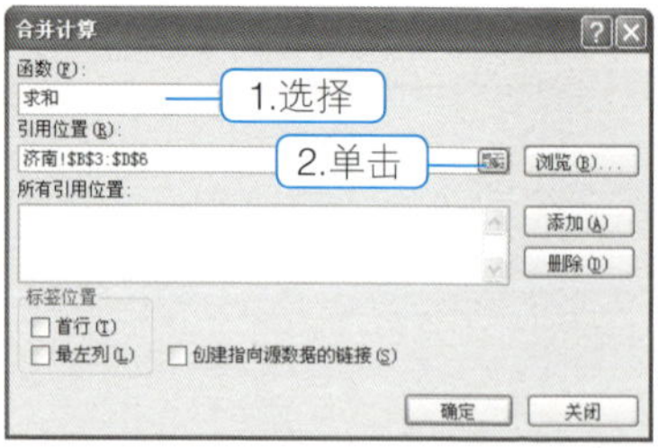

图14-4

5 单击“合并计算”对话框中的“添加”按钮，添加引用位置；用同样的方法引用“南京”和“青岛”工作表中的数据区域，如图14-5所示。

6 单击“确定”按钮，合并数据到单元格区域B3:D6中，效果如图14-6所示。

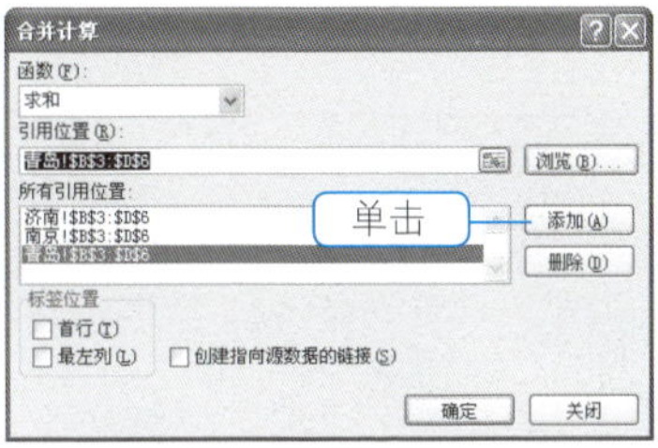

图14-5

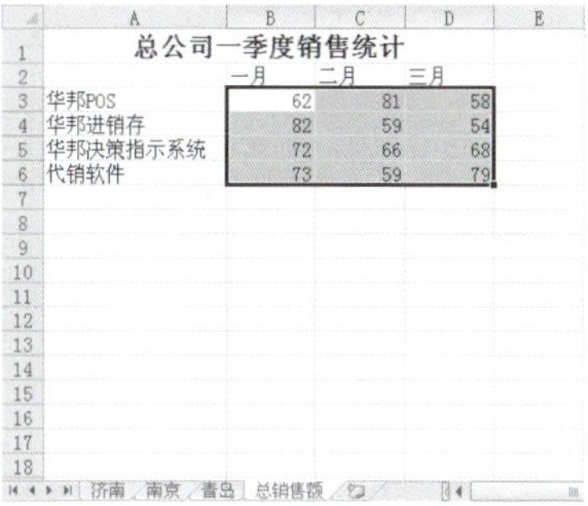

图14-6

技巧2 按类合并计算

如果数据的源区域中包含不同行列的相似数据，要合并数据可采用按类合并计算的方法。其具体操作方法如下。

1 在上个技巧实例的基础上，将“总销售额”工作表中的内容删除，如图14-7所示。

2 选择单元格A2，然后单击“数据”选项卡，在“数据工具”选项组中单击“合并计算”按钮，如图14-8所示。

图14-7

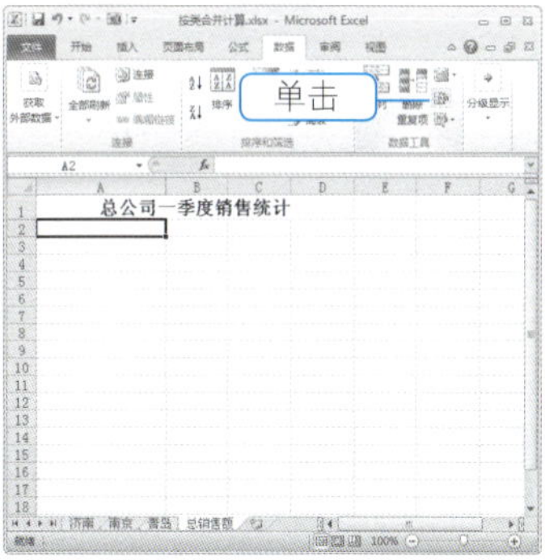

图14-8

3 弹出“合并计算”对话框，将所有引用位置修改，并选中“标签位置”选项区的“首行”和“最左行”复选框，如图14-9所示。

4 选择单元格A2，然后单击“数据”选项卡，在“数据工具”选项组中单击“合并计算”按钮，弹出“合并计算”对话框，将所有引用位置修改，并选中“标签位置”选项区的“首行”和“最左行”复选框，如图14-10所示。

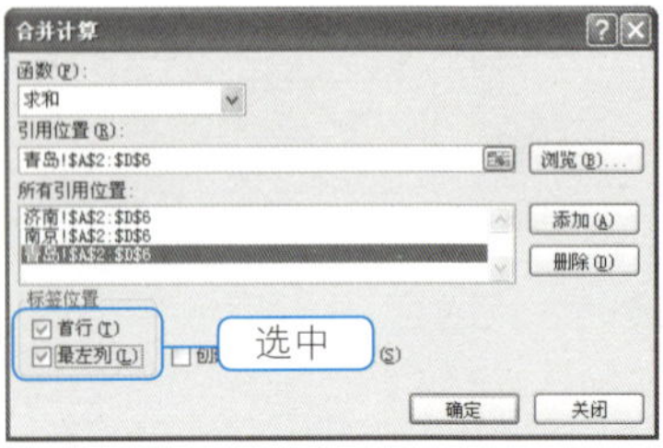

图14-9

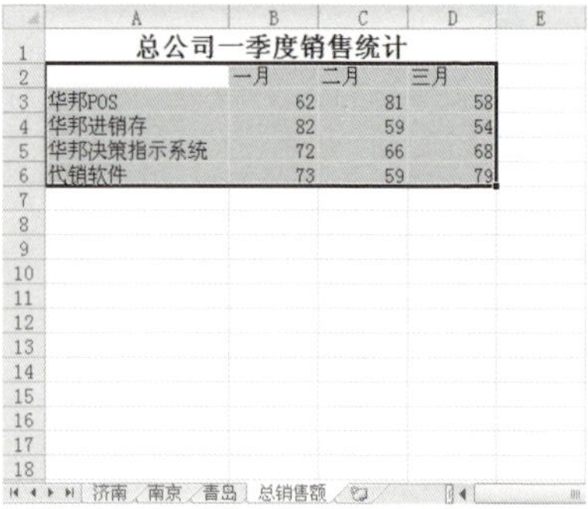

图14-10

技巧3 不同种类的合并计算

以上一个实例为基础，如果要各个工作表中的商品种类和数目不同，也可以对其进行合并计算，其具体操作方法如下。

❶ 在上个技巧实例的基础上，将“济南”、“南京”和“青岛”工作表中的数据更改。切换到“总销售额”工作表中，选择单元格B3，单击“合并计算”按钮，弹出“合并计算”对话框，添加新的引用位置，如图14-11所示。

❷ 单击“确定”按钮，进行合并计算，效果如图14-12所示。

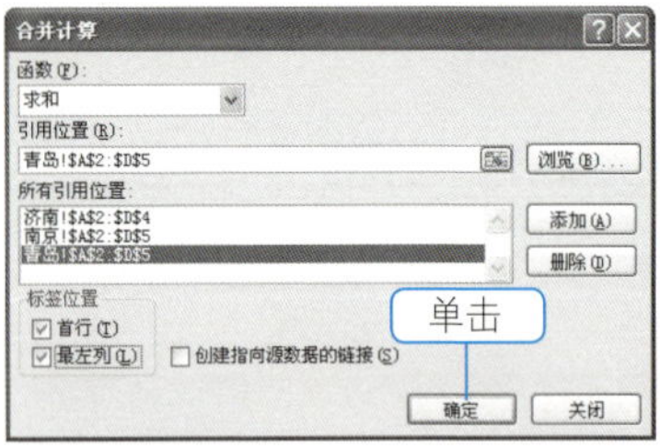

图14-11

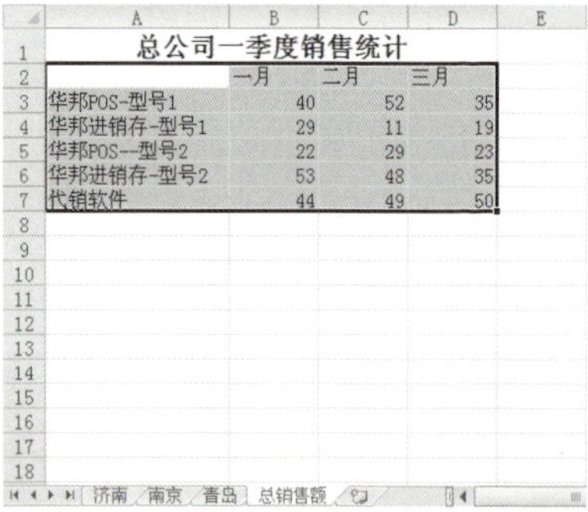

图14-12

技巧4 通过公式合并计算

在Excel中，使用公式也可以进行合并计算，具体操作方法如下。

❶ 在“公司一季度销售统计表”中，在单元格B3中输入公式“=SUM(济南!B3,南京!B3,青岛!B3)”，如图14-13所示。

❷ 按“Ctrl+Enter”组合键，得到公式的计算结果，然后使用填充柄向右、向下填充公式，得到的合并计算结果如图14-14所示。

图14-13

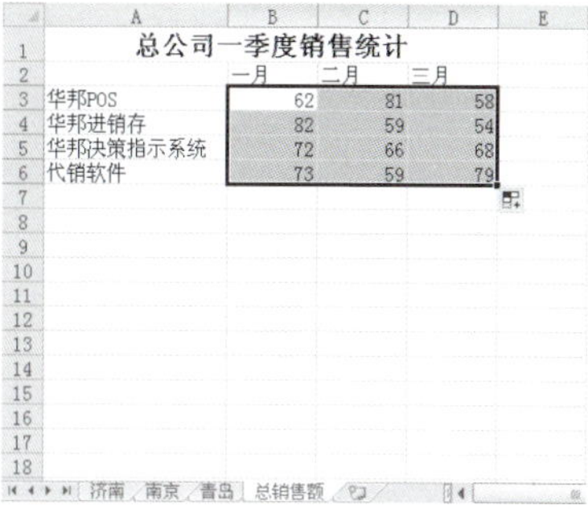

图14-14

技巧5 巧用合并计算添加数据

如果在工作表中已经输入公司1月份和2月份的商品销售额，并且已经将这些数据合并到“公司一季度销售额统计表”中，要在“公司一季度销售额统计表”中添加3月份的销售数据，可按如下方法操作。

❶ 通过合并计算操作，将1月份和2月份的销售数据合并到“公司一季度销售额统计表”中，效果如图14-15所示。

❷ 在该工作簿中插入工作表并命名为“3月份”，从中输入3月份的销售数据，如图14-16所示。

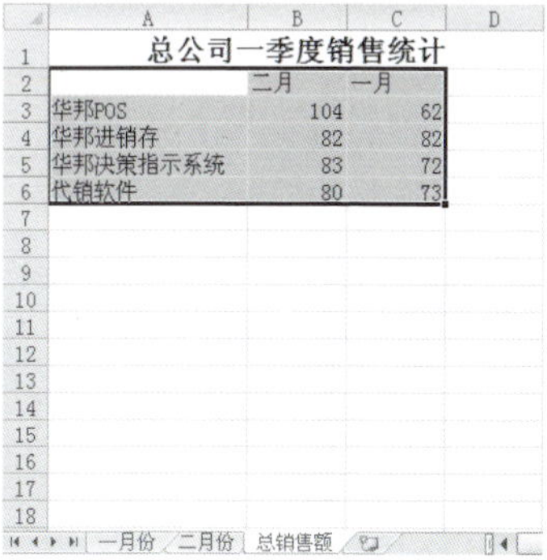

图14-15

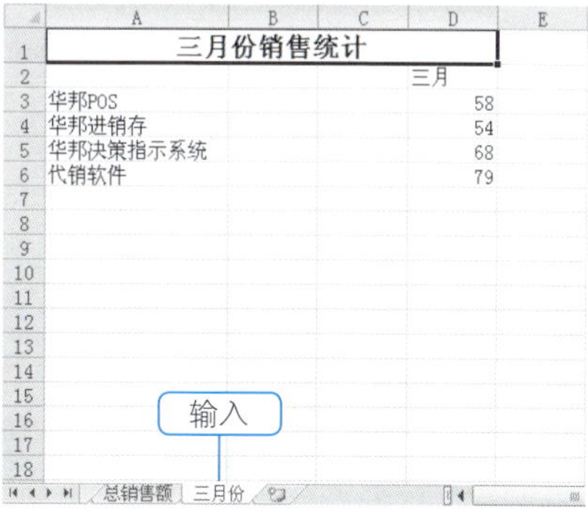

图14-16

❸ 切换到“公司一季度销售额统计表”中选择单元格A2，然后单击“合

并计算”按钮，弹出“合并计算”对话框，从中添加源区域引用，如图14-17所示。

4 单击“确定”按钮，进行合并计算，结果如图14-18所示。

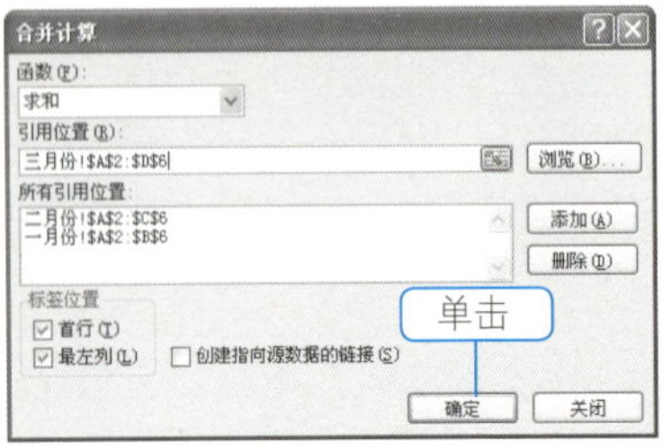

图14-17

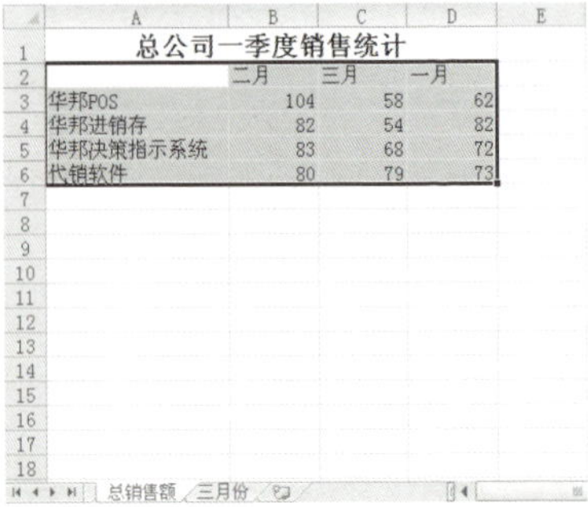

图14-18

技巧6 删除合并计算中的源区域

要删除合并计算中的源区域数据，操作方法很简单，只需打开“合并计算”对话框，在“所有引用位置”列表框中选择要删除的源区域引用，然后单击右侧的“删除”按钮，删除引用即可，如图14-19所示。

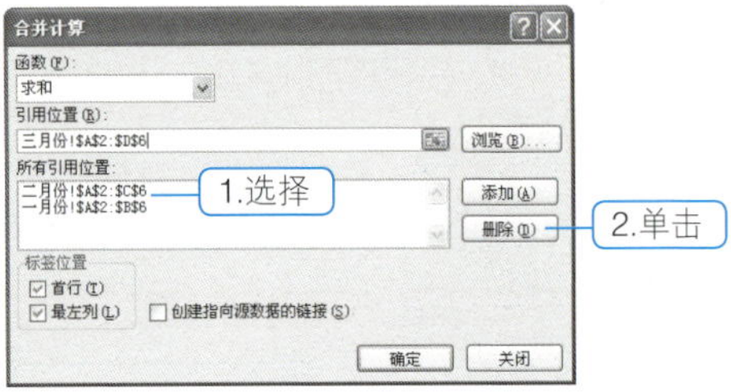

图14-19

专家提示

如果合并计算中的引用位置出现错误或需要重新添加引用位置，就必须将原来的引用位置删除，再重新添加。

技巧7 快速用合并计算统计数量

在Excel中，使用合并计算功能，能够实现统计功能，下面以统计各种数码设备的销售数量为例，介绍使用合并计算统计数量的方法。

❶ 各种数码设备的名称和销售数量如图14-20所示。

❷ 打开“合并计算”对话框，从中选择“求和”函数，并添加引用位置，选中“首行”和“最左列”复选框，如图14-21所示。

图14–20

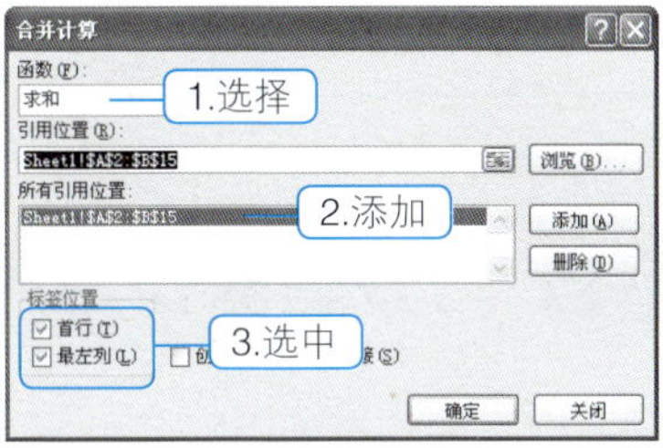

图14–21

❸ 单击“确定”按钮，得到合并计算的结果，在“销售额”列中统计出来各种数码设备的销售数量，如图14-22所示。

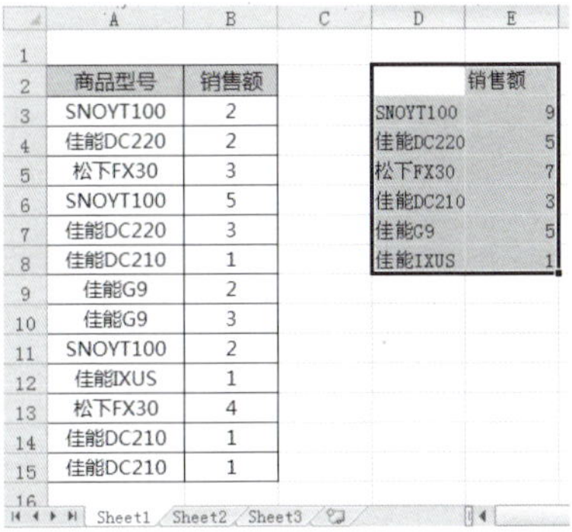

图14–22

技巧8 快速用合并计算统计重复次数

在合并计算中使用不同的函数，可以得到不同的计算结果，下面举例来说明，其具体操作方法如下。

❶ 在上一个技巧的数据基础上，打开“合并计算”对话框，在“函数”下拉列表框中选择“计数”选项，其他参数保持不变，如图14-23所示。

❷ 单击“确定”按钮，统计出在数据记录中“名称”列中各种设备的重复次数，如图14-24所示。

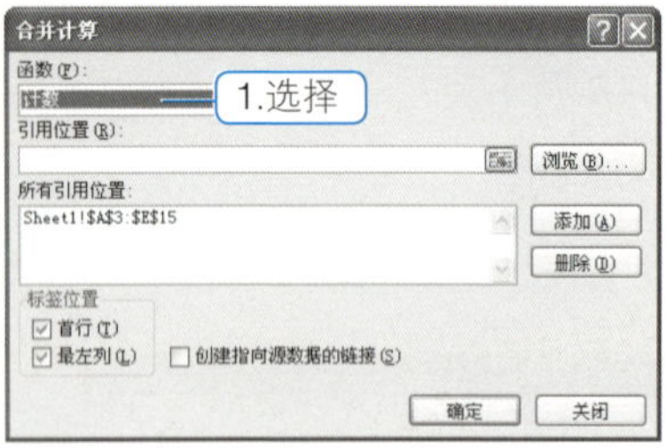

图14-23

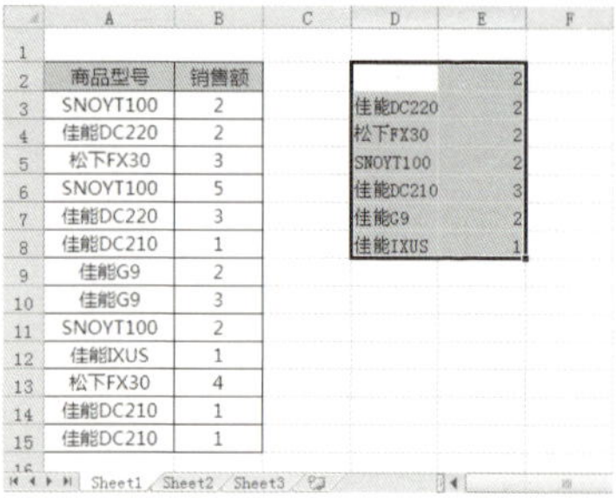

	A	B	C	D	E
1					
2	商品型号	销售额			2
3	SNOYT100	2		佳能DC220	2
4	佳能DC220	2		松下FX30	2
5	松下FX30	3		SNOYT100	2
6	SNOYT100	5		佳能DC210	3
7	佳能DC220	3		佳能G9	2
8	佳能DC210	1		佳能IXUS	1
9	佳能G9	2			
10	佳能G9	3			
11	SNOYT100	2			
12	佳能IXUS	1			
13	松下FX30	4			
14	佳能DC210	1			
15	佳能DC210	1			

图14-24

技巧9 巧妙删除任意列

通过合并计算能够添加数据列，也能够删除数据列，删除数据列的具体操作方法如下。

❶ 打开工资表，将单元格C2和D2中的文字“市场价格”和“销售员”删除，如图14-25所示。

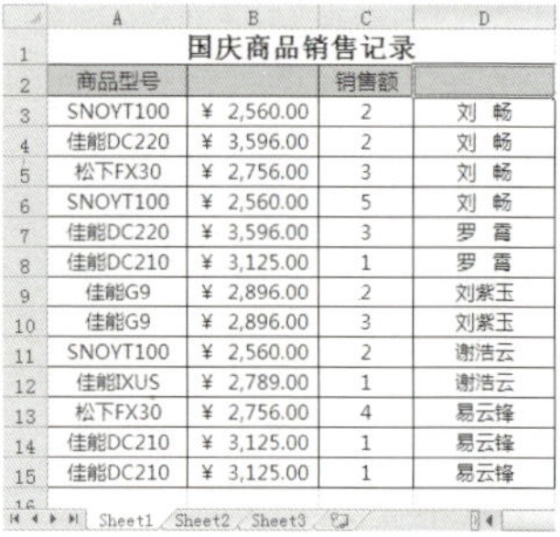

	A	B	C	D
1	国庆商品销售记录			
2	商品型号		销售额	
3	SNOYT100	¥ 2,560.00	2	刘 畅
4	佳能DC220	¥ 3,596.00	2	刘 畅
5	松下FX30	¥ 2,756.00	3	刘 畅
6	SNOYT100	¥ 2,560.00	5	刘 畅
7	佳能DC220	¥ 3,596.00	3	罗 霄
8	佳能DC210	¥ 3,125.00	1	罗 霄
9	佳能G9	¥ 2,896.00	2	刘紫玉
10	佳能G9	¥ 2,896.00	3	刘紫玉
11	SNOYT100	¥ 2,560.00	2	谢浩云
12	佳能IXUS	¥ 2,789.00	1	谢浩云
13	松下FX30	¥ 2,756.00	4	易云锋
14	佳能DC210	¥ 3,125.00	1	易云锋
15	佳能DC210	¥ 3,125.00	1	易云锋

图14-25

❷ 切换到Sheet2工作表，输入内容“商品型号”和“销售额”，然后单击“合并计算”按钮，在弹出的“合并计算”对话框中设置参数，如图14-26所示。

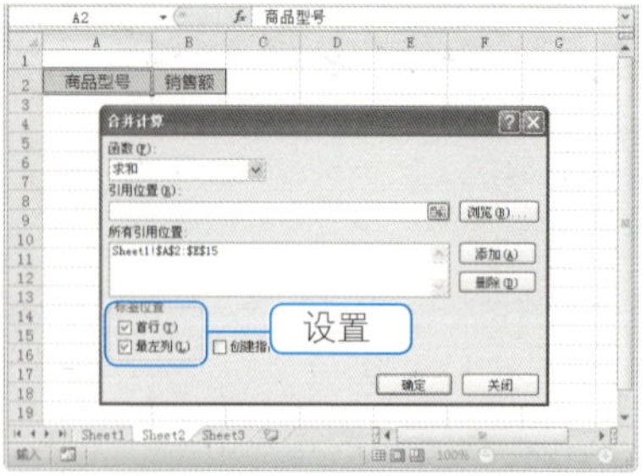

图14-26

❸ 单击“确定”按钮，删除“市场价格”和“销售员”列，效果如图14-27所示。

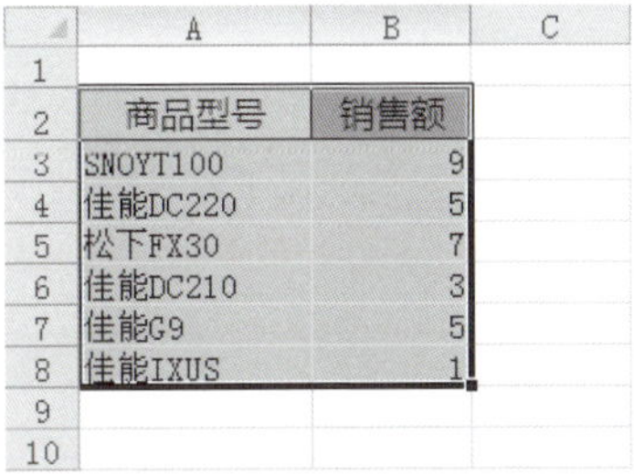

图14-27

技巧10 设置自动更新数据源

要使更新源数据区域中的数据，合并计算中的数据自动更新，可按如下方法操作：单击“合并计算”按钮，弹出“合并计算”对话框，选择“计数”函数，并设置引用区域，然后将“标签位置”中的3个复选框全部选中，如图14-28所示。这样单击“确定”按钮后，将进行合并计算，并自动汇总数据。如果更改工作表中的数据，合并计算表中的数据将随之发生变化。

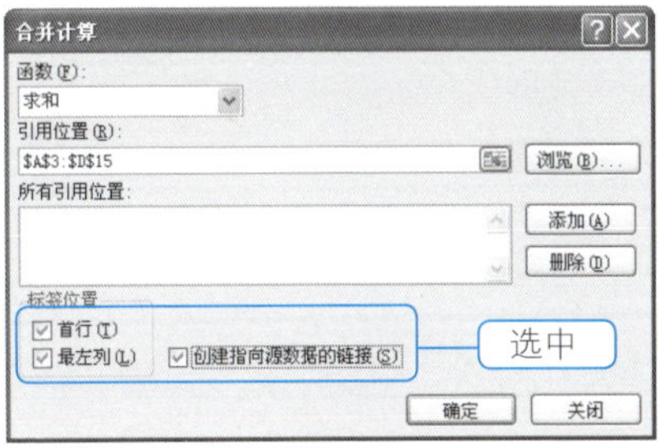

图14-28

读书笔记

第 15 章

数据有效性设置技巧

设置数据的有效性是非常重要的，能够减少用户输入数据的错误。

技巧1 禁止输入重复数据

在制作电子表格时，有些数据是在整个电子表格中不应该重复出现的，如证件号码、各种编号等。要禁止输入重复数据，操作方法如下。

❶ 在Excel中，选择要禁止输入重复数据的单元格区域B2:B11，然后单击“数据”选项卡，在“数据工具”选项组中单击“数据有效性”按钮，如图15-1所示。

❷ 弹出“数据有效性”对话框，在“设置”选项卡中的“允许”下拉列表框中选择“自定义”选项，在“公式”文本框中输入“=COUNTIF(B:B,B2)=1”，如图15-2所示。

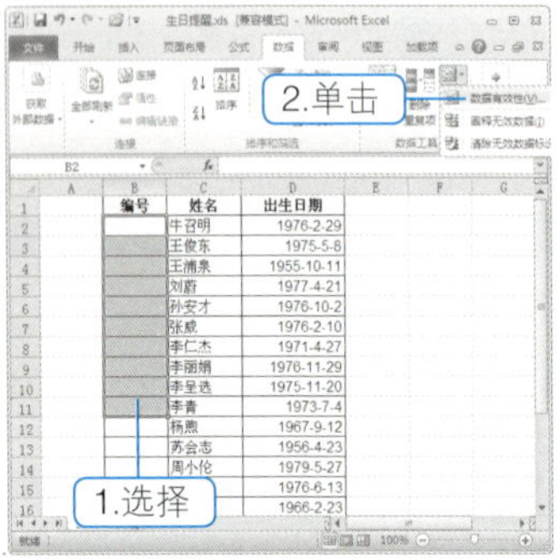

图15–1

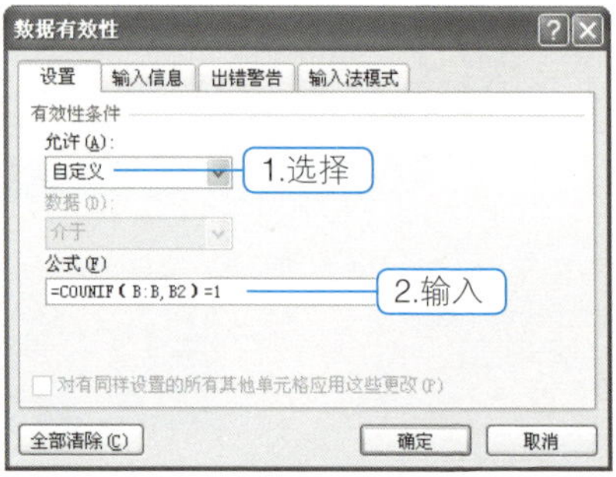

图15–2

❸ 单击“出错警告”选项卡，在“标题”文本框中输入内容“错误提示”，在“错误信息”文本区中输入内容“重复数据！”，如图15-3所示。

❹ 单击“确定”按钮，在设置了禁止输入重复数据的单元格中输入重复数据，如“2”，按“Enter”键，将弹出“错误提示”提示信息框，禁止用户输入，如图15-4所示。

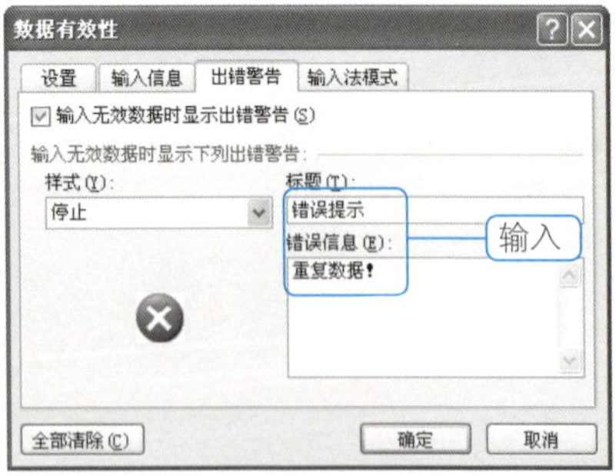

图15–3

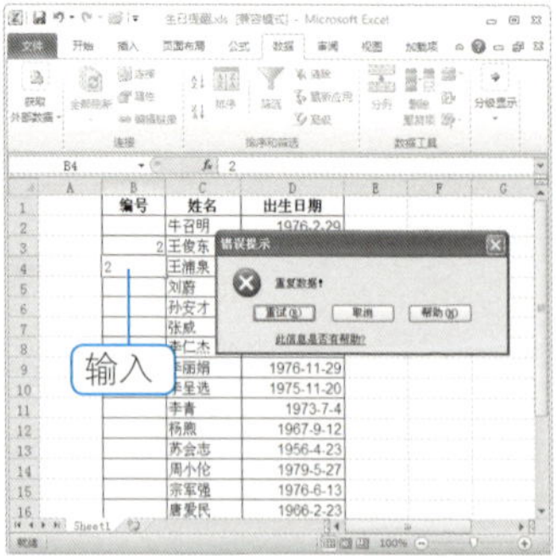

图15–4

技巧2 设置输入信息

利用“数据有效性”对话框，用户可以设置输入信息，以提示用户输入，操作方法如下。

❶ 在“数据有效性”对话框中，单击“输入信息”选项卡，从中输入标题和输入信息，如图15-5所示。

❷ 单击“确定”按钮，再次单击设置了数据有效性的单元格时，将自动显示提示信息，如图15-6所示。

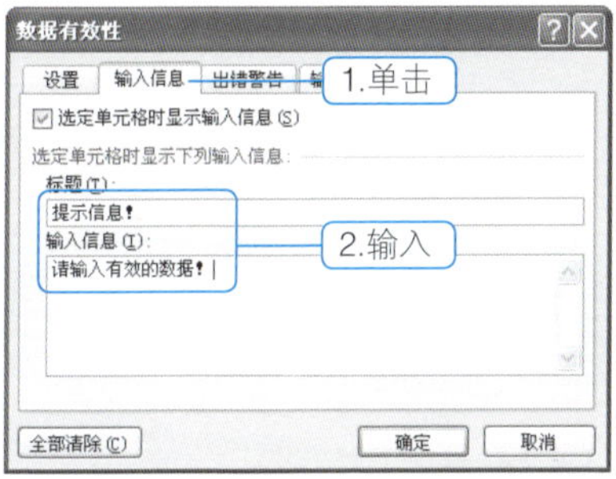

图15-5

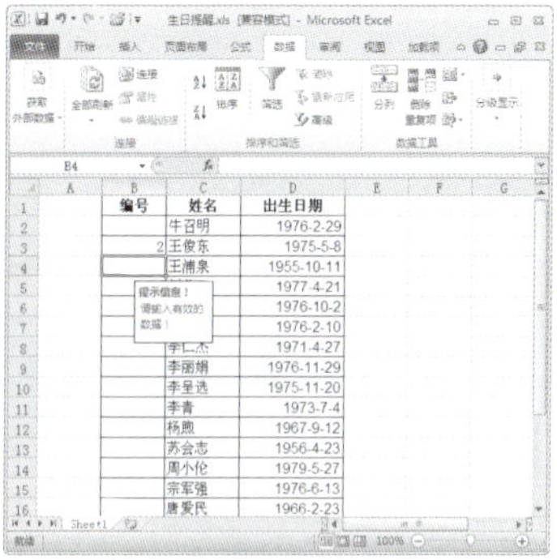

图15-6

技巧3 设置出错警告

在“数据有效性”对话框的“出错警告”选项卡中可设置不同的出错警告样式，具体设置方法如下。

❶ 在“数据有效性”对话框中，单击“出错警告”选项卡，在“样式”下拉列表中选择“信息”选项，并输入标题和错误信息，如图15-7所示。

❷ 单击“确定”按钮，完成设置。再次向设置了数据范围的单元格，如单元格B2中输入超出数据限制范围的数据时，将显示提示信息框，如图15-8所示。

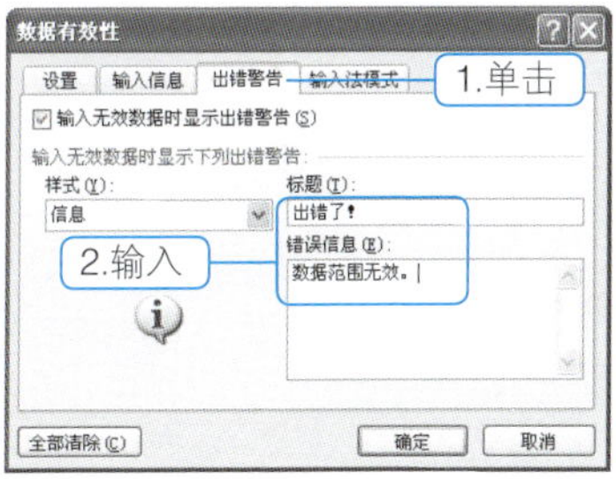

图15-7

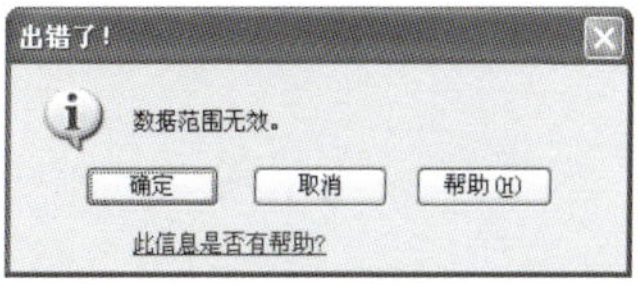

图15-8

❸ 单击“确定”按钮，仍然会输入数据，如图15-9所示。

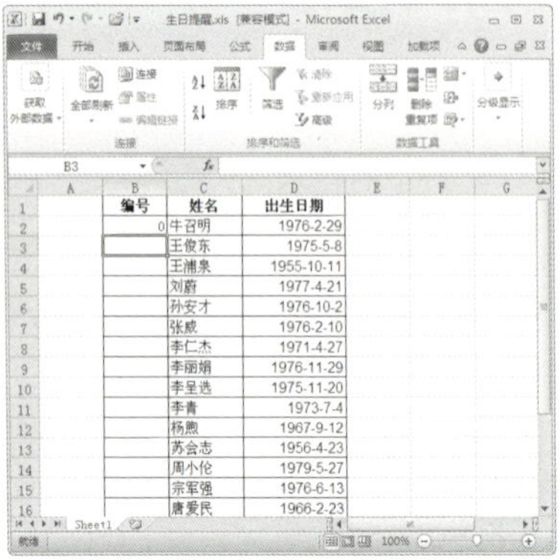

图15-9

专家提示

输入提示信息时，可以根据单元格要输入的内容来设置提示信息的内容。

技巧4 控制输入小数的位数

通过对数据输入范围的设置，可控制输入小数的位数，具体操作方法如下。

❶ 选择要控制小数输入范围的单元格，如单元格B4，单击“数据”选项卡，在“数据工具”选项组中单击“数据有效性”按钮，如图15-10所示。

❷ 弹出“数据有效性”对话框，在“允许”下拉列表框中选择“小数”选项，在“数据”下拉列表框中选择“介于”选项，在“最大值”文本框中输入2，在“最小值”文本框中输入10，如图15-11所示。

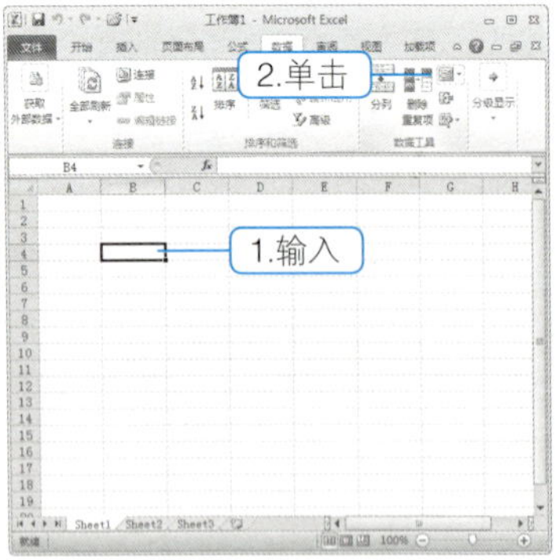

图15-10

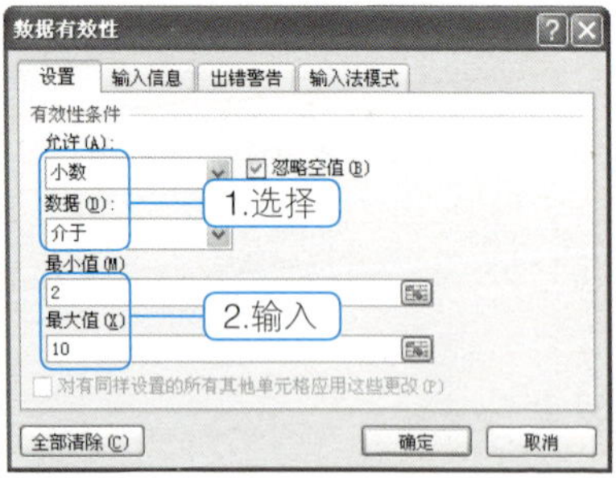

图15-11

3 单击“确定”按钮，完成设置。在单元格B4中输入设置范围之外的数据，将弹出提示信息框，如图15-12和图15-13所示。

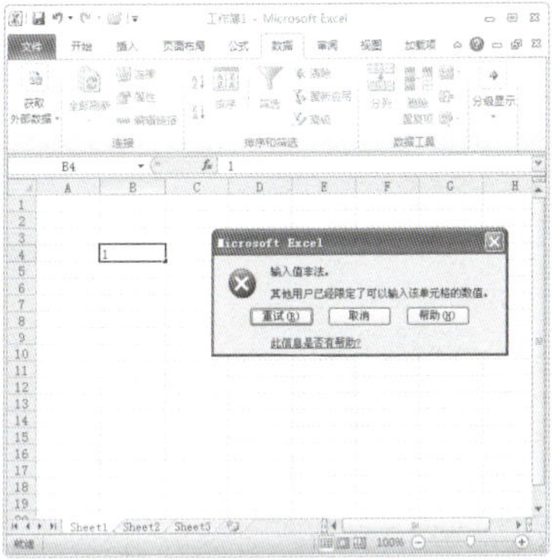

图15-12

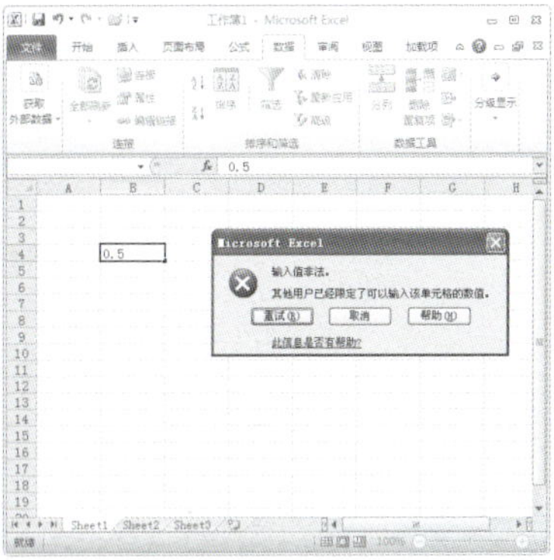

图15-13

技巧5 限制单元格中文本的长度

通过“数据有效性”对话框，可限制单元格中输入文本的长度，具体操作方法如下。

1 选择要限制文本长度的单元格，如单元格B2，单击“数据”选项卡，在“数据工具”选项组中单击“数据有效性”按钮，如图15-14所示。

2 在弹出的“数据有效性”对话框中进行如图15-15所示的选项设置。

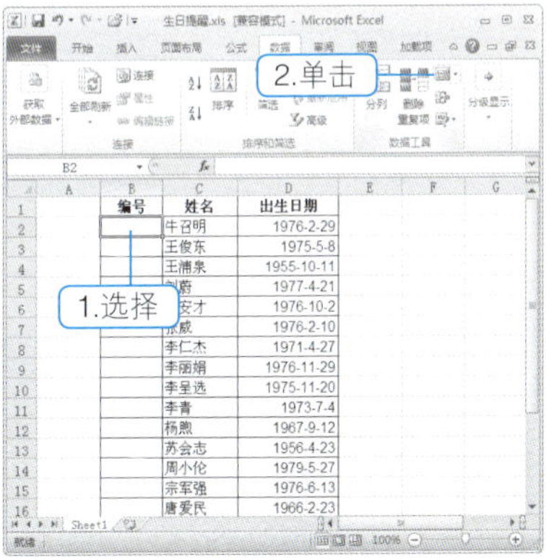

图15-14

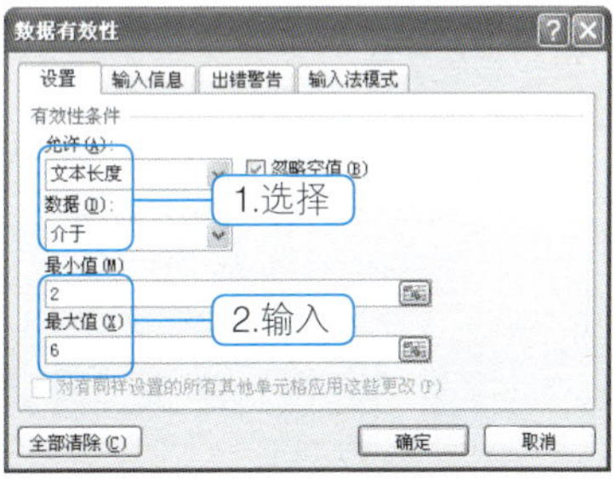

图15-15

3 单击“确定”按钮，完成设置。在单元格B4中输入设置范围之外的数据，将弹出提示信息框，如图15-16所示。

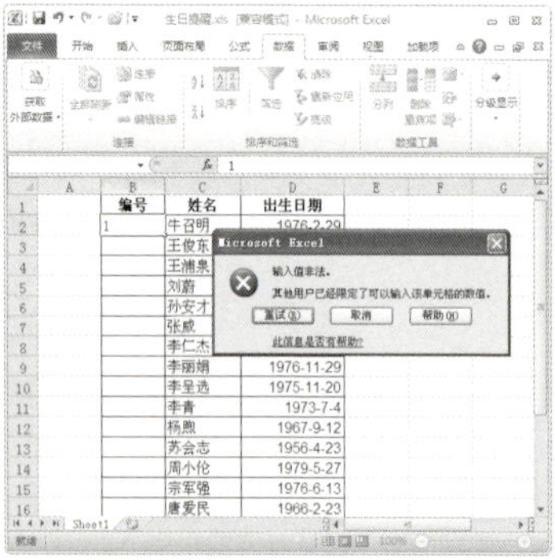

图15-16

技巧6 取消设置的数据范围限制

如果不需要对单元格进行数据范围限制时，可取消该设置，具体操作方法如下：选择需要取消数据范围限制的单元格，打开“数据有效性”对话框，从中单击“全部清除”按钮，清除单元格格式设置，如图15-17所示。

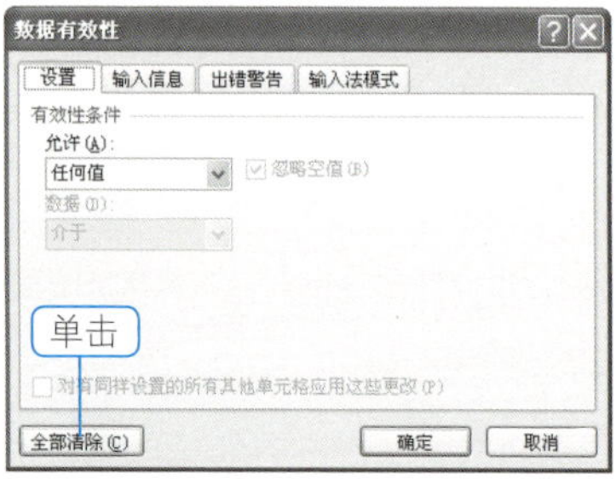

图15-17

专家提示

在“数据有效性”对话框中单击“允许”下拉列表框，在弹出的列表中选择“任何值”，也可以取消对选定单元格的输入限制。

技巧7 使中英文输入法自动切换

通常在一张表格中，包含英文字符和中文，总是切换中英文输入法，会给数据的输入带来不变，用户可以通过“数据有效性”对话框设置输入法的自动切换，具体操作方法如下。

❶ 选择要输入中文的单元格或区域，如单元格区域C2:C6，单击“数据工具”选项组中“数据有效性”按钮，如图15-18所示。

❷ 弹出“数据有效性”对话框，单击“输入法模式”选项卡，在“模式”下拉列表框中选择“打开”选项，如图15-19所示。

❸ 单击“确定”按钮，关闭对话框。选择单元格B3后，将自动切换为中文输入法。

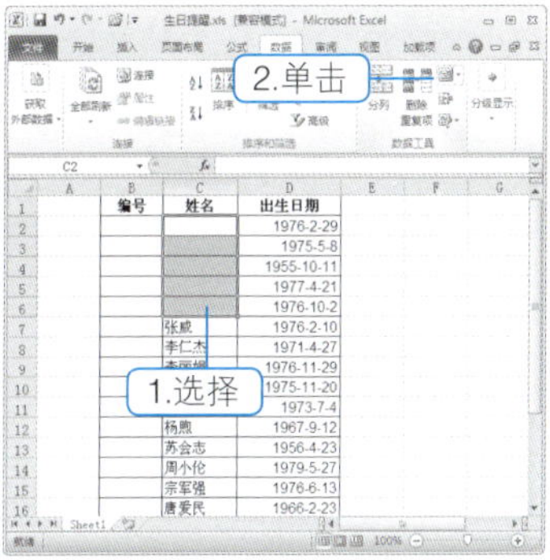

图15-18

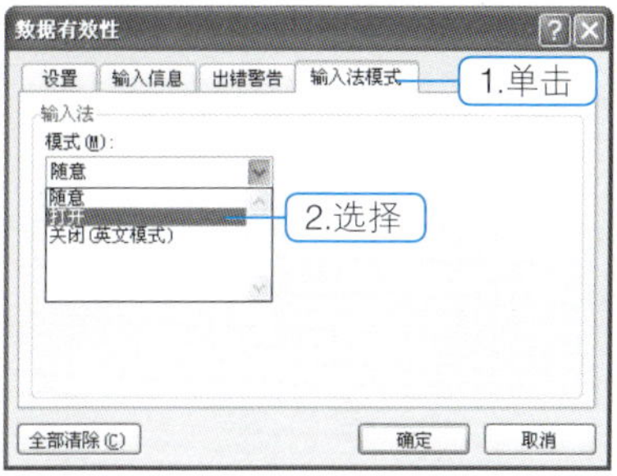

图15-19

技巧8　圈释无效数据

有时，用户设置了数据的有效范围，但是只设置了输入超出有效范围的数据给出提示信息，因此对于无效的数据也能输入，用户如果想查看输入的无效数据，可按如下方法操作。

❶ 单击“数据”选项卡，在“数据工具”选项组中单击“数据有效性”右侧的下拉按钮，在弹出的下拉菜单中选择“圈释无效数据”选项，如图15-20所示。

❷ 弹将用红色的椭圆标志圈出无效的数据，如图15-21所示。

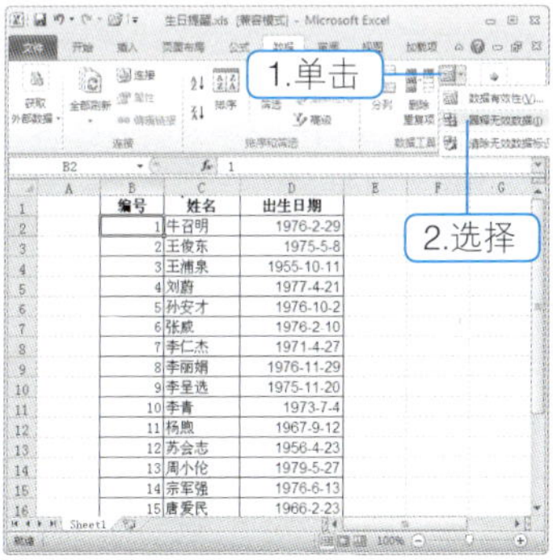

图15-20

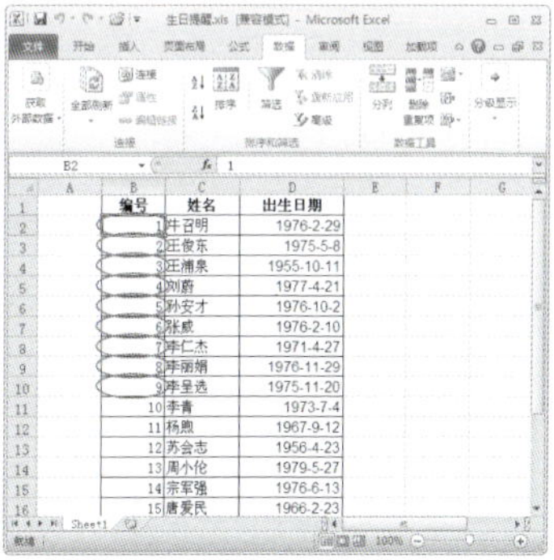

图15-21

技巧9 取消圈释出的无效数据标志

取消圈释无效的数据标志的具体操作方法如下。

❶ 单击“数据工具”选项组中“数据有效性”右侧的下拉按钮，在弹出的下拉菜单中选择“清除圈无效数据标识圈”选项，如图15-22所示。

❷ 将清除圈释标志，结果如图15-23所示。

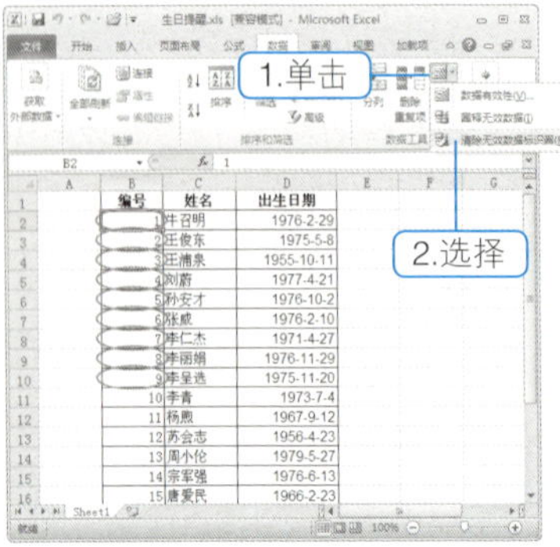

图15-22

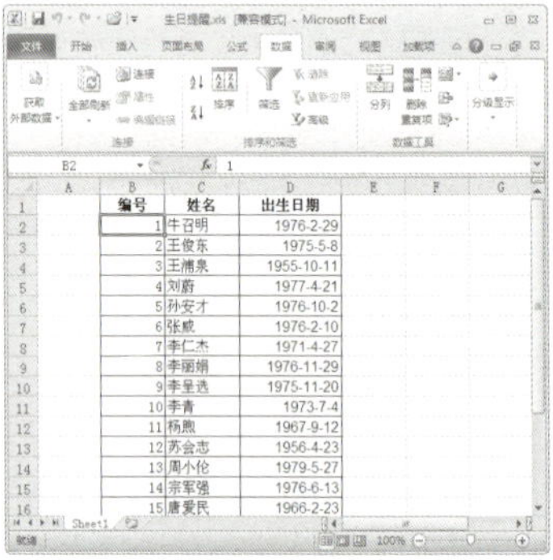

图15-23

技巧10 在单元格中添加下拉列表框

如果希望在制作电子表格时，通过单元格中的下拉列表框来实现数据的输入，可按如下方法操作。

❶ 选择单元格区域B2:B21，单击“数据”选项卡下“数据工具”组中的“数据有效性”按钮，如图15-24所示。

❷ 弹出“数据有效性”对话框，在“允许”下拉列表框中选择“序列”选项，如图15-25所示。

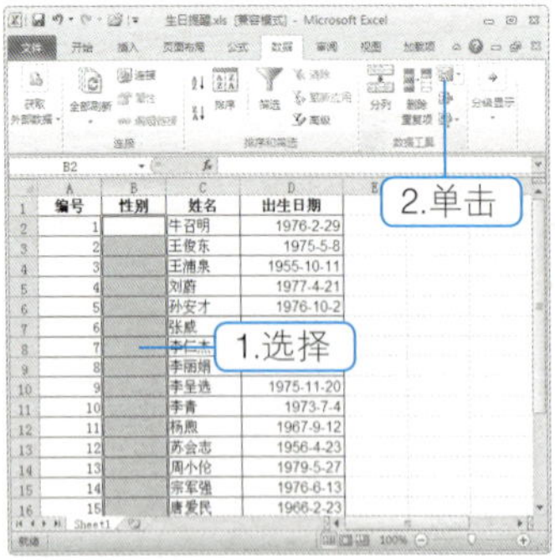

图15-24

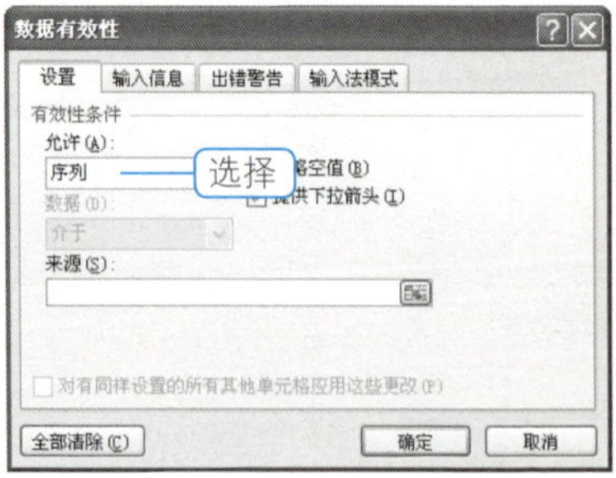

图15-25

3 单击“来源”文本框右侧的折叠按钮，并在Excel工作窗口中选择已经输入好的数据，如图15-26所示。

4 再次单击折叠按钮，然后单击“数据有效性”对话框中的“确定”按钮，完成设置。此时选择相应的单元格，将在其右侧出现下拉按钮，单击该下拉按钮，可在弹出的下拉列表中选择需要的选项，如图15-27所示。

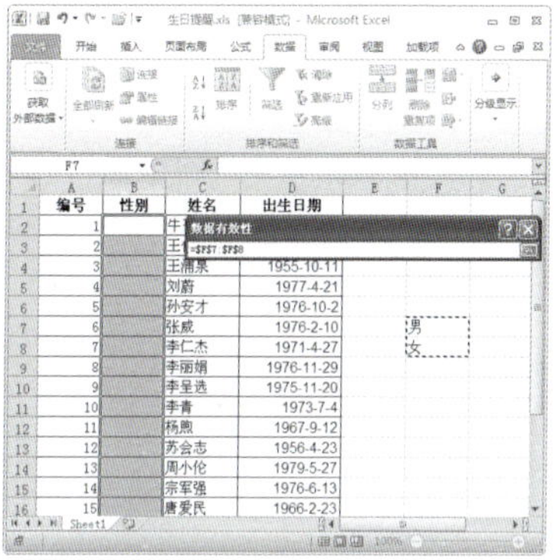

图15-26

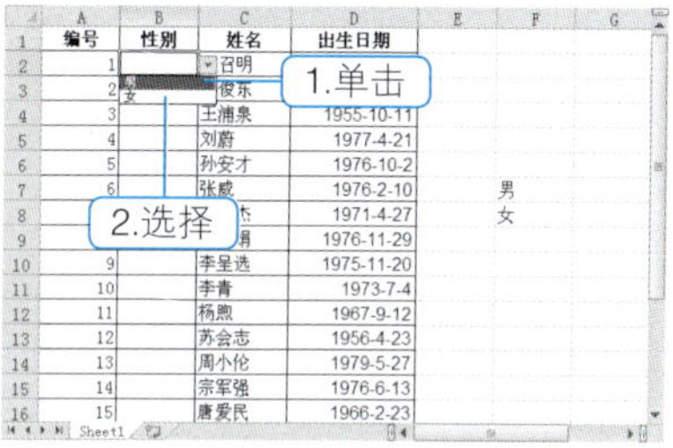

图15-27

技巧11 通过定义名称创建下拉列表框

通过设置数据的有效性，可以创建下拉列表框，下面通过创建年份的下拉列表框对其创建的方法进行介绍，具体操作方法如下。

1 新建工作表，从中输入年份，选择单元格B3:B16，单击“公式”选项卡下“定义的名称”组中的“定义名称”按钮，如图15-28所示。

2 将弹出“新建名称”对话框，保持对话框中的默认设置，如图15-29所示。

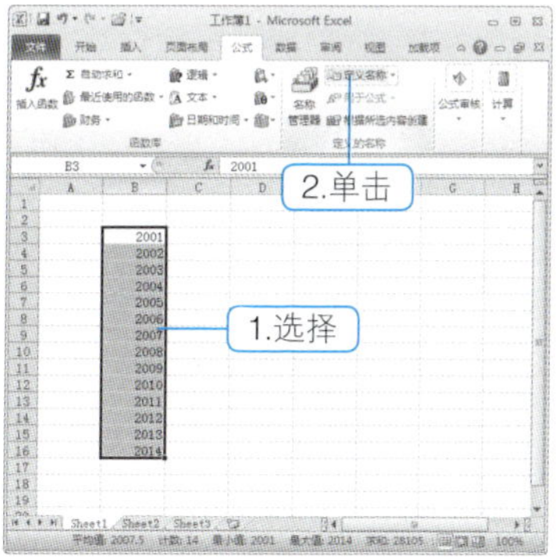

图15-28

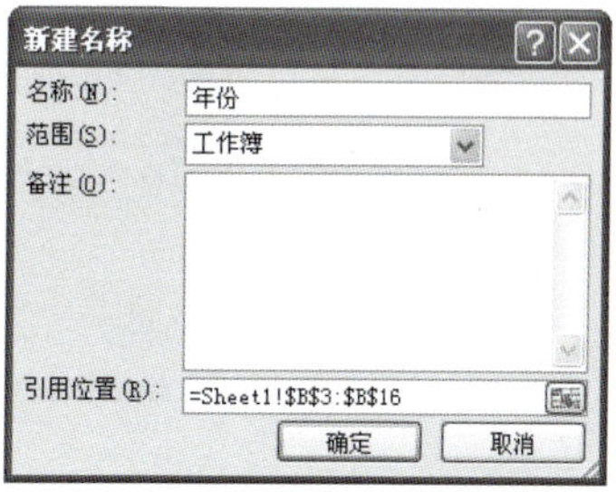

图15-29

3 单击“确定”按钮，定义名称。然后打开“数据有效性”对话框，在“允许”下拉列表框中选择“序列”选项，在“来源”文本框中输入“=年份”，如图15-30所示。

4 单击“确定”按钮，创建下拉列表框，在下拉列表框中可选择年份，如图15-31所示。

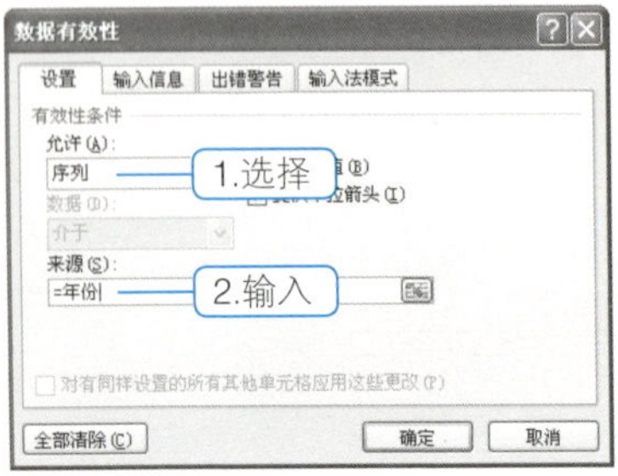

图15-30

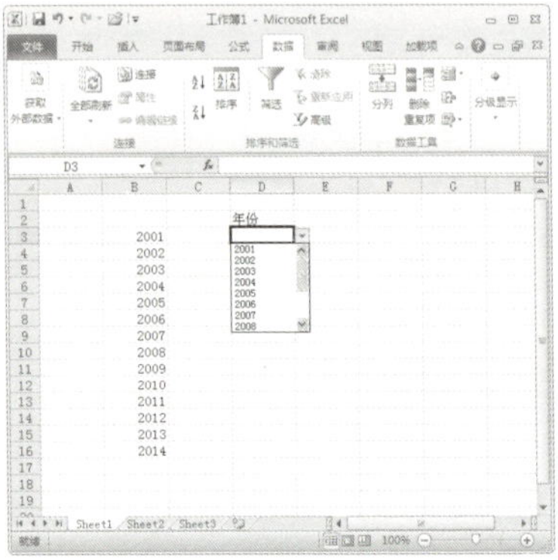

图15-31

技巧12 复制数据有效性设置

在某个单元格中设置了数据有效性之后，如果只想将数据有效性设置复制到其他单元格，可以通过如下方法来实现。

1 选中包含数据有效性设置的单元格，按下“Ctrl+C”组合键，将其复制。

2 在目标单元格中单击鼠标右键，在弹出的右键菜单中选择“选择性粘贴”命令，弹出“选择性粘贴对话框”。

3 选中“有效性验证”单选项，如图15-32所示。

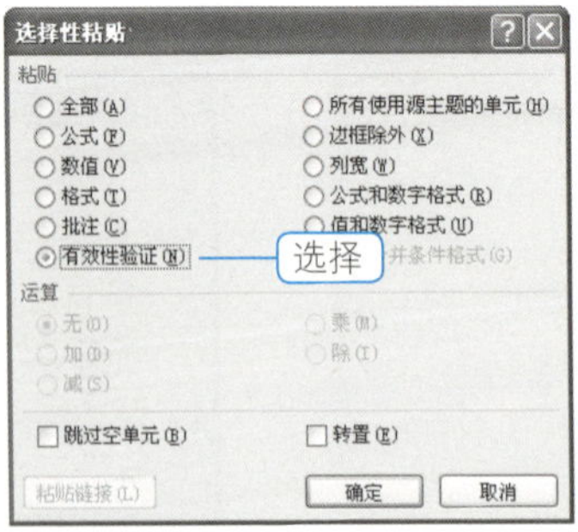

图15-32

❹ 单击“确定”按钮，完成设置。

专家提示

上述方法仅复制单元格中的数据有效性设置，如果直接粘贴，将复制原单元格的所有内容，不仅包括数据有效性，还包括单元格格式如字体、边框、对齐方式等。

技巧13 在工作表中查找包含数据有效性的单元格

在Excel工作表中，如果需要对所有包含数据有效性的单元格进行操作，就需要先查找包含数据有效性的单元格，可以通过如下方法来实现，具体操作方法如下。

❶ 在工作表中按下F5键，打开“定位”对话框，单击“定位条件”按钮，如图15-33所示。

❷ 弹出的“定位条件”对话框，在“定位条件”对话框中，选中“数据有效性”单选项，接着选中“全部”单选项，如图15-34所示。

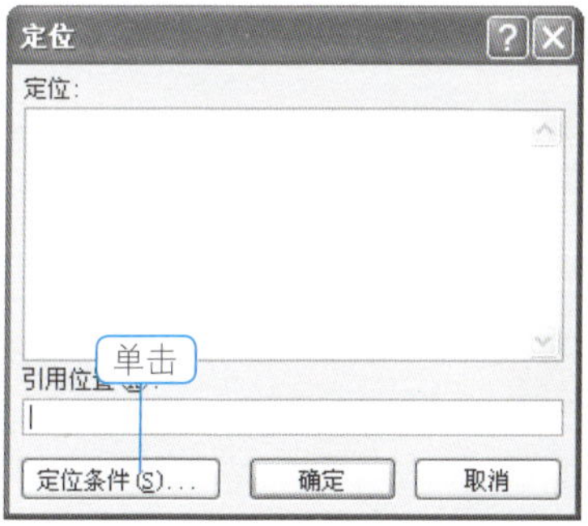

图15-33

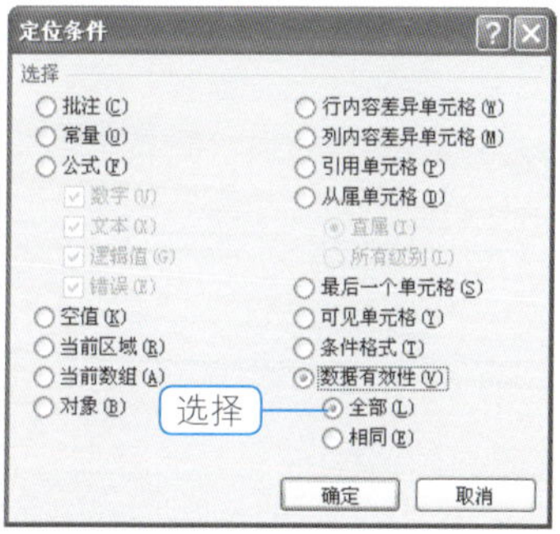

图15-34

❸ 单击“确定”按钮，就会选中工作表中所有包含公式的单元格。

专家提示

如果只需要选中工作表中数据有效性相同的单元格，可以先选中其中一个单元格，使用相同的方法在“定位条件”对话框中选中“数据有效性”单选项，接着选中“相同”单选项，单击“确定”按钮即可选中工作表中与当前选中的单元格有效性相同的所以单元格。

读书笔记

第3篇 数据高级分析

第16章 单变量求解应用技巧

使用假设分析工具，可以在一个或多个公式中使用几组不同的值来进行分析，从而得到不同的结果。

技巧1 单变量求解鸡兔问题

“单变量求解”是一组命令的组成部分。如果已知单个公式的预期结果，而用于确定此公式结果的输入值未知，则可使用“单变量求解”功能。“鸡兔问题”是一道古典数学问题，可以利用单变量求解，操作方法如下。

假设鸡兔总头数(35)和总足数(94)，总足数除以二，再减去总头数(94÷2-35)，得到兔数为12，总头数减去兔数35-12得到鸡数为23。用单变量求解就可以这样设定。

1 A2为鸡的数目，空格待求解，B2为兔的数目，设定公式=C2-A2，C2为总头数，D2为总的脚数，设定公式=A2*2+B2*4，如图16-1所示。

2 单击“数据”选项卡，在“数据工具”选项组中单击“假设分析”按钮，在弹出的下拉菜单中选择“单变量求解”选项，如图16-2所示。

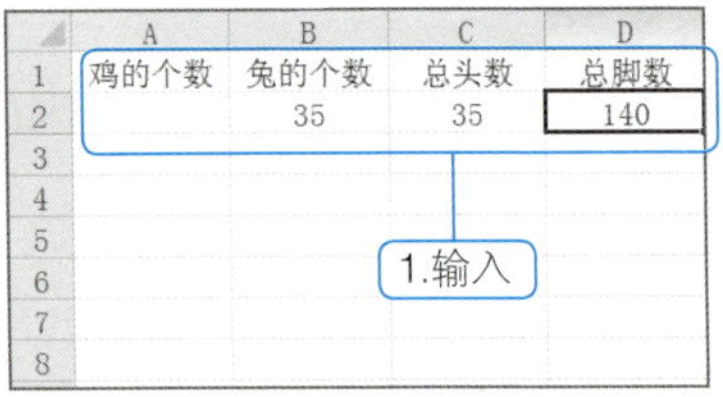

图16-1

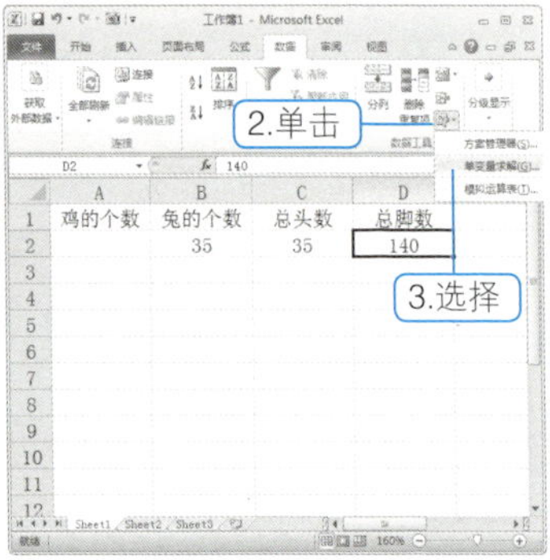

图16-2

3 弹出“单变量求解”对话框，在“目标单元格”中设置为“$D$2”，在“目标值”中输入为“94”，在“可变单元格”中设置为“$A$2”，如图16-3所示。

4 设置完成后，单击“确定”按钮，即可显示求解结果，如图16-4所示。

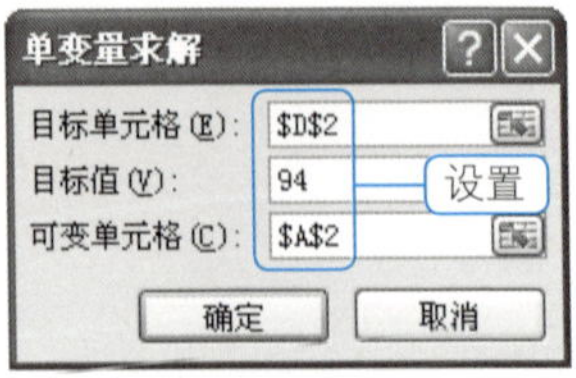

图16-3

图16-4

技巧2　单变量求解预期存款问题

如果用户某一年存入一笔钱数，希望通过利滚利的方式，十年后达到3000元，可以通过单变量求解方法计算，操作方法如下。

❶ 在“C2”的单元格内使用了公式“=A5*（1+B5）^10”，如图16-5所示。

❷ 单击“数据”选项卡，在“数据工具”选项组中单击“假设分析”按钮，在弹出的下拉菜单中选择“单变量求解”选项，如图16-6所示。

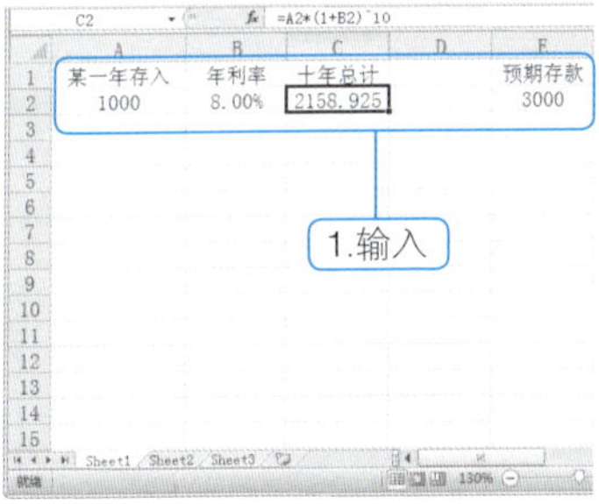

图16-5

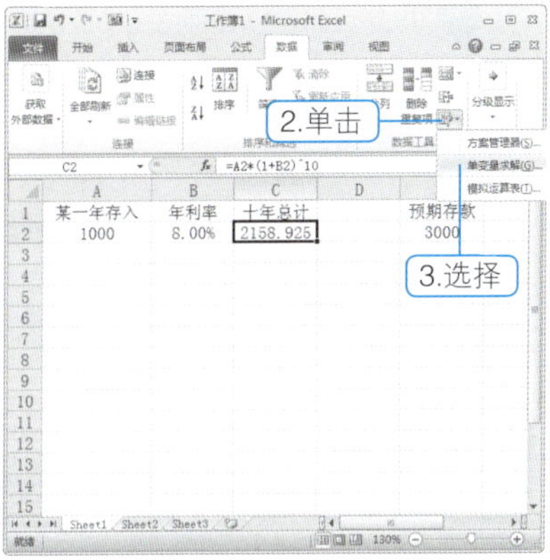

图16-6

❸ 弹出“单变量求解”对话框，在“目标单元格”中设置为“$C$2”，在“目标值”中输入“3000”，在“可变单元格”中设置为“$A$2”，如图16-7所示。

❹ 设置完成后，单击“确定”按钮，即可显示求解结果，如图16-8所示。

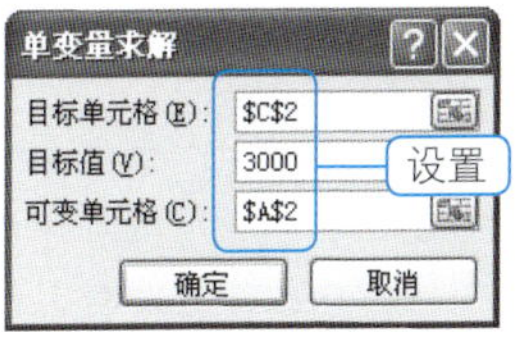

图16-7

图16-8

技巧3 单变量求解可贷款金额问题

某企业向银行贷款的年利率为9.67%，需要贷款期限为10年，企业每年的偿还能力为50万元。现在要计算出企业可以贷款金额，可以使用单变量求解功能来实现。

1 在工作表中输入贷款的年利率、贷款期限，选中B4单元格输入公式：=PMT(B1,B2,B3)，按回车键计算出年偿还额（因为当前贷款总额不确定，所在计算结果为0），如图16-9所示。

2 单击“数据”选项卡，在“数据工具”选项组中单击“假设分析”按钮，在弹出的下拉菜单中选择“单变量求解”选项，打开“单变量求解”对话框。

3 在“目标单元格”中设置为“B4”，在“目标值”中输入“50”，在“可变单元格”中设置为“$B$3”，如图16-10所示。

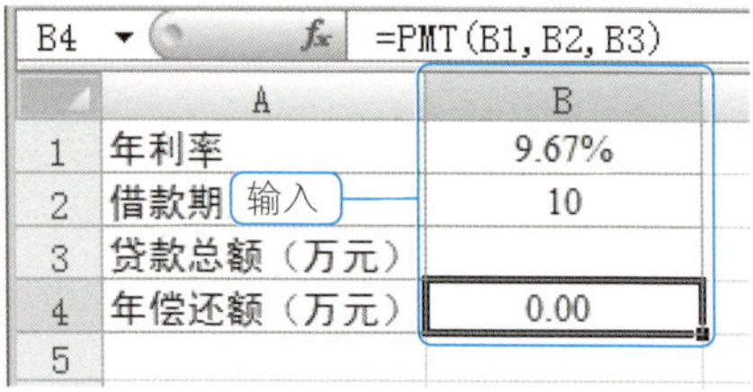

图16-9

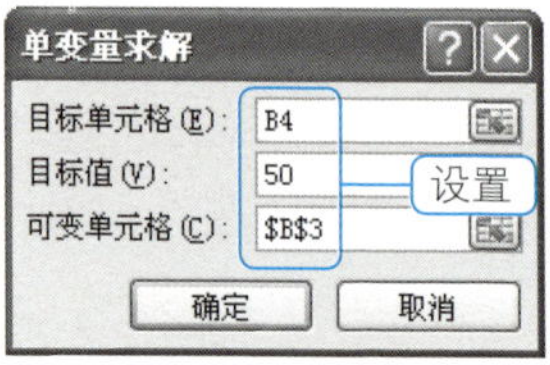

图16-10

4 设置完成后，单击“确定”按钮，求解出年利率为9.67%、贷款期限为10年、每年的偿还额为50万元时，可贷款的金额约为311.63万元，如图16-11所示。

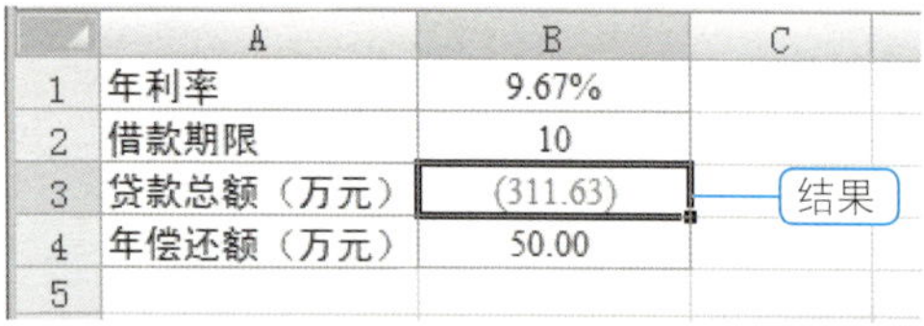

图16-11

技巧4 单变量求解贷款年限问题

某企业需要贷款金额为100万元，贷款的年利率为9.67%，企业能承担的年偿还额为20万元。现在要计算企业需要贷款的年限，可以使用单变量求解功能来实现。

❶ 在工作表中输入贷款的年利率、贷款总额、借款年限（假设值，可以随意输入），选中B4单元格输入公式：=PMT(B1,B2,B3)，按回车键计算出年偿还额，如图16-12所示。

❷ 单击“数据”选项卡，在“数据工具”选项组中单击“假设分析”按钮，在弹出的下拉菜单中选择“单变量求解”选项，打开“单变量求解”对话框。

❸ 在“目标单元格”中设置为“B4”，在“目标值”中输入为“20”，在“可变单元格”中设置为“$B$2”，如图16-13所示。

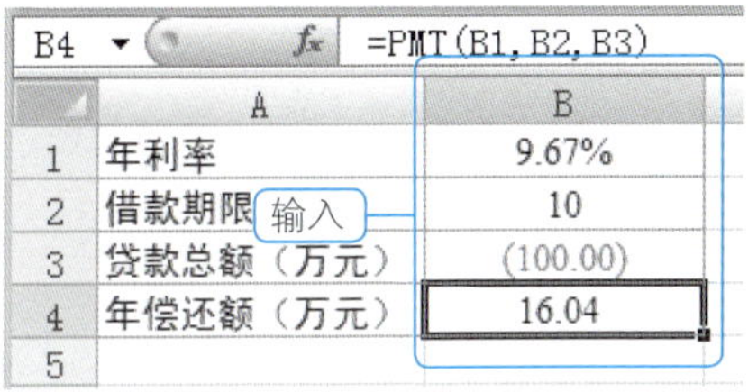

图16-12

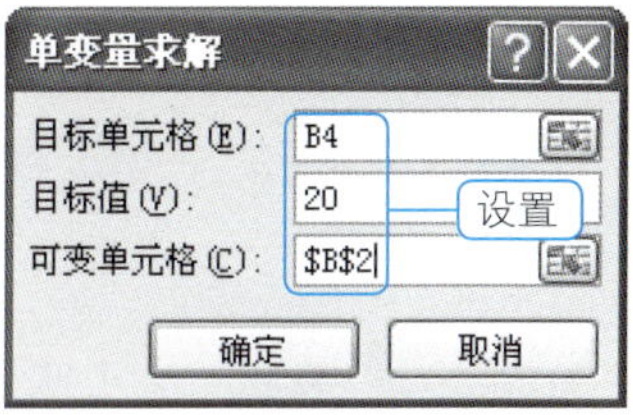

图16-13

❹ 设置完成后，单击“确定”按钮，求解出年利率为9.67%、贷款金额为100万、每年的偿还额为20万元时，可贷款的年限约为7年，如图16-14所示。

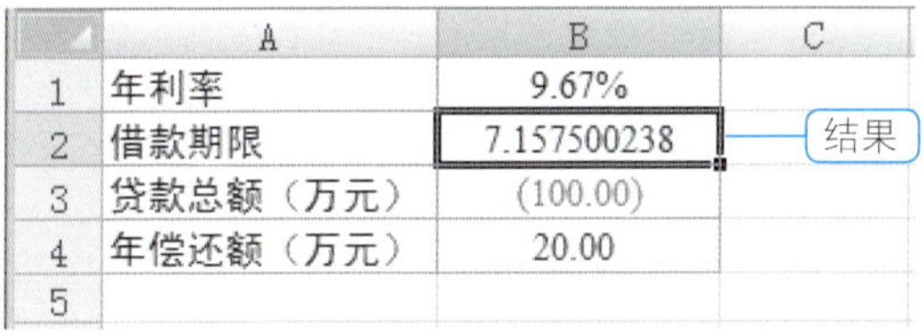

图16-14

技巧5 单变量求解函数运算问题

可以利用Excel中的单变量求解功能来计算函数，Y=4x^4+3x^3+2x^2+x+1。操作方法如下。

❶ 在C4单元格中输入公式=4*POWER(B4,4)+ 3*POWER(B4,3)+2*POWER(B4,2)+B4+1，如图16-15所示。

❷ 单击“数据”选项卡，在“数据工具”选项组中单击“假设分析”按钮，在弹出的下拉菜单中选择“单变量求解”选项。

❸ 弹出“单变量求解”对话框，在“目标单元格”中设置为“$C$4”，在“目标值”中输入为“45620”，在“可变单元格”设置为“$B$4”，如图16-16所示。

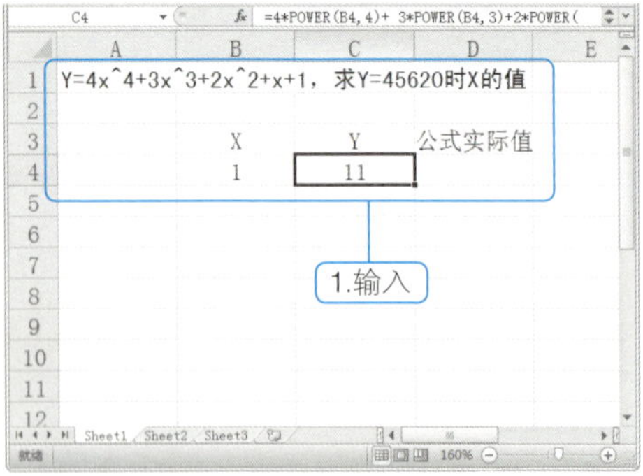

图16-15

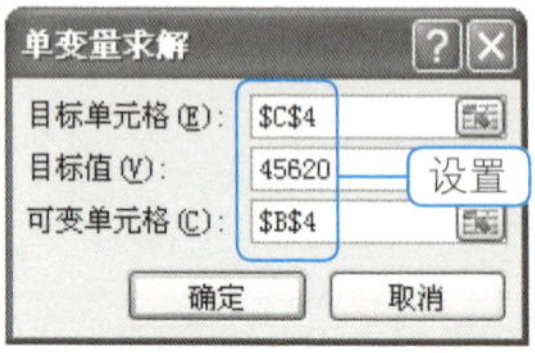

图16-16

4 设置完成后，单击“确定”按钮，即可显示求解结果，如图16-17所示。

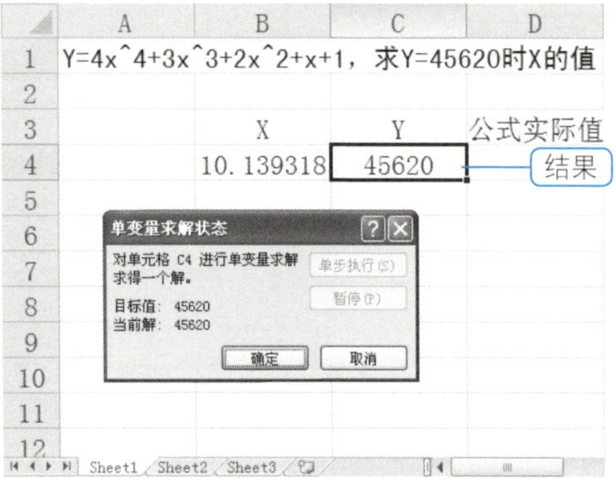

图16-17

技巧6 单变量求解预测销售金额问题

使用单变量求解功能在假设销售额为500时，求得销售地“杭州”的预测销售金额，具体操作方法如下。

1 在工作表中输入数据内容，并在单元格C13中输入求和公式，如图16-18所示。

2 得到求和结果后，单击“数据”选项卡，在“数据工具”选项组中单击“假设分析”下拉按钮，在弹出的下拉菜单中选择“单变量求解”选项。

3 弹出“单变量求解”对话框，在“目标单元格”中设置为“$C$13”，在“目标值”中输入为“500”，在“可变单元格”设置为“$C$5”，如图16-19所示。

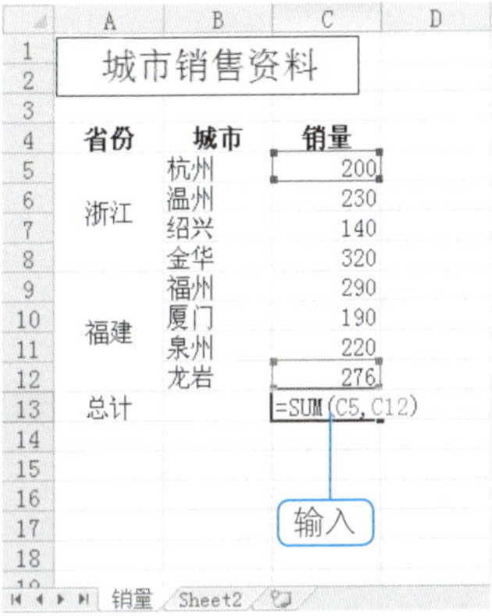

图16-18

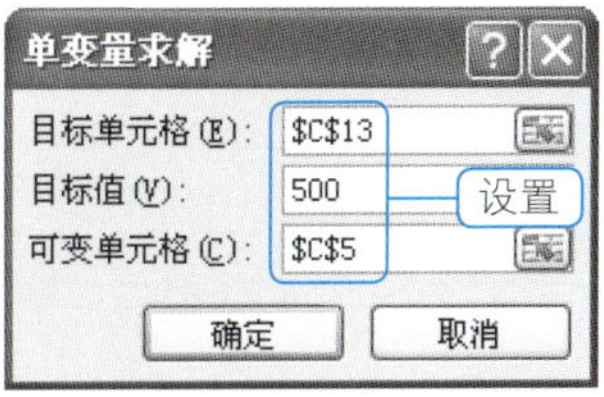

图16-19

4 设置完成后，单击“确定”按钮，即可显示求解结果，如图16-20所示。

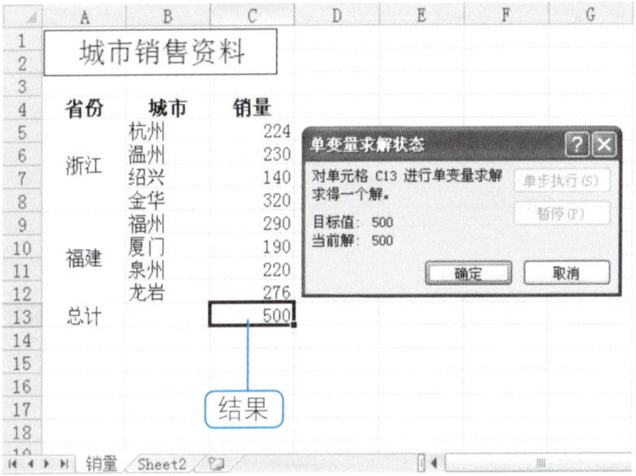

图16-20

读书笔记

第 17 章

模拟运算表应用技巧

技巧1 单变量模拟运算表求解房贷问题

使用数据表单变量求解功能，可以轻松地计算不同利率对购房贷款还款数值的影响，具体操作方法如下。

❶ 在工作表中输入房租贷款相关计算数据，如图17-1所示。

❷ 选中E3单元格，输入公式：=PMT(D3/12,C3*12,B3)，按回车键，计算出月还款额，如图17-2所示。

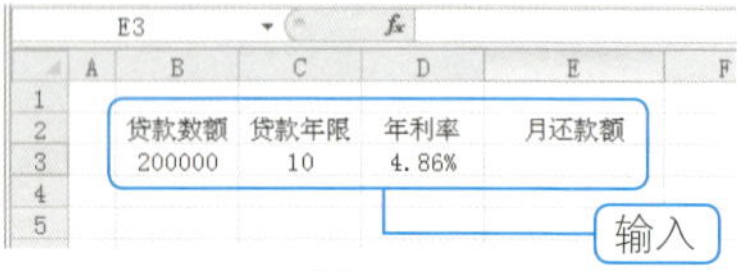

图17-1

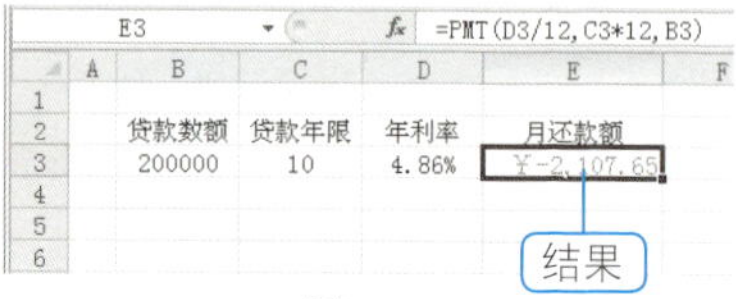

图17-2

❸ 在B5:B9单元格区域和C5单元格中，分别输入相关计算数据，如图17-3所示。

❹ 选中C6单元格输入与E3单元格中相同的公式：=PMT(D3/12,C3*12,B3)，按回车键，计算出月还款额，如图17-4所示。

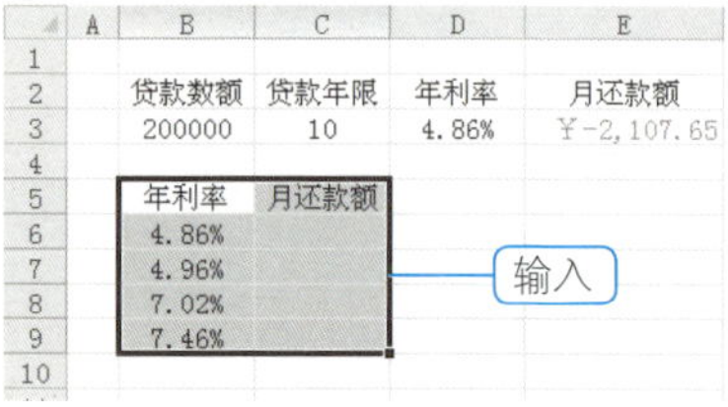

图17-3

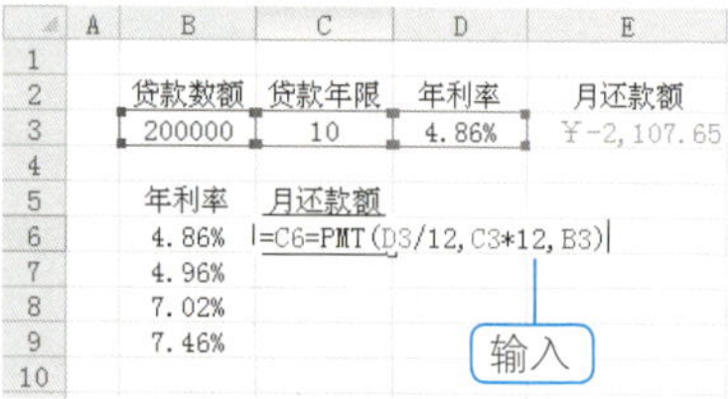

图17-4

❺ 选中B5:C9单元格区域，在“数据工具”选项组中单击“假设分析”按钮，在弹出的下拉菜单中选择“模拟运算表”选项，如图17-5所示。

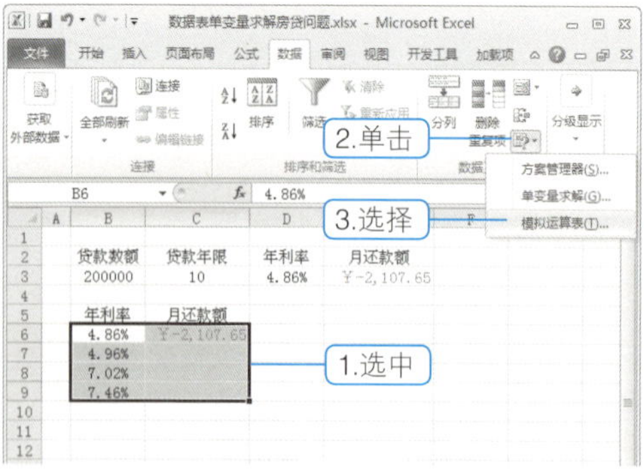

图17-5

❻ 打开“模拟运算表”对话框，将“输入引用列的单元格”设置为“$D$3”，如图17-6所示。

❼ 设置完成后，单击“确定”按钮，即可显示出计算结果，如图17-7所示。

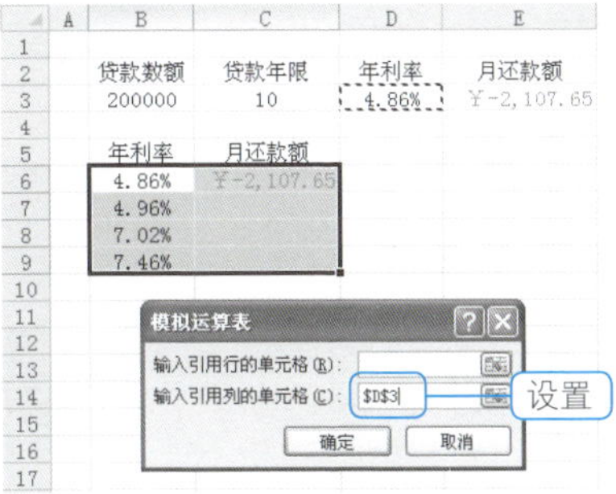

图17-6

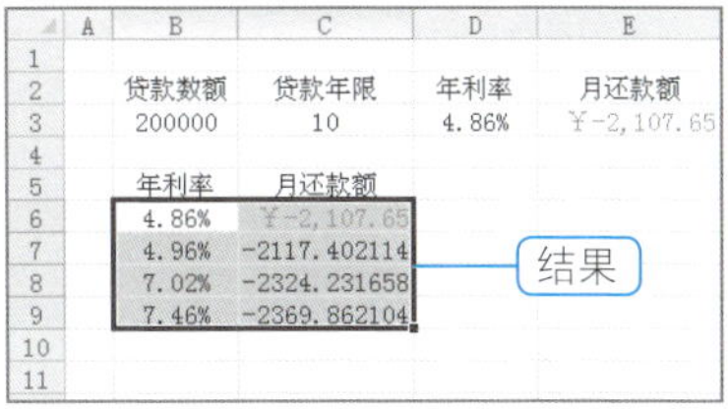

图17-7

技巧2 单变量模拟运算表求解产品销售量与利润额问题

在单变量模拟运算表中，可以对一个变量输入不同的值从而查看它对一个或多个公式的影响。例如：根据产品的不同销量来计算产品所获取的利润。

❶ 在工作表中输入相关的销售金额、奖金提成率数据，选中B4单元格，输入公式：=B2*B3，按回车键，计算出奖金提成率为4%时的销售金额为30000的业绩奖金，如图17-8所示。

❷ 接着在A10:A13单元格区域中，输入多项不同的销售金额。选中B9单元格，输入公式：=B5-B2，按回车键，计算出销售利润，如图17-9所示。

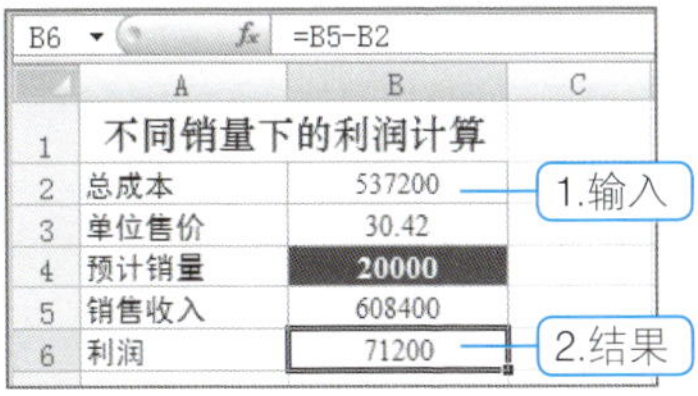

图17-8

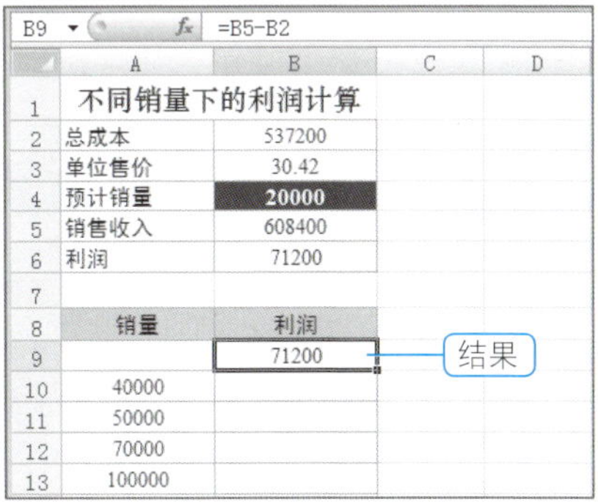

图17-9

3 选中A7:B12单元格区域，在“数据工具”选项组中单击“假设分析”按钮，在弹出的下拉菜单中选择“模拟运算表”选项，如图17-10所示。

4 打开“模拟运算表”对话框，在“输入引用列的单元格”中设置为“B2”单元格，表示不同的销售金额，如图 17-11所示。

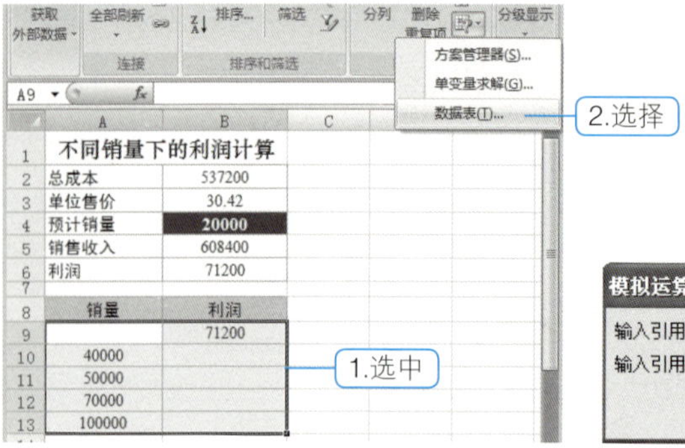

图17-10

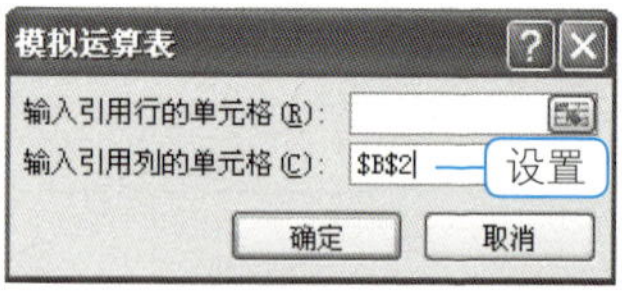

图17-11

5 设置完成后，单击“确定”按钮，即可求出不同销售金额时的员工业绩奖金，如图17-12所示。

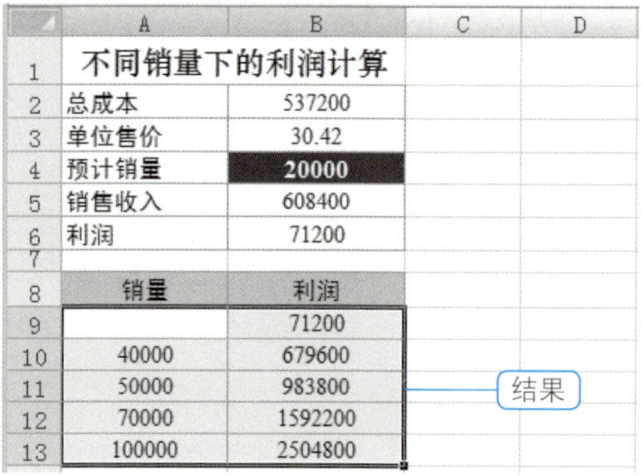

	A	B
1	不同销量下的利润计算	
2	总成本	537200
3	单位售价	30.42
4	预计销量	20000
5	销售收入	608400
6	利润	71200
7		
8	销量	利润
9		71200
10	40000	679600
11	50000	983800
12	70000	1592200
13	100000	2504800

图17-12

技巧3 双变量模拟运算表求解房贷问题

使用数据表双变量求解功能，可以轻松地计算在利率和还款金额均不相同的情况下，哪种还款方式最合适，具体操作方法如下。

1 在表格中分别输入房租贷款的计算数据，如图17-13所示。

2 分别在B5和E3单元格中，输入公式：=PMT(D3/12,C3*12,B3)，按回车键，计算出月还款额，如图17-14所示。

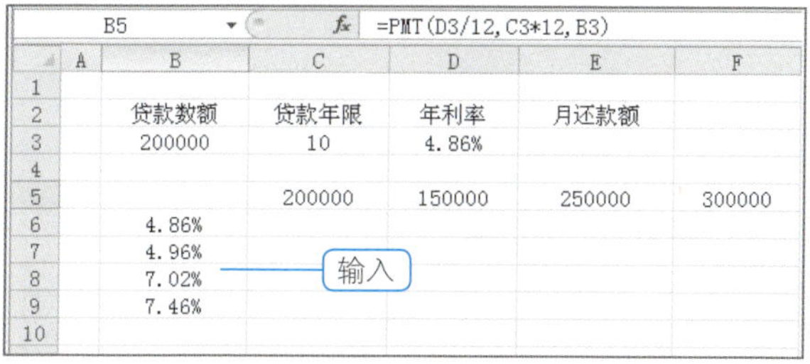

图17-13

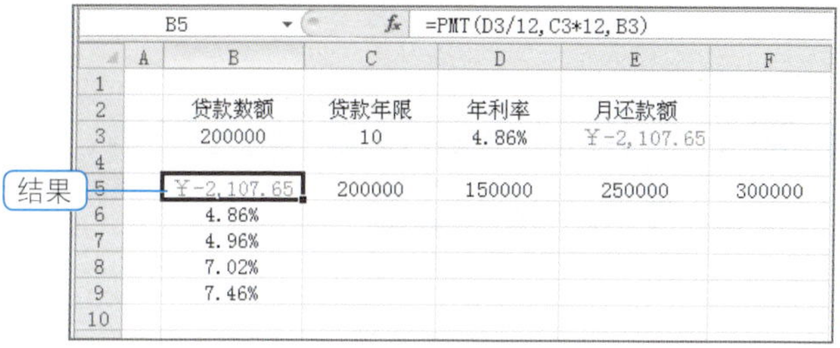

图17-14

3 选中B5:F9单元格区域，在“数据工具”选项组中单击“假设分析”按钮，在弹出的下拉菜单中选择“模拟运算表”选项，如图17-15所示。

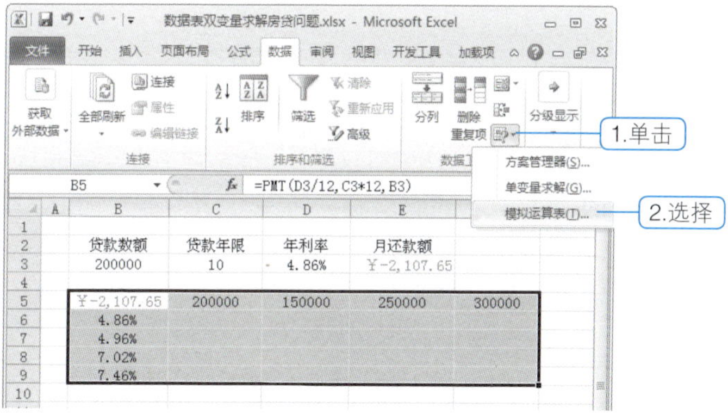

图17-15

4 打开“模拟运算表”对话框，在“输入引用行的单元格”中设置为“$B$3”，在“输入引用列的单元格”中设置为“$D$3”，如图17-16所示。

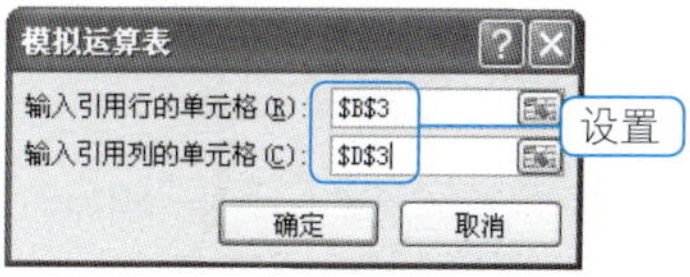

图17-16

5 单击“确定”按钮，得到数据表效果如图17-17所示。

	A	B	C	D	E	F
1						
2		贷款数额	贷款年限	年利率	月还款额	
3		200000	10	4.86%	￥-2,107.65	
4						
5		￥-2,107.65	200000	150000	250000	300000
6		4.86%	-2107.6505	-1580.7379	-2634.563122	-3161.4757
7		4.96%	-2117.40211	-1588.0516	-2646.752642	-3176.1032
8		7.02%	-2324.23166	-1743.1737	-2905.289573	-3486.3475
9		7.46%	-2369.8621	-1777.3966	-2962.32763	-3554.7932
10						
11						
12						

结果

图17-17

技巧4 双变量模拟运算表求解销售量、销售单价与利润额问题

双变量模拟运算表中，对两个变量输入不同值时来查看它对一个公式值的影响。例如：在销售利润计算表中，当销售量与销售单价都发生变化时，所对应的利润额的变化。

1 在工作表中输入相关的计算数据，并选中A9单元格，输入公式为：=B5-B2，按回车键，计算出销量利润，如图17-18所示。

A9 fx =B5-B2

	A	B	C	D	E	F
1	不同销量、单价下的利润计算					
2	总成本	537200				
3	单位售价	30.42				
4	预计销量	20000				
5	销售收入	608400				
6	利润	71200				
7						
8	不同销量		不同单价			
9	71200	30.42	29.58	28.22	27.65	26.88
10	20000					
11	40000					
12	600[illegible]					
13	80000					
14	100000					

结果

图17-18

2 选中A9:F14单元格区域，在“数据工具”选项组中单击“假设分析”按钮，在弹出的下拉菜单中选择“模拟运算表”选项，打开“模拟运算表”对话框。

3 在“输入引用行的单元格”中设置为“$B$3”，在“输入引用列的单元格”中设置为“$B$4”，如图17-19所示。

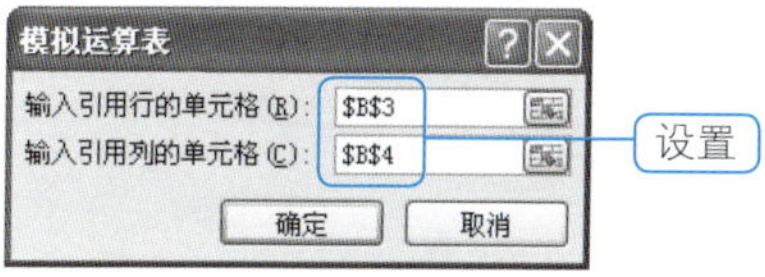

图17-19

④ 设置完成后，单击“确定”按钮，即可根据销售金额，计算出浮动单位售价情况时的销售利润，如图17-20所示。

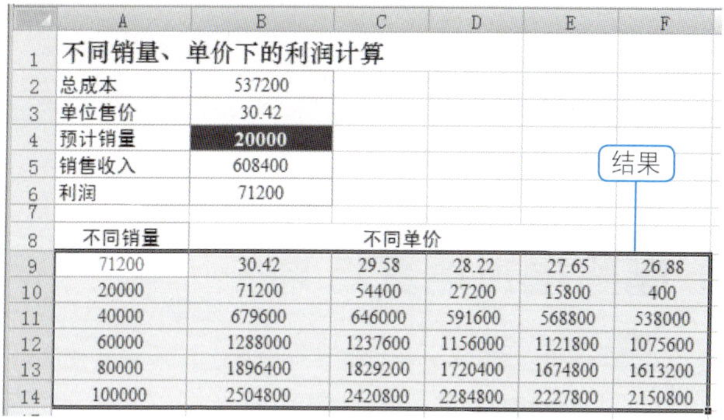

	A	B	C	D	E	F
1	不同销量、单价下的利润计算					
2	总成本	537200				
3	单位售价	30.42				
4	预计销量	20000				
5	销售收入	608400				
6	利润	71200				
7						
8	不同销量	不同单价				
9	71200	30.42	29.58	28.22	27.65	26.88
10	20000	71200	54400	27200	15800	400
11	40000	679600	646000	591600	568800	538000
12	60000	1288000	1237600	1156000	1121800	1075600
13	80000	1896400	1829200	1720400	1674800	1613200
14	100000	2504800	2420800	2284800	2227800	2150800

图17-20

技巧5 将模拟运算结果转换为常量

模拟运算得出的结果是以数组形式保存的，例如单变量模拟运算的结果保存为类似“{=TABLE(,B2)}”、“{=TABLE(B2,)}”这样的形式，前者表示变量在列中，后者表示变量在行中；双变量模拟运算的结果保存为类似“{=TABLE(H10,H11)}”这样的形式。在模拟运算返回的单元格区域中，不允许随意更改单个单元格的值，要对其进行编辑操作，则需要将其转换为常量，具体操作如下。

方法1：

选中包含有模拟运算结果的单元格区域（也可以只选中显示模拟运算结果的单元格区域），按“Ctrl+C”组合键执行复制操作，然后鼠标选中目标位置，按“Ctrl+V”组合键进行粘贴。粘贴后的表格中，原来的模拟运算数组值转换为常数。

方法2：

选中显示模拟运算结果的单元格区域，按“Ctrl+C”组合键执行复制操作，按“Ctrl+V”组合键进行粘贴。此时，在粘贴单元格区域的右下角出现一个

“粘贴选项”按钮，单击该按钮打开下拉菜单，从菜单中单击选中“只有值”单选框即可将模拟运算结果的数组形式更改为数值形式，如图17-21所示。

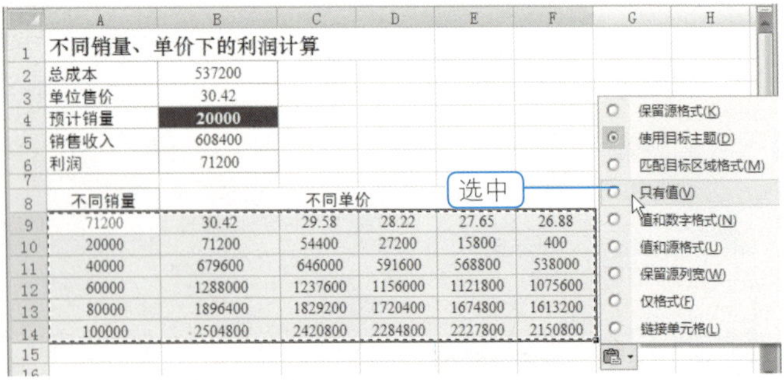

图17-21

技巧6 删除模拟运算结果

由于模拟运算得出的结果是以数组形式保存的，所以无法删除运算结果中单个单元格的值。要删除模拟运算结果，操作如下。

1 选中单个单元格或部分单元格区域，按“Delete”键进行删除，则会弹出如图17-22所示的提示。

图17-22

2 选中显示模拟运算结果的单元格区域（注意要全部选中），按“Delete”键即可删除。

专家提示

双击模拟运算结果单元格区域的任意单元格时，会出现无法退出的现象，此时可以按键盘上的“Esc”键退出。

第18章

方案管理器应用技巧

技巧1 快速建立方案

方案管理即管理多变量情况下的数据变化。例如在分析销售利润时，不同的销售数量都会影响利润的变化，因此每一种不同的销量对应的利润都称为一种方案，如何快速建立方案，操作如下。

1 如图18-1所示为销量为20000件时的销售方案。

2 在“数据”主菜单下的“数据工具”选项组中，单击“假设分析”按钮，在弹出的下拉菜单中选择“方案管理器”选项，打开“方案管理器”对话框，如图18-2所示。

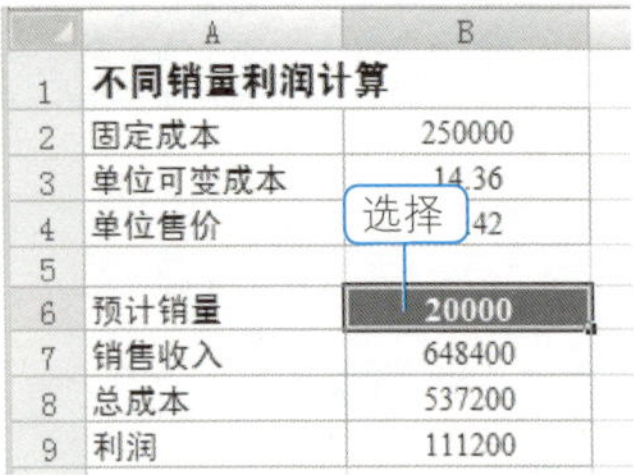

图18-1

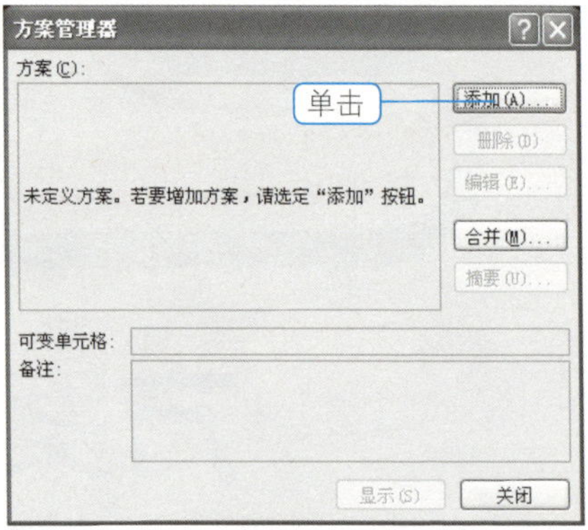

图18-2

3 单击“添加”按钮，进入“添加方案”对话框中。在“方案名”框中输入方案名，并设置可变单元格为显示预计销量的单元格，即B6单元格，如图18-3所示。

4 单击“确定”按钮打开“方案变量值”对话框，如图18-4所示。

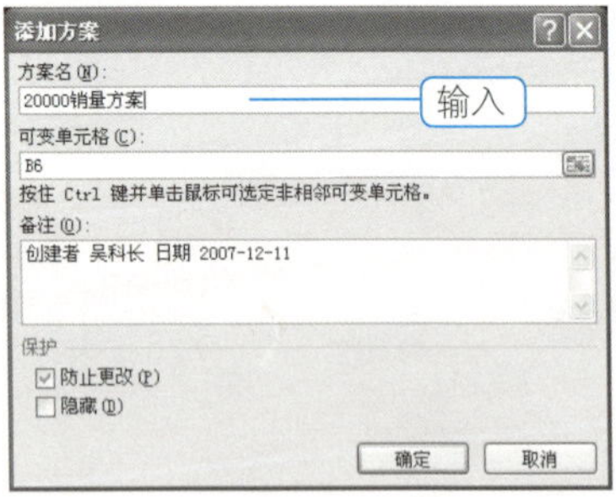

图18-3

图18-4

5 单击“确定”按钮回到“方案管理器”对话框，显示该方案建立完成，如图18-5所示。

6 在工作表中将B6单元格的销量值更改为50000，再次打开“方案管理器”对话框，按相同方法建立方案，如图18-6所示。

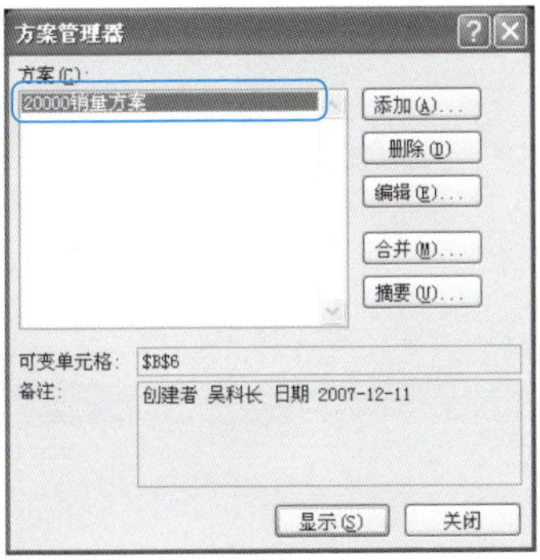

图18-5

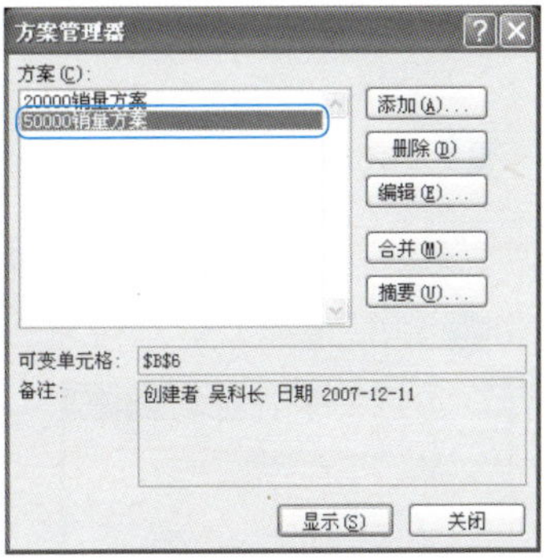

图18-6

技巧2 显示查看建立的多个方案

在同一张工作表中建立了多个方案之后，要查看不同的方案，可以按下方法来操作。

1 打开建立了方案的工作表，在“数据”主菜单下单击“数据工具”选项组中 “假设分析”按钮，选择“方案管理器”选项，打开“方案管理器”对话框，此时可显示出当前工作表中建立的所有方案，如图18-7所示。

2 选中要显示的方案，单击“显示”按钮即可显示方案，如图18-8显示了当销量为50000时的成本、利润金额。

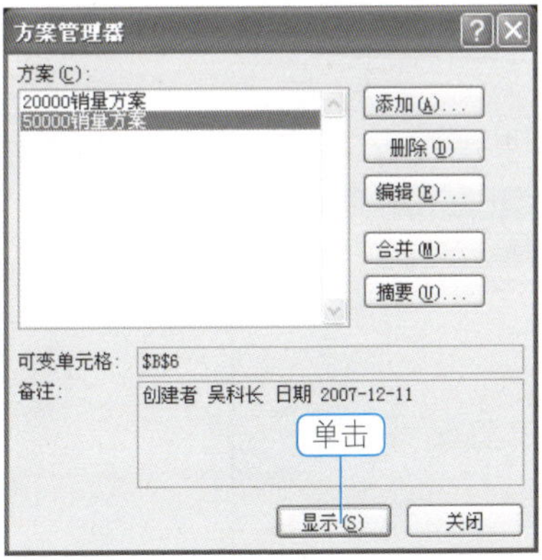

图18-7

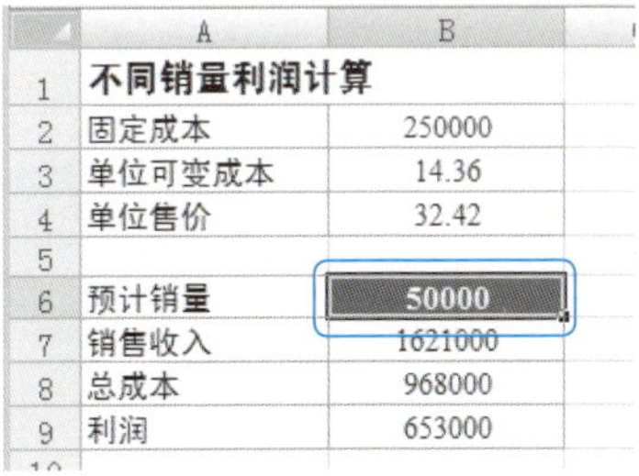

	A	B
1	不同销量利润计算	
2	固定成本	250000
3	单位可变成本	14.36
4	单位售价	32.42
5		
6	预计销量	50000
7	销售收入	1621000
8	总成本	968000
9	利润	653000

图18-8

3 如果建立了多个方案，可以按相同的方法一一查看。

技巧3 对方案进行编辑处理

方案建立完成后，后期还可以对前期进行编辑操作，例如编辑方案、删除方案，具体操作如下。

❶ 单击“数据”主菜单，在“数据工具”选项组中单击“假设分析”按钮，选中“方案管理器”选项，打开“方案管理器”对话框。选中要编辑的方案，单击“编辑”按钮，如图18-9所示。

❷ 打开“编辑方案”对话框，可重新修改方案，如图18-10所示。

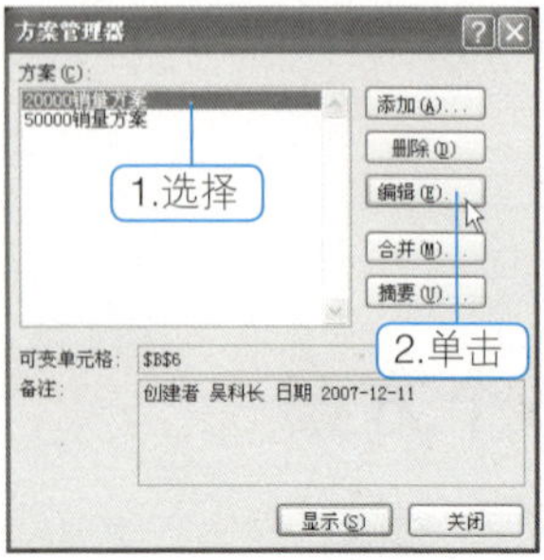

图18-9

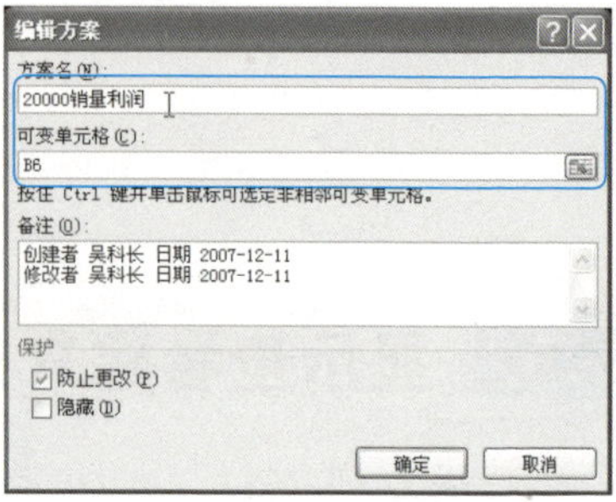

图18-10

❸ 如果要删除不需要的方案，可以在“方案管理器”对话框中选中方案后，单击“删除”按钮即可删除。

技巧4 合并不同工作表中的方案

在“方案管理器”中只显示在当前工作表中建立的方案，其他工作表中建立的方案不会显示，为了查看方案，可以使用“合并”功能将每张工作表中建立的方案合并到一张工作表中，具体方法如下。

❶ 如图18-11所示显示了“不同销量时利润”这张工作表中建立的方案。

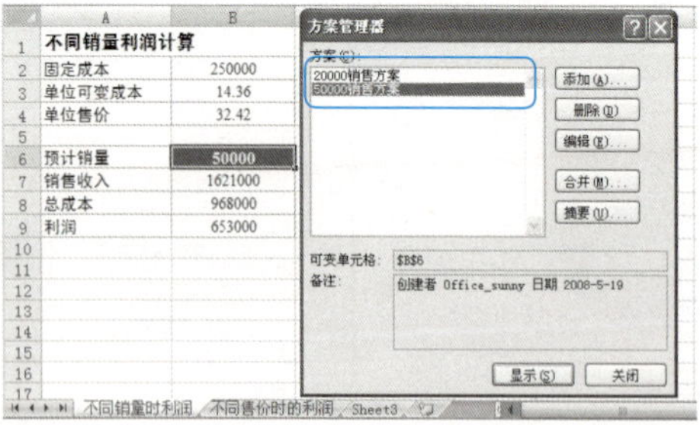

图18-11

❷ 如图18-12所示显示了“不同售价时的利润”这张工作表中建立的方案。

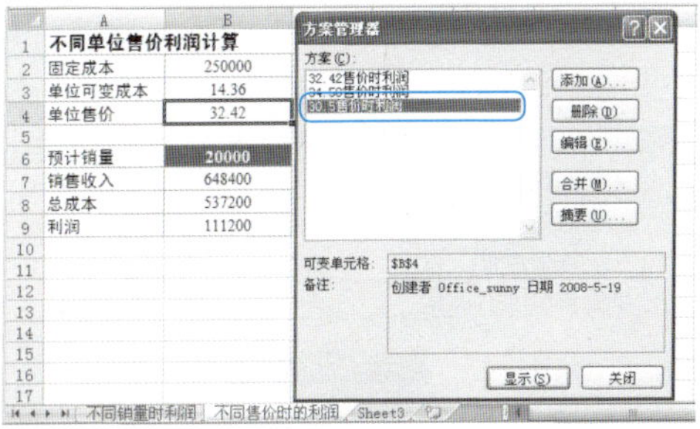

图18-12

3 切换到“不同销量时利润”工作表中，打开“方案管理器”，单击“合并”按钮，如图18-13所示。

4 打开“合并方案”对话框，如果当前打开了多张工作簿，需要在“工作簿”下拉菜单中选择工作簿，然后在“工作表”列表框中选中要合并其方案所在的工作表，如图18-14所示。

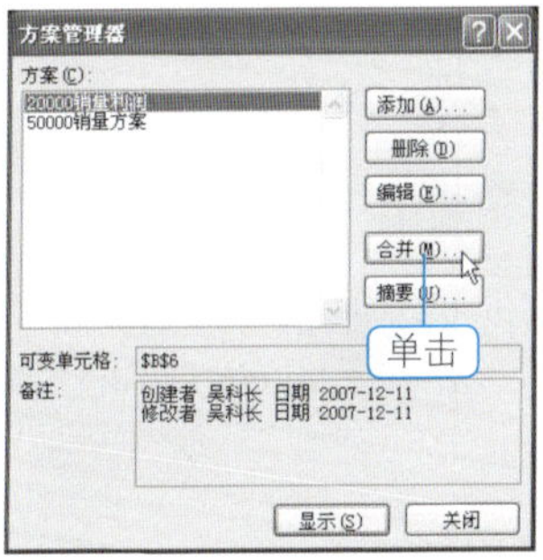

图18-13

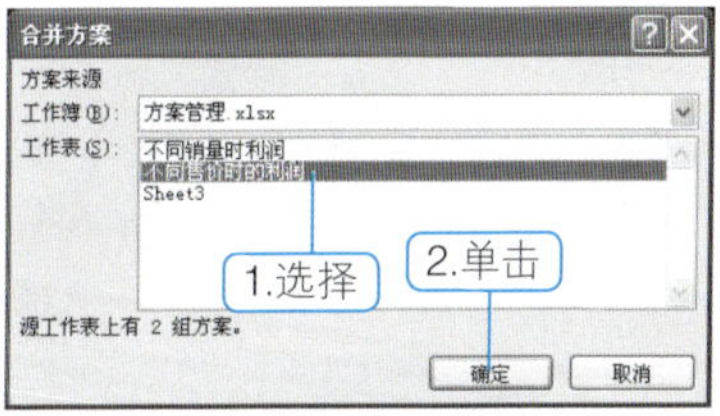

图18-14

5 单击“确定”按钮即可将选中工作表中所有的方案合并到当前工作表中，如图18-15所示。

6 选中“34.58元售价时利润”方案，单击“显示”按钮，如图18-16所示。

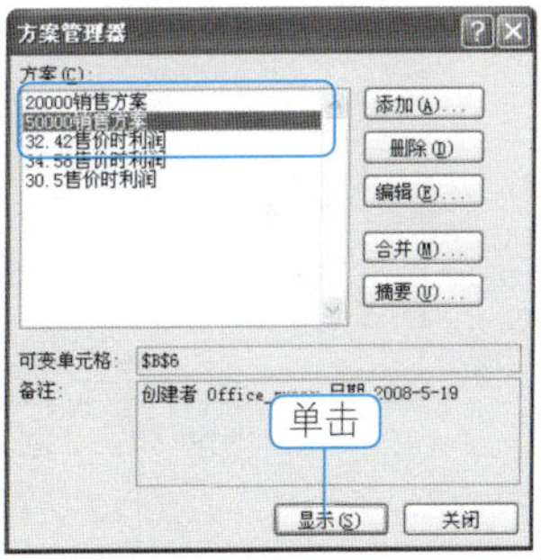

图18-15

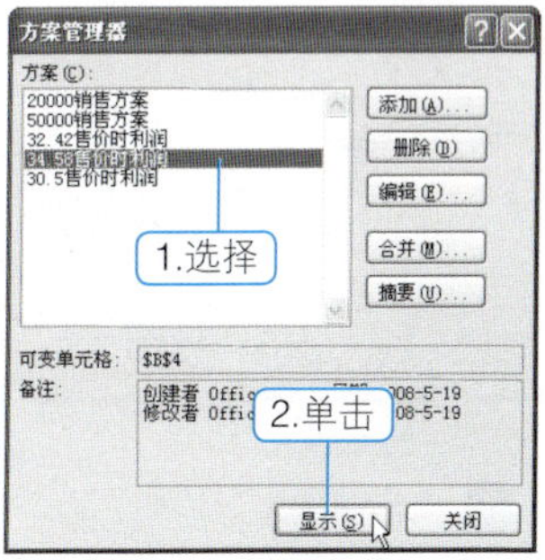

图18-16

7 可以看到当前工作表中显示单位售价为“34.58”元时的成本、利润金额，如图18-17所示。

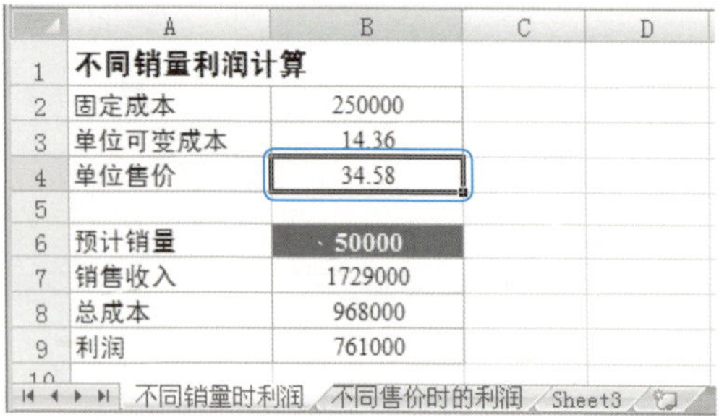

	A	B	C	D
1	不同销量利润计算			
2	固定成本	250000		
3	单位可变成本	14.36		
4	单位售价	34.58		
5				
6	预计销量	50000		
7	销售收入	1729000		
8	总成本	968000		
9	利润	761000		

图18-17

技巧5 创建方案摘要

方案建立完成后，可以建立方案摘要来直观显示不同变量值时的计算结果，具体步骤如下。

1 打开“方案管理器”，选中要创建摘要的方案，单击“摘要”按钮，如图18-18所示。

2 打开“方案摘要”对话框，设置结果单元格，即用户想查看其值的单元格，本例中设置显示销售收入、总成本、利润的连续单元格区域（单击后面的拾取器按钮回到工作表中选择），如图18-19所示。

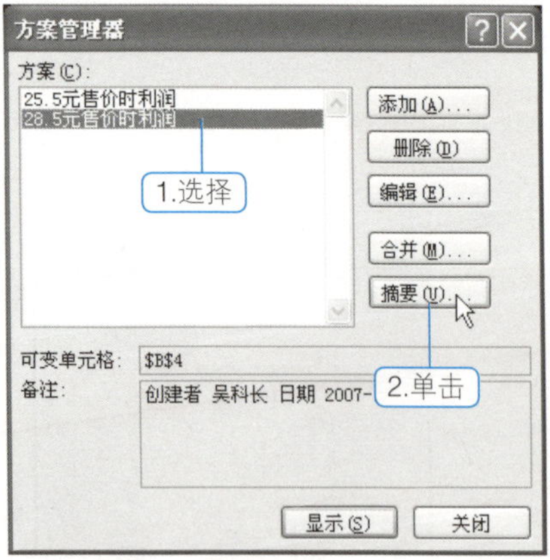

图18-18

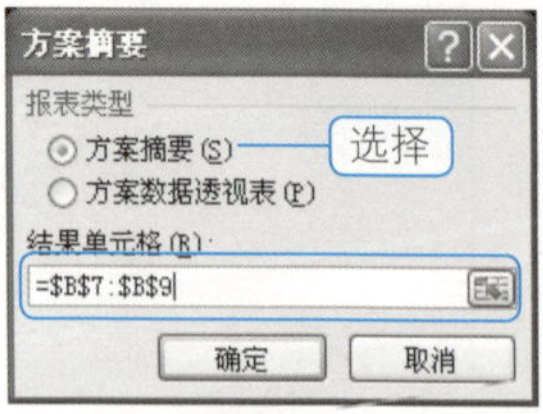

图18-19

3 单击“确定”按钮，自动显示“方案摘要”工作表，显示摘要信息，如图18-20所示。

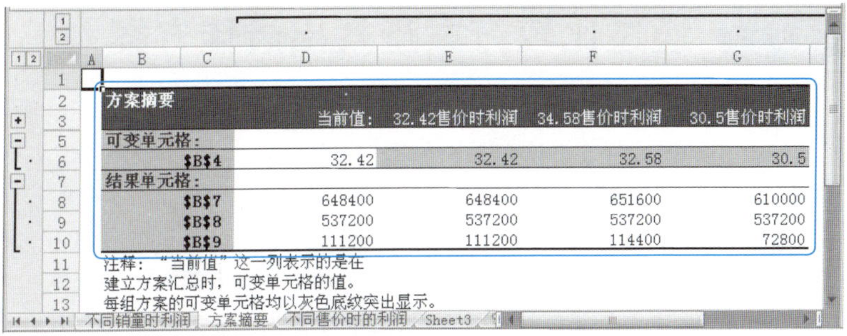

图18-20

技巧6 创建数据透视表方案摘要

除了创建普通的方案摘要之外，还可以建立数据透视表方案摘要，具体操作方法如下。

❶ 打开“方案管理器”，选中要创建摘要的方案，单击“摘要”按钮，打开“方案摘要”对话框，选中“方案数据透视表”单选框，设置结果单元格，即用户想查看其值的单元格，本例中设置显示销售收入、总成本、利润的单元格区域，如图18-21所示。

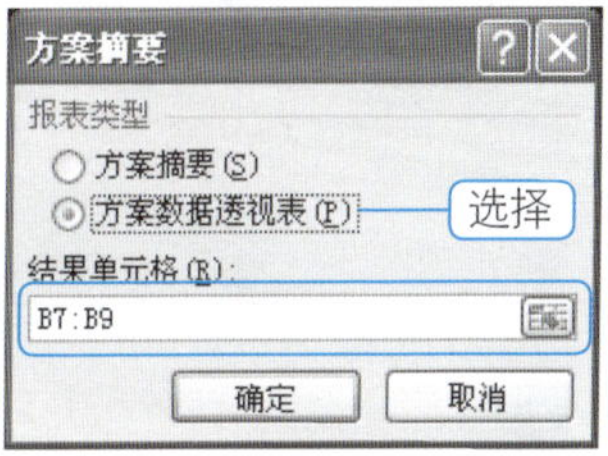

图18-21

❷ 单击“确定”按钮，可以看到新建了一张名为“方案数据透视表”的新工作表，从表中可以看到不同变量下对应的目标值，如图18-22所示。

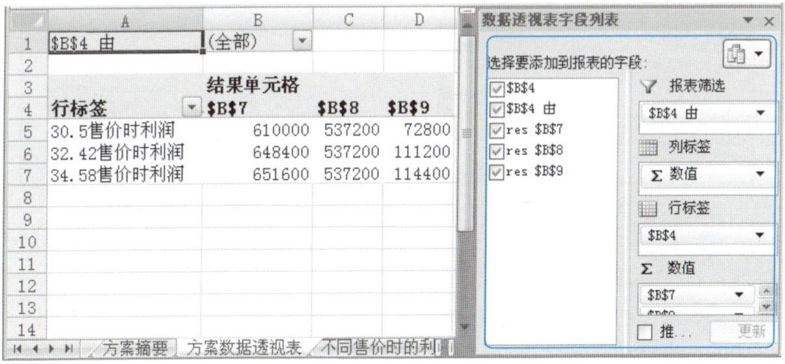

图18-22

技巧7 通过比较方案查找出最佳方案

Excel中的方案管理器是一种假设分析工具，使用方案管理器工具，能够在较复杂的多变量环境中分析数据，从而建立多套方案，力求找到最佳方案。具体使用方法如下。

❶ 打开工作表，单击“假设分析”下拉按钮，在弹出的下拉菜单中选择“方案管理器”选项，弹出“方案管理器”对话框，如图18-23所示。

❷ 单击“添加”按钮，在弹出的对话框中添加方案并编辑，如图18-24所示。

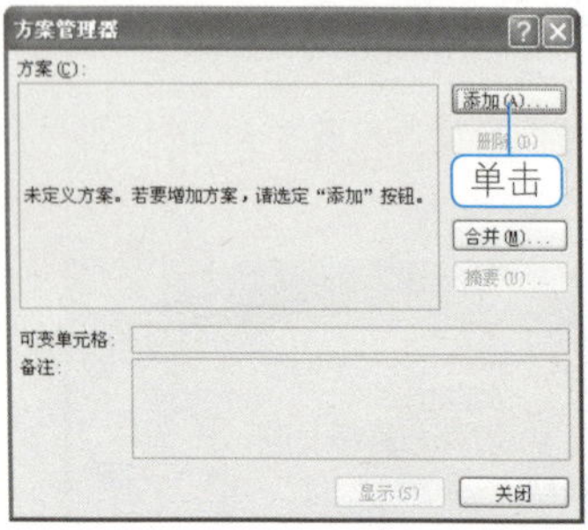

图18-23

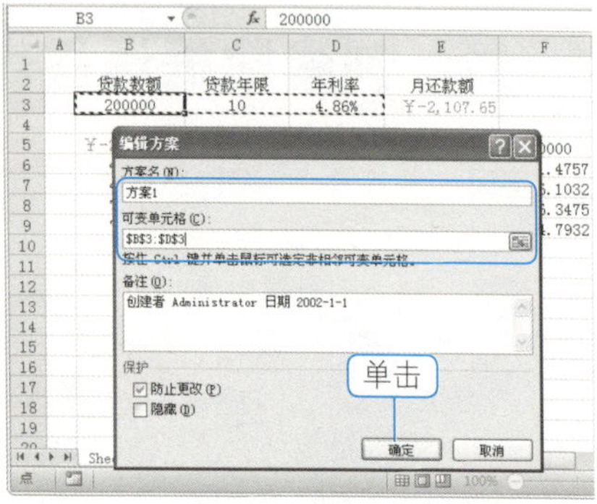

图18-24

❸ 单击“确定”按钮，弹出“方案变量值”对话框，单击底部的“添加”按钮，弹出“添加方案”对话框，从中继续添加方案，如图18-25和图18-26所示。

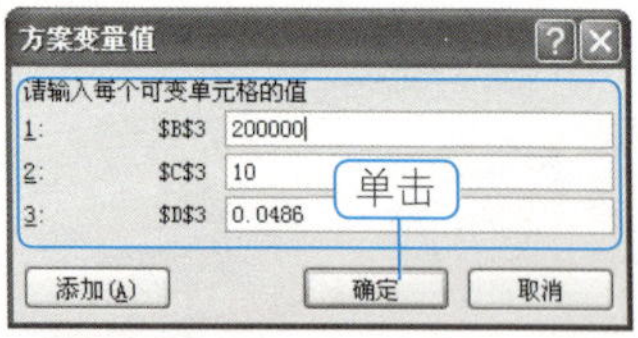

图18-25

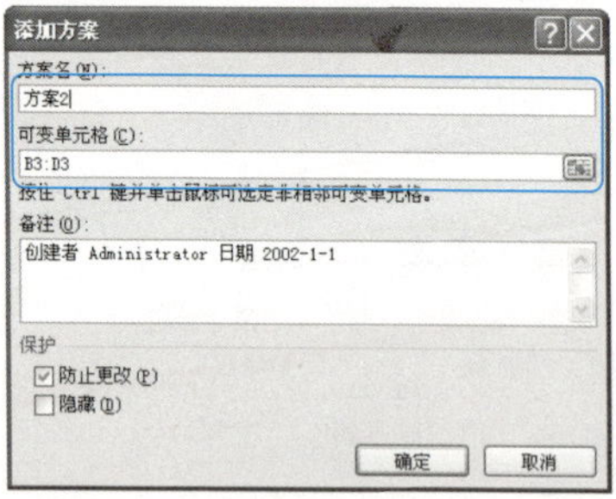

图18-26

❹ 单击“确定”按钮，弹出“方案变量值”对话框，从中输入可变单元格的值，如图18-27所示。

❺ 用同样的方法添加其他方案（方案3中假设3个单元格数据分别为200000、20和0.0486；方案4中3个单元格数据分别为150000、8和0.0496），单击“确定”按钮，返回“方案管理器”对话框，在其列表框中将显示添加的方案，

如图18-28所示。

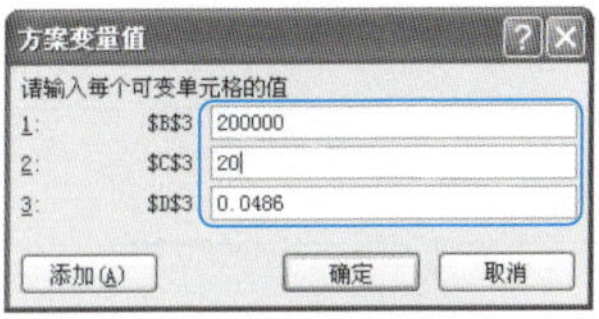

图18-27

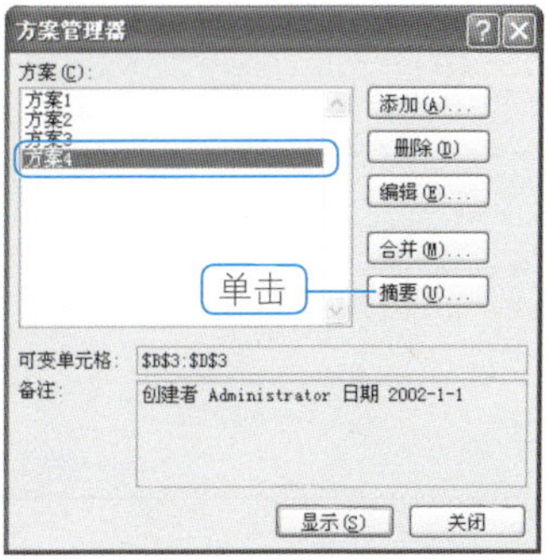

图18-28

6 单击“摘要”按钮，弹出“方案摘要”对话框，在工作表中拖动鼠标选择单元格E3，作为结果单元格，如图18-29所示。

图18-29

7 单击“确定”按钮，系统将自动建立“方案摘要”工作表（如图18-30所示），用户可比较各种方案，并从中选择最合适的。

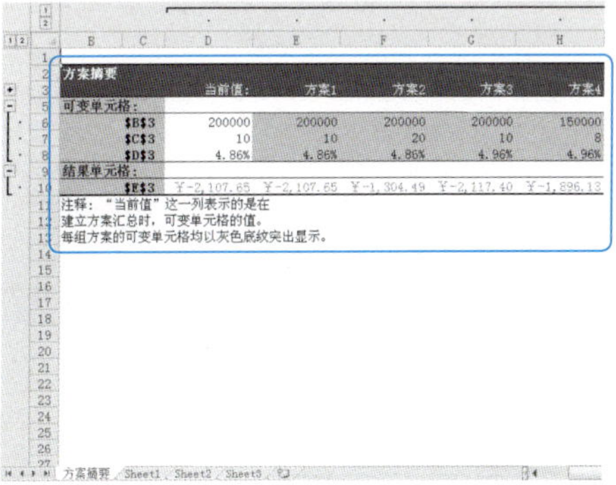

图18-30

读书笔记

第 19 章

规划求解应用技巧

Excel中的规划求解功能有时也称为假设分析（假设分析的过程是指通过更改单元格中的值来查看这些更改对工作表中公式结果的影响）。借助“规划求解”，可求得工作表上某个单元格（称为目标单元格）中公式的最优值。“规划求解”将调整所指定的变动单元格（称为可变单元格）中的值，从目标单元格公式中求得所指定的结果。

技巧1 加载规划求解

规划求解是Excel 2010的附加功能，首次使用时需要进行加载，具体的加载方法如下。

1 在“文件”选项卡下选择“选项”标签，如图19-1所示。

2 打开“Excel选项”对话框，在“加载项”标签下，单击“转到”按钮，如图19-2所示。

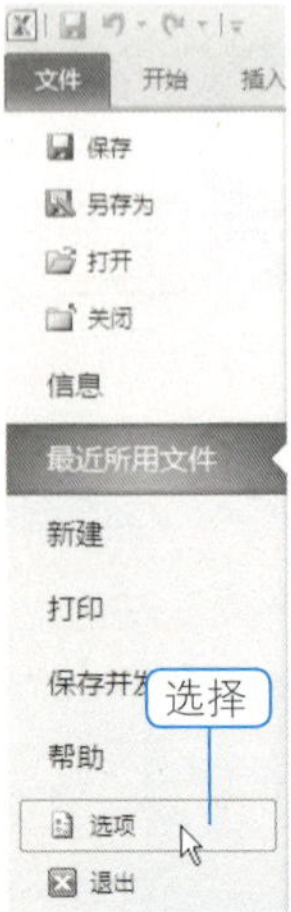

图19-1

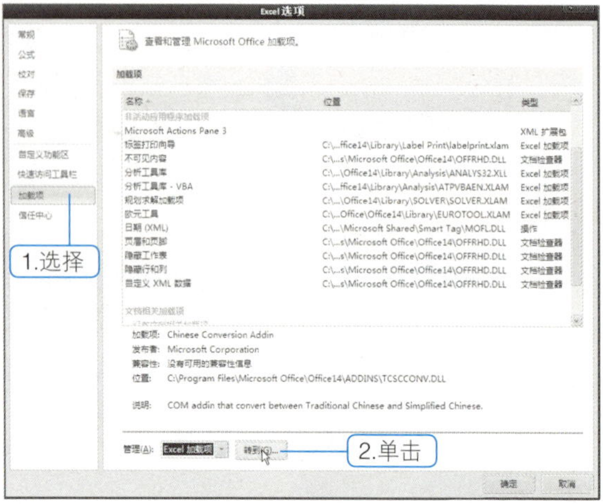

图19-2

3 打开“加载宏”对话框，选中“规划求解加载项”复选框，单击“确定”按钮。如图19-3所示。

4 在“数据”的主菜单中，添加了“分析”选项组，显示了“规划求解”选项，如图19-4所示。

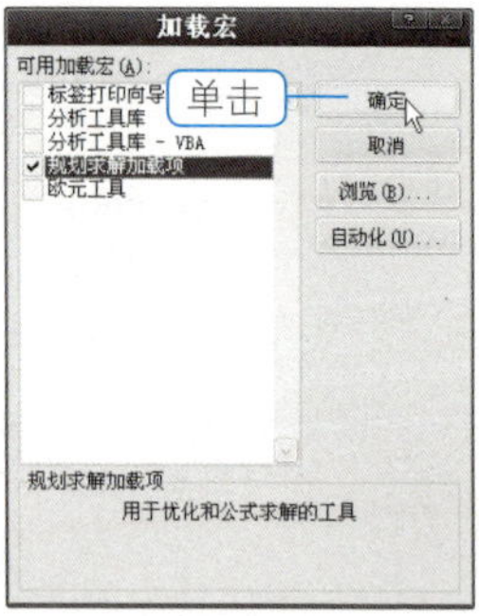

图19-3

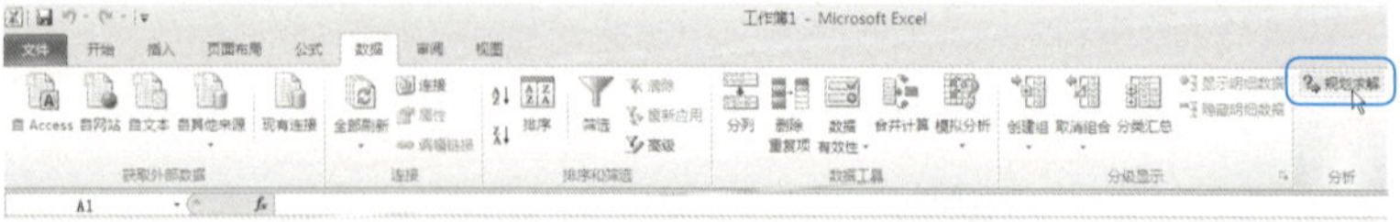

图19-4

技巧2 建立“两种产品生产基本信息”规划求解模型

针对企业来说，如何求出两种产品的最佳毛利与总收益额，这时就可以使用“规划求解”功能来实现。在进行规划求解前，先要建立好“两种产品生产分配方案”规划求解模型。具体操作方法如下。

❶ 工作表中显示两种产品每件成本额、毛利额、每月成本限额等基本信息，如图19-5所示。

	A	B	C	D	E
1	两种产品生产基本信息				
2	品名	消耗成本（元/件）	毛利（元/件）	生产量	毛利合计
3	A产品	1.62	5.98		
4	B产品	1.80	6.50		
5					
6	每月成本限制额	21000.00			
7	实际成本总额				
8	总收益额				

图19-5

❷ 选中E3单元格，输入公式为：=C3*D3，计算出A产品毛利合计（因为当前生产量未知，所以显示为0），如图19-6所示。

E3　=C3*D3

	A	B	C	D	E
1	两种产品生产基本信息				
2	品名	消耗成本（元/件）	毛利（元/件）	生产量	毛利合计
3	A产品	1.62	5.98		0.00
4	B产品	1.80	6.50		
5					

选择

图19-6

❸ 选中E4单元格，输入公式为：=C4*D4，计算出B产品毛利合计（因为当前生产量未知，所以显示为0），如图19-7所示。

E4　=C4*D4

	A	B	C	D	E
1	两种产品生产基本信息				
2	品名	消耗成本（元/件）	毛利（元/件）	生产量	毛利合计
3	A产品	1.62	5.98		0.00
4	B产品	1.80	6.50		0.00
5					

选择

图19-7

❹ 选中B7单元格，输入公式为：=B3*D3+B4*D4，计算出实际成本总额（因为当前生产量未知，所以显示为0），如图19-8所示。

5 选中B8单元格，输入公式为：=E3+E4，两种产品的总收益额（因为当前生产量未知，所以显示为0），如图19-9所示。

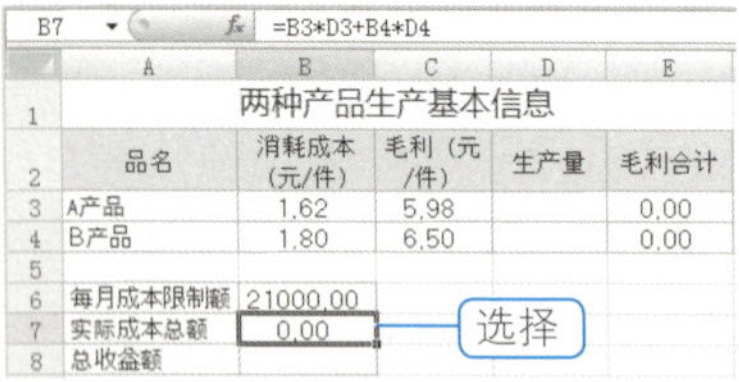

图19-8

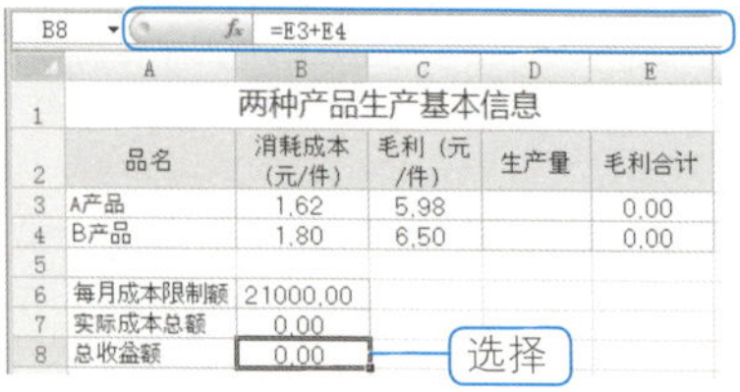

图19-9

技巧3 使用“规划求解”求解出两种产品最佳总收益额

建立好“两种产品生产分配方案”规划求解模型后，接下来在“规划求解参数”对话框中具体设置目标单元格、可变单元格等进行规划求解，从而求解出两种产品最佳总收益额。具体操作方法如下。

1 在“数据”主菜单中的“分析”选项组中，单击“规划求解”命令按钮，打开“规划求解参数”对话框。单击“设置目标”右侧的拾取器按钮回到工作表中选择需要的单元格，如选择“B8”单元格，如图19-10所示。

2 单击“通过更改可变单元格”右侧的拾取器，设置可变单元格为“D3:D4”单元格区域（显示生产量的单元格），如图19-11所示。

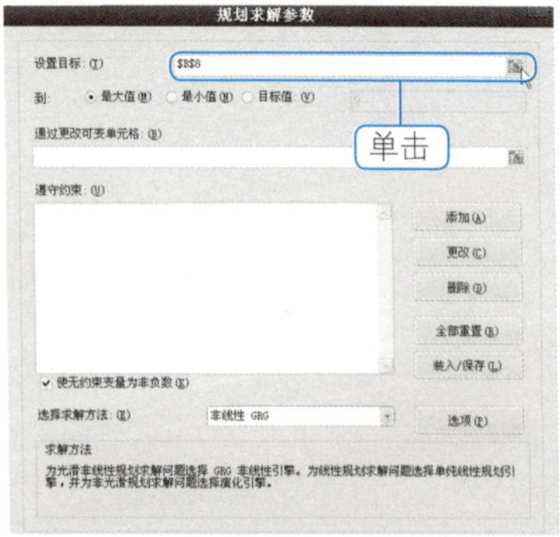

图19-10

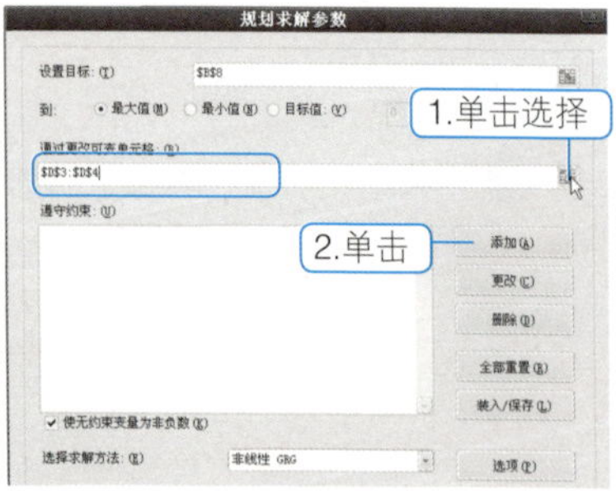

图19-11

3 单击“添加”按钮，打开“添加约束”对话框，设置条件为“B7<=B6”，表示实际成本耗费额不能超过每月成本限额，如图19-12所示。

4 单击“添加”按钮即可添加该项约束条件，继续在“添加约束”对话框中，设置条件为“D3:D4>=0”，表示生产量值大于0，单击“确定”按钮即可添加该项约束条件，如图19-13所示。

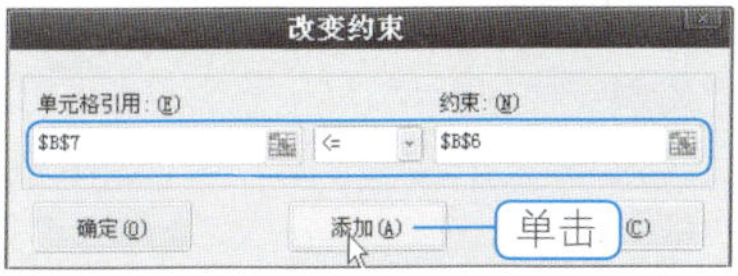

图19-12

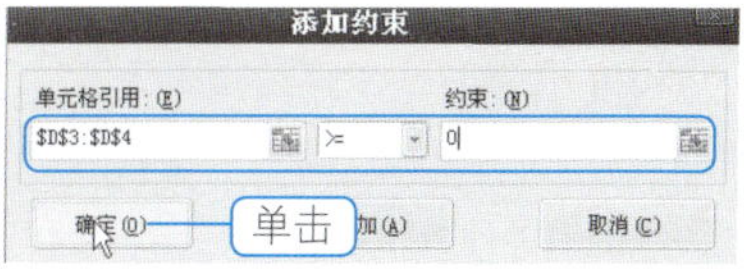

图19-13

5 约束条件设置完成后，如图19-14所示，单击“求解”按钮。

6 打开“规划求解结果”对话框，单击“确定”按钮，完成规划求解，如图19-15所示。

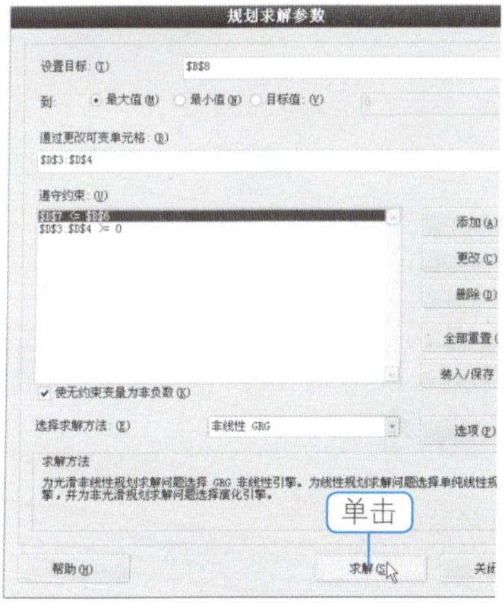

图19-14

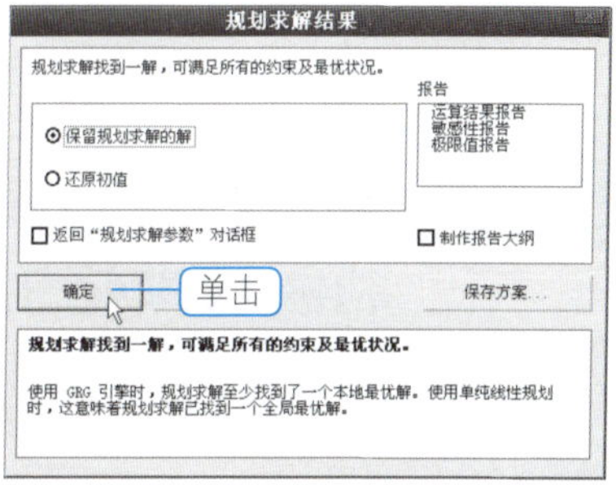

图19-15

7 从求解结果中可以看到在目标的生产条件下，本月应只生产A产品12963件，可以获取最大收益额为77518.52，如图19-16所示。

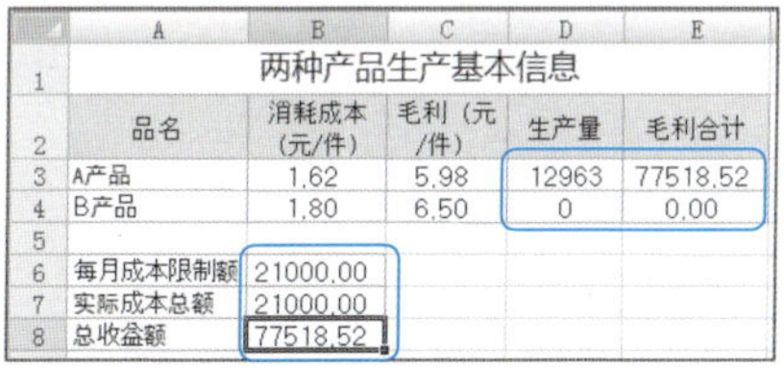

	A	B	C	D	E
1	两种产品生产基本信息				
2	品名	消耗成本（元/件）	毛利（元/件）	生产量	毛利合计
3	A产品	1.62	5.98	12963	77518.52
4	B产品	1.80	6.50	0	0.00
5					
6	每月成本限制额	21000.00			
7	实际成本总额	21000.00			
8	总收益额	77518.52			

图19-16

技巧4 建立“所有产品利润最大化生产方案”规划求解模型

针对企业来说，要求出所有产品的最大化生产利润方案，可以使用“规划求解”来实现。在进行规划求解前，先要建立好“产品利润最优化生产方案”规划求解模型。具体操作方法如下。

❶ 新建一个工作簿，并在Sheet1工作表中，输入4种产品相关的数据，并对单元格进行初始化设置，完成建立“产品利润最大化生产方案”计算模型框架，如图19-17所示。

❷ 选中B10单元格，在公式编辑栏中输入公式：=SUMPRODUCT(B7:D7,B9:D9)。按回车键即可完成利用公式建立产品总利润。因为B7:D7单元格中没有数值，所以B10中的结果为“0”，如图19-18所示。

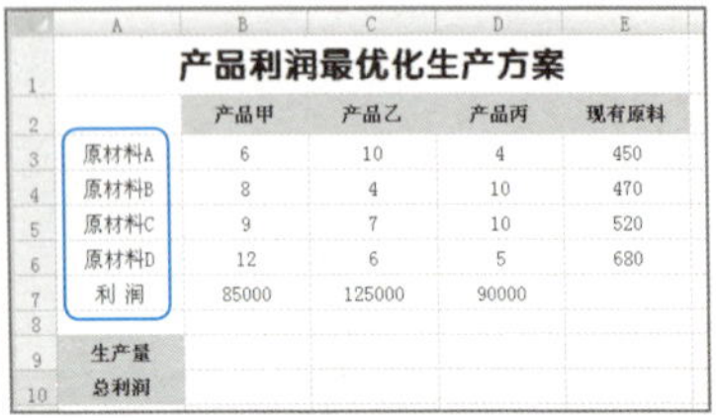

产品利润最优化生产方案

	产品甲	产品乙	产品丙	现有原料
原材料A	6	10	4	450
原材料B	8	4	10	470
原材料C	9	7	10	520
原材料D	12	6	5	680
利 润	85000	125000	90000	
生产量				
总利润				

图19-17

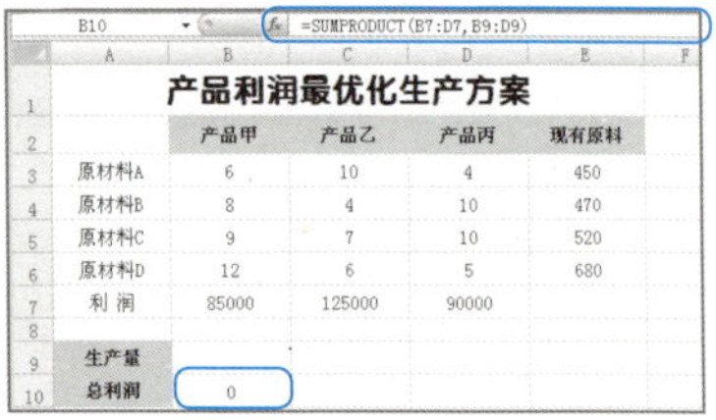

产品利润最优化生产方案

	产品甲	产品乙	产品丙	现有原料
原材料A	6	10	4	450
原材料B	8	4	10	470
原材料C	9	7	10	520
原材料D	12	6	5	680
利 润	85000	125000	90000	
生产量				
总利润	0			

图19-18

技巧5 使用“规划求解”求解出所有产品利润最大化生产方案

“产品利润最大化生产方案”计算模型建立完成后，就可以使用“规划求解”计算出产品甲、产品乙和产品丙的生产量各为多少时利润最大化。具体操作步骤如下。

❶ 选中B10单元格，打开“数据”主菜单，在“分析”选项组中单击“规划求解”选项（如图19-19所示），打开“规划求解参数”对话框。

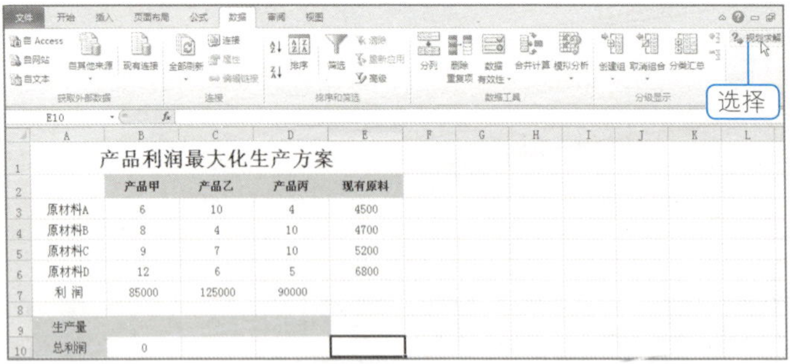

产品利润最大化生产方案

	产品甲	产品乙	产品丙	现有原料
原材料A	6	10	4	4500
原材料B	8	4	10	4700
原材料C	9	7	10	5200
原材料D	12	6	5	6800
利 润	85000	125000	90000	
生产量				
总利润	0			

图19-19

❷ 在“设置目标”中选择 “B10”单元格，在“通过更改可变单元格”中，单击右侧的拾取器，选择“$B$9:$D$9”，如图19-20所示。

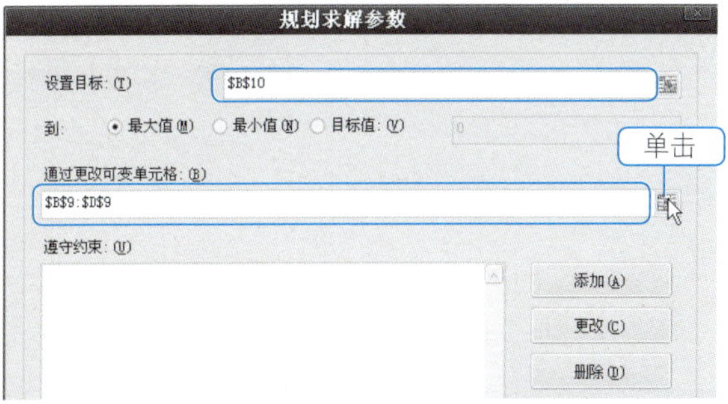

图19-20

3 在“规划求解参数”对话框下的“遵守约束”中，单击“添加”按钮，打开“添加约束”对话框，如图19-21所示。

4 设置“原材料A”的约束条件。在“单元格引用位置”中输入“$E$3”；将“<=”更改为“>=”；在“结束值”中输入“=$B$9*$B$3+$C$9*$C$3+$D$9*$D$3”，如图19-22所示。

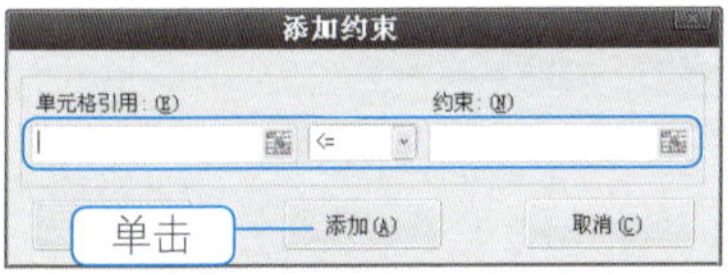

图19-21

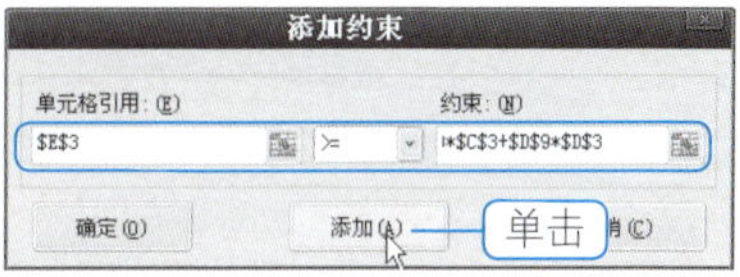

图19-22

5 设置完成后，单击“添加”按钮，设置“原材料B”的约束条件。在“单元格引用位置”中输入“$E$4”；将“<=”更改为“>=”；在“结束值”中输入“=$B$9*$B$4+$C$9*$C$4+ $D$9*$D$4”，如图19-23所示。

6 设置完成后，单击“添加”按钮，设置“原材料C”的约束条件。在“单元格引用位置”中输入“$E$5”；将“<=”更改为“>=”；在“结束值”中输入“=$B$9*$B$5+$C$9*$C$5+$D$9*$D$5”，如图19-24所示。

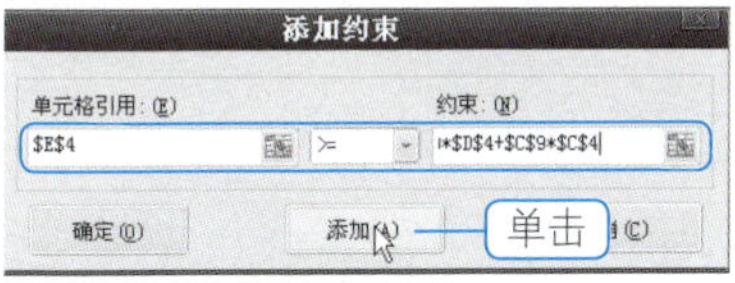

图19-23

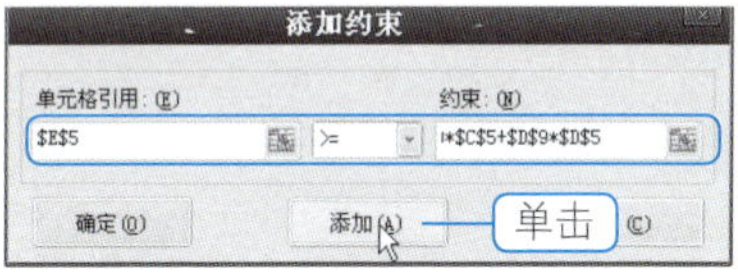

图19-24

7 设置完成后，单击“添加”按钮，设置“原材料D”的约束条件。在“单元格引用位置”中输入“$E$6”；将“<=”更改为“>=”；在“结束值”中输入“=$B$9*$B$6+$C$9*$C$6+$D$9*$D$6”，如图19-25所示。

8 设置完成后，单击“确定”按钮，返回到“规划求解参数”对话框中。在“约束”列表中，显示添加的约束条件，选中“使无约束变量为非负数”复选框，在“选择求解方法”下，单击下拉按钮，选择“单纯线性规划”

选项，如图19-26所示。

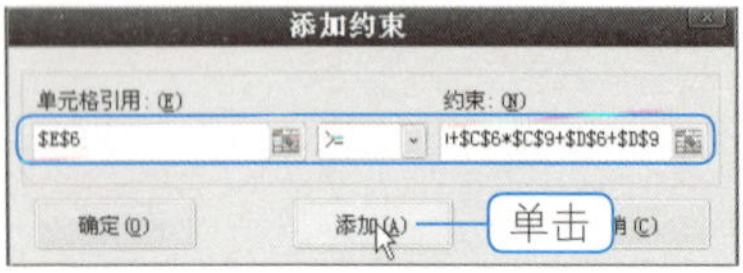

图19-25

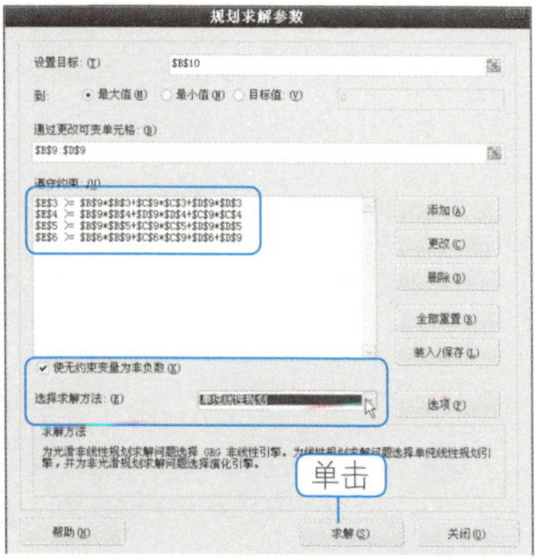

图19-26

9 设置完成后，单击“求解”按钮，即可根据设置条件进行规划求解，并弹出“规划求解结果”对话框，单击“确定”按钮，如图19-27所示。

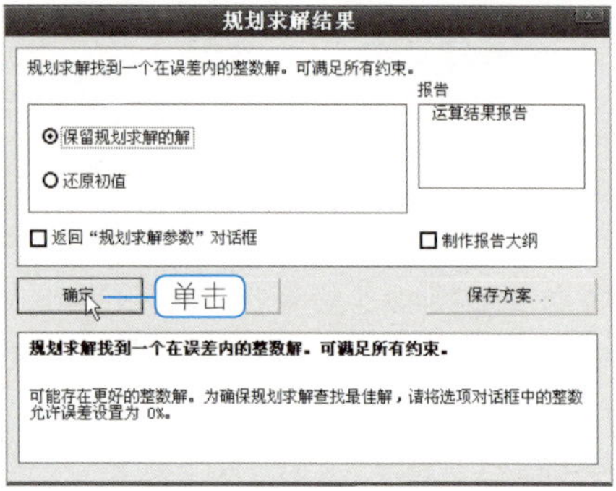

图19-27

10 完成后，即可看到规划求解结果。显示产品甲生产量为“0”、产品乙生产量为“336”和产品丙生产量为“285”时，最大利润为“6763888.89”，如图19-28所示。

产品利润最大化生产方案

	产品甲	产品乙	产品丙	现有原料
原材料A	6	10	4	4500
原材料B	8	4	10	4700
原材料C	9	7	10	5200
原材料D	12	6	5	6800
利 润	850	1250	900	
生产量	0	336	285	
总利润	676388.8888			

图19-28

第20章

分析工具库应用技巧

分析工具库中聚集了很多进行数据分析和处理的工具，以下的实例简要介绍如何使用它。

技巧1 加载分析工具库

要使用分析工具库，首先要将Excel中的分析工具库加载到功能区，加载的方法如下。

❶ 单击“文件”选项卡，在左侧选项功能区中单击“选项”按钮，将弹出“Excel选项”对话框，在左侧选择“加载项”选项，然后在右侧的“加载项”选项区中的“管理”下拉列表框中选择“Excel加载项”选项，如图20-1所示。

❷ 单击“转到”按钮，弹出“加载宏”对话框，从中选中“分析工具库”复选框，如图20-2所示。

图20-1

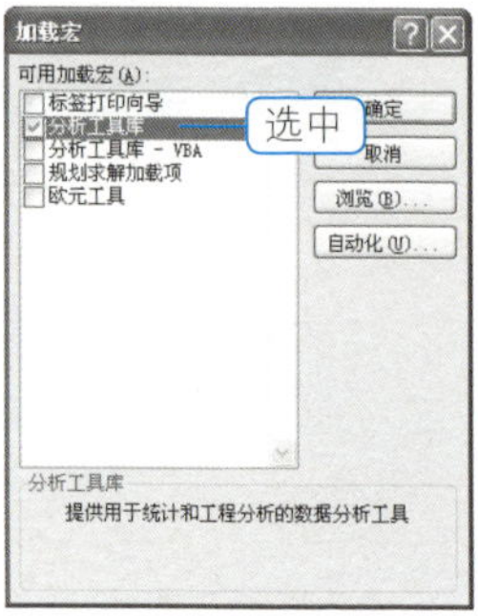

图20-2

❸ 单击“确定”按钮，开始加载，加载完成后将在“数据”选项卡下出现“分析”组，如图20-3所示。

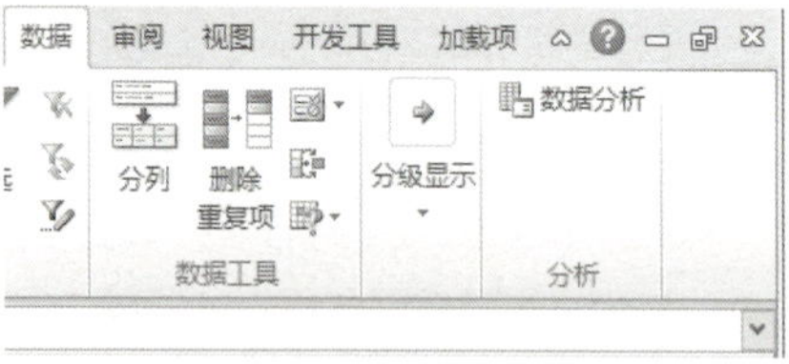

图20-3

专家提示

按照上例中的第1步和第2步打开“加载宏”对话框，取消选中的“分析工具库”复选项，单击“确定”按钮，即可卸载“分析工具库”。此时再切换到“数据”菜单下，可以看到“分析”选项组被自动隐藏了。

技巧2 用描述统计分析培训成绩

样本数据分布区域、标准差等都是描述样本数据范围及波动大小的统计量，计算十分烦琐。使用Excel数据分析中的“描述统计”即可一次完成。下面以描述统计分析培训成绩为例，介绍具体描述统计的方法。

❶ 在“员工培训成绩表”表中，单击“分析”选项组中的“数据分析”按钮，如图20-4所示。

❷ 弹出“数据分析”对话框，从中选择“描述统计”选项，如图20-5所示。

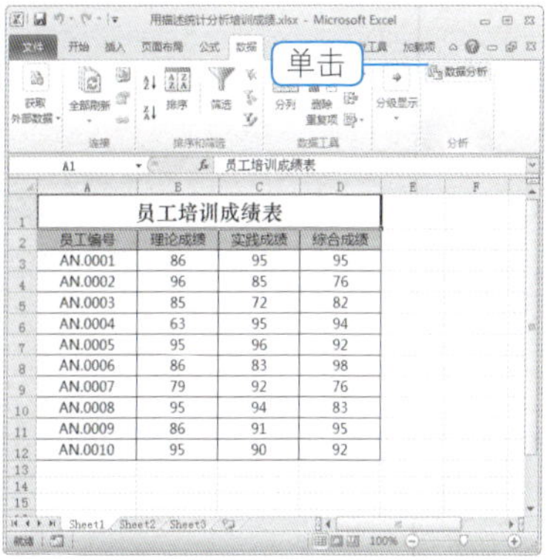

图20-4

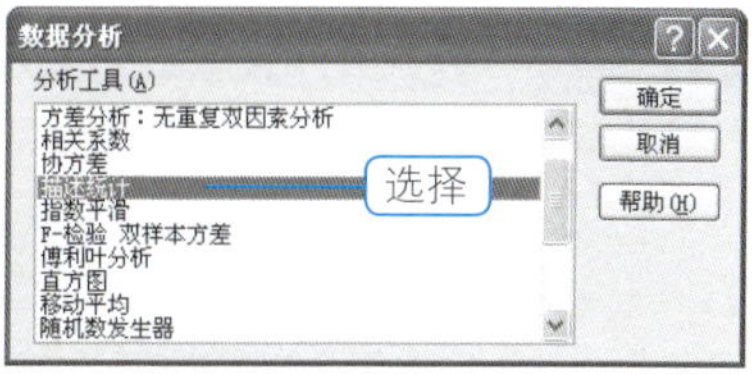

图20-5

❸ 单击“确定”按钮，弹出“描述统计”对话框，在“输入区域”文本框中输入单元格区域，选中“逐列”单选按钮并选中“标志位于第一行”复选框，设置其他的选项参数，如图20-6所示。

❹ 单击“确定”按钮，在单元格区域F2:G19中显示描述统计结果，如图20-7所示。

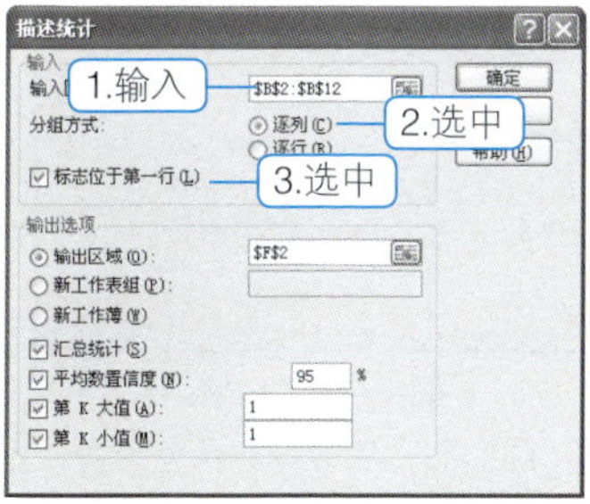

图20-6

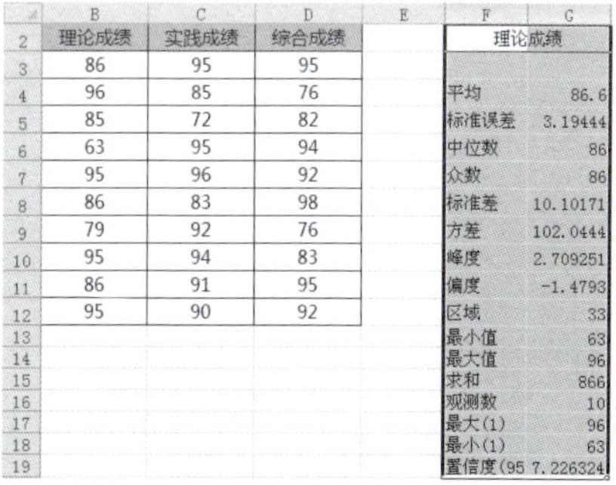

图20-7

5 以上是对“理论成绩”列进行统计，使用描述统计工具，还可以对多列数据进行分析，只要在“描述统计”对话框的“输入区域”文本框中输入多列的单元格区域，如图20-8所示。

6 对多列数据进行描述统计分析的结果如图20-9所示。

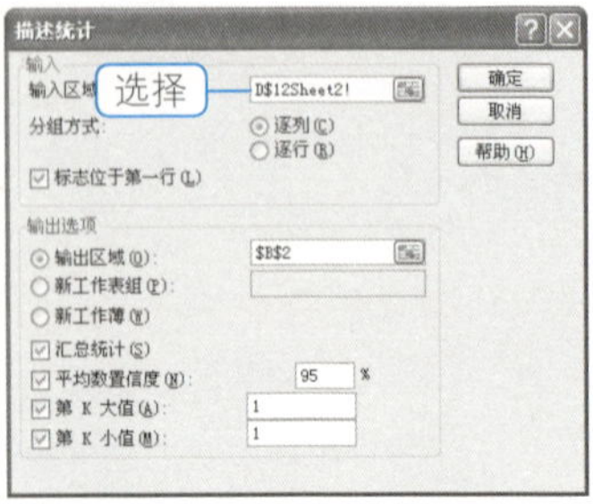

图20-8

	A	B	C	D	E	F	G
1							
2		理论成绩		实践成绩		综合成绩	
3							
4		平均	86.6	平均	89.3	平均	88.3
5		标准误差	3.19444	标准误差	2.357258	标准误差	2.612151
6		中位数	86	中位数	91.5	中位数	92
7		众数	86	众数	95	众数	95
8		标准差	10.10171	标准差	7.454305	标准差	8.260347
9		方差	102.0444	方差	55.56667	方差	68.23333
10		峰度	2.709251	峰度	2.458425	峰度	-1.41151
11		偏度	-1.4793	偏度	-1.57842	偏度	-0.57168
12		区域	33	区域	24	区域	22
13		最小值	63	最小值	72	最小值	76
14		最大值	96	最大值	96	最大值	98
15		求和	866	求和	893	求和	883
16		观测数	10	观测数	10	观测数	10
17		最大(1)	96	最大(1)	96	最大(1)	98
18		最小(1)	63	最小(1)	72	最小(1)	76
19		置信度(95	7.226324	置信度(95	5.332489	置信度(95	5.909096
20							
21							

图20-9

技巧3 相关系数分析

相关系数是描述两个测量值变量之间的离散程度的指标。用于判断两个测量值变量的变化是否相关，即一个变量的较大值是否与另一个变量的较大值相关联（正相关）；或者一个变量的较小值是否与另一个变量的较大值相关联（负相关）；还是两个变量中的值互不关联（相关系数近似于零）。下面用相关系数分析产品主材费、辅材费以及人员工资的相关性，具体操作方法如下。

1 打开工厂生产费用使用情况表，如图20-10所示。

2 单击“分析”选项组中的“数据分析”按钮，弹出“数据分析”对话框，从中选择“相关系数”选项，如图20-11所示。

	A	B	C	D
1	工厂生产费用使用情况表（万元）			
2	项目编号	主材费	辅材费	人员工资
3	BF-03	13.5	2.2	63.6
4	BF-02	85.7	6.54	25.6
5	BF-01	43.5	3.6	17.8
6	总计	142.7	12.34	107
7				
8				
9				
10				
11				
12				

006 007 008 011 014 016 017 019

图20-10

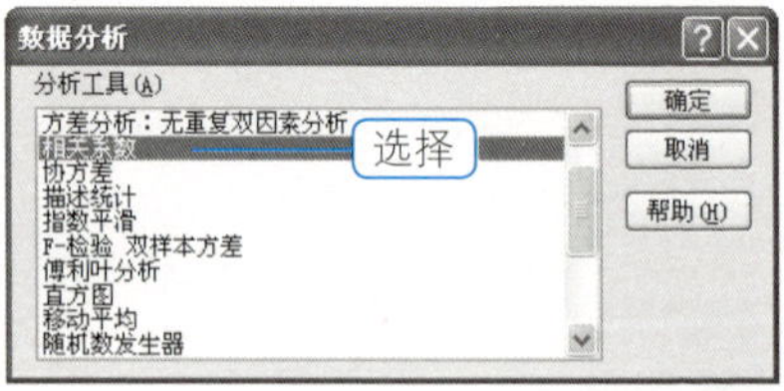

图20-11

3 单击“确定”按钮，弹出“相关系数”对话框，从中设置选项参数，如图20-12所示。

❹ 单击“确定”按钮，得到的相关系数分析如图20-13所示，从图中看出，主材费和辅材费的相关性达到了0.994511，这说明它们呈现良好的正相关性，而主材费和辅材费与人员工资的相关性均为负数，说明这两者与人员工资之间没有什么相关性。

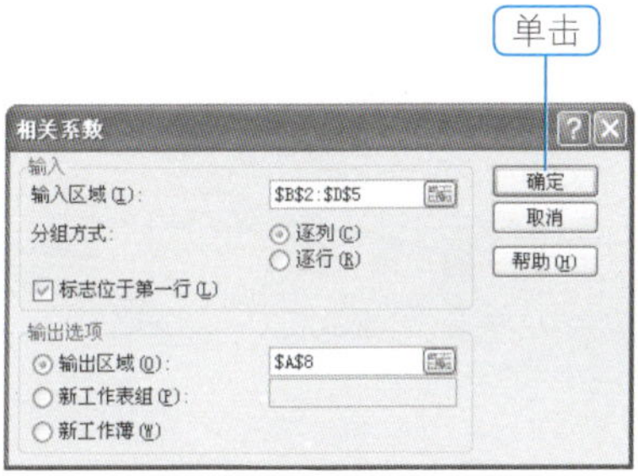

图20-12

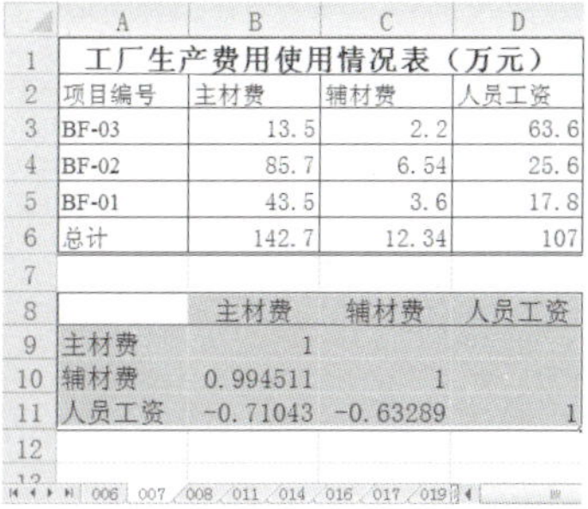

	A	B	C	D
1	工厂生产费用使用情况表（万元）			
2	项目编号	主材费	辅材费	人员工资
3	BF-03	13.5	2.2	63.6
4	BF-02	85.7	6.54	25.6
5	BF-01	43.5	3.6	17.8
6	总计	142.7	12.34	107
7				
8		主材费	辅材费	人员工资
9	主材费	1		
10	辅材费	0.994511	1	
11	人员工资	-0.71043	-0.63289	1
12				

图20-13

技巧4　直方图分析工具

直方图分析工具可计算数据单元格区域和数据接收区间的单个和累积频率。此工具可用于统计数据集中某个数值出现的次数。该工具的具体使用方法如下。

❶ 打开一张旅游地点调查统计的工作表，表中显示10个公民所希望出游的地点，下面利用直方图分析工具调查的结果进行分析，如图20-14所示。

❷ 单击“数据分析”按钮，在弹出的“数据分析”对话框中选择“直方图”选项，如图20-15所示。

	A	B	C	D	E	F
1						
2						
3		2010人民旅游地点调查统计				
4		云南	北京	新加坡		
5		1	2	3		
6		公民1	1		1	
7		公民2	2		2	
8		公民3	2		3	
9		公民4	3			
10		公民5	2			
11		公民6	3			
12		公民7	1			
13		公民8	1			
14		公民9	1			
15		公民10	3			
16						
17						

图20-14

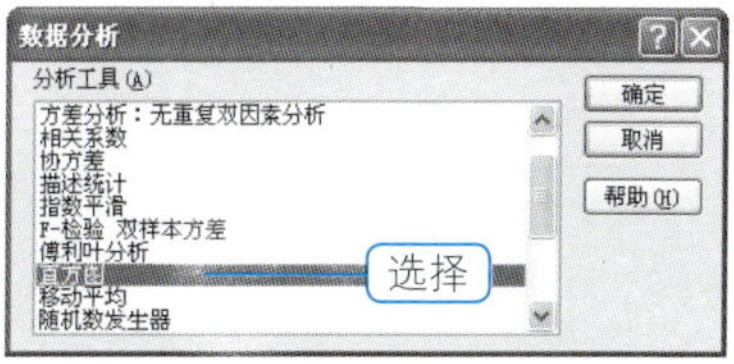

图20-15

❸ 单击“确定”按钮，弹出“直方图”对话框，从中设置相关的参数，如图20-16所示。

❹ 单击“确定”按钮，得到使用直方图分析数据的结果，频率最高的即为数据集中的众数，显示了我国公民更愿意出游的地点为“云南”，如图20-17所示。

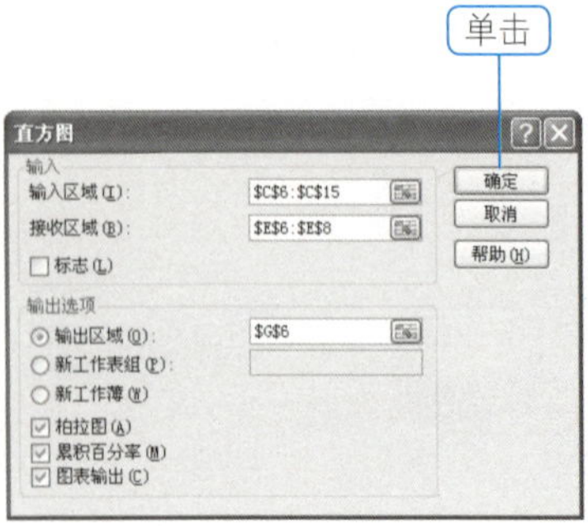

图20-16

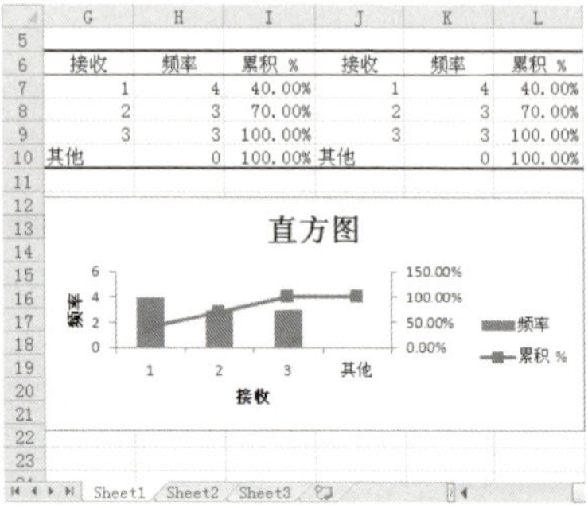

图20-17

技巧5 排位与百分比排位分析工具

排位与百分比排位分析工具可以产生一个数据表，在其中包含数据集中各个数值的顺序排位和百分比排位。该工具用来分析数据集中各数值间的相对位置关系。该工具的具体使用方法如下。

❶ 打开培训成绩表，对考核成绩使用排位与百分比排位分析，如图20-18所示。

❷ 单击“数据分析”按钮，弹出“数据分析”对话框，从中选择“排位与百分比排位”选项，如图20-19所示。

员工培训成绩表

员工编号	理论成绩	实践成绩	综合成绩
AN.0001	86	95	95
AN.0002	96	85	76
AN.0003	85	72	82
AN.0004	63	95	94
AN.0005	95	96	92
AN.0006	86	83	98
AN.0007	79	92	76
AN.0008	95	94	83
AN.0009	86	91	95
AN.0010	95	90	92

图20-18

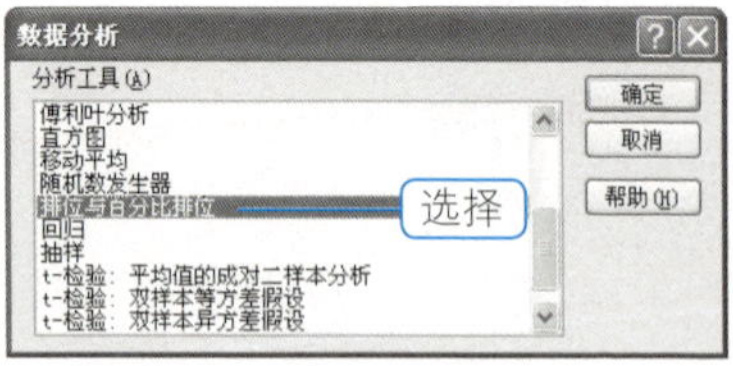

图20-19

❸ 单击“确定”按钮，弹出“排位与百分比排位”对话框，从中设置相关的参数，如图20-20所示。

❹ 单击“确定”按钮，显示排位与摆平比排位分析结果，如图20-21所示。

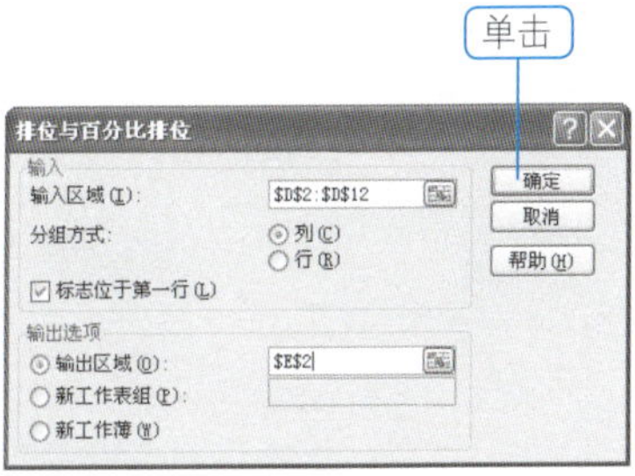

图20-20

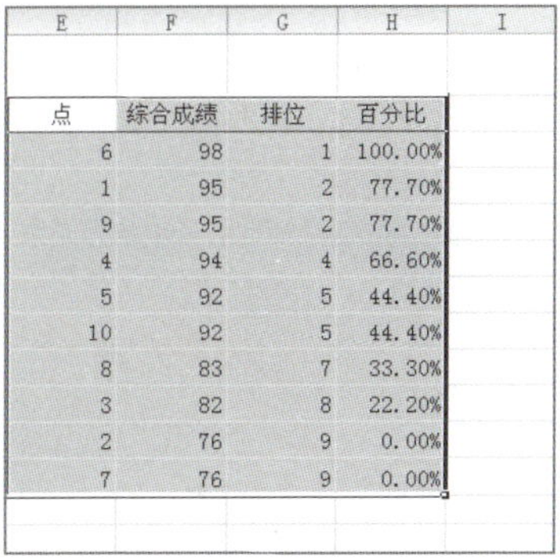

图20-21

技巧6 比较预测销售额和实际销售额

“移动平均”分析工具可以基于特定的过去某段时期中变量的平均值，对未来值进行预测。移动平均值提供了由所有历史数据的简单的平均值所代表的趋势信息。使用此工具可以预测销售量、库存或其他趋势。该工具的具体使用方法如下。

1 打开销售额工作表，如图20-22所示。

2 单击“分析”选项组中的“数据分析”按钮，在弹出的“数据分析”对话框中选择“移动平均”选项，如图20-23所示。

图20-22

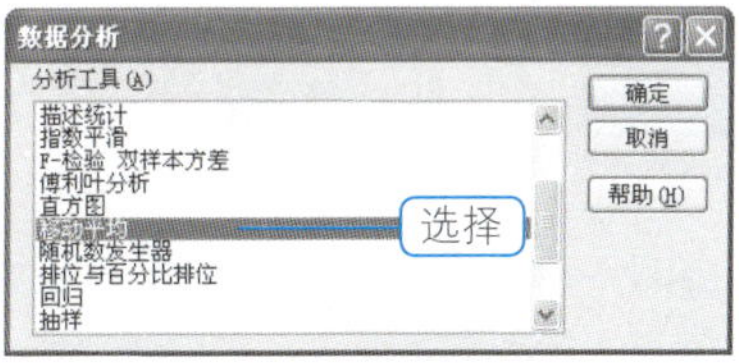

图20-23

3 单击“确定”按钮，弹出“移动平均”对话框，从中设置选项参数，如图20-24所示。

4 单击“确定”按钮，得到分析数据和图表如图20-25所示。

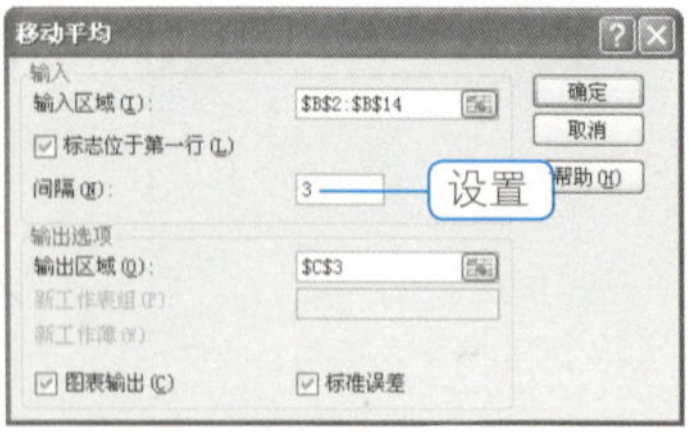

图20-24

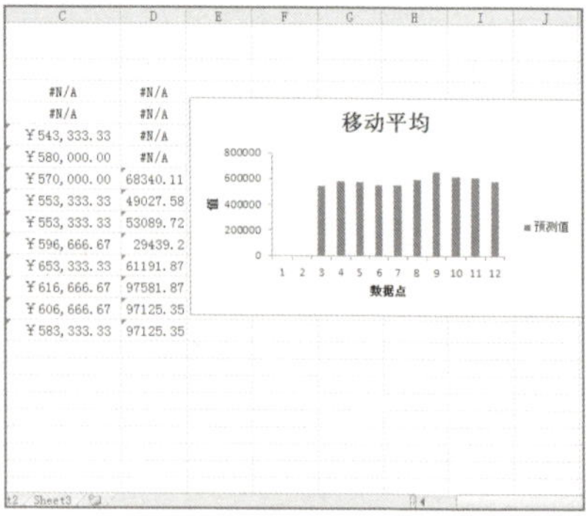

图20-25

5 单击“设计”选项卡，在“数据”选项组中单击“选择数据”按钮，弹出“选择数据源”对话框，从中单击“添加”按钮，弹出“编辑数据系列”对话框，从中设置参数，如图20-26所示。

6 单击“确定”按钮，修改后的“移动平均”图表如图20-27所示，从中可以清楚地看出预测值与实际值的变化。

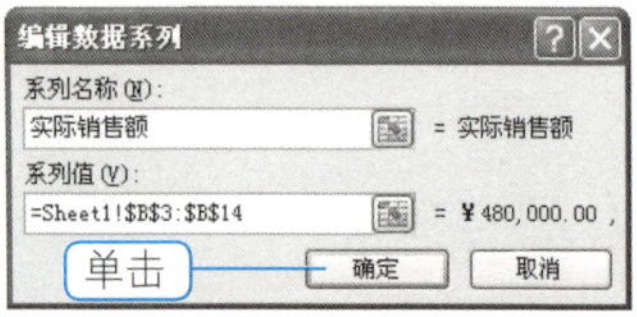

图20-26

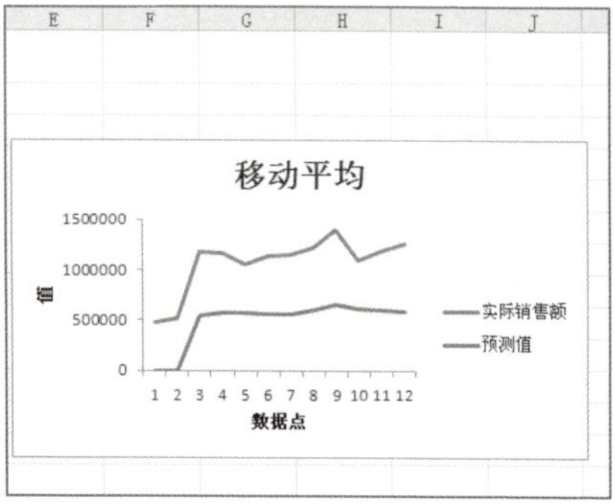

图20-27

技巧7 使用指数平滑分析预测未来值

指数平滑分析工具基于前期预测值导出相应的新预测值，并修正前期预测值的误差。此工具将使用平滑常数a，其大小决定了本次预测对前期预测误差的修正程度。该工具的具体使用方法如下。

1 打开年度销量统计表，如图20-28所示。

2 单击“数据分析”按钮，在弹出的“数据分析”对话框中选择“指数平滑”选项，如图20-29所示。

图20-28

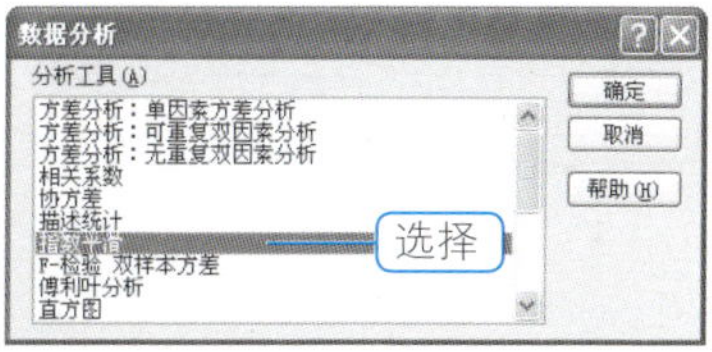

图20-29

3 单击“确定”按钮，弹出“指数平滑”对话框，从中设置平滑参数，如图20-30所示。

4 单击“确定”按钮，进行指数平滑分析，结果如图20-31所示。

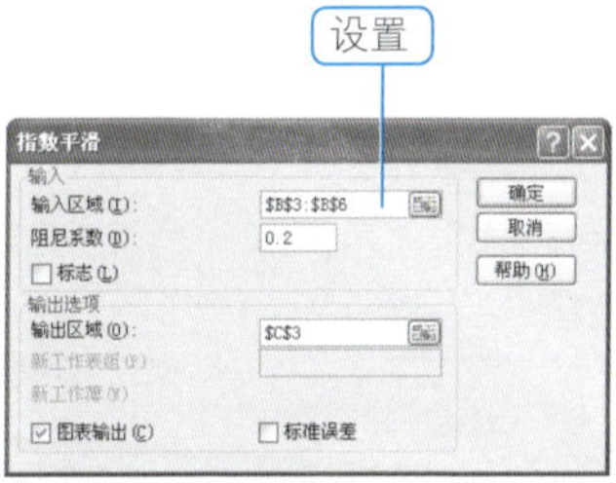

图20-30

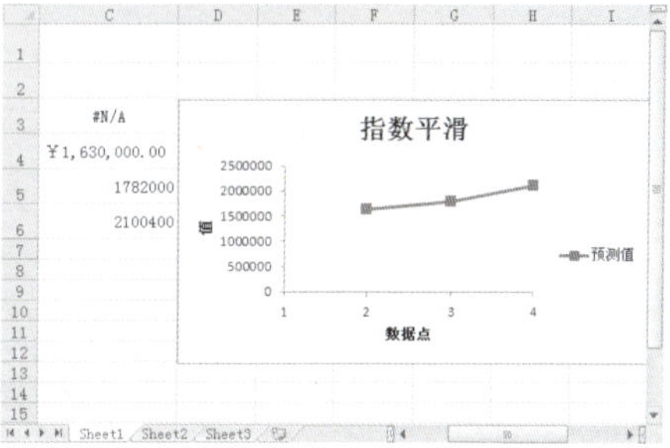

图20-31

专家提示

阻尼系数为0.2~0.3之间的值是合理的平滑常数。这些值表明应将当前预测调整 20%~30%以修正前期预测误差。常数越大响应越快，但是预测变得不稳定。常数较小将导致预测值的滞后。

技巧8 协方差分析

协方差分析工具和相关系数分析工具都是描述两个变量离散程度的指标，因此使用环境和用法基本相同，不同之处在于相关系数的取值在-1~1之间，而协方差没有限定的取值范围。下面在上一个实例的基础上对数据进行协方差分析，其具体操作方法如下。

1 打开工厂生产费用使用情况表，如图20-32所示。

❷ 单击“分析”选项组中的“数据分析”按钮，弹出“数据分析”对话框，从中选择“协方差”选项，如图20-33所示。

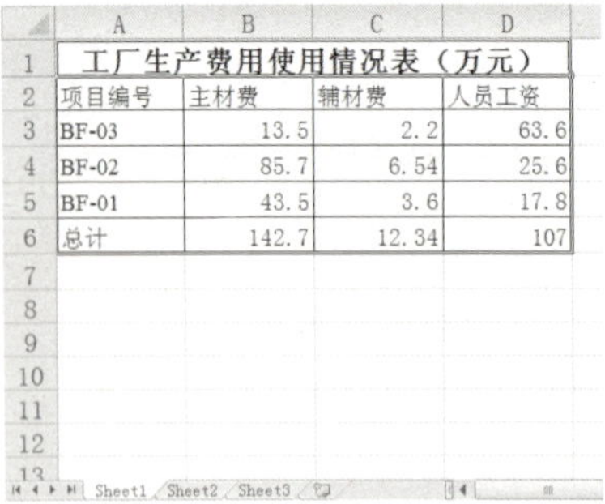

	A	B	C	D
1	工厂生产费用使用情况表（万元）			
2	项目编号	主材费	辅材费	人员工资
3	BF-03	13.5	2.2	63.6
4	BF-02	85.7	6.54	25.6
5	BF-01	43.5	3.6	17.8
6	总计	142.7	12.34	107

图20-32

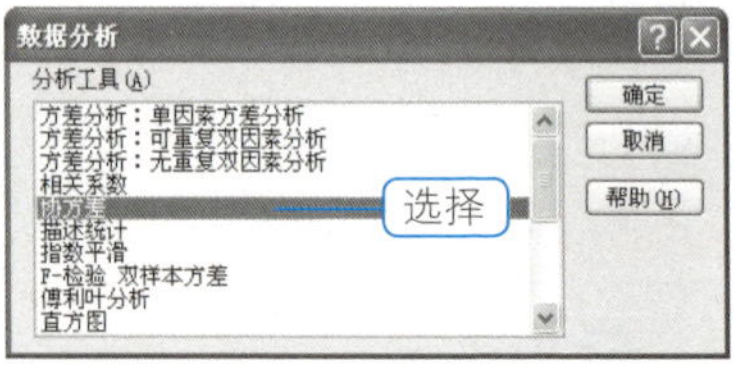

图20-33

❸ 单击“确定”按钮，弹出“协方差”对话框，从中设置选项参数，如图20-34所示。

❹ 单击“确定”按钮，得到的协方差分析如图20-35所示。

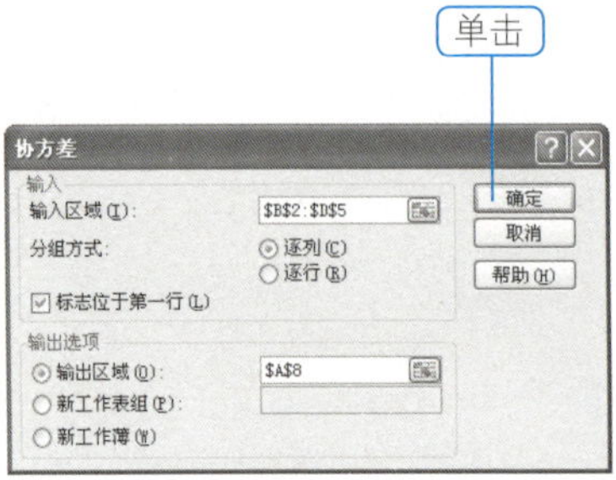

图20-34

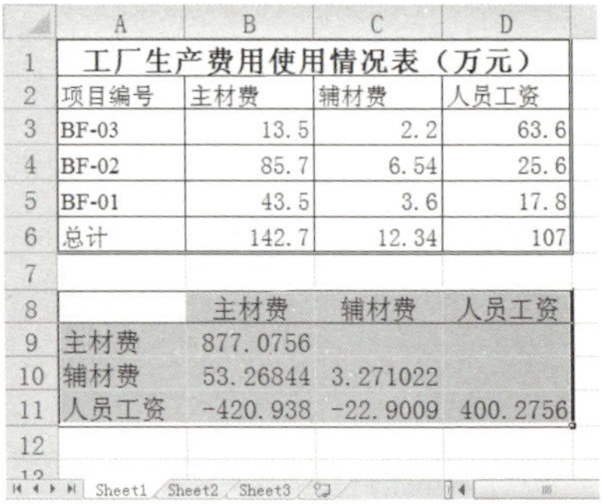

	A	B	C	D
1	工厂生产费用使用情况表（万元）			
2	项目编号	主材费	辅材费	人员工资
3	BF-03	13.5	2.2	63.6
4	BF-02	85.7	6.54	25.6
5	BF-01	43.5	3.6	17.8
6	总计	142.7	12.34	107
7				
8		主材费	辅材费	人员工资
9	主材费	877.0756		
10	辅材费	53.26844	3.271022	
11	人员工资	-420.938	-22.9009	400.2756

图20-35

技巧9 单因素方差分析

单因素方差分析工具可对两个或更多样本的数据执行简单的方差分析。此分析可提供一种假设测试。下面计算使用单因素方差分析工具分析销售地区对销售量是否有影响，其具体操作方法如下。

❶ 打开“产品销售分析报表”工作表，如图20-36所示。

❷ 单击“分析”选项组中的“数据分析”按钮，弹出“数据分析”对话框，从中选择“方差分析：单因素方差分析”选项，如图20-37所示。

❸ 单击“确定”按钮，在弹出的“方差分析：单因素方差分析”对话框中设置相关的参数，如图20-38所示。

4 单击“确定”按钮，单因素方差分析结果如图20-39所示。其中的F参数值小于F crit参数值，说明各列数据间差异不明显，即每周销售数量差异不大。

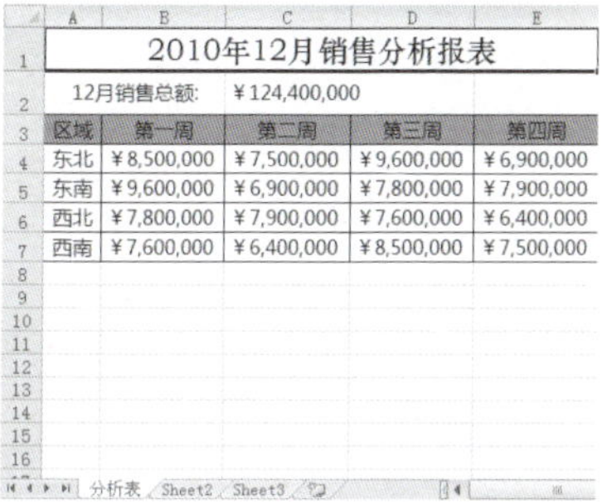

图20-36

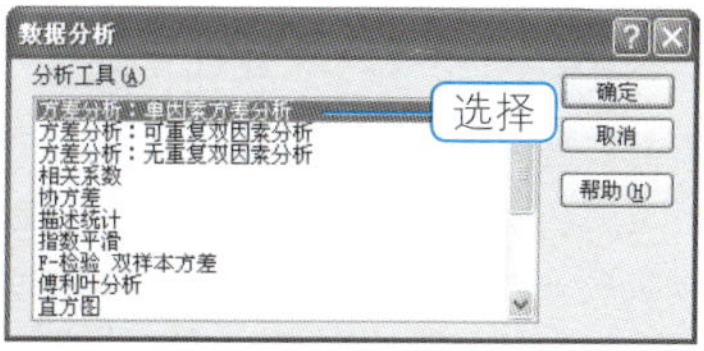

图20-37

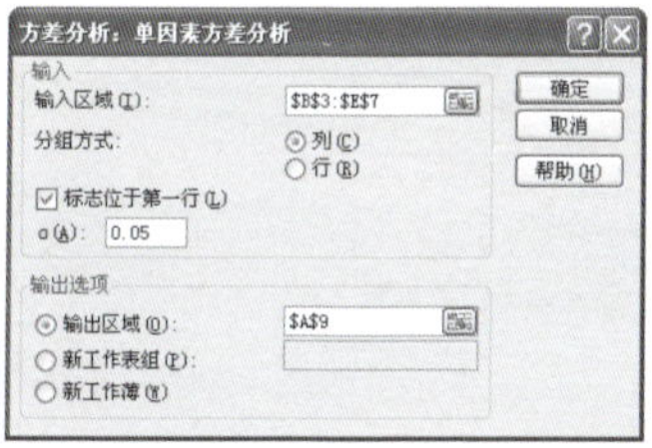

图20-38

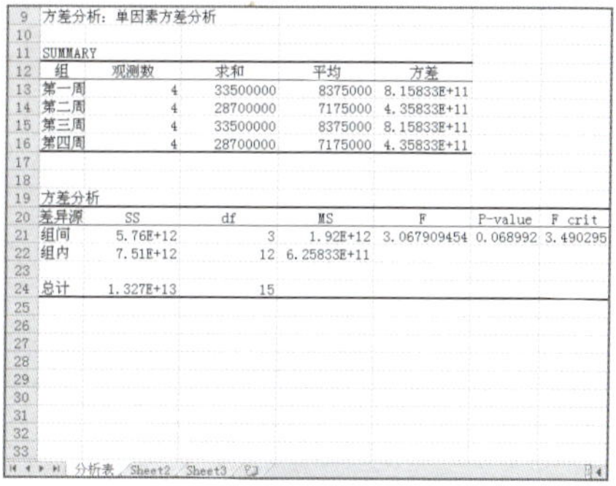

图20-39

专家提示

α为置信度参数，表明输入区域数据的可信度，α=0.05即数据的可信度为95%。

技巧10 无重复双因素方差分析

无重复双因素方差分析工具可用于当数据像包含重复的双因素那样按照两个不同的维度进行分类时的情况，该工具的使用方法如下。

1 使用上实例中的数据表，单击“数据分析”按钮，在弹出的“数据分析”对话框中选择“方差分析:无重复双因素分析”选项，如图20-40所示。

2 单击“确定”按钮，弹出“方差分析:无重复双因素分析”对话框，在其中设置相关参数，如图20-41所示。

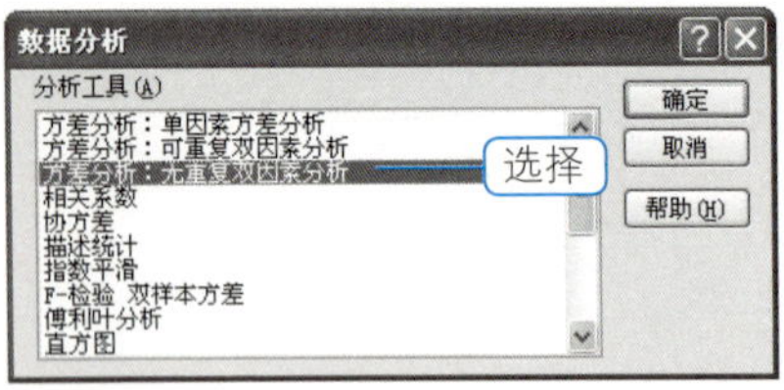

图20- 40

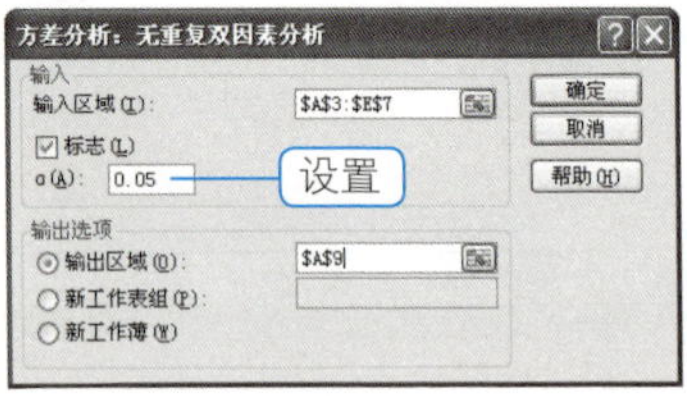

图20–41

❸ 单击“确定”按钮，得到的无重复双因素分析结果如图20-42所示。从图上可看出，使用无重复双因素分析工具进行分析得出的结论是，销售地区和每周对销售量均影响不大。

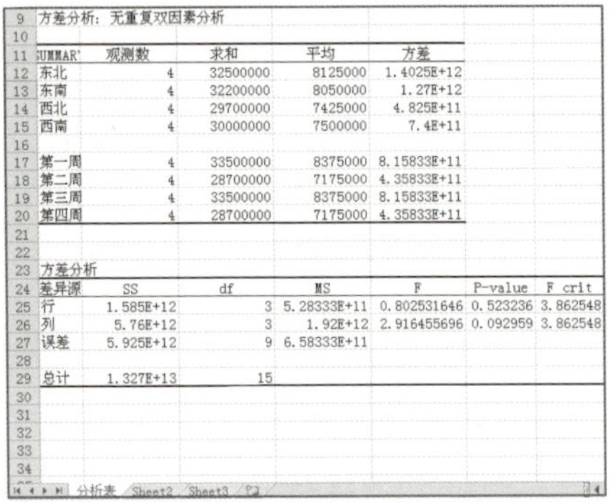

方差分析：无重复双因素分析

SUMMARY	观测数	求和	平均	方差
东北	4	32500000	8125000	1.4025E+12
东南	4	32200000	8050000	1.27E+12
西北	4	29700000	7425000	4.825E+11
西南	4	30000000	7500000	7.4E+11
第一周	4	33500000	8375000	8.15833E+11
第二周	4	28700000	7175000	4.35833E+11
第三周	4	33500000	8375000	8.15833E+11
第四周	4	28700000	7175000	4.35833E+11

方差分析

差异源	SS	df	MS	F	P-value	F crit
行	1.585E+12	3	5.28333E+11	0.802531646	0.523236	3.862548
列	5.76E+12	3	1.92E+12	2.916455696	0.092959	3.862548
误差	5.925E+12	9	6.58333E+11			
总计	1.327E+13	15				

分析表 Sheet2 Sheet3

图20–42

技巧11 可重复双因素方差分析

可重复双因素方差分析工具用于当数据可沿着两个不同的维度分类时的情况。该工具的使用方法如下。

❶ 使用上一个实例中的数据表，单击“数据分析”按钮，在弹出的“数据分析”对话框中选择“方案分析:可重复双因素分析”选项，如图20-43所示。

❷ 单击“确定”按钮，弹出“方差分析:可重复双因素分析”对话框，从中设置相关的选项参数，如图20-44所示。

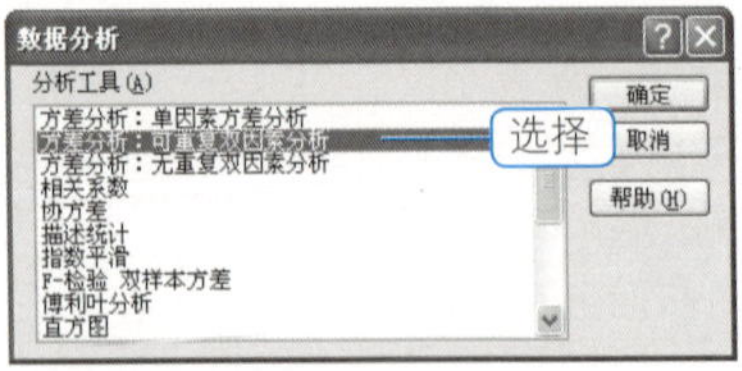

图20–43

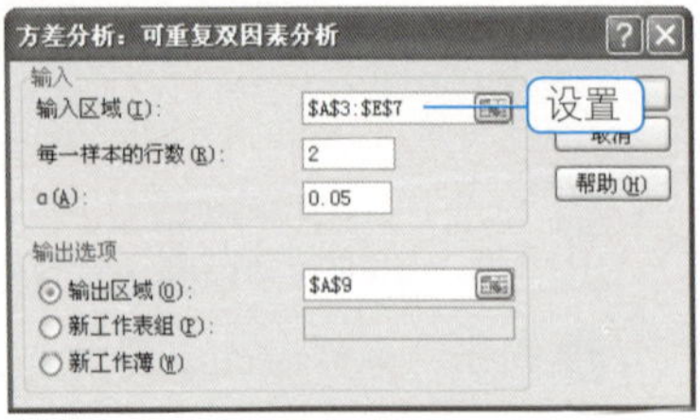

图20–44

3 单击“确定”按钮，得到的可重复双因素方差分析结果如图20-45所示。

	A	B	C	D	E	F	G
9	方差分析：可重复双因素分析						
11	SUMMAI	第一周	第二周	第三周	第四周	总计	
12	东北						
13	观测数	2	2	2	2	8	
14	求和	18100000	14400000	17400000	14800000	64700000	
15	平均	9050000	7200000	8700000	7400000	8087500	
16	方差	6.05E+11	1.8E+11	1.62E+12	5E+11	1.15E+12	
18	西北						
19	观测数	2	2	2	2	8	
20	求和	15400000	14300000	16100000	13900000	59700000	
21	平均	7700000	7150000	8050000	6950000	7462500	
22	方差	20000000000	1.125E+12	4.05E+11	6.05E+11	5.26E+11	
24	总计						
25	观测数	4	4	4	4		
26	求和	33500000	28700000	33500000	28700000		
27	平均	8375000	7175000	8375000	7175000		
28	方差	8.15833E+11	4.35833E+11	8.15833E+11	4.35833E+11		
31	方差分析						
32	差异源	SS	df	MS	F	P-value	F crit
33	样本	1.5625E+12	1	1.5625E+12	2.470355731	0.154655	5.317655
34	列	5.76E+12	3	1.92E+12	3.035573123	0.092954	4.066181
35	交互	8.875E+11	3	2.95833E+11	0.467720685	0.712911	4.066181
36	内部	5.06E+12	8	6.325E+11			
38	总计	1.327E+13	15				

分析表　Sheet2　Sheet3

图20-45

技巧12 使用“F-检验 双样本方差分析”分析数据相关性

通过市场调查统计出不同性别在选择住房套型时的数据。现在要分析住房套型选择与性别的相关性，可使用“F-检验 双样本方差”来分析，具体操作如下。

1 打开“房套型选择与性别的相关”工作表，如图20-46所示。

	A	B
1	房屋套型选择与性别的相关	
2	说明：1表示一室一厅；2表示二室二厅；3三室二厅；4三室二厅双卫；5表示四室二厅双卫	
3	男	女
4	1	1
5	2	2
6	4	1
7	2	2
8	3	4
9	3	2
10	2	2
11	3	1
12	2	1
13	1	2
14	3	3
15	2	2
16	3	3
17	4	
18	3	
19	2	
20	3	

图20-46

2 在“数据”主菜单下的“分析”选项组中，单击“数据分析”按钮，打开“数据分析”对话框。在“分析工具”列表中，选中“F-检验 双样本方差”选项，如图20-47所示。

❸ 单击“确定”按钮，打开“F-检验 双样本方差”对话框，设置变量1的区域为“$A$3:$A$32”，设置变量2的区域为“$B$3:$B$32”，设置“输出区域”为“$D$6”，如图20-48所示。

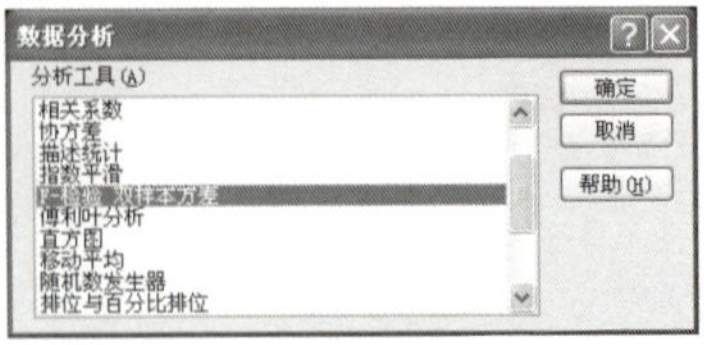

图20-47

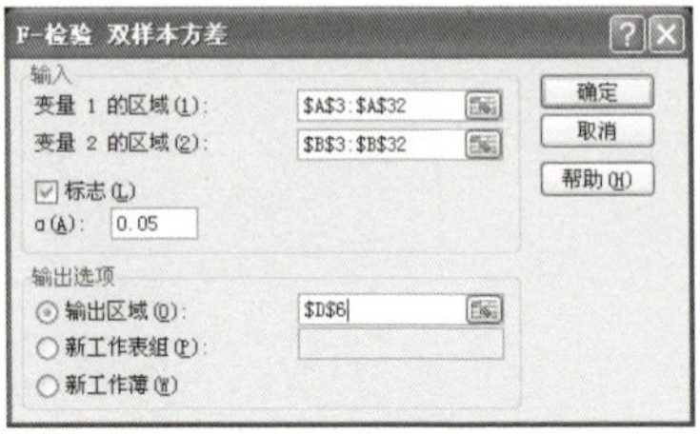

图20-48

❹ 单击“确定”按钮，即可在D6单元格处显示出分析结果，如图20-49所示。

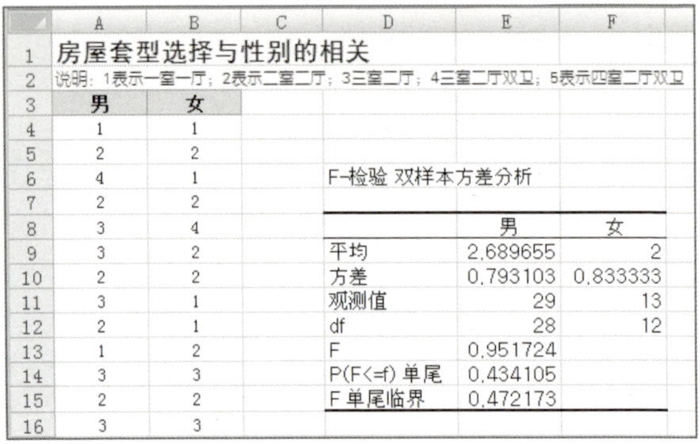

	A	B	C	D	E	F
1	房屋套型选择与性别的相关					
2	说明：1表示一室一厅；2表示二室二厅；3三室二厅；4三室二厅双卫；5表示四室二厅双卫					
3	男	女				
4	1	1				
5	2	2				
6	4	1		F-检验 双样本方差分析		
7	2	2				
8	3	4			男	女
9	3	2		平均	2.689655	2
10	2	2		方差	0.793103	0.833333
11	3	1		观测值	29	13
12	2	1		df	28	12
13	1	2		F	0.951724	
14	3	3		P(F<=f) 单尾	0.434105	
15	2	2		F 单尾临界	0.472173	
16	3	3				

图20-49

第4篇 函数基础与应用

第21章 公式与函数基础应用技巧

要在Excel表格中进行数据的计算，需要用公式来完成，而在使用公式时，需要引用单元格的值进行运算，并使用相关的函数来完成特定的计算。在公式中使用特定的函数可以简化公式的输入，同时完成一些特定的计算需求。

技巧1 输入公式

在Excel中输入公式非常简单，单击要输入公式的单元格，然后输入一个等号（=），再输入公式中要参与运算的所有内容，按回车键完成公式的输入并得到计算结果。要再单元格C1中输入公式“=（A1+B1）*8/2”，具体操作如下。

❶ 选中C1单元格，在公式编辑栏中输入“=”，然后输入左括号“（”，如图21-1所示。

❷ 在单元格引用A1后输入一个加号，然后单击单元格B1，再输入一个右括号“）”，如图21-2所示。

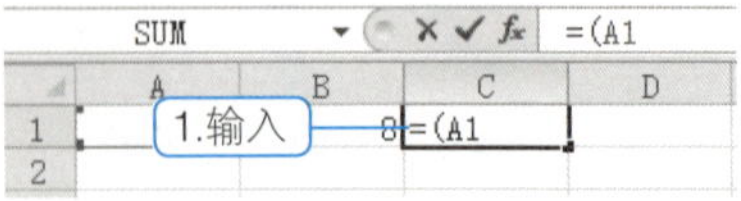

图21-1

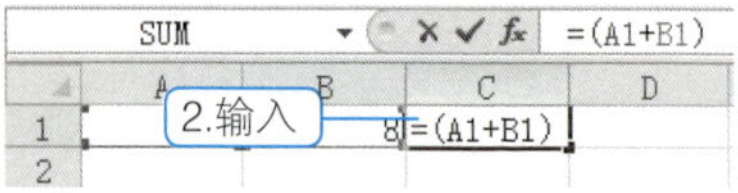

图21-2

❸ 输入一个星号，然后输入数字8，再输入一个反斜杠，最后输入一个数字2，如图21-3所示。

❹ 完成公式内容的输入后，按Enter键，即可得到计算结果，如图21-4所示。

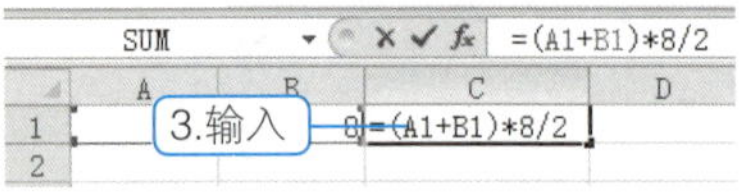

图21-3

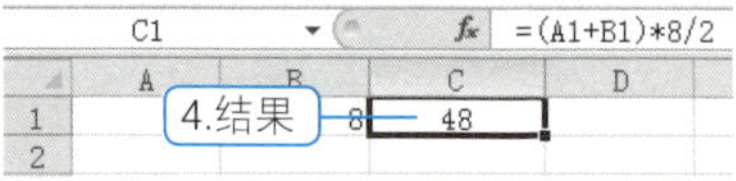

图21-4

专家提示

Excel 2010中输入函数的方法与此相同。

技巧2 使用其他符号开头来输入公式

公式的输入一般以“=”为起始符号，除此之外，还可以使用“+”和“–”两种符号来进行公式输入，具体操作如下。

❶ 在要输入公式的单元格中，先输入“+”符号，接着再输入相关的运算符和函数，输入完成后按Enter键，程序会自动在公式前面加“=”符号，如图21-5所示。

❷ 先输入“-”符号，接着再输入相关的运算符和函数，输入完成后按Enter键，程序会自动在公式前面加“=”符号，并将第一个数据源当作负值来计算，如图21-6所示。

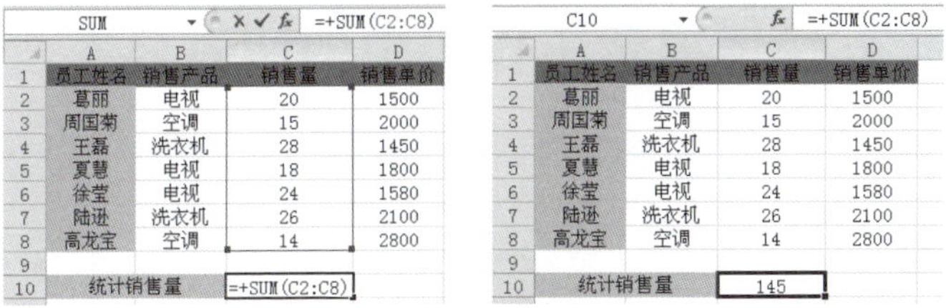

SUM　=+SUM(C2:C8)

	A	B	C	D
1	员工姓名	销售产品	销售量	销售单价
2	葛丽	电视	20	1500
3	周国菊	空调	15	2000
4	王磊	洗衣机	28	1450
5	夏慧	电视	18	1800
6	徐莹	电视	24	1580
7	陆逊	洗衣机	26	2100
8	高龙宝	空调	14	2800
9				
10	统计销售量		=+SUM(C2:C8)	

C10　=+SUM(C2:C8)

	A	B	C	D
1	员工姓名	销售产品	销售量	销售单价
2	葛丽	电视	20	1500
3	周国菊	空调	15	2000
4	王磊	洗衣机	28	1450
5	夏慧	电视	18	1800
6	徐莹	电视	24	1580
7	陆逊	洗衣机	26	2100
8	高龙宝	空调	14	2800
9				
10	统计销售量		145	

图21-5

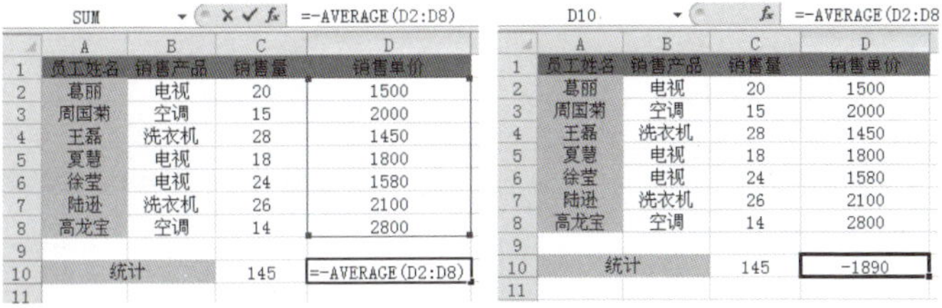

SUM　=-AVERAGE(D2:D8)

	A	B	C	D
1	员工姓名	销售产品	销售量	销售单价
2	葛丽	电视	20	1500
3	周国菊	空调	15	2000
4	王磊	洗衣机	28	1450
5	夏慧	电视	18	1800
6	徐莹	电视	24	1580
7	陆逊	洗衣机	26	2100
8	高龙宝	空调	14	2800
9				
10	统计		145	=-AVERAGE(D2:D8)
11				

D10　=-AVERAGE(D2:D8

	A	B	C	D
1	员工姓名	销售产品	销售量	销售单价
2	葛丽	电视	20	1500
3	周国菊	空调	15	2000
4	王磊	洗衣机	28	1450
5	夏慧	电视	18	1800
6	徐莹	电视	24	1580
7	陆逊	洗衣机	26	2100
8	高龙宝	空调	14	2800
9				
10	统计		145	-1890
11				

图21-6

专家提示

在Excel 2010中输入计算公式，需要在半角状态下输入才有效；否则，输入的公式无效。

技巧3　利用填充功能快速实现统计计算

利用填充功能可以快速实现统计计算，利用填充功能计算出第二、三、四季度的总销售量的方法如下。

❶ 在C10单元格中输入公式：=SUM(C2:C8)，按回车键，即可计算出第一季度的总销售量。

❷ 将鼠标移到C10单元格右下角，当鼠标变成实心十字形状后，按住鼠标左键不放，向右拖动进行填充。拖动F10单元格后，松开鼠标左键，即可计算出第二、三、四季度的总销售量，如图21-7所示。

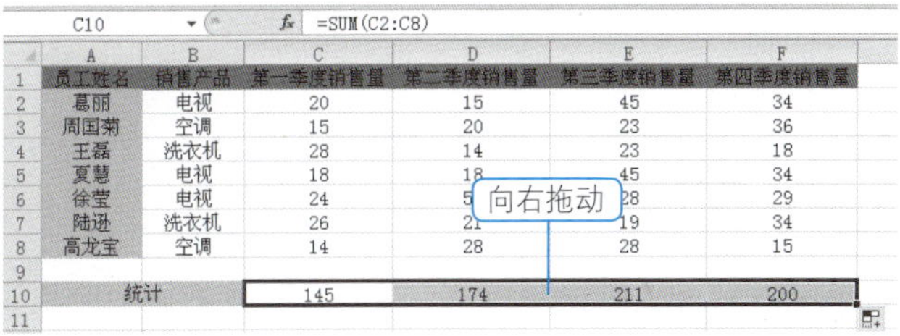

C10　=SUM(C2:C8)

	A	B	C	D	E	F
1	员工姓名	销售产品	第一季度销售量	第二季度销售量	第三季度销售量	第四季度销售量
2	葛丽	电视	20	15	45	34
3	周国菊	空调	15	20	23	36
4	王磊	洗衣机	28	14	23	18
5	夏慧	电视	18	18	45	34
6	徐莹	电视	24	5	28	29
7	陆逊	洗衣机	26	21	19	34
8	高龙宝	空调	14	28	28	15
9						
10	统计		145	174	211	200
11						

图21-7

技巧4 快速显示工作表中的所有公式

如果要对工作表中的所有计算公式进行检查时，可以使用以下方法将其快速显示出来。具体操作方法如下。

❶ 功能单击法。在“公式”主菜单下的“公式审核”工具栏中，单击“显示公式”按钮即可显示工作表中所有的计算公式，如图21-8所示。再次单击“显示公式”按钮可隐藏公式。

❷ 快捷键法。打开工作表，按<Ctrl+ ˊ >组合键，即可显示工作表中所有的计算公式，如图21-9所示（再按<Ctrl+‘>组合键可隐藏公式）。

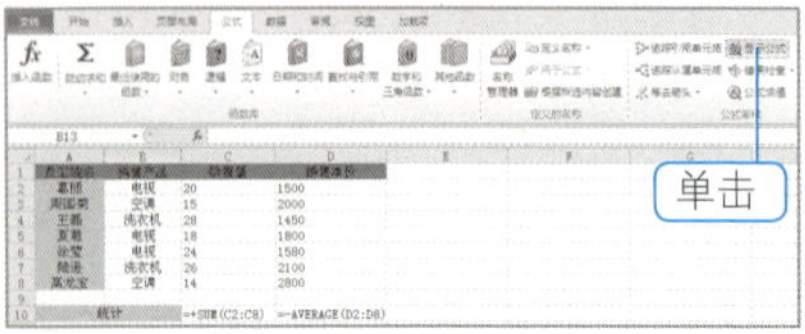

图21-8

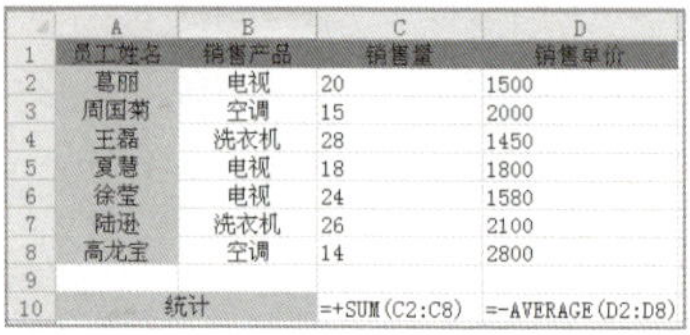

	A	B	C	D
1	员工姓名	销售产品	销售量	销售单价
2	葛丽	电视	20	1500
3	周国菊	空调	15	2000
4	王磊	洗衣机	28	1450
5	夏慧	电视	18	1800
6	徐莹	电视	24	1580
7	陆逊	洗衣机	26	2100
8	高龙宝	空调	14	2800
9				
10	统计		=+SUM(C2:C8)	=-AVERAGE(D2:D8)

图21-9

专家提示

在使用<Ctrl+ˊ >组合键时，可能与当前使用的五笔输入法有冲突。这时，关闭五笔输入法即可。

技巧5 保护和隐藏工作表中的公式

为了防止重要的数据被其他的用户更改、移动或删除，常常需要隐藏单元格中的公式，具体的操作步骤如下。

❶ 按F5键打开“定位”对话框，单击“定位条件”按钮打开“定位条件”对话框，如图21-10所示。

❷ 在对话框中选择“公式”单选项（如图21-11所示），完成设置后单击“确定”按钮后即可选中工作表中所有包含公式的单元格。

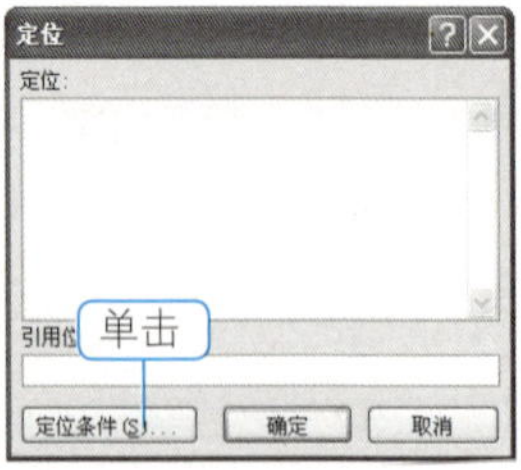

图21-10

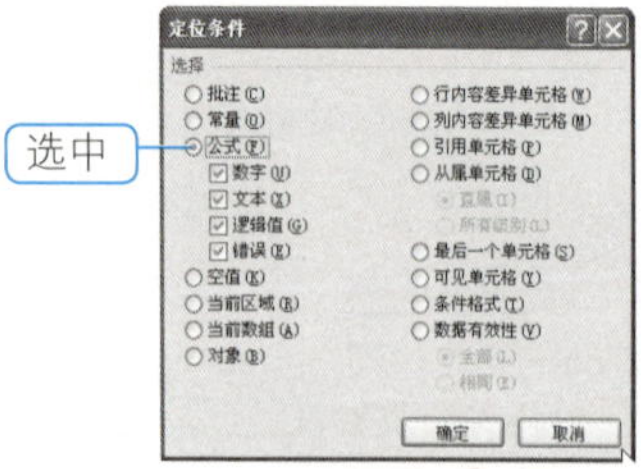

图21-11

❸ 单击“格式”按钮，在下拉菜单中选择“设置单元格格式”选项，选择“保护”选项卡，然后选中“锁定”和“隐藏”复选框，如图21-12所示。

❹ 单击“格式”按钮，在下拉菜单中选择“保护工作表”项，在打开的“保护工作表”对话框中设置相应的密码后单击“确定”按钮，如图21-13所示。

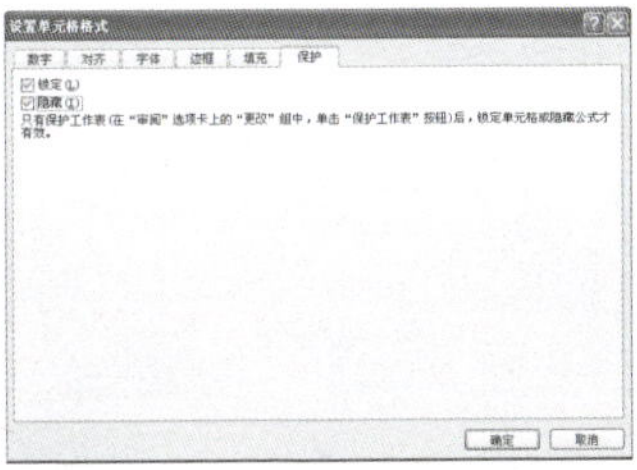

图21-12

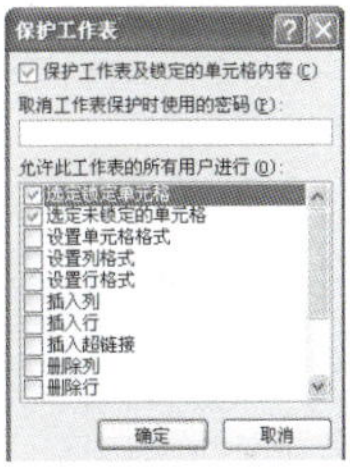

图21-13

专家提示

①保护工作表功能仅对保护状态为“锁定”的单元格有效，因Excel默认所有的单元格的保护状态为“锁定”，如果用户有保留对非公式区域的操作权限，请在步骤1之前全选工作表区域并设置解除所有单元格的“锁定”选项。②不要混淆工作表保护和工作簿保护，它们的用途完全不一样。③工作表保护密码易被破解，一般仅作为防止他人因误操作破坏工作表中的函数公式的手段而使用。

技巧6 在新输入的行中自动填充上一行的公式

在新输入的行中自动填充上一行的公式，可以通过开启“扩展数据区域格式及公式”功能，具体操作方法如下。

❶ 单击“文件”选项卡→“选项”→“高级”，在“编辑选项”中选中“扩展数据区域格式及公式”复选框，如图21-14所示。

❷ 将E2单元格的公式向下填充至少5行，例如填充到E6单元格，之后在D7单元格中输入数据，则E7单元格将自动扩展E6单元格的公式，如图21-15所示。

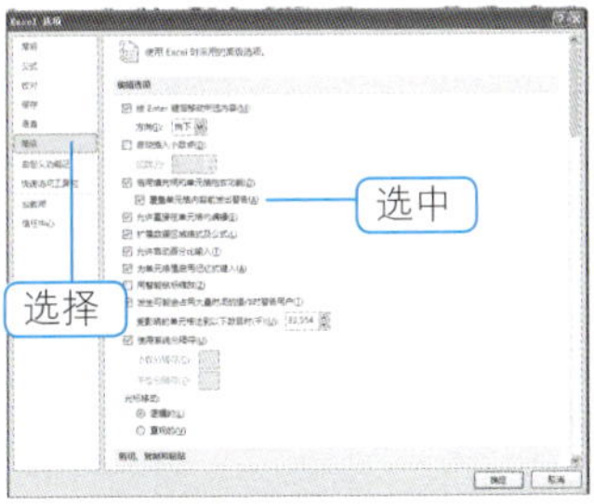

图21-14

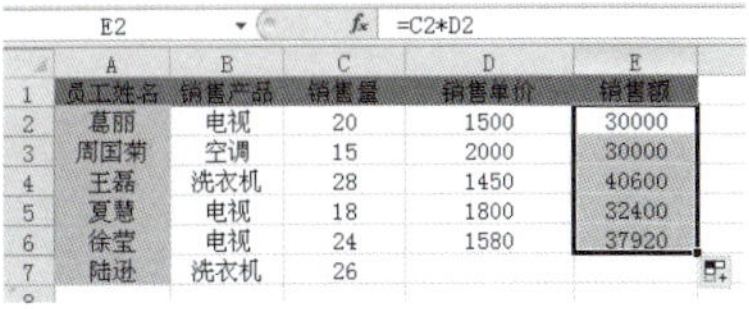

	A	B	C	D	E
1	员工姓名	销售产品	销售量	销售单价	销售额
2	葛丽	电视	20	1500	30000
3	周国菊	空调	15	2000	30000
4	王磊	洗衣机	28	1450	40600
5	夏慧	电视	18	1800	32400
6	徐莹	电视	24	1580	37920
7	陆逊	洗衣机	26		

图21-15

技巧7 使用工具栏按钮输入函数

使用工具栏按钮输入函数，可以快速输入函数，具体操作方法如下。

❶ 在“开始”→“编辑”选项组中，单击“自动求和”下拉菜单，如图21-16所示。

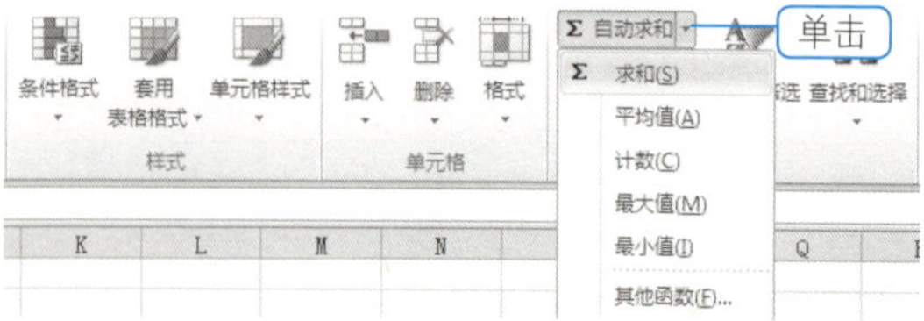

图21-16

❷ 在下拉菜单列表中，用户可以选择求和、平均值、计数、最大值、最小值、其他函数等6个快速输入常用函数的功能，默认为求和SUM函数。

技巧8 使用自动完成功能输入函数

在Excel 2010中，可以使用手工输入，也可以使用插入函数向导输入。

❶ 想要在公式中输入SUM函数，那么先输入等号“=”，然后再输入字母S，Excel将显示一个包含首字母为S的函数下拉列表框，如图21-17所示。

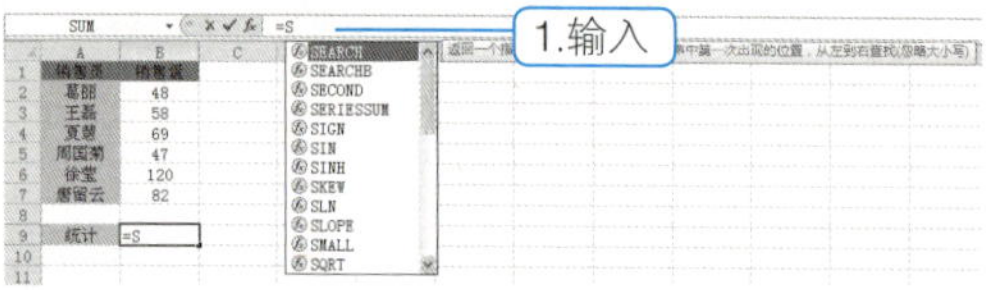

图21-17

❷ 继续输入第二个字母U，列表将被筛选，仅显示前两个字母为SU的函数，如图21-18所示。

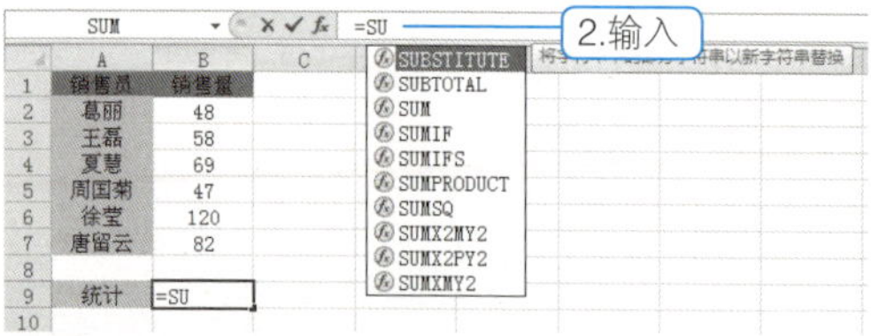

图21-18

❸ 此时可以有两种方法找到并输入SUM函数，一种方法就是接着输入一个字母M；另一种方法就是按两个向下箭头键，定位到SUM函数上。输入函数的参数以及右括号，然后输入公式所需的其他内容，最后按回车键完成公式的输

入，如图21-19所示。

专家提示

按Tab键将SUM函数输入到单元格中，这时还会自动输入一个左括号。

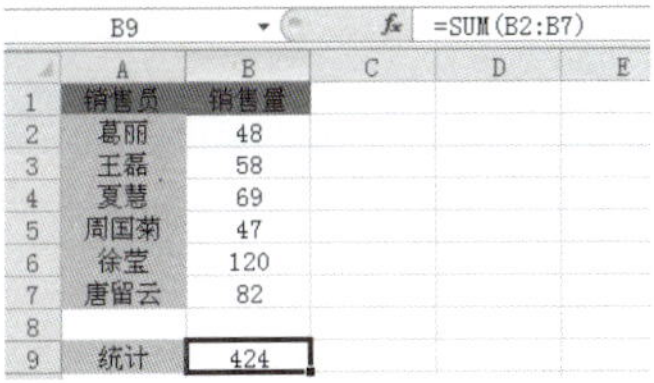

图21-19

技巧9 使用【插入函数】对话框输入函数

使用【插入函数】对话框输入函数。

❶ 在【公式】→【函数库】组中可以选择要使用的函数类别，然后在所选类别下再选择要使用的具体某个函数，如图21-20所示。

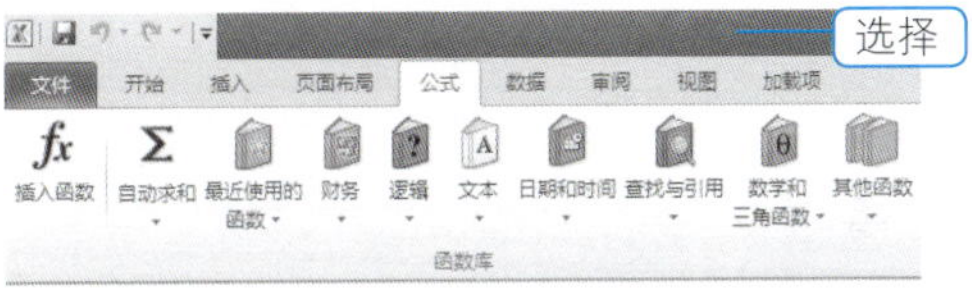

图21-20

❷ 选择某个函数后，打开【函数参数】对话框，在该对话框中为函数指定参数值，如图21-21所示，然后单击“确定”按钮，完成函数的输入。

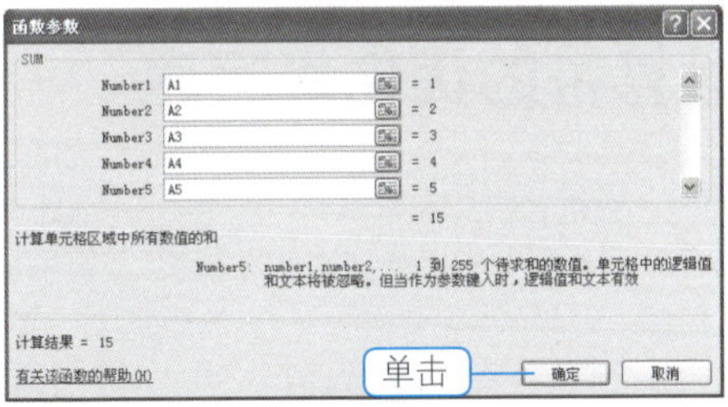

图21-21

技巧10 公式中常用的运算符

运算符是公式的基本元素，是必不可少的元素，每一个运算符代表一种运算。在Excel中有4类运算符类型，每类运算符和作用如表21-1所示。

专家提示

运算符是公式的基本元素，是必不可少的元素，每一个运算符代表一种运算，了解公式的运算符可以方便工作。

表21-1

运算符类型	运算符	作 用	示 例
算术运算符	+	加法运算	6+1 或 A1+B1
	-	减号运算	6-1 或 A1-B1或 -A1
	*	乘法运算	6*1 或 A1*B1
	/	除法运算	6/1 或 A1/B1
	%	百分比运算	80%
	^	乘幂运算	6^3
比较运算符	=	等于运算	A1=B1
	>	大于运算	A1>B1
	<	小于运算	A1<B1
	>=	大于或等于运算	A1>=B1
	<=	小于或等于运算	A1<=B1
	<>	不等于运算	A1<>B1
文本连接运算符	&	用于连接多个单元格中的文本字符串，产生一个文本字符串	A1&B1
引用运算符	:（冒号）	特定区域引用运算	A1:D8
	,（逗号）	联合多个特定区域引用运算	SUM(A1:B8,C5:D8)
	（空格）	交叉运算，即对2个共引用区域中共有的单元格进行运算	A1:B8 B1:D8

技巧11 运算符的优先级顺序

公式中拥有众多运算符，而它们的运算优先顺序也各不相同，正是因为这样它们才能默契合作实现各类复杂的运算。关于具体的运算符的优先顺序如表21-2所示。

表21-2

优先顺序	运算符	说 明
1	:（冒号）　（空格）　,（逗号）	引用运算符
2	-	作为负号使用（如：-8）
3	%	百分比运算
4	^	乘幂运算
5	* 和 /	乘和除运算
6	+ 和 -	加和减运算
7	&	连接两个文本字符串
8	=、<、>、<=、>=、<>	比较运算符

技巧12 数据源的相对引用

相对数据源引用是指把一个含有单元格地址的公式复制到一个新的位置时，公式中的单元格地址会随着改变。对多行或多列进行数据统计时，利用相对数据源引用是十分方便和快捷的，默认情况下使用的是相对数据源引用。要计算每季度的产品总销售量具体操作方法如下。

❶ 在B9单元格中输入公式：=SUM(B2:B8)，按回车键即可计算出第一季度的产品总销售量，如图21-22所示。

❷ 将光标移到B9右下角，光标变成十字形状后，按住鼠标左键，向右拖动公式进行填充。拖到E9单元格上，松开鼠标左键，即可计算出第二、三、四季度的产品总销售量，如图21-23所示。

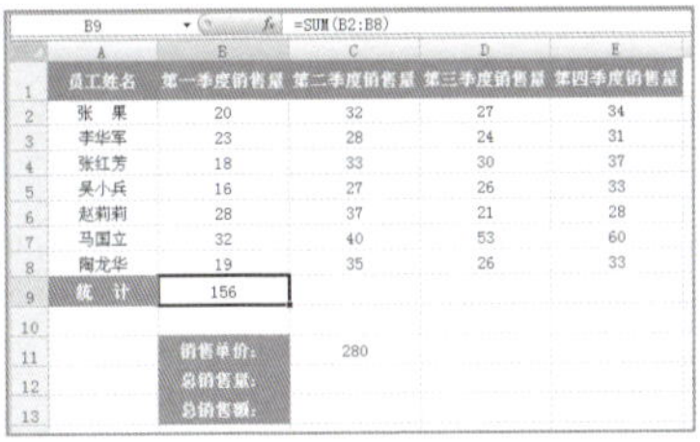

B9　=SUM(B2:B8)

	A	B	C	D	E
1	员工姓名	第一季度销售量	第二季度销售量	第三季度销售量	第四季度销售量
2	张　果	20	32	27	34
3	李华军	23	28	24	31
4	张红芳	18	33	30	37
5	吴小兵	16	27	26	33
6	赵莉莉	28	37	21	28
7	马国立	32	40	53	60
8	陶龙华	19	35	26	33
9	统　计	156			
10					
11		销售单价:	280		
12		总销售量:			
13		总销售额:			

图21-22

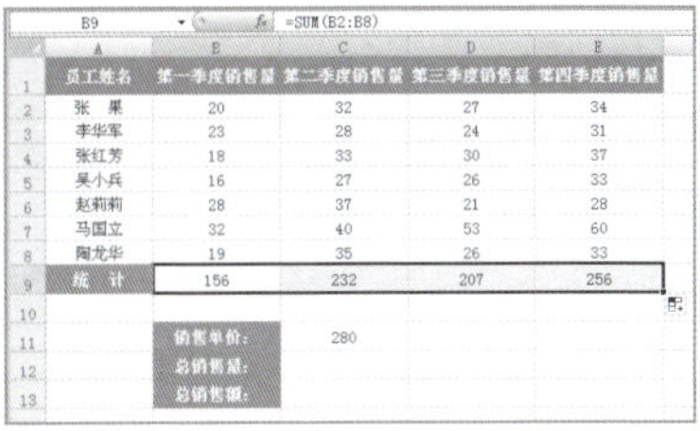

B9　=SUM(B2:B8)

	A	B	C	D	E
1	员工姓名	第一季度销售量	第二季度销售量	第三季度销售量	第四季度销售量
2	张　果	20	32	27	34
3	李华军	23	28	24	31
4	张红芳	18	33	30	37
5	吴小兵	16	27	26	33
6	赵莉莉	28	37	21	28
7	马国立	32	40	53	60
8	陶龙华	19	35	26	33
9	统　计	156	232	207	256
10					
11		销售单价:	280		
12		总销售量:			
13		总销售额:			

图21-23

技巧13 数据源的绝对引用

绝对数据源引用是指把公式复制或者填入到新位置，公式中的固定单元格地址保持不变。使用绝对数据源引用来计算每季度的产品总销售量方法如下。

❶ 在B9单元格中输入公式：=SUM($B$2:$B$8)，按回车键即可计算出第一季度的产品总销售量，如图21-24所示。

❷ 将光标移到B9右下角，光标变成十字形状后，按住鼠标左键，向右拖动公式进行填充后，计算的第二、三、四季度的产品总销售量。但是计算的结果还是第一季度的计算结果，如图21-25所示。

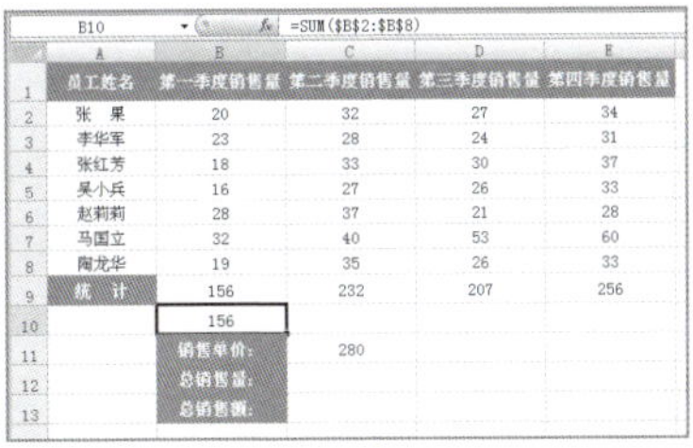

B10　=SUM($B$2:$B$8)

	A	B	C	D	E
1	员工姓名	第一季度销售量	第二季度销售量	第三季度销售量	第四季度销售量
2	张　果	20	32	27	34
3	李华军	23	28	24	31
4	张红芳	18	33	30	37
5	吴小兵	16	27	26	33
6	赵莉莉	28	37	21	28
7	马国立	32	40	53	60
8	陶龙华	19	35	26	33
9	统　计	156	232	207	256
10		156			
11		销售单价:	280		
12		总销售量:			
13		总销售额:			

图21-24

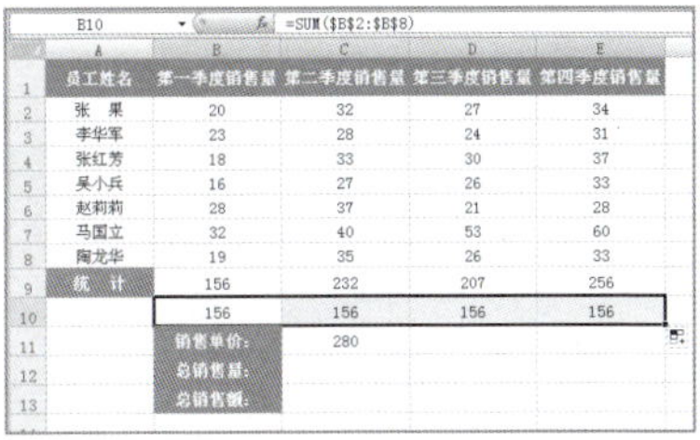

B10　=SUM($B$2:$B$8)

	A	B	C	D	E
1	员工姓名	第一季度销售量	第二季度销售量	第三季度销售量	第四季度销售量
2	张　果	20	32	27	34
3	李华军	23	28	24	31
4	张红芳	18	33	30	37
5	吴小兵	16	27	26	33
6	赵莉莉	28	37	21	28
7	马国立	32	40	53	60
8	陶龙华	19	35	26	33
9	统　计	156	232	207	256
10		156	156	156	156
11		销售单价:	280		
12		总销售量:			
13		总销售额:			

图21-25

技巧14 数据源的混合引用

混合数据源引用是指在一个单元格中进行数据源引用时，既有绝对数据源引用，同时也包含有相对数据源引用。在公式复制过程中，只有相对数据源改变，而绝对数据源始终不改变。这是公式计算中，经常使用的数据源引用方式。计算各季度的产品总销售额，方法如下。

❶ 在B10单元格中输入公式：=B9*$C$12，按回车键即可计算出第一季度的产品总销售额，如图21-26所示。

❷ 将光标移到B10右下角，光标变成十字形状后，按住鼠标左键，向右拖动公式进行填充后，计算的第二、三、四季度的产品总销售额，如图21-27所示。这里的销售单价（“$C$12”）始终没有改变，各季度的销售量（B9）却改变了。

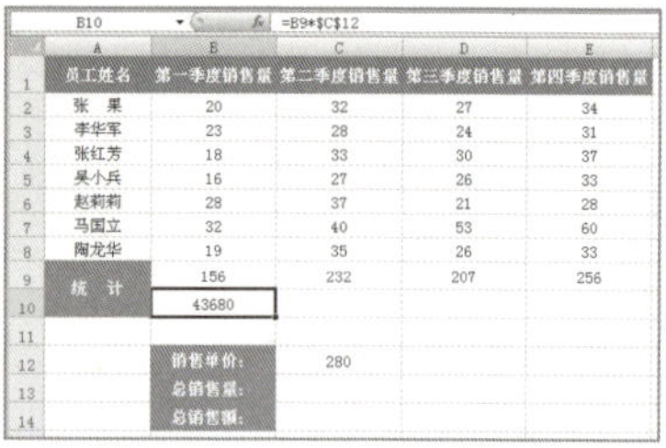

B10 =B9*$C$12

	A	B	C	D	E
1	员工姓名	第一季度销售量	第二季度销售量	第三季度销售量	第四季度销售量
2	张　果	20	32	27	34
3	李华军	23	28	24	31
4	张红芳	18	33	30	37
5	吴小兵	16	27	26	33
6	赵莉莉	28	37	21	28
7	马国立	32	40	53	60
8	陶龙华	19	35	26	33
9	统　计	156	232	207	256
10		43680			
11					
12		销售单价：	280		
13		总销售量：			
14		总销售额：			

图21-26

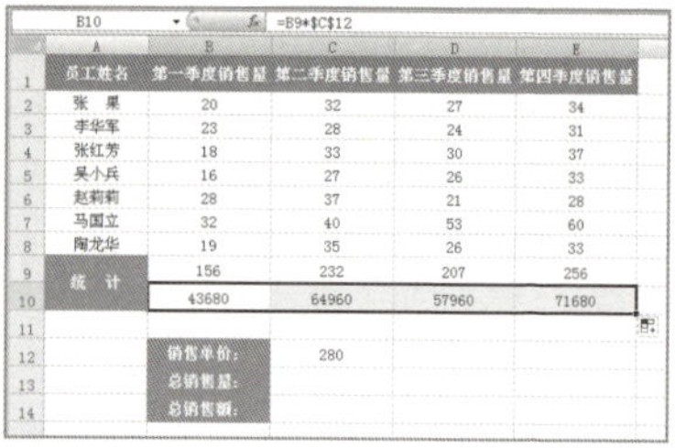

B10 =B9*$C$12

	A	B	C	D	E
1	员工姓名	第一季度销售量	第二季度销售量	第三季度销售量	第四季度销售量
2	张　果	20	32	27	34
3	李华军	23	28	24	31
4	张红芳	18	33	30	37
5	吴小兵	16	27	26	33
6	赵莉莉	28	37	21	28
7	马国立	32	40	53	60
8	陶龙华	19	35	26	33
9	统　计	156	232	207	256
10		43680	64960	57960	71680
11					
12		销售单价：	280		
13		总销售量：			
14		总销售额：			

图21-27

专家提示

若要删除的按钮是下拉菜单中选项，则只需在下拉菜单中再次选择该选项。例如，要删除“保存”按钮，在下拉菜单中选择“保存”选项即可。

技巧15 三维数据源引用

三维数据源引用是指在一个工作簿中从不同的工作表引用数据源。三维数据源引用的格式为：“‘工作表名’！数据源地址”。每季度的销售情况都分别建立了对应的工作表，如果在计算上半年的总销售额，就需要引用“第一季度销售情况”中的数据源。具体操作方法如下。

❶ 选中“第二季度销售情况”工作表，在C10单元格中输入“=SUM(”，接着鼠标选中“第一季度销售情况”工作表中的“D2:D8”单元格区域，如图21-28所示。

❷ 输入“）+SUM(”，鼠标选中“第二季度销售情况”工作表中的

“D2:D8”单元格区域，如图21-29所示。

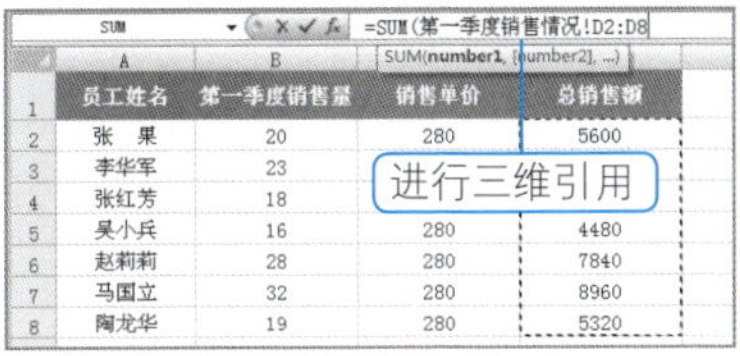

图21-28

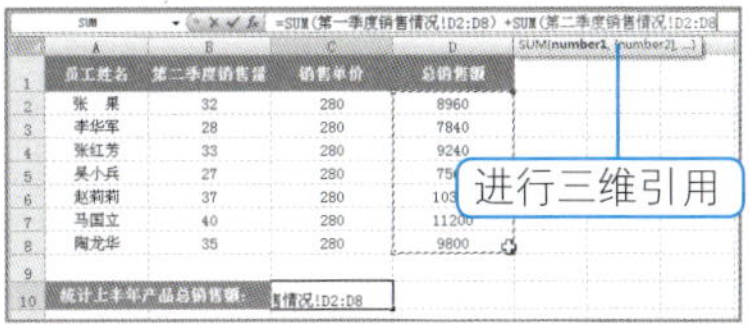

图21-29

3 最后输入“)”，即完成输入的公式：=SUM(第一季度销售情况!D2:D8)+SUM(第二季度销售情况!D2:D8)，按回车键即可计算出上半年产品的总销售额，如图21-30所示。

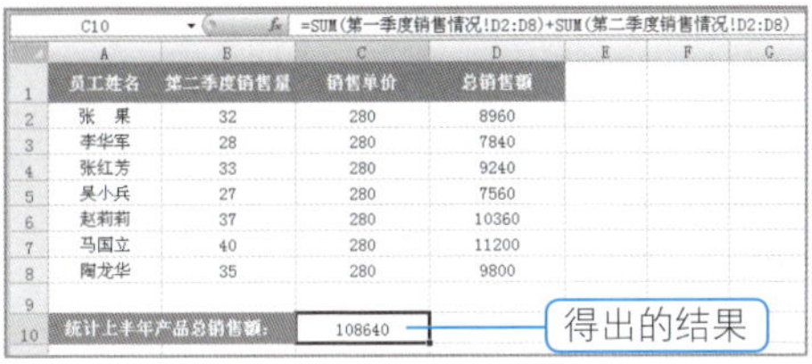

图21-30

技巧16　在多张工作表中引用数据源

引用多张工作表中的数据源是指在2张，或者2张以上的工作表中引用相同地址的数据源进行公式计算。多张工作表中特定数据源的引用的格式为：“=函数（‘工作表名1:工作表名2：工作表名3…’！数据源地址”。统计全年的产品总销售额，方法如下。

1 选中“第四季度销售情况”工作表，在C10单元格中输入“=SUM(”，接着按住“Shift”或“Ctrl”键，利用鼠标在工作表标签中选中参加计算的工作表，如：“第一季度销售情况”、“第二季度销售情况”、“第三季度销售情况”和“第四季度销售情况”工作表，如图21-31所示。

2 选中“D2:D8”单元格区域，如图21-32所示。

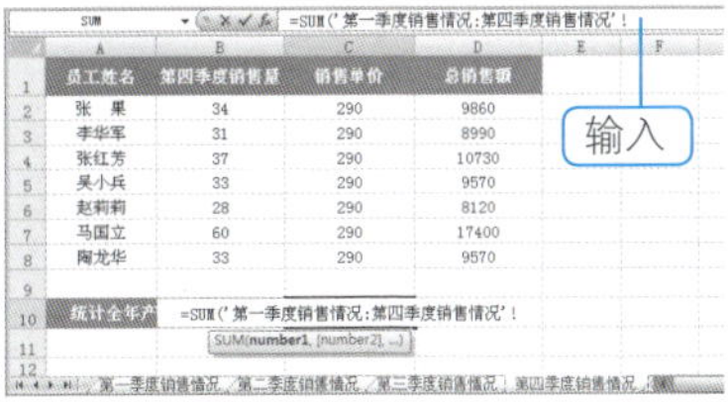

图21-31

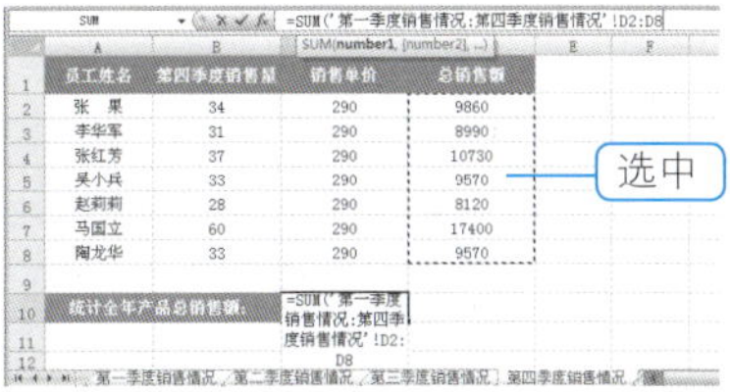

图21-32

③ 最后输入“)”，完成输入的公式：=SUM(第一季度销售情况:第四季度销售情况!D2:D8)，按回车键即可计算出全年产品的总销售额，如图21-33所示。

图21-33

技巧17 在多个工作簿中引用数据源

多工作簿数据源引用是指在打开的多张工作簿中，引用单个工作表或多个工作表中的数据源。多工作簿数据源引用的一般格式为：“[工作簿名称]工作表名！数据源地址”。根据产品上半年和下半年的销售情况，分别建立了两个工作簿，现在比较上半年和下半年产品总销售额的升滑情况。

① 分别打开“2010年上半年产品销售情况”和“2010年下半年产品销售情况”工作簿，在“2010年下半年产品销售情况”工作簿中的“上半年与下半年产品总销售额比较”工作表中的D2单元格中输入“=IF(”，接着鼠标选中“第四季度销售情况”工作表中的“C10”单元格，如图21-34所示。

② 输入“>”后，利用鼠标选中“2010年上半年产品销售情况”工作簿中的“第二季度销售情况”工作表中，再选中“C10”单元格，如图21-35所示。

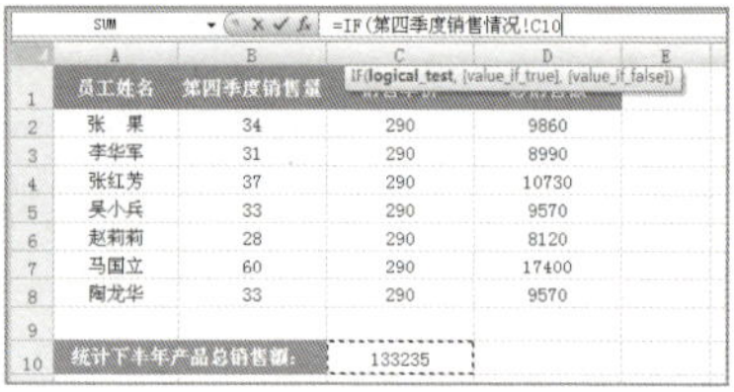

图21-34

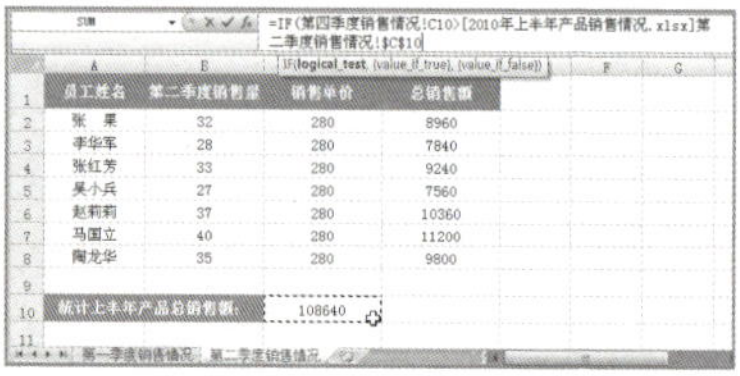

图21-35

③ 接着输入“,”上升”,”下滑”)”，完成输入的公式：=IF(第四季度销售情况!C10>[2010年上半年产品销售情况.xlsx]第二季度销售情况!$C$10,”上升”,”下滑”)，按回车键即可比较出上半年与下半年产品总销售额的升滑情况，如图21-36所示。

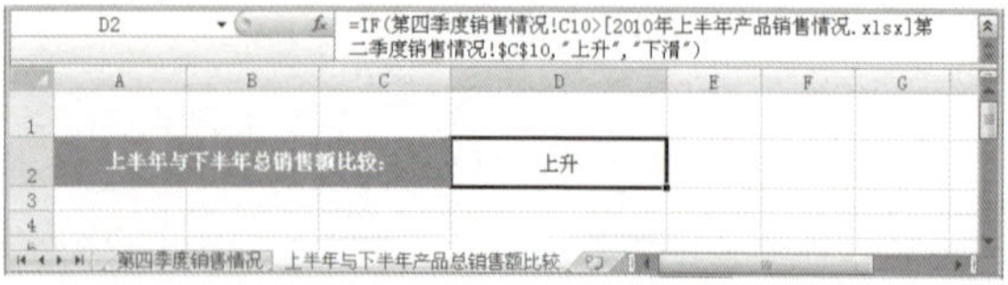

图21-36

专家提示

在公式中引用其他工作簿中的数据源时，一定要打开引用的工作簿（本例中要打开“2005年产品销售情况”工作簿）；否则，将无法引用工作簿中的数据源，即不能正确计算出结果。

技巧18 快速改变数据源引用类型

在Excel 2007中输入公式时，正确使用F4键，可以在相对数据源引用和绝对数据源引用之间进行切换。例如：以求第一季度产品总销售量的计算公式“=SUM(B2:B8)”为例，来看看具体的切换操作。

❶ 双击公式后，选中公式全部内容，按下F4键，该公式内容变为“=SUM($B$2:$B$8)”，表示对横、纵行单元格均进行绝对引用，如图21-37所示。

❷ 第2次按下F4键，公式内容又变为“=SUM(B$2:B$8)”，表示对横行进行绝对引用，纵行相对引用，如图21-38所示。

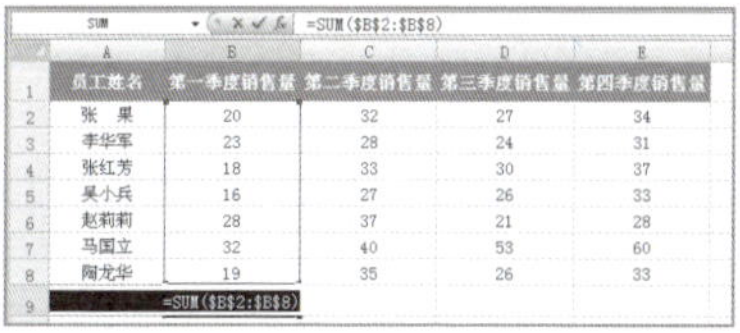

SUM　=SUM($B$2:$B$8)

	A	B	C	D	E
1	员工姓名	第一季度销售量	第二季度销售量	第三季度销售量	第四季度销售量
2	张　果	20	32	27	34
3	李华军	23	28	24	31
4	张红芳	18	33	30	37
5	吴小兵	16	27	26	33
6	赵莉莉	28	37	21	28
7	马国立	32	40	53	60
8	陶龙华	19	35	26	33
9		=SUM($B$2:$B$8)			

图21-37

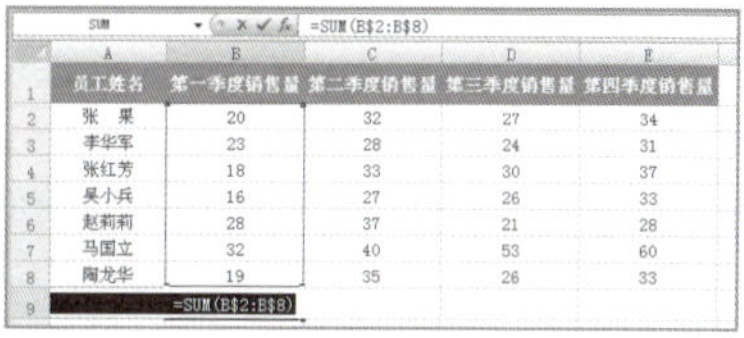

SUM　=SUM(B$2:B$8)

	A	B	C	D	E
1	员工姓名	第一季度销售量	第二季度销售量	第三季度销售量	第四季度销售量
2	张　果	20	32	27	34
3	李华军	23	28	24	31
4	张红芳	18	33	30	37
5	吴小兵	16	27	26	33
6	赵莉莉	28	37	21	28
7	马国立	32	40	53	60
8	陶龙华	19	35	26	33
9		=SUM(B$2:B$8)			

图21-38

❸ 第3次按下F4键，公式则变为“=SUM($B2:$B8)”，表示对横行进行相对引用，对纵行进行绝对引用，如图21-39所示。

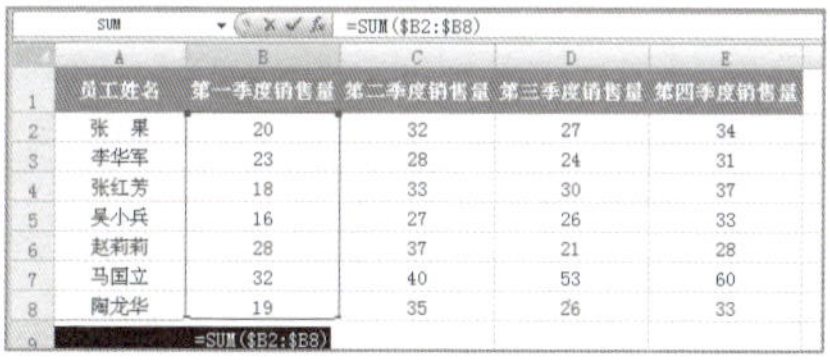

SUM　=SUM($B2:$B8)

	A	B	C	D	E
1	员工姓名	第一季度销售量	第二季度销售量	第三季度销售量	第四季度销售量
2	张　果	20	32	27	34
3	李华军	23	28	24	31
4	张红芳	18	33	30	37
5	吴小兵	16	27	26	33
6	赵莉莉	28	37	21	28
7	马国立	32	40	53	60
8	陶龙华	19	35	26	33
9		=SUM($B2:$B8)			

图21-39

❹ 第4次按下F4键时，公式恢复到初始状态“=SUM(B2:B8)”，即对横行纵行的单元格均进行相对引用。

❺ 继续按F4键，再次进行循环。

专家提示

F4键的切换功能，只能改变选中的公式的引用方式；对于没有选中的公式内容不进行任何改变操作。

读书笔记

第22章

函数的高级应用

在Excel 2010中，可以将单元格区域定义为名称，用定义的名称可以帮助用户快速搜索定位到特定的单元格区域，而定义的名称最显著的作用是作为函数的参数来使用。如果在公式计算过程中出现计算错误，也可以使用Excel 2010提供的“公式求值”、“错误检查”等功能来对计算过程和结果进行检查。

技巧1 按规则定义名称

在定义单元格、数值、公式等名称时，定义的名称不能是任意字符，必须要遵循以下规则。

1 名称的第一个字符必须是字母、汉字或下划线，其他字符可以是字母、汉字、句号和下划线。

2 名称不能与单元格名称相同。

3 引用名称时，不能用空格符来分隔名称，可以使用“.”。

4 名称长度不能超过255个字符，字母不区分大小写。

5 同一个工作簿中定义的名称不能相同。

技巧2 创建名称

在Excel 2010中创建名称非常方便，可以通过下面3种方法来实现。

1 在公式栏的左侧就是名称框，在工作表中选择要命名的区域，然后单击名称框并输入一个名称，按回车键创建该名称，如图22-1所示。

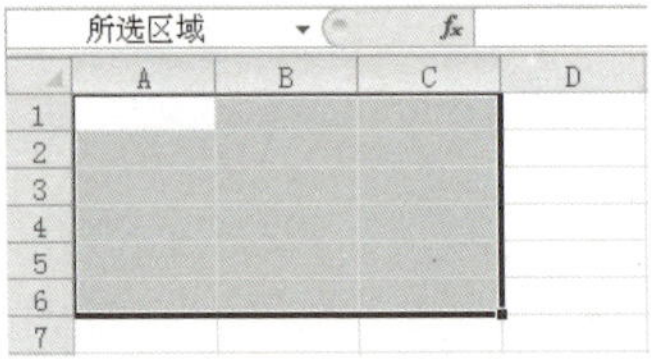

图22-1

2 选择要命名的区域，然后选择“公式”→“定义名称”→“定义名称（D）”命令，打开“新建名称”对话框，如图22-2所示，设置名称、可用范围及说明信息，最后单击“确定”按钮。

3 选择要命名的区域，必须包含要作为名称的单元格，然后选择“公式”→“定义的名称”→“根据所选内容创建”命令，在打开的对话框中单击“确定”按钮即可。如图22-3所示，将创建名为“销售产品”的名称。

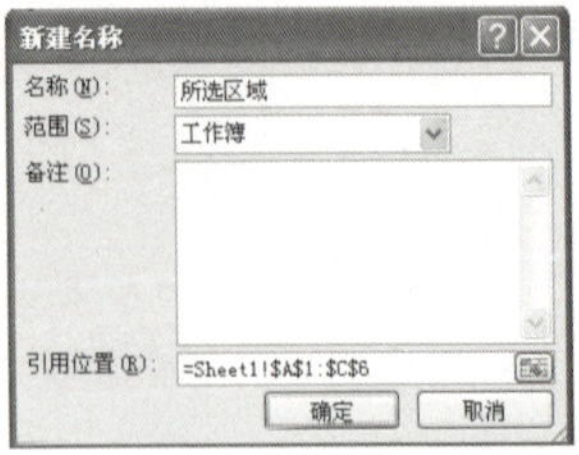

图22-2

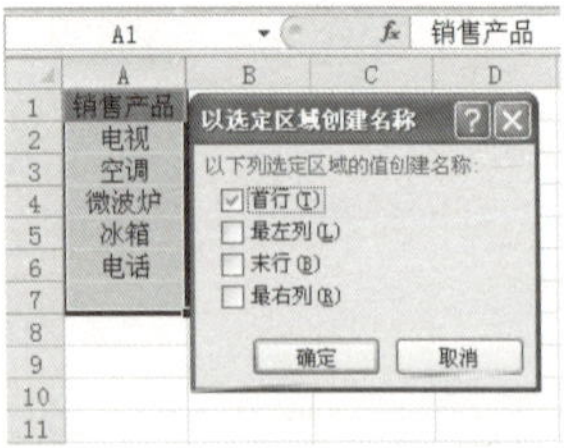

图22-3

技巧3 使用名称框命名

将A2：A5单元格区域定义名称为“销售员”，可以通过以下步骤来实现。

❶ 选择A2：A5单元格区域，如图22-4所示。

❷ 把光标定位到右上角的名称框中，输入名称“销售员”，按回车键，即可实现，如图22-5所示。

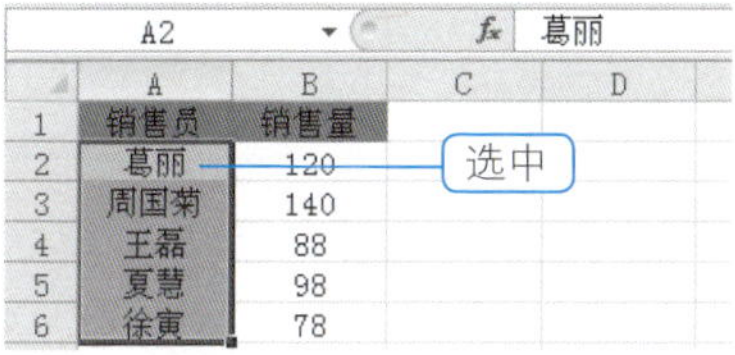

图22-4

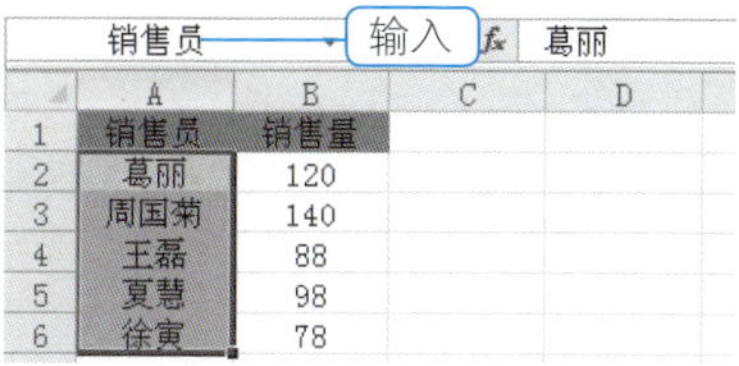

图22-5

专家提示

如果在“新建名称”对话框中“引用位置”文本框内设置的内容并不是用户希望设置的区域，可以直接在其中输入正确的内容。

技巧4 定义常量和公式名称

圆周率数值，即3.14159265，如果每次都手工输入这一长串数字不但麻烦，还容易出错。最好的办法就是将其定义为一个名称，以后只要在公式中输入这个名称，即可引用与其对应的数值，方法如下。

选择“公式”→“定义名称”→“定义名称（D）”命令，打开“新建名称”对话框，输入一个名称，然后在“引用位置”组合框中输入一个等号和常量值或公式，最后单击“确定”按钮。如输入名称“圆周率”，引用位置“=3.14159265”，如图22-6所示。

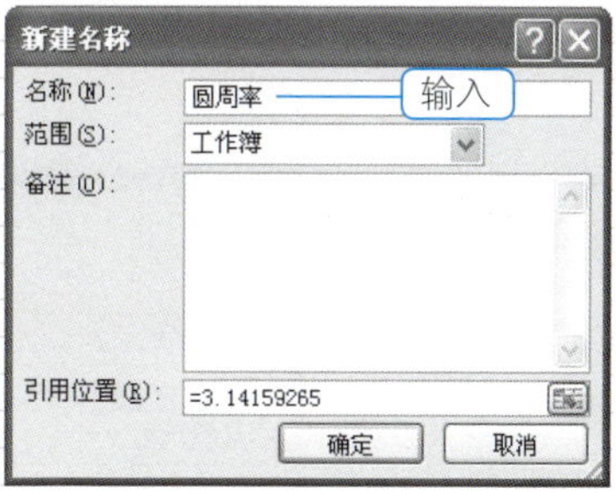

图22-6

技巧5 快速查看名称中的公式

希望了解每个名称的具体定义时，可以借助“粘贴名称”功能来查看所有名称公式的列表，具体步骤如下。

1 首先选择希望粘贴名称公式列表的单元格。

2 选择“公式”→“定义名称”→“用于公式”→“粘贴名称”命令或按“F3”键，打开“粘贴名称”对话框，如图22-7所示。

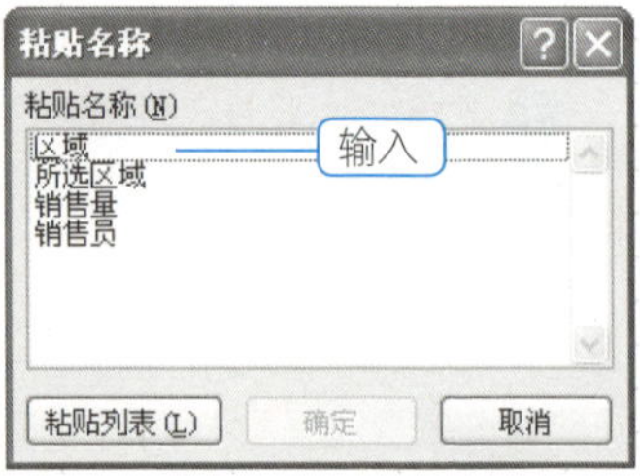

图22-7

3 单击左下角的“粘贴列表”按钮，Excel会自动地将当前工作表所有的局部名称和全局名称一次性粘贴到单元格中。

技巧6 快速选择名称对应的单元格区域

当工作簿中定义了较多的名称时，可以使用以下两种方法快速地选择名称所对应的单元格区域。

1 单击名称框的下拉箭头，在下拉列表中会显示当前工作簿中的所有名称（但不包含常量名称与函数名称）。选择其中的一项就能让该名称所引用的区域处于选择状态，如图22-8所示。

2 按“F5”键，在打开的“定位”对话框中会显示当前工作簿中的所有名称（但不包含常量名称与函数名称）。双击选择其中的一项就能让该名称所引用的区域处于选择状态，如图22-9所示。

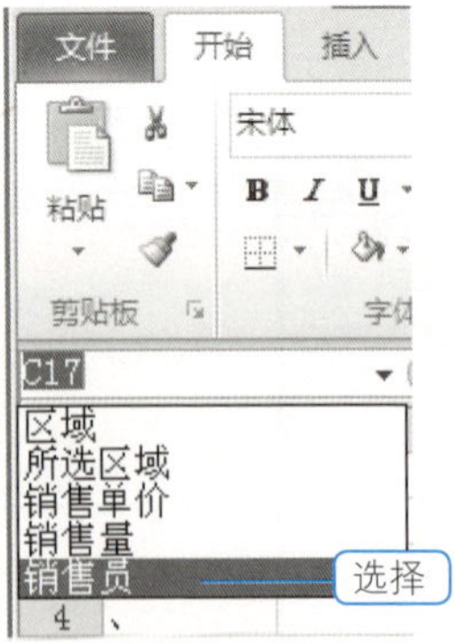

图22-8

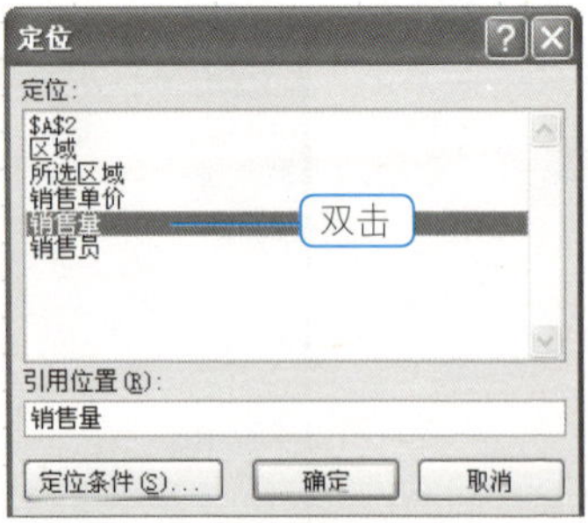

图22-9

技巧7 以图形的方式查看名称

假设在一张工作表中定义了3个名称，分布是ROSE1、ROSE2、ROSE3。现要以图形方式查看名称，具体操作如下。

❶ 单击菜单“视图”→“显示比例”，在打开的“显示比例”对话框中选择“自定义”项并设置比例值小于40%，如38%，如图22-10所示。

❷ Excel就会以黑色边框显示名称区域，并以蓝色字体显示名称，如图22-11所示。

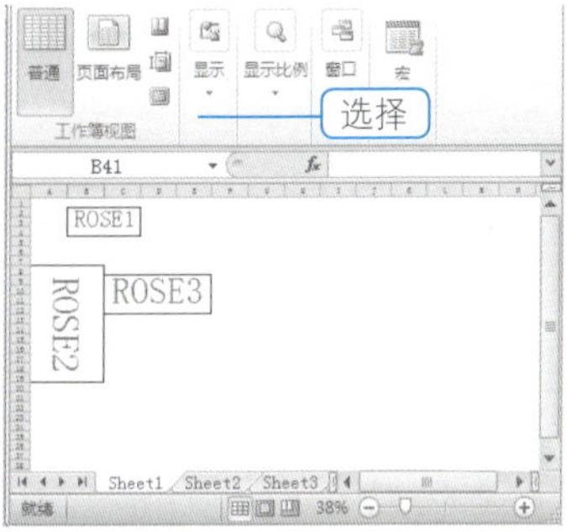

图22-10

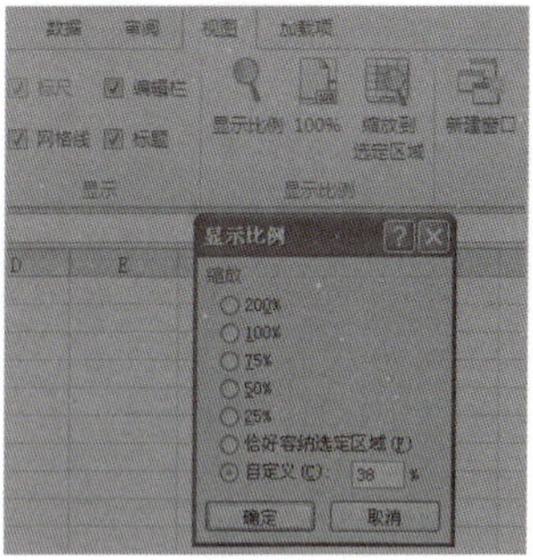

图22-11

专家提示

查看公式名称的方式有多种，用户在工作中可以根据实际需要选择应用。

技巧8 通过“监视窗口”来监视数据

在Excel中可以使用“监视窗口”来监视工作表、单元格、公式等数据的改动前后情况，下面来具体认识“监视窗口”的用途。

❶ 单击“公式”菜单，在“公式审核”选项组中单击“监视窗口”（监视窗口）按钮（如图22-12所示），弹出“监视窗口”对话框，如图22-13所示。

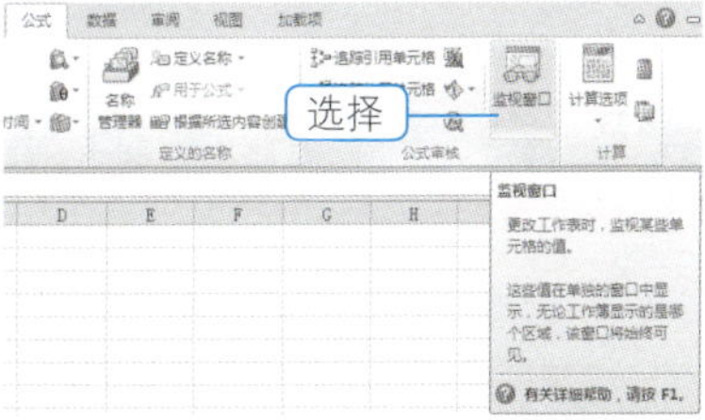

图22-12

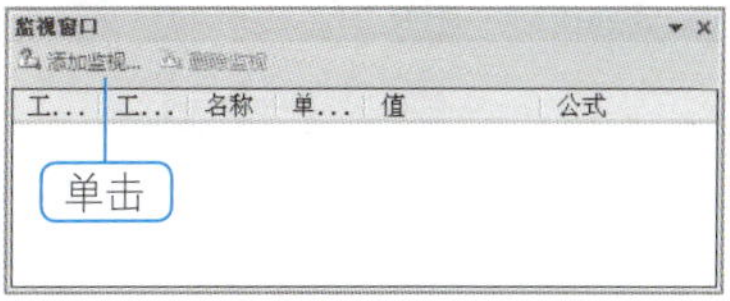

图22-13

2 在“监视窗口”对话框中，单击“添加监视点”（添加监视...）按钮，弹出“添加监视点”对话框，如图22-14所示。

3 在“选择您想监视其值的单元格”对话框中，单击“拾取器”（）按钮，在工作表中选取要监视的单元格区域，如A1:B5，如图22-15所示。

图22-14

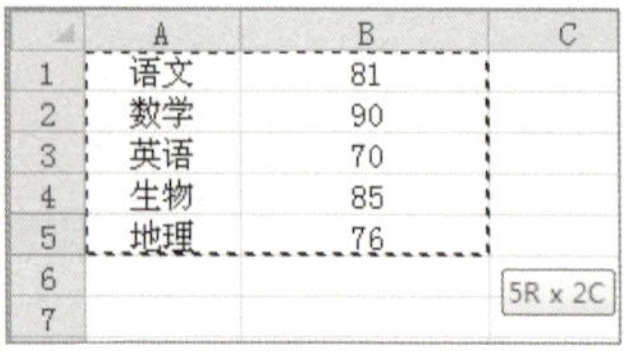

图22-15

4 选取完成后，单击“拾取器”（）按钮返回到“添加监视点”对话框中，即可看到选取的单元格区域，如图22-16所示。

图22-16

5 确认后，单击“添加”按钮返回到“监视窗口”。在窗口中显示监视的单元格数据（如图22-17所示），当单元格区域中的数据发生改变时，监视窗口中的数据也同样发生改变，如图22-18所示。

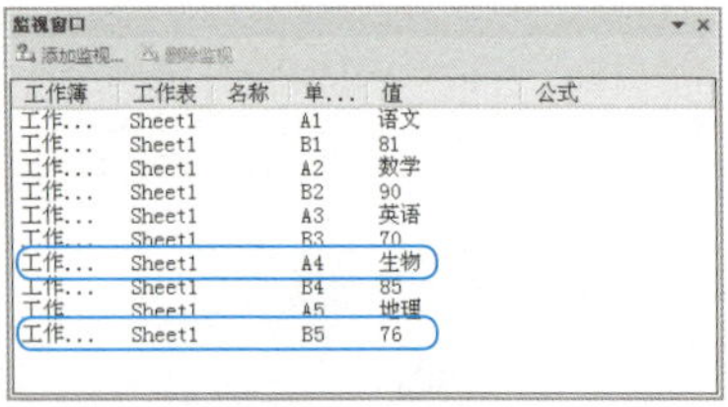

图22-17

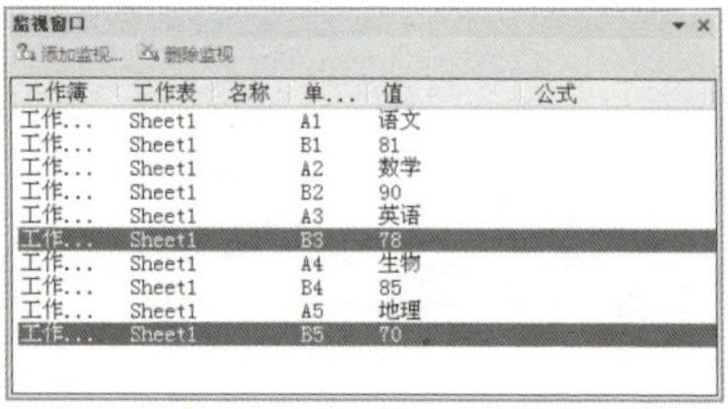

图22-18

专家提示

如果不需要监视某一个区域的数据时，可选中此区域单击监视窗口上的“删除监视”按钮即可。

技巧9 通过“显示公式”查看工作表中所有的公式

通过Excel中的“显示公式”功能，可以快速地显示出当前工作表中所有的公式，具体操作如下。

❶ 切换到要显示公式的工作表中，单击“公式”菜单，在“公式审核”选项组中单击“显示公式”按钮（ ），即可将工作表中所有公式显示出来，如图22-19所示。

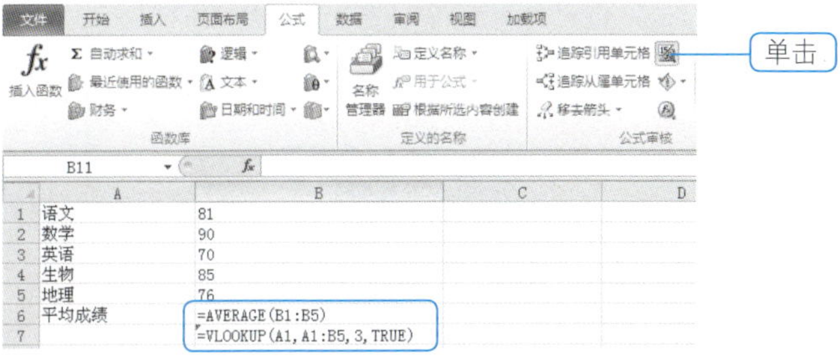

图22-19

❷ 如果要重新显示出数值，可以再次单击“显示公式”按钮即可。

技巧10 通过“公式求值”来检查计算公式

对于比较复杂的计算公式，当计算结果为错误值时，可以通过“公式求值”向导检查公式每一步的计算结果，从而找出错误所在，方法如下。

❶ 选中错误值单元格，在“公式”主菜单下的“公式审核”选项组中，单击“公式求值”（ 公式求值）按钮，即可弹出“公式求值”对话框，如图22-20所示。

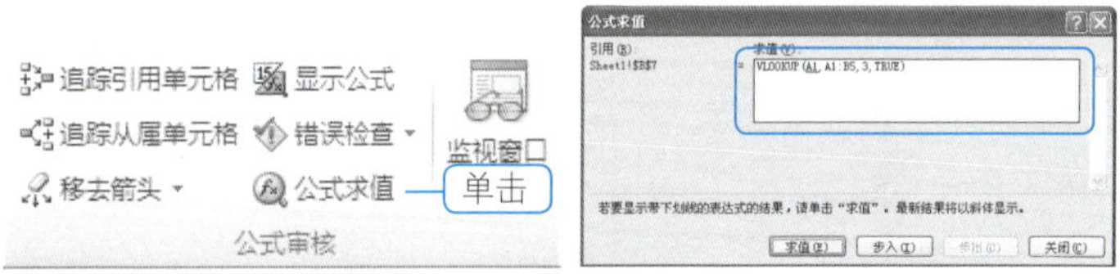

图22-20

❷ 单击“步入”按钮，开始对公式进行逐一求值。首先，对“A1”进行赋值，如图22-21所示。

❸ 继续单击“步出”按钮，按照赋值数据在A1:B5单元格区域中进行查找，如图22-22所示。

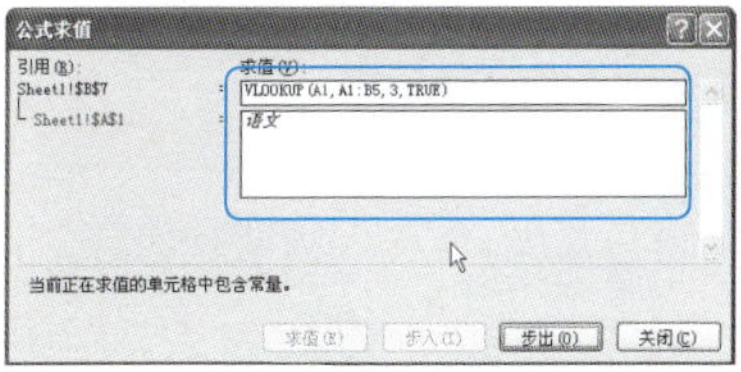

图22-21

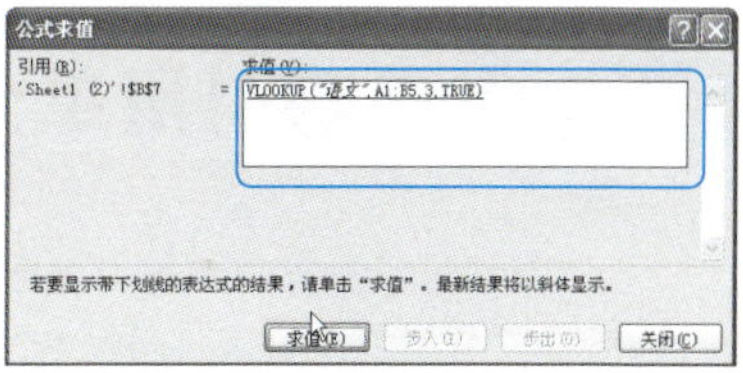

图22-22

④ 单击“求值”按钮，即可返回计算结果，而此时显示错误值，如图22-23所示。

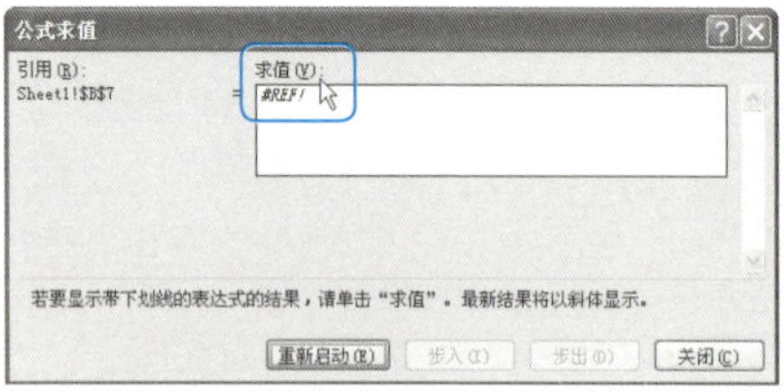

图22-23

⑤ 通过检查公式的每一步计算过程，发现返回的列数3不对，所以计算结果显示为错误值。

技巧11 通过“错误检查”功能来检查错误值

当出现多处错误值时，可以使用“错误检查”功能来逐一对错误值进行检查，并提示错误值产生的原因。具体操作如下。

① 选中任意单元格，在“公式”主菜单下的“公式审核”选项组中，单击“错误检查”按钮（ ），即可弹出“错误检查”对话框。

② 在“错误检查”对话框中，可以看到提示信息，指出单元格B7中出现错误。主要原因是“无效的单元格引用”错误。接着单击“下一步”按钮，接下来根据向导逐一检查错误值，并获取错误值产生的原因，如图22-24所示。

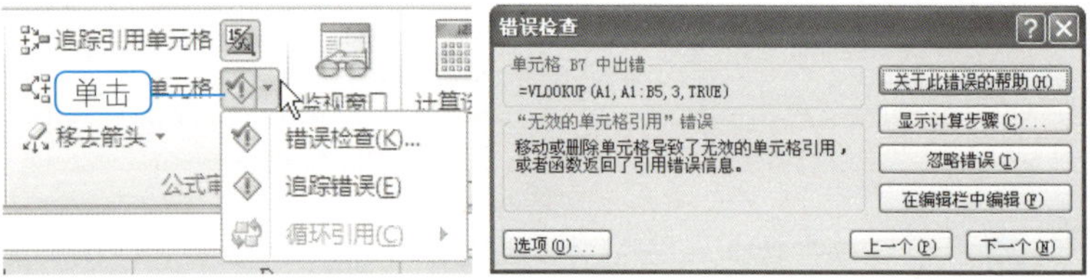

图22-24

③ 根据提示的错误原因进行修改，发现表中第3列没有数据，所以产生“无效的单元格引用错误”。

技巧12 追踪引用单元格

在使用公式进行数值计算过程中，当返回的结果为错误值时，可以通过“公式审核”功能中的“追踪引用单元格”来判断引用的数据源是否正确。方法如下。

❶ 选中错误值单元格，在“公式”主菜单下的“公式审核”选项组中，单击“追踪引用单元格”按钮，即可使用箭头显示数据源引用指向，如图22-25所示。

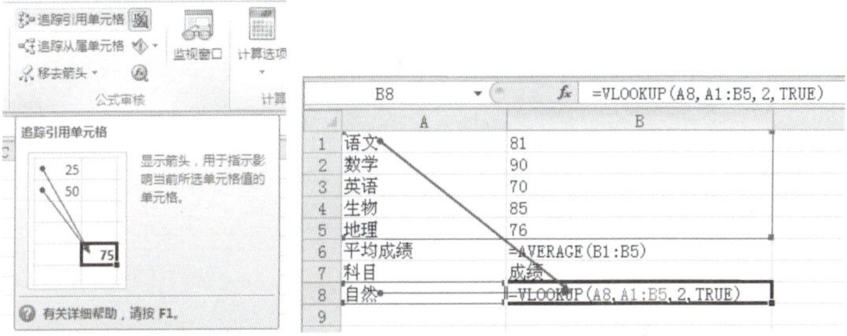

图22-25

❷ 通过对箭头指向的数据源进行查看，发现当前输入的查找数据与引用数据源中的数据不对应，从而导致公式返回错误值。

技巧13 追踪从属单元格

在使用公式进行数值计算过程中，当返回的结果为错误值时，可以通过“追踪从属单元格”功能追踪受该计算值所影响的单元格，方法如下。

❶ 选中错误值单元格，在“公式”主菜单下的“公式审核”选项组中，单击“追踪从属单元格”按钮，即可使用箭头显示受影响的单元格，如图22-26所示。

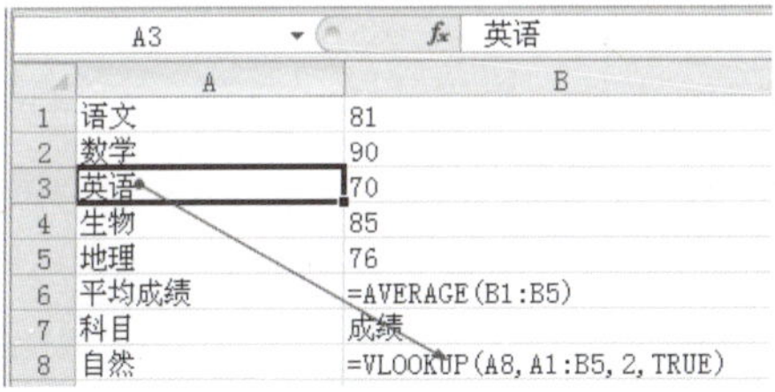

图22-26

❷ 通过箭头的指向，对数据源进行查看，发现当前输入的查找数据与引用数据源中的数据不对应，从而导致公式返回错误值。

技巧14 移去追踪箭头

在进行了“追踪引用单元格”和“追踪从属单元格”操作后，如果不需要可以将箭头标记去掉，具体操作如下。

❶ 在“公式”主菜单下的“公式审核”选项组中，单击“移去箭头”按钮，如图22-27（左）所示。

❷ 将所有标记去除，如图22-27（右）所示。

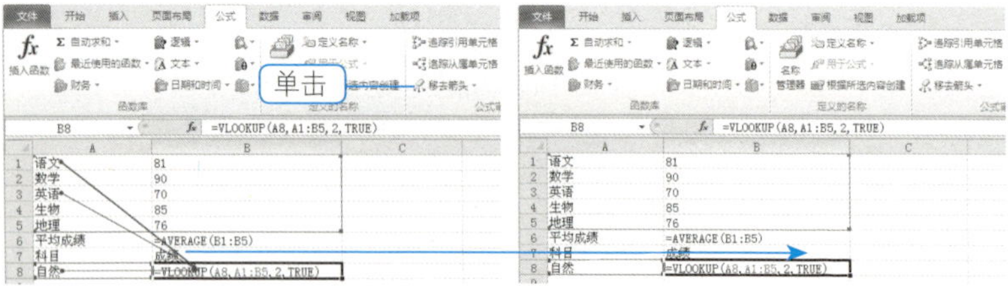

图22-27

技巧15 获取错误值的解决帮助

在公式计算过程中，因公式输入不正确、引用参数不正确、引用数据不匹配等情况，公式经常会返回错误值，如：“#####”、“#DIV/0！”、“#N/A”、“#NAME?”、“#NUM！”、“#VALUE！”、“#REF！”和“#NULL！”。对于初学者来说，当公式返回错误值时就有点不知所措。其实在Excel 2010中，可以通过获取错误值的解决帮助来学习和解决问题。

❶ 单击错误值的提示按钮（ ），在弹出的下拉菜单中选中“关于此错误的帮助”选项，即可启动“Excel帮助”功能，如图22-28所示。

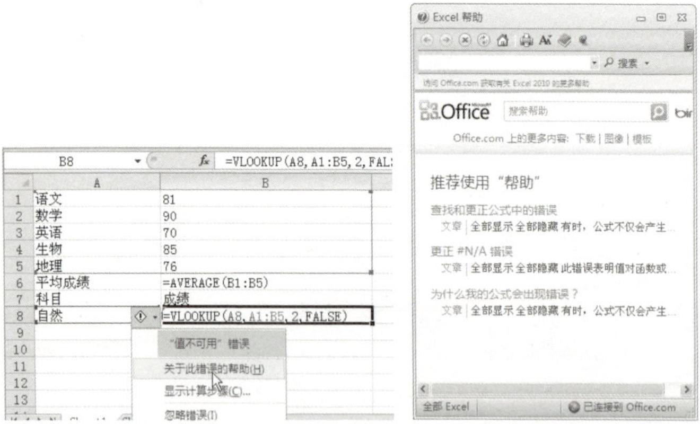

图22-28

❷ 在“Excel帮助”中，显示了“#N/A”错误值产生的原因，以及对应的解决方法。用户只要认真的学习其中的内容，即可解决公式返回的错误值。

第23章

数组公式应用

为了便于处理数据，会把具有相同类型的若干变量按有序的形式组织起来，这些按序排列的同类数据元素的集合称为数组。在Excel 2010中也可以对数组进行计算与处理。

技巧1 认识数组及其特性

在Excel 2010中，数组表示由一个或多个文本、数值、逻辑值、日期、错误值等元素组成的集合，具有行、列尺寸的特征，用以确定元素在数组中所处的位置，并且不能存在长度不等的行或列。数组一般可以分为3种类型。

❶ 常量数组：构成数组的每一个元素都是常量，即不被计算的值，如数字、文本、逻辑值和错误值等，例如：{“语文",81; “数学",90; “英语",70; “生物",85; “地理",76}，如图23-1所示。

	A	B	C
1	语文	81	
2	数学	90	
3	英语	70	
4	生物	85	
5	地理	76	
6			

图23-1

这是一个5行2列的常量数组，由数值和文本组成。用一对大括号{}将所有元素包含进来，用逗号表示列之间的分隔，分号表示行之间的分隔。其第4行第1列位置的元素为文本“生物”。

❷ 区域数组：通过对一组连续的单元格区域进行引用而得到的数组，如本例中的A2:B5表示4行2列的区域数组。

❸ 内存数组：通过公式计算返回的结果在内存中临时构成的，且可以作为一个整体直接嵌套入其他公式中继续参与计算的数组。例如数组公式：

```
{=SMALL(IF(A1:B5>0,A1:B5),{1,2,3})}
```

其中，A1:B5是一个5行2列的单元格区域数组；{1,2,3}是一个1行3列的常量数组，整个公式返回由A1:B5单元格中第1、2、3个最小的正数组成的1行3列的运算结果构成的内存数组。

专家提示

当数组的元素只在一个方向上排列时，称为一维数组，根据方向又可分为垂直数组(或称行数组，即一列多行的数组，如{1;2;3;4;5}或ROW(1:5))和水平数组(或称列数组，即一行多列的数组，如{1,2,3,4,5}或COLUMN(A:E))。当数组同时包含行和列两个方向时，称为二维数组。

数组的行、列数代表其尺寸大小。二维数组是由M*N个元素构成M行N列的数组。当构成数组的元素只有一个时称为单元素数组，如{a}或ROW(1,1)、ROW()、COLUMN(A,A)等。与单个元素不同，单元素数组也具有数组的“维”的特性，既可以被认为是一个零维的数组，也可以被认为是一个1行1列的一维水平或垂直数组。

技巧2 快速输入常量数组

利用“F9”键转换单元格区域为运算结果的功能，用户可以快速的获取常量数组。

❶ 例如需要得到各科的成绩，可在任意一个空单元格内输入公式：=A1:B5，如图23-2所示。

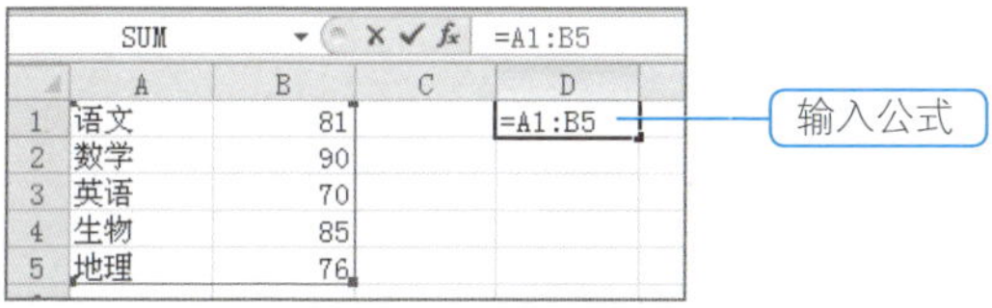

图23-2

❷ 再在公式单元格或在编辑栏按“F9”键后即可得到常量数组，如图23-3所示。

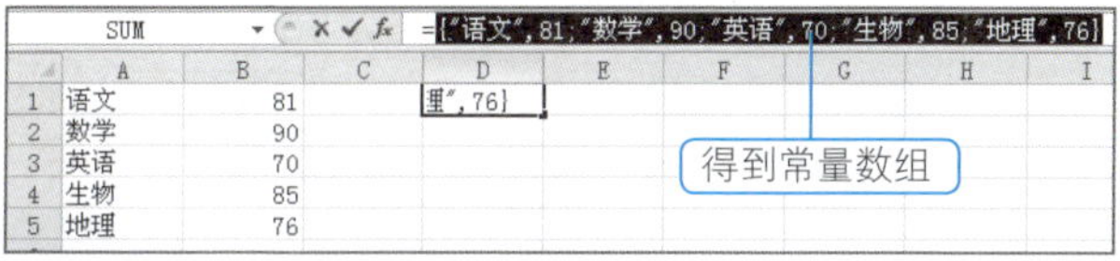

图23-3

专家提示

使用此方法不必时刻注意是输入逗号还是分号来分隔数组元素，也不必为输入文本的半角双引号在中英文输入法中不断地切换，节省了时间。

技巧3 了解数组之间运算的规则

数组运算分多种形式：单值或单元素数组运算、同方向、不同方向一维数组运算、一维与二维数组之间的运算等，下面具体介绍。

❶ 单值或单元素数组与数组之间的运算

单值或单元素数组可以与另一个数组自由计算，返回与另一个数组相同尺寸的结果，如表23-1所示。

表23-1

公 式	返回结果
=1+{1;2;3;4}	返回{2;3;4;5},尺寸与{1;2;3;4}相同
=COLUMN(B:B)*{1,2,3,4}	返回{2,4,6,8},尺寸与{1,2,3,4}相同
=COLUMN(B:B)*{1,2;3,4}	返回{2,4;6,8},尺寸与{1,2;3,4}相同

2 同方向一维数组之间的运算

两个同方向一维数组之间的运算是将它们相同位置的元素一一对应进行运算，所以需要两个数组具有相同的尺寸，否则就返回与较多元素数组相同的结果，但多出较少元素数组部分为#N/A错误。

例如：={1;2;3;4}+{2;3;4;5},按F9键返回{3;5;7;9}

而={"语文","数学","英语"}&{81,90},按F9键返回{"语文81","数学90",#N/A}

3 不同方向一维数组之间的运算

两个不同方向的一维数组之间的运算是将一个数组中的每一个元素分别与另一个数组的每一个元素进行运算，例如一个M行垂直数组与N列水平数组运算将返回一个M*N二维数组。

例如公式：={1;2;3;4}*{1,2,3},返回结果：{1,2,3;2,4,6;3,6,9;4,8,12}，如图23-4所示。

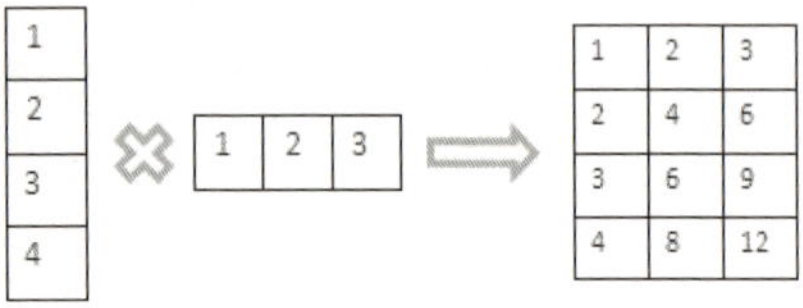

图23-4

4 一维数组与二维数组之间的运算

当一维数组与二维数组具有同向相同尺寸的特征时，即M行数组或者N列数组与M行N列数组，进行该方向的一一对应运算并返回M*N二维数组，否则在一维数组方向上差异部分整行或整列返回#N/A错误。

例如：={1;2;3;4}*{1,1;2,2;3,3;4,4},返回结果：{1,1;4,4;9,9;16,16}，如图23-5所示。

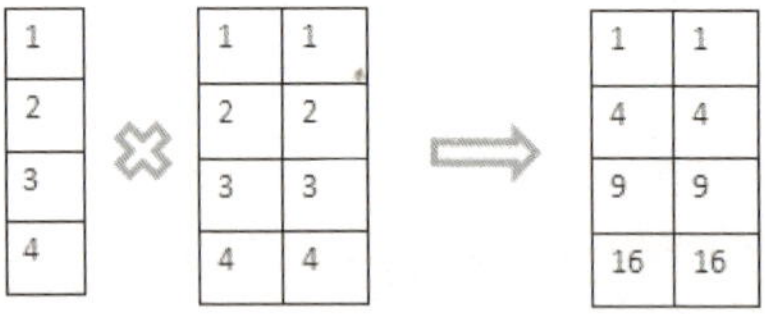

图23-5

而公式：={2;4;6;8}*{1,2;1,2;1,2},返回结果：{2,4;4,8;6,12;#N/A,#N/A}，第4行出错；

公式：={2,4,6}*{1,2;1,2;1,2},返回结果：{2,8,#N/A;2,8,#N/A;2,8,#N/A}，第3列出错。

❺ 二维数组之间的运算

两个二维数组运算按尺寸较小的数组所有元素的位置进行一一对应的运算，并返回两个数组较大尺寸方向元素个数相乘的数组。如果两个数组的尺寸完全相同，则全部返回正确的运算结果，否则仅两个数组较小尺寸方向元素个数相乘区域可以返回正确的运算结果，超出的部分均返回#N/A错误。

例如：{1,2,3;4,5,6;7,8,9}*{3,2,1;6,5,4;9,8,7},返回结果：{3,4,3;24,25,24;63,64,63}，如图23-6所示。

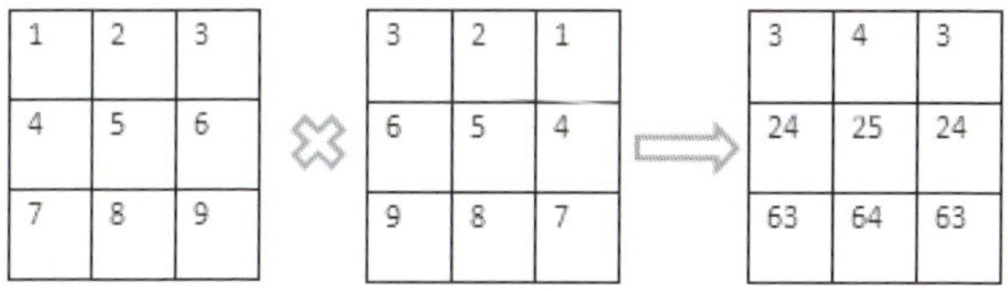

图23-6

而公式：=A1:C2*A1:B3只能正确返回A1:B2区域内的内容。

技巧4 数组公式

在Excel 2010中，数组公式可以认为是Excel对公式和数组的一种扩充。换一句话说，是Excel公式在以数组为参数时的一种应用。下面来具体认识一下数组公式。

❶ 什么是数组公式

数组公式是指可以在数组的一项或多项上执行多个计算的公式。数组公式可以返回多个结果，也可以返回一个结果。

❷ 数组公式的输入

输入数组公式后，同时按下“Ctrl+Shift+Enter”，数组公式的外面会自动加上大括号{}以和普通公式区分。{}不是手工输入的，那样Excel会认为您输入的是文本格式。数组公式每次编辑过后，都要同时按下“Ctrl+Shift+Enter”以完成输入。

❸ 数组公式的优点

简洁性：数组公式可以同对多个数据执行多个运算。解决一个复杂的问题可以只需要一个公式，而用普通公式可能需要多步运算，甚至要填加辅助列。不过，数组公式可以用几个一般公式和一些过渡数据来代替，从而达到同样的目的。

一致性：多单元格数组公式中，点击任一个单元格，看到的公式内容都是相同的。这种一致性可以保证更高的准确性。

安全性：不能覆盖多单元格数组公式的组成部分，可以防止误操作。

文件小：通常可以使用单个数组公式，而不必用多个中间公式。这在数据量很大的时候效果才会明显。

❹ 数组公式的语法

数组公式主要使用标准公式语法。它们都以等号开始，可以在数组公式中使用任何内置 Excel 函数。使用数组公式的主要不同之处在于：必须按"Ctrl+Shift+Enter"键输入公式。

输入多单元格公式时，必须首先选择用于保存结果的单元格区域。

技巧5 多重计算与数组公式的区别

什么叫多重运算？对一组或多组值进行多次运算就叫做多重运算。而Excel自带帮助文件中对数组公式的定义是：对一组或多组值执行多重运算，并返回一个或多个结果。数组公式括于大括号{}中，按"Ctrl+Shift+Enter"可以输入数组公式。

在这里，数组公式仅仅是一个"称呼"，用于区别"普通公式"——不按三键。

为了统一定义方便理解，我们称只有按"Ctrl+Shift+Enter"键结束的公式才是数组公式，按下三键的意义在于给Excel下达进行多重计算的命令。

技巧6 慎用逻辑函数与多重*、+计算互换

在Excel 中逻辑函数与多重计算通常是可以互换使用的，但也有一些情况下是需要慎重使用的，具体情况如下。

❶ 逻辑函数不能替代多重计算

根据逻辑值与数值的替换准则，"逻辑与"关系可使用逻辑表达式相乘(*)和AND函数完成，"逻辑或"关系可以使用逻辑表达式相加(+)和OR函数完成。

但是在需要进行多重运算的数组公式中，"逻辑与"、"逻辑或"关系的计算是返回逻辑值数组的运算，而AND函数、OR函数返回的是单值TRUE或FALSE，无法返回数组结果，因此进行多重计算的数组公式中的*、+运算不能用AND函数、OR函数代替。

例如要统计所有课程中成绩大于75小于85的课程数，此判断条件为"逻辑与"关系，如果使用以下公式：

```
{=SUM(AND(B1:B5>75,B1:B5<85)*1)}
```

运算过程是这样的：

```
B1:B5>75        返回{TRUE; TRUE;FALSE;TRUE;TRUE}
B1:B5<85        返回{TRUE;FALSE;TRUE;FALSE;TRUE}
AND({TRUE;TRUE;FALSE;TRUE;TRUE},{TRUE;FALSE;TRUE;FALSE;TRUE}) 返回FALSE
=SUM(FALSE*1)=SUM(0*1)=0        结果为0
```

如果使用下面的公式：

```
{=SUM((B1:B5>75)*(B1:B5<85))}
```

运算过程如下：

```
(B1:B5>75)*(B1:B5<85)
={TRUE;TRUE;FALSE;TRUE;TRUE}*{TRUE;FALSE;TRUE;FALSE;TRUE}
```

根据逻辑值参与四则运算转换为数值的准则，上式可变为：

```
={1;1;0;1;1}*{1;0;1;0;1}
={1;0;0;0;1}
=SUM({1;0;0;0;1})=2    返回正确结果
```

专家提示

同理，OR函数返回的是单值结果，因此进行多重计算时的“逻辑或”关系应使用逻辑表达式相加（+）运算。

2 重计算不能完全替代逻辑函数

根据逻辑值与数值的互换准则，逻辑表达式的*、+运算可以代替AND、OR函数。此外一些函数对IF判断返回数组中的FALSE和0没有区分要求时，IF判断也可以用数组相乘代替。但是如果外套函数如MAX、MIN、SMALL、AVERAGE等一些运算需要区分FALSE和0时则不能用数组相乘代替。

例如在A1:A5单元格输入5个数据：1、3、5、-7、-9，求所有正数之和，利用数组公式：

```
{=SUM(IF(A1:A5>0,A1:A5))}
```

其中，IF函数进行多重计算，当A1:A5单元格区域的值大于0时返回A1:A5单元格区域的值，否则返回FALSE；最后参与SUM函数运算时，逻辑值FALSE作为0计算不会影响运算的结果，所以也可以用下面的公式代替：

```
{=SUM( (A1:A5>0)*A1:A5)}
```

而如果是求最小的正数的话，可以使用下面的公式：

```
{=MIN(IF(A1:A5>0,A1:A5))}
```

此时IF函数返回：{1,3,5,FALSE,FALSE}，MIN函数忽略FALSE，返回正确结果1.但如果用数组相乘替代IF判断：

```
{=MIN( (A1:A5>0)*A1:A5)}
```

数组相乘返回{1,3,5,0,0}，再套用MIN函数返回结果为0，出现错误。

技巧7 了解多单元格数组公式的几大特征

了解多单元格数组公式的特征有助于用户日常的工作，多单元格数组公式具有以下特征。

❶ 能够保证在同一个范围内的公式具有同一性。

创建此类公式后公式所在的任何一个单元格都不能作为普通公式单独编辑，可以防止公式被意外破坏，具有较强的安全性。当选择多单元格数组公式中的某个单元格试图进行修改时会弹出对话框提示不能更改数组的某一部分，如图23-7所示。

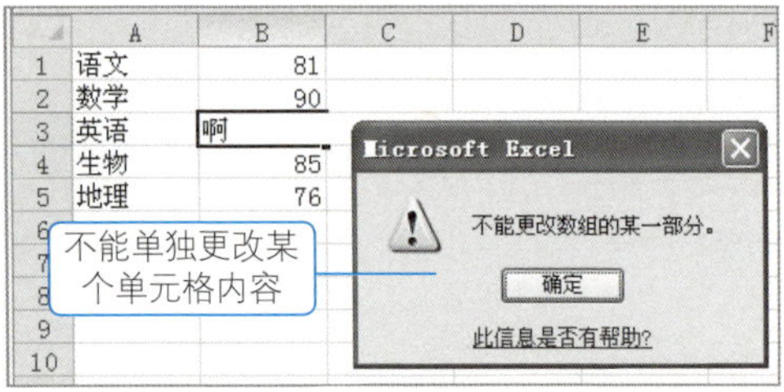

图23-7

❷ 公式需要与计算结果相同行、列数的单元格区域来显示全部结果，如果单元格区域小于计算结果的行、列数则显示结果不完全，如果单元格区域多余计算结果的行、列数，则多余的单元格会显示错误值“#N/A”。

例如在表格中选中A1:B3区域，在编辑栏输入公式：={"语文",81;"数学",90;"英语",70;"生物",85;"地理",76}，按下“Ctrl+Shift+Enter”组合键，则只有A1:B3区域有显示内容，如图23-8所示。

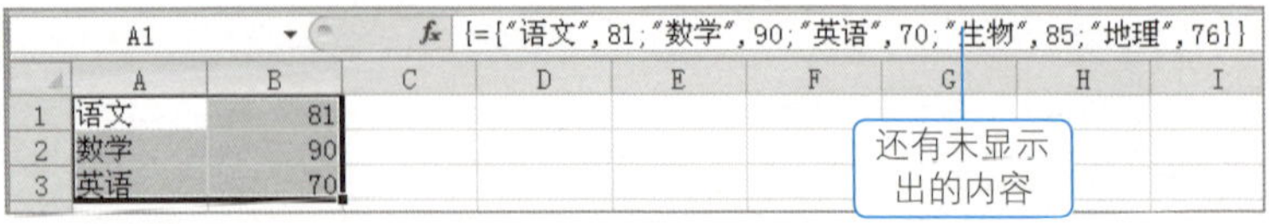

图23-8

而如果是选中A1:C8区域，同样操作则会出现如图23-9所示的结果。

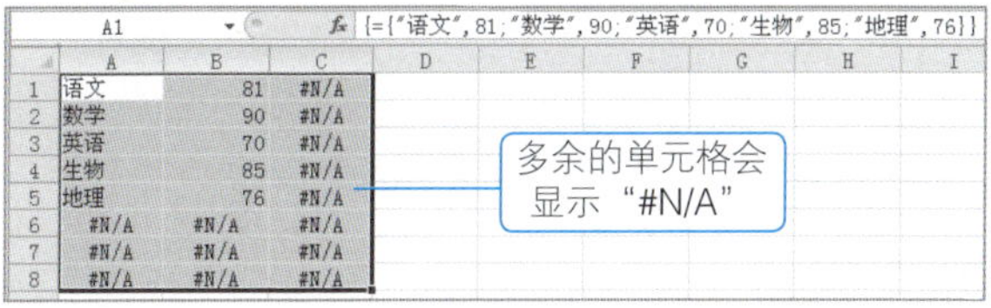

图23-9

3 内存数组公式可以使用多单元格数组公式在单元格区域显示结果，但多单元格数组公式不一定是内存数组公式。一般可以用“F9”键或ROWS、COLUMNS函数判断一个公式产生的结果是否为内存数组。

例如，将单元格区域B1：B5的数据从小到大排序，在C1：C5单元格区域输入公式{=SMALL($B$1：$B$5,ROW($1:$5))}，在D1：D5单元格区域输入公式{=SMALL(B1:B5，ROW())}，分别按下“Ctrl+Shift+Enter”组合键形成多单元格数组公式，结果如图23-10和图23-11所示。

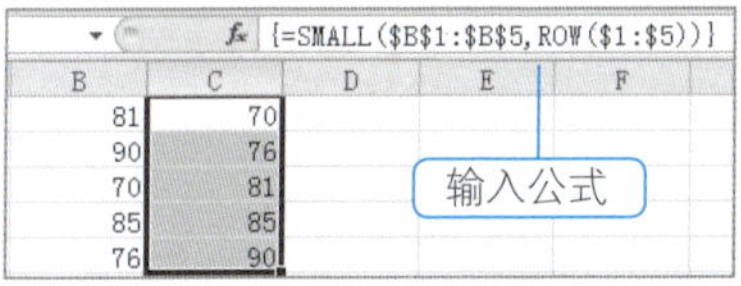

图23-10

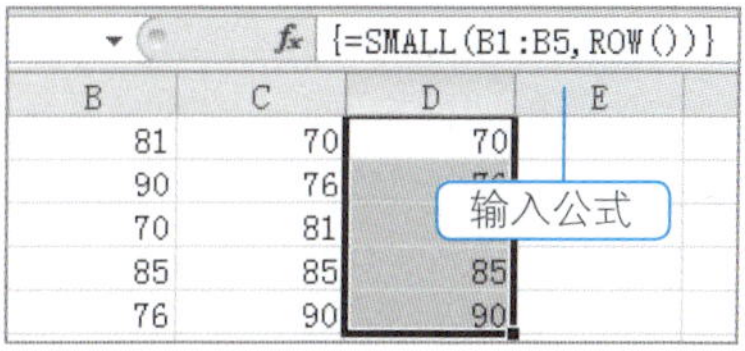

图23-11

对C1：C5单元格区域的公式使用“F9”键均可返回同一个数组结果{70;76;81;85;90}，该公式返回内存数组，而对D1:D5单元格进行相同的操作只能返回不同的单值结果，如图23-12和图23-13所示。

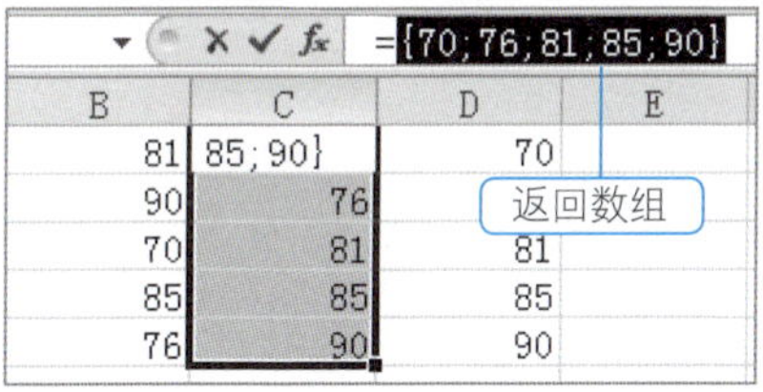

图23-12

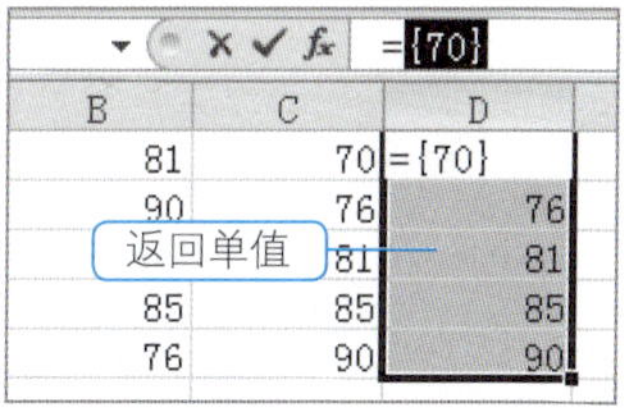

图23-13

技巧8 使用多单元格数组公式

1 快速输入多个单元格的内容

操作2中快速输入常量数组的逆操作：选择A1:B5单元格区域，在编辑栏输入数组公式：

{={ “语文",81; “数学",90; “英语",70; “生物",85; “地理",76 }}

并按下“Ctrl+Shift+Enter”组合键结束操作，如图23-14所示。

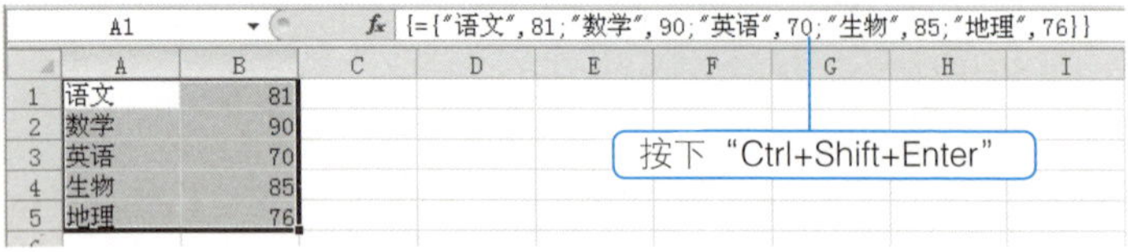

图23-14

该公式返回5行2列共10个计算结果，需要用类似A1:B5的同尺寸单元格区域显示。

专家提示

与普通的单个单元格输入的数组公式不同，这种能产生多个计算结果并在多个单元格显示出来的单一数组公式被称为“多单元格数组公式”。

2 编辑多单元格数组公式

当用户需要修改多单元格数组公式时，可以选择其中的任意一个单元格在编辑栏修改公式并按下“Ctrl+Shift+Enter”组合键结束操作。

清除数组公式可以单击任意一个输入多单元格数组公式的单元格删除公式内容，再同时按下“Ctrl+Shift+Enter”组合键结束编辑即可。

技巧9 多维引用模型

与数组的维度相似，单元格区域引用也具有“维”的特性。当引用区域的右下角单元格与左上角单元格处在同一行或者同一列时称为一维引用，如A1:A5。当引用区域具有两行两列或多行多列时，如A1:B5，以A1单元格为左上角、B5单元格为右下角的5行2列的矩形区域形成了一个二维的面，该引用称为二维引用。当引用区域不只在与构成二维平面的方向出现时，即由多个面在不同层次上形成的空间模型称为多维模型，下面具体介绍：

1 三维引用模型

当引用区域不只在与构成二维平面的方向出现时，其引用就是多维的，例如公式：

=SUM(Sheet1:Sheet3!A1:B3)

这里引用区域是3个表的A1:B3单元格区域，每个A1:B3单元格区域是一个二维平面，由这3个二维平面在行、列和表3个方向上空间上构成了多表三维引用，如图23-15所示。

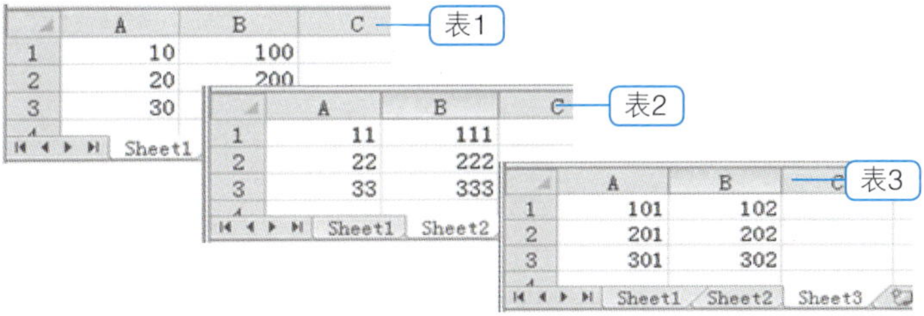

图23-15

Excel帮助文件中对三维引用的定义是“对多张工作表上相同单元格或单元格区域的引用”，其重点是“跨越两个或多个工作表”，“相同单元格区域”。

专家提示

在实际使用中，支持这种连续多表同区域三维引用的函数仅限于：SUM、AVERAGE、AVERAGEA、COUNT、COUNTA、MAX、MAXA、MIN、MINA、PRODUCT、RANK、STDEV、STDEVA、STDEVP、STDEVPA、VAR、VARA、VARP、VARPA等函数，主要适用于多个工作表具有相同的数据库结构的统计计算。不能用于引用类型Range为参数的函数中，如SUMIF、COUNTIF函数等，也不能用于大多数函数参数类型为reference或ref的函数(但RANK函数除外)。

2 函数产生的多维引用

在Excel中，现有的函数最多支持四维引用，而平时使用最广泛、最常用的则是三维引用。

当OFFSET函数、INDIRECT函数的某些参数为数组时，返回的引用区域也会具有类似多表三维引用在行、列、表等多方向构成多层二维面的特征。

专家提示

多维引用实际上是将各个引用区域放到了不同的平面，其中每个平面只有一个单元格或一个矩形区域引用，利用不同平面的引用从而形成一个空间。为了便于理解，可以形象地将多维引用理解为空间立体图形，即：一维为线，由行或列两个方向取其一；二维为面，由行和列两个方向构成；三维为体，由行、列、层3个方向构成，这里的体实际上构成了一个空间。四维为体的线状排列由行或列两个方向取其一；五维为体的面状排列，由行和列两个方向构成；六维为体的体状排列，是以空间体为元素再构造出一个空间，依次类推。

读书笔记

第24章

函数在行政管理中的应用技巧

Excel 2010是日常办公的利器，Excel函数在行政办公中的应用很广泛，下面介绍函数在行政管理中的应用。

技巧1 对员工的技能考核进行星级评定

如果指定条件的计算结果为 TRUE，IF 函数将返回某个值；如果该条件的计算结果为 FALSE，则返回另一个值。在对员工进行技能考核后，作为主管人员可以对员工的考核成绩进行星级评定，例如，如果平均成绩>=80，评定为☆☆☆☆；如果平均成绩>=70，评定为☆☆☆；如果平均成绩>=60,评定为☆☆。操作方法如下。

❶ 选中F2单元格，在公式编辑栏中输入公式：=IF(E2>=80,"☆☆☆☆",IF(E2>=70,"☆☆☆",IF(E2>=60,"☆☆")))，按回车键即可根据员工的平均成绩对考核星级进行判断。

❷ 将光标移到F2单元格的右下角，光标变成十字形状后，按住鼠标左键向下拖动进行公式填充，即可判断其他员工的考核星级，如图24-1所示。

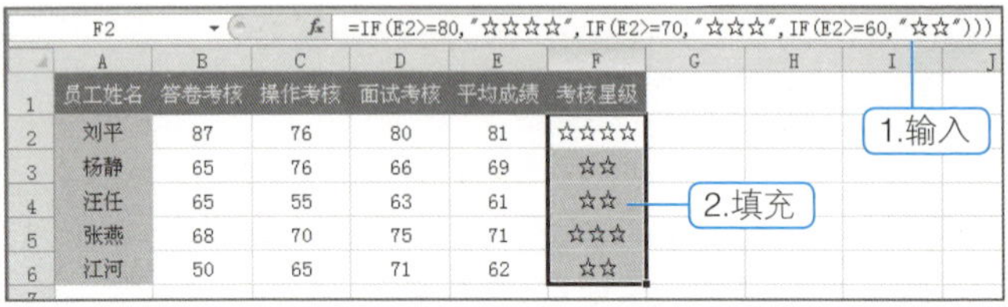

员工姓名	答卷考核	操作考核	面试考核	平均成绩	考核星级
刘平	87	76	80	81	☆☆☆☆
杨静	65	76	66	69	☆☆
汪任	65	55	63	61	☆☆
张燕	68	70	75	71	☆☆☆
江河	50	65	71	62	☆☆

图24-1

技巧2 考评员工成绩是否达标

公司行政主管对员工进行技能考核后，根据结果可以对员工进行综合考评，即是否每位员工的平均成绩都达到60分以上，这时可以用IF函数来实现。操作方法如下。

❶ 选中F2单元格，在公式编辑栏中输入公式：=IF(E2>60,“达标”，“没有达标”)，按回车键即可根据员工的平均成绩进行综合考评。

❷ 将光标移到F2单元格的右下角，光标变成十字形状后，按住鼠标左键向下拖动进行公式填充，即可考评出其他员工的成绩，如图24-2所示。

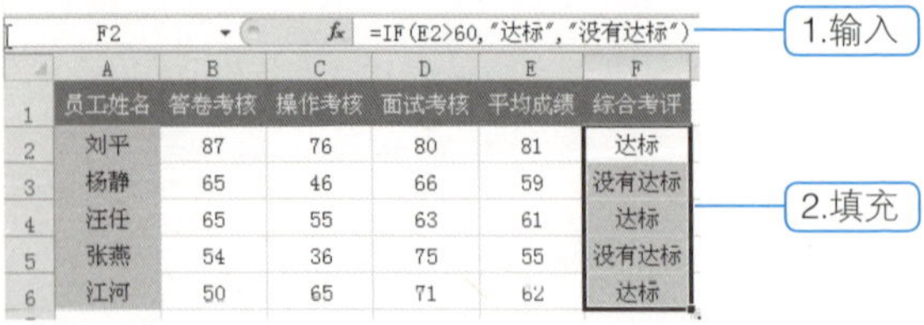

员工姓名	答卷考核	操作考核	面试考核	平均成绩	综合考评
刘平	87	76	80	81	达标
杨静	65	46	66	59	没有达标
汪任	65	55	63	61	达标
张燕	54	36	75	55	没有达标
江河	50	65	71	62	达标

图24-2

技巧3 IF函数配合LEFT函数根据代码返回部门名称

有些企业的报表中，部门名称的输入是以部门代码的形式输入的。当用户需要知道部门代码对应的具体部门时，可以使用IF函数来实现。有时候，如果我们想提取单元格里第几个字符时，通常会用LEFT函数来实现。操作方法如下。

❶ 选中D2单元格，在公式编辑栏中输入公式：=IF(LEFT(A4,4)="TC01","技术部",IF(LEFT(A4,4)="TC02","工程部",IF(LEFT(A4,4)="TC03","财务部",""))),按回车键即可根据部门代码得出相应的部门名称。

❷ 将光标移到D2单元格的右下角，光标变成十字形状后，按住鼠标左键向下拖动进行公式填充，即可得出其他员工所属的部门名称，如图24-3所示。

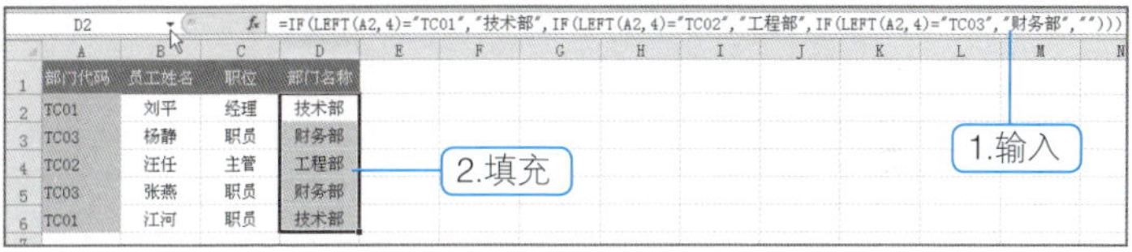

部门代码	员工姓名	职位	部门名称
TC01	刘平	经理	技术部
TC03	杨静	职员	财务部
TC02	汪任	主管	工程部
TC03	张燕	职员	财务部
TC01	江河	职员	技术部

图24-3

技巧4 根据消费卡和消费金额派发赠品

某商场元旦促销活动的规则为：凡当月消费满2888、3888、8888元，金卡会员可获赠电饭煲、电磁炉、微波炉，银卡会员可获赠雨伞、夜间灯、摄像头。如何设置公式使其根据销售记录派发赠品？操作方法如下。

❶ 选中D2单元格，在公式编辑栏中输入公式：=IF(OR(B2=“”，C2<2888),“”,IF(B2=“金卡”,IF(C2<2888,“电饭煲”,IF(C2<3888,“电磁炉”,“微波炉”)),IF(C2<2888,“雨伞”,IF(C2<3888,“夜间灯”,“摄像头”)))),按回车键即可得出第一个人员派发的赠品为“电磁炉”。

❷ 将光标移到D2单元格的右下角，光标变成十字形状后，按住鼠标左键向下拖动进行公式填充，即可快速得出其他人员派发的赠品，如图24-4所示。

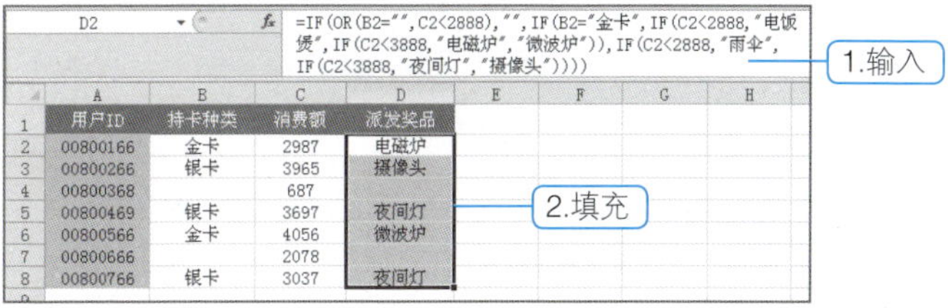

用户ID	持卡种类	消费额	派发奖品
00800166	金卡	2987	电磁炉
00800266	银卡	3965	摄像头
00800368		687	
00800469	银卡	3697	夜间灯
00800566	金卡	4056	微波炉
00800666		2078	
00800766	银卡	3037	夜间灯

图24-4

技巧5 标注出需要核查的项目

企业每年都需要在不同的岗位上招聘一些新的人才，通过招聘会或网上发布招聘信息后，一份应聘名单就整理出来了。现在要从招聘名单中筛选掉“25岁以下”的应聘人员，这里可以利用NOT函数来实现。

❶ 选中E2单元格，在公式编辑栏中输入公式：=NOT(B2<25)，按回车键后，如果是“25岁以下”的应聘人员，显示为“FALSE”；反之，显示为“TRUE”。

❷ 将光标移到E2单元格的右下角，光标变成十字形状后，按住鼠标左键向下拖动进行公式填充，即可筛选出其他应聘人员是否满足条件，如图24-5所示。

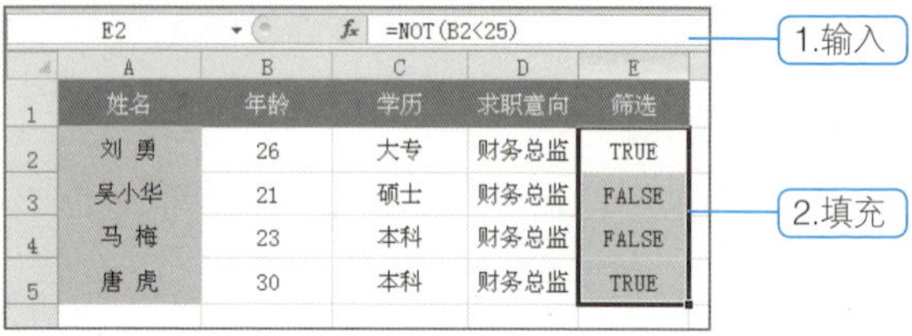

姓名	年龄	学历	求职意向	筛选
刘 勇	26	大专	财务总监	TRUE
吴小华	21	硕士	财务总监	FALSE
马 梅	23	本科	财务总监	FALSE
唐 虎	30	本科	财务总监	TRUE

图24-5

技巧6 从编码中提取合同号

本例工作表A列中的编码包含合同号，合同号以A开头，长度不等，此时想从编码中提取合同号，可以配合使用RIGHT、LEN、SEARCH几个函数来设置公式。

❶ 选中B2单元格，在公式编辑栏中输入公式：=RIGHT(A2,LEN(A2)-SEARCH("A",A2,8)+1)，按回车键可以提取A2单元格内编码中的合同号。

❷ 将光标移到B2单元格的右下角，光标变成十字形状后，按住鼠标左键向下拖动进行公式填充，即可快速从其他编码中提取合同号，且合同号位数不同时也能准确提取，如图24-6所示。

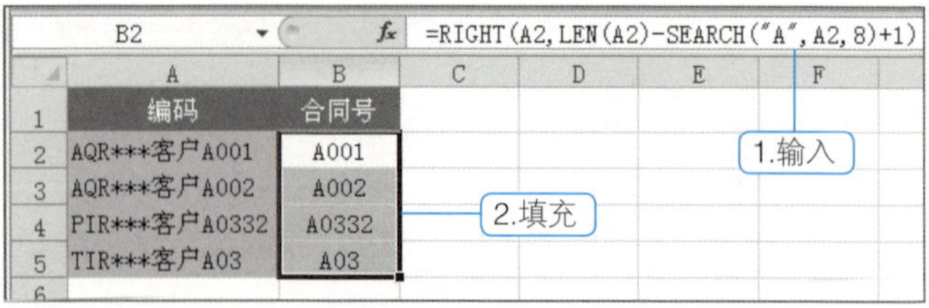

编码	合同号
AQR***客户A001	A001
AQR***客户A002	A002
PIR***客户A0332	A0332
TIR***客户A03	A03

图24-6

技巧7　返回值班安排表中日期对应的星期数

计算值班安排中日期对应的星期数，可以使用WEEKDAY函数来实现，计算方法如下。

❶ 选中C2单元格，在公式编辑栏中输入公式：= “星期” &WEEKDAY(B2,2)，按回车键，返回第一个值班日期对应的星期数。

❷ 将光标移到C2单元格的右下角，光标变成十字形状后，按住鼠标左键向下拖动进行公式填充，即可快速返回其他值班日期对应的星期数，如图24-7所示。

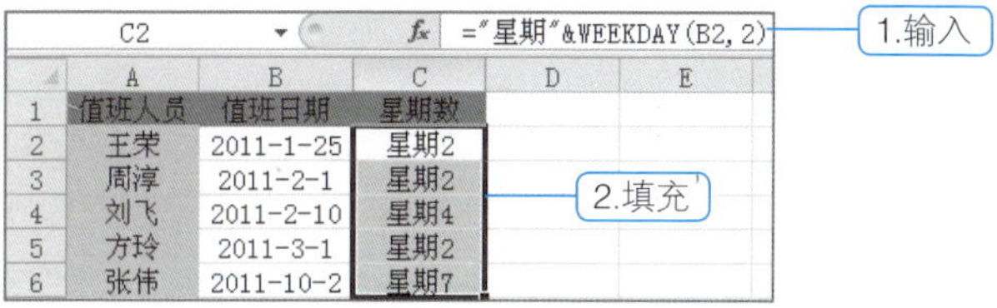

图24-7

技巧8　计算工程完工日期

某工程2011年4月20日开工，计划92天完工。公司规定除周末休息之外，每个月的最后一天也休息，如果最后一天也是周末则不休。现需计算完工日期，操作方法如下。

❶ 选中C2单元格，在公式编辑栏中输入公式：=WORKDAY(A2,B2,EOMONTH(A2,ROW(INDIRECT(“1:” &INT(B2/30*2)))))

❷ 按“Ctrl+Shift+Enter”组合键即可返回工程的完工日期序列值，将单元格的数值格式设置为“日期”后，如图24-8所示。

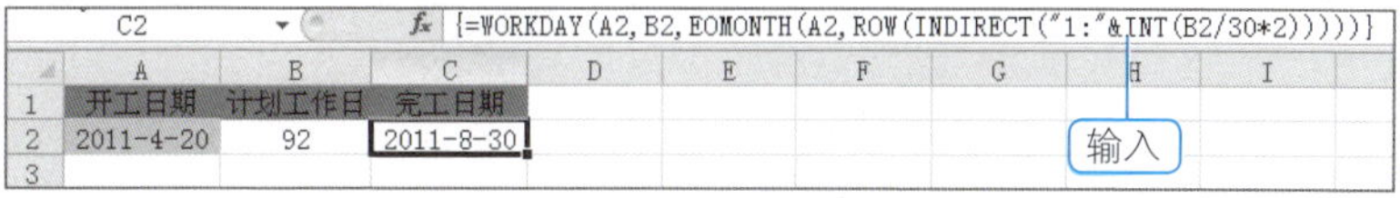

图24-8

技巧9　填充12个月的月份名

填充月份的月份名，可以通过ROW函数来实现，可按如下方法进行计算。

❶ 选中A2单元格，在公式编辑栏中输入公式：=CONCATENATE(“第”，

TEXT(ROW(A1),"[DBNUM1]"), “月”), 按回车键即可返回 “第一月” 。

❷ 将光标移到A2单元格的右下角，光标变成十字形状后，按住鼠标左键向下拖动进行公式填充，即可自动填充其他月份，如图24-9所示。

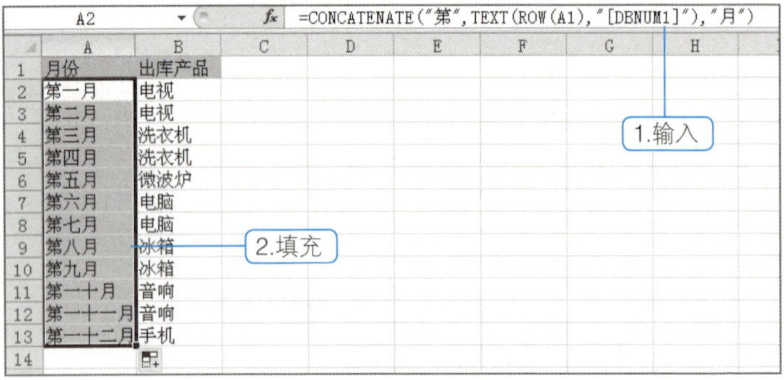

图24-9

技巧10 建立产品的订单编码

在产品销售订单报表中，将产品签订日期对应的序号再加上特定编码来作为订单编码。具体操作方法如下。

❶ 选中A2单元格，在公式编辑栏中输入公式：=N(B2)&CELL("row",A1)，按回车键，即可将B列中的签单日期转换为序列号再加上行号成为本次产品订单编号。

❷ 将光标移到A2单元格的右下角，光标变成十字形状后，按住鼠标左键向下拖动进行公式填充，即可检验其他签单日期得到对应的订单编码，如图24-10所示。

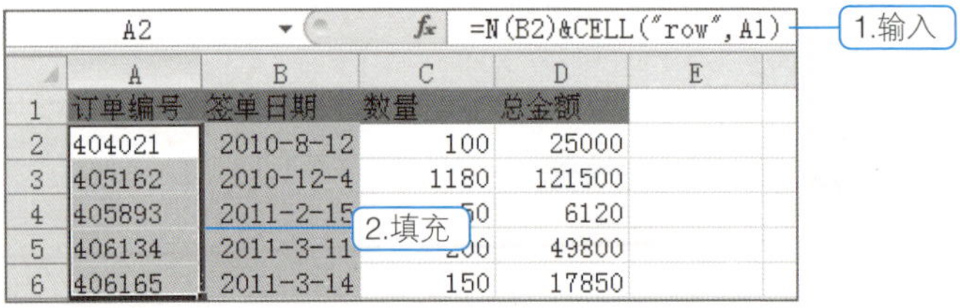

图24-10

技巧11 计算生产部门人数和运输部门人数

要返回生产部门人数和运输部门人数，可按如下方法进行计算：

❶ 选中F2单元格，在公式编辑栏中输入公式：=SUM(NOT(ISERR(FIND("车间",B2:B12)))*C2:D12)，按"Ctrl+Shift+Enter"组合键，即可计算出生产部的人数，如图24-11所示。

F2　　fx　{=SUM(NOT(ISERR(FIND("车间",B2:B12)))*C2:D12)}

	A	B	C	D	E	F	G
1	员工	部门	男	女		生产部人数	运输部人数
2	葛丽	销售部	10	6		63	
3	王磊	运输-1	8	2			
4	夏慧	财务部	1	1			输入
5	周国菊	生产一车间	15	5			
6	徐莹	商务部	2	1			
7	蓝心桥	人事部	1	1			
8	高龙宝	运输-2	12	3			
9	陶丽	工程部	4	1			
10	孙永	采购部	3	2			
11	唐刘云	生产二车间	10	5			
12	徐军	生产三车间	20	8			

图24-11

❷ 选中G2单元格，在公式编辑栏中输入公式：=SUM(NOT(ISERR(FIND("运输",B2:B12)))*C2:D12)，按"Ctrl+Shift+Enter"组合键，即可计算出运输部的人数，如图24-12所示。

G2　　fx　{=SUM(NOT(ISERR(FIND("运输",B2:B12)))*C2:D12)}

	A	B	C	D	E	F	G
1	员工	部门	男	女		生产部人数	运输部人数
2	葛丽	销售部	10	6		63	25
3	王磊	运输-1	8	2			
4	夏慧	财务部	1	1			输入
5	周国菊	生产一车间	15	5			
6	徐莹	商务部	2	1			
7	蓝心桥	人事部	1	1			
8	高龙宝	运输-2	12	3			
9	陶丽	工程部	4	1			
10	孙永	采购部	3	2			
11	唐刘云	生产二车间	10	5			
12	徐军	生产三车间	20	8			

图24-12

技巧12 计算几位员工向公司借款的总借款天数

DAEDIF函数用于计算两个日期之间的年数、月数和天数。使用DATEDIF函数也可以根据借款日期与还款日期计算出总借款天数，具体操作方法如下。

❶ 选中E2单元格，在公式编辑栏中输入公式：=DATEDIF(C2,D2,"D")，按回车键即可计算出第一项借款的总借款天数。

❷ 将光标移到E2单元格的右下角，光标变成十字形状后，按住鼠标左键向下拖动进行公式填充，即可计算出各项借款的总借款天数，如图24-13所示。

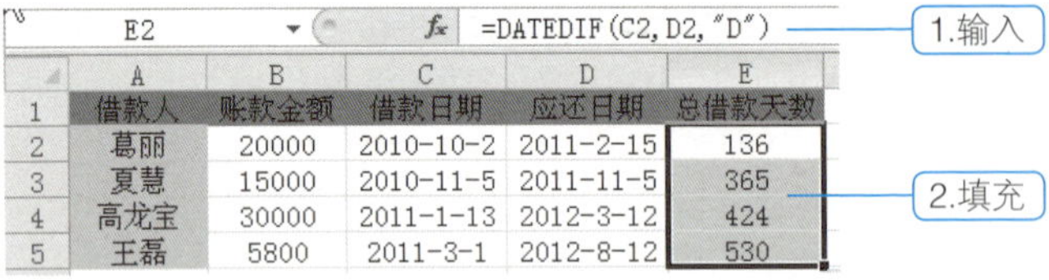

E2 =DATEDIF(C2,D2,"D")

	A	B	C	D	E
1	借款人	账款金额	借款日期	应还日期	总借款天数
2	葛丽	20000	2010-10-2	2011-2-15	136
3	夏慧	15000	2010-11-5	2011-11-5	365
4	高龙宝	30000	2011-1-13	2012-3-12	424
5	王磊	5800	2011-3-1	2012-8-12	530

图24-13

技巧13 判断员工考核成绩是否合格

在员工考核成绩统计报表中，对员工成绩进行考评，总成绩大于等于120分显示为合格、小于120分显示为不合格。可以使用CHOOSE函数来设置公式。可按如下方法进行计算。

1 选中E2单元格，在公式编辑栏中输入公式：=CHOOSE(IF(D2>=120,1,2),"合格","不合格")，按回车键，即可判断员工“葛丽”的总成绩是否合格。

2 将光标移到E2单元格的右下角，光标变成十字形状后，按住鼠标左键向下拖动进行公式填充，即可考评其他员工的总成绩是否全部绩格，如图24-14所示。

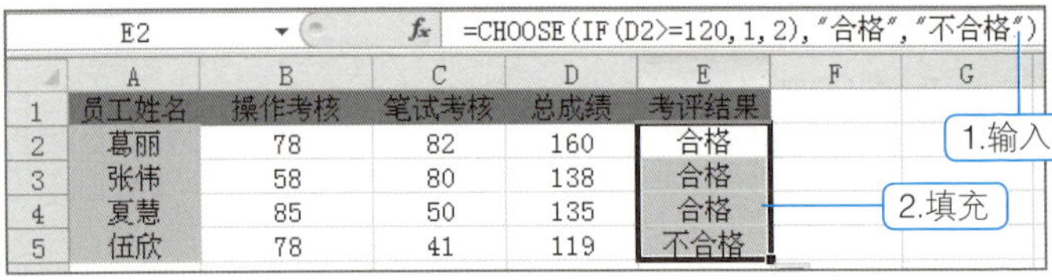

E2 =CHOOSE(IF(D2>=120,1,2),"合格","不合格")

	A	B	C	D	E	F	G
1	员工姓名	操作考核	笔试考核	总成绩	考评结果		
2	葛丽	78	82	160	合格		
3	张伟	58	80	138	合格		
4	夏慧	85	50	135	合格		
5	伍欣	78	41	119	不合格		

图24-14

技巧14 根据员工编号自动查询相关信息（向量型）

LOOKUP 的向量形式在单行区域或单列区域（称为“向量”）中查找值，然后返回第二个单行区域或单列区域中相同位置的值。在档案管理表、销售管理表等数据表中，通常都需要进行大量的数据进行查询操作。通过LOOKUP函数建立公式，实现输入编号后即可查询相应信息，具体操作方法如下。

1 建立相应查询列标识，并输入要查询的编号。选中B9单元格，在编辑栏中输入公式：=LOOKUP($A$9,$A$2:$A$6,B$2:B$6)，按回车键，即可得到编号为“NL-004”的员工姓名。

2 将光标移到B9单元格的右下角，光标变成十字形状后，按住鼠标左键向右拖动进行公式填充，即可得到该编号员工的其他相应销售信息，如图24-15所示。

❸ 查询其他员工销售信息时，只需要在A9单元格中重新输入查询编号，即可实现快速查询。

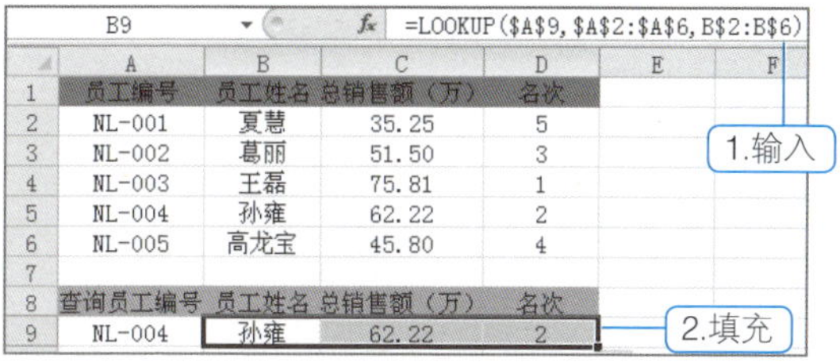

B9　=LOOKUP($A$9,$A$2:$A$6,B$2:B$6)

	A	B	C	D
1	员工编号	员工姓名	总销售额（万）	名次
2	NL-001	夏慧	35.25	5
3	NL-002	葛丽	51.50	3
4	NL-003	王磊	75.81	1
5	NL-004	孙雍	62.22	2
6	NL-005	高龙宝	45.80	4
7				
8	查询员工编号	员工姓名	总销售额（万）	名次
9	NL-004	孙雍	62.22	2

图24-15

技巧15 根据员工编号自动查询相关信息（数组型）

LOOKUP函数有两种语法形式，除了上面介绍的向量型，另一种是数组型。具体操作方法如下。

❶ 建立相应查询列标识，并输入要查询的编号。选中B9单元格，在编辑栏中输入公式：=LOOKUP($A$9,$A2:B6)，按回车键，即可得到编号为"NL-004"的员工姓名。

❷ 将光标移到B9单元格的右下角，光标变成十字形状后，按住鼠标左键向右拖动进行公式填充，即可得到该编号员工的其他相应销售信息，如图24-16所示。

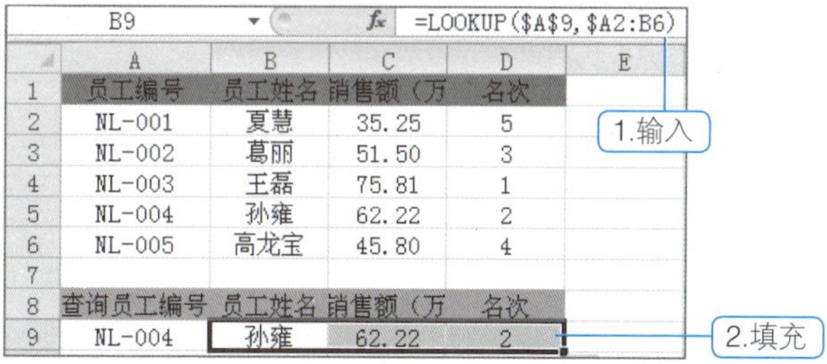

B9　=LOOKUP($A$9,$A2:B6)

	A	B	C	D
1	员工编号	员工姓名	销售额（万	名次
2	NL-001	夏慧	35.25	5
3	NL-002	葛丽	51.50	3
4	NL-003	王磊	75.81	1
5	NL-004	孙雍	62.22	2
6	NL-005	高龙宝	45.80	4
7				
8	查询员工编号	员工姓名	销售额（万	名次
9	NL-004	孙雍	62.22	2

图24-16

读书笔记

第25章

函数在人力资源与信息管理中的应用技巧

Excel 2010是日常办公的利器，Excel函数在人力资源中的应用很广泛，下面介绍函数在人力资源与信息管理中的应用。

技巧1 根据员工的销售量进行业绩考核

对员工本月的销售量进行统计后，作为主管人员可以对员工的销量业绩进行业绩考核，具体操作方法如下。

❶ 选中F2单元格，在公式编辑栏中输入公式：=IF(E2<=5,"差",IF(E2>5,"良",""))，按回车键即可对员工的业绩进行考核。

❷ 将光标移到F2单元格的右下角，光标变成十字形状后，按住鼠标左键向下拖动进行公式填充，即可得出其他员工业绩考核结果，如图25-1所示。

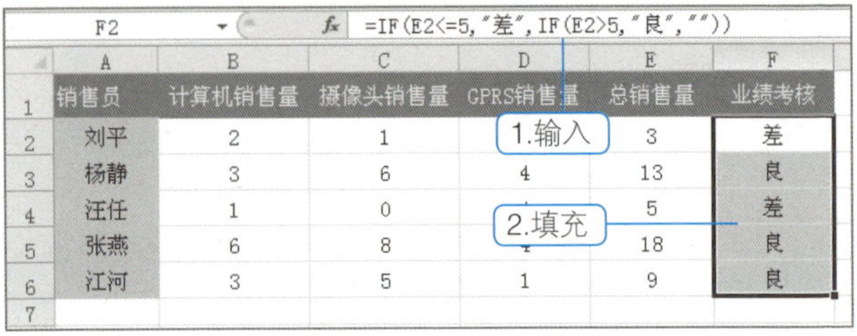
F2 =IF(E2<=5,"差",IF(E2>5,"良",""))

销售员	计算机销售量	摄像头销售量	GPRS销售量	总销售量	业绩考核
刘平	2	1		3	差
杨静	3	6	4	13	良
汪任	1	0		5	差
张燕	6	8		18	良
江河	3	5	1	9	良

图25-1

技巧2 根据年龄判断职工是否退休

对员工信息进行统计记录后，需要根据年龄判断职工退休与否，这里可以使用OR结合AND函数来实现。操作方法如下。

❶ 选中D2单元格，在公式编辑栏中输入公式：=OR(AND(B2="男",C2>60),AND(B2="女",C2>55))，按回车键即可根据第1位职工的年龄判断其是否退休，如果是，显示TRUE，反之，则FALSE。

❷ 将光标移到D2单元格的右下角，光标变成十字形状后，按住鼠标左键向下拖动进行公式填充，即可快速判断其他职工是否退休，如图25-2所示。

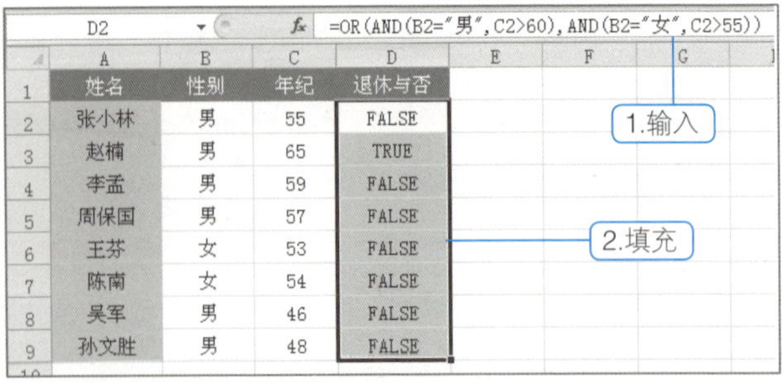
D2 =OR(AND(B2="男",C2>60),AND(B2="女",C2>55))

姓名	性别	年纪	退休与否
张小林	男	55	FALSE
赵楠	男	65	TRUE
李孟	男	59	FALSE
周保国	男	57	FALSE
王芬	女	53	FALSE
陈南	女	54	FALSE
吴军	男	46	FALSE
孙文胜	男	48	FALSE

图25-2

技巧3　根据职工性别和职务判断退休年龄

某公司规定，男职工退休年龄为60岁，女职工退休年龄为55岁，如果是领导班子成员（总经理和副总经理），退休年龄可以延迟5岁，如何根据职工性别和职务判断退休年龄？操作方法如下。

❶ 选中E2单元格，在公式编辑栏中输入公式：=IF(C2="男",60,55)+IF(OR(D2="总经理",D2="副总经理"),5,0)，按回车键即可计算出第一个人员的退休年龄。

❷ 将光标移到E2单元格的右下角，光标变成十字形状后，按住鼠标左键向下拖动进行公式填充，即可快速计算出其他人员的退休年龄，如图25-3所示。

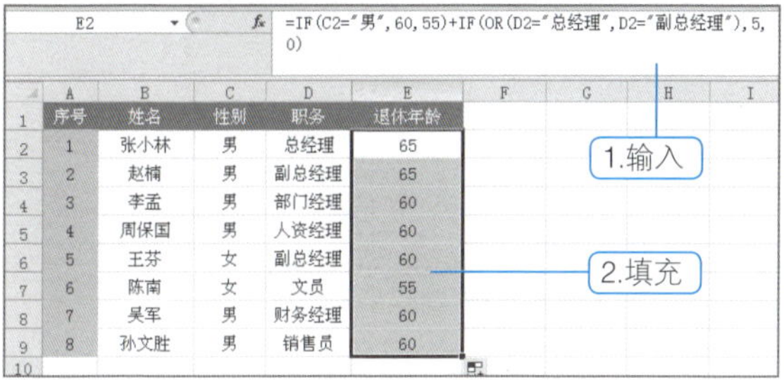

序号	姓名	性别	职务	退休年龄
1	张小林	男	总经理	65
2	赵楠	男	副总经理	65
3	李孟	男	部门经理	60
4	周保国	男	人资经理	60
5	王芬	女	副总经理	60
6	陈南	女	文员	55
7	吴军	男	财务经理	60
8	孙文胜	男	销售员	60

图25-3

技巧4　统计员工试用期到期的人数

计算员工试用期已到期的人数，其中试用期为2个月（即60天），具体操作方法如下。

❶ 选中F2单元格，在公式编辑栏中输入公式：=COUNTIF(C2:C10,"<"&TODAY()-60)

❷ 按回车键，即可统计员工试用期到期的人数，如图25-4所示。

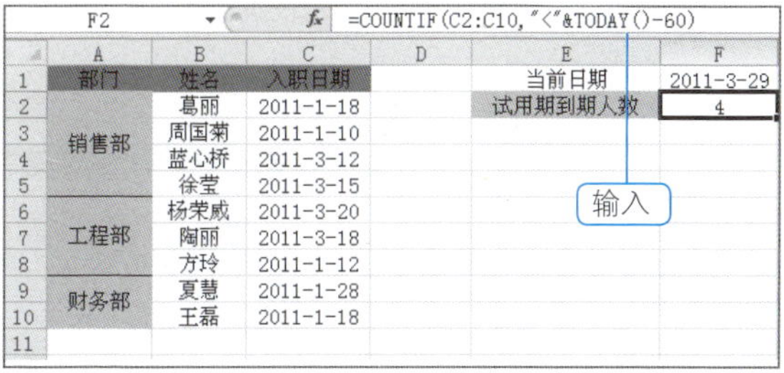

部门	姓名	入职日期	D	E	F
销售部	葛丽	2011-1-18		当前日期	2011-3-29
	周国菊	2011-1-10		试用期到期人数	4
	蓝心桥	2011-3-12			
	徐莹	2011-3-15			
工程部	杨荣威	2011-3-20			
	陶丽	2011-3-18			
	方玲	2011-1-12			
财务部	夏慧	2011-1-28			
	王磊	2011-1-18			

图25-4

技巧5 根据员工的出生日期快速计算其年龄

如果要根据员工的出生日期快速计算出其年龄，则可以使用DATEDLF函数来实现，具体操作方法如下。

❶ 选中D2单元格，在公式编辑栏中输入公式：=DATEDIF(C2,TODAY(),"Y"),"闰年","平年")，按回车键即可计算出员工年龄。

❷ 将光标移到D2单元格的右下角，光标变成十字形状后，按住鼠标左键向下拖动进行公式填充，即可快速计算出其他员工的年龄，如图25-5所示。

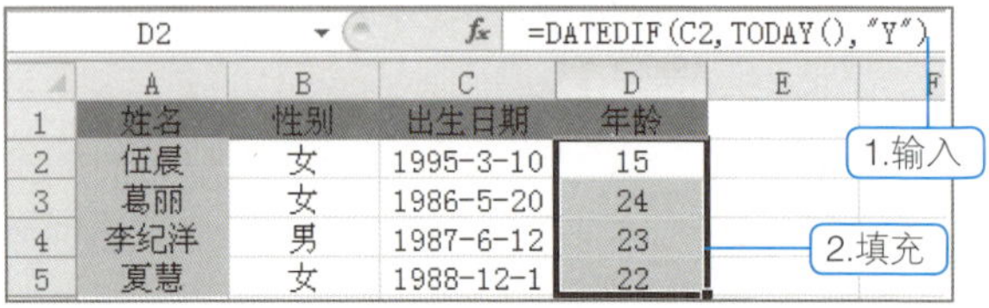

图25-5

技巧6 自动追加工龄工资

财务部门在计算工龄工资时通常是以其工作年限来计算，如本例中实现根据入职年龄，每满一年，工龄工资自动增加50元。具体操作方法如下。

❶ 选中B2单元格，在公式编辑栏中输入公式：=DATEDIF(A2,TODAY(),"y")*50，按回车键，即可返回日期值。按住鼠标左键向下拖动进行公式填充，如图25-6所示。

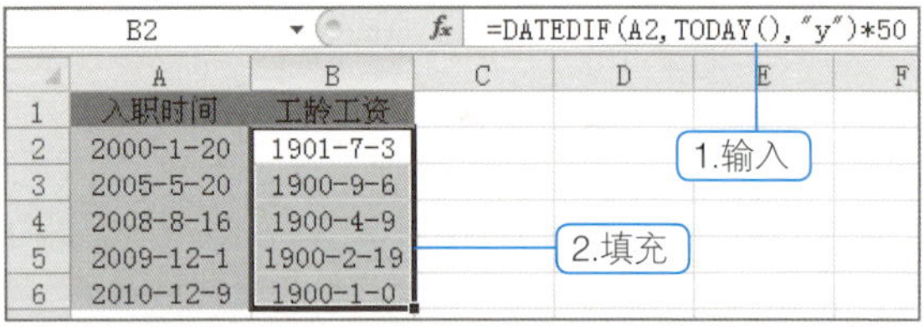

图25-6

❷ 选中"工龄工资"列函数返回的日期值，重新设置其单元格格式为"常规"即可以根据入职时间自动显示工龄工资，如图25-7所示。

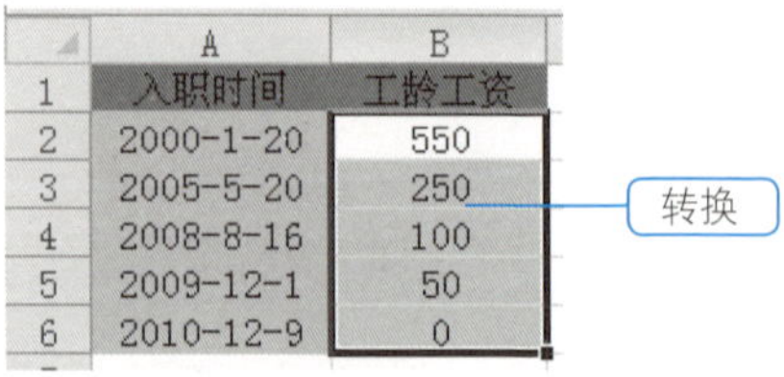

图25-7

技巧7 计算年假占全年工作日的百分比

当企业员工在休年假时，可以根据休假的起始日、结束日来计算休假日期占全年工作日的百分比，计算方法如下。

❶ 选中D2单元格，在公式编辑栏中输入公式：=NETWORKDAYS(B2,C2)/NETWORKDAYS("2010-01-01","2011-01-01")，按回车键，即可计算出第一位员工休假天数占全年工作日的百分比。

❷ 将光标移到D2单元格的右下角，光标变成十字形状后，按住鼠标左键向下拖动进行公式填充，即可计算出其他员工休年假天数占全年工作日的百分比，如图25-8所示。

D2 =NETWORKDAYS(B2,C2)/NETWORKDAYS("2010-01-01","2011-01-01")

	A	B	C	D
1	姓名	假期起始日	假期结算日	占全年工作日的百分比
2	葛丽	2010-1-10	2010-1-25	4.21%
3	夏慧	2010-2-10	2010-2-22	3.45%
4	张伟	2010-3-15	2010-4-15	9.20%

1.输入　2.填充

图25-8

技巧8 计算出员工年龄

当得知员工的出生日期之后，使用YEAR与TODAY函数可以计算出员工年龄，具体操作方法如下。

❶ 选中E2单元格，在公式编辑栏中输入公式：=YEAR(TODAY())-YEAR(C2)，按回车键，即可返回日期值。将光标移到E2单元格的右下角，光标变成十字形状后，按住鼠标左键向下拖动进行公式填充，如图25-9所示。

E2 =YEAR(TODAY())-YEAR(C2)

	A	B	C	D	E
1	编号	姓名	出生日期	入公司日期	年龄
2	NL001	唐敏	1987-5-2	2010-5-13	1900-1-24
3	RL002	许普庆	1988-8-9	2010-8-19	1900-1-23
4	RL003	周伟	1987-5-12	2010-11-2	1900-1-24
5	RL004	殷玉琪	1987-5-20	2010-12-5	1900-1-24
6	RL005	王涛	1986-12-3	2011-2-17	1900-1-25

1.输入　2.填充

图25-9

❷ 选中："年龄"列函数返回的日期值，重新设置其单元格格式为"常规"格式，即可以根据出生日期返回员工年龄，如图25-10所示。

E2 =YEAR(TODAY())-YEAR(C2)

	A	B	C	D	E
1	编号	姓名	出生日期	入公司日期	年龄
2	NL001	唐敏	1987-5-2	2010-5-13	24
3	RL002	许普庆	1988-8-9	2010-8-19	23
4	RL003	周伟	1987-5-12	2010-11-2	24
5	RL004	殷玉琪	1987-5-20	2010-12-5	24
6	RL005	王涛	1986-12-3	2011-2-17	25

转换

图25-10

技巧9 计算出员工工龄

当得知员工进入公司的日期后，使用YEAR和ODAY函数可以计算出员工工龄。可按如下方法进行计算。

❶ 选中E2单元格，在公式编辑栏中输入公式：=YEAR(TODAY())-YEAR(D2)，按回车键，即可返回日期值。将光标移到E2单元格的右下角，光标变成十字形状后，按住鼠标左键向下拖动进行公式填充，如图25-11所示。

E2 =YEAR(TODAY())-YEAR(D2)　1.输入

	A	B	C	D	E
1	编号	姓名	出生日期	入公司日期	工龄
2	NL001	唐敏	1987-5-2	2006-5-13	1900-1-5
3	RL002	许普庆	1988-8-9	2008-8-19	1900-1-3
4	RL003	周伟	1987-5-12	2010-11-2	1900-1-1
5	RL004	殷玉琪	1987-5-20	2010-12-5	1900-1-1
6	RL005	王涛	1986-12-3	2005-2-17	1900-1-6

2.填充

图25-11

❷ 选中“工龄”列函数返回的日期值，设置其单元格格式为“常规”，即可以根据入公司日期返回员工工龄，如图25-12所示。

E2 =YEAR(TODAY())-YEAR(D2)　1.输入

	A	B	C	D	E
1	编号	姓名	出生日期	入公司日期	工龄
2	NL001	唐敏	1987-5-2	2006-5-13	5
3	RL002	许普庆	1988-8-9	2008-8-19	3
4	RL003	周伟	1987-5-12	2010-11-2	1
5	RL004	殷玉琪	1987-5-20	2010-12-5	1
6	RL005	王涛	1986-12-3	2005-2-17	6

2.填充

图25-12

技巧10 从E-mail地址中提取账号

由于E-mail地址有位数之分，因此要使用MID函数从地址中提取账号需要配合IF函数与LEN函数来实现。具体操作方法如下。

❶ 选中C2单元格，在公式编辑栏中输入公式：=IF(LEN(B2)=16,MID(B2,1,7),MID(B2,1,4))，按回车键，即可得到第一位人员的账号。

❷ 将光标移到C2单元格的右下角，光标变成十字形状后，按住鼠标左键向下拖动进行公式填充，即可快速得到其他人员的账号，如图25-13所示。

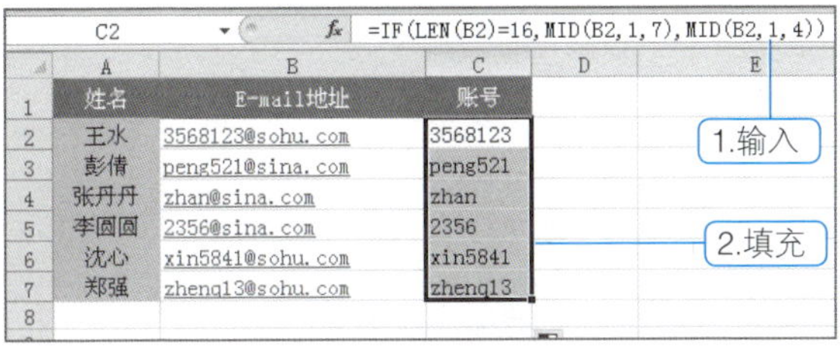

C2　=IF(LEN(B2)=16,MID(B2,1,7),MID(B2,1,4))

	A	B	C
1	姓名	E-mail地址	账号
2	王水	3568123@sohu.com	3568123
3	彭倩	peng521@sina.com	peng521
4	张丹丹	zhan@sina.com	zhan
5	李圆圆	2356@sina.com	2356
6	沈心	xin5841@sohu.com	xin5841
7	郑强	zhenq13@sohu.com	zhenq13

图25-13

技巧11　从身份证号码中提取出生年份

由于身份证号码有15位和18位之分，因此要使用MID函数可以从身份证号码中提取出生年份，需要配合IF函数与LEN函数来实现。可按如下方法进行计算。

❶ 选中C2单元格，在公式编辑栏中输入公式：=IF(LEN(B2)=15,"19"&MID(B2,7,2),MID(B2,7,4))，按回车键，即可从身份证号码中提取员工“王水”的出生年份。

❷ 将光标移到C2单元格的右下角，光标变成十字形状后，按住鼠标左键向下拖动进行公式填充，即可从员工身份证号码中提取所有员工的出生年份，如图25-14所示。

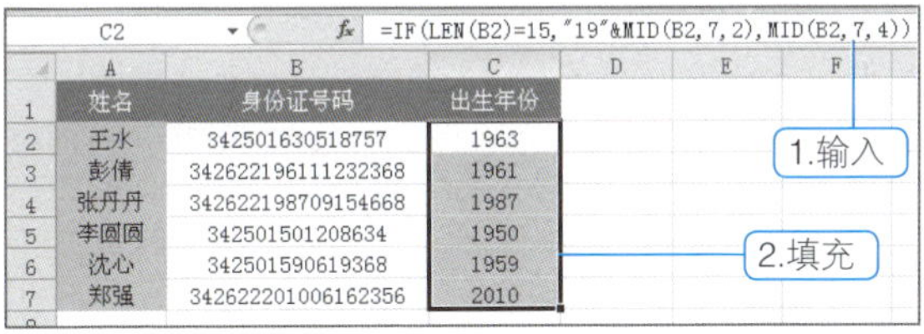

C2　=IF(LEN(B2)=15,"19"&MID(B2,7,2),MID(B2,7,4))

	A	B	C
1	姓名	身份证号码	出生年份
2	王水	342501630518757	1963
3	彭倩	342622196111232368	1961
4	张丹丹	342622198709154668	1987
5	李圆圆	342501501208634	1950
6	沈心	342501590619368	1959
7	郑强	342622201006162356	2010

图25-14

技巧12　从身份证号码中提取完整的出生日期

从身份证号码中可以提取完整的出生日期，但需要配合多个函数来实现，分别是IF函数、LEN函数、CONCATENATE函数和MID函来。具体操作方法如下。

❶ 选中C2单元格，在公式编辑栏中输入公式：=IF(LEN(B2)=15,CONCATENATE("19",MID(B2,7,2),"年",MID(B2,9,2),"月",MID(B2,11,2),"日"),CONCATENATE(MID(B2,7,4),"年",MID(B2,11,2),"月",MID(B2,13,2),"日"))，按回车键，即可从身份证号码中提取员工“王水”的出生日期。

❷ 将光标移到C2单元格的右下角，光标变成十字形状后，按住鼠标左键向下拖动进行公式填充，即可从员工身份证号码中提取所有员工的完整出生日期，如图25-15所示。

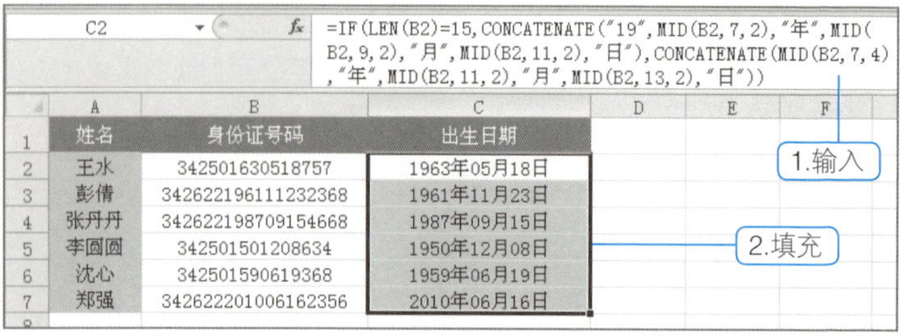

图25-15

技巧13 从身份证号码中判别性别

从身份证号码中也包含人的性别信息，要想从身份证号码中返回性别，同样也需要配合多个函数来实现，分别是IF函数、LEN函数、MOD函数和MID函数。可按如下方法进行计算。

❶ 选中D2单元格，在公式编辑栏中输入公式：=IF(LEN(B2)=15,IF(MOD(MID(B2,15,1),2)=1,"男","女"),IF(MOD(MID(B2,17,1),2)=1,"男","女"))，按回车键，即可从身份证号码中获取员工“王水”的性别。

❷ 将光标移到D2单元格的右下角，光标变成十字形状后，按住鼠标左键向下拖动进行公式填充，即可从员工身份证号码中获取所有员工的性别，如图25-16所示。

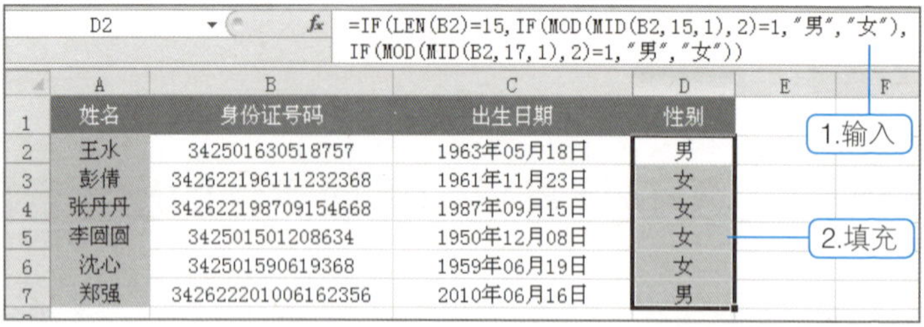

图25-16

专家提示

1. MOD(MID(B2,15,1),2)：判断15位身份证号码的最后一位是否能被2整除，即判断其是奇数还是偶数。

2. MOD(MID(B2,17,1),2)：判断18位身份证号码的倒数第二位是否能被2整除，即判断其是奇数还是偶数。

技巧14 快速生成对客户的称呼

公司接待员每天都需要记录来访人员的姓名、性别、所在单位等信息，当需要在来访记录表中获取各来访人员的具体称呼时，可以使用LEFT函数来实现。具体操作方法如下。

❶ 选中D2单元格，在公式编辑栏中输入公式：=C2&LEFT(A2,1)&IF(B2="男","先生","女士")，按回车键，即可自动生成对第一位来访人员的称呼“合肥燕山王先生”。

❷ 将光标移到D2单元格的右下角，光标变成十字形状后，按住鼠标左键向下拖动进行公式填充，即可自动生成其他来访人员的具体称呼，如图25-17所示。

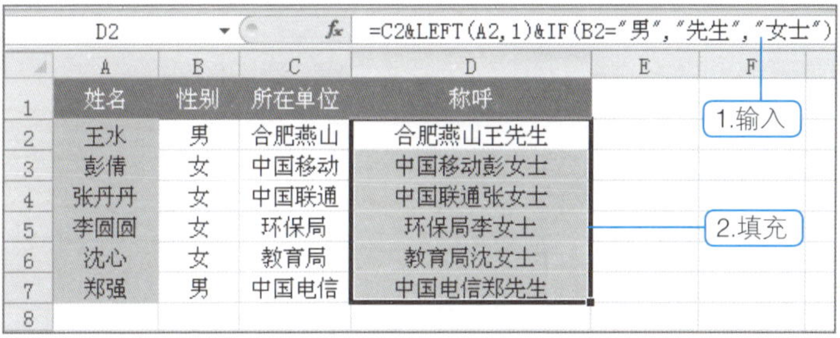

	A	B	C	D	E	F
1	姓名	性别	所在单位	称呼		
2	王水	男	合肥燕山	合肥燕山王先生		
3	彭倩	女	中国移动	中国移动彭女士		
4	张丹丹	女	中国联通	中国联通张女士		
5	李圆圆	女	环保局	环保局李女士		
6	沈心	女	教育局	教育局沈女士		
7	郑强	男	中国电信	中国电信郑先生		
8						

图25-17

技巧15 判断员工是否已签到

实现判断员工是否已签到的具体操作方法如下。

❶ 选中D2单元格，在公式编辑栏中输入公式：=IF(ISTEXT(C2),"已签到","未签到")，按回车键，即可判断第一位员工已签到。

❷ 将光标移到D2单元格的右下角，光标变成十字形状后，按住鼠标左键向下拖动进行公式填充，即可判断其他员工是否已签到，如图25-18所示。

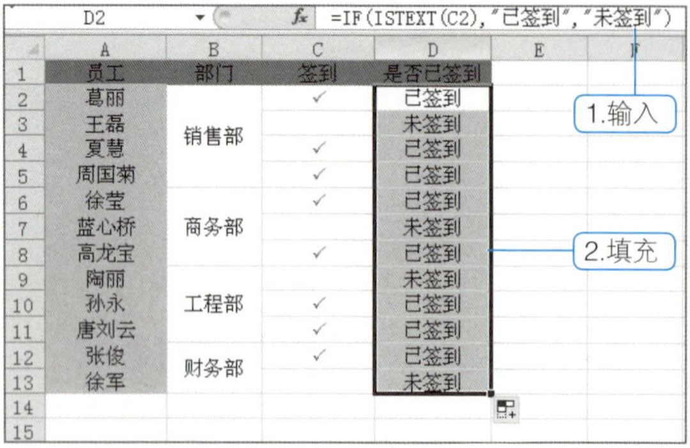

图25-18

技巧16 累积员工每日得分

公司10月份开始对职工的工作量计算得分，作为年终奖的依据。每个员工底分为5分，然后逐日加上每天的得分。如果当日有扣分，则从底分中扣除改分，如果当日扣分，则累加0.1分。现需要计算某员工每日得分，具体操作方法如下。

❶ 选中C2单元格，在公式编辑栏中输入公式：=(N(C1)=0)*5+N(C1)+IF(B2>0,-B2,0.1)，按回车键，即可计算出第一天的得分。

❷ 将光标移到B2单元格的右下角，光标变成十字形状后，按住鼠标左键向下拖动进行公式填充，即可计算出其他天的得分，如图25-19所示。

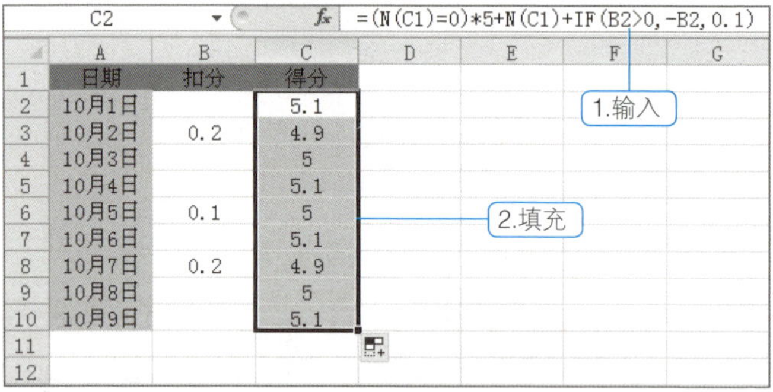

图25-19

技巧17 汇总男女职工总数

使用函数来汇总男女职工总数，具体操作方法如下。

❶ 选中F1单元格，在公式编辑栏中输入公式：=SUM(--ISODD(MID(B2:B10,15,3)))，按“Ctrl+Shift+Enter”组合键，即可计算出男职工的人数，如图25-20所示。

F1　{=SUM(--ISODD(MID(B2:B10,15,3)))}

	A	B	C	D	E	F
1	姓名	身份证号码	性别		男职工人数	5
2	葛丽	342701780912322	女		女职工人数	
3	王磊	342701820213853	男	输入		
4	夏慧	342701780314952	女			
5	伍晨	342801680228267	男			
6	高龙宝	251025012123541	男			
7	陶丽	340823188712122	女			
8	杨荣伟	341223197521311З	男			
9	徐莹	2345781988122212	女			
10	周国涛	340215189874123	男			

图25-20

❷ 选中F2单元格，在公式编辑栏中输入公式：=SUM(--ISODD(MID(B2:B10,15,3)))，按“Ctrl+Shift+Enter”组合键，即可计算出女职工的人数，如图25-21所示。

F2　{=SUM(--ISEVEN(MID(B2:B10,15,3)))}

	A	B	C	D	E	F
1	姓名	身份证号码	性别		男职工人数	5
2	葛丽	342701780912322	女		女职工人数	4
3	王磊	342701820213853	男	输入		
4	夏慧	342701780314952	女			
5	伍晨	342801680228267	男			
6	高龙宝	251025012123541	男			
7	陶丽	340823188712122	女			
8	杨荣伟	341223197521311З	男			
9	徐莹	2345781988122212	女			
10	周国涛	340215189874123	男			

图25-21

技巧18 统计出指定部门获取奖金的人数（去除空值）

若要统计出指定部门获取奖金的人数，可以使用SUMPRODUCT函数来实现，具体操作方法如下。

❶ 选中F5单元格，在公式编辑栏中输入公式：=SUMPRODUCT(($B$2:$B$12=E5)*(C$2:C$12<>""))，按回车键即可统计出所属部门为“业务部”获取奖金的人数。

❷ 将光标移到F5单元格的右下角，光标变成十字形状后，按住鼠标左键

向下拖动进行公式填充，即可快速统计出指定部门获取奖金的人数，如图25-22所示。

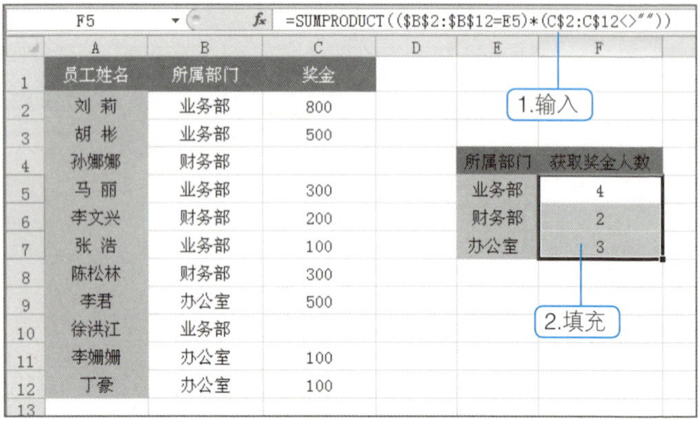

	A	B	C	D	E	F
1	员工姓名	所属部门	奖金			
2	刘 莉	业务部	800			
3	胡 彬	业务部	500			
4	孙娜娜	财务部			所属部门	获取奖金人数
5	马 丽	业务部	300		业务部	4
6	李文兴	财务部	200		财务部	2
7	张 浩	业务部	100		办公室	3
8	陈松林	财务部	300			
9	李君	办公室	500			
10	徐洪江	业务部				
11	李姗姗	办公室	100			
12	丁豪	办公室	100			
13						

图25-22

第26章

函数在市场营销中的应用技巧

在Excel 2010中，可利用函数从数据表中提取数据并进行计算。本章介绍函数在市场营销中的应用。

技巧1 查找销售员指定季度的产品销售数量

INDEX函数的数组形式通常返回数值或数值数组。当函数INDEX的第一个参数为数组常数时，使用数组形式。在产品销售统计报表中，查找销售员指定季度的产品销售数量，具体操作方法如下。

❶ 选中C7单元格，在公式编辑栏中输入公式：=INDEX(A2:F5,2,4)，按回车键，即可查找到销售员“周国菊”第三季度产品销售量，如图26-1所示。

C7 =INDEX(A2:F5,2,4) 输入

	A	B	C	D	E	F
1	销售员	第一季度销售量	第二季度销售量	第三季度销售量	第四季度销售量	总销售量
2	王涛	142	130	137	141	550
3	周国菊	130	138	134	140	542
4	徐莹	128	140	147	143	558
5	杨荣威	124	137	136	143	540
6						
7	周国菊第三季度销售量:		134			
8	杨荣威总销售量:					

图26-1

❷ 选中C8单元格，在公式编辑栏中输入公式：=INDEX(A2:F5,4,6)，按回车键，即可查找到销售员“杨荣威”全年总销售量，如图26-2所示。

C8 =INDEX(A2:F5,4,6) 输入

	A	B	C	D	E	F
1	销售员	第一季度销售量	第二季度销售量	第三季度销售量	第四季度销售量	总销售量
2	王涛	142	130	137	141	550
3	周国菊	130	138	134	140	542
4	徐莹	128	140	147	143	558
5	杨荣威	124	137	136	143	540
6						
7	周国菊第三季度销售量:		134			
8	杨荣威总销售量:		540			

图26-2

技巧2 查询特定门面、特定月份的销售金额

本例统计了门面1月、2月、3月的销售金额。现要查询特定门面、特定月份的销售金额，可以使用INDEX与MATCH函数实现双条件查询，具体操作方法如下。

❶ 首先设置好查询条件，本例在A7、B7单元格中输入要查询的月份与门面。选中C7单元格，在公式编辑栏中输入公式：=INDEX(B2:D4,MATCH(B7,A2:A4,0),MATCH(A7,B1:D1,0))，按回车键，即可返回3月份滨湖店的销售金额如图26-3所示。

C7 =INDEX(B2:D4,MATCH(B7,A2:A4,0),MATCH(A7,B1:D1,0)) 输入

	A	B	C	D
1	门面	1月	2月	3月
2	新亚店	5480	8201	5620
3	滨湖店	8420	7820	4520
4	百大店	7546	8741	5030
5				
6	月份	门面	金额	
7	3月	滨湖店	4520	

图26-3

❷ 在A7、B7单元格中输入其他要查询的条件，可查询其相应销售金额。

技巧3 统计不同时间段不同类别产品的销售金额

销售记录表是按日期进行统计的，而且根据不同的销售日期，销售产品的规格具有不确定性。如果需要分时间段来统计出不同规格产品的阶段销售金额，具体操作如下。

❶ 选中F4单元格，在公式编辑栏中输入公式：=SUM(($A$2:$A$11<$E4)*($B$2:$B$11=F$3)*($C$2:$C$11))，按“Ctrl+Shift+Enter”组合键，即可统计出在“2011-3-1至2011-3-10”这个时间段中，规格为“绿源”的产品的销售金额。

❷ 将光标移到F4单元格的右下角，光标变成十字形状后，按住鼠标左键向右拖动进行公式填充，即可统计出在这个时间段其他产品的销售金额，如图26-4所示。

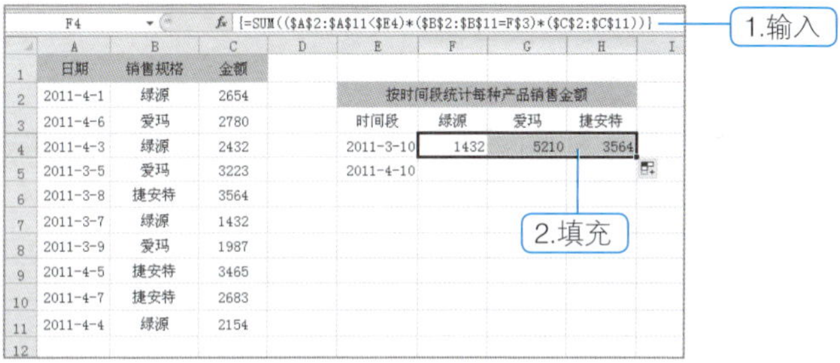

	A	B	C	D	E	F	G	H
1	日期	销售规格	金额					
2	2011-4-1	绿源	2654		按时间段统计每种产品销售金额			
3	2011-4-6	爱玛	2780		时间段	绿源	爱玛	捷安特
4	2011-4-3	绿源	2432		2011-3-10	1432	5210	3564
5	2011-3-5	爱玛	3223		2011-4-10			
6	2011-3-8	捷安特	3564					
7	2011-3-7	绿源	1432					
8	2011-3-9	爱玛	1987					
9	2011-4-5	捷安特	3465					
10	2011-4-7	捷安特	2683					
11	2011-4-4	绿源	2154					

图26-4

❸ 选中F5单元格，在公式编辑栏中输入公式：=SUM(($A$2:$A$11<$E5)*($A$2:$A$11>$E4)*($B$2:$B$11=F$3)*($C$2:$C$11))，按“Ctrl+Shift+Enter”组合键，即可统计出在“2011-31-1至2011-31-10”这个时间段中，规格为“绿源”的产品的销售金额。

❹ 将光标移到F5单元格的右下角，光标变成十字形状后，按住鼠标左键向右拖动进行公式填充，即可统计出在这个时间段其它产品的销售金额，如图26-5所示。

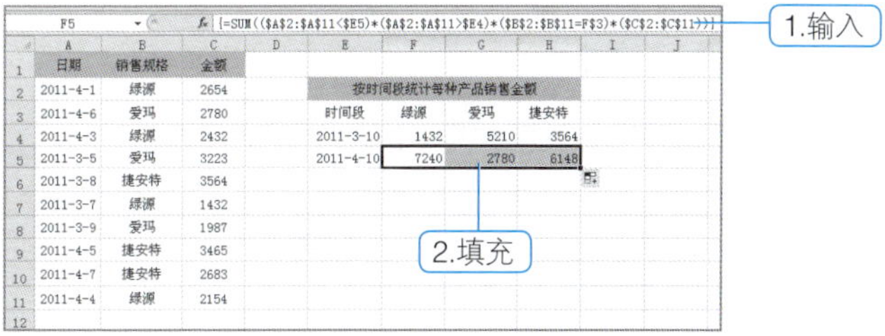

	A	B	C	D	E	F	G	H
1	日期	销售规格	金额					
2	2011-4-1	绿源	2654		按时间段统计每种产品销售金额			
3	2011-4-6	爱玛	2780		时间段	绿源	爱玛	捷安特
4	2011-4-3	绿源	2432		2011-3-10	1432	5210	3564
5	2011-3-5	爱玛	3223		2011-4-10	7240	2780	6148
6	2011-3-8	捷安特	3564					
7	2011-3-7	绿源	1432					
8	2011-3-9	爱玛	1987					
9	2011-4-5	捷安特	3465					
10	2011-4-7	捷安特	2683					
11	2011-4-4	绿源	2154					

图26-5

技巧4 按业务发生时间进行汇总

要实现按业务发生时间进行汇总，可以使用SUM函数来实现。本例中要统计出指定年份与月份下的销售数据合计值，具体操作方法如下。

❶ 选中E2单元格，在公式编辑栏中输入公式：=SUM((TEXT($A$2:$A$10,"yyyymm")=TEXT(D2,"yyyymm"))*$B$2:$B$10)，按“Ctrl+Shift+Enter”组合键，即可统计出2011年9月份销售数量合计值。

❷ 将光标移到E2单元格的右下角，光标变成十字形状后，按住鼠标左键向下拖动进行公式填充，即可分别统计出其他指定年份与月份中销售数量合计值，如图26-6所示。

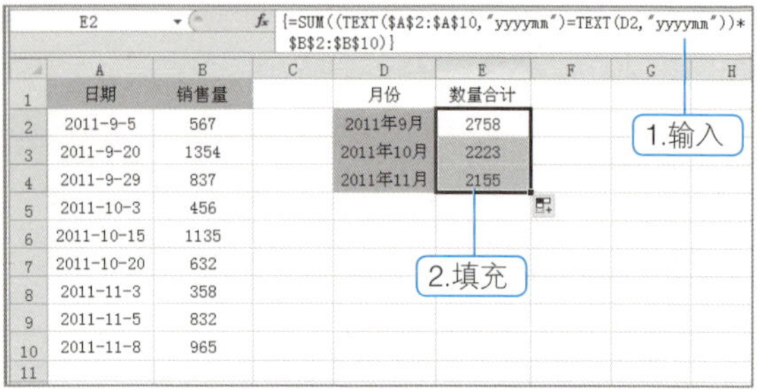

E2 {=SUM((TEXT($A$2:$A$10,"yyyymm")=TEXT(D2,"yyyymm"))*$B$2:$B$10)}

	A	B	C	D	E
1	日期	销售量		月份	数量合计
2	2011-9-5	567		2011年9月	2758
3	2011-9-20	1354		2011年10月	2223
4	2011-9-29	837		2011年11月	2155
5	2011-10-3	456			
6	2011-10-15	1135			
7	2011-10-20	632			
8	2011-11-3	358			
9	2011-11-5	832			
10	2011-11-8	965			
11					

图26-6

技巧5 统计某个时段之前或之后的销售总金额

本例表格中按销售日期统计了产品的销售记录。如果要统计出前半月与后半月的销售金额，此时可以使用SUMIF函数来设计公式。操作方法如下。

❶ 选中F4单元格，在公式编辑栏中输入公式：=SUMIF(A2:A11,"<=2011-31-15",C2:C11)，按回车键，即可统计出前半月销售金额，如图26-7所示。

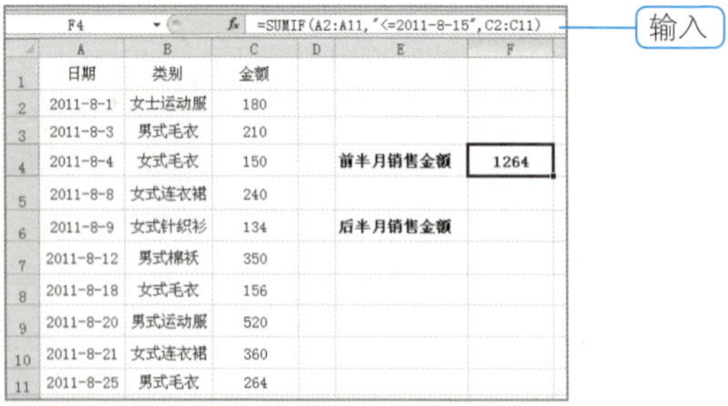

F4 =SUMIF(A2:A11,"<=2011-8-15",C2:C11)

	A	B	C	D	E	F
1	日期	类别	金额			
2	2011-8-1	女士运动服	180			
3	2011-8-3	男式毛衣	210			
4	2011-8-4	女式毛衣	150		前半月销售金额	1264
5	2011-8-8	女式连衣裙	240			
6	2011-8-9	女式针织衫	134		后半月销售金额	
7	2011-8-12	男式棉袄	350			
8	2011-8-18	女式毛衣	156			
9	2011-8-20	男式运动服	520			
10	2011-8-21	女式连衣裙	360			
11	2011-8-25	男式毛衣	264			

图26-7

2 选中F6单元格，在公式编辑栏中输入公式：=SUMIF(A2:A11,">2011-31-15",C2:C11)，按回车键，即可统计出后半月销售金额，如图26-8所示。

F6　=SUMIF(A2:A11,">2011-8-15",C2:C11)　输入

	A	B	C	D	E	F
1	日期	类别	金额			
2	2011-8-1	女士运动服	180			
3	2011-8-3	男式毛衣	210			
4	2011-8-4	女式毛衣	150		前半月销售金额	1264
5	2011-8-8	女式连衣裙	240			
6	2011-8-9	女式针织衫	134		后半月销售金额	1300
7	2011-8-12	男式棉袄	350			
8	2011-8-18	女式毛衣	156			
9	2011-8-20	男式运动服	520			
10	2011-8-21	女式连衣裙	360			
11	2011-8-25	男式毛衣	264			

图26-8

技巧6　统计两种类别或多种类别品总销售金额

如果需要统计出某两种或多种类别产品总销售金额，需要配合使用SUM函数与SUMIF函数来实现。操作方法如下。

1 选中F4单元格，在公式编辑栏中输入公式：=SUM(SUMIF(B2:B11,{"男式毛衣","女式毛衣"},C2:C11))

2 按回车键，即可统计出“男式毛衣”与“女式毛衣”两种产品总销售金额，如图26-9所示。

F4　=SUM(SUMIF(B2:B11,{"男式毛衣","女式毛衣"},C2:C11))　转换

	A	B	C	D	E	F	G
1	日期	类别	金额				
2	2011-2-1	男式运动服	180				
3	2011-2-3	男式毛衣	210				
4	2011-2-4	女式毛衣	150		男（女）式毛衣总金额	780	
5	2011-2-8	女式连衣裙	240				
6	2011-2-9	女式针织衫	134				
7	2011-2-12	男式棉袄	350				
8	2011-2-18	女式毛衣	156				
9	2011-2-20	男式运动服	520				
10	2011-2-21	女式连衣裙	360				
11	2011-2-25	男式毛衣	264				

图26-9

技巧7　统计某一日期区域的销售金额

本例中按日期、类别统计了销售记录。现在要使用SUMIFS函数统计出上半月中各类别产品的销售金额合计值，计算方法如下。

❶ 选中F5单元格，在公式编辑栏中输入公式：=SUMIFS(D2:D9,A2:A9,">2011-31-10",A2:A9,"<2011-31-20")

❷ 按回车键，即可统计出2011-2月中旬销售总金额，如图26-10所示。

F5 | =SUMIFS(D2:D9,A2:A9,">2011-2-10",A2:A9,"<2011-2-20")（输入）

	A	B	C	D	E	F	G
1	日期	类别	全称	金额			
2	2011-2-1	立弗乒拍	立弗乒拍6006	320			
3	2011-2-3	立弗羽拍	立弗羽拍330A	156			
4	2011-2-4	立弗乒拍	立弗乒拍4002	456		中旬销售金额	
5	2011-2-8	立弗羽拍	立弗羽拍330A	489		1055	
6	2011-2-9	立弗乒拍	立弗乒拍4002	231			
7	2011-2-10	立弗乒拍	立弗乒拍6006	156			
8	2011-2-11	立弗乒拍	立弗乒拍6006	423			
9	2011-2-12	立弗羽拍	立弗羽拍2111	632			
10							

图26-10

技巧8 根据产品的销售量与单价计算总销售额

SUMPRODUCT函数是指在给定的几组数组中，将数组间对应的元素相乘，并返回乘积之和。当统计了各类产品的销售量和销售单价后，可以使用SUMPRODUCT函数来计算产品总销售额。操作方法如下。

❶ 选中B9单元格，在公式编辑栏中输入公式：=SUMPRODUCT(B2:B7,C2:C7)

❷ 按回车键，即可计算出产品总销售额，如图26-11所示。

B9 | =SUMPRODUCT(B2:B7,C2:C7)（输入）

	A	B	C	D
1	销售产品	销售量	销售单价	
2	显示器	200	864	
3	主机箱	140	210	
4	键盘	280	65	
5	鼠标	389	24	
6	CPU	286	654	
7	音箱	364	187	
8				
9	总销售金额	484848		
10				

图26-11

技巧9 从销售统计表中统计指定类别产品的总销售额

本例中按类别统计了销售记录表，此时需要统计出某两种或多种类别产品总销售金额。可以直接使用SUMPRODUCT函数来实现，按如下方法进行计算。

❶ 选中F4单元格，在公式编辑栏中输入公式：=SUMPRODUCT(((B2:B11="

男式毛衣")+(B2:B11="女式毛衣")),$C$2:$C$11)

❷ 按回车键，即可统计出“男式毛衣”与“女式毛衣”两种规格产品的总销售额，如图26-12所示。

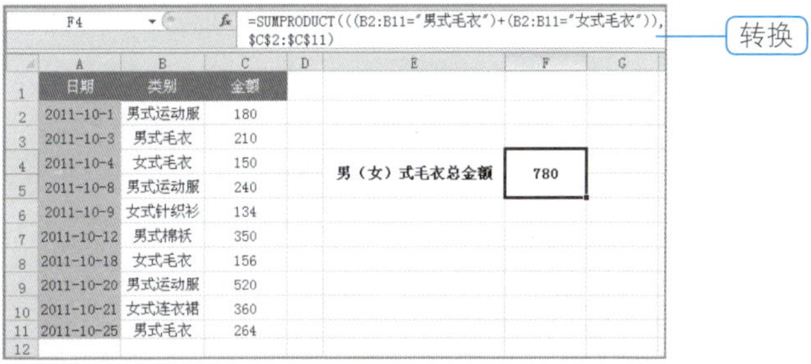

日期	类别	金额
2011-10-1	男式运动服	180
2011-10-3	男式毛衣	210
2011-10-4	女式毛衣	150
2011-10-8	男式运动服	240
2011-10-9	女式针织衫	134
2011-10-12	男式棉袄	350
2011-10-18	女式毛衣	156
2011-10-20	男式运动服	520
2011-10-21	女式连衣裙	360
2011-10-25	男式毛衣	264

图26-12

技巧10 同时统计出某两种型号产品的销售件数

在产品销售报表中，若要统计指定型号的产品销售件数（例如，统计YL_a和YL_b产品型号的销售件数）。可以直接使用SUMPRODUCT函数来实现。具体操作方法如下。

❶ 选中E4单元格，在公式编辑栏中输入公式：=SUMPRODUCT((($A$2:$A$7="YL_a")+($A$2:$A$7="YL_b")),$B$2:$B$7)

❷ 按回车键，即可计算出产品型号为YL_a和YL_b的销售件数，如图26-13所示。

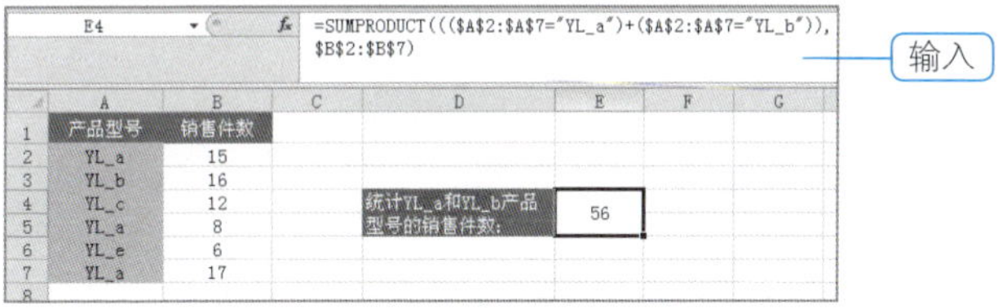

产品型号	销售件数
YL_a	15
YL_b	16
YL_c	12
YL_a	8
YL_e	6
YL_a	17

图26-13

技巧11 统计指定店面指定类别产品的销售金额合计值

本例中需要计算出店面“2”与品类“1”产品的销量合计值，可以使用SUMPRODUCT函数来实现，可按如下方法进行计算。

1 选中C12单元格，在公式编辑栏中输入公式：=SUMPRODUCT((A2:A11=2)*(C2:C11=1)*D2:D11)

2 按回车键，即可统计出2店面1品类销量合计值，如图26-14所示。

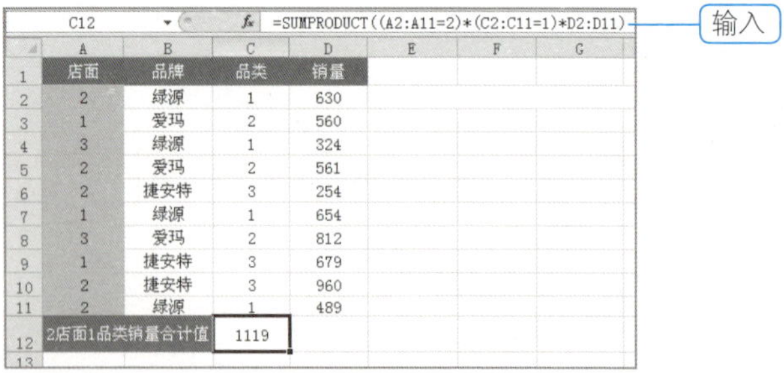

	A	B	C	D
1	店面	品牌	品类	销量
2	2	绿源	1	630
3	1	爱玛	2	560
4	3	绿源	1	324
5	2	爱玛	2	561
6	2	捷安特	3	254
7	1	绿源	1	654
8	3	爱玛	2	812
9	1	捷安特	3	679
10	2	捷安特	3	960
11	2	绿源	1	489
12	2店面1品类销量合计值		1119	

图26-14

技巧12 统计非工作日销售金额

本例中需要计算出A列中非工作日在B列中对应的总销售金额之和，可以使用SUMPRODUCT函数来实现。具体操作方法如下。

1 选中E5单元格，在公式编辑栏中输入公式：=SUMPRODUCT((MOD(A2:A10,7)<2)*B2:B10)

2 按回车键，即可统计出非工作日（即周六、日）销售金额之和，如图26-15所示。

	A	B	C	D	E
1	星期	金额			
2	三	230			
3	四	690			
4	五	760			
5	六	892		统计周六周日总销售额	2609.35
6	日	1354.8			
7	二	6514.25			
8	三	965			
9	六	1038			
10	日	1254.55			

图26-15

技巧13 统计销售记录条数

COUNT函数用于计算包含数字的单元格以及参数列表中数字的个数。在员工产品销售数据统计报表中，统计记录的销售记录的销售记录条数，可以使用COUNT函数来实现。具体操作方法如下。

❶ 选中C12单元格，在公式编辑栏中输入公式：=COUNT(A2:C10)

❷ 按回车键，即可统计出销售记录条数为“9”，如图26-16所示。

C12 =COUNT(A2:C10) 输入

	A	B	C	D	E
1	销售员	品名	销售数量		
2	王荣	电视	422		
3	葛丽	电视	418		
4	夏慧	空调	512		
5	周燕	微波炉	385		
6	李纪洋	空调	482		
7	王磊	洗衣机	368		
8	周国菊	空调	458		
9	高星	洗衣机	418		
10	徐莹	空调	180		
11					
12	统计销售记录条数：		9		

图26-16

专家提示

由于COUNT函数中使用的是区域引用，因此只对数字进行计算。

技巧14 统计出各类别产品的销售记录条数

根据统计的产品的销售记录，统计出各类产品的销售记录条数，可使用COUNTIF函数快速提取。COUNTIF函数对区域中满足单个指定条件的单元格进行计数，具体操作方法如下。

❶ 选中F4单元格，在公式编辑栏中输入公式：=COUNTIF(B2:B12,E4)，按回车键，即可统计出“电视”的销售记录条数为“2”。

❷ 将光标移到F4单元格的右下角，光标变成十字形状后，按住鼠标左键向下拖动进行公式填充，即可统计出其他产品的销售记录条数，如图26-17所示。

F4 =COUNTIF(B2:B12,E4) 1.输入

2.填充

	A	B	C	D	E	F
1	销售员	品名	销售数量			
2	王荣	电视	422			
3	周国菊	电视	418		姓名	销售记录条数
4	夏慧	空调	512		电视	2
5	王涛	微波炉	385		空调	5
6	王荣	空调	418		微波炉	2
7	李纪洋	空调	482		洗衣机	3
8	王磊	洗衣机	368			
9	周国菊	空调	458			
10	王荣	洗衣机	418			
11	徐莹	空调	180			
12	夏慧	洗衣机	388			
13	周国菊	微波炉	482			

图26-17

技巧15 统计前三名销售人员的平均销售量

在销售数据统计表中，统计出前三名销售人员的平均销售量。可以使用COUNTIF函数来实现，具体操作方法如下。

❶ 选中C11单元格，在公式编辑栏中输入公式：=AVERAGEA(LARGE(D2:D9,{1,2,3}))

❷ 按回车键，即可计算出前三名销售人员的平均销售量，如图26-18所示。

C11 　fx　=AVERAGEA(LARGE(D2:D9,{1,2,3}))　输入

	A	B	C	D	E	F
1	销售员	销售单价	销售额	销售量		
2	夏慧	280	89600	347		
3	葛丽	285	72675	255		
4	王磊	220	64900	400		
5	高龙宝	290	68150	250		
6	徐莹	220	64900	295		
7	周国菊	295	57525	232		
8	方玲	185	53650	290		
9	王涛	280	81200	380		
10						
11	前三名平均销售量		375.6666667			

图26-18

第27章

函数在财务计算中的应用技巧

财务函数是指用来进行财务处理的函数。可以进行一般的财务计算，如确定贷款的支付额、投资的未来值或净现值，以及债券或息票的价值。

技巧1 计算某公司的几项借款的总借款天数

DAYS360 按照一年 360 天的算法（每个月以 30 天计，一年共计 12 个月），返回两日期间相差的天数，这在一些会计计算中将会用到。下面以借款日期与还款日期之间的天数为例，学习DAYS360函数。操作方法如下。

1 选中C2单元格，在公式编辑栏中输入公式：=DAYS360(A2,B2,FALSE)，按回车键，即可计算出借款天数。

2 将光标移到C2单元格的右下角，光标变成十字形状后，按住鼠标左键向下拖动进行公式填充，即可计算出其他两个日期的天数，如图27-1所示。

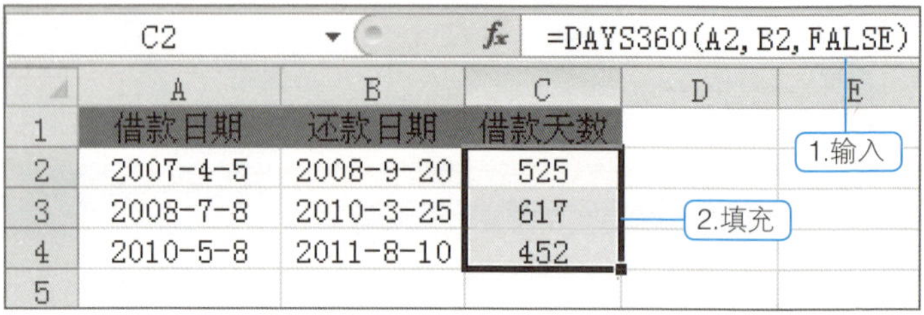

	A	B	C	D	E
1	借款日期	还款日期	借款天数		
2	2007-4-5	2008-9-20	525		
3	2008-7-8	2010-3-25	617		
4	2010-5-8	2011-8-10	452		
5					

图27-1

技巧2 计算某公司几项借款还款的剩余天数

要根据借款日期和应还款日期来计算还款的剩余天数，需要使用到DAYS360与TODAY函数，操作方法如下。

1 选中E2单元格，在公式编辑栏中输入公式：=DAYS360(TODAY(),D2)，按回车键，即可计算第一项借款的还款剩余天数。

2 将光标移到E2单元格的右下角，光标变成十字形状后，按住鼠标左键向下拖动进行公式填充，即可计算出其他各项借款的还款剩余天数，如图27-2所示。

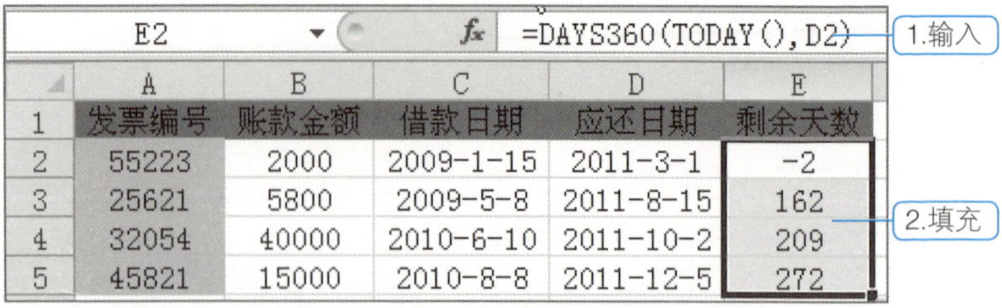

	A	B	C	D	E
1	发票编号	账款金额	借款日期	应还日期	剩余天数
2	55223	2000	2009-1-15	2011-3-1	-2
3	25621	5800	2009-5-8	2011-8-15	162
4	32054	40000	2010-6-10	2011-10-2	209
5	45821	15000	2010-8-8	2011-12-5	272

图27-2

技巧3　计算几位员工向公司借款的总借款天数

DAEDIF函数用于计算两个日期之间的年数、月数和天数。使用DATEDIF函数也可以根据借款日期与还款日期计算出总借款天数，具体操作方法如下。

❶ 选中E2单元格，在公式编辑栏中输入公式：=DATEDIF(C2,D2,"D")，按回车键，即可计算出第一项借款的总借款天数。

❷ 将光标移到E2单元格的右下角，光标变成十字形状后，按住鼠标左键向下拖动进行公式填充，即可计算出各项借款的总借款天数，如图27-3所示。

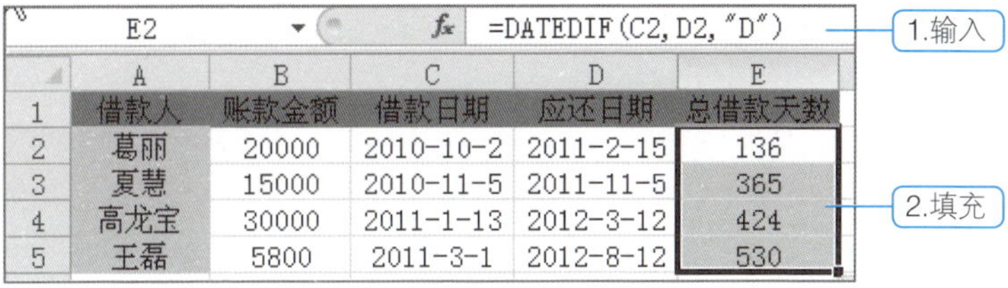

	A	B	C	D	E
1	借款人	账款金额	借款日期	应还日期	总借款天数
2	葛丽	20000	2010-10-2	2011-2-15	136
3	夏慧	15000	2010-11-5	2011-11-5	365
4	高龙宝	30000	2011-1-13	2012-3-12	424
5	王磊	5800	2011-3-1	2012-8-12	530

图27-3

技巧4　自动生成凭证号

CONCATENATE 函数可将最多 255 个文本字符串联接成一个文本字符串。联接项可以是文本、数字、单元格引用或这些项的组合。使用CONCATENATE函数的合并功能，在进行账目处理时可以实现自动生成凭证号，具体操作方法如下。

❶ 选中E2单元格，在公式编辑栏中输入公式：=CONCATENATE(A2,B2,C2,D2)，按回车键，即可快速生成凭证号。

❷ 将光标移到E2单元格的右下角，光标变成十字形状后，按住鼠标左键向下拖动进行公式填充，即可得出其他各项凭证号，如图27-4所示。

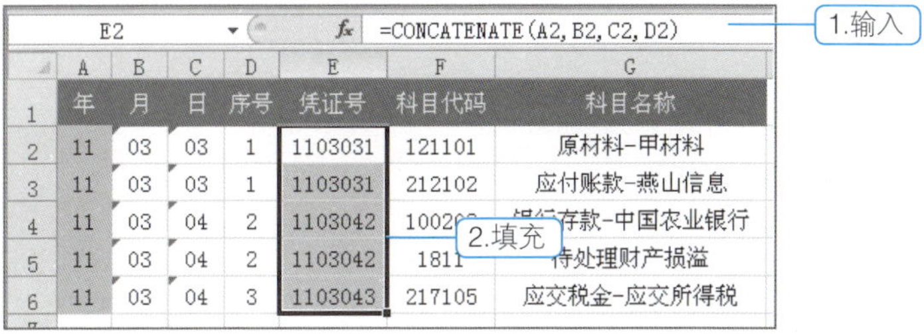

	A	B	C	D	E	F	G
1	年	月	日	序号	凭证号	科目代码	科目名称
2	11	03	03	1	1103031	121101	原材料-甲材料
3	11	03	03	1	1103031	212102	应付账款-燕山信息
4	11	03	04	2	1103042	1002	银行存款-中国农业银行
5	11	03	04	2	1103042	1811	待处理财产损溢
6	11	03	04	3	1103043	217105	应交税金-应交所得税

图27-4

技巧5 筛选掉某些科目

在财务中可以使用NOT函数来筛选掉某一个一级科目及其以下包含的所有科目，操作方法如下。

1 选中B2单元格，在公式编辑栏中输入公式：=NOT(LEFT(A2,4)="1002")，按回车键，如果A2单元格的前4位是1002，则返回FALSE；否则显示为TRUE。

2 将光标移到B2单元格的右下角，光标变成十字形状后，按住鼠标左键向下拖动进行公式填充，即可快速判断出A列中科目代码前4位是否是1002，如图27-5所示。

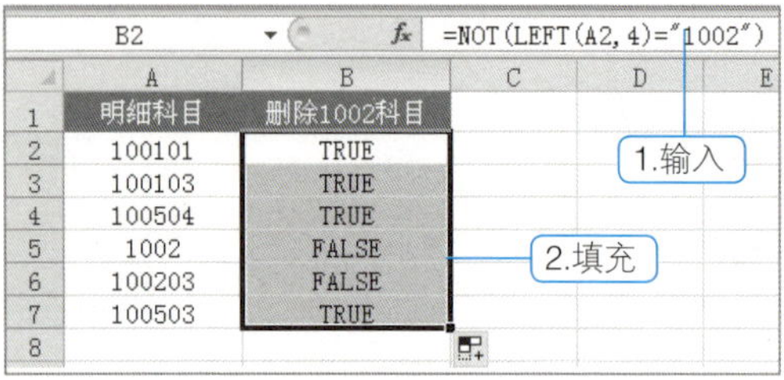

图27-5

技巧6 分别统计收入和支出

收支表中录入数据不太规范，现需在不修改原数据的前提下分别计算收入和支出金额合计，操作方法如下。

1 选中E1单元格，在公式编辑栏中输入公式：=SUM(IF(B2:B8>0,B2:B8))，按“Ctrl+Shift+Enter”组合键，即可计算出收入金额，如图27-6所示。

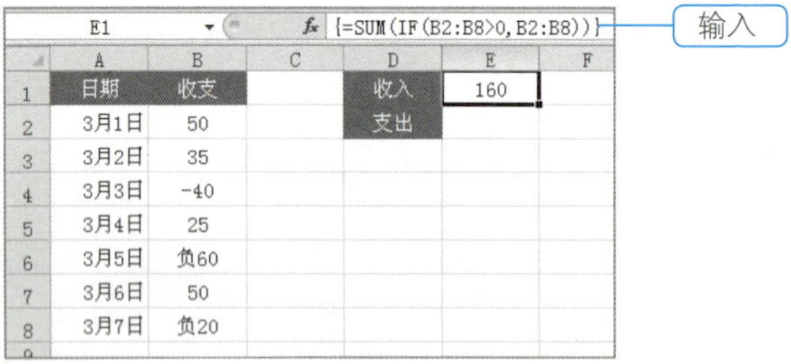

图27-6

2 选中E2单元格，在公式编辑栏中输入公式：=SUM(IF(SUBSTITUTE(IF(B2:B8<>"",B2:B8,0),"负","-")*1<0,SUBSTITUTE(B2:B8,"负","-")*1))，按“Ctrl+Shift+Enter”组合键，即可计算出支出金额，如图27-7所示。

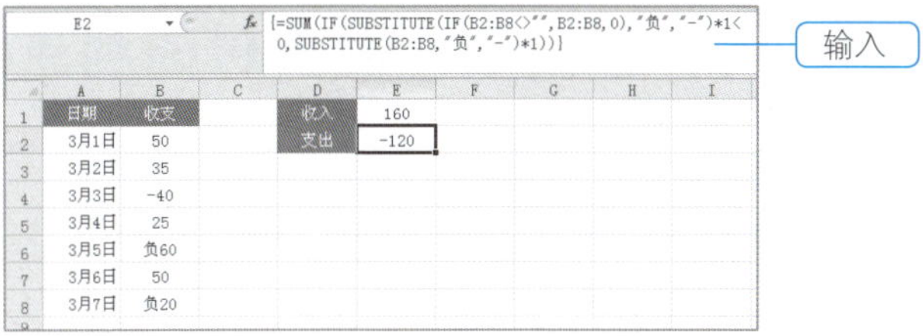

	A	B	C	D	E
1	日期	收支		收入	160
2	3月1日	50		支出	-120
3	3月2日	35			
4	3月3日	-40			
5	3月4日	25			
6	3月5日	负60			
7	3月6日	50			
8	3月7日	负20			

图27-7

技巧7　计算出一组不定期盈利额的净现值

计算出一组不定期盈利额的净现值，需要使用XNPV函数来实现。例如当前表格中显示了某项投资年贴现率、投资额及不同日期中预计的投资回报金额，该投资项目的净现值计算方法如下。

1. 选中C8单元格，在公式编辑栏中输入公式：=XNPV(C1,C2:C6,B2:B6)
2. 按回车键，即可计算出该项投资项目的净现值，如图27-8所示。

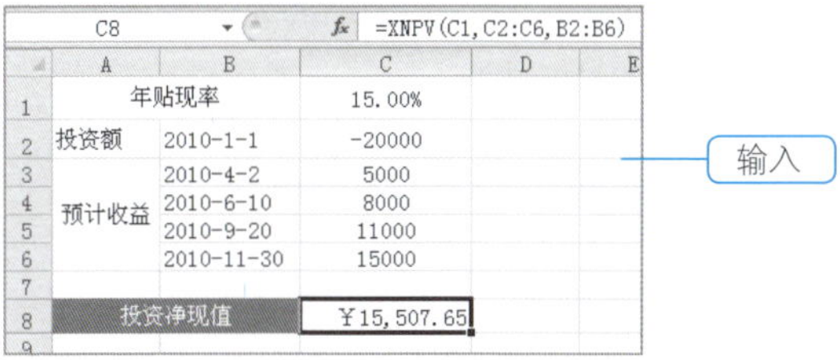

	A	B	C
1	年贴现率		15.00%
2	投资额	2010-1-1	-20000
3	预计收益	2010-4-2	5000
4		2010-6-10	8000
5		2010-9-20	11000
6		2010-11-30	15000
7			
8	投资净现值		￥15,507.65

图27-8

技巧8　计算某项投资在可变利率下的未来值

要计算出某项投资在可变利率下的未来值，需要使用FVSCHEDULE函数来实现。例如当前表格中显示了某项借款的总金额，以及在5年中各年不同的利率，现在要计算出5年后该项借款的回收金额，操作方法如下。

1. 选中B4单元格，在公式编辑栏中输入公式：=FVSCHEDULE(B1,B2:F2)
2. 按回车键，即可计算出5年后这项借款的回报金额，如图27-9所示。

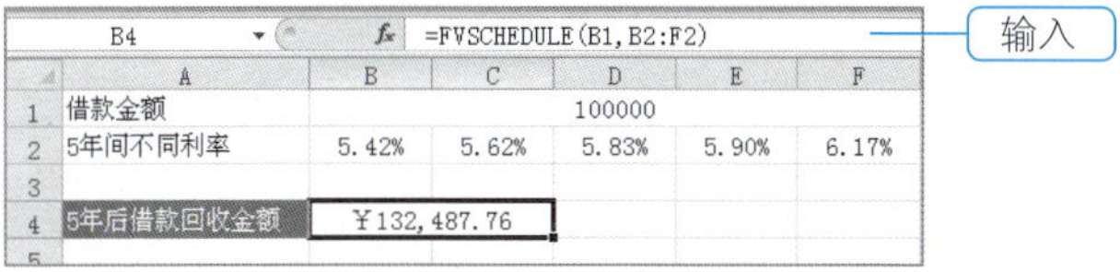

	A	B	C	D	E	F
1	借款金额			100000		
2	5年间不同利率	5.42%	5.62%	5.83%	5.90%	6.17%
3						
4	5年后借款回收金额	￥132,487.76				

图27-9

技巧9 计算投资期内要支付的利息

要计算出投资期内支付的利息，需要使用ISPMT函数来实现。例如当前得知某项投资的回报率、投资年限、投资总金额，现在要计算出投资期内第一年与第一个月支付的利息额，可按如下方法进行计算。

❶ 选中C4单元格，在公式编辑栏中输入公式：=ISPMT(A2,1,B2,C2)，按回车键，即可计算出该项投资第1年中支付的利息额，如图27-10所示。

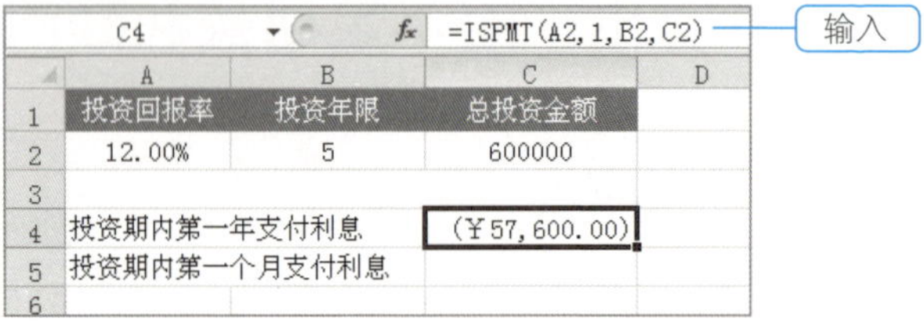

图27-10

❷ 选中C5单元格，在公式编辑栏中输入公式：=ISPMT(A2/12,1,B2*12,C2)，按回车键，即可计算出该项投资第1个月支付的利息额，如图27-11所示。

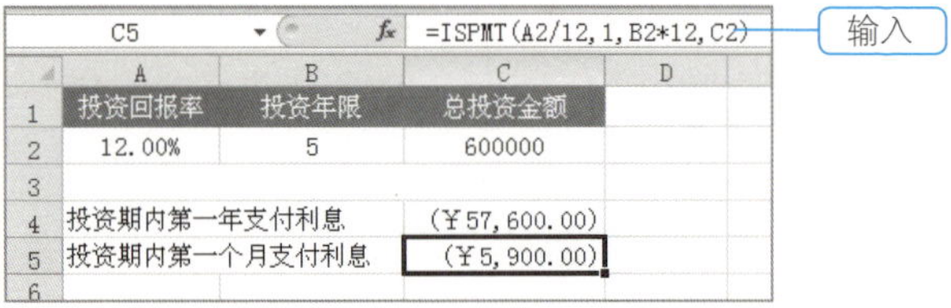

图27-11

技巧10 计算某项投资的内部收益率

内部收益率是指支出和收入以固定时间间隔发生的一笔投资所获得的利率。要计算某项投资的内部收益率，需要使用IRR函数来实现。例如当前表格中显求了某项投资年贴现率、初期投资金额，以及预计今后3年内的收益额。现在要计算出该项投资的内部收益率，具体操作方法如下。

❶ 选中B7单元格，在公式编辑栏中输入公式：=IRR(B2:B5,B1)

❷ 按回车键，即可计算出投资内部收益率，如图27-12所示。

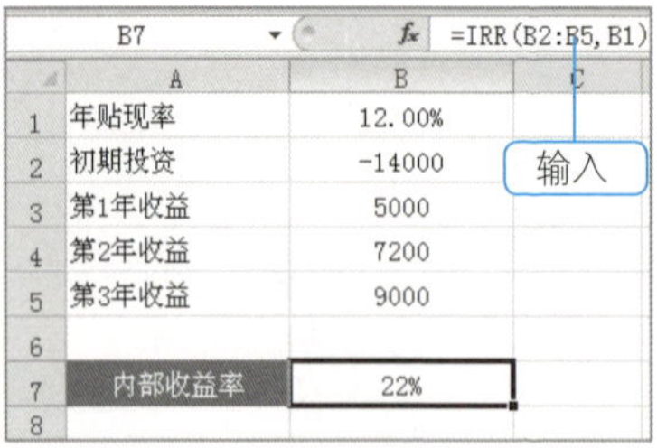

图27-12

技巧11 计算某项投资的修正内部收益率

若现需贷款150000元用于某项投资，表格中显示了贷款利率、再投资收益率以及预计3年后的收益额，现在要计算出该项投资的修正内部收益率，操作方法如下。

1. 选中B8单元格，在公式编辑栏中输入公式：=MIRR(B3:B6,B1,B2)
2. 按回车键，即可计算出投资的修正收益率，如图27-13所示。

B8　fx　=MIRR(B3:B6,B1,B2)　输入

	A	B	C
1	贷款利率	8.47%	
2	再投资收益率	15.00%	
3	贷款金额	-150000	
4	第1年收益	20000	
5	第2年收益	26800	
6	第3年收益	42000	
7			
8	3年后投资的修正收益率	-13%	

图27-13

技巧12 计算出不定期发生现金流的内部收益率

表格中显示了某项投资的投资金额，同时也显示了不同日期中预计的投资回报金额，针对于这样一组不定期的现金流，现在要计算出该项投资的内部收益率，可以使用XIRR函数来实现。操作方法如下。

1. 选中C9单元格，在公式编辑栏中输入公式：=XIRR(C2:C7,B2:B7,C1)
2. 按回车键，即可计算出该项投资的内部收益率，如图27-14所示。

C9　fx　=XIRR(C2:C7,B2:B7,C1)　输入

	A	B	C	D	E
1		年贴现率	18%		
2	投资额	2010-2-15	-2000000		
3	预计收益	2010-6-20	100000		
4		2010-10-18	300000		
5		2011-2-18	360000		
6		2011-10-20	620000		
7		2012-2-14	1000000		
8					
9	内部收益率		12.21%		

图27-14

第26章 第27章 第28章 第29章 第30章

技巧13 计算某项借款的收益率

RATE函数用于返回年金的各期利率。函数 RATE 通过迭代法计算得出，并且可能无解或有多个解。如果在进行 20 次迭代计算后，函数 RATE 的相邻两次结果没有收敛于 0.0000001，函数 RATE 将返回错误值 #NUM!。本例表格中显示了某项借款的金额、借款期限、年支付金额。现在要计算出该项借款的收益率，可以使用RATE函数来实现。

1. 选中B4单元格，在公式编辑栏中输入公式：=RATE(A2,B2,C2)
2. 按回车键，即可计算出该项借款的收益率，如图27-15所示。

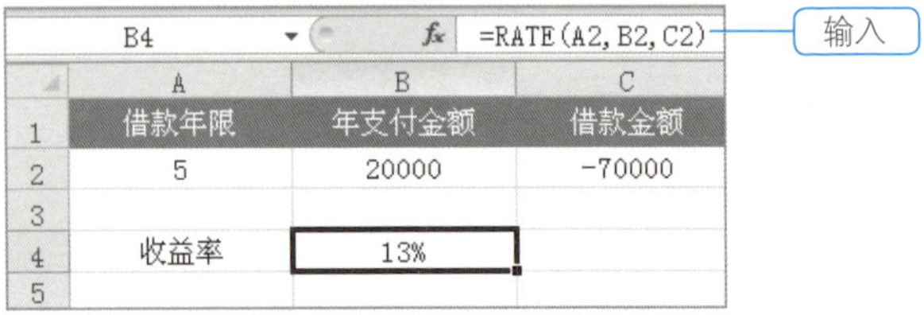

	A	B	C
1	借款年限	年支付金额	借款金额
2	5	20000	-70000
3			
4	收益率	13%	
5			

图27-15

技巧14 计算某项保险的收益率

本例表格中显示了某项的保险的保险年限、月返还金额、购买保险金额。现在要计算出该项保险的收益率，可以使用RATE函数来实现，操作方法如下。

1. 选中B4单元格，在公式编辑栏中输入公式：=RATE(A2,B2*12,C2)
2. 按回车键，即可计算出该项保险的收益率，如图27-16所示。

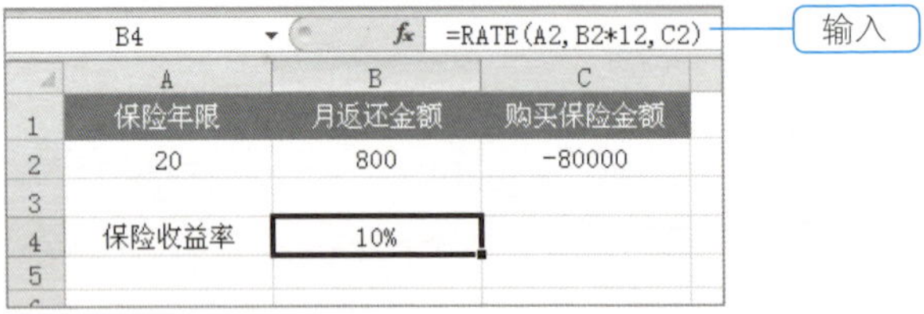

	A	B	C
1	保险年限	月返还金额	购买保险金额
2	20	800	-80000
3			
4	保险收益率	10%	
5			

图27-16

技巧15 求定期付息有价证券的应计利息

某公司于2010年9月20日购买了价值为60000元的国库券，本次购买的国库券发行日为2010年9月1日，起息日为2010年10月1日，国库券年利率为9%，按半年期付息，以US（NASD）30/360为日计算基准，现在需要计算出该国库券的到期利息额，可以使用ACCRINT函数来实现。具体操作方法如下。

❶ 选中B9单元格，在公式编辑栏中输入公式：=ACCRINT(B1,B2,B3,B4,B5,B6,B7)

❷ 按回车键，即可计算出国库券到期利息，如图27-17所示。

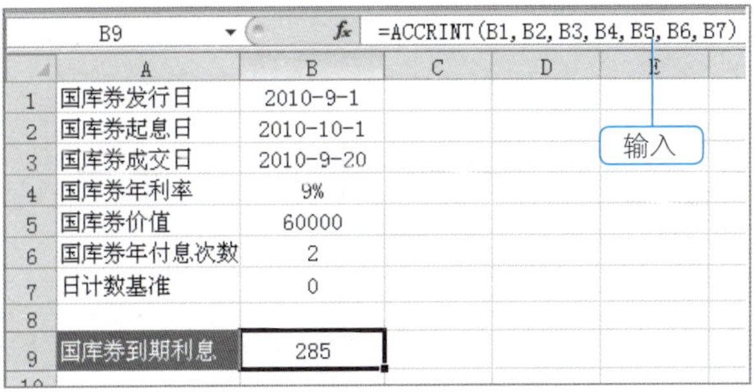

	A	B
1	国库券发行日	2010-9-1
2	国库券起息日	2010-10-1
3	国库券成交日	2010-9-20
4	国库券年利率	9%
5	国库券价值	60000
6	国库券年付息次数	2
7	日计数基准	0
8		
9	国库券到期利息	285

图27-17

技巧16 求有价证券的贴现率

DISC函数用于返回有价证券的贴现率。某债券成交日为2010年2月10日，到期日为2010年12月20日，价格为22.5元，清偿价格为34元，以实际天数/360为日计数基准，现在要计算出该债券的贴现率，可以使用DISC函数来实现。操作方法如下。

❶ 选中B7单元格，在公式编辑栏中输入公式：=DISC(B1,B2,B3,B4,B5)，按回车键即可计算出该债券贴现率，如图27-18所示。

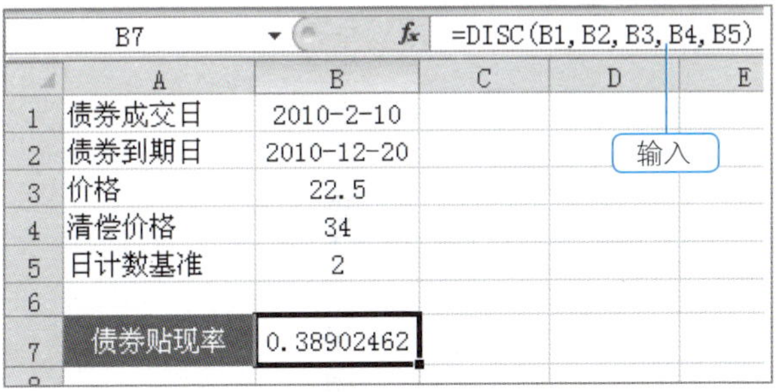

	A	B
1	债券成交日	2010-2-10
2	债券到期日	2010-12-20
3	价格	22.5
4	清偿价格	34
5	日计数基准	2
6		
7	债券贴现率	0.38902462

图27-18

❷ 将贴现率转换为百分比值。选中B7单元格，在“开始”主菜单下的“数字”下拉列表中选择“百分比”命令，如图27-19所示。

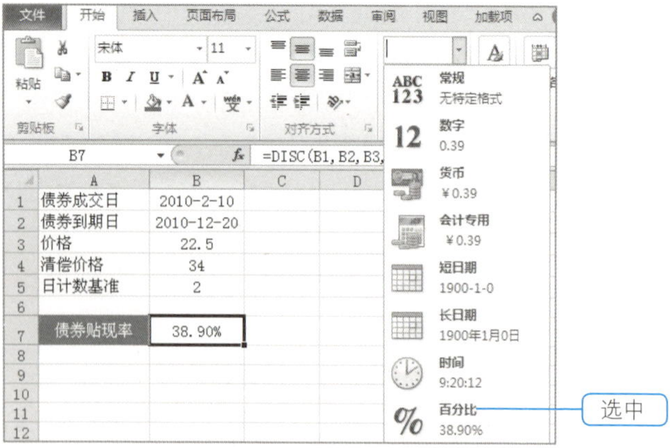

图27-19

技巧17 求国库券的等效收益率

TBILLEQ函数用于返回国库券的等效收益率。某公司2010年1月20日购买了某一国库券，该国库券的到期日为2010年12月10日，贴现率为10.68%，现在要计算出该国库券的等效收益率，可以使用TBILLEQ函数来实现，操作方法如下。

1. 选中B5单元格，在公式编辑栏中输入公式：=TBILLEQ(B1,B2,B3)
2. 按回车键，即可计算出该国库券的等效收益率，如图27-20所示。

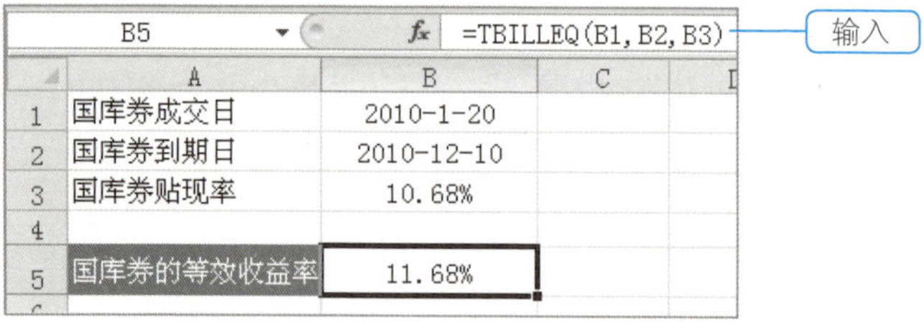

图27-20

技巧18 求国库券的收益率

TBILLYIELD函数用于返回国库券的收益率。某公司2010年1月20日以86.495元购买了面值为100元的国库券，该国库券的到期日为2010年12月18日，现在要计算出该国库券的收益率，可以使用TBILLYIELD函数来实现，操作方法如下。

1 选中B5单元格，在公式编辑栏中输入公式：=TBILLYIELD(B1,B2,B3)

2 按回车键，即可计算出该国库券的收益率，如图27-21所示。

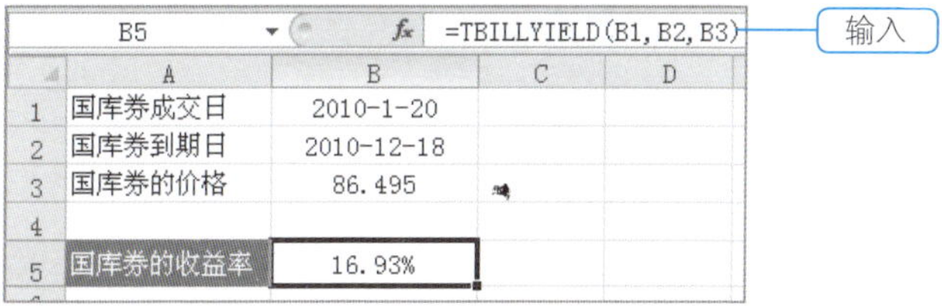

B5　fx =TBILLYIELD(B1,B2,B3)

	A	B	C	D
1	国库券成交日	2010-1-20		
2	国库券到期日	2010-12-18		
3	国库券的价格	86.495		
4				
5	国库券的收益率	16.93%		

图27-21

技巧19　根据工作时间计算12月工资

公司规定工作时间1年以下者给200元年终奖，1～3年者600元，3～5年者1000元，5～10年者1400元。现需统计年终月份每人工资加年终奖的合计，具体操作方法如下。

1 选中D2单元格，在公式编辑栏中输入公式：=C2+SUM(IF(B2>{0,1,3,5,10},{200,400,400,400,400}))，按回车键，即可计算出第一个人员12月的工资。

2 选中D2单元格，在公式编辑栏中输入公式：=C2+SUM(IF(B2>{0,1,3,5,10},{200,400,400,400,400}))，按回车键，即可计算出第一个人员12月的工资，如图27-22所示。

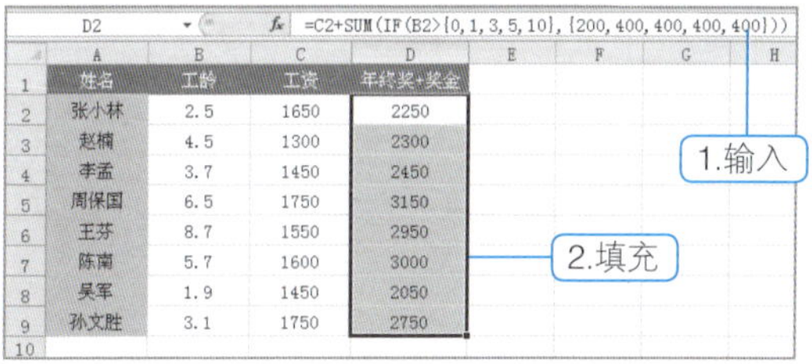

D2　fx =C2+SUM(IF(B2>{0,1,3,5,10},{200,400,400,400,400}))

	A	B	C	D
1	姓名	工龄	工资	年终奖+奖金
2	张小林	2.5	1650	2250
3	赵楠	4.5	1300	2300
4	李孟	3.7	1450	2450
5	周保国	6.5	1750	3150
6	王芬	8.7	1550	2950
7	陈南	5.7	1600	3000
8	吴军	1.9	1450	2050
9	孙文胜	3.1	1750	2750
10				

图27-22

技巧20　统计各部门工资总额

UMIF 函数可以对区域（区域:工作表上的两个或多个单元格。区域中的单元格可以相邻或不相邻。）中符合指定条件的值求和。如果要按照部门统计工资总额，可以使用SUMIF函数来实现。具体操作方法如下。

1 选中C10单元格，在公式编辑栏中输入公式：=SUMIF(B2:B8,"业务部

",C2:C8)，按回车键，即可统计出“业务部”的工资总额，如图27-23所示。

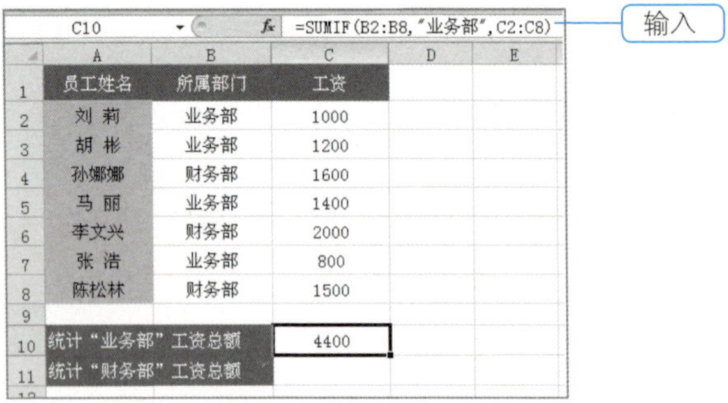

图27-23

2 选中C11单元格，在公式编辑栏中输入公式：=SUMIF(B3:B9,"财务部",C3:C9)，按回车键，即可统计出“财务部”的工资总额，如图27-24所示。

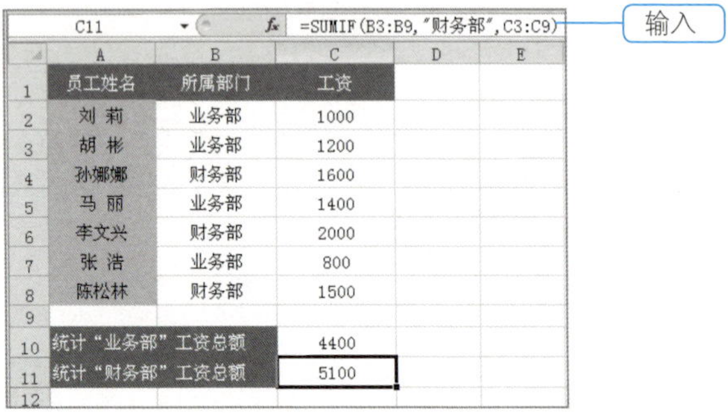

图27-24

第28章

函数在仓储管理中的应用技巧

仓储则为利用仓库存放、储存未及时使用的物品的行为。下面介绍函数在仓储管理中的应用。

技巧1 自动比较两个部门的采购价格是否一致

EXACT函数用于比较两个字符串：如果它们完全相同，则返回 TRUE；否则，返回 FALSE。函数 EXACT 区分大小写，但忽略格式上的差异。利用 EXACT 函数可以测试在文档内输入的文本。公司主管如果需要系统地比较一下各采购部门采购产品的价格是否一致时，可以使用EXACT函数来实现，具体的操作方法如下。

❶ 选中D2单元格，在公式编辑栏中输入公式：=EXACT(B2,C2)，按回车键，即可比较出B2、C2单元格的价格是否一致，如果一致返回TRUE，否则返回FALSE。

❷ 将光标移到D2单元格的右下角，当光标变成十字形状后，按住鼠标左键向下拖动进行公式填充，可快速比较出B列与C列中价格是否一致，如图28-1所示。

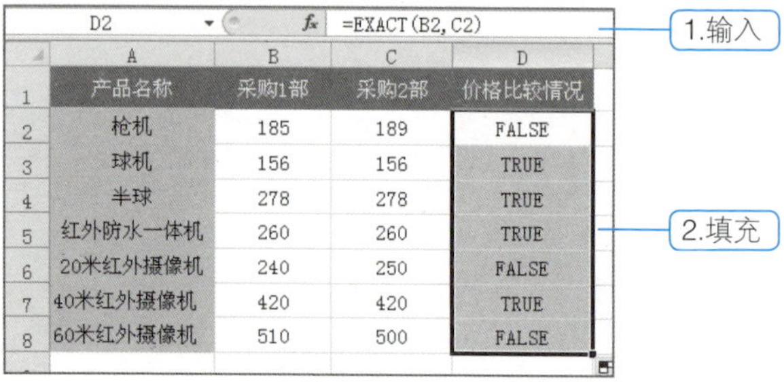
D2 =EXACT(B2, C2)

	A	B	C	D
1	产品名称	采购1部	采购2部	价格比较情况
2	枪机	185	189	FALSE
3	球机	156	156	TRUE
4	半球	278	278	TRUE
5	红外防水一体机	260	260	TRUE
6	20米红外摄像机	240	250	FALSE
7	40米红外摄像机	420	420	TRUE
8	60米红外摄像机	510	500	FALSE

图28-1

技巧2 识别库存产品的产品类别

作为企业的仓库管理人员，每天、每周或每月要对库存的产品进行记录，并进行分类管理。例如，判断库存的产品是否为生活用品，如果是，分类为“生活用品”；反之，分类为“化学试剂”。具体操作方法如下。

❶ 选中C2单元格，在公式编辑栏中输入公式：=IF(OR(A2="肥皂",A2="牙膏",A2="洗衣粉"),"生活用品","化学试剂")，按回车键，即可对库存产品进行判断，如果判断结果正确赋予条件值（日常用品）；反之，显示为“化学试剂”。

❷ 将光标移到C2单元格的右下角，光标变成十字形状后，按住鼠标左键向下拖动进行公式填充，即可判断其他库存产品是否满足条件，并对满足条件进行赋值，如图28-2所示。

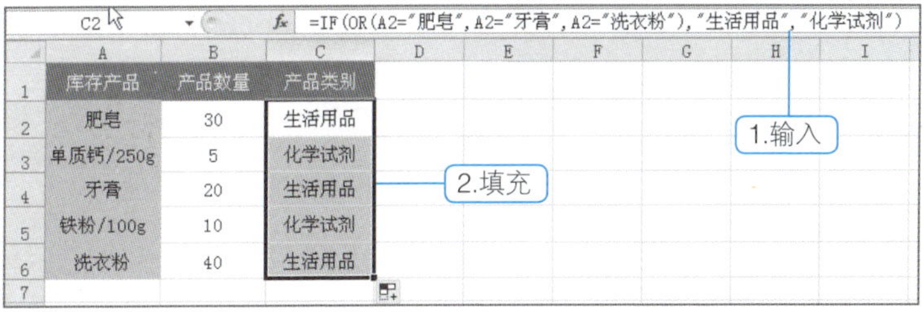

C2　=IF(OR(A2="肥皂",A2="牙膏",A2="洗衣粉"),"生活用品","化学试剂")

	库存产品	产品数量	产品类别
2	肥皂	30	生活用品
3	单质钙/250g	5	化学试剂
4	牙膏	20	生活用品
5	铁粉/100g	10	化学试剂
6	洗衣粉	40	生活用品

图28-2

技巧3　使用数组公式核对两组库存产品数据

公司的仓储部门会不定期的统计产品的数量，为了便于核对库存产品的数量，通常我们会采用NOT函数来实现。具体操作方法如下。

❶ 选中D2单元格，在公式编辑栏中输入公式：=IF(NOT(B2:B8=C2:C8),"请核对",""），按回车键，即可得到想要的结果。

❷ 将光标移到D2单元格的右下角，光标变成十字形状后，按住鼠标左键向下拖动进行公式填充，即可得到其他产品数量的核对情况，如图28-3所示。

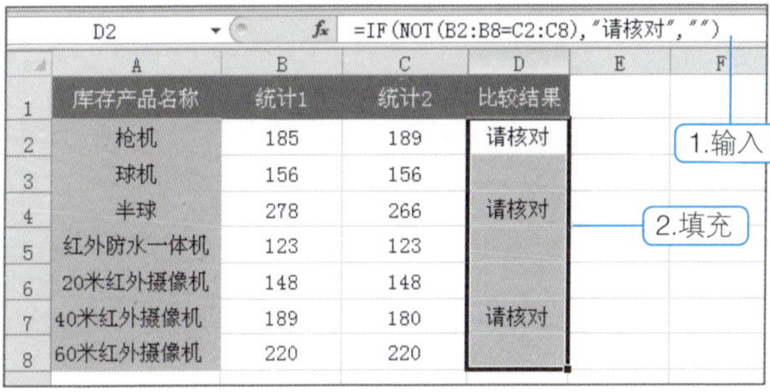

D2　=IF(NOT(B2:B8=C2:C8),"请核对","")

	库存产品名称	统计1	统计2	比较结果
2	枪机	185	189	请核对
3	球机	156	156	
4	半球	278	266	请核对
5	红外防水一体机	123	123	
6	20米红外摄像机	148	148	
7	40米红外摄像机	189	180	请核对
8	60米红外摄像机	220	220	

图28-3

技巧4　计算出库的月份有几个

有10种不同的产品在不同的日期出库。现需要计算要出库的月份有几个，操作方法如下。

❶ 选中D2单元格，在公式编辑栏中输入公式：=COUNT(0/FREQUENCY(MONTH(B2:B11),MONTH(B2:B11)))

❷ 按“Ctrl+Shift+Enter”组合键，即可返回要出库的月份有几个，如图28-4所示。

D2 | {=COUNT(0/FREQUENCY(MONTH(B2:B11),MONTH(B2:B11)))}

	A	B	C	D	E	F	G
1	产品	出库日期		需要出库的月份有几个			
2	1	2011-7-18		5			
3	2	2011-8-12					
4	3	2011-8-15					
5	4	2011-9-15					
6	5	2011-9-28					
7	6	2011-10-5					
8	7	2011-10-8					
9	8	2011-11-1					
10	9	2011-11-8					
11	10	2011-11-10					
12							

图28-4

技巧5 提取入库产品的类别编码

MID 返回文本字符串中从指定位置开始的特定数目的字符，该数目由用户指定。产品入库需要按类别编号记录和统计，一般而言，产品编号中包含产品的类别编码和序号，使用MID函数可以将它们分离出来，操作方法如下。

❶ 选中C2单元格，在公式编辑栏中输入公式：=MID(A2,1,3)，按回车键，即可提取A2单元格中的类别编码。

❷ 将光标移到C2单元格的右下角，光标变成十字形状后，按住鼠标左键向下拖动进行公式填充，即可得出其他单元格中的类别编码，如图28-5所示。

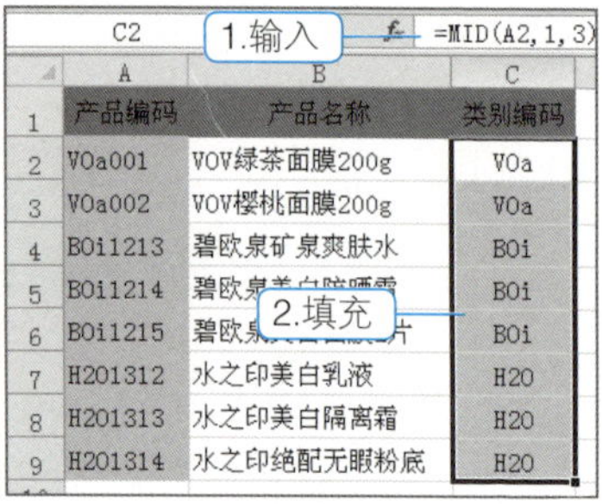

C2 | =MID(A2,1,3)

	A	B	C
1	产品编码	产品名称	类别编码
2	V0a001	VOV绿茶面膜200g	V0a
3	V0a002	VOV樱桃面膜200g	V0a
4	B0i1213	碧欧泉矿泉爽肤水	B0i
5	B0i1214	碧欧泉[illegible]	B0i
6	B0i1215	碧欧泉[illegible]片	B0i
7	H201312	水之印美白乳液	H20
8	H201313	水之印美白隔离霜	H20
9	H201314	水之印绝配无暇粉底	H20

图28-5

技巧6 显示指定的店面的出库记录

本例中统计了各个门面的出库情况，现在要实现将某一个店面的所有记录都依次显示出来。我们可以使用INDEX函数配合SMALL和ROW函数来实现。操作方法如下。

❶ 在工作表中建立查询表。选中F4:F11单元格区域，在编辑栏中输入公式：=IF(ISERROR(SMALL(IF(($A$2:$A$11=$H$1),ROW(2:11)),ROW(1:11))),"",INDEX(A:A,SMALL(IF(($A$2:$A$11=$H$1),ROW(2:11)),ROW(1:11))))，同时按"Ctrl+Shift+Enter"组合键，可一次性将A列中所有等于H1单元格中指定的店面的记录都显示出来。

❷ 选中F4:F11单元格，将光标移到右下角，光标变成十字形状后，按住鼠标左键向右拖动进行公式填充，即可得到H1单元格中指定店面的所有记录，如图28-6所示。

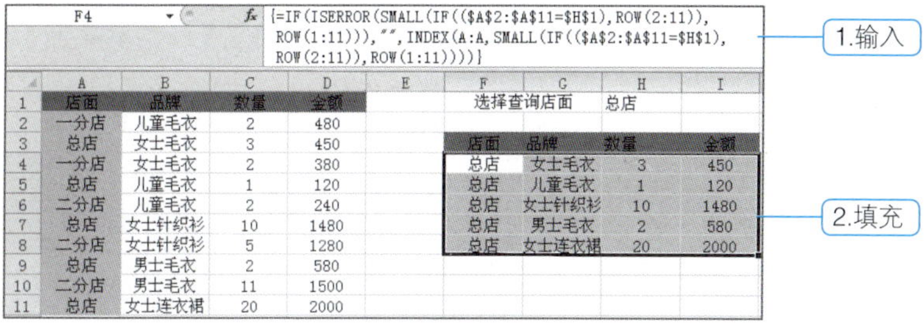

	A	B	C	D	E	F	G	H	I
1	店面	品牌	数量	金额		选择查询店面		总店	
2	一分店	儿童毛衣	2	480					
3	总店	女士毛衣	3	450		店面	品牌	数量	金额
4	一分店	女士毛衣	2	380		总店	女士毛衣	3	450
5	总店	儿童毛衣	1	120		总店	儿童毛衣	1	120
6	二分店	儿童毛衣	2	240		总店	女士针织衫	10	1480
7	总店	女士针织衫	10	1480		总店	男士毛衣	2	580
8	二分店	女士针织衫	5	1280		总店	女士连衣裙	20	2000
9	总店	男士毛衣	2	580					
10	二分店	男士毛衣	11	1500					
11	总店	女士连衣裙	20	2000					

图28-6

❸ 当需要查询其他店面的出库记录时，只需要在H1单元格中重新选择店面名称即可，如图28-7所示。

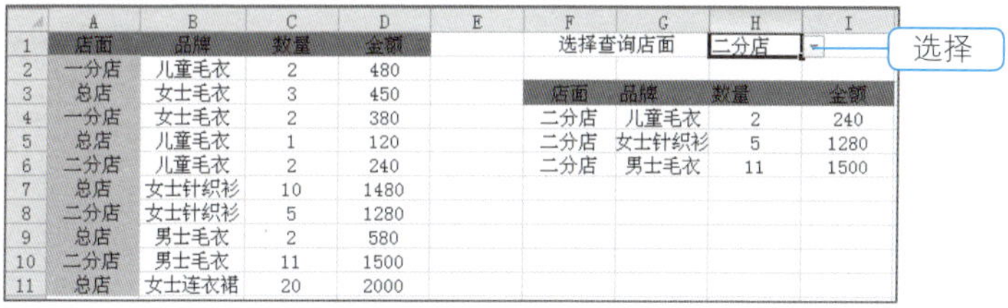

	A	B	C	D	E	F	G	H	I
1	店面	品牌	数量	金额		选择查询店面		二分店	
2	一分店	儿童毛衣	2	480					
3	总店	女士毛衣	3	450		店面	品牌	数量	金额
4	一分店	女士毛衣	2	380		二分店	儿童毛衣	2	240
5	总店	儿童毛衣	1	120		二分店	女士针织衫	5	1280
6	二分店	儿童毛衣	2	240		二分店	男士毛衣	11	1500
7	总店	女士针织衫	10	1480					
8	二分店	女士针织衫	5	1280					
9	总店	男士毛衣	2	580					
10	二分店	男士毛衣	11	1500					
11	总店	女士连衣裙	20	2000					

图28-7

技巧7 统计无货商品的数量

根据报表中的数量，统计无货商品的数量。对于无货的商品，将其数量输入“#N/A”，计算方法如下。

❶ 选中B3单元格，在公式编辑栏中输入公式：=COUNTIF(C2:C10,#N/A)

❷ 按回车键，即可计算出无货商品的数量，如图28-8所示。

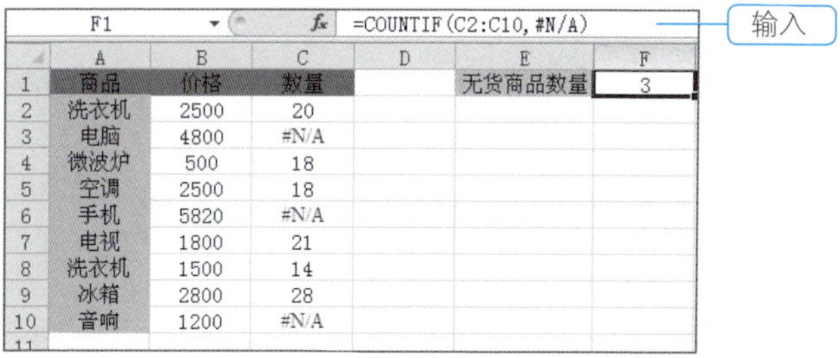

	A	B	C	D	E	F
1	商品	价格	数量		无货商品数量	3
2	洗衣机	2500	20			
3	电脑	4800	#N/A			
4	微波炉	500	18			
5	空调	2500	18			
6	手机	5820	#N/A			
7	电视	1800	21			
8	洗衣机	1500	14			
9	冰箱	2800	28			
10	音响	1200	#N/A			
11						

图28-8

技巧8 统计某一类产品的最高出库单价

在产品出库统计数据库中，一类产品有多个品种，如果要统计出某一类产品的多个品种中最高出库单价，可以使用DMAX函数来实现，操作方法如下。

❶ 在F4:F5单元格区域中设置条件，即产品名称以“VOV”开头，因此使用了“VOV”条件。

❷ 选中G5单元格，在公式编辑栏中输入公式：=DMAX(A1:D13,4,F4:F5)，按回车键，即可统计出“VOV”系列产品的最高出库单价，如图28-9所示。

G5　　=DMAX(A1:D13,4,F4:F5)　　输入

	A	B	C	D	E	F	G
1	日期	产品名称	出库数量	单价			
2	2011-3-1	VOV绿茶面膜200g	25	32.00			
3	2011-3-1	VOV樱桃面膜200g	18	30.00			
4	2011-3-2	碧欧泉矿泉爽肤水	16	72.00		产品名称	最高出库单价
5	2011-3-2	碧欧泉美白防晒霜	6	82.00		VOV*	32
6	2011-3-2	碧欧泉美白面膜2片	8	55.00			
7	2011-3-3	水之印美白乳液	7	89.00		产品名称	最高出库金额
8	2011-3-4	水之印美白隔离霜	5	126.00		水之印*	
9	2011-3-4	水之印绝配无暇粉底	12	134.00			
10	2011-3-5	东洋之花滋润护手霜	15	8.00			
11	2011-3-5	水之印美白乳液	16	89.00			
12	2011-3-5	VOV樱桃面膜200g	32	30.00			
13	2011-3-5	碧欧泉矿泉爽肤水	20	72.00			

图28-9

❸ 在F7:F8单元格区域中设置条件，即产品名称以“水之印”开头，因此使用了“水之印”条件。

❹ 选中G8单元格，在公式编辑栏中输入公式：=DMAX(A1:D13,4,F7:F8)，按回车键，即可统计出“水之印”系列产品的最高出库金额，如图28-10所示。

G8　　=DMAX(A1:D13,4,F7:F8)　　输入

	A	B	C	D	E	F	G
1	日期	产品名称	出库数量	单价			
2	2011-3-1	VOV绿茶面膜200g	25	32.00			
3	2011-3-1	VOV樱桃面膜200g	18	30.00			
4	2011-3-2	碧欧泉矿泉爽肤水	16	72.00		产品名称	最高出库单价
5	2011-3-2	碧欧泉美白防晒霜	6	82.00		VOV*	32
6	2011-3-2	碧欧泉美白面膜2片	8	55.00			
7	2011-3-3	水之印美白乳液	7	89.00		产品名称	最高出库金额
8	2011-3-4	水之印美白隔离霜	5	126.00		水之印*	134
9	2011-3-4	水之印绝配无暇粉底	12	134.00			
10	2011-3-5	东洋之花滋润护手霜	15	8.00			
11	2011-3-5	水之印美白乳液	16	89.00			
12	2011-3-5	VOV樱桃面膜200g	32	30.00			
13	2011-3-5	碧欧泉矿泉爽肤水	20	72.00			

图28-10

技巧9 对每日出库量累计求和

本例中按日统计了产品的出库量，使用OFFSET函数配合ROW函数可以实现对每日出库量累计求和，可按如下方法进行计算。

❶ 选中C2单元格，在公式编辑栏中输入公式：=ISPMT(A2,1,B2,C2)，按回车键，即可计算出第一项累积计算结果。

❷ 选中C2单元格，将光标移到单元格的右下角，当光标变成十字形状后，按住鼠标左键向下拖动进行公式填充，可以求出每日的累计出库量，如图28-11所示。

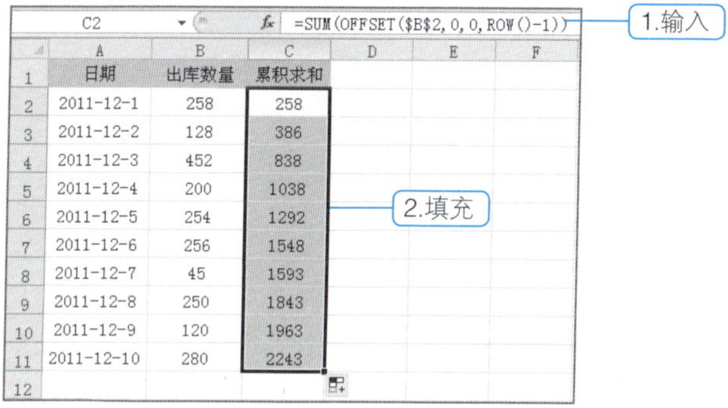

	A	B	C
1	日期	出库数量	累积求和
2	2011-12-1	258	258
3	2011-12-2	128	386
4	2011-12-3	452	838
5	2011-12-4	200	1038
6	2011-12-5	254	1292
7	2011-12-6	256	1548
8	2011-12-7	45	1593
9	2011-12-8	250	1843
10	2011-12-9	120	1963
11	2011-12-10	280	2243

图28-11

技巧10 计算产量最高的季度

工作表中有12个月的出库量明细，现需计算出库量最高的季度。具体操作方法如下。

❶ 选中D2单元格，在公式编辑栏中输入公式：=TEXT(MATCH(MAX(SUBTOTAL(9,OFFSET(A1,{0,3,6,9},1,3))),SUBTOTAL(9,OFFSET(A1,{0,3,6,9},1,3)),0),"[DBNum1]0季度")。

❷ 按回车键，即可计算产量最高的季度名称，如图28-12所示。

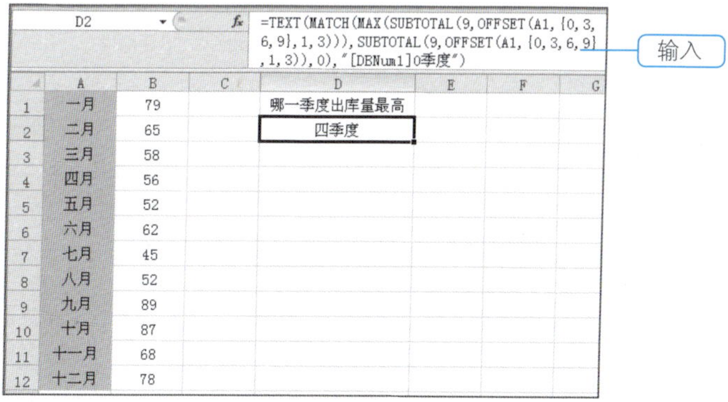

	A	B	C	D
1	一月	79		哪一季度出库量最高
2	二月	65		四季度
3	三月	58		
4	四月	56		
5	五月	52		
6	六月	62		
7	七月	45		
8	八月	52		
9	九月	89		
10	十月	87		
11	十一月	68		
12	十二月	78		

图28-12

读书笔记

第29章

函数在贷款和投资计算中的应用技巧

Excel 2010中提供了许多函数，可以帮助用户快速计算，下面介绍函数在贷款和投资计算中的应用。

技巧1 计算贷款的每期偿还额

PMT函数是基于固定利率及等额分期付款方式，返回贷款的每期付款额。在表格中显示了某项贷款总金额、贷款年利率、贷款年限、付款方式为期末付款。现在需要计算出该项贷款的每年偿还金额，需要使用PMT函数来实现。具体操作方法如下。

1. 选中B5单元格，在公式编辑栏中输入公式：=PMT(B1,B2,B3)。
2. 按回车键，即可计算出该项贷款每年偿还金额，如图29-1所示。

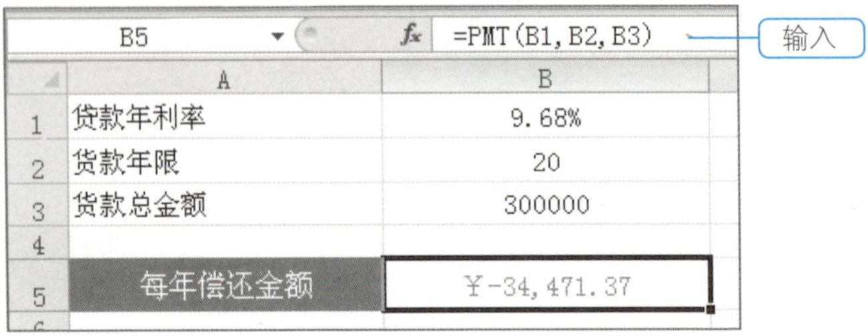

图29-1

技巧2 当支付次数为按季度支付时计算每期应偿还额

当支付次数为按季度支付时，要计算出每期应偿还额，则转换贷款利率和贷款付款总数。此处要求按季度支付，那么贷款利率应为：年利率/4，付款总数应为：贷款年限*4。了解了这一规则后，下面公式的设置则比较简单了，操作方法如下。

1. 选中B5单元格，在公式编辑栏中输入公式：=PMT(B1/4,B2*4,B3)
2. 按回车键，即可计算出该项贷款每季度的偿还金额，如图29-2所示。

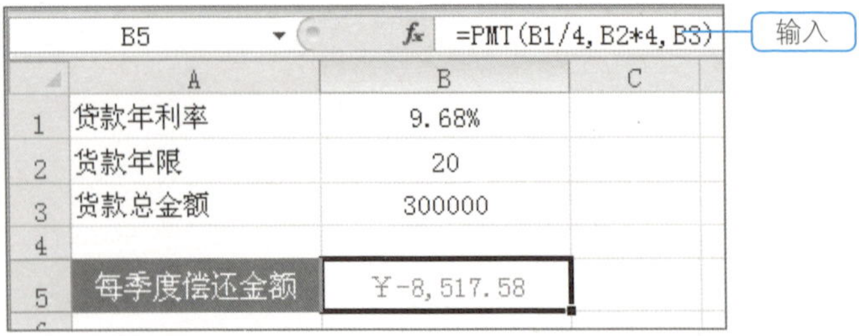

图29-2

技巧3　计算贷款每期偿还额中包含的本金额

PPMT函数是基于固定利率及等额分期付款方式，返回投资在某一给定期间内的本金偿还额，PMT函数是基于固定利率及等额分期付款方式，返回贷款的每期付款额。但每期偿还额中本金额与利息额各不相同，现在要计算出偿还额中本金额，需要使用PPMT函数来计算，操作方法如下。

❶ 选中E2单元格，在公式编辑栏中输入公式：=PPMT($B$2,D2,$B$3,$B$4)，按回车键，即可计算出该项贷款第一年还款额中的本金额。

❷ 将光标移到E2单元格的右下角，光标变成十字形状后，按住鼠标左键向下拖动进行公式填充，即可快速求出其他各年中偿还的本金额，如图29-3所示。

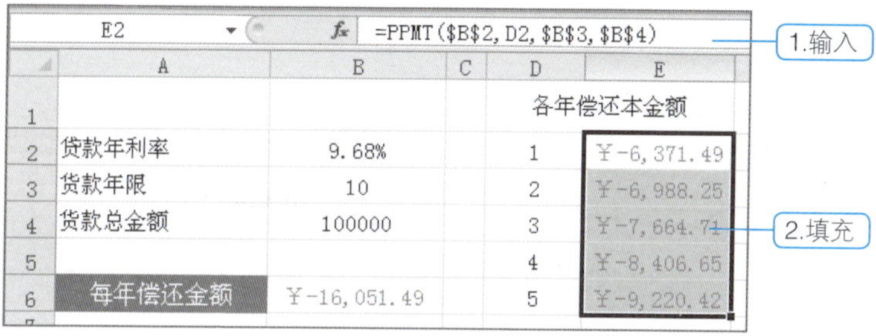

	A	B	C	D	E
1				各年偿还本金额	
2	贷款年利率	9.68%		1	￥-6,371.49
3	贷款年限	10		2	￥-6,988.25
4	贷款总金额	100000		3	￥-7,664.71
5				4	￥-8,406.65
6	每年偿还金额	￥-16,051.49		5	￥-9,220.42

图29-3

技巧4　计算贷款每期偿还额中包含的利息额

IPMT函数是基于固定利率及等额分期付款方式，返回给定期数内对投资的利息偿还额。使用IPMT函数计算的贷款的每期偿还额都是相等的，因为IPMT函数是基于固定利率及等额分期付款方式，返回贷款的每期付款额。但每期偿还额中本金额与利息额各不相同，要计算出偿还额中利息额为多少，需要使用IPMT函数来计算。在表格中显示了某项贷款总金额、贷款年利率、贷款年限，付款方式为期末付款，下面需要计算出该项贷款的每年偿还利息金额，操作方法如下。

❶ 选中E2单元格，在公式编辑栏中输入公式：=IPMT($B$2,D2,$B$3,$B$4)，按回车键，即可计算出该项贷款第一年还款额中的利息额。

❷ 将光标移到E2单元格的右下角，光标变成十字形状后，按住鼠标左键向下拖动进行公式填充，即可快速求出其他各年中偿还的利息额，如图29-4所示。

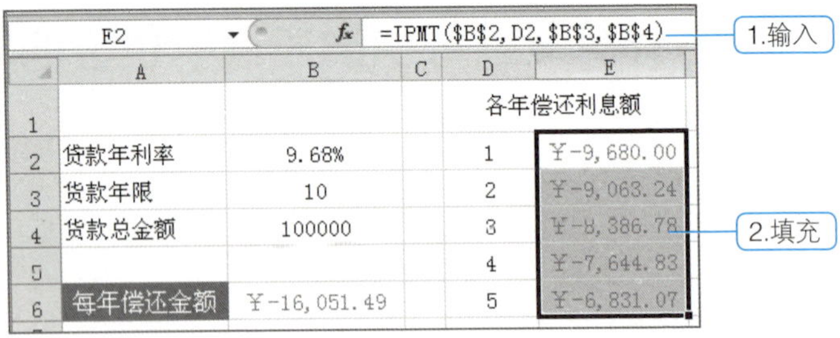

图29-4

技巧5 计算出住房贷款中每月还款利息额

当前已知住房总贷款额、贷款利率、贷款总年限，现在需要计算出前5个月每月还款额中利息额为多少，具体操作方法如下。

1 选中E2单元格，在公式编辑栏中输入公式：=IPMT($B$2/12,D2,$B$3*12,$B$4)，按回车键，即可计算出该项住房贷款第一个月还款额中的利息额。

2 将光标移到E2单元格的右下角，光标变成十字形状后，按住鼠标左键向下拖动进行公式填充，即可快速计算出该项住房贷款前5个月每月还款额中的利息额，如图29-5所示。

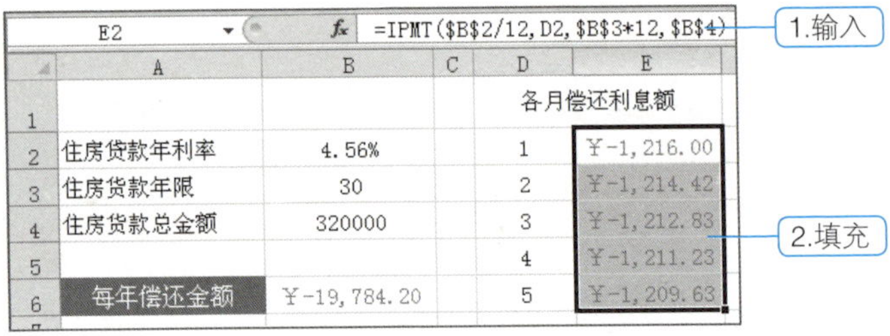

图29-5

技巧6 计算购买某项保险的未来值

FV函数是基于固定利率及等额分期付款方式，返回某项投资的未来值。若保险年利率为5.36%、分30年付款、各期应付金额为5000元、付款方式为期初付款。现在要计算出该项保险的未来值，需要使用FV函数来实现，具体操作方法如下。

1 选中B5单元格，在公式编辑栏中输入公式：=FV(B1,B2,B3,1)

❷ 按回车键，即可计算出该项保险的未来值，如图29-6所示。

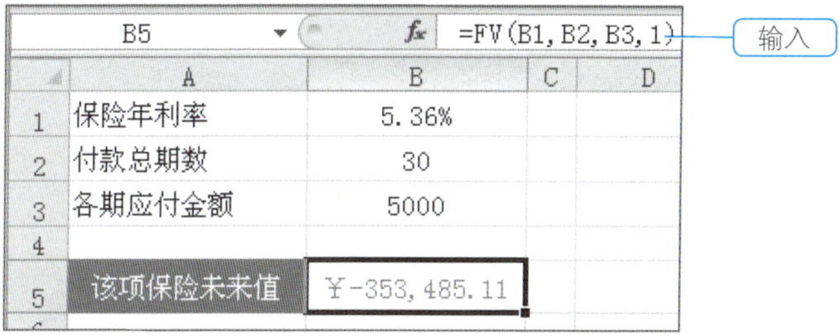

	A	B	C	D
1	保险年利率	5.36%		
2	付款总期数	30		
3	各期应付金额	5000		
4				
5	该项保险未来值	￥-353,485.11		

图29-6

技巧7　计算住房公积金的未来值

要计算出住房公积金的未来值，其计算方法与计算保险的未来值相同。例如，企业提供住房公积金福利待遇，每月从工资中扣除300元作为住房公积金，然后按年利率为20%返还给员工。现在要计算出5年后员工住房公积金金额，需要使用FV函数来实现，可按如下方法进行操作。

❶ 选中B5单元格，在公式编辑栏中输入公式：=FV(B1/12,B2,B3)。

❷ 按回车键，即可计算出5年后员工住房公积金的未来值，如图29-7所示。

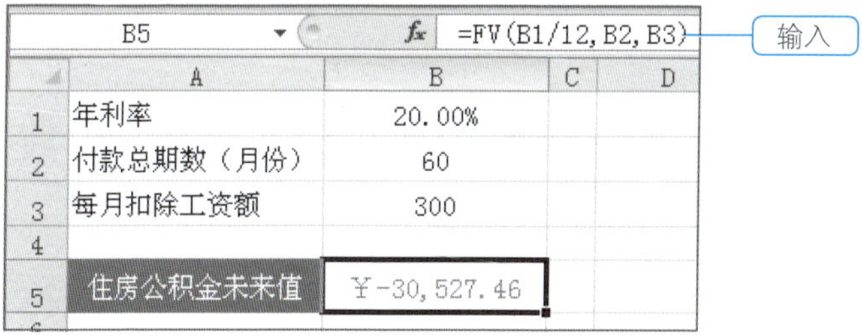

	A	B	C	D
1	年利率	20.00%		
2	付款总期数（月份）	60		
3	每月扣除工资额	300		
4				
5	住房公积金未来值	￥-30,527.46		

图29-7

技巧8　计算购买某项保险的现值

要计算出某项投资的现值，需要使用PV函数。例如购买某项保险分30年付款，每年付7850元（共付235500元），年利率是5%，还款方式为期初还款。现在要计算出该项投资的现值，即支付的本金金额。具体操作方法如下。

❶ 选中B4单元格，在公式编辑栏中输入公式：=FV(A2,B2,C2,1)。

❷ 按回车键，即可计算出购买该项保险的现值，如图29-8所示。

E2 =SYD(B1,B3,B2,1) 输入

	A	B	C	D	E
1	固定资产原值	200000			
2	使用年限	6		第1年的折旧值	¥28,571.43
3	折余价值	100000		第2年的折旧值	
4				第3年的折旧值	
5				第4年的折旧值	
6				第5年的折旧值	
7				第6年的折旧值	

图29-8

技巧9 计算出某项贷款的清还年数

NPER函数是基于固定利率及等额分期付款方式，返回某项投资的总期数。当前得知某项贷款总额、年利率，以及每年向贷款方支付的金额，现在需要计算出该项贷款的清还年数，需要使用NPER函数，操作方法如下。

1. 选中B4单元格，在公式编辑栏中输入公式：=ABS(NPER(A2,B2,C2))。
2. 按回车键，即可计算出该项贷款的清还年数（约为8年），如图29-9所示。

B4 =ABS(NPER(A2,B2,C2)) 输入

	A	B	C
1	贷款年利率	每年支付额（万元）	贷款总金额（万元）
2	7.47%	10	100
3			
4	清还贷款的年限	7.74414222	
5			

图29-9

技巧10 计算出某项投资的投资期数

某项投资的回报率为7.18%，每月需要投资的金额为3000元，现在想最终获取100000元的收益，计算需要经过多少期的投资才能实现，需要使用NPER函数。具体操作方法如下。

1. 选中B4单元格，在公式编辑栏中输入公式：=ABS(NPER(A2/12,B2,C2))。
2. 按回车键，即可计算出要取得预计的收益金额需要投资的总期数（约为31个月），如图29-10所示。

B4 =ABS(NPER(A2/12,B2,C2)) 输入

	A	B	C
1	投资回报率	每月投资金额	预计收益金额
2	7.18%	3000	100000
3			
4	总投资期数（月数）	30.48501488	
5			

图29-10

技巧11 计算企业项目投资净现值

NPV函数是通过使用贴现率以及一系列未来支出（负值）和收入（正值），返回一项投资的净现值。某项投资总金额为2000000元，预计今后5年内的收益额分别是200000元、350000元、600000元、1000000元和1250000元，假定每年的贴现率是15%，现在要计算出该项投资净现值，需要使用NPV函数。具体操作方法如下。

1. 选中B9单元格，在公式编辑栏中输入公式：=NPV(B1,B2:B7)。
2. 按回车键，即可计算出该项投资的净现值，如图29-11所示。

B9　=NPV(B1,B2:B7)　输入

	A	B	C	D
1	年贴现率	15.00%		
2	期初投资额	-2000000		
3	第1年收益	200000		
4	第2年收益	350000		
5	第3年收益	600000		
6	第4年收益	1000000		
7	第5年收益	1250000		
8				
9	投资净现值	￥22,867.16		

图29-11

技巧12 计算某项投资的年金现值

PV函数用于返回投资的现值。现值为一系列未来付款的当前值的累积和。李某购买某项保险，每月月底支付900元，投资回报率为9.95%，投资年限为15年。现在要计算出该项投资的年金现值，需要使用PV函数。操作方法如下。

1. 选中B5单元格，在公式编辑栏中输入公式：=PV(B1/12,B2*12,B3)。
2. 按回车键，即可计算出该项投资的年金现值，如图29-12所示。

B5　=PV(B1/12,B2*12,B3)　输入

	A	B	C	D
1	投资回报率	9.95%		
2	年限	15		
3	每月底支出保险金额	900		
4				
5	投资年金现值	￥-83,990.61		

图29-12

读书笔记

第30章

函数在固定资产管理中的应用技巧

公司的固定资产是其进行生产经营活动的根本条件，在公司总资产中占有相当大比重。固定资产折旧金额需要计入各期成本，因此折旧金额的多少直接影响到产品的价格和公司利润。

技巧1 采用直线法计算出固定资产的每年折旧额

SLN函数用于返回某项资产在一个期间中的线性折旧值。本例表格中显示了各项固定资产的原值、可使用年限、折旧后价值。现在要采用直线法计算每项固定资产每年的折旧额，可以使用SLN函数来实现。具体操作方法如下。

❶ 选中E2单元格，在公式编辑栏中输入公式：=SLN(B2,D2,C2)，按回车键，即可计算出第一项固定资产每年折旧额。

❷ 将光标移到E2单元格的右下角，光标变成十字形状后，按住鼠标左键向下拖动进行公式填充，即可计算出其他固定资产的每年折旧额，如图30-1所示。

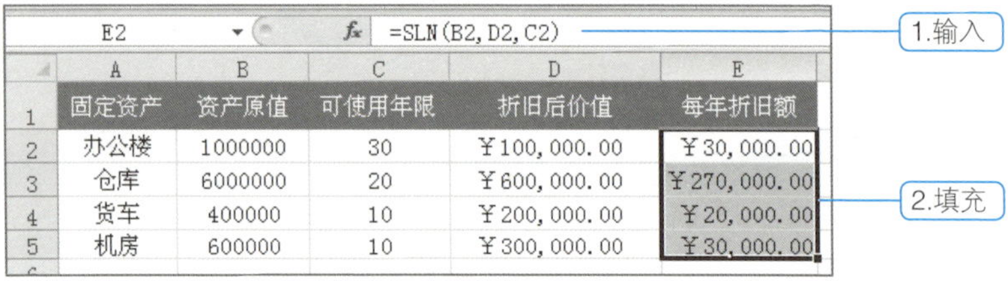

	A	B	C	D	E
1	固定资产	资产原值	可使用年限	折旧后价值	每年折旧额
2	办公楼	1000000	30	¥100,000.00	¥30,000.00
3	仓库	6000000	20	¥600,000.00	¥270,000.00
4	货车	400000	10	¥200,000.00	¥20,000.00
5	机房	600000	10	¥300,000.00	¥30,000.00

图30-1

技巧2 采用直线法计算出固定资产的每月折旧额

本例表格中显示了各项固定资产的原值、可使用年限、折旧后价值。现在要采用直线法计算每项固定资产每月的折旧额，可以使用SLN函数来实现，具体操作方法如下。

❶ 选中E2单元格，在公式编辑栏中输入公式：=SLN(B2,D2,C2*12)，按回车键，即可计算出第一项固定资产每月折旧额。

❷ 将光标移到E2单元格的右下角，光标变成十字形状后，按住鼠标左键向下拖动进行公式填充，即可计算出其他固定资产的每月折旧额，如图30-2所示。

	A	B	C	D	E
1	固定资产	资产原值	可使用年限	折旧后价值	每月折旧额
2	办公楼	1000000	30	¥100,000.00	¥2,500.00
3	仓库	6000000	20	¥600,000.00	¥22,500.00
4	货车	400000	10	¥200,000.00	¥1,666.67
5	机房	600000	10	¥300,000.00	¥2,500.00

图30-2

技巧3　采用直线法计算出固定资产的每天折旧额

本例表格中显示了各项固定资产的原值、可使用年限、折旧后价值。现在要采用直线法计算每项固定资产每天的折旧额，可以使用SLN函数来实现，操作方法如下。

❶ 选中E2单元格，在公式编辑栏中输入公式：=SLN(B2,D2,C2*365)，按回车键，即可计算出第一项固定资产每天折旧额。

❷ 将光标移到E2单元格的右下角，光标变成十字形状后，按住鼠标左键向下拖动进行公式填充，即可计算出其他固定资产的每天折旧额，如图30-3所示。

E2　=SLN(B2,D2,C2*365)　（1.输入）

	A	B	C	D	E
1	固定资产	资产原值	可使用年限	折旧后价值	每天折旧额
2	办公楼	1000000	30	￥100,000.00	￥82.19
3	仓库	6000000	20	￥600,000.00	￥739.73
4	货车	400000	10	￥200,000.00	￥54.79
5	机房	600000	10	￥300,000.00	￥82.19

（2.填充）

图30-3

技巧4　采用固定余额递减法计算出固定资产的每年折旧额

DB函数使用固定余额递减法，计算一笔资产在给定期间内的折旧值。本例表格中显示了固定资产的原值、可使用年限、折余价值等信息。现在要采用固定余额递减法计算该项固定资产每年的折旧额，可以使用DB函数来实现，操作方法如下。

❶ 选中E2单元格，在公式编辑栏中输入公式：=DB(B1,B3,B2,1,B4)，按回车键，即可计算出第1年的折旧额，如图30-4所示。

E2　=DB(B1,B3,B2,1,B4)　（输入）

	A	B	C	D	E
1	固定资产原值	200000			
2	使用年限	6		第1年的折旧值	￥21,800.00
3	折余价值	100000		第2年的折旧值	
4	每年使用的月数	12		第3年的折旧值	
5				第4年的折旧值	
6				第5年的折旧值	
7				第6年的折旧值	

图30-4

❷ 选中E3单元格，在公式编辑栏中输入公式：=DB(B1,B3,B2,2,B4)，按回车键，即可计算出第2年的折旧额，按照相同的方法计算其他各年的折旧额。在

计算时只需要重新修改Period参数即可，即修改计算折旧值的期间。例如计算第6年的折旧值，只需要将公式更改为“=DB(B1,B3,B2,6,B4)”，如图30-5所示。

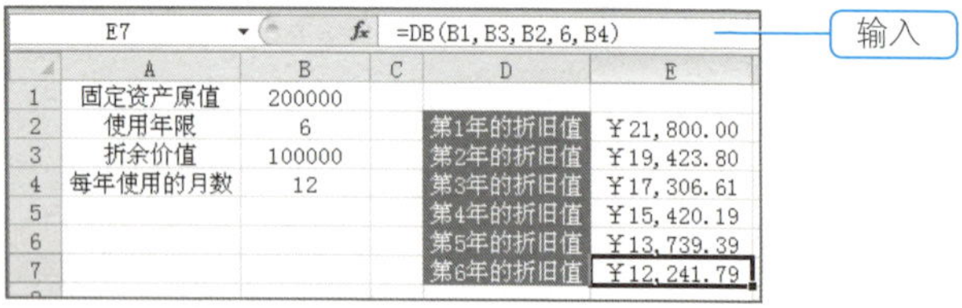

图30-5

技巧5 采用固定余额递减法计算出固定资产的每月折旧额

在使用固定余额递减法计算固定资产的折旧额时，当计算了每年的折旧额后，如果要计算每月折旧额就比较方便了，只要将求得的各年折旧额除以每年使用月数即可，操作方法如下。

1 选中F2单元格，在公式编辑栏中输入公式：=E2/$B$4，按回车键，即可计算出第1年中每月的折旧额。

2 将光标移到F2单元格的右下角，光标变成十字形状后，按住鼠标左键向下拖动进行公式填充，即可计算出每年中各月的折旧额，如图30-6所示。

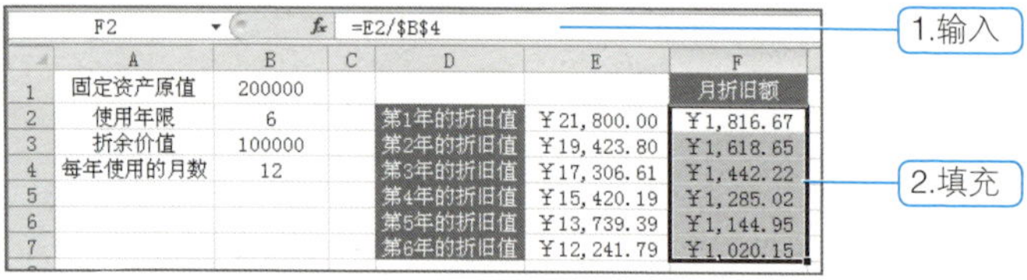

图30-6

技巧6 采用双倍余额递减法计算出固定资产的每年折旧额

DDB函数使用双倍余额递减法或其他指定方法，计算一笔资产在给定期间内的折旧值。本例表格中显示了固定资产的原值、使用年限、折余价值等信息。现在要采用双倍余额递减法计算该项固定资产每年的折旧额，可以使用DDB函数来实现。具体操作方法如下。

1 选中E2单元格，在公式编辑栏中输入公式：=DDB(B1,B3,B2,1)，按回车键，即可计算出该项固定资产第1年的折旧额，如图30-7所示。

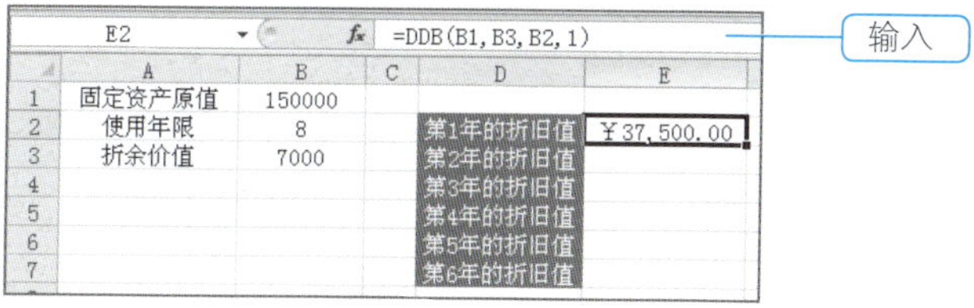

E2　=DDB(B1, B3, B2, 1)

	A	B	C	D	E
1	固定资产原值	150000			
2	使用年限	8		第1年的折旧值	￥37, 500. 00
3	折余价值	7000		第2年的折旧值	
4				第3年的折旧值	
5				第4年的折旧值	
6				第5年的折旧值	
7				第6年的折旧值	

图30-7

❷ 选中E3单元格，在公式编辑栏中输入公式：=DDB(B1,B3,B2,2)，按回车键，即可计算出该项固定资产第2年的折旧额，按照相同的方法计算其他各年的折旧额。在计算时只需要重新修改Period参数即可，即修改计算折旧值的期间。例如计算第6年的折旧值，只需要将公式更改为“=DDB(B1,B3,B2,6)”，如图30-8所示。

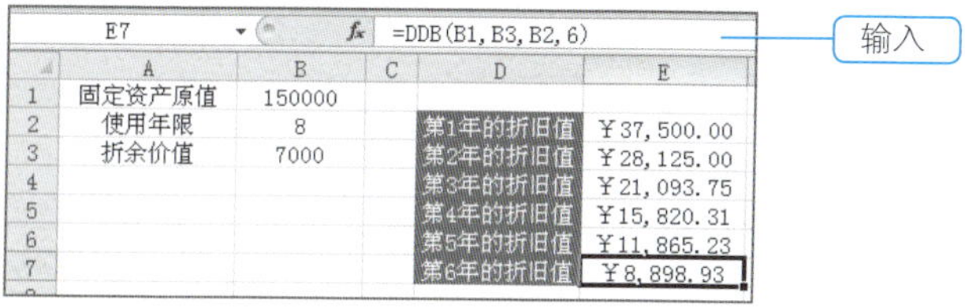

E7　=DDB(B1, B3, B2, 6)

	A	B	C	D	E
1	固定资产原值	150000			
2	使用年限	8		第1年的折旧值	￥37, 500. 00
3	折余价值	7000		第2年的折旧值	￥28, 125. 00
4				第3年的折旧值	￥21, 093. 75
5				第4年的折旧值	￥15, 820. 31
6				第5年的折旧值	￥11, 865. 23
7				第6年的折旧值	￥8, 898. 93

图30-8

技巧7　计算出固定资产部分期间的设备折旧值

VDB函数是使用双倍余额递减法或其他指定的方法，返回指定的任何期间内（包括部分期间）的资产折旧值。函数 VDB 代表可变余额递减法。本例表格中显示了固定资产的原值、使用年限、折余价值信息。分别计算出第1天、第1个月、第3年（2.5倍余额递减法）、第4～8个月固定资产折旧值分别为多少？可以使用VDB函数来实现，操作方法如下。

❶ 选中E2单元格，在公式编辑栏中输入公式：=VDB(B1,B3,B2*365,0,1)，按回车键，即可计算出该项固定资产第1天的折旧额，如图30-9所示。

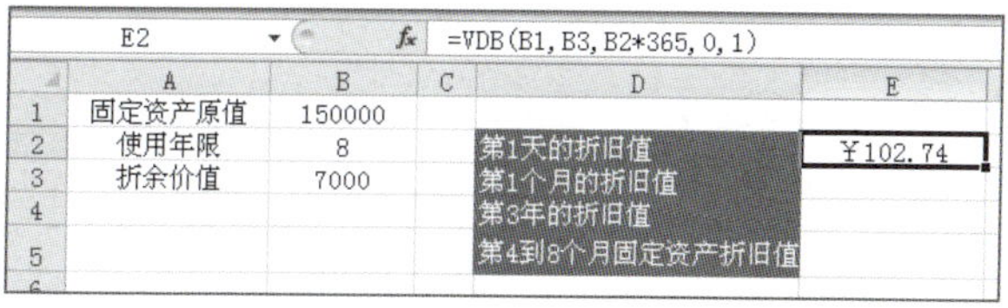

E2　=VDB(B1, B3, B2*365, 0, 1)

	A	B	C	D	E
1	固定资产原值	150000			
2	使用年限	8		第1天的折旧值	￥102. 74
3	折余价值	7000		第1个月的折旧值	
4				第3年的折旧值	
5				第4到8个月固定资产折旧值	

图30-9

❷ 选中E3单元格，在公式编辑栏中输入公式：=VDB(B1,B3,B2*12,0,1)，按回车键，即可计算出该项固定资产第1个月的折旧额，如图30-10所示。

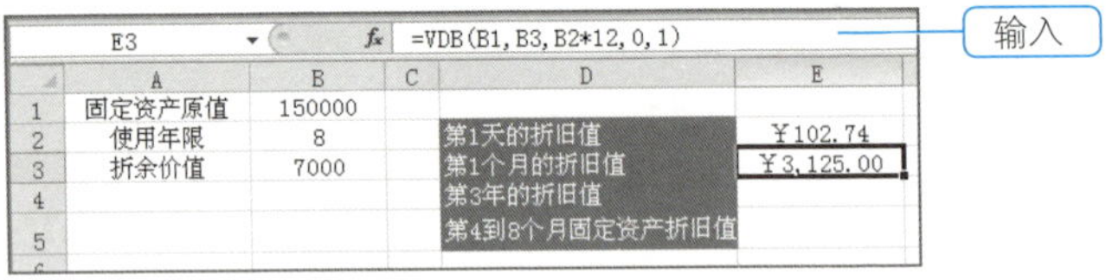

图30-10

3 选中E4单元格，在公式编辑栏中输入公式：=VDB(B1,B3,B2,0,3,2.5)，按回车键，即可计算出该项固定资产第3年的折旧额，如图30-11所示。

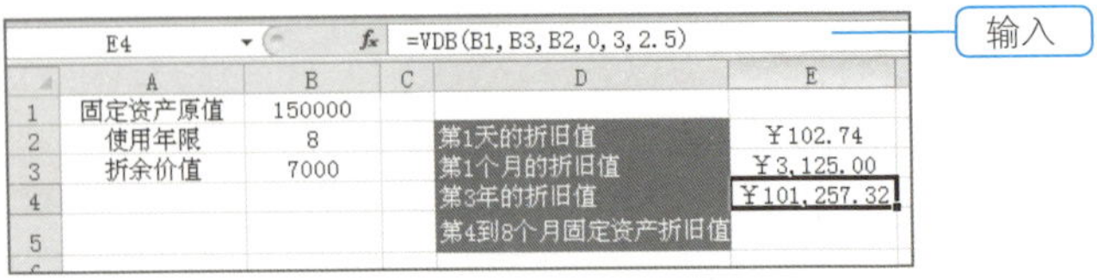

图30-11

4 选中E5单元格，在公式编辑栏中输入公式：=VDB(B1,B3,B2*12,4,8)，按回车键，即可计算出该项固定资产第4～8个月的折旧额，如图30-12所示。

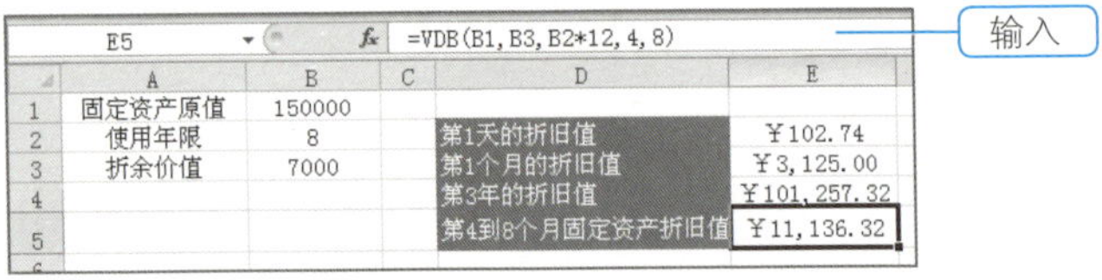

图30-12

技巧8 采用年限总和法计算出固定资产的每年折旧额

SYD函数用于返回某项资产按年限总和折旧法计算的指定期间的折旧值。本例表格中显示了固定资产的原值、使用年限、折余价值信息。现在要采用年限总和法计算出固定资产的每年折旧额，可以使用SYD函数来实现，具体操作方法如下。

1 选中E2单元格，在公式编辑栏中输入公式：=SYD(B1,B3,B2,1)，按回车键，即可计算出该项固定资产第1年的折旧额，如图30-13所示。

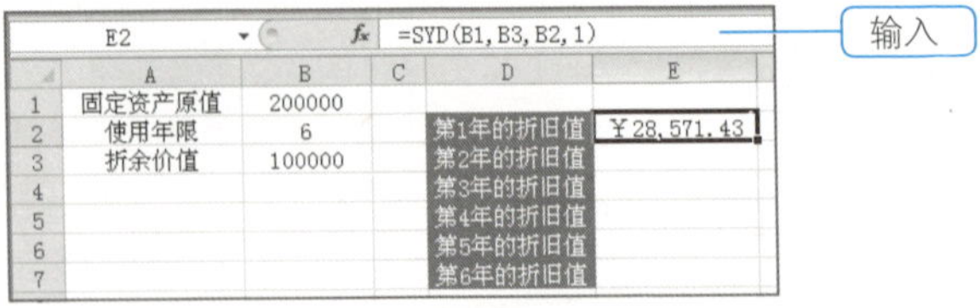

图30-13

2 选中E3单元格，在公式编辑栏中输入公式：=SYD(B1,B3,B2,2)，按回车键，即可计算出该项固定资产第2年的折旧额，按照相同的方法计算其他各年的折旧额。在计算时只需要重新修改Period参数即可，即修改计算折旧值的期间。例如计算第6年的折旧值，只需要将公式更改为“=SYD(B1,B3,B2,6)”，如图30-14所示。

E7　=SYD(B1, B3, B2, 6)　输入

	A	B	C	D	E
1	固定资产原值	200000			
2	使用年限	6		第1年的折旧值	￥28, 571. 43
3	折余价值	100000		第2年的折旧值	￥23, 809. 52
4				第3年的折旧值	￥19, 047. 62
5				第4年的折旧值	￥14, 285. 71
6				第5年的折旧值	￥9, 523. 81
7				第6年的折旧值	￥4, 761. 90

图30–14

技巧9 采用直线法计算累计折旧额

根据固定资产的开始使用日期和当前日期，可以计算该项固定资产至上月止累计折旧额。采用直线法计算至上月止累计折旧额的方法相对简单，因为，直线法计算得来的折旧额每年、每月的值都相等，因此，可以首先求出该项固定资产的已计提月份，然后求出该项固定资产每月折旧额，再将两者相乘即可得到该项固定资产至上月止累计折旧额。具体操作方法如下。

1 首先计算出固定资产已计提的月份。选中F2单元格，在公式编辑栏中输入公式：=INT(DAYS360(D2,TODAY())/30)，按回车键，即可根据该项固定资产的开始使用日期与当前日期计算其已计提月份。向下复制F2单元格的公式，即可快速得到各项固定资产的已计提月份，如图30-15所示。

F2　=INT(DAYS360(D2, TODAY())/30)　1.输入

	A	B	C	D	E	F	G
1	固定资产	资产原值	可使用年限	开始使日期	折余价值	已计提月份	至上月止累计折旧额
2	办公楼	1000000	30	2009-4-15	￥100, 000. 00	23	
3	仓库	6000000	20	2008-12-16	￥600, 000. 00	27	
4	货车	400000	10	2008-4-17	￥200, 000. 00	35	
5	机房	600000	10	2009-3-20	￥300, 000. 00	24	

2.填充

图30–15

2 计算至上月止累计折旧额。选中G2单元格，在公式编辑栏中输入公式：=SLN(B2,E2,C2)/12*F2，按回车键，即可计算出该项固定资产至上月止累计折旧额。向下复制G2单元格的公式，即可快速得到各项固定资产至上月止累计折旧额，如图30-16所示。

G2　=SLN(B2, E2, C2)/12*F2　1.输入

	A	B	C	D	E	F	G
1	固定资产	资产原值	可使用年限	开始使日期	折余价值	已计提月份	至上月止累计折旧额
2	办公楼	1000000	30	2009-4-15	￥100, 000. 00	23	￥57, 500. 00
3	仓库	6000000	20	2008-12-16	￥600, 000. 00	27	￥607, 500. 00
4	货车	400000	10	2008-4-17	￥200, 000. 00	35	￥58, 333. 33
5	机房	600000	10	2009-3-20	￥300, 000. 00	24	￥60, 000. 00

2.填充

图30–16

技巧10 采用余额递减法计算累计折旧额

根据固定资产的开始使用日期和当前日期，可以计算该项固定资产至上月止累计折旧额。由于余额递减法计算得来的折旧额每年都不相等，因此要计算固定资产至上月止累计折旧额，需要使用VDB函数计算出已计提月份中整年的折旧额，然后再计算除整年之外的零散月份的折旧额，将两者相加得到该项固定资产至上月止累计折旧额。具体操作方法如下。

❶ 计算出第1项固定资产至上月止累计折旧额。选中G2单元格，在公式编辑栏中输入公式：=VDB(B2,E2,C2,0,INT(F2/12))+DDB(B2,E2,C2,INT(F2/12)+1)/12*MOD(F2,12)，按回车键，即可根据该项固定资产的开始使用日期与当前日期计算出至上月止累计折旧额。

❷ 将光标移到G2单元格的右下角，光标变成十字形状后，按住鼠标左键向下拖动进行公式填充，即可快速得到各项固定资产至上月止累计折旧额，如图30-17所示。

G2 =VDB(B2,E2,C2,0,INT(F2/12))+DDB(B2,E2,C2,INT(F2/12)+1)/12*MOD(F2,12)　输入

	A	B	C	D	E	F	G
1	固定资产	资产原值	可使用年限	开始使日期	折余价值	已计提月份	至上月止累计折旧额
2	办公楼	1000000	30	2009-4-15	￥100,000.00	23	￥123,703.70
3	仓库	6000000	20	2008-12-16	￥600,000.00	27	￥1,261,500.00
4	货车	400000	10	2008-4-17	￥200,000.00	35	￥190,933.33
5	机房	600000	10	2009-3-20	￥300,000.00	24	￥216,000.00

图30-17

专家提示

1. VDB(B2,E2,C2,0,INT(F2/12))部分计算出整年的累计折旧额，该项固定资产已计提23个月，即1年11个月，因此这部分公式可计算出0~1年的累计折旧额。

2. DDB(B2,E2,C2,INT(F2/12)+1)/12*MOD(F2,12)部分计算出零散月份折旧额，即11个月折旧额。因此首先用DDB计算出第2年的折旧额（DDB(B2,E2,C2,INT(F2/12)+1)），然后除以12表示第2年中各月折旧额（DDB(B2,E2,C2,INT(F2/12)+1)/12），然后乘以F2/12的余数（MOD(F2,12)），即零散月份数，即可得到11个月的折旧额。

技巧11 采用年限总和法计算累计折旧额

年限总和法计算累计折旧额，其方法是先计算出已计提月份中整年折旧额（注意需要逐年相加得到），然后再计算出零散月份的折旧额，两者相加得到该项固定资产至上月止累计折旧额，操作方法如下。

❶ 计算出第1项固定资产至上月止累计折旧额。选中G2单元格，在公式编辑栏中输入公式：=SYD(B2,E2,C2,1)+SYD(B2,E2,C2,2)+SYD(B2,E2,C2,INT(F2/12))+SYD(B2,E2,C2,INT(F2/12)+1)/12*MOD(F2,12)，按回车键，即可根据该项固定资产的开始使用日期与当前日期计算出至上月止累计折旧额，如图30-18所示。

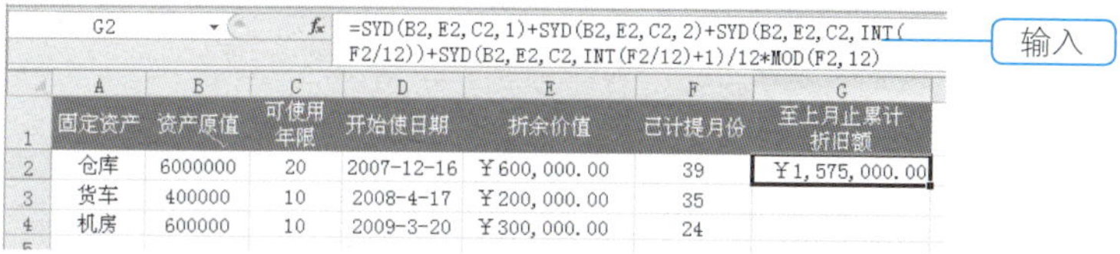

	A	B	C	D	E	F	G
1	固定资产	资产原值	可使用年限	开始使日期	折余价值	已计提月份	至上月止累计折旧额
2	仓库	6000000	20	2007-12-16	￥600,000.00	39	￥1,575,000.00
3	货车	400000	10	2008-4-17	￥200,000.00	35	
4	机房	600000	10	2009-3-20	￥300,000.00	24	

图30-18

❷ 选中G3单元格，在公式编辑栏中输入公式：=SYD(B3,E3,C3,1)+SYD(B3,E3,C3,2)+SYD(B3,E3,C3,INT(F3/12))+SYD(B3,E3,C3,INT(F3/12)+1)/12*MOD(F3,12)，按回车键，即可根据该项固定资产的开始使用日期与当前日期计算出至上月止累计折旧额，如图30-19所示。

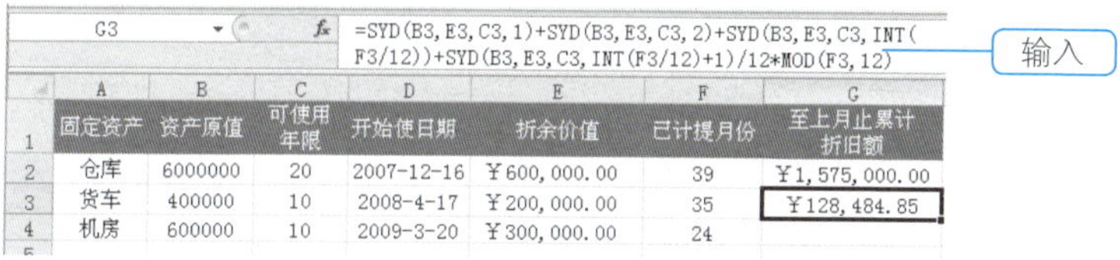

	A	B	C	D	E	F	G
1	固定资产	资产原值	可使用年限	开始使日期	折余价值	已计提月份	至上月止累计折旧额
2	仓库	6000000	20	2007-12-16	￥600,000.00	39	￥1,575,000.00
3	货车	400000	10	2008-4-17	￥200,000.00	35	￥128,484.85
4	机房	600000	10	2009-3-20	￥300,000.00	24	

图30-19

❸ 选中G4单元格，在公式编辑栏中输入公式：=SYD(B4,E4,C4,1)+SYD(B4,E4,C4,2)+SYD(B4,E4,C4,INT(F4/12))+SYD(B4,E4,C4,INT(F4/12)+1)/12*MOD(F4,12)，按回车键，即可根据该项固定资产的开始使用日期与当前日期计算出至上月止累计折旧额，如图30-20所示。

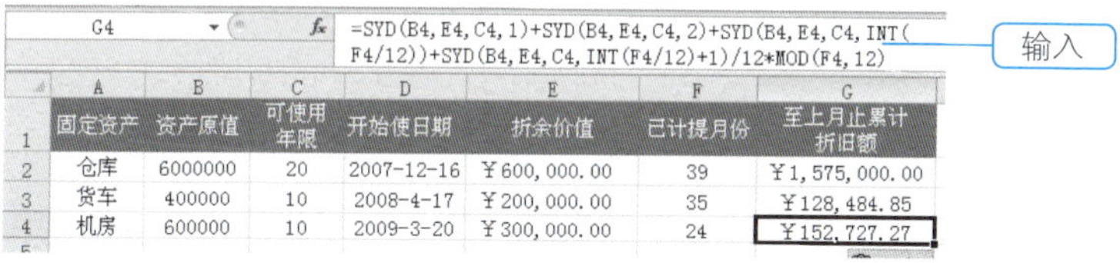

	A	B	C	D	E	F	G
1	固定资产	资产原值	可使用年限	开始使日期	折余价值	已计提月份	至上月止累计折旧额
2	仓库	6000000	20	2007-12-16	￥600,000.00	39	￥1,575,000.00
3	货车	400000	10	2008-4-17	￥200,000.00	35	￥128,484.85
4	机房	600000	10	2009-3-20	￥300,000.00	24	￥152,727.27

图30-20

专家提示

为什么使用年限总和法不能向下填充公式？

年限总和法是根据固定资产当前已计提月份，将每年的资产折旧值以及零散月份折旧值累加起来才得到已计提折旧值，所以固定资产当前已计提月份不同，所对应的累计折旧计算公式也不相同，如第1项固定资产当前计提月份为39，第2项固定资产当前计提月份为35。

技巧12 计算每个会计期间的折旧值

AMORDEGRC函数用于返回每个结算期间的折旧值。某企业2010年1月1日购入价值为300000元的资产，第一个会计期间结束日期为2010年8月1日，其资产残值为1000元，折旧率为5.5%，按实际天数为年基准，现在要计算出每个会计期间的折旧值，可以使用AMORDEGRC函数来实现。具体操作方法如下。

1 选中B9单元格，在公式编辑栏中输入公式：=AMORDEGRC(B1,B2,B3,B4,B5,B6,B7)。

2 按回车键，即可计算出每个会计期间的折旧值，如图30-21所示。

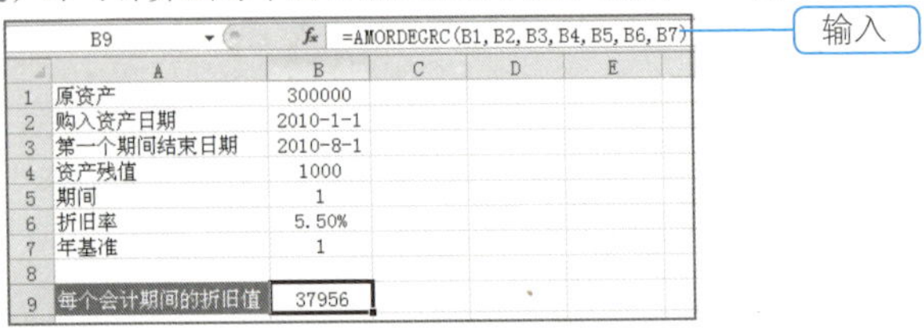

	A	B	C	D	E
1	原资产	300000			
2	购入资产日期	2010-1-1			
3	第一个期间结束日期	2010-8-1			
4	资产残值	1000			
5	期间	1			
6	折旧率	5.50%			
7	年基准	1			
8					
9	每个会计期间的折旧值	37956			

图30-21

技巧13 如何以法国会计系统计算每个会计期间的折旧值

AMORLINC函数用于返回每个结算期间的折旧值，该函数为法国会计系统提供。如果某项资产是在结算期间的中期购入的，则按线性折旧法计算。某企业2010年1月1日购入价值为300000元的资产，第一个会计期间结束日期为2010年8月1日，其资产残值为1000元，折旧率为5.5%，按实际天数为年基准，现在要计算出每个会计期间的折旧值（法国会计系统），可以使用AMORLINC函数来实现。具体操作方法如下。

1 选中B9单元格，在公式编辑栏中输入公式：=AMORLINC(B1,B2,B3,B4,B5,B6,B7)。

2 按回车键，即可计算出每个会计期间的折旧值（法国会计系统），如图30-22所示。

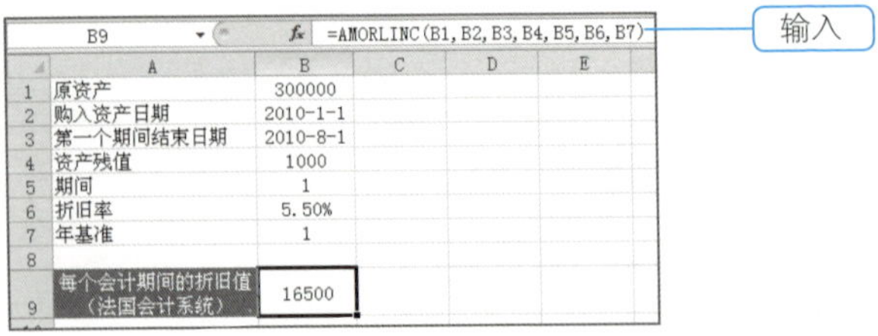

	A	B	C	D	E
1	原资产	300000			
2	购入资产日期	2010-1-1			
3	第一个期间结束日期	2010-8-1			
4	资产残值	1000			
5	期间	1			
6	折旧率	5.50%			
7	年基准	1			
8					
9	每个会计期间的折旧值（法国会计系统）	16500			

图30-22

第5篇 图表基础与应用

第31章 图表、迷你图创建与数据系列设置技巧

在Excel 2010中，用户可以根据需要来选择数据源创建图表，并且可以在图表创建过后对数据系列进行设置与调整，达到用户最终所需要的图表。

技巧1 快速创建数据图表

Excel图表可以将数据图形化，更直观地显示数据，使数据对比和变化趋势一目了然，提高信息整理价值，更准确直观地表达信息和观点。在工作表中快速创建图表的操作方法如下。

❶ 打开一个名为“销售分析报表”的工作表，从中选择数据区域，如图31-1所示。

❷ 单击“插入”选项卡，在“图表”选项组中单击“柱形图”下拉按钮，在弹出的下拉面板中选择“簇状柱形图”选项，如图31-2所示。

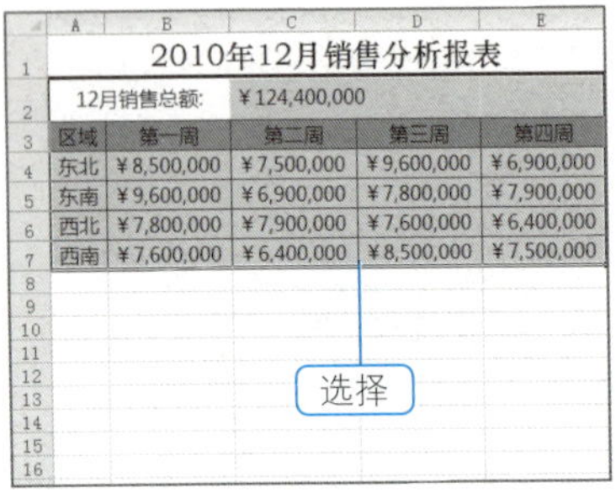

图31-1

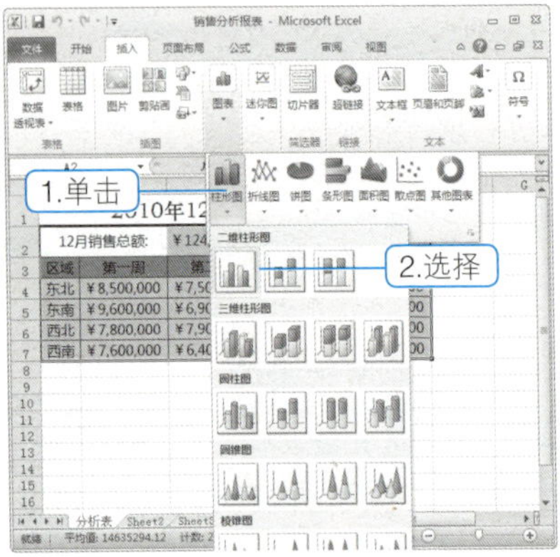

图31-2

❸ 此时，图表已经插入到工作表中，效果如图31-3所示。

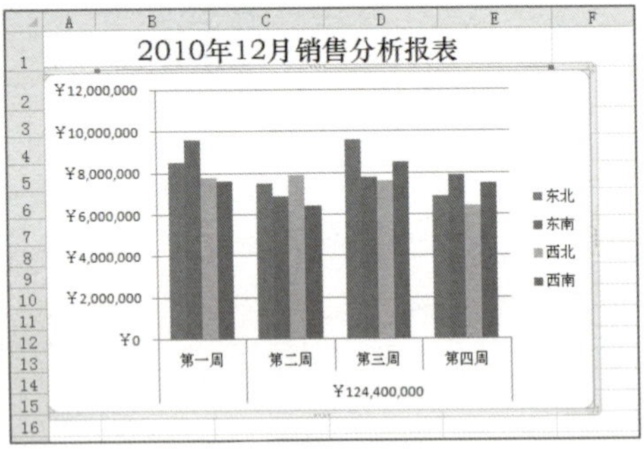

图31-3

专家提示

Excel提供了多种图表类型，用户可根据自己的需要进行选择。

技巧2　巧妙创建不连续数据区域图表

若想用图表的形式来对比两组数据，可按如下方法进行操作。

❶ 按住“Ctrl”键的同时在工作表中选中要创建图表的不连续区域，如图31-4所示。

❷ 单击“插入”选项卡，在“图表”选项组中单击“条形图”下拉按钮，在弹出的下拉面板中选择“三位簇状条形图”选项，在工作表中插入图表，如图31-5所示。

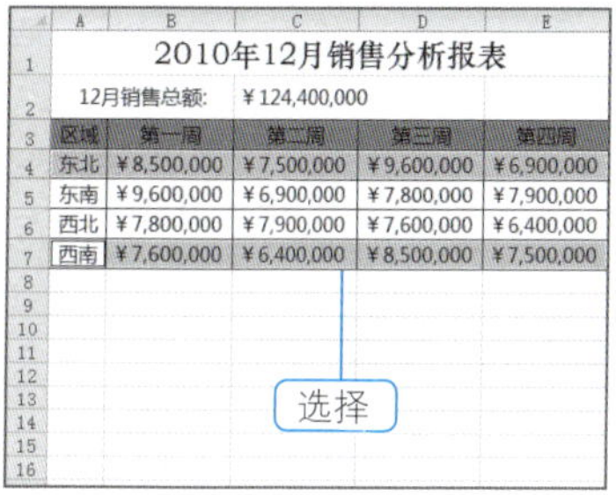

图31-4

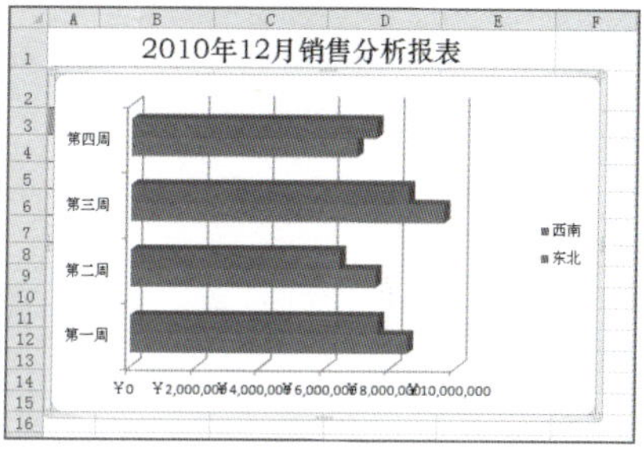

图31-5

技巧3　拖动方法添加数据系列

在创建有图表的表格中添加数据后，还需要在图表中添加相应数据系列。例如，图31-6的表格中添加了一行数据，但还没有添加到图表中。

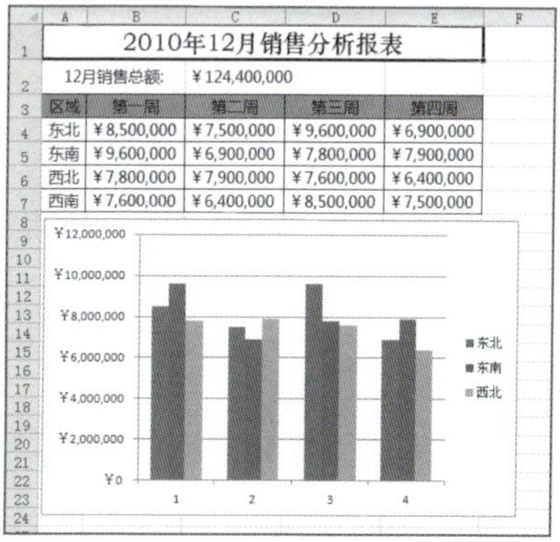

图31-6

传统的添加方法无非是使用功能区和菜单命令，操作比较烦琐。使用鼠标拖动的方法快速添加数据系列的操作步骤如下。

❶ 选中图表，此时表格中的数据将以不同颜色的框线标识，将鼠标指针置于如图31-7所示的位置，鼠标指针呈双向箭头形状。

❷ 向下拖动鼠标，至添加的数据行后释放鼠标，将新添加的数据添加到图表中，效果如图31-8所示。

C	D	E
年12月销售分析报表		
¥94,400,000		
第二周	第三周	第四周
¥7,500,000	¥9,600,000	¥6,900,000
¥6,900,000	¥7,800,000	¥7,900,000
¥7,900,000	¥7,600,000	¥6,400,000
¥6,400,000	¥8,500,000	¥7,500,000

图31-7

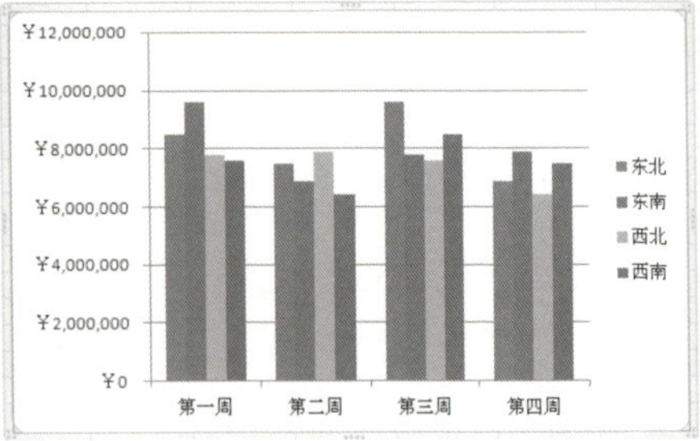

图31-8

技巧4 使用复制方法添加数据系列

使用复制数据源的方法可以快速添加数据系列，操作步骤如下。

❶ 选中要添加的数据行，按“Ctrl+C”组合键，复制数据，如图31-9所示。

❷ 向下拖动鼠标，至添加的数据行后释放鼠标，将新添加的数据添加到图表中，效果如图31-10所示。

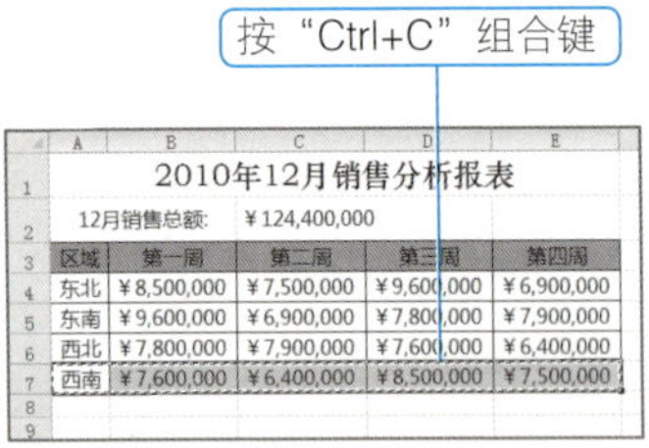

A	B	C	D	E
2010年12月销售分析报表				
	12月销售总额:	¥124,400,000		
区域	第一周	第二周	第三周	第四周
东北	¥8,500,000	¥7,500,000	¥9,600,000	¥6,900,000
东南	¥9,600,000	¥6,900,000	¥7,800,000	¥7,900,000
西北	¥7,800,000	¥7,900,000	¥7,600,000	¥6,400,000
西南	¥7,600,000	¥6,400,000	¥8,500,000	¥7,500,000

图31-9

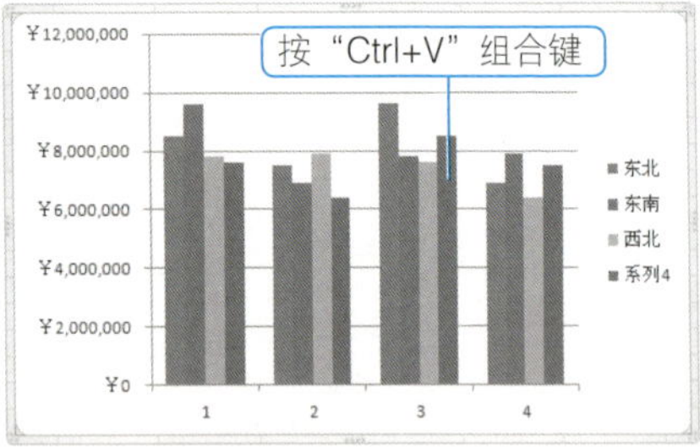

图31-10

技巧5 在图表中直接删除数据系列

删除和添加数据序列是反向的操作。用户可在图表中直接删除数据序列，操作方法如下：在图表中单击要删除的数据序列，按“Delete”键即可，如31-11图所示。

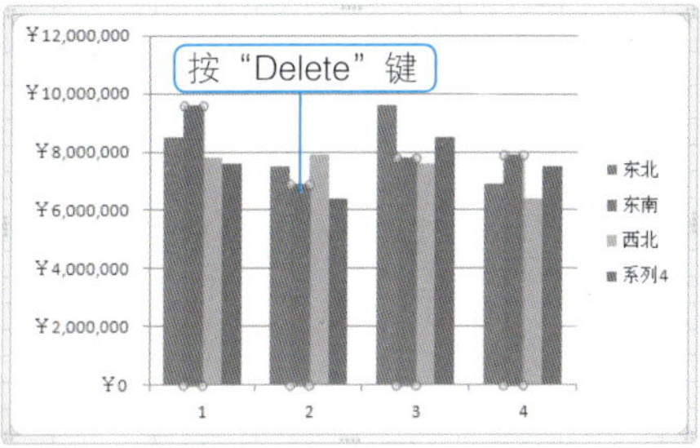

图31-11

技巧6 快速删除复杂图表数据系列

在数据较多的柱形图或不容易选择数据序列的其他类型图表中，通过鼠标单击的方法选中数据序列很困难。快速选择并删除这类图表数据序列的操作方法如下。

1 单击“布局”或“格式”选项卡“当前所选内容”选项组中单击“图表元素”下拉列表框右侧的下拉按钮，在弹出的下拉列表中选择要删除的序列，如图31-12所示。

2 按“Delete”键将其删除，效果如图31-13所示。

图31-12

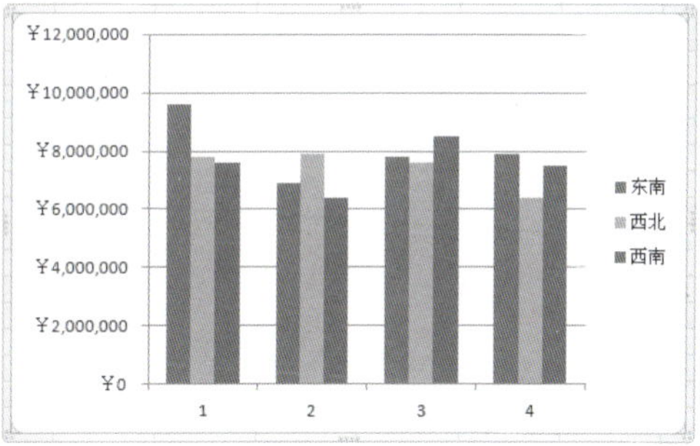

图31-13

技巧7 使用拖动方法修改数据系列

使用鼠标指针拖动单元格框线的方法修改数据序列的操作步骤如下。

1 在图表中选中要修改的数据序列，表格中对应的数据四周将出现框线，如图31-14所示。

❷ 将“区域”列上被选中的数据所在单元格外侧的框线拖动到要更改的数据上，此时图表中对应图例已更改，效果如图31-15所示。

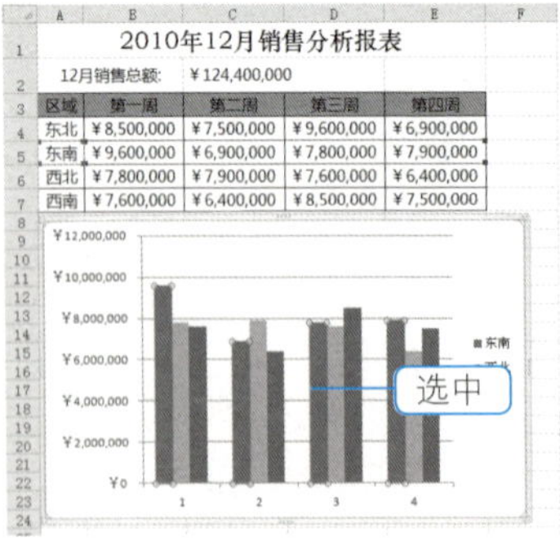

图31-14

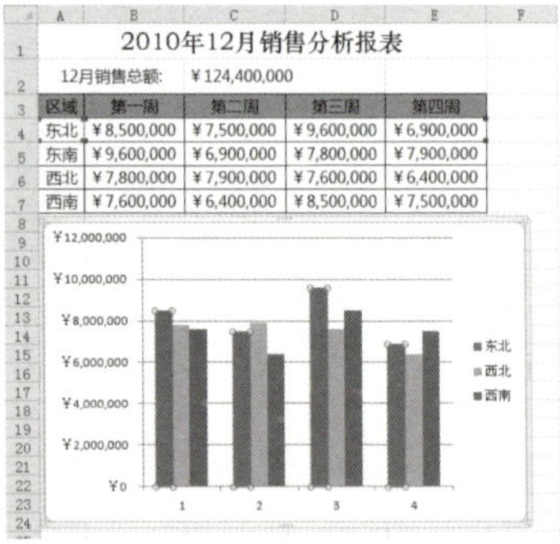

图31-15

技巧8 通过公式快速修改数据系列

通过修改图表中数据序列对应的公式参数，快速修改数据系列的操作方法如下。

❶ 在图表中选中要修改的数据系列，此时编辑栏中显示出其对应公式，如图31-16所示。

专家提示

上图的编辑栏中公式的含义是：SERIES（系列名，X值或分类标志，Y值或数值，数据系列的序数）。

❷ 选中公式中第一个参数，将其更改为“分析表!$A$4”，并按“Enter”键进行确认。用同样的方法，选中第三个参数，将其更改为“分析表!$B$4:$E$4”，按“Enter”键进行确认，结果效果如图31-17所示。

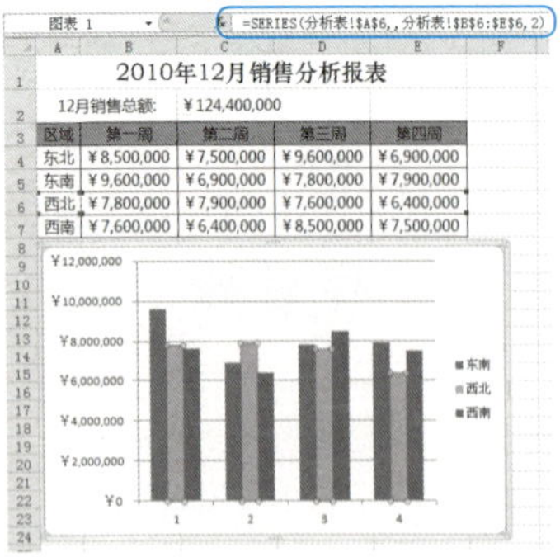

图31-16

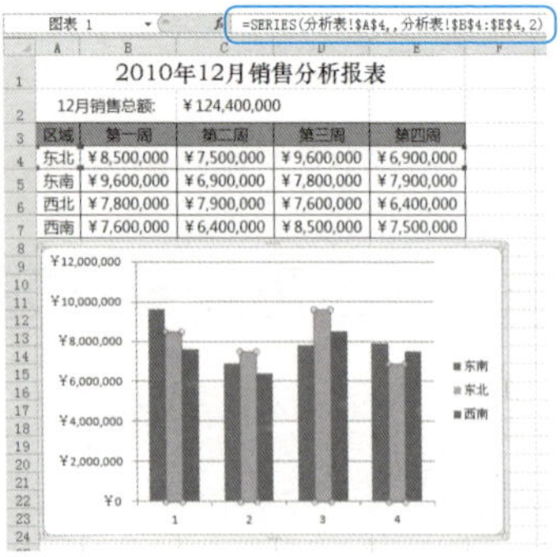

图31-17

技巧9 使用命令调换数据系列次序

默认情况下，图表中数据序列的次序按数据源的顺序进行排列，若想更改数据序列的次序，可按如下方法进行操作。

❶ 在图表中的任意数据系列上单击鼠标右键，在弹出的快捷菜单中选择“选择数据”选项，如图31-18所示。

❷ 弹出“选择数据源”对话框，选择要移动的数据，单击“上移”按钮▲或“下移”按钮▼，向上或向下移动数据，如图31-19所示。

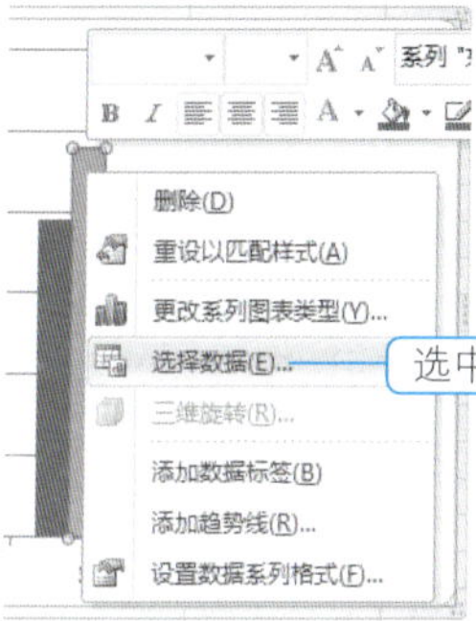

图31-18

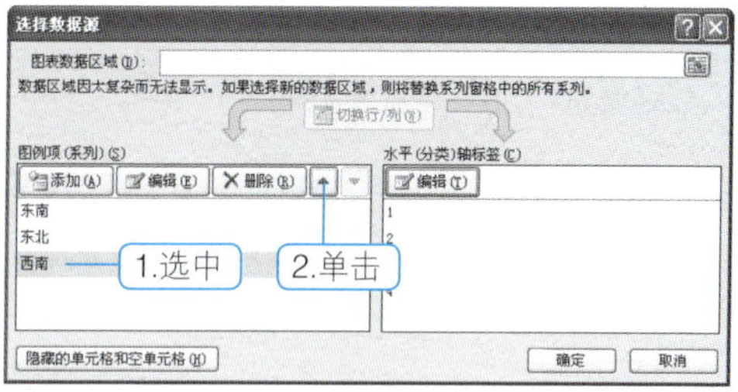

图31-19

❸ 单击“确定”按钮，移动后的图表效果如图31-20所示。

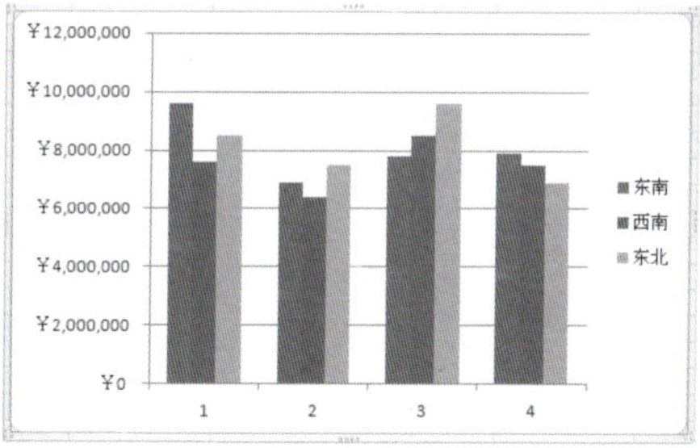

图31-20

技巧10 使用公式调换数据系列次序

前面已经介绍过，选中数据系列后其编辑栏中公式各部分的含义，下面通过更改公式，快速调整数据系列次序：在图表中单击要调整的数据系列，在编辑栏中将公式的最后一个参数更改为3，然后按“Enter”键进行确认即可，如图31-21所示。

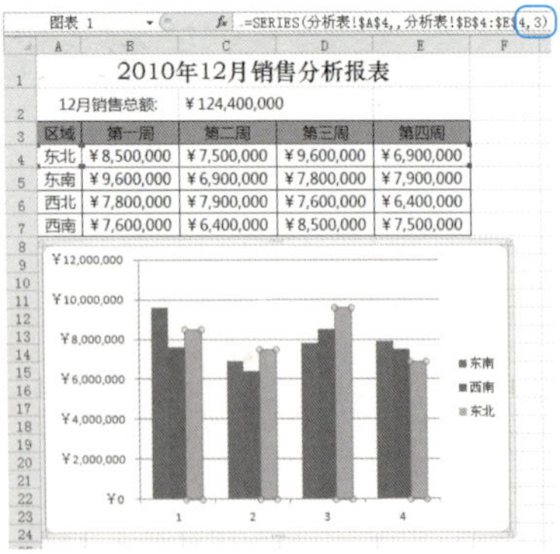

图31-21

技巧11 快速创建数据“迷你图”

与Excel工作表上的图表不同，迷你图不是对象，实际上是单元格背景中的一个微型图表。创建迷你图非常简单，下面以柱形图为例说明一下迷你图的创建方法，具体操作方法如下。

1 选择插入迷你图的单元格，单击“插入”选项卡，在“迷你图”选项组中选中“柱形图”按钮，如图31-22所示。

2 打开“创建迷你图”对话框，如图31-23所示。

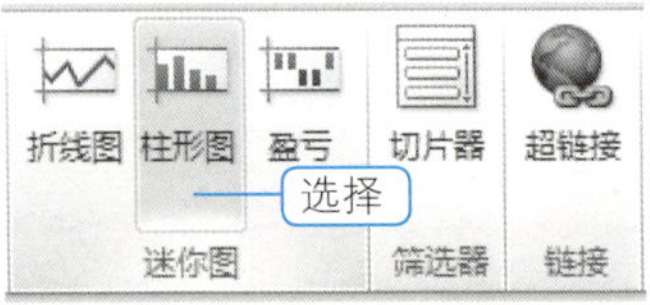

图31-22

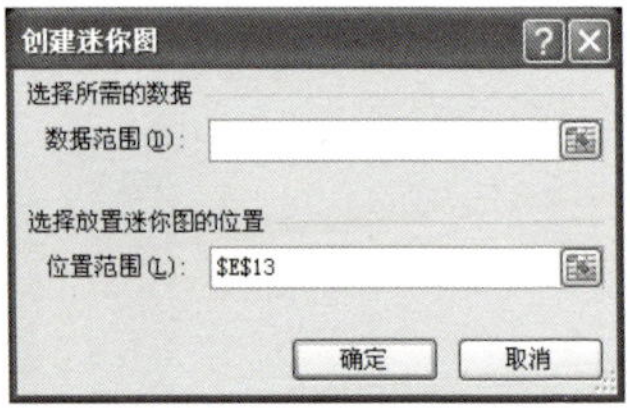

图31-23

3 单击“数据范围”文本框右侧的拾取器按钮，使用鼠标从工作表中选择数据范围所在的单元格区域，如图31-24所示。

4 选取单元格区域后单击拾取器按钮，返回“创建迷你图”对话框，在“位置范围”文本框右侧输入正确的单元格区域或选择放置迷你图的单元格，如图31-25所示。

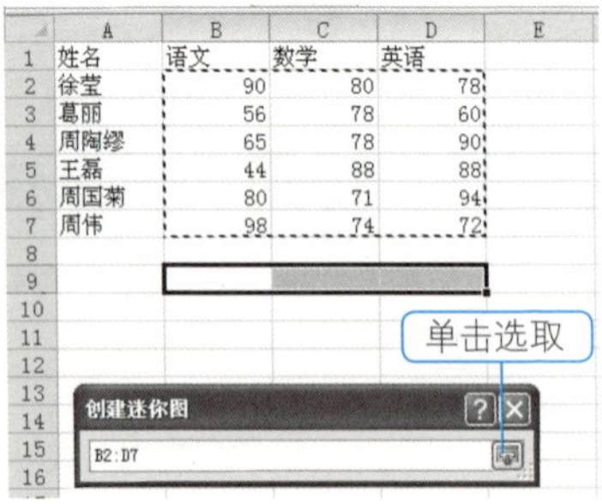

图31-24

5 单击“确定”按钮关闭对话框，如图31-26所示。

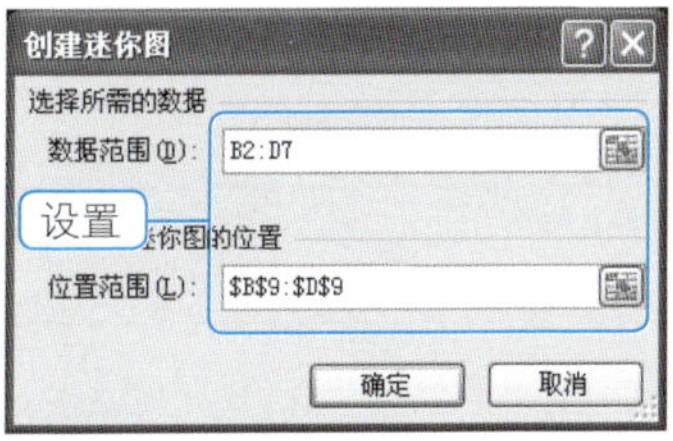

图31-25

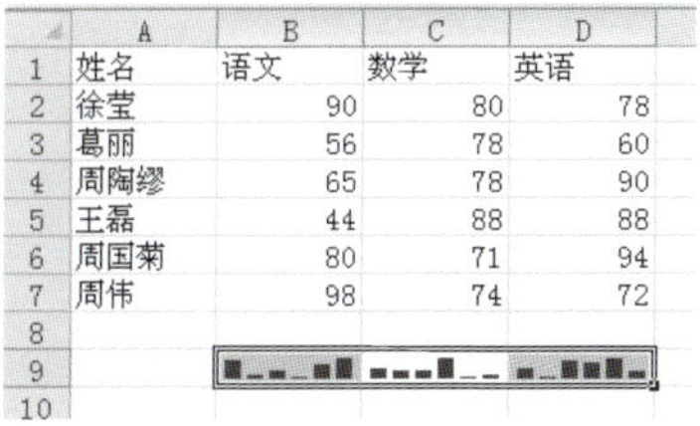

	A	B	C	D
1	姓名	语文	数学	英语
2	徐莹	90	80	78
3	葛丽	56	78	60
4	周陶缪	65	78	90
5	王磊	44	88	88
6	周国菊	80	71	94
7	周伟	98	74	72
8				
9				
10				

图31-26

专家提示

迷你图是Excel 2010新增的一个功能，当在工作表上选择了一个或多个迷你图时，将会出现“迷你图工具”，并显示“设计”选项卡，在“设计”选项卡上，可以从下面的组中选择几个命令中的一个或多个：“迷你图”、“类型”、“显示”、“样式”和“组”。

技巧12 更改“迷你图”的类型

迷你图共有三种形式，各种迷你图表示数据的含义不一样。上面创建的柱形图表示的是对比每个学生的各科成绩，若要显示学生各科成绩的走势情况，可以使用折线图，具体操作方法如下。

1 选中要更改图表类型的迷你图所在的单元格，如图31-27所示。

2 单击“设计”选项卡，在“类型”选项组中选中重新选择迷你图类型，如：折线图，如图31-28所示。

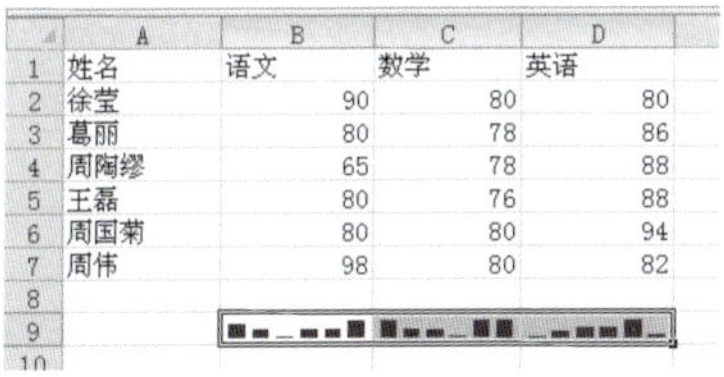

	A	B	C	D
1	姓名	语文	数学	英语
2	徐莹	90	80	80
3	葛丽	80	78	86
4	周陶缪	65	78	88
5	王磊	80	76	88
6	周国菊	80	80	94
7	周伟	98	80	82
8				
9				
10				

图31-27

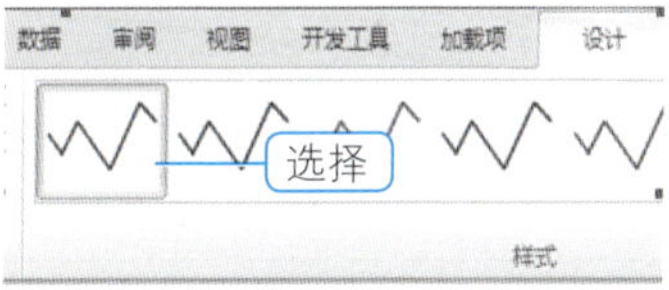

图31-28

3 选中的迷你图类型即可更改为折线图，如图31-29所示。

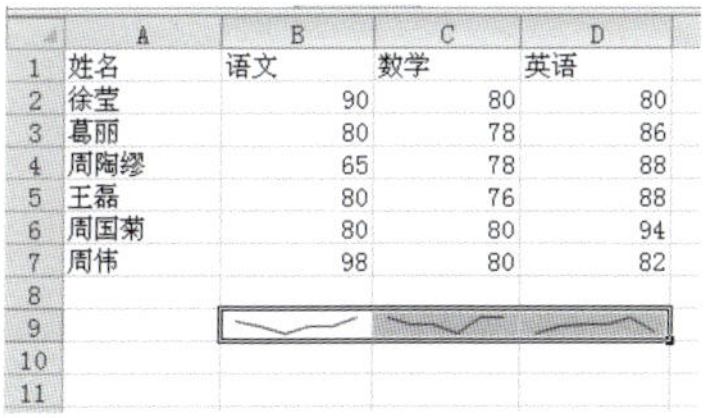

	A	B	C	D
1	姓名	语文	数学	英语
2	徐莹	90	80	80
3	葛丽	80	78	86
4	周陶缪	65	78	88
5	王磊	80	76	88
6	周国菊	80	80	94
7	周伟	98	80	82
8				
9				
10				
11				

图31-29

读书笔记

第32章

图表中对象格式设置技巧

图表编辑后要对图片进行标题、图例、坐标轴等对象的设置，让图表达到所需要的显示样式。

技巧1 快速添加标题

用户可按如下操作方法，快速为图表添加标题。

❶ 选中要添加标题的图表，单击“布局”选项卡，在“标签”选项组中单击“图表标题”下拉按钮，在弹出的下拉菜单中选择“图表上方”选项，如图32-1所示。

❷ 弹出“选择数据源”对话框，选择要移动的数据，单击“上移”按钮，或“下移”按钮，向上或向下移动数据，如图32-2所示。

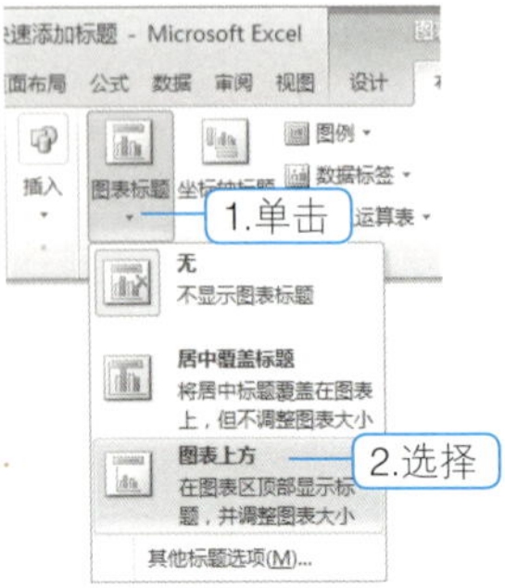

图32-1

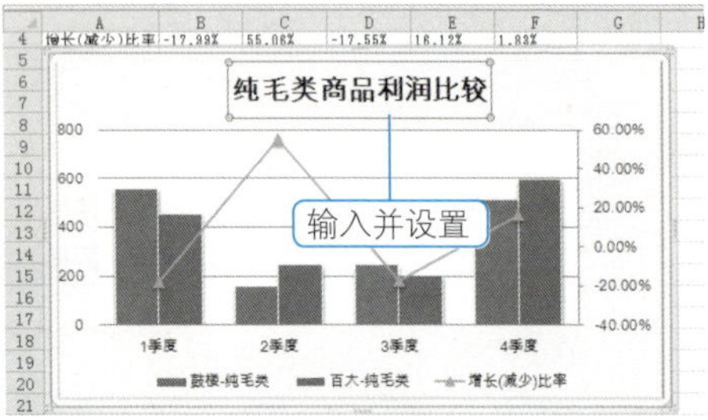

图32-2

技巧2 设置图表标题艺术字效果

要实现图表标题艺术字效果，可以通过下面的具体操作来实现。

❶ 选中设置图表中设置格式的标题，切换到“格式”选项卡，在“艺术字样式”选项组单击艺术字样式右侧下拉按钮，在其下拉列表中选中一种艺术字形式，如图32-3所示。

❷ 返回工作表中，即可看到为图表设置了艺术字效果，如图32-4所示。

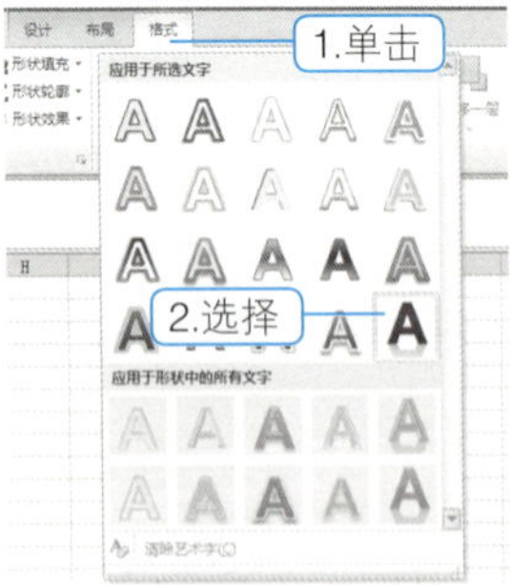

图32-3

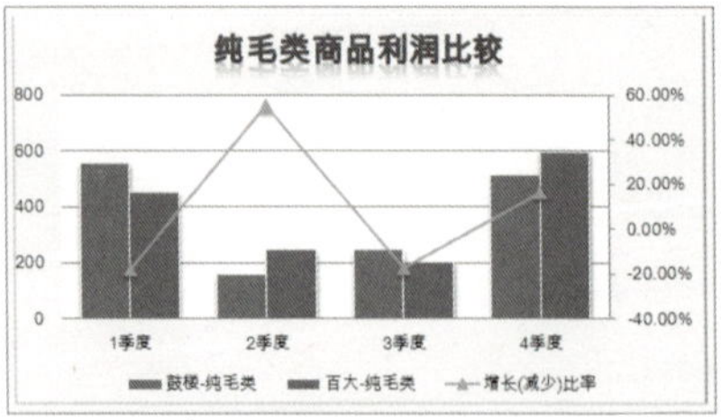

图32-4

技巧3　设置图表标题的特效

除了设置图表标题艺术字特效之外，还可以设置其他效果，例如映射、发光特效等，可以通过下面的具体操作来实现。

❶ 选中设置图表中设置格式的标题，切换到“格式”选项卡，在“艺术字样式”选项组单击“文字效果”下拉按钮，在其下拉列表中选中一种文字效果，如“映像”，如图32-5所示。

❷ 返回工作表中，即可看到为图表设置了特效，如图32-6所示。

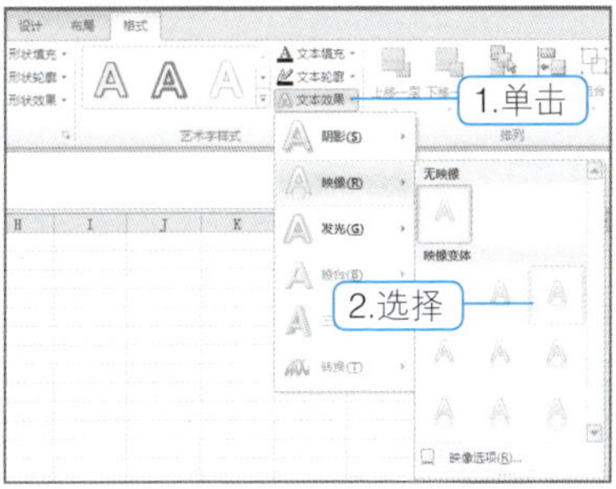

图32-5

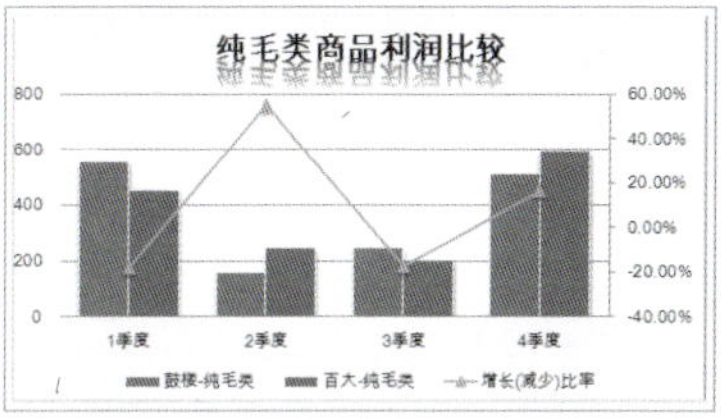

图32-6

专家提示

“文本效果”下拉菜单下有“阴影”、“映射”、“发光”几种效果，鼠标指向时可以打开子菜单，鼠标指向可以即时预览效果，单击即可应用。

技巧4　设置图表标题竖排

默认状态下的图表标题是横向显示的，另外根据实际需要可以设置让标题竖排显示或以倾斜角度显示。具体操作来实现。

❶ 选中图表标题，单击鼠标右键，选择“设置图表标题格式”命令，打开“设置图表标题格式”对话框。选择“对齐方式”标签，在“自定义方向”栏中设置角底为“-30度”，如图32-7所示。

❷ 设置完成后，单击“确定”按钮回到图表编辑状态，调整好标题的位置。

专家提示

用户还可设置图表标题的倾斜度，在文字方向“横排”状态下，用户可以在“自定义角度”文本框中设置图表标题的角度。

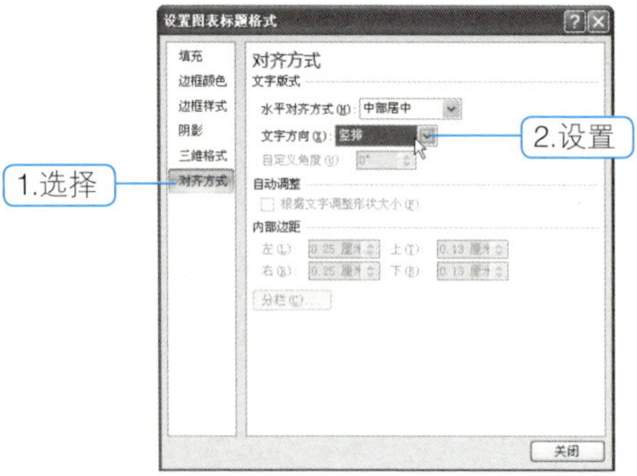

图32-7

技巧5 重新调整图例的显示位置

图例默认显示在图表右侧位置，通过图表的布局可以根据实际需要重新设置图例的显示位置，下面介绍具体操作方法。

❶ 选中图表，切换到“布局”选项卡，在“标签”选项组单击“图例”下拉按钮，在其下拉列表中选择一种显示方式，如“在左侧显示图例”命令，如图32-8所示。

❷ 返回工作表中，则系统将图例显示在图表的左侧，效果如图32-9所示。

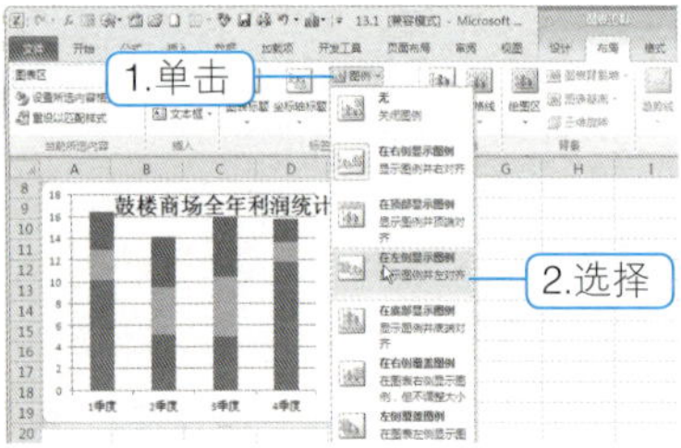

图32-8

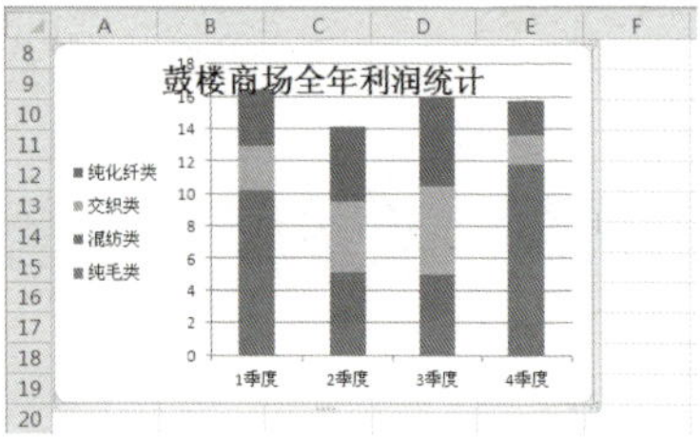

图32-9

专家提示

在“图例”下拉列表中有多种图例的显示方式，如“在顶部显示图例”、“左侧覆盖图例”等，用户可以根据实际需要调整。

技巧6 实现让水平轴从右向左显示

在图表中，系统默认水平轴显示在图表的左侧，用户可以设置让其从右向左显示，下面介绍具体操作方法。

❶ 选中图表，切换到“布局”选项卡，在“坐标轴”选项组单击“坐标轴”下拉按钮，在其下拉列表中选中“主要横坐标轴”，在弹出的菜单中选择“显示从右向左坐标轴”命令，如图32-10所示。

❷ 返回工作表中即可看见为水平轴显示在图表的右侧，效果如图32-11所示。

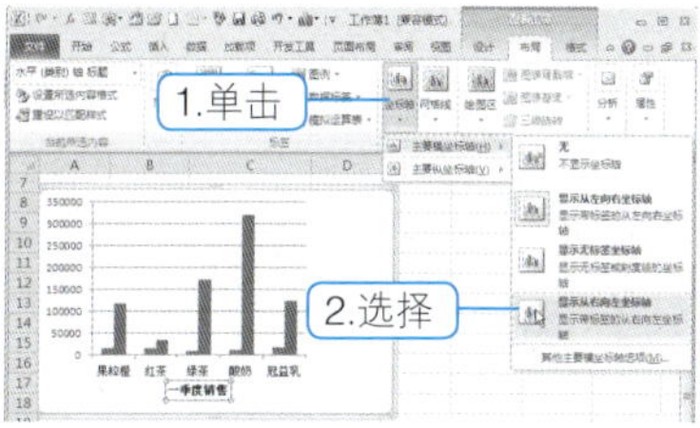

图32-10

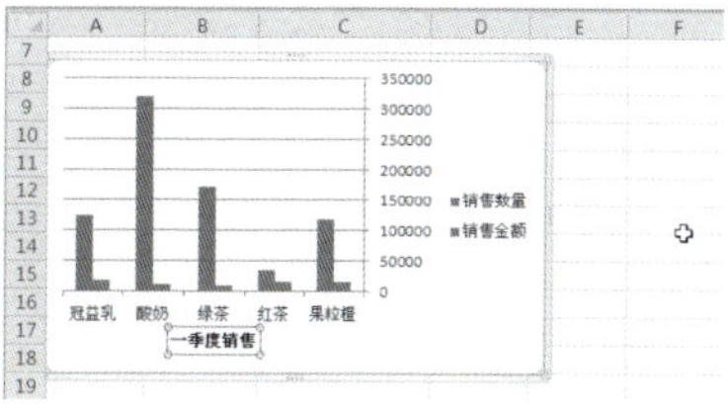

图32-11

专家提示

用户若想恢复在左侧显示水平轴，只需要重新在“主要横坐标轴”弹出菜单中选择“显示从右向左坐标轴”即可。

技巧7　重新设置坐标轴的刻度

选择好数据源建立图表时，系统会根据当前数据自动计算刻度的最大值、最小值及刻度单位，如果系统默认的刻度的值不能完全满足实际需要，用户可以重新设置坐标轴的刻度，下面介绍具体操作方法。

❶ 打开工作表择，选中图表垂直轴，在右键菜单中选择“设置坐标轴格式”命令。

❷ 弹出“设置坐标轴格式”对话框，选中“最小值”、“最大值”、“主要刻度单位”后面的“固定”单选项，根据实际需要分别设置值，如图32-12所示。

❸ 返回工作表中，即可看到坐标轴刻度发生了更改。

图32-12

专家提示

建立图表后，在调整图表大小时，垂直轴的刻度有时也会发生的相应的变化（尤其是“主要刻度单击”变化幅度最大），如果想让垂直轴刻度始终固定不变，可以打开“设置坐标轴格式”对话框，将其值固定起来。

技巧8 根据图表需求更改刻度线标签的位置

一般情况下，系统默认图表刻度线标是显示在坐标轴旁的，用户如果觉得刻度线标签显示在坐标轴旁会影响图表的整体效果，可以更改刻度线标签的位置，下面介绍具体操作方法。

1 打开工作表，选中图表水平轴，在右键菜单中选择“设置坐标轴格式”命令。

2 弹出“设置坐标轴格式”对话框，在左侧窗格中选择“坐标轴选项”选项，在右侧窗格“坐标轴标签”文本框下拉菜单中选中“低”选项，如图32-13所示。

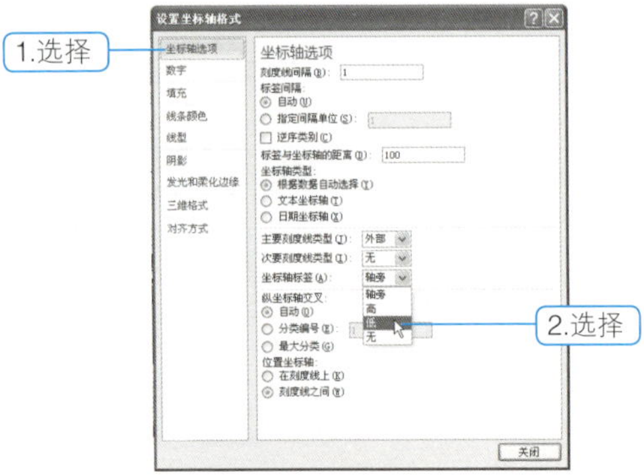

图32-13

3 单击“关闭”按钮，返回工作表中，即可看到刻度标签的位置发生更改。

专家提示

在“设置坐标轴格式”对话框中用户可以设置坐标轴标签为“高”、“低”、“轴旁”或者是“无”标签。

技巧9 设置坐标轴颜色

为重点突出某个坐标轴，可单独设置其颜色，操作方法如下。

❶ 选中要设置坐标轴颜色的图表垂直坐标轴，单击鼠标右键，在弹出的快捷菜单中选择“设置坐标轴格式”选项，如图32-14所示。

❷ 弹出“设置坐标轴格式”对话框，在左侧的列表中选择“线条颜色”选项，在右侧的选项区中选中“渐变线”单选按钮，如图32-15所示。

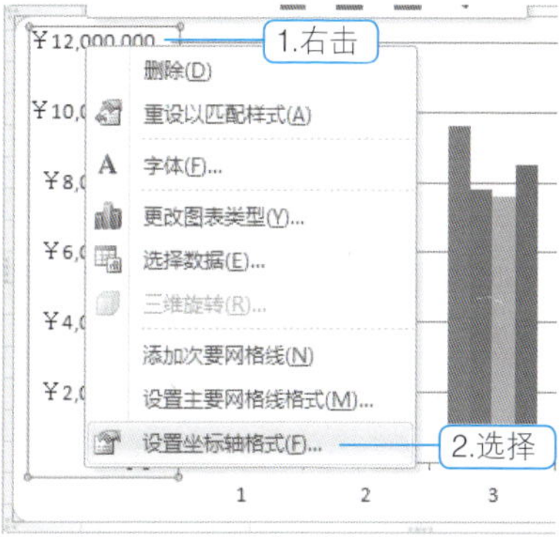

图32-14

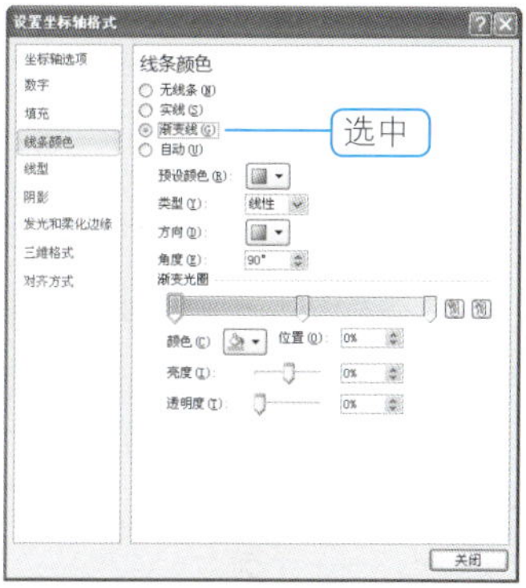

图32-15

❸ 单击“预设颜色”下拉按钮，在弹出的下拉面板中选择“熊熊火焰”选项，如图32-16所示。

❹ 单击“关闭”按钮，关闭对话框，此时坐标轴颜色已经改变，效果如图32-17所示。

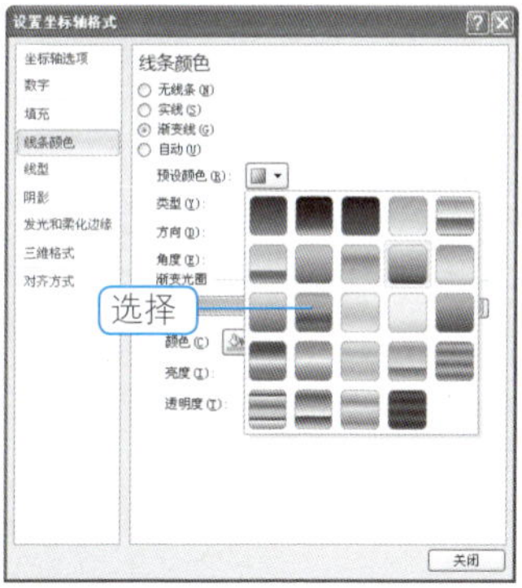

图32-16

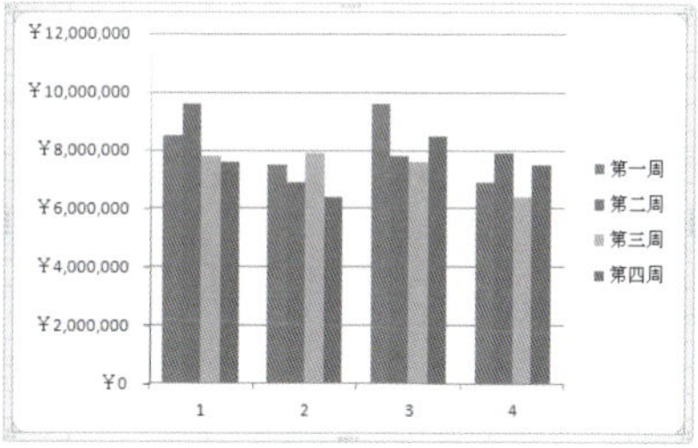

图32-17

专家提示

若用户认为Excel图表坐标轴默认线形太细，不能达到突出显示的目的，可在“设置坐标轴格式”对话框中进行设置。方法为：在设置坐标轴格式”对话框的左侧列表中选择“线型”选项，然后在右侧的选项区中进行详细设置即可。

技巧10 巧妙调整坐标轴刻度单位

创建图表时，用户会根据数据区域中的数值自动调整坐标轴刻度，若用户有特殊需求，可通过如下操作方法进行自定义调整。

❶ 在图表的垂直坐标轴上单击鼠标右键，在弹出的快捷菜单中选择“设置坐标轴格式”选项，弹出“设置坐标轴格式”对话框，如图32-18所示。

❷ 在右侧的“最小值”选项区中选中“固定”单选按钮，并在其右侧的文本框中输入数值4000，如图32-19所示。

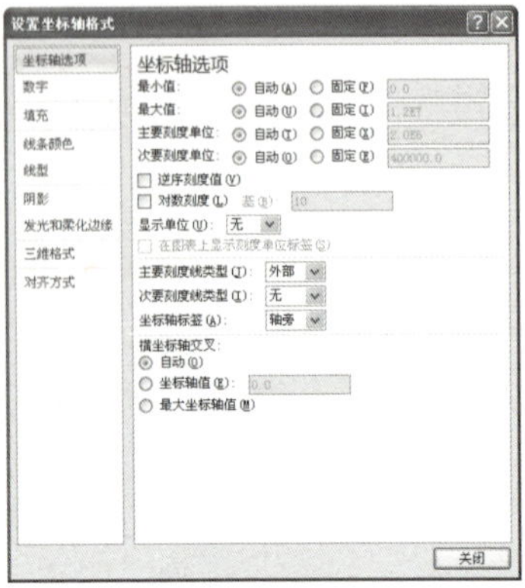

图32-18

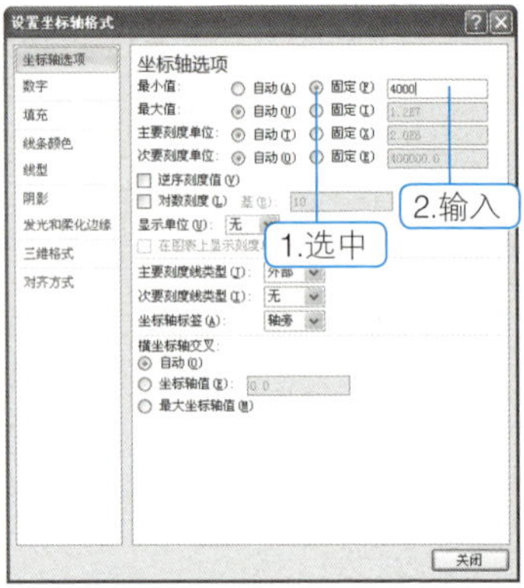

图32-19

❸ 在“最大值”选项区中选中“固定”单选按钮，并在其右侧的文本框中输入数值20000000，如图32-20所示。

❹ 单击“关闭”按钮，关闭对话框，此时坐标轴的刻度已经更改，效果如图32-21所示。

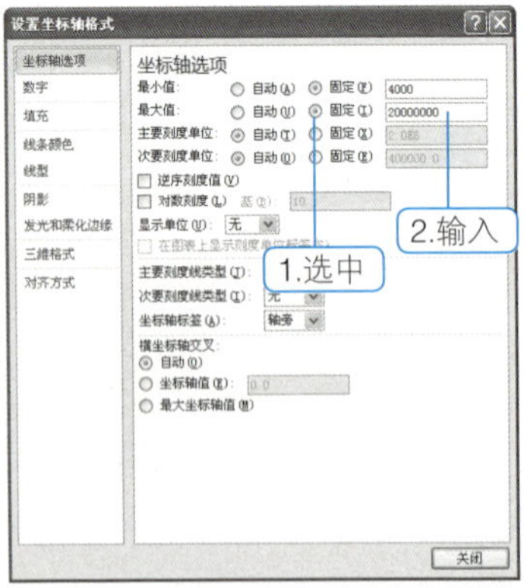

图32-20

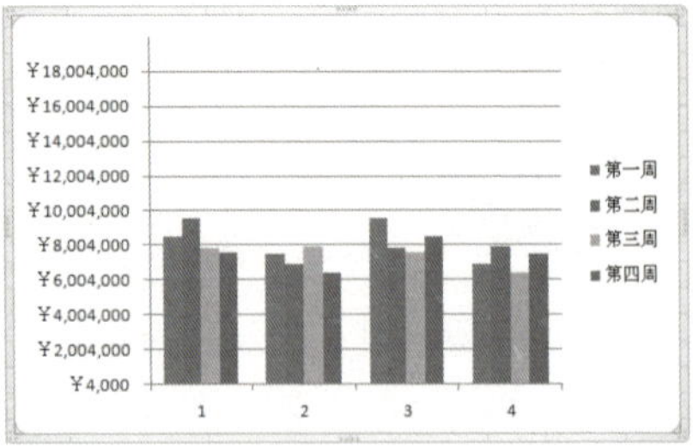

图32-21

技巧11　巧妙反相坐标轴数值

有时根据工作表数据特殊性，图表的坐标轴数值逆序显示，其效果更直观。反相坐标轴数值的操作方法如下。

❶ 选中插入到工作表中的图表的垂直坐标轴，单击鼠标右键，在弹出的快捷菜单中选择“设置坐标轴格式”选项，弹出“设置坐标轴格式”对话框，如图32-22所示。

❷ 在“标签间隔”选项区中选中“逆序刻度值”复选框，如图32-23所示。

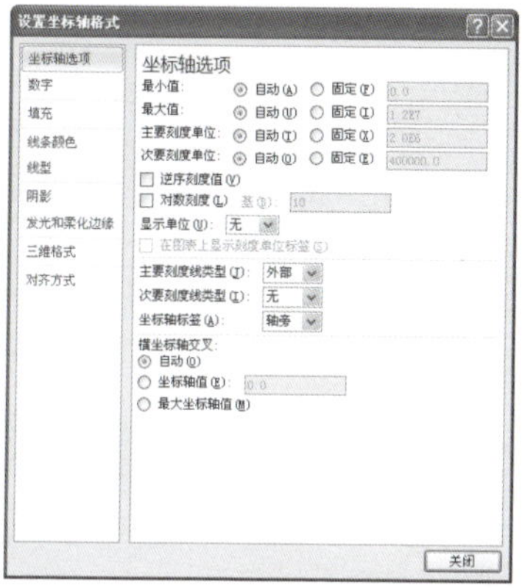

图32-22

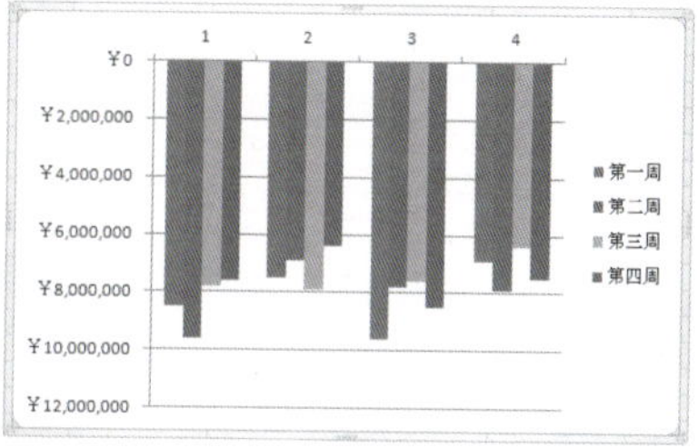

图32-23

技巧12　快速隐藏坐标轴

若用户只需要使用图表显示数据的对比情况，不需要具体数值时，可通过如下操作方法将坐标轴隐藏。

❶ 选中图表，单击“布局”选项卡，在“坐标轴”选项组中单击“坐标轴”下拉按钮，在弹出的下拉菜单中选择“主要横坐标轴”|“无”选项，如图32-24所示。

❷ 此时，图表中的横坐标已经隐藏，效果如图32-25所示。

专家提示

再次单击“坐标轴”下拉按钮，在弹出的下拉菜单中选择“主要纵坐标轴”|“无”选项，将隐藏主要纵坐标轴。

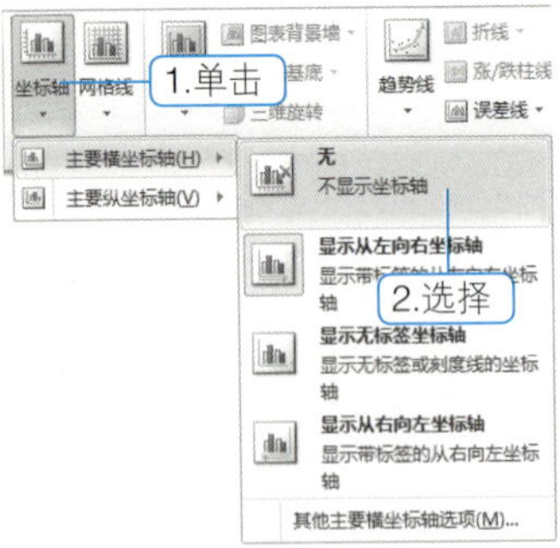

图32-24

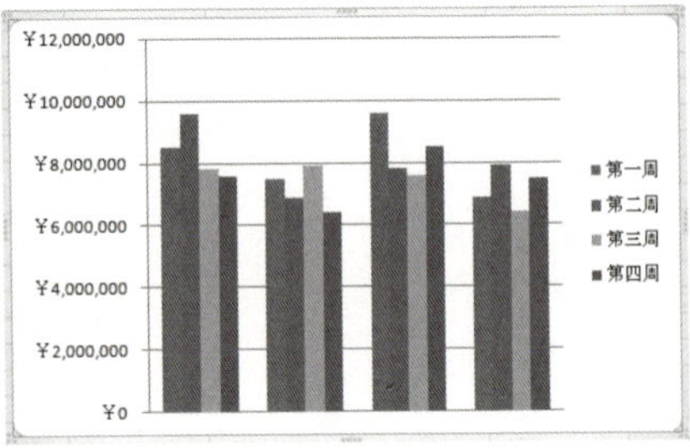

图32-25

技巧13 横向分割绘图区

利用添加辅助数据和组合图表的技术，可以将图表绘图区按照指定的数据区间进行横向分割，从而更清楚地表达数据系列与预定指标之间的关系。下面以创建“5月份销售额统计”图表为例，介绍横向分割绘图区的具体操作方法。

1 打开一个名为“销售统计表”的工作表，在表格中添加“辅助数据1”、“辅助数据2”和“辅助数据3”数据列，并分别填入合适数值，如图32-26所示。

2 选中数据区域，单击“插入”选项卡，在“图表”选项组中单击“柱形图”下拉按钮，在弹出的下拉面板中选择“堆积柱形图”选项，在工作表中插入柱形图，并进行相应调整，如图32-27所示。

全年销售统计表

月份	销售额	辅助数据1	辅助数据2	辅助数据3
一月份	¥480,000.00	¥300,000.00	¥300,000.00	¥300,000.00
二月份	¥520,000.00	¥300,000.00	¥300,000.00	¥300,000.00
三月份	¥630,000.00	¥300,000.00	¥300,000.00	¥300,000.00
四月份	¥590,000.00	¥300,000.00	¥300,000.00	¥300,000.00
五月份	¥490,000.00	¥300,000.00	¥300,000.00	¥300,000.00
六月份	¥580,000.00	¥300,000.00	¥300,000.00	¥300,000.00
七月份	¥590,000.00	¥300,000.00	¥300,000.00	¥300,000.00
八月份	¥620,000.00	¥300,000.00	¥300,000.00	¥300,000.00
九月份	¥750,000.00	¥300,000.00	¥300,000.00	¥300,000.00
十月份	¥480,000.00	¥300,000.00	¥300,000.00	¥300,000.00
十一月份	¥590,000.00	¥300,000.00	¥300,000.00	¥300,000.00
十二月份	¥680,000.00	¥300,000.00	¥300,000.00	¥300,000.00

图32-26

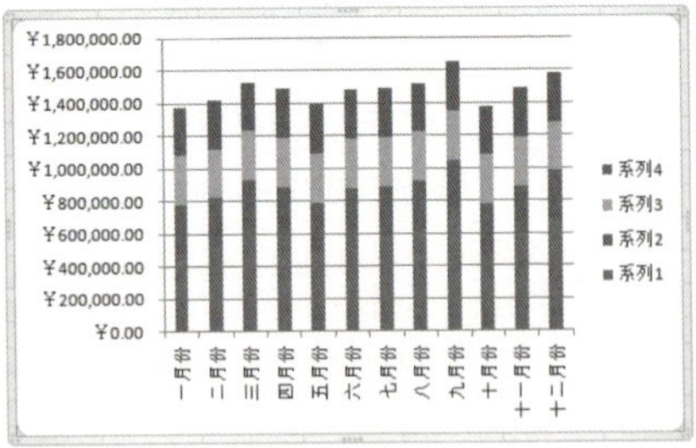

图32-27

3 选中柱形图最下层的数据系列，单击鼠标右键，在弹出的下拉菜单中选择“更改系列图标类型”选项，如图32-28所示。

4 弹出“更改图表类型”对话框，从中选择“带数据标记的折线图”选项，如图32-29所示。

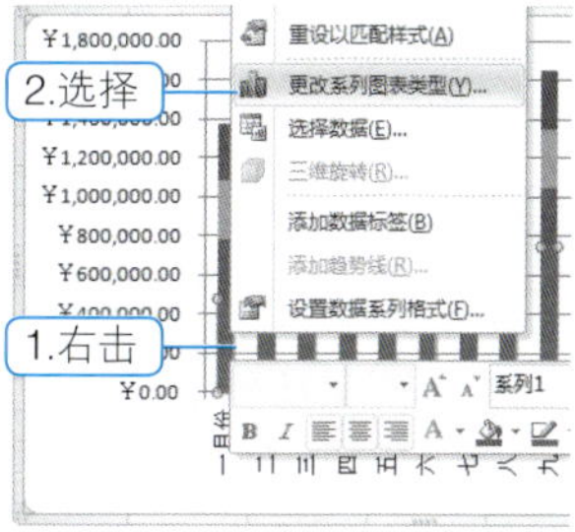

图32-28

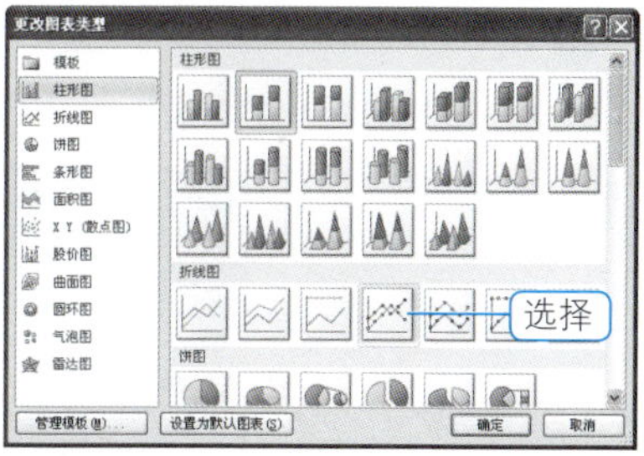

图32-29

5 单击“确定”按钮，得到的效果如图32-30所示。

6 在垂直坐标轴上单击鼠标右键，在弹出的快捷菜单中选择“设置坐标轴格式”选项，弹出“设置坐标轴格式”对话框，如图32-31所示。

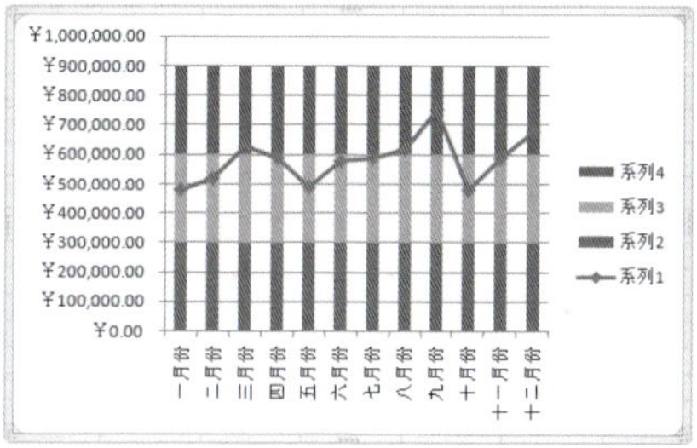

图32-30

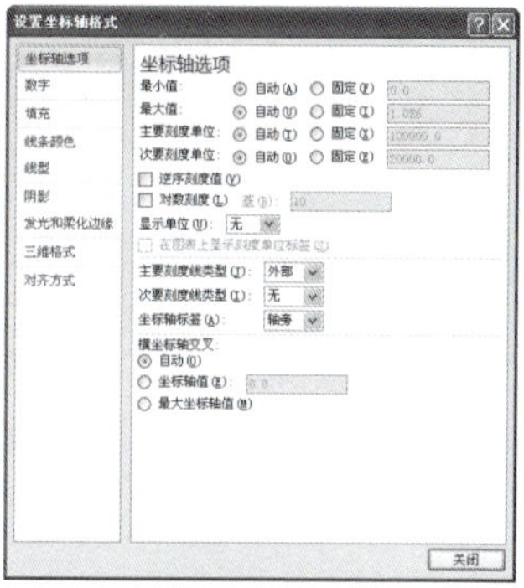

图32-31

7 在“最大值”选项区中选中“固定”单选按钮，并在其后的文本框中输入900000，单击“关闭”按钮，得到的效果如图32-32所示。

8 选中任意数据系列，单击鼠标右键，在弹出的快捷菜单中选择“设置数据系列格式”选项，弹出“设置数据系列格式”对话框，如图32-33所示。

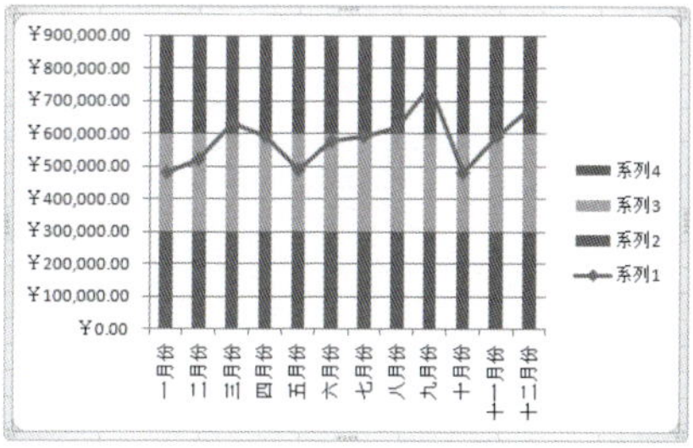

图32-32

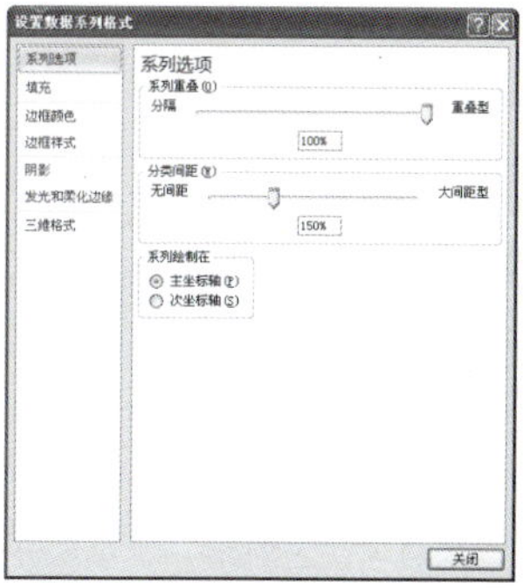

图32-33

9 在“分类间距”选项区中的文本框中输入0%，单击“关闭”按钮，完成绘图区的横向分割，结果如图32-34所示。

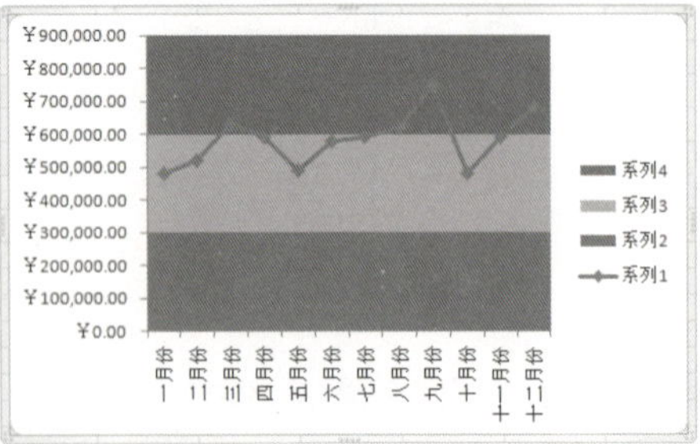

图32-34

技巧14 纵向分割绘图区

利用添加辅助数据和组合图表的技术，也可以将图表绘图区按照指定的数据区间进行纵向分割，具体操作方法如下。

1 打开名为“销售统计表”的工作表，在表格中添加“辅助数据”列，并填入合适数值，如图32-35所示。

2 选中数据区域，单击“插入”选项卡，在“图表”选项组中单击“柱形图”下拉按钮，在弹出的下拉面板中选择“堆积柱形图”选项，在工作表中插入柱形图，并进行相应调整，如图32-36所示。

全年销售统计表

月份	销售额	辅助数据
一月份	¥480,000.00	¥900,000.00
二月份	¥520,000.00	¥900,000.00
三月份	¥630,000.00	¥900,000.00
四月份	¥590,000.00	¥900,000.00
五月份	¥490,000.00	¥900,000.00
六月份	¥580,000.00	¥900,000.00
七月份	¥590,000.00	¥900,000.00
八月份	¥620,000.00	¥900,000.00
九月份	¥750,000.00	¥900,000.00
十月份	¥480,000.00	¥900,000.00
十一月份	¥590,000.00	¥900,000.00
十二月份	¥680,000.00	¥900,000.00

图32-35

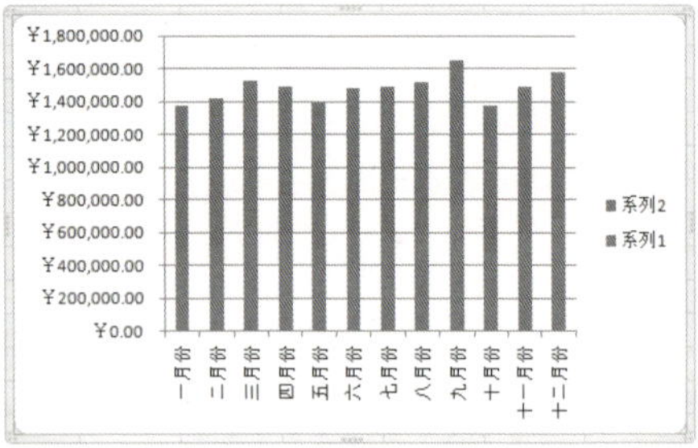

图32-36

3 选中柱形图最下层的数据系列，单击鼠标右键，在弹出的下拉菜单中选择“更改系列图标类型”选项，如图32-37所示。

4 弹出“更改图表类型”对话框，从中选择“带数据标记的折线图”选项，如图32-38所示。

5 单击“确定”按钮，得到的效果如图32-39所示。

6 在垂直坐标轴上单击鼠标右键，在弹出的快捷菜单中选择“设置坐标轴格式”选项，在弹出的“设置坐标轴格式”对话框的“最大值”选项区中选中“固定”单选按钮，并在其后的文本框中输入900000，单击“关闭”按钮，得到的效果如图32-40所示。

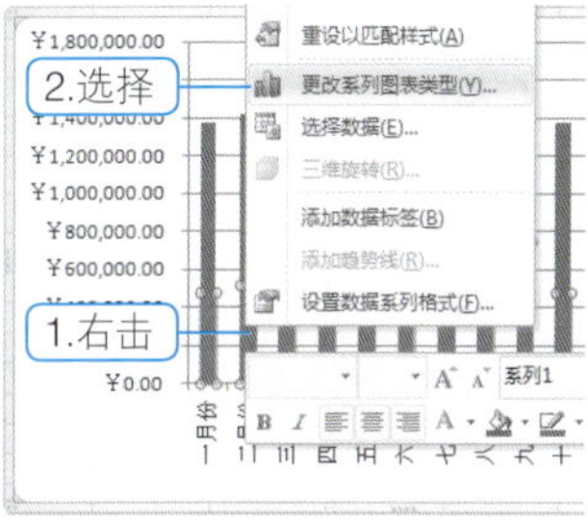

图32-37

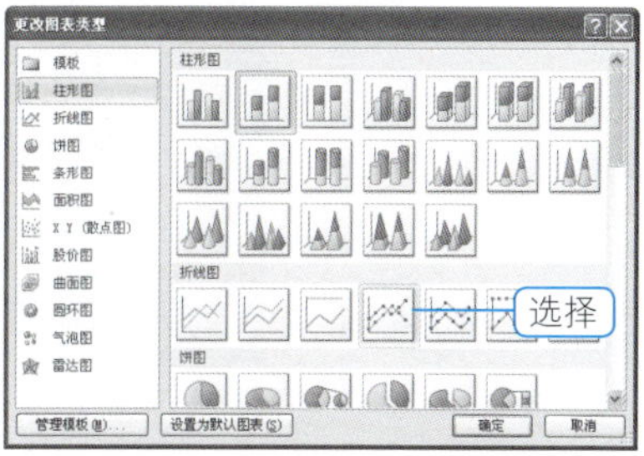

图32-38

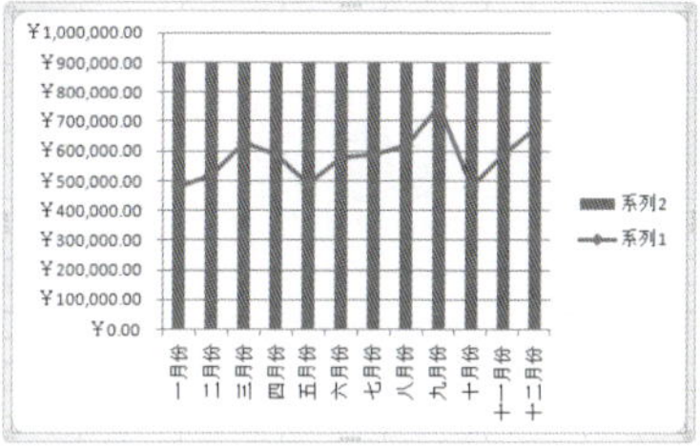

图32-39

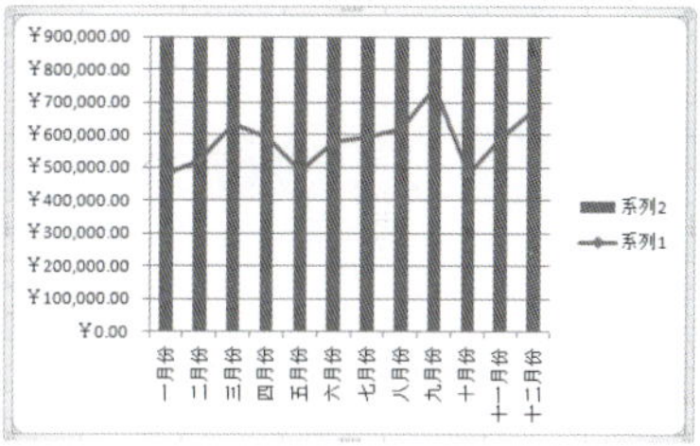

图32-40

7 选中任意数据系列，单击鼠标右键，在弹出的快捷菜单中选择“设置数据系列格式”选项，在弹出的“设置数据系列格式”对话框的“分类间距”选项区下方的文本框中输入0%，如图32-41所示。

8 单击“关闭”按钮，然后选中第一个数据系列，单击鼠标右键，在弹出的快捷菜单中选择“设置数据点格式”选项，在弹出的“设置数据点格式”对话框左侧列表中选择“填充”选项，在右侧的选项区中选中“纯色填充”单选按钮，并设置“颜色”为“紫色”，单击“关闭”按钮，得到如图32-42所示的效果。

图32-41

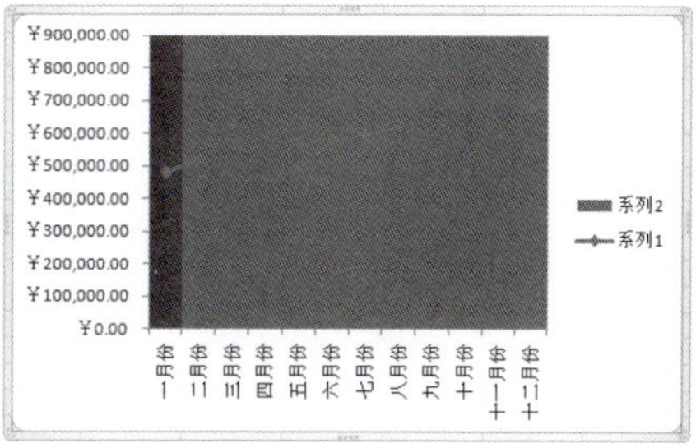

图32-42

9 用同样的方法，分别设置其他数据系列为不同的颜色，得到最终的分割效果如图32-43所示。

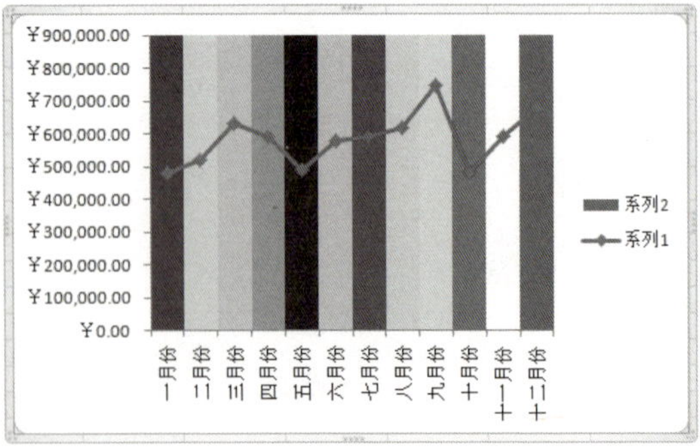

图32-43

技巧15 巧妙显示差距大的数据序列

若一个图表中包含两个数据系列，但是它们之间的值相差很大，则可能会导致数据小的数据系列显示得很不明显。用户可以通过下面的方法，巧妙地显示此类数据。

1 选中数值较小的数据系列，单击鼠标右键，在弹出的快捷菜单中选择“设置数据系列格式”选项，如图32-44所示。

2 弹出“设置数据系列格式”对话框，在右侧的“系列选项”选项区中选中“次坐标轴”单选按钮，如图32-45所示。

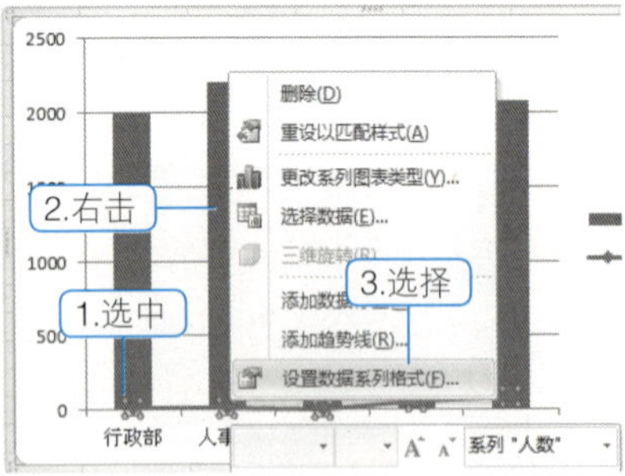

图32-44

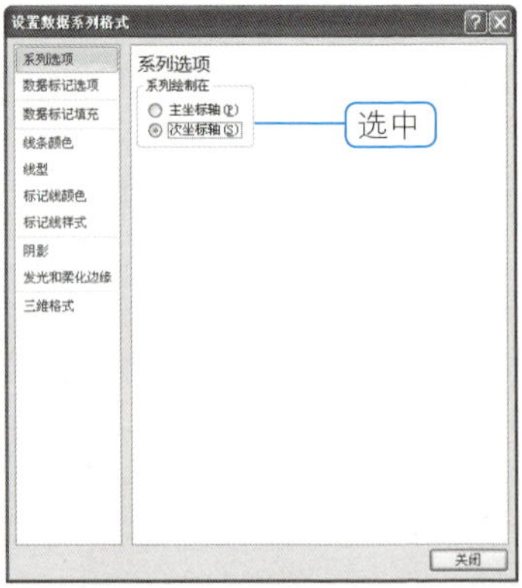

图32-45

3 单击“关闭”按钮，得到的图表效果如图32-46所示。

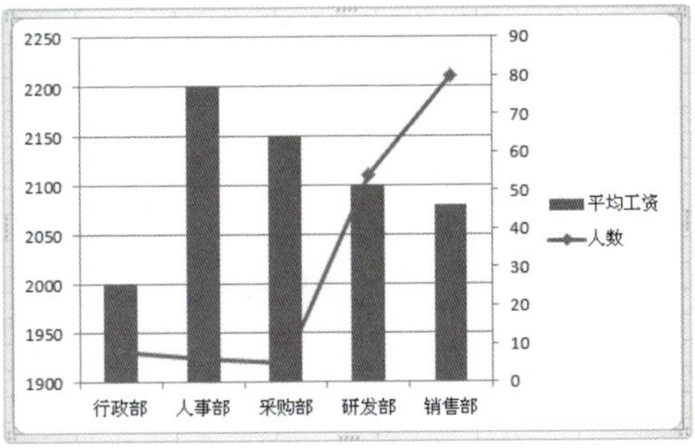

图32-46

技巧16 隐藏图表网格线

插入到工作表中的图表，默认情况下显示主要横网格线，用户可以通过下面的操作方法，快速隐藏网格线。

❶ 选中插入到工作表中的图表，单击“布局”选项卡，在“坐标轴”选项组中单击“网格线”下拉按钮，在弹出的快捷菜单中选择“无”选项，如图32-47所示。

❷ 此时，图表中的网格线已经被隐藏，效果如图32-48所示。

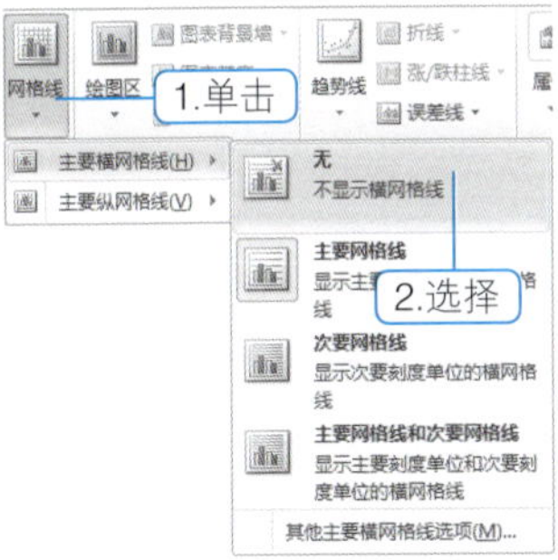

图32-47

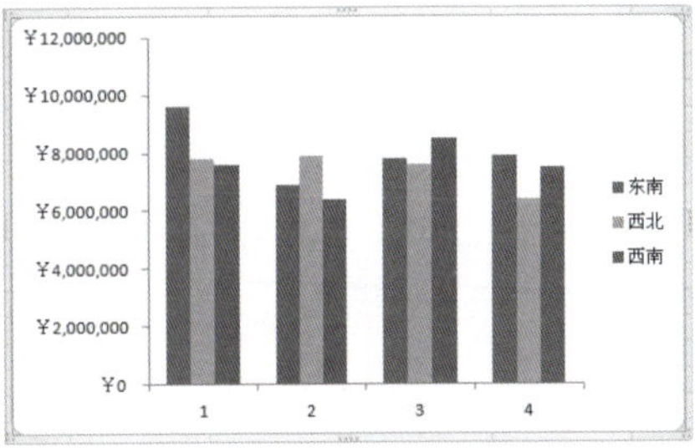

图32-48

技巧17 将图表中的网格线更改为虚线条

在默认情况下，图表网格线是黑色实线条，通过如下方法可以更改网格线的颜色与线条样式，具体操作方法如下。

❶ 选中网格线，单击“格式”选项卡，在“形状样式”工具栏中打开“形状轮廓”下拉菜单，在“主题颜色”栏中可以先设置线条的颜色。

② 设置线条颜色后，鼠标指向“虚线”打开子菜单，选择虚线样式，如图32-49所示。

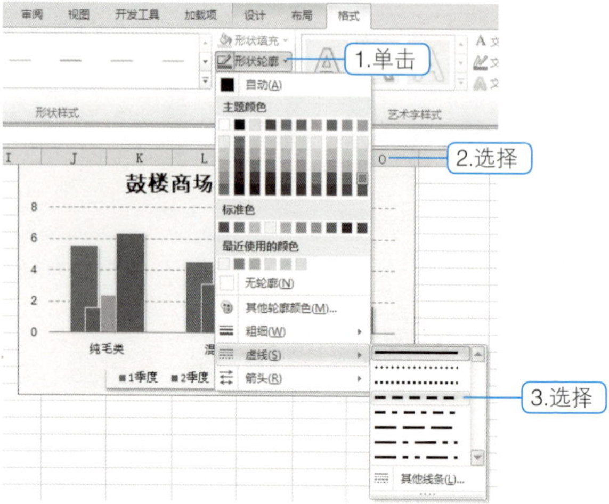

图32-49

第33章

图表美化设置技巧

为了让图表显示得更美观，可以使用Excel 2010提供的图表布局、图表样式等来对图表进行美化设置。

技巧1 设置图标区的边框颜色

设置图表区的边框颜色可以美化图表，其设置方法如下。

❶ 选中图表，选择“图表工具→格式”菜单，在“形状轮廓”下拉菜单中选择边框的颜色，如图33-1所示。

❷ 在“粗细”子菜单中可以设置边框线条的粗细值，如图33-2所示。

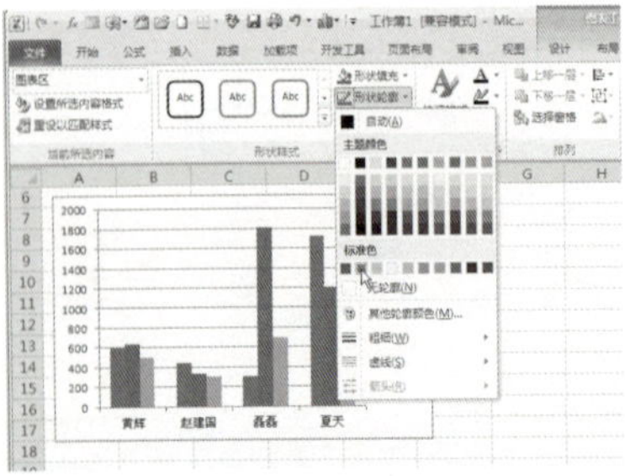

图33-1

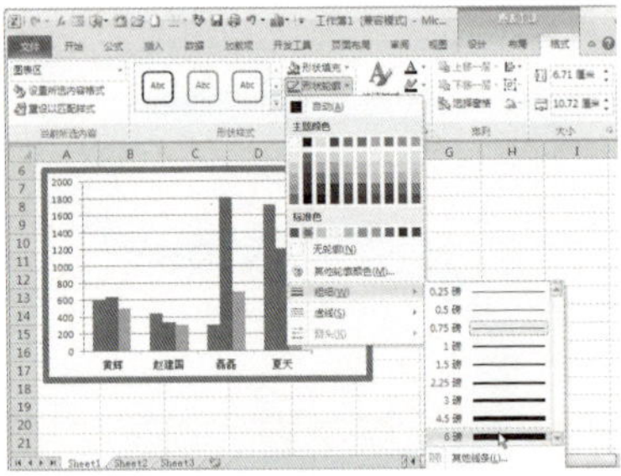

图33-2

专家提示

在“形状样式”工具栏中单击下拉按钮可以看到有多种预设样式可以使用，通过选择其中的样式，可以实现一次性设置边框效果与填充效果。

技巧2 轻松调整图表布局

在工作表中插入图表后，还可进行布局调整，操作方法如下：选中图表，单击“设计”选项卡，在“图表布局”选项组中单击“快速布局”按钮，在弹出的下拉面板中选择需要的布局即可，如图33-3和图33-4所示。

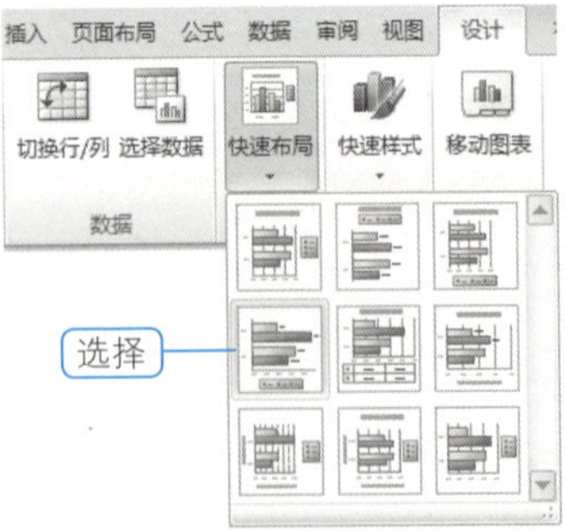

图33-3

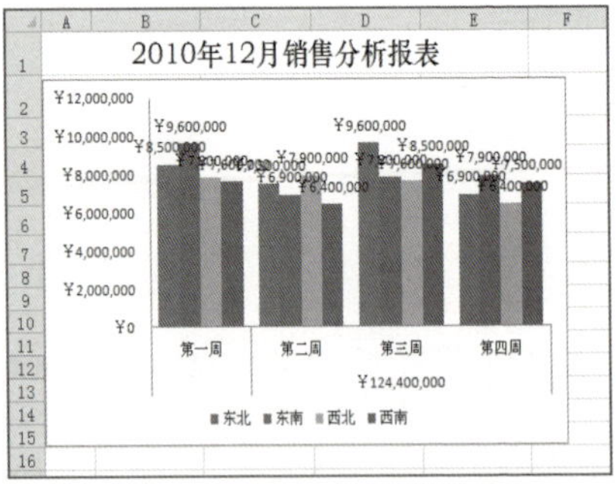

图33-4

技巧3 快速设置图表样式

用户可以为图表轻松套用Excel 2010提供的多种内置图表样式，操作方法如下：选中图表，单击“设计”选项卡，在“图表样式”选项组中单击“快速样式”按钮，在弹出的下拉面板中选择需要的样式即可，如图33-5和图33-6所示。

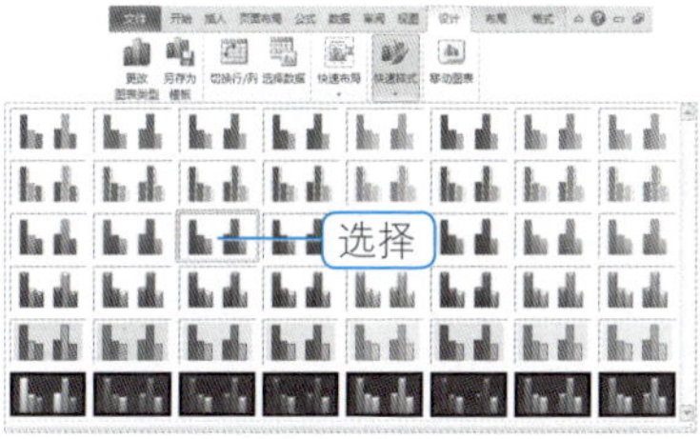

图33-5

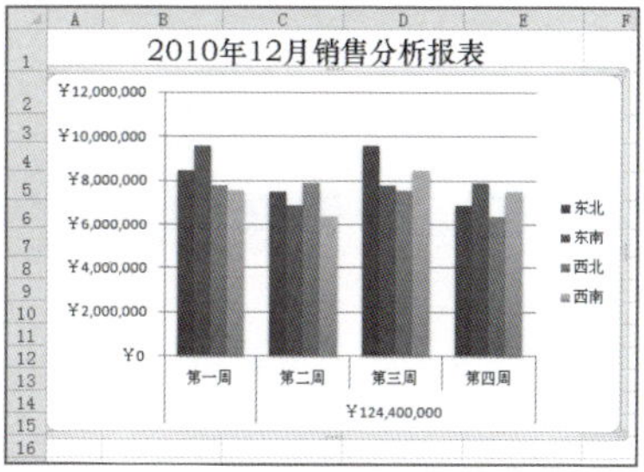

图33-6

技巧4 设置图表阴影特效

除了可以设置图表区的单色填充与单色边框外，还可以设置图表阴影特效，其设置方法如下。

❶ 选中图表，选择“图表工具→格式”菜单，在“形状样式”工具栏中单击按钮，如图33-7所示。

❷ 打开“设置图表区格式”对话框。选择“阴影”标签，分别设置阴影效果参数，如图33-8所示。

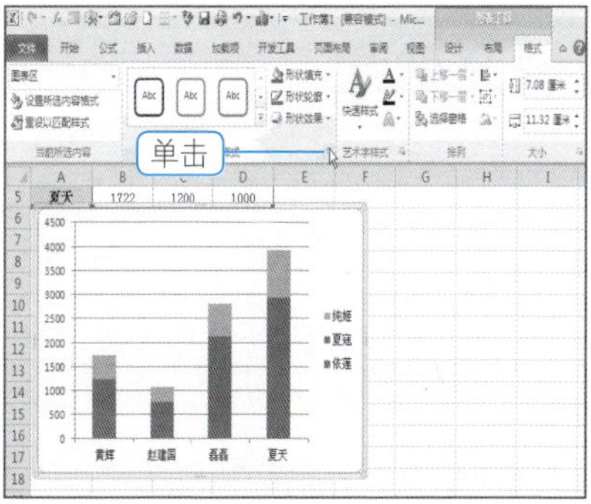

图33-7

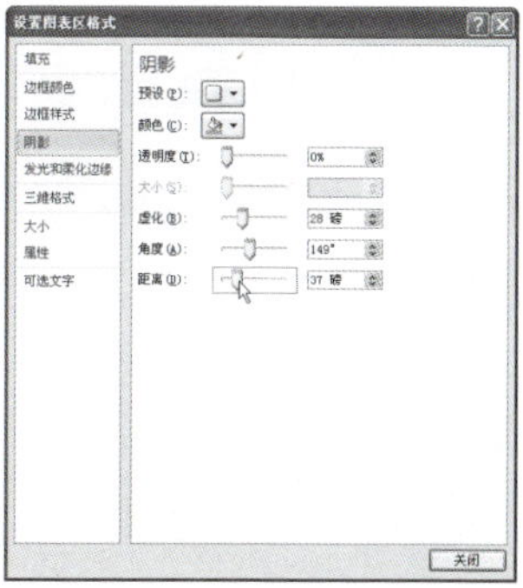

图33-8

❸ 设置完成后，关闭“设置图表区格式”对话框，可以看到图表显示的阴影效果，如图33-9所示。

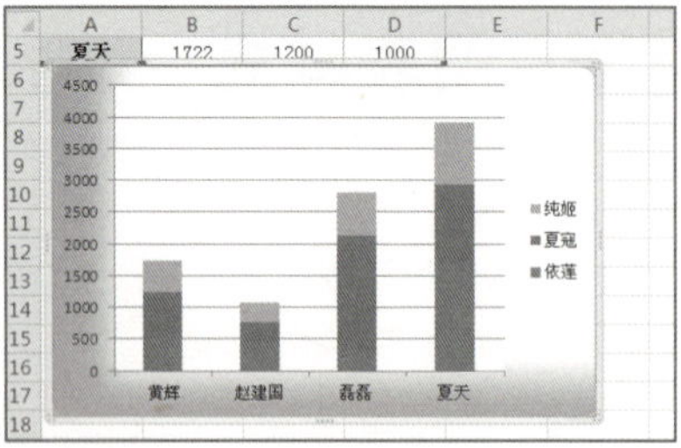

图33-9

技巧5 设置图表棱台特效

设置图表区的棱台特效是一种非常有效的修饰图表的方式，其设置方法如下。

选中图表，选择“图表工具→格式”菜单，在“形状效果”下拉菜单中，鼠标指向“棱台”，打开子菜单可以选择多种棱台特效，如图33-10所示。

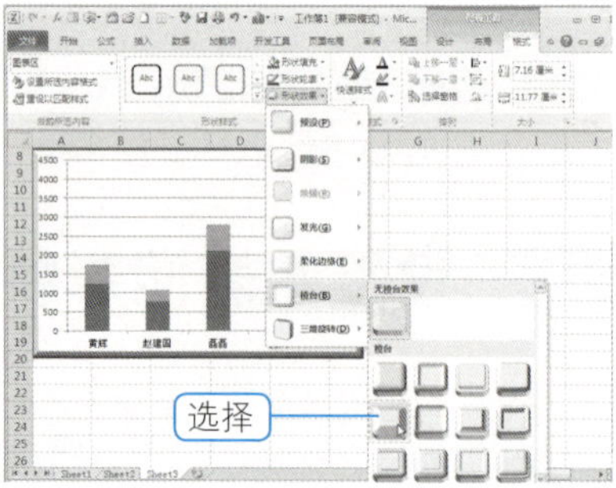

图33-10

专家提示

在“形状样式”工具栏中单击按钮，打开“设置图表区格式”对话框。选择“三维格式”标签，可以自定义棱台效果的参数。

技巧6 设置图表纹理填充效果

为美化图表，用户可给图表添加漂亮的背景，操作方法如下。

1 选中图表，单击鼠标右键，在弹出的快捷菜单中选择“设置图表区域格式”选项，弹出“设置图表区格式”对话框，如图33-11所示。

2 在右侧的“填充”选项区中选中“图片或纹理填充”单选按钮，如图33-12所示。

3 单击“纹理”下拉按钮，在弹出的下拉面板上选择“白色大理石”选项，如图33-13所示。

4 单击“关闭”按钮，关闭对话框，此时纹理已经应用到图表中，效果如图33-14所示。

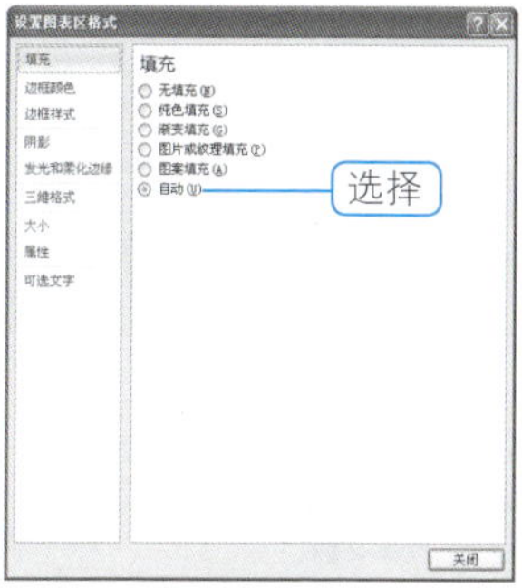

图33-11

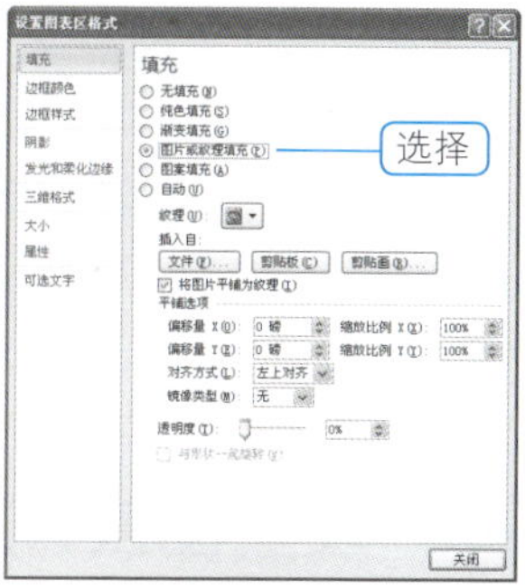

图33-12

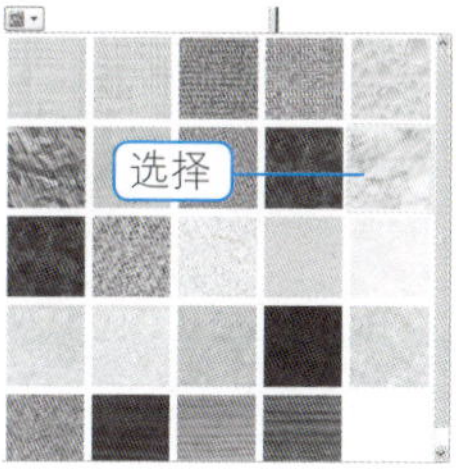

图33-13

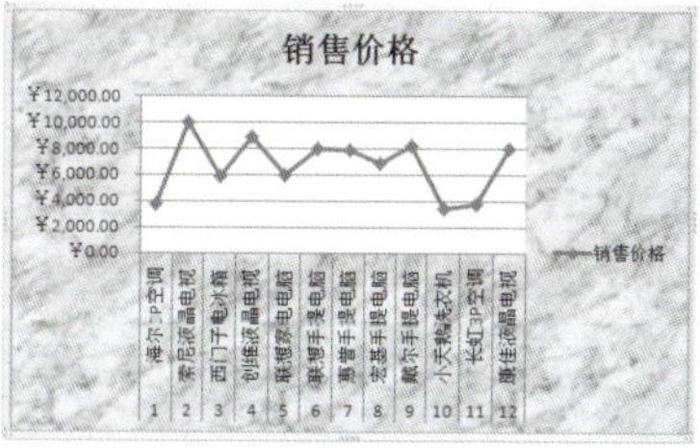

图33-14

技巧7 设置图表渐变填充效果

要设置图表的渐变填充效果，可以按如下方法操作。

❶ 选中图表，选择“图表工具→格式”菜单，在“形状样式”工具栏中单击按钮，如图33-15所示。

❷ 打开“设置图表区格式”对话框。选择“填充”标签，选择“渐变填充”，在展选项下面设置渐变填充的参数，如图33-16所示。

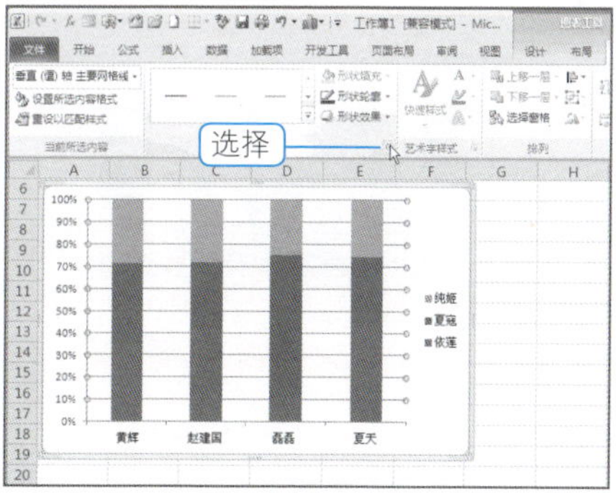

图33-15

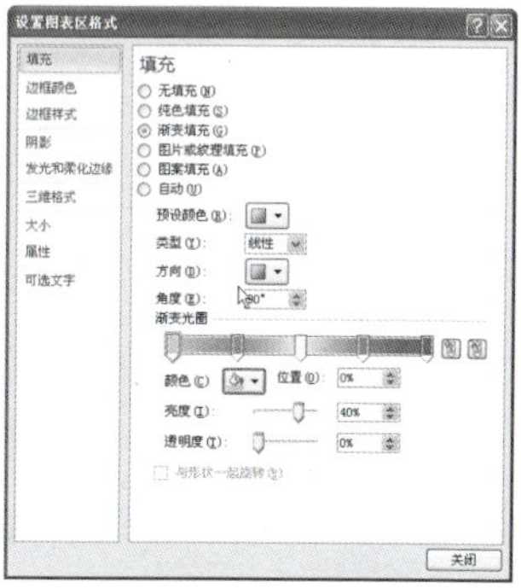

图33-16

3 设置完成后，关闭“设置图表区格式”对话框，可以看到图表区的渐变填充效果，如图33-17所示。

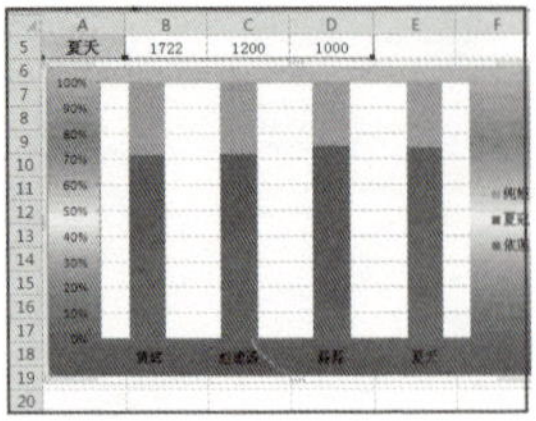

图33-17

技巧8 设置图表图片填充效果

要设置图表的图片填充效果，可以按如下方法操作。

1 选中图表，选择“图表工具→格式”菜单，在“形状样式”工具栏中单击按钮，如图33-18所示。

2 打开“设置图表区格式”对话框。选择“填充”标签，选择“图片或纹理填充”，单击“剪贴画”按钮，如图33-19所示。

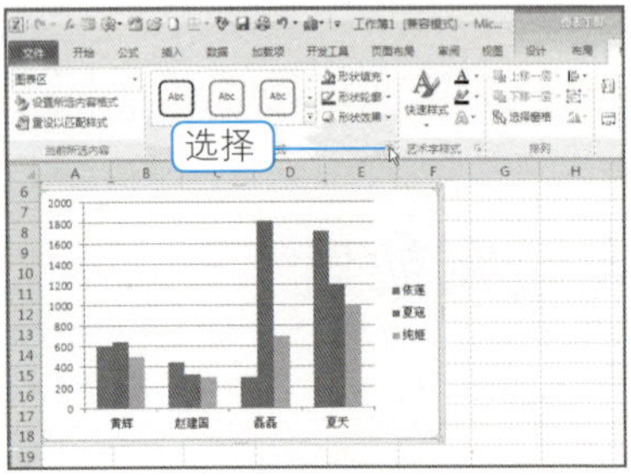

图33-18

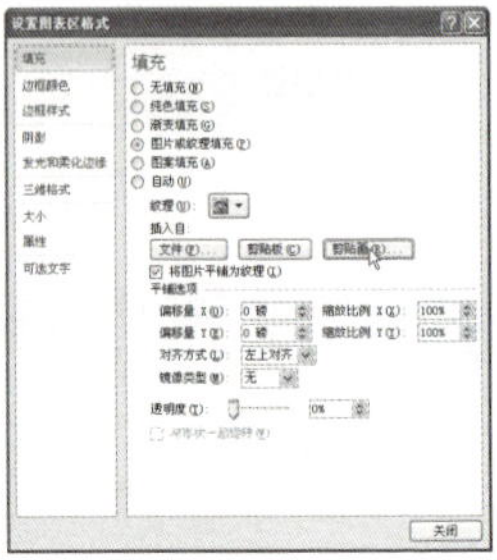

图33-19

3 弹出“选择图片”对话框，选择一种需要设置为填充效果的图片，单击“确定”按钮，如图33-20所示。

4 返回“设置图表区格式”对话框，单击“关闭”按钮，可以看到图表区的图片填充效果，如图33-21所示。

图33-20

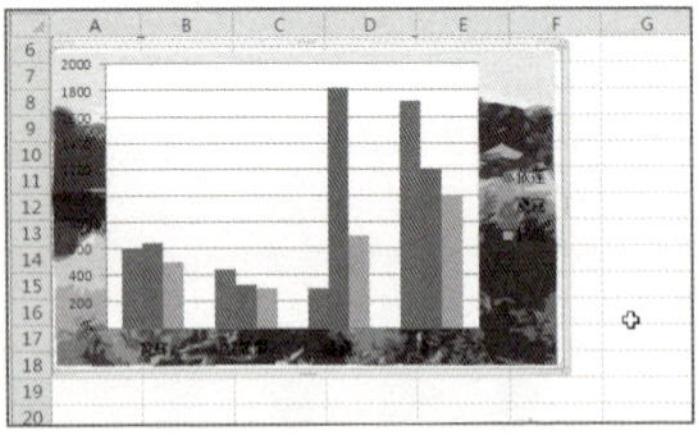

图33-21

专家提示

用户可以为图表设置不同的填充效果，以满足工作需求。

第34章

趋势线、误差线设置与应用技巧

利用趋势线、误差线可以让图表显示的数据更便于用户查看与分析，所以在使用图表对数据进行分析时经常要用到它们。

技巧1 为图表添加趋势线

添加趋势线是用图形的方式显示数据的预测趋势，并可用于预测分析，也称回归分析。利用回归分析的方法，可以在图表中扩展趋势线，根据实际数据预测未来数据，其添加方法如下。

1 打开一个名为“一周最高气温统计”图表，选中数据区域，单击“插入”选项卡，在“图表”选项组中单击“折线图”下拉按钮，在弹出的下拉面板中选择“带数据标记的折线图”选项，插入图表，并进行适当调整，如图34-1所示。

2 单击“布局”选项卡，在“分析”选项组中单击“趋势线”下拉按钮，在弹出的下拉菜单中选择“线性趋势线”选项，如图34-2所示。

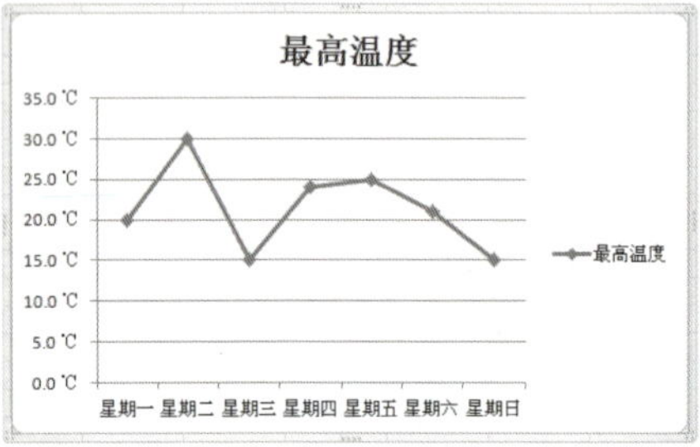

图34-1

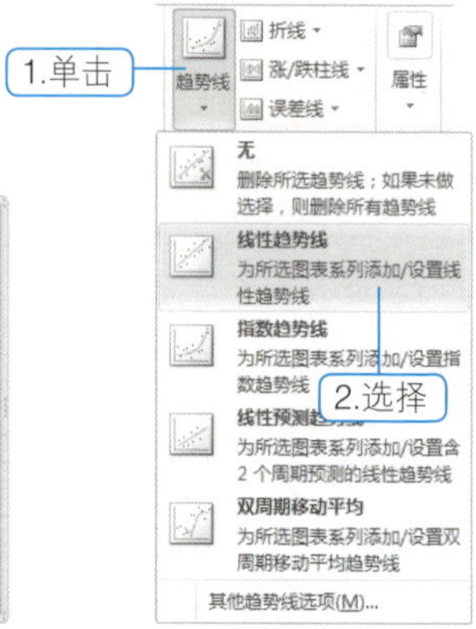

图34-2

3 此时，在图标将添加一条趋势线，效果如图34-3所示。

4 在“趋势线”下拉菜单中选择“其他趋势线选项”选项，弹出“设置趋势线格式”对话框，如图34-4所示。

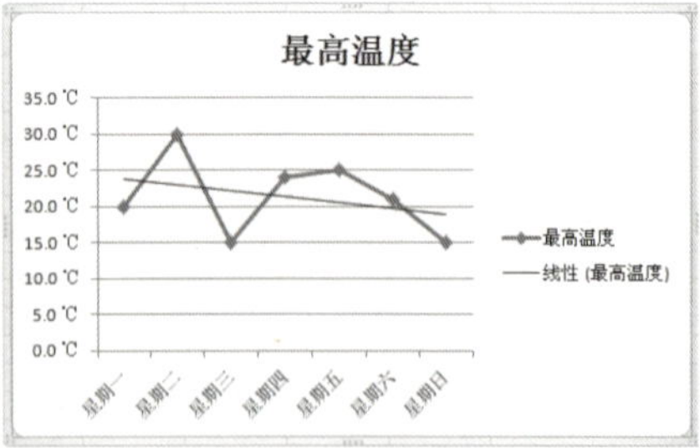

图34-3

图34-4

5 在右侧的“趋势预测/回归分析类型”选项区中选中“多项式”单选按钮，并在其后的数值框中输入4，如图34-5所示。

6 单击“关闭”按钮，得到如图34-6所示的趋势线。

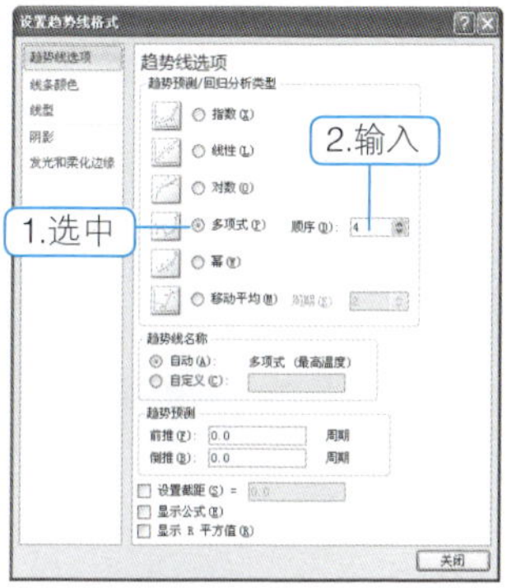

图34-5

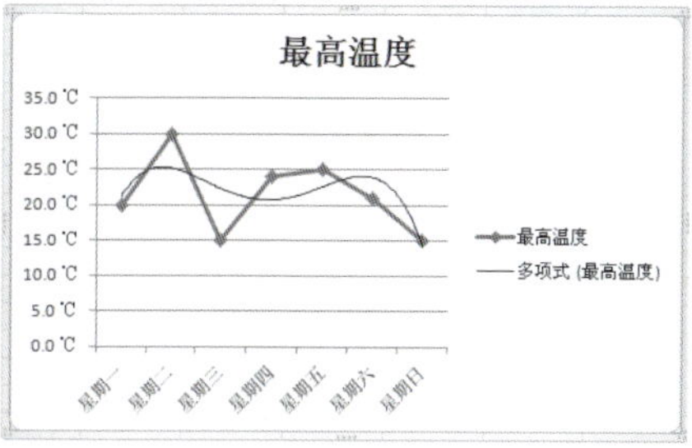

图34-6

专家提示

用户不仅可以添加“趋势线”下拉菜单中所列出的各种预置趋势线，还可以进行自定义设置。

技巧2 用R平方值判断趋势线的可靠性

R平方值是趋势线拟合程度的指标，它的数值大小可以反映趋势线的估计值与对应的实际数据之间的拟合程度，拟合程度越高，趋势线的可靠性就越高。其操作方法如下。

1 右键单击图表中的趋势线，在弹出的菜单中选择“设置趋势线格式”命令，打开“设置趋势线格式”对话框。

2 在左侧的窗格中单击“趋势线选项”项，接着在右侧的窗格底部选中“显示R平方值”复选框，如图34-7所示。

3 单击“关闭”按钮，在图表中就会显示出趋势线的R平方值。

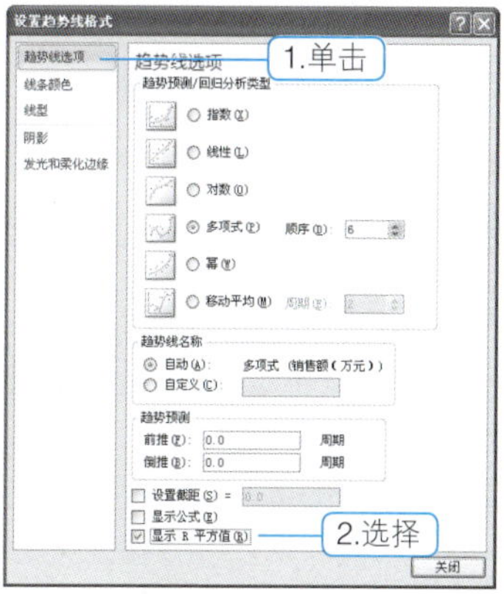

图34-7

专家提示

R平方值是取值范围在0～1之间的数值，当趋势线的R平方值等于1或接近1时，其可靠性最高，反之则可靠性较低。R平方值也称为决定系数。

技巧3 使用移动平均趋势线

移动平均使用特定数目的数据点（由“周期”选项设置），取其平均值，然后将该平均值作为趋势线中的一个点，其操作方法如下。

❶ 右键单击图表中的趋势线，在弹出的菜单中选择“设置趋势线格式”命令，打开“设置趋势线格式”对话框。

❷ 在左侧的窗格中单击“趋势线选项”项，接着在右侧的窗格中的“趋势预测/回归分析类型”栏中选中“移动平均”单选项，在“周期”微调框中输入一个合适的值，如“2”，如图34-8所示。

❸ 接着对趋势线进行相应的格式设置。

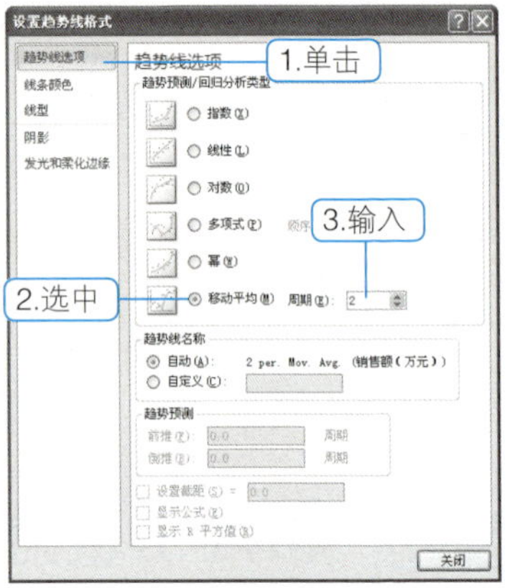

图34-8

专家提示

添加了移动平均趋势线后，如果需要更改趋势线的周期，打开“设置趋势线格式”对话框，在“移动平均”单选项右侧的“周期”微调框中输入一个合适的周期值即可。

技巧4 重新更改趋势线的名称

默认情况下，在创建趋势线时，Excel会自动给趋势线设置名称。如果用户对Excel自动设置的趋势线名称不满意，可以重新更改趋势线的名称，其操作方法如下。

❶ 鼠标右键单击图表中的趋势线，在弹出的菜单中选择“设置趋势线格式”命令，打开“设置趋势线格式”对话框。

❷ 在左侧的窗格中单击“趋势线选项”项，接着在右侧的窗格中的“趋势

线名称”栏中选中“自定义”单选项，在右侧的文本框中输入一个新的趋势线名称，如“上半年销售趋势”，如图34-9所示。

❸ 单击“关闭”按钮即可完成设置。

专家提示

如果需要将趋势线名称更改为默认名称，使用同样的方法，在“趋势线名称”栏中选中“自动”单选项即可。

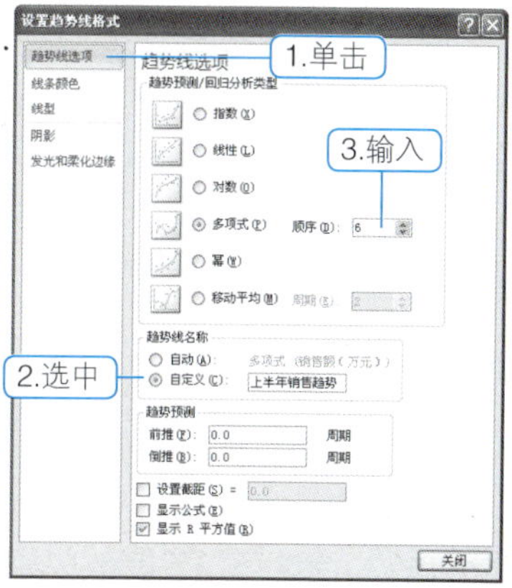

图34-9

技巧5 在图表中显示趋势线的公式

若用户想查看插入到图表中的趋势线的公式，可通过以下方法来实现。

❶ 打开一个添加了趋势线的图表，选中趋势线，单击“布局”选项卡，在“分析”选项组中单击“趋势线”下拉按钮，在弹出的下拉菜单中选择“其他趋势线选项”选项，如图34-10所示。

❷ 弹出“设置趋势线格式”对话框，在对话框下方选中“显示公式”复选框，如图34-11所示。

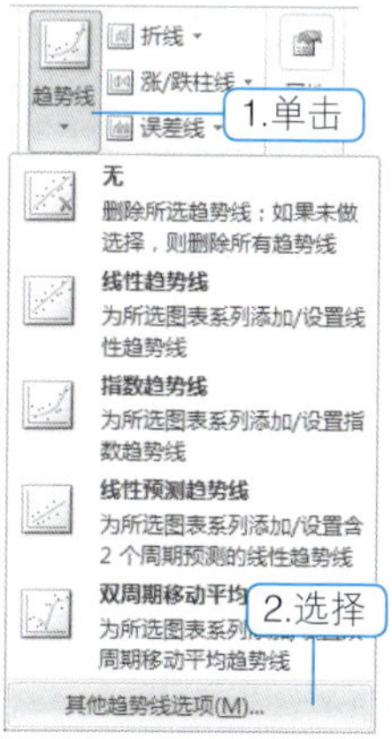

图34-10

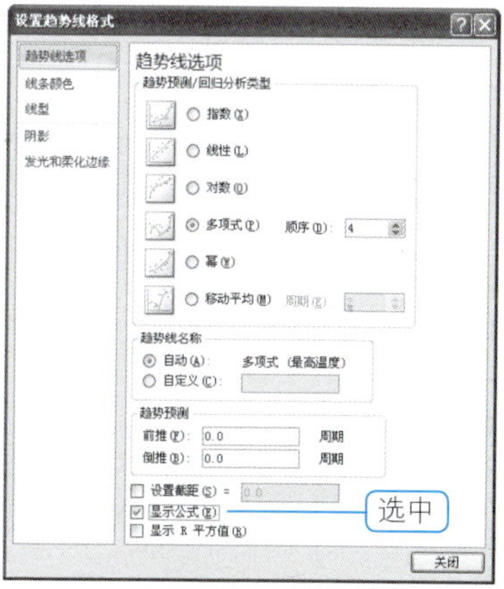

图34-11

❸ 单击“关闭”按钮，此时图表中已经显示出趋势线对应的公式，调整公式和图例的位置，效果如图34-12所示。

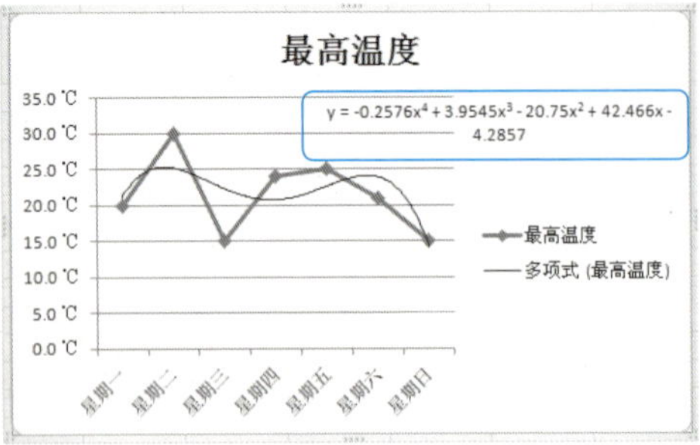

图34-12

技巧6 如何正确选择趋势线类型

Excel提供了指数、线性、对数、多项式、幂和移动平均6种趋势线类型，其中，前5种属于预测分析类。选择合适的去实现类型，是提升趋势线的拟合度、提高预测分析准确性的关键。下面通过一个小实例，介绍如何正确选择趋势线类型。

❶ 打开一个名为“年度采购费用统计表”的工作表，从中选中数据，插入带数据标记的折线图图表，并进行适当设置，如图34-13所示。

❷ 选中图表，单击“布局”选项卡，在“分析”选项组中单击“趋势线”下拉按钮，在弹出的下拉菜单中选择“其他趋势线选项”选项，弹出“设置趋势线格式”对话框，如图34-14所示。

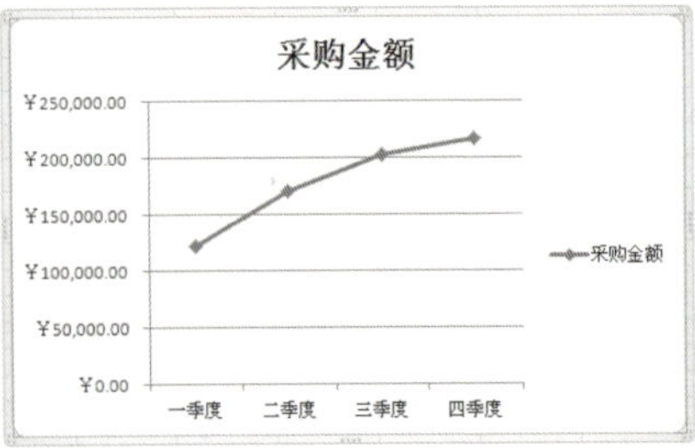

图34-13

图34-14

❸ 在“趋势预测/回归分析类型”选项区中选中“线性”单选按钮，在对话框下方选中“显示公式”和“显示R平方值”复选框，如图34-15所示。

❹ 单击“关闭”按钮，并调整公式位置，效果如图34-16所示。

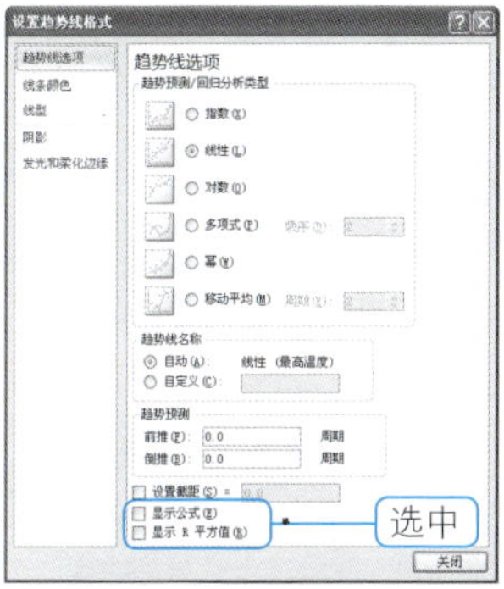

图34-15

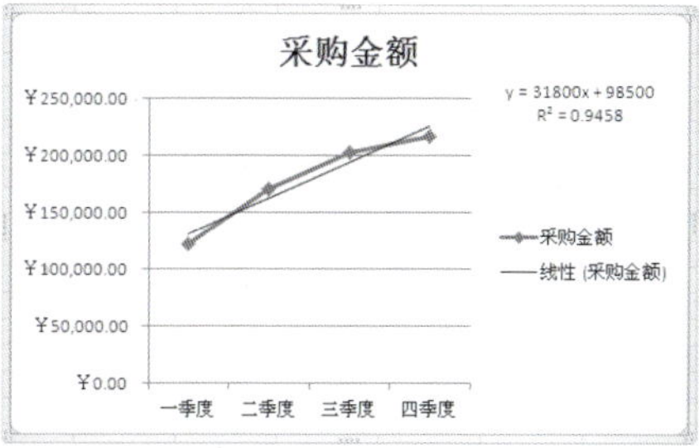

图34-16

5 在工作表其他位置记录下类型为“线性”的趋势线的R平方值，如图34-17所示。

6 用同样的方法，记录下其他4种类型趋势线对应的R平方值，如图34-18所示。

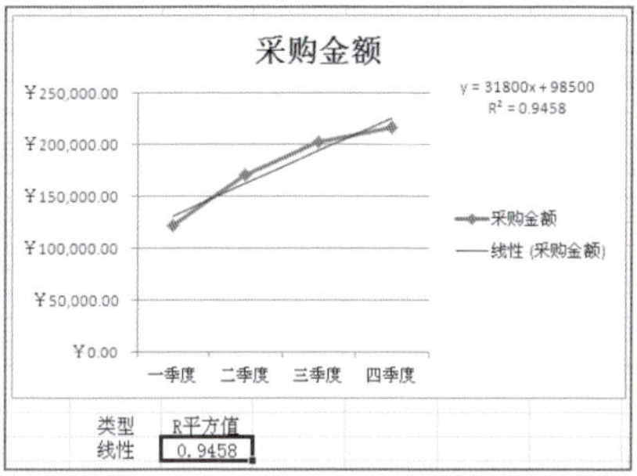

图34-17

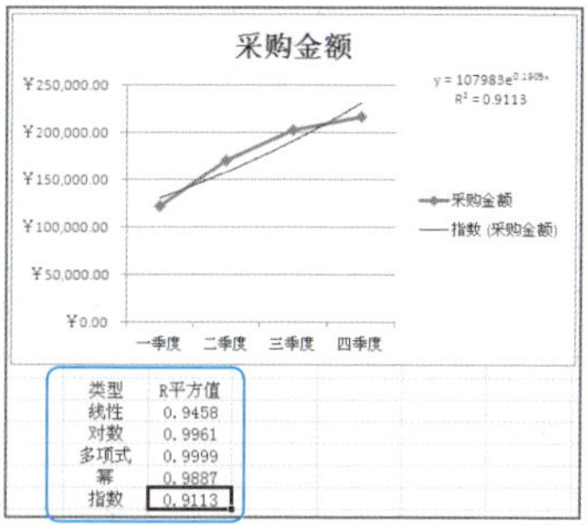

图34-18

7 比较各类型趋势线的R平方值，其中最接近1的类型即为最适合的类型，故此处选择“多项式”类型，如图34-19所示。

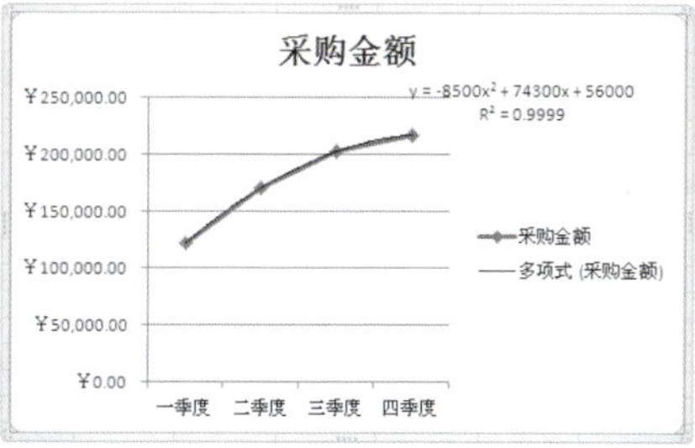

图34-19

专家提示

R可以理解为相关系数。用趋势线拟合数据时，Excel会自动计算其R的平方值。当趋势线的R平方值等于或近似于1时，趋势线最可靠。

技巧7 使用趋势线轻松进行预测

使用趋势线进行未来值计算的具体操作方法如下。

1 打开需要预测的表格所在工作表，选中数据区域，创建带数据标记的折线图，并进行适当调整，如图34-20所示。

2 单击“布局”选项卡，在“分析”选项组中单击“趋势线”下拉按钮，在弹出的下拉菜单中选择“其他趋势线选项”选项，弹出“设置趋势线格式”对话框，如图34-21所示。

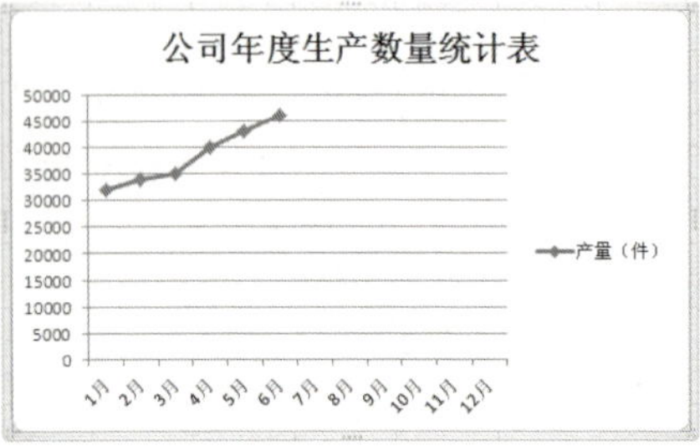

图34-20

图34-21

3 按照上一实例中介绍的方法，得出本例适合使用的趋势线类型仍为“多项式”，故在“趋势预测/回归分析类型”选项区中选中“多项式”单选按钮，并选中“显示公式”复选框，如图34-22所示。

4 单击“关闭”按钮，此时图表中的黑色趋势线已经显示出来，调整公式位置，效果如图34-23所示。

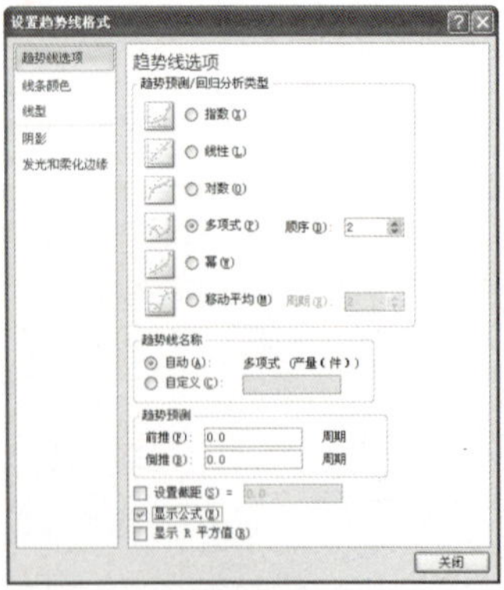

图34-22

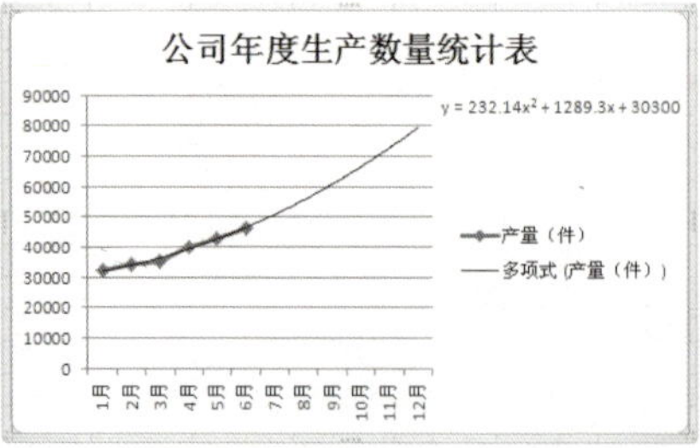

图34-23

技巧8　为图表添加误差线

误差线表示图形上相对于数据系列中每个数据点或数据标记的潜在误差量。为图表添加误差线的操作方法如下。

❶ 打开一个名为“城市温度表”的工作表，选中数据区域，创建柱形图表，并进行适当调整，效果如图34-24所示。

❷ 选中图表，单击“布局”选项卡，在“分析”选项组中单击“误差线”下拉按钮，在弹出的下拉菜单中选择“其他误差线选项”选项，如图34-25所示。

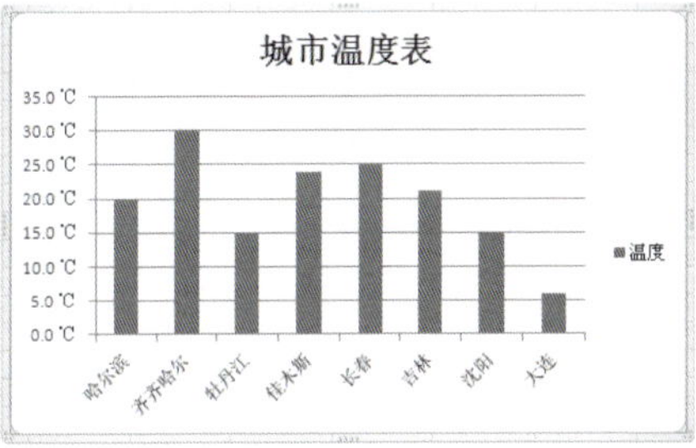

图34-24

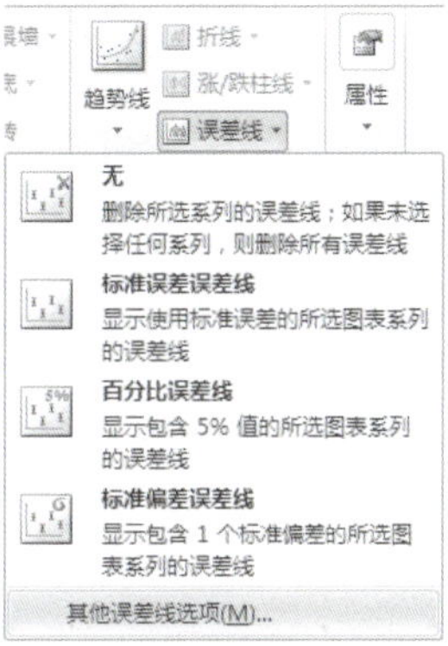

图34-25

❸ 弹出“设置误差线格式”对话框，此时“显示”选项区中的“方向”默认设置为“正负偏差”，如图34-26所示。

❹ 在“误差量”选项区中选中“百分比”单选按钮，并在其后的文本框中输入数值5，如图34-27所示。

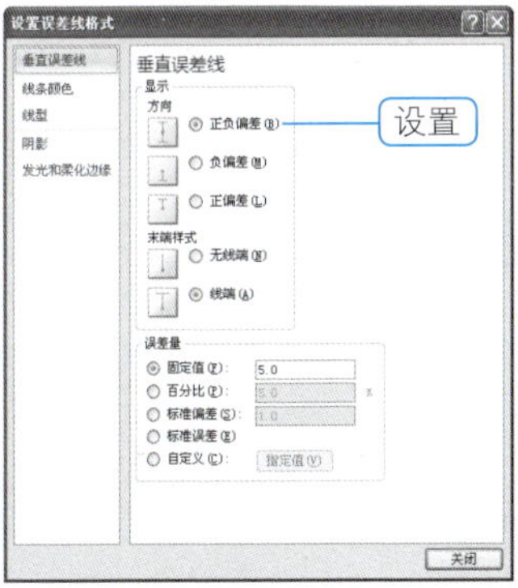

图34-26

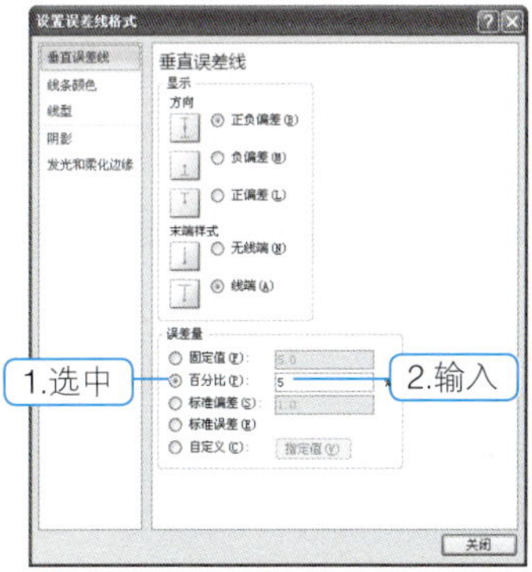

图34-27

❺ 在左侧列表中选择“线条颜色”选项，在右侧的选项区中选中“渐变

线”单选按钮，并单击“预设颜色”下拉按钮，在弹出的下拉面板中选择如图34-28所示的选项。

6 左侧列表中选择“线型”选项，在右侧的选项区中设置“宽度”为“2磅”，如图34-29所示。

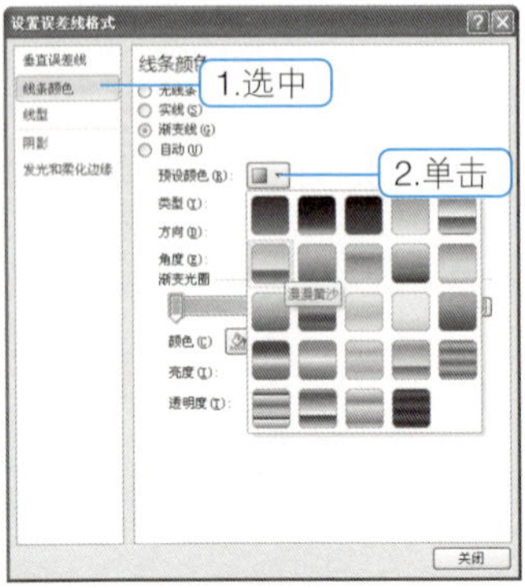

图34-28

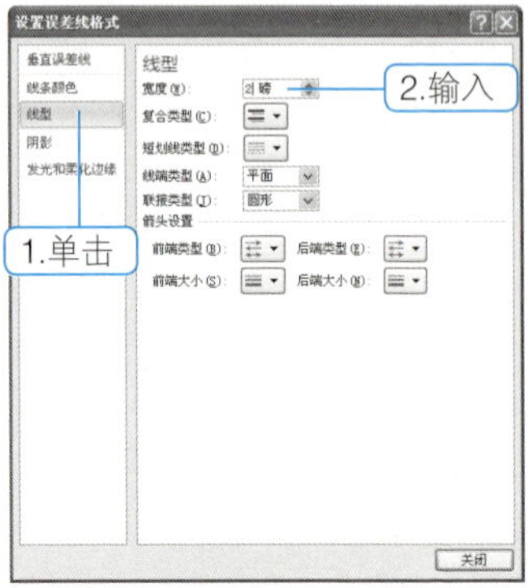

图34-29

7 单击“关闭”按钮，将误差线添加到图表中的效果如图34-30所示，表示可以显示5%的正负潜在误差量。

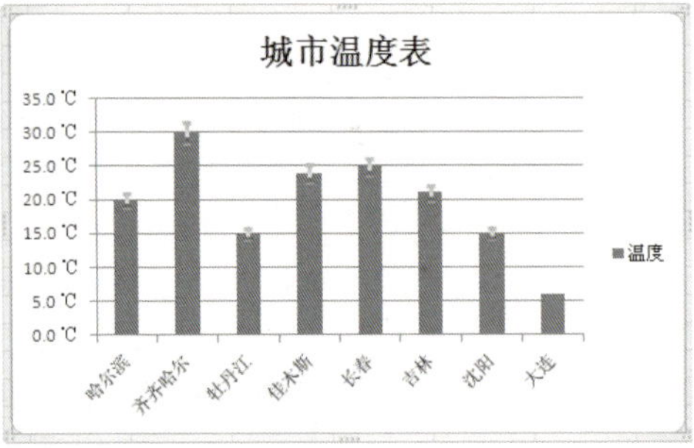

图34-30

技巧9 为图标添加折线

折线能够帮助用户识别一个数据标记的终点以及下一个数据标记的起点，其添加方法如下。

1 打开一个名为“城市温度表”的工作表，选中数据区域，创建折线图表，并进行适当调整。单击“布局”选项卡，在“分析”选项组中单击“折线”下拉按钮，在弹出的下拉菜单中选择“垂直线”选项，如图34-31所示。

2 此时，图表中插入相应的折线，效果如图34-32所示。

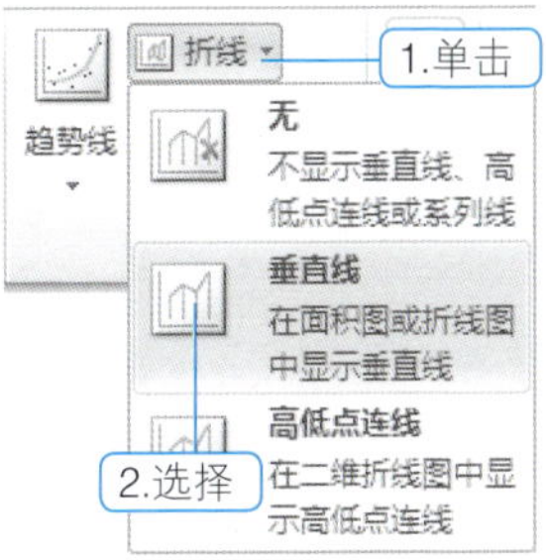

图34-31

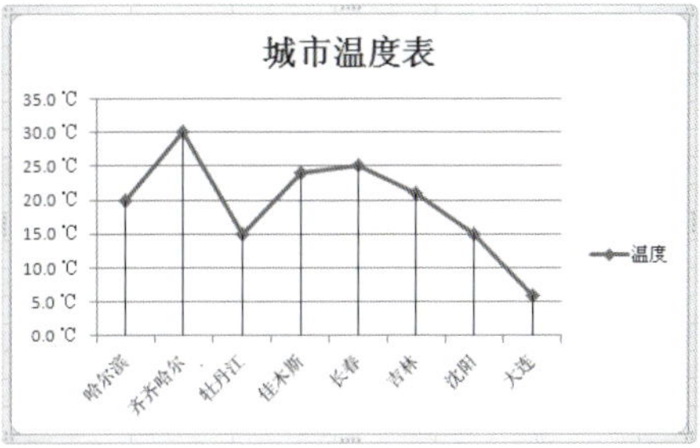

图34-32

技巧10 快速设置误差线样式

默认的误差线样式较细，如果长度再比较短的话，容易造成用户看不起或看起来不醒目，可以重新设置误差线的样式，其添加方法如下。

❶ 单击图标中数据点上的任意一个误差线，即可将该数据系列中所有误差线都选中。

❷ 单击"格式"标签，在"形状样式"选项组中单击列表框右下角的按钮，在弹出的列表中选择一种合适的样式，如"中等线-深色1"，如图34-33所示。

❸ 接着在图表中即可看到设置的误差线样式，如图34-34所示。

图34-33

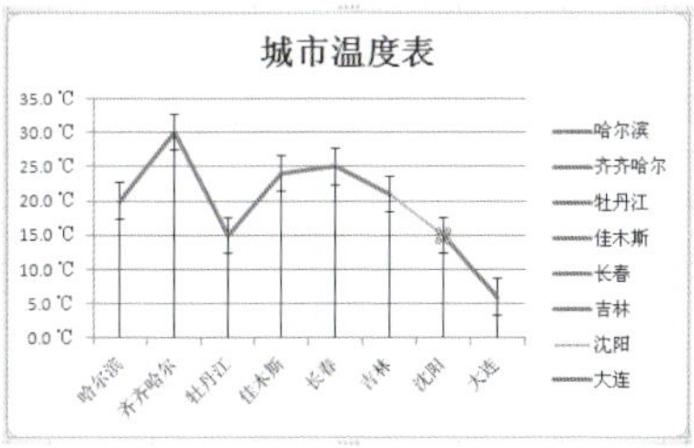

图34-34

读书笔记

第35章

典型图表编辑与应用技巧

本节将介绍图表制作工作中经常用到的一些典型的图表实例，如柏拉图、步进图以及突出型饼图等。

技巧1 轻松创建瀑布图

图如其名，瀑布图是指通过巧妙的设置，使图表中数据点的排列形状看似瀑布。这种效果的图表能够在反映数据多少的同时，直观地反映出数据的增减变化。例如，已知开始值、结束值及中间时间段的增长值，要使用瀑布图直观地展现数据的增长情况，方法如下。

❶ 打开要创建瀑布图的工作表，从中创建如下图所示的辅助数据列。其中，D4单元格中输入的公式为“=C3”，D5单元格中输入的公式为“=D4+C4”，并通过D5单元格自动填充该列其他单元格，如图35-1所示。

❷ 选中数据区域B3:D12，单击“插入”选项卡，在“图表”选项组中单击“柱形图”下拉按钮，在弹出下拉面板中选择“堆积柱形图”选项，如图35-2所示。

数据系列	增长值	辅助数据
开始值	4.6	
一阶段	2.6	4.6
二阶段	1.8	7.2
三阶段	1	9
四阶段	1	10
五阶段	1	11
六阶段	0.5	12
七阶段	0.2	12.5
八阶段	0.5	12.7
结束值	13.2	

图35-1

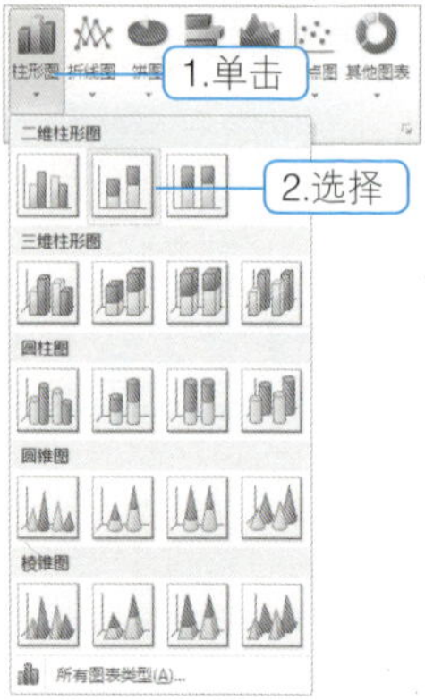

图35-2

❸ 删除图表中的图例项，得到的效果如图35-3所示。

❹ 单击下方的数据系列，对编辑栏中的公式进行调整，调整两个数据系列的次序，如图35-4所示。

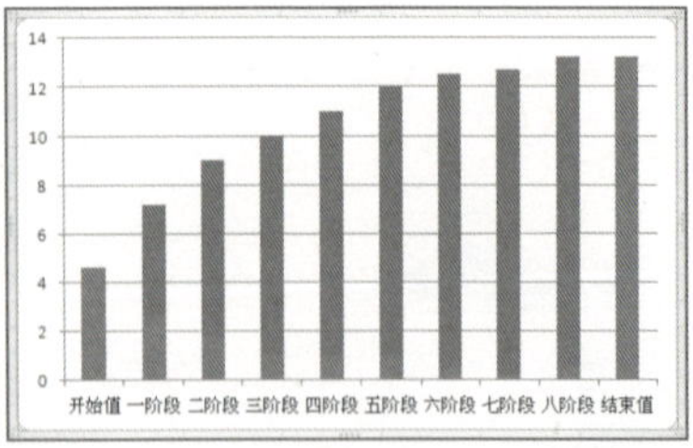

图35-3

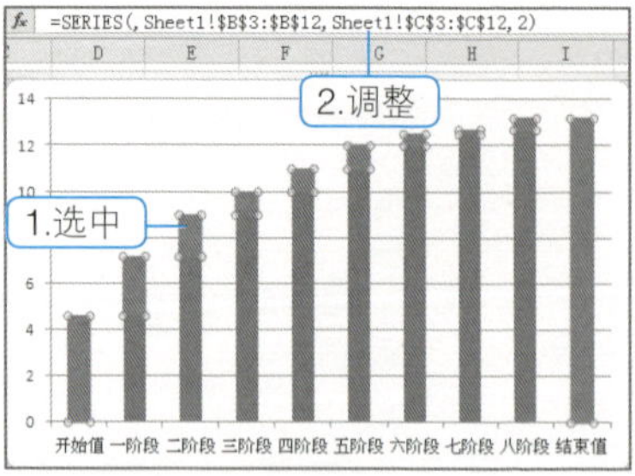

图35-4

5 选中下方的数据系列，单击鼠标右键，在弹出的快捷菜单中选择“设置数据系列格式”选项，如图35-5所示。

6 弹出“设置数据系列格式”对话框，在左侧列表中选择“填充”选项，在右侧选项区中选中“无填充”单选按钮，如图35-6所示。

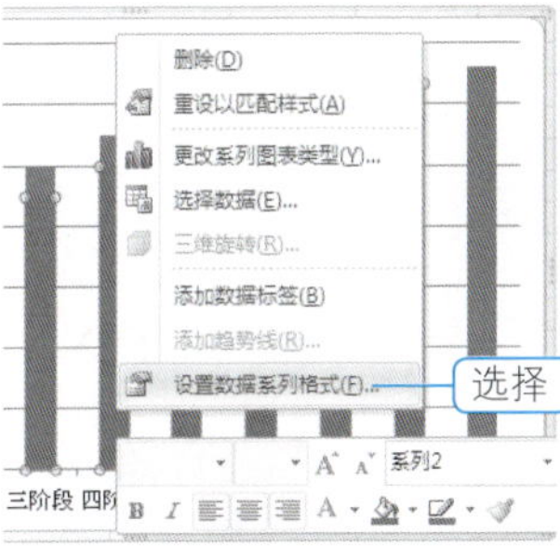

图35-5

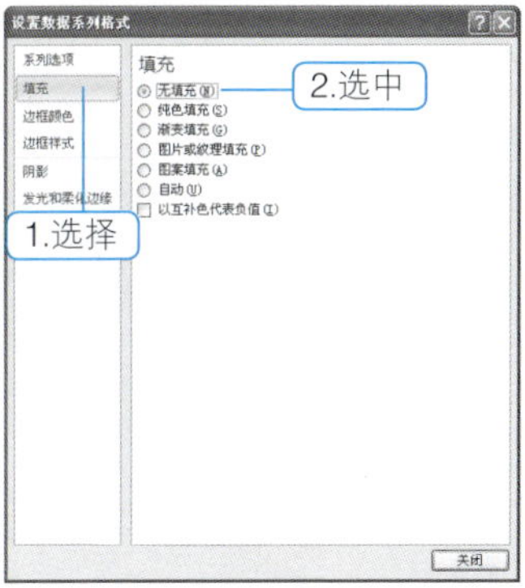

图35-6

7 在左侧列表中选择“边框颜色”选项，在右侧选项区中选中“无线条”单选按钮，如图35-7所示。

8 单击“关闭”按钮，得到的图表效果如图35-8所示。

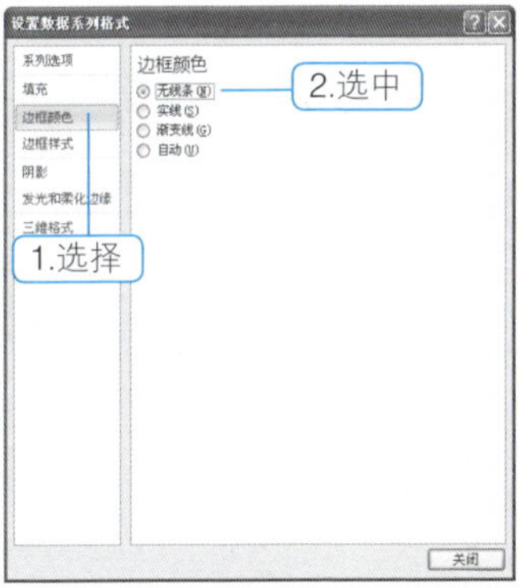

图35-7

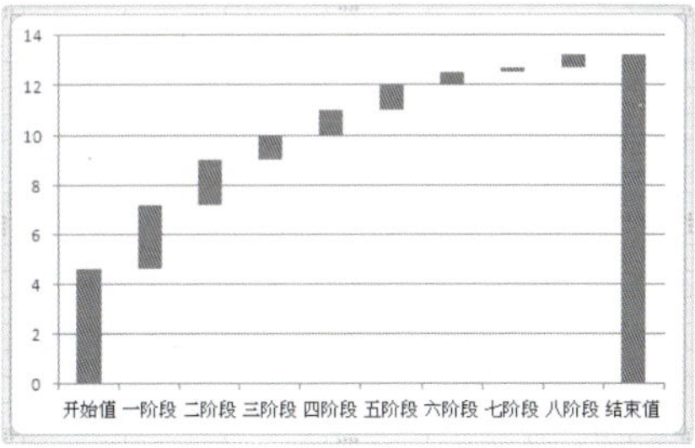

图35-8

技巧2 轻松创建复合图表

在创建柱形图表时，若数据系列太多，则会影响图表的直观性。要使图表看起来更直观、明显，可以使用如下方法进行操作。

1 打开要创建图表的工作表，在合适位置添加辅助数据列，如图35-9所示。

❷ 选中数据区域，单击“插入”选项卡，在“图表”选项组中单击“柱形图”下拉按钮，在弹出的下拉面板中选择“堆积柱形图”选项，插入堆积柱形图，并进行相应调整，如图35-10所示。

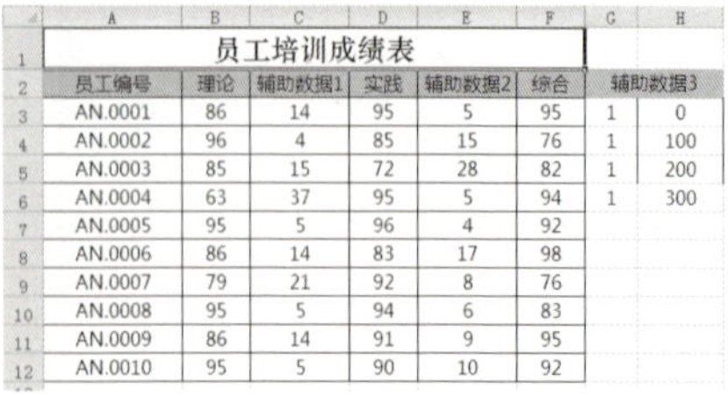

员工培训成绩表							
员工编号	理论	辅助数据1	实践	辅助数据2	综合	辅助数据3	
AN.0001	86	14	95	5	95	1	0
AN.0002	96	4	85	15	76	1	100
AN.0003	85	15	72	28	82	1	200
AN.0004	63	37	95	5	94	1	300
AN.0005	95	5	96	4	92		
AN.0006	86	14	83	17	98		
AN.0007	79	21	92	8	76		
AN.0008	95	5	94	6	83		
AN.0009	86	14	91	9	95		
AN.0010	95	5	90	10	92		

图35-9

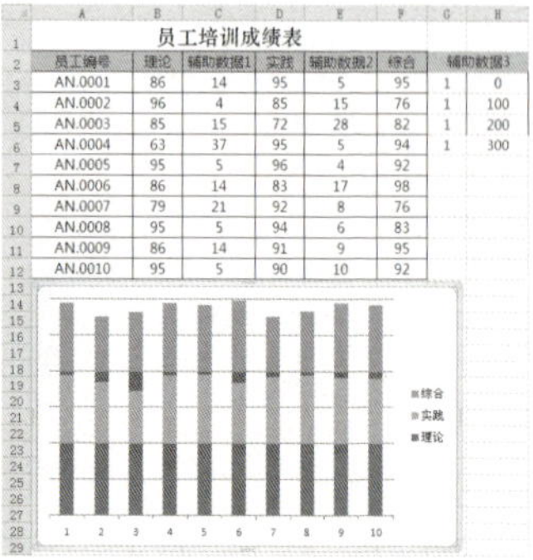

图35-10

❸ 选中“辅助数据1”列对应的数据系列，单击鼠标右键，在弹出的快捷菜单中选择“设置数据系列格式”选项，弹出“设置数据系列格式”对话框，在左侧列表中选择“填充”选项，在右侧选项区中选中“无填充”单选按钮，如图35-11所示。

❹ 在左侧列表中选择“边框颜色”选项，在右侧选项区中选中“无线条”单选按钮，如图35-12所示。

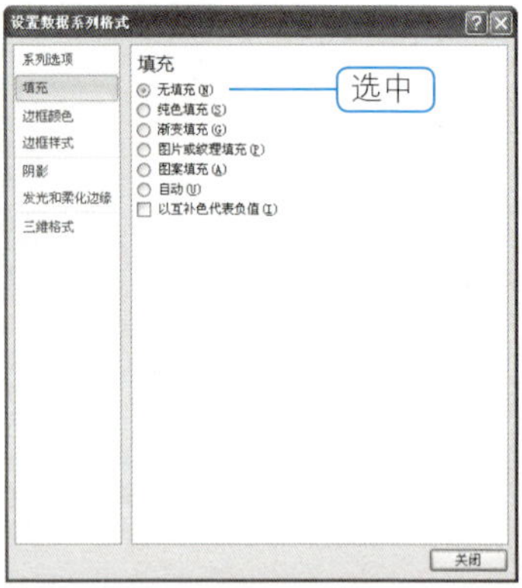

图35-11

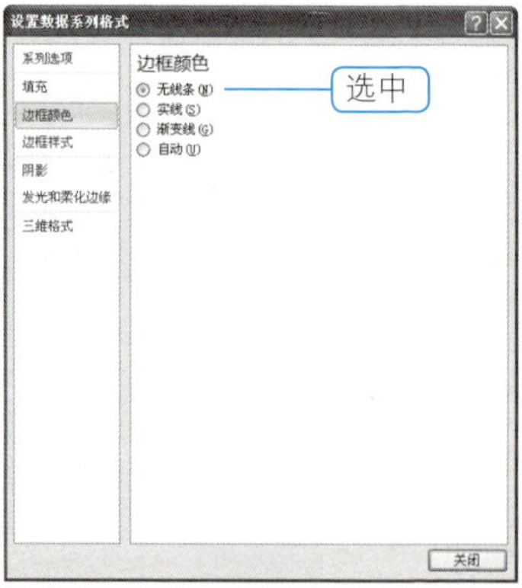

图35-12

❺ 单击“关闭”按钮，并用相同的方法，对“辅助数据2”列对应的数据系列进行设置，将坐标轴的最大值更改为300，并将纵坐标轴删除，得到如图35-13所示的效果。

❻ 将“辅助数据3”列右侧的数据列添加到图表中，设置“系列名称”为“新纵坐标轴”、“系列值”为H3:H6、“轴标签区域”为G3:G6，并更改其类

型为“带平滑线和数据标记的散点图”，效果如图35-14所示。

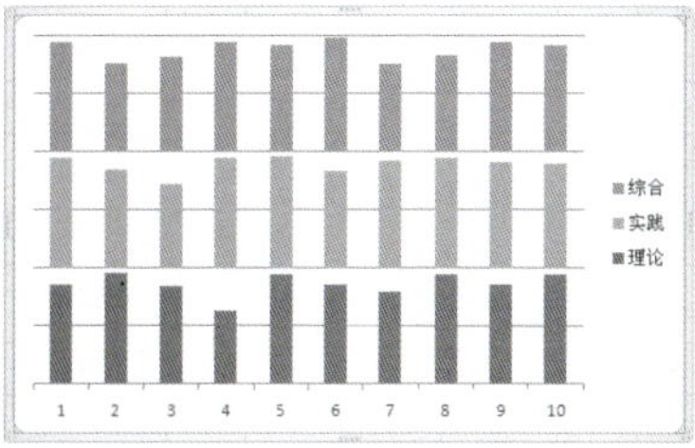

图35-13

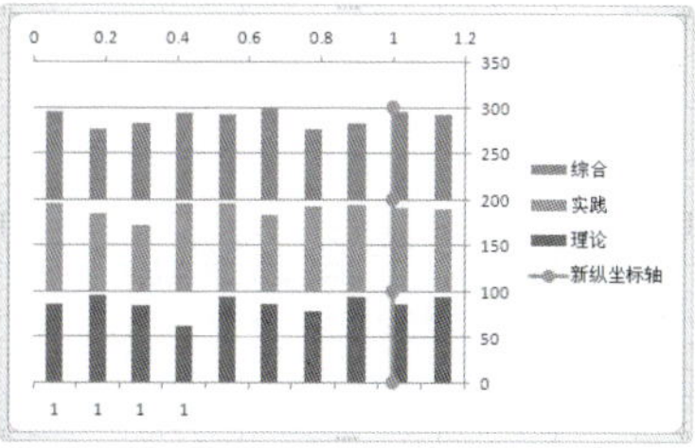

图35-14

7 删除新添加数据系列对应图例及图表上方和右侧的坐标轴，然后选中该数据系列，打开“设置数据系列格式”对话框，选中“主坐标轴”单选按钮，效果如图35-15所示。

8 单击“关闭”按钮，显示新数据系列的数据标签，并进行相应更改，然后更改其他数据系列的“水平轴标签”为A3: A12，得到效果如图35-16所示。

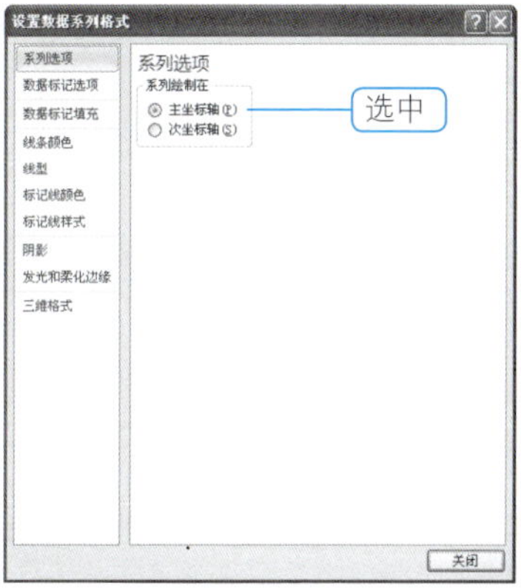

图35-15

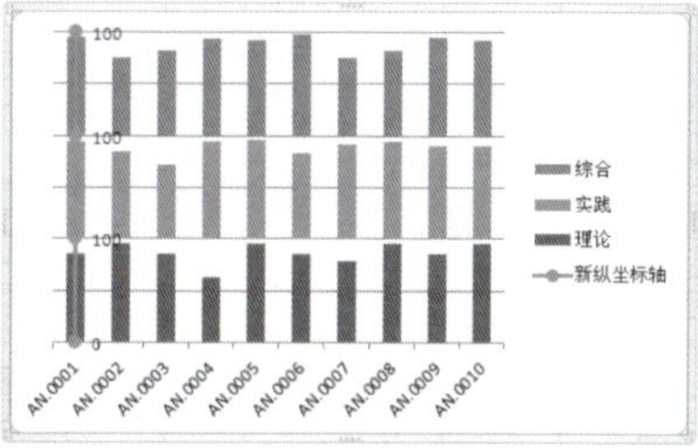

图35-16

技巧3 轻松创建柏拉图

柏拉图是将某一期间所收集的数据，按特定角度适当分类，并依各类数据出现的大小顺序而排列的图表，是获得重要原因或问题重点的有效工具，其创建方法如下。

1 打开工作表，从中添加“辅助数据”列，打开“设置单元格格式”对话框，从中进行格式设置，完成设置后单击“确定”按钮，在E3单元格中输入0，在E4单元格中输入公式“=COUNT($B$4:B4)/COUNT($B$3:$B$9)”，并自动填充该列其他单元格，如图35-17所示。

❷ 选中数据区域A4:A9和C4:C9，单击“插入”选项卡，在“图表”选项组中单击“柱形图”下拉按钮，在弹出的下拉面板中选择“簇状柱形图”选项，插入图表，如图35-18所示。

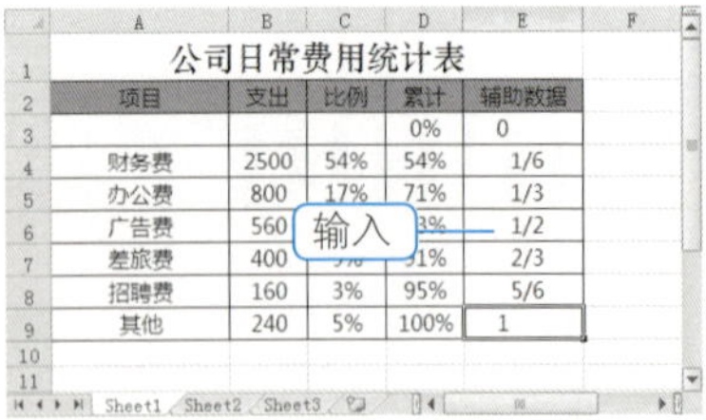

图35-17

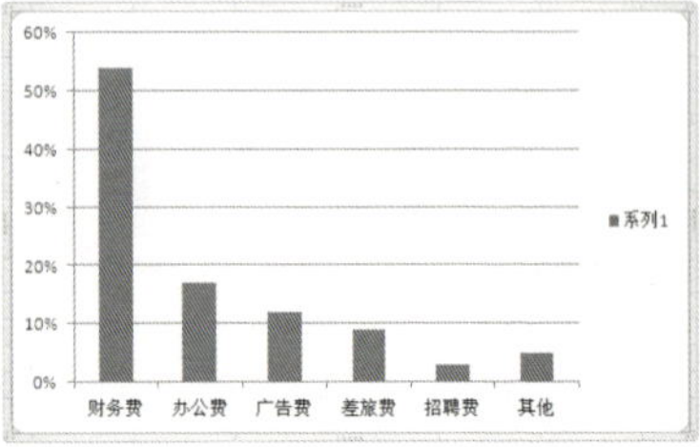

图35-18

❸ 选中纵坐标轴，单击鼠标右键，在弹出的快捷菜单中选择“设置坐标轴格式”选项，弹出“设置坐标轴格式”对话框，设置“最大值”为1、“主要刻度单位”为0.2，如图35-19所示。

❹ 单击“关闭”按钮，更改图例名称为“比例”列标题，选中工作表中“累计”列，将其添加到图表中，并设置其图例名称为“累计”，将其选中，单击鼠标右键，在弹出的快捷菜单中选择“选择数据”选项，弹出“选择数据源”对话框，如图35-20所示。

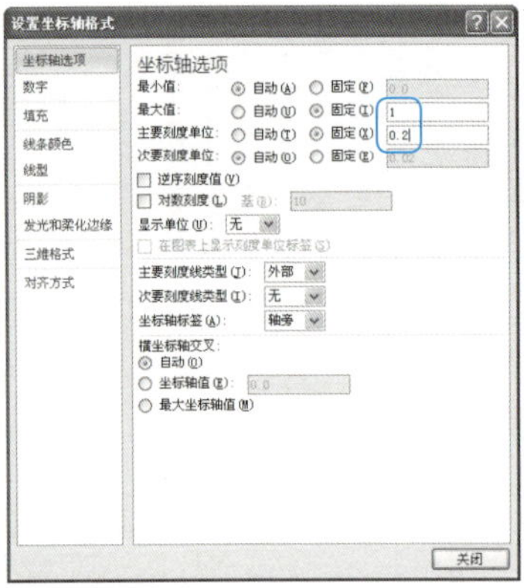

图35-19

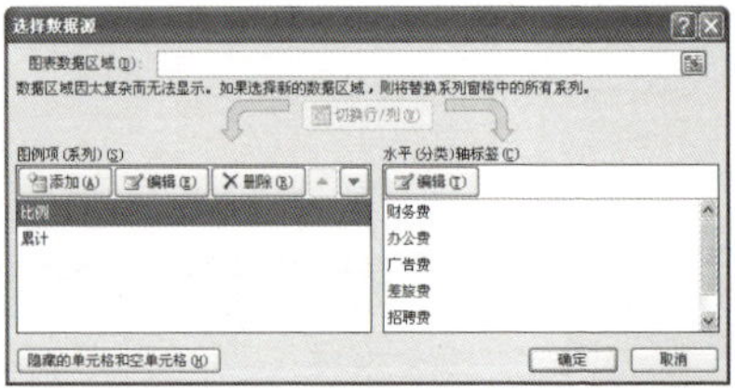

图35-20

❺ 在“图例项（系列）”列表框中选择“累计”选项，在“水平（分类）轴标签”列表框中单击“编辑”按钮，在弹出的“选择数据源”对话框中设置“轴标签区域”为E3:E9，依次单击“确定”按钮，得到如图35-21所示的效果。

❻ 更改“累计”数据系列对应的类型为“带直线和数据标记的散点图”，选中图表上方的坐标轴，打开“设置坐标轴格式”对话框，将“最大值”设置为1，得到如图35-22所示的效果。

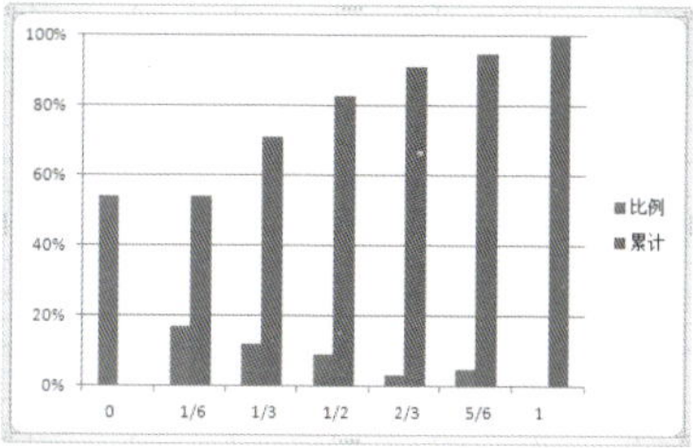

图35-21

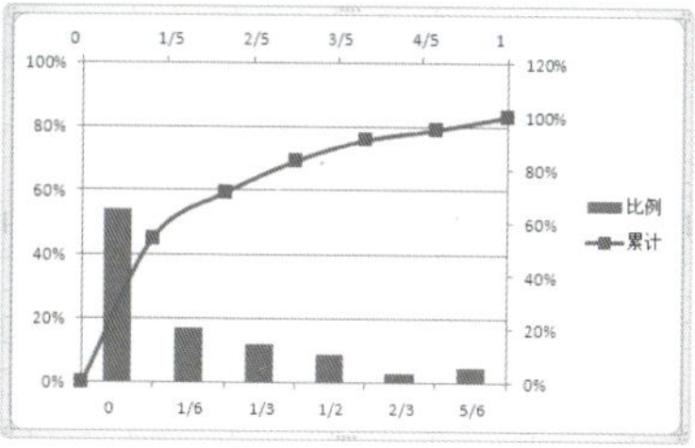

图35-22

7 选中右侧坐标轴，打开“设置坐标轴格式”对话框，对坐标轴的“最大值”和“主要刻度单位”进行详细设置，如图35-23所示。

8 单击“关闭”按钮，选中水平坐标轴，打开“选择数据源”对话框，设置“比例”数据系列对应的数据区域为A4:A9，单击“确定”按钮，效果如图35-24所示。

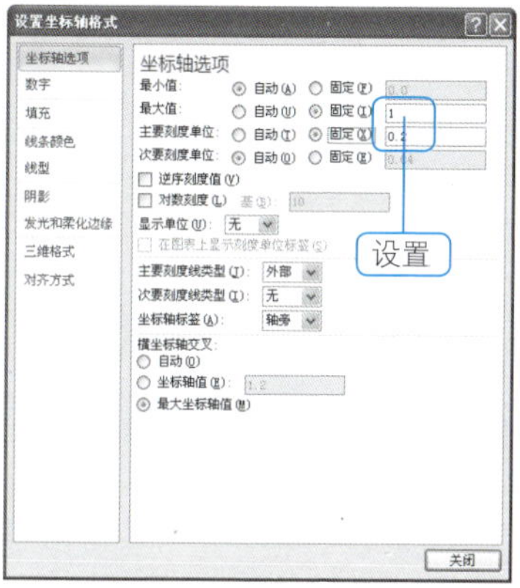

图35-23

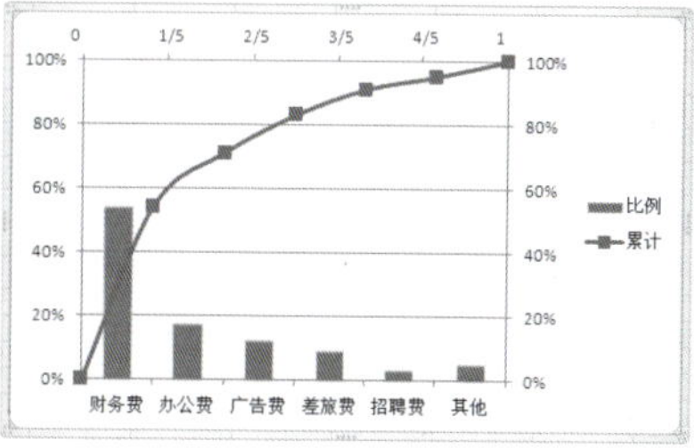

图35-24

9 选中“比例”数据系列，打开“设置数据系列格式”对话框，从中进行适当设置，得到最终效果如图35-25所示。

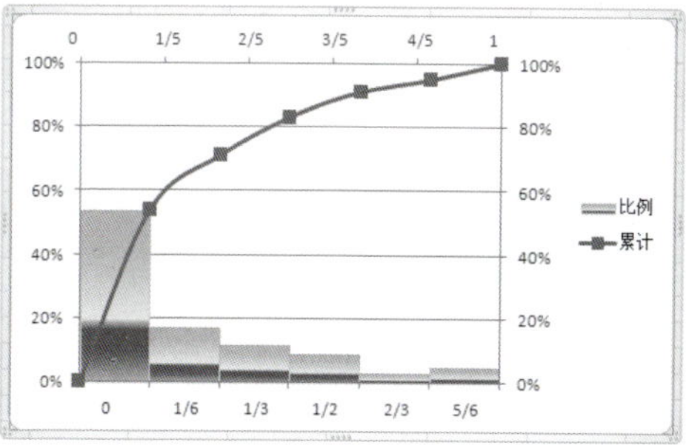

图35-25

技巧4 轻松创建步进图

步进图是通过相邻数据的差异，反映出一系列连续数据的变化情况，其创建方法如下。

❶ 打开要创建步进图的表格，从中添加“辅助数据1”和“辅助数据2”两个数据列，如图35-26所示。

❷ 选中数据区域B2:C14，单击“插入”选项卡，在“图表”选项组中单击“散点图”下拉按钮，在弹出的下拉面板中选择“仅带数据标记的散点图”选项，插入图表，如图35-27所示。

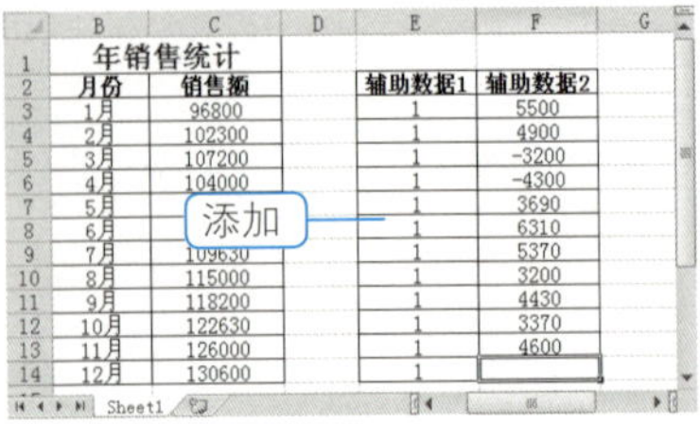

	B	C	D	E	F
1	年销售统计				
2	月份	销售额		辅助数据1	辅助数据2
3	1月	96800		1	5500
4	2月	102300		1	4900
5	3月	107200		1	-3200
6	4月	104000		1	-4300
7	5月			1	3690
8	6月			1	6310
9	7月	109630		1	5370
10	8月	115000		1	3200
11	9月	118200		1	4430
12	10月	122630		1	3370
13	11月	126000		1	4600
14	12月	130600		1	

图35-26

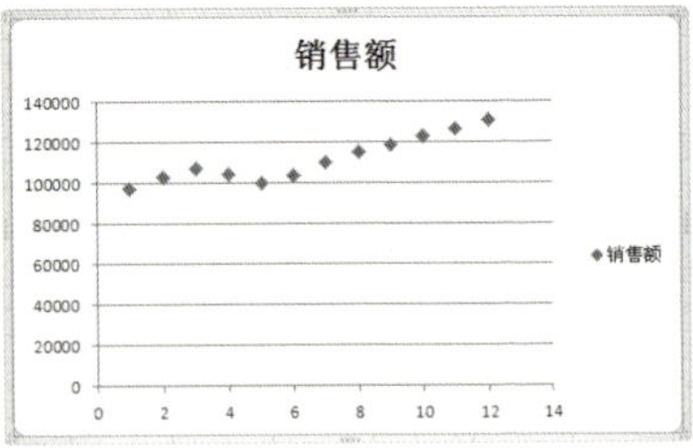

图35-27

❸ 选中纵坐标轴，单击鼠标右键，在弹出的快捷菜单中选择“设置坐标轴格式”选项，在弹出的“设置坐标轴格式”对话框中设置“最小值”为90000，如图35-28所示。

❹ 单击“关闭”按钮，并删除图例，得到的图标效果如图35-29所示。

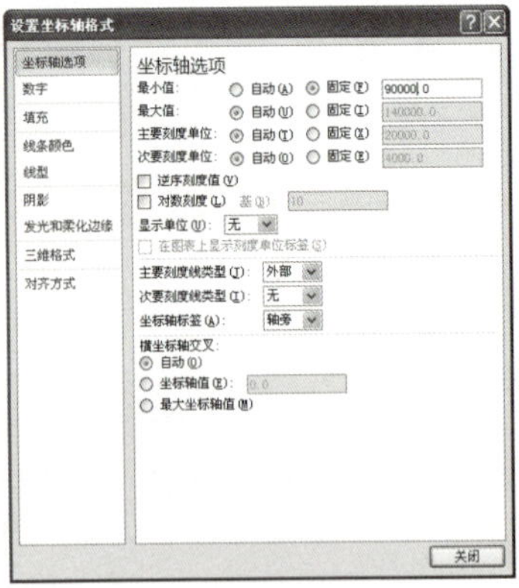

图35-28

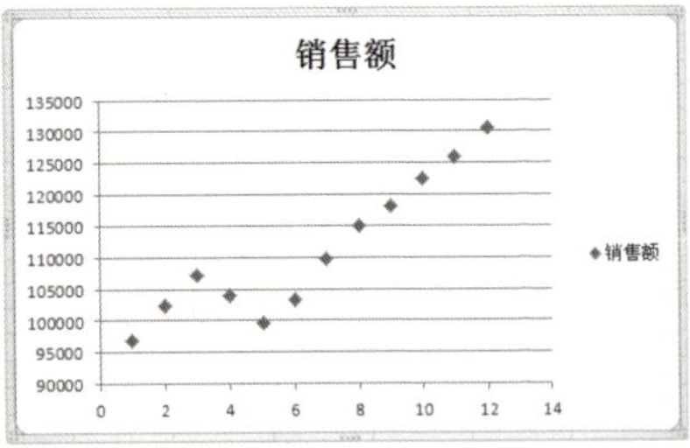

图35-29

❺ 用同样的方法，设置横坐标轴的“最大值”为12、“最小值”为0、“主要刻度单位”为1，并自定义数值样式为“0‘月’”，如图35-30所示。

❻ 单击“布局”选项卡，在“分析”选项组中单击“误差线”下拉按钮，

在弹出的下拉菜单中选择“其他误差线选项”选项，在弹出的“设置误差线格式”对话框中选中“正偏差”、“无线端”和“自定义”3个单选按钮，并单击“指定值”按钮，在弹出的对话框中设置“正错误值”范围为F3:F13，如图35-31所示。

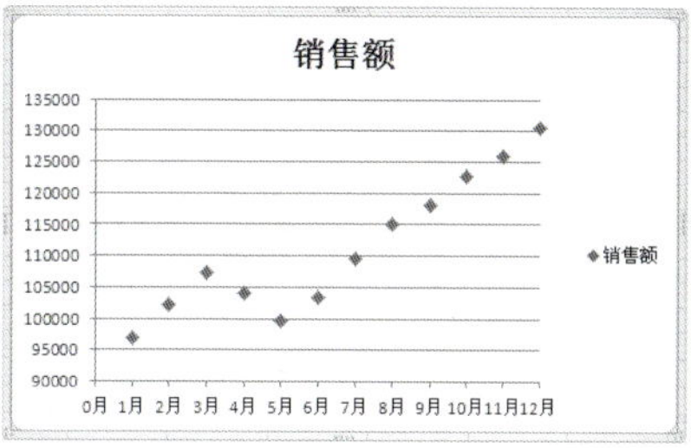

图35-30

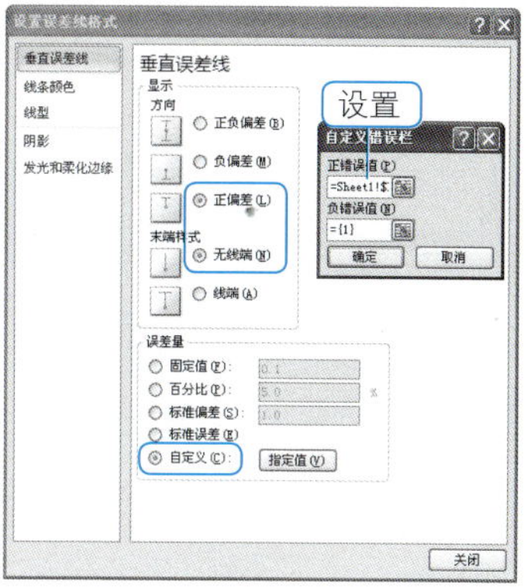

图35-31

7 单击“确定”与“关闭”按钮，选中水平误差线，单击鼠标右键，在弹出的快捷菜单中选择“设置错误栏格式”选项，弹出“设置误差线格式”对话框，从中选中“负偏差”、“无线端”和“自定义”3个单选按钮，并单击“指定值”按钮，在弹出的对话框中设置“负错误值”范围为E3:E14，如图35-32所示。

8 单击“确定”和“关闭”按钮，得到的图表效果如图35-33所示。

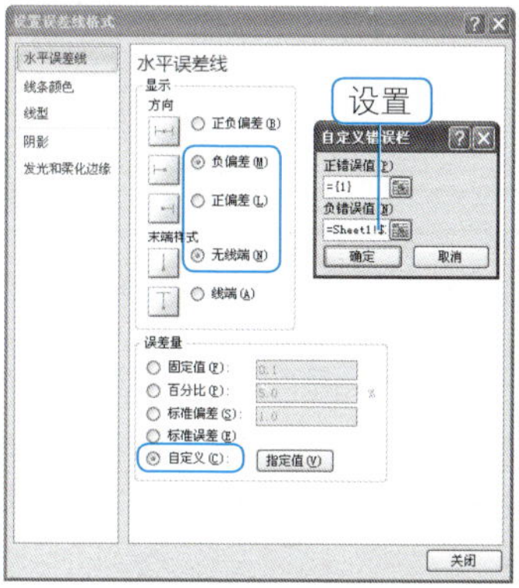

图35-32

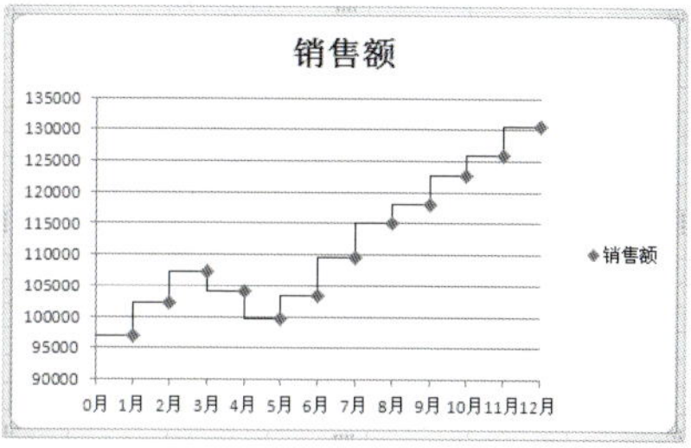

图35-33

技巧5 轻松创建云梯图

云梯图一般用于描绘按次序排列的不同等级数据的增长幅度和浮动范围，

其创建方法如下。

❶ 打开要创建云梯图的工作表，在E3和F3单元格中分别输入公式“=C3-B3”和“=D3-C3”，并自动填充这两列中其他单元格，如图35-34所示。

❷ 选中数据区域，单击“插入”选项卡，在“图表”选项组中单击“柱形图”下拉按钮，在弹出的下拉面板中选择“堆积柱形图”选项，插入图表，效果如图35-35所示。

工资水平统计表

工资等级	下限	中等	上限	下位	上位
一级	800	1000	1300	200	300
二级	1300	1700	2200	400	500
三级	2200	2600	3000	400	400
四级	3000	35[illegible]	[illegible]	500	500
五级	4000	500[illegible]	[illegible]	1000	1500
六级	6500	7800	9000	1300	1200
七级	9000	10600	12200	1600	1600
八级	12200	14000	16000	1800	2000
九级	16000	18500	21500	2500	3000

图35-34

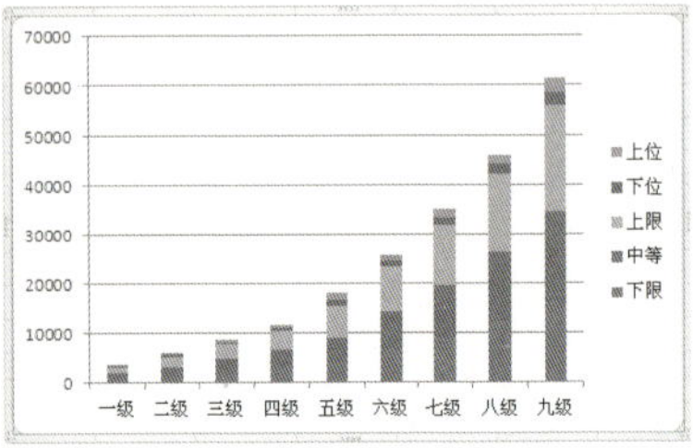

图35-35

❸ 选中“上限”数据系列，单击鼠标右键，在弹出的快捷菜单中选择“更改系列图表类型”选项，弹出“更改图标类型”对话框，选择“带数据标记的折线图”选项，如图35-36所示。

❹ 单击“确定”按钮，并用同样的方法设置“中等”数据系列的类型为“带数据标记的折线图”，效果如图35-37所示。

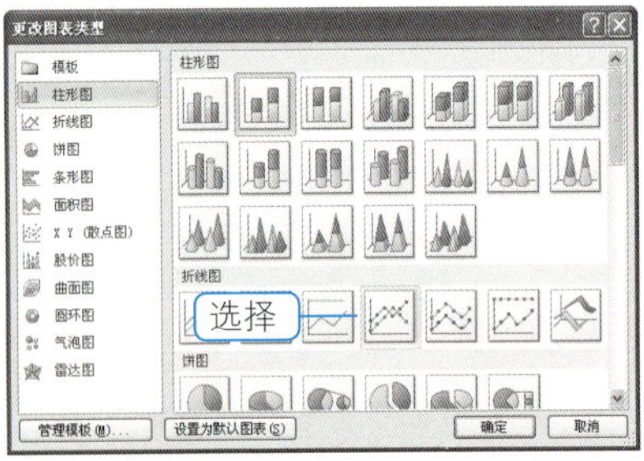

图35-36

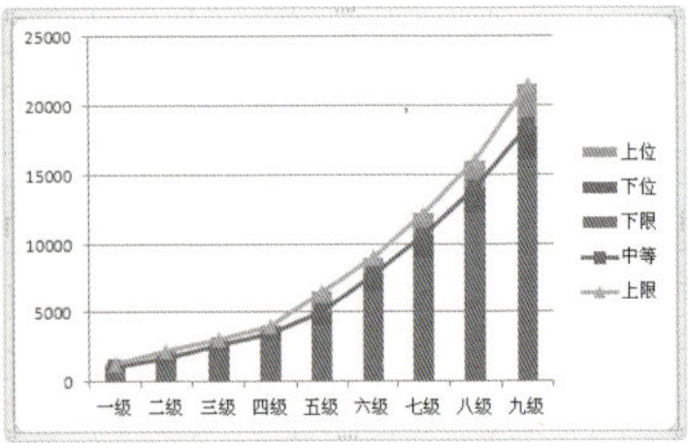

图35-37

❺ 选中“下限”数据系列，单击鼠标右键，在弹出的快捷菜单中选择“设置数据系列格式”选项，弹出“设置数据系列格式”对话框，从中设置“分类间距”为15%、“填充”为“无填充”、“边框颜色”为“无线条”，如图35-38所示。

❻ 单击“关闭”按钮，得到的图表效果如图35-39所示。

❼ 选中隐藏的“下限”数据系列，单击“布局”选项卡，在“标签”选项组中单击“数据标签”下拉按钮，在弹出的下拉菜单中选择“数据标签内”选项，如图35-40所示。

8 选中“上限”数据系列，打开“设置数据系列格式”对话框，设置其“数据标记类型”为“无”、“线条颜色”为“无线条”，并在上方显示数据标签，效果如图35-41所示。

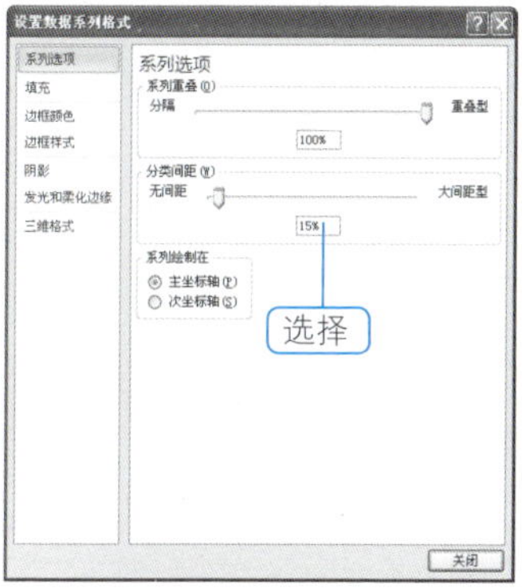

图35-38

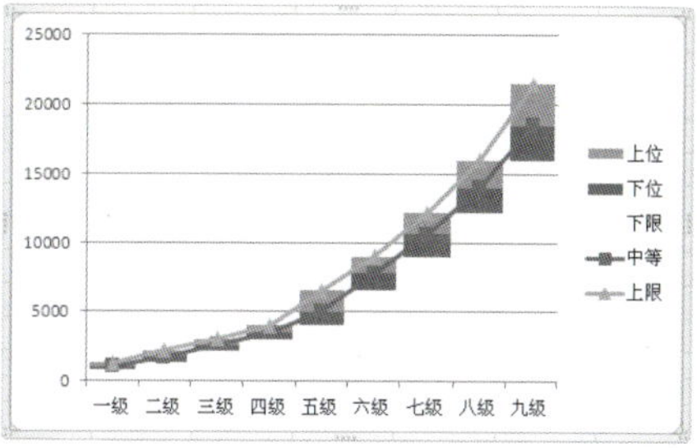

图35-39

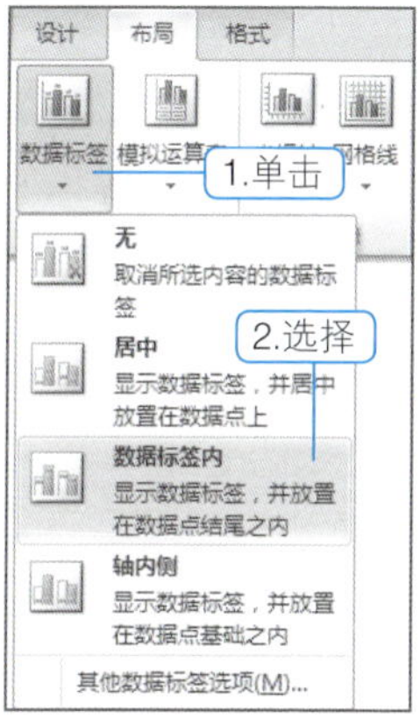

图35-40

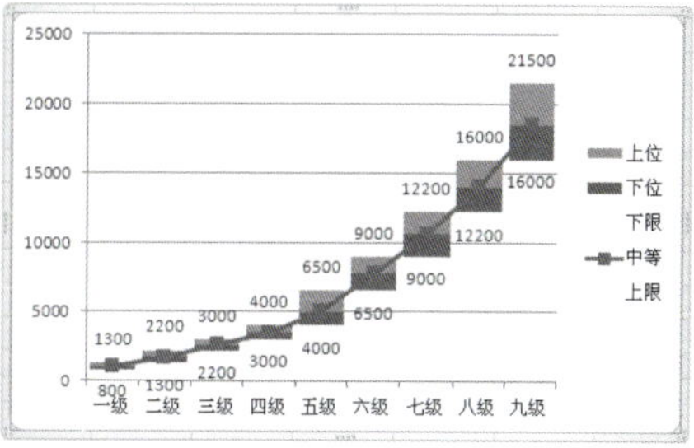

图35-41

技巧6 轻松创建函数曲线图

在使用Excel进行日常工作时，可能会遇到绘制函数曲线的情况。下面以创建函数$y=2x^2+3x+1$的曲线为例，介绍其创建方法。

1 新建一个工作簿，在Sheet1工作表的B1单元格中输入公式$y=2x^2+3x+1$，并在B2:C16中输入数据，创建表格，如下图所示。其中，在C3单元格中输入公式“=2*B3^2+3*B3+1”，并自动填充到该列其他单元格，如图35-42所示。

2 选择数据区域B2:C17，单击“插入”选项卡，在“图表”选项组中单击

"散点图"下拉按钮，在弹出的下拉面板中选择"带平滑线的散点图"选项，效果如图35-43所示。

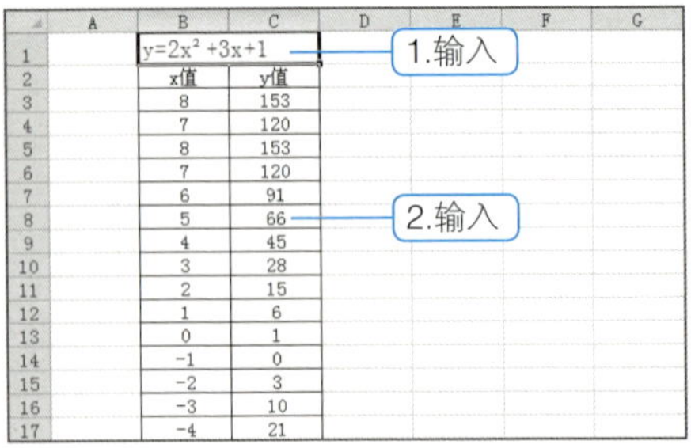

图35-42

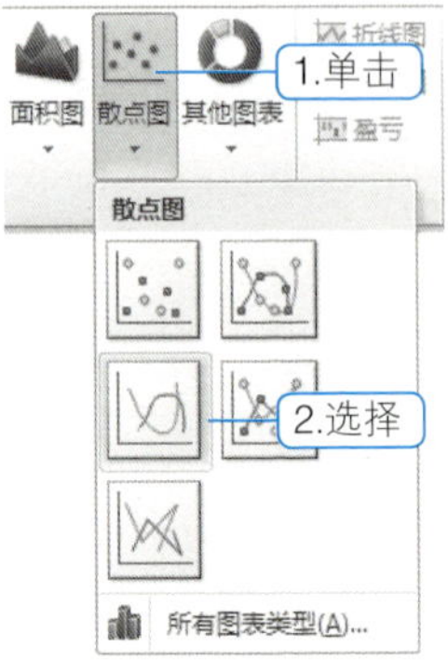

图35-43

3 将图表插入到工作表中，删除图例，并更改标题，效果如图35-44所示。

4 单击"布局"选项卡，在"坐标轴"选项组中单击"网格线"下拉按钮。在弹出的下拉菜单中选择"主要横网格线"|"无"选项，隐藏图表横网格线，效果如图35-45所示。

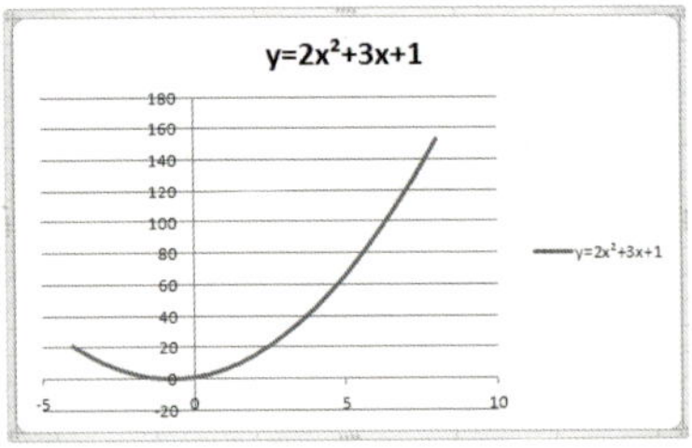

图35-44

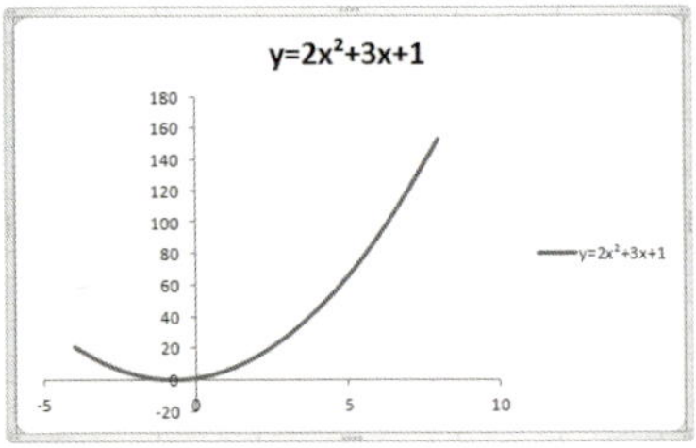

图35-45

技巧7 轻松创建突出型饼图

使用突出型饼图，可以突出地显示某一扇区的数据，其创建方法如下。

1 打开要创建突出型饼图的工作表，选中数据区域，单击"插入"选项卡，在"图表"选项组中单击"饼图"下拉按钮，在弹出的下拉面板中选择"饼图"选项，如图35-46所示。

2 在工作表中插入饼图，并进行适当调整，效果如图35-47所示。

3 选中图表数据系列，单击"布局"选项卡，在"标签"选项组中单击"数据标签"下拉按钮，在弹出的下拉菜单中选择"其他数据标签选项"选项，弹出“设置数据标签格式”对话框，如图35-48所示。

4 在“标签包括”选项区中选中“类别名称”、“值”和“显示引导线”三个复选框，如图35-49所示。

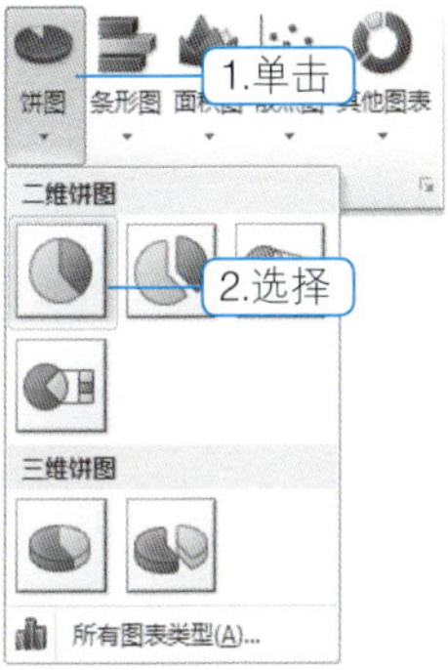

图35-46

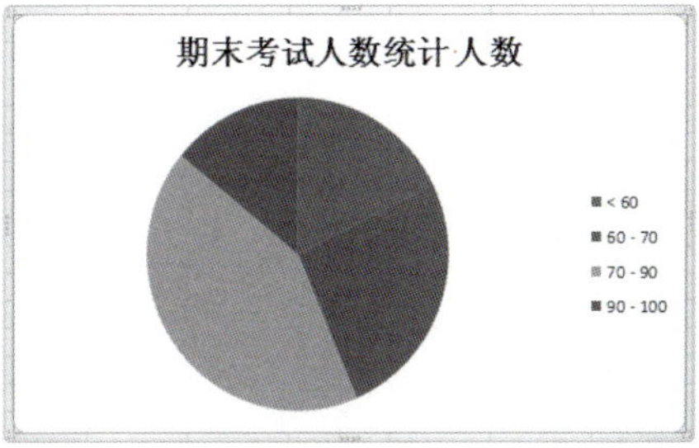

图35-47

图35-48

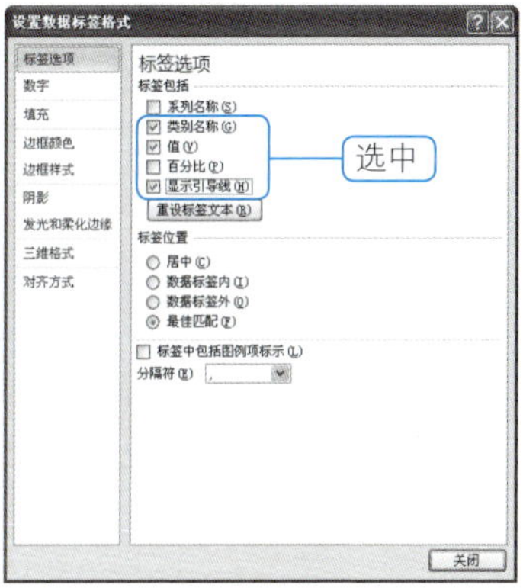

图35-49

5 单击“关闭”按钮，并对图标标签进行适当调整，效果如图35-50所示。

6 要突出“90-100”分的数据系列，可先将该数据系列选中，然后直接拖动鼠标即可，效果如图35-51所示。

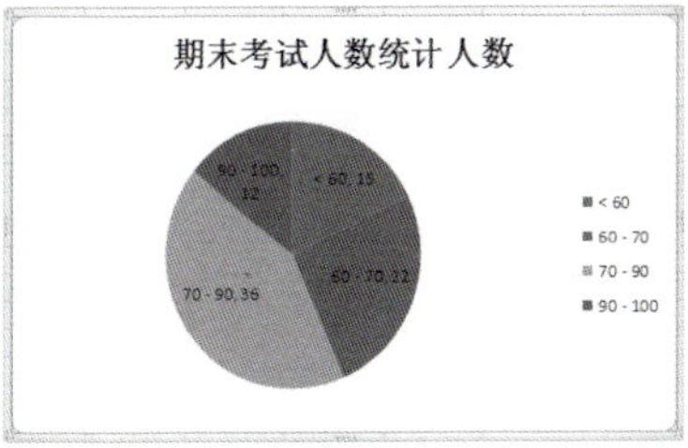

图35-50

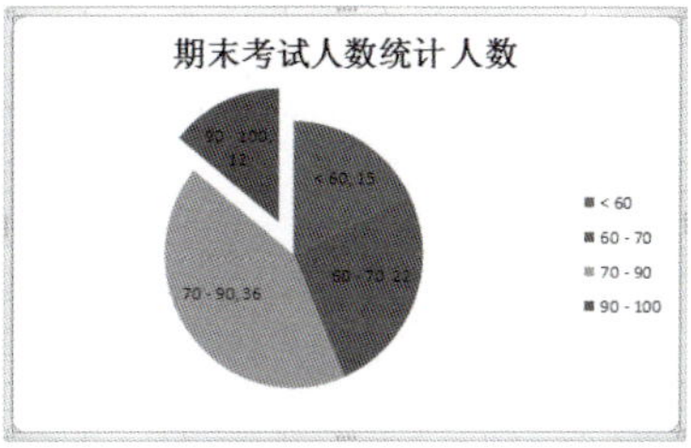

图35-51

技巧8 轻松创建突出型饼图

使用突出型饼图，可以突出地显示某一扇区的数据，其创建方法如下。

❶ 打开要创建突出型饼图的工作表，选中数据区域，单击“插入”选项卡，在“图表”选项组中单击“饼图”下拉按钮，在弹出的下拉面板中选择“饼图”选项，如图35-52所示。

❷ 在工作表中插入饼图，并进行适当调整，效果如图35-53所示。

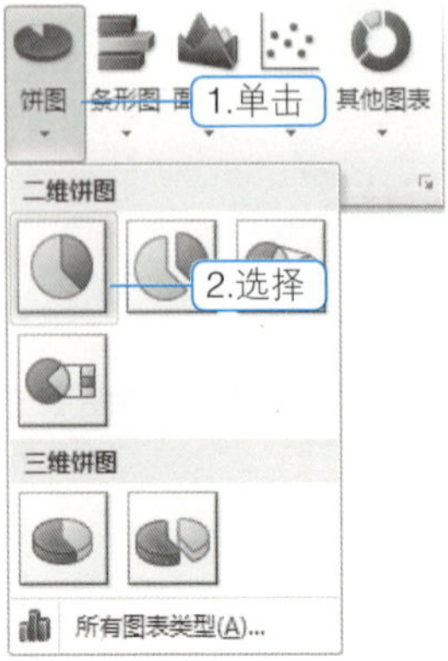

图35-52

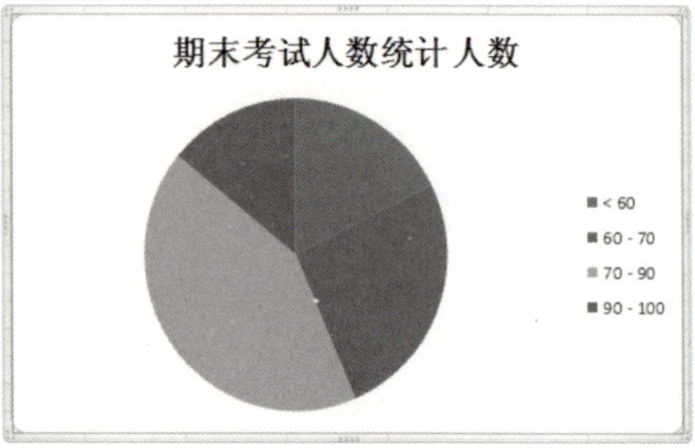

图35-53

第36章

动态图表编辑与应用技巧

动态图表是图表中的高级应用，通过创建动态图表可以很好地对不同情况下的数据进行对比分析。

技巧1 轻松创建动态图表

动态图表的创建需要借助控件来完成，具体操作方法如下。

❶ 打开一个名称为“成本核算表”的工作表，在单元格B9中输入数字“1”，如图36-1所示。

❷ 在单元格C9中输入函数“=INDEX(B3:B8,$A$9)”，按“Ctrl+Enter”组合键，得到的数据如图36-2所示。

2010年下半年日常费用统计表					
月份	会议费用	交通费用	差旅费用	招待费用	其他费用
七月份	4800	1200	8600	4800	1200
八月份	6900	2400	5600	5600	1300
九月份	3600	2300	8500	5800	1000
十月份	4500	1600	7200	2900	1400
十一月份	5600	1800	6300	2300	1500
十二月份	8600	2200	4600	4500	1200
1					

图36-1

2010年下半年日常费用统计表					
月份	会议费用	交通费用	差旅费用	招待费用	其他费用
七月份	4800	1200	8600	4800	1200
八月份	6900	2400	5600	5600	1300
九月份	3600	2300	8500	5800	1000
十月份	4500	1600	7200	2900	1400
十一月份	5600	1800	6300	2300	1500
十二月份	8600	2200	4600	4500	1200
1	4800				

图36-2

❸ 将鼠标指针移至单元格B9的右下角，当鼠标指针呈✚形状时，向右拖动鼠标，填充数据，结果如图36-3所示。

❹ 单击“开发工具”选项卡，在“控件”选项组中单击“插入”下拉按钮，在弹出的下拉面板中选择“组合框”选项，如图36-4所示。

2010年下半年日常费用统计表					
月份	会议费用	交通费用	差旅费用	招待费用	其他费用
七月份	4800	1200	8600	4800	1200
八月份	6900	2400	5600	5600	1300
九月份	3600	2300	8500	5800	1000
十月份	4500	1600	7200	2900	1400
十一月份	5600	1800	6300	2300	1500
十二月份	8600	2200	4600	4500	1200
1	4800	1200	8600	4800	1200

图36-3

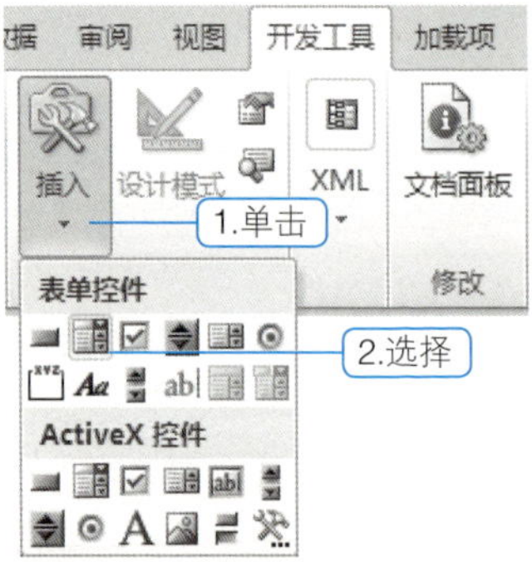

图36-4

❺ 在窗口中的合适位置处拖动鼠标，将在窗口中添加一个下拉列表框，如图36-5所示。

❻ 单击“控件”选项组中的“属性”按钮，弹出“设置控件格式”对话框，单击“数据源区域”文本框右侧的折叠按钮，在Excel的编辑窗口中选择单元格区域A3:A8，如图36-6所示。

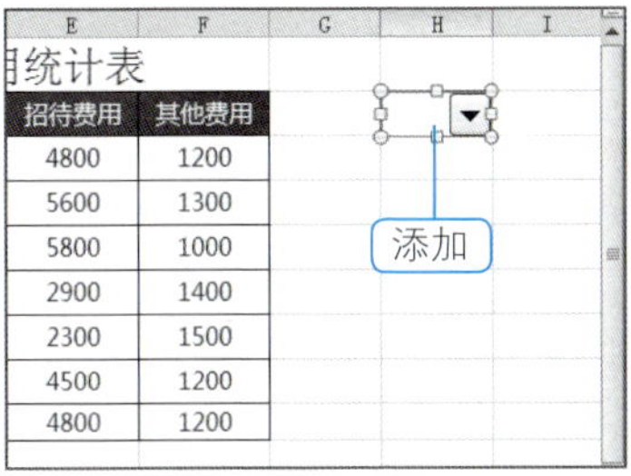

图36-5

图36-6

7 用同样的方法选择单元格链接区域（单元格A9），在“下拉显示项数”文本框中输入数字7，单击“确定”按钮，得到的效果如图36-7所示。

2010年下半年日常费用统计表

月份	会议费用	交通费用	差旅费用	招待费用	其他费用
七月份	4800	1200	8600	4800	1200
八月份	6900	2400	5600	5600	1300
九月份	3600	2300	8500	5800	1000
十月份	4500	1600	7200	2900	1400
十一月份	5600	1800	6300	2300	1500
十二月份	8600	2200	4600	4500	1200
0	#VALUE!	#VALUE!	#VALUE!	#VALUE!	#VALUE!

图36-7

8 选择单元格区域B3:F3和B9:F9，单击“插入”选项卡，在“图表”组中单击“柱形图”下拉按钮，在弹出的下拉面板中选择“簇状柱形图”选项，插入图表，效果如图36-8所示。

9 在下拉列表框中选择“十二月份”选项，图表将发生改变，效果如图36-9所示。

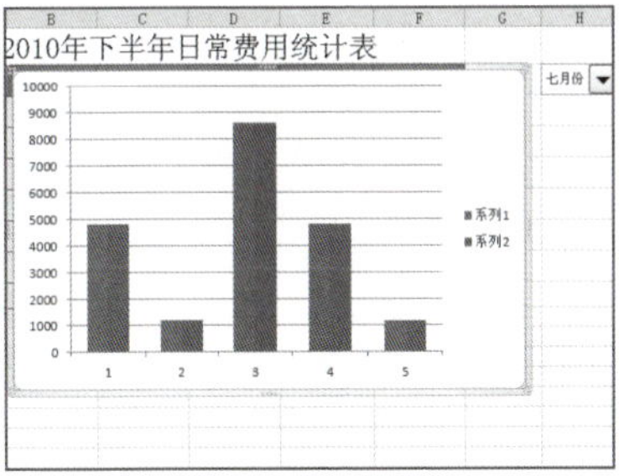

图36-8

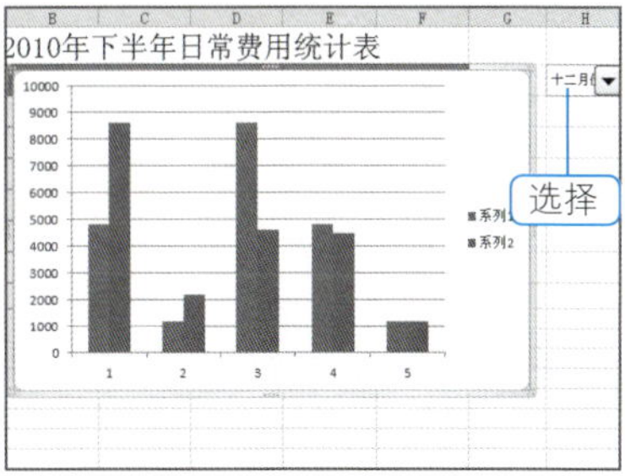

图36-9

技巧2 新建动态折线图

数据源创建完成后，接着则可以先按常规方法创建图表。本例中选择折线图图表类型来表达数据，具体操作方法如下。

❶ 选中A2:L2（标识单元格区域）、A17:L17（变动单元格区域）单元格区域，单击“插入”菜单，在“图表”工具栏中单击“折线图”按钮，选择“带数据标记的折线图”，如图36-10所示。

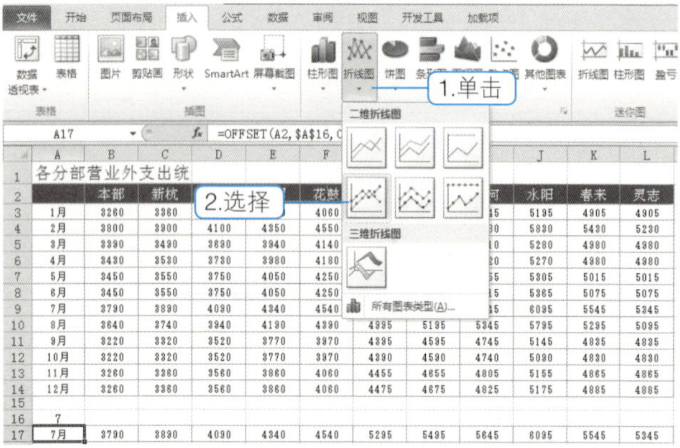

图36-10

❷ 新建图表如图36-11所示。

❸ 建立图表后，可以通过更改A16单元格的值来控制图表的显示。例如此处将A16变动单元格的值更改为“10”，结果如图36-12所示。

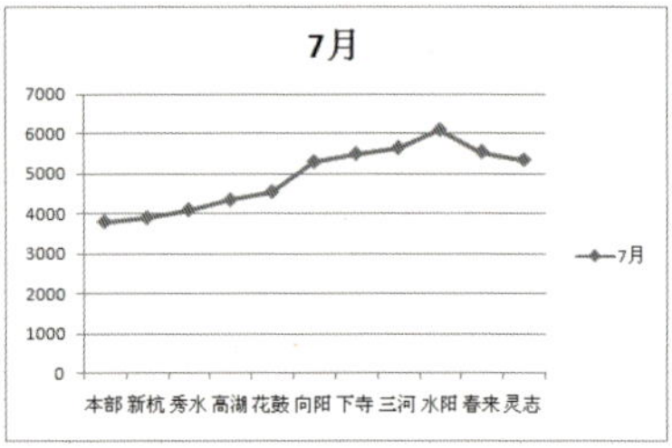

图36-11

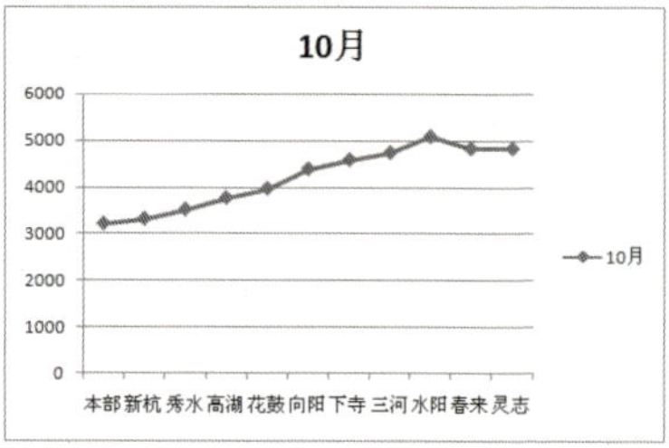

图36-12

技巧3 重新设置坐标轴的最小值

根据用户需要，重新设置坐标轴的最小值。具体操作方法如下。

❶ 在垂直轴上单击鼠标右键，选择“设置坐标轴格式”命令，打开“设置坐标轴格式”对话框。重新设置最小值为“3000”、最大值为“6000”，如图36-13所示。

❷ 关闭“设置坐标轴格式”对话框，图表显示效果，如图36-14所示。

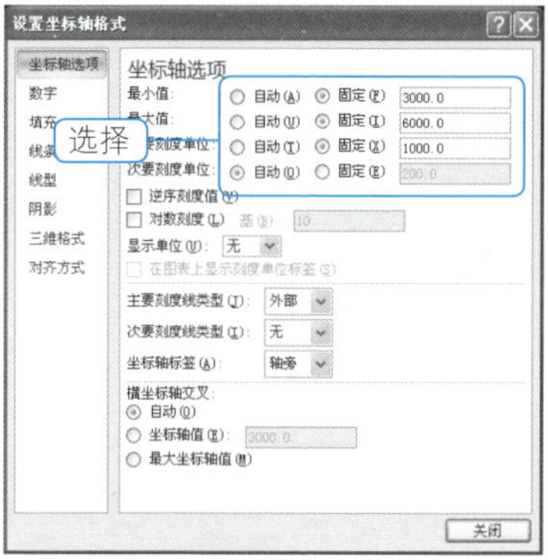

图36-13

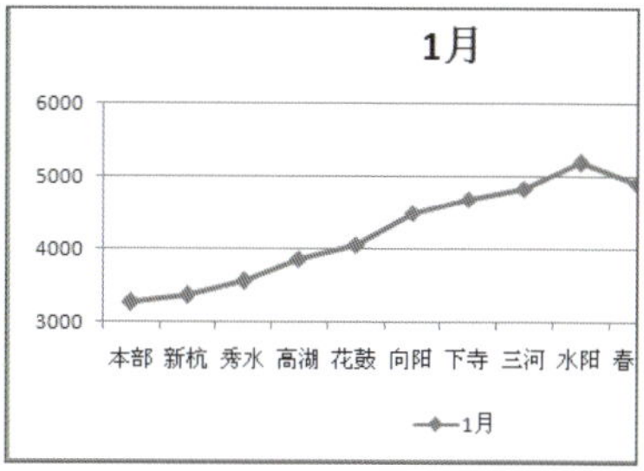

图36-14

技巧4　为系列添加垂直线

根据用户需要，为系列添加垂直线。具体操作方法如下：

❶ 选中图表，在“图表工具”菜单下选择“布局”选项卡，在“分析”选项组中单击“折线”按钮打开下拉菜单，单击“垂直线”选项，即可在图表中添加系列线，如图36-15所示。

❷ 关闭“设置坐标轴格式”对话框，图表显示效果，如图36-16所示。

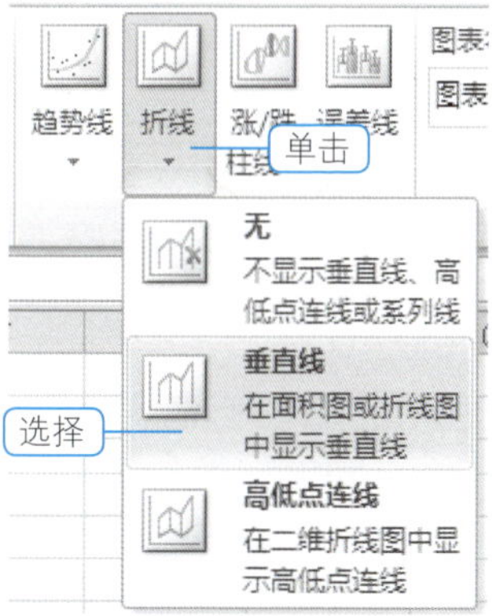

图36-15

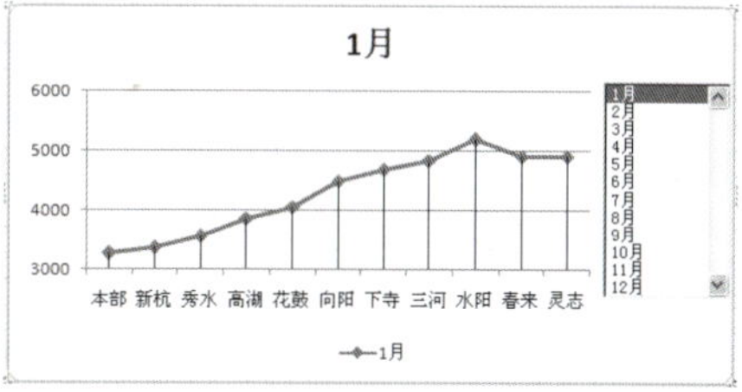

图36-16

专家提示

选中系列线，在“图表工具”菜单下单击“格式”选项卡，可以单击“形状轮廓”按钮设置系列线的格式。

技巧5 建立辅助序列

如图36–17所示为建立图表的数据源，利用该数据源建立饼形图表需要达到的效果为：分别查看不同户型在各个月份中所对应的销售金额、首付金额以及销售套数。

	A	B	C	D	E	F	G	H	I	J
1	商品房销售统计									
2	户型	销售金额			首付金额			销售套数		
3		1月	2月	3月	1月	2月	3月	1月	2月	3月
4	一居	729000	659000	1603800	135800	185000	320760	5	6	13
5	二居	6531840	4199040	18429120	1306368	739808	4285824	28	20	79
6	三居	8386560	10321920	7856230	1538312	2064384	1867510	26	32	26
7	四居	4170000	7506000	3126000	1234000	1801200	667200	10	18	8
8	复式	5800000	1550000	5450000	1220000	310000	1050000	20	5	11
9										

图36–17

❶ 为了方便后面定义公式时对数据的引用，首先需要建立如图36-18所示的辅助序列。

	A	B	C	D	E	F
1	商品房销售统计					
2	户型	销售金额			首付金额	
3		1月	2月	3月	1月	2月
4	一居	729000	659000	1603800	135800	185000
5	二居	6531840	4199040	18429120	1306368	739808
6	三居	8386560	10321920	7856230	1538312	2064384
7	四居	4170000	7506000	3126000	1234000	1801200
8	复式	5800000	1550000	5450000	1220000	310000
9	辅助序列					
10	销售金额	一居	1			
11	首付金额	二居	1			
12	销售套数	三居				
13		四居				
14		复式				

图36–18

❷ 设置系列名称引用单元格的公式。本例中建立的图表为饼形图表，饼形图表只能绘制一个数据系列，当最终实现图表动态效果时，需要根据当前图中反应的数据显示不同的系列名称。例如，当前图表中显示的是销售金额时，系列名称应该为“销售金额”；当前图表显示的是销售套数时，系列名称应该为“销售套数”。因此，首先可以将系列名称要引用的单元格的公式设置好，当建立图表后再设置链接。选中D10单元格，在公式编辑栏中输入公式：=OFFSET(A2,,C10*3-2,1,)后按回车键，即可根据C10单元格值的不同显示出系列名称，如图36-19所示。

❸ 将C10单元格的值更改为2时，显示名称为“销售金额”（如图36-20所示），更改为3时，显示名称为“销售套数”。

❹ 选中系列线，在“图表工具”菜单下单击“格式”选项卡，可以单击“形状轮廓”按钮设置系列线的格式。

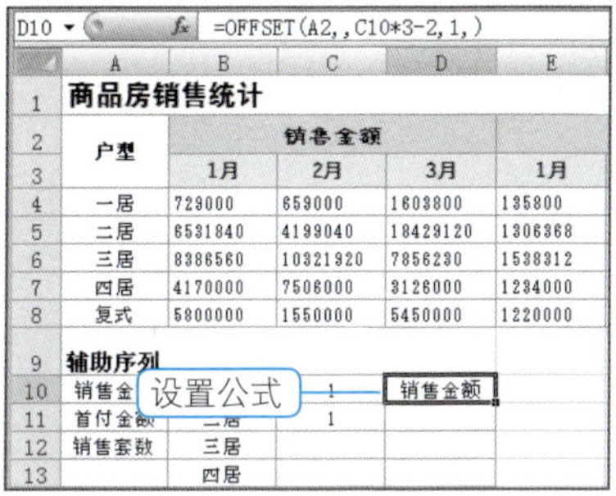

图36-19

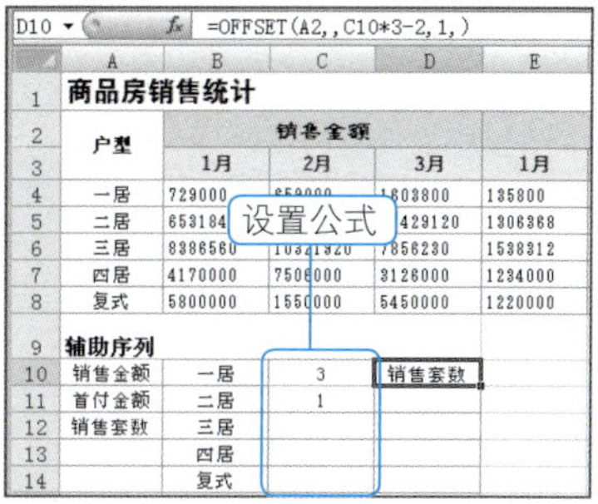

图36-20

技巧6 将图表数据系列定义为名称

根据用户需要，为系列添加垂直线。具体操作方法如下。

❶ 单击“公式”菜单，在“定义的名称”工具栏中单击“定义名称”按钮，打开“新建名称”对话框，设置名称名为“X”，设置引用位置为：=OFFSET(Sheet6!$A$3,0,MATCH(INDEX(Sheet6!$A$10:$A$12,Sheet6!$C$10),Sheet6!$2:$2,0)-1,1,3)，如图36-21所示。

❷ 单击“确定”按，“X”名称定义成功，该名称用来用为图表的分类轴标签。

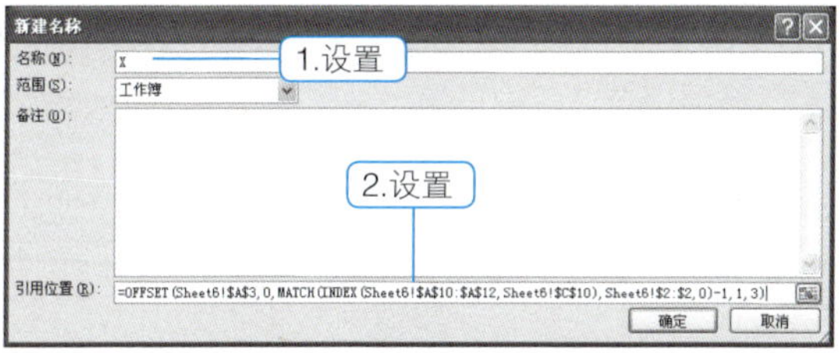

图36-21

❸ 再次单击“定义名称”按钮，打开“新建名称”对话框，设置名称名为“Y”，设置引用位置为：=OFFSET('15.xlsx'!X,Sheet6!$C$11,0)，如图36-22所示。

图36-22

4 单击“确定”按，“Y”名称定义成功，该名称用来用为图表的系列值。

专家提示

=OFFSET(Sheet6!$A$3,0,MATCH(INDEX(Sheet6!$A$10:$A$12,Sheet6!$C$10),Sheet6!$2:$2,0)-1,1,3)表示：

以A3单元格作为参照，向下偏移0行，向右偏移MATCH(INDEX(Sheet6!$A$10:$A$12,Sheet6!$C$10),Sheet6!$2:$2,0)-1列，然后再向下偏一行，向右偏移3列。即取值为从MATCH(INDEX(Sheet6!$A$10:$A$12,Sheet6!$C$10),Sheet6!$2:$2,0)-1列开始，然后向右延续3列的值。

其中MATCH(INDEX(Sheet6!$A$10:$A$12,Sheet6!$C$10),Sheet6!$2:$2,0)-1的意义为：在A$10:$A$12单元格区域中查找$C$10单元格中值指定行数的值，并返回其值，然后再在$2:$2单元格区域中返回该值的行数，用该行数减1则为列偏移量。

根据C10单元格的不同取值，该公式的返回结果为：当C10值为1时，返回B3:D3单元格区域；当C10值为2时，返回E3:G3单元格区域；当C10值为3时，返回H3:J3单元格区域。

技巧7 使用定义的名称建立图表

使用定义的名称建立图表，具体操作方法如下。

1 不选择任何数据源，单击“插入”菜单，在“图表”工具栏中单击“饼图”按钮，选择“分离型三维饼图”图表类型，新建一个空白图表，如图36-23所示。

2 选中图表，单击“设计”选项卡，在“数据”工具栏中单击“选择数据”按钮，打开“选择数据”工具栏。单击“添加”按钮，打开“编辑数据系列”对话框，设置系列名称为“D10”单元格的值，设置系列值为之前定义的名为“Y”的名称，如图36-24所示。

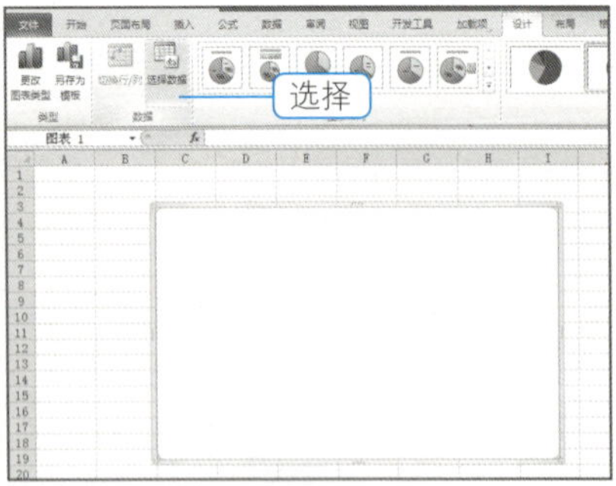

图36-23

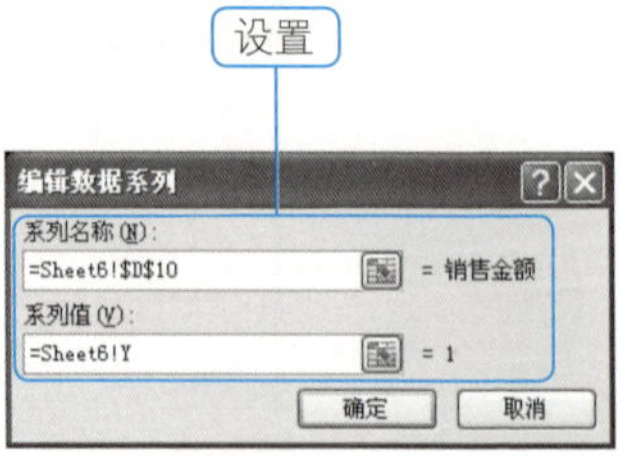

图36-24

❸ 单击“确定”按钮回到“选择数据源”对话框中，可以看到新建的系列，如图36-25所示。

❹ 单击“水平（分类）轴标签”栏中的“编辑”按钮，设置分类标签为之前建立的名为“X”的名称，如图36-26所示。

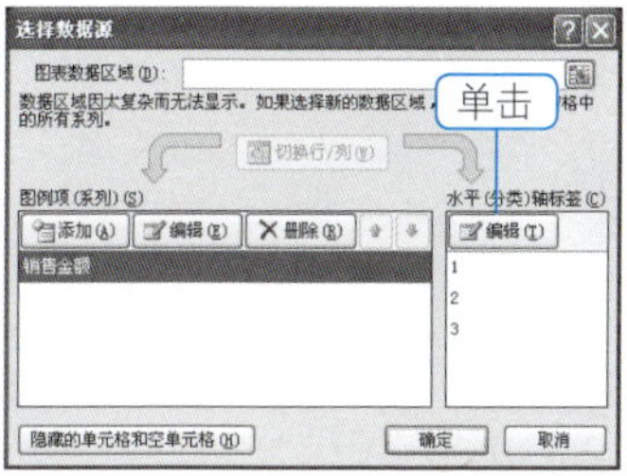

图36-25

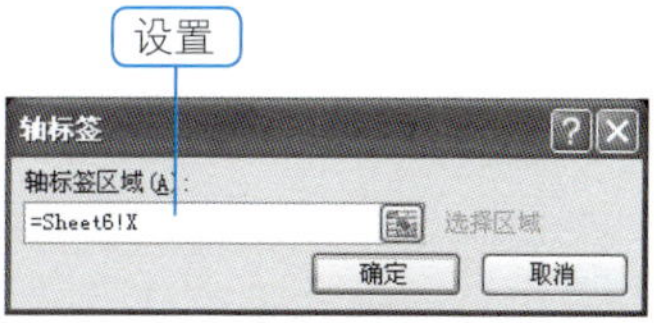

图36-26

❺ 设置完成后，单击“确定”按钮退出，图表显示效果如图36-27所示。通过更改C10、C10单元格的值，可以控制图表的显示（C10单元格的值控制“销售金额”、“首付金额”、“销售套数”几个类型、C11单元格控制户型的选择），如图36-28所示。

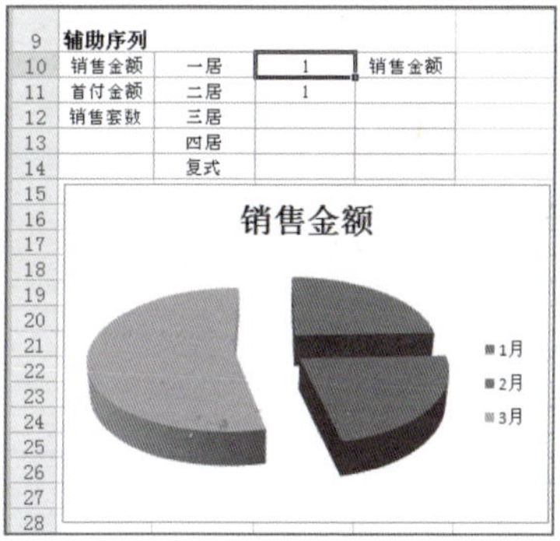

图36-27

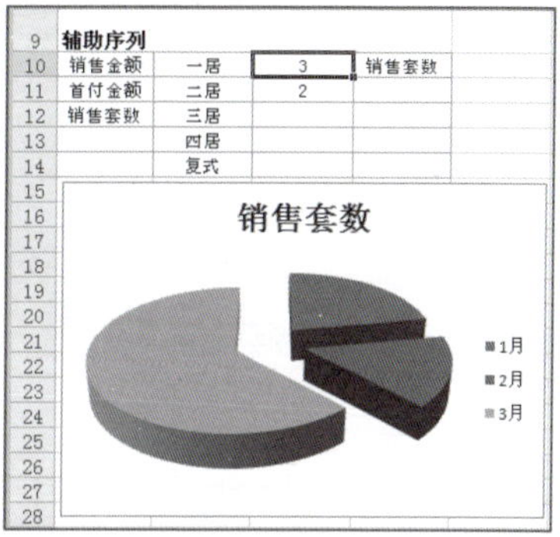

图36-28

技巧8　添加百分比数据标签并显示两位小数

根据用户需要，添加百分比数据标签并显示两位小数，具体操作方法如下。

❶ 选中图表，在“布局”选项卡下，单击“数据标签”按钮，打开下拉菜单，单击“其他数据标签”选项，打开“设置数据标签格式”对话框，选择“百分比”与“数据标签外”选项，如图36-29所示。

❷ 单击“数字”标签，在“类别”列表中选择“百分比”，并设置小数位数为“2”，如图36-30所示。

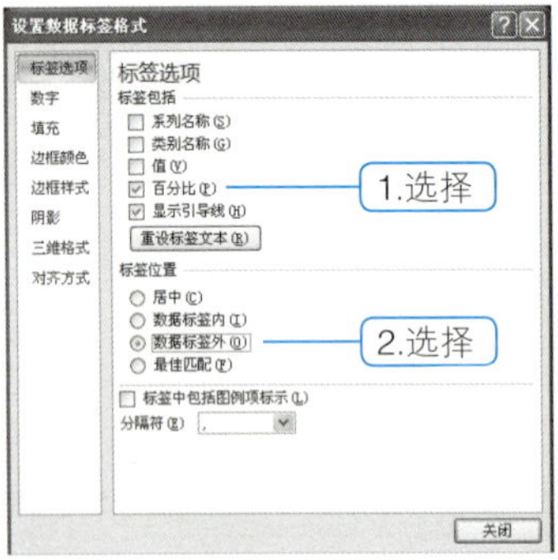

图36-29

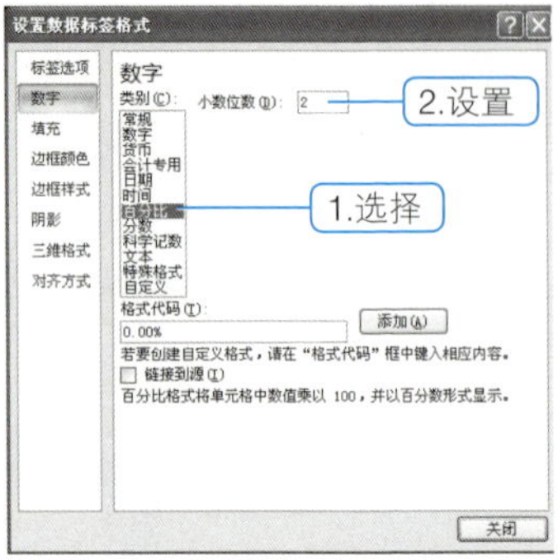

图36-30

3 设置完成后，可以看到图表中添加的百分比数据标签，如图36-31所示。

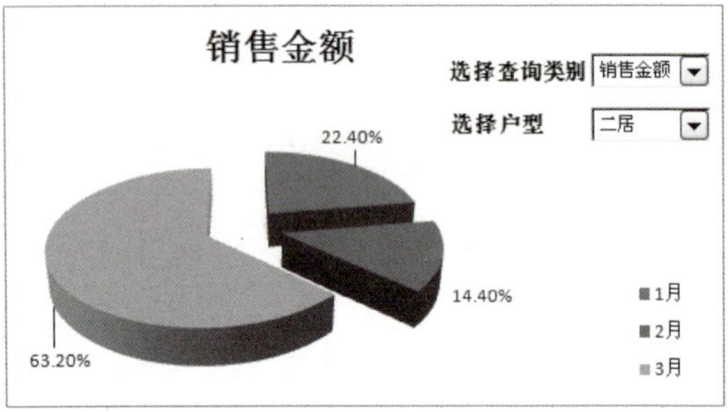

图36-31

技巧9 新建圆环图

如图36-32所示为建立图表的数据源，利用该数据源建立圆环图，分别显示各个月份中各个产品利润所占份额。

	A	B	C	D	E	F	G	H	I	J	K	L
1	产品	A产品	B产品	C产品	D产品	E产品	F产品	G产品	H产品	I产品	J产品	K产品
2	1月	32600	64950	40900	51950	39700	50900	72500	60950	41800	40600	52700
3	2月	45000	51950	79400	58300	39700	51550	45400	57950	42500	85500	53050
4	3月	30900	45950	25200	52800	40600	51750	43900	51450	40600	61400	53650
5												

图36-32

1 选中A2:L4单元格区域，单击“插入”菜单，在“图表”工具栏中单击“圆环图”按钮，选择“圆环图”（如图36-33所示），即可新建图表（如图36-34所示）。

2 选中图表，添加图表标题编辑框，然后设置图表标题竖排显示，如图36-35所示。

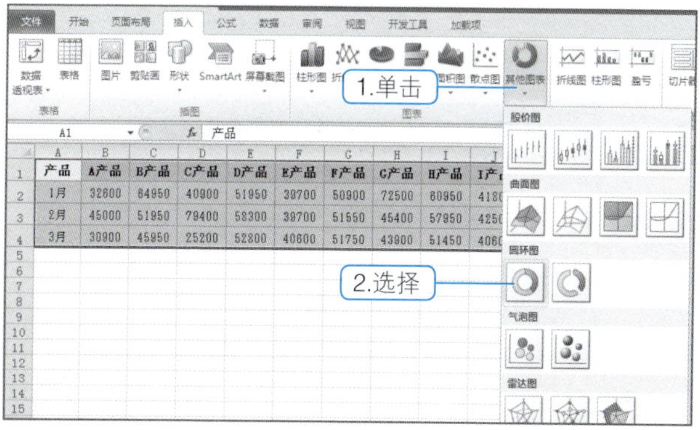

图36-33

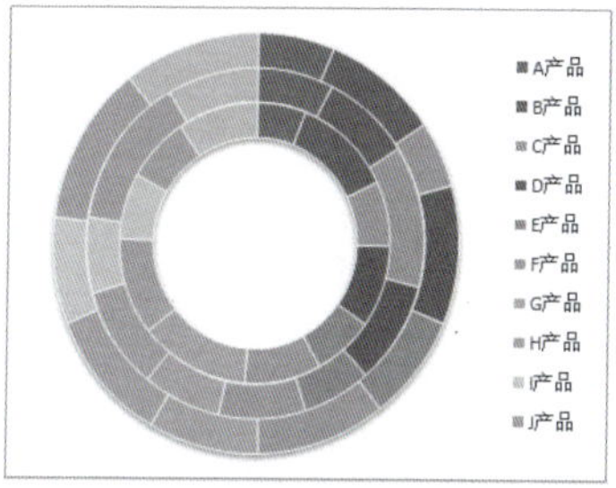

图36-34

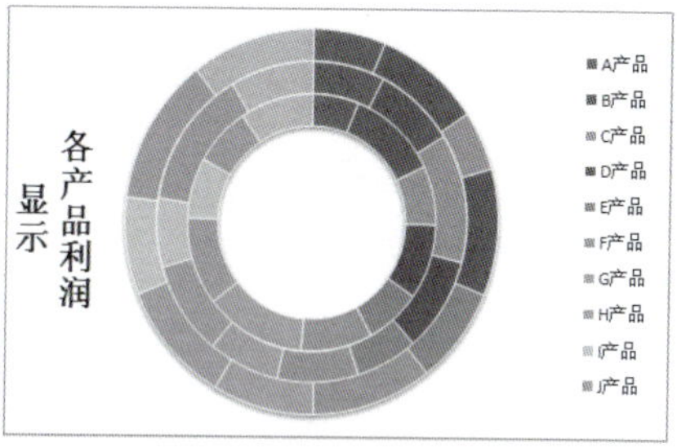

图36-35

技巧10 定义图表数据系列的名称

根据用户需要，定义图表数据系列的名称，具体操作方法如下。

❶ 在单元格中输入辅助值，如图36-36所示。

❷ 单击“公式”菜单，在“定义的名称”工具栏中单击“定义名称”按钮，打开“新建名称”对话框，设置名称名为“系列1”，设置引用位置为：=IF(Sheet8!$B$6,Sheet8!$B$2:$L$2,{#N/A})，如图36-37所示。

❸ 单击“确定”按钮，即可成功定义“系列1”名称。

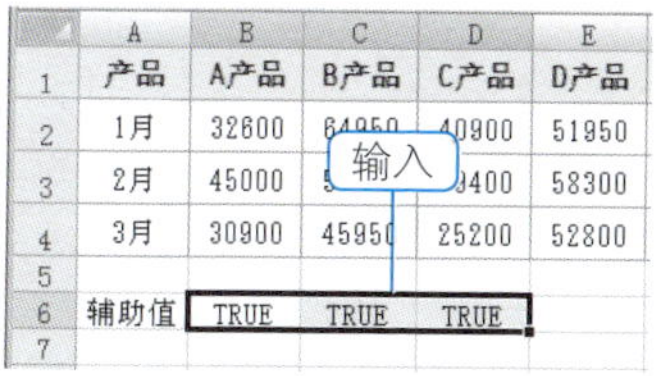

图36-36

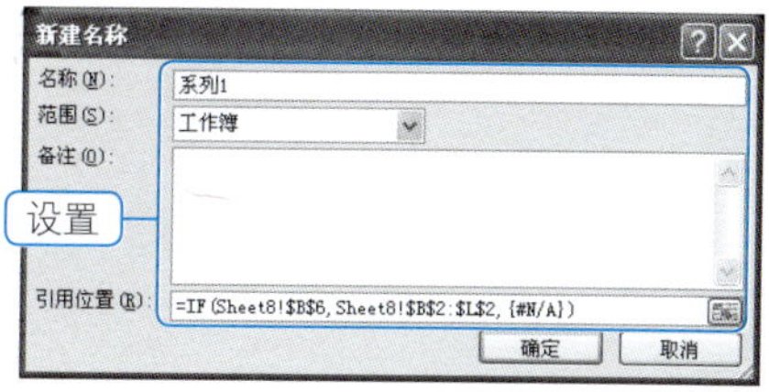

图36-37

4 按相同方法设置名称“系列2”，其引用位置为：=IF(Sheet8!$C$6,Sheet 8!$B$3:$L$3,{#N/A})，如图36-38所示。

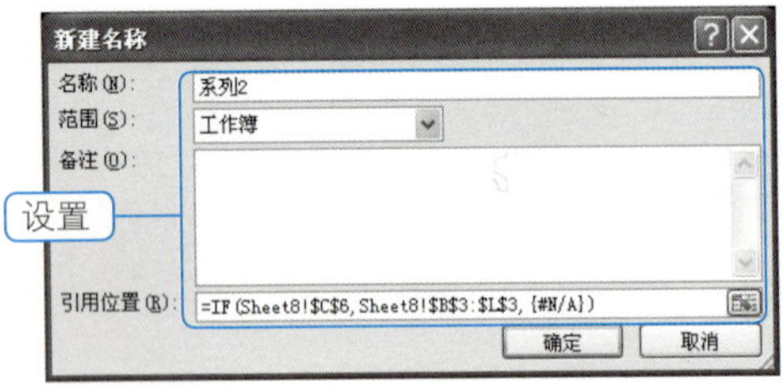

图36-38

5 按相同方法设置名称“系列2”，其引用位置为：=IF(Sheet8!$D$6,Sheet 8!$B$4:$L$4,{#N/A})，如图36-39所示。

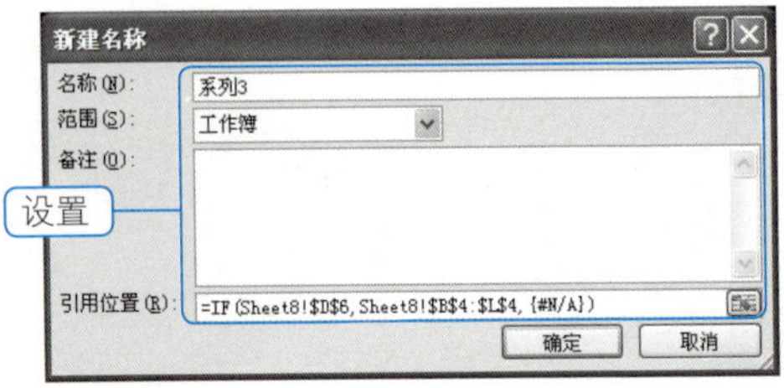

图36-39

第6篇 数据透视表基础与应用

第37章 数据透视表新建技巧

数据透视表有机地综合了数据排序、筛选、分类汇总等数据分析的优点，可方便地调整分类汇总的方式，灵活地以多种不同方式展示数据的特征。还可以根据数据透视表直接生成图表（即数据透视图），并且可以通过“数据透视图筛选窗格”来对数据进行筛选。

技巧1 轻松创建数据透视表

利用数据透视表可以快速汇总大量数据并进行交互，还可以深入分析数值数据，并回答一些预计不到的数据问题，其创建方法如下。

1 打开工作表，选中数据区域中任意单元格，单击“插入”选项卡，在“表格”选项组中单击“数据透视表”按钮下方的下拉按钮，在弹出的下拉菜单中选择“数据透视表”选项，如图37-1所示。

2 弹出“创建数据透视表”对话框，单击“表/区域”文本框右侧的折叠按钮，选择数据区域，如图37-2所示。

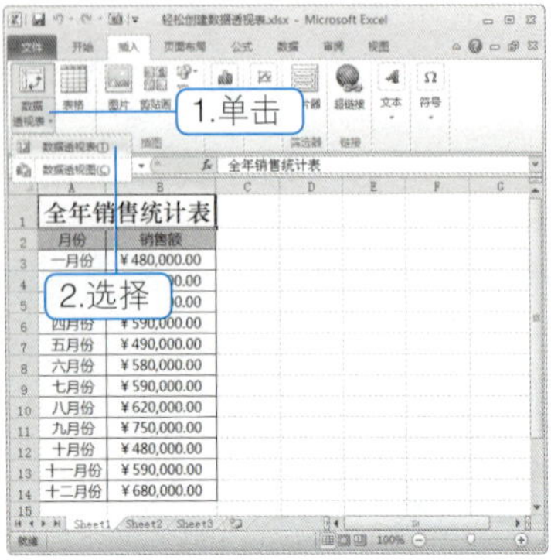

图37-1

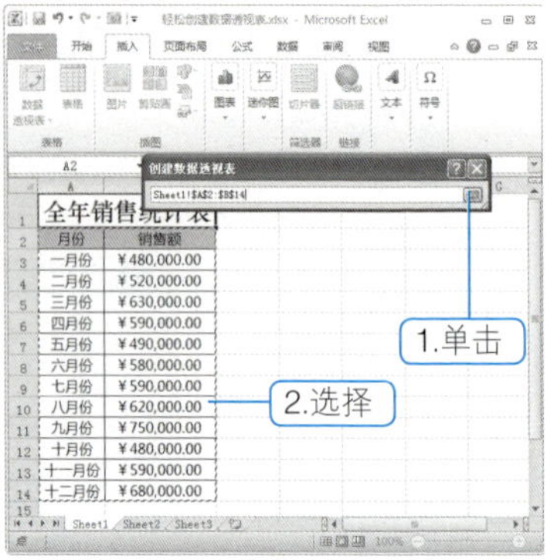

图37-2

3 再次单击折叠按钮展开对话框，其他选项保持默认，如图37-3所示。

专家提示

在“创建数据透视表”对话框的“选择放置数据透视表的位置”选项区中选中“新工作表”单选按钮，则在创建数据透视表的同时新建新工作表；若选中“现有工作表”单选按钮，可在所选位置创建数据透视表。

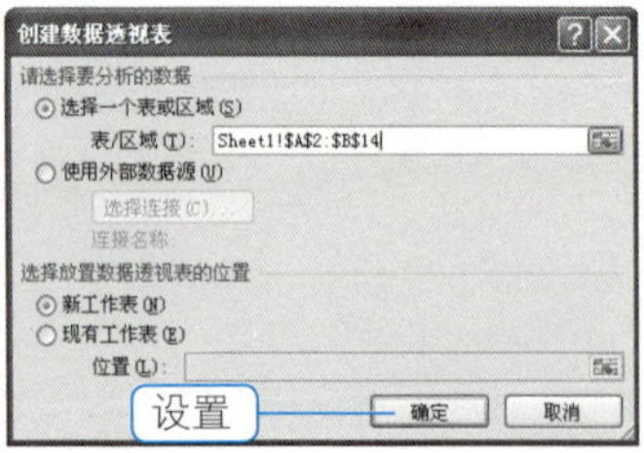

图37-3

4 单击“确定”按钮，在新工作表中创建数据透视表，此时，新工作表中将显示“数据透视表字段列表”任务窗格，如图37-4所示。

5 在“数据透视表字段列表”任务窗格的“选择要添加到报表的字段”选项区中选中要在数据透视表中显示的字段，如图37-5所示。

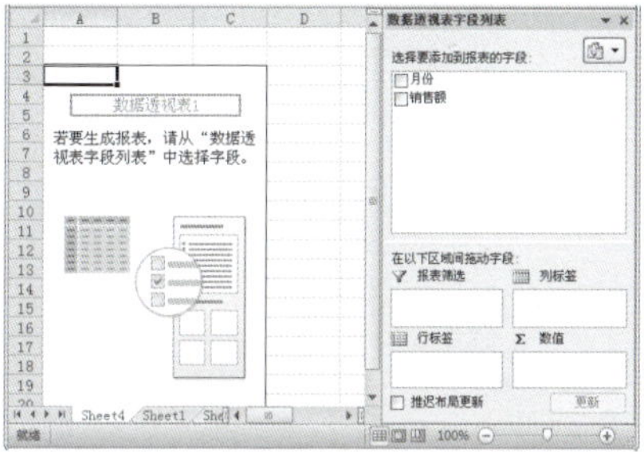

图37-4

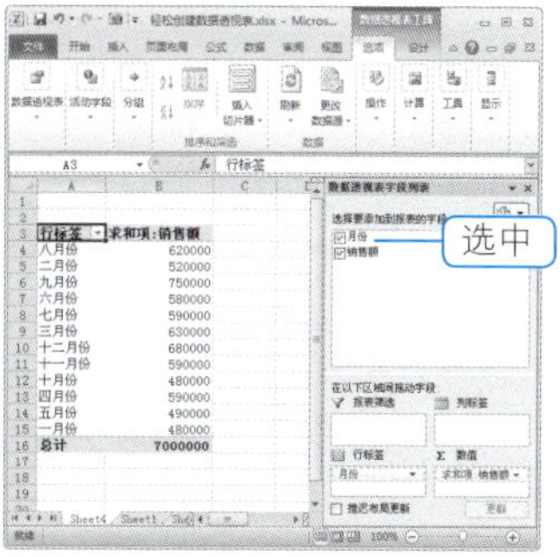

图37-5

技巧2 按照不同需要创建透视表

用户可根据不同的需求，创建不同的透视表，方法如下。

1 在表格中选择任意单元格，单击“插入”选项卡，在“表格”选项组中单击“数据透视表”按钮下方的下拉按钮，在弹出的下拉菜单中选择“数据透视表”选项，弹出“创建数据透视表”对话框，如图37-6所示。

2 保持默认设置，单击“确定”按钮，新建工作表，并显示数据透视表选项，如图37-7所示。

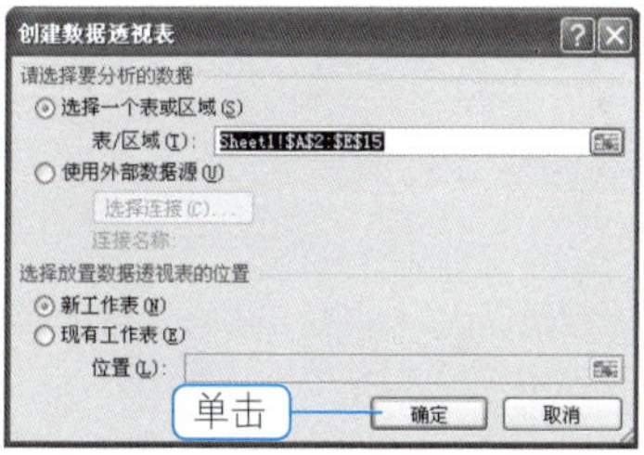

图37-6

图37-7

3 在“选择要添加到报表的字段”列表中选中需要显示字段，此时的数据透视表，如图37-8所示。

专家提示

在“选择要添加到报表的字段”列表中选中其他需要显示字段，可以得到不同的数据透视表。

4 使用鼠标将“数据透视表字段列表”任务窗格中的“行标签”选项区中的“产品名称”选项拖动到“列标签”选项区中，如图37-9所示。

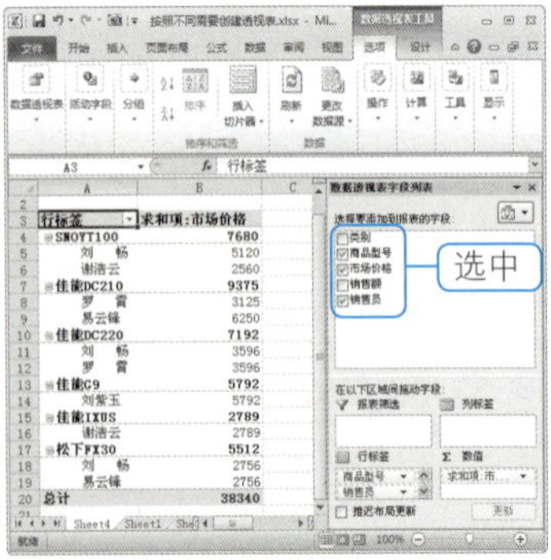

图37-8

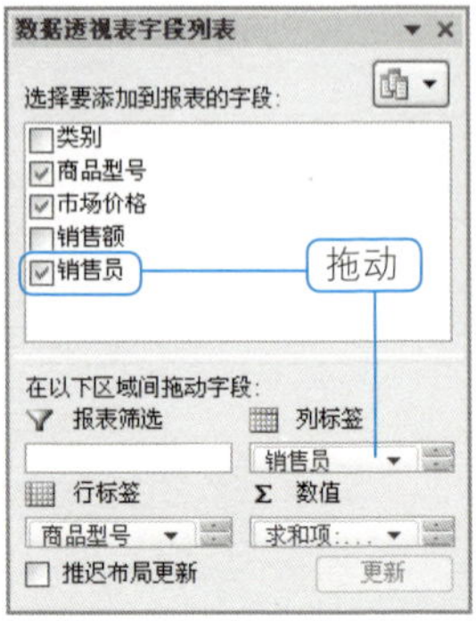

图37-9

5 此时，得到的数据透视表，效果如图37-10所示。

求和项:市场价格	列标签					
行标签	刘 畅	刘紫玉	罗 霄	谢浩云	易云锋	总计
SNOYT100	5120			2560		7680
佳能DC210			3125		6250	9375
佳能DC220	3596		3596			7192
佳能G9		5792				5792
佳能IXUS				2789		2789
松下FX30	2756				2756	5512
总计	11472	5792	6721	5349	9006	38340

图37-10

技巧3 快速添加数据透视表字段

使用Excel创建数据透视表时，可以通过鼠标拖动的方法，在不同区域快速、方便地添加字段，方法如下。

1 在表格中选择任意单元格，单击“插入”选项卡，在“表格”选项组中单击“数据透视表”按钮下方的下拉按钮，在弹出的下拉菜单中选择“数据透视表”选项，弹出“创建数据透视表”对话框，保持默认设置，单击“确定”按钮，新建工作表，并显示数据透视表选项，如图37-11所示。

2 使用鼠标拖动“选择要添加到报表的字段”列表中的“类别”选项拖动到“列标签”中，如图37-12所示。

3 用同样的方法，分别将“商品型号”和“销售额”选项拖动到“行标签”和“数值”选项区中，如图37-13所示。

4 此时，得到的数据透视表效果如图37-14所示。

图37-11

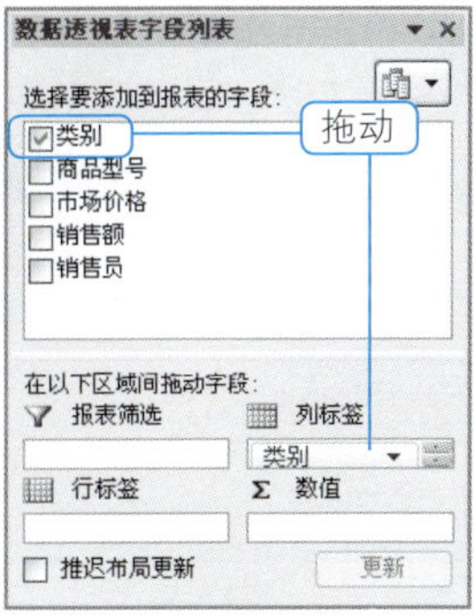

图37-12

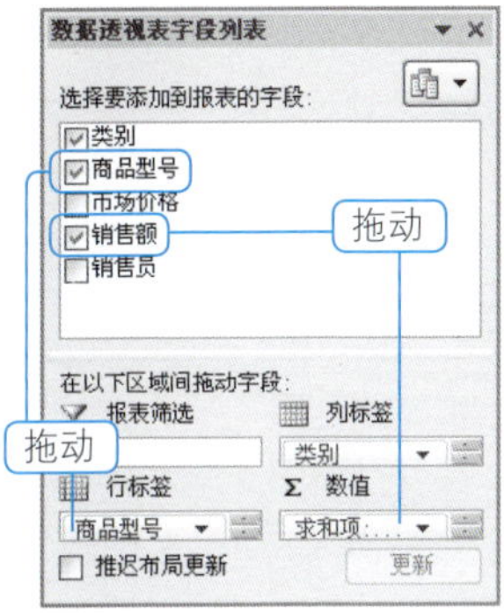

图37-13

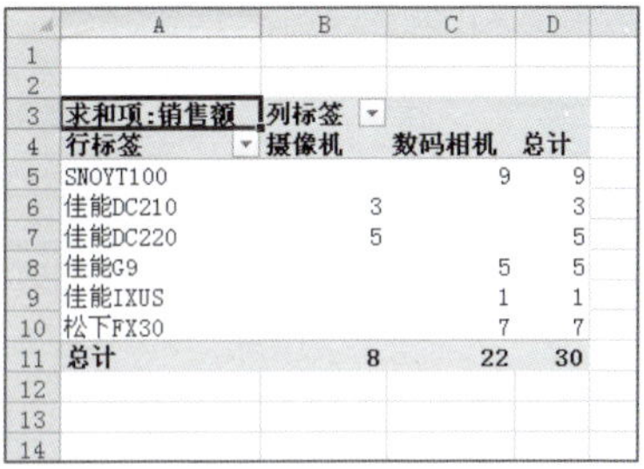

图37-14

技巧4 使用外部数据源创建数据透视表

在Excel 2010中，创建数据透视表时，可以应用本工作簿中的数据资料创建数据透视表，也可以导入外部的数据用于创建数据透视表，具体操作方法如下。

❶ 打开工作表，单击“插入”选项卡，在“表格”选项组单击“数据透视表”选项，如图37-15所示。

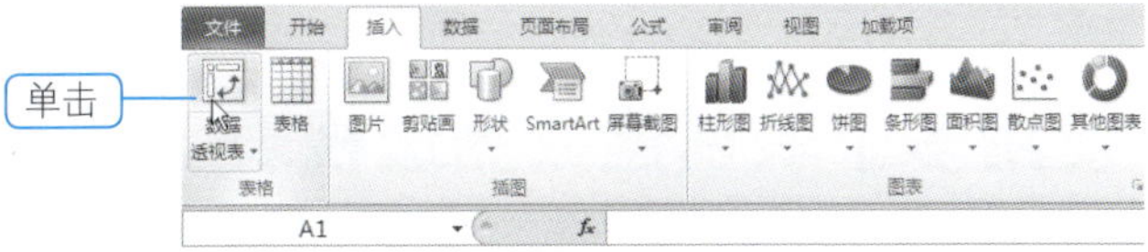

图37-15

❷ 弹出“数据透视表”对话框，先在“选择放置数据透视表的位置”栏下选择“现有工作表”单选项，将光标定位到“位置”文本框，用鼠标在工作表中选中A1单元格，如图37-16所示。

3 再在对话框中选中“使用外部数据源”单选项，单击“选择链接”按钮，如图37-17所示。

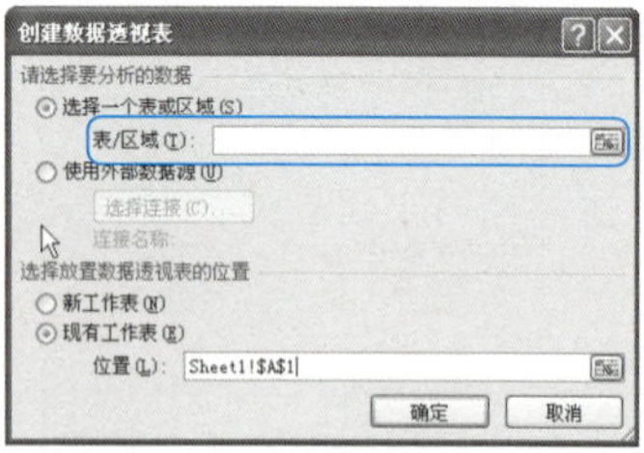

图37-16

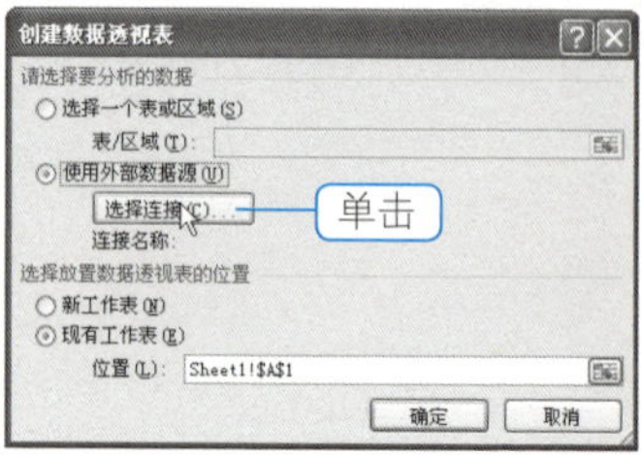

图37-17

4 弹出“现有链接”对话框，选择要链接的文件，如：“企业员工工资统计”，如图37-18所示。

5 单击“打开”按钮，返回“创建数据透视表”对话框中，单击“确定”按钮，即可完成设置，如图37-19所示。

图37-18

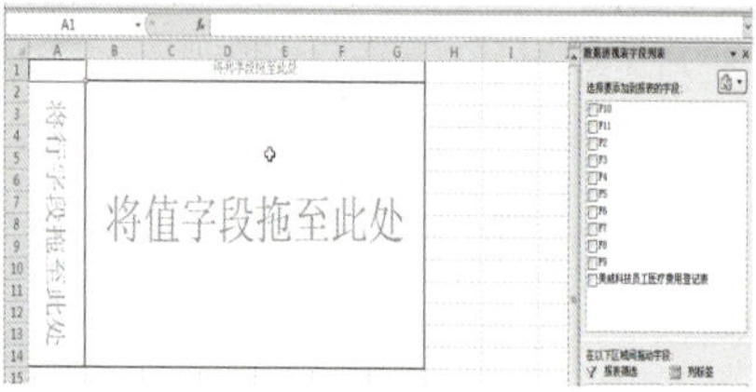

图37-19

专家提示

若“现有链接”对话框中没有想要链接的文件，用户可以单击“浏览更多”按钮，在弹出的“选取数据源”对话框中的“查找范围”下拉列表中选择要导入的数据的位置，单击“打卡”按钮，在弹出的“选择表格”对话框中选择要导入的数据所在的工作表即可。

技巧5 使用多个表创建数据透视表

在创建数据透视表时，有时会碰到数据源分布在多个工作表中的情况，用户可通过以下方法，使用多个工作表数据源创建数据透视表。

1 在表格中选择任意单元格，单击“插入”选项卡，在“表格”选项组中单击“数据透视表”按钮下方的下拉按钮，在弹出的下拉菜单中选择“数据透视表”选项，弹出“创建数据透视表”对话框，保持默认设置，单击“确定”按钮，新建工作表，并显示数据透视表选项，如图37-20所示。

2 使用鼠标拖动“选择要添加到报表的字段”列表中的“类别”选项到“列标签”中，如图37-21所示。

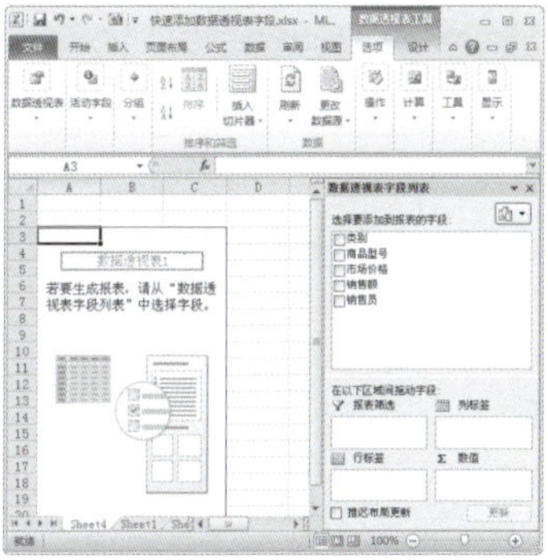

图37-20

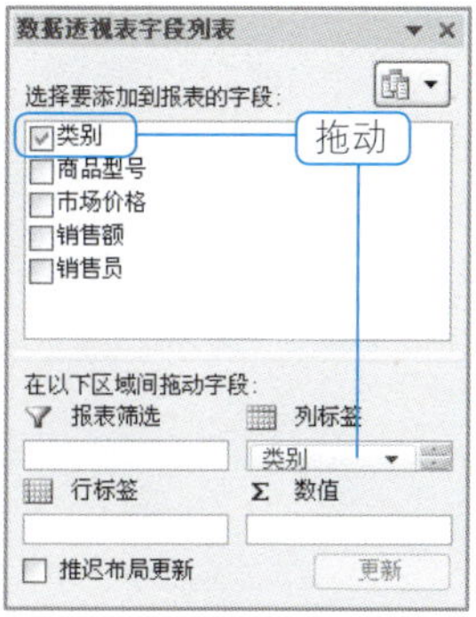

图37-21

技巧6 快速删除数据透视表

用户可按如下操作方法，快速删除数据透视表：拖动鼠标，选中整个数据透视表，然后按“Delete”键，即可将数据透视表快速删除，如图37-22所示。

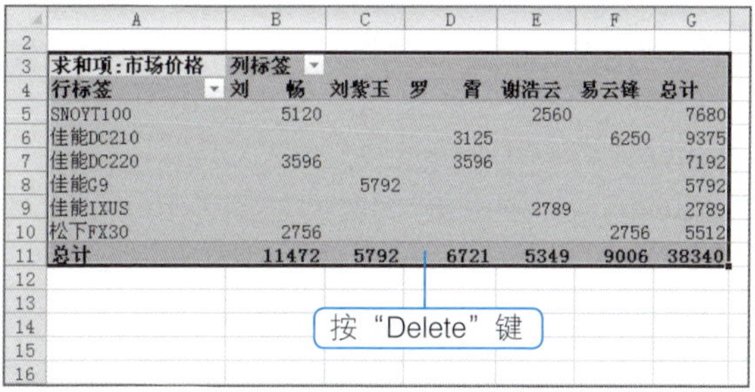

求和项:市场价格	列标签					
行标签	刘畅	刘黎玉	罗宵	谢浩云	易云锋	总计
SNOYT100	5120			2560		7680
佳能DC210			3125		6250	9375
佳能DC220	3596		3596			7192
佳能G9		5792				5792
佳能IXUS				2789		2789
松下FX30	2756				2756	5512
总计	11472	5792	6721	5349	9006	38340

图37-22

技巧7 在当前工作表中显示数据透视表

数据透视表除了可以建立在新工作表之外，还可以建立在当前工作表中，要实现在当前工作表中显示数据透视表，可以按如下方法操作。

1 打开数据表，单击“插入”菜单，在“数据透视表”按钮下拉菜单中单击“数据透视表”命令。打开“创建数据透视表”对话框，选中“现有工作表”

单选框，然后单击“位置”右边的拾取器按钮设置数据透视表在当前工作表中显示的起始位置，如图37-23所示。

2 设置完成后，单击“确定”按钮，即可在当前工作表指定位置处显示数据透视表，如图37-24所示。

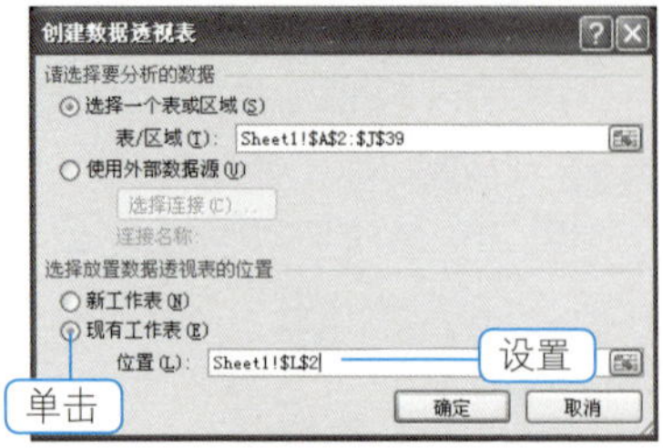

图37-23

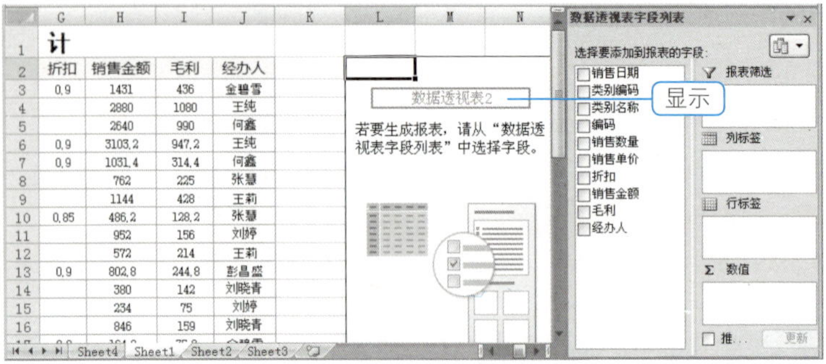

图37-24

技巧8 添加字段分析数据

默认建立的数据透视表只是一个框架，要得到相应的分析数据，可根据实际需要合理地设置字段。

1 设置字段需要在“数据透视表字段列表”任务窗格中实现，首先在左侧的字段列表中选中字段，然后单击鼠标右键，从打开菜单中选择要将该字段添加到的位置，如图37-25所示。

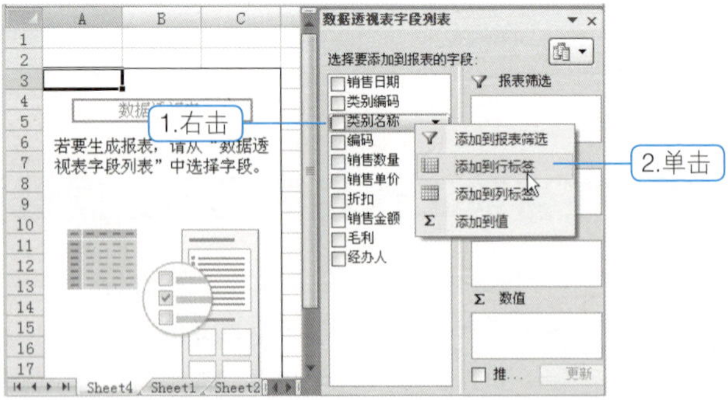

图37-25

❷ 选择要添加的位置后，字段显示在指定位置，同时数据透视表也作相应的显示（即不再为空），如图37-26所示。

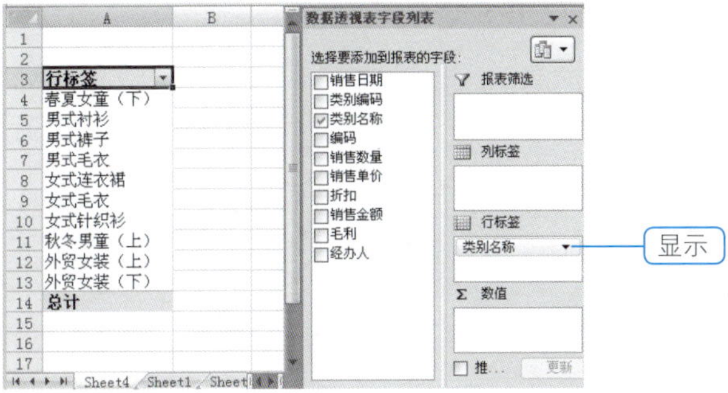

图37–26

❸ 按相同的方法可以添加字段到指定的位置，同时图表做相应的显示，如图37-27所示。

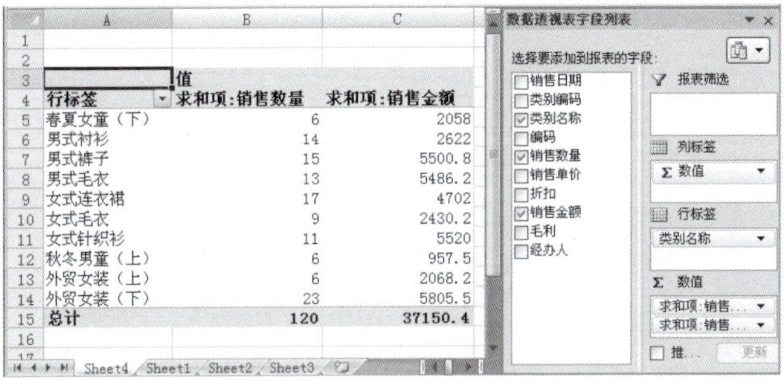

图37–27

技巧9　选择数据库中部分数据建立数据透视表

建立数据透视表时如果不选择数据库的单元格区域，则表示以所有数据源来建立。如果只想使用部分数据来建立数据透视表，可以首先选中目标单元格区域再进行建立，其操作方法如下。

❶ 在数据表中只选中可以达到统计目的的部分数据源，如本例中选择“销售金额”、“毛利”、“经办人”列的数据，在“插入”菜单下执行插入数据透视表的命令，如图37-28所示。

❷ 建立数据透视表之后，可以看到数据透视表只包含3个字段，通过设置字段可以达到单项统计的目的，如图37-29所示。

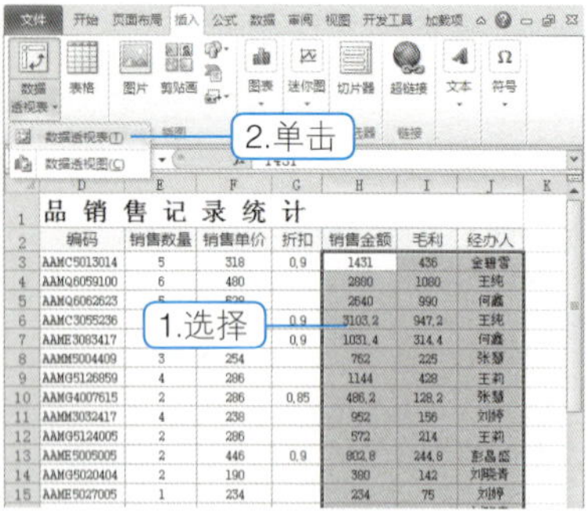

图37-28

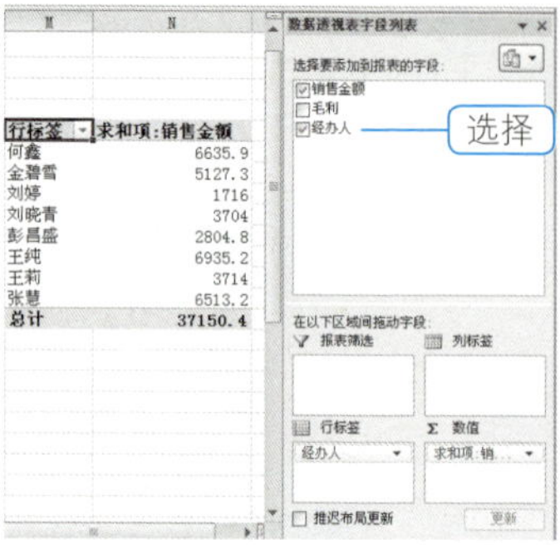

图37-29

技巧10 删除不需要的字段

要将已经加的字段删除（在数据透视表中，为了达到不同的统计效果，经常需要添加删除字段），有两种方法。

❶ 凡是被添加的字段，它们在左侧列表框中前面的复选框即被选中。如果想删除某个字段，只需要取消其前面的复选框即可。

❷ 在右侧列表中选中要删除的字段，按住鼠标左键将其拖到左侧的字段列表中即可删除该字段。

技巧11 改变字段的顺序

数据透视表中的一个标签框内可以显示出多个字段，当将多个字段添加到同一列表框中之后，它们的显示顺序决定了透视表的显示效果。字段默认的显示顺序为添加时的顺序。“行标签”列表框中显示两个字段，根据字段的显示顺序，图表与之对应。现在要将“经办人”字段上移。

❶ 单击“经办人”字段，从下拉菜单中选择“上移”（如图37-30所示），选择后即可改变字段的顺序，同时透视表也作相应的显示，如图37-31所示。

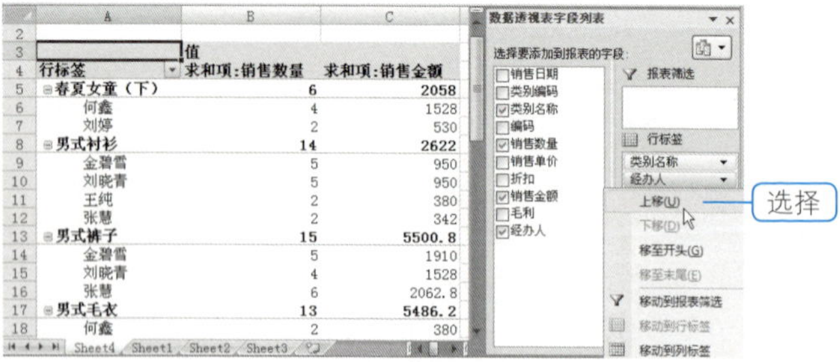

图37-30

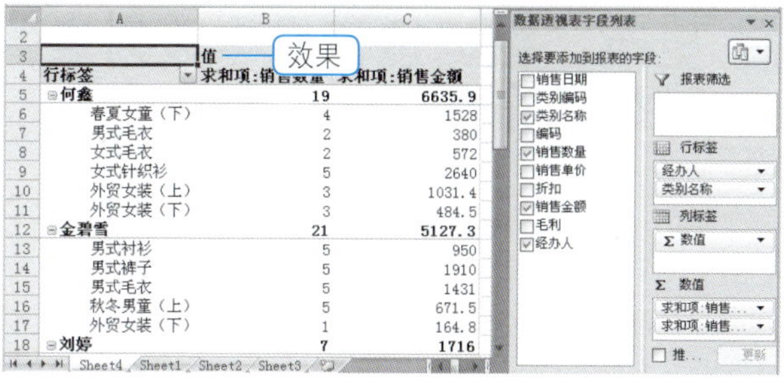

图37-31

2 直接在“数值”列表框中选中“数量（盒）”字段，按住鼠标左键向下拖动，即可将其调整到下面。

技巧12 调整字段得到各类统计结果

数据透视表的强大功能正体现于字段的设置上，不同的字段组合可以获取不同的统计效果，因此可以随时调整字段。

1 若要重新排列字段，可以在列表框中选中字段，用鼠标将它们拖到其他列表框中或直接从字段列表框中选中字段重新拖到指定的位置。

2 对于要删除的字段，可将其拖出。

技巧13 更改透视表的数据源

当需要更改数据透视表的数据源时，不需要重新建立数据透视表，可以直接在当前数据透视表中重新更改数据源即可。

1 选中当前数据透视表，单击“数据透视表工具→选项”菜单，单击“更改数据源”按钮，从下拉菜单中选择“更改数据源”命令，如图37-32所示。

2 打开“更改数据透视表数据源”对话框，如图37-33所示。单击“选择一个表或区域”右侧的拾取器回到工作表中重新选择数据源即可。

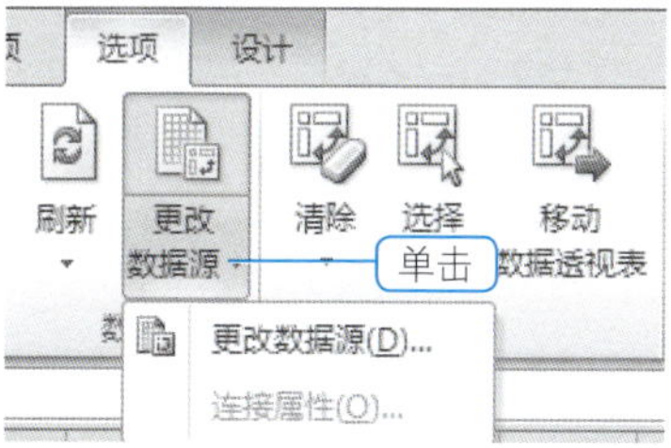

图37-32

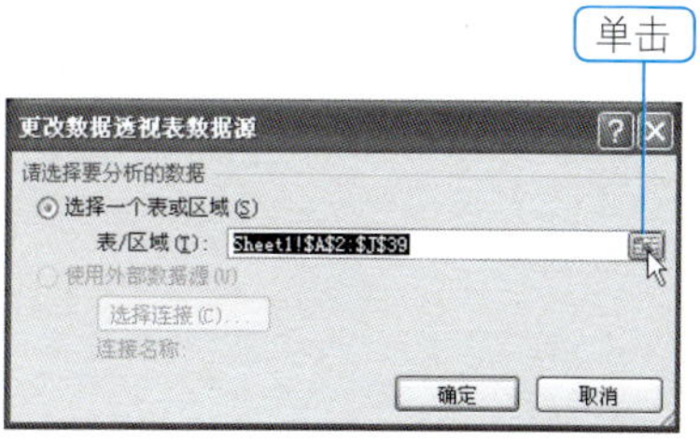

图37-33

技巧14 更改“数据透视表字段列表”任务窗格的布局

“数据透视表字段列表”任务窗格的布局是可以根据实际得到需要进行更改的，其方法如下。

1. 如图显示为“字段节和区域节并排”布局，在“数据透视表字段列表”任务窗格中单击右侧的布局按钮打开下拉菜单，从中选择需要的布局，如图37-34所示。
2. 单击一次即可应用，如图37-35所示。

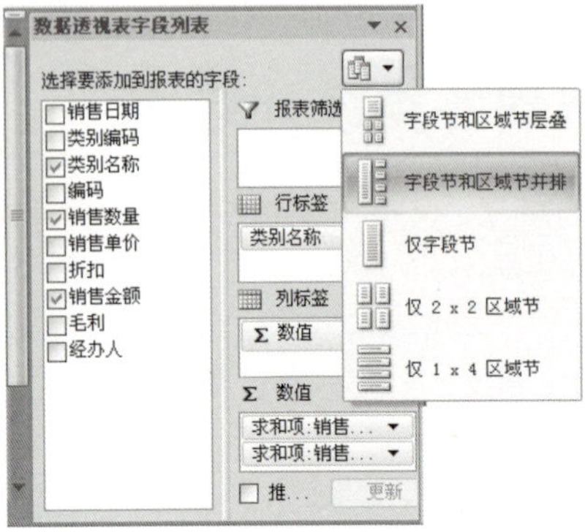

图37-34

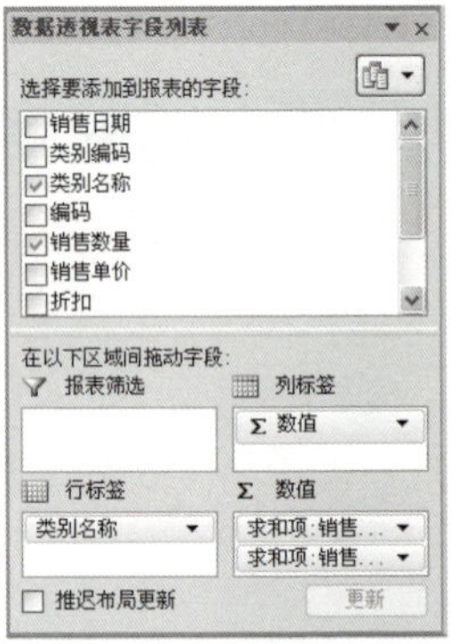

图37-35

技巧15 恢复显示丢失的“数据透视表字段列表”任务窗格

在默认状态下，当建立了数据透视表之后，“数据透视表字段列表”任务窗格会自动显示。如果该任务窗格不显示了，可能是如下原因。

1. 建立的数据透视表未选中。选中数据透视表即可显示该任务窗格。
2. 误操作手工关闭了该任务窗格。恢复方法为：选中数据透视表，选择“数据透视表工具→选项”菜单，重新单击一次“字段列表”按钮即可恢复该任务窗格的显示。

第38章

数据透视表编辑技巧

使用数据透视表可以汇总、分析、浏览和提供摘要数据。掌握了数据透视表的基本操作，可以为数据分析打下基础。

技巧1 巧妙更改列标签名称

数据透视表中的列标签名称与普通单元格不同，不能直接进行更改，可按如下方法更改其名称。

❶ 双击要更改名称的列标签单元格，弹出“值字段设置”对话框，在“自定义名称”文本框中输入新名称，如图38-1所示。

❷ 单击“确定”按钮，更改列标签名称后的数据透视表效果如图38-2所示。

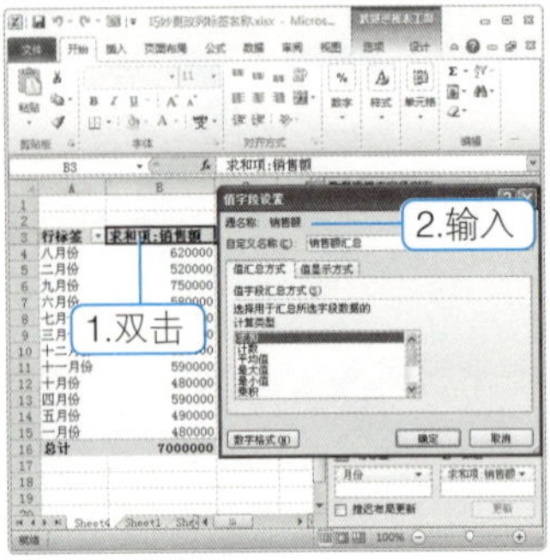

图38-1

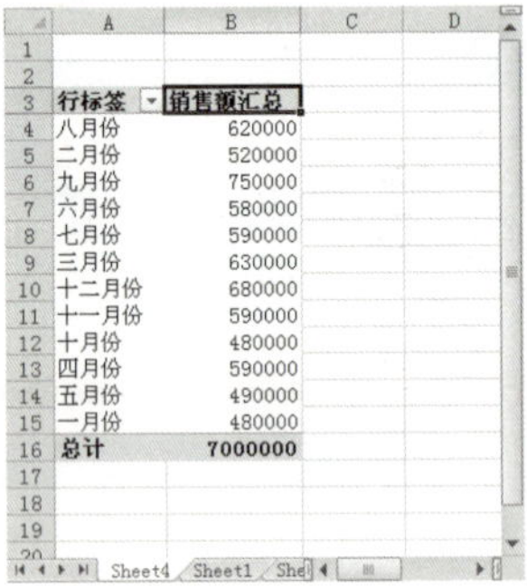

	A	B
3	行标签	销售额汇总
4	八月份	620000
5	二月份	520000
6	九月份	750000
7	六月份	580000
8	七月份	590000
9	三月份	630000
10	十二月份	680000
11	十一月份	590000
12	十月份	480000
13	四月份	590000
14	五月份	490000
15	一月份	480000
16	总计	7000000

图38-2

技巧2 轻松更改数据透视表布局

数据透视表中的列标签名称与普通单元格不同，不能直接进行更改，可按如下方法更改其名称。

❶ 在表格中选择任意单元格，单击“设计”选项卡，在“布局”选项组中单击“报表布局”下拉按钮，在弹出的下拉菜单中选择“以大纲形式显示”选项，如图38-3所示。

❷ 此时，改变布局后的数据透视表效果如图38-4所示。

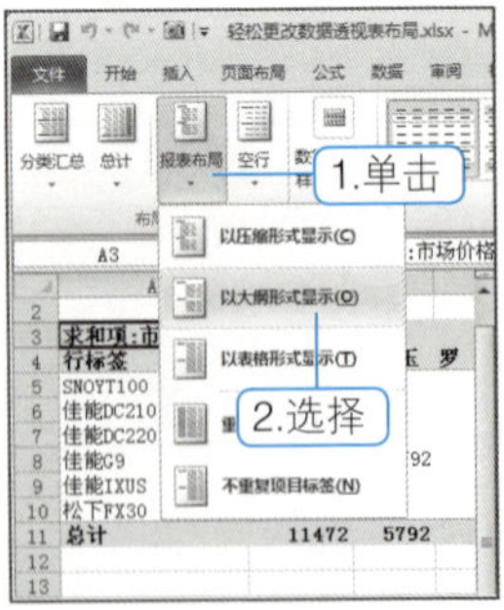

图38-3

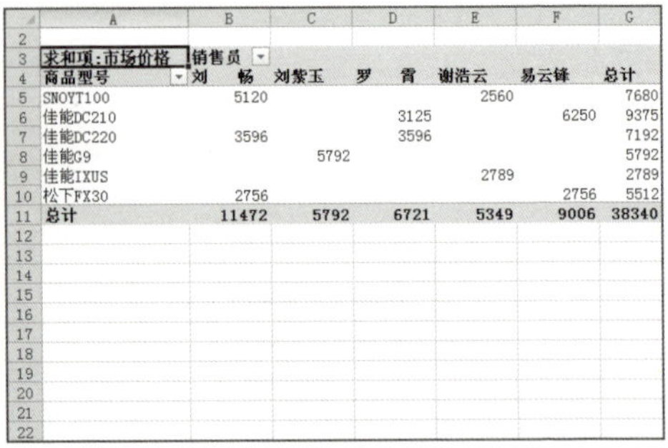

求和项:市场价格	销售员					
商品型号	刘 畅	刘紫玉	罗 青	谢浩云	易云锋	总计
SNOYT100	5120			2560		7680
佳能DC210			3125		6250	9375
佳能DC220	3596		3596			7192
佳能G9		5792				5792
佳能IXUS				2789		2789
松下FX30	2756				2756	5512
总计	11472	5792	6721	5349	9006	38340

图38-4

技巧3　快速设置数据透视表样式

用户可以使用Excel 2010内置的多种样式，美化数据透视表，操作方法如下。

❶ 在数据透视表中选择任意单元格，单击“设计”选项卡，在“数据透视表样式”选项组中单击样式列表框右侧的▼按钮，弹出如图38-5所示的样式下拉面板。

❷ 从中选择需要的样式即可，如选择“数据透视表样式中等深浅 3”选项，得到的效果如图38-6所示。

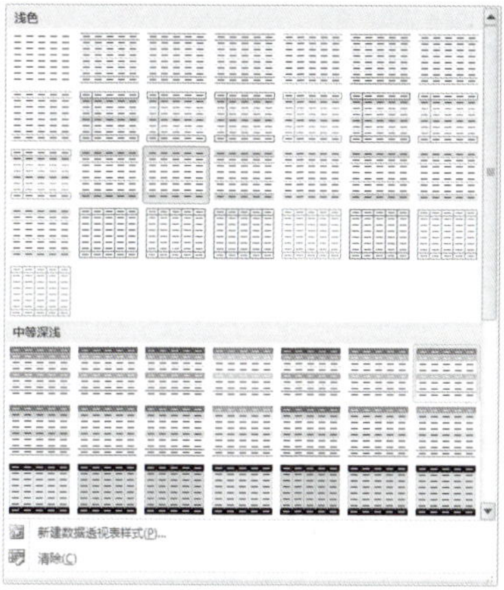

图38-5

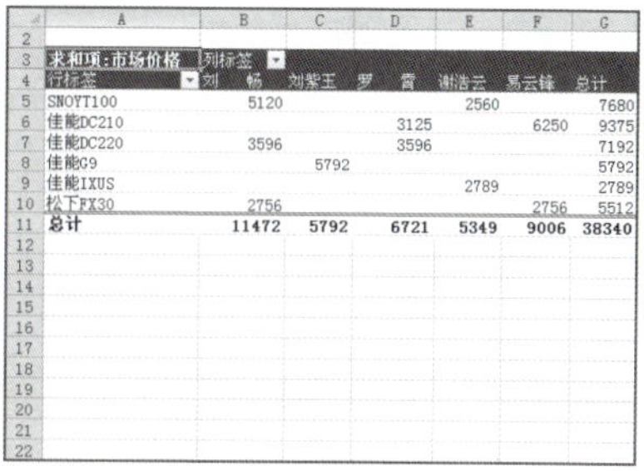

	A	B	C	D	E	F	G
2							
3	求和项:市场价格	列标签					
4	行标签	刘　畅	刘紫玉	罗　霄	谢浩云	易云锋	总计
5	SNOYT100	5120			2560		7680
6	佳能DC210			3125		6250	9375
7	佳能DC220	3596		3596			7192
8	佳能G9		5792				5792
9	佳能IXUS				2789		2789
10	松下FX30	2756				2756	5512
11	总计	11472	5792	6721	5349	9006	38340

图38-6

专家提示

若样式下拉面板中没用满意样式，可在其中选择“新建数据透视表样式”选项，将弹出“新建数据透视表快速样式”对话框，用户可从中进行自定义设置。

技巧4　快速查看数据详细信息

要快速查看数据透视表中各数据的详细信息，可按如下方法进行操作。

双击数据透视表最后一个单元格，Excel将在新工作表中显示数据的详细信息，如图38-7和图38-8所示。

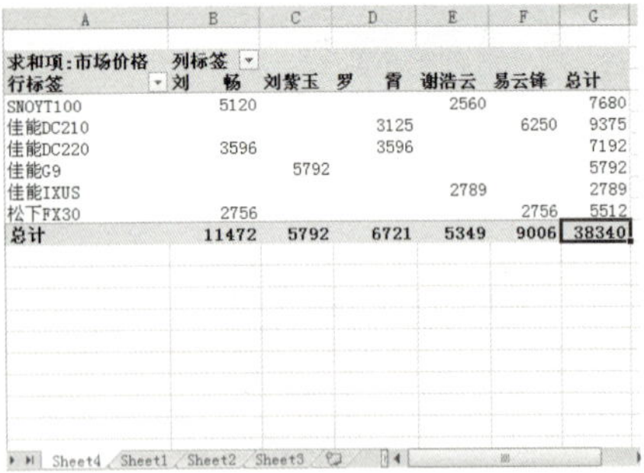

图38-7

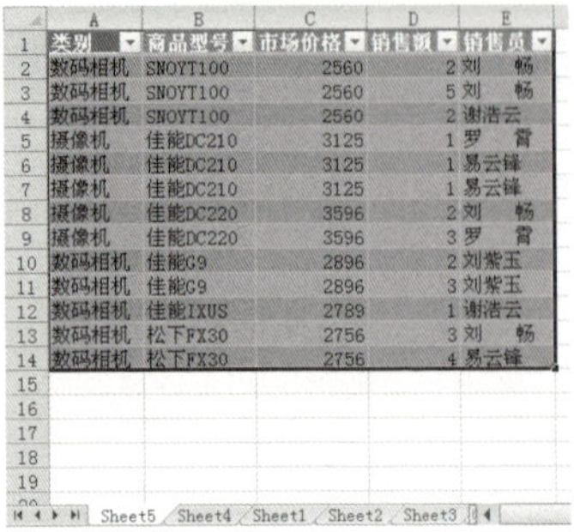

图38-8

技巧5 查看单个数据详细信息

若需要在创建好的数据透视表中查看某一项数据的具体来源，可按照如下方法进行操作。

❶ 在数据透视表中选中要查看数据来源的单元格，单击鼠标右键，在弹出的快捷菜单中选择“显示详细信息”选项，如图38-9所示。

❷ Excel将新建一个工作表，并从中显示该数据的详细来源信息，如图38-10所示。

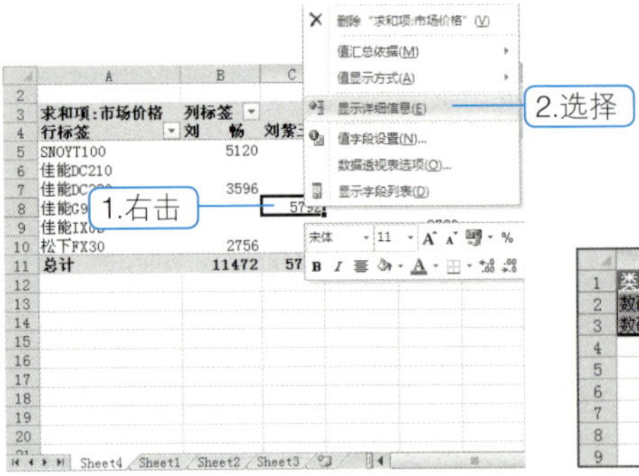

图38-9

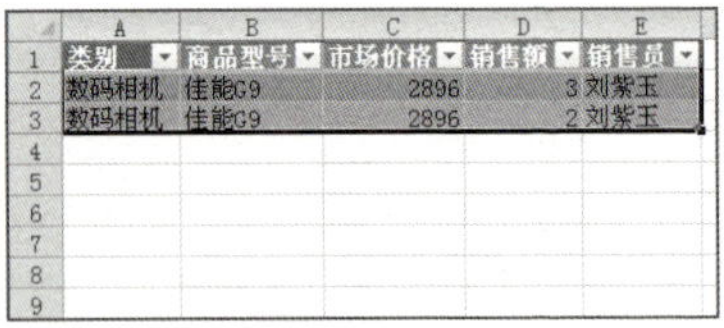

图38-10

技巧6 自定义数据透视表样式

如果“数据透视表样式”中提供的样式没有适合的，用户还可以根据需要自定义数据透视表的样式，具体操作方法如下。

❶ 打开工作表，选中数据透视表，切换到“设计”选项卡签，单击“数据透视表样式”组下拉按钮，在弹出的下拉列表中“新建数据透视表样式”选项，如图38-11所示。

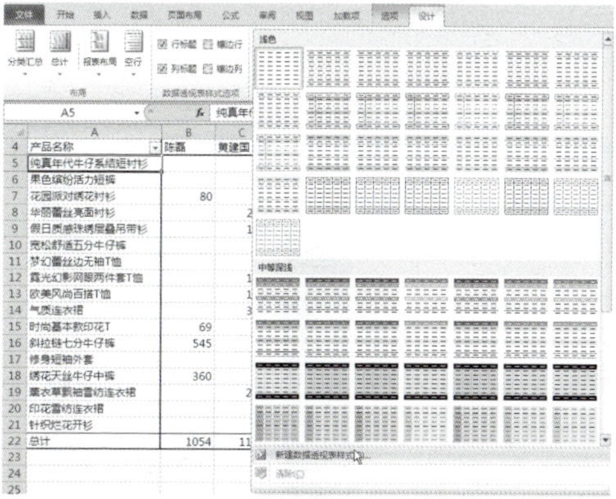

图38-11

2 弹出“新建数据透视表快速样式”对话框，在“表元素”列表框中选择某一元素，如“第二列条纹”选项，如图38-12所示。

3 单击“格式”按钮，弹出“设置单元格格式”对话框，选择“填充”选项卡，在背景色中选择一种背景色，如：紫色，如图38-13所示。

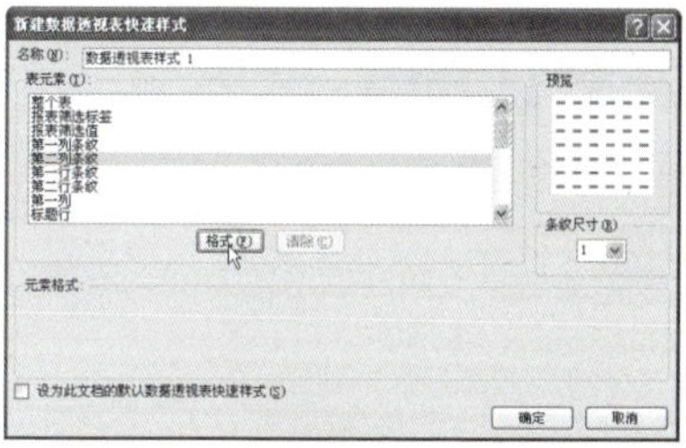

图38-12

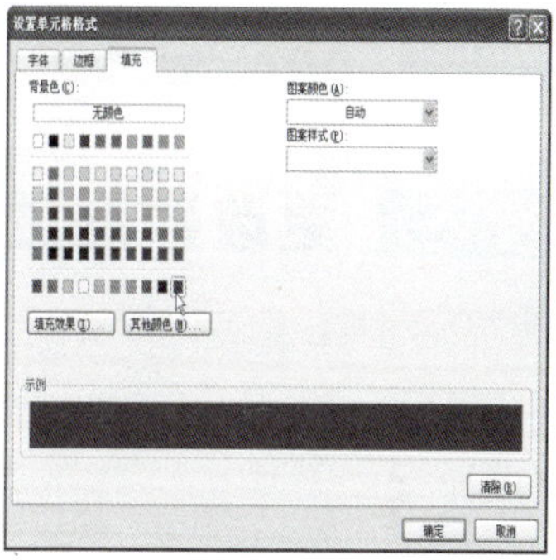

图38-13

4 依次单击“确定”按钮关闭对话框，返回数据透视表，在“数据透视表样式”选项组中即可显示用户自定的数据透视表样式，如图38-14所示。

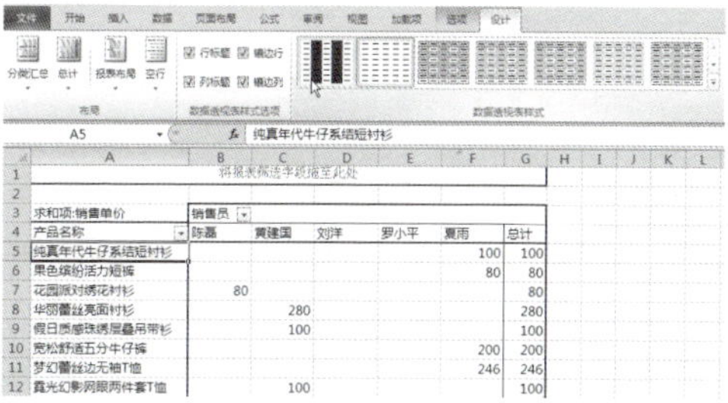

图38-14

④ 单击用户自定义的样式，即可在数据透视表中套用自定义的样式，如图38-15所示。

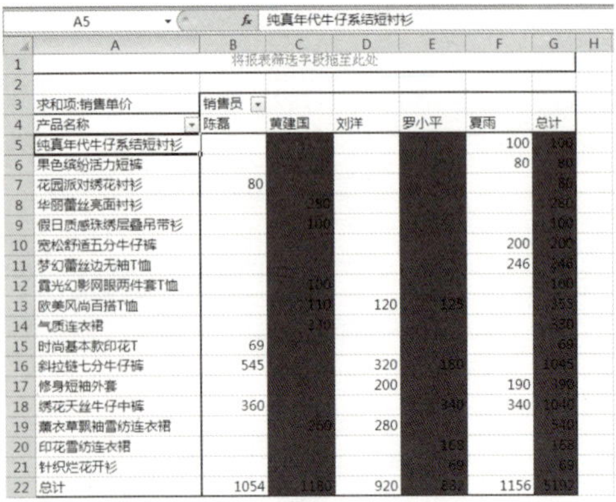

A5 纯真年代牛仔系结短衬衫

将报表筛选字段拖至此处

求和项:销售单价	销售员					
产品名称	陈磊	黄建国	刘洋	罗小平	夏雨	总计
纯真年代牛仔系结短衬衫					100	100
果色缤纷活力短裤					80	80
花园派对绣花衬衫	80					80
华丽蕾丝亮面衬衫		280				280
假日质感珠绣层叠吊带衫		100				100
宽松舒适五分牛仔裤					200	200
梦幻蕾丝边无袖T恤					246	246
霓光幻影网眼两件套T恤		100				100
欧美风尚百搭T恤		110	120	125		355
气质连衣裙		330				330
时尚基本款印花T	69					69
斜拉链七分牛仔裤	545		320	180		1045
修身短袖外套			200		190	390
绣花天丝牛仔中裤	360			340	340	1040
薰衣草飘袖雪纺连衣裙		260	280			540
印花雪纺连衣裙				168		168
针织烂花开衫				69		69
总计	1054	1180	920	882	1156	5192

图38-15

专家提示

在“设置单元格格式”对话框中，用户还可以选择“边框”选项，在“设置单元格格式”对话框中设置边框的线条样式和颜色样式。

技巧7 更改数据透视表默认的汇总方式

在数据透视表和数据透视图中，汇总方式包括求和、求平均值、计数、最大值等多种。默认的汇总方式为求和，如果要重新更改数据的汇总方式，可通过下面的操作来进行。

① 选中数据透视表，单击“数据透视表工具→选项”菜单，在“活动字段”工具栏中单击“字段设置”按钮，打开“值字段设置”对话框。选择“汇总方式”标签，在列表中可以选择汇总方式，如图38-16所示。

② 设置完成后，可见行总计与列总计都为求取最大值，如图38-17所示。

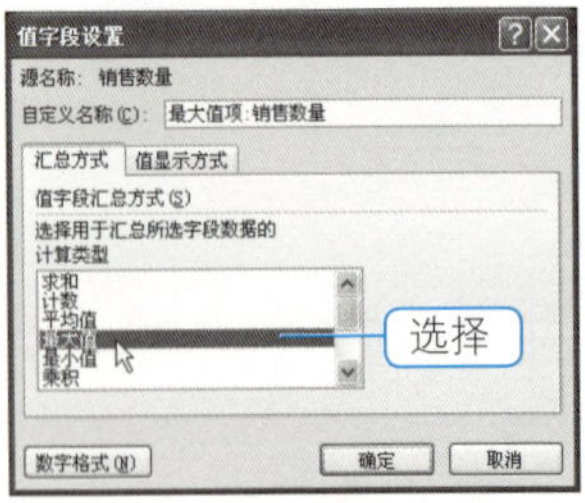

图38-16

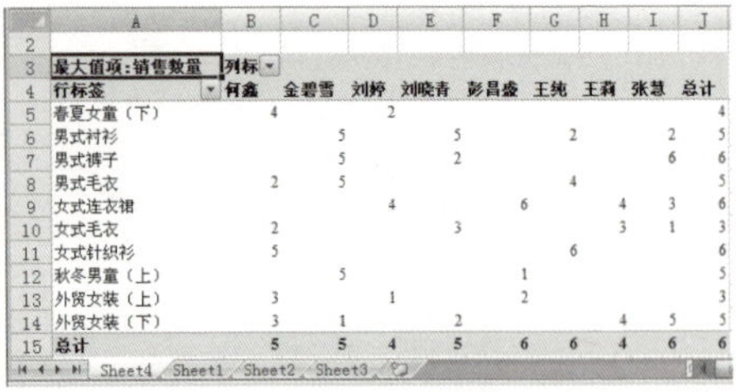

最大值项:销售数量	列标								
行标签	何鑫	金碧雪	刘婷	刘晓青	彭昌盛	王纯	王莉	张慧	总计
春夏女童（下）	4		2						4
男式衬衫		5		5		2		2	5
男式裤子		5		2				6	6
男式毛衣	2	5				4			5
女式连衣裙			4		6		4	3	6
女式毛衣	2			3			3	1	3
女式针织衫	5					6			6
秋冬男童（上）		5			1				5
外贸女装（上）	3		1		2				3
外贸女装（下）	3	1		2			4	5	5
总计	5	5	4	5	6	6	4	6	6

Sheet4 Sheet1 Sheet2 Sheet3

图38-17

专家提示

如果当前数据透视表包含多个数据项，那么先需要选中相应的数据项，再单击“值字段设置”按钮来设置汇总方式。

技巧8　统计每天销售记录条数

要想统计出每天销售记录条数，需要得到“计数”汇总方式，具体操作如下。

❶ 当使用文本类型字段作“数值”项时，默认采用的汇总方式为“计数”，如本例中设置“类别编码”、“类别名称”、“编码”等字段来作为“数值”项时都可以达到计数统计的目的，如图38-18所示。

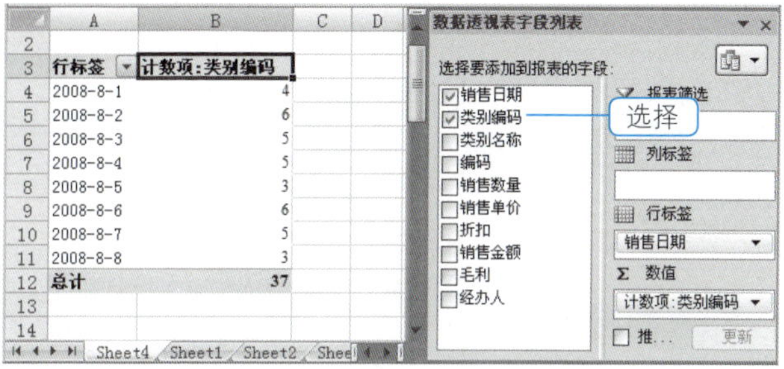

图38–18

❷ 如果使用数值的字段作来“数值”项时，默认的汇总方式为“求和”，此时可以使用上一技巧中介绍的方法来更改汇总方式即可。

技巧9　让数据透视表中显示数据为占总和百分比

如果要实现让数据透视表中显示各数据占总和百分比，则需要重新更改数据透视表的值显示方式。

❶ 选中数据透视表，单击“数据透视表工具→选项”菜单，在“活动字段”工具栏中单击“字段设置”按钮，打开“值字段设置”对话框。

❷ 选择“值显示方式”标签，在下拉列表中选择“占同列数据总和的百分比”选项，如图38-19所示。

❸ 设置完成后，在数据透视表中可以看到各位销售人员销售的各产品数量占该员工总销售数量的百分比，如图38-20所示。

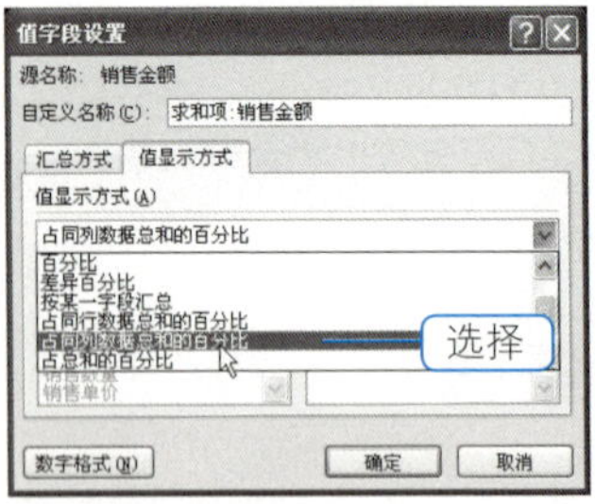

图38-19

	A	B	C	D	E	F	G	H	I	J
2										
3	求和项:销售金额	列标签								
4	行标签	何鑫	金碧雪	刘婷	刘晓青	彭昌盛	王纯	王莉	张慧	总计
5	春夏女童（下）	23.03%	0.00%	30.89%	0.00%	0.00%	0.00%	0.00%	0.00%	5.54%
6	男式衬衫	0.00%	18.53%	0.00%	25.65%	0.00%	5.48%	0.00%	5.25%	7.06%
7	男式裤子	0.00%	37.25%	0.00%	41.25%	0.00%	0.00%	0.00%	31.67%	14.81%
8	男式毛衣	5.73%	27.91%	0.00%	0.00%	0.00%	52.99%	0.00%	0.00%	14.77%
9	女式连衣裙	0.00%	0.00%	55.48%	0.00%	61.18%	0.00%	34.25%	11.70%	12.66%
10	女式毛衣	8.62%	0.00%	0.00%	22.84%	0.00%	0.00%	19.55%	4.39%	6.54%
11	女式针织衫	39.78%	0.00%	0.00%	0.00%	0.00%	41.53%	0.00%	0.00%	14.86%
12	秋冬男童（上）	0.00%	13.10%	0.00%	0.00%	10.20%	0.00%	0.00%	0.00%	2.58%
13	外贸女装（上）	15.54%	0.00%	13.64%	0.00%	28.62%	0.00%	0.00%	0.00%	5.57%
14	外贸女装（下）	7.30%	3.21%	0.00%	10.26%	0.00%	0.00%	46.20%	46.98%	15.63%
15	总计	100.00%	100.00%	100.00%	100.00%	100.00%	100.00%	100.00%	100.00%	100.00%

图38-20

技巧10 重新设置数据透视表中的数字格式

数据透视表中的数字格式可以重新设置，具体实现操作如下。

❶ 选中数据区域中的任意单元格，单击“数据透视表工具→选项”菜单，单击“活动字段”工具栏中的“值字段设置”按钮，打开“值字段设置”对话框。单击“数字格式”按钮（如图38-21所示），打开“设置单元格格式”对话框。

❷ 从“分类”列表选中要设置的数字类型进行设置，如图38-22所示。

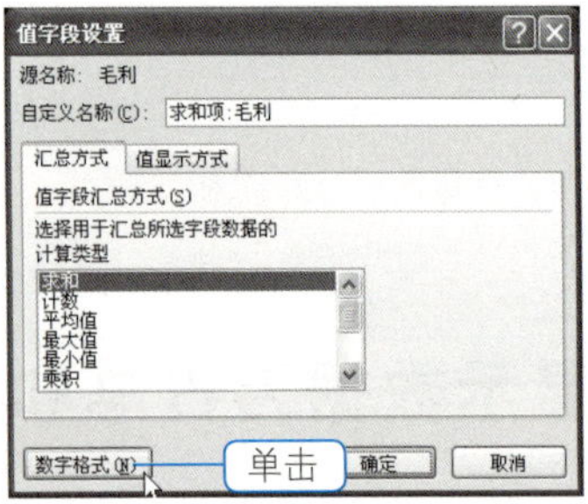

图38-21

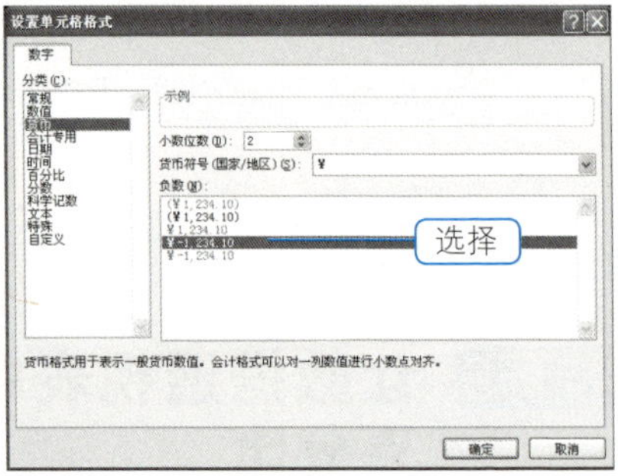

图38-22

技巧11 取消字段的标题

默认情况下数据透视表中会显示“行标签”、“列标签”“值”这样的标题（如图38-23所示），通过下面的操作可以取消字段标题。

选中数据透视表，单击“数据透视表工具→选项”菜单，在“显示/隐藏”工具栏中单击“字段标题”按钮，取消其选中状态，即可实现在数据透视表中不显示字段标题，如图38-24所示。

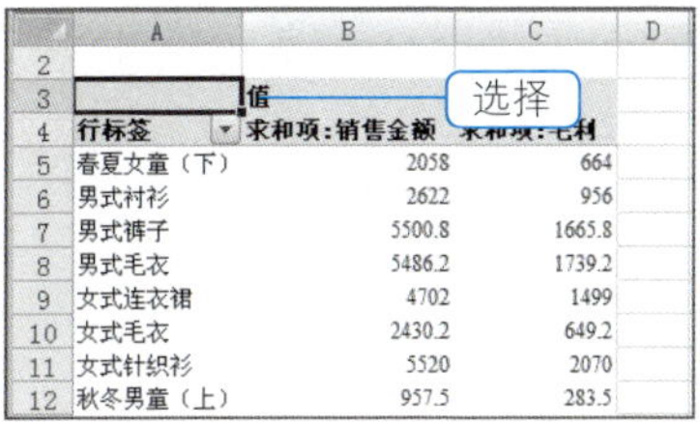

图38-23

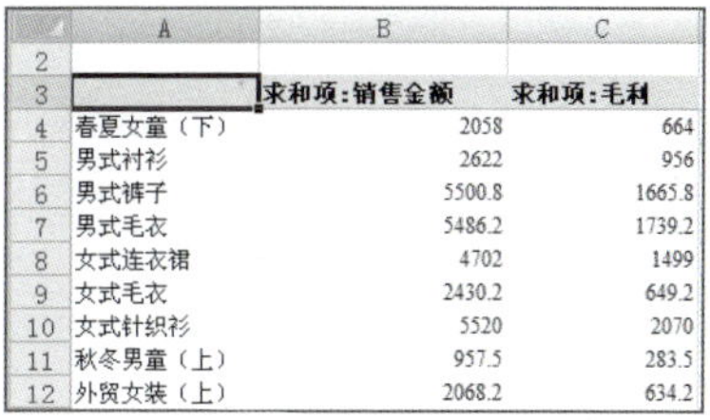

图38-24

技巧12 显示字段的明细数据

对于数据透视表中的字段，可以根据需要显示字段的明细数据，通过明细数据可以显示出数据透视表没有显示出来的内容，具体操作如下。

❶ 选中要显示明细数据的项目，如此处选中“类别名称”字段。单击“数据透视表工具→选项”菜单，然后单击“活动字段”工具栏中的“展开整个字段”（“显示明细数据”）按钮，如图38-25所示。

❷ 打开“显示明细数据”对话框，选中含有要查看的明细数据的字段，如本例中选择“经办人”字段，如图38-26所示。

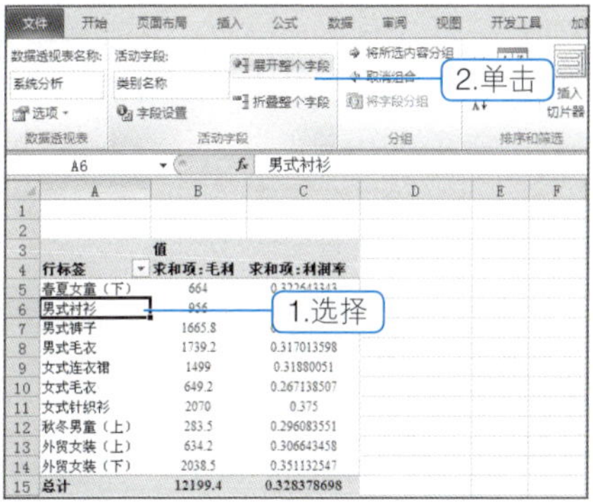

图38-25

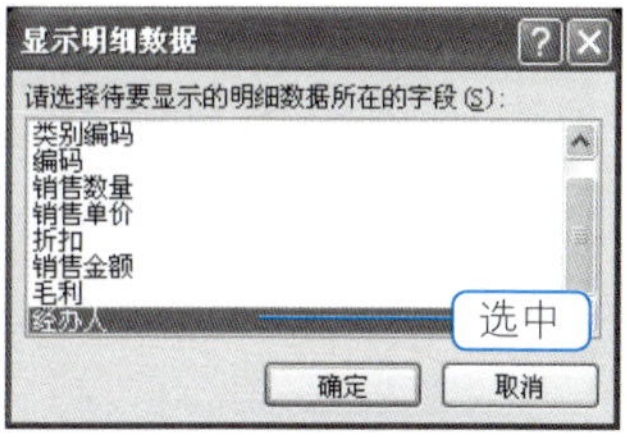

图38-26

❸ 单击“确定”按钮即可显示出各个不同类别产品中经办人销售情况的明细数据，如图38-27所示。

专家提示

如果只想隐藏单个项目，可以单击该项目前的“⊟”按钮，该按钮则会显示为“⊞”（单击可重新显示）。如果想一次性折叠或展开所有项目，只需要选中相应的数据项，单击“数据透视表”工具栏中的（“隐藏明细数据”）按钮进行隐藏即可。

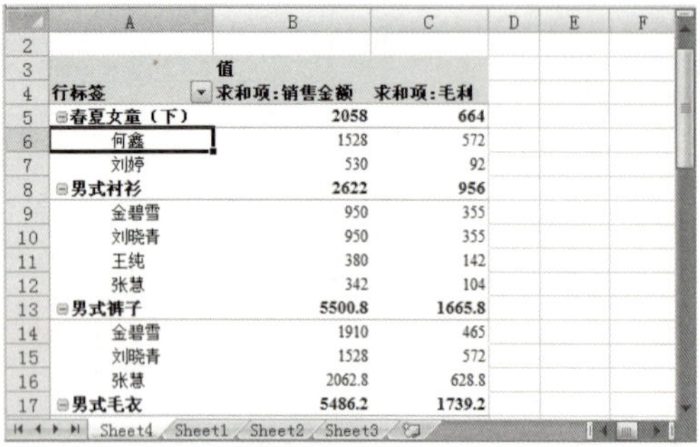

	A	B	C
3		值	
4	行标签	求和项:销售金额	求和项:毛利
5	⊟春夏女童（下）	2058	664
6	何鑫	1528	572
7	刘婷	530	92
8	⊟男式衬衫	2622	956
9	金碧雪	950	355
10	刘晓青	950	355
11	王纯	380	142
12	张慧	342	104
13	⊟男式裤子	5500.8	1665.8
14	金碧雪	1910	465
15	刘晓青	1528	572
16	张慧	2062.8	628.8
17	⊟男式毛衣	5486.2	1739.2

图38-27

技巧13 更改字段的分类汇总方式

当行标签或列标签不只一个字段时，建立的数据透视表中会显示分类汇总项，默认的分类汇总结果都是求和的计算方式。另外还可根据实际需要重新设置分类汇总方式，具体操作如下。

① 选中行标签或列标签中第一个字段，单击“数据透视表工具→选项”菜单，在“活动字段”工具栏中单击“字段设置”按钮，打开“字段设置”对话框。

② 选中“自定义”单选框，在列表中选择一个或多个函数（如此处选择“求和”与“最大值”），如图38-28所示。

③ 单击“确定”按钮，可以看到数据透视表中显示出所设置的汇总项，如图38-29所示。

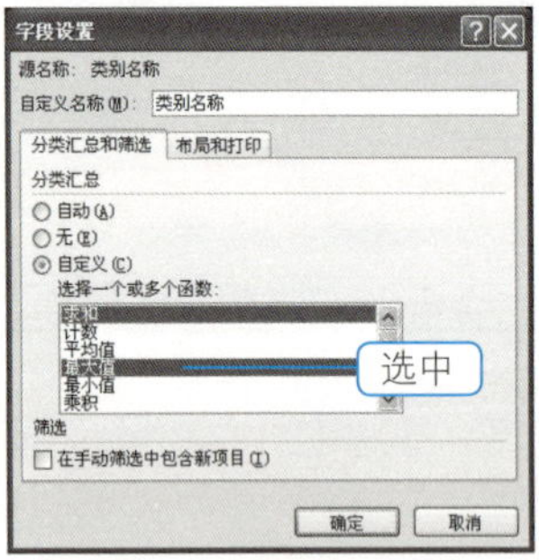

图38-28

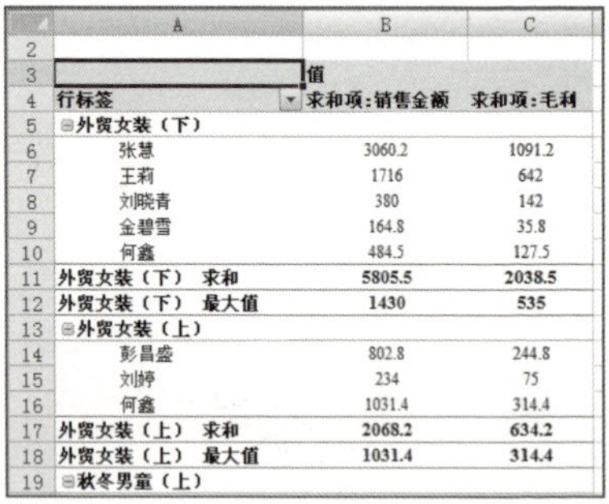

	A	B	C
3		值	
4	行标签	求和项:销售金额	求和项:毛利
5	⊟外贸女装（下）		
6	张慧	3060.2	1091.2
7	王莉	1716	642
8	刘晓青	380	142
9	金碧雪	164.8	35.8
10	何鑫	484.5	127.5
11	外贸女装（下） 求和	5805.5	2038.5
12	外贸女装（下） 最大值	1430	535
13	⊟外贸女装（上）		
14	彭昌盛	802.8	244.8
15	刘婷	234	75
16	何鑫	1031.4	314.4
17	外贸女装（上） 求和	2068.2	634.2
18	外贸女装（上） 最大值	1031.4	314.4
19	⊟秋冬男童（上）		

图38-29

技巧14 隐藏特定的记录

如果要隐藏数据透视表中的记录，可以利用筛选功能来实现。

选中要隐藏的项目，单击鼠标右键，选择“筛选→隐藏所选项目”命令（如图38-30所示），即可将选中项目隐藏起来；单击“仅保留所选项目”，可以将除选中项目之外的其他选项都隐藏起来。

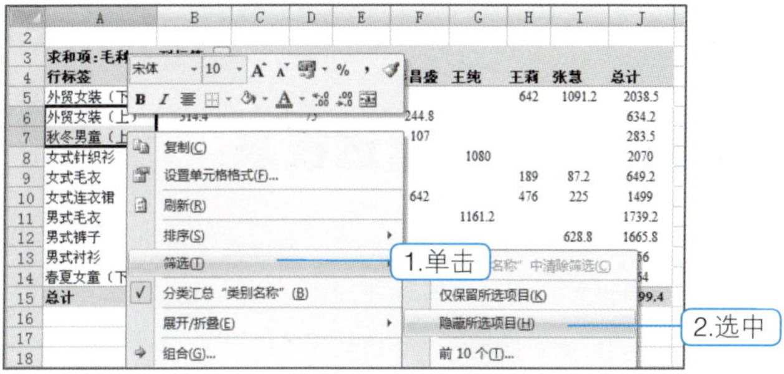

图38-30

技巧15 调整记录的显示顺序

建立数据透视表后，如果要重新调整记录的显示顺序，可以按如下方法操作。

选中“行标签”列下要调整其顺序的记录，单击鼠标右键，选择“移动”命令，从子菜单中可以选择要移动到的位置，如图38-31所示。

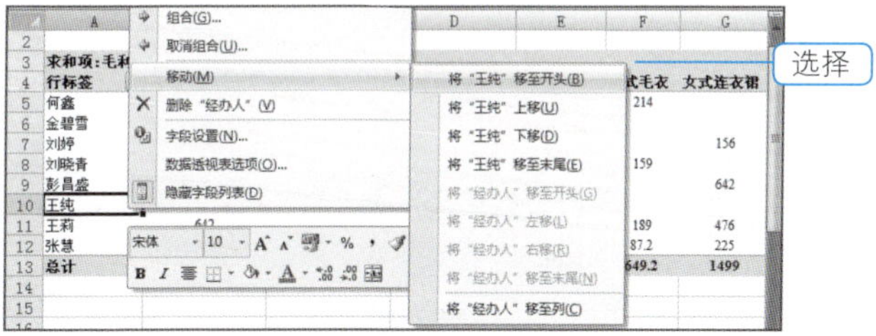

图38-31

技巧16 移动数据透视表

建立数据透视表之后还可以将其移到其他位置，具体操作如下。

① 选中数据透视表，单击“数据透视表工具→选项”菜单，在“操作”工具栏中单击“移动数据透视表”按钮，打开“移动数据透视表”对话框。

② 可以设置将数据透视表移到当前工作表的其他位置，也可以将其移到其他工作表中，如图38-32所示。

图38-32

技巧17 重命名数据透视表

建立数据透视表之后可以对其重命名，具体操作如下。

选中数据透视表，单击“数据透视表工具→选项”菜单，在“数据透视表”工具栏的编辑框中重新输入数据透视表名称即可，如图38-33所示。

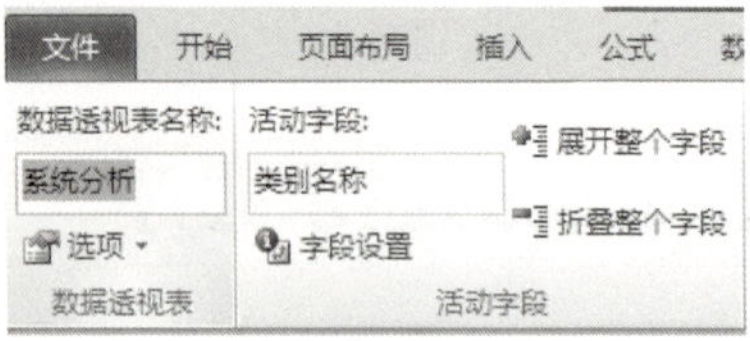

图38-33

技巧18 设置数据透视表分类汇总布局

数据透视表分类汇总选项设置常用于行标签字段不只一个的情况下，可以设置是否显示各组分类汇总值或自定义分类汇总值显示在什么位置（默认显示在组的顶部）。

选中数据透视表，单击“数据透视表工具→设计”菜单，在“布局”工具栏中单击“分类汇总”按钮，从下拉菜单中单击“在组的底部显示所有分类汇总”命令（如图38-34所示），可看到数据透视表中组的底部显示了汇总项，如图38-35所示。

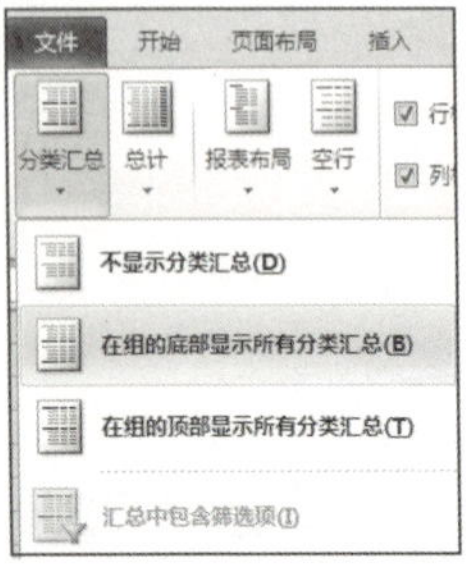

图38-34

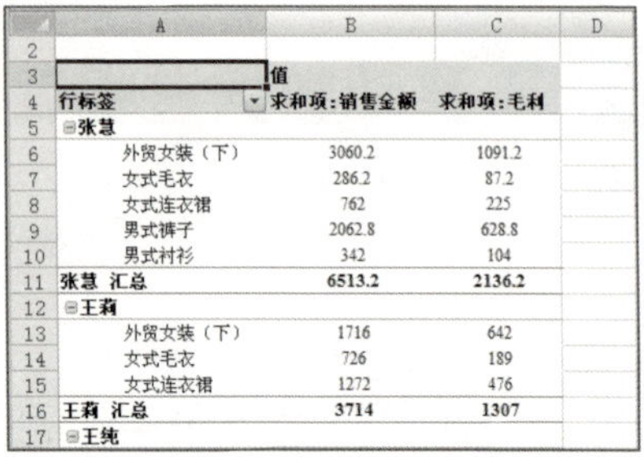

	A	B	C	D
2				
3		值		
4	行标签	求和项:销售金额	求和项:毛利	
5	⊟张慧			
6	外贸女装（下）	3060.2	1091.2	
7	女式毛衣	286.2	87.2	
8	女式连衣裙	762	225	
9	男式裤子	2062.8	628.8	
10	男式衬衫	342	104	
11	张慧 汇总	6513.2	2136.2	
12	⊟王莉			
13	外贸女装（下）	1716	642	
14	女式毛衣	726	189	
15	女式连衣裙	1272	476	
16	王莉 汇总	3714	1307	
17	⊟王纯			

图38-35

技巧19　在汇总项目后插入空行

当行标签字段不只一个时，可以设置在汇总项目后插入空行，以更改数据透视表的显示效果，具体操作如下。

选中数据透视表，单击“数据透视表工具→设计”菜单，在“布局”工具栏中单击“空行”按钮，从下拉菜单中单击“在每个项目后插入空行”命令（如图38-36所示），可看到各个项目后插入了空行，如图38-37所示。

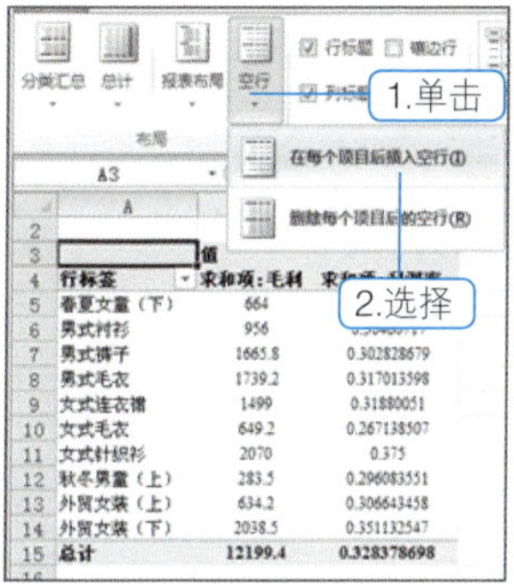

图38-36

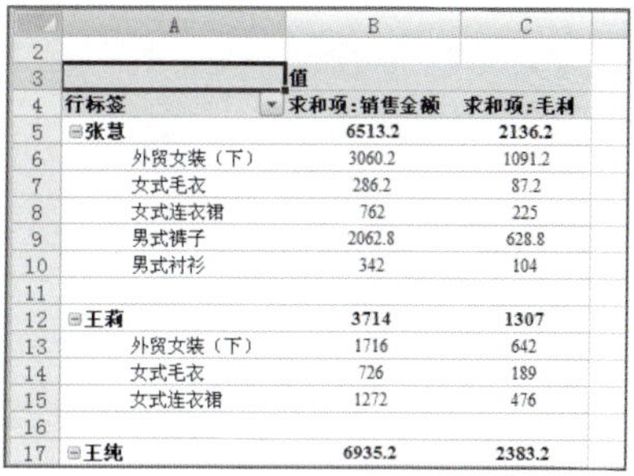

图38-37

技巧20　指定特定样式为数据透视表的默认样式

数据透视表的默认样式是指在新建数据透视表时就自动套用的样式（程序默认的样式是“数据透视表样式浅色16”）。用户可以通过以下操作重新指定特定样式为数据透视表的默认样式。

❶ 选中数据透视表任意单元格，单击“数据透视表工具→设计”菜单，打开“数据透视表样式”工具栏下拉菜单，选中要设置为默认样式的样式，单击鼠标右键，选择“设为默认值”，如图38-38所示。

❷ 设置完成后，当新建数据透视表时则会自动使用此格式。

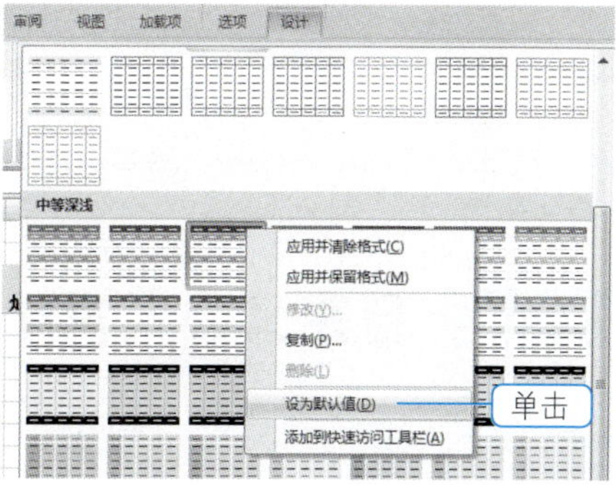

图38-38

技巧21 自定义公式求解各销售员奖金

除了数据透视表本身提供的一些汇总分析功能之外，还可以根据当前分析需求自定义求解公式。下面介绍根据每位经办人所创利润计算奖金的公式。

❶ 选中数据透视表，选择“数据透视表工具→选项”菜单，在“工具”菜单中单击“公式→计算字段”命令，打开“插入计算字段”对话框，如图38-39所示。

❷ 在“名称”框中输入名称（如“销售员奖金”），在公式编辑栏中输入公式：=IF(毛利<=2000,毛利*0.1,毛利*0.18)，如图38-40所示。

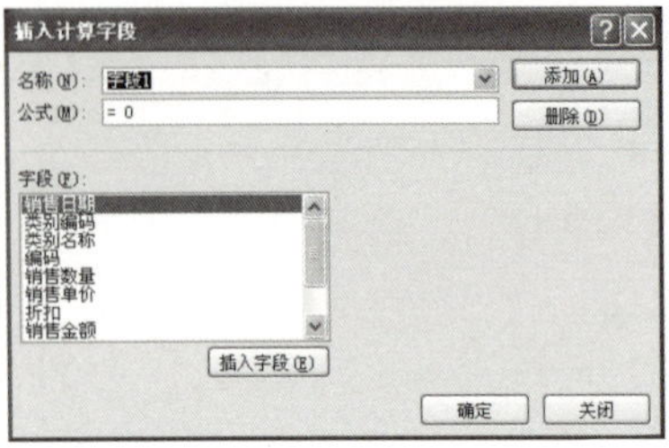

图38-39

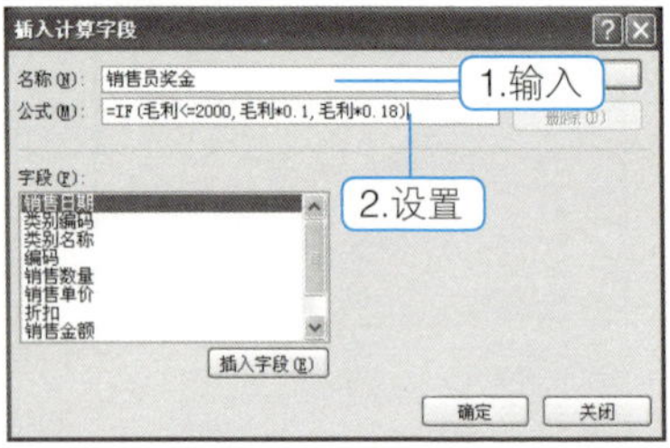

图38-40

❸ 单击“确定”按钮即可添加为计算字段，该字段会显示在“数据透视表字段列表”任务窗格的字段列表框中，将该字段拖到“数值”列表框中，数据透视表显示效果如图38-41所示。

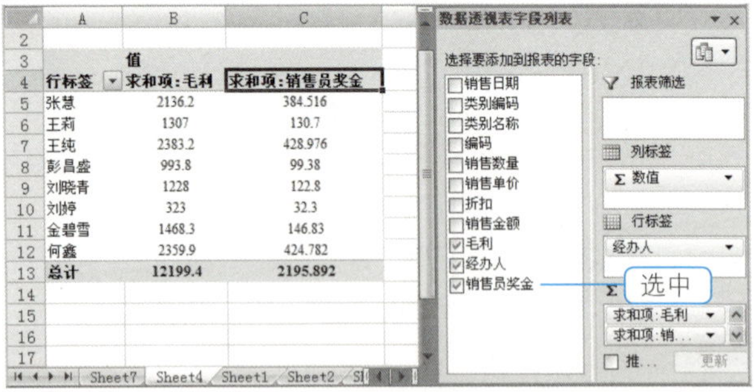

图38-41

技巧22 自定义公式求解各类别商品利润率

要想求解各类别商品利润率，可以按如下方法来定义公式：

❶ 选中数据透视表，选择“数据透视表工具→选项”菜单，在“工具”菜

单中单击“公式→计算字段”命令，打开“插入计算字段”对话框。在“名称”框中输入名称，在公式编辑栏中输入公式：=毛利/销售金额，如图38-42所示。

❷ 单击“确定”按钮回到工作表中，设置“利润率”字段为“值”字段，即可求解出各类别商品的利润率，如图38-43所示。

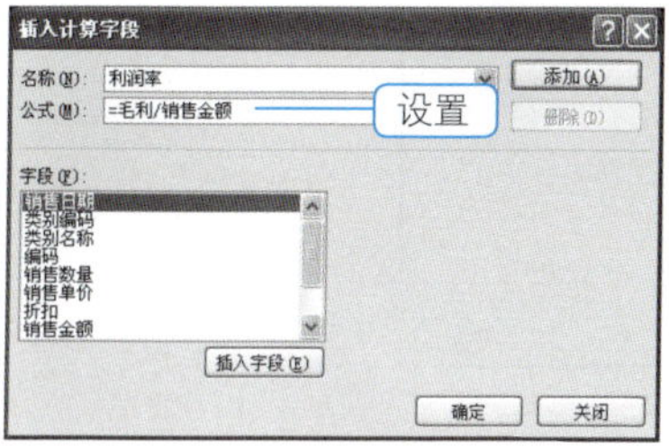

图38-42

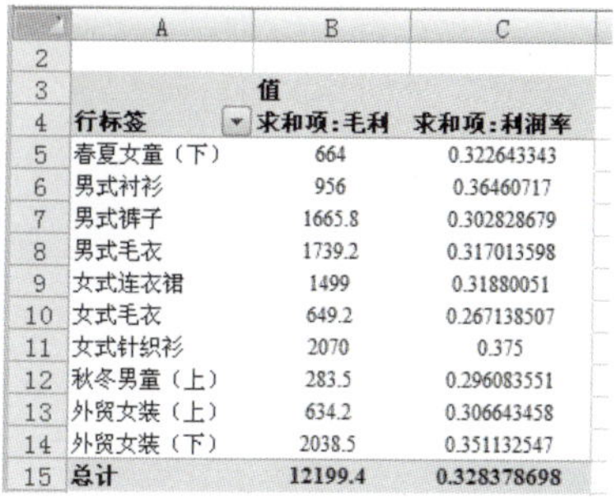

	A	B	C
2			
3		值	
4	行标签	求和项:毛利	求和项:利润率
5	春夏女童（下）	664	0.322643343
6	男式衬衫	956	0.36460717
7	男式裤子	1665.8	0.302828679
8	男式毛衣	1739.2	0.317013598
9	女式连衣裙	1499	0.31880051
10	女式毛衣	649.2	0.267138507
11	女式针织衫	2070	0.375
12	秋冬男童（上）	283.5	0.296083551
13	外贸女装（上）	634.2	0.306643458
14	外贸女装（下）	2038.5	0.351132547
15	总计	12199.4	0.328378698

图38-43

技巧23　查看当前数据透视表中自定义的公式

要查看当前数据透视表中所有自定义的公式，其操作方法如下。

选中数据透视表，选择“数据透视表工具→选项”菜单，在“工具”菜单中单击“公式→列出公式”命令，即可在新建工作表中显示出当前数据透视表中所有自定义的公式，如图38-44所示。

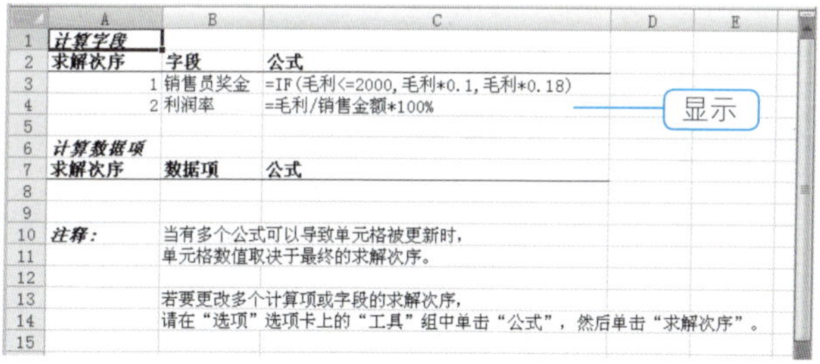

图38-44

技巧24　将数据透视表转换为普通表格

通过建立数据透视表达到了统计目的后，可以将其转换为普通表格来使用，转换操作如下。

❶ 选中整张数据透视表，执行复制命令。

❷ 在当前工作或新工作表中选中一个空白单元格，在“开始”菜单下，单击“粘贴→选择性粘贴”命令，打开“选择性粘贴”对话框，选中“值和数字格式”选项，如图38-45所示。

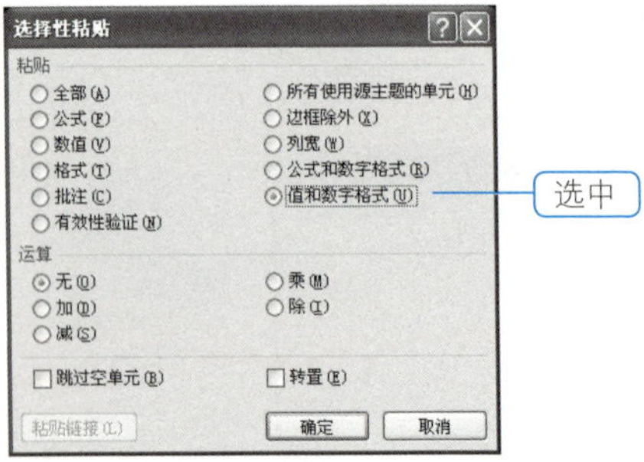

图38-45

❸ 单击“确定”按钮，即可将数据透视表中当前数据转换为普通表格。

技巧25 快速清除数据透视表中所有字段

当为数据透视表设置了多个字段之后，如果想快速清除透视表中所有字段，可以按如下方法来操作。

选中数据透视表，单击“数据透视表工具→选项”菜单，在“操作”工具栏中单击“清除”按钮，从下拉菜单中单击“清除全部”命令，即可将数据透视表清除到无任何字段的状态。

技巧26 删除数据透视表

数据透视表是一个整体，不能单一地删除其中任意单元格的数据（删除时会弹出错误提示），要删除数据透视表需要整体删除，其操作方法如下。

❶ 选中数据透视表，单击“数据透视表工具→选项”菜单，在“操作”工具栏中单击“选择”按钮，从下拉菜单中选择“整个数据透视表”命令，将整张数据透视表选中。

❷ 按键盘上的“Delete”键，即可删除整张工作表。

第39章

数据透视表中数据处理技巧

如果要分析相关的汇总值，尤其是在要合计较大的数字列表并对每个数字进行多种比较时，使用数据透视表会很容易。

技巧1 轻松实现行标签排序

刚创建完的数据透视表的行标签内容是按照升序顺序排列的，如用户需要按降序或其他顺序汇总数据，可按如下方法进行操作。

1 打开数据透视表，在行标签列中选中任意单元格，单击鼠标右键，在弹出的快捷菜单中选择“排序”|“降序”选项，如图39-1所示。

2 此时，数据透视表中的行标签内容已经按降序顺序排列，效果如图39-2所示。

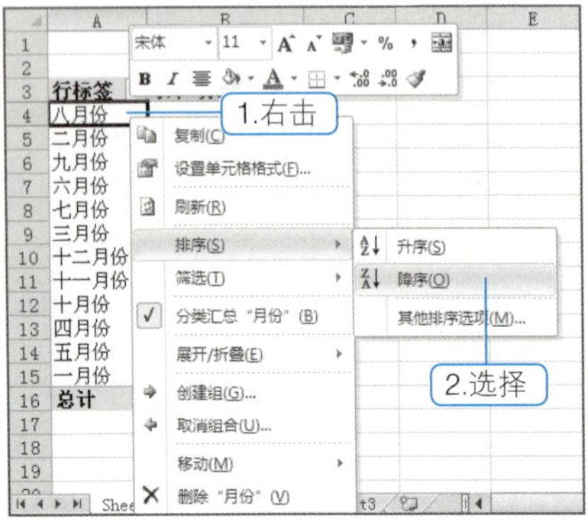

图39-1

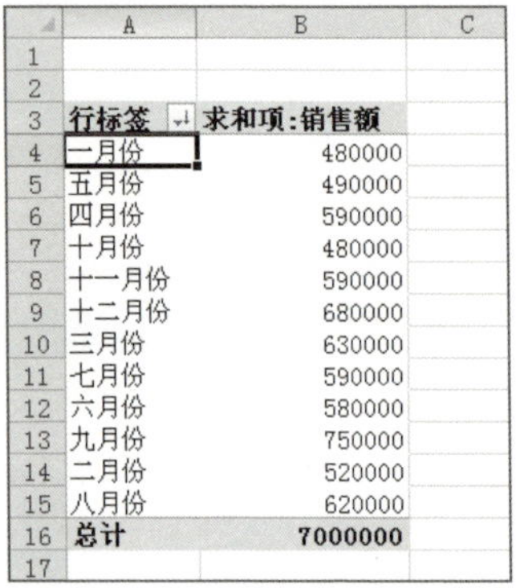

	A	B
3	行标签	求和项:销售额
4	一月份	480000
5	五月份	490000
6	四月份	590000
7	十月份	480000
8	十一月份	590000
9	十二月份	680000
10	三月份	630000
11	七月份	590000
12	六月份	580000
13	九月份	750000
14	二月份	520000
15	八月份	620000
16	总计	7000000

图39-2

专家提示

若需要按照自定义方式进行排序，可在行标签列中单击鼠标右键，在弹出的快捷菜单中选择“排序”|“其他排序选项”选项，弹出“排序（名称）”对话框，在“排序选项”选项区中进行设置即可。

技巧2 轻松实现列标签排序

数据透视表创建完成后，其列标签默认按照升序排列，如需要按照其他方式排列，如降序，可按如下方法进行操作。

1 打开数据透视表，单击“列标签”字段右侧的下拉按钮，在弹出的下拉面板中选择“降序”选项，如图39-3所示。

2 此时，数据透视表中的列标签行中的数据已经按照降序顺序进行汇总，效果如图39-4所示。

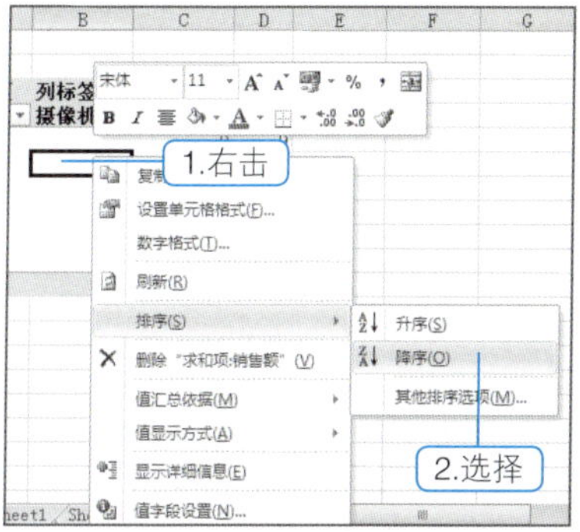

图39-3

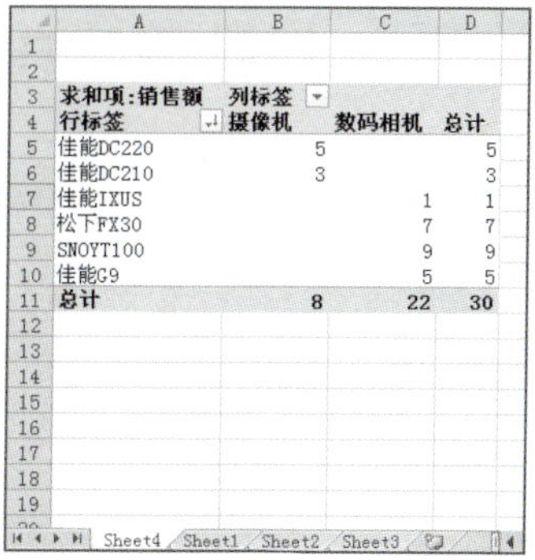

图39-4

技巧3 轻松实现行总计值排序

数据透视表中行总计值是对应行标签的顺序进行排序的，若用户需要对行总计值进行汇总，可将其重新排序，操作方法如下。

❶ 打开数据透视表，行总计值列中选中任意单元格，单击鼠标右键，在弹出的快捷菜单中选择“排序”|“升序”选项，如图39-5所示。

❷ 此时，数据透视表中行总计值按照升序进行排序，效果如图39-6所示。

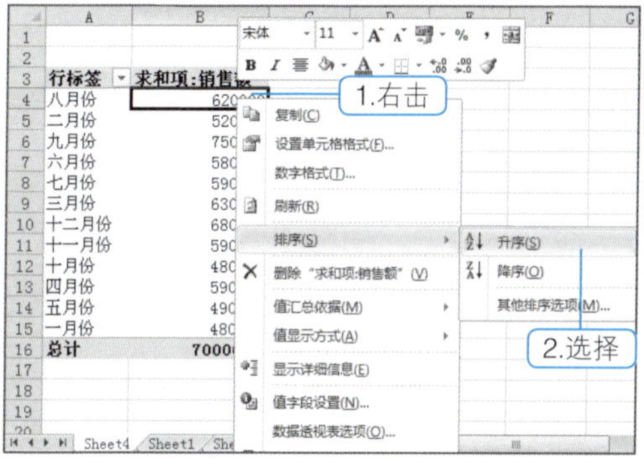

图39-5

图39-6

专家提示

若是在弹出的快捷菜单中选择“排序”|“降序”选项，行总计值将按照降序顺序进行排序。数据透视表中列总计值是对应列标签的顺序进行排序的，若用户需要对列总计值进行汇总，也可用类似的操作步骤将其重新排序。

技巧4 按数值字段进行排序

在数据透视表中，用户还可以根据数值字段进行排序，具体操作方法如下。

❶ 打开工作表，选中数据透视表计数项的任意单元格，在右键弹出菜单中选择排序选项，在其下拉列表中选择“其他排序”命令，如图39-7所示。

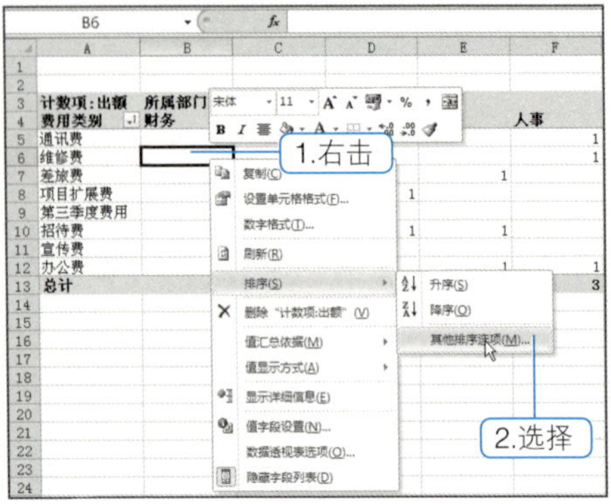

图39-7

❷ 弹出“按值排序”对话框，在“排序选项”栏下选择排序方式，如：“降序”，在“排序方向”栏下选择数值排序的方向，如：“从左到右”，如图39-8所示。

❸ 单击“确定”按钮，返回工作表中，系统依据“计数项：出额”按降序对所属部门排序，如图39-9所示。

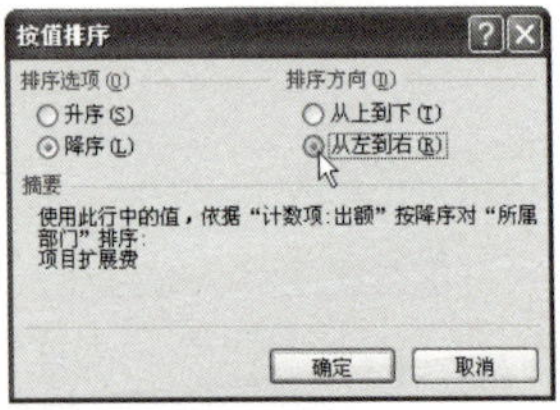

图39-8

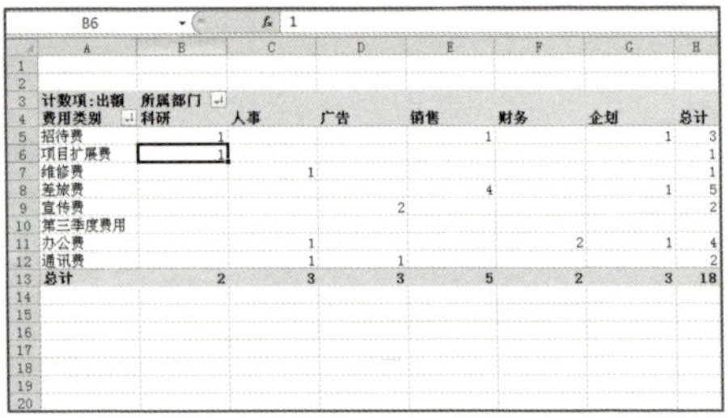

图39-9

专家提示

在“按值排序”对话框中，用户还可以在“排序选项”栏下选择升序方式排序，或在“排序方向”选项栏下选择“从左到右”的排序方向进行排序。

技巧5 双标签时数据字段的排序

当数据透视表中的行标签或列标签为双字段时，若要对其进行排序，则要先按第一个字段进行排序，再按同一分类中的第二个字段进行排序，具体操作方法如下。

❶ 打开工作表，在数据透视表中按费用类别字段进行排序，选中“计数项：出额”列中每种费用对应的出额汇总所在任意一个单元格，如：C5单元格，在右键弹出菜单中选择“排序”选项，如图39-10所示。

❷ 在弹出的菜单中选中排序方式，如“降序”方式，返回数据透视表，数则透视表依据“出额”对“费用类别”进行降序排列，如图39-11所示。

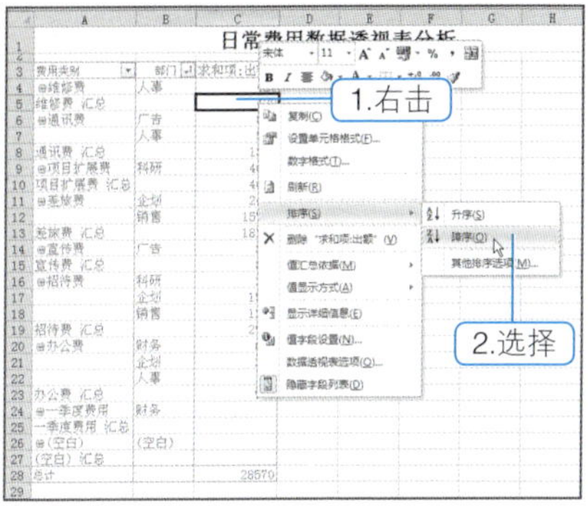

图39-10

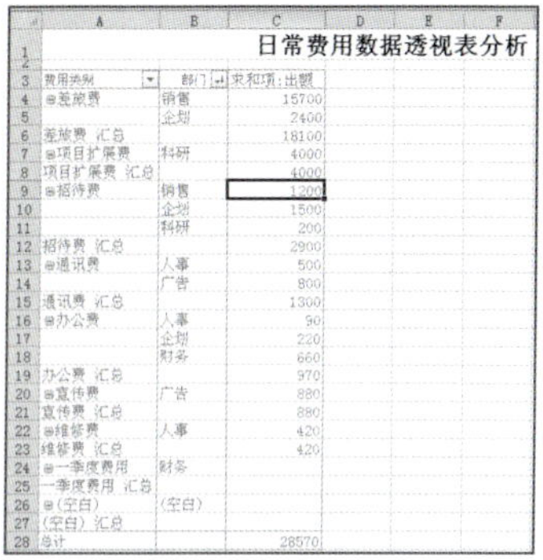

图39-11

❸ 接着按“部门”进行排序，选中“招待费”字段下任意部门对应的出额单元格，如：C9单元格，在右键弹出菜单中选择“排序”选项，如图39-12所示。

❹ 在弹出的菜单中选中排序方式，如“升序”方式，返回数据透视表中，则在“招待费”字段下，依据“出额”对“部门”进行升序排列，如图39-13所示。

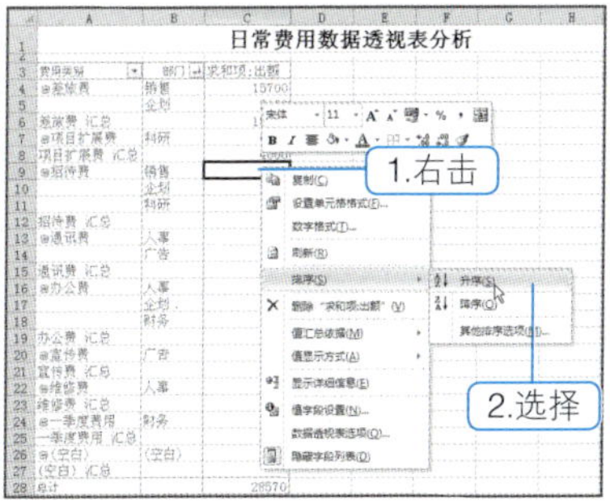

图39-12

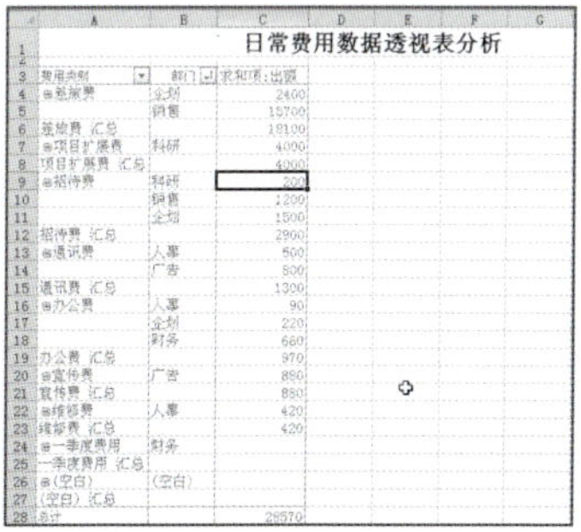

图39-13

技巧6 按照不同需求进行筛选

一个数据表不可能只针对一种商品进行筛选，同一品牌的产品可能会有不同类别，按照不同的需求进行筛选的操作方法如下。

1 在表格中选中任意单元格，单击“插入”选项卡，在“表”选项组中单击“数据透视表”按钮下方的下拉按钮，在弹出的下拉面板中选择“数据透视表”选项，弹出“创建数据透视表”对话框，如图39-14所示。

2 保持默认设置，单击“确定”按钮，在新工作表中创建数据透视表，并在“数据透视表字段列表”任务窗格中的“选择要添加到报表的字段”列表中选择要显示的字段，如图39-15所示。

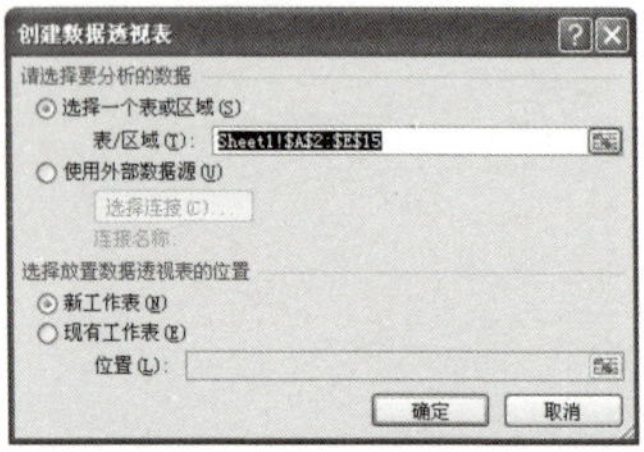

图39-14

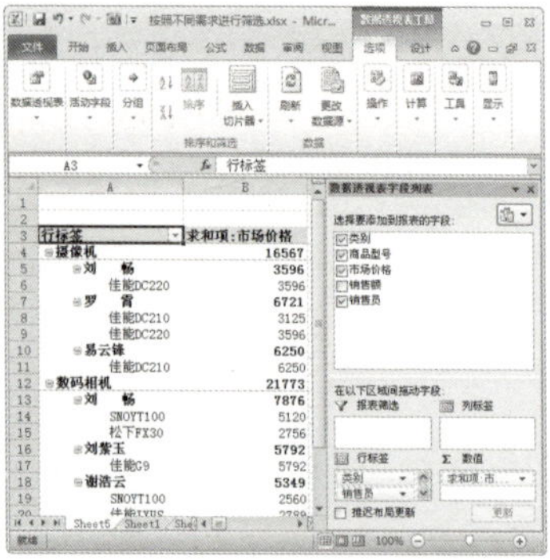

图39-15

3 将“数据透视表字段列表”任务窗格“行标签”选项区中的“类别”选项拖动到“列标签”选项区中，如图39-16所示。

4 单击“列标签”字段右侧的下拉按钮，弹出如下图所示的下拉面板，如图39-17所示。

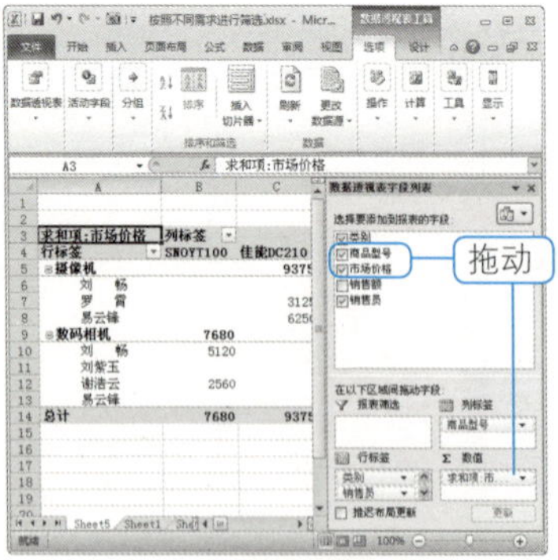

图39-16

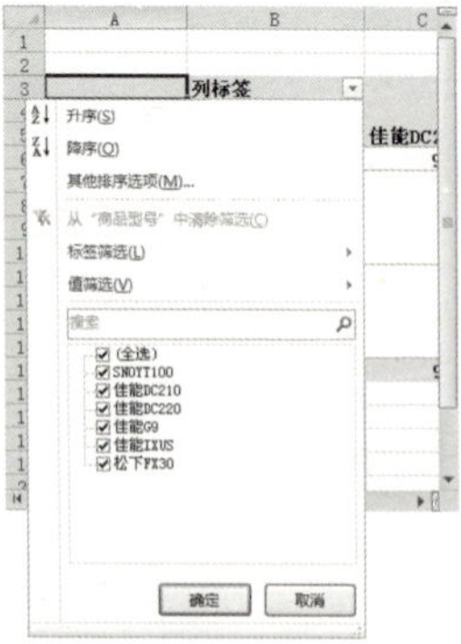

图39-17

5 在下拉面板下方的列表中选中要筛选的项目对应的复选框，取消其他复选框的选中状态，如图39-18所示。

6 单击“确定”按钮，得到的筛选结果如图39-19所示。

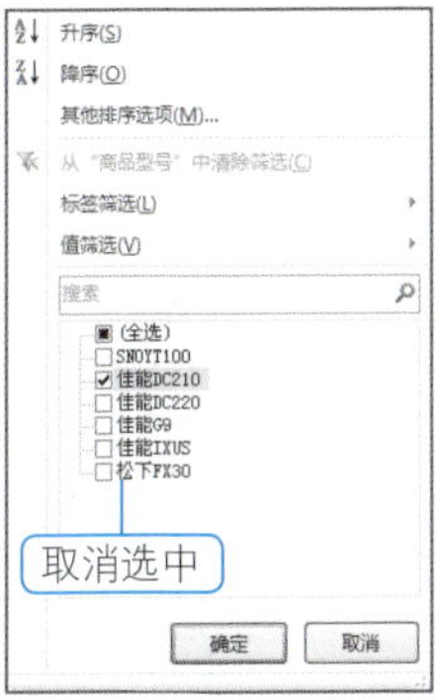

图39-18

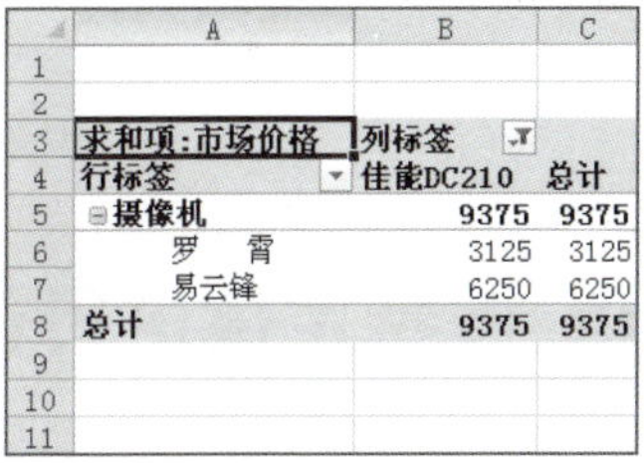

图39-19

专家提示

用同样的方法，可以筛选列标签中要显示的数据。

技巧7 按特定值进行标签筛选

在数据透视表中按照特定值进行标签筛选的操作方法如下。

1 打开数据透视表，单击“行标签”字段右侧的下拉按钮，在弹出的下拉面板中选择“标签筛选”|“等于”选项，如图39-20所示。

2 弹出“标签筛选（类别）”对话框，在右侧文本框中输入标签名称“数码相机”，如图39-21所示。

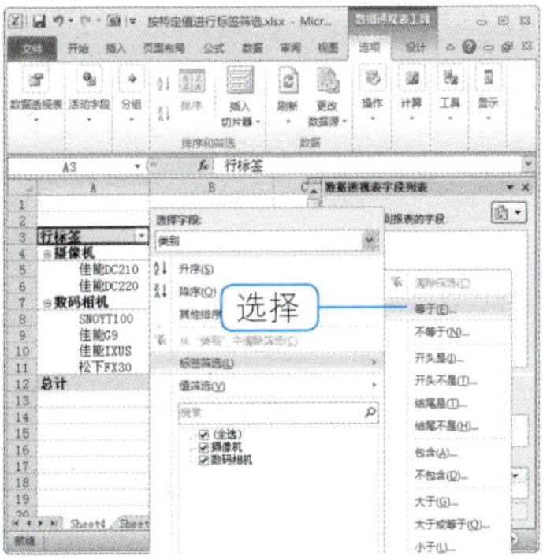

图39-20

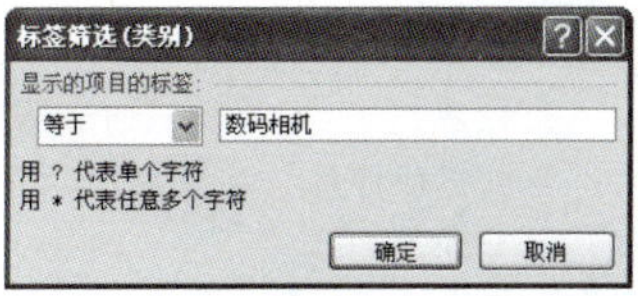

图39-21

3 单击“确定”按钮，得到筛选结果，如图39-22所示。

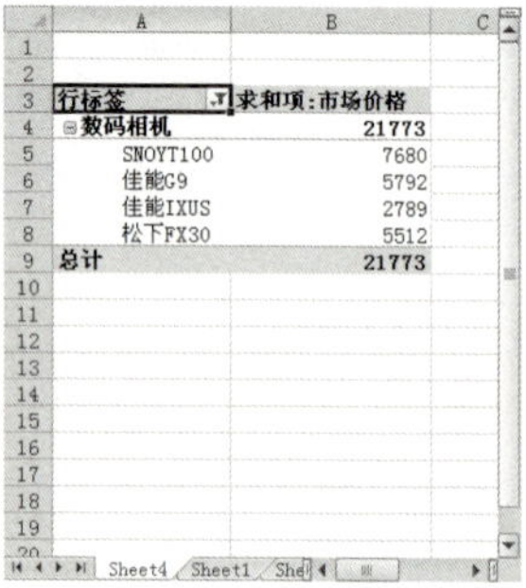

图39-22

专家提示

在“标签筛选”选项中，还可以选择多种选项以供用户按特定值进行标签筛选，如选择“开头是”，“不包含”选项等。

技巧8 按特定值进行值筛选

在数据透视表中，按照特定值进行值筛选的操作方法如下。

1 打开数据透视表，单击“行标签”字段右侧的下拉按钮，在弹出的下拉面板中选择“值筛选”|“大于或等于”选项，如图39-23所示。

2 弹出“值筛选（类别）”对话框，在弹出的对话框右侧文本框中输入作为标准的总金额数值20000，如图39-24所示。

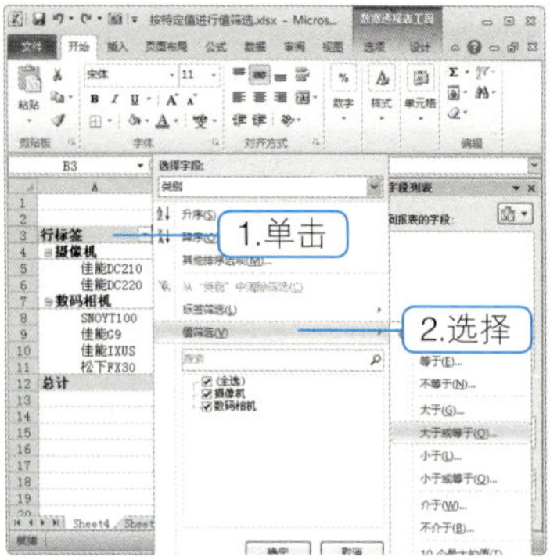

图39-23

图39-24

3 单击“确定”按钮，筛选所有总金额大于20000的记录，如图39-25所示。

专家提示

在数据透视表中，还可以按照特定范围进行值筛选。打开数据透视表，单击“行标签”字段右侧的下拉按钮，在弹出的下拉面板中选择“值筛选”|“介于”（或者“不介于”）选项，并在弹出的“值筛选”对话框中，设置特定范围的值即可按照特定范围进行值筛选。

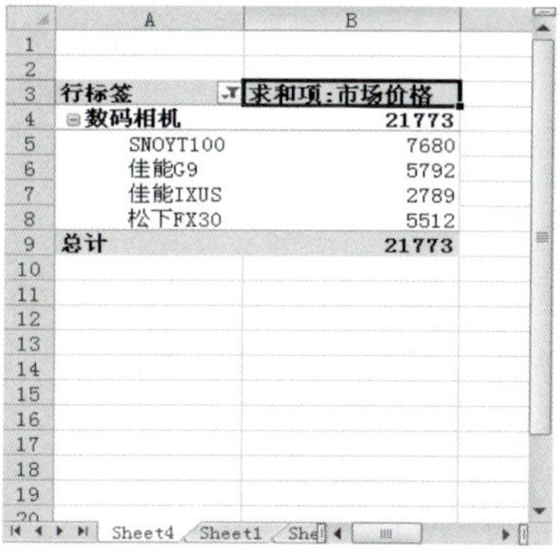

图39-25

技巧9　清除所作的筛选

在进行筛选查看了统计结果后，如果要取消所做的筛选，其方法如下。

在设置了筛选之后，相应的标签旁会出现一个按钮，单击该按钮打开下拉菜单，从中选择“从‘货品名称’中清除筛选”命令，即可实现筛选的删除，如图39-26所示。

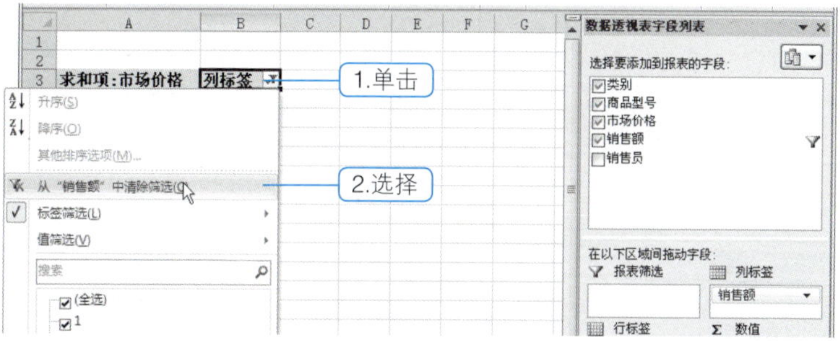

图39-26

技巧10　一次性删除所有筛选

当数据透视表中设置了多个筛选时，可以一次性删除所有筛选，具体操作方法如下。

❶ 选中数据透视表，单击“数据透视表→选项”菜单，在“操作”工具栏中单击“清除”按钮，在打开的下拉菜单中选择“清除筛选”命令，即可将数据透视表中所有筛选都清除，如图39-27所示。

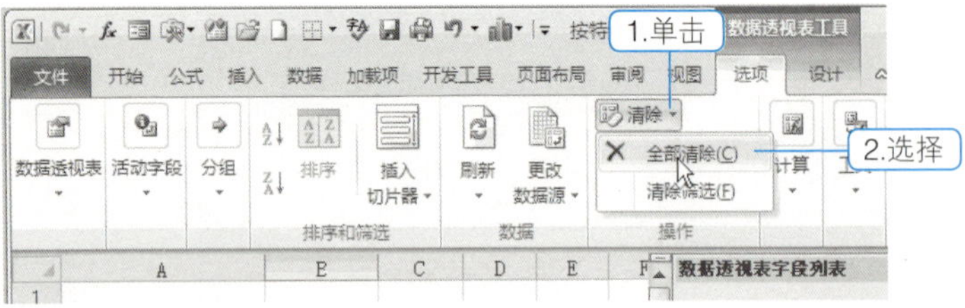

图39-27

技巧11 在数据透视表中插入“切片器”

Excel 2010新增了“切片器”功能，切片器是易于使用的筛选组件，它包含一组按钮，使用户可以快速地筛选数据透视表中的数据，而无需打开下拉列表以查找要筛选的项目。用户可以在数据透视表中插入“切片器”，方法如下。

1. 打开数据透视表，切换到“选项”选项卡，在排序与筛选选项组中单击“插入切片器”下拉按钮，在其下拉列表中选择“插入切片器”选项，如图39-28所示。

2. 弹出“插入切片器”对话框，在对话框中选择需要链接的字段，如“日期”、“编码”、“销售数量”，如图39-29所示。

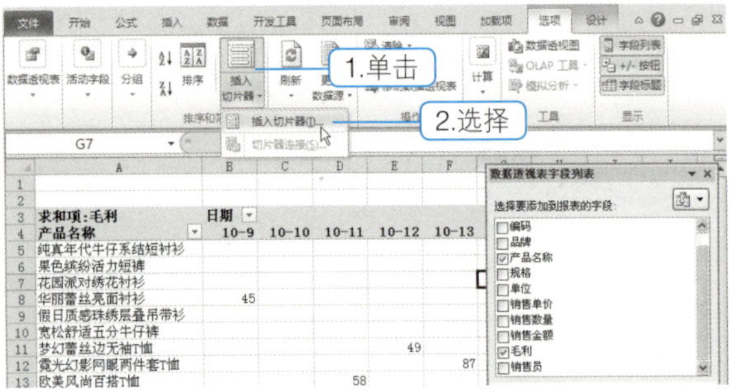

图39-28

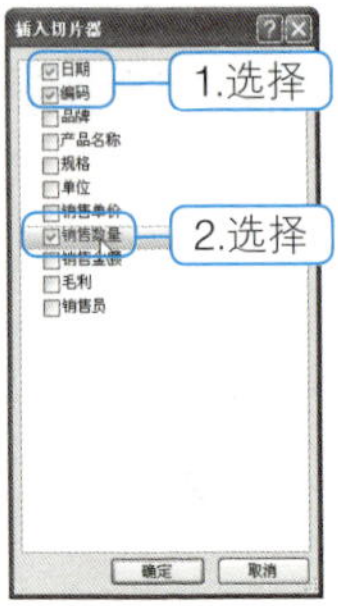

图39-29

3. 单击“确定”按钮，返回数据透视表，则在数据透视表中添加日期、编码和销售数量切片器，如图39-30所示。

专家提示

当使用常规的数据透视表筛选器来筛选多个项目时，筛选器仅指示筛选了多少个项目，用户必须打开一个下拉列表才能找到有关筛选的详细信息，切片器可以清晰地标记已应用的筛选器，并提供详细信息，以使用户可以轻松地了解显示在已筛选的数据透视表中的数据。

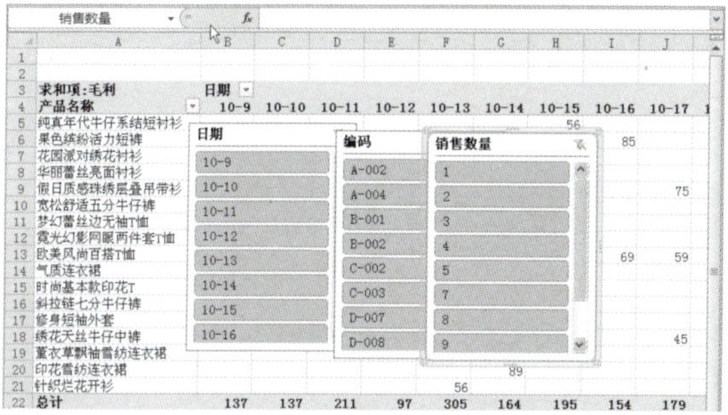

图39-30

技巧12 利用“切片器”对数据进行动态分割

用户可以利用“切片器”对数据进行动态分割，方法如下。

❶ 打开插入“切片器数据透视表，单击日期切片器中的时间选项，如：“10-9”，如图39-31所示。

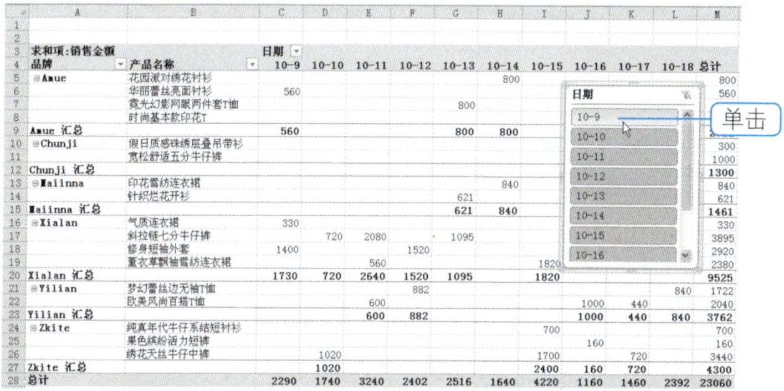

图39-31

❷ 返回数据透视表，则只显示出10月9日的销售信息，如图39-32所示。

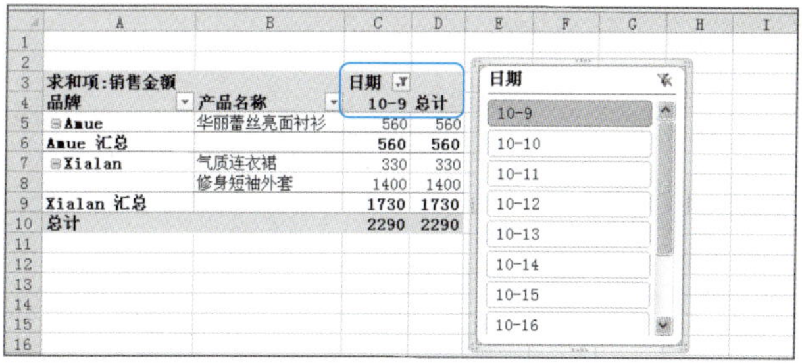

图39-32

3 若在切片器中单击“10-10”，返回数据透视表，则只显示出10月10日销售的信息，如图39-33所示。

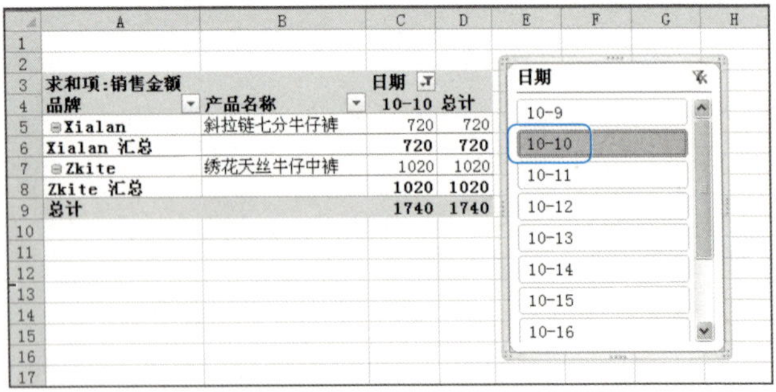

图39-33

专家提示

一旦数据透视表中插入“切片器”，用户即可使用多个按钮对数据进行快速分段和筛选，以仅显示需要的数据。利用“切片器”功能，用户可以轻松地了解不同筛选条件数据透视表中的数据，可以快读更换筛选条件，对数据进行动态的分割。

第40章

数据透视表属性设置技巧

技巧1 打开文件时自动更新

在默认情况下，数据透视表不能进行自动更新，用户可以设置其在打开文件时自动更新，操作方法如下。

❶ 在数据透视表中选择任意单元格，单击鼠标右键，在弹出的快捷菜单中选择“数据透视表选项”选项，如图40-1所示。

❷ 弹出“数据透视表选项”对话框，单击“数据”选项卡，在“数据透视表数据”选项区中选中“打开文件时刷新数据”复选框，如图40-2所示。

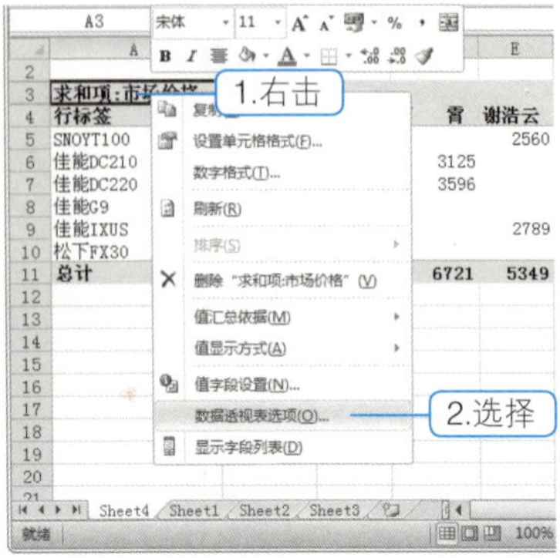

图40-1

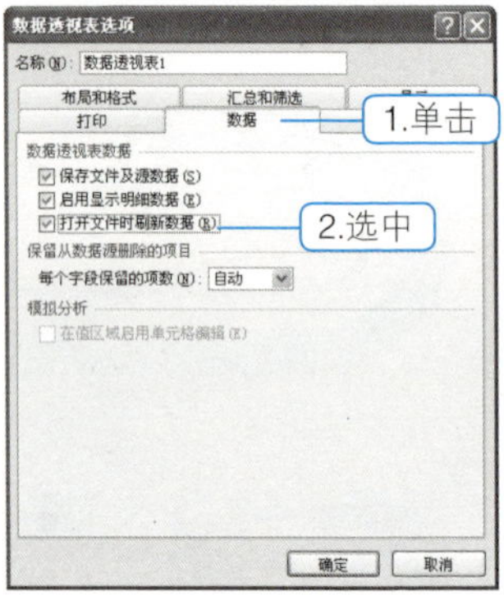

图40-2

技巧2 更改数据透视表汇总方式

默认情况下，数据透视表的汇总方式为求和，用户可根据需要自定义某一项数据的汇总方式，操作方法如下。

❶ 单击“数据透视表字段列表”任务窗格的“数值”选项区中“求和项：总销售额”选项右侧的下拉按钮，在弹出的快捷菜单中选择“值字段设置”选项，如图40-3所示。

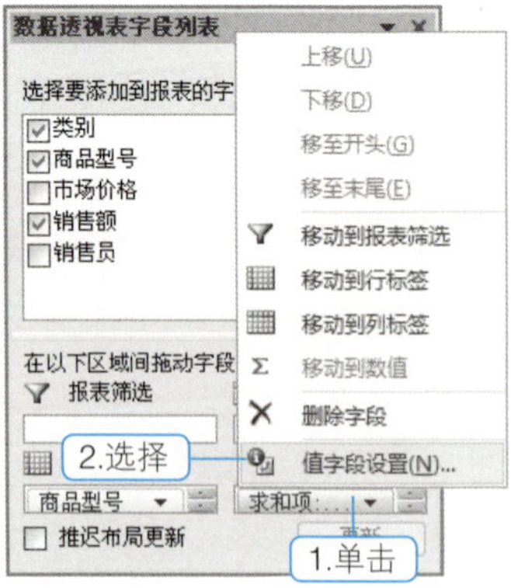

图40-3

❷ 弹出“值字段设置”对话框，在“选择用于汇总所选字段数据的计算类型”列表框中选择“最大值”选项，如图40-4所示。

❸ 弹出“值字段设置”对话框，在“选择用于汇总所选字段数据的计算

类型”列表框中选择“最大值”选项，如图40-5所示。

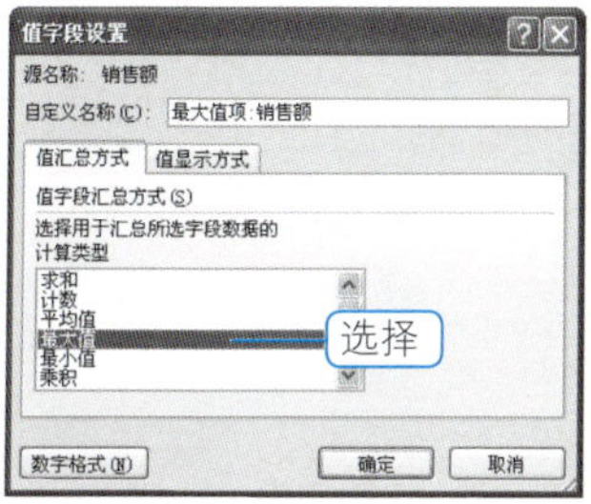

图40-4

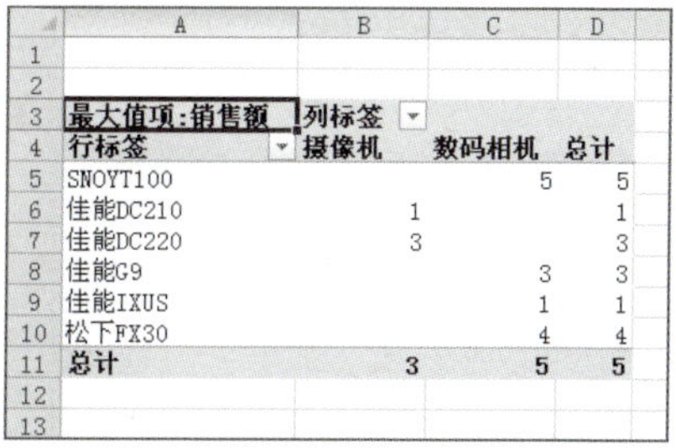

	A	B	C	D
1				
2				
3	最大值项:销售额	列标签		
4	行标签	摄像机	数码相机	总计
5	SNOYT100		5	5
6	佳能DC210	1		1
7	佳能DC220	3		3
8	佳能G9		3	3
9	佳能IXUS		1	1
10	松下FX30		4	4
11	总计	3	5	5
12				
13				

图40-5

技巧3 发布数据透视表

对于某些企业来说，将数据透视表发布到网络上，可以将公司的业绩系统地呈现在客户面前，对公司业务来说有很大帮助。在网络上发布数据透视表的操作方法如下。

❶ 打开需要发布的数据透视表，单击“文件”按钮，在左侧功能选项区域中选择“另存为”选项，如图40-6所示。

❷ 弹出“另存为”对话框，在“保存类型”下拉列表框中选择“单个文件网页”选项，并在其下方选中“选择：工作表”单选按钮，如图40-7所示。

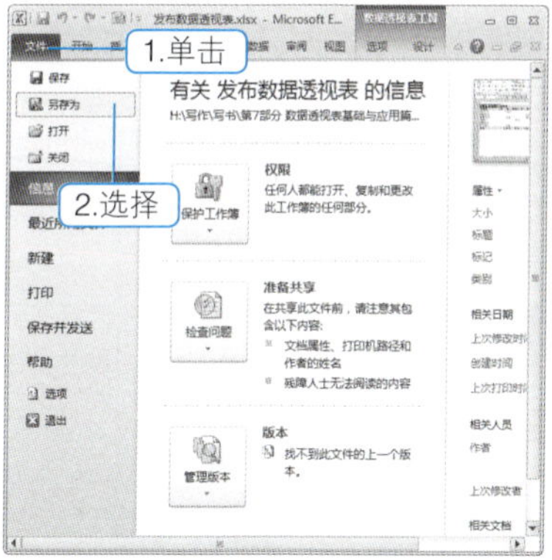

图40-6

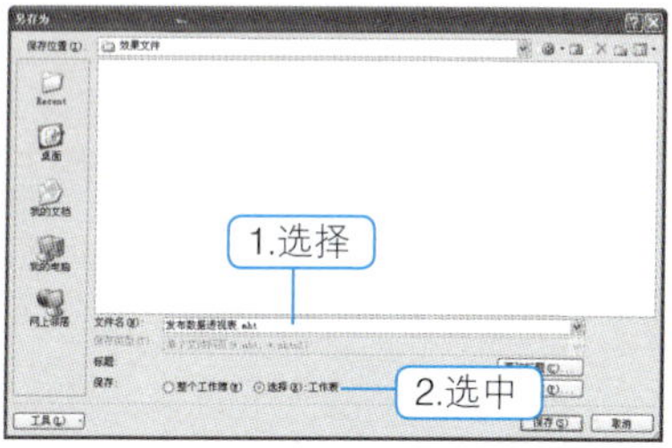

图40-7

❸ 单击“发布”按钮，弹出“发布为网页”对话框，选择要发布的数据透视表，并选中“在浏览器中打开已发布网页”复选框，如图40-8所示。

❹ 单击“发布”按钮，在浏览器中打开发布的网页，其效果如图40-9所示。

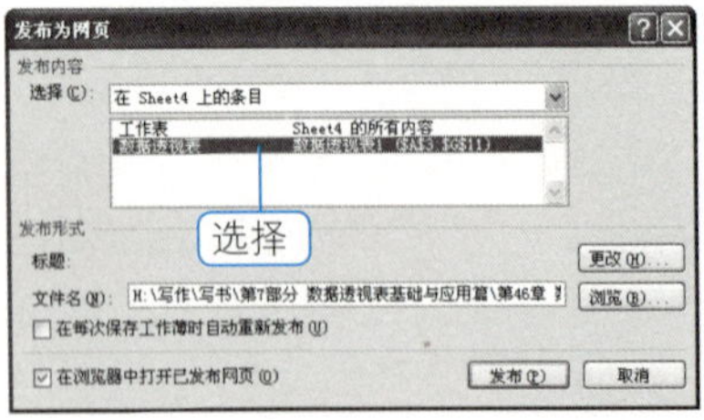

图40-8

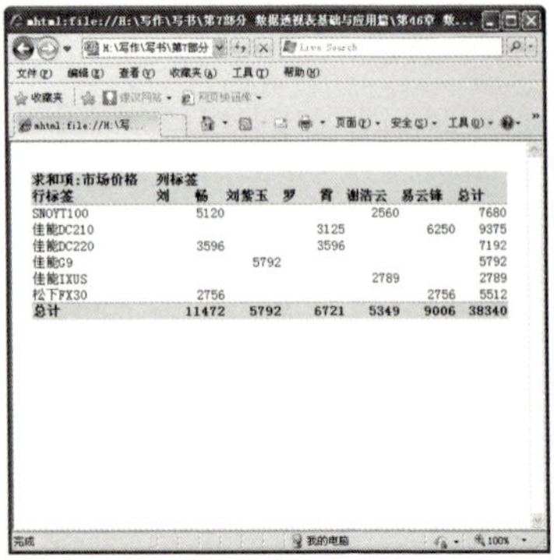

图40-9

技巧4 禁止他人通过双击单元格查看明细数据

通过查看明细数据可以获取多方面的信息，如果不想让其他人随意地查看单元格的明细数据，具体操作方法如下。

❶ 选中数据透视表，单击“数据透视表工具”菜单下的“选项”选项卡，在“数据透视表”工具栏中单击“选项”按钮，在下拉菜单中选择“选项”命令，如图40-10所示，打开“数据透视表选项”对话框。

❷ 选中“数据”标签，取消选中“启用显示明细数据”复选框，如图40-11所示。

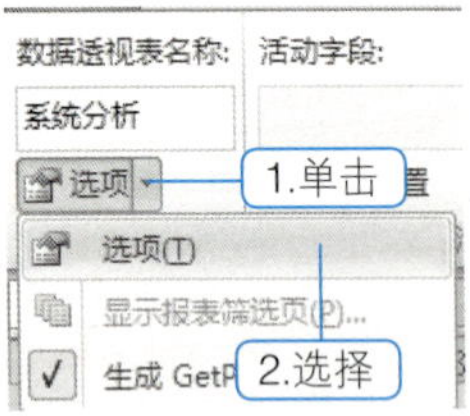

图40-10

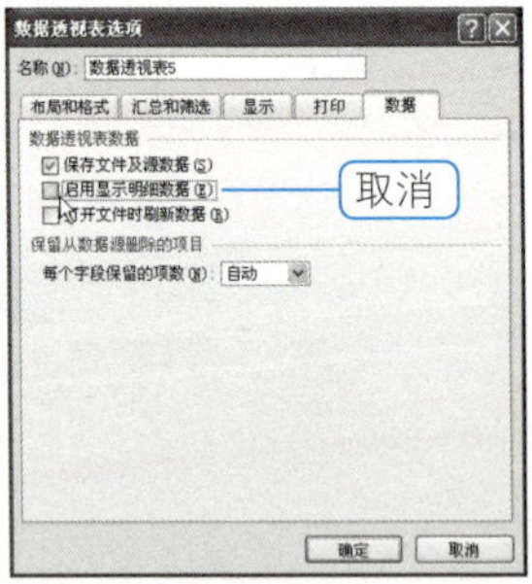

图40-11

❸ 单击“确定”按钮通出，当再次单击数据区域的单元格试图显示明细数据时，则会弹出如图40-12所示的提示对话框。

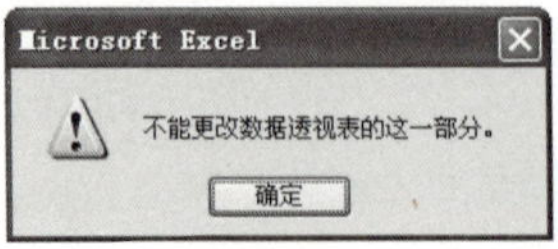

图40-12

技巧5　显示或隐藏整个报表的总计项

在默认情况下，数据透视表行列都会包含“总计”栏，用于统计数据区域中的数据，如果不想显示总计栏，可以通过下面的方法将其隐藏起来，具体操作方法如下。

① 选中数据透视表，单击“数据透视表工具”菜单下的“选项”选项卡，在“数据透视表”工具栏中单击“选项”按钮，在下拉菜单中选择“选项”命令，打开“数据透视表选项”对话框，如图40-13所示。

② 选中“汇总和筛选”标签，在“总计”栏中可以设置显示或隐藏行总计或列总计，如图40-14所示。

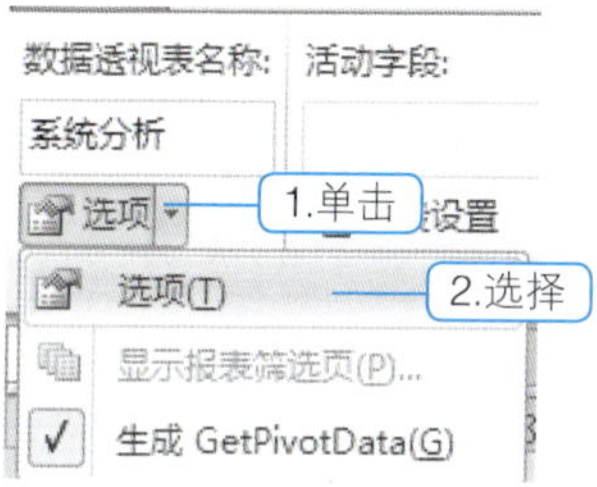

图40-13

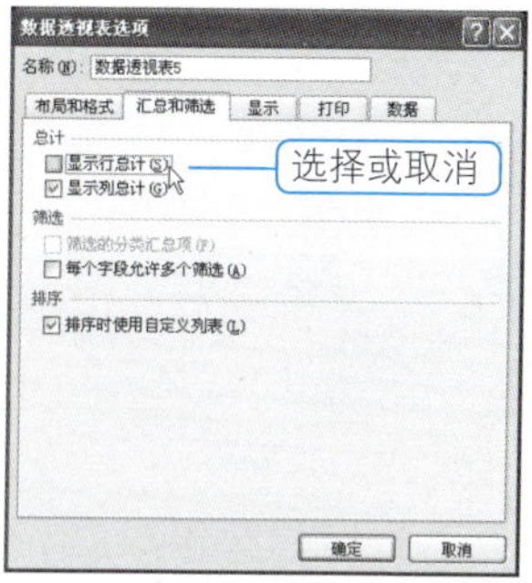

图40-14

技巧6　解决刷新数据透视表后所有格式都消失的问题

为数据透视表设置了数字格式、文字格式等，刷新数据透视表后所有格式都消失了，出现这种情况是因为在更新数据时没有保留单元格的格式，可以按如下设置来解决。

① 选中数据透视表，单击“数据透视表工具”菜单下的“选项”选项卡，在下拉菜单中选择“选项”命令，打开“数据透视表选项”对话框。

② 选中“布局和格式”标签，选中“更新时保留单元格格式”复选框，如图40-15所示。设置后更新数据源，所设置的格式都是保留的。

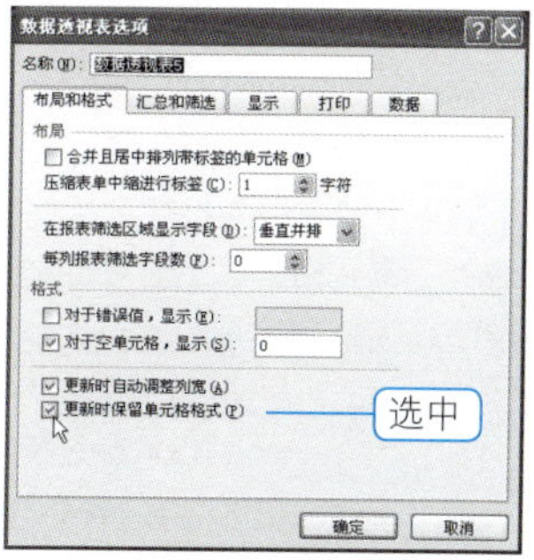

图40-15

技巧7 解决更新数据源后数据透视表不能相应更新的问题

当对数据透视表的数据源进行更新后，其结果并不能直接应用于数据透视表中，此时需要手动进行更新；或者通过数据透视表选项进行设置，以实现下次更改数据源后，数据透视表也做相应更改。具体操作方法如下。

❶ 选中数据透视表，单击“数据透视表工具”菜单下的“选项”选项卡，在“数据透视表”工具栏中单击“选项”按钮，在下拉菜单中选择“选项”命令，打开“数据透视表选项”对话框。

❷ 选中“数据”标签，选中“启用显示明细数据”复选框，如图40-16所示。

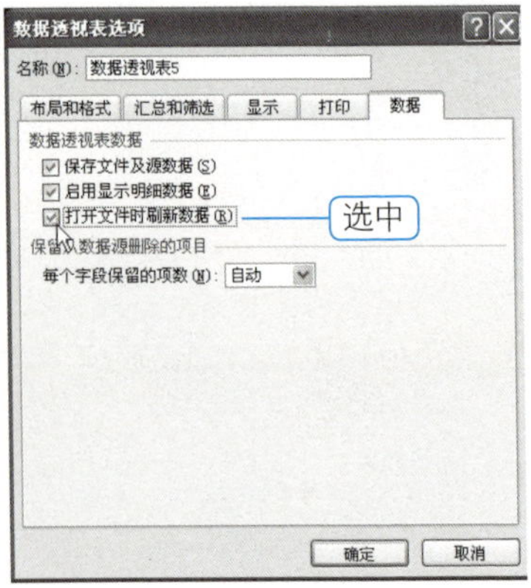

图40-16

技巧8 让数据透视表中的空白单元格显示为0

默认状态下，当数据透视表单元格中没有值时显示为空白，通过如下设置可以让空白单元格显示为0。

❶ 选中数据透视表，单击“数据透视表工具”菜单下的“选项”选项卡，在“数据透视表”工具栏中单击“选项”按钮，在下拉菜单中选择“选项”命令，打开“数据透视表选项”对话框。

❷ 选中“布局和格式”标签，选中“对于空单元格，显示”复选框，在编辑框中输入希望显示的值，此处输入“0”，如图40-17所示。

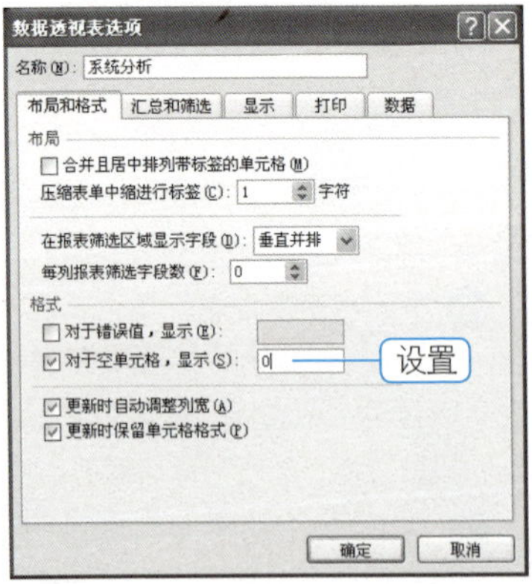

图40-17

技巧9 控制数据透视表中错误值的显示

当数据透视表中出现错误值时，其默认会显示相应的错误标识。另外，通过如下方式还可以控制错误值的显示。

❶ 选中数据透视表，单击“数据透视表工具”菜单下的“选项”选项卡，在“数据透视表”工具栏中单击“选项”按钮，在下拉菜单中选择“选项”命令，打开“数据透视表选项”对话框。

❷ 选中“布局和格式”标签，选中“对于错误值，显示”复选框，在编辑框中输入希望显示的值，如果希望显示为空，则不输入任何字符，如图40-18所示。

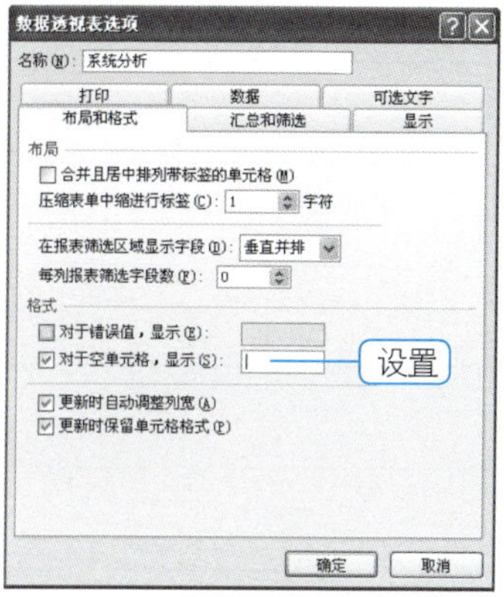

图40-18

技巧10 恢复选中单元格时显示提示文字

默认状态下，当选中数据透视表中单元格时会显示提示文字，如果发现这一提示文字不再出现了，可以按如下方法来恢复。具体操作方法如下：

❶ 选中数据透视表，单击“数据透视表工具”菜单下的“选项”选项卡，在“数据透视表”工具栏中单击“选项”按钮，在下拉菜单中选择“选项”命令，打开“数据透视表选项”对话框。

❷ 选中“显示”标签，选中“显示上下文工具提示”复选框，如图40-19所示。设置完成即可恢复提示文字的显示。

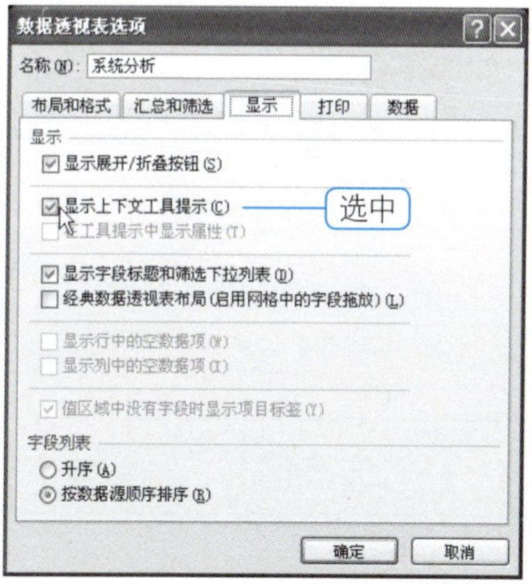

图40-19

读书笔记

第6篇 数据透视表基础与应用

第41章 数据透视图创建与编辑技巧

使用Excel数据透视图可以将数据透视表中的数据可视化，以便于查看、比较和预测趋势，帮助用户做出关键数据的决策。数据透视图是提供交互式数据分析的图表，用户可以更改数据，查看不同级别的明细数据，还可以重新组织图表的布局。

技巧1 快速创建数据透视图

使用Excel数据透视图可以将数据透视表中的数据可视化，以便于查看、比较和预测趋势，帮助用户做出关键数据的决策，其创建方法如下。

❶ 打开要创建数据透视图的工作表，选中任意单元格，单击“插入”选项卡，在“表格”选项组中单击“数据透视表”按钮下方的下拉按钮，在弹出的下拉菜单中选择“数据透视图”选项，如图41-1所示。

❷ 弹出“创建数据透视表及数据透视图”对话框，单击“表/区域”文本框右侧的折叠按钮，选择数据区域，如图41-2所示。

图41-1

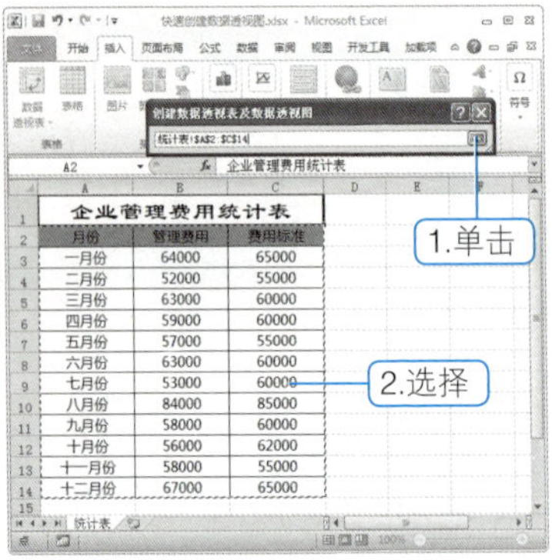

图41-2

❸ 再次单击折叠按钮展开对话框，其他选项保持默认，如图41-3所示。

❹ 单击“确定”按钮，在新工作表中创建数据透视表和数据透视图，此时，新工作表中将显示“数据透视表字段列表”和“数据透视图筛选窗格”任务窗格，如图41-4所示。

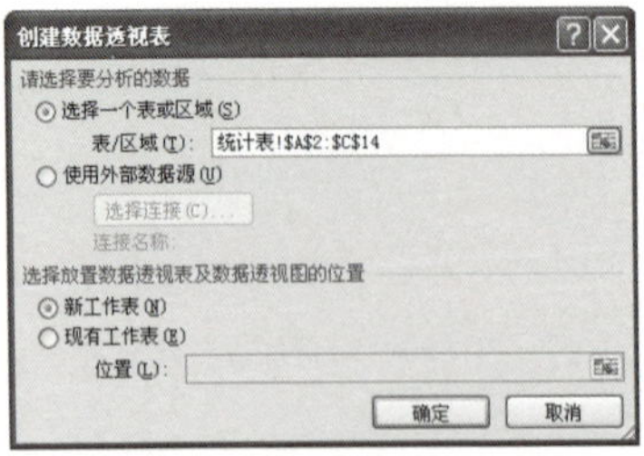

图41-3

图41-4

专家提示

在“创建数据透视表及数据透视图”对话框的“选择放置数据透视表及数据透视图的位置”选项区中选中“新工作表”单选按钮，则在创建数据透视表的同时新建新工作表；若选中“现有工作表”单选按钮，可在所选位置创建数据透视表。

5 在“数据透视表字段列表”任务窗格的“选择要添加到报表的字段”选项区中选中要在数据透视表中显示的字段，如图41-5所示。

6 这时将创建数据透视表和透视图，如图41-6所示。

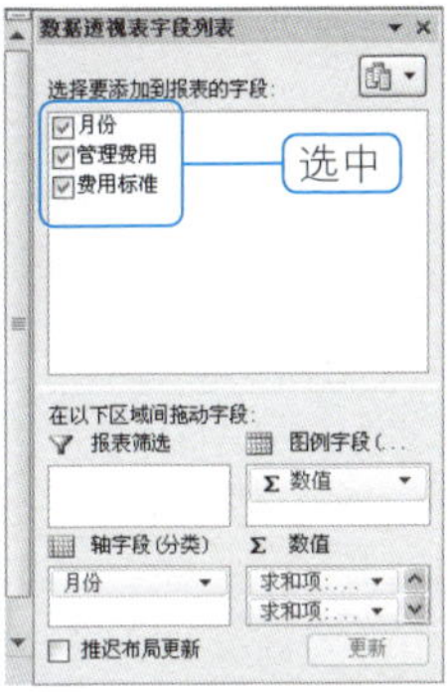

图41-5

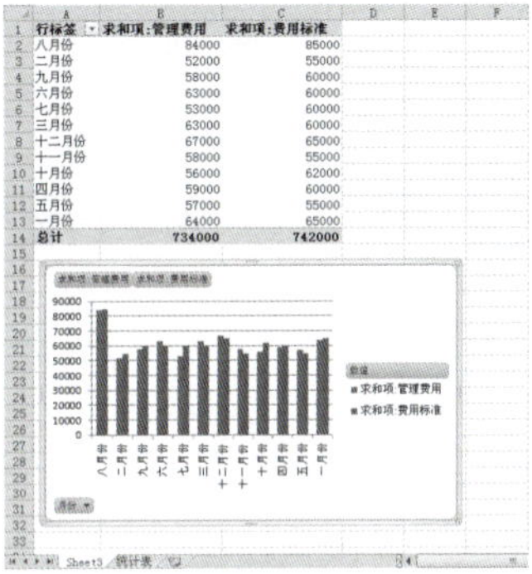

图41-6

技巧2 更改数据透视图类型

Excel默认的数据透视图类型为簇状柱形图，用户可根据自身的需要，轻松更改其类型，操作方法如下。

1 选择数据透视图，在其上单击鼠标右键，在弹出的快捷菜单中选择“更改图表类型”选项，如图41-7所示。

2 弹出“更改图表类型”对话框，在左侧列表中选择“条形图”选项，在右侧的选项区中选择“簇状条形图”选项，如图41-8所示。

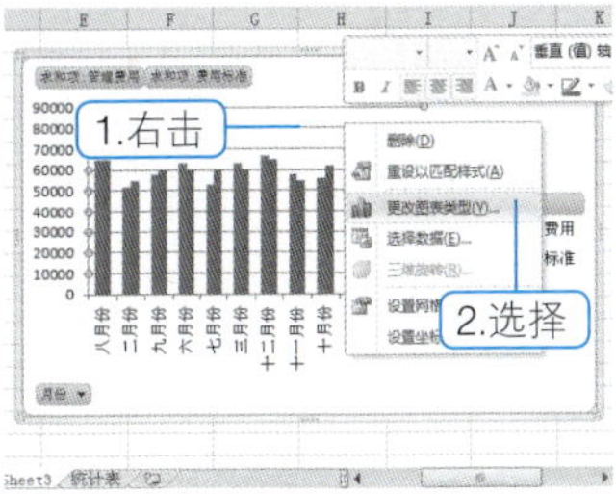

图41-7

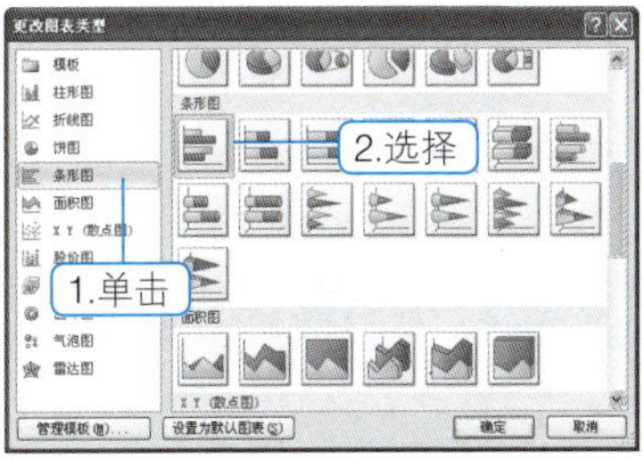

图41-8

❸ 单击“确定”按钮，更改数据透视图类型后的效果如图41-9所示。

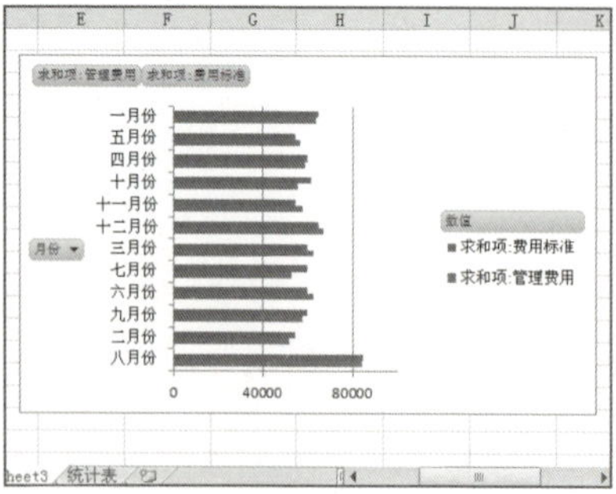

图41-9

技巧3 筛选数据透视图内容

通过筛选数据，可以快速轻松地在数据透视图中查找和使用数据子集，筛选数据透视图内容的操作方法如下。

❶ 选中数据透视图，单击“数据透视表字段列表”任务窗格“选择要添加到报表的字段”下拉列表框右侧的下拉按钮，在弹出下拉面板下方的列表中选择要显示的数据，如图41-10所示。

❷ 单击“确定”按钮，得到的数据透视图结果如图41-11所示。

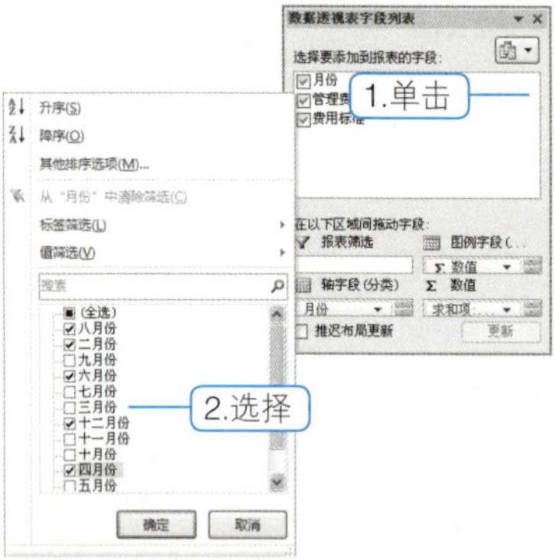

图41-10

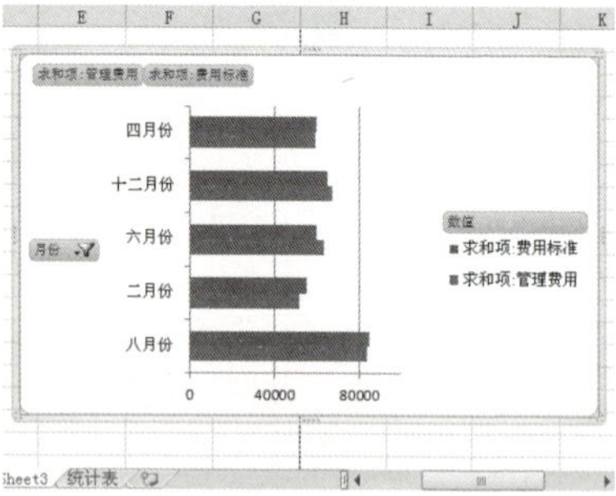

图41-11

技巧4 快速设置数据透视图样式

在工作表中插入数据透视图后，用户可轻松设置其样式，操作方法如下。

❶ 选中创建好的数据透视图，单击“设计”选项卡，在“图表样式”选项组中单击样式列表框右侧的▾按钮，在弹出的下拉面板中选择最后一个样式，如图41-12所示。

❷ 此时，工作表中的数据透视图样式已经更改，效果如图41-13所示。

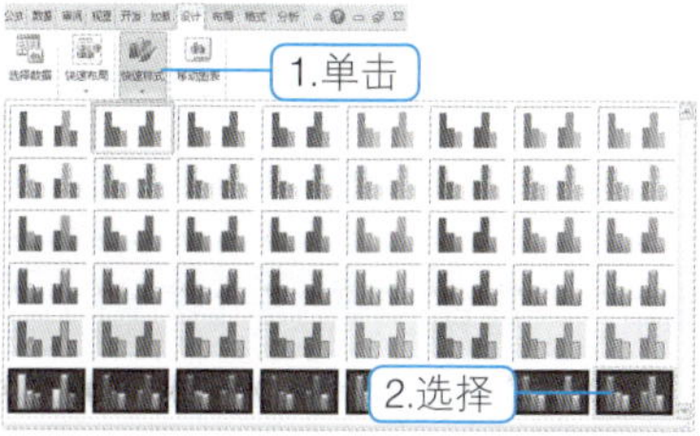

图41-12

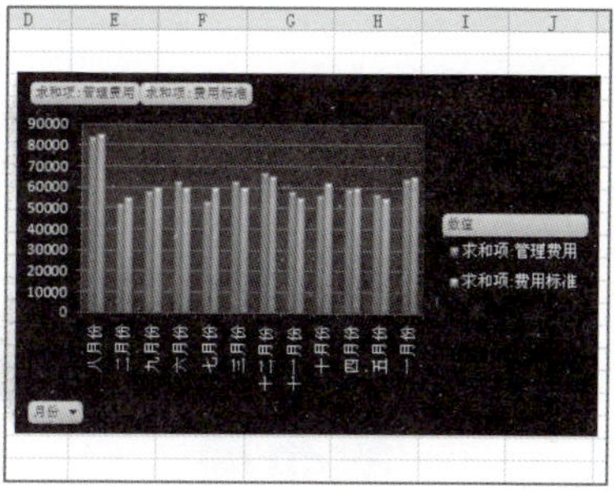

图41-13

技巧5 为数据透视图添加漂亮背景

用户可以为透视图添加漂亮的背景，如渐变颜色、底纹或图案等，其添加方法如下。

❶ 选中创建好的数据透视图，单击鼠标右键，在弹出的快捷菜单中选择“设置图表区域格式”选项，如图41-14所示。

❷ 弹出“设置图表区格式”对话框，在右侧选项区中选中“图片或纹理填充”单选按钮，单击“纹理”下拉按钮，在弹出的下拉面板中选择满意的背景，如图41-15所示。

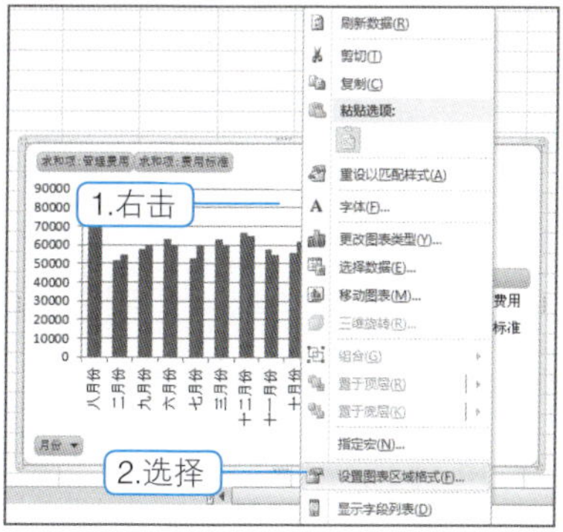

图41-14

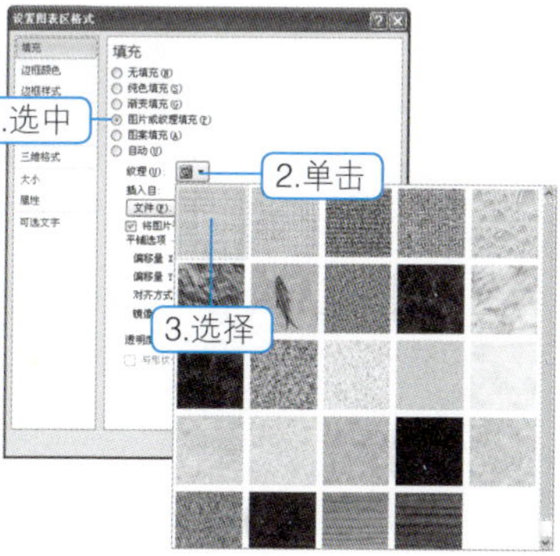

图41-15

❸ 弹出“设置图表区格式”对话框，在右侧选项区中选中“图片或纹理填

充”单选按钮，单击“纹理”下拉按钮，在弹出的下拉面板中选择满意的背景，如图41-16所示。

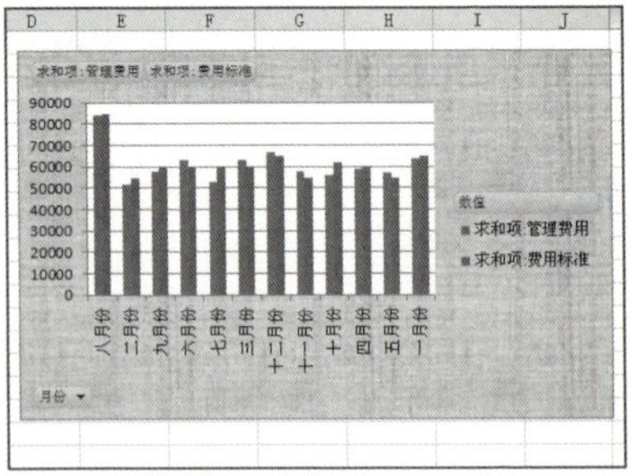

图41-16

技巧6 通过“图表布局”功能快速设置图表布局

创建数据透视图后，若要更改图表的布局，可以在“图表布局”选项组进行设置，方法如下。

❶ 选中创建的数据透视图，单击“设计”选项卡，在“图表布局”选项组中“快速布局”下拉列表中选择一种图表布局，如图41-17所示。

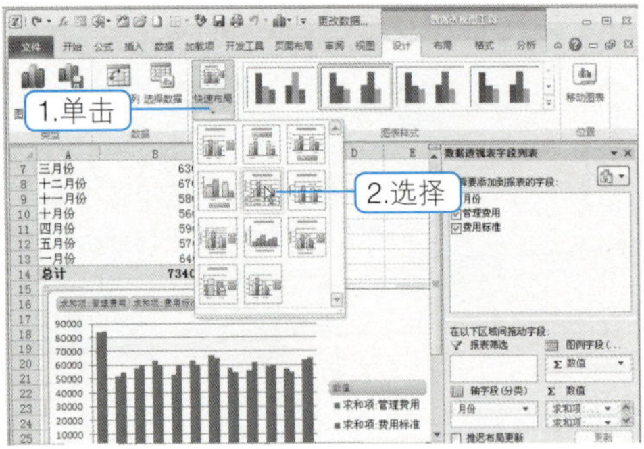

图41-17

❷ 应用选择的图表布局后，数据透视图的上方添加了“图表标题”编辑框，并使图例显示在图表标题的下方，取消了垂直坐标轴，效果如图41-18所示。

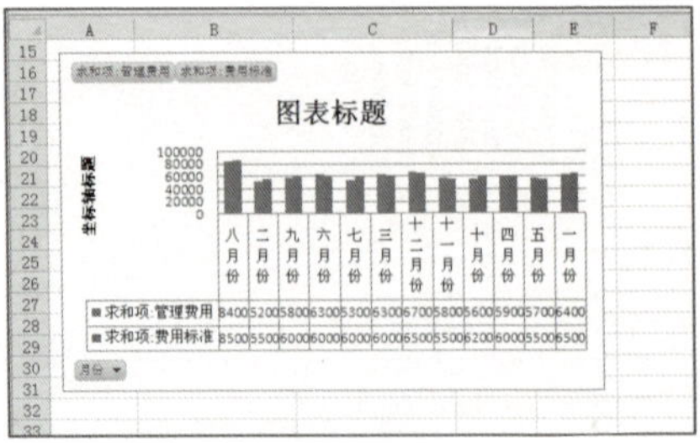

图41-18

技巧7　在新工作表中显示数据透视图

在其默认情况下，新建的数据透视图会显示在数据透视表所在的工作表中，用户可以将新建的数据透视表显示在一个新的工作表中，具体操作方法如下。

❶ 选中要创建的数据透视图，单击“设计”选项卡，在“位置签”选项组单击“移动图表”按钮，如图41-19所示。

❷ 弹出“移动图表”对话框，在其中选择“新工作表”选项，如图41-20所示。

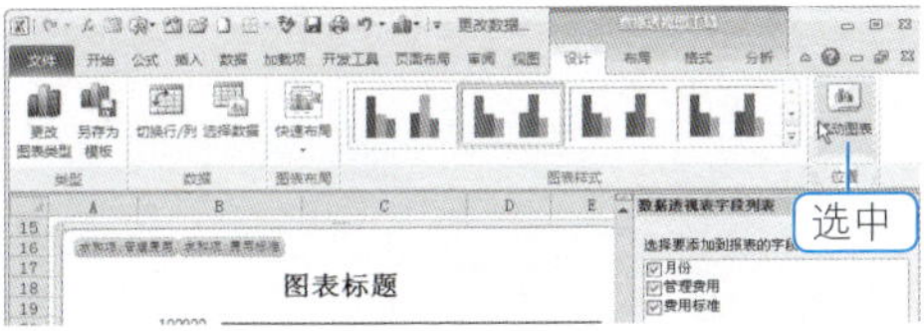

图41-19

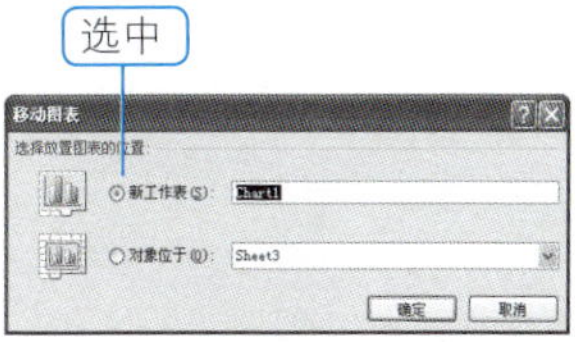

图41-20

❸ 单击“确定”按钮，在名称为“Chart1”的新工作表中显示创建的数据透视表，如图41-21所示。

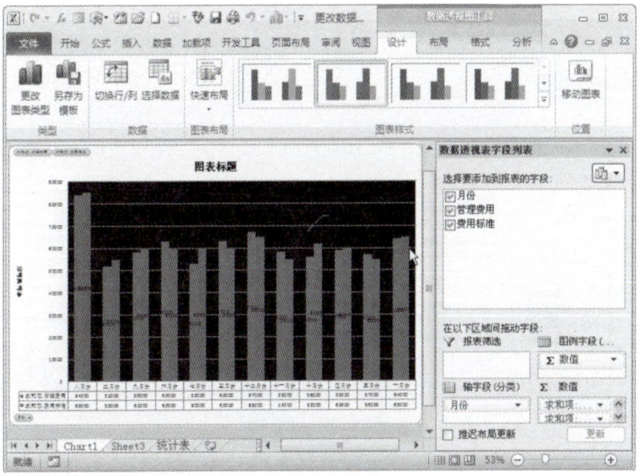

图41-21

技巧8　恢复“数据透视图筛选窗格”的显示

当选中建立的选中数据透视图时，会自动显示“数据透视图筛选窗格”，如果没有显示出该任务窗格，需要按下面的方法来恢复显示。

选中数据透视图，选择“数据透视图工具→分析”菜单，单击“显示/隐藏”工具栏中的“数据透视表筛选”按钮，即可重新显示出“数据透视图筛选窗格”。

技巧9 在数据透视图中明细数据

可以直接在数据透视图中设置，具体操作方法如下。

❶ 用鼠标右键单击要显示其明细数据的分类标签，如此处鼠标右键单击“女式连衣裙”分类标签，从弹出的菜单中单击“展开/折叠→展开”命令，如图41-22所示。打开“显示明细数据”对话框。

❷ 选中要查看的明细数据的字段，如本例中选择“经办人”，如图41-23所示。

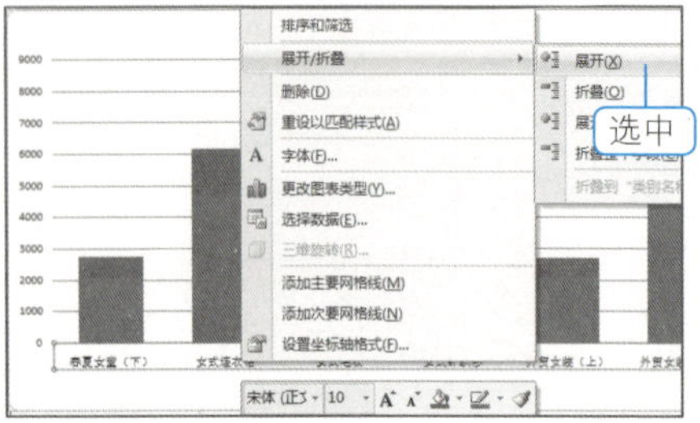

图41-22

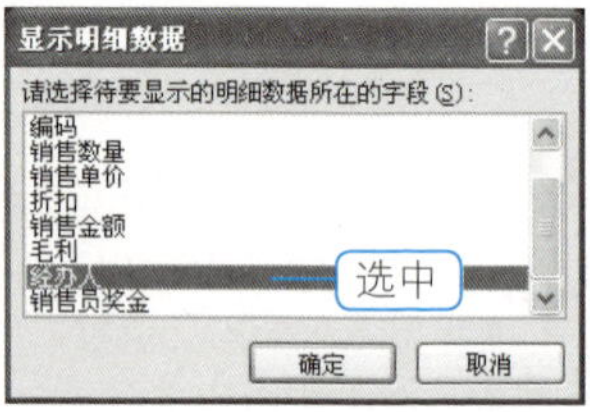

图41-23

❸ 单击“确定”按钮，即可在图表中显示出“女式连衣裙”的“经办人”明细数据，如图41-24所示。

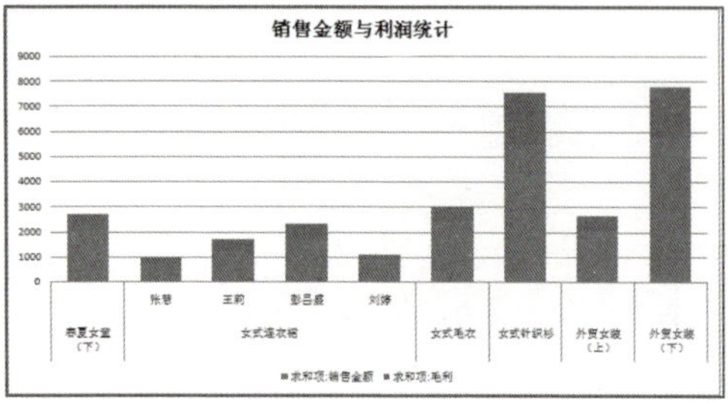

图41-24

技巧10 折叠数据透视图中数据到上级项目

当图表的行标签包含多个字段时，建立数据透视图后则会显示多层分类标签，通过字段的折叠可以只实现让图表只绘制上级项目。具体操作方法如下。

选中数据透视图的水平轴标签，选择“数据透视图工具”菜单下的“分析”选项卡，单击“活动字段”工具栏中的“折叠整个字段”按钮，即可实现一次性折叠至上级项目。

第7篇 宏与VBA应用

第42章 宏基础操作与范例应用技巧

在Excel 2010中，“宏”是用户比较熟悉的概念，是指一系列Excel能够执行的VBA语句。通过录制宏可以简化常用的操作，或者指定的特殊操作。

技巧1 录制一个使用“宏”

录制一个只是改变单元格字体的颜色的宏，具体实现操作如下。

1 打开新工作簿，确认其他工作簿已经关闭。

2 选择一个单元格，如A2，接着单击“视图”标签，在“宏”选项组单击“宏”按钮下菜单，在弹出的菜单中选择“录制宏”命令，如图42-1所示。

3 接着会打开“录制新宏”对话框。在“宏名”文本框中输入一个合适的宏名，如“改变颜色”，如图42-2所示。

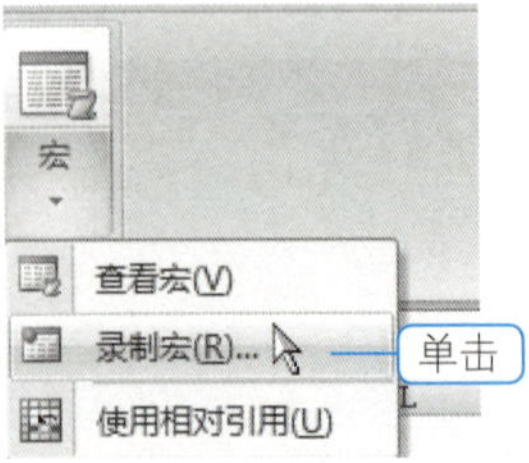

图42-1

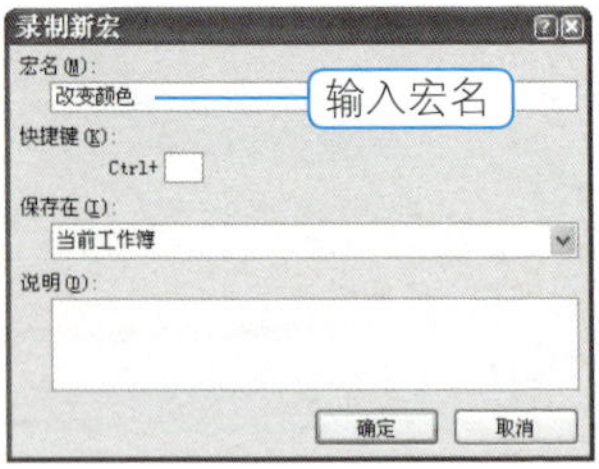

图42-2

4 单击“确定”按钮，即可开始录制。

5 单击“开始”标签，在“字体”选项组单击“字体颜色”按钮下拉菜单，在弹出的菜单中选择一种合适的颜色，如“标准色”中的“红色”，完成字体颜色的设置，如图42-3所示。

6 单击“视图”标签，在“宏”选项组单击“宏”按钮下菜单，在弹出的菜单中选择“停止录制”命令即可，如图42-4所示。

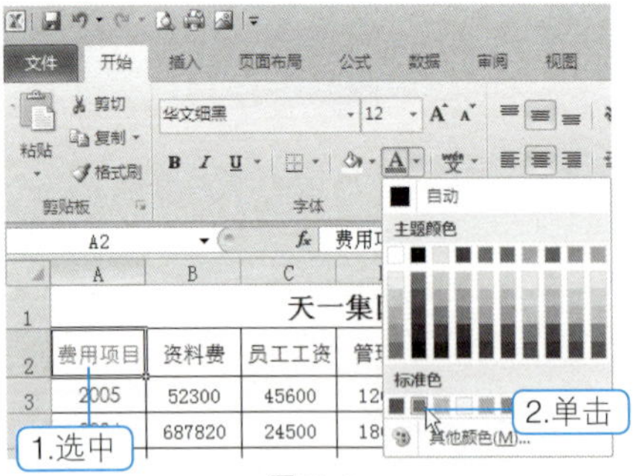

图42-3

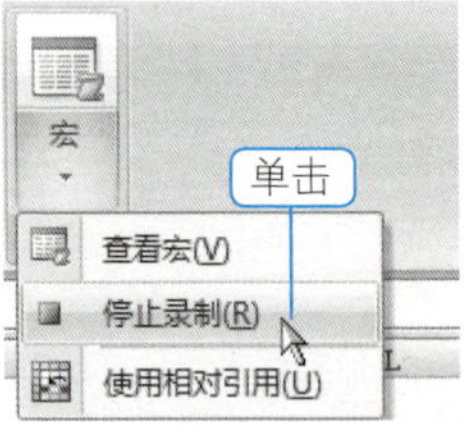

图42-4

专家提示

在录制本例中的宏时，不仅仅只能给单元格设置字体颜色，还可给单元格设置字号，单元格填充颜色以及单元格格式等。

技巧2 运行录制的宏

当执行一个宏时，Excel按照宏语句执行的情况就像VBA代码在对Excel进行"遥控"。但VBA的"遥控"不仅能使操作变得简便，还能使用户获得一些使用Excel标准命令所无法实现的功能。

1 选择需要执行宏的单元格或单元格区域，例如B2:H2。

2 单击"视图"标签，在"宏"选项组单击"宏"按钮下拉菜单，在弹出的菜单中选择"查看宏"命令，打开"宏"对话框，如图42-5所示。

3 在列表中选中"改变颜色"宏，单击"执行"按钮，则B2:H2单元格字体的颜色会变为红色，如图42-6所示。

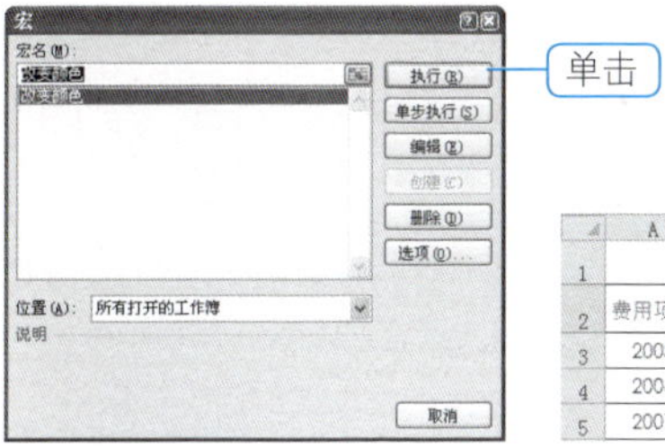

图42-5

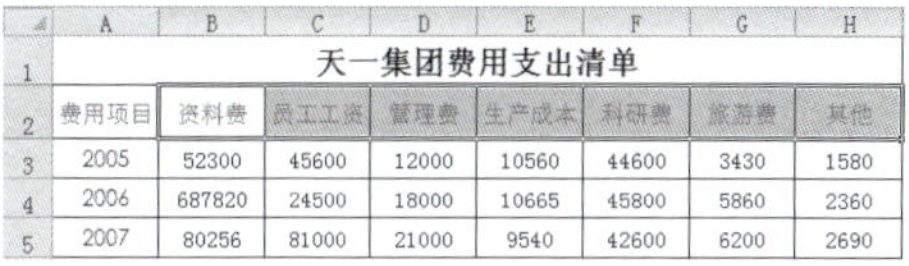

	A	B	C	D	E	F	G	H
1	天一集团费用支出清单							
2	费用项目	资料费	员工工资	管理费	生产成本	科研费	旅游费	其他
3	2005	52300	45600	12000	10560	44600	3430	1580
4	2006	687820	24500	18000	10665	45800	5860	2360
5	2007	80256	81000	21000	9540	42600	6200	2690

图42-6

专家提示

如果需要单步执行录制的宏，则在选好宏后单击"单步执行"按钮，在打开的VBA窗口中按F5键即可。

技巧3 录制宏的局限性

对于希望实现自动化的Excel过程，许多都可以用录制宏来完成，但是宏记录器存在以下局限性。

1 录制的宏无判断或循环能力。

2 人机交互能力差，即用户无法进行输入，计算机无法给出提示。

3 无法显示Excel对话框。

4 无法显示自定义窗体。

专家提示

了解了录制宏的局限性后，用户应做到心中有数，避免盲目地想通过宏实现一些实质上不能实现的功能。

技巧4 设置宏名的要求

在设置宏名时，宏名必须满足以下条件。

1. 宏名的第一个字符必须是字母。
2. 后面的字符可以是字母、数字或下划线字符。
3. 宏名中不能有空格，下划线字符可用作单词的分隔符。

技巧5 建立运行宏的快捷键

在每次通过“宏”对话框执行宏操作比较麻烦，可以为经常使用的宏指定快捷键，操作方法如下。

在创建宏时指定快捷键

1. 执行创建宏的操作，在打开“录制新宏”对话框时，设置一下宏名。
2. 接着在快捷键下的“Ctrl+”右侧的文本框中输入快捷键，如“J”，那么执行该宏的快捷键就是“Ctrl+J”组合键，如图42-7所示。
3. 单击“确定”按钮，接着继续录制宏即可。

为已经创建的宏指定快捷键

1. 单击“视图”标签，在“宏”选项组单击“宏”按钮下拉菜单，在弹出的菜单中选择“查看宏”命令，打开“宏”对话框。
2. 在列表框中选中需要指定快捷键的宏，单击“选项”按钮，如图42-8所示。

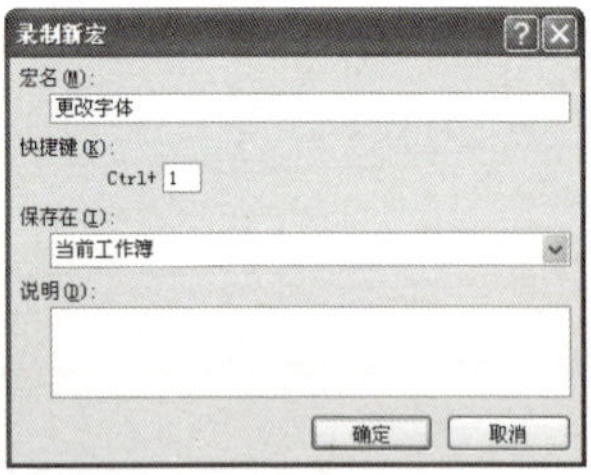

图42-7

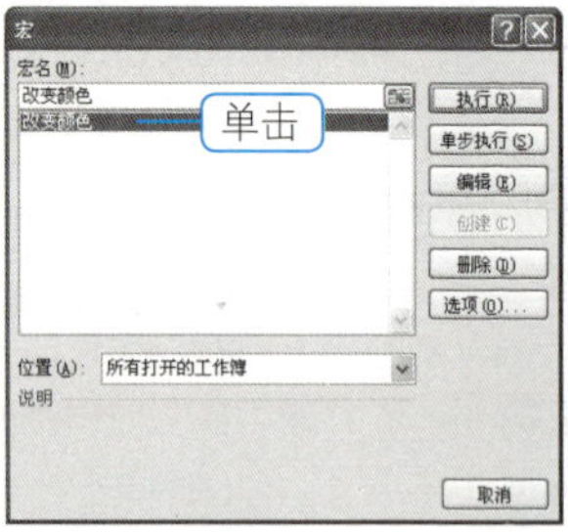

图42-8

3. 在打开的“宏选项”对话框中的“快捷键”下的“Ctrl+”右侧的文本框中输入快捷键，如“J”，那么执行该宏的快捷键就是“Ctrl+J”组合键，如图42-9所示。
4. 单击“确定”按钮，即可完成设置。

专家提示

需要注意的是，当包含宏的工作簿打开时，为宏指定快捷键会覆盖Excel默认的快捷键。例如：把“Ctrl+C”指定给某个宏，那么“Ctrl+C”就不再执行复制命令。

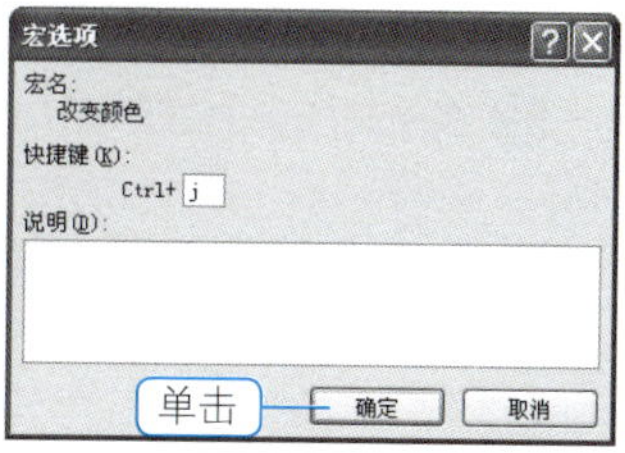

图42-9

技巧6 查看宏代码

宏到底是怎样运行的呢？查看一下宏代码，很快就会明白。

❶ 单击“视图”标签，在“宏”选项组单击“宏”按钮下拉菜单，在弹出的菜单中选择“查看宏”命令，打开“宏”对话框。

❷ 单击选中列表中的“改变颜色”宏，接着单击“编辑”按钮，如图42-10所示。

❸ 接着会打开一个VBA窗口，在窗口中的“模块1”中即可看到相应的宏代码，如图42-11所示。

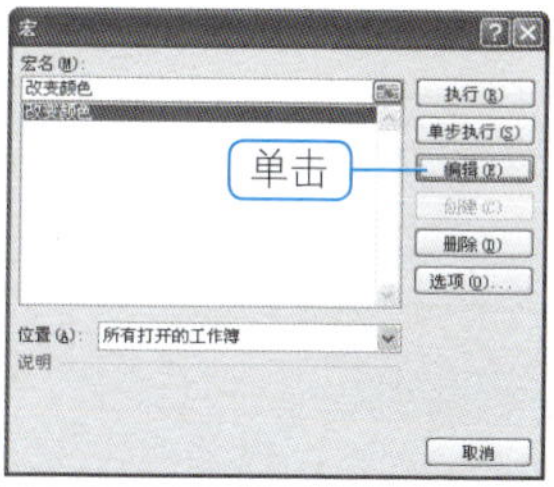

图42-10

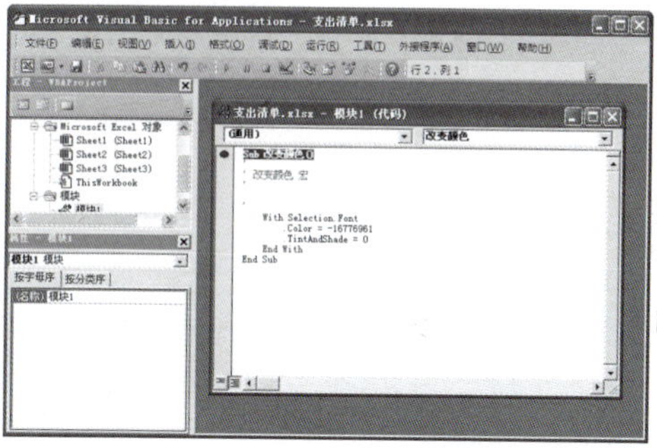

图42-11

专家提示

除了可以将录制了宏的工作簿保存为“Excel启用宏的工作簿（*.xlsm）”类型外，还可以将其保存为“Excel加载宏（*.xlam）”类型。

技巧7 保存录制了宏的工作簿

如果录制了宏的工作簿中没有启用宏，则在保存工作簿时，会弹出提示信息，无法直接进行保存。可以通过如下方法来保存录制了宏的工作簿。

❶ 在录制了宏的工作簿中单击“保存”按钮，会弹出如图42-12所示的提示信息。

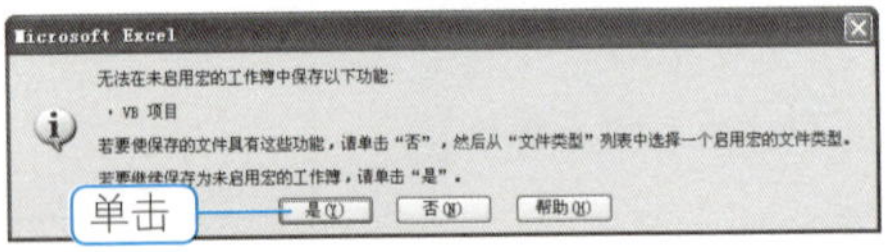

图42-12

❷ 单击“否”按钮，弹出“另存为”对话框，单击“保存类型”下拉列表框，在弹出的列表中选择一种启用宏的文件类型，如“Excel启用宏的工作簿（*.xlsm）”，如图42-13所示。

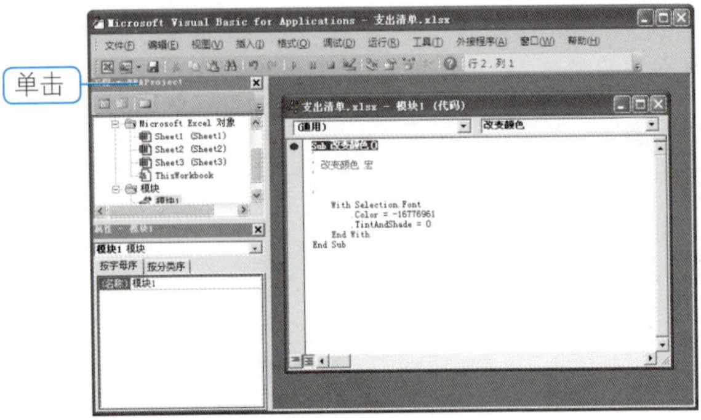

图42-13

❸ 单击“保存”按钮即可。

专家提示

上面的代码，解析如下：

Sub 改变颜色()：这是宏的名称。

中间的以“‘”开头的五行称为“注释”，它在录制宏时自动产生。

以With开头到End With结束的结构是With结构语句，这段语句是宏的主要部分。

With Selection.Font：它可以读作“选择字体”。这整段语句设置所选字体的“属性”。

Color = -16776961：将所选字体设为红色。注意：有一小圆点，它的作用在于简化语句，小圆点代替出现在With后的词，它是With结构的一部分。另外：红色被数字化为-16776961，修改该数字将改变宏运行后字体被设置的颜色。

.TintAndShade = 0：设置色彩和阴影。由于是录制宏，所以，虽然并未设置这一项，宏仍然将其记录下来。

End With：结束With语句。

End Sub：整个宏的结束语。

技巧8 实现录制的宏应用于所有工作簿

在默认情况下，录制的宏仅应用与当前工作簿。如果需要将录制的宏应用于所有工作簿，可以通过如下方法来实现。

❶ 执行创建宏的操作，在打开“录制新宏”对话框时，设置一下宏名和快捷键。

❷ 接着在单击“保存在”下拉列表框，在弹出的列表中选择“个人宏工作簿”，如图42-14所示。

❸ 单击“确定”按钮，接着完成宏的录制。

❹ 打开其他工作簿，接着打开“宏”对话框，即可看到录制的宏，宏名会变自动成“PERSONAL.XLSB!宏1”，如图42-15所示。

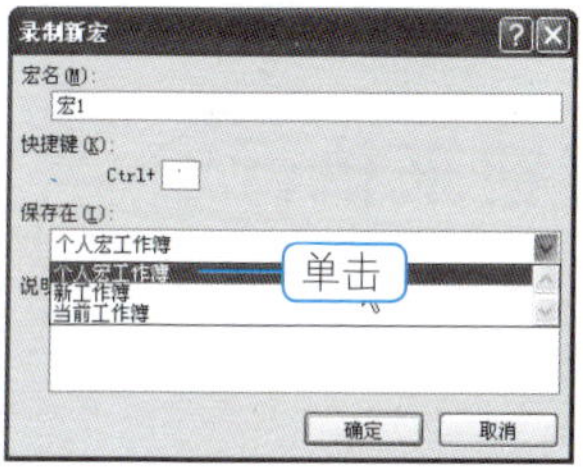

图42-14

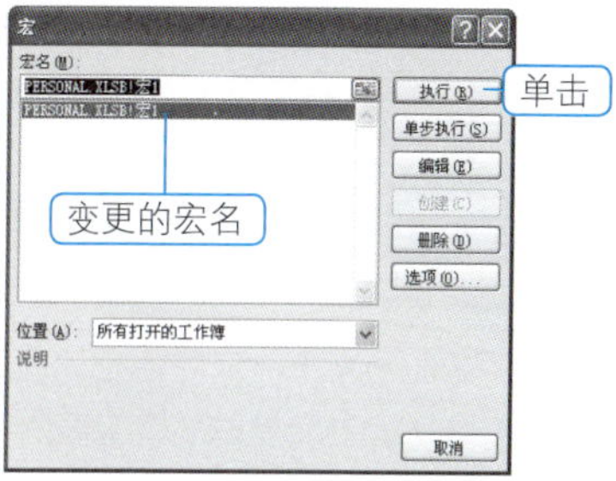

图42-15

专家提示

除了宏的保存位置有三种：
① 当前工作簿：宏只对当前工作簿有效；
② 个人宏工作簿：宏对所有工作簿都有效；
③ 新工作簿：录制的宏保存在一个新建工作簿中，对该工作簿有效。

技巧9 将宏指定给图片

要执行宏有多种方法可以选择，可以将宏指定给按钮等控件，还可以指定给图片、自定义工具栏、窗体甚至某个“事件”。下面以将宏指定到图片为例进行介绍。

❶ 在工作薄中插入图片。接着右键单击该图片，在右键菜单中选择“指定宏”命令，如图42-16所示。

❷ 在打开的“指定宏”对话框中选择要指定的宏，如图42-17所示。

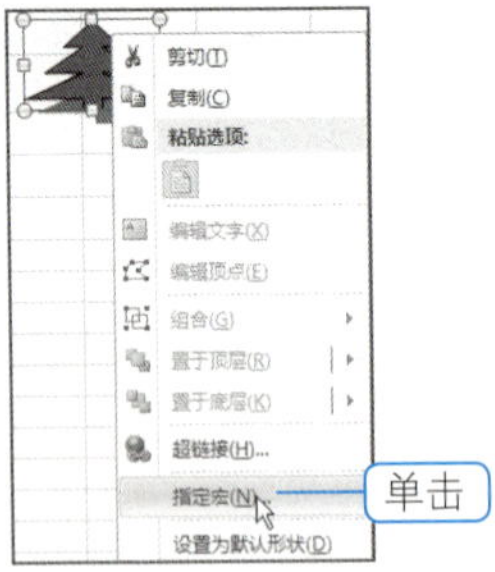

图 42-16

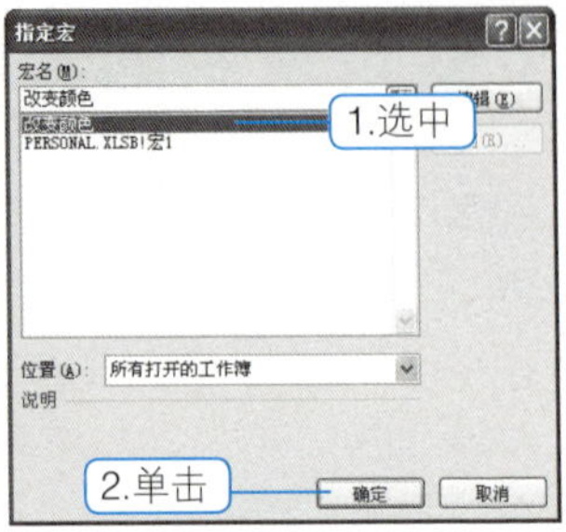

图42-17

3 单击“确定”按钮即可完成设置，这样以后单击该图片即可执行指定的宏。

专家提示

使用相同的方法，还可以将宏指定给图形等对象。

技巧10 通过表单控件按钮来执行宏

即使通过快捷键可以使宏的执行更快，但是一旦宏的数量多了也难以记忆。作为Excel开发者，一个主要的目标是为自动化提供一个易于操作的界面。下面就来创建一个按钮，并为它指定一个宏，然后用该按钮来执行宏。

1 在功能区中添加“开发工具”标签。

2 切换到“开发工具”标签，在“控件”选项组单击“插入”按钮下拉菜单，选择表单控件栏的“按钮”控件工具，如图42-18所示。

3 在希望放置按钮的位置单击鼠标左键，绘制一个默认大小的按钮，绘制完成后会显示“指定宏”对话框。

4 从“指定宏”对话框中的列表中选择所需的宏，单击“确定”按钮。这样，就把该宏指定给命令按钮了，如图42-19所示。

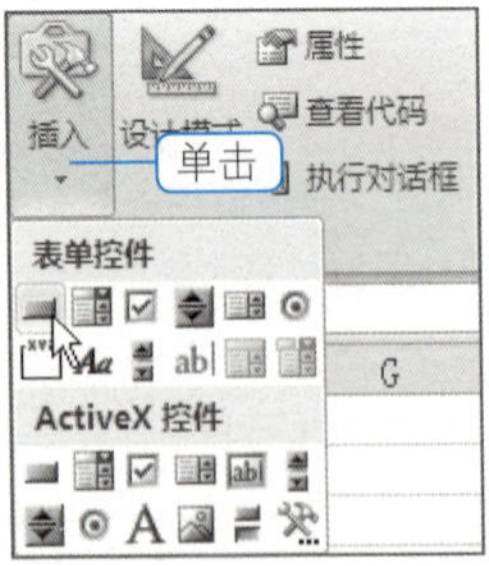

图42-18

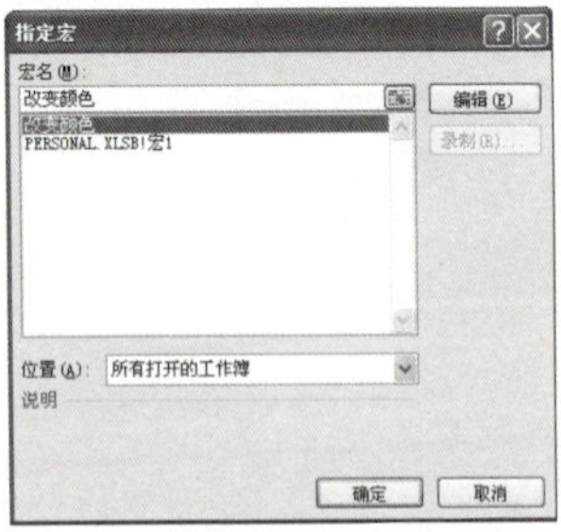

图49-19

5 右键单击添加的按钮，在弹出的右键菜单中选择“编辑文字”命令，如图42-20所示。

6 接着按钮中的文字变为可编辑状态，输入合适的文字，输入完成后单击按钮外的任意位置，现在该按钮的标题由默认的“按钮1”变为“改变颜色”而且被指定了一个宏。

7 选择一个单元格或单元格区域，接着单击“改变颜色”按钮，即可看到效果，如图42-21所示。

图49-20

费用项目	资料费	员工工资	管理费	生产成本	科研费	旅游费	其他
2005	52300	45600	12000	10560	44600	3430	1580
2006	687820	24500	18000	10665	45800	5860	2360
2007	80256	81000	21000	9540	42600	6200	2690

图49-21

专家提示

如果要改变按钮的大小或标题，只需用右键单击该按钮就可以进行修改和设置。

技巧11 将宏模块复制到另一个工作簿中

在现有工作簿中录制了宏，可以将宏模块复制到其他工作簿中，具体可以通过如下方法来实现。

1 打开包含要复制模块的工作簿（源工作簿）和需要向其中粘贴模块的工作簿（目标工作簿）。

2 按下“Alt+F11”组合键，打开VBA编辑器，单击“视图”菜单，在弹出的菜单中单击“工程资源管理器”命令。

3 在“工程”窗格展开源工作簿，选中“模块”下的“模块1”，如图42-22所示。

4 按住鼠标左键不放，将需要复制的模块（本例中为“模块1”）拖动到目标工作簿中，如图42-23所示。

5 接着在目标工作簿中即可看到复制的模块，如图42-24所示。

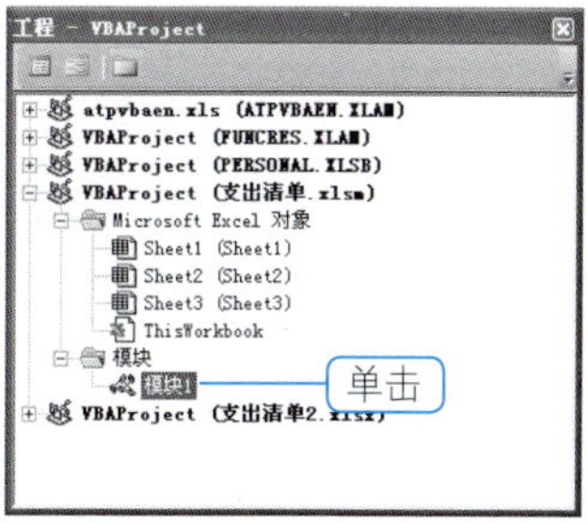

图42-22

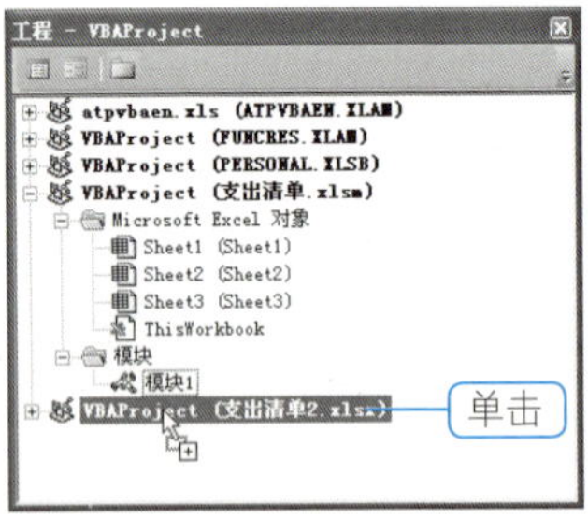

图42-23

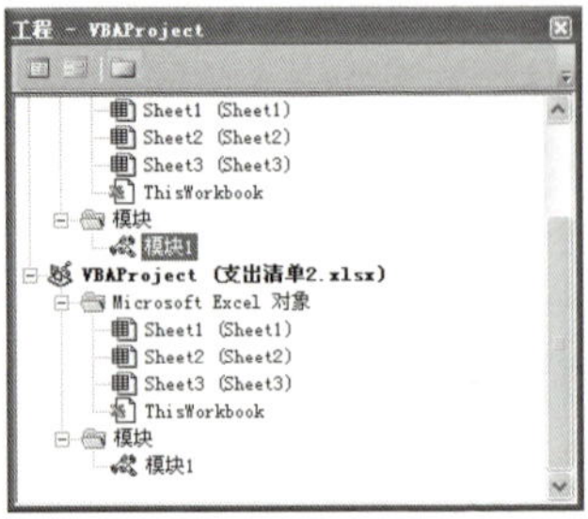

图42-24

6 单击“保存”按钮，完成模块的复制。接着在目标工作簿即可查看到复制的宏。

专家提示

如果源工作簿中有多个模块，在复制时要选择需要复制的模块，注意不要复制错了。

技巧12 删除不需要的宏

如果录制的宏不需要再使用，可以将其删除。

1 单击“开发工具”菜单，在“代码”工具栏中单击“宏”按钮，打开“宏”对话框。

2 选择要删除的宏，单击“删除”按钮即可，如图42-25所示。

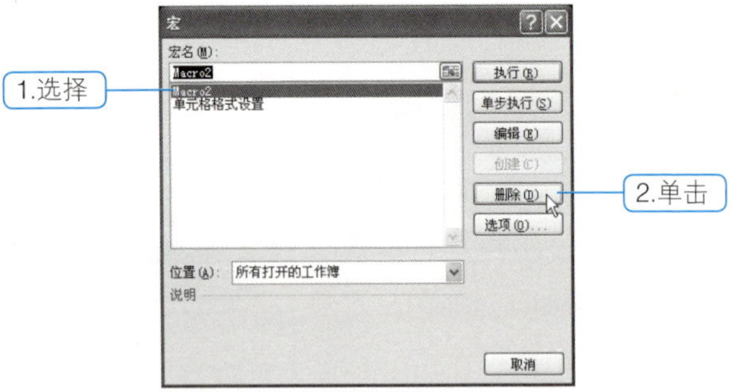

图42-25

专家提示

如果宏保存在个人宏工作簿文件中，则无法删除它，因为它是一个始终处于打开状态的隐藏工作簿。用户必须首先使用“取消隐藏”命令显示该工作簿。

第43章

VBA基础操作与范例应用技巧

VBA（Visual Basic for Applications）是一种Visual Basic的一种宏语言，集成在Excel 2010软件中，可以让操作更加自动化。本章具体介绍VBA的操作以及具体的应用范例。

技巧1 通过命令按钮执行VBA程序

在工作表中添加命令按钮，接着为其设置VBA代码，保存之后，只要单击该按钮即可执行VBA程序，其操作方法如下。

❶ 单击“开发工具”菜单，在“控件”工具栏中单击“插入”按钮，选择“ActiveX控件”栏中的“命令按钮”，如图43-1所示。

❷ 在工作表中合适的位置上绘制按钮，释放鼠标，如图43-2所示。

图43-1

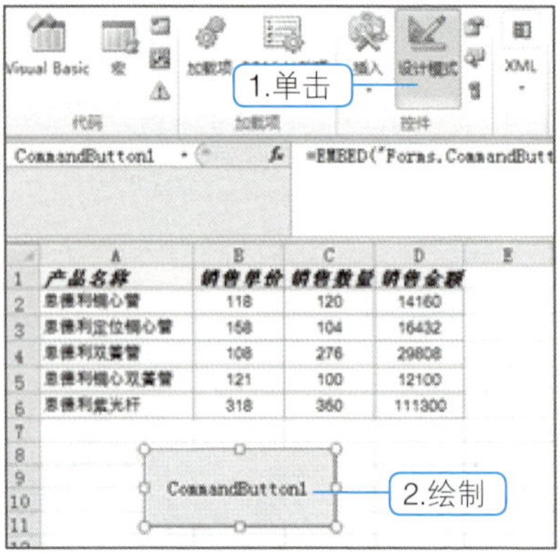

图43-2

❸ 在“控件”工具栏中单击“属性”命令，打开“属性”设置对话框，分别在“名称”框与“Caption”框中输入“单元格格式设置”，如图43-3所示。

❸ 关闭“属性”设置对话框，在“控件”工具栏中单击“查看代码”命令，打开代码编辑窗口，在窗口中编辑代码，如图43-4所示。

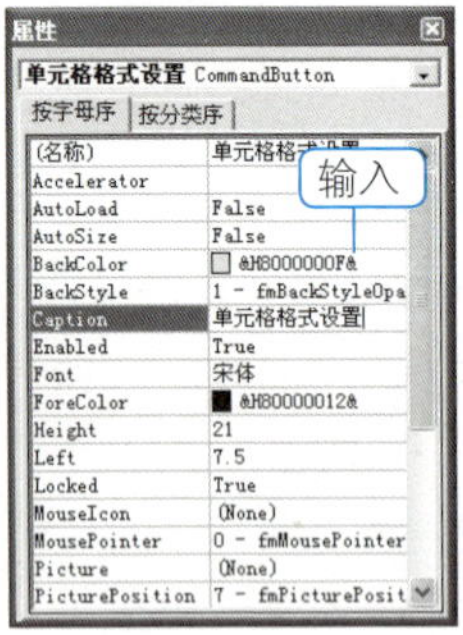

图43-3

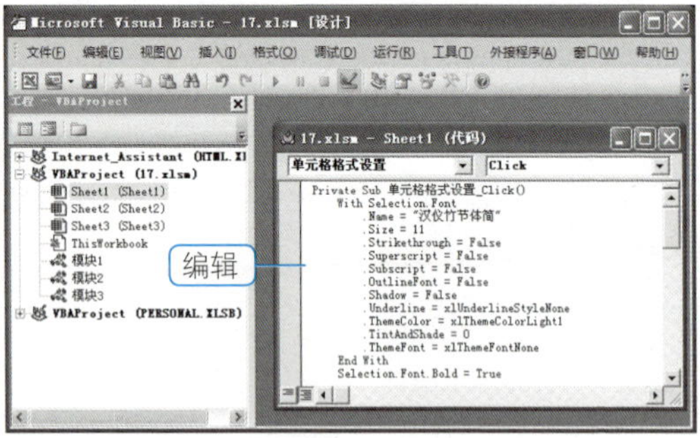

图43-4

❹ 保存代码后，返回到Excel主窗口中，选中单元格区域，单击“单元格格式设置”按钮即可执行所编辑的代码，如图43-5所示。

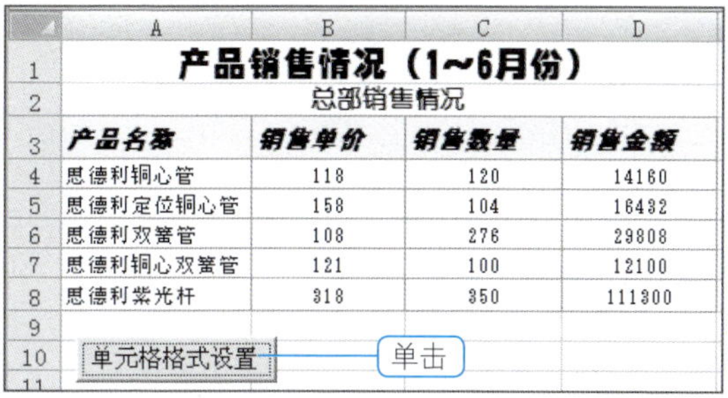

	A	B	C	D
1	产品销售情况（1~6月份）			
2	总部销售情况			
3	产品名称	销售单价	销售数量	销售金额
4	思德利铜心管	118	120	14160
5	思德利定位铜心管	158	104	16432
6	思德利双簧管	108	276	29808
7	思德利铜心双簧管	121	100	12100
8	思德利紫光杆	318	350	111300
9				
10	单元格格式设置			

图43-5

专家提示

第一次保存编辑了VBA代码的工作簿时会弹出提示要将工作簿保存为启用宏的类型，否则将无法运行VBA代码。其保存方法请参照前面的“保存录制了宏的工作簿”技巧。

技巧2 解决创建按钮后单击时不执行代码的问题

当在工作表中添加按钮并编辑了VBA代码之后，如果单击按钮不能执行代码，这主要是因为建立按钮并为其设置代码其间，该按钮处于设计模式，在编辑完成后，需要退出设计模式才能通过单击来执行代码。

在“Microsoft Visual Basic”窗口中完成代码的编辑后，在工作栏中单击一次（设计模式）按钮，取消其选中状态即可退出设计模式。

技巧3 使用正则表达式快速查找和替换

如果需要在工作表中进行复杂的查找和替换，可以使他VBA来完成。下面以将工作表中类似“12.3(0.2)1.2(2.1)3.5”的数据替换成“12.3+1.2+3.5”形式为例进行介绍。

1. 打开需要使用正则表达式快速查找和替换内容的工作簿。
2. 按下“Alt+F11”组合键，打开VBA编辑器。
3. 单击“插入”菜单，在弹出的菜单中选择“模块”命令，插入一个模块，并输入如下代码：

```
Sub 查找和替换()
```

第41章 第42章 第43章 第44章 第45章

```
        With CreateObject("VBScript.RegExp")
            .Global = -1
            .Pattern = "[(][^)]*[)]"
            [b2] = .Replace([a2], "+")
        End With
    End Sub
```

4 在工具栏中单击“保存”按钮（如图43-6所示），接着关闭VBA编辑窗口，返回到工作表中。

5 选中B2单元格，单击“视图”标签，在“宏”选项组单击“宏”按钮下拉菜单，在弹出的菜单中选择“查看宏”命令，打开“宏”对话框。

6 在列表中选好刚刚新建的“查找和替换”宏，单击“执行”按钮，如图43-7所示。

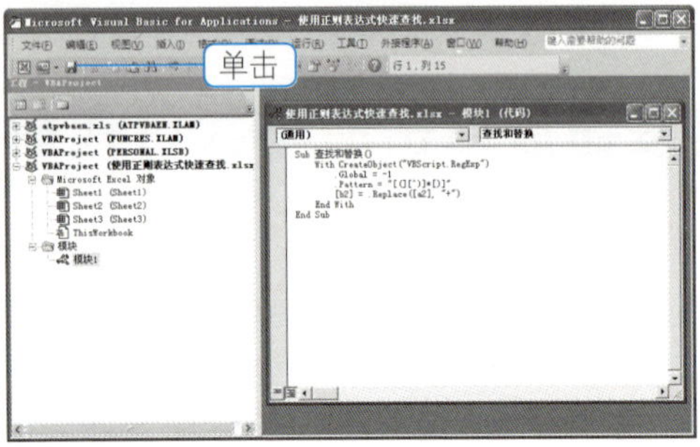

图43-6

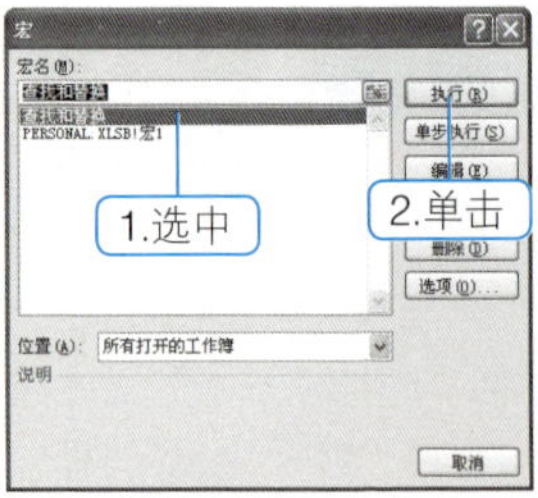

图43-7

7 接着在表格中即可看到结果，如图43-8所示。

8 选中B2单元格，拖动填充柄向下填充到B9单元格，即可完成所有数据的查找和替换操作，如图43-9所示。

	A	B
1	原始字符串	替换后效果
2	12.3(0.2)1.2(2.1)3.5	12.3+1.2+3.5
3	12.3(0.2)1.2(2.1)3.6	
4	12.3(0.2)1.2(2.1)3.7	
5	12.3(0.2)1.2(2.1)3.8	
6	12.3(0.2)1.2(2.1)3.9	
7	12.3(0.2)1.2(2.1)3.10	
8	12.3(0.2)1.2(2.1)3.11	
9	12.3(0.2)1.2(2.1)3.12	

图43-8

	A	B
1	原始字符串	替换后效果
2	12.3(0.2)1.2(2.1)3.5	12.3+1.2+3.5
3	12.3(0.2)1.2(2.1)3.6	12.3+1.2+3.6
4	12.3(0.2)1.2(2.1)3.7	12.3+1.2+3.7
5	12.3(0.2)1.2(2.1)3.8	12.3+1.2+3.8
6	12.3(0.2)1.2(2.1)3.9	12.3+1.2+3.9
7	12.3(0.2)1.2(2.1)3.10	12.3+1.2+3.10
8	12.3(0.2)1.2(2.1)3.11	12.3+1.2+3.11
9	12.3(0.2)1.2(2.1)3.12	12.3+1.2+3.12

图43-9

专家提示

代码中的第一句“Sub 查找和替换()”中的“查找和替换”为宏名，如果需要使用其他名称作为宏名，将“查找和替换”修改为其他名称即可。

技巧4 快速给多个单元格添加图片批注

如果有一个产品列表要提交给用户查看，可以给产品名称所在单元格添加图片批注，这样当用户在查看产品信息时，鼠标放到单元格中就可以看到该产品图片。但常规方法仅适合于给少量单元格添加图片批注，如果有许多单元格都要添加图片批注，可以用VBA代码来快速完成。

❶ 将需要添加为批注的图片全部复制到某个文件夹中，并以“产品名称.jpg”来命名。如“诺基亚5530XM.jpg”、“诺基亚N8.jpg”等，如图43-10所示。

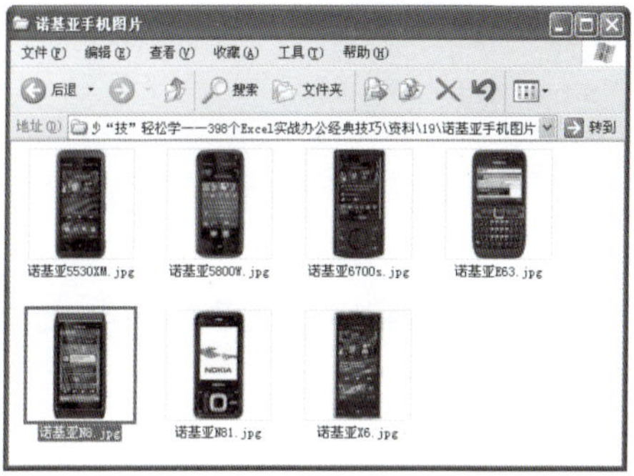

图43-10

❷ 在单元格中输入产品名称，如“诺基亚5530XM”、“诺基亚N8”等，名称必需和图片名称完全一致。

❸ 按下“Alt+F11”组合键，打开VBA编辑器。单击“插入”菜单，在弹出的菜单中选择“模块”命令，插入一个模块，并输入如下代码：

```
Sub AddABunch()
  For Each cell In Selection
  Pics= "h:\pic\" & cell.Value & ".jpg"
  With cell.AddComment
   .Shape.Fill.UserPicture PictureFile:=Pics
   .Shape.Height = 100
   .Shape.Width = 100
  End With
  Next cell
  End Sub
```

❹ 在工具栏中单击“保存”按钮，接着关闭VBA编辑窗口，返回到工作表中。

5 选中需要添加图片批注的单元格，接着执行新建的宏，即可完成图片批注的添加。

6 将鼠标移动到添加了突破批注的单元格上，即可看到添加的图片批注，如图43-11所示。

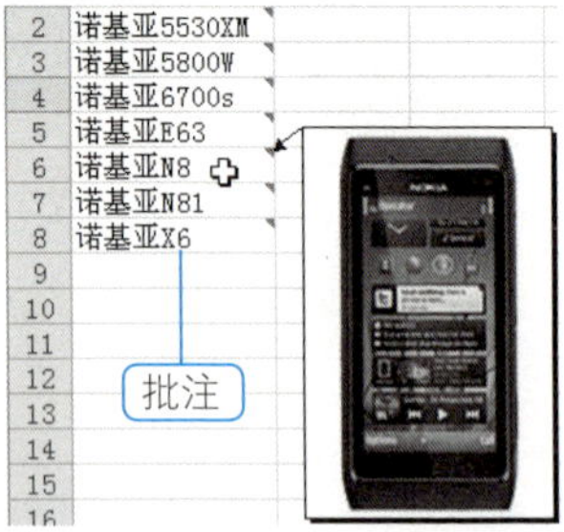

图43-11

专家提示

代码中的“h:\pic\”为图片所在文件夹，“.Shape.Height=100”指定批注图片的高度，“.Shape.Width=100”指定批注的宽度，在操作时需要根据实际情况进行更改。另外，在选择产品名称所在单元格时，仅仅选择所需单元格，而不能选择其他单元格，特别是在这些单元格不连续时，否则会出错。

技巧5 互换两个单元格或区域中的数据

有时需要在Excel工作表中互换两个区域中的数据，如果区域相邻可以直接用拖动鼠标并按住Shift键的方法进行互换。而当两区域不相邻且两个区域中的数据量较大时用VBA则较为快捷。

1 打开需要互换两个区域中的数据的工作簿，按下“Alt+F11”组合键，打开VBA编辑器。

2 单击“插入”菜单，在弹出的菜单中选择“模块”命令，插入一个模块，并输入如下代码：

```
Sub TwoAreasSwap()
  Dim TheArea1, TheArea2 As Variant
  If Selection.Areas.Count <> 2 Then
    MsgBox “请选择两个区域！”
    Exit Sub
ElseIf Selection.Areas(1).Cells.Count <> Selection.Areas(2).Cells.Count Or _
Selection.Areas(1).Rows.Count <> Selection.Areas(2).Rows.Count Then
MsgBox “请选择两个形状相同的区域！”
    Exit Sub
  Else
    TheArea1 = Selection.Areas(1).Cells
```

```
        TheArea2 = Selection.Areas(2).Cells
        Selection.Areas(1).Cells = TheArea2
        Selection.Areas(2).Cells = TheArea1
    End If
End Sub
```

3 在工具栏中单击“保存”按钮，接着关闭VBA编辑窗口，返回到工作表中。

4 在表格中选中形状相同的两个单元格或单元格区域或列，如图43-12所示。

	A	B	C	D	E
1	丘处机	陆冠英	郭靖	程瑶迦	一灯大师
2	穆念慈	欧阳峰	马钰	柯镇恶	黄药师
3	梅超风	郭啸天	欧阳克	周伯通	黄蓉
4	裘千仞	杨康	华筝	洪七公	鲁有脚

选中

图43-12

5 执行新建的宏，即可完成互换，结果如图43-13所示。

	A	B	C	D	E
1	丘处机	程瑶迦	郭靖	陆冠英	一灯大师
2	穆念慈	柯镇恶	马钰	欧阳峰	黄药师
3	梅超风	周伯通	欧阳克	郭啸天	黄蓉
4	裘千仞	洪七公	华筝	杨康	鲁有脚

图43-13

专家提示

在执行宏时，如果弹出“请选择两个区域！”或“请选择两个形状相同的区域！”提示，则说明没有选择两个区域或选择的两个区域形状不相同。

技巧6 打开或禁止单元格自动填充功能

Excel中的单元格拖放或自动填充功能可以给操作带来许多方便，但有时并不想拖动单元格而出现意外的错误操作。这时可能需要禁用单元格的拖放功能，除了可以通过“Excel选项”来设置打开或禁用单元格拖放功能外，还可以通过VBA代码来实现。

1 打开需要禁止单元格拖放或自动填充功能的工作簿，按下“Alt+F11”组合键，打开VBA编辑器。

2 单击“插入”菜单，在弹出的菜单中选择“模块”命令，插入一个模块，并输入如下代码：

```
Private Sub Worksheet_Activate()
  Application.CellDragAndDrop = False
End Sub
Private Sub Worksheet_Deactivate()
  Application.CellDragAndDrop = True
End Sub
```

3 在工具栏中单击“保存”按钮，接着关闭VBA编辑窗口，返回到工作表中。

4 执行新建的宏。这样，当该工作表被激活时，单元格拖放功能就被禁用了，而选择其他工作表时又会打开单元格拖放功能。

专家提示

当单元格拖放功能被禁用后，自动填充功能也被禁用了。当鼠标指针放到单元格边框上时，鼠标指针形状不会发生改变，而且所选择的单元格右下角也没有填充柄，因而不能拖动单元格或进行自动填充。

技巧7 将文本字符串的首字母变成大写

如果需要将工作表中的所有文本字符串的首字母改为大写，可以通过下面的VBA代码来实现。

1 打开需要将文本字符串的首字母变成大写的工作簿，按下“Alt+F11”组合键，打开VBA编辑器。

2 单击“插入”菜单，在弹出的菜单中选择“模块”命令，插入一个模块，并输入如下代码：

```
Sub CapitalizeFirstLetter()
  Dim Rng As Range
  ActiveSheet.UsedRange.Select
  For Each Rng In Selection.Cells
    If Rng.HasFormula = False Then
      Rng.Value = Application.WorksheetFunction.Proper(Rng.Value)
    End If
  Next Rng
End Sub
```

3 在工具栏中单击“保存”按钮，接着关闭VBA编辑窗口，返回到工作表中，选中需要将首字母变成单元的单元格区域，如图43-14所示。

4 执行新建的宏。即可将单元格区域中的文本字符串首字母都变成大写，如图43-15所示。

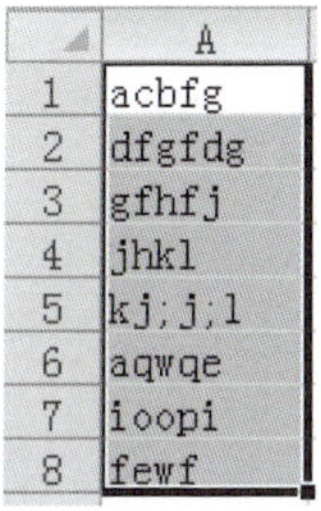

	A
1	acbfg
2	dfgfdg
3	gfhfj
4	jhkl
5	kj;j;l
6	aqwqe
7	ioopi
8	fewf

图43-14

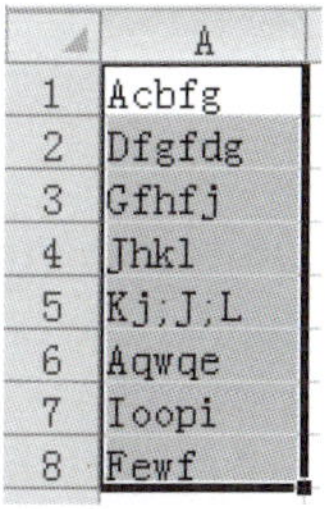

	A
1	Acbfg
2	Dfgfdg
3	Gfhfj
4	Jhkl
5	Kj;J;L
6	Aqwqe
7	Ioopi
8	Fewf

图43-15

专家提示

本例中介绍的方法对包含公式的单元格无效。

技巧8 获取文件夹中的文件列表

如果我们要在Excel中获取某个文件夹中所有的文件列表，可以通过下面的VBA代码来进行。代码运行后，首先弹出一个浏览文件夹对话框，然后新建一个工作簿，并在工作表的A至F列分别列出选定文件夹中的所有文件的文件名、文件大小、创建时间、修改时间、访问时间及完整路径。

1 新建一个工作簿或打开一个现有工作簿，按下“Alt+F11”组合键，打开VBA编辑器。

2 单击“插入”菜单，在弹出的菜单中选择“模块”命令，插入一个模块，并输入如下代码：

```
SSub GetFileList()
Dim strFolder As String
Dim varFileList As Variant
Dim FSO As Object, myFile As Object
Dim myResults As Variant
Dim l As Long
With Application.FileDialog(msoFileDialogFolderPicker)
.Show
```

```
If .SelectedItems.Count = 0 Then Exit Sub '未选择文件夹
strFolder = .SelectedItems(1)
End With
varFileList = fcnGetFileList(strFolder)
If Not IsArray(varFileList) Then
MsgBox "未找到文件" , vbInformation
Exit SubEnd If
ReDim myResults(0 To UBound(varFileList) + 1, 0 To 5)
myResults(0, 0) = "文件名"
myResults(0, 1) = "大小（字节）"
myResults(0, 2) = "创建时间"
myResults(0, 3) = "修改时间"
myResults(0, 4) = "访问时间"
myResults(0, 5) = "完整路径"
Set FSO = CreateObject("Scripting.FileSystemObject")
For l = 0 To UBound(varFileList)
Set myFile = FSO.GetFile(strFolder & "\" & CStr(varFileList(l)))
myResults(l + 1, 0) = CStr(varFileList(l))
myResults(l + 1, 1) = myFile.Size
myResults(l + 1, 2) = myFile.DateCreated
myResults(l + 1, 3) = myFile.DateLastModified
myResults(l + 1, 4) = myFile.DateLastAccessed
myResults(l + 1, 5) = myFile.Path
Next l
fcnDumpToWorksheet myResults
Set myFile = Nothing
Set FSO = Nothing
End Sub
Private Function fcnGetFileList(ByVal strPath As String, Optional strFilter As String) As Variant
Dim f As String
Dim i As Integer
Dim FileList() As String
If strFilter = "" Then strFilter = "*.*"
Select Case Right(strPath, 1)
```

```
Case "\", "/"
strPath = Left(strPath, Len(strPath) - 1)
End Select
ReDim Preserve FileList(0)
f = Dir(strPath & "\" & strFilter)
Do While Len(f) > 0
ReDim Preserve FileList(i) As String
FileList(i) = f
i = i + 1
f = Dir()
Loop
If FileList(0) <> Empty Then
fcnGetFileList = FileList
Else
fcnGetFileList = False
End If
End Function
Private Sub fcnDumpToWorksheet(varData As Variant, Optional mySh As
Worksheet)
Dim iSheetsInNew As Integer
Dim sh As Worksheet, wb As Workbook
Dim myColumnHeaders() As String
Dim l As Long, NoOfRows As Long
If mySh Is Nothing Then
iSheetsInNew = Application.SheetsInNewWorkbook
Application.SheetsInNewWorkbook = 1
Set wb = Application.Workbooks.Add
Application.SheetsInNewWorkbook = iSheetsInNew
Set sh = wb.Sheets(1)
Else
Set mySh = sh
End If
With sh
Range(.Cells(1, 1), .Cells(UBound(varData, 1) + 1, UBound(varData, 2) + 1))
= varData
```

第41章 第42章 第43章 第44章 第45章

```
.UsedRange.Columns.AutoFit
End With
Set sh = Nothing
Set wb = Nothing
End Sub
```

3 在工具栏中单击“保存”按钮，接着关闭VBA编辑窗口，返回到工作表中。

4 执行新建的宏，弹出“浏览”对话框，单击“查找范围”下拉列表框，在弹出的列表中定位到需要获取文件列表的文件夹，如图43-16所示。

5 单击“确定”按钮，在新工作簿中即可看到获取的文件列表，如图43-17所示。

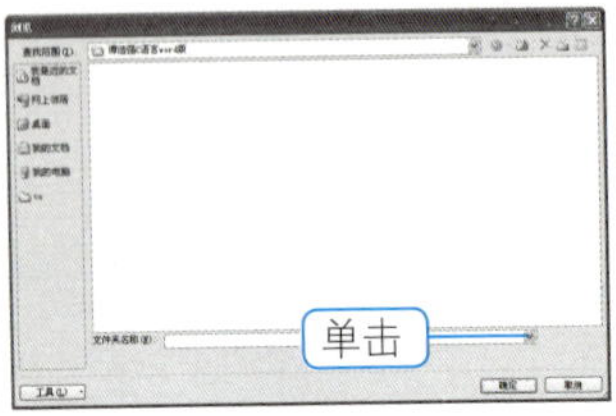

图43-16

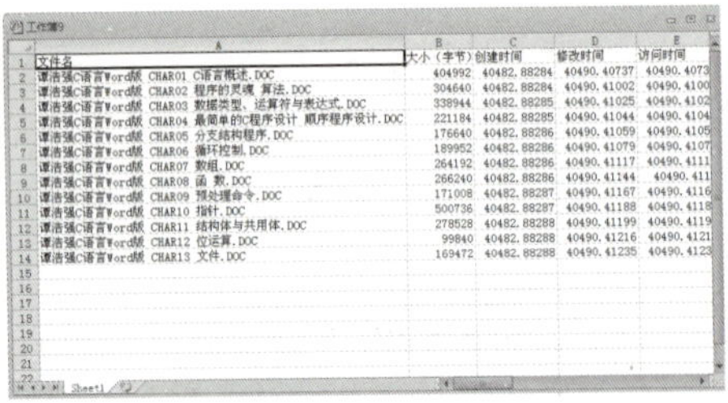
图43-17

专家提示

此方法在需要将文件夹中的文件名输入到表格中时，非常方便，特别是在文件夹中文件数量较多时，更能体现其价值。

技巧9 去除工作表保护密码

Excel 的工作表保护是非常脆弱的，即使用户设置了工作表保护密码，但是要VBA代码还是可以轻松取消保护的，具体可以通过以下方式进行设置。

1 打开需要禁止单元格拖放或自动填充功能的工作簿，按下“Alt+F11”组合键，打开VBA编辑器。

2 单击“插入”菜单，在弹出的菜单中选择“模块”命令，插入一个模块，并输入如下代码：

```
Sub Remove_WorkSheet_Password()
```

```
    Dim i As Integer, j As Integer, k As Integer
    Dim l As Integer, m As Integer, n As Integer
    Dim i1 As Integer, i2 As Integer, i3 As Integer
    Dim i4 As Integer, i5 As Integer, i6 As Integer
    On Error Resume Next
    If ActiveSheet.ProtectContents = False Then
      MsgBox "该工作表没有保护密码！ "
      Exit Sub
    End If
    For i = 65 To 66: For j = 65 To 66: For k = 65 To 66
    For l = 65 To 66: For m = 65 To 66: For i1 = 65 To 66
    For i2 = 65 To 66: For i3 = 65 To 66: For i4 = 65 To 66
    For i5 = 65 To 66: For i6 = 65 To 66: For n = 32 To 126

  ActiveSheet.Unprotect Chr(i) & Chr(j) & Chr(k) & _
       Chr(l) & Chr(m) & Chr(i1) & Chr(i2) & Chr(i3) & _
       Chr(i4) & Chr(i5) & Chr(i6) & Chr(n)
    If ActiveSheet.ProtectContents = False Then
       MsgBox "已经解除了工作表保护！ "
       Exit Sub
    End If
    Next: Next: Next: Next: Next: Next
    Next: Next: Next: Next: Next: Next
  End Sub
```

❸ 在工具栏中单击“保存”按钮，接着关闭VBA编辑窗口，返回到工作表中。

❹ 执行新建的宏，稍等片刻就会填充对话框提示已经解除了工作表保护，如图43-18所示。

图43-18

专家提示

本例中的VBA代码虽然不能找出工作表保护密码，但可以取消工作表保护，如果自己的工作表保护密码忘记了，可以用这个方法解决。

技巧10 打开和关闭VBA编辑器自动语法检查功能

当在VBA编辑器代码窗口中输入有语法错误的语句时，默认VBA编辑器会弹出一个错误提示对话框，同时将错误语句显示为红色，这对于初学者可以起到很好的提醒作用。但有时语法错误并非无意造成的。例如当一行语句未输入完毕，就需要转到下一行继续输入其他语句。在这种情况下可以关闭自动语法检查功能，让VBA编辑器不再弹出错误提示对话框。

❶ 在VBA编辑器中，单击菜单“工具”→“选项”菜单命令，如图43-19所示。

❷ 在打开的“选项”对话框中，单击“编辑器”标签，接着取消选中“自动语法检测”复选框，如图43-20所示。

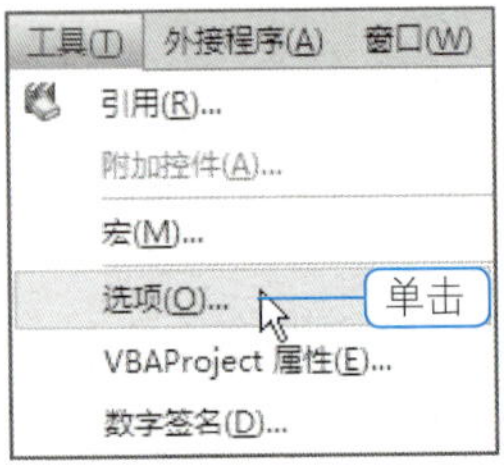

图43-19

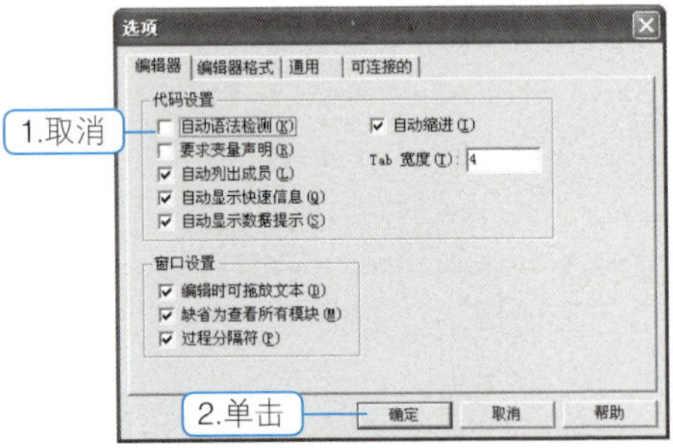

图43-20

❸ 单击“确定”按钮，即可完成设置。

专家提示

这样设置后，对于有语法错误的语句，回车后VBA编辑器虽不会弹出错误提示对话框，但仍会将其显示为红色。

技巧11 重新设置命令按钮的字体

如果要实现利用按钮来执行VBA程序，那么按钮就是面向使用者的一个窗口，对其进行格式设置也是必要的，其设置方法如下。

❶ 添加按钮后，在“开发工具”菜单的“控件”工具栏中单击“设计模度”命令（开启设计模式），如图43-21所示。

❷ 单击“属性”命令，打开“属性”设置对话框，选中“Font”项，单击

后面的按钮（如图43-22所示），打开“字体”设置对话框。

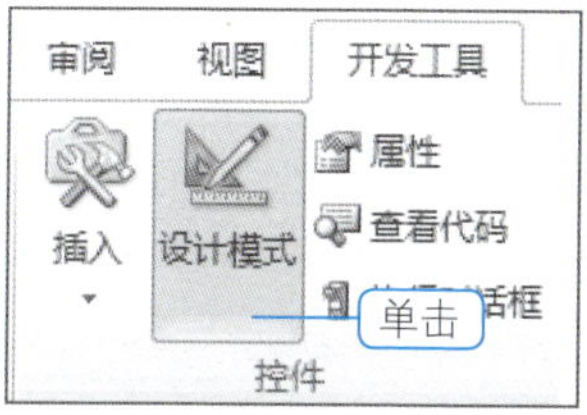

图43-21

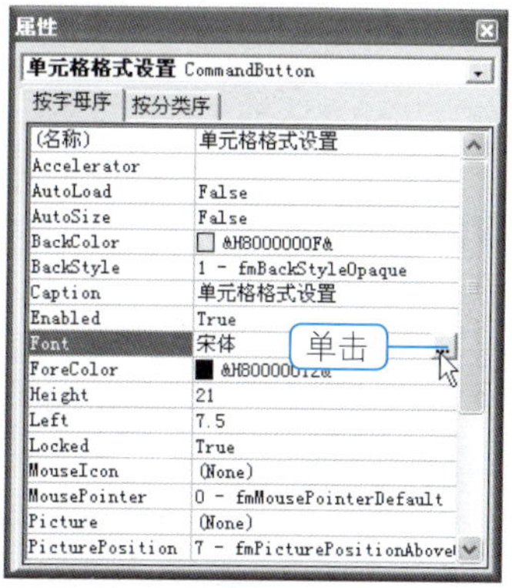

图43-22

3 分别设置字体、字形、大小，如图43-23所示。

4 单击“确定”按钮即可完成按钮中字体的设置。

5 接着在“属性”对话框中还可以进行其他格式设置，例中选中“BackColor”项，可以设置按钮的背景色（如图43-24所示），选中“ForeColor”项，可以设置按钮中文字的颜色等。

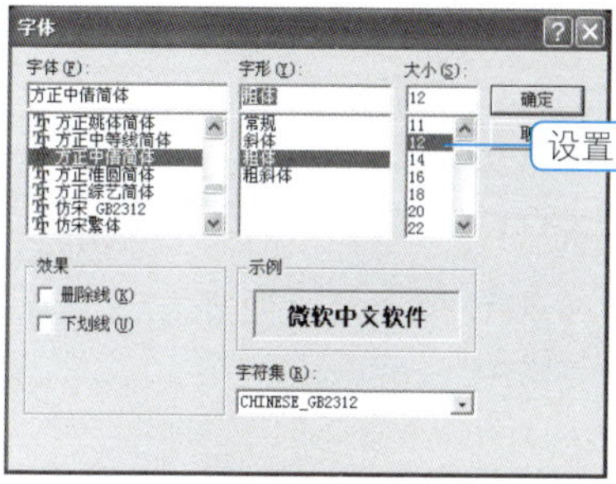

图43-23

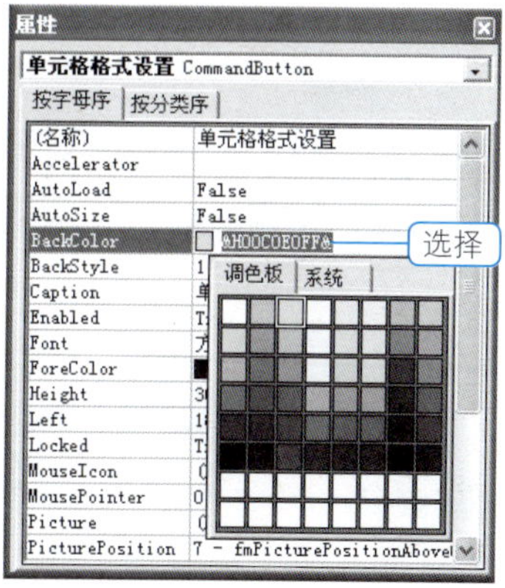

图43-24

6 在列表中选好刚刚新建的“查找和替换”宏，单击“执行”按钮，如图43-25所示。

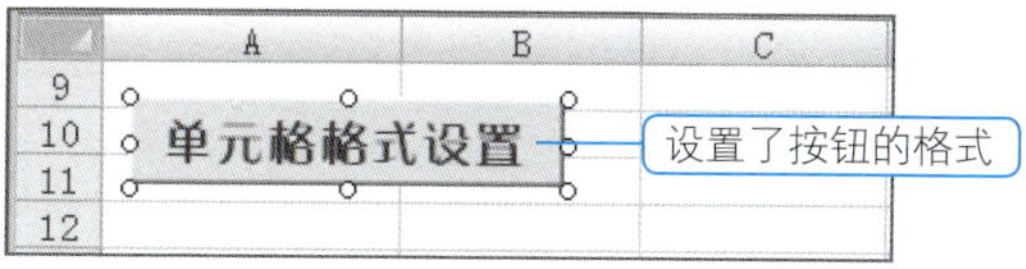

图43-25

技巧12 设置命令按钮的图片填充

执行VBA程序的命令按钮还可以为其添加图片填充效果，其设置方法如下。

❶ 添加按钮后，在“开发工具”菜单的“控件”工具栏中单击“设计模度”命令（开启设计模式）。

❷ 单击“属性”命令，打开“属性”设置对话框，选中“Picture”项，单击后面的 按钮（如图43-26所示），打开“加载图片”对话框。

❸ 从本机硬盘中选择合适的图片后，单击“打开”按钮即可实现为命令按钮设置图片填充效果，如图43-27所示。

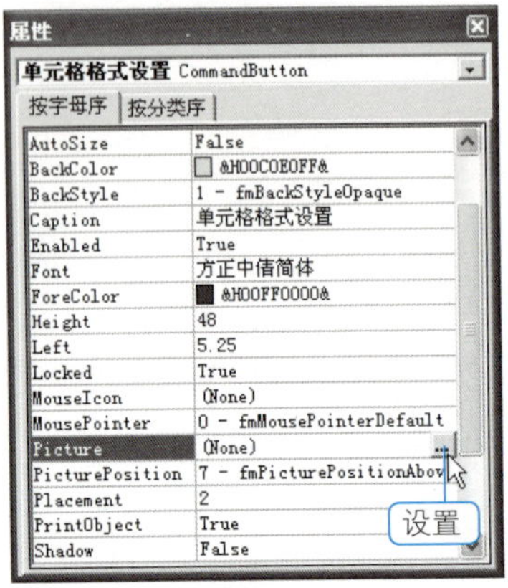

图43-26

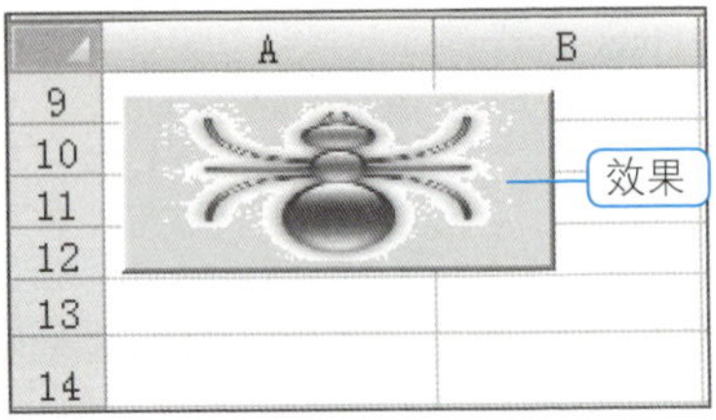

图43-27

专家提示

如果想取消按钮的图片填充效果，可以打开按钮的“属性”设置对话框，将“Picture”项后面括号中的名称删除即可。

技巧13 建立窗体界面并添加控件

如果要创建窗体界面，其操作方法如下。

❶ 打开“Microsoft Visual Basic”编辑器窗口，单击“插入→用户窗体”命令，即可创建窗体界面，同时自动打开“工具箱”，如图43-28所示。

❷ 在工具栏中选择需要的控件，在窗体上按住鼠标左键拖动即可绘制，如图43-29所示。

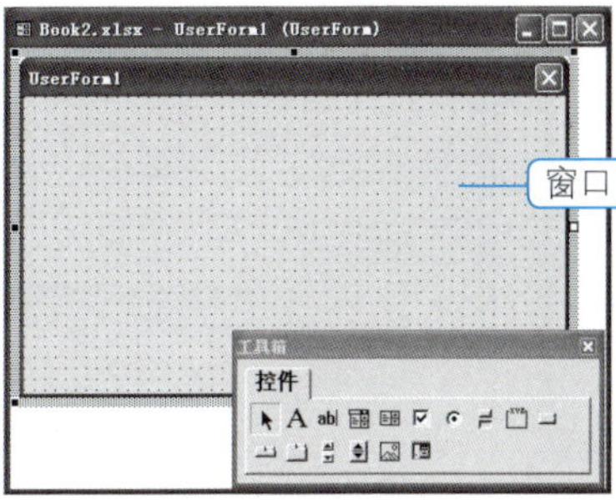

图43-28

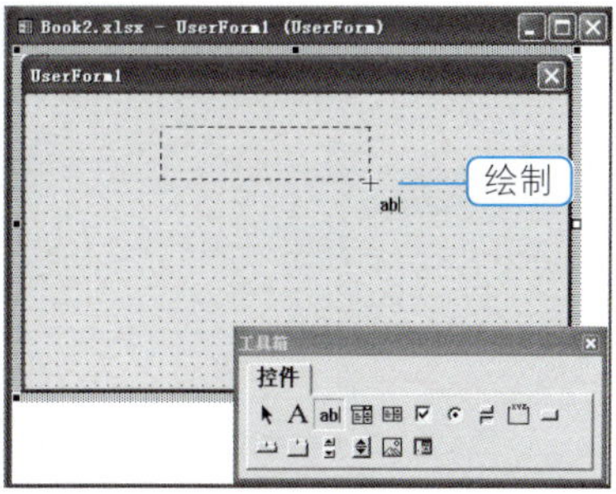

图43-29

③ 按相同的方法还可以添加其他多种类别的控件，添加控件后，会打开“属性”窗口，可以对控件进行属性设置，在“属性”窗口设置了“命令按钮”控件的“Caption”值，即更改了其名称，如图43-30所示。

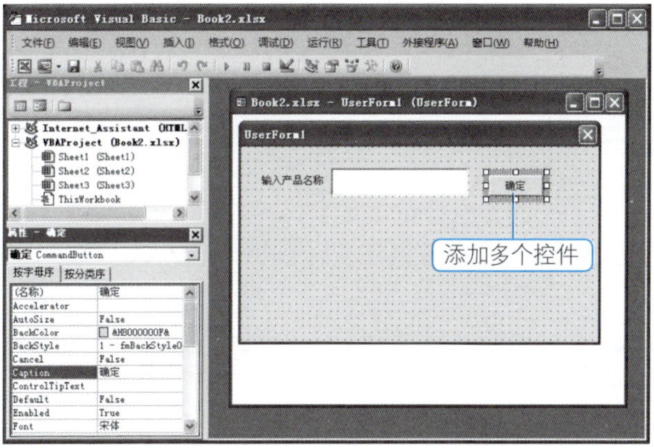

图43-30

技巧14 利用列表框显示表格数据

通过建立窗体可以实现用列表框来显示表格中的数据，现在要建立列表框显示表格中数据，操作方法如下。

① 打开“Microsoft Visual Basic”编辑器窗口，单击“插入→用户窗体”命令，在工具栏中选择“列表框”控件，在窗体中拖曳鼠标至合适大小，在“属性”窗口中设置“ColumnCount”为“4”，“ColumnHeads”为“True”，如图43-31所示。

② 右键单击窗体空白区域，单击弹出列表中的“查看代码”选项，如图43-32所示。

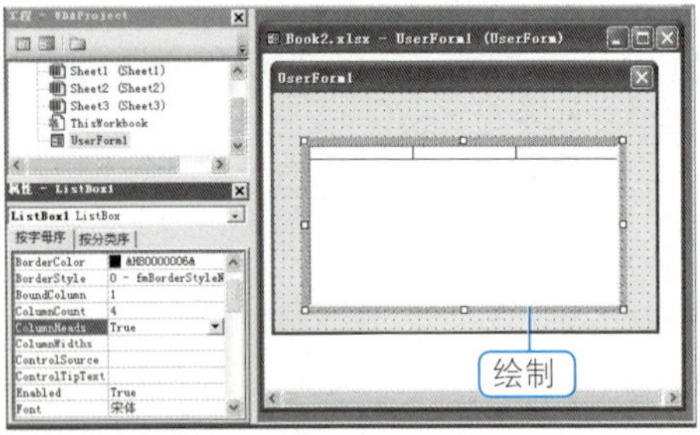

图43-31

图43-32

3 打开代码编辑窗口，设置对象为UserForm，过程为Initialize，编辑代码如图43-33所示。

4 编辑完成后，单击工具栏中的 ▶ 按钮，运行该段代码，返回到Excel主窗口中，可以看到执行效果，如图43-34所示。

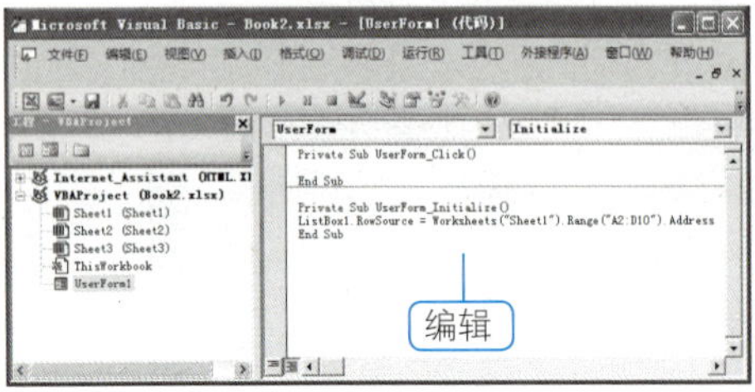

图43-33

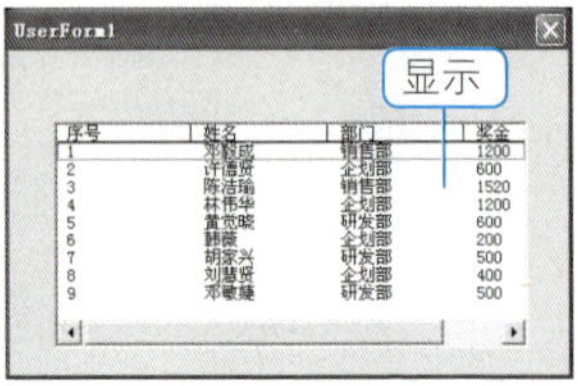

图43-34

技巧15 利用日历控件选择日期

日历控件是在VBA中非常实用的日期输入工具，其使用操作如下。

1 单击“开发工具”菜单，在“控件”工具栏中单击“插入”按钮，在“Activex控件”栏中的“其他控件”按钮（如图43-35所示），打开“其他控件”对话框。

2 选择“日历控件”（如图43-36所示），单击“确定”按钮。

图43-35

图43-36

3 在工作表中拖动鼠标，绘制日历控件，如图43-37所示。

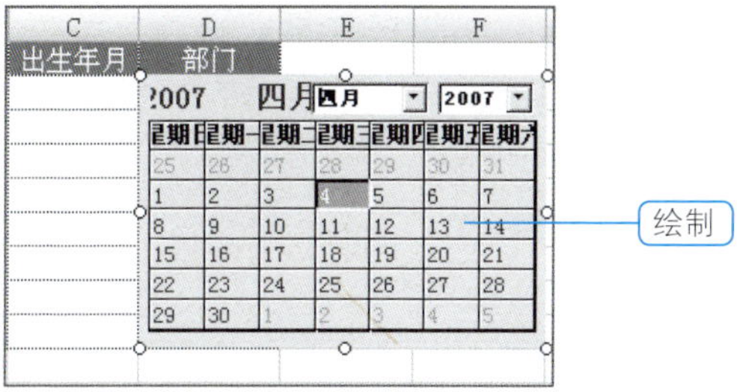

图43-37

4 选中绘制的日历控件，在“控件”工具栏中单击“查看代码”命令，打开代码编辑窗口，在窗口中编辑代码，如图43-38所示。

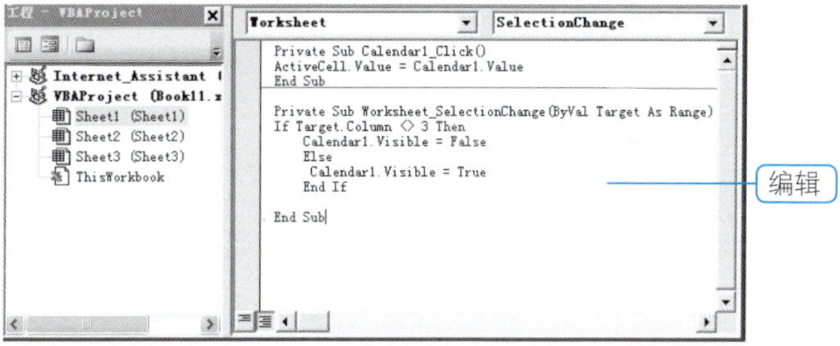

图43-38

5 编辑完成后，单击工具栏中的 ▶ 按钮，运行该段代码，返回到Excel主窗口中。当选中第3列单元格时，可直接运用日历控件完成日期输入，如图43-39所示。

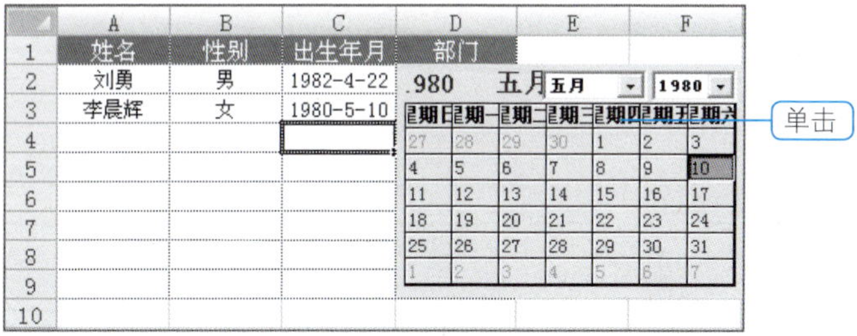

图43-39

读书笔记

第8篇 表格安全、输出与打印

第44章 表格安全设置技巧

表格中一些重要的数据或者文件本身非常重要，都需要使用保护手段对其安全进行管理，如：对表格中重要的数据进行加密保护、禁止其他人操作特定数据、设置文件的打开权限、修改权限等。

技巧1 设置允许用户进行的操作

为工作表设置允许用户进行的操作，可以有效保护工作表数据安全。需要时可以通过“保护工作表”功能来实现。

❶ 打开需要保护的工作表，单击“审阅”标签，在“更改”选项组中单击“保护工作表”按钮，如图44-1所示。

❷ 在打开的“保护工作表”对话框中选中“保护工作表及锁定的单元格内容”复选框，接着在“允许此工作表的所有用户进行”列表框中选中允许用户进行的菜单前的复选框，在“取消工作表保护时使用的密码”文本框中输入一个密码，单击“确定”按钮，如图44-2所示。

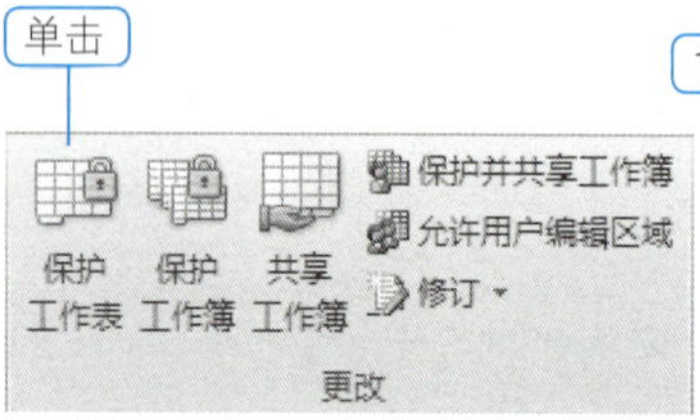

图44-1

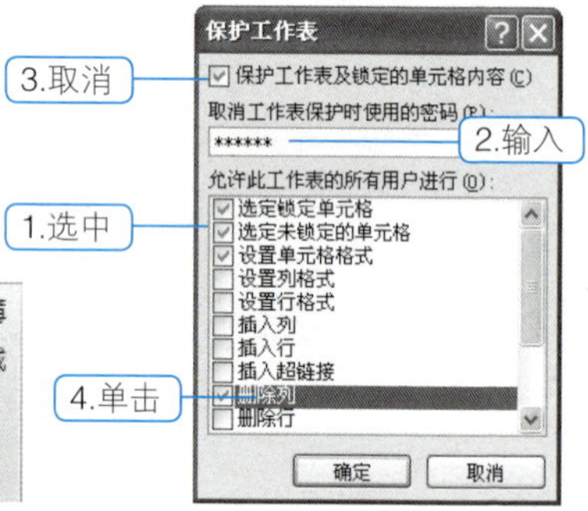

图44-2

❸ 在弹出的“确认密码”对话框中重新输入一次密码，如图44-3所示。

❹ 单击“确定”按钮，接着保存工作簿，即可完成设置。此时用户就只能进行工作表保护允许的操作，如果进行了不允许的操作，就会弹出如图44-4所示的警告对话框。

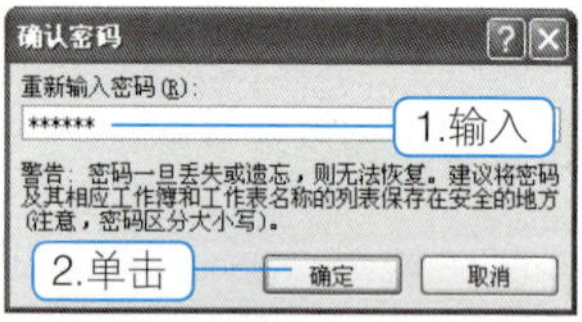

图44-3

图44-4

专家提示

在“保护工作表”对话框中的“允许此工作表的所有用户进行”列表框中，可以根据需要选择允许用户进行的操作，如果不想用户进行任何操作，则取消选中所有复选框。

技巧2 隐藏含有重要数据的工作表

如果工作表中包含有重要数据不想让其他人看到，最好的方法是将工作表隐藏。

使用常规方法隐藏工作表

❶ 打开需要隐藏的工作表所在的工作簿。

❷ 右键单击需要隐藏的工作表的工作表标签，在弹出的菜单中选择“隐藏”命令即可，如图44-5所示。

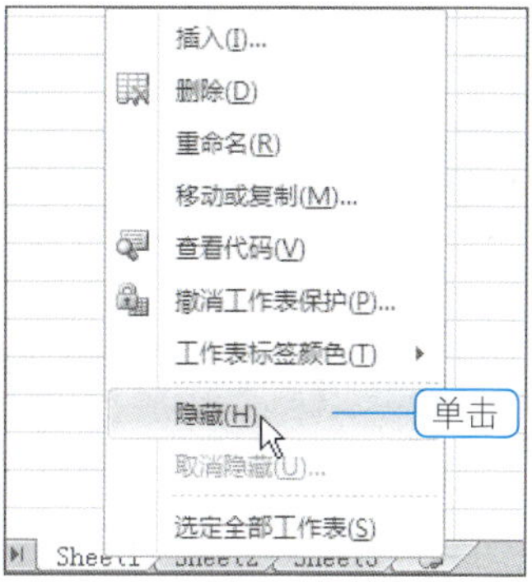

图44-5

彻底隐藏工作表

对于稍微懂得 Excel 操作的人来说，常规方法隐藏工作表的方法简直是形同虚设，如果想实现真正的隐藏，可以通过如下方法来实现。

❶ 打开需要隐藏的工作表所在的工作簿，按下“Alt+F11”组合键，打开VBA编辑器窗口，在左侧可以看到“工程”窗格和“属性”窗格。

❷ 在“工程”窗格中选择要隐藏的工作表，并在“属性”窗格中设置“Visible ”属性值为“2-xlSheetVeryHidden”，如图44-6所示。

❸ 单击“工具”→“VBAProject属性”菜单命令，打开“VBAProject工程属性”对话框，单击“保护”标签，选中“查看时锁定工程”复选框，并设置查看工程属性的密码，如图44-7所示。

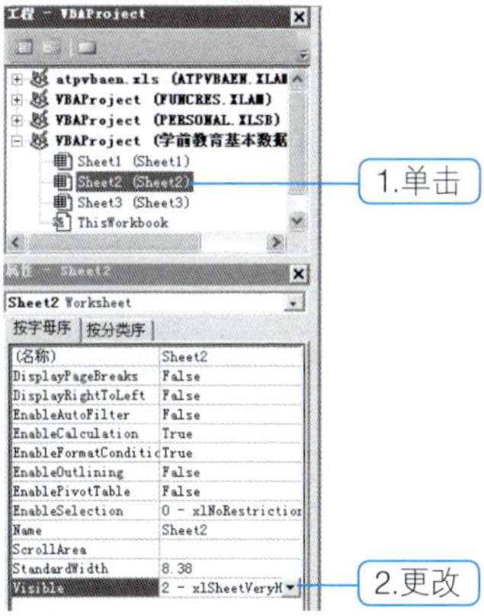

图44-6

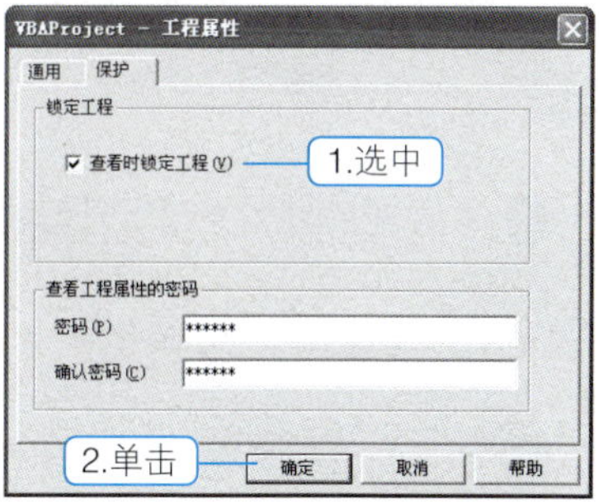

图44-7

4 单击“确定”按钮，接着按下“Ctrl+S”组合键保存文件，返回Excel界面即可看到工作表已经被隐藏，接着保存工作簿。

5 此时右键单击任意工作表标签，弹出的菜单中的“取消隐藏”命令也是处于灰色不可用状态。如此一来，即便有人知道这种操作方法，但如果没有密码的话也不能显示出隐藏的工作表，因此大大增强了Excel的安全性能。

专家提示

如果在“工程”窗格中选择要隐藏的工作表，并在“属性”窗格中设置“Visible ”属性值为“0-xlSheetHidden”，则为一般性隐藏，通过“取消隐藏”命令仍可以将其显示出隐藏的工作表。

技巧3 指定工作表中的可编辑区域

如果仅需要允许用户在工作表中的制定区域进行编辑，可以设置工作表中的可编辑区域。通过如下方法设置工作表中的可编辑区域。

1 打开需要设置的工作表，选中允许其他用户编辑的单元格或单元格区域。

2 单击“审阅”标签，在“更改”选项组中单击“允许用户编辑区域”按钮，如图44-8所示。

3 在打开的“允许用户编辑区域”对话框中单击右上角的“新建”按钮，如图44-9所示。

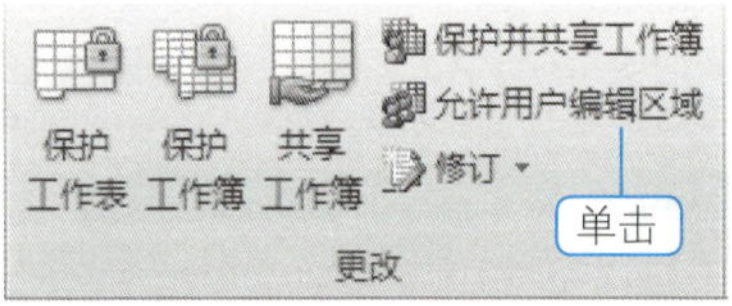

图44-8

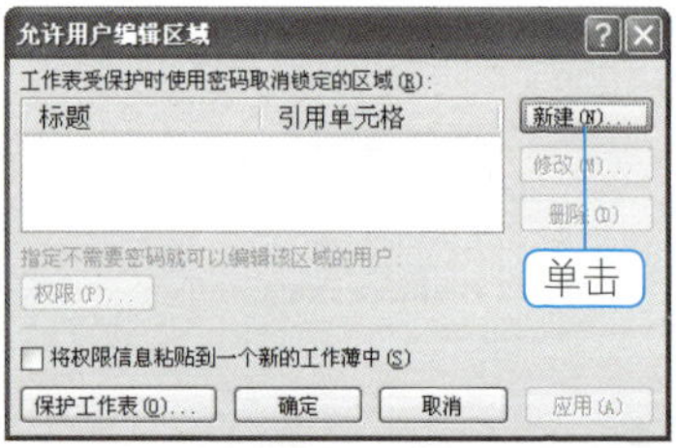

图44-9

4 在打开的“新区域”对话框中，系统已经自动引用了用户选定的单元格区域，并设置区域标题名称为“标题1”，如图44-10所示。

图44-10

5 单击“确定”按钮，返回到“允许用户编辑区域”对话框中，再次单击“确定”按钮返回到工作表中。

6 单击“审阅”标签，在“更改”选项组中单击“保护工作表”按钮，在打开的“保护工作表”对话框根据需要进行设置，设置完成后单击“确定”按钮。

7 接着保存工作簿即可。

专家提示

这样，当其他用户要在这张工作表中输入数据时，只能在指定的区域进行编辑，而对于其他区域，系统就会拒绝录入了。

技巧4 设置可编辑区域的权限

在设置了可编辑区域后，还可以为设置的可编辑区域设置相应的权限。此时可以通过如下方法来完成。

1 单击“审阅”标签，在“更改”选项组中单击“允许用户编辑区域”按钮，打开“允许用户编辑区域”对话框。

2 在列表中选中需要设置权限的区域名称，如“区域1”，接着单击“权限”按钮，如图44-11所示。

3 在打开的“区域1的权限”对话框中单击“添加”按钮，打开“选择用户组”对话框，在“输入对象名称来选择”文本框中输入需要设置权限的用户名，如“admin”，如图44-12所示。

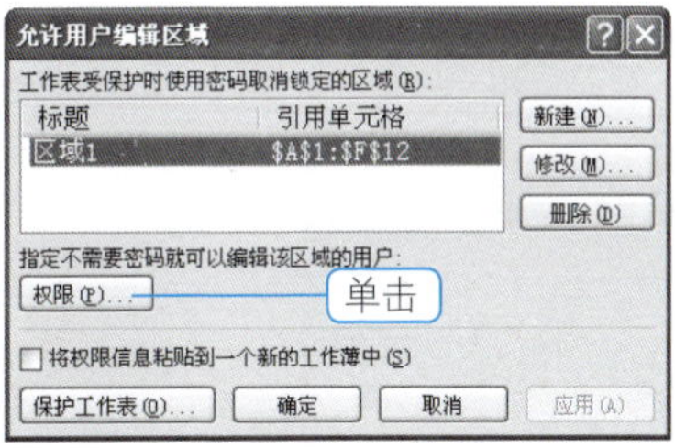

图44-11

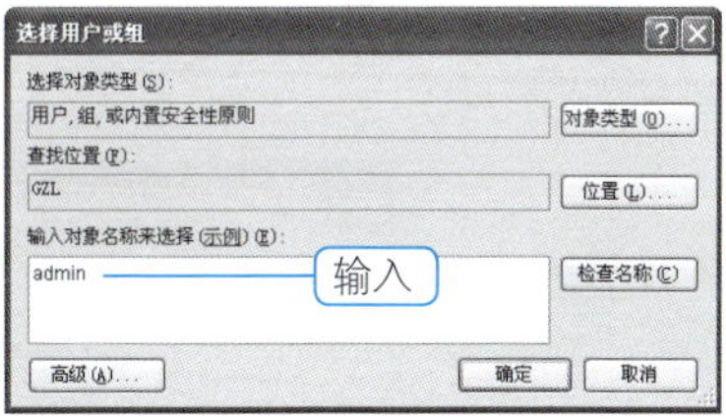

图44-12

4 单击“确定”按钮，返回到“区域1的权限”对话框中，在“组或用户名称”列表中即可看到添加的用户“admin”。

5 接着在“admin的权限”列表中选中相应权限对应的复选框，如图44-13所示。

6 单击“确定”按钮，返回到“允许用户编辑区域”对话框中，再次单击“确定”按钮，接着保存工作簿，即可完成设置。

专家提示

在“选择用户组”对话框中，如果不想手动输入用户名，可以单击“高级”按钮，在打开的“选择用户组”对话框中单击“立即查找”按钮，在查找结果中选中需要添加的用户，单击“确定”按钮即可。

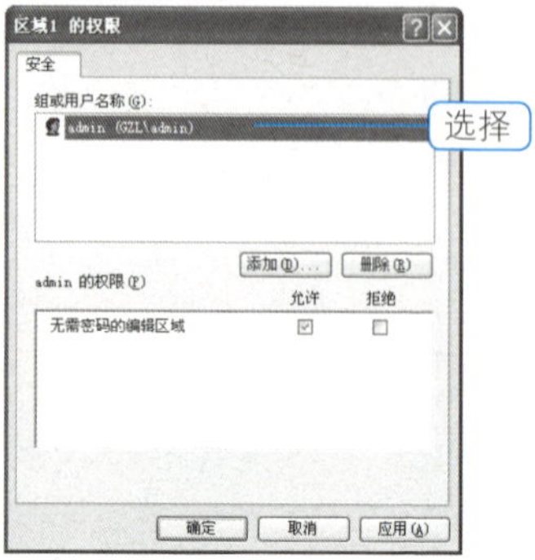

图44-13

技巧5 解决设置工作表保护却起不到保护作用的问题

已经为工作表设置了保护，操作方法没有任何问题，不知道问什么却起不到保护作用？此时可以尝试以下方法来解决这个问题。

1 打开存在设置了工作表保护却起不到保护作用的问题的工作表，取消工作表保护。

2 单击选中工作表中任意单元格，按下“Ctrl+A”组合键，将工作表中的单元格全部选中。

3 鼠标右键单击工作表中的任意单元格，在弹出的菜单中选择吗“设置单元格格式”命令，打开“设置单元格格式”对话框。

4 单击“保护”标签，选中“锁定”复选框和“隐藏”复选框，如图44-14所示。

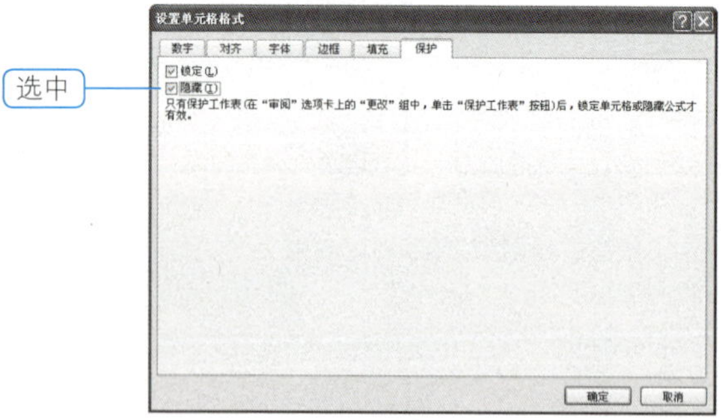

图44-14

5 单击“确定”按钮，接着重新设置工作表保护即可。

专家提示

多数工作表保护无效的问题都是由于单元格没有锁定造成的，使用本例介绍的方法可以将工作表中所有的单元格锁定，接着再设置工作表保护即可使工作表保护生效。

技巧6　保护工作簿不能被修改

如果不希望其他用户对整个工作表的结构和窗口进行修改，可以进行保护。此时可以通过如下方法进行保护。

1 单击“审阅”标签，在“更改”选项组中单击“保护工作簿”按钮，打开“保护结构和窗口”对话框。

2 分别选中“结构”复选框和“窗口”复选框，接着在“密码”文本框中输入一个密码，如图44-15所示。

3 单击“确定”按钮，接着在打开的“确认密码”对话框中重新输入一遍密码，单击“确定”按钮。

4 保存工作簿，即可完成设置。

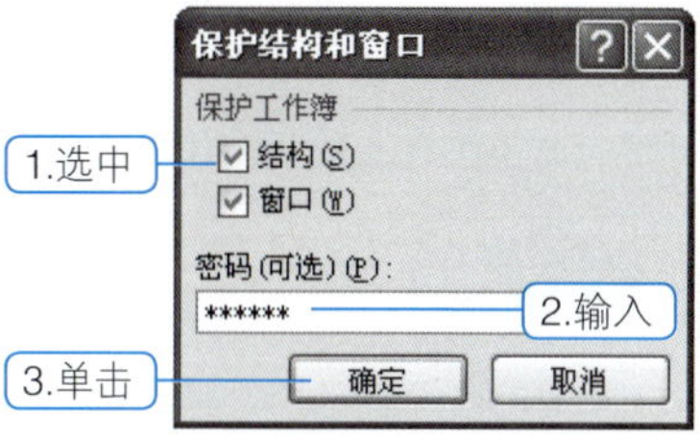

图44-15

专家提示

如果仅仅只需要保护工作簿的结构或窗口，在“保护结构和窗口”对话框中只选中一个对应的复选框即可。

技巧7　设置工作簿打开权限密码

如果工作簿中内容比较重要，不希望其他用户打开，可以给该工作簿设置一个打开权限密码，这样不知道密码的用户就无法打开工作簿了。

1 打开需要设置打开权限密码的工作簿。

2 单击“文件”标签，切换到Backstage 视图，单击“另存为”命令，打开“另存为”对话框。

3 单击左下角的“工具”按钮下拉菜单，在弹出的菜单中选择“常规选项”命令，如图44-16所示。

4 在打开的“常规选项”对话框中的“打开权限密码”文本框中输入一个

密码，如图44-17所示。

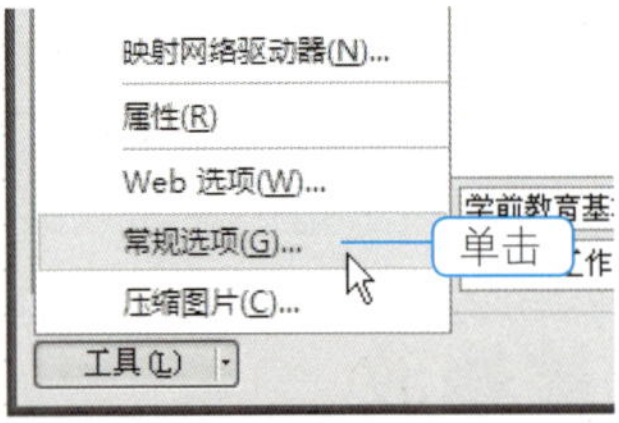

图44-16

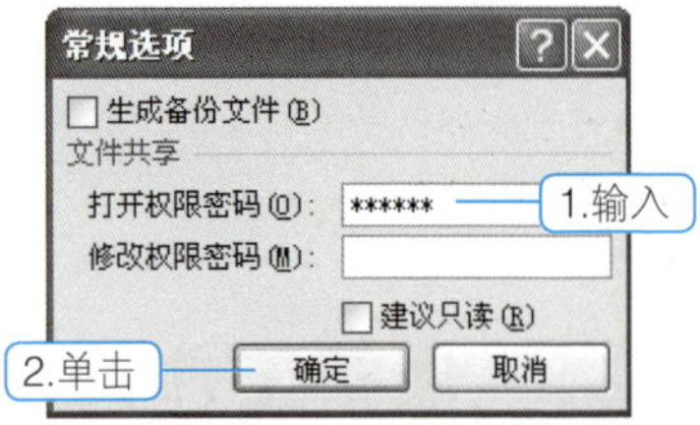

图44-17

5 单击“确定”按钮，在打开的“确认”密码对话框中再次输入密码，单击“确定”按钮，返回到另存为对话框。

6 设置一下文件的保存位置和文件名，单击“保存”按钮保存文件。以后再打开这个工作簿时，就会弹出一个“密码”文本框，只有输入正确的密码才能打开工作簿，如图44-18所示。

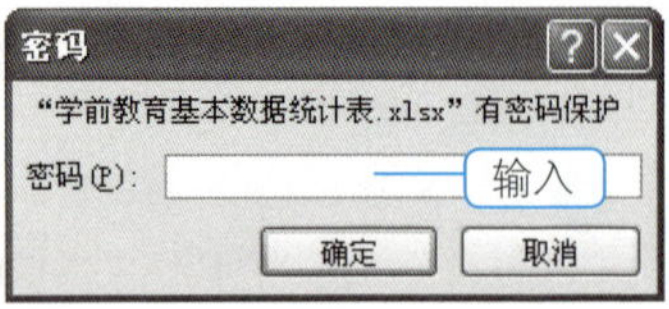

图44-18

专家提示

如果需要在设置密码前备份文档，可以在“常规选项”对话框中选中“生成备份文件”复选框即可。

技巧8 设置工作簿修改权限密码

如果需要限制用户修改工作簿内容，可以通过给工作簿设置修改权限密码来解决这个问题。

1 打开需要设置修改权限密码的工作簿。

2 单击“文件”标签，切换到Backstage 视图，单击“另存为”命令，打开“另存为”对话框。

3 单击左下角的“工具”按钮下拉菜单，在弹出的菜单中选择“常规选项”命令。

4 在打开的“常规选项”对话框中的“修改权限密码”文本框中输入一个密码，如图44-19所示。

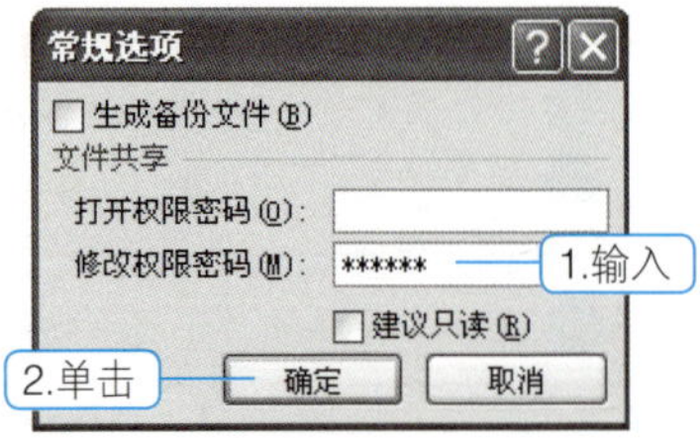

图44-19

5 单击“确定”按钮，在打开的

“确认”密码对话框中再次输入密码，单击“确定”按钮，返回到另存为对话框。

6 设置一下文件的保存位置和文件名，单击“保存”按钮保存文件。以后再打开这个工作簿时，就会弹出一个“密码”文本框，只有输入正确的密码才能对工作簿内容进行修改。

专家提示

设置工作簿修改权限密码的方法和设置工作簿打开权限密码的方法类似，只是设置的秘密用途不同而已。

技巧9 保护公式不被更改

如果工作表中包含大量的重要公式，不希望这些公式被别人修改，可以对公式进行保护。

1 单击“视图”标签，在“宏”选项组中单击“宏”按钮下拉菜单，在弹出菜单中选择“宏录制”命令，打开“录制新宏”对话框。

2 输入宏名为“保护公式”，设置快捷键为“Ctrl+q”组合键，设置保存在“个人宏工作簿”，接着单击“确定”开始录制宏。

3 按下“Ctrl+A”组合键，选中工作表中的所有单元格，切换到“开始”标签，在“单元格”选项组中单击“格式”按钮下拉菜单，在弹出菜单中单击“锁定单元格”命令，取消锁定单元格，如图44-20所示。

4 在“编辑”选项组中单击“查找和选择”按钮下拉菜单，在弹出的菜单中选择“公式”命令，选中工作表中所有的公式。

5 切换到“审阅”标签，在“更改”选项组中单击“保护工作表”按钮，打开“保护工作表”对话框。

6 把“允许此工作表中所有用户进行”列表中的所有允许选项全部选中，如图44-21所示。

7 单击“视图”标签，在“宏”选项组中单击“宏”按钮下拉菜单，在弹出菜单中选择“停止录制”命令，完成宏的录制。

8 按下“Ctrl+Q”组合键，即可保护所有公式了。

专家提示

在“保护工作表”对话框中把“允许此工作表中所有用户进行”列表中的所有允许选项全部选中，主要是为了确保只保护公式而不影响其他功能。

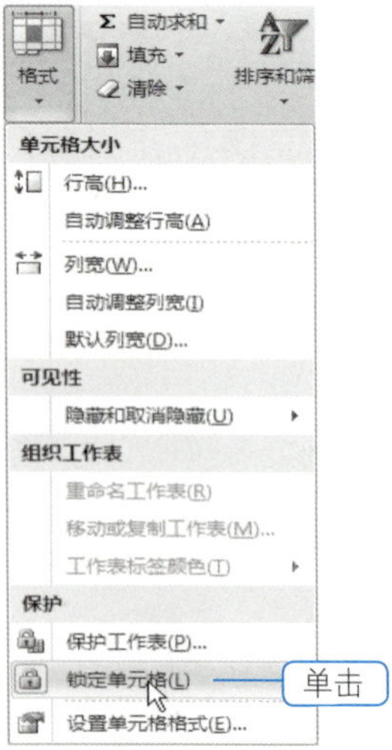

图44-20

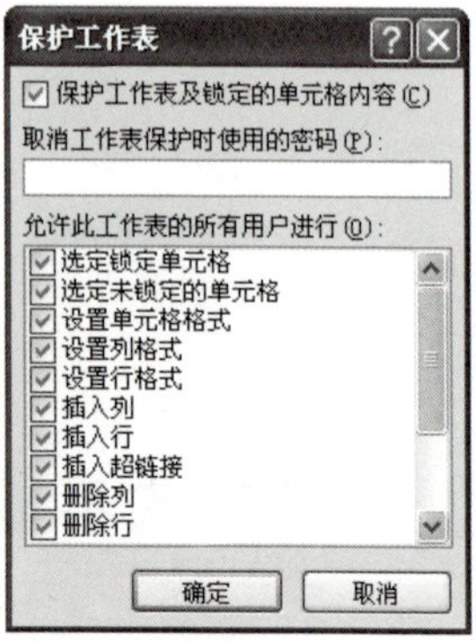

图44-21

技巧10 阻止文档中的外部内容

如果Excel文档中链接了外部内容，那么文档可能就存在一定的安全隐患。为了杜绝这些潜在的安全隐患，用户可以阻止文档中的外部内容。

❶ 在Excel 2010主界面左上角单击“文件”标签，切换到Backstage 视图，单击“Excel 选项”，打开“Excel 选项”对话框。

❷ 在左侧窗格中的“信任中心”项，接着在右侧窗格中单击“信任中心设置”按钮，如图44-22所示。

❸ 在打开的“信任中心”对话框中，单击左侧窗格中的“外部内容”项，接着在右侧窗格中的“工作簿链接的安全设置”栏中选中“禁用工作簿链接的自动更新”单选项，如图44-23所示。

图44-22

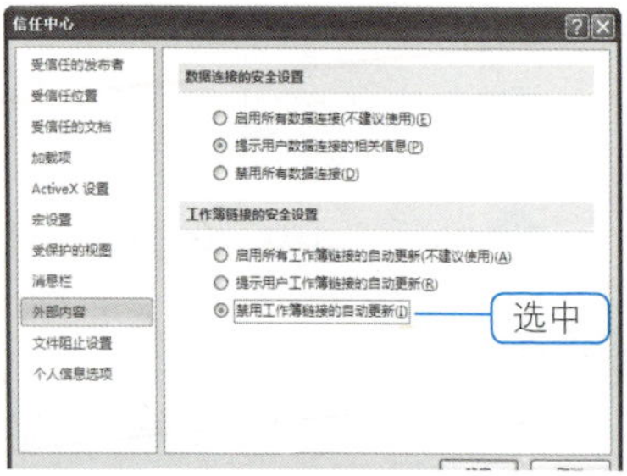

图44-23

4 单击“确定”按钮，返回到工作簿中，保存一下工作簿即可。

专家提示

如果需要禁用工作表与外部数据的链接，则在“信任中心”对话框中的“数据连接的安全设置”栏中选中“禁用所有数据连接”单选项，单击“确定”按钮即可。

技巧11　只保护受保护的工作表中的特定单元格和区域

除了可以设置工作表中的可编辑区域，还可以通过如下设置实现只锁定受保护工作中的特定单元格区域。

1 在“审阅”菜单的“更改”工具栏中单击 “撤消工作表保护”（在工作表受保护时，“保护工作表”变为“撤销工作表保护”），在系统提示时输入密码来取消对工作表的保护。

2 选定整个工作表，在“开始”菜单的“字体”工具中单击按钮，打开“设置单元格字体格式”对话框。在“保护”选项卡上，清除“锁定”复选框，如图44-24所示。

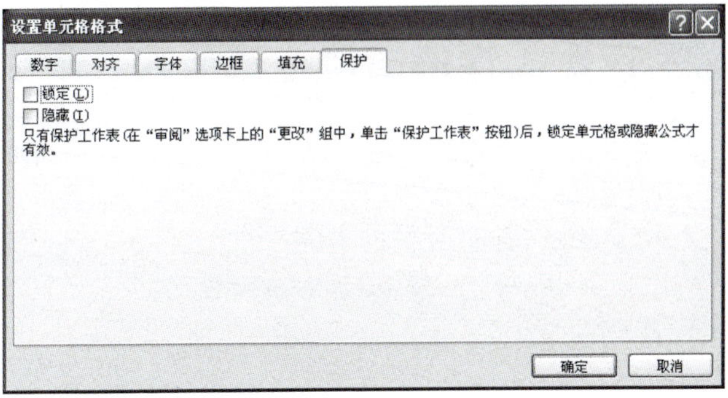

图44–24

3 在工作表中选择要锁定的单元格区域，找开 “设置单元格字体格式”对话框，选择“保护”选项卡，选中“锁定”复选框。

4 单击“确定”按钮回到工作表中，然后再在“审阅”菜单的“更改”工具栏中单击 “保护工作表”按钮设置保护密码。

5 设置完成后，当试图对这一部分单元格进行更改时，将弹出如图44-25所示的提示信息。除这一部分单元格之外的其他单元格都是可以进行操作的。

图44-25

技巧12 设置允许用户进行的操作

如果在保护工作表的同时，希望允许用户进行部分操作，可以按如下方法设置。

❶ 切换到要保护的工作表中，单击“审阅”菜单，在“更改”工具栏中单击“保护工作表”按钮，打开“保护工作表”对话框。

❷ 在“允许此工作的所有用户进行”列表框中选择允许进行的操作（如图44-26所示），然后再进行设置密码的操作即可。

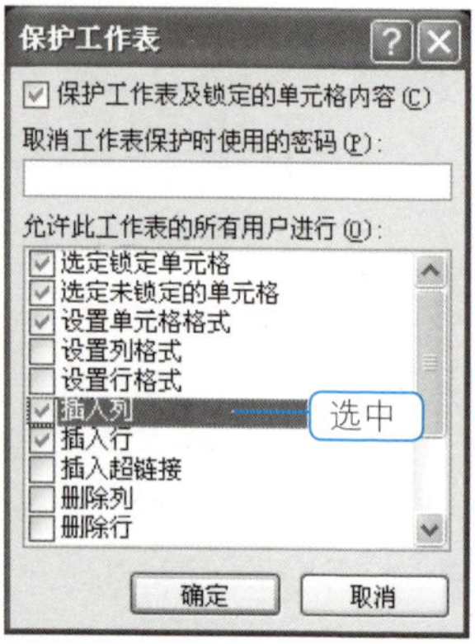

图44-26

技巧13 保护工作簿窗口不被最大、最小化

如果要使工作簿窗口不被最大、最小化，并且在每次打开工作簿时大小和位置都相同，可以按如下方法设置。

在“审阅”菜单的“更改”工具栏中单击“保护工作簿”按钮，单击“保护结构和窗口”命令选项，打开“保护工作簿”对话框。选中“窗口”复选框，并在“密码”框中输入设定密码即可。

技巧14 加密工作簿

对于包含重要数据的工作表，可以对进行加密码设置，从则避免他人随意打开。

❶ 工作簿编辑完成后，单击“Office按钮”，选择“准备→加密文档”命令，打开“加密文档”对话框。设置密码，如图44-27所示。

❷ 设置密码后，当下次打开此文档时，会弹出提示对话框提示输入密码，如图44-28所示。

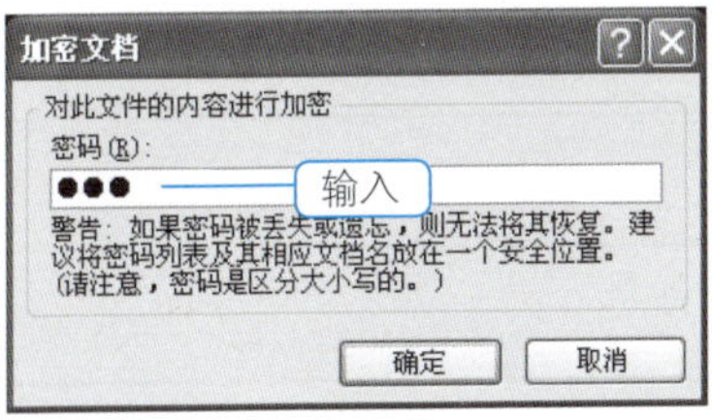

图44-27

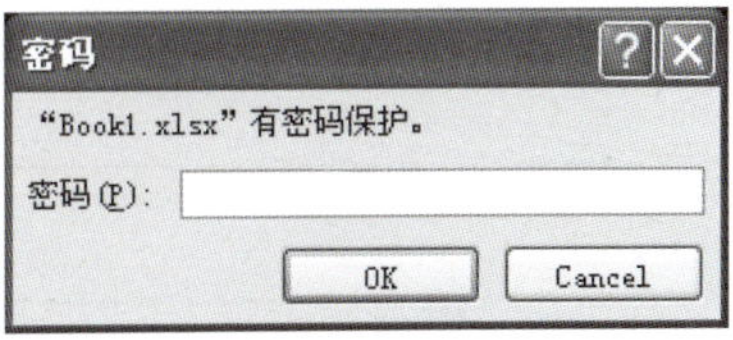

图44-28

技巧15 添加数字签名以保护文档

通过添加数字签名，文档就变成只读，以防止修改。

❶ 工作簿编辑完成后，单击"Office按钮"，选择"准备→添加数字签名"命令，打开"加密文档"对话框。如果要说明签署文档的目的，请在"签名"对话框中"签署此文档的目的"下的框中键入此信息，如图44-29所示。

❷ 单击"签名"按钮弹出确认对话框，如图44-30所示。

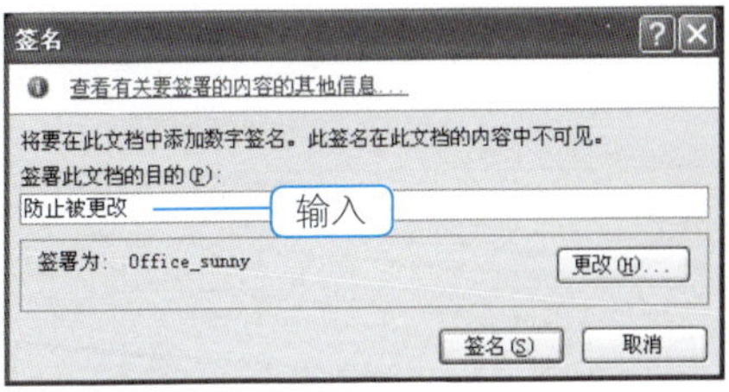

图44-29

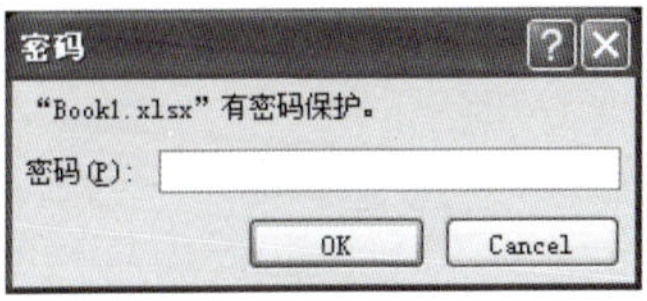

图44-30

❸ 单击"确定"按钮，即可实现添加数字签名。

专家提示

不可见的数字签名在文档内容本身中是不可见的，但文档接收人可以通过查看文档的数字签名或通过查找屏幕底部状态栏上的"签名"按钮来确定文档已进行数字签名。

读书笔记

第45章

表格打印与输出操作技巧

表格制作完成后，需要打印或以其他方式输出保存为自己所用。在打印与输出保存过程中，可以学习本章的一些技巧来完成特定的操作。

技巧1 打印指定的页

在对页面和打印机进行设置后，通过打印预览显示打印结果。若工作表包含多页内容，有时只需要打印Excel工作表指定的页面，可按照下面的方法只打印Excel工作表指定的页面。

1. 打开要打印的工作表。
2. 单击“文件”选项卡，在下拉菜单中选择“打印”标签，如图45-1所示。
3. 在右侧的“设置”选项区域的“页数”文本框中输入要打印的页码或页码范围，如图45-2所示。

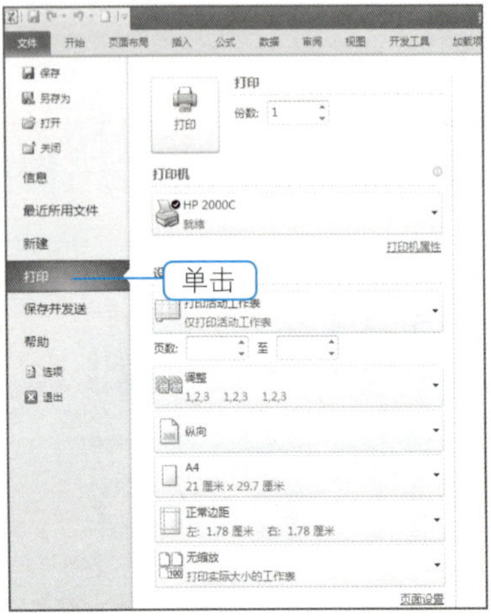

图45-1

图45-2

4. 设置完成后，单击“打印”按钮，即可开始打印，如图45-3所示。

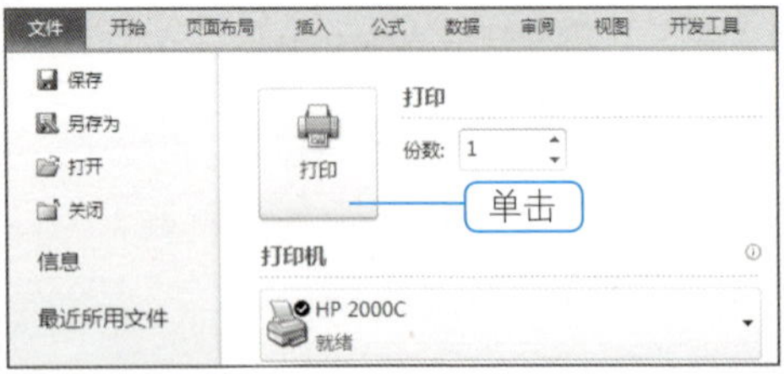

图45-3

专家提示

用户可以根据需要，自行设置要打印的页码或页码范围。

技巧2 打印工作表中某一特定区域

在对页面和打印机进行设置后，通过打印预览显示打印结果。当整张工作表数据较多时，若只需要打印某一部分内容作为参考资料，可按照下面介绍的方法进行操作，例如打印工作表中单元格区域A1：F5的数据。

❶ 选中单元格区域A1：F5数据，如图45-4所示。

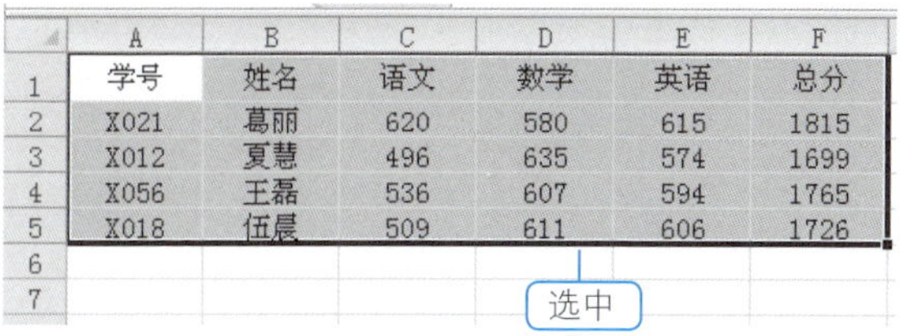

图45-4

❷ 单击“页面布局”选项卡，在“页面设置”选项组中选中“打印区域”下拉按钮，在下拉列表中选中“设置打印区域”命令，如图45-5所示。

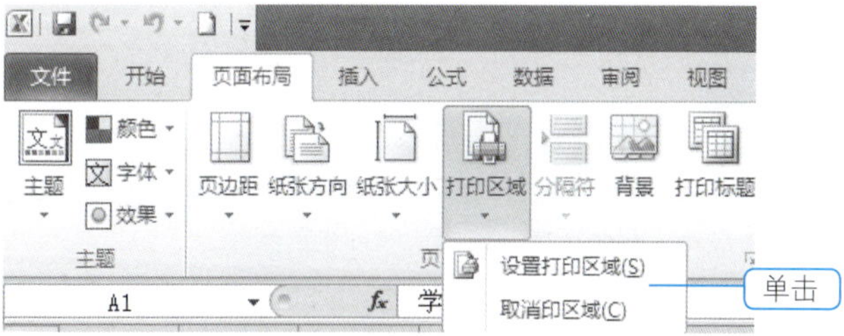

图45-5

❸ 此时可以将单元格区域A1：F5设置为打印区域，如图45-6所示。

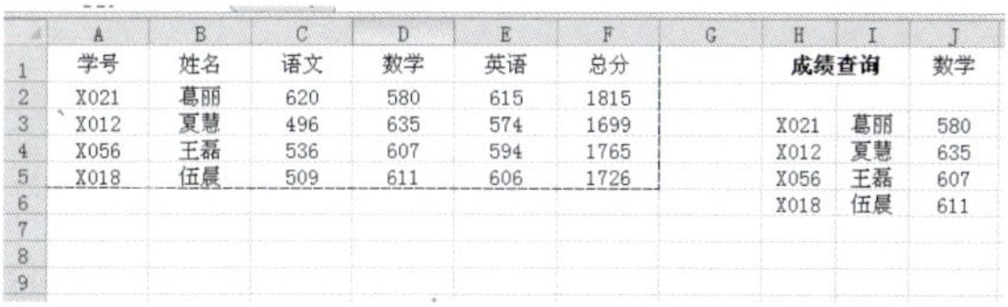

图45-6

❹ 切换到“文件”选项卡，在下拉菜单中选择“打印”标签，如图45-7所示。

❺ 在右侧的“设置”选项区域的“页数”文本框中输入要打印的份数，如图45-8所示。

❻ 设置完成后，单击“打印”按钮，即可开始打印，如图45-9所示。

图45-7

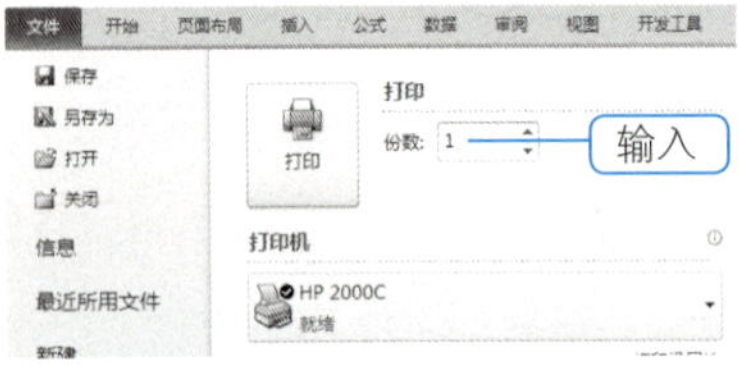

图45-8

图45-9

专家提示

当需要取消设置好的打印区域时，可在打开目标工作表后，切换到“页面布局”选项卡，但“页面设置”组中的“打印区域”按钮，在展开的下拉菜单中单击“取消打印区域”选项，即可完成操作。

技巧3 一次性打印多张工作表

设置了当前工作表的页面布局后，执行打印命令时，只能打印当前工作表，如果用户需要一次性打印多个工作表，可以通过设置来实现。下面介绍一次性打印一个工作簿中的3张工作表。

❶ 按住Ctrl键不放，依次单击要打印的工作表标签，如图45-10所示。

❷ 单击“文件”选项卡，在下拉菜单中选择“打印”标签，如图45-11所示。

❸ 在右侧的“设置”选项区域中单击“打印”按钮，则程序就会对所选择的工作表依次进行打印，如图45-12所示。

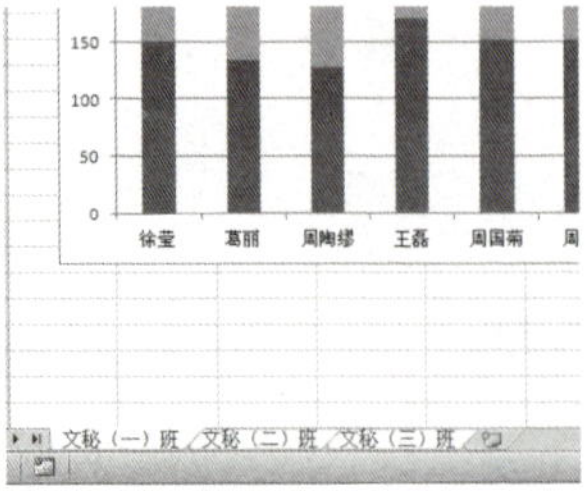

图45-10

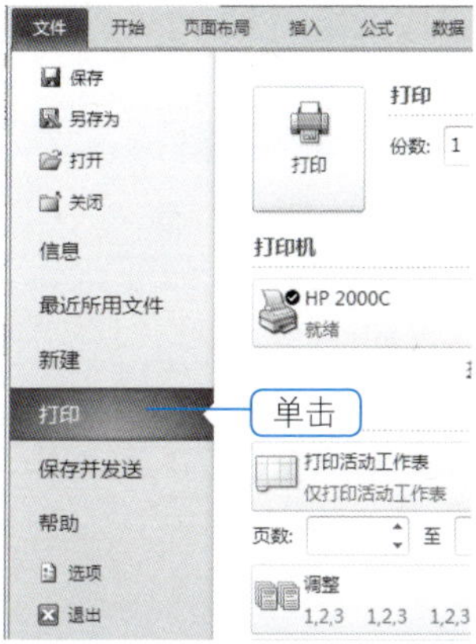

图45-11

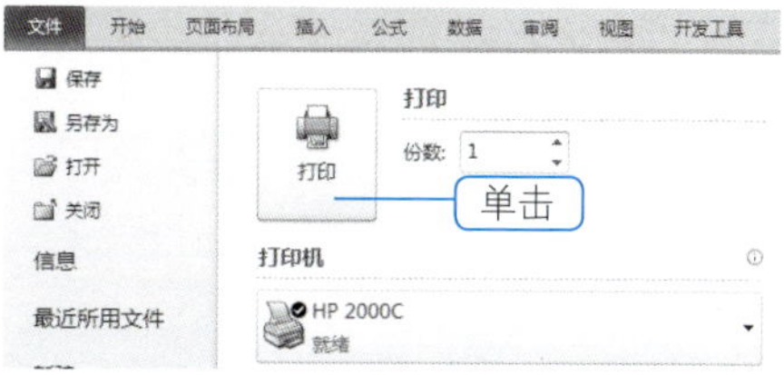

图45-12

专家提示

在打印之前，用户可以在右侧的打印预览区域中查看预览效果。

技巧4 将行、列号一同打印出来

在默认情况下，在执行打印操作后，打印出来的工作表中不包含行号和列号。

1 打开要打印的文档。

2 单击“页面布局”选项卡，在“页面设置”选项组中单击右下角的按钮，如图45-13所示。

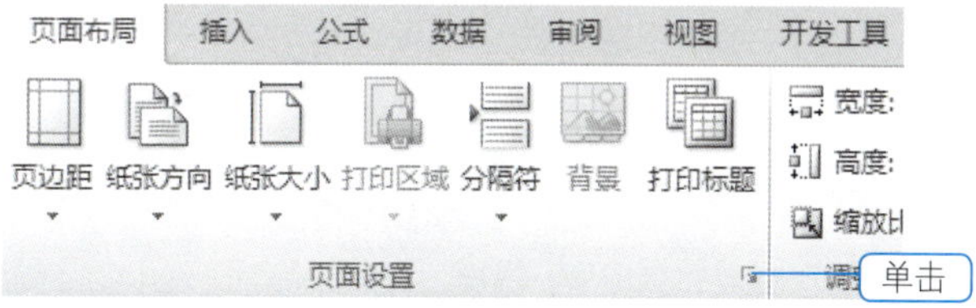

图45-13

3 打开“页面设置”对话框，如图45-14所示。

4 选择“工作表”选项卡，在其中选中“打印”选项区域中的“行号列标”复选框，如图45-15所示。

5 单击“确定”按钮，再执行打印操作，即可将行号和列号一同打印出来。

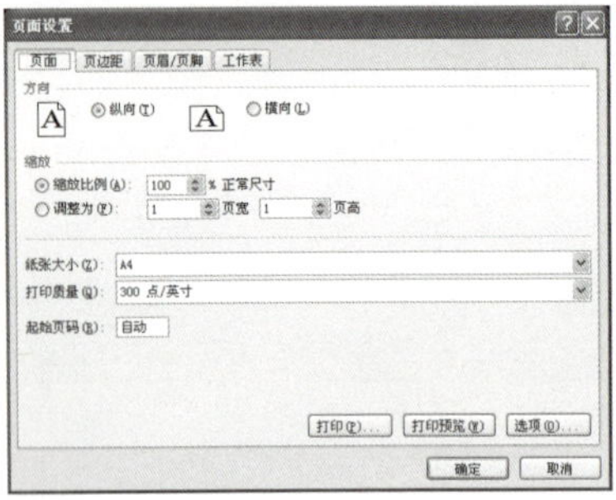

图45-14

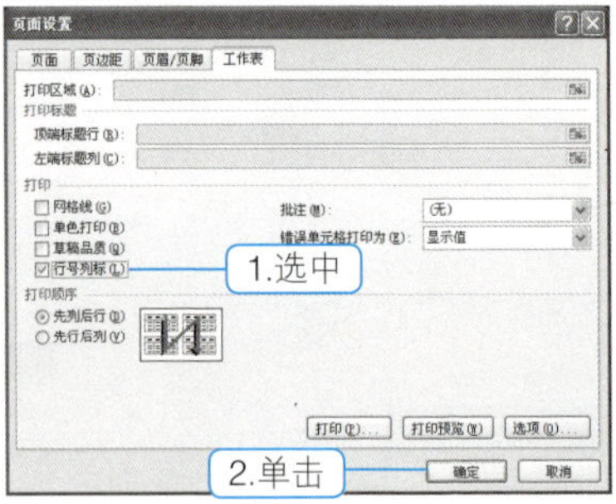

图45-15

专家提示

在打印表格时，打印机会以先行后列或先列后行的顺序进行打印，如果用户需要对该打印机顺序进行设置时，可打开“页面设置”对话框，切换到“工作表”选项卡，在“打印顺序”组中对表格行与列的打印顺序进行设置。

技巧5 将工作表上的网格线打印出来

在默认情况下，Excel表格中的虚拟表格以及行号、列表和网格线是不会显示出来的。但如果用户需要，可对其进行设置。若要使打印出的工作表包含网格线，可根据下面介绍的方法来设置。

1. 打开要打印的文档。
2. 单击“页面布局”选项卡，在“页面设置”选项组中单击右下角的 按钮，如图45-16所示。

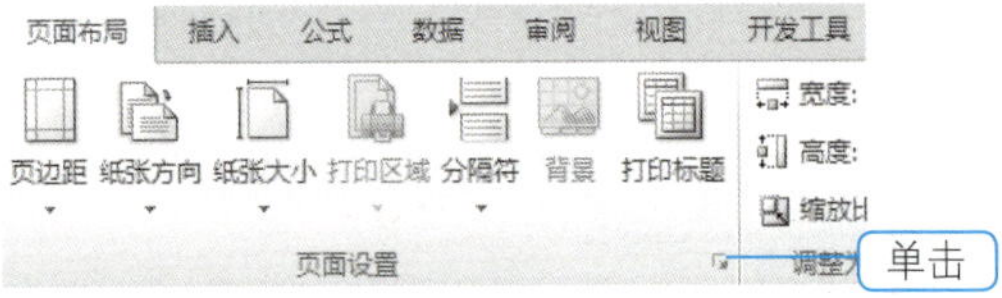

图45-16

3. 打开“页面设置”对话框，如图45-17所示。
4. 选择“工作表”选项卡，选中“打印”选项区域中的“网格线”复选框，如图45-18所示。
5. 单击“确定”按钮，再执行打印操作，即可将网格线一同打印出来。

专家提示

学习该技巧，还可以设置表格中批注的打印方法以及错误单元格的打印方式等。

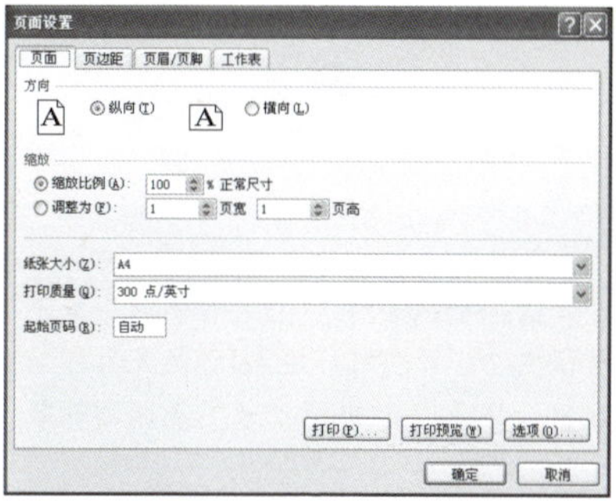

图45-17

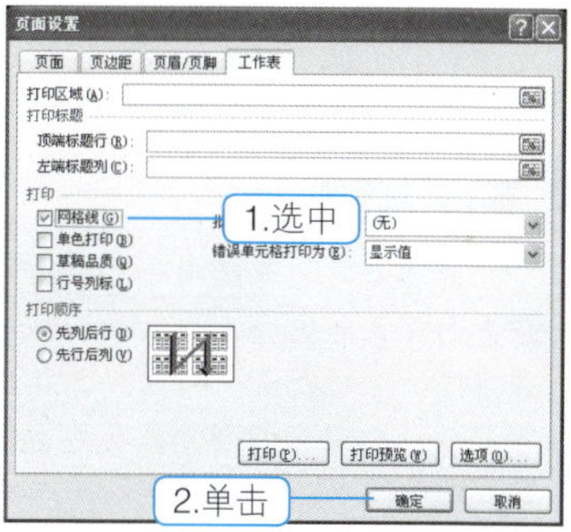

图45-18

技巧6 将数据缩印在一页纸内打印

在打印文档时，当打印的内容超过一页时，会自动将剩余内容放在后面的新页中。若新页中的数据很少，再占用一页，会浪费纸张，可以通过设置将数据缩印在一页纸内。

1. 打开要打印的文档。
2. 单击“页面布局”选项卡，在“页面设置”选项组中单击右下角的按钮，如图45-19所示。

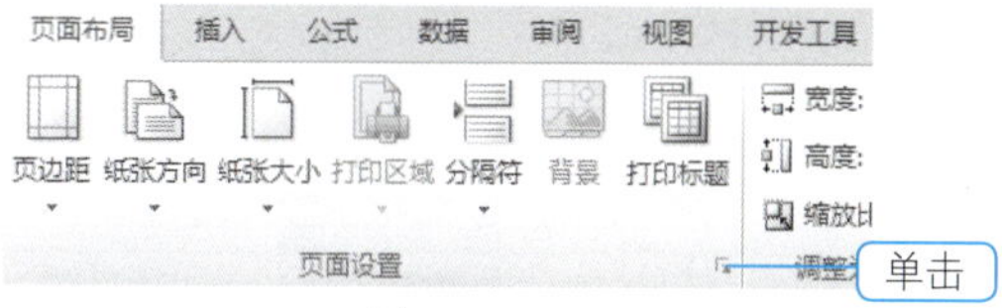

图45-19

3. 打开“页面设置”对话框，如图45-20所示。
4. 选择“页面”选项卡，选中“缩放”选项区域中的“调整为”单选框，在其文本框中分别输入数值“1”，如图45-21所示。

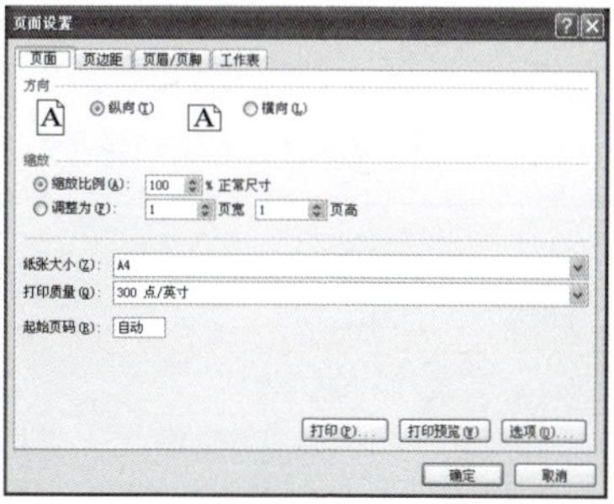

图45-20

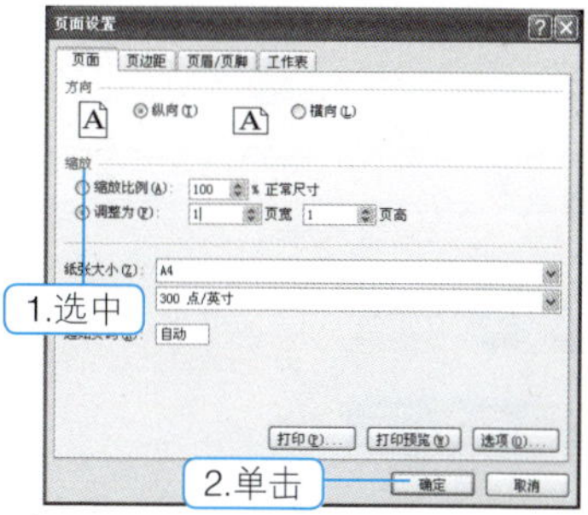

图45-21

5 单击“确定”按钮，再执行打印操作，即可将剩余数据缩放到一页纸内进行打印。

专家提示

这个技巧主要运用于如下的情形：①当数据内容超过一页宽时，Excel总是先打印左半部分，把右半部分单独放在后面的新页中，但是右半部分数据并不多，可能就是一两列；②当数据内容超过一页高时，Excel总是先打印前面部分，把超出的部分放在后面的新页中，但是超出的部分并不多，可能就是一两行。

技巧7 打印超宽工作表

在打印文档时，如果工作表包含多列，文档较宽时，可通过设置来打印工作表。下面介绍打印超宽的工作表。

1 打开要打印的文档。

2 单击“文件”选项卡，在下拉菜单中选择“打印”标签，如图45-22所示。

3 在右侧的“设置”选项区域中单击“纵向”按钮，在下拉列表中选择“横向”选项，如图45-23所示。

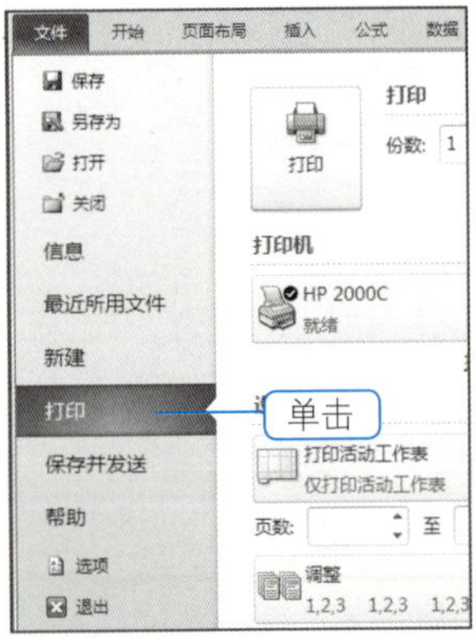

图45-22

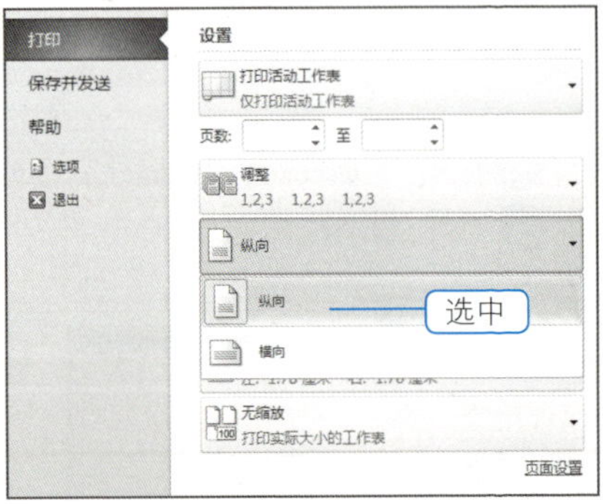

图45-23

4 设置完成后，单击“打印”按钮，即可开始打印。

专家提示

用户可以根据需要，在打印工作表时自行设置“横向”或“纵向”。

技巧8　打印工作簿

如果想打印整张工作簿的内容，可通过下面的方法来实现。

❶ 打开要打印的工作簿，单击“Office按钮”打开下拉菜单，选择“打印→打印”命令，打开“打印内容”设置对话框。

❷ 选中“打印内容”栏中的“整个工作簿”单选项，如图45-24所示。

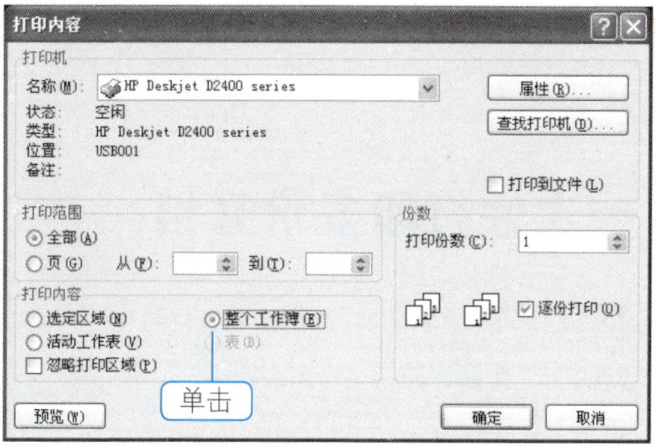

图45-24

❸ 设置完成后，单击“确定”按钮开始打印即可。

技巧9　添加多个打印区域

选中要打印的区域，在“页面布局”菜单的“页面设置”工具栏中单击“设置打印区域”命令，只能设置一个打印区域，当设置下一个打印区域时，前面所设置的区域则会被取消。如果要设置多个打印区域，则可以按如下方法来操作。

❶ 选择中需要打印的区域，在“页面布局”菜单的“页面设置”工具栏中单击“打印区域”按钮，选择“设置打印区域”命令选项（如图45-25所示）将该区域设置为打印区域。

❷ 选择下一个需要打印的区域，单击“打印区域”按钮，选择“添加到打印区域”命令选项，添加第二个打印区域，如图45-26所示。

❸ 按相同的方法可以设置多个打印区域。添加完成后，切换到打印预览状态下，可以看到添加的打印区域分别位于单独的页中，单击“打印”按钮即可执行打印。

❹ 若要清除工作表中的打印区域，单击“打印区域”按钮，选择“取消打印区域”命令即可。

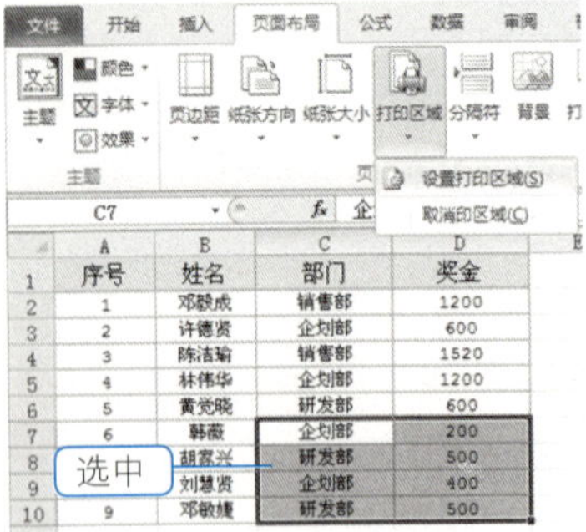

图45-25

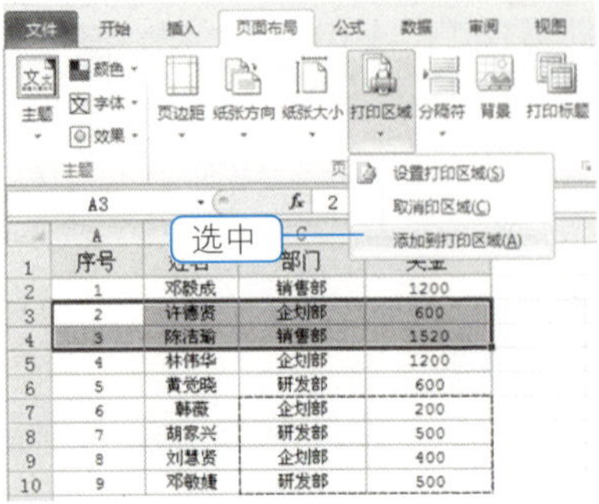

图45-26

技巧10 一次性打印多份文档

如果想一次打印出多份文档，可以在打印前设置打印份数。

❶ 打开要打印的工作簿，单击“Office按钮”打开下拉菜单，选择“打印→打印”命令，打开“打印内容”设置对话框。

❷ 设置好打印的范围后，在“打印份数”栏中输入要打印的份数，如图45-27所示。

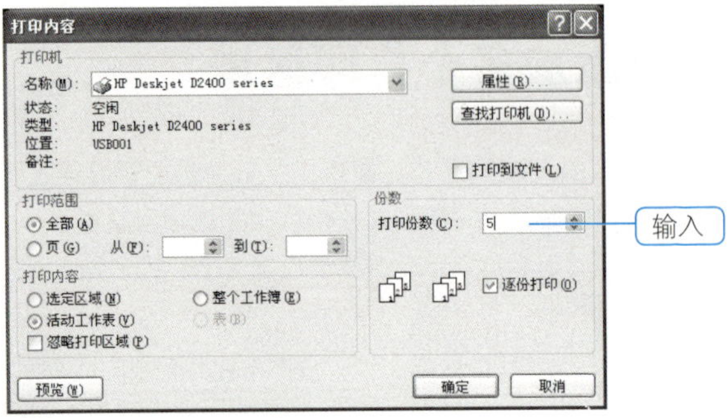

图45-27

❸ 设置完成后，单击“确定”按钮开始打印即可。

技巧11 打印当前工作表中除设置的打印区域之外的内容

如果想打印当前工作表中除设置的打印区域之外的内容，可通过下面的方法来实现。

❶ 打开要打印的工作簿，单击“Office按钮”打开下拉菜单，选择“打印→打印”命令，打开“打印内容”设置对话框。

❷ 在“打印内容”栏中选中“活动工作表”单选框及下面的“忽略打印区域”复选框，如图45-28所示。

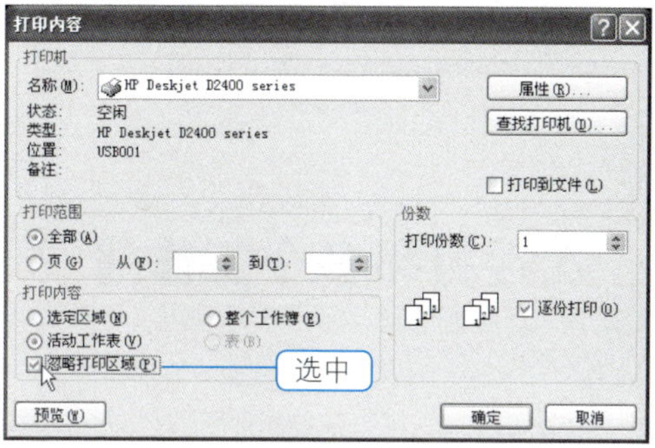

图45-28

❸ 设置完成后，单击“确定”按钮开始打印即可。

技巧12 建立打印机文件

如果要将工作簿打印到的打印机的类型不同于最初用来打印该工作簿的打印机，则可以将工作簿打印到文件而不是打印到打印机。从而实现以后就能够在与最初用于打印文档的打印机类型不同的打印机上打印文件了。

❶ 打开要打印的工作簿，单击“Office按钮”打开下拉菜单，选择“打印→打印”命令，打开“打印内容”设置对话框。

❷ 在“名称”框中选择打印文件要使用的打印机，选中“打印到文件”复选框，如图45-29所示。

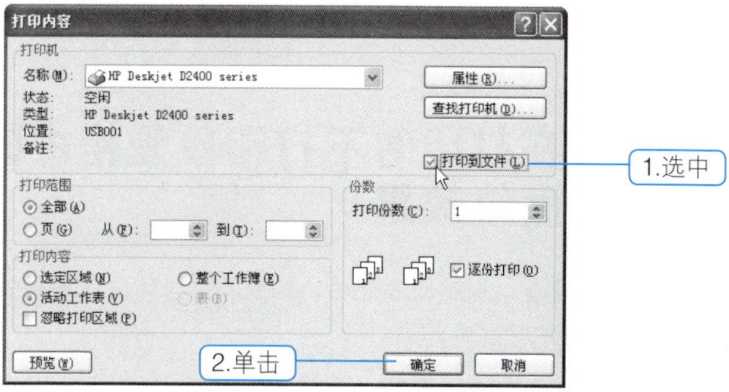

图45-29

③ 单击“确定”按钮，打开“打印到文件”对话框，键入要打印的文件的名称，如图45-30所示。

图45-30

④ 单击“确定”按钮即可。

技巧13 一次性打印多个工作簿

如果需要一次性打印多个工作簿，可以按如下方法操作。

① 在资源管理器中新建文件夹，将需要打印的工作表放入该文件夹中。

② 在Excel工作表编辑状态，单击“Office按钮”，在下拉菜单中选择“打开”命令，弹出“打开”对话框。将需要打印的工作表一次性选中，单击“工具”按钮，打开其下拉菜单，从中选择“打印”命令（如图45-31所示）即可实现一次性打印多张工作表了。

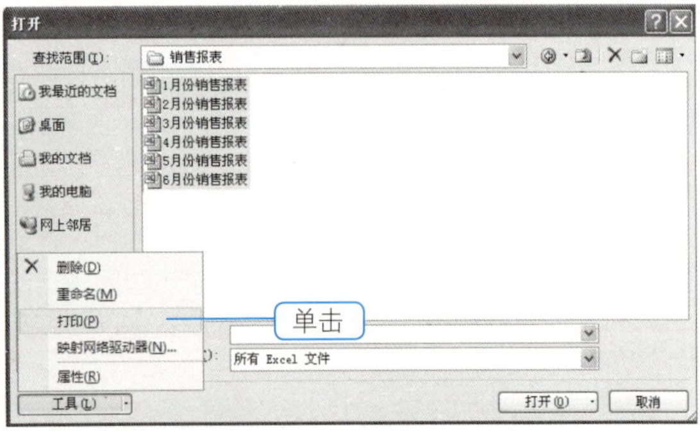

图45-31

技巧14 在打印时不打印单元格中的颜色和底纹效果

为单元格设置边框底纹效果后，如果不想打印出所设置的底纹效果与颜色，可通过下面的方法来实现。

① 打开需要打印的工作表，在“页面布局”菜单的“页面设置”工具栏中单击右下角的 按钮，打开“页面设置”对话框。

2 选择“工作表”选项卡，在“打印”栏中下选中“单色打印”复选框，如图45-32所示。

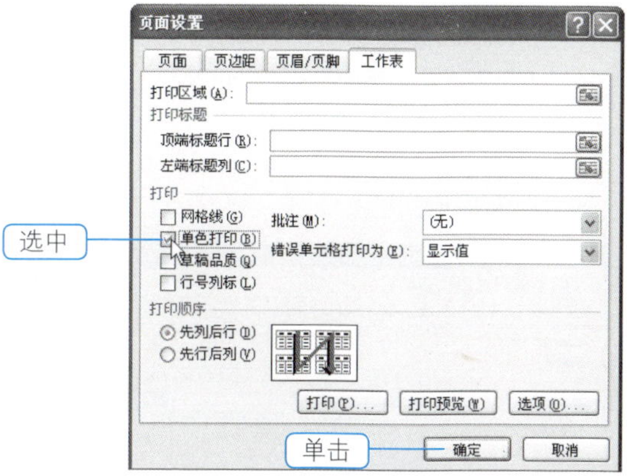

图45-32

3 设置完成后，单击“确定”按钮开始打印即可（按此方式打印也是加快打印速度的一种方法）。

技巧15　以草稿质量打印

如果要打印的工作表只想作为草稿方式传阅，那么则可以以草稿方式打印，从而节省打印机墨水。

1 打开需要打印的工作表，在在“页面布局”菜单的“页面设置”工具栏中单击右下角的按钮，打开“页面设置”对话框。

2 选择“工作表”选项卡，选择“工作表”选项卡，在“打印”栏中下选中“草稿品质”复选框，如图45-33所示。

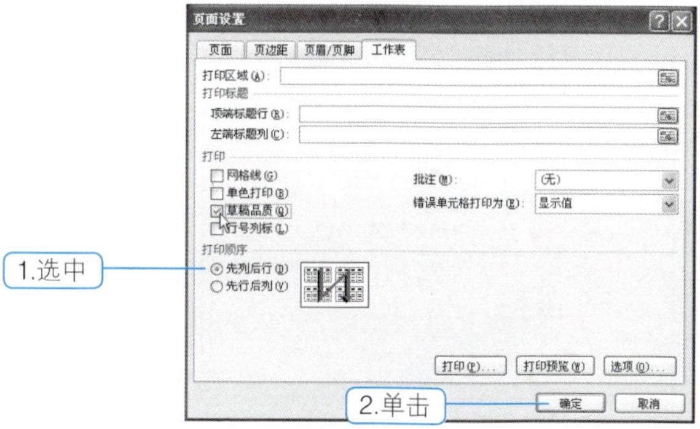

图45-33

技巧16 打印出批注

如果要打印出工作表中添加的批注，需要在打印前进行如下设置。

❶ 打开需要打印的工作表，在“页面布局”菜单的“页面设置”工具栏中单击右下角的按钮，打开“页面设置”对话框。

❷ 选择“工作表”选项卡，在“打印”栏中单击“批注”框右侧下拉按钮，选择打印批注的位置，如图45-34所示。

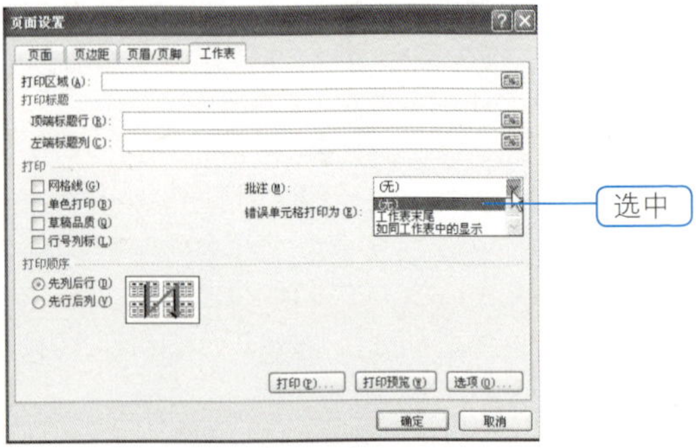

图45-34

技巧17 设置工作表中错误单元格的打印方式

如果要打印的工作表中显示了一些错误值，在打印前进行如下设置可以控制错误值的显示。

❶ 打开需要打印的工作表，在在“页面布局”菜单的“页面设置”工具栏中单击右下角的按钮，打开“页面设置”对话框。

❷ 选择“工作表”选项卡，在“打印”栏中单击“错误单元格打印为”框右侧下拉按钮，选择错误值的打印方式，如图45-35所示。

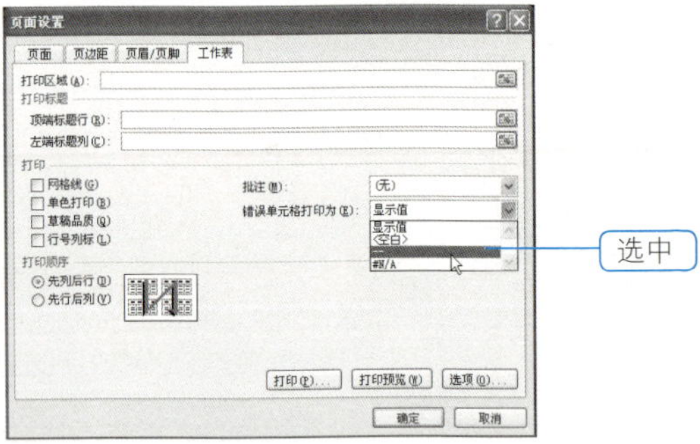

图45-35

技巧18 将工作表的数据居中打印

如果当前打印的内容不能满页显示，那么默认则会靠上左对齐打印。通过如下设置可以实现让打印内容居中打印。

❶ 打开需要打印的工作表，在在“页面布局”菜单的“页面设置”工具栏中单击右下角的按钮，打开“页面设置”对话框。

❷ 选择“页边距”选项卡，将“居中方式”栏下的“水平”复选框选中（如图45-36所示），即可让打印内容居中显示在纸张中央。

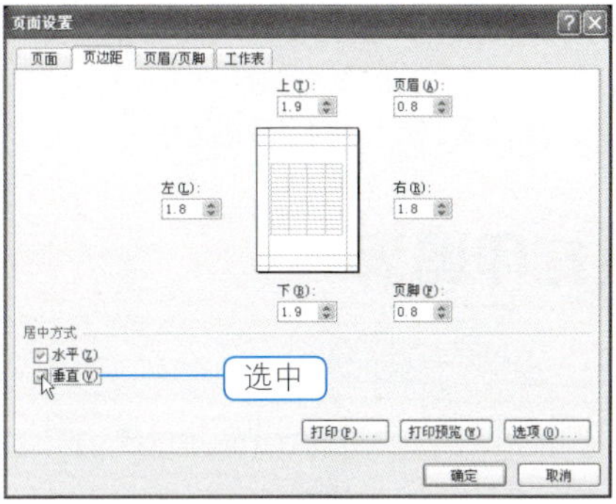

图45-36

技巧19 插入分页符来新起一页

在打印工作表内容时，程序会根据当前打印内容自动分页，如果希望让原本可打印在同一页中的内容分页打印，可以通过插入分页符来新起一页。

❶ 打开需要打印的工作表，选中要分入下一页的起始单元格，单击“页面布局”菜单，在“页面设置”工具栏中单击“分页符”按钮，从打开的菜单中选择“插入分页符”命令（如图45-37所示），即可实现插入分页符。

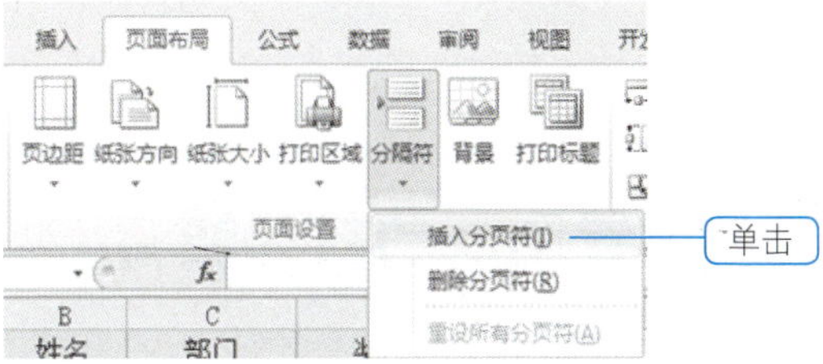

图45-37

❷ 进入打印预览状态下则可看到以插入的分页符为分界显示在不同页中。

技巧20 将多个打印区域打印到同一页上

如果打印区域中包含工作表中的不相邻区域，在默认情况下，Excel将把每个区域打印到单独的页面上。如果想将多个打印区域打印到同一页上，可以按如上方法进行设置。

1 将不相邻的列打印到相邻的位置上。

选定不想打印的列，在列标上单击鼠标右键，单击“隐藏”命令。然后设置一个包含所有列的打印区域，其中也包括隐藏的列。

2 将不相邻的行打印到上下相邻的位置上。

选定不想打印的行，在行标上单击鼠标右键，单击“隐藏”命令。然后设置一个包含所有行的打印区域，其中也包括隐藏的行。

技巧21 只打印图表

如果工作表中包含图表，现在只想打印出图表，其操作方法如下。

1 打开包含图表的工作表，单击“Office按钮”打开下拉菜单，选择“打印→打印”命令，打开“打印内容”设置对话框。

2 选中“页面范围”栏中选中“选定图表”单选框，如图45-38所示。

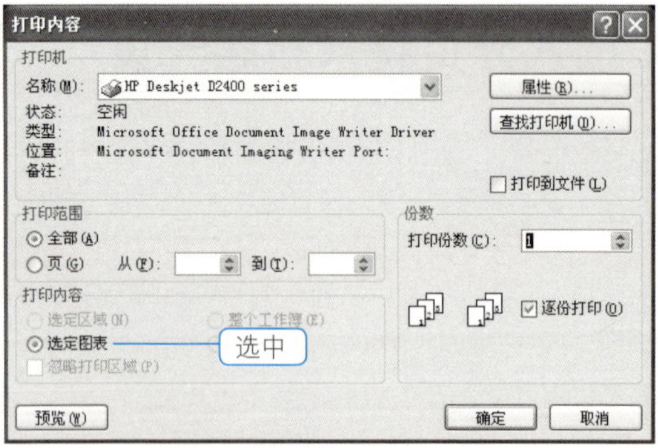

图45-38

技巧22 设置图表的打印质量

在打印图表时，根据打印图表的使用目的，还可以设置打印质量。

1 在“页面布局”菜单的“页面设置”工具栏中单击右下角的按钮，

打开“页面设置”对话框。

❷ 选择“图表”选项卡，可以选择图表的打印质量，如图45-39所示。

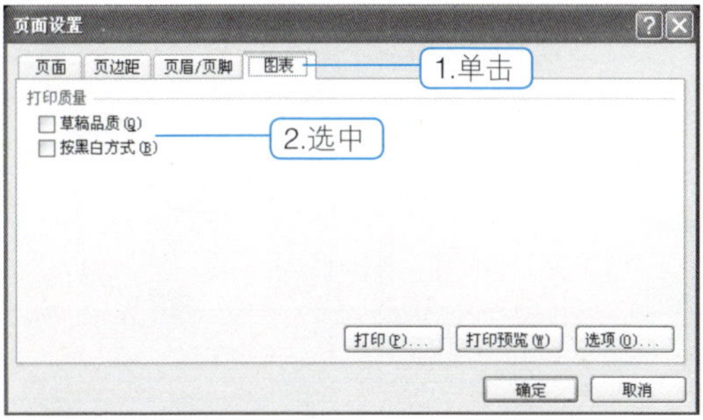

图45-39

技巧23 巧妙打印工作表背景

为工作表设置背景是美化工作表的一种常见方式，但是为工作表设置背景之后，通过打印预览可以看到工作表背景并不能被打印出来。如果想打印出工作表的背景，可以按如下技巧来实现。

❶ 进行页眉页脚编辑状态下，将光标定位到页眉中最左边编辑框中，插入图片，如图45-40所示。

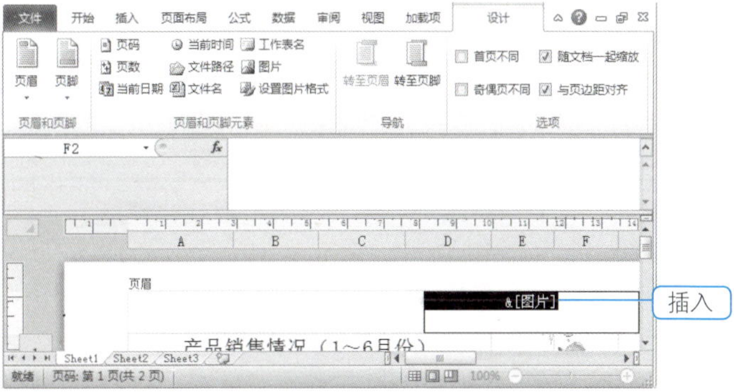

图45-40

❷ 单击“页眉和页脚元素”工具栏中的“设置图片格式”按钮，打开“设置图片格式”对话框。在“颜色”下拉菜单中选择“冲蚀”（即水印效果），如图45-41所示。

❸ 设置完成后，退出页眉页脚编辑状态。在打印预览状态下看到可以显示出背景效果，如图45-42所示。

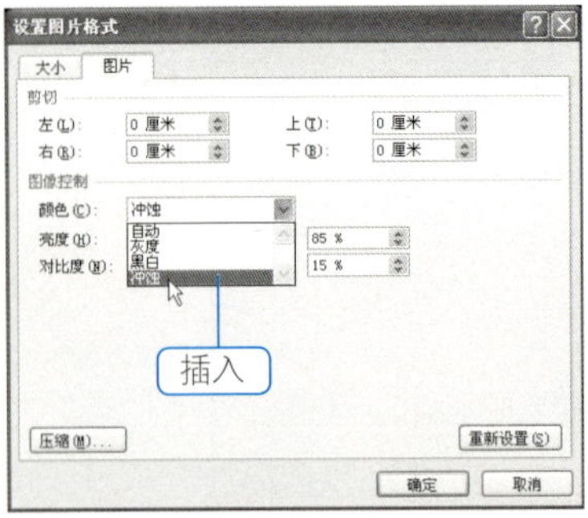

图45-41

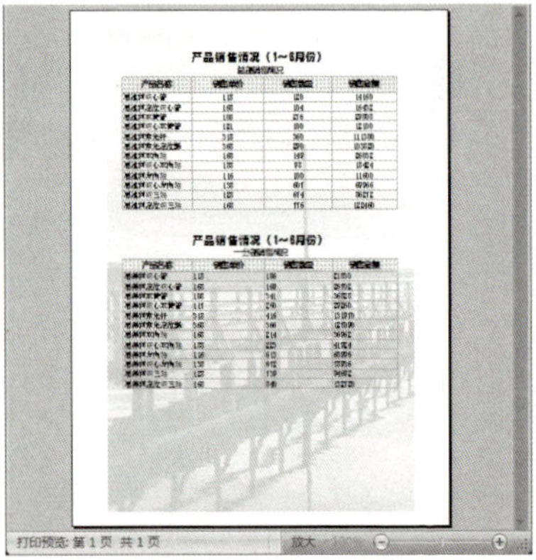

图45-42

专家提示

添加到页眉中图片要足够大，否则图片不能覆盖整个页面，就达不到背景的效果了。

技巧24 实现文档的缩放打印

通过如下设置可以实现让打印文档缩小或放大打印。

❶ 在“页面布局”菜单的“页面设置”工具栏中单击右下角的按钮，打开“页面设置”对话框。

❷ 选择“页面”选项卡，在“缩放比例”编辑框中设置缩放比例（如图45-43所示），即可让打印内容按指定的比例缩放打印。

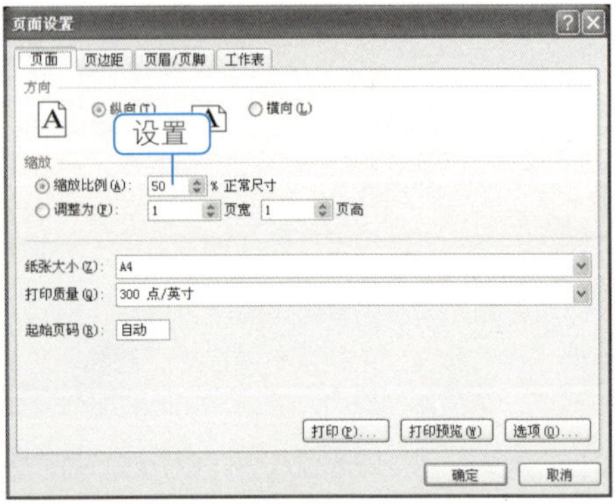

图45-43

技巧25 取消打印

当执行打印时，打印任务即被添加到打印队列中，如果想取消某一打印任务，其操作如下。

❶ 单击“开始”，单击“打印机和传真”，打开“打印机和传真”对话框，双击相应打印机的图标以打开当前使用的打印机。

❷ 选中要取消的打印作业，单击鼠标右键，选择“取消”命令即可，如图45-44所示。

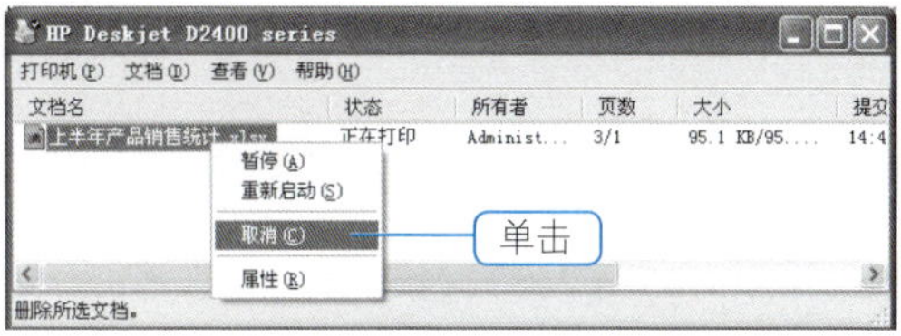

图45-44

技巧26 设置双面打印

在Excel中默认情况下不能设置双面打印，但根据使用的打印机的不同，有些提供双面打印的功能。下面以HP Deskjet D2400打印机为例介绍。

❶ 单击“Office按钮”打开下拉菜单，选择“打印→打印”命令，打开“打印内容”设置对话框。单击“属性”按钮，在打开的对话框中选择“打印快捷方式”选项卡，在“打印快捷方式”下选择“双面打印”，如图45-45所示。

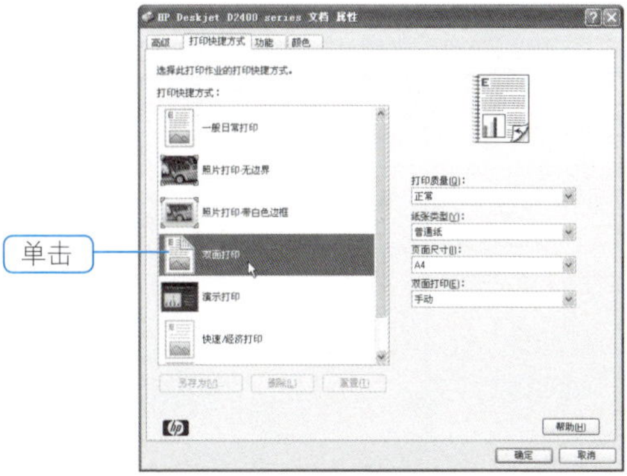

图45-45

❷ 设置了双面打印后，单击“确定”执行打印。当打印了正面后，会提示重新放入该纸张，以实现反面的打印。

技巧27 设置每张打印的页数

下面以HP Deskjet D2400打印机为例介绍每张纸打印页数的设置。

单击“Office按钮”打开下拉菜单，选择“打印→打印”命令，打开“打印内容”设置对话框。单击“属性”按钮，在打开的对话框中选择“功能”选项卡，在“每张打印的页数”下选择希望每张纸打印的页数，如图45-46所示。

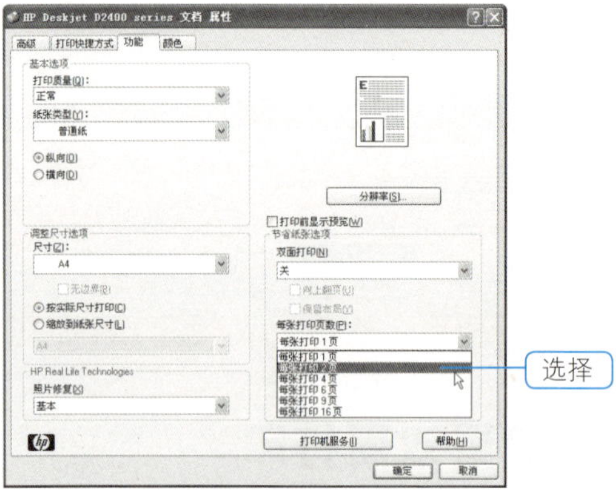

图45-46

技巧28 设置灰度打印

灰度打印是一种常见的打印方式，高质量的灰度打印即比彩色打印节省资源，同时也可以获取不错的效果。下面以HP Deskjet D2400打印机为例介绍灰度打印的设置。

单击“Office按钮”打开下拉菜单，选择“打印→打印”命令，打开“打印内容”设置对话框。单击“属性”按钮，在打开的对话框中选择“颜色”选项卡，选择“灰度打印”单选框，如图45-47所示。

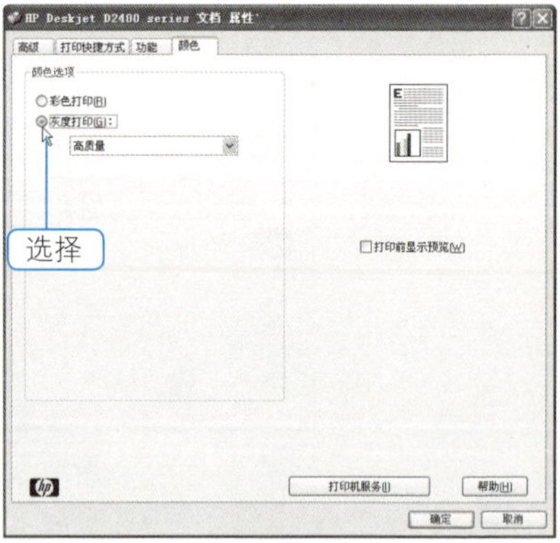

图45-47

技巧29 保存到Web

将表格保存到Web，即发布到网站上，可以方便交流与沟通，及时借助别人的力量修正图表的一些错误。

❶ 单击“文件”选项卡，在下拉菜单中选择“保存并发送”标签。

❷ 单击 “保存到Web”选项，在最右侧窗口，单击“登陆”按钮，输入账号，如图45-48所示。

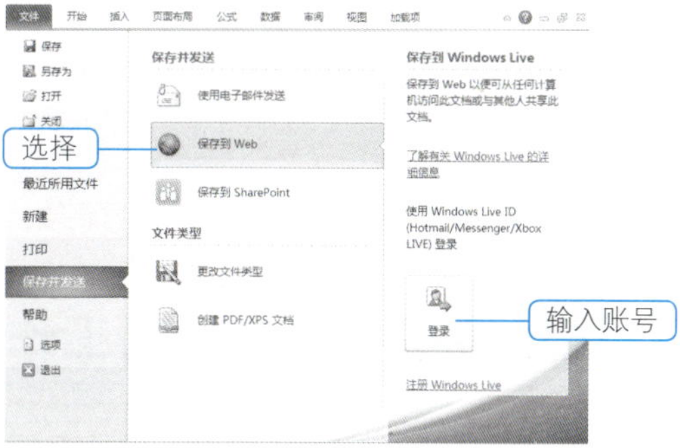

图45-48

技巧30 创建PDF/XPS文档

将表格创建成PDF/XPS文档，可以以固定的格式保存此工作簿，并且保持外观和内容在大多数计算机上保持一致，同时内容也不易被更改。

❶ 单击“文件”选项卡，在下拉菜单中选择“保存并发送”标签。

❷ 单击 “保存到Web”选项，在最右侧窗口，单击“登录”按钮，输入账号，如图45-49所示。

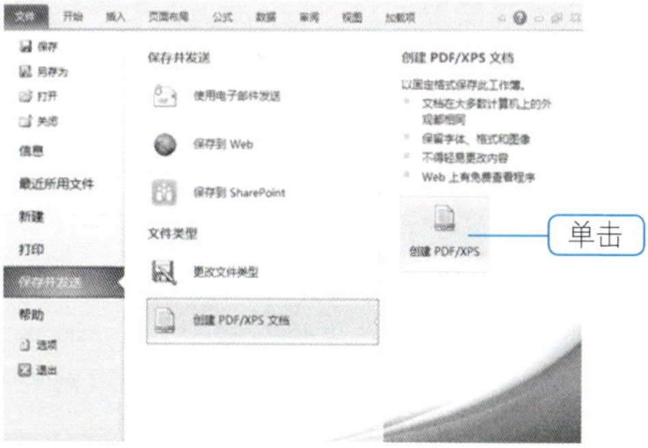

图45-49

❸ 在弹出的“发布为PDF或XPS”对话框中进行设置，单击“发布”按钮，如图45-50所示。

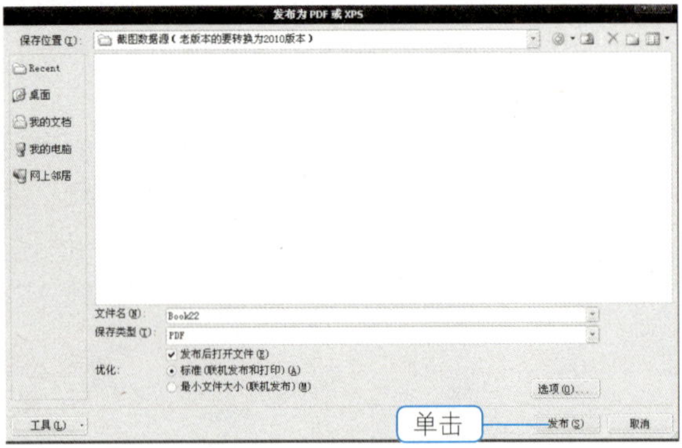

图45-50

技巧31 将表格保存为二进制工作簿

将表格保存为二进制工作簿，可以提高加载和保存速度，尤其是在应用的表格过多时，可以采用这种保存类型。

❶ 单击“文件”选项卡，在下拉菜单中选择“保存并发送”标签。

❷ 单击“文件类型”栏下的“更改文件类型”选项，在最右侧窗口，鼠标双击“二进制工作簿”按钮，如图45-51所示。

图45-52

❸ 在弹出的“另存为”对话框中进行设置，单击“保存”按钮，如图45-53所示。

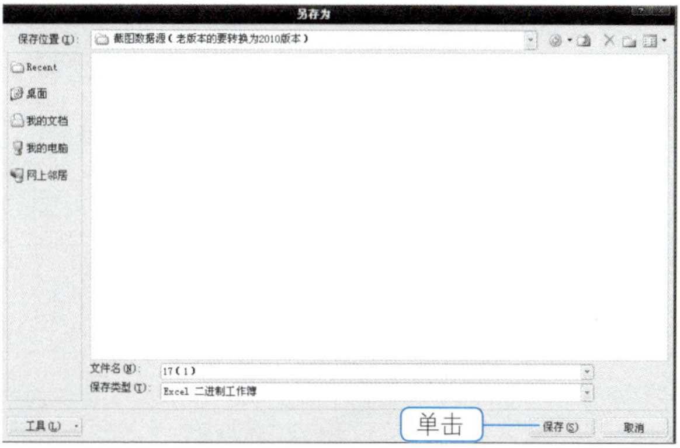

图45-53

技巧32 将表格保存为文本文件

在实际办公操作中将表格保存为文本文件，可以方便查阅其中的内容与数据。

❶ 单击“文件”选项卡，在下拉菜单中选择“保存并发送”标签。

❷ 单击“文件类型”栏下的“更改文件类型”选项，在最右侧窗口，双击“文本文件（制表符分隔）”按钮，如图45-54所示。

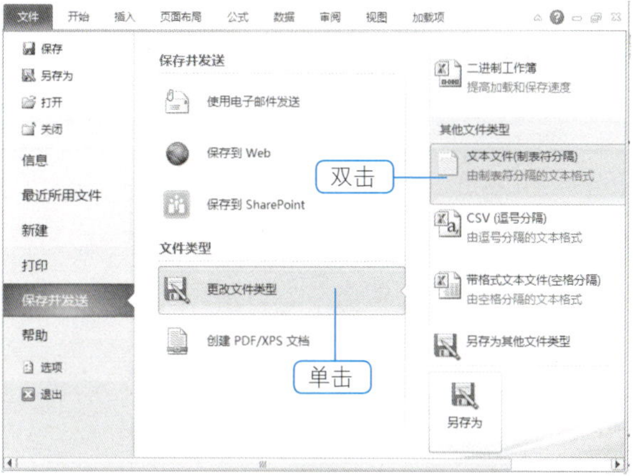

图45-54

❸ 在弹出的“另存为”对话框中进行设置，单击“保存”按钮，如图45-55所示。

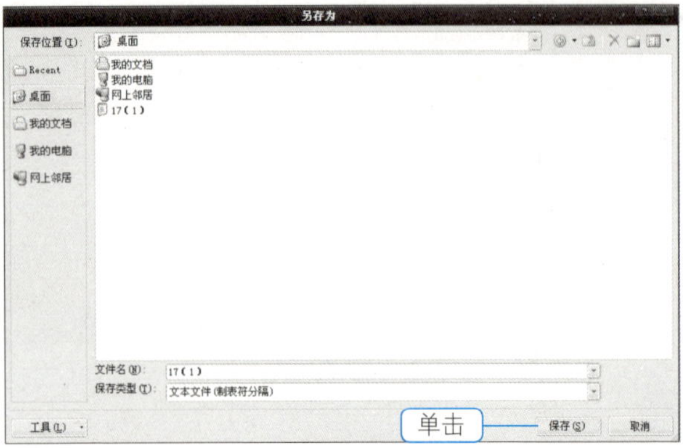

图45-55

专家提示

用户在将表格保存为文本文件时，会丢失许多格式，希望在保存之前先备份。